JN246061

解説
電気設備の技術基準

第 20 版

平成 9 年 3 月省令改正
平成 9 年 5 月解釈制定
平成 10 年 9 月解釈改正
平成 11 年 11 月解釈改正
平成 12 年 6 月省令改正
平成 12 年 9 月省令改正
平成 13 年 3 月解釈改正
平成 13 年 6 月省令改正
平成 14 年 3 月解釈改正
平成 14 年 12 月解釈改正
平成 15 年 4 月解釈改正
平成 16 年 3 月解釈改正
平成 16 年 4 月解釈改正
平成 16 年 7 月解釈改正
平成 16 年 7 月省令改正
平成 17 年 3 月省令改正
平成 17 年 3 月解釈改正
平成 17 年 7 月解釈改正
平成 17 年 8 月解釈改正
平成 18 年 2 月解釈改正
平成 18 年 3 月解釈改正
平成 18 年 6 月解釈改正
平成 18 年 12 月解釈改正
平成 19 年 3 月省令改正
平成 19 年 3 月解釈改正
平成 19 年 4 月解釈改正
平成 20 年 1 月解釈改正
平成 20 年 4 月省令改正
平成 20 年 5 月解釈改正
平成 20 年 10 月解釈改正
平成 22 年 1 月解釈改正
平成 23 年 3 月省令改正
平成 23 年 3 月解釈改正
平成 23 年 7 月解釈改正
平成 24 年 6 月省令改正
平成 24 年 6 月解釈改正
平成 24 年 7 月省令改正
平成 24 年 7 月解釈改正
平成 24 年 9 月省令改正
平成 25 年 3 月解釈廃止
平成 25 年 3 月解釈施行
平成 25 年 5 月解釈改正
平成 25 年 10 月解釈改正
平成 25 年 12 月解釈改正
平成 26 年 7 月解釈改正
平成 27 年 12 月解釈改正
平成 28 年 3 月省令改正
平成 28 年 4 月解釈改正
平成 28 年 5 月解釈改正
平成 28 年 9 月 13 日解釈改正
平成 28 年 9 月省令改正
平成 28 年 9 月 23 日解釈改正
平成 29 年 8 月 14 日解釈改正
平成 30 年 10 月 1 日解釈改正
令和 2 年 2 月 25 日解釈改正
令和 2 年 5 月 13 日省令改正
令和 2 年 5 月 13 日解釈改正
令和 2 年 6 月 1 日解釈改正
令和 2 年 8 月 12 日解釈改正
令和 3 年 3 月 31 日省令改正
令和 3 年 3 月 31 日解釈改正
令和 3 年 5 月 31 日解釈改正
令和 4 年 3 月 31 日省令改正
令和 4 年 4 月 1 日解釈改正
令和 4 年 6 月 10 日省令改正
令和 4 年 6 月 10 日解釈改正
令和 4 年 11 月 30 日省令改正
令和 4 年 11 月 30 日解釈改正
令和 5 年 3 月 20 日解釈改正
令和 5 年 12 月 26 日解釈改正
令和 6 年 10 月 22 日解釈改正

解説　発電用太陽電池設備の技術基準

令和 3 年 3 月制定　省令・解釈・解説

令和 6 年 4 月 1 日　省令・解釈改正

経済産業省
産業保安・安全グループ　編

文一総合出版

凡　　例

1. 条文中２重かっこが使用されている場合は，外側のかっこを｛ ｝で，内側のかっこを（ ）でそれぞれ示してあります。
2. 条文中の度量衡単位については，JIS に準じて示してあります。
3. 条文中の「表」の説明で上欄，中欄，下欄とあるのを左欄，中欄，右欄と読みかえてあります。
4. 解説中の
   S57 基準 → 昭和 57 年に改正された基準
   H20 解釈 → 平成 20 年に改正された解釈
   R1 解釈 → 令和元年に改正された解釈
   の意味で使いました。
5 省令及び解釈中の青文字は第 19 版（令和 4 年 7 月発行）以降に改正された条文で，
   青文字＋下線（令和 4 年 11 月改正）
   青文字＋二重下線（令和 5 年 3 月改正）
   青文字＋三重下線（令和 5 年 12 月改正）
   青文字＋点線（令和 6 年 4 月改正）
   青文字のみ（令和 6 年 10 月改正）
   の箇所を示しています。

目 次

【1】 総　説

第1節 電気事業法における電気保安体制と技術基準

第2節 電気工作物の技術基準と関係法令

【2】 逐条解説 (内容　省略)

電気設備に関する技術基準を定める省令及び解説

第1章　総　　則

第2章　電気の供給のための電気設備の施設

第3章　電気使用場所の施設

電気設備の技術基準の解釈及び解説

第１章　総　　則

第５節　過電流，地絡及び異常電圧に対する保護対策

第２章　発電所，蓄電所並びに変電所，開閉所及びこれらに準ずる場所の施設

第３章　電線路

第１節　電線路の通則

第２節　架空電線路の通則

第4章　電力保安通信設備

第5章　電気使用場所の施設及び小規模発電設備

第1節　電気使用場所の施設及び小規模発電設備の通則

第2節　配線等の施設

第６章 電気鉄道等

第７章 国際規格の取り入れ

第８章 分散型電源の系統連系設備

【3】 参　　考

【1】 総　　説

第1節　電気事業法における電気保安体制と技術基準

〔1〕 電気施設の保安に関する法令の必要性

電気に関する法令は，電気事業の発展に伴い，その時代の経済的，社会的情勢を背景にして幾多の変遷を経て今日に至っているが，現行法令に含まれる内容は，主として次の4つに大別できる。

① 電気事業の経営に関するもの
② 電気施設の保安に関するもの
③ 電気計測に関するもの
④ その他，国の特別施策に関するもの

このうち，**電気事業法**（昭和39年法律第170号）は，①と②の中に入るべきものである。そして，**技術基準関係**は，電気事業法の②の関連において定められている。電気は，近代社会に不可欠な文明の利器であると同時に，その利用方法を誤れば，人畜に危険を及ぼし，漏電火災の原因となり，また有線及び無線の通信設備の機能に誘導障害，電波障害などの障害を及ぼし，更に地中埋設金属体に電食障害などの各種の障害を与える危険性を有し，また，ダム，ボイラー，原子炉などは，そのものが破壊することにより，あるいは人的な誤操作などにより周囲に重大な被害をもたらす危険性を内蔵していることなどを考えるとき，電気の普遍性と相まって電気施設の保安に関する規制は，公共の安全確保のため極めて重要なことである。

〔2〕 電気工作物の定義

電気工作物による上述のような障害を防止するため，電気事業法では〔3〕に述べるような方法で保安を規制しているが，ここで電気事業法において規制の対象としている電気工作物について明確にすると以下のとおりである。

電気工作物については，**電気事業法第2条第1項第十八号**において定義されている。この法律において，「電気工作物」とは，発電，変電，送電若しくは配電又は電気の使用のために設置する機械，器具，ダム，水路，貯水池，電線路その他の工作物（船舶，車両又は航空機に設置されるものその他の政令で定めるものを除く。）をいう。

電気工作物から除かれているものについては，**電気事業法施行令**（昭和40年政令第206号）**第1条**において定められており，次のものが該当する。

① 航空法（昭和27年法律第231号）第2条第1項に規定する航空機に設置される工作物（施行令第1条第二号）

（注1） 航空法第2条第1項「航空機」とは，人が乗って航空の用に供することができ

る飛行機，回転翼航空機，滑空機及び飛行船その他政令で定める航空の用に供することができる機器をいう。

（注 2）　無人飛行機，ロケット，人工衛星等については，これらに設置される電気的設備は，いずれも電子機器，通信機器であって，電気事業法における電気設備ではないと解されるので，特に手当てをしなくても除かれる。

②　鉄道営業法（明治 33 年法律第 65 号），軌道法（大正 10 年法律第 76 号）若しくは鉄道事業法（昭和 61 年法律第 92 号）が適用され若しくは準用される車両若しくは搬器，船舶安全法（昭和 8 年法律第 11 号）が適用される船舶若しくは海上自衛隊の使用する船舶又は道路運送車両法（昭和 26 年法律第 185 号）第 2 条第 2 項に規定する自動車に設置される工作物であって，これらの車両，搬器，船舶及び自動車以外の場所に設置される電気的設備に電気を供給するためのもの以外のもの（施行令第 1 条第一号）

（注 1）　鉄道営業法又は鉄道事業法が適用される車両とは，民営鉄道及び専用鉄道の車両及び索道規則に規定する索道の搬器（ロープウエイのカゴ等をいう。）がある。軌道法が適用される車両とは路面電車，同法が準用される無軌条電車とはトロリーバスである。

（注 2）　道路運送車両法第 2 条第 2 項 「自動車」とは，原動機により陸上を移動させることを目的として製作した用具で軌条若しくは架線を用いないもの又はこれにより牽引して陸上を移動させることを目的として製作した用具であって，次項に規定する原動機付自転車以外のものをいう（同条第 3 項及び第 4 項の原動機付自転車，軽車両，馬車等には固定電気設備がないので積極的に除外の手当てはしていない。）。

（注 3）　船舶安全法が適用される船舶とは，推進器をもたないしゅんせつ船以外の船舶をいう。したがって，推進器をもたないしゅんせつ船に設置される電気設備は除かれない。

（注 4）　これらの車両，船舶等に設置される工作物であっても，陸上の固定した電気設備に電気を供給するためのもの，例えば発電船，発電車，変電車等は除外されず，電気事業法にいう電気工作物である。ただし，船舶→船舶，車両→車両の供給用の設備は含まれず，また，ロケやテレビ中継用の発電車のように，車両から移動用電線で接続する可搬式電気設備への供給設備も含まれない。

（注 5）　電車でも，遊園地内のもののように国土交通関係保安法令の適用を受けないものは，除外されない。

③　前述の①，②に掲げるもののほか，電圧 30V 未満の電気的設備であって，電圧 30V 以上の電気的設備と電気的に接続されていないもの

（注 1）　電圧 30V 未満の単独回路は，電気的危険がないものとして電気工作物から除外されている。

（注 2）　電圧 30V 未満の電気的設備であっても，電圧の高い回路と変圧器等で接続されているものは，短絡電流による危険又は混触による高電圧の侵入等の危険があるので

除外されない。

④　電力用保安通信設備以外の通信用の弱電流設備

（注 1）　NTT や NHK 等の通信設備については，施行令に特に除外規定は設けられていないが，電気工作物から除外される。ただし，これら通信設備用の電源設備等いわゆる強電流電気設備や，高周波電気炉のような電気設備は電気工作物である。

（注 2）　通信設備であっても電力用の給電用通信設備や電線路保守用通信設備のように，「発電，変電，送電又は配電のために」設置されるものは，電気工作物として電気事業法の適用を受ける。

〔3〕　電気工作物の保安体制と根拠条文

電気事業法（以下「法」という。）においては，〔1〕に述べたような電気保安の必要から，〔2〕で定義された電気工作物を大きく「一般用電気工作物」と「事業用電気工作物」に分けて，それぞれの保安確保に対処している。設備の種類，規模を鑑みてより安全性の高いものを「一般用電気工作物」，それ以外のものを「事業用電気工作物」と区分しているが，事業用電気工作物でも電気事業の用に供する事業用電気工作物以外のものを「自家用電気工作物」と区分している。これら電気工作物の種類に従って，それぞれの電気工作物に適応した保安体制を確立することが必要であるため，それぞれの電気工作物における自主保安体制のもとで，事業用電気工作物設置者に対して，常に技術基準に定めるところに従い電気工作物を維持しておかなければならない義務（法第 39 条第 1 項），電気工作物の工事，維持及び運用に関する保安の監督を行わせる主任技術者を選任しなければならない義務（法第 43 条）及び電気工作物の工事，維持及び運用に関する保安確保のため保安規程を作成し，届け出なければならない義務（法第 42 条）を課している。このほか，事業用電気工作物について，保安上重要であると認められる大きな工事に対しては，国が直接監督することとし，工事の計画の認可，届出，検査を行うことになっている（法第 47 条から第 52 条まで，及び第 54 条）。これらの認可届出の受理，検査の合格の条件の中には，電気工作物は全て技術基準に違反していないことが明確にされている。

一般用電気工作物の保安に関しては，現行の電気事業法では，その保安の最終責任はその一般用電気工作物の所有者又は占有者に存在することとしているが，一般用電気工作物の所有者又は占有者の大部分は電気保安に関して，知識も経験もない素人であるので，一般用電気工作物に電気を供給する者（電力会社等）又は登録調査機関に，一般用電気工作物が技術基準に適合するかどうかを調査し，調査の結果，技術基準に適合していないと認められる場合は所有者又は占有者に対して技術基準に適合するようにするための措置及び措置しなかった場合に起こり得る結果（漏電火災や感電）について通知を行う義務を負わせている（法第 57 条第 1 項及び 2 項）。また，一般用電気工作物及び自家用電気工作物（500kW 未満の需要設備に限る。）の電気工事に関しては**電気工事士**

法により，電気工事士の資格がある者等のみが工事できること，電気工事士等は技術基準どおりに工事を行うべきことが定められている。(→**第2節〔3〕**)。さらに，**電気用品安全法**（→**第2節〔2〕**）では，一般家庭で使用される電気機械器具については，そのほとんどを規制の対象として，これらの電気機械器具による漏電出火や感電事故の発生を防止している。

このように電気事業法に基づく技術基準はその性格が非常に明確にされ，また，全ての電気工作物が常に維持していなければならない技術基準であることも明らかになっている。電気工作物の維持基準としての法的根拠条文は，次のとおりである。

法第39条第1項　事業用電気工作物を設置する者は，事業用電気工作物を主務省令で定める技術基準に適合するように維持しなければならない。

法第57条第1項　一般用電気工作物と直接に電気的に接続する電線路を維持し，及び運用する者（以下この条，次条及び第89条において「電線路維持運用者」という。）は，経済産業省令で定める場合を除き，経済産業省令で定めるところにより，その一般用電気工作物が前条第1項の経済産業省令で定める技術基準に適合しているかどうかを調査しなければならない。ただし，その一般用電気工作物の設置の場所に立ち入ることにつき，その所有者又は占有者の承諾を得ることができないときは，この限りでない。

〔4〕　技術基準の規制事項

上述のとおり，電気工作物の技術基準は電気保安規制のベースとなる非常に重要なものであるとともに，電気工作物の保安レベルに大きな影響を与えるといっても過言ではない。電気工作物の技術基準としては，〔3〕で述べたような電気工作物の種類ごとの保安体制に基づいて，二つの電気工作物に対する技術基準が考えられる。そこで電気事業法では，各電気工作物ごとの技術基準で定める内容を，次のように定めている。

事業用電気工作物の技術基準で規制すべきことは，法第39条第2項で次のように定められている。

法第39条第2項　前項の主務省令は，次に掲げるところによらなければならない。

一　事業用電気工作物は，人体に危害を及ぼし，又は物件に損傷を与えないようにすること。

二　事業用電気工作物は，他の電気的設備その他の物件の機能に電気的又は磁気的な障害を与えないようにすること。

三　事業用電気工作物の損壊により一般送配電事業者の電気の供給に著しい支障を及ぼさないようにすること。

四　事業用電気工作物が一般送配電事業の用に供される場合にあっては，その事業用電気工作物の損壊によりその一般送配電事業に係る電気の供給に著しい支障を生じないようにすること。

法第39条第2項は，技術基準の定めるべき内容を定めている。**第一号**の「人体に対する危害」の中には「人体の機能に対する障害」も含まれ，また「物件に対する損傷」の中には「その物件の本来の効用を損なう」ことも含まれる。**本号**により人体への電撃の防止，漏電，せん絡，短絡等の電気的異常状態による火災の防止，ダムの決壊，鉄塔の倒壊，ボイラーの爆発，放射性物質の漏えい等の防止に関する基準のほか，事業用電気工作物から発生するばい煙及び騒音等による公害防止に関する基準も設けるべき旨を定めている。

第二号は，誘導障害，電波障害，電食障害，磁気観測障害等の事業用電気工作物に起因する他の電気的設備その他の物件の機能に対する電気的，磁気的障害を防止するための基準を設けることを規定している。**第三号**は，事業用電気工作物の損壊により電気事業者の電気の供給に著しい支障を及ぼす波及事故の防止のための基準を設けるべき旨を定めている。**第四号**は，電気事業の用に供する事業用電気工作物の損壊によりその電気事業に係る電気の供給に著しい支障が生じることを防止するための基準を設けるべき旨を定めている。**本号**により定められる基準としては，それが損壊することにより著しい供給支障が生じるような電気工作物の保全に関する基準と，著しい供給支障が生じるような損壊事故の波及の防止に関する基準との2種類が考えられる。前者の例としては電気工作物の電気的機械的強度，避雷器の設置等に関する基準があり，後者の例としては遮断器等の設置に関する基準がある。

一般用電気工作物の技術基準で規制すべき事項は，**法第56条第2項**において，法第39条第2項第一号及び第二号の規定を準用している。

〔5〕 電気工作物の技術基準の構成

電気工作物の技術基準は，〔4〕において述べたとおり，電気工作物の種類により二つの技術基準に分けることができるが，実際に定められている内容としてはほとんどが法第39条第2項第一号及び第二号の内容に関するものである。すなわち，「技術基準」は，その内容が発電・送電・変電の各設備にあっては，電気事業用のものと自家用のものの間に差違がなく，また電気使用場所の設備にあっても自家用と一般用との間に区別がないことから，電気事業用，自家用，一般用のものという分け方をとっていない。そして，実際の運用の利便を考慮して，電気設備に関しては，発電所から電気使用場所までを1省令（**電気設備に関する技術基準を定める省令**）とし，別に発電所の原動力関係の技術基準として，火力発電用原動力設備及び燃料電池設備については**発電用火力設備に関する技術基準を定める省令**が，水力発電用原動力設備については**発電用水力設備に関する技術基準を定める省令**が，原子力発電用原動力設備については**発電用原子力設備に関する技術基準を定める省令**が，風力発電用原動力設備については**発電用風力設備に関する技術基準を定める省令**が定められている。

第２節　電気工作物の技術基準と関係法令

〔1〕　**電気事業法，電気事業法施行令，電気事業法施行規則**（平成７年通産省令第77号）

電気事業法が電気工作物の技術基準の根拠法であることは，前節〔4〕に述べたとおりである。このほか，電気工作物の技術基準と関係のある条文との関連を述べ，電気事業法体系の中の１省令としての電気設備技術基準の理解に資したい。

1　工事計画の認可基準

事業用電気工作物については，法第47条第１項又は第２項により，工事計画について認可を受ける場合に，この「技術基準」によらねばならないことが，**法第47条第3項第一号及び第二号**に明確にされている。

法第47条第3項　主務大臣は，前２項の認可の申請に係る工事の計画が次の各号のいずれにも適合していると認めるときは，前２項の認可をしなければならない。

一　その事業用電気工作物が第39条第１項の主務省令（→電気設備に関する技術基準を定める省令その他前節〔5〕に示したもの）で定める技術基準に適合しないものでないこと。

二　事業用電気工作物が一般送配電事業の用に供される場合にあっては，その事業用電気工作物が電気の円滑な供給を確保するため技術上適切なものであること。

2　工事計画の事前届出の審査基準

事業用電気工作物が法第48条第１項により，工事計画の事前届出（工事の開始30日前まで）があった場合に，法第47条第３項各号の規定に適合していないと認めるときは，工事計画の変更や廃止を命じることをできることが，**法第48条第4項**に定められている。

法第48条第4項　主務大臣は，第１項の規定による届出のあった工事の計画が前項各号のいずれかに適合していないと認めるときは，その届出をした者に対し，その届出を受理した日から30日（次項の規定により第２項に規定する期間が延長された場合にあっては，当該延長後の期間）以内に限り，その工事の計画を変更し，又は廃止すべきことを命ずることができる。

3　使用前検査の合格基準

事業用電気工作物が法第49条第１項の規定により，事業用電気工作物の使用前検査を受ける場合に，**法第49条第2項**においてその合格基準が定められている。

法第49条第2項　前項の検査においては，その事業用電気工作物が次の各号のいずれにも適合しているときは，合格とする。

一　その工事が第47条第１項若しくは第２項の認可を受けた工事の計画（同項ただし書の主務省令で定める軽微な変更（→認可を要しない変更）をしたものを含む。）又は前条第

1項の規定による届出をした工事の計画（同項後段の主務省令で定める軽微な変更（→事前届出を要しない変更）をしたものを含む。）に従って行われたものであること。

二　法第39条第1項の主務省令で定める技術基準に適合しないものでないこと。

4　使用前安全管理検査の確認基準

事業用電気工作物が法第51条第1項の規定により，事業用電気工作物の使用前自主検査を行う場合に，法第51条第2項において技術基準に適合するものであることを確認しなければならない旨が定められている。

法第51条第2項　前項の検査（以下「使用前自主検査」という。）においては，その事業用電気工作物が次の各号のいずれにも適合していることを確認しなければならない。

一　その工事が第48条第1項の規定による届出をした工事の計画（同項後段の主務省令で定める軽微な変更をしたものを含む。）に従って行われたものであること。

二　第39条第1項の主務省令で定める技術基準に適合するものであること。

5　技術基準適合命令と罰則

経済産業大臣は，電気工作物が「技術基準」に適合していないと認めた場合に技術基準適合命令を発動することができる。具体的には，法第107条第2項，第3項，第4項の規定による，それぞれ事業用電気工作物，自家用電気工作物，一般用電気工作物に対する立入検査の結果，技術基準に適合していないと経済産業大臣が認める場合などに，事業用電気工作物（事業用電気工作物，自家用電気工作物）に対しては**法第40条**，一般用電気工作物に対しては**法第56条第1項の規定**によって，「技術基準」に適合するように，各電気工作物を修理，改造，移転，一時使用停止すること又はその使用制限を命ずることができる。

法第40条　主務大臣は，事業用電気工作物が前条第1項の主務省令で定める技術基準に適合していないと認めるときは，事業用電気工作物を設置する者に対し，その技術基準に適合するように事業用電気工作物を修理し，改造し，若しくは移転し，若しくはその使用を一時停止すべきことを命じ，又はその使用を制限することができる。

法第56条第1項　経済産業大臣は，一般用電気工作物が経済産業省令で定める技術基準に適合していないと認めるときは，その所有者又は占有者に対し，その技術基準に適合するように一般用電気工作物を修理し，改造し，若しくは移転し，若しくはその使用を一時停止すべきことを命じ，又はその使用を制限することができる。

法第40条に基づく命令又は処分に違反した電気事業者又は自家用電気工作物設置者は，法第118条第五号の規定により300万円以下の罰金となり，また，法第56条第1項の規定による命令又は処分に違反した一般用電気工作物の所有者又は占有者は，法第120条第九号の規定により30万円以下の罰金となる。

なお，単なる技術基準の違反，すなわち**法第 39 条第 1 項**の技術基準維持義務に対する違反は，実態上，直接罰則を設けることが適当ではないので，とくに罰則の規定を設けていない。

6　他の者の電気的設備その他の物件の設置により電気工作物が技術基準違反となる場合の処置

事業用電気工作物設置者が，電気工作物を施設した後において，他の者が電気的設備その他の物件を設置し，電気工作物が「技術基準」違反となる場合においても**法第 39 条第 1 項**により，電気事業者又は自家用電気工作物設置者には電気工作物を「技術基準」どおりに維持すべき義務があるので，これを技術基準に適合するよう必要な措置を講ずる必要がある。この必要な措置（電気工作物又は他物件の改造，移転，防護装置など）又はその措置に要する費用の負担（費用負担者，負担額，支払方法など）に関しては，当事者間で協議することが**法第 41 条第 1 項**で定められている。

また，協議することができない場合又は協議が成立しない場合は，当事者は経済産業大臣に裁定を申請することができることが，**法第 41 条第 2 項**で準用する**法第 25 条第 2 項**に定められている。

法第 41 条第 1 項　事業用電気工作物が他の者の電気的設備その他の物件の設置（政令で定めるものを除く。）により第 39 条第 1 項の経済産業省令で定める技術基準に適合しないこととなったときは，その技術基準に適合するようにするため必要な措置又はその措置に要する費用の負担の方法は，当事者間の協議により定める。ただし，その費用の負担の方法については，政令で定める場合は，政令で定めるところによる。

法第 41 条第 1 項の政令で定める物件の設置は，電気事業法施行令第 17 条第 1 項に次のように定められているが，法第 41 条第 1 項ただし書の政令は定められていない。

(1)　**費用の負担の特例等**

施行令第 17 条第 1 項　法第 41 条第 1 項の政令で定める物件の設置は，次の各号に掲げる工事による物件の設置であって，その設置により法第 39 条第 1 項の主務省令で定める技術基準に適合しないこととなる電気工作物について次の各号に規定する法律が適用され又は準用される場合におけるものとする。

一　砂防法（明治 30 年法律第 29 号）が適用される砂防工事

二　道路法（昭和 27 年法律第 180 号）が適用される道路に関する工事，道路に関する工事により必要を生じた工事又は道路に関する工事を施行するために必要を生じた工事

三　都市公園法（昭和 31 年法律第 79 号）が適用される都市公園に関する工事

四　海岸法（昭和 31 年法律第 101 号）が適用される海岸保全施設に関する工事，海岸保全施設に関する工事により必要を生じた工事又は海岸保全施設に関する工事を施行するために必要を生じた工事

五　地すべり等防止法（昭和33年法律第30号）が適用される地すべり防止工事（ぼた山崩壊防止工事を含む。以下同じ。），地すべり防止工事により必要を生じた工事又は地すべり防止工事を施行するために必要を生じた工事

六　下水道法（昭和33年法律第79号）が適用される公共下水道に関する工事又は都市下水路に関する工事

七　河川法（昭和39年法律第167号）が適用され又は準用される河川工事，河川工事により必要を生じた工事又は河川工事を施行するために必要を生じた工事

八　津波防災地域づくりに関する法律（平成23年法律第123号）が適用される津波防護施設に関する工事，津波防護施設に関する工事により必要を生じた工事又は津波防護施設に関する工事を施行するために必要を生じた工事

(2) 費用の負担等に関する裁定

法第41条第2項（法第25条第2項本文及び第3項から第5項まで並びに第33条の規定の規定を準用）

(1) 前項の協議をすることができず，又は協議が調わないときは，当事者は，主務大臣の裁定を申請することができる。ただし，当事者が第36条第1項の規定による仲裁の申請をした後は，この限りでない。

(2) 主務大臣は，前項の規定による裁定の申請を受理したときは，その旨を他の当事者に通知し，期間を指定して答弁書を提出する機会を与えなければならない。

(3) 主務大臣は，(1) の裁定をしたときは，遅滞なく，その旨を当事者に通知しなければならない。

(4) (1) の裁定があつたときは，その裁定の定めるところに従い，当事者間に協議が調つたものとみなす。

(5) (1) の裁定のうち当事者が支払い，又は受領すべき金額について不服のある者は，その裁定の通知を受けた日から6月以内に，訴えをもつてその金額の増減を請求することができる。

(6) (5) の訴えにおいては，他の当事者を被告とする。

(7) (1) の裁定についての審査請求においては，当事者が支払い，又は受領すべき金額についての不服をその裁定についての不服の理由とすることができない。

法第41条第3項　主務大臣は，前項 (1) の裁定をしようとするときは，政令で定めるところにより，あらかじめ関係大臣に協議しなければならない。

法第41条第2項の協議をすることができない場合というのは，協議すべき相手が不存在の場合と存在しても不在あるいは協議を忌避する場合及び協議する相手が不明の場合をいっている。第3項の政令で定める関係大臣は，**施行令第17条第2項**によって，次のように定められている。

協議する関係大臣

施行令第 17 条第 2 項　主務大臣が法第 41 条第 3 項の規定により協議しなければならない関係大臣は，裁定に係る者の事業を所管する大臣とする。

費用の負担等に関する裁定の申請

関係大臣に裁定を申請する場合は，**電気事業法施行規則第 49 条**により裁定申請書（様式第 40）に協議の経過に関する説明書を添えて提出する必要がある。

施行規則第 49 条（施行規則第 47 条の規定の準用）　法第 41 条第 2 項において準用する法第 25 条第 2 項の裁定を申請しようとする者は，**様式第 28** の裁定申請書に協議の経過に関する説明書を添えて提出しなければならない。

［様式第 28］（第 35 条，第 47 条関係）

裁　定　申　請　書

年　月　日

殿

住所

氏名（名称及び代表者の氏名）印

電気事業法第 25 条第 2 項（同法第 32 条第 2 項又は同法第 41 条第 2 項において準用する同法第 25 条第 2 項）の規定により，次のとおり裁定を申請します。

相手方	住　　所	
	氏名（名称及び代表者の氏名）	
裁定を求める事項		

備考　1　用紙の大きさは，日本産業規格 A4 とすること。

2　氏名を記載し，押印することに代えて，署名することができる。この場合において，署名は必ず本人が自署するものとする。

なお，5 についての詳細は，資源エネルギー庁電力・ガス事業部／原子力安全・保安院編「**電気事業法の解説**」を参照するなり，所轄の産業保安監督部電力安全課に問い合わせられたい。

〔2〕 電気用品安全法（昭和 36 年法律第 234 号）

電気用品に関する規制については，従来，電気用品取締規則（昭和 10 年逓信省令第 56 号）

によって取締りが行われていた。しかし，諸般の情勢の変化によりこの取締規則では取締りの実状に沿わなくなったので，昭和36年，新たに電気用品取締法が制定・公布された。この法律は，一般用電気工作物の用に供せられる電気機械器具及び材料を規制するものであって，「粗悪な電気用品による危険及び障害の発生を防止することを目的」としており，昭和37年8月関係政省令の公布とともに全面施行された。さらに平成13年には，電気用品安全法に名称が改められた。この法律においては，「電気用品の安全性の確保につき民間事業者の自主的な活動を促進することにより，電気用品による危険及び障害の発生を防止すること」が目的とされ，甲種及び乙種の電気用品の区分が廃止になり，従来の甲種電気用品に相当する品目を特定電気用品として，第三者による技術基準適合性検査を義務付けるものとされた。

電気用品安全法のうち「**電気設備に関する技術基準**」と関連があるものは，次のとおりである。

1 **販売の制限**　電気用品の販売業者は，所定の表示〔電気用品安全法施行規則別表第5から第7に掲げられた方式による表示〕がない電気用品を販売することを禁止されている。この規制は，違法電気用品をその製造の段階で取り締まれない場合，それを流通面で阻止して需要者を保護するためのものである。なお，販売店の取締りは，政令により各都道府県知事にその権限が委任されている（法第27条）。

2 **使用の制限**　電気施設の設置若しくは変更の工事に電気用品を使用する場合又は電気用品を部品若しくは附属品として使用して他の物品を製造する場合には，所定の表示のない電気用品を使用することを禁止した。この規制は，違法電気用品が電気施設に使用され又は他の物品に組み込まれた場合に，それが不良であるために生じる事故を未然に防止するために設けられたものである（法第28条）。

なお，二重規制を避けるために電気設備技術基準では電気用品安全法違反の電気用品の使用禁止を規定していない。

3 **電気用品の技術上の基準**　電気用品については，製造事業者又は輸入事業者がその製品を製作又は輸入，販売するに当たって守らなければならない技術上の基準として，法第8条の規定に基づき定められたのが**電気用品の技術上の基準を定める省令**（平成25年7月1日経済産業省令第34号）である。

〔3〕 電気工事士法（昭和35年法律第139号）

この法律は，電気工事に従事する者の資格及び義務を定め，もって電気工事の欠陥による災害の発生の防止に寄与することを目的としている。従来はその規制する「電気工事」の範囲を一般用電気工作物を設置し，又は変更する工事とし，「一般用電気工作物に関するもの」に限っていたが，昭和62年9月に，**電気工事業の業務の適正化に関する法律（電気工事業法）**とともに，その一部が改正され，新たに電気事業法第38条第4

項に規定する自家用電気工作物のうち，「発電所，変電所，最大電力500kW以上の需要設備その他の経済産業省令で定めるものを除いた電気工作物」が加えられた。なお，自家用電気工作物に係る電気工事に関する規制は，平成2年9月から実施された。

1　電気工事に従事する者の資格については次のとおりである。

(1) 第1種電気工事士でなければ，自家用電気工作物に係る電気工事（特殊電気工事を除く。）の作業（保安上支障がない作業を除く。）に従事してはならない（法第3条第1項)。

(2) 第1種電気工事士又は第2種電気工事士でなければ一般用電気工作物に係る電気工事の作業(保安上支障がない作業を除く。)に従事してはならない(法第3条第2項)。

(3) 自家用電気工作物に係る電気工事のうち特殊電気工事については，当該特殊電気工事に係る特種電気工事資格者でなければ，その作業に従事してはならない（法第3条第3項)。

(4) 自家用電気工作物に係る電気工事のうち簡易電気工事については，第1種電気工事士でなくとも認定電気工事従事者は，その作業に従事できる（法第3条第4項)。

2　電気工事士，特種電気工事資格者又は認定電気工事従事者（以下「電気工事士等」という。）の義務は，次のとおりである（法第5条)。

(1) 電気工事士等は，電気工事の作業に従事するときは技術基準に適合するよう作業しなければならない。

(2) 電気工事士等は，それぞれの資格において行う電気工事の作業に従事するときは，それぞれの作業者資格を示す電気工事士免状又はそれぞれの認定証を携帯していなければならない。

3　電気工事士法で「電気工事」から除かれる軽微な工事は次のとおりである。(施行令第1条)

(1) 電圧600V以下で使用する差込み接続器，ねじ込み接続器，ソケット，ローゼットその他の接続器又は電圧600V以下で使用するナイフスイッチ，カットアウトスイッチ，スナップスイッチその他の開閉器にコード又はキャブタイヤケーブルを接続する工事

(2) 電圧600V以下で使用する電気機器（配線器具を除く。以下同じ。）又は電圧600V以下で使用する蓄電池の端子に電線（コード，キャブタイヤケーブル及びケーブルを含む。以下同じ。）をねじ止めする工事

(3) 電圧600V以下で使用する電力量計若しくは電流制限器又はヒューズを取り付け，又は取り外す工事

(4) 電鈴，インターホーン，火災感知器，豆電球その他これらに類する施設に使用する小型変圧器（2次電圧が36V以下のものに限る。）の2次側の配線工事

(5) 電線を支持する柱，腕木その他これらに類する工作物を設置し，又は変更する工事

(6) 地中電線用の暗きょ又は管を設置し，又は変更する工事

4　電気工事士法第3条第1項及び第2項で保安上支障がない作業（軽微な作業）として除かれない作業，すなわち，電気工事士でなければ従事してはならない電気工事は，次のとおりである（施行規則第2条）。

(1) 電線相互を接続する作業（電気さく（定格1次電圧300V以下であつて感電により人体に危害を及ぼすおそれがないように出力電流を制限することができる電気さく用電源装置から電気を供給されるものに限る。以下同じ。）の電線を接続するものを除く。）

(2) がいしに電線（電気さくの電線及びそれに接続する電線を除く。(3)，(4) 及び (8) において同じ。）を取り付け，又はこれを取り外す作業

(3) 電線を直接造営材その他の物件（がいしを除く。）に取り付け，又はこれを取り外す作業

(4) 電線管，線樋，ダクトその他これらに類する物に電線を収める作業

(5) 配線器具を造営材その他の物件に取り付け，若しくはこれを取り外し，又はこれに電線を接続する作業（露出型点滅器又は露出型コンセントを取り換える作業を除く。）

(6) 電線管を曲げ，若しくはねじ切りし，又は電線管相互若しくは電線管とボックスその他の附属品とを接続する作業

(7) 金属製のボックスを造営材その他の物件に取り付け，又はこれを取り外す作業

(8) 電線，電線管，線樋，ダクトその他これらに類する物が造営材を貫通する部分に金属製の防護装置を取り付け，又はこれを取り外す作業

(9) 金属製の電線管，線樋，ダクトその他これらに類する物又はこれらの附属品を，建造物のメタルラス張り，ワイヤラス張り又は金属板張りの部分に取り付け，又はこれらを取り外す作業

(10) 配電盤を造営材に取り付け，又はこれを取り外す作業

(11) 接地線（電気さくを使用するためのものを除く。以下この条において同じ。）を自家用電気工作物（自家用電気工作物のうち最大電力500kW未満の需要設備において設置される電気機器であつて電圧600V以下で使用するものを除く。）に取り付け，若しくはこれを取り外し，接地線相互若しくは接地線と接地極（電気さくを使用するためのものを除く。以下この条において同じ。）とを接続し，又は接地極を地面に埋設する作業

(12) 電圧600Vを超えて使用する電気機器に電線を接続する作業

(13) 接地線を一般用電気工作物（電圧600V以下で使用する電気機器を除く。）に取り付け，若しくはこれを取り外し，接地線相互若しくは接地線と接地極とを接続し，又は接地極を地面に埋設する作業

〔4〕 電気工事業の業務の適正化に関する法律（昭和45年法律第96号）

この法律は，電気工事業を営む者の登録等及びその業務の規制を行うことにより，その業務の適正な実施を確保し，もって一般用電気工作物及び自家用電気工作物の保安の確保に資することを目的としている。

規制の内容は次のとおりである。

(1) 電気工事業は，経済産業大臣又は都道府県知事の登録等を受けること
(2) 電気工事の作業の管理をさせるため，一般用電気工作物に係る電気工事を行う営業所ごとに主任電気工事士を置くこと
(3) 電気工事士等でない者を電気工事の作業に従事させることの禁止
(4) 電気用品安全法の表示が付されていない電気用品を電気工事に使用することの禁止
(5) 営業所ごとに，絶縁抵抗計その他の経済産業省令で定める器具を備え付けること
(6) 営業所ごとに帳簿を備え，これを5年間保存しておくこと

等である。

なお，建設業法の適用を受け国土交通大臣の許可を受けた者については，本法律による二重規制を避けるため，(1) の登録については所轄官庁に電気工事業の開始を届出すればよいとしている（その他の事項については，同様の規制を受ける。）。

〔5〕 その他の関係法令

電気工作物は，多くの事業と密接な関係を有するもので，電気と直接関係をもたない他の法令とも，かなり広く，大なり小なりの関連を有しているが，その主要なものとしては，**道路法**，**鉄道営業法**，**軌道法**，**鉄道事業法**，**有線電気通信法**，**消防法**などがある。

「電気設備に関する技術基準を定める省令」の沿革

	昭和40年6月15日	通商産業省令第61号〔制定〕
①	昭和41年11月1日	通商産業省令第127号〔電気用品の技術上の基準を定める省令の一部を改正する省令附則第2項による改正〕
②	昭和43年6月28日	通商産業省令第73号〔150カ条に及ぶ改正〕
③	昭和43年11月30日	通商産業省令第121号〔騒音規制法の制定に関連する改正〕
④	昭和44年8月20日	通商産業省令第78号〔急傾斜地の崩壊による災害の防止に関する法律の制定に関連する改正〕
⑤	昭和47年1月26日	通商産業省令第6号〔200カ条に及ぶ改正〕
⑥	昭和48年10月17日	通商産業省令第103号〔火力発電設備の振動関係の改正〕
⑦	昭和51年10月16日	通商産業省令第70号〔150カ条に及ぶ改正〕
⑧	昭和52年1月21日	通商産業省令第8号〔振動防止法の制定に関連する改正〕
⑨	昭和52年12月9日	通商産業省令第70号〔電気用品取締法政省令の改正に関連する改正〕
⑩	昭和56年7月21日	通商産業省令第43号〔低圧接触電線工事に関連する改正〕
⑪	昭和57年2月16日	通商産業省令第3号〔130カ条に及ぶ改正〕

⑫ 昭和 57 年 6 月 29 日	通商産業省令第 31 号〔電気用品取締法省令の改正に伴う合成樹脂管工事に関連する改正〕
⑬ 昭和 60 年 4 月 1 日	通商産業省令第 8 号〔架空電線に関する光ファイバケーブルの共架に関する改正〕
⑭ 昭和 61 年 3 月 25 日	通商産業省令第 8 号〔110 カ条に及ぶ改正〕
⑮ 昭和 62 年 3 月 28 日	通商産業省令第 17 号〔鉄道事業法の制定に伴う改正〕
⑯ 昭和 63 年 1 月 25 日	通商産業省令第 11 号〔大気汚染防止法施行令改正に伴う改正〕
⑰ 平成 元 年 10 月 6 日	通商産業省令第 69 号〔分岐回路の施設に関する改正〕
⑱ 平成 元 年 11 月 6 日	通商産業省令第 86 号〔分岐回路の施設に関する改正〕
⑲ 平成 2 年 5 月 30 日	通商産業省令第 23 号〔燃料電池，太陽電池及び風力発電に関する改正〕
⑳ 平成 4 年 4 月 27 日	通商産業省令第 25 号〔50 カ条に及ぶ改正〕
㉑ 平成 7 年 10 月 18 日	通商産業省令第 83 号〔常時監視をしない発電所への同一構内の考えの追加等 9 カ条の改正〕
㉒ 平成 9 年 3 月 27 日	通商産業省令第 52 号〔機能性化等に伴い，全面改正（全 285 条→全 78 条）〕
㉓ 平成 12 年 6 月 30 日	通商産業省令第 122 号〔基準・認証制度等の整理及び合理化に関する法律の制定に伴う改正〕
㉔ 平成 12 年 9 月 20 日	通商産業省令第 189 号〔特別高圧架空電線路の市街地施設制限等に関する改正〕
㉕ 平成 13 年 6 月 29 日	経済産業省令第 180 号〔水質汚濁防止法の改正に伴う改正〕
㉖ 平成 16 年 7 月 22 日	経済産業省令第 79 号
㉗ 平成 17 年 3 月 10 日	経済産業省令第 18 号〔小規模燃料電池発電設備の一般用電気工作物への位置づけに伴う改正〕
㉘ 平成 19 年 3 月 28 日	経済産業省令第 21 号〔特別高圧の電気設備の施設の禁止に関する改正〕
㉙ 平成 20 年 4 月 7 日	経済産業省令第 31 号〔電力貯蔵装置の定義に関する改正〕
㉚ 平成 23 年 3 月 31 日	経済産業省令第 15 号〔電気機械器具等からの電磁誘導による人の健康影響の防止及び水質汚濁防止法に関する改正〕
㉛ 平成 24 年 6 月 1 日	経済産業省令第 44 号〔水質汚濁防止法に関する改正〕
㉜ 平成 24 年 7 月 2 日	経済産業省令第 48 号〔電磁誘導作用による人の健康影響の防止に関する改正〕
㉝ 平成 24 年 9 月 14 日	経済産業省令第 68 号〔原子力規制委員会設置法の施行に関する改正〕
㉞ 平成 28 年 3 月 23 日	経済産業省令第 27 号〔一般電気事業を一般送配電事業とする改正〕
㉟ 平成 28 年 9 月 23 日	経済産業省令第 91 号〔サイバーセキュリティの確保等に関する改正〕
㊱ 平成 29 年 3 月 31 日	経済産業省令第 32 号
㊲ 令和 2 年 5 月 13 日	経済産業省令第 47 号〔架空電線路の支持物設計条件に関する改正〕
㊳ 令和 3 年 3 月 10 日	経済産業省令第 12 号〔用語の定義に関する電気事業法条文の修正〕
㊴ 令和 3 年 3 月 31 日	経済産業省令第 28 号〔常時監視をしない発電所等の施設に関する改正〕
㊵ 令和 4 年 3 月 31 日	経済産業省令第 24 号〔配電事業者制度開始に伴う改正〕
㊶ 令和 4 年 6 月 10 日	経済産業省令第 51 号〔サイバーセキュリティの確保〕
㊷ 令和 4 年 11 月 30 日	経済産業省令第 88 号〔電気事業法施行規則等の一部改正〕

第３節　解釈制定及び改正のあゆみ

平成９年３月省令改正及び同年５月解釈制定の概要

〔1〕 改正の経緯

電気事業法に基づく「電気設備に関する技術基準を定める省令」（以下この節において「省令」という。）が全面改正され，新しい省令が平成9年3月27日付けの官報に掲載され，同年6月1日から施行された。

また，今回の省令の改正では，特定の目的を実現するための具体的な手段，方法等を規定せず必要な性能のみで基準を定める機能性基準化を行ったため，如何なる規格の資機材又は施設方法が省令を満たすかを判断することが困難となるおそれがあることから，具体的な材料の規格，数値，計算式等を記載した「電気設備の技術基準の解釈」（以下「解釈」という。）を5月末に公表した。

電気設備に関する技術基準を定める省令（昭和40年通商産業省令第61号）

全　面 ↓ 改　正

電気設備に関する技術基準を定める省令（平成9年通商産業省令第52号）

〔2〕 省令の役割

電気事業法に基づく省令は，公共の安全確保，電気の安定供給の観点から電気工作物の設計，工事及び維持に関して遵守すべき基準として，また，これらに係る国の審査・検査の基準として定められており，電気工作物の保安確保の柱をなすものである。

平成7年4月の電気事業法の改正により，工事計画の認可・届出，使用前検査，定期検査等の合理化を図り，自己責任原則を重視した自主保安を基本とした保安体型を整備した中で省令の役割は重要な位置を占めている。

〔3〕 見直しの方向

電気料金の内外価格差の是正を図るには，コストダウンのための低価格の内外資機材の調達拡大や外国規格による海外製品輸入のための条件整備が求められている。

また，保安規制の合理化に対応して，技術進歩に即応した迅速な基準の改正が求められるとともに，基準整備に当たって，民間活力の活用，民間規格の積極的な活用が求められている。

このような状況を踏まえ，平成6年12月の電気事業審議会需給部会電力保安問題検討小委員会報告においては，以下の方向に沿って見直しを行うよう提言されている。

(1) 技術進歩，環境変化等により，簡素化しても保安上支障がない条項を整理削減し，基準を簡素化。

(2) 設置者等の利便が向上し，かつ基準の客観性が確保可能な場合には，機能性基準の視点を導入。

(3) 公正，中立と認められるような外国の規格，民間規格等を導入。

〔4〕 省令の改正概要

(1) 条項の整理削減について

近年の保安実績及び技術進歩の動向を考慮し，かつ事業者の自己責任原則を重視する観点から不要となった条項を整理削減し，技術基準を電気工作物の保安上欠かすことのできないものに限定する。また，技術基準の機能性化を図ることにより，類似規定の整理統合を行う。

(2) 基準の機能性化について

基準の機能性化とは，保安上必要な性能のみで基準を定め，当該性能を実現するための具体的な手段，方法等を規定しないことを意味している。現行技術基準及び告示において詳細に規定されている材料の規格，数値，計算式等については，設置者の自主的な判断に委ねるものとして削除し，保安上必要な機能要件のみを省令に規定するよう改正を行う。

<機能性化の目的>

① 技術進歩への迅速かつ柔軟な対応が可能

→保安上必要な性能を実現するための具体的な手段・方法が限定されていないことから技術進歩に伴う新たな資機材・施工方法を速やかに使用できる。

② 資機材の選択の幅が拡大

→国内の民間規格により製造された資機材のほか海外の民間規格により製造されたものも使用することができる。

③ 事業者による創意工夫の増大

→使用可能な資機材・施工方法の幅が拡大することに伴い，機器メーカー等の開発意欲が促進される。

④ 規格等の国際整合化の促進

→国際電気標準会議（IEC）規格等の民間規格を国内基準に取り入れることが容易となる。

⑤ 上記①から④によるコスト削減の期待

→内外の資機材を低価格で調達することが可能となるとともに，多様な施工方法から安価で最適な方法を採用することができる。

(3) 外国の規格，民間規格等の取り入れについて

上記で述べたように技術基準を機能性化することによって，電気工作物を設置しよう

とする者が技術基準に定める保安性能を確保し得る範囲内で，外国の規格や民間規格等による電気工作物を設置することが可能となる。

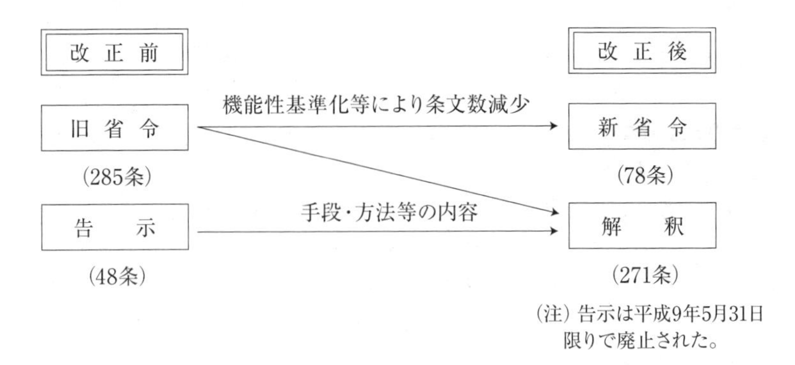

〔5〕 省令，解釈の位置付け

電気事業法に基づく各種の行政処分については，その迅速かつ透明な処理の確保，行政運営における公正の確保及び処分の相手方の権利利益の保護の観点から行政手続法の規定に基づき「電気事業法に基づく経済産業大臣の処分に係る審査基準等について」（以下「審査基準等」という。）が制定されている。

この審査基準等には，以下の規定に係る行政処分を行う場合の判断基準が規定されており，「省令に適合しているか否かは個々の事例ごとに判断するものであるが，『電気設備の技術基準の解釈』の該当部分のとおりである場合には，技術基準に適合するものとする。」とされている。

① 事業用電気工作物の工事計画の認可（第 47 条第 1 項）
② 事業用電気工作物の工事計画の変更認可（第 47 条第 2 項）
③ 使用前検査（第 49 条第 1 項）
④ 定期検査（第 54 条第 1 項）
⑤ 事業用電気工作物の修理命令，使用停止命令等（第 40 条）
⑥ 工事計画の変更命令及び廃止命令（第 48 条第 4 項）
⑦ 一般用電気工作物の修理命令，使用停止命令等（第 56 条第 1 項）

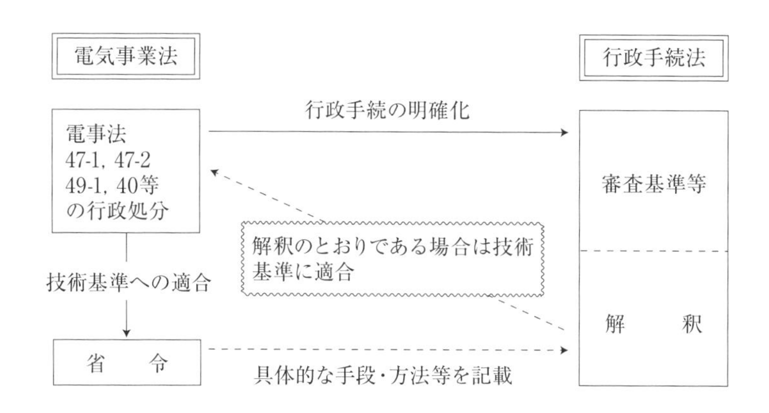

〔6〕 解釈の法的効果

行政処分を行う場合に技術基準への適合義務が課されているが，これは省令に対してであり，解釈は，行政庁が処分手続きを行う場合の処理基準を具体的に明示したものである。

今回の省令の改正に伴い，新たに制定された解釈は，改正前の省令，告示で規定していた内容に相当する事項を含んでいるが，省令の規定を満たしうるものはこれが全てではない。

したがって，解釈によらないものであっても，それが省令に適合するものであることを設置者が省令の内容に照らして十分な保安水準の確保が達成できる技術的根拠をもって行う場合は，設置者の判断により設置することが可能となる。

よって，解釈には，前書きに以下のように規定されている。

『この電気設備の技術基準の解釈は，当該設備に関する技術基準を定める省令に定める技術的要件を満たすべき技術的内容をできる限り具体的に示したものである。なお，当該省令に定める技術的要件を満たすべき技術的内容はこの解釈に限定されるものではなく，当該省令に照らして十分な保安水準の確保が達成できる技術的根拠があれば，当該省令に適合するものと判断するものである。』

〔7〕 解釈の制定概要

解釈は，平成９年３月の省令改正前の省令，告示を基に以下の点を勘案し，新たに作成したものである。

(1) 使用されていない電気設備であって今後とも使用される見込みのないものを削除したもの。

(2) 電線の材質・構造等の基準は，技術革新による新たな材料等の使用を阻害することが考えられるため性能基準を併記したもの。

(3) 取入れることが可能なIEC規格等の国際規格を追加したもの。

(4) 利便性が図れる場合には，条文の統合・分離を行ったもの。

(5) 単位を国際単位系（SI単位）に変更。

(6) 解釈は判断基準となるため，「～でなければならない。」「～してはならない。」という強制的な表現を改め「～であること。」「～しないこと。」に変更。

(7) 特殊な設計による施設の認可に係る旧省令第4条及び第5条を削除。

(8) その他

・接地工事の名称の変更

第1種接地工事	→	A種接地工事
第2種接地工事	→	B種接地工事
特別第3種接地工事	→	C種接地工事
第3種接地工事	→	D種接地工事

〔8〕 告示の廃止，通達の取込み

告示については，その内容を解釈に取り込んだため，平成9年通商産業省告示第171号により廃止した。

また，通達については，「電気事業法の一部改正に伴う関係通達の廃止について」（平成7年12月1日付け，資公部第411号）により一部廃止したが，今後，一般的に廃止の方向であることから，今回の改正により，解釈及び解説に取込むこととした。

平成23年7月解釈改正の概要

(1) 条文構成の組替え及び表現の適正化

今回の改正前後において省令に定める技術基準への適合性判断等，これまでの法執行業務における運用は変えないことを前提として，以下に掲げる改正を行った。

・条文構成の見直し，表現の適正化及び用語の定義の整理

・解釈の解説に記載されている省令に定める技術基準への適合性判断に関係する事項の解釈への引き上げ

(2) 鉄骨造等の建造物における等電位ボンディングによる接地工事の規定

・第18条【工作物の金属体を利用した接地工事】

IEC規格に規定されており，海外において広く行われている等電位ボンディングによる接地工事について，新たに規定した。

(3) IEC61936-1規格の改定への対応

・第219条【IEC61936-1規格の適用】

引用する規格を最新のものとした。

(4) 引用JISの改正への対応

・以下の条文における引用JISの年号及び名称を最新のものとした。

第9条，第40条，第56条，第57条，第122条，第163条，第183条

(5) 高圧又は35kV以下の特別高圧のケーブルをケーブル用防護具に収める場合の植物との離隔距離

・第79条【低高圧架空電線と植物との接近】，第106条【35,000V以下の特別高圧架空電線と工作物等との接近又は交差】

高圧又は35kV以下の架空電線と植物との離隔を示した第79条及び第106条について，日本電気技術規格委員会規格　JESC E2020（2010）「耐摩耗性能を有する『ケーブル用防護具』の構造及び試験方法」が制定されたことを踏まえ，同規格の規定により施設する場合を追加した。

(6) 臨時電線路として使用する35kV以下の特別高圧絶縁電線を特別高圧防護具に収める場合の造営物との離隔距離

・第133条【臨時電線路の施設】

臨時電線路として使用する電線と造営物との離隔距離を規定した第133条について，日本電気技術規格委員会において，日本電気技術規格委員会規格 JESC E2021（2010）「臨時電線路に適用する防護具及び離隔距離」が制定されたことを踏まえ，同規格の規定により施設する場合を追加した。

(7) 引用JESC規格の改定への対応

・以下の条文における引用JESCの年号を最新のものとした。

第15条，第16条，第20条

平成24年6月解釈改正の概要

(1) 太陽電池発電設備の施設に係る規定の改定

① 直流電路用ケーブルに係る規定の追加（第10条，第46条）

日本電線工業会から，日本電線工業会が制定した太陽電池発電設備の直流電路で使用するケーブル（以下「PV ケーブル」という。）を高圧の範囲（直流1,500V以下のものに限る。）で使用したいとの要望があり，平成22年度電気設備技術基準適合評価において検討を行った。検討結果を踏まえ，解釈第46条にPV ケーブルの規格を使用することができることを示す規定を追加した。

② 太陽電池発電所等の施設方法に係る規定の改定（第46条，第200条）

規制の合理化の観点から，火力発電所，水力発電所などの場合に合わせ，事業用電気工作物にあたる太陽電池発電所の施設に係る詳細規定の一部（旧解釈第46条1項）を，小出力発電設備（解釈第200条2項）での規定とした。

(2) 電気自動車等の供給設備等の施設方法に係る規定の追加

平成23年度燃料電池等活用調査事業において，電気自動車等を一般家庭等の電源として活用する場合における電気事業法上の安全確保策についての検討を行った。また，電気自動車等の充電設備には対地電圧が150Vを超えるものも存在するため，対地電圧が150Vを超えるものについての安全確保策についても検討を行った。検討結果を踏平成24年7月解釈改正の概要まえ第199条の2に電気自動車等から電気を供給するための設備等の施設の規定を追加した。

(3) JESC規格改定への対応

最新のJESC規格が省令に規定する技術基準を満足することの確認，及び解釈への引用要請が

なされたことを踏まえ，新しいJESC規格に改めた。（第113条，第166条）

(4) IEC 60364規格の改定への対応

第218条において，引用する規格を最新のものとした。

(5) 引用JISの改定への対応

・以下の条文における引用JESCの年号を最新のものとした。

第9条，第16条，第40条，第56条，第122条，第188条，第195条，第197条

平成24年7月解釈改正の概要

電磁誘導作用による人の健康に及ぼす影響の防止（省令第3条）について，鉄道に関する設備は鉄道に関する法令において規制を行うこととなった。解釈第2条において，鉄道に関する設備は電磁誘導作用による人の健康に及ぼす影響の防止（第31条, 第39条）を適用除外とした。

平成25年3月解釈改正（解釈廃止及び制定）の概要

電気設備の技術基準の解釈（平成9年5月制定，平成24年7月2日最終改正）を廃止し，「電気設備の技術基準の解釈」（20130215商局第4号）を経済産業省商務流通保安グループの文書として新たに制定した。

解釈の制定にあわせ，太陽電池モジュールの絶縁性能確認について，小出力発電設備だけではなく使用電圧が低圧の太陽電池モジュールについても，第16条第5項第二号の規定を適用可能とした。また，太陽電池モジュールに接続される逆変換装置（いわゆるパワーコンディショナー）の絶縁性能確認について，第16条第6項第五号を追加し，同条同項第一号の規定だけではなく，JEC-2470（2005）による絶縁耐力試験及び常規対地電圧の印加試験による確認方法も追加した。

平成25年5月解釈改正の概要

(1) IEC 60364規格の改定への対応

第218条において，引用する規格を最新のものとした。

(2) 引用JISの改定への対応

第33条，第40条，第163条，第172条における引用JISを最新のものとした。

(3) 金属製水道管を利用した接地工事の改定

金属製水道管を接地極として利用した接地工事はその実施が確認されておらず，また近年施設される水道管は，接地極として利用できない絶縁性のものが多くなっている点を踏まえ，当該工事に係わる規定を廃止した。（第18条・第19条）

(4) バンク逆潮流制限に係わる規定の改定

第228条で規定する，配電用変電所の配電用変圧器における逆潮流の制限（バンク逆潮流制限に係わる規定）は，平成25年3月に開催された産業構造審議会保安分科会電力安全小委員会（第2回）において，一定の安全上の措置を講じればバンク逆潮流制限の緩和は可能との結論が得られたことを踏まえ改正した。

平成25年10月解釈改正の概要

電気設備の技術基準の解釈第46条で規定する太陽電池発電設備用直流ケーブルについて，平成25年8月に開催された産業構造審議会保安分科会電力安全小委員会(第3回)の報告を踏まえ，導体断面積が60mm^{2}までの規定を追加した。

平成25年12月解釈改正の概要

電気用品の技術上の基準を定める省令の全部を改正する省令が平成26年1月1日から施行されること（平成25年経済産業省令第34号）及び電気用品の技術上の基準を定める省令の解釈の全部改正について平成26年1月1日から適用されること（20130605商局第3号）を踏まえ，引用している条文の改正を行った。

平成26年7月解釈改正の概要

(1) IEC 60364規格の改定等への対応（第218条）

平成24年度，平成25年度電気施設技術基準国際化調査事業において，IEC60364シリーズのIEC規格及び対応するJISのうち，IEC規格の4規格が改定又は新規制定されこれらの規格が省令に規定する技術基準を満足するものであることを確認したことを踏まえ，解釈第218条（218-1表）を改正した。

(2) 引用JISの改定への対応（第56条，第57条，第173条，第183条，第194条）

平成24年度電気設備技術基準関連規格等調査事業において，電技解釈が引用しているJISのうち改正されたものにつき，最新のJISを引用することの妥当性を調査・検討した結果，妥当であるとの結論が得られたものについて改正を行った。

平成27年12月解釈改正の概要

(1) 常時監視しないことができる固体酸化物形燃料電池（SOFC）発電所の圧力要件について

JESCにおいて，合計出力300kW未満，圧力1MPa未満までのSOFCについては，異常を検出した場合に自動停止する装置を施設すること等により，「異常が生じた場合に安全かつ確実に停止することができ」，安全性が確保されることがリスク評価や実証試験により評価されており，これを踏まえ，解釈第47条を改正した。

(2) 電技解釈に引用している規格（JESC規格等）の最新版の取り込み

電技解釈が引用している規格のうち改正されたものにつき，最新のJISを引用することの妥当性を調査・検討した結果，妥当であるとの結論が得られたものについて改正を行った。

平成28年4月解釈改正の概要

平成26年6月に，電気の小売業への参入の全面自由化を主な内容とする電気事業法等の一部を改正する法律(平成26年法律第72号)が成立したことを踏まえ，これまでの「一般電気事業者」等の名称を使用している以下の条項について，名称の更新を行った。

①第47条【常時監視をしない発電所の施設】

②第218条【IEC 60364規格の適用】

③第 220 条【分散型電源の系統連系設備に係る用語の定義】
④第 222 条【限流リアクトル等の施設】
⑤第 225 条【一般電気事業者との間の電話設備の施設】
⑥第 227 条【低圧連系時の系統連系用保護装置】
⑦第 229 条【高圧連系時の系統連系用保護装置】
⑧第 230 条【特別高圧連系時の施設要件】
⑨第 231 条【特別高圧連系時の系統連系用保護装置】

平成 28 年 5 月解釈改正の概要

(1) 低圧の配線に使用可能な絶縁電線の種類の追加について

JESC において，引込用ポリエチレン絶縁電線（DE 電線）についても，引込用ビニル絶縁電線（DV 電線）と同等の安全が確保されると判断されたことを踏まえ，DV 電線について規定している解釈第 65 条【低高圧架空電線路に使用する電線】，第 110 条【低圧屋側電線路の施設】，第 157 条【がいし引き工事】，第 179 条【トンネル等の電気設備の施設】，第 180 条【臨時配線の施設】，第 185 条【放電灯の施設】について，DE 電線に係る規程を追加した。

(2) 地中電線相互の離隔距離について

JESC において，「電気用品の技術上の基準を定める省令の解釈について（20130605 商局第 3 号）」に基づく難燃性試験に適合する被覆等の耐燃措置を施した地中電線は，電線相互の離隔距離が 0.1m 以上であれば，安全が確保されると判断されたことを踏まえ，解釈第 125 条【地中電線と他の地中電線等との接近又は交差】において，当該離隔距離に係る規程を追加した。

(3) 電技解釈で引用している JESC 規格の最新版への更新について

電技解釈で引用している以下の JESC 規格について，保安水準に影響を与えない項目の改正が行われたことを踏まえ，最新版への更新を行った。

該当条文	引用規格
第 15 条【高圧又は特別高圧の電路の絶縁性能】	JESC E7001
第 16 条【機械器具等の電路の絶縁性能】	JESC E7001
第 20 条【電気機械器具の熱的強度】	JESC E7002
第 29 条【機械器具の金属製外箱等の接地】	JESC E2019
第 37 条【避雷器等の施設】	JESC E2018

平成 28 年 9 月 13 日解釈改正の概要

(1) 地中電線と地中弱電流電線等との離隔について

国土交通省の「無電柱化低コスト手法技術検討委員会」の中間とりまとめ（平成 27 年 12 月 25 日）において，地中弱電流電線等が有線電気通信設備令施行規則（昭和 46 年郵政省令第 2 号）に適合した難燃性の防護被覆を使用したものである場合について，一定の場合には離隔距離を取る必要がないこと等が示され，解釈第 125 条【地中電線と他の地中電線等との接近又は交差】における離隔距離に係る規定を改正した。

また，地中電線を光ファイバーケーブルと接近又は交差して施設する場合の規定について，有線電気通信設備令施行規則における規定ぶりと平仄を揃えるなど，所要の修正を行った。

(2) 太陽電池モジュールの支持物の強度に係る規定について

平成23年3月30日に公布された建築基準法施行令の一部を改正する政令（平成23年政令第46号）により，太陽電池発電設備は建築基準法上の工作物としての規定が適用されなくなったことから，解釈第46条【太陽電池発電所等の電線等の施設】第2項において建築基準法を引用して，支持物の強度を規定している。

建築基準法では「高さ」が4 mを超える太陽電池発電設備について規定していたが，電技解釈は，太陽電池モジュールの「支持物」が4 mを超える場合について規定しており，規定の範囲に差異が生じていた。そのため，従来の建築基準法で規定していた範囲に合わせるよう，規定の改正を行った。

平成28年9月23日解釈改正の概要

近年，サイバー攻撃等の脅威が高まっていることを踏まえ，平成27年6月の産業構造審議会保安分科会電力安全小委員会（第10回）において，電気事業者に対してサイバーセキュリティ対策を行うことを求めるため，電気事業法における保安規制に，サイバーセキュリティ対策を組み入れるべきとの結論が得られた。そこで，サイバーセキュリティに関する規定を整備した。

平成29年8月14日解釈改正の概要

(1) 燃料電池発電設備や蓄電池に関する対地電圧と接地工事内容の変更

JESCにおいて，燃料電池発電設備や蓄電池に接続される屋内配線についても，太陽電池モジュールに接続するものと同様の施設条件とすれば，対地電圧を直流450V以下としても安全性が確保されると確認されたため，電技解釈第143条を改正した。

同様の理由から，機械器具の金属製外箱等の接地工事について定めた電技解釈第29条についても改正を行い，太陽電池モジュールに接続する場合の規定内容を，燃料電池発電設備や蓄電池の場合にも適用した。

(2) 太陽電池発電設備の標準仕様の明確化

第15回産業構造審議会保安分科会電力安全小委員会（平成29年3月）での審議を踏まえ，電技解釈第46条において，強度計算を実施しない場合の地上設置型太陽電池発電設備の架台や基礎の設計例等の，具体的な標準仕様を明記した。

(3) IEC 60364規格の制改定への対応

平成28年度電気施設保安制度等検討調査（電気設備技術基準国際化調査）において，同シリーズのうち近年制改定された2規格については，電技解釈に取り入れ可能であると確認されたことを踏まえ，218条（218-1表）を改正した。

(4) 電技解釈で引用しているJESC規格の最新版への更新

電技解釈で引用している以下のJESC規格について，保安水準には影響を与えない項目について改正が行われたことを踏まえ，規格の名称について最新版への更新を行った。

該当条文	引用規格
第79条【低高圧架空電線と植物との接近】	JESC E2020
第106条【35,000V以下の特別高圧架空電線と工作物等との接近又は交差】	JESC E2020
第133条【臨時電線路の施設】	JESC E2021
第172条【特殊な配線等の施設】	JESC E6003

平成 30 年 10 月 1 日解釈改正の概要

(1) 電力変換装置の電路の絶縁性能に関する規定の改正

JESC において，太陽電池発電設備に用いる逆変換装置以外の電力変換装置の電路の絶縁性能に関し，JEC-2470 を適用して確認することの安全性について検討が行われた。その結果，JEC-2470 に基づく確認であっても，必要な安全性が確保できることが確認された。

これを踏まえ，電技解釈第 16 条第 6 項第 5 号の適用範囲を拡大し，太陽電池発電設備に用いる逆変換装置以外の電力変換装置も対象とする改正を行った。

(2) 太陽電池発電設備の支持物の強度に関する規定の改正

太陽電池発電設備については，ここ数年，公衆安全に影響を与える重大な設備損壊被害が発生している状況にあった。そこで，太陽電池発電設備の安全を確保するための基準について，第 16 回産業構造審議会保安・消費生活用製品安全分科会電力安全小委員会（平成 30 年 3 月）で審議した結果，具体的な仕様の例示としては，改訂された日本工業規格 JIS C 8955 を採用することが適当とされた。これを踏まえ，電技解釈第 46 条を改正した。

(3) IEC 60364 規格の制改定への対応

平成 29 年度新エネルギー等の保安規制高度化事業（電気設備技術基準国際化調査）において，同シリーズのうち近年制改定された 5 規格については，電技解釈に取り入れ可能であると確認されたことを踏まえ，218 条（218-1 表）を改正した。

(4) 電技解釈で引用している JESC 規格の最新版への更新

電技解釈で引用している以下の JESC 規格について，保安水準には影響を与えない項目について改正が行われたことを踏まえ，規格の名称について最新版への更新を行った。

該当条文	引用規格
第 129 条【橋に施設する電線路】	JESC E2016
第 130 条【電線路専用橋等に施設する電線路】	JESC E2016
第 133 条【臨時電線路の施設】	JIS G3525

令和 2 年 2 月 25 日解釈改正の概要

(1) 太陽電池モジュールの支持架台の標準仕様を追加し，小出力発電設備である太陽電池発電設備について仕様を規定化。また，土砂流出等を防止する新たな規定を設ける改正

第 17 回新エネルギー発電設備事故対応・構造強度ワーキンググループ（令和元年 7 月）において，既存の鋼製架台に加えて，アルミニウム合金製架台の標準設計仕様についても同条に追加するとともに，小出力発電設備である太陽電池発電設備については，それらの仕様に従うことを求め，実質的に「仕様規定化」を図ることが適当とされた。

これを踏まえ，アルミニウム合金製架台の標準設計仕様を電技解釈第 46 条第 3 項に追加するとともに，電技解釈第 200 条を改正し，同項の適用を実質的に求めることとした。（ただし，太陽電池モジュールの支持物が技術基準を満たす強度等を有していることを構造計算書等で説明できる場合は，この限りではない。）

また，同じく第 17 回新エネルギー発電設備事故対応・構造強度ワーキンググループにおいて，太陽電池発電設備を斜面等に設置する際，それによって土砂流出等が発生し，敷地外に被害を与えることが無いよう，支持物を施設することを規定することが適当とされた。

これを踏まえ，電技解釈第46条及び第200条に，土地に自立して施設される太陽電池発電設備の支持物の施設による土砂流出等を防止する措置を講じることを新たに規定した。

(2) 170kVを超える特別高圧架空電線に係る離隔距離について

JESCにおいて，諸外国における離隔距離の規程や事故実績等を考慮して改定したJESC E2012「170kVを超える特別高圧架空電線に関する離隔距離」に基づく離隔距離を確保すれば，安全が確保されると判断されたことを踏まえ，特別高圧架空電線の離隔距離に係る電技解釈第97条，第98条，第99条，第100条，第101条，第102条，第103条において，当該離隔距離に係る規程を追加した。

(3) IEC 60364規格の制改定への対応

平成30年度産業保安等技術基準策定研究開発等事業(電気設備技術基準国際化調査)において，同シリーズのうち近年制改定された7規格については，電技解釈に取り入れ可能であると確認されたことを踏まえ，218条（218-1表）を改正した。

(4) 電技解釈で引用しているJESC規格の最新版への更新

電技解釈で引用している以下のJESC規格について，保安水準には影響を与えない項目について改正が行われたことを踏まえ，規格の名称について最新版への更新を行った。

該当条文	引用規格
第15条【高圧又は特別高圧の電路の絶縁性能】	JESC E7001
第16条【機械器具等の電路の絶縁性能】	JESC E7001
第20条【電気機械器具の熱的強度】	JESC E7002
第37条の2【サイバーセキュリティの確保】	JESC Z0003 JESC Z0004
第126条【トンネル内電線路の施設】	JESC E2014
第132条【屋内に施設する電線路】	JESC E2017

令和2年5月13日解釈改正の概要

令和元年9月に関東地方に上陸した台風15号により，千葉県内にある鉄塔2基の倒壊事故や多数の電柱が損壊する事故の発生を受け，産業構造審議会保安・消費生活用製品安全分科会 電力安全小委員会の下に設置された「令和元年台風15号における鉄塔及び電柱の損壊事故調査検討ワーキンググループ」において，事故の原因究明や技術基準の適切性，再発防止策について，近年の自然災害を踏まえ専門的な観点から審議・検討を実施。議論を踏まえ，以下の事項についての所要の改正を電技解釈第58条，59条，61条，63条，70条，81条，100条に対して実施。

①現行の基準風速40m/sを維持するとともに，40m/sについて「10分間平均」を明確化。

②特殊地形を考慮すること。

(従来より民間規格にて規定されていた3類型（山岳部，海岸周辺，岬・島しょ部）に加え，今般の鉄塔事故事案の類型を追加)

③連鎖倒壊防止の対象を，特別高圧（送電線）から高圧（配電線）にまで拡大。

令和2年6月1日解釈改正の概要

従来，土地に自立して設置される太陽電池発電設備が一般的であったが，今般，設置形態の多様化により，水面に設置される太陽電池発電設備が増加している。それらの事故実績等を考慮し，新エネルギー発電設備事故対応・構造強度ワーキンググループにおいて，水面に設置される太陽電池モジュールの支持物についても，要求する性能について具体的に規定することが適当とされた。これを踏まえ，水面に設置される太陽電池モジュールの支持物について，設計時に考慮・検討すべき水面特有の荷重・外力（波力・水位等），部材，基礎（アンカー）の要求性能について，電技解釈第 46 条第 2 項に具体的に明記する改正を行った。

令和 2 年 8 月 12 日解釈改正の概要

令和元年 9 月に関東地方に上陸した台風 15 号により，千葉県内にある鉄塔 2 基の倒壊事故や多数の電柱が損壊する事故が発生した。産業構造審議会保安・消費生活用製品安全分科会 電力安全小委員会の下に設置された「令和元年台風 15 号における鉄塔及び電柱の損壊事故調査検討ワーキンググループ」において，事故の原因究明や技術基準の適切性及び再発防止策について，近年の自然災害を踏まえ専門的な観点から審議・検討を実施し，鉄塔の強度設計において地域の実情に応じた基準風速の適用を行うことが適当であるという結論に基づき，電技解釈第 58 条の改正を行った。

令和 3 年 3 月 31 日解釈改正の概要

(1)　遠隔常時監視制御方式に関する規定の整備

汽力及び大型ガスタービン発電所において，従来は発電所又は発電所と同一の構内からの発電設備の運転に係る常時監視・制御が必須であった。IoT 技術等の進展や活用により，発電所構外からの遠隔での常時監視・制御が技術的に可能となり，加えて，保守・管理の高度化も期待されることから，同一構内等における常時監視（「制御」は付随する機能。）と同等の保安水準での常時監視を実現することを条件に，発電所構外からの常時監視が可能とする選択肢が示された。これを踏まえ，第 47 条において，新しく「遠隔常時監視制御方式」に関する規定を整備した。

(2)　発電用太陽電池設備に関する技術基準を定める省令の整備に伴う改正

該当条文：第 46 条（第 2 項以降削除），第 200 条（第 2 項第二号以下削除）

令和 3 年 5 月 31 日解釈改正の概要

電技解釈で引用している JIS 規格等を最新のものに更新した。民間規格評価機関（「民間規格評価機関の評価･承認による民間規格等の電気事業法に基づく技術基準（電気設備に関するもの）への適合性確認のプロセスについて（内規）」（20200702 保局第 2 号 令和 2 年 7 月 17 日）に定める要件への適合性が国により確認され，公表された機関をいう。）が承認した電技解釈第 57 条に引用されている規格については，当該民間規格評価機関がホームページに掲載するリストを参照する改正を行った。

令和 4 年 4 月 1 日解釈改正の概要

(1)　電技解釈で引用している JIS 規格等を最新のものに更新

・JIS 規格等を引用している電技解釈の以下の該当条文について，規格を最新のものに更新した。

・民間規格評価機関※である日本電気技術規格委員会において，技術基準への適合性確認プロセスを経て承認された規格等について，電技解釈にて引用及び更新を行った。

※民間規格評価機関：「民間規格評価機関の評価・承認による民間規格等の電気事業法に基づく技術基準（電気設備に関するもの）への適合性確認のプロセスについて（内規）」（20200702保局第2号令和2年7月17日）に定める要件への適合性が国により確認され，公表された機関。

該当条文：

第9条，第15条，第16条，第18条，第20条，第31条，第34条，第39条，第40条，第46条，第50条，第56条，第57条，第79条，第106条，第113条，第120条，第122条，第125条，第133条，第165条，第166条，第172条，第195条，第197条

(2) IEC 60364シリーズの規格の制改定への対応

・需要場所に設置される低圧の電気設備は，電技解釈第218条に規定するIEC 60364シリーズの規格に基づき施設できることとされている。同シリーズの規格は随時制改定されているところ，同シリーズのうち近年制改定された1規格については，一部を除き電技解釈に取り入れ可能であると確認されたことを踏まえ，電技解釈の第218条を改正した。

該当条文：第218条

(3) 配電事業者制度開始に伴う対応

・配電事業者制度の開始に伴い，関連する条文の改正を行った。

該当条文：

第37条の2，第47条の2，第218条，第220条，第222条，第225条，第227条，第229条，第230条，第231条

・特に配電事業者による運用が想定される地域独立系統※の保安要件を規定した。

※地域独立系統：災害等による長期停電時に，隣接する一般送配電事業者，配電事業者又は特定送配電事業者が運用する電力系統から切り離した電力系統であって，その系統に連系している電源によって電力を供給することにより運用されるもの。

該当条文：第220条，第229条，第233条，第234条

(4) 低圧地中電線における施設要件の明確化

・地中電線路の直接埋設式による施設であって，低圧地中線を施設する場合の要件を規定した。

該当条文：第120条

(5) 分散型電源における系統連系要件の見直し

・低圧連系を行う分散型電源の施設における，逆潮流を生じる場合の逆変換装置の設置の要件について，これと同等の場合はこの限りではないこととする改正を行った。

該当条文：第226条，第227条

(6) その他の改正

・他法令の改正に伴う改正等を行った。

該当条文：第199条の2，第225条

令和４年６月10日解釈改正の概要

(1) 電技省令の一部改正

・CSの確保の拡大（第15条の2）

電気工作物のうち，一般送配電事業，送電事業，配電事業，特定送配電事業又は発電事業の用に供するものについては，電技省令第15条の2に基づき，CSの確保が義務づけられているが，自家用電気工作物にも対象を拡大し，全ての事業用電気工作物を対象にCSの確保を義務づけることとする。

(2) 電気設備の技術基準の解釈（20130215商局第4号）の一部改正

・ガイドラインの引用（第37条の2第3号）

電技省令の技術的要件を満たすものと認められる技術的内容として具体的な構造，材料等に係る仕様を示した「電気設備の技術基準の解釈」において，自家用電気工作物（発電事業の用に供するものを除く。）に対する電技省令第15条の2に規定するCSの確保は，(3)において新規に制定する「自家用電気工作物に係るサイバーセキュリティの確保に関するガイドライン（内規）」によることとする。

(3) 自家用電気工作物に係るサイバーセキュリティの確保に関するガイドライン（内規）の制定

CSの確保の義務づけの対象を全ての事業用電気工作物に拡大することに伴い，新たに対象となった自家用電気工作物（発電事業の用に供するものを除く。）が電技省令を満たすための具体的なCS対策の内容について，自家用電気工作物に係るサイバーセキュリティの確保に関するガイドライン（内規）（以下「ガイドライン」という。）において示す。

(4) 電気事業法施行規則第50条第3項第9号の解釈適用に当たっての考え方（内規）の制定

特定送配電事業又は発電事業（法第38条第3項第5号に掲げる事業を除く。）の用に供する事業用電気工作物及び自家用電気工作物の設置者についてもCSの確保を求めることとするため，法第42条第1項及び施行規則第50条の規定によりこれらの者が定める保安規程については，同条第3項第9号に基づきCSの確保を明記することを求めることとし，施行規則第50条第3項第9号の解釈適用に当たっての考え方（内規）を定める。

当該内規においては，保安規程に具体的に規定すべき事項について，特定送配電事業又は発電事業（法第38条第3項第5号に掲げる事業を除く。）の用に供する事業用電気工作物については日本電気技術規格委員会規格JESCZ0003（2019）「スマートメーターシステムセキュリティガイドライン」及びJESC Z0004（2019）「電力制御システムセキュリティガイドライン」によること，自家用電気工作物については，ガイドラインによることを示す。

令和４年11月30日解釈改正の概要

一定の地域内における災害時等の活用，電力系統に対する調整力の提供等を目的に，事業者が蓄電用の電気工作物を単体で設置するような運用が本格化する事を見込み，当該設置形態を蓄電所と定義することとし，適切な保安規制を講じた。

令和5年3月20日解釈改正の概要

令和5年3月20日付けで高圧ガス保安法等の一部を改正する法律（令和4年法律第74号，以下「改正法」という。）の一部施行等に伴う関連内規の改正規定が公布された。

(1) 改正法により，小規模事業用電気工作物や登録適合性確認機関が新設されたことを受け，所要の改正を行った（施行日は令和5年3月20日）。

(2) 電気事業法施行規則及び電気関係報告規則の一部を改正する省令（令和5年経済産業省令第9号）によって改正された電気関係報告規則（昭和40年通商産業省令第54号）第1条第2項第6号に係る運用を規定した（施行日は令和5年3月31日）。

令和5年12月26日解釈改正の概要

(1) 電技解釈で引用しているJIS規格等を最新のものに更新

・JIS規格等を引用している電技解釈の以下の該当条文について，規格を最新のものに更新する。なお，この解釈に引用する規格のうち，民間規格評価機関（「民間規格評価機関の評価・承認による民間規格等の電気事業法に基づく技術基準（電気設備に関するもの）への適合性確認のプロセスについて（内規）」（20200702保局第2号 令和2年7月17日）に定める要件への適合性が国により確認され，公表された機関をいう。）が承認した規格については，当該民間規格評価機関がホームページに掲載するリストを参照してください。

※民間規格評価機関における規格リスト公開ページ

日本電気技術規格委員会　https://www.jesc.gr.jp//jesc-assent/quotation.html

該当条文：第46条，第56条，第57条，第129条，第130条，第175条，第197条

(2) 電技解釈で引用している廃止されているJIS規格を最新の規格等に更新

・廃止されたJIS規格を引用している電技解釈の該当条文について，代替となる民間規格に改定する。

・代替規格が存在しない場合は，同等の保安水準となる性能を規定する。

該当条文：第159条，第188条

(3) IEC 60364シリーズ，IEC 61936-1規格の制改定への対応

・需要場所に設置される低圧の電気設備は，電技解釈第218条に規定するIEC 60364シリーズの規格に基づき施設できることとされている。

・建物やフェンスで仕切られ，専門家のみが立ち入ることができる“閉鎖電気運転区域”（構内）の交流1kV超過の電力設備は，電技解釈第219条に規定するIEC 61936-1に基づき施設できることとされている。

・上記規格は随時制改定されているところ，一部を除き電技解釈に取り入れ可能であると確認されたものについて，改正する。

該当条文：第218条，第219条

(4) 着雪への対応を求める地域の条件に関する定義の改定

・電線への着雪量は，降雪の多い地域では着雪量が大きくなるという推定に基づき，「降雪の多い地域」で着雪への対応を求めることとしていた。技術革新や観測データの蓄積により，地域単位で想定着雪厚さを算定することが可能となった現状を踏まえ，これまで「降雪の多い地域」で着雪への対応を求めることとしていたところ，今後は「着雪厚さの大きい地域」

で着雪への対応を求めることとする。

該当条文：電技解釈第58条，第59条，第93条

(5) 異常着雪時想定荷重の2/3倍の荷重に耐える強度を求める対象の拡大

・一定の地理的条件を満たす鉄塔には異常な着雪が生じるおそれがあるため，異常着雪時想定荷重を定義し（電技解釈第58条），当該荷重に耐える強度を有するように鉄塔を施設することを求めている（電技解釈第59条）。今般，上記の鉄塔倒壊の事例を踏まえ，対象となる地理的条件を追加する。

該当条文：電技解釈第59条

令和6年10月22日解釈改正の概要

(1) 電技解釈で引用しているJIS規格等を最新のものに更新

JIS規格等を引用している電技解釈の以下の該当条文について，規格を最新のものに更新する。なお，この解釈に引用する規格 のうち，民間規格評価機関（「民間規格評価機関の評価・承認による民間規格等の電気事業法に基づく技術基準（電気設備に関するもの）への適合性確認のプロセスについて（内規）」(20200702保局第2号 令和2年7月17日）に定める要件への適合性が国により確認され，公表された機関をいう。）が承認した規格については，当該民間規格評価機関がホームページに掲載するリストを参照してください。

※民間規格評価機関における規格リスト公開ページ

日本電気技術規格委員会　https://www.jesc.gr.jp/jesc-assent/quotation.html

該当条文：電技解釈第9条，第16条，第33条，第56条，第57条，第79条，第89条，第132条

(2) IEC 60364シリーズ改定，IEC 61936-1規格の制改定への対応

・需要場所に設置される低圧の電気設備は，電技解釈第218条に規定するIEC 60364シリーズの規格に基づき施設できることとされている。

・建物やフェンスで仕切られ，専門家のみが立ち入ることができる“閉鎖電気運転区域”（構内）の交流1kV超過の電力設備は，電技解釈第219条に規定するIEC 61936-1に基づき施設できることとされている。

・上記規格は随時制改定されているところ，委託事業の専門委員会にて検討の結果，電技解釈に取り入れ可能であると確認されたものについて，改正する。

該当条文：電技解釈第218条，第219条

(3) 高圧のEV用急速充電設備に関する保安要件の追加

・現行は対地電圧450V以下の低圧充電器についてのみ規定されている（電技解釈第199条の2）が，国内外において大手自動車メーカーによるEVシフトが進展しており，今後さらなる高電圧・高出力のEV用急速充電器が普及していくことが想定される。高圧1,500V以下で運用をしている海外規格及び電技省令若しくは電技解釈の関係条文を参考に想定されるリスク調査を行ったところ，保安要件を追加する。

該当条文：電技解釈第199条の2第3項

(4) 電力保安通信用電話設備の設置場所に係る運用の柔軟化

・技術員駐在所と発・変電所等との間には，災害時など，発電所・変電所・開閉所の異常時に相互間で緊密な連絡をとるために，電力保安通信用電話設備の設置を求めている（電技解釈

第135条)。

・しかし，分散型電源設置者の技術員駐在所等と一般送配電事業者又は配電事業者の給電所との間（図.1①）には，分散型電源が電力系統に与える影響が一般送配電事業と比較して小さいという理由から，電気通信事業者の専用回線電話又は一定の条件に適合した一般加入電話若しくは携帯電話（以下「専用回線・一般加入電話等」という。）の設置で良いこととされている（電技解釈第225条)。

・分散型電源設置者の技術員駐在所と遠隔監視制御されない発電所・変電所・開閉 所との間の連絡（図.1②）については，これまで電力保安通信用電話設備の設置 が求められていたところ，①と同様に，専用回線・一般加入電話等の設置で良い こととするなど，運用の見直しについて，今般専門委員会にて検討を行った。

・検討の結果，分散型電源設置者の技術員駐在所と分散型電源設置者の遠隔制御さ れない発電所・変電所・開閉所との間の連絡（図.1②）については，災害時等において分散型電源が電力系統に与える影響が小さいことから，その間の連絡は，専用回線・一般加入電話等の設置で良いこととされたため，分散型電源設置者の 技術員駐在所と遠隔監視制御されない発電所・変電所・開閉所との間（②）についても，①同様に以下の連絡設備の設置を許容する旨を規定することとした。

（連絡設備）

電力保安通信用電話設備

又は専用回線電話

又は一般加入電話若しくは携帯電話

該当条文：電技解釈第135条，第225条

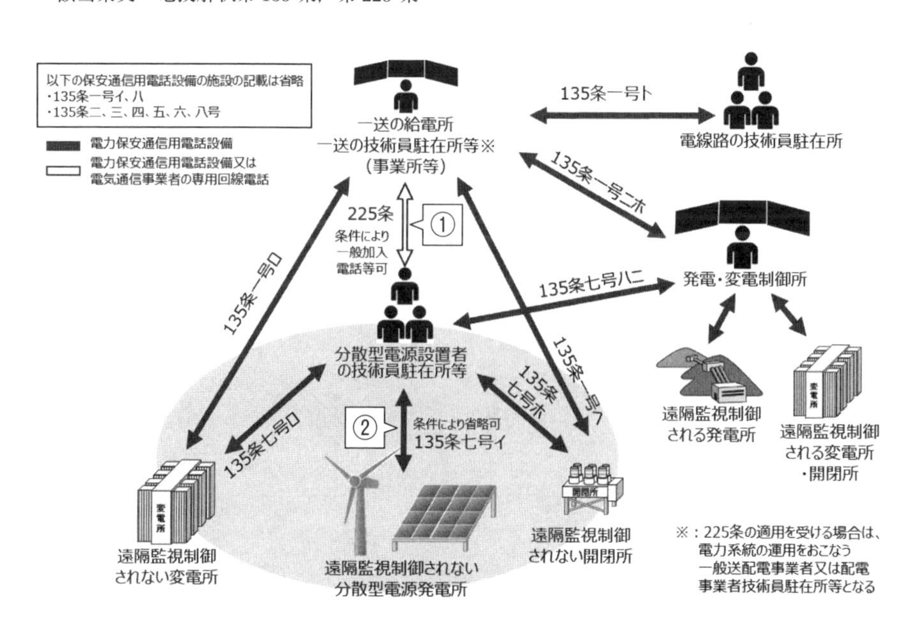

図.1　電話設備設置に関する相関イメージ図

解説　発電用太陽電池設備の技術基準

令和６年４月１日解釈改正の概要

(1) 太陽電池発電設備の接触防止・立入防止措置について

太技省令第３条の後に，第３条の２を新設し，接触を防止するための措置として

・太陽電池発電設備が危険である旨の表示

・接近するおそれがないような措置の実施

を求めることとする。

なお，太技省令の改正に併せて，太技解釈の改正を行い，上記太技省令で規定した接触を防止するための措置の一例として，

・さく，へい等の設置

・出入口に立ち入りを禁止する措置

・出入口に施錠を行う等の出入りを制限する措置

や，さく，へい等の設置が困難な場合には，機械器具を地表上２m以上の高さに施設するべきことを規定する。

(2) 太陽電池発電設備及び風力発電設備の範囲の適正化について

太陽電池発電所及び風力発電所の定義を「一般用電気工作物又は小規模事業用電気工作物ではない太陽電池発電設備／風力発電設備」から「小規模発電設備ではない太陽電池発電設備／風力発電設備」に改正を行うこととする。

なお，太技省令及び風技省令の改正に併せて，太技解釈及び風技解釈についても同様の改正を行うこととする。

(3) 風力発電設備の落雷対策のための技術基準解釈の改正について

風技解釈において，風技省令第５条第３項に規定する「雷撃から風車を保護するような措置」に関する具体的な要件の改正を行うこととする。

第４節　技術基準の在り方についての電力安全小委員会のワーキンググループ報告書概要

平成15年5月30日資源エネルギー調査会原子力安全・保安部会電力安全小委員会において，技術基準の在り方について纏められた。

電気事業法は，技術進歩や事業者による自主的な保安確保への対応，国の直接関与の必要最小限化，官民の役割分担の見直し等のため平成7年及び平成11年に改正が行われた。一方，技術基準は，新技術，民間規格の取入れを促進するため平成9年3月に安全上の必要な性能のみで規定する性能規定化が図られた。

平成13年12月の第1回電力安全小委員会において，これら電気事業法の一連の改正後の実施状況について全体的なレビューを行うこととなり，技術基準についても，技術基準の使用実態等を踏まえ，その在り方等も含めて検討することとなった。

本ワーキンググループでは，技術基準の性能規定化の目的を一層促進し，新技術や民間規格の導入を更に促進させるため，省令で定められている技術基準への個別技術規格や民間規格体系の適合性の確認の在り方とその枠組みについて検討した。

その報告書の概要を紹介する。

Ⅰ．現　状

1．技術基準と性能規定化

電気事業法に基づく技術基準（以下省令基準という。）は，公共の安全の確保，電気の安定供給の観点から，電気工作物の設計，工事及び維持に関して遵守すべき基準として定められている。

現行の省令基準は，技術進歩に柔軟に対応し，新技術の導入促進を図るため平成9年に性能規定化された。性能規定化とは，安全確保上必要な要件を，具体的な手段，材料，方式で規定するのではなく，必要な安全上の性能のみで基準を定めるものである。

また，性能規定化されたことによって，省令基準の要求する性能を満たしているか否かについての判断基準が必要となった。このため，国は，省令基準を満たす具体的な技術的内容の一例として技術基準の解釈（以下基準解釈という。）を公表している。

2．技術基準の解釈と審査基準

基準解釈は，設置者が電気工作物の計画段階，工事段階，運用段階で省令基準に適合しているかどうかを確認する際の拠り所として用いられており，設置者が電気工作物を省令基準に適合させるための実現方法の一つを示すものとなっている。

なお，省令基準は性能規定化されているため，あらかじめ公表されている基準解釈に取り込まれていない新技術であっても，それが省令基準に適合していることを設置者が自ら確認できる限り，当該技術を用いることができることとなっている。

一方，国は，電気事業法に基づく審査・検査等において，電気工作物が省令基準に適合しているかどうかを判断しなければならない。その際，基準解釈は国が電気工作物の技術基準への適合性を判断する際の拠り所として用いられており，行政手続法に基づいて国が定めた審査基準を構成するものと位置付けられる。

なお，国は基準解釈を，省令基準を満たす一例として公表しているが，電気工作物の設置がこの例に拠らない場合であっても，前述のとおり，それが省令基準に適合していることを証明する技術的根拠を設置者が有していれば，省令基準に適合するものとして国は審査・検査等において判断することとしている。

3. 基準解釈の改正等のプロセス

基準解釈の改正等のプロセスとしては，民間の自主的な規格評価機関である日本電気技術規格委員会（JESC）から国に対して行われた提案を受けて改正される場合と，設置者等からの要望を踏まえ国が委託事業を実施して省令基準への適合性を確認した結果として基準解釈が改正される場合がある。

Ⅱ. 課　題

1. 基準解釈の位置付けの再確認

電気工作物の設置者は，性能規定化された省令基準への適合性を自ら確認し，それを証明できる限りにおいて新技術等を導入できるが，現状では，多くの場合，設置者は国の審査基準でもある基準解釈に基づいて電気工作物を設置しており，基準解釈に取り込まれないと新技術等が用いられにくい状況となっている。

このような現状を踏まえ，新技術等の導入促進という性能規定化の目的を一層促進するためには，基準解釈の策定を民間に委ねることが効率的ではないかとの見方があるが，基準解釈は国の審査・検査等の判断基準の拠り所として行政手続法上の審査基準として位置付けられるものであることから，国が責任を持って定めるべきであると考えられる。新技術等の導入の更なる促進につながるように，新技術・民間規格の省令基準への適合性確認の在り方を検討するに当たり，先ず，基準解釈の位置付けについて再確認をする必要がある。

2. 新技術・民間規格の省令基準への適合性の確認の在り方

性能規定化の目的である新技術や民間規格の導入を更に促進するためには，それが省令基準に適合していることを確認するためのプロセスの迅速化を図る必要がある。

一方，省令基準への適合性を確認するため，国の委託事業によって数多くの新技術を検証していくことには，人的，資金的制約等があること，また最近，基準解釈とは異なる規格体系の民間規格を基準解釈とする提案がなされていることを踏まえ，このような状況に対応できるプロセスの構築について検討する必要がある。

Ⅲ．検討及び結論

1．基準解釈の位置付けの再確認

電気事業法において，技術基準を性能規定化し，国が民間規格等の活用を図って基準解釈を公表していることは，平成11年1月の産業構造審議会基準認証部会の答申にもあるように，技術基準の在るべき方向に則ったものである。

また，基準解釈は，電気工作物の設置者にとってはその設計等の拠り所であるが，国にとっては審査・検査等を実施するに当たっての判断の拠り所であることから，国は行政手続き法に基づき，基準解釈を審査・検査等に係る審査基準の一部を構成するものとして責任を持って定めている。

以上のことから，新技術や民間規格が円滑に導入されるためのシステム構築を図るに当たっては，新たな個別技術規格や規格体系の省令基準への適合性を最終的に確認するのは国であることを前提として検討を進めることが必要である。

2．新技術・民間規格の省令基準への適合性の確認の在り方

(1) 民間規格評価機関の活用

現在，新技術による個別技術規格については，民間規格評価機関（民間規格作成機関が作成した個別技術規格，規格体系の省令基準への適合性を確認する機関）であるJESCにおいて省令基準への適合性確認に係る検討が行われ，その検討結果の多くが基準解釈へ取り込まれ，そのプロセスは十分定着したものとなっており，電気工作物の設置者やその他の民間規格作成機関の信頼を得ている。

国が新たな個別技術規格や規格体系の評価を行うに当たっても，民間規格評価機関における検討結果を活用し，迅速かつ機動的に基準解釈や審査基準に反映していくことが重要である。このため，民間規格評価機関の検討結果を受けて行う国の検討では，それらの機関の公平性，客観性，透明性及び技術的能力に問題がないことを確認することを主眼とし，技術的内容についての検討は，民間規格評価機関における検討と不必要な重複が生ずることの無いようにすべきである。その際，国は省令基準への適合性確認のプロセスを明確化するとともに，民間規格評価機関の公平性，客観性，透明性等についての要件を明示する必要がある。

(2) 適合性確認のプロセスの明確化

適合性確認のプロセスが明確化されることによって，新技術の開発者等は適合性が確認されるまでの期間を予測でき，プロセスの短縮化も図られる。また，新しい個別技術

規格や規格体系について，国が評価する前にあらかじめ客観的な検討がなされていれば，国が省令基準への適合性を判断するに当たっての業務の効率化につながる。

① 個別技術規格の適合性確認プロセス

設置者等から国に対して行われた新技術等の省令基準への適合性の確認の依頼については，国が委託事業の中で試験や調査を実施してきたが，そのプロセスを更に迅速化するため一定の要件を満たす適合性調査機関での試験，分析等の結果の活用を図っていく。

② 基準解釈と異なる規格体系の適合性確認プロセス

基準解釈とは異なる規格体系の省令基準への適合性確認については，国の評価に先立って民間規格評価機関が行った評価結果を，国が活用することが効果的である。また，国はその結果を受け，内容について評価し適切であると判断した場合には，基準解釈とは異なる規格体系のものについても審査基準として公表することが適当である。

③ 「省令基準を満たすために必要な技術要素」の明示

省令基準の規定が大まかな表現振りとなっている一方，基準解釈の規定が詳細なものとなっているために，基準解釈の規定のみからは，省令基準への適合性の確認が難しい場合がある。このような場合には分野によっては，新技術・民間規格をより一層取り入れ易くするため，省令基準を満たすために必要な技術要素を国が明示することにより，基準解釈と異なる規格体系の省令基準への適合性確認の迅速化が図られる。また，民間規格作成機関，民間規格評価機関及び適合性調査機関が，適合性確認に際して用いることによりプロセスの迅速化が期待できる。

④ 民間規格評価機関等の要件

民間規格評価機関等には，公平性，客観性，透明性及び技術的能力が求められる。公平性については，意見提出の機会が関係者に開放されていること，客観性については，中立者，規格利用者等の適切な構成とし特定のグループに偏らない委員構成とすること等の要件を満たすことが必要である。

また，これらの要件を満たせば，複数の民間規格評価機関等が存在することも考えられる。

なお，これらの機関が作成，評価した民間規格であれば，国はそれらを省令基準に適合するものとみなし，審査基準として用いることについては，今後の課題として法制度上の在り方について十分な検討が必要である。

第５節　条文の読み方

法律や法令を読みなれない読者のために，法令を読む上に必要な字句等について若干の説明を加えておきたい。

(1)　条，項及び号

電気設備に関する技術基準を定める省令は，本則と附則とからなっており，本則は，3章に区分され，また各章は，節に区分されている。全て法令においてその主体をなすものは，本則の各条であって，**条**は，第1条から最終条まで章や節にかかわらず，通し番号の条数が附せられている。**章**及び**節**は，法令の理解と検索引用の便に供するために設けた区分に過ぎない。

なお**附則**は，本則に対する附随的な内容を定めることを目的とするものである。

条は，その内容により，必要に応じ幾つかの項に分かれている。例えば，ある条が，5項から成っている場合，第2項から第5項までは，それぞれ2，3，4，5の算用数字が附せられている。なお，項の数字は，第2項以降に付けられており，第1項には付けない。

条又は項のなかで，幾つかの事項を例記する場合に用いるのが号であって，一，二，三などの番号が附せられる。号のうちに，更に号を設ける必要があるときは，**イ**，**ロ**，ハ等の文字で表示する。電気設備に関する技術基準を定める省令は，号の次のイ，ロ，ハが入っている例は見あたらない。第2項以降がない条文を引用する場合は，第○○条第1項，第○○条第1項第○○号とは表さず，第○○条，第○○条第○○号と表す。

(2)　本文ただし書

一つの条又は項の文章が二つに分かれ，そのうちの後段の文章が「ただし」で始まる場合，この後段の文章を**ただし書**，前段の文章を**本文**という。

省令第5条に例をとれば，「電路は，……絶縁しなければならない。」が本文の規定であり，「ただし，構造上やむを得ない……接地その他の保安上……この限りでない。」が，ただし書の規定である。

(3)　準　用

法令中には，**準用する**又は**準ずる**という言葉がしばしば使用される。この準用という言葉は，特定の事象に関する規定をその事象とは本質の異なる他の事象について，必要があれば一定の修正を加えながら，適用することであって，同様の規定を重複して設けることを避けて法文を簡単にするために用いられる表現である。

例えば，省令第45条第3項の「発電用火力設備に関する技術基準を定める省令第13条第2項の規定は，蒸気タービンに接続する発電機について準用する。」の規定の場合，この省令第13条第2項の規定は，「蒸気タービンは，主要な軸受又は軸に発生しうる最大の振動に対して構造上十分な機械的強度を有するものでなければならない。」というものであり，蒸気タービンに関する規定である。省令第45条第3項は，蒸気タービンに接続する発電機は，蒸気タービンと同様にすべきことを定めている。

なお，省令第23条等における「変電所，開閉所若しくはこれらに準ずる場所」という場合の準ずるは，上記の例とはやや異なる用法であるが，「同様の場所」といった意味の表現である。

(4) 及び，並びに

法令では，及びと並びにの用語が厳密に使い分けられている。併合的に並列される名詞，動詞などが2個であるときは，常に及びを用い，3個以上でも同一の意味の叙述における並列であるときは，並列される字句のうち，初めの方は読点でつなぎ，最後の語句を及びで結ぶ。例えば，「A及びB」又は「A，B，C及びD」のように用いる。

並列される語句に段階のある複数の文章では，大きな意味の併合的連結には並びにを用い，小さな意味の併合的連結に及びを用いる。例えば，BとCが密接な関連を有する事項である場合，BとCとを連結した事項を他の事項Aと対立させてこれに連結しようとするとき，「A並びにB及びC」のように表現する。

例えば，「放電管，放電灯用安定器及び放電管の点灯に必要な附属品並びに管灯回路の配線」という場合の**並び**には「放電管，放電灯用安定器及び放電管の点灯に必要な附属品」と「管灯回路の配線」とを大きく結ぶ接続詞であり，**及び**は「放電管」「放電灯用安定器」と「放電管の点灯に必要な附属品」とを結ぶ接続詞である。同様に「A並びにB，C及びD」は，「A」と「BとCとD」の意味である。

(5) 又はと若しくは

選択的に並列された語句は，2個のときは**又は**で結び，3個以上のときは初めの方は読点でつなぎ，最後の語句を**又は**で結ぶ。「A又はB」，「A，B，C又はD」のように用いられる。

選択される語句に段階があるときは，大きな選択的連結に**又は**を使い，小さな選択的連結に**若しくは**を用いる。例えば，省令第23条の「発電所又は変電所，開閉所若しくはこれらに準ずる場所」という場合の**又は**は「発電所」と「変電所，開閉所若しくはこれらに準ずる場所」とを大きく並列させ，**若しくは**は，「変電所，開閉所」と「これら（変電所，開閉所）に準ずる場所」とを並列させている。

(6) 以上，以下，超える及び未満

日常の会話で，ある数**以上**又は**以下**という場合は，その数がその範囲に入るのか入らないのか必ずしも明らかではないが，法令で用いられる場合は，必ずその数がその範囲に含まれる。例えば「5m以上」といえば「5mか5mを超える値」の意味である。

同様な用語にまで，**以内**等があるが，これらも同じく，その数をその範囲に含める用語である。

その数字を含めないでその上下の範囲を表現するときは，**超える**又は**未満**等の用語が用いられる。

【2】 逐条解説

電気設備に関する技術基準を定める省令

（平成 9 年 3 月 27 日　通商産業省令第 52 号）

電気事業法（昭和 39 年法律第 170 号）第 39 条第 1 項及び第 56 条第 1 項の規定に基づき，電気設備に関する技術基準を定める省令（昭和 40 年通商産業省令第 61 号）の全部を改正する省令を次のように定める。

平成 9 年 3 月 27 日

通商産業大臣　佐藤　信二

〔解　説〕 この省令の根拠をなす電気事業法を示す制定文。【1】第 1 節〔3〕「電気工作物の保安体制と根拠条文」を読まれたい。

目次

第１章　総　則

第１節　定　義

（用語の定義）

第１条　この省令において，次の各号に掲げる用語の定義は，それぞれ当該各号に定めるところによる。

一　「電路」とは，通常の使用状態で電気が通じているところをいう。

二　「電気機械器具」とは，電路を構成する機械器具をいう。

三　「発電所」とは，発電機，原動機，燃料電池，太陽電池その他の機械器具｛電気事業法（昭和39年法律第170号）第38条第１項ただし書に規定する小規模発電設備，非常用予備電源を得る目的で施設するもの及び電気用品安全法（昭和36年法律第234号）の適用を受ける携帯用発電機を除く。｝を施設して電気を発生させる所をいう。

四　「蓄電所」とは，構外から伝送される電力を構内に施設した電力貯蔵装置その他の電気工作物により貯蔵し，当該伝送された電力と同一の使用電圧及び周波数でさらに構外に伝送する所（同一の構内において発電設備，変電設備又は需要設備と電気的に接続されているものを除く。）をいう。

五　「変電所」とは，構外から伝送される電気を構内に施設した変圧器，回転変流機，整流器その他の電気機械器具により変成する所であって，変成した電気をさらに構外に伝送するもの（蓄電所を除く。）をいう。

六　「開閉所」とは，構内に施設した開閉器その他の装置により電路を開閉する所であって，発電所，蓄電所，変電所及び需要場所以外のものをいう。

七　「電線」とは，強電流電気の伝送に使用する電気導体，絶縁物で被覆した電気導体又は絶縁物で被覆した上を保護被覆で保護した電気導体をいう。

八　「電車線」とは，電気機関車及び電車にその動力用の電気を供給するために使用する接触電線及び鋼索鉄道の車両内の信号装置，照明装置等に電気を供給するために使用する接触電線をいう。

九　「電線路」とは，発電所，蓄電所，変電所，開閉所及びこれらに類する場所並びに電気使用場所相互間の電線（電車線を除く。）並びにこれを支持し，又は保蔵する工作物をいう。

十　「電車線路」とは，電車線及びこれを支持する工作物をいう。

十一　「調相設備」とは，無効電力を調整する電気機械器具をいう。

十二　「弱電流電線」とは，弱電流電気の伝送に使用する電気導体，絶縁物で被覆した電気導体又は絶縁物で被覆した上を保護被覆で保護した電気導体をいう。

十三　「弱電流電線路」とは，弱電流電線及びこれを支持し，又は保蔵する工作物（造営物の屋内又は屋側に施設するものを除く。）をいう。

十四 「光ファイバケーブル」とは，光信号の伝送に使用する伝送媒体であって，保護被覆で保護したものをいう。

十五 「光ファイバケーブル線路」とは，光ファイバケーブル及びこれを支持し，又は保蔵する工作物（造営物の屋内又は屋側に施設するものを除く。）をいう。

十六 「支持物」とは，木柱，鉄柱，鉄筋コンクリート柱及び鉄塔並びにこれらに類する工作物であって，電線又は弱電流電線若しくは光ファイバケーブルを支持することを主たる目的とするものをいう。

十七 「連接引込線」とは，一需要場所の引込線（架空電線路の支持物から他の支持物を経ないで需要場所の取付け点に至る架空電線（架空電線路の電線をいう。以下同じ。）及び需要場所の造営物（土地に定着する工作物のうち，屋根及び柱又は壁を有する工作物をいう。以下同じ。）の側面等に施設する電線であって，当該需要場所の引込口に至るものをいう。）から分岐して，支持物を経ないで他の需要場所の引込口に至る部分の電線をいう。

十八 「配線」とは，電気使用場所において施設する電線（電気機械器具内の電線及び電線路の電線を除く。）をいう。

十九 「電力貯蔵装置」とは，電力を貯蔵する電気機械器具をいう。

〔解　説〕 本条は，この省令に使われる主要な用語の定義を掲げたものである。

「電路」とは，電気の通じている回路の全部又は一部を指す用語であって，電気の通じている導体を，電気の通り道という意味において，電磁的見地から表現した用語である。

「電気機械器具」とは，電路を構成することにより電路の一部となる機械器具を総称したものである。

「発電所」とは，発電機及び原動機，燃料電池，太陽電池，変圧器等の電気設備が施設されている場所，すなわち発電所建物のある構内を指す用語である。

また，非常用予備電源を得る目的で原動機及び発電機を設置してあるビルディング，映画館，放送電波中継所の予備電源室や電気用品安全法の適用を受ける携帯発電機を設置する場所は発電所としての扱いを受けないこととしている。

なお，電気事業法の改正（平成７年４月）により，発電所の定義から除かれるものとして，新たに電気事業法第38条第１項に規定する小規模発電設備（出力50kW未満の太陽電池発電設備，出力20kW未満の風力発電設備，出力20kW未満及び最大使用水量1m^3/s未満の水力発電設備等）を追加している。

「蓄電所」とは，構外から伝送される電力を構内に設置した，第十九号で定義する電力貯蔵装置に貯蔵し，必要なときに応じて，構外へ同一電圧・同一周波数で伝送する所を指す用語である。この際，必ずしも電力を受け取った系統へ返す必要はなく，別の系統に伝送してもよい。「同一の構内において発電設備，変電設備又は需要設備と電気的に接続されているものを除く。」とは，発電設備や変電設備，需要設備に併設されている電力貯蔵装置については規模に関わらず蓄電所には含まれないことをいう。あくまで系統に単独で接続されている電力貯蔵装置群（電力貯蔵装置を駆動するための，逆変換装置や保護機器を含む。）が蓄電所と定義される。

「変電所」とは，構外から伝送される電気を構内で変成し，更に構外に伝送する所を指す用語である。よって，柱上変圧器の施設場所，工場等の受電用の電気設備はこの省令でいう変電所には含まれていない。

なお，構内とは，さく，へい等によって区切られ，ある程度以上の大きさを有する地域で，施設関係者以外のものが自由に出入りできないところ，又はこれに準ずるところ（例えば庭のない建造物の内部）をいう。

「開閉所」とは，電線路の分岐箇所又は電線路の途中に設けられ，構内に開閉器又は遮断器を施設して電路を開閉するところを指す用語である。

なお，需要場所とは，電気使用場所（電気を使用するための電気設備を施設した建物その他の狭義における電気を使用する場所をいう。）を含む構内全体をいう。

「電線」とは，強電流電気の伝送に使用するもののみを指す用語である。強電流電気とは弱電流電気に対応する用語であり，弱電流電気（電信，電話等の用に供される低電圧微少電流のものをいう。）以外のものをいう。

「電車線」とは，ビューゲル又はパンタグラフが接触する架空電線，地下鉄道に使われるサードレール，モノレール用等の接触電線及び鋼索鉄道（ケーブルカー）の車両に電気（動力用ではない）を供給する接触電線を指す用語である。電車線及びこれを支持する工作物をあわせて「電車線路」という。

「電線路」とは，発蓄変電所，開閉所，電気使用場所など電気的な単位をなす場所相互の間を連絡する電線と，これを支持し，又は保蔵する工作物（がいし，支線等を含む。）を指す用語である。

なお，引込線（第十六号参照）は電線路に含まれるが，配線（第十七号参照）は含まれないこととしている。

「調相設備」とは，無効電力を調整する電気機械器具を指す用語であり，これに該当するものとして電力用コンデンサ，分路リアクトル，調相機がある。

「弱電流電線」とは，弱電流電気の伝送に使用する電線であり，これを支持又は保蔵する工作物をあわせて，「弱電流電線路」として規定している。電信・電話やインターホン，拡声器等の音声の伝送回路等がこれに該当する。

「光ファイバケーブル」とは，光信号の伝送に使用する伝送媒体であって保護被覆で保護したものであり，これを支持又は保蔵する工作物を合わせて「光ファイバケーブル線路」として規定している。光ファイバは絶縁物であり，電磁誘導，静電誘導がなく，かつ，通信障害もないことから「**弱電流電線**」とは別に定義している。

「**支持物**」とは，木柱，鉄柱，鉄筋コンクリート柱及び鉄塔並びにこれらに類する工作物であり，電線又は弱電流電線等を支持することを主たる目的とするものを指す用語である。支線，支柱及び電線から離隔するために建造物に取り付ける「うま」,「やり出し」の類は，「支持物」に含まれないこととしている。

「**連接引込線**」とは，引込線のうち一需要場所の引込線から分岐して，支持物を経ずに他の需要場所の引込口に至る部分の電線を指す用語である。

引込線とは，

a．架空電線路の支持物から他の支持物を経ずに需要場所の取付け点に至る電線

b．需要場所の造営物の側面等に施設する電線であって当該需要家の引込口に至る電線

を総称したものである。

「**配線**」とは，電気使用場所に施設する電線を指す用語である。配線には電気機械器具内の電線及び電線路の電線は含まれない。

「**電力貯蔵装置**」とは，電力を一時的に貯蔵し，停電時や負荷変動時等に貯蔵した電力を放出する電気機械器具を指す用語であり，具体例としては，二次電池（蓄電池），超電導電力貯蔵装置（SMES），フライホイール，電気二重層キャパシタなどが該当する。

［H20 改正点］　第十八号（R4 改正で第十九号に移動）を追加した。

［R4 改正点］　第四号を追加した。

【関連解釈】　第1条，第49条，第64条，第83条，第134条，第142条，第201条，第220条

（電圧の種別等）

第2条　電圧は，次の区分により低圧，高圧及び特別高圧の3種とする。

一　低圧　直流にあっては750V以下，交流にあっては600V以下のもの

二　高圧　直流にあっては750Vを，交流にあっては600Vを超え，7,000V以下のもの

三　特別高圧　7,000Vを超えるもの

2　高圧又は特別高圧の多線式電路（中性線を有するものに限る。）の中性線と他の一線とに電気的に接続して施設する電気設備については，その使用電圧又は最大使用電圧がその多線式電路の使用電圧又は最大使用電圧に等しいものとして，この省令の規定を適用する。

〔**解　説**〕　施設の規制は，電圧の高低により当然差異を生ずるが，この規制上の段階として電圧を3種に区分したものである。これらの限界となる電圧値は，危険の程度と実用上の必要性の両面から考慮して定められたもので，必ずしも理論的に導かれた数値ではない。

低圧の限度は，直流については公衆との直接接触面のある市街電車の電圧を，交流に

ついては一般需要家に供給する電圧を対象としてそれぞれ定められたものである。すなわち，直流については，営業用の電気鉄道において用いられる電圧は，600V，750V，1,000V，1,500V 等であるが，このうち 750V までのものを路面電車用として使用することを認める趣旨である。交流については，旧電気工作物規程（以下この解説において「旧工規」という。）では，300V 以下であったが，昭和 40 年の電気設備の技術基準の制定において，ビルや工場内の配電電圧に 400V 級の配電が一般に行われ，これが電気使用場所に通常使用し得る電圧として用いられるようになり，かつ，将来，400V の一般配電線による供給が考慮されていることから，これを 600V 以下として電圧の格上げが行われた。

交流の場合，その電圧は，いうまでもなく実効値であって，波高値はその$\sqrt{2}$倍に当たり，また，一般に絶縁物は直流に対しては交流に対するよりもはるかに高い絶縁耐力を示すものであり，更に，人命に対する危険度についても，大体において直流は，商用周波数の交流に比べ危険度は低く，同一の電圧でも，**直流**と**交流**とでは，本質的な差異があるが，この間に厳密に理論的な関係を定めることは困難である。

昭和 24 年の改正までは，直流と交流の関係は 2 対 1 の比率で定められており，電気事業の初期時代においては，**高圧**は，直流 300V 以上，交流 150V 以上と定められ，明治 29 年制定の電気事業取締規則において，この限度が直流 500V，交流 250V に引き上げられ，更に同 30 年の改正において，直流 600V，交流 300V に引き上げられ，その後久しくこの値が採用されてきたのであるが，昭和 24 年の改正において，750V までの電圧を路面電車用に認める趣旨で，直流についてのみの限度が引き上げられ，昭和 40 年には，上記の理由から交流の電圧は 600V まで引き上げられた。なお，交流を 600V に引き上げることについては，上記のほかにもその危険について種々検討されたが，特に電圧による危険を考慮しなければならない住宅内の電路や白熱電灯などの電気機械器具については電気設備の技術基準の解釈第 143 条などの解釈の各条において対地電圧を 150V 以下と制限していること，また 400V 配電方式一般について考えられるのは三相 4 線式の配電方式で，これは中性点を直接接地するため，対地電圧としては，$415/\sqrt{3}=240$V となり，低圧 200V の場合に比べ大きな差がないこと，従来の屋内工事方法や使用する電線も 400V 級と 200V 級とではほとんど差がなく取扱いにも支障がなかったこと，外国の規程においても，600V 以下の電圧を細かく分けて規制していないことなどから，低圧を 600V まで格上げしても差し支えないという結論となったものである。

高圧は，配電幹線，専用敷地内の電気鉄道，大工場等の電動機用の屋内配線等に使用される電圧であるが，その電圧の限度は，主として配電幹線を対象として定められており，大戦中までは 3,500V であったが，戦後 6,000V 級配電が相当広く行われるようになり，この程度の電圧ならば 3,000V 級と危険度において著しい差異はないので，その実施を容易にするため，昭和 24 年の改正において，7,000V に引き上げたものである。直流の限度については，この程度の電圧で特に問題となるようなものもないので，交流と同一に定められている。

特別高圧は，従来は主として発蓄変電所，送電線路等で使用されていたが，S57基準で，一定の条件の下で35kV以下の特別高圧については，市街地等の配電にも使用できることとなった。

第2項は，三相4線式電路における単相部分と三相部分に関する取扱いについて規定している。三相4線式の配電線として6,600/11,430Vといった電圧が採用されているが，この場合，線間電圧を基にして三相部分は11,430Vとし，単相部分は6,600Vとして扱うのは不合理であるので，単相部分も三相部分と同じ扱いをするということが趣旨であり，したがって**本項**では，このように扱われることを明文化しているものである。

第２節　適用除外

（適用除外）

第３条　この省令は，原子力発電工作物については，適用しない。

2　鉄道営業法（明治 33 年法律第 65 号），軌道法（大正 10 年法律第 76 号）又は鉄道事業法（昭和 61 年法律第 92 号）が適用され又は準用される電気設備であって，鉄道，索道又は軌道の専用敷地内に施設するもの（直流変成器又は交流き電用変成器を施設する変電所（以下「電気鉄道用変電所」という。）相互を接続する送電用の電線路以外の送電用の電線路を除く。）については，第 19 条第 13 項，第 20 条，第 21 条，第 23 条第 2 項，第 24 条から第 26 条まで，第 27 条第 1 項及び第 2 項，第 27 条の 2，第 28 条から第 32 条，第 34 条，第 36 条から第 39 条まで，第 47 条，第 48 条第 2 項及び第 3 項並びに第 53 条第 1 項の規定を適用せず，鉄道営業法，軌道法又は鉄道事業法の相当規定の定めるところによる。

3　鉄道営業法，軌道法又は鉄道事業法が適用され又は準用される電車線等（電車線又はこれと電気的に接続するちょう架線，ブラケット若しくはスパン線をいう。以下同じ。）及びレールについては，第 20 条，第 25 条第 1 項，第 28 条，第 29 条及び第 32 条第 1 項の規定を適用せず，鉄道営業法，軌道法又は鉄道事業法の相当規定の定めるところによる。

4　鉄道営業法，軌道法又は鉄道事業法が適用され又は準用される電気鉄道用変電所については，第 27 条の 2 第 2 項及び第 46 条第 2 項の規定を適用せず，鉄道営業法，軌道法又は鉄道事業法の相当規定の定めるところによる。

〔解　説〕 **第１項**は，原子力規制委員会設置法（平成 24 年法律第 47 号）の施行に伴い，原子力発電工作物については，この省令の適用が除外されることを意味している。

［H24 改正点］　新規に追加した。

第２項から**第４項**は，国土交通省と経済産業省の二重監督行政を避けるために，鉄道営業法，軌道法又は鉄道事業法が適用される電気工作物又はこれらの法律が準用される電気工作物に対しては，この省令の適用が除外されることを意味している。

第２項には，専用敷地内に施設する電気設備（直流変成器又は電気鉄道用変電所相互を接続する送電用の電線路以外の送電用の電線路を除く。）について適用除外する条文が掲げてある。なお，電気鉄道等の踏切については，一般には専用敷地ではないが，本条に関する限り専用敷地と見なしてよい。

第３項には，鉄道営業法，軌道法又は鉄道事業法が適用され又は準用される電気設備については，専用敷地内だけでなく専用敷地外にあるものであっても適用除外できる旨が掲げられている。

第4項には，**省令第46条第2項**で規定する常時監視をしない変電所の施設に関して，電気鉄道用変電所の特殊性から，国土交通省令で定めることが適当であるとの判断に基づくものである。

【関連解釈】　第2条

第３節　保安原則

第１款　感電，火災等の防止

（電気設備における感電，火災等の防止）

第４条　電気設備は，感電，火災その他人体に危害を及ぼし，又は物件に損傷を与えるおそれがないように施設しなければならない。

〔解　説〕 電気事業法第 39 条第 2 項第一号による技術基準として守るべき規定を基本原則として示している。他に省令第 16 条，第 18 条に基本原則を規定している。

【関連解釈】 第 45 条，第 46 条，第 133 条，第 135 条，第 137 条，第 140 条，第 180 条，第 199 条の 2，第 200 条，第 218 条，第 219 条，第 222 条，第 224 条，第 225 条，第 232 条，第 234 条

（電路の絶縁）

第５条　電路は，大地から絶縁しなければならない。ただし，構造上やむを得ない場合であって通常予見される使用形態を考慮し危険のおそれがない場合，又は混触による高電圧の侵入等の異常が発生した際の危険を回避するための接地その他の保安上必要な措置を講ずる場合は，この限りでない。

2　前項の場合にあっては，その絶縁性能は，第 22 条及び第 58 条の規定を除き，事故時に想定される異常電圧を考慮し，絶縁破壊による危険のおそれがないものでなければならない。

3　変成器内の巻線と当該変成器内の他の巻線との間の絶縁性能は，事故時に想定される異常電圧を考慮し，絶縁破壊による危険のおそれがないものでなければならない。

〔解　説〕 電路は，十分に絶縁されなければ漏れ電流による火災及び感電の危険が生じる等の種々の障害が生じるため，原則としてその使用電圧に応じて十分に絶縁しなければならないことを規定している。ただし，構造上やむを得ない場合であって危険のおそれがない場合や異常が発生した際に接地等の危険回避ができる措置が講じられている場合は，絶縁しなくてもよいことを規定している。

第２項及び第３項は，高圧及び特別高圧の電路並びに変成器内の巻線間に対する絶縁性能の評価方法について規定している。なお，低圧電線路又は低圧の電路の絶縁性能は省令第 22 条及び省令第 58 条に規定している。

【関連解釈】 第 5 条，第 8 条，第 10 条，第 13 条～第 16 条，第 26 条，第 65 条，第 79 条，第 94 条，第 118 条，第 128 条，第 182 条，第 183 条，第 187 条～第 189 条，第 194 条，第 198 条，第 199 条，第 205 条，第 206 条，第 210 条，第 217 条

省令

（電線等の断線の防止）

第6条　電線，支線，架空地線，弱電流電線等（弱電流電線及び光ファイバケーブルをいう。以下同じ。）その他の電気設備の保安のために施設する線は，通常の使用状態において断線のおそれがないように施設しなければならない。

〔解　説〕 電線，支線等の断線の防止に関する規定であって，通常の使用状態（電線であれば実際に使用される状態において通常想定される荷重や温度）において断線するおそれがないように施設することを規定している。また，飛来物やクレーン接触等による事象は考慮していない。

【関連解釈】　第3条～第6条，第8条～第10条，第24条，第46条，第61条，第63条，第65条～第67条，第69条，第70条，第75条，第80条，第82条，第84条～第86条，第88条，第90条，第93条，第95条，第98条，第100条，第104条，第106条～第108条，第113条，第116条～第118条，第126条，第127条，第129条，第136条，第205条～第207条，第210条，第215条，第217条

（電線の接続）

第7条　電線を接続する場合は，接続部分において電線の電気抵抗を増加させないように接続するほか，絶縁性能の低下（裸電線を除く。）及び通常の使用状態において断線のおそれがないようにしなければならない。

〔解　説〕 電線を接続する場合の原則を規定している。すなわち，電線は電流を完全に通ずることが第一の要件であるため，電線の性能を損なわないように接続することを規定している。

【関連解釈】　第12条，第45条，第46条，第54条，第95条，第127条，第165条，第199条の2

（電気機械器具の熱的強度）

第8条　電路に施設する電気機械器具は，通常の使用状態においてその電気機械器具に発生する熱に耐えるものでなければならない。

〔解　説〕 電気機械器具に発生した熱により，電気機械器具の絶縁物や外箱などの機械器具を作っている材料が損傷を受けること又は火災が引き起こされることがないようにすることを規定している。

【関連解釈】　第20条

（高圧又は特別高圧の電気機械器具の危険の防止）

第9条　高圧又は特別高圧の電気機械器具は，取扱者以外の者が容易に触れるおそれが

ないように施設しなければならない。ただし，接触による危険のおそれがない場合は，この限りでない。

2　高圧又は特別高圧の開閉器，遮断器，避雷器その他これらに類する器具であって，動作時にアークを生ずるものは，火災のおそれがないよう，木製の壁又は天井その他の可燃性の物から離して施設しなければならない。ただし，耐火性の物で両者の間を隔離した場合は，この限りでない。

〔解　説〕 **第1項**は，取扱者以外の者が高圧又は特別高圧の電気機械器具に触れることは危険であるため，容易に触れるおそれがないように施設することを規定している。また，ただし書において接触による危険のおそれがない場合とは，機械器具の温度上昇等により一般公衆に危険のおそれがないように施設することをいう。

第2項は，アークを生ずる器具の施設制限であって，可燃性の物に火が移らないように施設することを規定している。

【関連解釈】 第21条～第23条，第26条，第199条の2，第216条

（電気設備の接地）

第10条　電気設備の必要な箇所には，異常時の電位上昇，高電圧の侵入等による感電，火災その他人体に危害を及ぼし，又は物件への損傷を与えるおそれがないよう，接地その他の適切な措置を講じなければならない。ただし，電路に係る部分にあっては，第5条第1項の規定に定めるところによりこれを行わなければならない。

〔解　説〕 地絡電流による電位上昇，混触による低電圧電路への高電圧の侵入，また絶縁が破壊された電気機器への接触等による人体への危害及び物件の損傷を防止するため，接地等の措置を講ずることを規定している。電路については，**省令第5条第1項**において，原則として大地から絶縁しなければならないこととしているものの，同項ただし書により接地等の措置を講ずることができるとしている。

【関連解釈】 第19条，第24条，第25条，第28条，第29条，第37条，第67条，第75条，第86条，第91条，第98条，第100条，第104条，第106条，第107条，第109条，第111条，第123条，第155条，第158条～第165条，第167条～第169条，第172条，第173条，第184条～第187条，第190条，第191条，第194条～第199条，第206条，第230条

（電気設備の接地の方法）

第11条　電気設備に接地を施す場合は，電流が安全かつ確実に大地に通ずることができるようにしなければならない。

〔解　説〕前条に規定する接地を施す場合は，接地抵抗及び接地線の強さ等の接地方法を勘案する必要があり，電流を安全かつ確実に大地に流せるように施設することを原則として規定している。

【関連解釈】第17条～第19条，第24条，第25条，第28条，第29条，第37条，第67条，第75条，第81条，第86条，第91条，第98条，第100条，第104条，第106条，第107条，第109条，第111条，第123条，第155条，第158条～第165条，第167条～第169条，第172条～第174条，第184条～第187条，第190条，第191条，第194条～第199条，第206条，第230条

第2款　異常の予防及び保護対策

（特別高圧電路等と結合する変圧器等の火災等の防止）

第12条　高圧又は特別高圧の電路と低圧の電路とを結合する変圧器は，高圧又は特別高圧の電圧の侵入による低圧側の電気設備の損傷，感電又は火災のおそれがないよう，当該変圧器における適切な箇所に接地を施さなければならない。ただし，施設の方法又は構造によりやむを得ない場合であって，変圧器から離れた箇所における接地その他の適切な措置を講ずることにより低圧側の電気設備の損傷，感電又は火災のおそれがない場合は，この限りでない。

2　変圧器によって特別高圧の電路に結合される高圧の電路には，特別高圧の電圧の侵入による高圧側の電気設備の損傷，感電又は火災のおそれがないよう，接地を施した放電装置の施設その他の適切な措置を講じなければならない。

〔解　説〕**第1項**は，低圧電路は，変圧器の内部故障又は電線の断線等の事故の際に高圧又は特別高圧の電路との混触を起こし，高圧又は特別高圧の電気が低圧電路に侵入して危険となるおそれがあるため，この場合の保護方法を規定している。ただし書に相当するものには，低圧電路に接地を施すことにより，感電又は漏電による電気出火等のおそれのある鉱山や造船所等では，これらを防止するため混触防止板付き変圧器を使用して低圧電路を非接地とするもの等がある。

第2項は，高圧電路は変圧器の内部故障時の特別高圧電路との混触及び特別高圧側に生じた異常電圧が変圧器を介して高圧側に侵入して危険となるおそれがあるため，この場合の保護方法を規定している。

【関連解釈】第24条～第26条，第28条

（特別高圧を直接低圧に変成する変圧器の施設制限）

第13条　特別高圧を直接低圧に変成する変圧器は，次の各号のいずれかに掲げる場合を除き，施設してはならない。

一　発電所等公衆が立ち入らない場所に施設する場合

二　混触防止措置が講じられている等危険のおそれがない場合
三　特別高圧側の巻線と低圧側の巻線とが混触した場合に自動的に電路が遮断される装置の施設その他の保安上の適切な措置が講じられている場合

〔解　説〕 低圧と特別高圧とを直接結合することは，事故時に低圧電路に特別高圧が入り込むおそれがあるため，施設可能な場合を限定している。

【関連解釈】 第27条

（過電流からの電線及び電気機械器具の保護対策）

第14条　電路の必要な箇所には，過電流による過熱焼損から電線及び電気機械器具を保護し，かつ，火災の発生を防止できるよう，過電流遮断器を施設しなければならない。

〔解　説〕 過電流から電線及び電気機械器具を保護するとともに過電流に起因する火災を防止するため，必要な箇所に過電流遮断器（電路に過電流を生じたときに自動的に電路を遮断する装置をいう。）を施設することを規定している。

過電流遮断器とは，低圧ではヒューズ，配線用遮断器等がこれに該当し，高圧及び特別高圧では，それぞれヒューズ，遮断器がこれに該当する。

【関連解釈】 第26条，第33条～第35条，第45条，第46条，第82条，第88条，第95条，第127条，第128条，第154条，第185条，第191条，第210条，第226条，第227条，第229条，第231条，第233条

（地絡に対する保護対策）

第15条　電路には，地絡が生じた場合に，電線若しくは電気機械器具の損傷，感電又は火災のおそれがないよう，地絡遮断器の施設その他の適切な措置を講じなければならない。ただし，電気機械器具を乾燥した場所に施設する等地絡による危険のおそれがない場合は，この限りでない。

〔解　説〕 電路の地絡事故による危険防止の見地から電路に保安装置の施設を講じることを規定している。高圧又は特別高圧については，電力の供給に支障を与えないという観点も含まれたものである。

なお，**「その他の適切な措置」**を認めているのは，地絡が生じたときに電気の停止が，公共の安全確保に支障を生じるおそれがある機械器具に電気を供給するものには，地絡遮断器に代えて，地絡警報，常時絶縁監視装置等の措置がとれることを定めている。

【関連解釈】 第36条，第88条，第95条，第108条，第127条，第128条，第143条，第186条，第200条，第227条，第229条，第231条，第233条

（サイバーセキュリティの確保）

第15条の2　事業用電気工作物（小規模事業用電気工作物を除く。）の運転を管理する電子計算機は，当該電気工作物が人体に危害を及ぼし，又は物件に損傷を与えるおそれ及び一般送配電事業又は配電事業に係る電気の供給に著しい支障を及ぼすおそれがないよう，サイバーセキュリティ（サイバーセキュリティ基本法（平成26年法律第104号）第2条に規定するサイバーセキュリティをいう。）を確保しなければならない。

〔解　説〕　経済産業省が平成25年度に実施した「次世代電力システムに関する電力保安調査」では，これまで電力の安定供給に影響を与えたサイバーセキュリティインシデントは発生しておらず，現状の対策は一定の評価ができるものの，今後は事業環境変化を踏まえたサイバーセキュリティ対策の検討が必要とされた。また，産業構造審議会保安分科会電力安全小委員会電気設備自然災害等対策ワーキング中間報告書（平成26年6月）では，サイバーセキュリティガイドラインの策定が提言された。更に，平成27年6月の産業構造審議会保安分科会電力安全小委員会（第10回）において，今後更なるＩＴの高度化や電力システム改革の進展により，外部通信ネットワークとの相互接続機会の増加が見込まれるところ，これにより，セキュリティリスクの蓋然性は高まることが見込まれる等の指摘があった。その上で，サイバー攻撃等による電気設備の事故等の未然防止対策が重要な課題であり，サイバー攻撃等を新たな外生的脅威（リスク）と捉え，電気事業法体系下の保安規制に組み入れて制度的に担保されるべきことが確認された。これを受け，本条文を追加し，電気工作物におけるサイバーセキュリティ対策を求めることとした。

令和4年4月の改正では，電気工作物におけるサイバーセキュリティの確保義務について，配電事業の用に供する電気工作物にも求めることとした。これは，配電事業者は，一般送配電事業者に倣った法的義務を負うこととされていることから，令和3年6月の産業構造審議会保安･消費生活用製品安全分科会電力安全小委員会電気保安制度WG（第6回）において，配電事業者に対しても，最低限課すべき保安要求事項は事業形態によらず同一とすべきであり，配電設備の保有形態（保有や貸与）によらず，事業用電気工作物の技術基準への適合維持義務，保安規程の制定及び遵守義務，主任技術者選任義務，一般用電気工作物調査の義務などの一般送配電事業者相応の保安上の義務を課すべきであるとされたためである。

令和4年6月の改正では，サイバーセキュリティの確保義務の対象を自家用電気工作物を含む事業用電気工作物にも拡大した。これは，近年，諸外国において製鉄所等の産業施設へのサイバー攻撃も発生し，大規模な被害が生じており，また，中小企業も含む今後の電気保安分野におけるスマート化の進展も踏まえ，より幅広い事業主体に対策を求めることが必要であると考えられることから，令和3年11月及び令和4年1月の産業構造審議会保安・消費生活用製品安全分科会電力安全小委員会電気保安制度WG（第8回及び第9回）において，自家用電気工作物についてもサイバーセキュリティの確保が重要とされたためである。

令和4年12月の改正では，従来からサイバーセキュリティを求めていない小規模事業用電気工作物を事業用電気工作物から除いた。

［H28改正点］ 新規に追加した。

［R4改正点］ 対象となる電気工作物に配電事業の用に供する電気工作物を追加した。また，省令全体で供給支障の防止の対象に配電事業を追加することとした。

［R4改正点］ 対象となる電気工作物を自家用電気工作物を含む事業用電気工作物に拡大した（令和4年10月1日付けで施行）。

［R4改正点］ 小規模事業用電気工作物の新設に伴い，対象から除外。

【関連解釈】 第37条の2

第3款　電気的，磁気的障害の防止

（電気設備の電気的，磁気的障害の防止）

第16条　電気設備は，他の電気設備その他の物件の機能に電気的又は磁気的な障害を与えないように施設しなければならない。

〔解　説〕 電気事業法第39条第2項第二号による技術基準として守るべき規定を基本原則として示している。省令第2章第6節及び省令第3章第4節の電気的，磁気的障害の防止に直接関連する解釈により施設された設備は本条に適合するものと判断することができる。 **【関連解釈】** 第221条

（高周波利用設備への障害の防止）

第17条　高周波利用設備（電路を高周波電流の伝送路として利用するものに限る。以下この条において同じ。）は，他の高周波利用設備の機能に継続的かつ重大な障害を及ぼすおそれがないように施設しなければならない。

〔解　説〕 高周波利用設備を無秩序に設置することは，相互に発信される高周波により互いにその機能に障害を及ぼすおそれがあるため，これを防止することについて規定している。

【関連解釈】 第30条

第4款　供給支障の防止

（電気設備による供給支障の防止）

第18条　高圧又は特別高圧の電気設備は，その損壊により一般送配電事業者又は配電事業者の電気の供給に著しい支障を及ぼさないように施設しなければならない。

2　高圧又は特別高圧の電気設備は，その電気設備が一般送配電事業又は配電事業の用に供される場合にあっては，その電気設備の損壊によりその一般送配電事業又は配電事業に係る電気の供給に著しい支障を生じないように施設しなければならない。

〔解　説〕 電気事業法第39条第2項第三号及び第四号による技術基準として守るべき規定を基本原則として示している。

なお，著しい支障とは，広範囲な停電の発生等による電気の供給支障が社会的に重大な影響を及ぼすおそれがある場合をいう。

［R4改正点］ 第1項の対象となる電気工作物に配電事業の用に供する電気工作物を追加した。また，省令全体で供給支障の防止の対象に配電事業を追加することとした。

【関連解釈】 第223条，第228条，第230条

第4節　公害等の防止

（公害等の防止）
第19条　発電用火力設備に関する技術基準を定める省令（平成9年通商産業省令第51号）第4条第1項及び第2項の規定は，変電所，開閉所若しくはこれらに準ずる場所に設置する電気設備又は電力保安通信設備に附属する電気設備について準用する。

〔解　説〕 **第1項**　大気汚染防止法施行令の改正（昭和62年10月30日政令第361号）により，ガスタービン，ディーゼル機関（燃料の燃焼能力が重油換算1時間当たり50ℓ以上）がばい煙発生施設に指定（同施行令第2条）され，所要の排出規制が適用されることとなった。

本項は，変電所，開閉所又は電力保安通信設備等に設置する**ばい煙発生施設**から発生するばい煙の防止について規制しており，排出基準及び総量規制基準は発電用火力設備に関する技術基準を定める省令を準用することとしている。

なお，電気工作物であるばい煙発生施設については電気事業の一元的監督と行政上の便宜等から，大気汚染防止法第27条第2項においてばい煙発生施設の設置の届出，計画変更命令他一部の規定が適用除外され，電気事業法の相当規定の定めるところによるとしている。電気事業法及び同法施行規則等にこれらの規定が定められている。

また，**非常用予備発電装置**は「火力を原動力として電気を発生するために施設する電気設備」に該当することから，**「発電用火力設備に関する技術基準」**が適用され，本項では，これを除いた設備（非常用予備動力装置等）に適用される。

2　水質汚濁防止法（昭和45年法律第138号）第2条第2項の規定による特定施設を設置する発電所，蓄電所又は変電所，開閉所若しくはこれらに準ずる場所から排出される排出水は，同法第3条第1項及び第3項の規定による規制基準に適合しなければならない。

〔解　説〕 水質汚濁防止法施行令の改正（平成13年政令第201号）により，石炭を燃料とする火力発電施設のうち，**廃ガス洗浄施設**が同法の特定施設に指定（同施行令第1条）され，所要の排出規制が適用されることとなった。

本項は，水質汚濁防止法の規定による特定施設を設置する発電所等から排出される**排出水**を規制しており，水質汚濁防止法の規定による規制基準に適合しなければならないと規定している。

なお，電気工作物である特定施設については，電気事業の一元的監督と行政上の便宜等から，水質汚濁防止法第23条第2項で特定施設等の設置届出，計画変更命令等一部の規制を適用除外とし，電気事業法の相当規定の定めるところによるとしており，電気事業法及び同法施行規則等にこれらの規制が定められている。

特定施設を設置する発電所等は，水質汚濁防止法第3条第3項の都道府県が定める上乗せ基準を含む水質に係る基準を全ての規制対象物質について，その発電所等からの排出水において遵守することとなっている。

なお，ここでいう特定施設は，石炭を燃料とする火力設備であり，特に石炭専焼火力設備に限定したものではない。

3 水質汚濁防止法第4条の5第1項に規定する指定地域内事業場から排出される排出水にあっては，前項の規定によるほか，同法第4条の2第1項に規定する指定項目で表示した汚濁負荷量が同法第4条の5第1項又は第2項の規定に基づいて定められた総量規制基準に適合しなければならない。

〔解　説〕 水質汚濁防止法施行令の改正（平成13年政令第201号）により，石炭を燃料とする火力発電施設のうち，廃ガス洗浄施設が同法の特定施設に指定（同施行令第1条）され，同法施行令第4条の4に定める指定地域内にある特定施設を設置する発電所等から排出される排出水の汚濁負荷量について，所要の総量規制が適用されることとなった。

本項は，水質汚濁防止法の規定による指定地域内にある特定施設を設置する発電所等から排出される排出水において同法施行令第4条の2に定める指定項目ごとの**汚濁負荷量**について規制しており，水質汚濁防止法の規定による総量規制基準に適合しなければならないと規定している。

なお，電気工作物である特定施設については，電気事業の一元的監督と行政上の便宜等から，水質汚濁防止法第23条第2項で特定施設等の設置届出，計画変更命令等一部の規制を適用除外とし，電気事業法の相当規定の定めるところによるとしており，電気事業法及び同法施行規則等にこれらの規制が定められている。

指定地域内にある特定施設を設置する発電所等は，本項において総量規制基準を遵守すると共に前項の規定についても遵守することとなっている。

4 水質汚濁防止法第2条第8項に規定する有害物質使用特定施設（次項において「有害物質使用特定施設」という。）を設置する発電所，蓄電所又は変電所，開閉所若しくはこれらに準ずる場所から地下に浸透される同項に規定する特定地下浸透水（次項において「特定地下浸透水」という。）は，同法第8条第1項の環境省令で定める要件に該当してはならない。

〔解　説〕 水質汚濁防止法施行令の改正（平成13年政令第201号）により，石炭を燃料とする火力発電施設のうち，廃ガス洗浄施設が同法の特定施設に指定（同施行令第1条）され，所要の排出規制が適用されることとなった。

本項は，水質汚濁防止法の規定による特定施設を設置する発電所等から地下に排出される浸透水を規制しており，水質汚濁防止法の規定に定める要件に該当してはならないと規定している。

なお，電気工作物である特定施設については，電気事業の一元的監督と行政上の便宜等から，水質汚濁防止法第23条第2項で特定施設等の設置届出，計画変更命令等一部の規制を適用除外とし，電気事業法の相当規定の定めるところによるとしており，電気事業法及び同法施行規則等にこれらの規制が定められている。

有害物質の使用や処理等をする特定施設を設置する発電所等は地下に浸透する当該特定施設に係る汚水等を含む水について，その汚染状態を検定したときに当該有害物質が検出されないこととなっている。

なお，有害物質とは水質汚濁防止法第2条第2項第一号に規定する物質をいう。

省令

5　発電所，蓄電所又は変電所，開閉所若しくはこれらに準ずる場所に設置する有害物質使用特定施設は，水質汚濁防止法第12条の4の環境省令で定める基準に適合しなければならない。ただし，発電所，蓄電所又は変電所，開閉所若しくはこれらに準ずる場所から特定地下浸透水を浸透させる場合は，この限りでない。

〔**解　説**〕 水質汚濁防止法の一部を改正する法律（平成23年法律第71号）により，水質汚濁防止法第2条第8項に規定する有害物質使用特定施設の設置者に対し，**構造等**に係る規制が適用されることとなった。これは，使用設備で有害物質が漏えいし，その場で地下に浸透したという事例が確認されたことを勘案し，新たに規制されることになったものである。

本項は，発電所等に施設される有害物質使用特定施設は水質汚濁防止法第12条の4の環境省令で定める構造基準等に適合しなければならないと規定している。ただし，設備の老朽化等で有害物質が地下へ浸透する事故を防止するための構造基準等であり，排水基準等を遵守した特定地下浸透水を浸透させる施設に対しては構造基準等が適用されない。

なお，電気工作物である特定施設については，電気事業の一元的監督と行政上の便宜等から，水質汚濁防止法第23条第2項で特定施設等の設置届出，計画変更命令等一部の規制を適用除外とし，電気事業法の相当規定の定めるところによるとしており，電気事業法及び同法施行規則等にこれらの規制が定められている。

［**H24 改正点**］ 新規に追加した。

6 発電所，蓄電所又は変電所，開閉所若しくはこれらに準ずる場所に設置する水質汚濁防止法第5条第3項に規定する有害物質貯蔵指定施設は，同法第12条の4の環境省令で定める基準に適合しなければならない。

〔解 説〕 水質汚濁防止法の一部を改正する法律（平成23年法律第71号）により，水質汚濁防止法第5条第3項に規定する有害物質貯蔵指定施設の設置者に対し，構造等に係る規制が適用されることとなった。これは，貯蔵設備で有害物質が漏えいし，その場で地下に浸透したという事例が確認されたことを勘案し，新たに規制されることになったものである。

本項は，発電所等に施設される有害物質貯蔵指定施設は水質汚濁防止法第12条の4の環境省令で定める構造基準等に適合しなければならないと規定している。

なお，電気工作物である指定施設については，電気事業の一元的監督と行政上の便宜等から，水質汚濁防止法第23条第2項で指定施設等の設置届出，計画変更命令等一部の規制を適用除外とし，電気事業法の相当規定の定めるところによるとしており，電気事業法及び同法施行規則等にこれらの規制が定められている。

なお，対象となる施設の考え方については，「地下水汚染の未然防止のための構造と点検・管理に関するマニュアル（環境省水・大気環境局土壌環境課地下水・地盤環境室）」を参照されたい。

［H24 改正点］ 新規に追加した。

7 水質汚濁防止法第2条第4項の規定による指定施設を設置する発電所，蓄電所又は変電所，開閉所若しくはこれらに準ずる場所には，指定施設の破損その他の事故が発生し，有害物質又は指定物質を含む水が当該設置場所から公共用水域に排出され，又は地下に浸透したことにより人の健康又は生活環境に係る被害を生ずるおそれがないよう，適切な措置を講じなければならない。

〔解 説〕 大気汚染防止法及び水質汚濁防止法の一部を改正する法律（平成22年法律第31号）により，有害物質を貯蔵又は使用及び指定物質（公共用水域に多量に排出されることにより人の健康又は生活環境に係る被害を生ずるおそれがある物質として政令で定めるもの）を製造，貯蔵，使用又は処理する施設を設置する工場等の設置者に対し，事故によりこれらの物質を含む水が公共用水域に排出された場合等における応急の措置及び事故の状況等に係る都道府県知事への届出義務が新たに課されることになった。

水質汚濁防止法が改正された背景として，有害な物質の漏えいによる地下汚染事例が，毎年継続的に確認されたことが挙げられる。その大半は生産設備・貯蔵設備等の老朽化や，生産設備等の使用の際の作業ミス等による漏えいであったと報告されている。

一方，電気工作物である指定施設については，電気工作物の保安の一元的監督と設置者の利便性の観点から，水質汚濁防止法第23条第2項で事故時の措置の規定が適用除外され，電気事業法の相当規定の定めるところによるとされている。**本項**はこれを受け，当該相当規定として事故時の措置に関する技術基準を規定している。したがって，自然災害等が原因で施設の破損等が生じた場合には，直ちに，有害物質又は指定物質を含む水の排出又は浸透の防止のための応急の措置を講じる必要がある。

なお，水質汚濁防止法第2条第4項の政令で定める物質は，ヒドラジン，キシレン，トルエン，ベンゼン等である（水質汚濁防止法施行令第3条の3)。

［H23改正点］ 新規に追加した。

8　水質汚濁防止法第2条第5項の規定による貯油施設等を設置する発電所，蓄電所又は変電所，開閉所若しくはこれらに準ずる場所には，貯油施設等の破損その他の事故が発生し，油を含む水が当該設置場所から公共用水域に排出され，又は地下に浸透したことにより生活環境に係る被害を生ずるおそれがないよう，適切な措置を講じなければならない。

〔解　説〕 水質汚濁防止法が昭和8年6月に改正され油の流出事故による水質汚濁を防止するため,貯油施設等（同法第2条第5項）の事故時の措置（同法第14条の2第3項）規定が追加された。

電気工作物である貯油施設等は同法第23条第2項で事故時の措置の規定が適用除外され，電気事業法の相当規定の定めるところによるとしているため，これを技術基準で規定している。

水質汚濁防止法第2条第5項における貯油施設等の対象となる油は，原油，重油，潤滑油，軽油，灯油，揮発油，動植物油であり（水質汚濁防止施行法第3条の4)，貯油施設等とは，これらの油を貯蔵する貯油施設及びこれらの油を含む水を処理する油水分離施設が規定されている（水質汚濁防止施行法第3条の5)。

発電所，蓄電所又は変電所，開閉所若しくはこれらに準ずる場所で潤滑油槽など，油を貯蔵する貯油施設を設置している場合には，例えば油水分離槽，排水ピットの設置などにより，油槽などの破損その他の事故が発生した場合でも油が公共用水域に排出されないようにする措置が考えられる。

なお，ここでいう貯油施設等にはドラム缶等の容器や車両等で移動可能なものは含まれない｛水質汚濁防止法の一部を改正する法律の施行について（平成8年10月1日環水管第276号)｝。また，油水分離槽は油を事故等により当該設置場所から排出させないための油流出防止設備であり，油を含む水を処理するものでないことから水質汚濁防止施行法第3条の5でいう油水分離施設には該当しない。

9　特定水道利水障害の防止のための水道水源水域の水質の保全に関する特別措置法（平成6年法律第9号）第2条第6項の規定による特定施設等を設置する発電所，蓄電所又は変電所，開閉所若しくはこれらに準ずる場所から排出される排出水は，同法第9条第1項の規定による規制基準に適合しなければならない。

〔解　説〕 水道水源水域の水質の保全をはかるため，特定水道利水障害の防止のための水道水源水域の水質の保全に関する特別措置法が平成6年5月に施行になった。

本項は特定水道利水障害の防止のための水道水源水域の水質の保全に関する特別措置法の規定による特定施設等を設置する発電所等から排出される排出水を規制しており，同特別措置法の規定による規制基準に適合しなければならないと規定している。

なお，電気工作物である特定施設等については，電気事業の一元的監督と行政上の便宜等から，同特別措置法第16条第1項で特定施設等設置の届出，計画変更命令等一部の規制を適用除外とし，電気事業法の相当規定の定めるところによるとしており，電気事業法及び同法施行規則にこれらの規制が定められている。

しかし，現在のところ特定施設には，電気工作物に該当するものが規定されていないため，電気事業法の相当規定に基づき手続きを行うものはない。

発電所，蓄電所，変電所等に設置される特定施設としてはし尿処理施設があるが，これは電気工作物に該当しないため，同特別措置法の適用を受けることになる。

特定水道利水障害の防止のための水道水源水域の水質の保全に関する特別措置法では，排出基準を都道府県知事が定めることとなっている。（同法第9条1項）

10　中性点直接接地式電路に接続する変圧器を設置する箇所には，絶縁油の構外への流出及び地下への浸透を防止するための措置が施されていなければならない。

〔解　説〕 **本項**では，170kVを超える中性点直接接地式電路に施設するような大型変圧器の絶縁油が万一の内部事故あるいはブッシング事故等により漏油し，構外流出にまで発展した場合の影響は小さくないので，特別高圧の中性点直接接地式電路に接続する変圧器を対象に絶縁油の流出防止設備の施設について定めている。中性点直接接地式電路に接続する変圧器を対象としたのは，その地絡電流が他の非接地式あるいは抵抗（リアクトル）接地式に比較して著しく大きいため，地絡事故等のアークエネルギーによって，タンク破損から大量の漏油事故に発展するケースが考えられるためである。

地下への浸透防止を規定したのは，漏油が地下浸透から構外にまで流出するのを防止しようとするものであり，地下への浸透を防ぐため変圧器周囲のバラス敷きの下をアスファルト，あるいはコンクリート等で遮へいする必要がある。なお，地盤が粘土質であって，万一漏油しても，汚染した層を最悪時で30日以内に搬出処理すれば絶縁油の地下浸透から構外流出（地下水の汚染を含む。）にまで発展するおそれのない場所については，特別に遮へいする必要はない。

油流出防止装置の目的は，変圧器タンクあるいはブッシング等の破損により漏油が構外にまで流出するのを防止することであり，油流出防止設備の収容容量としては，対象変圧器の油量の50%と所要消火放水量（公共消防車が到着するまでの初期消火用の所要水量と公共消防車の放水所要水量40m^{3}の合計）を収容できる容量以上とする。

なお，油流出防止装置の具体的な設計・施工方法については日本電気技術規格委員会規格 JESC E0012（2002）**「変電所等における防火対策指針」**（(社）日本電気協会電気技術規定 JEAG5002-2001）を参照されたい。

11　騒音規制法（昭和43年法律第98号）第2条第1項の規定による特定施設を設置する発電所，蓄電所又は変電所，開閉所若しくはこれらに準ずる場所であって同法第3条第1項の規定により指定された地域内に存するものにおいて発生する騒音は，同法第4条第1項又は第2項の規定による規制基準に適合しなければならない。

〔解　説〕　工場及び事業場における事業活動並びに建設工事に伴って発生する相当範囲にわたる騒音について，生活環境の保全の観点から必要な規制を行うために**騒音規制法**が公害対策基本法の実施法として，昭和43年6月に制定され，同年12月から施行された。

本項は，発電所等に設置する特定施設から発生する騒音を規制しており，騒音規制法の規定による規制基準に適合しなければならないとしている。

なお，電気工作物である特定施設については，電気事業の一元的監督と行政上の便宜等から騒音規制法第21条第1項で特定施設の届出，計画変更勧告等一部の規定を適用除外とし，電気事業法の相当規定の定めるところによるとしており，電気事業法及び同法施行規則にこれらの規定が定められている。

騒音規制の仕組みは，まず，著しい騒音を発生する施設（**特定施設**という。）を定め，これらを設置する工場（**特定工場等**という。）すなわち**この省令**においては発電所，蓄電所又は変電所，開閉所若しくはこれらに準ずる場所の敷地境界線上の騒音の大きさについて生活環境の保全の観点から都道府県の定める地域ごと（**指定地域**という。）の規制基準を遵守させる。ここで，騒音規制法第2条第1項に基づく特定施設は，**騒音規制法施行令**（昭和43年政令第324号）第1条で定められ，このうち，**発・蓄・変電所等の電気設備に関係するもの**には，次のものがある。

(1)　空気圧縮機及び送風機であって原動機の定格出力が7.5kW以上のもの

(2)　微粉炭燃焼用機器に係る粉砕機であって原動機の定格出力が7.5kW以上のもの

なお，騒音は，その影響する範囲も騒音の発生源の周辺に限られる。しかも，その場合に特定施設から発生する騒音は，発・蓄・変電所内の特定施設やその他建物などの配置，防音壁などの設置状況，発・蓄・変電所の敷地の広さなどによって異なり，発・蓄・変電所の外へ出るときは必ずしも一律になるとは限らない。

一方，騒音を受ける側にとっても，特定施設そのものから発生する騒音よりも発・蓄・変電所全体としての騒音が生活環境に影響を及ぼすわけであるから，発・蓄・変電所等の騒音の規制は，特定施設そのものに着目するよりも発・蓄・変電所全体の単位でとらえることになるのである。したがって，本項では騒音規制法と対応させて，特定施設を有する発・蓄・変電所等に限定しているが，騒音の生活環境に与える影響を考えるとき，特定施設の有無にかかわらず規制基準値を超えないようにすることが望ましい。都道府県によっては，騒音規制法施行令に定める特定施設の枠を超えて規制する場合もあり，問題が生じた場合は所轄産業保安監督部電力安全課に相談されたい。

指定地域は，特別区及び市の市街地（町村の市街地でこれに隣接する地域を含む。）並びにその周辺の住居が多数集合している地域について定められる（騒音規制法第3条第1項）。これらの地域は広く住民が居住しているので，特定工場等の設置が住民の生活環境を相当範囲にわたり損なうことになるので，それを規制する必要があるわけである。したがって，この趣旨からは，工業専用地区，臨海地区，飛行場その他人の居住に供されない地区はこの地域から除外される。

規制基準は特定工場等が遵守すべき基準である。この基準は解説19.1表の範囲内において，各都道府県知事及び市町村長が地域の住民の生活環境の態様に応じ，一定の値を定めることになっている｛騒音規制法第4条，特定工場等において発生する騒音の規制に関する基準（告示)｝。

解説19.1表 騒音規制基準

時間の区分 / 区域の区分	昼 間（デシベル）	朝 夕（デシベル）	夜 間（デシベル）	区域の定義
第1種区域	45以上 50以下	40以上 45以下	40以上 45以下	良好な住居の環境を保全するため，特に静穏の保持を必要とする区域
第2種区域	50以上 60以下	45以上 50以下	40以上 50以下	住居の用に供されているため，静穏の保持を必要とする区域
第3種区域	60以上 65以下	55以上 65以下	50以上 55以下	住居の用にあわせて商業，工業等の用に供されている区域であって，その区域内の住民の生活環境を保全するため，騒音の発生を防止する必要がある区域
第4種区域	65以上 70以下	60以上 70以下	55以上 65以下	主として工業等の用に供されている区域であって，その区域内の住民の生活環境を悪化させないため，著しい騒音の発生を防止する必要がある区域

〔備考〕昼間とは，午前7時又は8時から午後6時，7時又は8時までとし，朝とは，午前5時又は6時から午前7時又は8時までとし，夕とは，午後6時，7時又は8時から午後9時，10時又は11時までとし，夜間とは，午後9時，10時又は11時から翌日午前5時又は6時までとする。

なお，同種の区域の規制基準は，同一の都道府県内において同一のものとなる場合が多いが，学校，保育所，病院，入院の施設を有する診療所，図書館及び特別養護老人ホームの周囲おおむね50mの区域については，その区域の規制基準より更に5デシベルを減じた値となる場合もある。

ここで「**規制基準**」とは，「特定工場等において発生する騒音の特定工場の敷地の境界線における大きさの許容限度をいう」と定められており，特定工場等の敷地境界上において指示騒音計又は精密騒音計により測定し，その最大のレベルの騒音がその範囲内におさまっていることが必要である。

騒音規制の基準とは，「音の大きさ」である｛計量法（平成4年法律第51号）別表第2に定める音圧レベルの計量単位は「デシベル」とされている。｝が，その他騒音の内容としては，騒音の質（例えば金属音などの不愉快な音）や，デシベルで表すだけでは不十分ないわゆる「騒がしさ」などがある。しかし，これらは測定法や基準の決め方が現在のところ明確ではないので，規制の対象とはしないことになっている。なお，騒音防止対策及び測定法に関しては，電気技術基準調査委員会編電気技術指針 JEAG5001-2005「発変電所等における騒音防止対策指針」があるので参照されたい。騒音測定方法，騒音の大きさの決定，騒音防止方法等の実態に疑義があるときは，所轄産業保安監督部電力安全課に問い合わせられたい。

【関連解釈】 第219条

12　振動規制法（昭和51年法律第64号）第2条第1項の規定による特定施設を設置する発電所，蓄電所又は変電所，開閉所若しくはこれらに準ずる場所であって同法第3条第1項の規定により指定された地域内に存するものにおいて発生する振動は，同法第4条第1項又は第2項の規定による規制基準に適合しなければならない。

〔解　説〕工場及び事業場における事業活動並びに建設工事に伴って発生する相当範囲にわたる振動について，生活環境の保全の観点から必要な規制を行うために**振動規制法**が公害対策基本法の実施法として，昭和51年6月に制定され，同年12月に施行された。

本項は，発電所等に設置する特定施設から発生する振動を規制しており，振動規制法の規定による規制基準に適合しなければならないとしている。

なお，電気工作物である特定施設について，電気事業の一元的監督と行政上の便宜等から，振動規制法第18条第1項で特定施設設置の届出，計画変更勧告等一部の規定を適用除外とし，電気事業法の相当規定の定めるところによるとしており，電気事業法及び同法施行規則にこれらの規定が定められている。

振動規制の仕組みは，まず，著しい振動を発生する施設すなわち特定施設を定め，これらを設置する工場（**特定工場等**という。），すなわちこの**省令**においては発電所，蓄電所又は変電所，開閉所若しくはこれらに準ずる場所の敷地境界線上の振動の大きさについて生活環境の保全の観点から都道府県の定める地域ごと（**指定地域**という。）の規制基準を遵守させる。

ここで，振動規制法第2条第1項に基づく特定施設は，**振動規制法施行令**（昭和51年政令第280号）第1条で定められ，このうち，発・蓄・変電所等の電気工作物に関係するものには，次のものがある。

(1) 圧縮機（原動機の定格出力が7.5kW以上のもの）

(2) 土石用又は鉱物用の破砕機，摩砕機，ふるい及び分級機（原動機の定格出力が7.5kW以上のもの）

指定地域は，特別区及び市の市街地（町村の市街地でこれに隣接する地域を含む。）並びにその周辺の住居が多数集合している地域について定められる（振動規制法第3条第1項)。これらの地域は広く住民が居住しているので，特定工場等の設置が住民の生活環境を相当範囲にわたり損なうことになるので，それを規制する必要があるわけである。したがって，この趣旨からは，工業専用地区，臨海地区，飛行場その他人の居住に供されない地区はこの地域から除外される。

規制基準は特定工場が遵守すべき基準である。この基準は解説19.2表の範囲内において各都道府県知事及び市町村長が地域の住民の生活環境の態様に応じ，一定の値を定めることになっている｛**振動規制法第4条**，特定工場等において発生する振動の規制に関する基準（告示)｝。

なお，同種の区域の規制基準は，同一の都道府県内において同一のものとなる場合が多いが，学校，保育所，病院，入院の施設を有する診療所，図書館及び特別養護老人ホームの周囲おおむね50mの区域については，その区域の規制基準より更に5デシベルを減じた値となる場合もある。

解説19.2表　振動規制基準

時間の区分／区域の区分	昼　間（デシベル）	夜　間（デシベル）	区域の定義
第1種区域	60以上 65以下	55以上 60以下	良好な住居の環境を保全するため，特に静穏の保持を必要とする区域及び住居の用に供されているため，静穏の保持を必要とする区域

第2種区域	65以上 70以下	60以上 65以下	住居の用にあわせて，商業，工業等の用に供されている区域であって，その区域内の住民の生活環境を保持するため，振動の発生を防止する必要がある区域及び主として工業等の用に供されている区域であって，その区域内の住民の生活環境を悪化させないため，著しい振動の発生を防止する必要がある区域

〔備考〕昼間とは，午前5時，6時，7時又は8時から午後7時，8時，9時又は10時までとし，夜間とは午後7時，8時，9時又は10時から翌日の午前5時，6時，7時又は8時までとする。

13　急傾斜地の崩壊による災害の防止に関する法律（昭和44年法律第57号）第3条第1項の規定により指定された急傾斜地崩壊危険区域（以下「急傾斜地崩壊危険区域」という。）内に施設する発電所，蓄電所又は変電所，開閉所若しくはこれらに準ずる場所の電気設備，電線路又は電力保安通信設備は，当該区域内の急傾斜地（同法第2条第1項の規定によるものをいう。）の崩壊を助長し又は誘発するおそれがないように施設しなければならない。

〔解　説〕急傾斜地の崩壊による災害からの国民の生命，財産を保護するため，**急傾斜地の崩壊による災害の防止に関する法律**（昭和44年法律第57号）が制定された。この法律において,「急傾斜地」とは傾斜度が30度以上ある土地と定義され(同法第2条第1項)，都道府県知事は急傾斜地のうち崩壊するおそれのある地域又は隣接する土地の崩壊を助長し，又は誘発するおそれのある地域を**「急傾斜地崩壊危険区域」**として指定し（同法第3条第1項），次のような行為（以下**「制限行為」**という。）を制限する（同法第7条第1項）こととなった。

(1)　水を放流し又は停滞させる行為，その他水の浸透を助長する行為
(2)　ため池，用水路その他の急傾斜地崩壊防止施設以外の施設又は工作物の設置又は改造
(3)　のり切，切土，掘さく又は盛土
(4)　立木竹の伐採
(5)　木竹の滑下又は地引による搬出
(6)　土石の採取又は集積
(7)　その他政令で定める行為

なお，急傾斜地の崩壊による災害の防止に関する法律第7条ただし書において，**電気事業法**第47条第1項又は第2項の規定を受けた者が当該認可に係る工事を行うとき，急傾斜地崩壊危険区域内における制限行為の都道府県知事の許可を除外していることから，**この省令**において急傾斜地の崩壊の防止に関する条文が追加されたわけである。

本項は，急傾斜地崩壊危険区域内に電気設備（発電所，蓄電所又は変電所，開閉所若

しくはこれらに準ずる場所のものに限る。），電線路又は電力保安通信設備を設置し又は変更する場合には，その区域内の急傾斜地の崩壊を助長し，又は誘発するおそれがないように施設することを定めたものである。このためには，急傾斜地の崩壊の際，当該設備が他に危険を及ぼすことのないように設備自体を堅ろうに施設するとともに，擁壁や排水施設などの崩壊防止施設を施すことが必要である。崩壊防止施設の設置又は改造その他急傾斜地危険区域内における急傾斜地の崩壊を防止するための工事は次の点を考慮すること。

(1) のり切は，地形，地質等の状況及び急傾斜地崩壊防止施設の設計をすること。

(2) のり面には，土圧，水圧及び自重によって損壊，転倒，滑動又は沈下しない構造の土留施設を設けること。ただし，土質試験等に基づき地盤の安定計算をした結果，急傾斜地の安全が確かめられた部分については，土留施設を設置する必要はない。

(3) のり面は，石張り，芝張り，モルタルの吹き付け等によって風化その他の侵食に対して保護すること。

(4) 土留施設には，その裏面の排水をよくするため，水抜穴を設けること。

(5) 水の浸透又は停滞により急傾斜地が崩壊するおそれのある場合には，必要な排水施設を設置すること。

(6) なだれ，落石等により急傾斜地崩壊防止施設が崩壊するおそれがある場合には，なだれ防止工事，落石防止工事により当該施設を保護すること。

14 ポリ塩化ビフェニルを含有する絶縁油を使用する電気機械器具及び電線は，電路に施設してはならない。

〔解　説〕 ポリ塩化ビフェニル（以下「PCB」という。）の使用は，**化学物質の審査及び製造等の規制に関する法律**（昭和48年法律第117号。以下「化審法」という。）により鉄道車両の主変圧器又は主整流器の整備に使用する場合を除き使用が禁止されている。しかし化審法で定めている使用とは，PCBを機器その他製品に組み込み又は混入させる行為をいい，PCBが組み込まれ又は混入している製品を使用することは，化審法で言う使用には当たらない。したがって，PCBによる環境汚染防止の観点から，**S51基準**でPCB使用電気機械器具（電気工作物以外のものを含む。以下同じ。）を新しく電路に施設することを禁止した。しかしながらその後，平成16年2月に，電線であるOFケーブルにおける微量PCBの検出事例が明らかとなった。そこで，規制対象を明確化する観点から，**ポリ塩化ビフェニル廃棄物の適正な処理の推進に関する特別措置法**（平成13年法律第65号。以下「PCB特措法」という。）の平成28年8月1日の改正施行を機に，**H28基準**により，PCB使用電線（電気工作物以外のものを含む。以下同じ。）も新しく電路に施設することは引き続き禁止される旨明記した。

なお，**S51基準**の附則第2項により，昭和51年10月16日の時点で，現に施設し，又は施設に着手した電気工作物である電路については，「なお従前の例による」こととなるので，そのままPCB使用電気機械器具を施設することができる。しかし，PCB使用電気機械器具を流用・転用して新たに電路に施設する場合は，本項が適用されることとなるので，流用･転用はできない。また，平成9年に，本省令の全部改正が行われたが，この**S51基準**の附則第2項については，平成9年改正に係る**H9基準**の附則第2項により，平成9年6月1日以降も継続して同等の措置がなされている。同様に，平成28年9月24日に施行された**H28基準**の改正により，本項に電線が含まれることが明確化されたが，PCB使用電線についても，引き続き，流用・転用はできないこととなっている。

一方，平成28年改正のPCB特措法第18条では，高濃度ポリ塩化ビフェニル使用製品（以下「高濃度PCB使用製品」という。）について，その所有事業者に対し，高濃度PCB使用製品の種類ごと，場所・区域ごとに，PCB特措法第10条の処分期間内又は特例処分期限日（処分期間の末日から起算して1年を経過した日）までに廃棄することが義務づけられた。また，PCB特措法第20条第1項において，電気工作物である高濃度PCB使用製品ついては，PCB特措法第18条が適用除外となり電気事業法の定めるところによるものとされた。このため，電気事業法においても，改正後のPCB特措法と同等の措置を設けることが必要となった。そこで，**H28基準**の改正で**H9基準**の附則第2項にただし書を追加し，高濃度PCB使用製品に該当する可能性がある電気工作物の種類を告示で示すとともに，当該告示で示す期限の翌日又は期限から1年を超えない期間に当該電気工作物を廃止することが明らかな場合は，期限から1年を経過した日以後，そのまま電路に施設することを禁止した。

なお，高濃度PCB使用製品に該当する可能性がある電気工作物の種類は，絶縁油を使用している製品があるものに限られることから，**「別に告示する電気工作物」**として，平成28年経済産業省告示第237号第1条において，変圧器（電気事業法第38条第4項各号に掲げる事業を営む者が設置する柱上変圧器を除く。），電力用コンデンサー，計器用変成器，リアクトル，放電コイル，電圧調整器，整流器，開閉器，遮断器，中性点抵抗器，避雷器及びOFケーブルの12種類を示している。

また，電気工作物である高濃度PCB使用製品の要件については，PCB特措法第2条第4項第2号及び**ポリ塩化ビフェニル廃棄物の適正な処理の推進に関する特別措置法施行令**（平成13年政令第215号）第4条第1項の規定に整合させ，本項において**「別に告示する電気工作物であって，ポリ塩化ビフェニルを含有する絶縁油（当該絶縁油に含まれるポリ塩化ビフェニルの重量の割合が0.5パーセントを超えるものに限る。）を使用するもの」**と規定しているが，個別具体の対象製品については，「ポリ塩化ビフェニルを含有する絶縁油を使用する電気工作物等の使用及び廃止の状況の把握並びに適正な管理に関する標準実施要領（内規）」（平成28年10月25日 経済産業省商務流通保安グループ）

のⅡ.2.(1) に,「高濃度PCB含有電気工作物」として規定されているので,これを参照されたい。

参考まで,**「絶縁油に含まれるPCBの重量の割合が0.5パーセントを超えるもの」**とは,絶縁油に含まれるPCBの量が試料1kgにつき5,000mgを超えるものに等しい。

「別に告示する期限」としては,平成28年経済産業省告示第237号第2条において,解説19.3表のとおり規定されている。

解説19.3表　平成28年経済産業省告示第237号で定める期限

施設されている場所の所在する区域	期限
北海道,青森県,岩手県,宮城県,秋田県,山形県,福島県,茨城県,栃木県,群馬県,埼玉県,千葉県,東京都,神奈川県,新潟県,富山県,石川県,福井県,山梨県,長野県,岐阜県,静岡県,愛知県及び三重県の区域	平成34年3月31日
滋賀県,京都府,大阪府,兵庫県,奈良県及び和歌山県の区域	平成33年3月31日
鳥取県,島根県,岡山県,広島県,山口県,徳島県,香川県愛媛県,高知県,福岡県,佐賀県,長崎県,熊本県,大分県宮崎県,鹿児島県及び沖縄県の区域	平成30年3月31日

特例の期限が適用される**「期限から一年を超えない期間に当該電気工作物を廃止することが明らかな場合」**とは,廃棄物の処理及び清掃に関する法律(昭和45年法律第137号)に基づき,高濃度PCB廃棄物の処分を行う特別管理産業廃棄物処理業者との間で,期限から一年を超えない期間に廃棄することが明らかであることを証する書類に記載された廃棄予定年月で把握できる場合等がこれに当たる。

なお,不要となったPCB使用電気機械器具及び電線は,「廃棄物の処理及び清掃に関する法律」(厚生労働省,都道府県,政令市)の収集,運搬,処分等に関する規制の適用を受ける。

【関連解釈】　第32条

15　水質汚濁防止法第2条第5項の規定による貯油施設等が一般用電気工作物である場合には,当該貯油施設等を設置する場所において,貯油施設等の破損その他の事故が発生し,油を含む水が当該設置場所から公共用水域に排出され,又は地下に浸透したことにより生活環境に係る被害を生ずるおそれがないよう,適切な措置を講じなければならない。

〔解　説〕　本条**第8項**にも同様の規定があるが,**第8項**は発電所等に施設される貯油施設についての規定であり,出力10kW未満の内燃力発電設備や燃料電池発電設備等,発電所扱いとはならない小規模発電設備については適用されないため,別途**本項**を定めたものである。基本的な考え方は，**第8項**の解説に記されているとおりである。

なお，**本項**は，燃料の貯蔵量からして，仮に燃料が漏れたとしても生活環境に係る被害が想定されない程度の設備についてまで，排水ピットの施設等の措置を求めるものではない。

〔H17改正点〕　新規に追加した。

第２章　電気の供給のための電気設備の施設

第１節　感電，火災等の防止

（電線路等の感電又は火災の防止）

第20条　電線路又は電車線路は，施設場所の状況及び電圧に応じ，感電又は火災のおそれがないように施設しなければならない。

〔解　説〕 電気事業法第39条第2項第一号の規定を明確化して，電線路又は電車線路における施設場所，施設形態及び電圧の違いに応じ技術基準として守るべき保安上必要な原則を規定している。

【関連解釈】 第61条，第88条，第89条，第91条，第108条，第110条～第114条，第116条～第119条，第126条～第130条，第132条，第205条，第206条，第217条，第222条，第224条，第226条～第229条，第231条，第233条

（架空電線及び地中電線の感電の防止）

第21条　低圧又は高圧の架空電線には，感電のおそれがないよう，使用電圧に応じた絶縁性能を有する絶縁電線又はケーブルを使用しなければならない。ただし，通常予見される使用形態を考慮し，感電のおそれがない場合は，この限りでない。

2　地中電線（地中電線路の電線をいう。以下同じ。）には，感電のおそれがないよう，使用電圧に応じた絶縁性能を有するケーブルを使用しなければならない。

〔解　説〕 **第1項**は，低高圧架空電線が一般家屋等に接近して施設される場合に，建設作業者，一般公衆等が誤って電線に接触することによる感電死傷を防止するため，絶縁電線等を使用しなければならないことを規定している。

なお，ただし書においては，海峡横断・河川横断・山岳地の一般公衆が容易に立ち入るおそれがなく感電のおそれがない場所における裸電線の使用を想定している。

第2項は，地中電線にケーブルを使用しなければならないことを規定している。

【関連解釈】 第3条，第5条，第6条，第8条～第11条，第65条，第67条，第116条，第117条，第120条

（低圧電線路の絶縁性能）

第22条　低圧電線路中絶縁部分の電線と大地との間及び電線の線心相互間の絶縁抵抗は，使用電圧に対する漏えい電流が最大供給電流の1/2,000を超えないようにしなければならない。

〔解　説〕 第5条第1項に規定された内容のうち低圧電線路に関する絶縁性能を規定している。これは，低圧電線路は電圧が低いため，絶縁の破壊ということよりも通常他物との接触や沿面漏電のような漏れ電流の程度が問題となることから，電線路の最大使用可能電流を基準にとって考えることとし，その1/2,000を限度としたものである。この値は，電線1条当たりについてであるから単相2線式の場合では，全線を一括して大地との間に使用電圧を加えた場合の漏れ電流は1/1,000となる。また，低圧の架空ケーブル工事による場合や引込み用ビニル絶縁電線を使用する場合には，実際上絶縁抵抗試験は困難であるが試験をした場合には電線相互間もこの値を超えないようにすることを規定している。

（発電所等への取扱者以外の者の立入の防止）

第23条　高圧又は特別高圧の電気機械器具，母線等を施設する発電所，蓄電所又は変電所，開閉所若しくはこれらに準ずる場所　には，取扱者以外の者に電気機械器具，母線等が危険である旨を表示するとともに，当該者が容易に構内に立ち入るおそれがないように適切な措置を講じなければならない。

2　地中電線路に施設する地中箱は，取扱者以外の者が容易に立ち入るおそれがないように施設しなければならない。

〔解　説〕 第1項は，高圧又は特別高圧の機器，母線等を屋外に施設する発・蓄・変電所等には，土地の状況により，人の立ち入るおそれがない箇所を除いて，構内に取扱者以外の者（一般公衆）が立ち入らないような措置を講ずることを規定している。

第2項は，地中箱のふたを取扱者以外の者（一般公衆）が容易に開けることができないように施設することを規定している。また，ここでいう取扱者には，地中箱自体の取扱者はもちろんのこと，地中箱内に施設される地中電線等の取扱者も含んだものである。

【関連解釈】 第38条，第121条

（架空電線路の支持物の昇塔防止）

第24条　架空電線路の支持物には，感電のおそれがないよう，取扱者以外の者が容易に昇塔できないように適切な措置を講じなければならない。

〔解　説〕 架空電線路の支持物に一般公衆が昇塔し，充電部に接触して感電・墜落する事故を防止するための措置を講じることを規定している。

【関連解釈】 第53条

（架空電線等の高さ）

第25条　架空電線，架空電力保安通信線及び架空電車線は，接触又は誘導作用による感電のおそれがなく，かつ，交通に支障を及ぼすおそれがない高さに施設しなければならない。

2　支線は，交通に支障を及ぼすおそれがない高さに施設しなければならない。

〔解　説〕 第１項は，架空電線，架空電力保安通信線及び架空電車線が人又は造営物に対する危険や交通上の障害を及ぼさないように施設することを規定している。

第２項は，支線が交通上の障害を及ぼさないように施設することを規定している。

【関連解釈】 第61条，第68条，第82条，第87条，第116条～第118条，第138条，第140条，第205条，第206条，第217条

（架空電線による他人の電線等の作業者への感電の防止）

第26条　架空電線路の支持物は，他人の設置した架空電線路又は架空弱電流電線路若しくは架空光ファイバケーブル線路の電線又は弱電流電線若しくは光ファイバケーブルの間を貫通して施設してはならない。ただし，その他人の承諾を得た場合は，この限りでない。

2　架空電線は，他人の設置した架空電線路，電車線路又は架空弱電流電線路若しくは架空光ファイバケーブル線路の支持物を挟んで施設してはならない。ただし，同一支持物に施設する場合又はその他人の承諾を得た場合は，この限りでない。

〔解　説〕 架空電線路を施設する場合の錯綜による危険防止及び電線路の合理的施設について規定している。

（架空電線路からの静電誘導作用又は電磁誘導作用による感電の防止）

第27条　特別高圧の架空電線路は，通常の使用状態において，静電誘導作用により人による感知のおそれがないよう，地表上1mにおける電界強度が3kV/m以下になるように施設しなければならない。ただし，田畑，山林その他の人の往来が少ない場所において，人体に危害を及ぼすおそれがないように施設する場合は，この限りでない。

2　特別高圧の架空電線路は，電磁誘導作用により弱電流電線路（電力保安通信設備を除く。）を通じて人体に危害を及ぼすおそれがないように施設しなければならない。

3　電力保安通信設備は，架空電線路からの静電誘導作用又は電磁誘導作用により人体に危害を及ぼすおそれがないように施設しなければならない。

〔解　説〕 第１項は，人に対して特別高圧架空電線の静電誘導による電撃を防止すると

ともに不快感を与えないように，送電線下における電界強度の許容限界を規定し，これ以下となるように施設することを規定している。

第2項は，電磁誘導電圧により弱電流電線の作業者や通信中の人に感電のショックを与えるおそれがないように施設することを規定している。

第3項は，誘導電圧により電力保安通信設備の作業者や通信中の人に感電のショックを与えるおそれがないように施設することを規定している。

【関連解釈】　第219条

（電気機械器具等からの電磁誘導作用による人の健康影響の防止）

第27条の2　変圧器，開閉器その他これらに類するもの又は電線路を発電所，蓄電所，変電所，開閉所及び需要場所以外の場所に施設するに当たっては，通常の使用状態において，当該電気機械器具等からの電磁誘導作用により人の健康に影響を及ぼすおそれがないよう，当該電気機械器具等のそれぞれの付近において，人によって占められる空間に相当する空間の磁束密度の平均値が，商用周波数において200マイクロテスラ以下になるように施設しなければならない。ただし，田畑，山林その他の人の往来が少ない場所において，人体に危害を及ぼすおそれがないように施設する場合は，この限りでない。

2　変電所又は開閉所は，通常の使用状態において，当該施設からの電磁誘導作用により人の健康に影響を及ぼすおそれがないよう，当該施設の付近において，人によって占められる空間に相当する空間の磁束密度の平均値が，商用周波数において200マイクロテスラ以下になるように施設しなければならない。ただし，田畑，山林その他の人の往来が少ない場所において，人体に危害を及ぼすおそれがないように施設する場合は，この限りでない。

〔解　説〕　電力設備から発生する超低周波電磁界の健康影響について，平成19年6月に世界保健機関は，公式見解（ファクトシート No.322）を発表した。この中で，高レベルの磁界への短期的曝露については，健康への悪影響が科学的に解明されており，政策決定者は，一般人をこれらの影響から防護するために規定された国際的なばく露ガイドラインを採用すべき旨の見解が示された。

当該見解を受け，原子力安全・保安院は，総合資源エネルギー調査会原子力安全・保安部会電力安全小委員会に設置した電力設備電磁界対策ワーキンググループ（以下「電磁界対策 WG」）において検討を行った。本規制値は，電磁界対策 WG における審議等を踏まえ，平成22年11月に国際非電離放射線防護委員会（ICNIRP）より公表されたガイドラインに基づき，定めたものである。なお，当該ガイドラインで示している制限値（参考レベル）は，磁気閃光を考慮した中枢神経系への一過性の影響の閾値に，一般公衆に対する低減係数を考慮したものである。

第1項は，変圧器，開閉器その他これらに類するもの（分岐装置）又は電線路を発電所，蓄電所，変電所，開閉所及び需要場所以外の場所に施設する場合，当該電気機械器具等から発生する磁界によって人の健康に影響を及ぼすおそれがないよう，それぞれから発生する磁界が200マイクロテスラ（μT）以下となるように施設することを規定している。ここで，商用周波数とは，50Hz及び60Hzのことをいう。

第2項は，変電所又は開閉所を施設する場合，当該施設から発生する磁界によって人の健康に影響を及ぼすおそれがないよう，発生する磁界が200マイクロテスラ（μT）以下となるように施設することを規定している。

［H23改正点］ 新規に追加した。

【関連解釈】 第31条，第39条，第50条

第２節　他の電線，他の工作物等への危険の防止

（電線の混触の防止）

第28条　電線路の電線，電力保安通信線又は電車線等は，他の電線又は弱電流電線等と接近し，若しくは交さする場合又は同一支持物に施設する場合には，他の電線又は弱電流電線等を損傷するおそれがなく，かつ，接触，断線等によって生じる混触による感電又は火災のおそれがないように施設しなければならない。

〔解　説〕電線路の電線，電力保安通信線又は電車線等が，他の電線等と接近・交さする場合又は同一支持物に施設する場合の施設方法について規定している。

【関連解釈】　第74条～第76条，第80条～第82条，第96条，第100条，第101条，第104条～第108条，第110条，第111条，第113条，第114条，第116条～第118条，第126条，第132条，第136条，第137条，第140条，第207条，第215条，第217条

（電線による他の工作物等への危険の防止）

第29条　電線路の電線又は電車線等は，他の工作物又は植物と接近し，又は交さする場合には，他の工作物又は植物を損傷するおそれがなく，かつ，接触，断線等によって生じる感電又は火災のおそれがないように施設しなければならない。

〔解　説〕電線路の電線又は電車線等が，他の工作物又は植物と接近・交さする場合の施設方法について規定している。

【関連解釈】　第55条，第71条～第73条，第77条～第79条，第82条，第96条～第99条，第102条，第103条，第106条，第108条，第110条，第111条，第113条，第114条，第116条～第118条，第126条，第132条，第214条，第215条

（地中電線等による他の電線及び工作物への危険の防止）

第30条　地中電線，屋側電線及びトンネル内電線その他の工作物に固定して施設する電線は，他の電線，弱電流電線等又は管（他の電線等という。以下この条において同じ。）と接近し，又は交さする場合には，故障時のアーク放電により他の電線等を損傷するおそれがないように施設しなければならない。ただし，感電又は火災のおそれがない場合であって，他の電線等の管理者の承諾を得た場合は，この限りでない。

〔解　説〕地中電線又は屋側電線等が，他の電線等と接近・交さする場合の施設方法について規定している。弱電流電線等とは，**省令第６条**に規定しているとおり弱電流電線及び光ファイバケーブルをいう。

【関連解釈】 第110条，第111条，第113条，第114条，第125条，第126条，第132条

（異常電圧による架空電線等への障害の防止）

第31条　特別高圧の架空電線と低圧又は高圧の架空電線又は電車線を同一支持物に施設する場合は，異常時の高電圧の侵入により低圧側又は高圧側の電気設備に障害を与えないよう，接地その他の適切な措置を講じなければならない。

2　特別高圧架空電線路の電線の上方において，その支持物に低圧の電気機械器具を施設する場合は，異常時の高電圧の侵入により低圧側の電気設備へ障害を与えないよう，接地その他の適切な措置を講じなければならない。

〔解　説〕 **第1項**は，特別高圧の架空電線と低圧又は高圧の架空電線等を同一支持物に施設する場合の施設方法について規定している。

第2項は，特別高圧架空電線路の電線の上方において，その支持物に低圧の電気機械器具を施設する場合の施設方法について規定している。

【関連解釈】 第104条，第107条，第108条，第109条

第３節　支持物の倒壊による危険の防止

（支持物の倒壊の防止）

第32条　架空電線路又は架空電車線路の支持物の材料及び構造（支線を施設する場合は，当該支線に係るものを含む。）は，その支持物が支持する電線等による引張荷重，10分間平均で風速40m/秒の風圧荷重及び当該設置場所において通常想定される地理的条件，気象の変化，振動，衝撃その他の外部環境の影響を考慮し，倒壊のおそれがないよう，安全なものでなければならない。ただし，人家が多く連なっている場所に施設する架空電線路にあっては，その施設場所を考慮して施設する場合は，10分間平均で風速40m/秒の風圧荷重の1/2の風圧荷重を考慮して施設することができる。

2　架空電線路の支持物は，構造上安全なものとすること等により連鎖的に倒壊のおそれがないように施設しなければならない。

〔**解　説**〕 **第１項**は，架空電線路又は架空電車線路の支持物の強度について定めており，風速値については，支持物の強度を決定する上で最も重要な要素であることから本省令に規定している。

また，電線等の重量による荷重及び風圧による荷重以外でも当該設置場所において通常想定される荷重，すなわち，氷雪の多い地方における着氷を考慮した荷重，地震による振動・衝撃荷重並びに特別高圧架空電線路における着雪による荷重及び電線の断線による荷重を考慮することを規定している。なお，地震による振動・衝撃荷重に対しては，資源エネルギー庁編「電気設備防災対策検討会」（平成７年11月）の報告により，風圧荷重を考慮して施設すれば安全性が確保できることから，風圧荷重を考慮して施設すればよいこととしている。

また，**ただし書**において，人家等による風の遮へい効果を期待できる場合は，風圧荷重を1/2に低減できることを規定している。

［**R2改正点**］　省令全体で風速を10分間平均に統一した。

第２項は，架空電線路の支持物の連鎖倒壊の防止について規定している。

対象を架空電線路全体に拡大した。（特別高圧架空電線路→架空電線路）

【関連解釈】　第56条～第60条，第62条，第63条，第70条，第75条，第81条，第82条，第88条，第92条，第93条，第95条，第96条，第100条，第101条，第206条，第214条，第219条

省令

第4節　高圧ガス等による危険の防止

（ガス絶縁機器等の危険の防止）

第33条　発電所，蓄電所又は変電所，開閉所若しくはこれらに準ずる場所に施設するガス絶縁機器（充電部分が圧縮絶縁ガスにより絶縁された電気機械器具をいう。以下同じ。）及び開閉器又は遮断器に使用する圧縮空気装置は，次の各号により施設しなければならない。

一　圧力を受ける部分の材料及び構造は，最高使用圧力に対して十分に耐え，かつ，安全なものであること。

二　圧縮空気装置の空気タンクは，耐食性を有すること。

三　圧力が上昇する場合において，当該圧力が最高使用圧力に到達する以前に当該圧力を低下させる機能を有すること。

四　圧縮空気装置は，主空気タンクの圧力が低下した場合に圧力を自動的に回復させる機能を有すること。

五　異常な圧力を早期に検知できる機能を有すること。

六　ガス絶縁機器に使用する絶縁ガスは，可燃性，腐食性及び有毒性のないものであること。

〔解　説〕 高圧ガス保安法並びにボイラー及び圧力容器安全規則に関する規定で電気工作物が適用除外とされているため，これに関する事項を技術基準で規定している。

【関連解釈】 第40条

（加圧装置の施設）

第34条　圧縮ガスを使用してケーブルに圧力を加える装置は，次の各号により施設しなければならない。

一　圧力を受ける部分は，最高使用圧力に対して十分に耐え，かつ，安全なものであること。

二　自動的に圧縮ガスを供給する加圧装置であって，故障により圧力が著しく上昇するおそれがあるものは，上昇した圧力に耐える材料及び構造であるとともに，圧力が上昇する場合において，当該圧力が最高使用圧力に到達する以前に当該圧力を低下させる機能を有すること。

三　圧縮ガスは，可燃性，腐食性及び有毒性のないものであること。

〔解　説〕 高圧ガス保安法並びにボイラー及び圧力容器安全規則に関する規定で電気工作物が適用除外とされているため，これに関する事項を技術基準で規定している。

【関連解釈】 第122条

（水素冷却式発電機等の施設）

第35条　水素冷却式の発電機若しくは調相設備又はこれに附属する水素冷却装置は，次の各号により施設しなければならない。

一　構造は，水素の漏洩又は空気の混入のおそれがないものであること。

二　発電機，調相設備，水素を通ずる管，弁等は，水素が大気圧で爆発する場合に生じる圧力に耐える強度を有するものであること。

三　発電機の軸封部から水素が漏洩したときに，漏洩を停止させ，又は漏洩した水素を安全に外部に放出できるものであること。

四　発電機内又は調相設備内への水素の導入及び発電機内又は調相設備内からの水素の外部への放出が安全にできるものであること。

五　異常を早期に検知し，警報する機能を有すること。

〔解　説〕 水素冷却式の大容量のタービン発電機や同期調相機は，水素が空気と混合した場合に爆発の危険があり，これを防止するための施設方法について規定している。

【関連解釈】 第41条

第５節　危険な施設の禁止

（油入開閉器等の施設制限）

第36条　絶縁油を使用する開閉器，断路器及び遮断器は，架空電線路の支持物に施設してはならない。

〔解　説〕柱上に設置した油入開閉器が内部短絡事故により噴油し，下にいた人が死傷する事故が過去に発生したため，これを防止することを規定している。

（屋内電線路等の施設の禁止）

第37条　屋内を貫通して施設する電線路，屋側に施設する電線路，屋上に施設する電線路又は地上に施設する電線路は，当該電線路より電気の供給を受ける者以外の者の構内に施設してはならない。ただし，特別の事情があり，かつ，当該電線路を施設する造営物（地上に施設する電線路にあっては，その土地。）の所有者又は占有者の承諾を得た場合は，この限りでない。

〔解　説〕電線路として本来好ましくない施設方法について原則として禁止することを規定している。ただし，地下駐車場等の共同地盤上にある複数の建物に屋内電線路で送電する場合等，他に施設手段がない場合や保安上より望ましい場合等，特別の事情がある場合には施設できることを規定している。

【関連解釈】　第110条～第117条，第128条，第132条

（連接引込線の禁止）

第38条　高圧又は特別高圧の連接引込線は，施設してはならない。ただし，特別の事情があり，かつ，当該電線路を施設する造営物の所有者又は占有者の承諾を得た場合は，この限りでない。

〔解　説〕高圧又は特別高圧の連接引込線を施設することは本来好ましくないため原則として禁止することを規定している。ただし，他に施設手段がない場合や保安上より望ましい場合等，特別の事情がある場合には施設できることを規定している。

（電線路のがけへの施設の禁止）

第39条　電線路は，がけに施設してはならない。ただし，その電線が建造物の上に施設する場合，道路，鉄道，軌道，索道，架空弱電流電線等，架空電線又は電車線と交さして施設する場合及び水平距離でこれらのもの（道路を除く。）と接近して施設す

る場合以外の場合であって，特別の事情がある場合は，この限りでない。

〔解　説〕 がけに施設する電線路は，本来好ましくないため原則として禁止することを規定している。ただし，工事用動力のための電線路を施設する場合などにやむを得ない施設として実施されており，その実績からみて保安上支障もないので，技術上やむを得ないときに限り施設できることを規定している。

【関連解釈】 第131条

（特別高圧架空電線路の市街地等における施設の禁止）

第40条　特別高圧の架空電線路は，その電線がケーブルである場合を除き，市街地その他人家の密集する地域に施設してはならない。ただし，断線又は倒壊による当該地域への危険のおそれがないように施設するとともに，その他の絶縁性，電線の強度等に係る保安上十分な措置を講ずる場合は，この限りでない。

〔解　説〕 特別高圧架空電線路を市街地その他の人家が密集する地域に施設することを原則として禁止することを規定している。ただし，がいしのせん絡に対する性能や電線の強化等の保安強化策を施した場合には，施設できることを規定している。

【関連解釈】 第88条，第108条

（市街地に施設する電力保安通信線の特別高圧電線に添架する電力保安通信線との接続の禁止）

第41条　市街地に施設する電力保安通信線は，特別高圧の電線路の支持物に添架された電力保安通信線と接続してはならない。ただし，誘導電圧による感電のおそれがないよう，保安装置の施設その他の適切な措置を講ずる場合は，この限りでない。

〔解　説〕 特別高圧架空電線路に添架する通信線は，光ファイバケーブルを除き，高い誘導電圧を有する場合が多く，かつ，断線時等において特別高圧架空電線と混触するおそれもあるため，直接接続することを原則として禁止することを規定している。

【関連解釈】 第139条，第140条

第6節 電気的，磁気的障害の防止

(通信障害の防止)

第42条 電線路又は電車線路は，無線設備の機能に継続的かつ重大な障害を及ぼす電波を発生するおそれがないように施設しなければならない。

2 電線路又は電車線路は，弱電流電線路に対し，誘導作用により通信上の障害を及ぼさないように施設しなければならない。ただし，弱電流電線路の管理者の承諾を得た場合は，この限りでない。

〔解 説〕 **第1項**は，電線路等が，無線設備の機能に障害を与えることを防止することを規定しており，障害の原因を電波によるものとし，障害は「継続的かつ重大な」ものを対象としている。

第2項は，電線路等から弱電流電線路に誘導作用により通信上の障害を及ぼすことを原則として防止することを規定している。

【関連解釈】 第51条，第52条，第81条，第124条，第202条，第204条，第213条，第230条

(地球磁気観測所等に対する障害の防止)

第43条 直流の電線路，電車線路及び帰線は，地球磁気観測所又は地球電気観測所に対して観測上の障害を及ぼさないように施設しなければならない。

〔解 説〕 直流の電線路等から出る磁力線又は漏えい電流等により地球磁気又は地球電気の観測所に対して障害を及ぼさないよう，これらの観測所と直流の電線路等との距離を十分にとる，あるいは他の適当な障害防止措置（遮へい装置等）を講ずることを規定している。なお，地球磁気又は地球電気の観測機関としては，国立天文台，気象庁，海上保安庁，国土地理院などがある。

第7節　供給支障の防止

（発変電設備等の損傷による供給支障の防止）

第44条　発電機，燃料電池又は常用電源として用いる蓄電池には，当該電気機械器具を著しく損壊するおそれがあり，又は一般送配電事業若しくは配電事業に係る電気の供給に著しい支障を及ぼすおそれがある異常が当該電気機械器具に生じた場合に自動的にこれを電路から遮断する装置を施設しなければならない。

2　特別高圧の変圧器又は調相設備には，当該電気機械器具を著しく損壊するおそれがあり，又は一般送配電事業若しくは配電事業に係る電気の供給に著しい支障を及ぼすおそれがある異常が当該電気機械器具に生じた場合に自動的にこれを電路から遮断する装置の施設その他の適切な措置を講じなければならない。

〔解　説〕本条は電気機械器具の著しい損壊の防止又はこれによる供給支障の防止の観点から守るべき施設条件を，発電所，蓄電所並びに変電所，開閉所及びこれらに準ずる場所に施設する電気機械器具について規定したものである。

第1項は，発電機，燃料電池又は常用電源として用いる蓄電池に事故が生じた場合に，発電機等を自動的に電路から遮断することを規定している。

第2項は，特別高圧の変圧器又は調相設備を自動的に電路から遮断することを規定している。

[R4改正点]　省令全体で供給支障の防止の対象に配電事業を追加することとした。

【関連解釈】　第42条～第45条，第199条の2，第227条，第229条，第231条，第233条

（発電機等の機械的強度）

第45条　発電機，変圧器，調相設備並びに母線及びこれを支持するがいしは，短絡電流により生ずる機械的衝撃に耐えるものでなければならない。

2　水車又は風車に接続する発電機の回転する部分は，負荷を遮断した場合に起こる速度に対し，蒸気タービン，ガスタービン又は内燃機関に接続する発電機の回転する部分は，非常調速装置及びその他の非常停止装置が動作して達する速度に対し，耐えるものでなければならない。

3　発電用火力設備に関する技術基準を定める省令（平成9年通商産業省令第51号）第13条第2項の規定は，蒸気タービンに接続する発電機について準用する。

〔解　説〕**第1項**は，発電機，変圧器，調相機，母線及びその支持がいしは，電路の短絡時に，突発電流の電磁力による機械的衝撃を受けるので，この場合の機械的強度についての原則をうたったものである。これらの機器等は，短絡電流による電磁力を十分考

慮して，設計し，施工されるものであることが要求される。短絡電流による機械的衝撃の算出は，過渡電流を含む最大瞬時値を考慮するなど，各機器の場合について詳細な計算を行わなければならない。

なお，短絡強度についての試験を行うことを義務付けたものではない（電気使用機械器具の耐電圧試験や圧力容器の耐圧試験についても同様である。）が，短絡により電気機器等に破損を生じた場合，その破損事故が設計上，施工上の不備に基づくものであることが確認されれば，本条の規定に違反していたこととなるので，設計施工に当たっては十分留意すべきである。

第2項は，発電機の回転部分に対する機械的強度を定めたものであって，当然このようなことを考慮して設計し，施工されるものであることを要求している。

水車発電機の場合は，ガイドベーンの閉鎖速度いかんによって，負荷を遮断した場合の速度は異なるが，全負荷を遮断した場合の調速機の動作を考慮し，そのときに達する速度に耐える必要がある（発電用水力設備の技術基準を定める省令第33条）。また，風力発電機の速度制御装置は一般に入力を自由に制御できる方式でないことから，水力発電機と同様に当該風力発電機が負荷遮断後通常達し得る最大回転速度においても耐える必要がある。

タービンや内燃機関には，一般には非常調速装置が施設されるので，回転部分の機械的強度がこの非常調速装置の動作する速度に耐えるものであれば十分である（発電用火力設備の技術基準を定める省令第13条，第19条及び第25条）。なお，蒸気タービン及びガスタービンについては，発電用火力設備の技術基準を定める省令第15条第2項及び第21条で非常調速装置を設けなければならないことになっている。

また，内燃機関には発電用火力設備の技術基準を定める省令第27条で非常調速装置を設けなければならないことになっている。なお，内燃機関の非常調速装置の規定は，発電用火力設備の技術基準の解釈第40条第1項で一般用電気工作物である内燃機関及び定格出力500kWを超えるものが対象であり，定格出力500kW以下の内燃機関に接続するものについては，条文上は明確ではないが，調速機で速度調整ができる最大の速度に耐えるものであればよい。

第3項は，タービン発電機の軸又は軸受の振動に対する発電機の機械的強度を定めたもので，その振動の限界は発電機を駆動する蒸気タービンに要求されるものと同じである。

蒸気タービンについては，発電用火力設備の技術基準を定める省令第13条第2項によって，「主要な軸受又は軸に発生しうる最大の振動に対して構造上十分な機械的強度を有するものでなければならない」ことになっている。

（常時監視をしない発電所等の施設）

第46条 異常が生じた場合に人体に危害を及ぼし，若しくは物件に損傷を与えるおそれがないよう，異常の状態に応じた制御が必要となる発電所，又は一般送配電事業若しくは配電事業に係る電気の供給に著しい支障を及ぼすおそれがないよう，異常を早期に発見する必要のある発電所であって，発電所の運転に必要な知識及び技能を有する者が当該発電所又はこれと同一の構内において常時監視をしないものは，施設してはならない。ただし，発電所の運転に必要な知識及び技能を有する者による当該発電所又はこれと同一の構内における常時監視と同等な監視を確実に行う発電所であって，異常が生じた場合に安全かつ確実に停止することができる措置を講じている場合は，この限りでない。

2　前項に掲げる発電所以外の発電所，蓄電所又は変電所（これに準ずる場所であって，100,000V を超える特別高圧の電気を変成するためのものを含む。以下この条において同じ。）であって，発電所，蓄電所又は変電所の運転に必要な知識及び技能を有する者が当該発電所若しくはこれと同一の構内，蓄電所又は変電所において常時監視をしない発電所，蓄電所又は変電所は，非常用予備電源を除き，異常が生じた場合に安全かつ確実に停止することができるような措置を講じなければならない。

〔解　説〕 **第1項**は，常時監視（制御を含む。以下同じ。）をしなければならない発電所は，異常の状態に応じた制御が必要となる発電所又は異常を早期に発見する必要のある発電所であると規定している。発電所と同一構内とは，発電所建屋を含んだ構内境界線全般にさく，へい等を施設し，一般公衆が立ち入らないように施設したものを指す。

ただし書は，第1項において一定規模等高リスクな発電所について原則常時監視しない発電所は施設してはならないと規定しているところ，当該発電所又は発電所と同一の構内において行う常時監視と同等な監視を確実に行える発電所について，異常が生じた場合に安全かつ確実に停止（発電設備を安定的に保つために操作等を行う制御を含む）する措置を講じることができる場合に限り，例外的に常時監視を不要としている。これは，近年，IoT 技術等の進展や活用により，一定の留意事項の下であれば，異常時の制御・停止等の安全確保も含めた発電所構外からの遠隔での常時監視・制御が可能であることが産業構造審議会保安・消費生活用製品安全分科会電力安全小委員会（第24回）においても認められたもの。

第2項は，第1項により規定された発電所以外の発電所，蓄電所及び変電所については，一定の条件を付すことにより常時監視を不要とするが，異常が生じた場合に安全に停止できなければならないことを規定している。

［R3 改正点］　ただし書を追加した。

［R4 改正点］　省令全体で供給支障の防止の対象に配電事業を追加することとした。

【関連解釈】　第47条，第47条の2，第47条の3，第48条

（地中電線路の保護）

第47条　地中電線路は，車両その他の重量物による圧力に耐え，かつ，当該地中電線路を埋設している旨の表示等により掘削工事からの影響を受けないように施設しなければならない。

2　地中電線路のうちその内部で作業が可能なものには，防火措置を講じなければならない。

〔解　説〕 地中電線路を施設する場合の保護対策について規定している。

【関連解釈】 第120条，第121条

（特別高圧架空電線路の供給支障の防止）

第48条　使用電圧が170,000V以上の特別高圧架空電線路は，市街地その他人家の密集する地域に施設してはならない。ただし，当該地域からの火災による当該電線路の損壊によって一般送配電事業又は配電事業に係る電気の供給に著しい支障を及ぼすおそれがないように施設する場合は，この限りでない。

2　使用電圧が170,000V以上の特別高圧架空電線と建造物との水平距離は，当該建造物からの火災による当該電線の損壊等によって一般送配電事業又は配電事業に係る電気の供給に著しい支障を及ぼすおそれがないよう，3m以上としなければならない。

3　使用電圧が170,000V以上の特別高圧架空電線が，建造物，道路，歩道橋その他の工作物の下方に施設されるときの相互の水平離隔距離は，当該工作物の倒壊等による当該電線の損壊によって一般送配電事業又は配電事業に係る電気の供給に著しい支障を及ぼすおそれがないよう，3m以上としなければならない。

〔解　説〕 特別高圧架空電線路は，**第1項**で市街地その他の人家の密集する地域からの火災により，**第2項**で線下の建造物からの火災により電線の損壊等の影響を受けないように施設することを規定している。

第3項は，特別高圧架空電線路が，建造物，道路，歩道橋その他の工作物の下方に施設されるときに，当該工作物の倒壊等により，電線の損壊等の影響を受けないように施設することを規定している。

170,000V以上の送電線は電力系統上重要なものであり，当該電線の損壊等により電気の供給に著しい支障を及ぼすことが考えられるためこれらの規定を設けている。

［R4改正点］ 省令全体で供給支障の防止の対象に配電事業を追加することとした。

【関連解釈】 第88条，第97条～第100条，第102条，第106条

（高圧及び特別高圧の電路の避雷器等の施設）

第49条　雷電圧による電路に施設する電気設備の損壊を防止できるよう，当該電路中次の各号に掲げる箇所又はこれに近接する箇所には，避雷器の施設その他の適切な措置を講じなければならない。ただし，雷電圧による当該電気設備の損壊のおそれがない場合は，この限りでない。

一　発電所，蓄電所又は変電所若しくはこれに準ずる場所の架空電線引込口及び引出口

二　架空電線路に接続する配電用変圧器であって，過電流遮断器の設置等の保安上の保護対策が施されているものの高圧側及び特別高圧側

三　高圧又は特別高圧の架空電線路から供給を受ける需要場所の引込口

〔解　説〕 送配電線路に接続する重要機器を雷電圧から保護するため，必要な箇所に避雷器等を施設して，雷電圧を低減し，機器の絶縁破壊などの被害を防止することを規定している。

【関連解釈】 第37条

（電力保安通信設備の施設）

第50条　発電所，蓄電所，変電所，開閉所，給電所（電力系統の運用に関する指令を行う所をいう。），技術員駐在所その他の箇所であって，一般送配電事業又は配電事業に係る電気の供給に対する著しい支障を防ぎ，かつ，保安を確保するために必要なものの相互間には，電力保安通信用電話設備を施設しなければならない。

2　電力保安通信線は，機械的衝撃，火災等により通信の機能を損なうおそれがないように施設しなければならない。

〔解　説〕 **第1項**は，電力設備の保安上及び運用上欠かせない電力保安通信用電話設備の施設箇所を規定している。

第2項は，電力保安通信線の施設方法について規定している。

［R4改正点］ 省令全体で供給支障の防止の対象に配電事業を追加することとした。

【関連解釈】 第135条，第136条，第225条，第234条

（災害時における通信の確保）

第51条　電力保安通信設備に使用する無線通信用アンテナ又は反射板（以下この条において「無線用アンテナ等」という。）を施設する支持物の材料及び構造は，10分間平均で風速40m/秒の風圧荷重を考慮し，倒壊により通信の機能を損なうおそれがないように施設しなければならない。ただし，電線路の周囲の状態を監視する目的で施

設する無線用アンテナ等を架空電線路の支持物に施設するときは，この限りでない。

〔解　説〕 電力保安通信設備のうち無線用アンテナ等の支持物設計施工の基本的な考え方を定めており，天災等においても保安通信の確保を図る観点から，風圧は風速 40m/s を基礎として算定されている。従来，本条において，風圧は瞬間風速を基礎としていたが，R2 基準の改正により省令全体で 10 分間平均に風速を統一した。

［R2 改正点］ 省令全体で風速を 10 分間平均に統一した。

【関連解釈】 第 141 条，第 219 条

第8節　電気鉄道に電気を供給するための電気設備の施設

（電車線路の施設制限）

第52条　直流の電車線路の使用電圧は，低圧又は高圧としなければならない。

2　交流の電車線路の使用電圧は，25,000V以下としなければならない。

3　電車線路は，電気鉄道の専用敷地内に施設しなければならない。ただし，感電のおそれがない場合は，この限りでない。

4　前項の専用敷地は，電車線路が，サードレール式である場合等人がその敷地内に立ち入った場合に感電のおそれがあるものである場合には，高架鉄道等人が容易に立ち入らないものでなければならない。

〔解　説〕第1項から第4項において，電車線路の使用電圧及び施設場所の制限について規定している。

第1項は，直流電車線路の使用電圧を低圧又は高圧とすることを規定している。

第2項は，交流電車線路の使用電圧を25,000V以下とすることを規定している。

交流電車線路には，一般的に単相交流20,000V，又は25,000Vが使用されている。また，三相交流600Vのものも使用されている。

第3項は，電車線路を専用敷地内に施設することを規定している。ただし書に相当するものとして，架空方式により施設する直流電車線路がある。

第4項は，人が専用敷地内に立ち入った場合に感電のおそれがあるものについて規定している。サードレール方式を例にとると，その性質上レール面上の高さが低いため，地下鉄道，高架鉄道等，人が容易に立ち入らないものとすることを規定している。

【関連解釈】　第203条，第211条，第217条

（架空絶縁帰線等の施設）

第53条　第20条，第21条第1項，第25条第1項，第26条第2項，第28条，第29条，第32条，第36条，第38条及び第41条の規定は，架空絶縁帰線に準用する。

2　第6条，第7条，第10条，第11条，第25条，第26条，第28条，第29条，第32条第1項及び第42条第2項の規定は，架空で施設する排流線に準用する。

〔解　説〕**第1項**は，絶縁帰線を架空で施設する場合，架空電線の高さ，電線の混触防止等の規定を準用することを規定している。

電気鉄道では，帰線内における電圧降下，電力損失を軽減するため，レール等の適当な箇所に電線を接続しこれを変電所に引き込む絶縁帰線が設けられる。

第2項は，金属製地中管路に対する電食を防止するため，帰線と金属製地中管路とを

電気的に接続する場合の施設方法（排流接続）において用いられる排流線を架空で施設する場合，電線等の断線の防止，支持物の倒壊の防止等の規定を準用することを規定している。

【関連解釈】 第208条，第210条，第216条，第217条

（電食作用による障害の防止）

第54条 直流帰線は，漏れ電流によって生じる電食作用による障害のおそれがないように施設しなければならない。

〔解　説〕 直流式電気鉄道でレールを帰線として使用する場合，帰線と大地との間を完全に絶縁することが困難であるため帰線から漏えい電流が生じる。この電流が付近に埋設された金属製地中管路に流入して電食を起こすことがあるため，これを防止することを規定している。

【関連解釈】 第209条，第210条，第217条

（電圧不平衡による障害の防止）

第55条 交流式電気鉄道は，その単相負荷による電圧不平衡により，交流式電気鉄道の変電所の変圧器に接続する電気事業の用に供する発電機，調相設備，変圧器その他の電気機械器具に障害を及ぼさないように施設しなければならない。

〔解　説〕 交流式電気鉄道の単相負荷は，その容量が極めて大きいことから，三相電力系統に接続する場合，著しい不平衡により発電機等の回転機の温度上昇，電力系統の保護装置の誤動作等の障害を生じるため，これを防止することを規定している。

【関連解釈】 第212条

第３章　電気使用場所の施設

第１節　感電，火災等の防止

（配線の感電又は火災の防止）

第56条　配線は，施設場所の状況及び電圧に応じ，感電又は火災のおそれがないように施設しなければならない。

2　移動電線を電気機械器具と接続する場合は，接続不良による感電又は火災のおそれがないように施設しなければならない。

3　特別高圧の移動電線は，第１項及び前項の規定にかかわらず，施設してはならない。ただし，充電部分に人が触れた場合に人体に危害を及ぼすおそれがなく，移動電線と接続することが必要不可欠な電気機械器具に接続するものは，この限りでない。

〔解　説〕 **第１項**は，電気事業法第39条第一号の規定を明確化して，配線における施設場所，施設形態及び電圧の違いに応じ技術基準として守るべき保安原則を規定している。

配線の施設場所とは，一般的に屋内，屋外，屋側及びトンネル等の場所を示しており，更にその場所において，施設箇所が展開しているか，隠ぺいしているか，また，乾燥しているか等の配線の場所による施設区分を含んだものである。

施設形態とは，使用電線の種類，金属管工事やケーブル工事等の工事方法及びネオン放電灯等における固有の施設条件となるものを示している。

電圧は，大きくは第２条の電圧の種別により低圧，高圧，特別高圧に区分されるが，施設条件による危険度を考慮し，電圧レベルを細分化し，対地電圧150V以下や使用電圧60Vとするなどの設定条件を示している。

第２項は，移動電線と電気機械器具の接続に関する規定である。移動電線は，造営物に固定しないで使用する電線であるため，（移動用の）電気機械器具との接続点に張力等の外部からの力が加わり，接続不良が生ずるおそれがあるため，これを防止するため規定している。

第３項は，特別高圧移動電線の施設を禁止することを規定している。電気使用場所では，一般の人が電気設備に接する機会が多く，また，特別高圧で電気機械器具に直接電気を供給する移動電線は，危険を生ずるおそれが多いため，施設を原則として禁止している。ただし書に相当するものには，充電部に人が触れると，ただちに電圧が下がり，危険を回避できる可搬型の静電塗装装置がある。

【関連解釈】　第143条，第145条，第147条～第149条，第156条～第166条，第168条～第174条，第178条，第179条，第181条～第191条，第193条～第199条

（配線の使用電線）

第57条 配線の使用電線（裸電線及び特別高圧で使用する接触電線を除く。）には，感電又は火災のおそれがないよう，施設場所の状況及び電圧に応じ，使用上十分な強度及び絶縁性能を有するものでなければならない。

2 配線には，裸電線を使用してはならない。ただし，施設場所の状況及び電圧に応じ，使用上十分な強度を有し，かつ，絶縁性がないことを考慮して，配線が感電又は火災のおそれがないように施設する場合は，この限りでない。

3 特別高圧の配線には，接触電線を使用してはならない。

〔解　説〕 **第1項**は，配線の使用電線には，強度及び絶縁性能が必要であることを規定している。

電線に必要な強度は，施設場所の状況（前条解説参照）に関連している。また，絶縁性能は絶縁体の種類及び厚さにより異なることから，電線の選定にあたっては，これらのことを考慮した上で電線の種類を決める必要がある。

第2項の裸電線は，充電部が露出したものであり人の接触による感電，造営材との接触による漏電火災のおそれがあるため原則として使用を禁止することを規定している。ただし書に相当するものとして，がいし引き工事により，人が容易に触れないように，かつ，電線相互及び造営材との離隔を保ち施設する低圧接触電線（裸線）がある。

第3項の特別高圧接触電線は，充電部が露出したものであり，かつ，電圧が高く，危険度が大きいため使用を禁止している。

【関連解釈】 第3条～第11条，第144条，第146条，第148条，第149条，第152条，第157条～第166条，第168条～第174条，第179条，第181条～第191条，第194条～第199条

（低圧の電路の絶縁性能）

第58条 電気使用場所における使用電圧が低圧の電路の電線相互間及び電路と大地との間の絶縁抵抗は，開閉器又は過電流遮断器で区切ることのできる電路ごとに，次の表の左欄に掲げる電路の使用電圧の区分に応じ，それぞれ同表の右欄に掲げる値以上でなければならない。

電路の使用電圧の区分		絶縁抵抗値
300V 以下	対地電圧（接地式電路においては電線と大地との間の電圧，非接地式電路においては電線間の電圧をいう。以下同じ。）が 150V 以下の場合	0.1MΩ
	その他の場合	0.2MΩ
300V を超えるもの		0.4MΩ

〔解　説〕 省令第5条第1項に規定された内容のうち低圧の電路に関する絶縁性能を規

定している。

電気使用場所の低圧電路の絶縁性能にかかわる絶縁抵抗値について，測定の際の利便性を重視し，電路の使用電圧に応じて一律の値としたものである。

この値は，低圧電路に1mA程度の漏れ電流（対地電圧100Vの回路において，絶縁抵抗値0.1MΩは，漏れ電流1mAに相当する。）があっても人体に対する感電の危険はなく，この程度の漏れ電流では，仮にこれが1箇所に集中したとしても過去の経験に照らして火災の発生のおそれはない。

絶縁抵抗値測定の際，測定結果に対する良否の判定を下すための目安となる値を設けておくことは，保守上利便が多いので，開閉器又は過電流遮断器で区切ることのできる電路ごとに規定の絶縁抵抗値を要求することとしている。

ここで**「低圧電路の電線相互間の絶縁抵抗」**というのは，電気機械器具内の電路を含まず，電気機械器具を取り外した状態における線間の絶縁抵抗をいい，また「低圧電路と大地との間の絶縁抵抗」というのは，電気機械器具が接続されている場合は，電気機械器具（ただし，省令第5条で除外した大地から絶縁しないで使用する電気使用機械器具を除外する。）内の電路の大地との間の絶縁抵抗をいうのである。すなわち，絶縁を要する電気機械器具を接続した状態の電路と大地との間の絶縁抵抗をいうのである。

絶縁抵抗の値は時期によって大きく変動するもので，特に梅雨期には著しく小さい値を示すことが多いが，最低の場合においても，規定値を保たせなければならない。

【関連解釈】　第14条

（電気使用場所に施設する電気機械器具の感電，火災等の防止）

第59条　電気使用場所に施設する電気機械器具は，充電部の露出がなく，かつ，人体に危害を及ぼし，又は火災が発生するおそれがある発熱がないように施設しなければならない。ただし，電気機械器具を使用するために充電部の露出又は発熱体の施設が必要不可欠である場合であって，感電その他人体に危害を及ぼし，又は火災が発生するおそれがないように施設する場合は，この限りでない。

2　燃料電池発電設備が一般用電気工作物である場合には，運転状態を表示する装置を施設しなければならない。

〔解　説〕　第1項は，電気使用場所に施設する電気機械器具は，充電部があるものは，感電のおそれがないように露出しないこと及び充電部にかかわらず損傷等人体への危害がないように施設すること，また，火災の原因となるような発熱がないように施設することを原則として規定している。

ただし書に相当するものとして，採暖のため，発熱線をコンクリートその他の堅ろうで耐熱性のあるものの中に施設する，フロアヒーティング（発熱線）がある。

第2項は，一般用電気工作物に該当する燃料電池発電設備について，運転状態を表示する装置を施設することを規定している。これは，燃料電池発電設備には，過電流，電池電圧低下，電池温度上昇など各種の保護装置が具備されているが，必ずしも電気に関する詳しい知識を有するわけではない人が日常の取扱いを行う一般用電気工作物については，これらの保護装置が動作して運転が停止した場合に，気付かれずにそのまま放置されることが懸念されるため，異常停止状態であることを設置者に認識させることを目的としている。したがって，ここでいう**「運転状態を表示する装置」**とは，発電中か停止中かを示す表示と，何らかの異常が発生しているか否かを示す表示とがあればよい。

［H17 改正点］　第2項を追加した。

【関連解釈】　第143条，第145条，第149条～第152条，第154条，第173条，第181条～第183条，第185条～第187条，第189条～第191条，第193条～第200条

（特別高圧の電気集じん応用装置等の施設の禁止）

第60条　使用電圧が特別高圧の電気集じん装置，静電塗装装置，電気脱水装置，電気選別装置その他の電気集じん応用装置及びこれに特別高圧の電気を供給するための電気設備は，第56条及び前条の規定にかかわらず，屋側又は屋外には，施設してはならない。ただし，当該電気設備の充電部の危険性を考慮して，感電又は火災のおそれがないように施設する場合は，この限りでない。

〔解　説〕　特別高圧の電気集じん応用装置等を屋側又は屋外に施設することを原則として禁止することを規定している。ただし書に相当するものには，電気集じん装置の充電部に人が触れるおそれがないようにし，整流器から電気集じん装置に至る電線に防護措置を施したケーブルを使用し，かつ，防護装置の金属製部分を接地するなどの措置を講じ屋側に施設する電気集じん装置がある。

【関連解釈】　第191条

（非常用予備電源の施設）

第61条　常用電源の停電時に使用する非常用予備電源（需要場所に施設するものに限る。）は，需要場所以外の場所に施設する電路であって，常用電源側のものと電気的に接続しないように施設しなければならない。

〔解　説〕　非常用予備電源からの逆圧により構外電線路作業者が感電する事故を防止するため，常用電源の停電時に常用電源側と非常用予備電源（需要場所に施設するものに限る。）とを電気的に接続しないことを規定している。

需要場所に非常用予備電源を施設する場合には，常用電源の停電時に構外電線路へ電

気が流出しないように常用電源との間に電気的あるいは機械的インターロック装置を施設するか，又はこれら装置から供給される負荷回路を常用電源側の回路から独立したものとする必要がある。

この条は，非常用予備電源と常用電源との並列運転を禁ずるものではないが，負荷試験等，並列使用（並列運転）する場合には，常用電源の突発的な停電を考慮し，逆電力が生じたときに引込線側を切り離す装置（逆電力継電器等）を施設し，本条を満足することが必要である。

このように，本条における「常用電源の停電時に使用する」とは，非常用予備電源の用途を規定しているものではない。したがって，本条は常用電源の停電時のみ満足されればよい。

第２節　他の配線，他の工作物等への危険の防止

（配線による他の配線等又は工作物への危険の防止）

第62条　配線は，他の配線，弱電流電線等と接近し，又は交さする場合は，混触による感電又は火災のおそれがないように施設しなければならない。

2　配線は，水道管，ガス管又はこれらに類するものと接近し，又は交さする場合は，放電によりこれらの工作物を損傷するおそれがなく，かつ，漏電又は放電によりこれらの工作物を介して感電又は火災のおそれがないように施設しなければならない。

〔解　説〕 **第１項**は，配線が他の配線，弱電流電線等と接近･交さする場合，混触により，過大な電流が流れ，又は電位の上昇が発生し，感電又は火災のおそれがあるため，これを防止するように施設することを規定している。

第２項は，配線が水道管，ガス管等と接近・交さする場合，放電により管に穴をあけたりすることによる火災，漏電又は放電による感電のおそれがあるため，これを防止するように施設することを規定している。

【関連解釈】　第157条，第167条～第169条，第173条，第174条，第179条，第181条，第183条，第184条，第194条，第199条

第3節　異常時の保護対策

（過電流からの低圧幹線等の保護措置）

第63条　低圧の幹線，低圧の幹線から分岐して電気機械器具に至る低圧の電路及び引込口から低圧の幹線を経ないで電気機械器具に至る低圧の電路（以下この条において「幹線等」という。）には，適切な箇所に開閉器を施設するとともに，過電流が生じた場合に当該幹線等を保護できるよう，過電流遮断器を施設しなければならない。ただし，当該幹線等における短絡事故により過電流が生じるおそれがない場合は，この限りでない。

2　交通信号灯，出退表示灯その他のその損傷により公共の安全の確保に支障を及ぼすおそれがあるものに電気を供給する電路には，過電流による過熱焼損からそれらの電線及び電気機械器具を保護できるよう，過電流遮断器を施設しなければならない。

〔解　説〕 **第1項**は，低圧の電路をその施設形態を踏まえ，幹線及び分岐部分（幹線等）に区分し，それぞれの電路を過電流から保護することを規定している。幹線等の過電流保護は，過電流遮断器の定格電流と電線の許容電流の組合わせ及び負荷機器の特性を考慮することにより行われる。よって，電線の許容電流が著しく異なる電線の接続点（幹線と分岐の接続点）には，過電流遮断器が必要となる。

ただし書に相当するものには，短絡事故が発生するおそれがない極めて短い長さの電路がある。

第2項は，交通信号灯・出退表示灯等の公共の安全にかかわる電路への過電流遮断器の施設について規定している。

【関連解釈】　第143条，第148条，第149条，第166条，第172条，第173条，第178条，第182条～第185条，第187条，第195条～第199条

（地絡に対する保護措置）

第64条　ロードヒーティング等の電熱装置，プール用水中照明灯その他の一般公衆の立ち入るおそれがある場所又は絶縁体に損傷を与えるおそれがある場所に施設するものに電気を供給する電路には，地絡が生じた場合に，感電又は火災のおそれがないよう，地絡遮断器の施設その他の適切な措置を講じなければならない。

〔解　説〕 一般公衆に広く利用される場所に施設されるものは，電路の地絡による感電・火災の影響が大きく，また，絶縁体に損傷を受けやすい場所では地絡による感電・火災のおそれが大きいため，地絡遮断器の施設その他の適切な措置を講じることを規定している。

省令

【関連解釈】 第143条，第165条，第178条，第187条，第195条～第197条

（電動機の過負荷保護）

第65条　屋内に施設する電動機（出力が0.2kW以下のものを除く。この条において同じ。）には，過電流による当該電動機の焼損により火災が発生するおそれがないよう，過電流遮断器の施設その他の適切な措置を講じなければならない。ただし，電動機の構造上又は負荷の性質上電動機を焼損するおそれがある過電流が生じるおそれがない場合は，この限りでない。

〔解　説〕 長時間過負荷又は欠相による過電流が通じたままで電動機を運転すると過熱を生じて焼損し，火災の原因ともなることから，これを防止することを規定している。

ただし書に相当するものには，負荷が一定限度を超えるときに機械的に回転子が滑って，過負荷とならない電動機がある。

【関連解釈】 第153条

（異常時における高圧の移動電線及び接触電線における電路の遮断）

第66条　高圧の移動電線又は接触電線（電車線を除く。以下同じ。）に電気を供給する電路には，過電流が生じた場合に，当該高圧の移動電線又は接触電線を保護できるよう，過電流遮断器を施設しなければならない。

2　前項の電路には，地絡が生じた場合に，感電又は火災のおそれがないよう，地絡遮断器の施設その他の適切な措置を講じなければならない。

〔解　説〕 **第1項**は，高圧移動電線又は高圧接触電線を過電流から保護するため，過電流遮断器を施設することを規定している。

高圧移動電線は，造営物に固定しないことから，接続点での短絡が生じるおそれがある。また，高圧接触電線は，充電部が露出していることによる短絡事故が発生するおそれがある。

第2項は，高圧移動電線又は高圧接触電線による感電・火災を防止するため，地絡遮断器等を施設することを規定している。

【関連解釈】 第171条，第174条

第4節　電気的，磁気的障害の防止

（電気機械器具又は接触電線による無線設備への障害の防止）

第67条　電気使用場所に施設する電気機械器具又は接触電線は，電波，高周波電流等が発生することにより，無線設備の機能に継続的かつ重大な障害を及ぼすおそれがないように施設しなければならない。

〔解　説〕 電気機械器具又は接触電線が，無線設備の機能に障害を与えることを防止することを規定している。無線設備の機能に障害を与えるものは，電気機械器具の使用電流に含まれる高周波分が電路に伝わることによるものや，接触電線と集電装置の間の放電によるもの等がある。また，障害は「継続的かつ重大な」ものが対象であることから，軽微なものは含まれていない。

【関連解釈】 第155条，第174条，第192条，第193条

第5節　特殊場所における施設制限

（粉じんにより絶縁性能等が劣化することによる危険のある場所における施設）

第68条　粉じんの多い場所に施設する電気設備は，粉じんによる当該電気設備の絶縁性能又は導電性能が劣化することに伴う感電又は火災のおそれがないように施設しなければならない。

〔解　説〕 粉じんが多い場所に施設する電気設備は，粉じんの附着による電気設備の温度上昇，導電性の粉じんの機器への侵入による絶縁性能の低下，又は粉じんが接点間に入ることによる接触不良による導電性能の低下等による，感電・火災のおそれがないように施設することを規定している。

【関連解釈】 第164条，第175条，第183条，第185条，第186条

（可燃性のガス等により爆発する危険のある場所における施設の禁止）

第69条　次の各号に掲げる場所に施設する電気設備は，通常の使用状態において，当該電気設備が点火源となる爆発又は火災のおそれがないように施設しなければならない。

一　可燃性のガス又は引火性物質の蒸気が存在し，点火源の存在により爆発するおそれがある場所

二　粉じんが存在し，点火源の存在により爆発するおそれがある場所

三　火薬類が存在する場所

四　セルロイド，マッチ，石油類その他の燃えやすい危険な物質を製造し，又は貯蔵する場所

〔解　説〕 可燃性のガス又は引火性物質の蒸気が存在する場所や，火薬類が存在する場所等に施設する電気設備は，電気設備が点火源となり，爆発又は火災の発生のおそれがないようにそれぞれの場所に応じて工事方法及び電気機械器具の構造を選定し，施設することを規定している。

第一号を例にとると，可燃性ガスは，常温において気体であり，空気とある割合の混合状態であるときに点火源があれば爆発・火災を起こす。このような場所の電気設備におけるアーク（火花）の発生や著しい温度上昇等は，点火源となりやすいため，これを避けることを必要としている。

【関連解釈】 第164条，第175条～第178条，第181条，第183条，第185条，第186条，第191条

（腐食性のガス等により絶縁性能等が劣化することによる危険のある場所における施設）

第70条　腐食性のガス又は溶液の発散する場所（酸類，アルカリ類，塩素酸カリ，さらし粉，染料若しくは人造肥料の製造工場，銅，亜鉛等の製錬所，電気分銅所，電気めっき工場，開放形蓄電池を設置した蓄電池室又はこれらに類する場所をいう。）に施設する電気設備には，腐食性のガス又は溶液による当該電気設備の絶縁性能又は導電性能が劣化することに伴う感電又は火災のおそれがないよう，予防措置を講じなければならない。

〔解　説〕 腐食性のガス及び溶液の発散する場所では，電線や電気機械器具の絶縁物が侵されやすいため，これに伴う絶縁性能又は導電性能の劣化に対する予防措置を講ずることを規定している。

予防措置としては，電気設備に防食塗料を施すこと等があり，防食塗料は，ガス又は溶液の種類によりその耐食性が異なるので，適正な塗料を使用する必要がある。

【関連解釈】 第164条，第183条，第185条，第186条

（火薬庫内における電気設備の施設の禁止）

第71条　照明のための電気設備（開閉器及び過電流遮断器を除く。）以外の電気設備は，第69条の規定にかかわらず，火薬庫内には，施設してはならない。ただし，容易に着火しないような措置が講じられている火薬類を保管する場所にあって，特別の事情がある場合は，この限りでない。

〔解　説〕 火薬庫は，多量の火薬が貯蔵されていて，事故の場合はその被害が甚大であるため照明に必要な必要最小限なものを除き，電気設備の施設禁止を規定している。

ただし書に相当するものには，弾薬庫で重量物である弾薬を搬送するクレーンを施設する等の特別な事情がある場合がある。

【関連解釈】 第178条，第185条，第186条

（特別高圧の電気設備の施設の禁止）

第72条　特別高圧の電気設備は，第68条及び第69条の規定にかかわらず，第68条及び第69条各号に規定する場所には，施設してはならない。ただし，静電塗装装置，同期電動機，誘導電動機，同期発電機，誘導発電機又は石油の精製の用に供する設備に生ずる燃料油中の不純物を高電圧により帯電させ，燃料油と分離して，除去する装置及びこれらに電気を供給する電気設備（それぞれ可燃性のガス等に着火するおそれがないような措置が講じられたものに限る。）を施設するときは，この限りでない。

〔解　説〕 特別高圧の電気設備は，充電状態で放電を伴うことが多いことから，第68条及び第69条各号に規定する感電・火災等の危険のある場所に施設することを原則として禁止することを規定している。ただし書に相当するものとして，短絡しても着火するだけのエネルギーのある火花を発するおそれのない静電塗装装置がある。

【関連解釈】 第175条～第177条，第191条

（接触電線の危険場所への施設の禁止）

第73条 接触電線は，第69条の規定にかかわらず，同条各号に規定する場所には，施設してはならない。

2 接触電線は，第68条の規定にかかわらず，同条に規定する場所には，施設してはならない。ただし，展開した場所において，低圧の接触電線及びその周囲に粉じんが集積することを防止するための措置を講じ，かつ，綿，麻，絹その他の燃えやすい繊維の粉じんが存在する場所にあっては，低圧の接触電線と当該接触電線に接触する集電装置とが使用状態において離れ難いように施設する場合は，この限りでない。

3 高圧接触電線は，第70条の規定にかかわらず，同条に規定する場所には，施設してはならない。

〔解　説〕 **第1項**は，接触電線が火花又はアークを発生するおそれがあることから，第69条各号に規定する，爆発・火災のおそれが大きい場所への施設の禁止を規定している。

第2項は，第68条に規定する場所では，爆発の危険は少ないが，感電・火災のおそれがあるため，接触電線の施設を原則として禁止することを規定している。

ただし書に相当するものには，粉じんが集積することを防止し，粉じんに着火するおそれがないように施設した，低圧接触電線がある。

第3項は，第70条に規定する腐食性ガス等の存在する場所では，接触電線が腐食して集電装置との接触が悪くなり，アークの発生するおそれがあることから，高圧接触電線の施設の禁止を規定している。

【関連解釈】 第173条，第174条

第6節　特殊機器の施設

（電気さくの施設の禁止）
第74条　電気さく（屋外において裸電線を固定して施設したさくであって，その裸電線に充電して使用するものをいう。）は，施設してはならない。ただし，田畑，牧場，その他これに類する場所において野獣の侵入又は家畜の脱出を防止するために施設する場合であって，絶縁性がないことを考慮し，感電又は火災のおそれがないように施設するときは，この限りでない。

〔解　説〕電気さくは，充電された裸電線をさくに固定して施設するものであり，感電・火災のおそれが大きいため，原則として施設の禁止を規定している。

ただし，電気さくについては，野獣の侵入又は家畜の脱走を防止することを目的とし，十分な安全対策を施した場合のみ施設できることを規定している。

【関連解釈】　第192条

（電撃殺虫器，エックス線発生装置の施設場所の禁止）
第75条　電撃殺虫器又はエックス線発生装置は，第68条から第70条までに規定する場所には，施設してはならない。

〔解　説〕電撃殺虫器，エックス線発生装置については，第68条から第70条までに規定する粉じんが多い場所，火薬類が存在する場所，可燃性のガス又は引火性物質の蒸気が存在する場所等の爆発・火災等の危険のある場所への施設の禁止を規定している。

電撃殺虫器を例にとると，電撃格子の極間に生じる放電により，可燃性ガス又は引火性物質の蒸気等が存在する場所では，爆発又は火災のおそれがあり，また，腐食性のガス等の存在する場所では，電撃殺虫器の絶縁性能が劣化することから，施設することを禁止している。

【関連解釈】　第193条，第194条

（パイプライン等の電熱装置の施設の禁止）
第76条　パイプライン等（導管等により液体の輸送を行う施設の総体をいう。）に施設する電熱装置は，第68条から第70条までに規定する場所には，施設してはならない。ただし，感電，爆発又は火災のおそれがないよう，適切な措置を講じた場合は，この限りでない。

〔解　説〕パイプライン等に施設する電熱装置には，発熱線を沿わせる方式，直接加熱

装置，表皮電流加熱方式等があり，いずれも輸送する液体の加熱を目的として施設されるものである。

パイプライン等に施設する電熱装置は，発熱による危険のおそれがあるため，第68条から第70条までに規定する爆発・火災等のおそれがある場所へ施設することを原則として禁止することを規定している。

【関連解釈】 第197条

(電気浴器，銀イオン殺菌装置の施設)

第77条 電気浴器（浴槽の両端に板状の電極を設け，その電極相互間に微弱な交流電圧を加えて入浴者に電気的刺激を与える装置をいう。）又は銀イオン殺菌装置（浴槽内に電極を収納したイオン発生器を設け，その電極相互間に微弱な直流電圧を加えて銀イオンを発生させ，これにより殺菌する装置をいう。）は，第59条の規定にかかわらず，感電による人体への危害又は火災のおそれがない場合に限り，施設することができる。

〔解　説〕 電気浴器又は銀イオン殺菌装置は，ともに湯（水）中で使用されるもので電極を有している。人体が感電する条件としては最も危険であるため，「人体への危害又は火災のおそれがない場合に限り」施設できることを規定している。使用電圧，電源装置，施工方法等の点から保安上十分に安全度が高い施設とする必要がある。

【関連解釈】 第198条

(電気防食施設の施設)

第78条 電気防食施設は，他の工作物に電食作用による障害を及ぼすおそれがないように施設しなければならない。

〔解　説〕 電気防食施設を使用する際には，被防食体に隣接する他の金属体構造物に防食電流の一部が貫流して干渉による電食障害を生ずる場合がある。これを防止するように施設することを規定している。

【関連解釈】 第199条

附　則（平成9年3月27日　通商産業省令第52号）

1　この省令は，平成9年6月1日から施行する。

2　この省令の施行の際現に設置され，又は設置のための工事に着手している電気工作物については，なお従前の例による。ただし，この省令の施行の際現に設置され，又は設置のための工事に着手しているもののうち，別に告示する電気工作物であって，ポリ塩化ビフェニルを含有する絶縁油（当該絶縁油に含まれるポリ塩化ビフェニルの重量の割合が0.5パーセントを超えるものに限る。）を使用するものについては，別に告示する期限（以下この項において単に「期限」という。）の翌日（期限から1年を超えない期間に当該電気工作物を廃止することが明らかな場合は，期限から1年を経過した日）以後，第19条第14項の規定を適用する。

3　改正前の電気設備に関する技術基準を定める省令中深海底鉱山保安規則（昭和57年通商産業省令第35号）又は鉱山保安規則（平成6年通商産業省令第13号）の規定により準用され，又はその例によるものとされているものについては，その範囲内において，なお当分の間その例による。

附　則（平成12年6月30日　通商産業省令第122号）

この省令は，平成12年7月1日から施行する。

附　則（平成12年9月20日　通商産業省令第189号）

この省令は，公布の日から施行する。

附　則（平成13年3月21日　経済産業省令第27号）

この省令は，平成13年4月1日から施行する。

附　則（平成13年6月29日　経済産業省令第180号）

この省令は，平成13年7月1日から施行する。

附　則（平成16年7月22日　経済産業省令第79号）

この省令は，公布の日から施行する。

附　則（平成17年3月10日　経済産業省令第18号）

この省令は，公布の日から施行する。ただし，この省令の施行の際現に設置され，又は設置の工事が行われている燃料電池発電設備であって，電気事業法第38条第3項に規定する事業用電気工作物に関する規定を適用する場合には，平成18年3月31日までは，なお従前の例による。

附　則（平成19年3月28日　経済産業省令第21号）

この省令は，公布の日から施行する。

附　則（平成20年4月7日　経済産業省令第31号）抄

（施行期日）

第1条　この省令は，平成20年5月1日から施行する。

附　則（平成23年3月31日　経済産業省令第14号）

この省令は，平成23年4月1日から施行する。

附　則（平成23年3月31日　経済産業省令第15号）

この省令は，平成23年10月1日から施行する。ただし，この省令の施行の際現に設置され，又は設置のための工事に着手している電気工作物については，なお従前の例による。

附　則（平成24年6月1日　経済産業省令第44号）

（施行期日）

第1条　この省令は，平成24年6月1日から施行する。

（経過措置）

第2条　この省令の施行の際現に発電所又は変電所，開閉所若しくはこれらに準ずる場所に設置している水質汚濁防止法（昭和45年法律第138号）第2条第8項に規定する有害物質使用特定施設（同法第5条第2項に該当する場合を除き，設置の工事をしている場合を含む。）及び同法第5条第3項に規定する有害物質貯蔵指定施設（設置の工事をしている場合を含む。）については，この省令の施行の日から起算して3年を経過するまでの間は，この省令による改正後の電気設備に関する技術基準を定める省令第19条第5項及び第6項の規定は，適用しない。

附　則（平成24年7月2日　経済産業省令第48号）

この省令は，平成24年8月1日から施行する。

附　則（平成24年9月14日　経済産業省令第68号）

この省令は，原子力規制委員会設置法の施行の日（平成24年9月19日）から施行する。

附　則（平成28年3月23日　経済産業省令第27号）

この省令は，電気事業法等の一部を改正する法律の施行の日（平成28年4月1日）から施行する。

附　則（平成28年9月23日　経済産業省令第91号）抄

（施行期日）

1　この省令は，平成28年9月24日から施行する。

（経過措置）

4　この省令の施行の際現に設置され，又は設置のための工事に着手している電気工作物についてのこの省令による改正後の電気設備に関する技術基準を定める省令第15条の2の適用については，この省令の施行後最初に行う変更の工事が完成するまでの間は，なお従前の例によることができる。

附　則（平成29年3月31日　経済産業省令第32号）抄

（施行期日）

第1条　この省令は，電気事業法等の一部を改正する等の法律（平成27年法律第47号）附則第1条第五号に掲げる規定の施行の日（平成29年4月1日）から施行する。

附　則（令和2年5月13日　経済産業省令第47号）抄

この省令は，公布の日から施行する。

附　則（令和3年3月10日　経済産業省令第12号）抄

（施行期日）

第1条　この省令は，令和3年4月1日から施行する。

附　則（令和3年3月31日　経済産業省令第28号）

この省令は，令和3年4月1日から施行する。

附　則（令和4年3月31日　経済産業省令第24号）抄

（施行期日）

第1条　この省令は，令和4年4月1日から施行する。

附　則（令和4年6月10日　経済産業省令第51号）

（施行期日）

第1条　この省令は，令和4年10月1日から施行する。

（経過措置）

第2条　この省令の施行の際現に設置され，又は設置のための工事に着手している自家用電気工作物（発電事業の用に供するものを除く。）についてのこの省令による改正後の電気設備に関する技術基準を定める省令第15条の2の適用については，この省令の施行後最初に行う変更の工事が完成するまでの間は，なお従前の例によることができる。

附　則（令和4年11月30日　経済産業省令第88号）

（施行期日）

第1条　この省令は，電気事業法施行令の一部を改正する政令（令和4年政令第362号）の施行の日（令和4年12月1日）から施行する。

（主任技術者の選任に係る経過措置）

第2条　この省令の施行の際現に設置され，又は設置のための工事に着手している蓄電所（第4条の規定による改正後の電気設備に関する技術基準を定める省令第1条第四号に規定する蓄電所をいう。以下同じ。）に係る電気事業法（以下「法」という。）第43条第1項に規定する主任技術者の選任については，当該規定にかかわらず，この省令の施行の日から3年を経過するまでの間は，なお従前の例によることができる。ただし，当該蓄電所のうち，変更の工事を行うものについては，当該工事の開始の後においては，この限りでない。

（工事計画の認可の申請又は届出に係る経過措置）

第3条　この省令の施行前に法第47条第1項若しくは第2項の規定による認可の申請又は法第48条第1項の規定による届出のあった工事の計画については，なお従前の例による。

2　この省令の施行の際現に設置され，又は設置のための工事に着手している蓄電所であって，この省令の施行により新たに法第47条第1項若しくは第2項又は第48条第1項の規定に該当するものについては，これらの規定にかかわらず，これらの規定による認可の申請又は届出を要しない。

（使用前自主検査に係る経過措置）

第4条　この省令の施行前に法第48条第1項の規定による届出のあった工事の計画に係る蓄電所についての法第51条第1項の検査及び当該検査の実施に係る体制についての同条第3項の審査については，なお従前の例による。

2　この省令の施行の際現に設置され，又は設置のための工事に着手している蓄電所であって，この省令の施行により新たに法第 48 条第 1 項の規定に該当するものについては，法第 51 条第 1 項及び第 3 項の規定にかかわらず，これらの規定による検査及び審査を要しない。

（報告に係る経過措置）

第 5 条　この省令の施行前に発生した，この省令による改正前の電気関係報告規則第 3 条に係る報告については，なお従前の例による。

制定　20130215 商局第 4 号　平成 25 年 3 月 14 日付け
改正　20130318 商局第 5 号　平成 25 年 5 月 20 日付け
改正　20130510 商局第 1 号　平成 25 年 5 月 31 日付け
改正　20130925 商局第 1 号　平成 25 年 10 月 7 日付け
改正　20131213 商局第 1 号　平成 25 年 12 月 24 日付け
改正　20140626 商局第 2 号　平成 26 年 7 月 18 日付け
改正　20151124 商局第 2 号　平成 27 年 12 月 3 日付け
改正　20160309 商局第 2 号　平成 28 年 4 月 1 日付け
改正　20160418 商局第 7 号　平成 28 年 5 月 25 日付け
改正　20160826 商局第 1 号　平成 28 年 9 月 13 日付け
改正　20160905 商局第 2 号　平成 28 年 9 月 23 日付け
改正　20170803 保局第 1 号　平成 29 年 8 月 14 日付け
改正　20180824 保局第 2 号　平成 30 年 10 月 1 日付け
改正　20200220 保局第 1 号　令和 2 年 2 月 25 日付け
改正　20200511 保局第 2 号　令和 2 年 5 月 13 日付け
改正　20200527 保局第 2 号　令和 2 年 6 月 1 日付け
改正　20200806 保局第 3 号　令和 2 年 8 月 12 日付け
改正　20210317 保局第 1 号　令和 3 年 3 月 31 日付け
改正　20210524 保局第 1 号　令和 3 年 5 月 31 日付け
改正　20220328 保局第 1 号　令和 4 年 4 月 1 日付け
改正　20220530 保局第 1 号　令和 4 年 6 月 10 日付け
改正　20221125 保局第 1 号　令和 4 年 11 月 30 日付け
改正　20230310 保局第 2 号　令和 5 年 3 月 20 日付け
改正　20231211 保局第 2 号　令和 5 年 12 月 26 日付け
改正　20241004 保局第 1 号　令和 6 年 10 月 22 日付け

電気設備の技術基準の解釈

経済産業省大臣官房技術総括・保安審議官

この電気設備の技術基準の解釈（以下「解釈」という。）は，電気設備に関する技術基準を定める省令（平成 9 年通商産業省令第 52 号。以下「省令」という。）に定める技術的要件を満たすものと認められる技術的内容をできるだけ具体的に示したものである。なお，省令に定める技術的要件を満たすものと認められる技術的内容はこの解釈に限定されるものではなく，省令に照らして十分な保安水準の確保が達成できる技術的根拠があれば，省令に適合するものと判断するものである。

この解釈において，性能を規定しているものと規格を規定しているものとを併記して記載しているものは，いずれかの要件を満たすことにより，省令を満足することを示したものである。

なお，この解釈に引用する規格のうち，民間規格評価機関（「民間規格評価機関の評価・承認による民間規格等の電気事業法に基づく技術基準（電気設備に関するもの）への適合性確認のプロセスについて（内規）」（20200702 保局第 2 号令和 2 年 7 月 17 日）に定める要件への適合性が国により確認され，公表された機関をいう。以下同じ。）が承認した規格については，当該民間規格評価機関がホームページに掲載するリストを参照すること。

目　次

第１章　総　　則

第１節　通　　則

【用語の定義】（省令第１条）

第１条　この解釈において，次の各号に掲げる用語の定義は，当該各号による。

一　使用電圧（公称電圧）　電路を代表する線間電圧

二　最大使用電圧　次のいずれかの方法により求めた，通常の使用状態において電路に加わる最大の線間電圧

イ　使用電圧が，電気学会電気規格調査会標準規格 JEC-0222-2009「標準電圧」の「3.1 公称電圧が 1,000V を超える電線路の公称電圧及び最高電圧」又は「3.2 公称電圧が 1,000V 以下の電線路の公称電圧」に規定される公称電圧に等しい電路においては，使用電圧に，1-1 表に規定する係数を乗じた電圧

1-1 表

使用電圧の区分	係数
1,000V 以下	1.15
1,000V を超え 500,000V 未満	1.15 ／ 1.1
500,000V	1.05，1.1 又は 1.2
1,000,000V	1.1

ロ　イに規定する以外の電路においては，電路の電源となる機器の定格電圧（電源となる機器が変圧器である場合は，当該変圧器の最大タップ電圧とし，電源が複数ある場合は，それらの電源の定格電圧のうち最大のもの）

ハ　計算又は実績により，イ又はロの規定により求めた電圧を上回ることが想定される場合は，その想定される電圧

三　技術員　設備の運転又は管理に必要な知識及び技能を有する者

四　電気使用場所　電気を使用するための電気設備を施設した，１の建物又は１の単位をなす場所

五　需要場所　電気使用場所を含む１の構内又はこれに準ずる区域であって，発電所，蓄電所，変電所及び開閉所以外のもの

六　変電所に準ずる場所　需要場所において高圧又は特別高圧の電気を受電し，変圧器その他の電気機械器具により電気を変成する場所

七　開閉所に準ずる場所　需要場所において高圧又は特別高圧の電気を受電し，開閉器その他の装置により電路の開閉をする場所であって，変電所に準ずる場所以外のもの

八　電車線等　電車線並びにこれと電気的に接続するちょう架線，ブラケット及びスパン線

九　架空引込線　架空電線路の支持物から他の支持物を経ずに需要場所の取付け点に至る架空電線

十　引込線　架空引込線及び需要場所の造営物の側面等に施設する電線であって，当該需要場所の引込口に至るもの

十一　屋内配線　屋内の電気使用場所において，固定して施設する電線（電気機械器具内の電線，管灯回路の配線，エックス線管回路の配線，第142条第七号に規定する接触電線，第181条第1項に規定する小勢力回路の電線，第182条に規定する出退表示灯回路の電線，第183条に規定する特別低電圧照明回路の電線及び電線路の電線を除く。）

十二　屋側配線　屋外の電気使用場所において，当該電気使用場所における電気の使用を目的として，造営物に固定して施設する電線（電気機械器具内の電線，管灯回路の配線，第142条第七号に規定する接触電線，第181条第1項に規定する小勢力回路の電線，第182条に規定する出退表示灯回路の電線及び電線路の電線を除く。）

十三　屋外配線　屋外の電気使用場所において，当該電気使用場所における電気の使用を目的として，固定して施設する電線（屋側配線，電気機械器具内の電線，管灯回路の配線，第142条第七号に規定する接触電線，第181条第1項に規定する小勢力回路の電線，第182条に規定する出退表示灯回路の電線及び電線路の電線を除く。）

十四　管灯回路　放電灯用安定器又は放電灯用変圧器から放電管までの電路

十五　弱電流電線　弱電流電気の伝送に使用する電気導体，絶縁物で被覆した電気導体又は絶縁物で被覆した上を保護被覆で保護した電気導体（第181条第1項に規定する小勢力回路の電線又は第182条に規定する出退表示灯回路の電線を含む。）

十六　弱電流電線等　弱電流電線及び光ファイバケーブル

十七　弱電流電線路等　弱電流電線路及び光ファイバケーブル線路

十八　多心型電線　絶縁物で被覆した導体と絶縁物で被覆していない導体とからなる電線

十九　ちょう架用線　ケーブルをちょう架する金属線

二十　複合ケーブル　電線と弱電流電線とを束ねたものの上に保護被覆を施したケーブル

二十一　接近　一般的な接近している状態であって，並行する場合を含み，交差する場合及び同一支持物に施設される場合を除くもの

二十二　工作物　人により加工された全ての物体

二十三　造営物　工作物のうち，土地に定着するものであって，屋根及び柱又は壁を有するもの

二十四　建造物　造営物のうち，人が居住若しくは勤務し，又は頻繁に出入り若しくは来集するもの

二十五　道路　公道又は私道（横断歩道橋を除く。）

二十六　水気のある場所　水を扱う場所若しくは雨露にさらされる場所その他水滴が飛散する場所，又は常時水が漏出し若しくは結露する場所
二十七　湿気の多い場所　水蒸気が充満する場所又は湿度が著しく高い場所
二十八　乾燥した場所　湿気の多い場所及び水気のある場所以外の場所
二十九　点検できない隠ぺい場所　天井ふところ，壁内又はコンクリート床内等，工作物を破壊しなければ電気設備に接近し，又は電気設備を点検できない場所
三十　点検できる隠ぺい場所　点検口がある天井裏，戸棚又は押入れ等，容易に電気設備に接近し，又は電気設備を点検できる隠ぺい場所
三十一　展開した場所　点検できない隠ぺい場所及び点検できる隠ぺい場所以外の場所
三十二　難燃性　炎を当てても燃え広がらない性質
三十三　自消性のある難燃性　難燃性であって，炎を除くと自然に消える性質
三十四　不燃性　難燃性のうち，炎を当てても燃えない性質
三十五　耐火性　不燃性のうち，炎により加熱された状態においても著しく変形又は破壊しない性質
三十六　接触防護措置　次のいずれかに適合するように施設することをいう。
　イ　設備を，屋内にあっては床上2.3m以上，屋外にあっては地表上2.5m以上の高さに，かつ，人が通る場所から手を伸ばしても触れることのない範囲に施設すること。
　ロ　設備に人が接近又は接触しないよう，さく，へい等を設け，又は設備を金属管に収める等の防護措置を施すこと。
三十七　簡易接触防護措置　次のいずれかに適合するように施設することをいう。
　イ　設備を，屋内にあっては床上1.8m以上，屋外にあっては地表上2m以上の高さに，かつ，人が通る場所から容易に触れることのない範囲に施設すること。
　ロ　設備に人が接近又は接触しないよう，さく，へい等を設け，又は設備を金属管に収める等の防護措置を施すこと。
三十八　架渉線　架空電線，架空地線，ちょう架用線又は添架通信線等のもの

本解説中に使われる下記の表現は
・S○工規　・・・　昭和○年に改正された電気工作物規程
・S○告示　・・・　昭和○年に改正された電気設備に関する技術基準の細目を定める告示
・H○基準　・・・　平成○年に改正された電気設備に関する技術基準を定める省令
・R○解釈　・・・　令和○年に改正された電気設備の技術基準の解釈
を意味する。

〔解　説〕 本条は，この解釈に使われる用語のうち，全般的に用いられる主要な用語の定義を掲げたものである。

使用電圧（第一号）

電気学会電気規格調査会標準規格 JEC-0222-2009 では，「電線路の公称電圧」として次のように定められている。

標準電圧（JEC-0222-2009）

1. 適用範囲

この規格は，電線路に適用する。

2. 用語の意味

2.1　電線路の公称電圧　その電線路を代表する線間電圧

2.2　電線路の最高電圧　その電線路に通常発生する最高の線間電圧

3. 標準電圧

3.1　公称電圧が 1,000V を超える電線路の公称電圧及び最高電圧

公称電圧が 1,000V を超える電線路の公称電圧及び最高電圧は，解説 1.1 表の値を標準とする。ただし，発電機電圧による発電所間連絡電線路の公称電圧及び最高電圧は，やむを得ない場合においては，これによらなくてもよい。

解説 1.1 表

公称電圧 V	最高電圧 V	備考
3,300	3,450	
6,600	6,900	
11,000	11,500	
22,000	23,000	
33,000	34,500	
66,000	69,000	一地域においては，いずれかの電圧のみを採用する。
77,000	80,500	
110,000	115,000	
154,000	161,000	一地域においては，いずれかの電圧のみを採用する。
187,000	195,500	
220,000	230,000	一地域においては，いずれかの電圧のみを採用する。
275,000	287,500	
500,000	525,000，550,000 または 600,000	最高電圧は，各電線路ごとに 3 種類のうちいずれか 1 種類を採用する。
1,000,000	1,100,000	

3.2　公称電圧が 1,000V 以下の電線路の公称電圧

公称電圧が 1,000V 以下の電線路の公称電圧は，解説 1.2 表の値を標準とする。

解説 1.2 表

公称電圧 V
100
200
100/200
230
400
230/400

最大使用電圧（第二号）

最大使用電圧は，事故時その他の異常電圧のことではなく，通常の運転状態でその回路に加わる線間電圧の最大値のことであり，その決定に当たっては，軽負荷運転又は無負荷運転の場合の電圧変動を考慮に入れている。

一般的には，**第二号イ**又は**ロ**の規定により最大使用電圧を決定するが，計算又は実績等により想定される値の方が上回る場合は，その値を最大使用電圧とすることを，**第二号ハ**で示している。

電気使用場所（第四号）

電気を使用するための電気設備が設置されている場所が屋内の場合は，その建物を一つの電気使用場所と考える。屋外の場合は，区分が明確でないが，その広さに関係なく一つの作業場としてまとまっているものは，一つの電気使用場所と考え，例えば一般家庭の庭は，一つの電気使用場所である。また，「1 の単位をなす場所」として，1 本の街路灯を一つの電気使用場所と考えることができる。

電気使用場所は，発電所，蓄電所又は変電所，開閉所若しくはこれらに準ずる場所（受電所（室），配電盤室等をいう。）以外の場所をいうが，例えば火力発電所におけるサービスルームといった，発電そのものとの間に技術上のつながりのないものについては，電気使用場所と考える。

需要場所（第五号）

需要場所は，発電所，蓄電所，変電所，開閉所と別なものとされ，電気使用場所，変電所に準ずる場所，開閉所に準ずる場所が含まれる。

変電所に準ずる場所（第六号）

変電所に準ずる場所とは，自家用電気工作物設置者の構内等において，高圧又は特別高圧の電気を受電し，変成している変電室や受電所（室）を指す。このような場所は，**電気設備に関する技術基準を定める省令**（平成 9 年通商産業省令第 52 号）**第１条第四号**の「変電所」の定義における「変成した電気をさらに構外へ伝送する」に当てはまらないので，省令及びこの解釈における「変電所」ではない {電気事業法施行規則（平成 7 年通商産業省令第 77 号）第 1 条第 2 項第一号に定義されている変電所は，構内以外の場所から電圧 10 万 V 以上の電気を受けてこれを変成する場所も含んでおり，この省令及び解釈における変電所とは意味が少し異なる。}。省令第 1 条の解説でも述べているとおり，**第 26 条**の特別高圧配電用変圧器（35,000V 以下の配電の用に供するもの）の施設場所や高圧配電用変圧器の施設場所は，変電所とはみなさないこととしており，これに類似した設備が需要場所の構内に施設された場合は，「変電所に準ずる場所」から除かれていると考える。しかし，この解釈では，変圧器類の施設形態及び省令の規制目的によって，多少幅のある意味で用いられている場合もあるため注意が必要である。

なお，**省令第 1 条第九号**で「これらに類する場所」という場合は「電線路」の定義上表現を変えており，この場合は，上述の特別高圧配電用変圧器（35,000V 以下の配電の用に供するもの）の施設場所や高圧配電用変圧器の施設場所は「類する場所」に含まれていると考える。

開閉所に準ずる場所（第七号）

開閉所に準ずる場所とは，変電所に準ずる場所と同様に，自家用電気工作物設置者の構内等の受電所（室）等を指すが，電気を変成する設備がなく，電線路を開閉する機能のみを持つものがこれに該当する。なお，省令第 1 条の解説でも述べているとおり，単にラインスイッチのみを施設した開閉器柱の施設場所などは，開閉所に含めないことになっているので，これに類似した設備が需要場所の構内に施設された場合は，「開閉所に準ずる場所」から除かれているものと考える。しかし，この解釈では，開閉器類の施設形態及び省令の規制目的によって，多少幅のある意味で用いられている場合もあるため注意が必要である。

電気使用場所，需要場所，変電所に準ずる場所，開閉所に準ずる場所の関係の例を解説 1.1 図に示す。

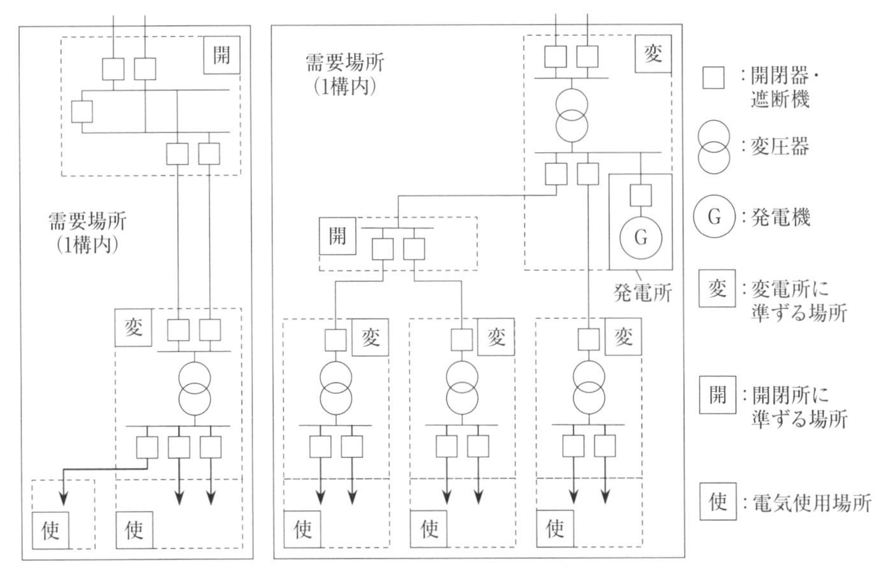

解説 1.1 図

電車線等（第八号）

　省令第３条第２項のかっこ書きで書かれているものと同義である。

架空引込線（第九号）

　架空電線路の支持物（引込柱）から他の支持物を経ずに需要場所の取付け点に至る架空部分の電線で，例えば解説 1.2 図において図示しているような部分をいう。

　なお，引込みをする際に他の家屋の屋根の上に通称「うま」と言われるものを設けて電線の途中を支持する場合もあるが，うま等は，木柱，鉄筋コンクリート柱，鉄柱等のように，堅固に土地に施設されるものとは異なり，支持物に該当しないため，このような場合においても引込柱から取付け点までの電線が架空引込線になる。

引込線（第十号）

　地中を経由して造営物の側面等に施設するもの（地中引込線）も，引込線に含まれる。

　なお，引出し線という用語は使用しておらず，いわゆる引出し線は引込線に含まれる。引込線と連接引込線の関係については解説 1.2 図のようになる。

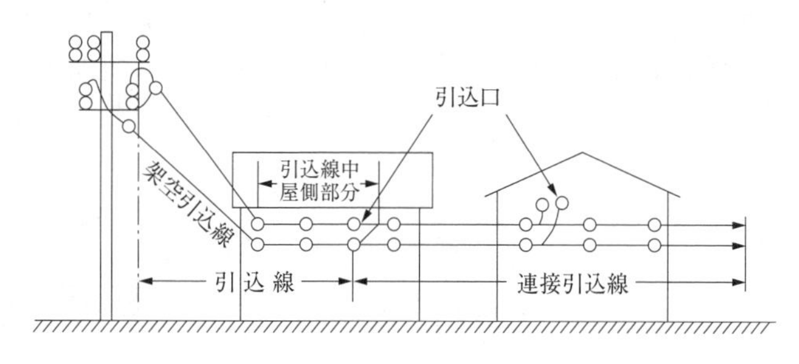

解説 1.2 図

屋内配線（第十一号）

屋内配線は，電気使用場所の屋内（発電所，蓄電所，変電所等の屋内は含まない。）に固定して施設される電線であるが，構成上，次のものは除いている。

・電気機械器具内の配線（電気機械器具の外被内の電線及び部分的に外被の外に出る短小な電線をいう。）
・管灯回路（→**第十四号**）の配線
・エックス線管回路の配線
・屋内に施設される電線路の電線
・移動して使用する電気機械器具に電気を供給するための接触電線
・遊戯用電車用の接触電線
・小勢力回路の電線
・出退表示灯回路（60V 以下，5A 以下）の電線
・特別低電圧照明回路の電線

屋側配線（第十二号）

造営物（→**第二十三号**）の外側面又は造営物に隣接する屋外に負荷設備があり，これに電気を供給するための電線を造営物の外側面に固定して施設する場合は，屋側配線として扱われる。電気機械器具内の配線が除かれているのは，前号と同じ趣旨である。

屋外配線（第十三号）

屋外に施設される配線のうち屋側配線以外のものを指し，電気機械器具内の配線その他特殊な配線が除かれるのは，屋内配線の場合と同様である。

管灯回路（第十四号）

放電灯用安定器又は放電灯用変圧器から放電管までの電路をいい，したがって，グローランプ等も含まれる。なお，放電灯用安定器というときは，放電灯用変圧器もその中に含まれる。

弱電流電線（第十五号）

この解釈においては，弱電流電線に小勢力回路の電線（→**第 181 条**）及び出退表示灯

回路の電線（→第 182 条）も含むものとしている。これは，小勢力回路及び出退表示灯回路は，その電線がその他の強電流電気工作物との接近，交差等の場合において弱電流電線と同じであるためである。

弱電流電線等（第十六号），弱電流電線路等（第十七号）

定義上，弱電流電線には光ファイバケーブルを含まないため，弱電流電線（路）及び光ファイバケーブル（線路）について規定する場合は，弱電流電線（路）等という表現を用いている。

多心型電線（第十八号）

多心型電線は，いわゆる Duplex（2 心のもの），Triplex（3 心のもの）と呼ばれるもので，絶縁物で被覆した導体を 1 本の裸導体の周囲にある一定のピッチでらせん状に巻き付けたものである。その一例を，解説 1.3 図に示す。この電線は，低圧架空電線専用に，アルミ線を導体とする絶縁電線の一種として考え出されたもので，絶縁されたアルミ線の強度上の弱点をカバーするため，絶縁されていない鋼心アルミより線を添えて，これに電線の張力を持たせるものである。

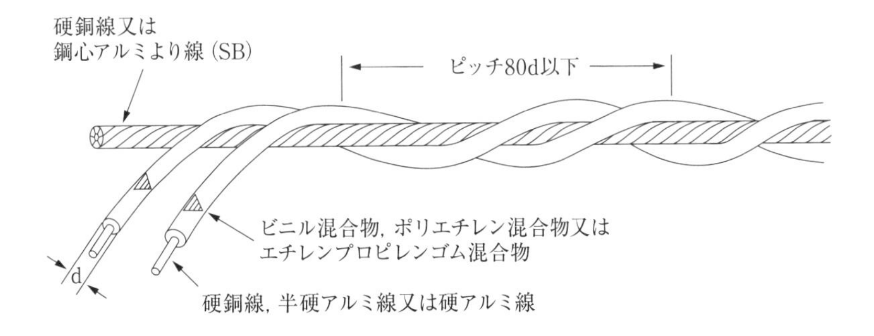

解説 1.3 図

ちょう架用線（第十九号）

ちょう架用線は，ケーブルを架空電線として施設する場合に，ケーブル自体に過度に張力をかけないようにちょう架するために施設する金属線である。

複合ケーブル（第二十号）

電線と弱電流電線とを束ねたものの上に保護被覆を施したケーブルを「複合ケーブル」と定義しており，金属物等（導電性があるもの）を有しない光ファイバケーブルを高圧又は特別高圧ケーブルに組み込んだものは，この解釈の複合ケーブルには該当しない。

接近（第二十一号）

この解釈では，接近という言葉の意味を限定している。接近には，上方，側方及び下方があるが，これらの接近対象物との関係を図示すると解説 1.4 図のようになる。また，接近の中でも，架空電線が他の工作物の上方又は側方において接近する場合の状態を「**接近状態**」（→**第49条**）として定義している。

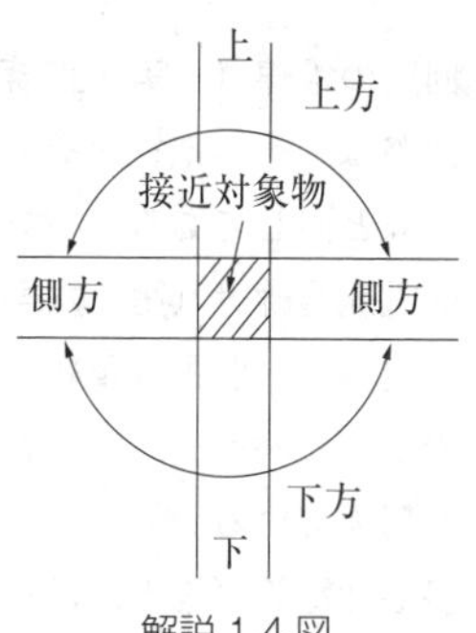

解説1.4図

工作物（第二十二号）

この解釈における工作物とは，人工のもの全てを指し，植物や岩石など天然に存在するもの以外の全ての物体をいう。ただし，石が材料となっている，墓石や灯ろうは工作物である。

造営物（第二十三号）

この解釈における造営物は，建築基準法上の「建築物」よりも広い意味で定義している。

建造物（第二十四号）

この解釈における建造物とは，造営物のうち，人が居住若しくは勤務するもの，又は頻繁に出入り若しくは来集するものをいう。建造物であるか否かの判断の目安として，建造物として取り扱うものと建造物として取り扱わないものの例を以下に示す。

建造物として取り扱うものの例

①居住者の有無にかかわらず人の来集を目的として建てられた建物

②利用率の如何にかかわらず人の来集を目的として建てられた公会堂，集会所等

③住居，工場等と連結した倉庫，納屋，家畜小舎，車庫，屋外便所等。ただし，造営物の定義に満たない軽易なものは，建造物として取り扱わない。

④住居，工場等に密接していない倉庫であっても人が頻繁に出入りするもの

建造物として取り扱わないものの具体例

①常時の勤務者がなく，適宜巡視し，又は月数回程度の臨時作業を行う屋内式変電所，水車小屋，養魚場の番小屋，機械運転所等

②人の勤務又は出入りに関係ない公衆電話ボックス，自衛隊等の立哨所，小規模な公衆便所等

③人が勤務せず利用者の少ないバスの簡易待合所，現金自動支払機，コイン精米所，簡易な自動販売所等

④常時人が駐在せず祭礼時のみ使用する能楽堂，神楽殿等

⑤地下室

⑥住居と連結しない物置小屋，納屋，家畜舎，屋外便所（公衆便所を除く。），車庫，屋根付通路（渡り廊下）

⑦ビニルトタン張り等の簡易な屋根付の駐車場，自転車置場，及び簡易な構造の二階建程度の駐車場であって，以下の条件を満足するもの

・主要部分が不燃性又は自消性のある難燃性の材料により構成されていること。

・側面部分に壁がなく，かつ，開放度の高いものであること。

さらに，屋上部分を駐車場として使用するものにあっては，

・階層が1であって屋上部分には直接地上に通じる避難路があること。

・床面積が3,000m^{2}以下であること。

⑧人の来集を目的とせず，常時の勤務者がなく，かつ，住居と連結しない温室

道路（第二十五号）

この解釈における道路は，道路法，道路交通法などの他の法令で規定する道路とは定義が異なり，公道であるか私道であるかは問わない。横断歩道橋を除いているのは，第68条等で横断歩道橋に関して個別に規定しているからである。

また，架空電線の高さ又は架空電線と工作物の離隔距離等を規定する場合に，必要に応じて道路から車両の往来がまれなもの等を除外している（→第68条，第72条解説）。

水気のある場所（第二十六号），湿気の多い場所（第二十七号），乾燥した場所（第二十八号）

「水気のある場所」，「湿気の多い場所」，「乾燥した場所」及び本条では定義をしていないが，この解釈で用いられる「雨露にさらされる場所」，「雨露にさらされない場所」について，それぞれの関係を解説1.5図に示す。

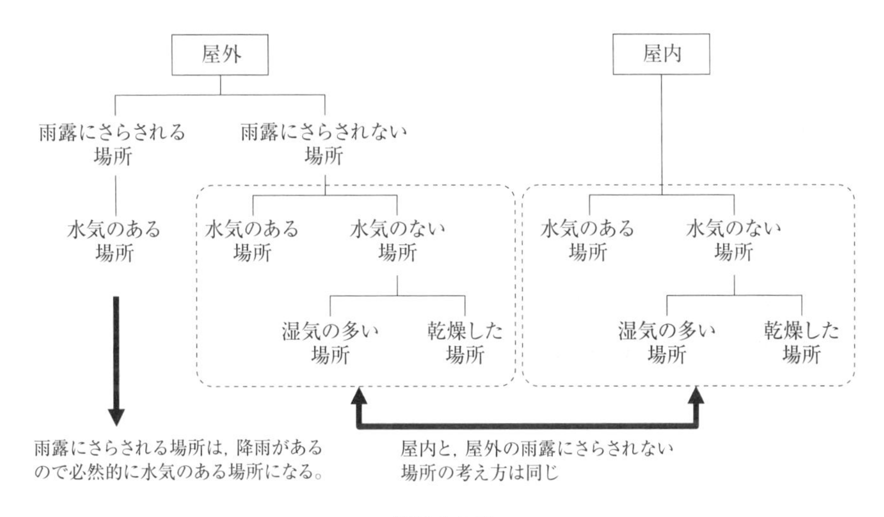

解説1.5図

このうち，水気のある場所とは，魚屋，洗車場その他水を扱う場所，水を扱う場所の周辺その他水が飛び散るおそれがある場所又は地下室のように常時水が漏出し若しくは結露する場所を指し，電気的には機械器具の漏電による危険性の最も高い場所と言える。

湿気の多い場所とは，風呂若しくはそば屋等の厨房のように水蒸気が充満する場所，又は床下若しくは酒，しょうゆ等の醸造場若しくは貯蔵場その他これらに類する湿度の高い場所を指している。雨露にさらされる場所と雨露にさらされない場所の関係は，周

囲の状況によって異なるが，一例を解説 1.6 図に示す。

点検できない隠ぺい場所（第二十九号），点検できる隠ぺい場所（第三十号），展開した場所（第三十一号）

それぞれの関係を解説 1.7 図に示す。点検できない隠ぺい場所，点検できる隠ぺい場所については，それぞれ規定するとおりの場所を指し，展開した場所は，何も遮るものがなく電気設備を点検できる場所である。

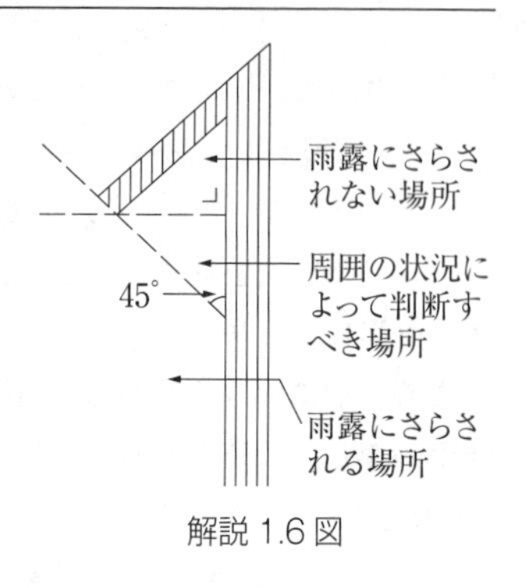

解説 1.6 図

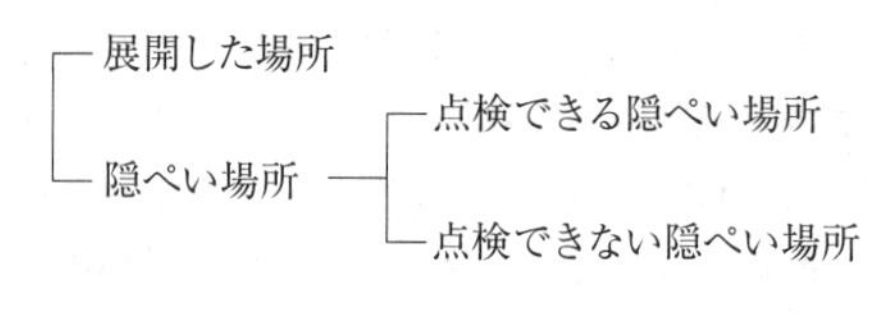

解説 1.7 図

難燃性（第三十二号），自消性のある難燃性（第三十三号），不燃性（第三十四号），耐火性（第三十五号）

この解釈における燃焼性能に係る用語の概念図を解説 1.8 図に，それぞれの性質を持つ材料の例を解説 1.3 表に示す。

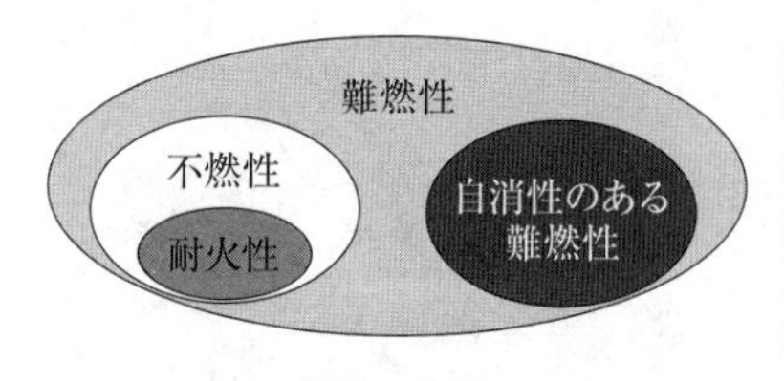

解説 1.8 図

解説 1.3 表

難燃性	合成ゴム等
自消性のある難燃性	硬質塩化ビニル波板，ポリカーボネート等
不燃性	コンクリート，れんが，瓦，鉄鋼，アルミニウム，ガラス，モルタル等
耐火性	コンクリート等

接触防護措置（第三十六号）

接触防護措置とは，設備に人が接触しないように講じる措置であり，**イ**又は**ロ**のいずれかを満足すればよい。

イは，設備を高所に施設して空間的に離隔する場合について規定している。「人が通る場所から手を伸ばしても触れることのない範囲に」と規定しているのは，高所であっても，建物の窓や屋外階段等から手を伸ばして触れることのできるような施設方法では，保安上問題があるからである。

ロは，物理的な防護措置を行う場合を規定しており，代表的な施設例を以下に示す。

・金属管，合成樹脂管，トラフ，ダクト，金属ボックスなどに収める。

・さく，へい，手すり，壁などを設ける。
・設備を施設している箇所を立入禁止にする。

防護措置の方法は，設備の施設環境や求められる保安レベルを考慮し，適切な方法とすることが必要である。

なお，この解釈では，イ又はロのどちらでも対応可能な場合にのみ接触防護措置という用語を用いており，電気浴器の施設（→第198条）の場合のように，ロしか選択し得ない場合は，接触防護措置という用語を用いずに，個別の対応方法を記載している。

簡易接触防護措置（第三十七号）

簡易接触防護措置とは，設備に人が容易に接触しないように講じる措置であり，考え方は接触防護措置と同様であるが，イについては，接触防護措置よりも高さ等を若干緩やかにしている。

以上が第１条で定義される用語であるが，以下に，省令第１条で定義している用語のうち，解釈の規定上必要な事項について解説を加える。

電気機械器具（省令第１条第二号）

電気機械器具は，電路の一部となる機械器具の総称であるが，必要な要件を具体的に示すため，概ね次のように使い分けている。

①電気機械器具ごとに必要な要件については，個別の名称（発電機，変圧器，避雷器等）。
②共通する事項については，「機械器具」。
③組み合わせによるものについては「装置」（対象が複数の場合を含む。）。
④類似の電気機械器具については，「その他の器具」又は「その他これに類する器具」。
⑤使用場所に施設する配線器具，小型電動機等については「電気機械器具」（家庭用電気機械器具等を対象）。

発電所（省令第１条第三号）

発電所という用語は，電気事業法施行令（昭和40年政令第206号）又は電気事業法施行規則においては，明確な定義はないが，ダム，水路の発電用水力設備を含んだものを指している。一方，省令及びこの解釈においては，原動機及び発電機，燃料電池，太陽電池，変圧器等の電気設備が施設されている場所，すなわち発電所建物のある構内のみを指している。

変電所（省令第１条第四号）

変電所とは，「構内に施設した変圧器（中略）により」，「さらに構外に伝送する」という点が重要であって，一般的な柱上変圧器の施設場所等はこの定義には含まれない。また，第26条の特別高圧配電用変圧器の施設場所は，変電所とはみなさない。

なお，道路を挟み工場等が２構内に分かれ，これらがケーブル等によって連絡されているような場合は，１構内に準ずるものとみなし，その受電所は変電所として取り扱われない。

開閉所（省令第1条第五号）

開閉所とは，構内において，電線路の開閉をするところを指し，単にラインスイッチのみを施設した開閉器柱の施設場所等は，開閉所には含まれない。

電線（省令第1条第六号）

この省令及び解釈において単に電線というときは，弱電流電気以外の強電流電気の伝送に使用するものを指している。概念的にいえば，電信・電話等の用に使用される低電圧微小電流のものが弱電流電気であり，それ以外のものが強電流電気である。電信・電話等の電気回路以外では，次のようなものを弱電流電気回路と考える。

①インターホン，拡声器等の音声の伝送回路
②高周波又はパルスによる信号の伝送回路
③最大使用電圧が10V以下で使用電流が5Aを超えない電気回路
④短絡電流が1mA程度以下の電気回路
⑤電圧の最大値が60V以下の直流電気回路で第181条に規定する小勢力回路に準じたもの
⑥電力保安通信線であって，最大使用電圧が110V以下で短絡電流が100mA以下の電気回路

電車線（省令第1条第七号）

パンタグラフ等が接触する電線をはじめ，地下鉄道に使われるサードレール，モノレール用の接触電線等が含まれ，その他，鋼索鉄道（ケーブルカー）の車両に電気（動力用ではない。）を供給する接触電線（鋼索車線）も含まれている。なお，遊戯用電車（→第189条）の接触電線は含まれない。

電線路（省令第1条第八号）

電線路は，電気的な単位をなす場所相互を電線等により連絡するものである。電気的な単位をなす場所のうち，「発電所，蓄電所，変電所，開閉所に類する場所」とは，例えば，第26条の規定による特別高圧配電用変圧器の施設場所，工場構内等における変電室，柱上変圧器の施設場所，地中電線路の変圧塔のようなところをいう。また，電線路は電線とそれを支持又は保蔵する工作物からなる。「保蔵する工作物」とは，地中電線路についてケーブルを収める暗きょ，管，接続箱等を指している。電線路は，これをその施設目的から分類すれば，送電線路，配電線路，き電線路等に分類できるが，送電線路と配電線路との間には規制上の区別がなく，したがって，その定義も設けられていない。

支持物（省令第1条第十五号）

支持物は，電線等の支持を主たる目的とするものであり，架空電線を引き込んだ火の見やぐらのうちには，木柱，鉄塔等に類する工作物といえるものがあるが，主たる目的

は電線を支持することではないので，支持物ではない。支線及び支柱は支持物には含めないで別個に取り扱う。

【適用除外】（省令第3条）

第2条　鉄道営業法（明治33年法律第65号），軌道法（大正10年法律第76号）又は鉄道事業法（昭和61年法律第92号）が適用され又は準用される電気設備であって，2-1表の左欄に掲げるものは，同表の右欄に掲げる規定を適用せず，鉄道営業法，軌道法又は鉄道事業法の相当規定の定めるところによること。

2-1表

<table>
<tr><th colspan="2">電気設備の種類</th><th>適用しない規定</th></tr>
<tr><td rowspan="2">鉄道，索道又は軌道の専用敷地内に施設するもの</td><td>電気鉄道用変電所相互を接続する送電用の電線路</td><td rowspan="2">第31条，第39条，第49条，第50条，第53条から第55条まで，第58条第1項第七号，同項第十二号及び第3項，第59条（第2項から第4項までは，低圧又は高圧の架空電線路に係るものに限る。），第60条から第87条まで，第89条から第123条まで，第125条から第133条まで，第206条から第208条まで，並びに第216条</td></tr>
<tr><td>送電用の電線路以外の電気設備</td></tr>
<tr><td colspan="2">電車線等及びレール</td><td>第205条，第214条，第215条及び第217条</td></tr>
<tr><td colspan="2">電気鉄道用変電所</td><td>第39条及び第48条第三号から第七号まで</td></tr>
</table>

（備考）
1. 踏切内は，専用敷地内とみなす。
2. 電気鉄道用変電所とは，直流変成器又は交流き電用変圧器を施設する変電所をいう。

〔解　説〕 本条は，鉄道関係法令と電気事業法関係法令の二重規制を避けるため，鉄道営業法，軌道法又は鉄道事業法が適用される電気設備又はこれらの法律が準用される電気設備に対しては，この解釈の適用が除外されることを確認的に規定しているもの。本条において適用除外される旨が明確化された内容については，**「鉄道に関する技術上の基準を定める省令」**（平成13年12月25日国土交通省令第151号）及び同解釈基準によりこの解釈と同等の内容が規定されている。

省令で規定される送電線路の適用除外範囲については，解説2.1図に示すように，鉄道，索道又は軌道の専用敷地内であっても，この解釈の規定が適用される部分がある。

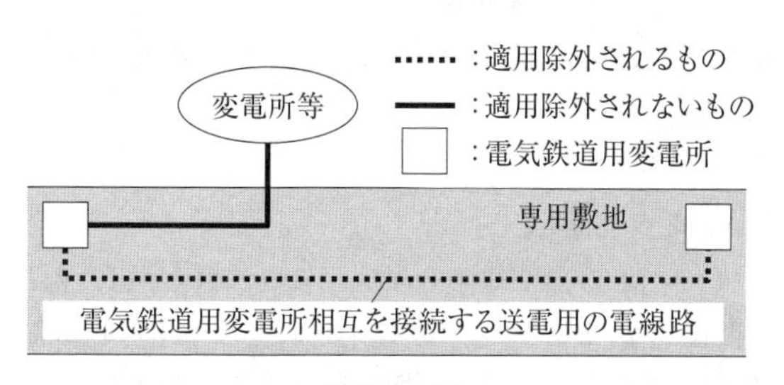

解説 2.1 図

専用敷地内に施設するものについては，電磁誘導作用に関わる規制（→第 31 条，第 39 条）及び第 3 章の電線路関係の大半が適用除外されているが，通信障害に関する条文（→第 51 条，第 52 条及び第 124 条），風圧荷重及び支持物の構成や強度に関する基本的な事項（→第 56 条，第 57 条並びに第 58 条及び第 59 条の一部），第 88 条（特別高圧架空電線路の市街地等における施設制限）については，この解釈の適用を受ける。また，電気鉄道に関係する第 206 条（道路等に施設する直流架空電車線等の施設），第 207 条（直流架空電車線等と弱電流電線等との接近又は交差），第 208 条（直流電車線路に付随する設備の施設），第 216 条（交流電車線路に付随する設備の施設）についても，専用敷地内のものについては適用除外されている。

なお，踏切については，一般には専用敷地ではないが，本条に関する限り専用敷地とみなす。

鉄道営業法，軌道法又は鉄道事業法が適用され又は準用される電車線等及びレールについては，専用敷地内ばかりでなく専用敷地外にあるものでも適用除外される。第 205 条（直流電車線の施設）は，電気鉄道固有の施設に関する規定で電車の運行に重要な関係があることから国土交通省で規制することが適当と判断されたものである。第 214 条及び第 215 条は，交流電車線と他の工作物との接近交差の場合であるが，交流電車線は専用敷地内に施設することになっている（→第 211 条）ため，また，第 217 条は鋼索車線の施設であるが，これも専用敷地外に出ることは考えられないため，特に専用敷地に限ることを明記する必要もないので一括適用除外としている。

電気鉄道用変電所の適用除外として，電磁誘導作用に関わる規制（→第 39 条）及び常時監視をしない変電所の施設の一部（→第 48 条第三号から第七号まで）は，国土交通省令で定めることが適当であるとの判断に基づくものである。

第２節　電　　線

【電線の規格の共通事項】（省令第６条，第 21 条，第 57 条第１項）

第３条　第５条，第６条及び第８条から第 10 条までに規定する電線の規格に共通の事項は，次の各号のとおりとする。

一　通常の使用状態における温度に耐えること。

二　線心が２本以上のものにあっては，色分けその他の方法により線心が識別できること。

三　導体補強線を有するものにあっては，導体補強線は，次に適合すること。

イ　天然繊維若しくは化学繊維又は鋼線であること。

ロ　鋼線にあっては，次に適合すること。

（イ）　直径が 5mm 以下であること。

（ロ）　引張強さが 686N/mm^2 以上であること。

（ハ）　表面は滑らかで，かつ，傷等がないこと。

（ニ）　すず若しくは亜鉛のめっきを施したもの，又はステンレス鋼線であること。

四　補強索を有するものにあっては，補強索は，次に適合すること。

イ　引張強さが 294N/mm^2 以上の鋼線であること。

ロ　絶縁体又は外装に損傷を与えるおそれのないものであること。

ハ　表面は滑らかで，かつ，傷等がないこと。

ニ　すず若しくは亜鉛のめっきを施したもの，又はステンレス鋼線であること。

五　セパレータを有するものにあっては，セパレータは，次に適合すること。

イ　紙，天然繊維，化学繊維，ガラス繊維，天然ゴム混合物，合成ゴム又は合成樹脂であること。

ロ　厚さは，1mm 以下であること。ただし，耐火電線である旨の表示のあるものにあっては，1.5mm 以下とすることができる。

六　遮へいを有するものにあっては，遮へいは，次に適合すること。

イ　アルミニウム製のものにあっては，ケーブル以外の電線に使用しないこと。

ロ　厚さが 0.8mm 以下のテープ状のもの，厚さが 2mm 以下の被覆状のもの，厚さが 2.5mm 以下の編組状のもの又は直径 5mm 以下の線状のものであること。

七　介在物を有するものにあっては，介在物は，紙，天然繊維，化学繊維，ガラス繊維，天然ゴム混合物，合成ゴム又は合成樹脂であること。

八　防湿剤，防腐剤又は塗料を施すものにあっては，防湿剤，防腐剤及び塗料は，次に適合すること。

イ　容易に水に溶解しないこと。

ロ　絶縁体，外装，外部編組，セパレータ，補強索又は接地線の性能を損なうおそれのないものであること。

九　接地線を有するものにあっては，接地線は，次に適合すること。

イ　導体は，次に適合すること。

（イ）　単線にあっては，別表第1に規定する軟銅線であって，直径が1.6mm以上のものであること。

（ロ）　より線にあっては，別表第1に規定する軟銅線を素線としたより線であって，公称断面積が$0.75mm^2$以上のものであること。

（ハ）　次のいずれかに該当するものにあっては，すず若しくは鉛又はこれらの合金のめっきを施してあること。

(1)　ビニル混合物及びポリエチレン混合物以外のもので被覆してあるもの

(2)　被覆を施していないもの（電線の絶縁体又は外装がビニル混合物及びポリエチレン混合物以外の絶縁物である場合に限る。）

ロ　被覆を施してあるものにあっては，被覆の厚さが接地線の線心以外の線心の絶縁体の厚さの70%を超え，かつ，導体の太さが接地線の導体以外の導体の太さの80%を超えるとき，又は接地線の線心が2本以上のときは，接地線である旨を表示してあること。

〔解　説〕 本条は，電線の規格の共通事項を示している。**省令第1条**（用語の定義）で述べているように，電線とは，強電流電気の伝送を目的とした電気導体（裸電線），絶縁物で被覆した電気導体（絶縁電線，平形導体合成樹脂絶縁電線，多心型電線及びコード）又は絶縁物で被覆した上を保護被覆した導体（ケーブル，キャブタイヤケーブル）である。電気工作物として使用できる電線の種類及びその規格は，**第1章第2節**でまとめて示している。したがって，**第1章第2節**の各条項を満足している電線は，送電線路，配電線路，電気使用場所における配線等に使用できる。

第4条から**第11条**までの各条文では，電線の具体的な性能及び規格を示している。これらの条文では，性能と規格を規定しているものがあるが，これについては，制定文で「この解釈において，性能を規定しているものと規格を規定しているものとを併記して記載しているものは，いずれかの要件を満たすことにより，当該省令を満足することを示したものである。」と説明しているとおりである。これらの条文の性能を規定している部分は，H9解釈により新たに設けられたものであり，電線に求められる必要性能を示している。電線の必要性能は，

a. 熱的性能
b. 電気的性能
c. 機械的性能

に大別されるが，機械的性能は，電線の施設条件に依存するため，施設条文の規定に

委ねている。そのため，本節では熱的性能，電気的性能を示し，例外的に電線種別を定義する必要がある場合（例えば，キャブタイヤケーブル）に，機械的性能を示している。

なお，**第5条**以下で個別に示されている電線の規格については，同時に，本条も満足することが求められる。例えば，**第10条**の高圧ケーブルは多心の場合，**本条第二号**により色分けその他の方法により線心の識別ができることが求められる。

S47告示では，全般的に次の観点から電線関係の規格の改正及び整備がなされた。

a. 電線をそれぞれの単品規制から種別規制，すなわち同一構造を有するものの一括規定とした条文構成とする。

b. aの条文構成とするなかで，導体，絶縁体及び外装の材料の組合せを自由にし，それらの使用可能な材料の種類を増やす。

c. 使用実績の少なくなった電線を廃止する。

d. 別表の絶縁抵抗，外装の厚さ等の値を個々の数値から計算式に変更し，さらに素線の引張強さ・伸び，絶縁体の厚さ等の値は導体の太さがパラメータとなっているが，この場合，従来は標準寸法のものだけが示されていたが，あらゆるサイズの電線に適用できるように導体の太さのパラメータに幅をもたせ，いわゆる保安上の最低基準として従来の標準規格的な要素のものを減らす。

e. 本文に表をとり入れるなど平明化をはかるとともに，別表全体を整理統合する。

ここで，電線に関する共通事項のうち，この解釈におけるケーブルの扱いについて概念的に述べる。

一般にケーブルと言えば，通信用ケーブルも含まれているものと理解される。しかし，電線として低圧の電路に使用するものについては**第9条**，高圧の電路に使用するものについては**第10条**で満足すべき性能が規定されているため，一般には通信用ケーブルが使えない。接地線に使用するものについては，接地線が**省令第1条第六号**での定義上の電線ではないので，**第17条第1項第三号ハ**においては特に「ケーブル（通信用ケーブルを除く。）」と表現している。また，一般に低圧ケーブルというのは，使用電圧が低圧の電路の電線に使用することができるケーブルという意味で，使用電圧が高圧及び特別高圧の電路に使用できるケーブルを低圧ケーブルとして低圧電路に使用しても支障はない。これは，高圧ケーブルと特別高圧ケーブルの関係についても同様である。

【裸電線等】（省令第6条，第57条第2項）

第4条　裸電線（バスダクトの導体その他のたわみ難い電線，ライティングダクトの導体，絶縁トロリー線の導体及び電気さくの電線を除く。）及び支線，架空地線，保護線，保護網，電力保安通信用弱電流電線その他の金属線（絶縁電線，多心型電線，コード，キャブタイヤケーブル及びケーブル並びに第181条第1項第三号ロただし書の規定により使用する被覆線を除く。）には，次の各号に適合するものを使用すること。

一　電線として使用するものは，通常の使用状態における温度に耐えること。

二　単線は，4-1表の左欄に掲げる金属線であって，同表の中欄に規定する導電率及び同表の右欄に規定する単位断面積当たりの引張強さを有するものであること。

4-1表

金属線の種類			導電率	単位断面積当たりの引張強さ（N/mm^2）
直径12mm以下の硬銅線			96%以上	別表第1の値
軟銅線			98%以上	別表第1の値
銅合金線	直径5mm以下のけい銅線		45%以上	4-2表の値以上
	直径5mm以下のC合金線		35%以上	4-2表の値以上
	直径5mm以下のカドミウム銅合金線		85%以上	4-2表の値以上
	直径5mm以下の耐熱銅合金線		95%以上	4-2表の値以上
直径6.6mm以下の硬アルミ線			61%以上	別表第2の値
アルミ合金線	直径6.6mm以下のイ号アルミ線		52%以上	309以上
	直径6.6mm以下の高力アルミ合金線		53%以上	別表第2の値
	直径6.6mm以下の耐熱アルミ合金線		57%以上	別表第2の値
	直径6.6mm以下の高力耐熱アルミ合金線		53%以上	別表第2の値
銅覆鋼線	直径5mm以下の特別強力銅覆鋼線		19%以上	4-2表の値以上
	直径5mm以下の強力銅覆鋼線		29%以上	4-2表の値以上
アルミ覆鋼線	直径5mm以下の超強力アルミ覆鋼線		14%以上	別表第3の値
	直径5mm以下の特別強力アルミ覆鋼線		20%以上	別表第3の値
	直径5mm以下の強力アルミ覆鋼線		22%以上	別表第3の値
	直径5mm以下の普通アルミ覆鋼線		30%以上	別表第3の値
直径5mm以下のアルミめっき鋼線			－	別表第3の値
亜鉛めっき鋼線	直径5mm以下の超強力亜鉛めっき鋼線		－	1,960以上
	直径5mm以下の特別強力亜鉛めっき鋼線	第1種	－	1,770以上
		第2種	－	1,670以上
	普通亜鉛めっき鋼線	第1種	－	1,230以上
		第2種	－	883以上
		第3種	－	686以上
インバー線	直径5mm以下のアルミ覆インバー線		－	別表第3の値
	直径5mm以下の亜鉛めっきインバー線		－	別表第3の値
亜鉛めっきその他のさび止めめっきを施した鉄線			－	294以上

4-2表

直径（mm）	単位断面積当たりの引張強さ（N/mm²）										
	けい銅線	C合金			カドミウム銅合金線	耐熱銅合金線	特別強力銅覆鋼線			強力銅覆鋼線	
		導電率が35%以上40%未満のもの	導電率が40%以上45%未満のもの	導電率が45%以上のもの			導電率が19%以上29%未満のもの	導電率が29%以上39%未満のもの	導電率が39%以上のもの	導電率が29%以上39%未満のもの	導電率が39%以上のもの
0.9以下	652	892	843	757	604	452	1,480	1,240	1,180	1,120	1,060
0.9を超え1.0以下	652	892	843	757	604	451	1,480	1,240	1,180	1,120	1,060
1.0を超え1.2以下	652	892	843	757	604	449	1,480	1,240	1,180	1,120	1,060
1.2を超え1.4以下	652	891	841	753	604	447	1,480	1,240	1,180	1,120	1,060
1.4を超え1.6以下	646	889	837	750	597	444	1,480	1,240	1,180	1,120	1,060
1.6を超え1.8以下	640	888	835	746	591	442	1,480	1,240	1,180	1,120	1,060
1.8を超え2.0以下	634	887	832	742	584	440	1,480	1,240	1,180	1,120	1,060
2.0を超え2.3以下	626	885	827	736	575	437	1,450	1,240	1,140	1,080	1,000
2.3を超え2.6以下	617	882	822	732	565	433	1,420	1,240	1,100	1,040	956
2.6を超え2.9以下	608	880	818	726	555	431	1,380	1,210	1,060	1,000	918
2.9を超え3.2以下	598	877	813	720	545	428	1,340	1,180	1,040	971	890
3.2を超え3.5以下	590	875	808	715	536	424	1,290	1,150	1,010	945	863
3.5を超え3.7以下	584	873	805	711	530	422	－	1,130	990	928	846
3.7を超え4.0以下	576	871	800	705	530	419	－	1,100	971	905	824
4.0を超え4.3以下	572	869	795	698	514	416	－	1,070	951	883	800
4.3を超え4.5以下	567	867	792	696	510	414	－	1,050	941	868	785
4.5を超え5.0以下	558	863	785	686	501	408	－	1,000	912	839	753

三　より線（光ファイバケーブルを内蔵できる構造のものを除く。）は，次に適合するものであること。

イ　構造は，次のいずれかのものであること。

（イ）　前号に規定する単線で，かつ，種類が同一であるものを素線とするより線

（ロ）　前号に規定する硬銅線又は耐熱銅合金線と，前号に規定する銅覆鋼線とを素線とするより線

（ハ）　内側は前号に規定する硬アルミ線，アルミ合金線，アルミ覆鋼線，アルミめっき鋼線，超強力亜鉛めっき鋼線，特別強力亜鉛めっき鋼線若しくはインバー線，又は直径5mm以下の亜鉛めっき鋼線であって単位断面積当たりの引張強さが別表第3に規定する値以上のもの，かつ，外側は前号に規定する硬アルミ線，アルミ合金線又はアルミ覆鋼線であるより線

ロ　引張強さは，次の式により計算した値以上であること。

$T=\sum(\sigma\times S\times n)\times k$

T は，より線の引張強さ（単位：N）

σ は，素線（単線）の単位断面積当たりの引張強さ（単位：N/mm^2）

S は，素線（単線）の断面積（素線が圧縮されたものであるときは，圧縮後の断面積）（単位：mm^2）

n は，素線数（単位：本）

k は，引張強さ減少係数であって，4-3表に規定する値

$\sum$ は，素線の種類ごとに計算したものを合計することを意味する。

4-3表

より線の種類	引張強さ減少係数
イ（イ）に規定するもののうち，素線がアルミめっき鋼線，亜鉛めっき鋼線，インバー線又は亜鉛めっきその他のさび止めめっきを施した鉄線以外のものであって，素線数が3以下のもの	0.95
イ（ロ）に規定するもののうち，素線数が3以下のもの	
イ（イ）に規定するもののうち，素線がアルミめっき鋼線，亜鉛めっき鋼線又は亜鉛めっきその他のさび止めめっきを施した鉄線であるものであって，素線数が7以下のもの	0.92
上記以外のもの	0.9

四　光ファイバケーブルを内蔵できる構造のより線は，次のいずれかに適合するものであること。

イ　第二号に規定する硬アルミ線，アルミ合金線，アルミ覆鋼線，アルミめっき鋼線，亜鉛めっき鋼線若しくはインバー線，又は直径5mm以下の亜鉛めっき鋼線であって，単位断面積当たりの引張強さが別表第3に規定する値以上のものを素線とするより線であり，引張強さが，前号ロに規定する式において引張強さ減少係数を0.9として計算した値以上であること。

ロ　内側は4-4表の左欄に掲げる金属線であって，同表の中欄に規定する導電率及び同表の右欄に規定する単位断面積当たりの引張強さを有し，外側はイに規定するより線であること。

4-4表

金属線の種類	導電率	単位断面積当たりの引張強さ（N/mm^2）
直径12mm以下のアルミ線	61%以上	59以上
直径12mm以下のアルミ合金線	52%以上	118以上

〔解　説〕　抗張力を考慮すべき金属線，すなわち，架空電線路に使用する電線，支線，架空地線，保護線，保護網，電力保安通信用弱電流電線等の金属線には，それ相当の強度を有するものを使用する必要がある。本条では，これらに使用する金属線の規格を示

している。「その他の金属線」というのは，接地工事の接地線，架空共同地線，架空ケーブル，電力保安通信用ケーブルなどのちょう架用線（メッセンジャーワイヤ），**第100条第5項**の規定により特別高圧架空電線と架空弱電流電線又は低高圧架空電線とが交差する場合等に，特別高圧架空電線の両外線の直下部に施設するD種接地工事を施した金属線等を指す。

裸電線でも，バスダクトに使用される銅帯，アルミ帯，剛体トロリーのようなたわみ難い電線や，電気さくの電線のように比較的弱い張力で施設され，かつ，仮に断線しても保安上問題のないものについては，抗張力を考慮する必要がないので除外している。バスダクトに使用される銅帯等と同様なたわみ難い銅帯を接地線として使用する場合も，同様に除外される。また，ライティングダクトの導体については**第165条第3項**，絶縁トロリー線については**第173条第6項**でそれぞれ示しているので，本条では除外している。

電力保安通信用弱電流電線以外の弱電流電線については，他の法令（有線電気通信法等）で定められるものであるが，必要な場合には，例えば，**第100条第5項第二号イ**や**第207条第一号ハ**のように，電気工作物の省令への適合の判断基準として，間接的に規定していることがある。

第一号は，電線の熱的性能を示している。ここで言う「通常の使用状態における温度」とは，所定の通電電流及び周囲温度等の使用条件を考慮した電線温度を意味している。

第二号は単線の，**第三号**及び**第四号**はより線の規格をそれぞれ示している。

この解釈で電線の引張強さというのは，電線の引張りに対する最大の応力を言い，電線自身が持つ性能の一つを表すものである（一般に単位は，[N] とし，単位断面積当たりの引張強さの場合は，[N/mm^2] とする。）。また，電線の引張荷重というのは，電線にかかる引張り方向の荷重をいう（一般に [N] を単位とする。）。なお，日本産業規格JIS等で一般に電線の規格を示す場合には，「引張強さ」は単位面積当たりの引張強さ（N/mm^2）を示す場合に使用し，「引張荷重」は電線の破壊荷重（N）を示す場合に使用しているので，留意する必要がある。

また，この解釈では，抗張力を考慮すべき架空電線用等の金属線の強度を指定する場合には，「引張強さ5.26kN以上のもの又は直径4mm以上の硬銅線」というように示している。この場合，硬銅線であれば直径が4mm以上（より線の場合は，直径4mmのものと同等以上の断面積，すなわち12.57mm^{2}以上の計算断面積を有するもの），他の材料の線であれば引張強さ5.26kNのものを使用すればよく，いずれも引張強さが5.26kN以上必要であることを要求している。

4-1表に示す金属線を単線として使用する場合の引張強さは，同表の単位断面積当たりの引張強さの欄に示される値又は指定された表の値に示される値に，断面積を乗じた値をとればよい。

より線の引張強さは，**第三号ロ**に計算式を示しているように，素線の引張強さの合計に，**4-3表**に示される引張強さ減少係数を乗じて求める。アルミ系のより線には，素線が圧縮されたものがあり，これらはその素線の断面形状が扇形や矩形であるので，この場合の素線の引張強さは，その素線と等しい円形の断面積になる直径の素線の引張強さと等しい値とみなす。**第三号イ（ロ），（ハ）**で規定しているのは複合より線で，大きく分けて銅を導体として使用するものと，アルミを導体として使用するものとの2種類があるが，両者とも，鋼線によって抗張力を得ることに変わりはない。このうちアルミを導体として使用するものは，一般に鋼心アルミより線（ACSR），鋼心イ号アルミより線（IACSR）と呼ばれているもので，アルミ覆鋼線を外側の導電性のある部分に使用するものは，特別の高抗張力を要する場所以外には使用されない。これらの複合より線は，それぞれの素線の特徴を生かして使用される。

なお，被覆が施された電線の導体については，**別表第1**から**別表第3**までに引張強さを示しており，本条の対象となるのはこれらの電線以外の電線である。被覆線の導体の引張強さは，裸電線のそれより若干小さくなるのが普通であるが，この解釈では同等とみなしている。

以下，金属線について述べる。

①**硬銅線**　一般に，単に硬銅線といえば，単線及びより線の両者を指す。より線は，同じ断面積の単線に比べて耐腐食性，引張強さ等では劣るが，可とう性が大きいので小さい傷に対して強く，かつ，取扱い上の利便が大きいので，危険度の高い特別高圧架空電線を施設する場所や，屋内配線を金属管工事によって施設する場合等には，より線を使用することとしている（他の金属線についても同様）。

硬銅単線の引張強さは，日本産業規格 JIS C 3101（1965）「電気用硬銅線」から採ったものである。**別表第1**の硬銅線では，より線の素線に使用されるものを考慮して直径0.4mm以上のものから示している。なお，通常単線として使用されるのは直径5mmまでで，特殊なものを除き，これより太いものを使用するときは可とう性のあるより線が使用される。硬銅より線には，日本産業規格 JIS C 3105(1994)「硬銅より線」があるので，一般には，これに適合するものが使用される。

②**軟銅線**　軟銅線は，一般に張力のあまりかからない接地線等に使用される。引張強さに上限があるのは，硬銅線と区別するためである。軟銅線については，日本産業規格 JIS C 3102（1984）「電気用軟銅線」が定められているので，これに適合するものが使用されている。

③**けい銅線**　けい銅線は，銅に1.5%以下（普通0.8%位）のすず（ときには更に亜鉛）及び脱酸剤として微量のけい素を加えて引張強さを増大させた銅合金線である。単線は高抗張力を要する通信線に，より線は山越え，谷越え，川越えなどの長径間のため高抗張力を要する送配電線，通信線に使用されてきたが，最近ではあまり使用されていない。

④C合金線　C合金線は，銅にニッケルをまぜて引張強さを増加させたもので，導電率が35%級，40%級，45%級の3種類のものがある。C合金線の用途は，けい銅線とほぼ同じである。

⑤カドミウム銅合金線　カドミウム銅合金線は，純良な電気銅に適量のカドミウムを加えたもので，硬銅線に比べて導電率はやや低くなるが，引張強さが大きい金属線である。トロリーワイヤ，長径間工事の送電線，通信線，電鉄用フィーダー，メッセンジャーワイヤなどに多く用いられてきた。

⑥耐熱銅合金線　耐熱銅合金線は，純良な電気銅に適量（0.12～0.18%）の銀を加えたもので，硬銅線に比べて導電率は1%程度低くなるが，引張強さは硬銅線と同等である。しかも硬銅線は温度が90℃を過ぎると引張強さが低下するが，耐熱銅合金線は温度が200℃を過ぎても引張強さの低下は極めて少ない。したがって，既設鉄塔をそのまま利用して送電容量を増加しようとする場合，又はこう長が短く，抵抗損による経済的損失よりも鉄塔に要する費用の節減が大きい場合などに，これが使用される。

⑦硬アルミ線　硬アルミ線は，電気用アルミニウム地金（日本産業規格JIS H 2110）から製造されるもので十分な機械的強度と導電性があり，また純度が高いため耐食性も良好である。硬アルミ単線については，日本産業規格JIS C 3108（1994）「電気用硬アルミニウム線」が定められているので，これに適合するものが使用されている。これらは主としてき電線，配電線用導体として用いられる。その性質を，硬アルミ線と同じ電気抵抗を有する硬銅線と比較すると，解説4.1表のようになる。

解説4.1表　硬銅線と硬アルミ線の比較

項目	硬銅線	硬アルミ線	イ号アルミ合金線
断面積	1.0	1.6	1.9
直径	1.0	1.3	1.4
質量	1.0	0.5	0.6
引張強さ	1.0	0.6	1.4
伸び	1.0		5.0

⑧イ号アルミ合金線　イ号アルミ合金は，電気用アルミニウム地金に対しほとんど腐食に影響のないけい素及びマグネシウムを適当量加え，アルミニウム，マグネシウム及びけい素の合金としたもので，熱処理を行うことによって機械的特性を著しく向上させている。イ号アルミ合金線は，これを線引加工したもので，導電率は52%以上で硬アルミ線より約9%低下するが良導体であり，引張強さは309N/mm^{2}で硬アルミ線の約2倍である。電気的にも機械的にも優れた特性を示し，硬銅線に代わって架空送配電線，電力保安通信線又は大きな引張強さを必要としない電線などに使用される。イ号アルミ合金線の規格は，電気学会電気規格調査会標準規格JEC-3405-1995「イ号アルミ合金電線」によるものである。イ号アルミ合金線と同じ電気抵抗を持つ硬銅線と

を比較すると，解説 4.1 表のようになる。

⑨**高力アルミ合金線**　高力アルミ合金線は，引張強さが**別表第2**の高力アルミ合金線の値で，イ号アルミ合金線と普通アルミ合金線との中間の値であり，導電率は 53% 以上で，イ号アルミ合金線に比べて，製造工程において1工程減るため安価となる。用途は，アルミ線やイ号アルミ合金線とほとんど同様である。

⑩**耐熱アルミ合金線**　耐熱アルミ合金線は，イ号アルミ合金線がアルミニウムにマグネシウム等を配合するのに対し2，3の元素を配合したもので，導電率は 57% 以上で硬アルミに比べわずかに劣るが，軟化温度を上昇させた焼鈍し難いアルミ合金線である。硬アルミ線では 150℃で引張強さが7～8% 低下するが，耐熱アルミ合金線ではほとんど変わらないので，同じ太さの硬アルミ線に比べ高温まで使用することができ，電流容量を大きくとることができる。しかし，導電率が硬アルミ線に比べ少し低下するので，電力損が大きくなることが考えられる。以上の点から既設鉄塔をそのまま利用して送電容量を増加しようという場合又はこう長が短く，抵抗損による経済的損失よりも，鉄塔に要する費用の節減が大きい場合等に，耐熱アルミ合金線を使用することが有効である。

⑪**高力耐熱アルミ合金線**　高力耐熱アルミ合金線は，高力アルミ合金線に耐熱性をもたせたもので，機械的には同等の特性を有するものである。引張強さ，導電率は，いずれも高力アルミ合金線と同じである。高力耐熱アルミ合金線は，大容量送電線路の谷越え等の長径間箇所など大電流，高抗張力を要求される場合に使用される。

⑫**銅覆鋼線**　銅覆鋼線にはカッパーウェルド線と銅めっき鋼線（カッパープライ線と呼ばれ，略して，CP 線ともいう。）がある。カッパーウェルド線は，鋼心の外側に同心円状に銅を被覆溶着したもので，この金属の溶着部は結晶的に結合しており，鋼は抗張力を得るためのもので，導電率は銅の被覆の厚さによって定まる。これは，高抗張力を要する送配電線，通信線，架空地線などに使用される。カッパーウェルドのみのより線は，特に，長径間の場合に用いられる。CP 線は，特殊な電気めっき法（例えばケンモア方式など）によって鋼心の周囲に電気銅を完全，かつ，一様の厚さに被覆した鋼心銅線で，鋼線の有する強じん性と銅の有する導電性，耐食性とを兼備した電線である。導電率の差異は，銅被覆の厚さにより定まる。CP 線は，電力用としては長径間送電線，積雪地帯の送電線，架空地線，埋設地線，メッセンジャーワイヤや支線として好適である。

⑬**アルミ覆鋼線**（アルモウェルド線を含む。）　アルミ覆鋼線は，鋼線にアルミを圧着させたもの又は特殊配合の熱処理ずみ鋼線材の表面を清浄にし，その外周に特殊製法による電気用アルミの粉末を一定の厚さに被覆した後，強い圧力と適当な加熱により強固に圧接して荒引線を製作する。この荒引線を特殊ダイスにより冷間伸線させたもので，アルミを鋼にめっきしたものは含まない。

アルミ覆鋼線には，超強力アルミ覆鋼線，特別強力アルミ覆鋼線，強力アルミ覆鋼線，普通アルミ覆鋼線がある。特別強力アルミ覆鋼線は，鋼線として導電率が9%，引張強さが1,670～1,770N/mm^{2}のものを用いたものである。したがって，この線の導電率及び引張強さは，この鋼線と硬アルミ線のそれぞれの値から次の計算によって求められる。

$$\text{導電率} = \frac{61S_1 + 9S_2}{S_1 + S_2}$$

$$\text{引張強さ} = \frac{\text{硬アルミ線の引張強さ} \times S_1 + \text{鋼線の引張強さ} \times S_2}{S_1 + S_2}$$

S_1：アルミ部分の断面積，S_2：鋼部分の断面積

強力アルミ覆鋼線は，鋼線として引張強さが1,570N/mm^{2}のものを用いたものであり，また普通アルミ覆鋼線は，鋼線として引張強さが1,370N/mm^{2}のものを用いたものである。

⑭**アルミめっき鋼線**　アルミめっき鋼線は，熱式めっき法によって鋼にアルミをめっきしたもので，アルミの融点が亜鉛に比べて高いため，アルミめっき鋼線の引張強さは亜鉛めっき鋼線より劣る。しかし，アルミめっき鋼線は，アルミめっきの表面に酸化被膜ができるため，亜鉛めっき鋼線よりも腐食に対しては優れている。アルミめっき鋼線は，主として鋼心アルミより線の鋼心として使用される。

⑮**アルミ覆インバー線**及び**亜鉛めっきインバー線**　アルミ覆インバー線は，インバー線にアルミを圧着させたもの，亜鉛めっきインバー線は，インバー線に亜鉛めっきのさび止めを施したものである。インバー線は，ニッケルを多く含む鉄合金で，熱膨張係数が鋼線と比べ1/5程度と小さく，耐熱アルミより線と組み合せて使用することにより，電線地上高をACSRに比べ低くできる特徴を持っている。

⑯**亜鉛めっき鋼線**　亜鉛めっき鋼線は，その引張強さにより，超強力亜鉛めっき鋼線，特別強力亜鉛めっき鋼線第1種，第2種と普通亜鉛めっき鋼線第1種から第3種まで示している。亜鉛めっき鋼線は導電性が劣るので，特別強力亜鉛めっき鋼線は鋼心アルミより線の鋼心又は架空地線に使用され，普通亜鉛めっき鋼線は架空地線，ちょう架用線，支線又は保護線等に使用される。なお，普通亜鉛めっき鋼線の規格は，日本産業規格JIS G 3537（1962）「亜鉛めっき鋼より線」を基に定めたものである。

⑰**鉄線**　鉄線は，その引張強さが294N/mm^{2}以上のものである必要がある。鉄線の外面は腐食され易いので，必ず亜鉛めっきその他のさび止めめっきを施す必要がある。導電性が劣るので，電線として使用されることはほとんどなく，支線又は保護線に使用される。

【絶縁電線】（省令第5条第2項，第6条，第21条，第57条第1項）

第5条　絶縁電線は，電気用品安全法（昭和36年法律第234号）の適用を受けるもの又は次の各号に適合する性能を有するものを使用すること。ただし，第21条第三号若しくは第168条第1項第二号ロの規定により第3項各号に適合する性能を有する引下げ用高圧絶縁電線を使用する場合，又は第181条第1項第三号ロ若しくは第六号イ（イ），若しくは第182条第四号イの規定により第181条第3項に規定する絶縁電線を使用する場合は，この限りでない。

一　通常の使用状態における温度に耐えること。

二　構造は，絶縁物で被覆した電気導体であること。

三　低圧絶縁電線の絶縁体の厚さは，別表第4に規定する値を標準値とし，その平均値が標準値の90%以上，その最小値が標準値の80%以上であること。

四　完成品は，次に適合するものであること。

イ　清水中に1時間浸した後，導体と大地との間に5-1表に規定する交流電圧を連続して1分間加えたとき，これに耐える性能を有すること。

5-1表

絶縁電線の種類		交流電圧（V）
低圧絶縁電線	導体の断面積が300mm^{2}以下のもの	3,000
	導体の断面積が300mm^{2}を超えるもの	3,500
高圧絶縁電線		12,000
特別高圧絶縁電線		25,000

ロ　イの試験の後において，導体と大地との間に100Vの直流電圧を1分間加えた後に測定した絶縁体の絶縁抵抗が，別表第6に規定する値以上であること。

2　第1項各号に規定する性能を満足する，600Vビニル絶縁電線，600Vポリエチレン絶縁電線，600Vふっ素樹脂絶縁電線，600Vゴム絶縁電線，屋外用ビニル絶縁電線，高圧絶縁電線又は特別高圧絶縁電線の規格は，第3条及び次の各号のとおりとする。

一　導体は，次のいずれかであること。

イ　別表第1に規定する銅線又はこれを素線としたより線（絶縁体に天然ゴム混合物，スチレンブタジエンゴム混合物，エチレンプロピレンゴム混合物又はけい素ゴム混合物を使用するものにあっては，すず若しくは鉛又はこれらの合金のめっきを施したものに限る。）

ロ　別表第2に規定するアルミ線若しくはこれを素線としたより線又はアルミ成形単線（引張強さが59N/mm^{2}以上98N/mm^{2}未満，伸びが20%以上，導電率が61%以上のものに限る。）

ハ　内側は別表第3に規定する鋼線，かつ，外側は別表第2に規定するアルミ線であるより線

二　絶縁体は，次に適合するものであること。

イ　材料は，5-2 表の左欄に掲げる絶縁電線の種類に応じ，それぞれ同表の右欄に掲げるものであって，電気用品の技術上の基準を定める省令の解釈（20130605 商局第 3 号）別表第一附表第十四に規定する試験を行ったとき，これに適合するものであること。

5-2 表

絶縁電線の種類	材料
600V ビニル絶縁電線又は屋外用ビニル絶縁電線	ビニル混合物
600V ポリエチレン絶縁電線	ポリエチレン混合物
600V ふっ素樹脂絶縁電線	ふっ素樹脂混合物
600V ゴム絶縁電線	天然ゴム混合物，スチレンブタジエンゴム混合物，エチレンプロピレンゴム混合物又はけい素ゴム混合物
高圧絶縁電線	ポリエチレン混合物又はエチレンプロピレンゴム混合物
特別高圧絶縁電線	架橋ポリエチレン混合物

ロ　厚さは，600V ビニル絶縁電線，600V ポリエチレン絶縁電線，600V ふっ素樹脂絶縁電線，600V ゴム絶縁電線，屋外用ビニル絶縁電線にあっては別表第 4，高圧絶縁電線にあっては別表第 5，特別高圧絶縁電線にあっては 5-3 表に規定する値（導体に接する部分に半導電層を設ける場合は，その厚さを減じた値）を標準値とし，その平均値が標準値の 90% 以上，その最小値が標準値の 80% 以上であること。

5-3 表

導体の公称断面積（mm^2）	特別高圧絶縁電線の絶縁体の厚さ（mm）
22 以上　38 以下	2.5
38 を超え　150 以下	3.0
150 を超え　500 以下	3.5

三　絶縁体に天然ゴム混合物，スチレンブタジエンゴム混合物又はけい素ゴム混合物（電気用品の技術上の基準を定める省令の解釈別表第一附表第二十五に規定する試験を行ったとき，これに適合するものを除く。）を使用するものにあっては，絶縁体の上により糸で密に約 0.7mm の厚さの外部編組を施す又はこれと同等以上の強度を有する被覆を施してあること。

四　絶縁体に天然ゴム混合物又はスチレンブタジエンゴム混合物を使用するものにあっては，外部編組は，防湿剤を施してあること。

五　完成品は，次に適合するものであること。

イ　清水中に 1 時間浸した後，導体と大地との間に 5-4 表に規定する交流電圧を連続して 1 分間加えたとき，これに耐える性能を有すること。

5-4表

絶縁電線の種類		交流電圧(V)
屋外用ビニル絶縁電線		3,000
600Vビニル絶縁電線，600Vポリエチレン絶縁電線，600Vふっ素樹脂絶縁電線又は600Vゴム絶縁電線	導体の断面積が300mm^{2}以下のもの	3,000
	導体の断面積が300mm^{2}を超えるもの	3,500
高圧絶縁電線		12,000
特別高圧絶縁電線		25,000

ロ　屋外用ビニル絶縁電線以外のものにあっては，イの試験の後において，導体と大地との間に100Vの直流電圧を1分間加えた後に測定した絶縁体の絶縁抵抗が，別表第7に規定する値以上であること。

3　引下げ用高圧絶縁電線は，次の各号に適合する性能を有するものであること。

一　第1項各号の規定に適合すること。

二　完成品は，清水中に30分間浸した後，表面の水分をふきとり，10cmの間隔で2箇所に直径1mmの裸線を巻き，これらの裸線の間に5,000Vの交流電圧を連続して1分間加えたとき，発煙，燃焼又はせん絡を生じないこと。

4　第3項に規定する性能を満足する引下げ用高圧絶縁電線の規格は，第3条及び次の各号のとおりとする。

一　導体は，別表第1に規定する銅線又はこれを素線としたより線（絶縁体にブチルゴム混合物又はエチレンプロピレンゴム混合物を使用するものにあっては，すず若しくは鉛又はこれらの合金のめっきを施したものに限る。）であること。

二　絶縁体は，次に適合するものであること。

イ　材料は，ポリエチレン混合物，ブチルゴム混合物又はエチレンプロピレンゴム混合物であって，電気用品の技術上の基準を定める省令の解釈別表第一附表第十四に規定する試験を行ったとき，これに適合するものであること。

ロ　厚さは，5-5表に規定する値（導体に接する部分に半導電層を設ける場合は，その厚さを減じた値）を標準値とし，その平均値が標準値の90%以上，その最小値が標準値の80%以上であること。

5-5表

使用電圧の区分（V）	導線		絶縁体の厚さ（mm）	
	より線（公称断面積mm^2）	単線（直径mm）	ポリエチレン混合物又はエチレンプロピレンゴム混合物の場合	ブチルゴム混合物の場合
3,500以下	5.5以上30以下	2.0以上5.0以下	2.0	3.0
3,500超過	5.5以上30以下	2.0以上5.0以下	3.0	4.0

三　完成品は，次に適合するものであること。

イ　清水中に1時間浸した後，導体と大地との間に，使用電圧が3,500V以下のものにあっては6,000V，3,500Vを超えるものにあっては12,000Vの交流電圧を連続して1分間加えたとき，これに耐える性能を有すること。

ロ　イの試験の後において，導体と大地との間に100Vの直流電圧を1分間加えた後に測定した絶縁体の絶縁抵抗が，別表第7に規定する値以上であること。

ハ　清水中に30分間浸した後，表面の水分をふきとり，10cmの間隔で2箇所に直径1mmの裸線を巻き，これらの裸線の間に5,000Vの交流電圧を連続して1分間加えたとき，発煙，燃焼又はせん絡を生じないこと。

〔解　説〕 本条は，絶縁電線に求められる性能及び具体的な規格を示している。規格については，**本条第2項**及び**第4項**と同時に，**第3条**も満足する必要がある。

第1項本文では，電気用品安全法との重複規定を避ける趣旨の規定をしている。特に電線については，電気用品安全法の趣旨から一般用電気工作物になるような種類及びその範囲が限定されており，その範囲から外れるものについて，第1項各号で必要な性能を規定している。したがって，電気用品安全法の適用を受けるものについては，同法第10条第1項の表示｛<PSE>の記号，検査機関名，届出事業者名（特定電気用品以外の電気用品にあっては，(PSE)の記号，届出事業者名)｝が付されているか否かにかかわらず，**本条**の規定を適用しない。これは，同法第28条第1項（使用の制限）の規定と重複するからである。同法第28条第1項の規定は，例外承認品を除き表示が付されていない電気用品を使用することを禁止している。また，電気用品安全法の適用を受けるものについては，その技術基準適合義務等は電線製造業者にかかるが，電気事業法で明確に規定しているように，この省令の遵守義務はその電線の施設者つまり施設された段階でその所有者となる者に課せられている。

なお，電気用品安全法の適用を受ける絶縁電線とは，次に示す絶縁電線であって，導体の公称断面積が100mm²以下のもので，かつ，定格電圧が100V以上600V以下のもの（けい光灯電線，ネオン電線を除く。）である。

a　ゴム絶縁電線（例600Vゴム絶縁電線）

b　合成樹脂絶縁電線（例600Vビニル絶縁電線，600Vポリエチレン絶縁電線，その他の絶縁電線）

c　けい光灯電線

d　ネオン電線

この解釈のそれぞれの条文で600Vゴム絶縁電線，600Vビニル絶縁電線等という場合は，この解釈で示すものだけではなく，電気用品安全法で規定している600Vゴム絶縁電線，600Vビニル絶縁電線等をも含めて考えるべきで，他の電気機械器具についても電気用品安全法と本解釈において同一の表現をしたものについては，同一の物体を表わしている。

また，絶縁電線は，ケーブルのように導体と絶縁体とからなる線心をまとめたものの上に外装を施すというようなことがないので，単心，2心，3心等という区別はできない。

第1項本文ただし書は，引下げ用高圧絶縁電線（**→本条第3項**），小勢力回路（**→第181条**）又は出退表示灯回路（**→第182条**）に使用する電線は，特殊な用途の絶縁電線として，それぞれの関係条項で，使用場所を限定し，その使用目的に応じた性能及び規格を示しているので，**本項**の対象外とすることを示している。

第一号は，電線の熱的性能を示している。本号の「通常の使用状態における温度」とは，所定の通電電流及び周囲温度等の使用条件を考慮した電線温度を意味している。

第二号は絶縁電線の基本構造を示している。

第三号は低圧絶縁電線の絶縁体の厚さをそれぞれ示している。これは，低圧の場合，**第四号**に示している耐電圧性能及び絶縁抵抗のみでは絶縁体が極めて薄くても性能を満足できるが，その場合，機械的強度に対する安全を確保することが難しくなるため，最低限の厚さを必要性能として示しているものである。

第四号は，電線の絶縁性能を耐電圧試験と絶縁抵抗により示している。**別表第6**の体積固有抵抗は，従来の電気設備技術基準に示されていた絶縁体の材質ごとの体積固有抵抗の規定値より，使用電圧での最低規定値を選定したものである。

第2項は，**第1項**に示す性能を満足する絶縁電線の規格規定である。

電気用品安全法の適用を受けるもの以外の，600Vビニル絶縁電線（一般にIndoor PVCの頭文字をとってIV電線ともいわれる。），600Vポリエチレン絶縁電線（Indoor Crosslinked Polyethyleneの頭文字をとってIC電線ともいわれる。），600Vふっ素樹脂絶縁電線，600Vゴム絶縁電線（一般にRubber Braidの頭文字をとってRB電線ともいわれる。），屋外用ビニル絶縁電線（OutdoorとWeather Proofの頭文字をとってOW電線ともいわれる。），高圧絶縁電線，特別高圧絶縁電線の7種を本条に例示している。従来使用されていた1種綿絶縁電線及び2種綿絶縁電線については，耐久性に劣り，かつ，ビニル絶縁電線の普及とともに使用実績がなくなったことから，昭和37年8月の電気用品取締法（現：電気用品安全法）の制定に関連してなされた電気工作物規程（以下「工規」という。）改正の際，これらを削除した。

600Vビニル絶縁電線の規格は，日本産業規格JIS C 3307（2000）「600Vビニル絶縁電線（IV）」から保安上基本的なものを採ったものである。

600Vポリエチレン絶縁電線の規格は，日本産業規格JIS C 3605（2002）「600Vポリエチレンケーブル」の線心を構成する絶縁体厚さに一致した値としている。

600Vふっ素樹脂絶縁電線の規格は，電気用品安全法で規定している600Vふっ素樹脂絶縁電線の規格を延長させたものである。

600Vゴム絶縁電線の規格は，日本産業規格JIS C 3304「600Vゴム絶縁電線」から基本的なものを採ったものである。

本条では，編組に用いるより糸は綿糸に限らず，これと同等以上と考えられる繊維を用いることができる。

屋外用ビニル絶縁電線は，電気協同研究会引込線専門委員会において昭和30年2月にOW電線として規格化された電線で，主に架空電線に使用するために設けられたもので，絶縁体の厚さは600Vビニル絶縁電線の50～75%となっているので，600Vビニル絶縁電線と混同しないように注意されたい。なお，絶縁体の厚さについては別表第4に示しているが，特に屋外用ビニル絶縁電線に対する値が100mm^{2}超に限定されているのは，100mm^{2}以下のものについては電気用品安全法の適用を受けているためである。使用実績がほとんどないが，400mm^{2}を超えるものについては，600Vビニル絶縁電線並みの厚さとしている。

低圧絶縁電線としては，このほかに引込用ビニル絶縁電線（一般にDrop Service WireとPolyvinylからDV電線ともいわれる。）や引込用ポリエチレン絶縁電線（一般にDrop Service WireとPolyethyleneからDE電線ともいわれる。）があるが，今のところ導体の公称断面積が100mm^{2}を超えるものはなく，電気用品安全法の適用範囲のものに限られていることから，本条では定めていない。

なお，引込用ポリエチレン絶縁電線の規格は，平成26年9月に電気用品の技術上の基準を定める省令の解釈に追加された。

高圧絶縁電線については，**別表第5**において，絶縁体の厚さは導体断面積500mm^{2}まで高圧ケーブルの絶縁体の厚さの約2/3とし，500mm^{2}を超える場合は高圧ケーブルの絶縁体厚さに準じた値としている。

特別高圧絶縁電線については，22（33）kV配電の市街地への導入に伴い，S57基準で新たに追加したものであり，その概要は次のとおりである。

a. 絶縁材料　耐候性，機械的特性等が優れており，実験データ等も豊富な架橋ポリエチレン混合物に限定することとした。

b. 絶縁物の厚さ　交流耐圧面，耐トラッキング面，公衆接触時の安全面，外的衝撃時の安全面から，導体断面積に応じ2.5mm～3.5mmとしている。**5-3表**においては導体の公称断面積が22mm^{2}以上となっているが，これは**第84条**（特別高圧架空電線路に使用する電線）において，特別高圧架空電線には引張強さ8.71kN以上のより線又は断面積が22mm^{2}以上の硬銅より線を使用することとしているためである。

c. 試験電圧　常時最大使用電圧の対地電圧及び絶縁物の厚さを考慮し，25kVとした。

第一号は，導体についての規定で，絶縁体がエチレンプロピレンゴム混合物など被覆後加硫を要するものにあっては，導体が銅線であるときはその表面の酸化を防止するため，銅線にすず若しくは鉛又はこれらの合金のめっきを施すこととしている。ただし，アルミ導体では表面のアルミナ層による保護で硫化のおそれがないので，めっきを施すことを要しない。また，導体素線の太さを，**別表第1**，**別表第2**，**別表第3**において導体の直径で一律に規定することによって，各素線が円形断面（圧縮成形されたものを含む。）のものであることを示している。円形以外の成形単線については，特に中空アルミ管等を想定して，アルミ線についてのみ規定している。

第二号は，絶縁体についての規定である。絶縁体に使用される絶縁物の性質については，電気用品安全法では，その技術上の基準を定める省令で，引張強さ及び伸び，巻付け加熱，低温巻付け，加熱変形，加熱収縮，耐油性，耐熱性等の試験義務があるが，このS47告示では，絶縁体及び外装に使用される絶縁物については，それらの試験のうち最も重要な引張強さ及び伸びの試験だけが規定されている。

絶縁体の厚さは，概ね次の事項から決定される。

a. 理論的最小厚さ（最大使用電圧，絶縁物の破壊強度，高温に対する破壊強度の低下）

b. 機械的強度（製造過程における外傷，施工段階における導体重量及び外傷）

c. 製造管理上のバラツキ

d. 経年劣化

e. 安全率

例えば，特別高圧絶縁電線の場合，電気協同研究第30巻第3号（1974）によれば，交流耐電圧からの絶縁体厚さは下記の式で算定され，併せて耐トラッキング面，公衆接触時の安全面，外的衝撃時の安全面を考慮した絶縁体の厚さとしている。

t＝(最大使用電圧×K1×K2/ 絶縁物の破壊強度)＋K3

t：交流耐電圧から決まる絶縁体厚さ（mm）

最大使用電圧：公称電圧33kVの場合，$34.5/\sqrt{3}$(kV)

K1：絶縁物の破壊強度の温度特性＝1.1

K2：試験試料その他不確定要素に対する裕度＝1.1

K3：機械的外力に対する裕度（施工段階における導体質量及び外傷）

絶縁物の破壊強度：実験結果から12（kV/mm）

第二号ロで規定している絶縁体の厚さの許容差は，製造管理上におけるバラツキの許容限度であると同時に，絶縁電線（多心型電線のうち絶縁被覆を施したものを含む。）やケーブルを再使用する場合のチェック基準になるものである。

第五号では，絶縁性能について規定している。

絶縁抵抗値については，従来各電線ごとにその導体の太さに応じて理論式から算出された最低値が示されていたが，S47告示で計算式で示すことになった。また，絶縁抵抗値を規定しているのは，絶縁材料の性能試験でもあるので，絶縁体として使用した絶縁物のみの絶縁抵抗を測定することが必要である。

絶縁電線の絶縁耐力試験における試験電圧は，従来600Vゴム絶縁電線と600Vビニル絶縁電線では差があったが，S47告示では，600Vポリエチレン絶縁電線，600Vふっ素樹脂絶縁電線の追加に伴い，絶縁抵抗値の場合と違い保安上の最低保証基準として同じ電圧値（導体が太くなる場合は一段階高くなる。）とした。ただし，使用範囲が多少限定される屋外用ビニル絶縁電線については，他のものに比べて一段低くなっている。また，環境に配慮した絶縁電線として600Vビニル絶縁電線の代わりに使用されている耐燃性ポリエチレン絶縁電線については，一般的にビニル混合物と同様の体積固有抵抗値となっている。

第3項及び**第4項**は，引下げ用高圧絶縁電線の性能及び規格について規定している。規定事項については，**第1項**及び**第2項**の解説を参照されたい。

【多心型電線】（省令第6条，第21条，第57条第1項，第2項）

第6条　多心型電線は，次の各号に適合する性能を有するものを使用すること。

一　通常の使用状態における温度に耐えること。

二　構造は，絶縁物で被覆した導体を絶縁物で被覆していない導体の周囲にらせん状に巻き付けた電線であること。

三　絶縁体の厚さは，別表第4に規定する値を標準値とし，その平均値が標準値の90%以上，その最小値が標準値の80%以上であること。

四　完成品は，次に適合するものであること。

イ　絶縁物で被覆した導体相互間及び絶縁物で被覆した導体と絶縁物で被覆していない導体との間に，3,500V（導体の断面積が300mm^{2}以下のものにあっては，3,000V）の交流電圧を連続して1分間加えたとき，これに耐える性能を有すること。

ロ　イの試験の後において，絶縁物で被覆した導体と絶縁物で被覆していない導体との間に，100Vの直流電圧を1分間加えた後に測定した絶縁体の絶縁抵抗が，別表第6に規定する値以上であること。

2　第1項各号に規定する性能を満足する，多心型電線の規格は，第3条及び次の各号のとおりとする。

一　構造は，絶縁物で被覆した導体を絶縁物で被覆していない導体の周囲に，絶縁物で被覆した導体の外径の80倍以下のピッチでらせん状に巻き付けたものであること。

二　絶縁物で被覆した導体は，次に適合するものであること。

イ　導体は，次のいずれかであること。

（イ）　別表第1に規定する硬銅線又はこれを素線としたより線（絶縁体にエチレンプロピレンゴム混合物を使用するものにあっては，すず若しくは鉛又はこれらの合金のめっきを施したものに限る。）

（ロ）　別表第2に規定する硬アルミ線若しくは半硬アルミ線又はこれらを素線としたより線

ロ　絶縁体は，次に適合するものであること。

（イ） 材料は，ビニル混合物，ポリエチレン混合物又はエチレンプロピレンゴム混合物であって，電気用品の技術上の基準を定める省令の解釈別表第一附表第十四に規定する試験を行ったとき，これに適合するものであること。

（ロ） 厚さは，別表第4に規定する値を標準値とし，その平均値が標準値の90%以上，その最小値が標準値の80%以上であること。

三　絶縁物で被覆していない導体は，次のいずれかであること。

イ　別表第1に規定する硬銅線又はこれを素線としたより線

ロ　内側は別表第3に規定する鋼線，かつ，外側は別表第2に規定する硬アルミ線であるより線

四　完成品は，次に適合するものであること。

イ　絶縁物で被覆した導体相互間及び絶縁物で被覆した導体と絶縁物で被覆していない導体との間に，3,500V（導体の断面積が300mm^{2}以下のものにあっては，3,000V）の交流電圧を連続して1分間加えたとき，これに耐える性能を有すること。

ロ　イの試験の後において，絶縁物で被覆した導体と絶縁物で被覆していない導体との間に，100Vの直流電圧を1分間加えた後に測定した絶縁体の絶縁抵抗が，別表第7に規定する値以上であること。

〔解　説〕 本条は，多心型電線に求められる性能及び具体的な規格を示している。規格については，**本条第2項**と同時に，**第3条**も満足する必要がある。

多心型電線は，300V以下の低圧架空電線のみにその使用が認められ，裸導体の用途は，B種接地工事を施した中性線若しくは接地線，又はD種接地工事を施したちょう架用線に限定されている（**→第65条第1項**）。また，電気用品安全法においては，絶縁物で被覆した導体は絶縁電線としての適用を受けることになる。

【コード】（省令第57条第1項）

第7条　コードは，電気用品安全法の適用を受けるものであること。

〔解　説〕 電気用品安全法の対象となるコードは，定格電圧が100V以上600V以下のものに限られる。現在一般に使用されているコードには，ゴムコード（単心，より合せ，袋打ち，丸打ち），ビニルコード（単心，より合せ），ゴムキャブタイヤコード，ビニルキャブタイヤコード，金糸コードなどがある。

なお，単心コードを何本かより合せて多心コード同様の使い方をすることは禁止されていない。

H20解釈において，この解釈で規定されるコードとして，耐燃性ポリオレフィンコード及び耐燃性ポリオレフィンキャブタイヤコードを追加した。これらのコードは，外装

及び絶縁体の材料に鉛やハロゲン元素等を含まず，環境に配慮したものである。耐燃性ポリオレフィンコードは，ビニルコードと，耐燃性ポリオレフィンキャブタイヤコードは，ビニルキャブタイヤコードと，それぞれ同等の性能を有するものと位置づけている。

コードのうち，ビニルコード，耐燃性ポリオレフィンコード，ビニルキャブタイヤコード及び耐燃性ポリオレフィンキャブタイヤコードは放電灯，ラジオ受信機，扇風機，電気バリカン，電気スタンド等の電気を熱として利用しない電気機械器具及び比較的温度の低い保温用電熱器（電熱器と移動電線との接続部の温度が80℃以下であって，かつ，電熱器の外面の温度が100℃を超えるおそれがないものに限る。），電気温水そう等に使用することとし，電球線及び高温で使用する電熱器類には使用しないこととしている（→第170条，第171条）。なお，金糸コードは，電気ひげそり，電気バリカン等の軽小な電気機械器具に限り使用することができる（→第171条第1項第三号イ）。

コードの太さは，金糸コードを除き，断面積0.75mm^{2}以上としている（→第171条，第172条第1項）。

【キャブタイヤケーブル】（省令第5条第2項，第6条，第21条，第57条第1項）

第8条　キャブタイヤケーブルは，電気用品安全法の適用を受けるもの又は次の各号に適合する性能を有するものを使用すること。

一　通常の使用状態における温度に耐えること。

二　構造は，絶縁物で被覆した上に外装で保護した電気導体であること。また，高圧用のキャブタイヤケーブルにあっては単心のものは線心の上に，多心のものは線心をまとめたもの又は各線心の上に，金属製の電気遮へい層を設けたものであること。

三　低圧用キャブタイヤケーブルの絶縁体の厚さは，8-1表に規定する値を標準値とし，その平均値が標準値の90%以上，その最小値が標準値の80%以上であること。

8-1表

導体の公称断面積 (mm²)	絶縁体の厚さ (mm)				
	ビニル混合物の場合	ポリエチレン混合物，ポリオレフィン混合物又はエチレンプロピレンゴム混合物の場合		天然ゴム混合物又はブチルゴム混合物の場合	
		ビニルキャブタイヤケーブル，耐燃性ポリオレフィンキャブタイヤケーブル，2種クロロプレンキャブタイヤケーブル，2種クロロスルホン化ポリエチレンキャブタイヤケーブル又は2種耐燃性エチレンゴムキャブタイヤケーブル	3種クロロプレンキャブタイヤケーブル，3種クロロスルホン化ポリエチレンキャブタイヤケーブル，3種耐燃性エチレンゴムキャブタイヤーケーブル，4種クロロプレンキャブタイヤケーブル又は4種クロロスルホン化キャブタイヤケーブル	ビニルキャブタイヤケーブル，2種クロロプレンキャブタイヤケーブル又はクロロスルホン化ポリエチレンキャブタイヤケーブル	3種クロロプレンキャブタイヤケーブル，3種クロロスルホン化ポリエチレンキャブタイヤケーブル，4種クロロプレンキャブタイヤケーブル又は4種クロロスルホン化ポリエチレンキャブタイヤケーブル
0.75 以上　3.5 以下	0.8	0.8	1.2	1.1	1.4
3.5 を超え 5.5 以下	1.0	1.0	1.2	1.1	1.4
5.5 を超え　8 以下	1.2	1.0	1.2	1.1	1.4
8 を超え 14 以下	1.4	1.0	1.2	1.4	1.4
14 を超え 22 以下	1.6	1.2	1.6	1.4	1.8
22 を超え 30 以下	1.6	1.2	1.6	1.8	1.8
30 を超え 38 以下	1.8	1.2	1.6	1.8	1.8
38 を超え 60 以下	1.8	1.5	2.1	1.8	2.3
60 を超え 100 以下	2.0	2.0	2.1	2.3	2.3
100 を超え 150 以下	2.2	2.0	2.7	2.3	2.9
150 を超え 250 以下	2.4	2.5	3.3	2.9	3.5
250 を超え 400 以下	2.6	2.5	3.3	2.9	3.5
400 を超え 500 以下	2.8	3.0	3.8	3.5	4.0

四　外装は，次に適合するものであること。

イ　8-2表の左欄に掲げるキャブタイヤケーブルの種類に応じ，それぞれ同表の中欄に掲げる材料であって，電気用品の技術上の基準を定める省令の解釈別表第一附表第十四に規定する試験を行ったとき，これに適合するものを同表の右欄に規定する値以上の厚さに設けたもの又はこれと同等以上の機械的強度を有するものであること。

8-2表

<table>
<tr><th colspan="2">キャブタイヤケーブルの種類</th><th>材料</th><th>外装の厚さ（mm）</th></tr>
<tr><td rowspan="5">低圧用</td><td>ビニルキャブタイヤケーブル</td><td>ビニル混合物</td><td rowspan="3">$\frac{D}{15}+1.3$</td></tr>
<tr><td>耐燃性ポリオレフィンキャブタイヤケーブル</td><td>耐燃性ポリオレフィン混合物</td></tr>
<tr><td>2種キャブタイヤケーブル</td><td rowspan="3">クロロプレンゴム混合物</td></tr>
<tr><td>3種キャブタイヤケーブル</td><td>$\frac{D}{15}+2.2$</td></tr>
<tr><td>4種キャブタイヤケーブル</td><td>$\frac{D}{15}+2.6$</td></tr>
<tr><td rowspan="2">高圧用</td><td>2種キャブタイヤケーブル</td><td rowspan="2">クロロプレンゴム混合物</td><td>$\frac{D}{15}+2.2$</td></tr>
<tr><td>3種キャブタイヤケーブル</td><td>$\frac{D}{15}+2.7$</td></tr>
</table>

（備考）
1. Dは，丸形のものにあっては外装の内径，その他のものにあっては外装の内短径と内長径の和を2で除した値（単位：mm）
2. 外装の厚さは，小数点第2位以下を四捨五入した値

ロ　3種キャブタイヤケーブル，4種キャブタイヤケーブルの外装にあっては，中間に厚さ1mm以上の綿帆布テープ又はこれと同等以上の強度を有する補強層を設けたものであること。

五　完成品は，次に適合するものであること。

イ　8-3表に規定する試験方法で，8-4表に規定する交流電圧を加えたとき，これに耐える性能を有すること。

8-3表

<table>
<tr><th colspan="2">キャブタイヤケーブルの種類</th><th>試験方法</th></tr>
<tr><td rowspan="2">低圧用</td><td>単心のもの</td><td>清水中に1時間浸した後，導体と大地との間に交流電圧を連続して1分間加える。</td></tr>
<tr><td>多心のもの</td><td>清水中に1時間浸した後，導体相互間及び導体と大地との間に交流電圧を連続して1分間加える。</td></tr>
<tr><td rowspan="2">高圧用</td><td>単心のもの</td><td>導体と遮へいとの間に交流電圧を連続して10分間加える。</td></tr>
<tr><td>多心のもの</td><td>導体相互間及び導体と遮へいとの間に交流電圧を連続して10分間加える。</td></tr>
</table>

8-4表

<table>
<tr><th colspan="2">キャブタイヤケーブルの種類</th><th>交流電圧（V）</th></tr>
<tr><td colspan="2">低圧用</td><td>3,000</td></tr>
<tr><td rowspan="3">高圧用</td><td>使用電圧が1,500V以下のもの</td><td>5,500</td></tr>
<tr><td>使用電圧が1,500Vを超え3,500V以下のもの</td><td>9,000</td></tr>
<tr><td>使用電圧が3,500Vを超えるもの</td><td>17,000</td></tr>
</table>

ロ　イの試験の後において，導体と大地との間に100Vの直流電圧を1分間加えた後に測定した絶縁体の絶縁抵抗が，別表第6に規定する値以上であること。

ハ　電気用品の技術上の基準を定める省令の解釈別表第一1（7）への規定に適合すること。

2　第1項各号に規定する性能を満足するキャブタイヤケーブルの規格は，第3条及び次の各号のとおりとする。

一　導体は，別表第1に規定する軟銅線であって，直径が1mm以下のものを素線としたより線（絶縁体に天然ゴム混合物，ブチルゴム混合物又はエチレンプロピレンゴム混合物を使用するものにあっては，すず若しくは鉛又はこれらの合金のめっきを施したものに限る。）であること。

二　絶縁体は，次に適合するものであること。

イ　材料は，8-5表に規定するものであって，電気用品の技術上の基準を定める省令の解釈別表第一附表第十四に規定する試験を行ったとき，これに適合するものであること。

8-5表

<table>
<tr><th colspan="3">キャブタイヤケーブルの種類</th><th>材料</th></tr>
<tr><td rowspan="2">低圧用</td><td colspan="2">ビニルキャブタイヤケーブル</td><td>ビニル混合物，ポリエチレン混合物，天然ゴム混合物，ブチルゴム混合物又はエチレンプロピレンゴム混合物</td></tr>
<tr><td colspan="2">耐燃性ポリオレフィンキャブタイヤケーブル</td><td>ポリオレフィン混合物</td></tr>
<tr><td rowspan="8">低圧用</td><td>2種</td><td rowspan="3">クロロプレンキャブタイヤケーブル</td><td rowspan="8">天然ゴム混合物，ブチルゴム混合物又はエチレンプロピレンゴム混合物</td></tr>
<tr><td>3種</td></tr>
<tr><td>4種</td></tr>
<tr><td>2種</td><td rowspan="3">クロロスルホン化ポリエチレンキャブタイヤケーブル</td></tr>
<tr><td>3種</td></tr>
<tr><td>4種</td></tr>
<tr><td>2種</td><td rowspan="2">耐燃性エチレンゴムキャブタイヤケーブル</td></tr>
<tr><td>3種</td></tr>
<tr><td rowspan="4">高圧用</td><td>2種</td><td rowspan="2">クロロプレンキャブタイヤケーブル</td><td rowspan="4">ブチルゴム混合物又はエチレンプロピレンゴム混合物</td></tr>
<tr><td>3種</td></tr>
<tr><td>2種</td><td rowspan="2">クロロスルホン化ポリエチレンキャブタイヤケーブル</td></tr>
<tr><td>3種</td></tr>
</table>

ロ　厚さは，低圧用のキャブタイヤケーブルにあっては8-1表，高圧用のキャブタイヤケーブルにあっては8-6表に規定する値（導体に接する部分に半導電層を設ける場合は，その厚さを減じた値）を標準値とし，その平均値が標準値の90%以上，その最小値が標準値の80%以上であること。

8-6表

使用電圧の区分（V）	導体の公称断面積（mm^2）	絶縁体の厚さ（mm）	
		ブチルゴム混合物の場合	エチレンプロピレンゴム混合物の場合
1,500以下	14以上38以下	3.0	2.5
	38を超え150以下	3.5	3.0
	150を超え325以下	4.0	3.5
1,500を超え3,500以下	14以上38以下	3.5	3.0
	38を超え150以下	4.0	3.5
	150を超え325以下	4.5	4.0
3,500超過	14以上150以下	6.0	5.0
	150を超え325以下	6.5	5.5

三　高圧用のキャブタイヤケーブルの遮へいは，次に適合するものであること。ただし，使用電圧が1,500V以下の場合において，線心の上に半導電層を設け，かつ，直径2mmの軟銅線又はこれと同等以上の強さ及び太さの導体をその半導電層に接して設けたものは，この限りでない。

イ　2種クロロプレンキャブタイヤケーブル又は2種クロロスルホン化ポリエチレンキャブタイヤケーブルにあっては，単心のものは線心の上に，多心のものは線心をまとめたもの又は各線心の上に，すず若しくは鉛若しくはこれらの合金のめっきを施した厚さ0.1mmの軟銅テープ又はこれと同等以上の強度を有するすず若しくは鉛若しくはこれらの合金のめっきを施した軟銅線の編組，金属テープ若しくは被覆状の金属体を設けたものであること。

ロ　3種クロロプレンキャブタイヤケーブル又は3種クロロスルホン化ポリエチレンキャブタイヤケーブルにあっては，単心のものは線心の上に，多心のものは各線心の上に，半導電層を設け，更にその上にすず若しくは鉛若しくはこれらの合金のめっきを施した厚さ0.1mmの軟銅テープ又はこれと同等以上の強度を有するすず若しくは鉛若しくはこれらの合金のめっきを施した軟銅線の編組，金属テープ若しくは被覆状の金属体を設けたものであること。

四　外装は，次に適合するものであること。

イ　材料は，8-7表に規定するものであって，電気用品の技術上の基準を定める省令の解釈別表第一附表第十四に規定する試験を行ったとき，これに適合するものであること。

8-7表

キャブタイヤケーブルの種類			材料
低圧用	ビニルキャブタイヤケーブル		ビニル混合物
	耐燃性ポリオレフィンキャブタイヤケーブル		耐燃性ポリオレフィン混合物
	2種	クロロプレンキャブタイヤケーブル	クロロプレンゴム混合物
	3種		
	4種		
	2種	クロロスルホン化ポリエチレンキャブタイヤケーブル	クロロスルホン化ポリエチレンゴム混合物
	3種		
	4種		
	2種	耐燃性エチレンゴムキャブタイヤケーブル	耐燃性エチレンゴム混合物
	3種		
高圧用のキャブタイヤケーブル			クロロプレンゴム混合物又はクロロスルホン化ポリエチレンゴム混合物

ロ　厚さは，別表第8に規定する値を標準値とし，その平均値が標準値の90％以上，その最小値が標準値の85％以上であること。

ハ　3種クロロプレンキャブタイヤケーブル，3種クロロスルホン化ポリエチレンキャブタイヤケーブル，3種耐燃性エチレンゴムキャブタイヤケーブル，4種クロロプレンキャブタイヤケーブル又は4種クロロスルホン化ポリエチレンキャブタイヤケーブルの外装にあっては，中間に厚さ1mm以上の綿帆布テープ又はこれと同等以上の強度を有する補強層を設けたものであること。

五　4種クロロプレンキャブタイヤケーブル又は4種クロロスルホン化ポリエチレンキャブタイヤケーブルのうち多心のものにあっては，次の計算式により計算した値以上の厚さのゴム座床を各線心の間に設けたものであること。

$$t=\frac{d}{10}+1.4$$

t は，ゴム座床の厚さ（単位：mm。小数点二位以下は切り上げる。）

d は，線心の外径（単位：mm）

六　完成品は，次に適合するものであること。

イ　8-3表に規定する試験方法で，8-4表に規定する交流電圧を加えたとき，これに耐える性能を有すること。

ロ　イの試験の後において，導体と大地との間に100Vの直流電圧を1分間加えた後に測定した絶縁体の絶縁抵抗が，別表第7に規定する値以上であること。

ハ　電気用品の技術上の基準を定める省令の解釈別表第一1（7）への規定に適合すること。

〔解　説〕 本条は，キャブタイヤケーブルに求められる性能及び具体的な規格を示している。規格については，**本条第2項**と同時に，**第3条**も満足する必要がある。電気用品安全法との関係は，**第5条解説**に示したとおりである。

キャブタイヤケーブルは，主として鉱山，工場，農場等で使用される移動用電気機器及びこれに類する用途に使用される機械器具に接続されるもので，耐摩耗性，耐衝撃性，耐屈曲性に優れており，また，耐水性を有している。低圧用のキャブタイヤケーブルの種類は，外装の絶縁物の種類によって次の4種類があり，多心のものについては，その構造によって1種から4種までに分類される。（→解説8.1図）。

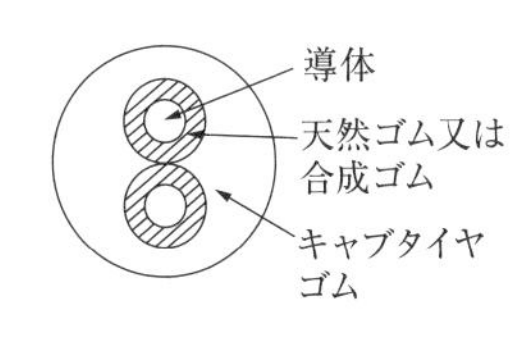

2種キャブタイヤケーブル

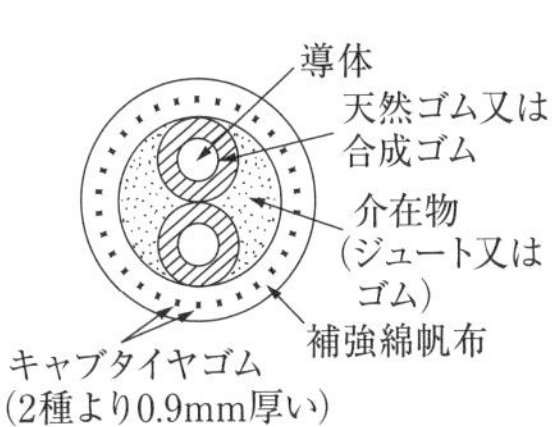

3種キャブタイヤケーブル

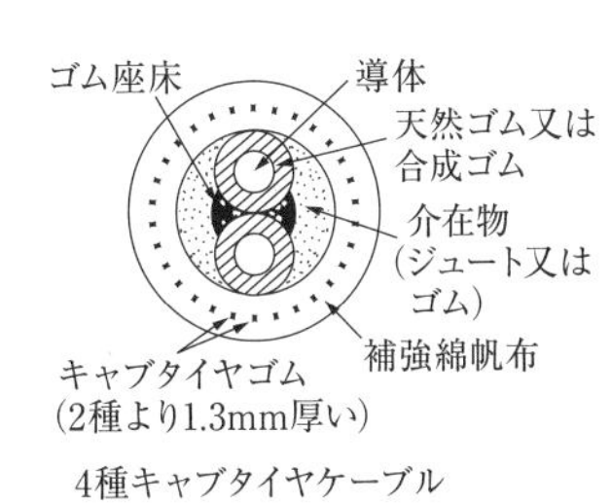

4種キャブタイヤケーブル

解説8.1図

a. キャブタイヤケーブル（電気用品安全法の適用範囲のものに限られており，外装が天然ゴム混合物のもので，1種から4種までである。）

b. クロロプレンキャブタイヤケーブル（外装がクロロプレンゴム混合物のもので，2種から4種までである。）

c. クロロスルホン化ポリエチレンキャブタイヤケーブル（外装がクロロスルホン化ポリエチレンゴム混合物のものであり，2種から4種までのものがある。）

d. 耐燃性エチレンゴムキャブタイヤケーブル（外装が耐燃性エチレンゴム混合物のもので，2種及び3種がある。）

e. ビニルキャブタイヤケーブル（外装がビニル混合物のもの）

f. 耐燃性ポリオレフィンキャブタイヤケーブル（外装が耐燃性ポリオレフィン混合物のもの）

このうち，1種キャブタイヤケーブルは，コードに準ずる程度の性能であって，軽易な用途に使用されるが，この解釈では屋外及び屋側の移動電線として1種キャブタイヤケーブルを使用することは認めていない。

2種キャブタイヤケーブル及び2種クロロプレンキャブタイヤケーブルは，1種と同一構造でキャブタイヤゴム質がよいものである。ビニルキャブタイヤケーブルは，2種キャブタイヤケーブルと同格の扱いであるが，同時にビニルコードと同一の使用上の制限を受ける。

3種キャブタイヤケーブル及び3種クロロプレンキャブタイヤケーブルは，キャブタイヤゴム被覆中に綿帆布補強のある丈夫なものであり，4種キャブタイヤケーブル及び

第1章 総則

4種クロロプレンキャブタイヤケーブルは，キャブタイヤゴム被覆中に綿布補強があり，さらに線心間にもゴム座床のあるきわめて丈夫なものである。そのため，水上電線路や坑道内の配線等，特に機械的強度の要求されるところに使用するキャブタイヤケーブルは，3種及び4種に限られている（→第127条，第179条）。

クロロスルホン化ポリエチレンキャブタイヤケーブルは，クロロプレンキャブタイヤケーブルとほぼ同様の性状を有するものであるが，更にこれに比べて特に耐熱性に優れるものであり，その種類には，2種，3種及び4種がある。

耐燃性エチレンゴムキャブタイヤケーブル及び耐燃性ポリオレフィンキャブタイヤケーブルは，H20解釈で新たに追加したものである。一般にEM（エコマテリアル）キャブタイヤケーブルと呼ばれており，環境に配慮し，外装及び絶縁体の材料に鉛やハロゲン元素等を含有していない電線である。耐燃性エチレンゴムキャブタイヤケーブルは，クロロプレンキャブタイヤケーブルと，耐燃性ポリオレフィンキャブタイヤケーブルは，ビニルキャブタイヤケーブルと，それぞれ同等の性能を有するものと位置づけている。

高圧用のキャブタイヤケーブルの線心構造は，解説8.1図のような2種と3種の構造のものとなる。低圧用の4種クロロプレンキャブタイヤケーブルのように線心間にゴム座床を設けたものであっても，本条の規格に適合すれば使用することができる。

高圧用の3種クロロプレンキャブタイヤケーブルは，一般に鉱山の電気パワーショベルや大型の走行クレーンなどの電源用として使用され，その使用状態が過酷であることから，線心の絶縁体はブチルゴム混合物又はエチレンプロピレンゴム混合物に限られ，各線心の絶縁体の上には半導電層を設け，更にその上に軟銅テープ又は軟銅線編組を巻き，線間短絡が生じないような構造をしている。外装は耐候性，耐オゾン性，機械的強度等に優れたクロロプレンゴム混合物又はクロロスルホン化ポリエチレンゴム混合物に限られ，その構造は低圧用の3種クロロプレンキャブタイヤケーブルと同様に，キャブタイヤゴム被覆中に綿帆布補強層のあるものである。高電圧になると，静電誘導により人体に危険を及ぼすので，これを防止するため，更にケーブル内の電圧を一様にして絶縁物の劣化を防止するため，遮へい層を設ける必要がある。

S47基準では，外装の厚さを全面的に改正した。これは従来の使用実績と保安上の全体的なバランスを考慮したとき，キャブタイヤケーブルの線心が太くなるに従ってその外装の厚さが極度に厚くなり，その可とう性が損なわれること，ガントリークレーンなどで太いものが使用されるようになったことを背景として，線心の直径が大きいものは，外装の厚さを薄くした。一方，線心の直径が小さいものは，その使用条件の過酷さを加味して，ケーブルに比べて強化した。

なお，S47基準では，鉱山などで使用実績の多い1,000V級の高圧用キャブタイヤケーブルの規格を設けた。すなわち，使用電圧が1,500V以下のものに限り遮へいについて接地線兼用の構造のものを認め，さらに絶縁体及び外装の厚さ，試験電圧なども区別した。

第１項各号では，キャブタイヤケーブルのうち，電気用品安全法の適用を受けるキャブタイヤケーブルの範囲に入らないもの，すなわち定格電圧が100V未満のもの，600Vを超えるもの，導体の公称断面積が$100mm^2$を超えるもの及び線心数が７本を超えるものについて定めている。

第一号は，**第５条第１項第一号**と同様の趣旨で，電線の熱的性能を定めている。

第二号，**第三号**は，キャブタイヤケーブルの基本構造を定めている。

第四号では，まず**イ**で，その外装の強度により，ビニルキャブタイヤ，耐燃性ポリオレフィンキャブタイヤ，２種，３種，４種の種類分けをしている。外装の強度は，「これと同等以上の機械的強度を有するもの」と規定しているとおり，機械的強度性能を示したものであり特定の材料種に限定するものではない。**ロ**では，３種及び４種キャブタイヤケーブルには外装中間に補強層を設けることを規定しているが，この補強層についても厚さ1mm以上の綿帆布を基準とした強度性能を示したものである。

第五号は，**イ**及び**ロ**で完成品の絶縁性能を，**ハ**でキャブタイヤケーブル特有の性能として外装の耐摩耗性能をそれぞれ示している。

第２項は，**第１項**に示すキャブタイヤケーブルの性能を満足する規格規定である。**本項各号**のほか，同時に**第３条**も満足する必要がある。

【低圧ケーブル】（省令第６条，第21条，第57条第１項）

第９条　使用電圧が低圧の電路（電気機械器具内の電路を除く。）の電線に使用するケーブルには，電気用品安全法の適用を受けるもの，次の各号に適合する性能を有する低圧ケーブル，第３項各号に適合する性能を有するMIケーブル，第５項に規定する有線テレビジョン用給電兼用同軸ケーブル，又はこれらのケーブルに保護被覆を施したものを使用すること。ただし，第172条第３項の規定によりエレベータ用ケーブルを使用する場合，同条第４項の規定により船用ケーブルを使用する場合，第181条若しくは第182条第四号イの規定により通信用ケーブルを使用する場合，第190条第１項第四号イの規定により溶接用ケーブルを使用する場合又は第195条第１項第三号の規定により発熱線接続用ケーブルを使用する場合は，この限りでない。

一　通常の使用状態における温度に耐えること。

二　構造は，絶縁物で被覆した上を外装で保護した電気導体であること。ただし，第127条第２項の規定により施設する低圧水底電線路に使用するケーブルは，外装を有しないものとすることができる。

三　絶縁体の厚さは，別表第４に規定する値を標準値とし，その平均値が標準値の90%以上，その最小値が標準値の80%以上であること。

四　完成品は，次に適合するものであること。

イ　9-1表に規定する試験方法で，9-2表に規定する交流電圧を連続して１分間加えたとき，これに耐える性能を有すること。

9-1表

ケーブルの種類		試験方法
水底ケーブル以外の金属外装ケーブル	単心のもの	導体と金属外装との間に交流電圧を加える。
	多心のもの	導体相互間及び導体と金属外装との間に交流電圧を加える。
その他のケーブル	単心のもの	清水中に1時間浸した後，導体と大地との間に交流電圧を加える。
	多心のもの	清水中に1時間浸した後，導体相互間及び導体と大地との間に交流電圧を加える。

9-2表

導体		交流電圧（V）
成形単線及びより線（公称断面積 mm^2）	単線（直径 mm）	
8以下	3.2以下	1,500
8を超え　30以下	3.2を超え5以下	2,000
30を超え　80以下	−	2,500
80を超え　400以下	−	3,000
400超過	−	3,500

ロ　イの試験の後において，水底ケーブル以外の金属外装ケーブルにあっては導体と外装の間，その他のケーブルにあっては導体と大地との間に，100Vの直流電圧を1分間加えた後に測定した絶縁体の絶縁抵抗が，別表第6に規定する値以上であること。

2　第1項各号に規定する性能を満足する鉛被ケーブル，アルミ被ケーブル，クロロプレン外装ケーブル，ビニル外装ケーブル又はポリエチレン外装ケーブルの規格は，第3条及び次の各号のとおりとする。

一　導体は，次のいずれかであること。

イ　別表第1に規定する軟銅線又はこれを素線としたより線（絶縁体に天然ゴム混合物，ブチルゴム混合物又はエチレンプロピレンゴム混合物を使用するものにあっては，すず若しくは鉛又はこれらの合金のめっきを施したものに限る。）

ロ　別表第2に規定するアルミ線若しくはこれを素線としたより線又はアルミ成形単線（引張強さが $59N/mm^2$ 以上 $98N/mm^2$ 未満，伸びが20%以上，導電率が61%以上のものに限る。）

ハ　内側は別表第3に規定する鋼線，かつ，外側は別表第2に規定するアルミ線であるより線

二　絶縁体は，次に適合するものであること。

イ　材料は，ビニル混合物，ポリエチレン混合物，天然ゴム混合物，ブチルゴム混合物，エチレンプロピレンゴム混合物又はふっ素樹脂混合物であって，電気用品の技術上の基準を定める省令の解釈別表第一附表第十四に規定する試験を行った

とき，これに適合するものであること。

ロ　厚さは，別表第4に規定する値を標準値とし，その平均値が標準値の90%以上，その最小値が標準値の80%以上であること。

三　外装は，次に適合するものであること。

イ　材料は，9-3表の左欄に掲げるケーブルの種類に応じ，それぞれ同表の右欄に掲げるものであって，ビニル混合物，ポリエチレン混合物又はクロロプレンゴム混合物にあっては，電気用品の技術上の基準を定める省令の解釈別表第一附表第十四に規定する試験を行ったとき，これに適合するものであること。

9-3表

ケーブルの種類	材料
鉛被ケーブル	純度が99.5%以上の鉛
アルミ被ケーブル	純度が99.5%以上のアルミニウム
ビニル外装ケーブル	ビニル混合物
ポリエチレン外装ケーブル	ポリエチレン混合物
クロロプレン外装ケーブル	クロロプレンゴム混合物

ロ　厚さは，別表第8に規定する値（クロロプレン外装ケーブルの外装の上にゴム引き帆布を厚さ1mm以上に重ね巻きするときは，同表に規定する値から0.5mmを減じた値）を標準値とし，その平均値が標準値の90%以上，その最小値が標準値の85%以上であること。

四　完成品は，次に適合するものであること。

イ　9-1表に規定する試験方法で，9-2表に規定する交流電圧を連続して1分間加えたとき，これに耐える性能を有すること。

ロ　イの試験の後において，鉛被ケーブル又はアルミ被ケーブルにあっては導体と鉛被又はアルミ被との間に，ビニル外装ケーブル，ポリエチレン外装ケーブル又はクロロプレン外装ケーブルにあっては導体と大地との間に，100Vの直流電圧を1分間加えた後に測定した絶縁体の絶縁抵抗が，別表第7に規定する値以上であること。

ハ　鉛被ケーブル又はアルミ被ケーブルにあっては，室温において，外装の外径の20倍の直径を有する円筒のまわりに180度屈曲させた後，直線状に戻し，次に反対方向に180度屈曲させた後，直線状に戻す操作を3回繰り返したとき，外装にひび，割れその他の異状を生じないこと。

3　MIケーブルは，次の各号に適合する性能を有するものであること。

一　通常の使用状態における温度に耐えること。

二　構造は，導体相互間及び導体と銅管との間に粉末状の酸化マグネシウムその他の絶縁性のある無機物を充てんし，これを圧延した後，焼鈍したものであること。

三　絶縁体の厚さは，9-4表に規定する値を標準値とし，その平均値が標準値の90%

以上，その最小値が標準値の80%以上であること。

9-4表

導体の公称断面積 (mm^2)	絶縁体の厚さ (mm)		
	使用電圧が300V以下のもの		使用電圧が300Vを超えるもの
	単心又は2心のもの	3心以上7心以下のもの	
1.0以上　2.5以下	0.65	0.75	1.3
2.5を超え4.0以下	0.65	−	1.3
4.0を超え150以下	−	−	1.3

四　完成品は，次に適合するものであること。

イ　空気中において，単心のものにあっては導体と銅管との間に，多心のものにあっては導体相互間及び導体と銅管との間に，9-5表に規定する交流電圧を連続して1分間加えたとき，これに耐える性能を有すること。

9-5表

使用電圧の区分	外装の区分	交流電圧
300V以下	外装に防食層を施すもの	1,000V
	その他のもの	1,500V
300V超過	外装に防食層を施すもの	1,500V
	その他のもの	2,500V

ロ　イの試験の後において，導体と銅管との間に100Vの直流電圧を1分間加えた後に測定した絶縁体の絶縁抵抗が，別表第6に規定する値以上であること。

ハ　室温において，銅管の外径の12倍の直径を有する円筒のまわりに180度屈曲させた後，直線状に戻し，次に反対方向に180度屈曲させた後，直線状に戻す操作を2回繰り返す。さらに，端末部に防湿処理を施し，当該円筒のまわりに180度曲げた状態で清水中に1時間浸した後，単心のものにあっては導体と銅管との間に，多心のものにあっては導体相互間及び導体と銅管との間に，使用電圧が300V以下のものにあっては750V，使用電圧が300Vを超えるものにあっては1,250Vの交流電圧を連続して1分間加えたとき，これに耐える性能を有すること。

ニ　銅管の外径の2/3まで偏平にしたとき，銅管に裂け目を生じず，さらに，端末部に防湿処理を施し，清水中に1時間浸した後，単心のものにあっては導体と銅管との間に，多心のものにあっては導体相互間及び導体と銅管との間に，使用電圧が300V以下のものにあっては750V，使用電圧が300Vを超えるものにあっては1,250Vの交流電圧を連続して1分間加えたとき，これに耐える性能を有すること。

4　前項各号に規定する性能を満足するMIケーブルの規格は，第3条及び次の各号のとおりとする。

一　構造は，導体相互間及び導体と銅管との間に粉末状の酸化マグネシウムその他の絶縁性のある無機物を充てんし，これを圧延した後，焼鈍したものであること。

二　完成品における導体相互間及び導体と銅管との間の絶縁体の厚さは，9-4表に規定する値を標準値とし，その平均値が標準値の90% 以上，その最小値が標準値の80% 以上であること。

三　導体は，別表第1に規定する銅線であること。

四　銅管は，次に適合するものであること。

イ　民間規格評価機関として日本電気技術規格委員会が承認した規格である「銅及び銅合金の継目無管」の「適用」の欄に規定するものであること。

ロ　厚さは，別表第8に規定する値を標準値とし，その平均値が標準値の90% 以上，その最小値が標準値の85% 以上であること。

五　完成品は，次に適合するものであること。

イ　空気中において，単心のものにあっては導体と銅管との間に，多心のものにあっては導体相互間及び導体と銅管との間に，9-5表に規定する交流電圧を連続して1分間加えたとき，これに耐える性能を有すること。

ロ　イの試験の後において，導体と銅管との間に100V の直流電圧を1分間加えた後に測定した絶縁体の絶縁抵抗が，別表第7に規定する値以上であること。

ハ　第3項第四号ハ及びニの規定に適合すること。

5　有線テレビジョン用給電兼用同軸ケーブルは，次の各号に適合するものであること。

一　通常の使用状態における温度に耐えること。

二　外部導体は，接地すること。

三　使用電圧は，90V 以下であって，使用電流は，15A 以下であること。

四　絶縁性のある外装を有すること。

五　完成品は，民間規格評価機関として日本電気技術規格委員会が承認した規格である「CATV 用（給電兼用）アルミニウムパイプ形同軸ケーブル」の「適用」の欄に規定する要件に適合すること。

〔解　説〕 本条は，低圧ケーブルに求められる性能及び具体的な規格を示している。規格については，**本条第2項**，**第4項**と同時に，**第3条**も満足する必要がある。電気用品安全法との関係は，**第5条解説**に示したとおりである。

第1項は，低圧ケーブルには，電気用品安全法の適用を受けるもの，又は**本条**で示す性能を満足するものを使用することを規定している。また，これらのケーブルに保護被覆（ケーブルのがい装を保護するためのジュートや鋼帯がい装（鎧装）又は鉛被の防食のためのクロロプレン被覆などを指す。）を施したものも低圧ケーブルに含めている。ここで「がい装」とは，ケーブルを構成する「外装」ではなく，ケーブルの外装の上を覆う「鎧装」である。

電気用品安全法の適用を受ける低圧ケーブルとは，定格電圧が100V以上600V以下，導体公称断面積が$100mm^2$以下，線心数が7本以下のものであって，外装が合成ゴム又は合成樹脂のものである。有線テレビジョン用給電兼用同軸ケーブルは，定格電圧が100V未満であるため，電気用品安全法の適用を受けないケーブルである。

また，ただし書に示す，エレベータ用ケーブル（**→第172条第3項**），船用ケーブル（**→第172条第4項**），小勢力回路（**→第181条**）若しくは出退表示灯回路（**→第182条**）で使用する通信用ケーブル，溶接用ケーブル（**→第190条第2項**）又は発熱線接続用ケーブル（**→第195条**）については，特殊な用途のケーブルとしてそれぞれ別個の条文で示している場所に限って使用することとしているので，**本条**の対象外としている。

第一号は，**第5条第1項第一号**と同様の趣旨で，電線の熱的性能を定めている。

第二号は，低圧ケーブルの基本構造を示している。**ただし書**は，水底ケーブルの場合は外装を設けずに鉄線がい装で保護した構造のものがあるためである。

第三号は，絶縁体の厚さ（**→第5条第1項第三号解説**），**第四号**は，完成品の絶縁性能を示している。

第2項は，低圧ケーブルのうち一般的に使用される鉛被ケーブル，アルミ被ケーブル，クロロプレン外装ケーブル，ビニル外装ケーブル，ポリエチレン外装ケーブルについて，**第1項**に示す性能を満足するものの規格を示している。**本条**における導体のうちアルミ成形単線，絶縁抵抗等については，**第5条**の解説を参照されたい。

第3項は，MIケーブルの性能を示している。MIケーブルは，Mineral Insulation（無機絶縁）の頭文字からとった呼称で，この規格は英国規格（British Standard）を根拠とし，国内では日本電線工業会規格JCS第4316号（1995）に基づき製造されている。この中でBS規格の「Light Duty」の定格電圧600Vクラスのものを「使用電圧が300V以下の低圧用のMIケーブル」に，「Heavy Duty」の定格電圧1,000Vクラスのものを「使用電圧が300Vを超える低圧用のMIケーブル」に対応させている。このケーブルは，銅管の中にあらかじめ導体の銅線と絶縁物として粉末状の酸化マグネシウムその他絶縁性のある無機物を充てんしておいて，これを圧延したのち焼鈍して作るものである。この電線がはじめて製造されたのはかなり古く，主として船舶用に使われてきた（→解説9.1図）。

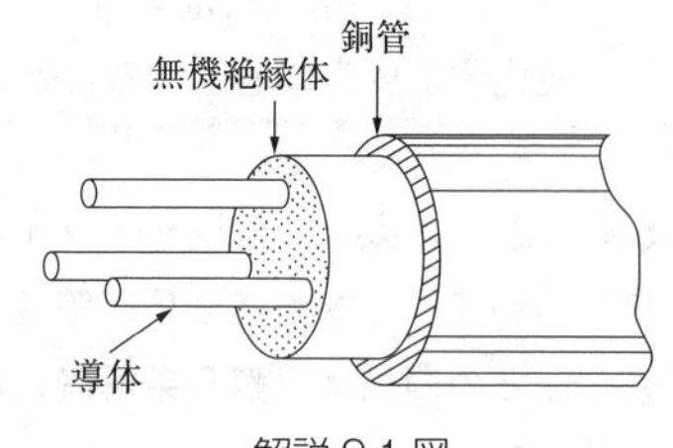

解説9.1図

このケーブルには，次のような優れた性質がある。

①可燃物を使用していないので燃えることがなく，耐火性である。したがって，短絡してもケーブルの破壊が被覆の外部に達しない。

②耐熱性に優れている。この電線に使用される導体及び被覆の銅の融点は1,083℃，酸化マグネシウムの融点は約2,800℃であって，耐熱性は著しく大きく，250℃まで

は連続使用が可能である（250℃を超えると，銅被覆の酸化剥離が始まる。）。瞬間的には，1,000℃まで使用することができる。

③機械的強度に富み，衝撃や変形に対して強い。かなり変形しても，内部の導体が相似形に変形して短絡しにくい。

④その他，被覆が銅管であるため耐水，耐油，耐湿，耐候性をもっている。また，無機絶縁物を使用しているので，経年劣化の点で非常に優れている。

以上のような諸特性により，船舶用電線のほか，精錬工場又は鋳物工場のような周囲温度の非常に高い所で使用される。また，ケーブル自体が火災の原因になることがないので火災発生を恐れる重要文化財のある場所などに使用されている。

第一号は，電線の熱的性能，**第二号**は，MI ケーブルを定義する無機物による絶縁構造，**第三号**は絶縁体の厚さをそれぞれ示している。**第四号**は，**イ**，**ロ**で完成品の絶縁性能を，**ハ**，**ニ**では，無機物絶縁であるため，更に機械的性能を規定している。

第4項は，**第3項**に示すMI ケーブルの性能を満足する規格規定である。なお，本解釈においては，JIS の引用に当たって，JIS に規定する内容を確認しており，引用することが妥当であると評価されたものを引用することとしている。R4 解釈より，民間規格評価機関として日本電気技術規格委員会に承認された規格リストと関連づけられ，当該機関の公開ページにて掲載されている。

第5項の有線テレビジョン用給電兼用同軸ケーブルは，定格電圧が100V 未満の電線で，高周波信号を重畳させるがこの解釈では通信上の特性は規定しない。外部導体に絶縁体をもたないため，**第二号**で外部導体を接地して用いるものとしている。外部導体に絶縁体がないが使用電圧90V 以下，使用電流15A 以下としたので，絶縁性のある外装を有するものであることが求められている。有線テレビジョン用給電兼用同軸ケーブルについては，R6 解釈より，民間規格評価機関として日本電気技術規格委員会に承認された規格リストと関連づけられ，当該機関の公開ページにて掲載されている（→解説9.2図）。

なお，**第181条**（小勢力回路の施設）に適合する場合は小勢力回路の電線として取り扱う。

解説9.2図

【高圧ケーブル】（省令第5条第2項，第6条，第21条，第57条第1項）

第10条　使用電圧が高圧の電路（電気機械器具内の電路を除く。）の電線に使用するケーブルには，次の各号に適合する性能を有する高圧ケーブル，第5項各号に適合する性能を有する複合ケーブル（弱電流電線を電力保安通信線に使用するものに限る。）又はこれらのケーブルに保護被覆を施したものを使用すること。ただし，第46条第1項ただし書の規定により太陽電池発電設備用直流ケーブルを使用する場合，第67条第一号ホの規定により半導電性外装ちょう架用高圧ケーブルを使用する場合，又は第188条第1項第三号ロの規定により飛行場標識灯用高圧ケーブルを使用する場合はこの限りでない。

一　通常の使用状態における温度に耐えること。

二　構造は，絶縁物で被覆した上を外装で保護した電気導体において，外装が金属である場合を除き，単心のものにあっては線心の上に，多心のものにあっては線心をまとめた上又は各線心の上に，金属製の電気的遮へい層を有するものであること。ただし，第127条第2項の規定により施設する高圧水底電線路に使用するケーブルは，外装及び金属製の電気的遮へい層を有しないものとすることができる。

三　完成品は，次に適合するものであること。

イ　10-1表に規定する試験方法で，使用電圧が3,500V以下のものにあっては9,000V，使用電圧が3,500Vを超えるものにあっては17,000Vの交流電圧を，連続して10分間加えたとき，これに耐える性能を有すること。

10-1表

ケーブルの種類		試験方法
水底ケーブル以外の金属外装ケーブル	単心のもの	導体と金属外装との間に交流電圧を加える。
	多心のもの	導体相互間及び導体と金属外装との間に交流電圧を加える。
水底ケーブル	単心のもの	清水中に1時間浸した後，導体と大地との間に交流電圧を加える。
	多心のもの	清水中に1時間浸した後，導体相互間及び導体と大地との間に交流電圧を加える。
上記以外のケーブル	単心のもの	導体と遮へいとの間に交流電圧を加える。
	多心のもの	導体相互間及び導体と遮へいとの間に交流電圧を加える。

ロ　イの試験の後において，金属外装ケーブルにあっては導体と外装の間，金属以外の外装のケーブルにあっては導体と遮へいとの間に，100Vの直流電圧を1分間加えた後に測定した絶縁体の絶縁抵抗が，別表第6に規定する値以上であること。

2　第1項各号に規定する性能を満足する，鉛被ケーブル及びアルミ被ケーブルのうち，絶縁体に絶縁紙を使用するものの規格は，第3条及び次の各号のとおりとする。

一　導体は，次のいずれかであること。

イ　別表第1に規定する軟銅線又はこれを素線としたより線

ロ　別表第2に規定する硬アルミ線，半硬アルミ線若しくは軟アルミ線又はこれらを素線としたより線

二　絶縁体は，次に適合するものであること。

イ　単心のものにあっては，10-2 表に規定する値以上の厚さに絶縁紙を巻き，湿気及びガスを排除し，絶縁コンパウンドを浸み込ませたものであること。

ロ　多心のものにあっては，10-2 表に規定する以上の厚さに絶縁紙を巻いた 3 本（使用電圧が 3,500V 以下のものにあっては，2 本又は 3 本）の線心を紙又はジュートその他の繊維質のものとともにより合せて円形に仕上げたものの上に，10-2 表に規定する値以上の厚さに絶縁紙を巻き，湿気及びガスを排除し，絶縁コンパウンドを浸み込ませたものであること。

ハ　厚さの許容差は，0.2mm であること。

10-2 表

線心の数	使用電圧（V）	公称断面積（mm^2）	絶縁紙の厚さ（mm）	
			導体相互間	導体外装間
単心	3,500 以下	1,000 以下	−	2.5
	3,500 超過	1,000 以下	−	3.0
2 心	3,500 以下	60 以下	3.0	2.0
3 心	3,500 以下	150 以下	3.0	2.0
		150 を超え 325 以下	3.0	2.3
	3,500 超過	325 以下	4.5	3.1

三　外装は，純度 99.5% 以上の鉛又はアルミニウムであって，10-3 表に規定する値を標準値とし，その平均値が標準値の 90% 以上，その最小値が標準値の 85% 以上の厚さのものであること。この場合において，鉛被の上に防腐性コンパウンドを浸み込ませたジュートを 10-3 表に規定する値以上に巻き付けたものにあっては，鉛被の厚さを 10-3 表に規定する値からそれぞれ 0.3mm を減じた値（1.3mm 未満となる場合は，1.3mm）以上とすることができる。

10-3 表

線心の数	使用電圧（V）	導体の公称断面積（mm^2）	外装の厚さ（mm）		ジュートの厚さ（mm）
			鉛	アルミニウム	
単心	3,500 以下	250 以下	1.6	1.2	1.5
		250 を超え　325 以下	1.7	1.2	
		325 を超え　400 以下	1.7	1.3	
		400 を超え　500 以下	1.8	1.3	
		500 を超え　600 以下	1.9	1.4	2.0
		600 を超え　800 以下	2.1	1.5	
		800 を超え 1,000 以下	2.1	1.6	

単心	3,500 超過	250 以下	1.6	1.2	1.5
		250 を超え 325 以下	1.7	1.2	
		325 を超え 400 以下	1.8	1.3	
		400 を超え 500 以下	1.9	1.3	
		500 を超え 600 以下	1.9	1.4	2.0
		600 を超え 800 以下	2.1	1.5	
		800 を超え 1,000 以下	2.2	1.6	
2 心	3,500V 以下	8 以下	1.3	0.9	1.5
		8 を超え 22 以下	1.3	1.0	
		22 を超え 50 以下	1.4	1.0	
		50 を超え 60 以下	1.4	1.1	
3 心	3,500 以下	22 以下	1.3	1.0	1.5
		22 を超え 38 以下	1.4	1.1	
		38 を超え 50 以下	1.5	1.1	
		50 を超え 60 以下	1.6	1.1	
		60 を超え 80 以下	1.7	1.2	
		80 を超え 100 以下	1.7	1.3	
		100 を超え 125 以下	1.8	1.3	
		125 を超え 150 以下	1.9	1.4	
		150 を超え 200 以下	2.0	1.5	2.0
		200 を超え 250 以下	2.1	1.5	
		250 を超え 325 以下	2.3	1.6	
	3,500 超過	22 以下	1.5	1.1	1.5
		22 を超え 38 以下	1.6	1.2	
		38 を超え 80 以下	1.7	1.2	
		80 を超え 100 以下	1.8	1.3	
		100 を超え 125 以下	1.9	1.4	2.0
		125 を超え 150 以下	2.0	1.4	
		150 を超え 200 以下	2.1	1.5	
		200 を超え 250 以下	2.2	1.6	
		250 を超え 325 以下	2.4	1.7	

四　完成品は，次に適合するものであること。

イ　10-1 表に規定する試験方法で，使用電圧が 3,500V 以下のものにあっては 9,000V，使用電圧が 3,500V を超えるものにあっては 17,000V の交流電圧を，連続して 10 分間加えたとき，これに耐える性能を有すること。

ロ　室温において，鉛被又はアルミ被の外径の 20 倍の直径を有する円筒のまわりに 180 度屈曲させた後，直線状に戻し，次に反対方向に 180 度屈曲させた後，直線状に戻す操作を 3 回繰り返したとき，鉛被又はアルミ被にひび，割れその他の異状を生じないこと。

3　第 1 項各号に規定する性能を満足する，鉛被ケーブル及びアルミ被ケーブルのうち前項に規定する以外のもの，並びにビニル外装ケーブル，ポリエチレン外装ケーブル及びクロロプレン外装ケーブルの規格は，第 3 条及び次の各号のとおりとする。

一　導体は，次のいずれかであること。

イ　別表第 1 に規定する軟銅線又はこれを素線としたより線（絶縁体に天然ゴム混合物，ブチルゴム混合物又はエチレンプロピレンゴム混合物を使用するものにあっては，すず若しくは鉛又はこれらの合金のめっきを施したものに限る。）

ロ　別表第2に規定するアルミ線若しくはこれを素線としたより線又はアルミ成形単線（引張強さが59N/mm^{2}以上98N/mm^{2}未満，伸びが20%以上，導電率が61%以上のものに限る。）

二　絶縁体は，次に適合するものであること。

イ　材料は，ポリエチレン混合物，天然ゴム混合物（使用電圧が3,500V以下の場合に限る。），ブチルゴム混合物又はエチレンプロピレンゴム混合物であって，電気用品の技術上の基準を定める省令の解釈別表第一附表第十四に規定する試験を行ったとき，これに適合するものであること。

ロ　厚さは，別表第5に規定する値（導体に接する部分に半導電層を設ける場合は，その厚さを減じた値）を標準値とし，その平均値が標準値の90%以上，その最小値が標準値の80%以上であること。

三　遮へいは，鉛被ケーブル及びアルミ被ケーブルを除き，単心のものにあっては線心の上に，多心のものにあっては線心をまとめたもの又は各線心の上に，厚さ0.1mmの軟銅テープ又はこれと同等以上の強度を有する軟銅線，金属テープ若しくは被覆状の金属体を設けたものであること。この場合において，クロロプレン外装ケーブルにあっては，軟銅テープ及び軟銅線は，すず若しくは鉛又はこれらの合金のめっきを施したものであること。

四　外装は，次に適合するものであること。

イ　材料は，10-4表に規定するケーブルの種類に応じたものであって，ビニル混合物，ポリエチレン混合物又はクロロプレンゴム混合物にあっては，電気用品の技術上の基準を定める省令の解釈別表第一附表第十四に規定する試験を行ったとき，これに適合するものであること。

10-4表

ケーブルの種類	材料
鉛被ケーブル	純度が99.5%以上の鉛
アルミ被ケーブル	純度が99.5%以上のアルミニウム
ビニル外装ケーブル	ビニル混合物
ポリエチレン外装ケーブル	ポリエチレン混合物
クロロプレン外装ケーブル	クロロプレンゴム混合物

ロ　厚さは，別表第8に規定する値（ビニル外装ケーブル，ポリエチレン外装ケーブル及びクロロプレン外装ケーブルの外装の上にゴム引き帆布又はビニル引き帆布を厚さ1mm以上に重ね巻きするときは，同表に規定する値から0.5mmを減じた値）を標準値とし，その平均値が標準値の90%以上，その最小値が標準値の85%以上であること。

五　完成品は，次に適合するものであること。

イ　10-1表に規定する試験方法で，使用電圧が3,500V以下のものにあっては9,000V，使用電圧が3,500Vを超えるものにあっては17,000Vの交流電圧を，連続して10分間加えたとき，これに耐える性能を有すること。

ロ　イの試験の後において，鉛被ケーブル及びアルミ被ケーブルにあっては導体と鉛被又はアルミ被との間に，ビニル外装ケーブル，ポリエチレン外装ケーブル及びクロロプレン外装ケーブルにあっては導体と遮へいとの間に，100Vの直流電圧を1分間加えた後に測定した絶縁体の絶縁抵抗が，別表第7に規定する値以上であること。

ハ　鉛被ケーブル及びアルミ被ケーブルにあっては，第2項第四号ロの規定に適合すること。

4　第1項各号に規定する性能を満足するCDケーブルの規格は，第3条及び次の各号のとおりとする。

一　構造は，次に適合するものであること。

イ　線心を，単心のものにあっては線心の直径，多心のものにあっては各線心をまとめたものの外接円の直径の1.3倍以上の内径を有するダクトに収めたものであること。

ロ　単心のものにあっては線心の上に，多心のものにあっては線心をまとめたもの又は各線心の上に，厚さ0.1mmの軟銅テープ又はこれと同等以上の強度を有する軟銅線若しくは金属テープで遮へいを施したものであること。

二　導体は，次のいずれかであること。

イ　別表第1に規定する軟銅線又はこれを素線としたより線（絶縁体に天然ゴム混合物，ブチルゴム混合物又はエチレンプロピレンゴム混合物を使用するものにあっては，すず若しくは鉛又はこれらの合金のめっきを施したものに限る。）

ロ　別表第2に規定する硬アルミ線，半硬アルミ線若しくは軟アルミ線又はこれらを素線としたより線

三　絶縁体は，第3項第二号の規定に適合するものであること。

四　ダクトは，次に適合するものであること。

イ　材料は，ポリエチレン混合物であって，電気用品の技術上の基準を定める省令の解釈別表第一附表第十四1（1）の図1に規定する，ダンベル状の試料を室温において毎分200mmの速さで引張試験を行ったときの引張強さが，$14.7\mathrm{N/mm^2}$以上のものであること。

ロ　厚さは，別表第8に規定する値を標準値とし，その平均値が標準値の90%以上，その最小値が標準値の85%以上であること。

五　完成品は，次に適合するものであること。

イ　10-1表に規定する試験方法で，使用電圧が3,500V以下のものにあっては9,000V，使用電圧が3,500Vを超えるものにあっては17,000Vの交流電圧を，連続して10分間加えたとき，これに耐える性能を有すること。

ロ　イの試験の後において，導体と遮へいとの間に100Vの直流電圧を1分間加えた後に測定した絶縁体の絶縁抵抗が，別表第7に規定する値以上であること。

ハ　2枚の板を平行にしてその間に挟み，室温において管軸と直角の方向の投影面積1m^2につき122.6kNの荷重を板面と直角の方向に加えたとき，ダクトに裂け目を生じず，かつ，ダクトの外径が20%以上減少しないこと。

ニ　室温において，ダクトの外径の20倍の直径を有する円筒のまわりに180度屈曲させた後，直線状に戻し，次に反対方向に180度屈曲させた後，直線状に戻す操作を3回繰り返したとき，ダクトにひび，割れその他の異状を生じず，かつ，ダクトの外径が20%以上減少しないこと。

5　使用電圧が高圧の複合ケーブルは，次の各号に適合する性能を有するものであること。

一　通常の使用状態における温度に耐えること。

二　構造は，次のいずれかであること。

イ　第1項各号に規定する性能を満足する高圧ケーブルと，第137条第5項に規定する添架通信用第2種ケーブルをまとめた上に保護被覆を施したものであること。ただし，第127条第2項の規定により施設する水底電線路に使用するケーブルは，金属製の遮へい層，外装及び保護被覆を有しないものとすることができる。

ロ　金属製の電気的遮へい層を施した高圧電線の線心と第137条第5項に規定する添架通信用第2種ケーブルとをまとめた上に外装を施したものであること。ただし，第127条第2項の規定により施設する水底電線路に使用するケーブルは，金属製の電気的遮へい層及び外装を有しないものとすることができる。

三　完成品は，次に適合するものであること。

イ　高圧電線に使用する線心は，第1項第三号の規定に適合するものであること。

ロ　電力保安通信線に使用する線心は，清水中に1時間浸した後，10-5表左欄に掲げるケーブルの種類に応じ，同表中欄に規定する箇所に，同表右欄に規定する交流電圧を，それぞれ連続して1分間加えたとき，これに耐える性能を有すること。

10-5表

ケーブルの種類	交流電圧を加える箇所	交流電圧（V）
遮へいのないもの	導体相互間	2,000
	導体と大地との間	4,000
遮へいのあるもの	導体相互間及び導体と遮へいとの間	2,000
	導体と大地との間及び遮へいと大地との間	4,000

6　第5項に規定する性能を満足する，電力保安通信線複合鉛被ケーブル，電力保安通

信線複合アルミ被ケーブル，電力保安通信線複合クロロプレン外装ケーブル，電力保安通信線複合ビニル外装ケーブル及び電力保安通信線複合ポリエチレン外装ケーブルの規格は，第3条及び次の各号のとおりとする。

一 外付型のものにあっては，次に適合すること。

イ 構造は，第3項第一号から第四号までの規定に適合する，鉛被ケーブル，アルミ被ケーブル，クロロプレン外装ケーブル，ビニル外装ケーブル又はポリエチレン外装ケーブルと，第137条第5項第一号から第三号までの規定に適合する添架通信用第2種ケーブルとをまとめたものの上に，保護被覆を施したものであること。

ロ 完成品は，次に適合するものであること。

（イ） 高圧電線に使用する線心は，10-1表に規定する試験方法で，使用電圧が3,500V以下のものにあっては9,000V，使用電圧が3,500Vを超えるものにあっては17,000Vの交流電圧を，連続して10分間加えたとき，これに耐える性能を有すること。

（ロ） （イ）の試験の後において，電力保安通信線複合鉛被ケーブル及び電力保安通信線複合アルミ被ケーブルにあっては，導体と鉛被又はアルミ被との間に，電力保安通信線複合クロロプレン外装ケーブル，電力保安通信線複合ビニル外装ケーブル及び電力保安通信線複合ポリエチレン外装ケーブルにあっては，導体と遮へいとの間に100Vの直流電圧を1分間加えた後に測定した絶縁体の絶縁抵抗が，別表第7に規定する値以上であること。

（ハ） 電力保安通信線に使用する線心は，第5項第三号ロの規定に適合すること。

（ニ） 電力保安通信線複合鉛被ケーブル及び電力保安通信線複合アルミ被ケーブルにあっては，第2項第四号ロの規定に適合すること。

二 内蔵型のものにあっては，次に適合すること。

イ 高圧電線の導体は，第3項第一号の規定に適合するものであること。

ロ 高圧電線の絶縁体は，第3項第二号の規定に適合するものであること。

ハ 高圧電線の遮へいは，単心のものにあっては線心の上に，多心のものにあっては線心をまとめたもの又は各線心の上に，厚さ0.1mmの軟銅テープ又はこれと同等以上の強度を有する軟銅線，金属テープ若しくは被覆状の金属体を設けたものであること。この場合において，電力保安通信線複合クロロプレン外装ケーブルにあっては，軟銅テープ及び軟銅線は，すず若しくは鉛又はこれらの合金のめっきを施したものであること。

ニ 外装は，次に適合するものであること。

（イ） 遮へいを施した高圧電線の線心と，第137条第5項第一号から第三号までの規定に適合する添架通信用第2種ケーブルとをまとめたものの上に施したものであること。

（ロ）　材料は，10-6表に規定するものであって，電気用品の技術上の基準を定める省令の解釈別表第一附表第十四に規定する試験を行ったとき，これに適合するものであること。

10-6表

ケーブルの種類	材料
電力保安通信線複合クロロプレン外装ケーブル	クロロプレンゴム混合物
電力保安通信線複合ビニル外装ケーブル	ビニル混合物
電力保安通信線複合ポリエチレン外装ケーブル	ポリエチレン混合物

（ハ）　厚さは，別表第8に規定する値（外装の上にゴム引き帆布又はビニル引き帆布を厚さ1mm以上に重ね巻きするときは，同表に規定する値から0.5mmを減じた値）を標準値とし，その平均値が標準値の90%以上，その最小値が標準値の85%以上であること。

ホ　完成品は，次に適合するものであること。

（イ）　高圧電線に使用する線心は，10-1表に規定する試験方法で，使用電圧が3,500V以下のものにあっては9,000V，使用電圧が3,500Vを超えるものにあっては17,000Vの交流電圧を，連続して10分間加えたとき，これに耐える性能を有すること。

（ロ）　（イ）の試験の後において，導体と遮へいとの間に100Vの直流電圧を1分間加えた後に測定した絶縁体の絶縁抵抗が，別表第7に規定する値以上であること。

（ハ）　電力保安通信線に使用する線心は，第5項第三号ロの規定に適合すること。

〔解　説〕 **本条**は，高圧ケーブルに求められる性能及び具体的な規格を示している。規格については，**本条第2項**，**第3項**，**第4項**又は**第6項**と同時に，**第3条**も満足する必要がある。**本条**では，高圧ケーブルとして，鉛被ケーブル，アルミ被ケーブル，ビニル外装ケーブル，ポリエチレン外装ケーブル，クロロプレン外装ケーブル及びCDケーブルの6種のほか，電力保安通信線複合鉛被ケーブル，電力保安通信線複合アルミ被ケーブル，電力保安通信線複合クロロプレン外装ケーブル，電力保安通信線複合ビニル外装ケーブル及び電力保安通信線複合ポリエチレン外装ケーブルの複合ケーブルについても具体的な規格を示している。また，これらのケーブルに保護被覆を施したものも高圧ケーブルに含めている。

なお，複合ケーブルは，強電流電線に弱電流電線を沿わせた場合，電磁誘導により弱電流電線に常時電圧が誘起し，弱電流電線であっても非常に危険であるため，弱電流電線の使用は，電気の知識を十分に有する人が管理する電力保安通信線に限定している。

第1項ただし書では，特殊なケーブル，すなわち太陽電池発電設備用直流ケーブル（→**第46条第1項ただし書**），事業用の配電線に使用される半導電性外装ちょう架用高圧ケーブル（→**第65条第2項**）及び飛行場における滑走路灯，誘導路灯その他の標識灯などに接続する飛行場標識灯用高圧ケーブル（→**第188条第2項**）については，それぞれ使用場所を限定して使用目的に応じたケーブルの規格を示しているので，本条の対象外としている。また，海底等の水底電線路に使用する水底ケーブル（→**第127条**）についても，本条の対象外としてはいないものの，同様に使用場所を限定して使用目的に応じた規格を別途示している。

第1項各号では，複合ケーブル以外の高圧ケーブルの性能を規定している。

第一号は，**第5条第1項第一号**と同様の趣旨で，電線の熱的性能を定めている。

第二号は，高圧ケーブルの基本構造を示している。高電圧になると静電誘導により人体に危険を及ぼすので，これを防止し，かつ，ケーブル内の電圧を一様にして絶縁物の劣化を防止するため遮へい層を設ける必要があるが，外装が金属である場合（鉛被ケーブル及びアルミ被ケーブル）は，金属製の外装（鉛及びアルミ）がその役目をするのでこれを設ける必要はない。高圧水底ケーブルは外装，遮へい層を有しないものとすることができるとしているが，これは，鉄線がい装等による保護が認められていることと使用場所が水底であるため周囲の水により遮へいされるためである。

第三号は，完成品の絶縁性能を示している。

第2項は，**第1項**に示す性能を満足する高圧ケーブルのうち，絶縁体に絶縁紙を使用する鉛被ケーブル，アルミ被ケーブルの規格規定，**第3項**は，**第1項**に示す性能を満足する高圧ケーブルのうち，鉛被ケーブル，アルミ被ケーブルで第2項に規定するもの以外のもの，並びに，ビニル外装ケーブル，ポリエチレン外装ケーブル及びクロロプレン外装ケーブルの規格規定である。

第一号は，導体について規定しているが，外装等がゴム系である場合は，遮へい体が加硫の際に腐食することを防ぐため，それらにすず若しくは鉛又はそれらの合金のめっきを施すことが必要とされる。

第二号は，絶縁体についての規定である。高圧ケーブルになると，絶縁物の導体に接する部分には，一般には半導電層が設けられ，導体に接する部分の電位傾度を緩やかにして，ケーブル内でのコロナ現象等の発生を防止するが，この半導電層の厚さは絶縁体の中に含めて考えることができる。

第3項第三号は，遮へいについての規定である。S47基準で遮へいに軟銅線横巻き方式を認めた。これは遮へい体の可とう性を損うことなく，遮へい効果が従来の軟銅テープを重ね巻きしたものと同等であること，またアメリカでも多くの実績を持っていることによるものである。また，被覆状金属体は電気用品安全法でも認められており遮へい効果も軟銅テープ方式と同等以上であることにより追加したものである。

第2項第三号及び**第3項第四号**は，外装について規定している。外装の厚さは，鉛被ケーブル及びアルミ被ケーブル（ともに紙絶縁のものを除く。）にあっては，低圧ケーブルのそれと全く同一の計算式により定められる。

第4項は，**第1項**に示す性能を満足する高圧ケーブルのうち，CDケーブルの規格規定である。

CDケーブルは，導体及び絶縁体はクロロプレン外装ケーブル，ビニル外装ケーブルなどと変わるところがないが，外装に相当する部分がダクトとなっており，このダクトと線心との間が空隙となっている。このケーブルは，アメリカにおいて高度なプラスチック絶縁材料技術を基に開発されたもので，その簡易な埋設工法と埋設費のコスト低減を大きな特徴としてアメリカ全土に広く使用されている。なお，CDの呼称はCombine duct（管路付き）の頭文字である。

CDケーブルは，**第120条第4項第二号**で，コンクリート製のトラフなしで直接埋設できることが示されている。したがって，ダクトの規格は，土冠1.2mの静土圧及びその上を20tトラック2台が平行して同時通過する際の動荷重の2.5倍（安全率）の荷重に耐え，かつ，線心に損傷を与えることのないように規定されている。

第5項は，複合ケーブルの性能を示している。

使用電圧が異なる低圧，高圧，弱電流電線が同一の外装によって被覆される複合ケーブルは，S61基準で，高圧と弱電流電線とが同一の外装によって被覆されるものが規格化されたが，特高と高圧又は低圧，高圧と低圧，低圧と弱電流電線とが同一の外装によって被覆されるものは，まだ規格化されていないので本解釈に例示されていない。

複合ケーブルは，一般の高圧ケーブルの外装の中に添架通信用第2種ケーブルを入れた内蔵型のものと，高圧ケーブルに添架通信用第2種ケーブルを束ねた上に保護被覆を施した外付型のものがある（→解説10.1図）。

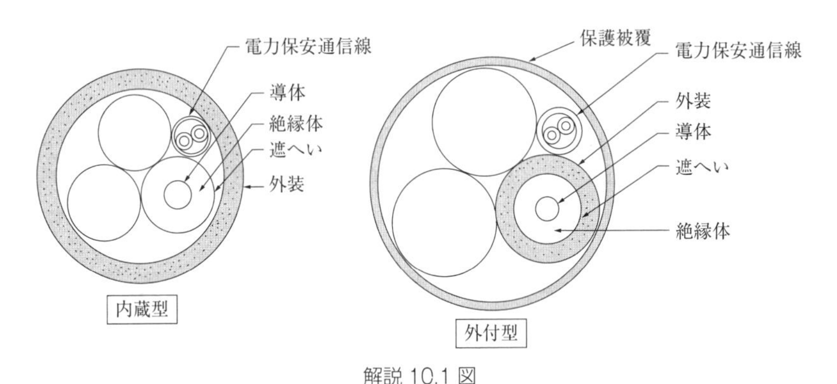

解説10.1図

第一号は，**第5条第1項第一号**と同様の趣旨で，電線の熱的性能を定めている。

第二号では，複合ケーブルの基本構造として，**イ**に外付型を，**ロ**に内蔵型をそれぞれ示している。ケーブル外装の外に通信線を配置したものが外付型であり，外装の内に配置したものが内蔵型である。高圧ケーブルの構造自体は第1項と同じである。

第三号では，**イ**に電力線心の絶縁性能が，**ロ**に通信線心の絶縁性能が示されている。

第6項は，**第5項**に示す性能を満足する複合ケーブルの規格規定である。

【特別高圧ケーブル】（省令第21条，第57条第1項）

第11条　使用電圧が特別高圧の電路（電気機械器具内の電路を除く。）の電線に使用する特別高圧ケーブルは，次の各号に適合するものを使用すること。

一　通常の使用状態における温度に耐えること。

二　絶縁した線心の上に金属製の電気的遮へい層又は金属被覆を有するものであること。ただし，第127条第2項の規定により施設する特別高圧水底電線路に使用するケーブルは，この限りでない。

三　複合ケーブルは，弱電流電線を電力保安通信線に使用するものであること。

〔解　説〕 特別高圧の電気工作物は，技術的に高度のレベルで安全率も非常に高くとられるのが一般的であることから，特別高圧ケーブルについては，基本的な必要性能を示すのみとし，電気的遮へい層のあるものを使用することという概念的な規定にとどめ，ケーブルそのものについての絶縁性能規定はない。ただし，**第15条**の絶縁耐力試験に耐えるものでなければならないので，この面からの制約を受けることになる。

過去の解釈には，絶縁確保に関わる材料の規定があったが，技術革新が進み，材料面の制約は必要ないとの判断から，H23解釈で削除した。

第一号は，**第5条第1項第一号**と同様の趣旨で，電線の熱的性能を定めている。

第二号は，電線の電気的性能として，電気的遮へい性能が必要なことを示している。特別高圧水底ケーブルについては**前条第1項第二号**と同様の理由により，電気的遮へい層を有しないものとすることができる。

一般的に使用されている特別高圧ケーブルの例としては，合成樹脂絶縁ケーブル，パイプ型圧力ケーブル，鉛被ケーブル及びアルミ被ケーブルがあり，更にこれらのものに保護被覆等ケーブルに比べ保安レベルが上がると考えられるものを施したものもある。合成樹脂絶縁ケーブルには，絶縁体がそれぞれポリエチレン混合物，ブチルゴム混合物，エチレンプロピレンゴム混合物である，ポリエチレン絶縁ビニル外装ケーブル，ブチルゴム絶縁クロロプレン外装ケーブル，エチレンプロピレンゴム絶縁クロロプレン外装ケーブル等がある。

なお，ケーブルに金属被覆を要求しているのは，空気又は湿気の侵入を防ぐとともに電界強度の分布を一様にし，かつ，地中等への漏れ電流の流出を防ぐためである。合成樹脂絶縁のケーブルは，紙絶縁のものと違い，絶縁油を使用していないため金属被覆の必要がなく，電界強度の分布を一様にし，又は地中への漏れ電流の流出を防ぐには金属テープ等による電気的遮へい層があればその目的を達する。

以前は，特別高圧ケーブルとして154kV～275kV級のものはOFケーブルが一般的であったが，架橋ポリエチレン絶縁ケーブルの研究開発が進み，275kV・500kV級でも長距離地中送電用として使用されている。

第三号は，複合ケーブルでは弱電流電線であっても常時電圧が誘起して非常に危険であるため，当該弱電流電線の使用は，電気の知識が十分にある人が管理する電力保安通信線に限定する趣旨である。

【電線の接続法】（省令第7条）

第12条　電線を接続する場合は，第181条，第182条又は第192条の規定により施設する場合を除き，電線の電気抵抗を増加させないように接続するとともに，次の各号によること。

一　裸電線（多心型電線の絶縁物で被覆していない導体を含む。以下この条において同じ。）相互，又は裸電線と絶縁電線（多心型電線の絶縁物で被覆した導体を含み，平形導体合成樹脂絶縁電線を除く。以下この条において同じ。），キャブタイヤケーブル若しくはケーブルとを接続する場合は，次によること。

イ　電線の引張強さを20%以上減少させないこと。ただし，ジャンパー線を接続する場合その他電線に加わる張力が電線の引張強さに比べて著しく小さい場合は，この限りでない。

ロ　接続部分には，接続管その他の器具を使用し，又はろう付けすること。ただし，架空電線相互若しくは電車線相互又は鉱山の坑道内において電線相互を接続する場合であって，技術上困難であるときは，この限りでない。

二　絶縁電線相互又は絶縁電線とコード，キャブタイヤケーブル若しくはケーブルとを接続する場合は，前号の規定に準じるほか，次のいずれかによること。

イ　接続部分の絶縁電線の絶縁物と同等以上の絶縁効力のある接続器を使用すること。

ロ　接続部分をその部分の絶縁電線の絶縁物と同等以上の絶縁効力のあるもので十分に被覆すること。

三　コード相互，キャブタイヤケーブル相互，ケーブル相互又はこれらのもの相互を接続する場合は，コード接続器，接続箱その他の器具を使用すること。ただし，次のいずれかに該当する場合はこの限りでない。

イ　断面積8mm^{2}以上のキャブタイヤケーブル相互を接続する場合において，第一号及び第二号の規定に準じて接続し，かつ，次のいずれかによるとき

（イ）　接続部分の絶縁被覆を完全に硫化すること。

（ロ）　接続部分の上に堅ろうな金属製の防護装置を施すこと。

ロ　金属被覆のないケーブル相互を接続する場合において，第一号及び第二号の規定に準じて接続するとき

四　導体にアルミニウム（アルミニウムの合金を含む。以下この条において同じ。）を使用する電線と銅（銅の合金を含む。）を使用する電線とを接続する等，電気化学的性質の異なる導体を接続する場合には，接続部分に電気的腐食が生じないようにすること。

五　導体にアルミニウムを使用する絶縁電線又はケーブルを，屋内配線，屋側配線又は屋外配線に使用する場合において，当該電線を接続するときは，次のいずれかの器具を使用すること。

イ　電気用品安全法の適用を受ける接続器

ロ　日本産業規格 JIS C 2810（1995）「屋内配線用電線コネクタ通則－分離不能形」の「4.2 温度上昇」，「4.3 ヒートサイクル」及び「5 構造」に適合する接続管その他の器具

〔解　説〕 **本条**は，電線を接続する場合の原則的な基準を示している。すなわち，電線は電流を完全に通じることが第一の要件であるので，接続部分において電気抵抗が他の部分よりも増加しないようにする必要がある。

なお，**第181条**及び**第182条**により施設する小勢力回路及び出退表示灯回路の電線は，強電流回路であるが，電圧が低く電流値も制限されているため，また，**第192条**により施設する電気さくの電線は，野獣等の接触時にのみ瞬間的に衝撃電流が流れるものであるため，電線の接続方法まで規定する必要がないことから，**本条**から除外している。

第一号では，裸電線相互又は裸電線と絶縁電線，キャブタイヤケーブル若しくはケーブルとを接続する場合について規定している。

なお，**本条**では，電線の接続に関してのみ，多心型電線の絶縁物で被覆していない導体は裸電線として，多心型電線の絶縁物で被覆した導体は絶縁電線として取り扱っている。また，平形導体合成樹脂絶縁電線については，**第165条第4項**において規定しているため，**本条**からは除いている。

第一号イでは，接続部分が機械的に弱点となることを避ける必要があるので，電線の引張強さを20%以上減少させないことを規定している。引張強さの異なる電線を接続する場合は，引張強さの小さい方の電線を基準として，20%以上減少させないよう接続する必要がある。ただし書は，使用状態における張力が電線自身の引張強さに比べて著しく小さい場合，例えば，ジャンパー線に接続点を設ける場合などは，特に引張強さの減少を問題にする必要がないことから除いている。

第一号ロは，電気抵抗を増加させないために接続部分には接続管のような特殊な器具を使用するか，ろう付けする必要があることを示している。ここで，接続管その他の器

具とは，解説12.1図のようなS形スリーブ，リングスリーブ，銅管ターミナル，ねじ込み形電線コネクタ等を指し，特別高圧架空電線のジャンパー装置で使用されるジャンパー線接続用のアルミパイプも含まれる。

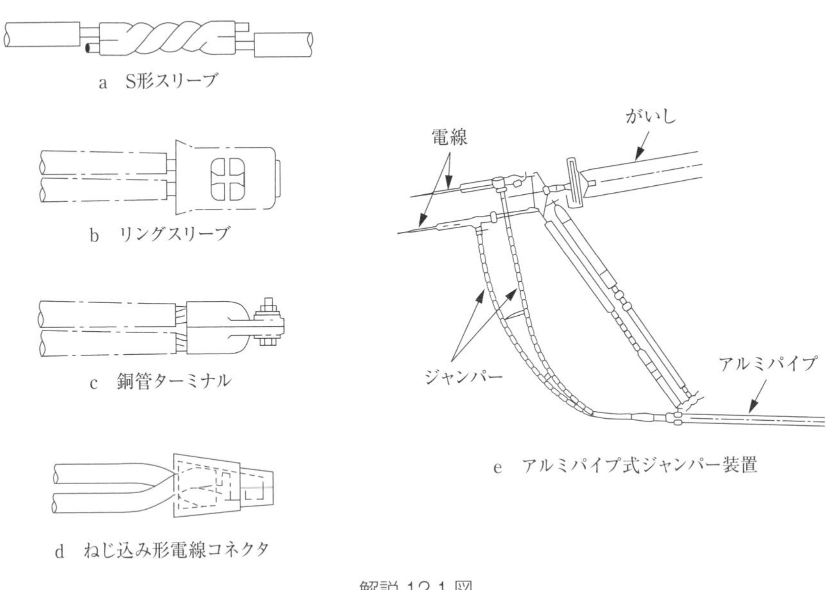

解説12.1図

第二号の絶縁電線相互又は絶縁電線とコード，キャブタイヤケーブル若しくはケーブルとを接続する場合には，**第一号**に示す引張強さの維持及び電気抵抗を増加させないことのほかに，接続部分の絶縁効力の低下を防止するために接続部分の絶縁電線の絶縁体と同等以上の絶縁効力のある接続器を使用し，又は接続部分をその絶縁電線の絶縁体と同等以上の絶縁効力のあるもので十分被覆する必要があることを示している。接続と絶縁被覆とを兼ね備えた合成樹脂や陶器製のキャップが使用される場合は，改めてゴムテープ類で被覆する必要はない（ケーブル工事の際にボックス，ジョイントボックス等内でこの種の接続器を用いる場合は，**第三号**の接続箱内の接続とみなす。）。

第三号は，コード相互，キャブタイヤケーブル相互，ケーブル相互又はこれらのもの相互を接続する場合について，基本的には，直接接続すべきではないことを示している。コード相互を接続する場合に直接接続すべきでないのは，素線が細く接続部分の強度が得られないため，緩みやすいからである。ただし，ケーブルは素線が相当に太く，キャブタイヤケーブルでも断面積が8mm^{2}以上のものは比較的太い素線で構成されているので，直接接続しても緩み難く，コード接続器等を使用する必要はない。これらの場合でも引張強さを20%以上減少させないようにし，接続部分に接続部分のケーブル又はキャブタイヤケーブルと同等以上の絶縁効力があり，電気抵抗を増加させない接続管その他の器具を使用し，又はろう付けして電気抵抗を増加させないようにするとともに，十分に絶縁被覆を施す必要がある。キャブタイヤケーブルの直接接続の場合には，鉱山等では十分に絶縁テープを巻いた特殊な工具で接続部分を挟んで硫化する方法，又は絶縁被覆の上に更に金属製の防護装置を設ける方法をとっている。なお，自己接着性のテープを使用する場合など加硫する必要がないものは加硫することを要しない。

第四号は，異種金属の接触腐食（電食）の防止に関して規定したものである。例えばアルミと銅は電解質溶液中においてイオン化による電位差が生じるため，アルミと銅とが接触し，その接触部分に水分などの電解質溶液が介在すると，アルミが腐食される。したがって，アルミ電線と銅電線との接続に当たっては，アルミ線用の接続器具類（コネクタ，スリーブ）を使用し，その接続部分には，接続後にその箇所に酸化被膜が形成されて電気抵抗が増加すること及び湿気などが入って湿食や電食を起こすことなどを防止する目的でコンパウンドを塗布する必要がある。

アルミやアルミ合金は，銅に比べて接続部分の質量を大きくすると電流密度が小さくなって侵される量が急激に小さくなる性質（マスアノード原理）があるので，材料にアルミを使用する接続器具類は，この原理を用いて銅電線に比べてアルミの質量を大きくし，更に安全を期するため，銅線とアルミ線の間にアルミ製の介在物（スペーサ）を置いて，電線相互が直接接触しないようにされている。

第五号は，電気使用場所において絶縁電線又はケーブルを接続する場合のアルミ導体相互及びアルミ導体と銅導体との接続に使用する接続器具類（コネクタ，スリーブ）の規格に関して示している。特に絶縁電線とケーブルに限定し，バスダクトの導体など裸電線を接続する場合を除外しているのは，**第一号**の規定に従い機械的強度の低下及び電気抵抗の増加がなく，**第四号**の電食の防止を維持すれば十分であると考えられるからである。昭和 41 年 11 月の電気用品の技術上の基準を定める省令の一部改正によって，絶縁電線及びケーブルの導体に 22mm^2 以上のアルミ線を用いることが認められて以来，電気使用場所においてアルミ導体電線が使用されるようになった。例えばアルミ電線と銅電線との接続等は，**第四号**の解説で述べたように電食が生じるおそれがあり，さらに，アルミ電線の接続についても，アルミ電線の表面酸化による電気抵抗の増加によって，接続部分の温度が上昇し，接続部分の絶縁物の劣化及び電線の断線といった危険を招くおそれがあるため，特にアルミ電線を接続するコネクタ，スリーブ等について規格を示したものである。

ヒートサイクル試験の主目的は，電線コネクタが相互の温度変化を受けても，その導電性に支障を起こさないことを確かめることにあり，電線コネクタの信頼性を判定するのに重要な意味をもっている。

日本産業規格 JIS C 2810（1984）「屋内配線用電線コネクタ通則」は 1995 年に改正され，

JIS C 2810 と JIS C 2814 に分割された。**第五号ロ**は，「アルミ電線の表面酸化による電気抵抗の増加」に係るヒートサイクル試験について規定しており，JIS C 2814 は銅線の接続に関する内容であるため，JIS C 2810 の直接関係する部分のみを取り入れた。

第３節　電路の絶縁及び接地

【電路の絶縁】（省令第５条第１項）

第13条　電路は，次の各号に掲げる部分を除き大地から絶縁すること。

一　この解釈の規定により接地工事を施す場合の接地点

二　次に掲げるものの絶縁できないことがやむを得ない部分

イ　第173条第７項第三号ただし書の規定により施設する接触電線，第194条に規定するエックス線発生装置，試験用変圧器，電力線搬送用結合リアクトル，電気さく用電源装置，電気防食用の陽極，単線式電気鉄道の帰線（第201条第六号に規定するものをいう。），電極式液面リレーの電極等，電路の一部を大地から絶縁せずに電気を使用することがやむを得ないもの

ロ　電気浴器，電気炉，電気ボイラー，電解槽等，大地から絶縁することが技術上困難なもの

〔**解　説**〕電路は，十分に絶縁されていなければ，漏れ電流による火災や感電の危険を生じ，電力損失が増加する等の種々の障害を生じるので，この解釈では，電路は，その使用電圧に応じて十分に絶縁すること，すなわち，電路絶縁の原則を規定している。しかし，上述の目的とは別に保安上の理由やその構造上等から，どうしても絶縁することができない部分があるので，それを**本条各号**に掲げ，これを電路絶縁の原則から除外している。

第一号は，解釈に規定する接地工事の接地点（接地線と電路との接続点）である。ここで注意しなければならないのは，接地点だけを除外しているのであって，接地点以外の接地側電路は絶縁しなければならない。

第二号に掲げるものは，構造上本質的に電路の一部を大地から絶縁しないで使用することがやむを得ないもの，又は絶縁することが技術的，経済的に著しく困難なもので，これらのもののうち絶縁できないことがやむを得ない部分に限って，絶縁の例外が認められる。電気炉に例をとれば，炉体はやむを得ない部分であるが，電気炉用電極に至る導線はやむを得ない部分とは認められない。

【低圧電路の絶縁性能】（省令第５条第２項，第58条）

第14条　電気使用場所における使用電圧が低圧の電路（第13条各号に掲げる部分，第16条に規定するもの，第189条に規定する遊戯用電車内の電路及びこれに電気を供給するための接触電線，直流電車線並びに鋼索鉄道の電車線を除く。）は，第147条から第149条までの規定により施設する開閉器又は過電流遮断器で区切ることのできる電路ごとに，次の各号のいずれかに適合する絶縁性能を有すること。

一　省令第58条によること。

二　絶縁抵抗測定が困難な場合においては，当該電路の使用電圧が加わった状態における漏えい電流が，1mA 以下であること。

2　電気使用場所以外の場所における使用電圧が低圧の電路（電線路の電線，第 13 条各号に掲げる部分及び第 16 条に規定する電路を除く。）の絶縁性能は，前項の規定に準じること。

〔解　説〕 電路絶縁の原則（→省令第５条）により電路は大地から絶縁しなければならないが，この場合，電気設備の絶縁性に関する信頼度の判定が必要である。その判定方法として，現在一般に行われている方法には，絶縁抵抗試験と絶縁耐力試験がある。絶縁抵抗試験は，絶縁抵抗計などでその絶縁抵抗を測定する方法であるが，この試験方法では省令で定めている絶縁のレベルについて，必ずしもその目的を完全に達し得るとはいえない。絶縁のレベルの判定は，絶縁耐力試験における電圧値と時間によることが最も理想的である。しかし，絶縁抵抗試験による方法は，低圧の配線，電気使用機械器具の電路や電線路に関してはその測定が簡単であり，漏電による火災事故の防止に十分な目安となるものであるので，一般的にこれによる方法が採られている。

第１項は，省令第 58 条の解釈として，電気使用場所における低圧電路の絶縁性能について規定している。省令第 58 条は，いわゆる電気使用場所の屋内配線，屋外配線の絶縁抵抗値を定めているもので，電路絶縁の原則から除外した部分（→第 13 条），第 16 条で規定する変圧器，回転機，整流器，燃料電池，太陽電池モジュール，器具等の電路は，対象外である。また，遊戯用電車内の電路及びこれに電気を供給する接触電線（→第 189 条），直流式電気鉄道用電車線（→第 205 条），鋼索鉄道の電車線（→第 217 条）は，それぞれの条文において特別の規定があるので，いずれも本条の対象から除かれている。

第一号は，省令第 58 条によることとしている。

第二号は，一般家庭では停電して行う屋内配線等の絶縁抵抗測定が困難になってきたため，停電せずに絶縁性能を判定する漏えい電流（I_0）による絶縁性能基準を明確にしたものである。漏れ電流計により測定する「漏えい電流測定」は，①対地絶縁抵抗による電流（I_{0r}）の他に対地静電容量による電流（I_{0C}）が含まれること，②接地側電線の絶縁状態が確認できないこと等により，必ずしも絶縁抵抗値に換算できない。しかし，対地静電容量による電流の影響を含めた漏えい電流が 1mA 以下の場合は，対地絶縁抵抗による電流は基本的にこの値より小さくなり，省令第 58 条で定める絶縁抵抗値の基準と同等以上の絶縁性能を有しているものとみなすことができる。

また，「令和２年度電気設備技術基準関連規格等調査」において，対地静電容量による電流を除去した値が 1mA 以下の場合は，省令第 58 条で定める絶縁抵抗値の基準と同等の絶縁性能を有しているものと判断することの妥当性が確認された。これらの値は，低圧電路に 1mA 程度の漏えい電流があっても人体に対する感電の危険はなく（人体に通じる電流を零から漸次増していくと1mA前後ではじめて感じる。)，この程度の漏れ電流では，仮にこれが1箇所に集中したとしても過去の経験に照らして火災の発生はほとんど考えられないという理由に基づいて定められたものである。

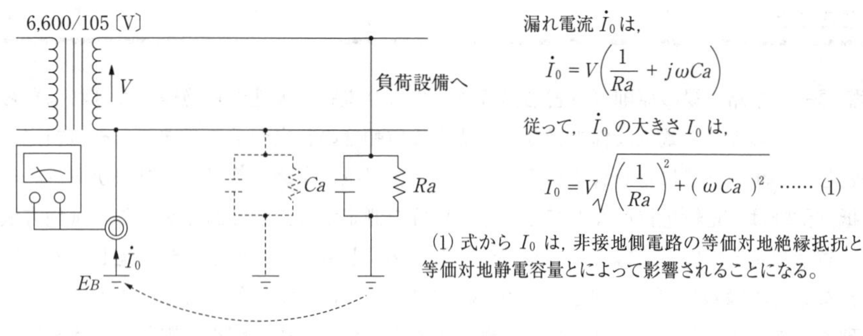

Ra ： 等価対地絶縁抵抗　Ca ： 等価対地静電容量　ω ： 角周波数

解説 14.1 図

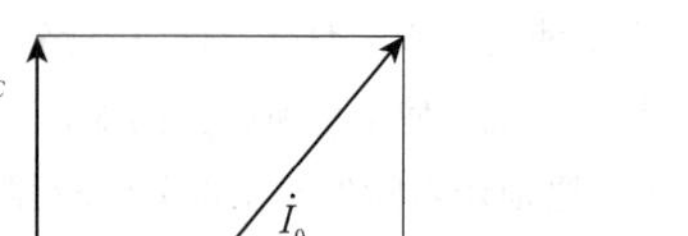

単相2線のベクトル図例
$\dot{I}_0$ ： 漏えい電流
$\dot{I}_{0C}$ ： 対地静電容量による電流
$\dot{I}_{0r}$ ： 対地絶縁抵抗による電流
$\dot{V}$ ： 回路電圧

解説 14.2 図

第2項は，発電所や蓄電所，変電所など電気使用場所以外の場所における低圧電路についても，絶縁性能の判定に絶縁抵抗試験による方法が適用できることを示したものである。

【高圧又は特別高圧の電路の絶縁性能】（省令第5条第2項）

第15条　高圧又は特別高圧の電路（第13条各号に掲げる部分，次条に規定するもの及び直流電車線を除く。）は，次の各号のいずれかに適合する絶縁性能を有すること。

一　15-1表に規定する試験電圧を電路と大地との間（多心ケーブルにあっては，心線相互間及び心線と大地との間）に連続して10分間加えたとき，これに耐える性能を有すること。

二　電線にケーブルを使用する交流の電路においては，15-1表に規定する試験電圧の

2倍の直流電圧を電路と大地との間（多心ケーブルにあっては，心線相互間及び心線と大地との間）に連続して10分間加えたとき，これに耐える性能を有すること。

15-1表

<table>
<tr><th colspan="5">電路の種類</th><th>試験電圧</th></tr>
<tr><td rowspan="2">最大使用電圧が7,000V以下の電路</td><td colspan="4">交流の電路</td><td>最大使用電圧の1.5倍の交流電圧</td></tr>
<tr><td colspan="4">直流の電路</td><td>最大使用電圧の1.5倍の直流電圧又は1倍の交流電圧</td></tr>
<tr><td rowspan="2">最大使用電圧が7,000Vを超え，60,000V以下の電路</td><td colspan="4">最大使用電圧が15,000V以下の中性点接地式電路（中性線を有するものであって，その中性線に多重接地するものに限る。）</td><td>最大使用電圧の0.92倍の電圧</td></tr>
<tr><td colspan="4">上記以外</td><td>最大使用電圧の1.25倍の電圧（10,500V未満となる場合は，10,500V）</td></tr>
<tr><td rowspan="6">最大使用電圧が60,000Vを超える電路</td><td rowspan="4">整流器に接続する以外のもの</td><td colspan="3">中性点非接地式電路</td><td>最大使用電圧の1.25倍の電圧</td></tr>
<tr><td rowspan="3">中性点接地式電路</td><td rowspan="2">最大使用電圧が170,000Vを超えるもの</td><td>中性点が直接接地されている発電所，蓄電所又は変電所若しくはこれに準ずる場所に施設するもの</td><td>最大使用電圧の0.64倍の電圧</td></tr>
<tr><td>上記以外の中性点直接接地式電路</td><td>最大使用電圧の0.72倍の電圧</td></tr>
<tr><td colspan="2">上記以外</td><td>最大使用電圧の1.1倍の電圧（75,000V未満となる場合は，75,000V）</td></tr>
<tr><td rowspan="2">整流器に接続するもの</td><td colspan="3">交流側及び直流高電圧側電路</td><td>交流側の最大使用電圧の1.1倍の交流電圧又は直流側の最大使用電圧の1.1倍の直流電圧</td></tr>
<tr><td colspan="3">直流側の中性線又は帰線（第201条第六号に規定するものをいう。）となる電路（周波数変換装置（FC）又は非同期連系装置（BTB）の直流部分等の短小な直流電路において，異常電圧の発生のおそれのない場合は，絶縁耐力試験を行わないことができる。）</td><td>次の式により求めた値の交流電圧
$V\times(1/\sqrt{2})\times0.51\times1.2$
Vは，逆変換器転流失敗時に中性線又は帰線となる電路に現れる交流性の異常電圧の波高値（単位：V）</td></tr>
</table>

（備考）電位変成器を用いて中性点を接地するものは，中性点非接地式とみなす。

三　最大使用電圧が170,000Vを超える地中電線路であって，両端の中性点が直接接地されているものにおいては，最大使用電圧の0.64倍の電圧を電路と大地との間（多心ケーブルにあっては，心線相互間及び心線と大地との間）に連続して60分間加えたとき，これに耐える性能を有すること。

四　特別高圧の電路においては，民間規格評価機関として日本電気技術規格委員会が承認した規格である「電路の絶縁耐力の確認方法」の「適用」の欄に規定する方法により絶縁耐力を確認したものであること。

〔解　説〕 **本条**は，高圧及び特別高圧の電路の絶縁性能について定めている。電路絶縁の原則から除外した部分（→**第13条**），変圧器，回転機，整流器，燃料電池，太陽電池モジュール，器具等の電路（→**第16条**）及び直流式電気鉄道用電車線（→**第205条**）の電路は適用除外としており，高圧又は特別高圧の屋内配線，移動電線，電気使用機械器具，架空電線路，地中電線路，交流電車線路などが**本条**の対象である。

高圧及び特別高圧の電路については，絶縁抵抗試験は一つの目安としては意味があるが，使用電圧が高くなると十分にその効力を発揮することができないので，絶縁耐力試験により絶縁の信頼度を定めている。電路の絶縁が十分であり，実際に使用した場合，絶縁破壊等を起こすことがないことを確認する方法として，一定の電圧による耐圧試験に耐えればよいことを示したものである。

なお，**本条**をはじめ，この解釈で規定する電気工作物の絶縁耐力というのは，電気工作物の有すべき絶縁性能について規定しているのであって，絶縁耐力試験を行うことを義務づけているものではない。したがって，この解釈では「…絶縁性能を有すること。」，「…耐える性能を有すること。」という表現を用いている。

電路に加わる電圧には，正常の運転中の常規電圧のほかに，1線地絡等の事故時の異常電圧，電路の投入又は遮断時の異常電圧，雷電圧の侵入による異常電圧等があり，絶縁破壊の多くは，これらの異常電圧が原因となって起こるものであるから，電路の絶縁は，常規電圧に耐えるだけでなく，これらの異常電圧を考慮して定めなければならない。しかし，雷電圧に対する絶縁の強度を雷インパルス耐電圧試験によって試験することは，現場試験としては甚だしく困難であるので，雷電圧に対しては避雷器の施設（→**第37条**）を規定するにとどめ，絶縁の良否を試験する試験電圧値は，事故時や電路の遮断時の振動性の異常電圧を対象として定められている。しかし，これらの異常電圧に対応する短時間の高電圧を現場試験として加えることは困難であるので，**15-1表**に規定する一定電圧を連続して10分間加えたとき，これに耐える性能を有するものであることを規定している。

第二号は，長距離の高圧用又は特別高圧用ケーブルの場合には，静電容量が大きくなり，交流を用いて絶縁耐力試験を行うには，大容量の電源設備が必要となってその実施が困難な場合が多いため，このような場合にはケノトロン等を使用して，比較的簡単に実施し得る直流試験を行ってもよいこととしている。また，この場合の試験電圧は交流試験電圧の2倍に耐えれば安全であると考えている。

15-1表は，電路の種類に応じた試験電圧を示しているが，その内容を解説15.1表に示すように分類して解説する。

解説 15.1 表

<table>
<tr><th colspan="5">電路の種類</th><th>分類</th></tr>
<tr><td rowspan="2">最大使用電圧が7,000V 以下の電路</td><td colspan="4">交流の電路</td><td>A</td></tr>
<tr><td colspan="4">直流の電路</td><td>B</td></tr>
<tr><td rowspan="2">最大使用電圧が7,000V を超え，60,000V 以下の電路</td><td colspan="4">最大使用電圧が 15,000V 以下の中性点接地式電路（中性線を有するものであって，その中性線に多重接地するものに限る。）</td><td>C</td></tr>
<tr><td colspan="4">上記以外</td><td>D</td></tr>
<tr><td rowspan="6">最大使用電圧が60,000V を超える電路</td><td rowspan="4">整流器に接続する以外のもの</td><td colspan="3">中性点非接地式電路</td><td>E</td></tr>
<tr><td rowspan="3">中性点接地式電路</td><td rowspan="2">最大使用電圧が170,000V を超えるもの</td><td>中性点が直接接地されている発電所，蓄電所又は変電所若しくはこれに準ずる場所に施設するもの</td><td>F</td></tr>
<tr><td>上記以外の中性点直接接地式電路</td><td>G</td></tr>
<tr><td colspan="2">上記以外</td><td>H</td></tr>
<tr><td rowspan="2">整流器に接続するもの</td><td colspan="3">交流側及び直流高電圧側電路</td><td>I</td></tr>
<tr><td colspan="3">直流側の中性線又は帰線となる電路</td><td>J</td></tr>
</table>

A，B は，高圧電路についてであり，H23 解釈で B の直流の場合を明確化した。

C は，6kV 高圧架空電線の結線方法を変更して 11.4kV（$=\sqrt{3}\times 6.6$kV）三相 4 線式の特別高圧架空電線路としたもののうち，中性線多重接地式電路については，1 線地絡事故時の健全相の持続性対地電圧が，常規線間電圧の 80% 以下，すなわち常規対地電圧の 1.4 倍以下に保持し得る配電系統（有効接地系）であることから，最大使用電圧の 0.92 倍の電圧で電路と大地間を試験したとき 10 分間これに耐えればよいこととしている。この試験電圧値は，電気協同研究会配電方式専門委員会の高圧配電系統分科会で研究されて結論を得たものであって，上記有効接地系の電線路にあっては，1 線地絡事故時の健全相電圧上昇係数（$k_1=1.4/\sqrt{3}$），故障継続時間を 2.0 秒として試験時間 10 分間に換算する係数（$k_2=0.72$），負荷遮断による電圧上昇係数（$k_3=1.05$），安全係数（$k_4=1.5$）の積として 0.92 という値が算出されている。

E，F，G，H の最大使用電圧が 60kV を超える電路については，高電圧であるため絶縁強度の余裕を大きくとることは経済的負担も大きいことから，いくつかの条件により試験電圧を低減している。

中性点が接地されているものは，異常電圧の大きさが非常に小さいことから，最大使用電圧の 1.1 倍を試験電圧値の基本としている（H）。ただし，電位変成器のみで中性点を接地した回路は，故障の検出及び遮断が迅速に行われても，異常電圧を低下することはできないので，中性点接地式電路には含めないことにしている。実際の 60kV 以上の電力系統は，多くは抵抗接地式又は消弧リアクトル接地式となっているので，この規定が適用される場合が多い。

F，G は，超高圧電線路に対する試験電圧についてである。

G の 0.72 倍という値は，1 線地絡時の健全相の対地電圧上昇係数（$k_1=1.4/\sqrt{3}$），故障継続時間を0.2秒として試験時間10分に換算する係数（k_2=0.55，v－t曲線にはBellaschi Teagueの1/4"油中間隙によるものを採っている。），負荷遮断による電圧上昇係数（k_3=1.35）及び安全係数（k_4=1.2）の積により得られたものである。

Fは，電気技術基準調査委員会絶縁耐力分科会においてGの試験電圧0.72倍の基となった各数値の見直しを行い，その検討結果に基づき，S51基準で新たに設けられたものである。すなわち，分科会で現在及び将来の超高圧直接接地系統全般について解析を行い，1線地絡時の健全相の対地電圧上昇係数k_1は，その中性点が直接接地されている発蓄変電所等については，$1.25/\sqrt{3}$を超えることはなく，k_2，k_3，k_4については，従来の数値で妥当なものとされた。この結果，その中性点が直接接地されている発蓄変電所等については，試験電圧の値を$k_1 \cdot k_2 \cdot k_3 \cdot k_4 = 1.25/\sqrt{3} \times 0.55 \times 1.35 \times 1.2 = 0.64$倍としたものである。

換言すれば，ここにいう中性点直接接地系統は，1線地絡時の健全相の対地電圧上昇を常規線間電圧の$1.4/\sqrt{3}$倍以下に保持するとともに，特にその中性点が直接接地されている発蓄変電所等については$1.25/\sqrt{3}$倍以下に保持し得る送電系統で，接地事故継続時間が十分短い（おおむね0.2秒以下）ものということになる。

I，Jは，交直変換装置に対する耐電圧試験値を示している。その内容は，「直流電気設備に関する技術基準の整備について」（電気技術基準調査委員会　昭和54年7月答申）を踏まえるとともに，過去に旧省令第4条【特殊な設計による施設】及び旧省令第5条【認可申請】の規定により特殊設計施設認可（以下「特認」という。）申請し，認可されている内容と同じものである。

Iの1.1倍という値は，直流送電線地絡又は制御系の異常による過電圧倍数の最大値（k_1×1.7），過電圧継続時間を0.1秒として試験時間10分に換算する係数（k_2=0.5，V－t曲線にはBellaschi-Teagueの1/4"油中間隙によるものをとっている。），安全係数（k_3=1.2）の積である1.02 ≒ 1.1として求めたものである。

ここで最大使用電圧Vmは，以下のとおりとする。

交流の場合，整流器用変圧器直流巻線側の交流定格電圧（線間電圧，実効値）をEとすると，最大使用電圧は，

1段積み（6相整流）の場合Vm＝E

2段積み（12相整流）の場合Vm＝1.93E（注）

となる。

（注）2台の整流器用変圧器（Y－Y結線とY－△結線）に30°の位相差があるため，

Vm＝2Ecos15°＝1.93E

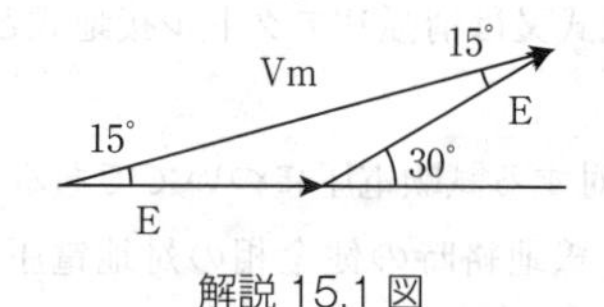

解説15.1図

直流の場合，整流器の直流側の定格電圧（対地電圧，平均値）を最大使用電圧とする。

Jの「直流側の中性線又は帰線となる電路」（直流低圧側電路）の試験電圧は，異常電圧が回路全体の特性，制御方式や線路亘長に大きく支配されるだけでなく，接地端からの距離によって線路上で変化する等，変化範囲が広いため，試験電圧を使用電圧に対応させて一律に定めることは困難なので，各施設において発生する異常電圧に見合った電圧値とすることとして，値を決めている。ここで，$1/\sqrt{2}$は直流電圧を交流実効値に換算する係数，0.5は異常電圧継続時間を0.1秒として，試験電圧10分間に換算する係数，1.2は安全係数である。かっこ書きで示している周波数変換装置（FC）や非同期連系装置（BTB）のような交直変換装置については，直流送電線をもたないものもあり，その場合は，低圧側電路は接地点からごく近くで，異常電圧の発生はほとんどないことから，絶縁耐力試験を省略できる。

なお，電線にケーブルを使用する場合は，**第二号**の規定により，直流電圧で試験をしてもよい。

第三号は，H9解釈において新たに定めたもので，最大使用電圧が170kVを超える両端が中性点直接接地されている地中電線路については，**15-1表**の「中性点が直接接地されている発電所，蓄電所又は変電所若しくはこれに準ずる場所に施設するもの」に準じて試験電圧を最大使用電圧の0.64倍とすることを選択できるようにしたものである。試験電圧0.64倍という値は，電気学会ケーブル系統の過電圧調査専門委員会の「ケーブル系統における過電圧と評価」（平成6年12月）において，中性点が直接接地されている地中電線路も，電圧上昇係数k_1が$1.25/\sqrt{3}$を超えることがないことが確認されたため，この電路の試験電圧をFと同様に$1.25/\sqrt{3} \times 0.55 \times 1.35 \times 1.2 = 0.64$としている。また，試験時間については，Gの0.72倍10分試験と同じレベルにした。

第四号は，H10解釈で日本電気技術規格委員会規格JESC E7001（1998）を引用し新たに定めた規定である。R4解釈より，民間規格評価機関として日本電気技術規格委員会に承認された規格リストと関連づけられ，当該機関の公開ページにて掲載されている。

電気機械器具，電線路などの絶縁性能については，電気学会電気規格調査会標準規格（JEC），日本産業規格（JIS）において製品の絶縁耐力が定められており，これに耐えたものは，解釈で規定する絶縁性能を有し技術基準に適合するものと判断できるはずであるが，JEC，JISに定める耐電圧試験は法的強制力をもつものではないこと，輸送や現場組立の良否が絶縁性能に影響することもあるとの理由から，電気工作物の絶縁レベルを判定する要件として，**15-1表**に基づいた電圧による耐電圧試験に耐える性能を有することを規定してきた。これに対し，送変電設備については，

・法的強制力はないが，JEC，JISに基づき工場において**15-1表**の試験電圧を上回るレベルでの耐電圧試験を実施していること。

・絶縁に関する設計手法（製品の輸送と現場作業箇所数の低減化，現地作業の容易さ

に配慮した設計など）の確立，施工管理技術の向上，絶縁材料の品質向上による設備性能低下要因の排除に伴い，送変電設備の事故率は減少の一途をたどっており，中でも現地施工不完全に起因する事故率は確実に減少していること。

により，絶縁性能は確実に確保されるようになってきている（詳細については，電気協同研究会第53巻第4号「送変電設備の現地耐電圧試験合理化」及び電気協同研究会第69巻第2号「電力用変圧器の分解輸送・現地作業品質管理基準」を参照されたい。)。こうしたことから，絶縁性能を確認する1つの方法として，JEC，JISに基づき工場で耐電圧試験を実施したものについて，その性能が確実に確保されるように管理され維持できていることの現地据付状態における最終確認として，常規対地電圧を10分間印加することで，**15-1表**に基づく現地耐電圧試験と同等であると解釈することにしたものである。常規対地電圧の印加時間は，送変電設備に所要電圧が安定して印加され，絶縁性能に影響がないことを確認できる時間として，従来から実績のある10分間とした。また，「常規対地電圧」とは，通常の運転状態で主回路の電路と大地との間に加わる電圧をいう。

なお，上記最終確認において，自家用電気工作物にあっては，電路の絶縁破壊等により電気事業者の電力系統へ事故が波及することもあるので，電力系統に接続する前に行うことも1つの方法である。

ケーブル及び接続箱の耐電圧試験値については，電気学会電気規格調査会標準規格JEC-3401-1986「OFケーブルの高電圧試験法」及びJEC-3408-1997「特別高圧（11kV～275kV）架橋ポリエチレンケーブル及び接続部の高電圧試験法」に詳しく説明されているので，参照されたい。

架空電線路の絶縁耐力はがいしによって確保されるが，一般にがいしは連結して使用されることが多く，電路の所要耐電圧をその1つ1つが分担して絶縁を確保していることから，がいし1個の所要耐電圧は**15-1表**に掲げる試験電圧よりもかなり小さな値となる。しかし，JESC E 7001で参照しているJISにおける注水耐電圧試験値はこの値を十分に上回るものであることから，これに適合するがいしを使用する場合は，常規対地電圧を10分間印加することでもよいこととしている。また，JESC E 7001に示すJIS適合品以外のがいしであっても，これら使用実績のあるがいしに相当する注水耐電圧試験値によって，絶縁耐力を確認したものについてはJIS適合品と同等のものとして扱える。

【機械器具等の電路の絶縁性能】（省令第5条第2項，第3項）

第16条　変圧器（放電灯用変圧器，エックス線管用変圧器，吸上変圧器，試験用変圧器，計器用変成器，第191条第1項に規定する電気集じん応用装置用の変圧器，同条第2項に規定する石油精製用不純物除去装置の変圧器その他の特殊の用途に供されるものを除く。以下この章において同じ。）の電路は，次の各号のいずれかに適合する絶縁性能を有すること。

一　16-1表中欄に規定する試験電圧を，同表右欄に規定する試験方法で加えたとき，これに耐える性能を有すること。

16-1表

<table>
<tr><th colspan="7">変圧器の巻線の種類</th><th>試験電圧</th><th>試験方法</th></tr>
<tr><td colspan="7">最大使用電圧が7,000V以下のもの</td><td>最大使用電圧の1.5倍の電圧（500V未満となる場合は，500V）</td><td>※1</td></tr>
<tr><td rowspan="2">最大使用電圧が7,000Vを超え，60,000V以下のもの</td><td colspan="6">最大使用電圧が15,000V以下のものであって，中性点接地式電路（中性線を有するものであって，その中性線に多重接地するものに限る。）に接続するもの</td><td>最大使用電圧の0.92倍の電圧</td><td rowspan="2">※1</td></tr>
<tr><td colspan="6">上記以外のもの</td><td>最大使用電圧の1.25倍の電圧（10,500V未満となる場合は，10,500V）</td></tr>
<tr><td rowspan="8">最大使用電圧が60,000Vを超えるもの</td><td rowspan="7">整流器に接続する以外のもの</td><td colspan="5">中性点非接地式電路に接続するもの</td><td>最大使用電圧の1.25倍の電圧</td><td>※1</td></tr>
<tr><td rowspan="6">中性点接地式電路に接続するもの</td><td rowspan="4">星形結線のもの</td><td rowspan="3">中性点直接接地式電路に接続するもの</td><td rowspan="2">中性点を直接接地するもの</td><td>最大使用電圧が170,000V以下のもの</td><td>最大使用電圧の0.72倍の電圧</td><td rowspan="2">※2</td></tr>
<tr><td>最大使用電圧が170,000Vを超えるもの</td><td>最大使用電圧の0.64倍の電圧</td></tr>
<tr><td colspan="2">中性点に避雷器を施設するもの</td><td>最大使用電圧の0.72倍の電圧</td><td>※3</td></tr>
<tr><td colspan="3">上記以外のものであって，中性点に避雷器を施設するもの</td><td rowspan="3">最大使用電圧の1.1倍の電圧（75,000V未満となる場合は75,000V）</td><td rowspan="2">※4</td></tr>
<tr><td colspan="4">スコット結線のものであって，T座巻線と主座巻線の接続点に避雷器を施設するもの</td></tr>
<tr><td colspan="4">上記以外のもの</td><td rowspan="2">※1</td></tr>
<tr><td colspan="6">整流器に接続するもの</td><td>整流器の交流側の最大使用電圧の1.1倍の交流電圧又は整流器の直流側の最大使用電圧の1.1倍の直流電圧</td></tr>
</table>

※1：試験される巻線と他の巻線，鉄心及び外箱との間に試験電圧を連続して10分間加える。

※2：試験される巻線の中性点端子，他の巻線（他の巻線が2以上ある場合は，それぞれの巻線）の任意の1端子，鉄心及び外箱を接地し，試験される巻線の中性点端子以外の任意の1端子と大地との間に試験電圧を連続して10分間加える。

※3：試験される巻線の中性点端子，他の巻線（他の巻線が2以上ある場合は，それぞれの巻線）の任意の1端子，鉄心及び外箱を接地し，試験される巻線の中性点端子以外の任意の1端子と大地との間に試験電圧を連続して10分間加え，更に中性点端子と大地との間に最大使用電圧の0.3倍の電圧を連続して10分間加える。

※4：試験される巻線の中性点端子（スコット結線にあっては，T座巻線と主座巻線の接続点端子。以下この項において同じ。）以外の任意の1端子，他の巻線（他の巻線が2以上ある場合は，それぞれの巻線）の任意の1端子，鉄心及び外箱を接地し，試験される巻線の中性点端子以外の各端子に三相交流の試験電圧を連続して10分間加える。ただし，三相交流の試験電圧を加えることが困難である場合は，試験される巻線の中性点端子及び

接地される端子以外の任意の1端子と大地との間に単相交流の試験電圧を連続して10分間加え，更に中性点端子と大地との間に最大使用電圧の0.64倍（スコット結線にあっては，0.96倍）の電圧を連続して10分間加えることができる。

（備考）電位変成器を用いて中性点を接地するものは，中性点非接地式とみなす。

二　民間規格評価機関として日本電気技術規格委員会が承認した規格である「電路の絶縁耐力の確認方法」の「適用」の欄に規定する方法により絶縁耐力を確認したものであること。

2　回転機は，次の各号のいずれかに適合する絶縁性能を有すること。

一　16-2表に規定する試験電圧を巻線と大地との間に連続して10分間加えたとき，これに耐える性能を有すること。

二　回転変流機を除く交流の回転機においては，16-2表に規定する試験電圧の1.6倍の直流電圧を巻線と大地との間に連続して10分間加えたとき，これに耐える性能を有すること。

16-2表

種類		試験電圧
回転変流機		直流側の最大使用電圧の1倍の交流電圧（500V未満となる場合は，500V）
上記以外の回転機	最大使用電圧が7,000V以下のもの	最大使用電圧の1.5倍の電圧（500V未満となる場合は，500V）
	最大使用電圧が7,000Vを超えるもの	最大使用電圧の1.25倍の電圧（10,500V未満となる場合は，10,500V）

3　整流器は，16-3表の中欄に規定する試験電圧を同表の右欄に規定する試験方法で加えたとき，これに耐える性能を有すること。

16-3表

最大使用電圧の区分	試験電圧	試験方法
60,000V以下	直流側の最大使用電圧の1倍の交流電圧（500V未満となる場合は，500V）	充電部分と外箱との間に連続して10分間加える。
60,000V超過	交流側の最大使用電圧の1.1倍の交流電圧又は，直流側の最大使用電圧の1.1倍の直流電圧	交流側及び直流高電圧側端子と大地との間に連続して10分間加える。

4　燃料電池は，最大使用電圧の1.5倍の直流電圧又は1倍の交流電圧（500V未満となる場合は，500V）を充電部分と大地との間に連続して10分間加えたとき，これに耐える性能を有すること。

5　太陽電池モジュールは，次の各号のいずれかに適合する絶縁性能を有すること。

一　最大使用電圧の1.5倍の直流電圧又は1倍の交流電圧（500V未満となる場合は，500V）を充電部分と大地との間に連続して10分間加えたとき，これに耐える性能を有すること。

二　使用電圧が低圧の場合は，日本産業規格 JISC 8918（2013）「結晶系太陽電池モジュール」の「7.1 電気的性能」又は日本産業規格 JIS C 8939（2013）「薄膜太陽電池モジュール」の「7.1 電気的性能」に適合するものであるとともに，省令第58条の規定に準ずるものであること。

6　開閉器，遮断器，電力用コンデンサ，誘導電圧調整器，計器用変成器その他の器具（第1項から前項までに規定するもの及び使用電圧が低圧の電気使用機械器具（第142条第九号に規定するものをいう。）を除く。以下この項において「器具等」という。）の電路並びに発電所，蓄電所又は変電所，開閉所若しくはこれらに準ずる場所に施設する機械器具の接続線及び母線（電路を構成するものに限る。）は，次の各号のいずれかに適合する絶縁性能を有すること。

一　次に適合するものであること。

イ　使用電圧が低圧の電路においては，16-4表に規定する試験電圧を電路と大地との間（多心ケーブルにあっては，心線相互間及び心線と大地との間）に連続して10分間加えたとき，これに耐える性能を有すること。

16-4表

電路の種類	試験電圧
交流	最大使用電圧の1.5倍の交流電圧（500V未満となる場合は，500V）
直流	最大使用電圧の1.5倍の直流電圧又は1倍の交流電圧（500V未満となる場合は，500V）

ロ　使用電圧が高圧又は特別高圧の電路においては，前条第一号の規定に準ずるものであること。

二　電線にケーブルを使用する機械器具の交流の接続線又は母線においては，前条第二号の規定に準ずるものであること。

三　民間規格評価機関として日本電気技術規格委員会が承認した規格である「電路の絶縁耐力の確認方法」の「適用」の欄に規定する方法により絶縁耐力を確認したものであること。

四　器具等の電路においては，当該器具等が次のいずれかに適合するものであること。

イ　接地型計器用変圧器であって，日本産業規格 JIS C 1731-2（1998）「計器用変成器－（標準用及び一般計測用）第2部：計器用変圧器」の「6.3 耐電圧」又は民間規格評価機関として日本電気技術規格委員会が承認した規格である「計器用変成器（電力需給用）－第1部：一般仕様」の「適用」の欄に規定する要件に適合するもの

ロ　電力線搬送用結合コンデンサであって，高圧端子と接地された低圧端子間及び低圧端子と外箱間の耐電圧が，それぞれ日本産業規格 JIS C 1731-2（1998）「計器用変成器－（標準用及び一般計測用）第2部：計器用変圧器」の「6.3 耐電圧」に規定するコンデンサ形計器用変圧器の主コンデンサ端子間及び1次接地側端子

と外箱間の耐電圧の規格に準ずるもの

ハ 電力線搬送用結合リアクトルであって，次に適合するもの

（イ） 使用電圧は，高圧であること。

（ロ） 50Hz 又は 60Hz の周波数に対するインピーダンスは，16-5 表の左欄に掲げる使用電圧に応じ，それぞれ同表の中欄に掲げる試験電圧を加えたとき，それぞれ同表の右欄に掲げる値以上であること。

16-5 表

使用電圧の区分	試験電圧	インピーダンス	
		50Hz	60Hz
3,500V 以下	2,000V	400kΩ	500kΩ
3,500V 超過	4,000V	800kΩ	1,000kΩ

（ハ） 巻線と鉄心及び外箱との間に最大使用電圧の 1.5 倍の交流電圧を連続して 10 分間加えたとき，これに耐える性能を有すること。

ニ 雷サージ吸収用コンデンサ，地絡検出用コンデンサ及び再起電圧抑制用コンデンサであって，次に適合するもの

（イ） 使用電圧が高圧又は特別高圧であること。

（ロ） 高圧端子又は特別高圧端子と接地された外箱の間に，16-6 表に規定する交流電圧を 1 分間加え，また，直流電圧を 10 秒間加えたとき，これに耐える性能を有するものであること。

16-6 表

使用電圧の区分（kV）	区分	交流電圧（kV）	直流電圧（kV）
3.3	A	16	45
	B	10	30
6.6	A	22	60
	B	16	45
11	A	28	90
	B	28	75
22	A	50	150
	B	50	125
	C	50	180
33	A	70	200
	B	70	170
	C	70	240
66	A	140	350
	C	140	420
77	A	160	400
	C	160	480

（備考）
Aは，B又はC以外の場合
Bは，雷サージの侵入が少ない場合又は避雷器等の保護装置によって異常電圧が十分低く抑制される場合
Cは，避雷器等の保護装置の保護範囲外に施設される場合

ホ　避雷器であって，次のいずれかに適合するもの
（イ）直列ギャップを有する避雷器であって，次に適合するもの
(1)　商用周波放電開始電圧は，乾燥状態及び注水状態において，2分以内の時間間隔で10回連続して商用周波放電開始電圧を測定したとき，16-7表に規定する値以上であること。
(2)　直列ギャップ及び特性要素の磁器容器その他の使用状態において加圧される部分は，次に掲げる耐電圧試験を行ったとき，フラッシュオーバ又は破壊しないこと。
(i)　16-7表に規定する耐電圧試験電圧（商用周波）を乾燥状態で1分間，注水状態で10秒間加える。
(ii)　16-7表に規定する耐電圧試験電圧（雷インパルス）を乾燥及び注水状態において，正負両極性でそれぞれ3回加える。
(3)　乾燥及び注水状態において，16-7表に規定する雷インパルス放電開始電圧（標準）を正負両極性でそれぞれ10回加えたとき，全て放電を開始し，かつ，正負両極性の雷インパルス電圧（波頭長0.5μs以上1.5μs以下，波尾長32μs以上48μs以下となるもの。）により放電開始電圧と放電開始時間との特性を求めたとき，0.5μsにおける電圧値は，同表に規定する雷インパルス放電開始電圧（0.5μs）の値以下であること。
(4)　正負両極性の雷インパルス電流（波頭長6.4μs以上9.6μs以下，波尾長18μs以上22μs以下の波形となるもの）により制限電圧と放電電流との特性を求めたとき，公称放電電流における制限電圧値は，16-7表に規定する制限電圧の値以下であること。
(5)　公称放電電流10,000Aの避雷器においては，乾燥状態及び注水状態で，正負両極性の開閉インパルス電圧により，放電開始電圧と放電開始時間との特性を求めたとき，250μsにおける電圧値は，16-7表に規定する開閉インパルス放電開始電圧の値以下であること。

16-7表

避雷器定格電圧（kV）	商用周波放電開始電圧（kV）	耐電圧試験電圧（kV）		雷インパルス放電開始電圧（kV）						制限電圧（kV）			開閉インパルス放電開始電圧（kV）
				（標準）			（0.5μs）						
		（商用周波）	（雷インパルス）※	10,000A避雷器	5,000A避雷器	2,500A避雷器	10,000A避雷器	5,000A避雷器	2,500A避雷器	10,000A避雷器	5,000A避雷器	2,500A避雷器	
4.2	6.9	16	45	17	17	17	19	19	20	14	15	17	17
8.4	13.9	22	60	33	33	33	38	38	38	28	30	33	33
14	21	28	90	50	50	54	57	57	62	47	50	54	50
28	42	50	150	90	90	105	103	103	126	94	130	105	90
42	63	70	200	135	135	160	155	155	184	140	145	160	120
70	105	120	300	213			245			224			200
84	126	140	350	256			294			269			240
98	147	160	400	298			343			314			281
112	168	185	450	340			391			358			320
126	189	230	550	383			440			403			361
140	210	230	550	426			490			448			401
182	273	325	750	553			636			582			522
196	294	325	750	596			685			627			561
210	315	395	900	638			734			672			601
224	336	395	900	681			783			717			641
266	399	460	1,050	808			929			851			762
280	420	460	1,050	851			979			896			802
420	630	750	1,550	1,220			1,340			1,220			1,090

※：波頭長0.5μs以上1.5μs以下，波尾長32μs以上48μs以下となるものとする。

（ロ）（イ）に規定するもの以外の避雷器であって，次に適合するもの

(1) 乾燥状態において測定した動作開始電圧（商用周波電圧を加えたときの，16-8表に規定する抵抗分電流に対する避雷器端子電圧の値をいう。）の波高値は，16-10表に規定する値以上であること。

16-8表

公称放電電流（A）	開閉サージ動作責務静電容量（μF）	抵抗分電流（波高値）（mA）
5,000	−	1
10,000	25	1
	50	2
	78	3

(2) 特性要素の磁器容器その他の使用状態において加圧される部分は，次に掲げる耐電圧試験を行ったとき，フラッシュオーバ又は破壊しないこと。

(i) 16-10表に規定する耐電圧試験電圧（商用周波）を，乾燥状態で1分間加え，また，注水状態で10秒間加える。

(ii) 16-10表に規定する耐電圧試験電圧（雷インパルス）を，乾燥状態及び注水状態において，正負両極性でそれぞれ3回加える。

(3) 正負両極性の急しゅん雷インパルス電流（波頭長0.8μs以上1.2μs以下となるもの）により制限電圧と放電電流との特性を求めたとき，公称放電電流における電圧値は，16-10表に規定する急しゅん雷インパルス制限電圧の値以下であること。

(4) 正負両極性の雷インパルス電流（波頭長6.4μs以上9.6μs以下，波尾長18μs以上22μs以下となるもの）により制限電圧と放電電流との特性を求めたとき，公称放電電流における制限電圧値は，16-10表に規定する雷インパルス制限電圧の値以下であること。

(5) 公称放電電流10,000Aの避雷器においては，正負両極性の開閉インパルス電流（波頭長48μs以上72μs以下の波形となるもの）により制限電圧と放電電流との特性を求めたとき，16-9表に規定する放電電流における制限電圧値は，16-10表に規定する開閉インパルス制限電圧の値以下であること。

16-9表

開閉サージ動作責務静電容量（μF）	放電電流（波高値）（A）
25	1,000
50	2,000
78	3,000

16-10表

避雷器定格電圧（kV）	動作開始電圧（波高値）（kV）	耐電圧試験電圧（kV）		急峻雷インパルス制限電圧（kV）		雷インパルス制限電圧（kV）		開閉インパルス制限電圧（kV）
		（商用周波）	（雷インパルス）※	10,000A避雷器	5,000A避雷器	10,000A避雷器	5,000A避雷器	
4.2	7.1	16	45	19	19	17	17	17
8.4	14.3	22	60	36	36	33	33	33
14	19.8	28	90	52	55	47	50	50
28	39.6	50	150	103	110	94	100	90
42	59.4	70	200	154	160	140	145	120
70	99	120	300	246		224		200
84	119	140	350	296		269		240
98	139	160	400	345		314		281
112	158	185	450	394		358		320

126	178	230	550	443		403		361
140	198	230	550	493		448		401
182	232	325	750	640		582		522
196	277	325	750	690		627		561
210	267	395	900	739		672		601
224	285	395	900	789		717		641
266	339	460	1,050	936		851		762
280	356	460	1,050	986		896		802
420	535	750	1,550	1,340		1,220		1,090

※：波頭長0.84μs以上1.56μs以下，波尾長40μs以上60μs以下となるものとする。

（ハ） 民間規格評価機関として日本電気技術規格委員会が承認した規格である「酸化亜鉛形避雷器」の「適用」の欄に規定する要件に適合するもの

五 電力変換装置が，1,500V以下の直流電路に施設されるものである場合は，電気学会電気規格調査会標準規格JEC-2470（2017）「分散形電源系統連系用電力変換装置」（JEC-2470（2018）にて追補）の「7.2 試験項目」の交流耐電圧試験により絶縁耐力を有していることを確認したものであって，常規対地電圧を電路と大地との間に連続して10分間加えて確認したときにこれに耐えること。

〔解 説〕 本条は，変圧器，回転機，整流器，燃料電池，太陽電池モジュールその他これらの機器以外の諸器具並びに接続線及び母線等の電路の絶縁性能を定めた規定である。

これらの変圧器，器具等の中には，接地線に接続する抵抗器，リアクトル等の常時は電圧が加わらないものもある。

これら電路でないものに絶縁耐力による絶縁性能の基準を適用することは適当とはいえず，別途，**第19条第2項**において接地工事の方法としての規定を設けていること，試験電圧は充電部分を念頭とした最大使用電圧によって規定してきたことから，H4基準で**本条**の対象は「電路」に対するものである旨を明らかにした。

第1項は，一般の変圧器の電路の絶縁性能に関する規定であり，巻線ごとに絶縁性能を示し，全体としての絶縁性能を規定している。放電灯用変圧器，エックス線管用変圧器，試験用変圧器，計器用変成器等の特殊な用途に供される変圧器については，その構造及び使用条件が一般の変圧器と異なっているので，**本項**から除外した（以下この章では単に変圧器という場合には，これらの特殊変圧器を除くことにした。）。これらのうち，エックス線管用変圧器については**第194条**が，放電灯用変圧器については**第185条第4項**及び電気用品安全法がそれぞれ適用される。計器用変成器は，変圧器とは考えず，その絶縁耐力は**第6項**に規定している。

第一号は，絶縁性能として，耐電圧試験電圧を加えたときこれに耐える性能を有することを規定している。「電圧を加える」方法としては，外部電源により試験電圧を発生してこれを印加することばかりでなく，自ら誘導により被試験端子間に試験電圧を発生させるいわゆる誘導電圧試験も考えられる。16-1表に変圧器の巻線の種類に応じた試験電圧及び試験方法を示しているが，その内容を解説16.1表に示すように分類して解説する。

解説 16.1 表

<table>
<tr><th colspan="7">変圧器の巻線の種類</th><th>分類</th></tr>
<tr><td colspan="7">最大使用電圧が7,000V以下のもの</td><td>A</td></tr>
<tr><td rowspan="2">最大使用電圧が7,000Vを超え60,000V以下のもの</td><td colspan="6">最大使用電圧が15,000V以下のものであって，中性点接地式電路（中性線を有するものであって，その中性線に多重接地するものに限る。）に接続するもの</td><td>B</td></tr>
<tr><td colspan="6">上記以外のもの</td><td>C</td></tr>
<tr><td rowspan="8">最大使用電圧が60,000Vを超えるもの</td><td rowspan="7">整流器に接続する以外のもの</td><td colspan="5">中性点非接地式電路に接続するもの</td><td>D</td></tr>
<tr><td rowspan="6">中性点接地式電路に接続するもの</td><td rowspan="4">星形結線のもの</td><td rowspan="3">中性点直接接地式電路に接続するもの</td><td rowspan="2">中性点を直接接地するもの</td><td>最大使用電圧が170,000V以下のもの</td><td>E</td></tr>
<tr><td>最大使用電圧が170,000Vを超えるもの</td><td>F</td></tr>
<tr><td colspan="2">中性点に避雷器を施設するもの</td><td>G</td></tr>
<tr><td colspan="3">上記以外のものであって，中性点に避雷器を施設するもの</td><td rowspan="2">H</td></tr>
<tr><td colspan="4">スコット結線のものであって，T座巻線と主座巻線の接続点に避雷器を施設するもの</td></tr>
<tr><td colspan="4">上記以外のもの</td><td>I</td></tr>
<tr><td colspan="6">整流器に接続するもの</td><td>J</td></tr>
</table>

Bは，いわゆる三相4線式の11.4kV特別高圧架空電線路のうち，中性線多重接地方式の電路に接続される変圧器の巻線の絶縁性能で，配電用変電所に設置される変圧器の2次側巻線と柱上変圧器の1次側巻線がこれに該当する。試験電圧値については，**第15条**の解説（解説15.1表のC）を参照されたい。

DからIまでの最大使用電圧が60kVを超える電路の試験電圧については，基本的に**第15条**（解説15.1表のE，F，G，H）と同じ考え方である。

Eは，H23解釈で追加したものであり，それまで明確でなかった最大使用電圧が170kV以下の中性点直接接地系統に使用される変圧器の試験電圧を明確にしたものである。最大使用電圧が170kVを超えるものについてはFで最大使用電圧の0.64倍としているが，その根拠となっている検討結果を最大使用電圧が170kV以下のものへ単純に反映することはできないため，過去の実績に基づき，最大使用電圧の0.72倍とした。

Fは，いわゆる超高圧変圧器を対象としたものである。Fの試験電圧値は，**第15条**の解説（解説15.1表のF）で示すとおり，Gの試験電圧0.72倍のもととなった各数値の見直し検討結果に基づくものである。

Gの試験電圧の値は，電気学会電気規格調査会試験電圧標準特別委員会が電気技術基準調査委員会の依頼に対し，検討した結果である。0.72倍という値は，1線地絡時の健全相の対地電圧上昇係数（$k_1=1.4/\sqrt{3}$），故障継続時間を0.2秒として試験時間10分に換算する係数（$k_2=0.55$，v－t曲線にはBellaschi Teagueの1/4"油中間隙によるものを採っている。），負荷遮断による電圧上昇係数（$k_3=1.35$）及び安全係数（$k_4=1.2$）の積により得られたものである。

Gで，中性点を直接接地せずに避雷器を施設するのは，系統規模の拡大に伴って，事故時の故障電流が増大する傾向にあり，送電線に接近する通信線の電磁誘導電圧が大きくなるため，従来の誘導軽減対策のみでは処理できない場合も予想されるので，地絡電流を抑制するために行うものである。ただし，中性点を直接接地せずに避雷器を施設した変圧器を無負荷状態で欠相投入や欠相遮断を行うと，回路条件によっては直列共振を生じ，危険な異常電圧を発生するおそれもあるので，実際の施設や運用にあたっては十分に注意する必要がある。

F又はGの試験方法（※2又は※3）を例として試験方法の2例を図解すると，解説16.1図のとおりである。

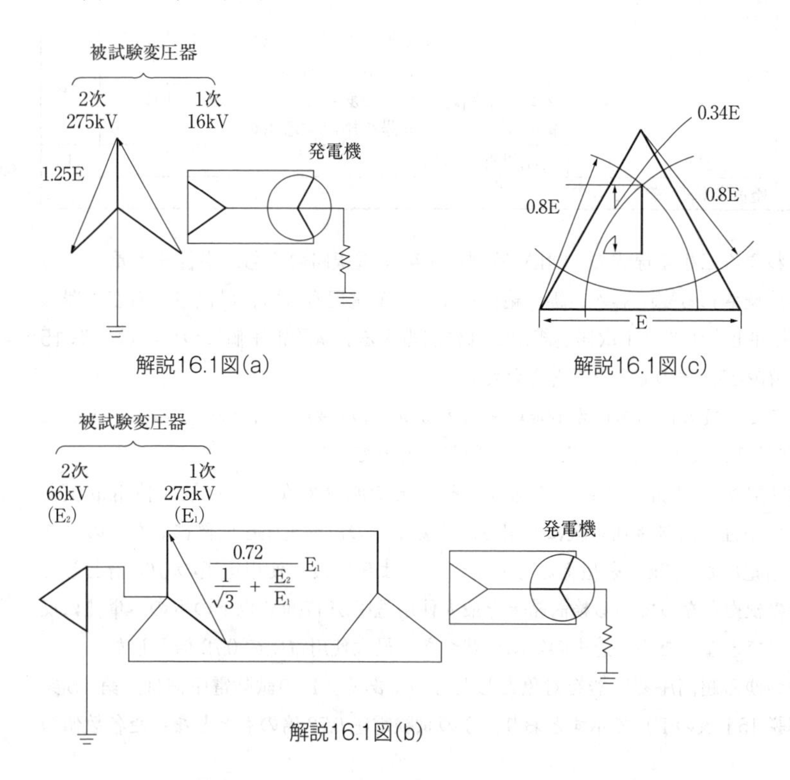

解説16.1図(a)

解説16.1図(c)

解説16.1図(b)

解説16.1図（b）の例でもわかるように，被試験巻線の中性点は直接接地する必要はなく，線路端と大地との間に規定の試験電圧が加わればよいのであり，Fについては中性点の絶縁性能を決めていない。ただし，解説16.1図（b）の方法による場合，中性点が大地より浮くので，中性点の絶縁レベルとの関係において試験方法を選定しなければならない。

また，解説16.1図（b）の方法による場合は，相を変えて1つの変圧器につき3回試験を行う必要がある。

Gの場合は，1線地絡事故時の中性点端子の対地電位の上昇を考慮する必要があるが，このことに関して，電気技術基準調査委員会発変電専門委員会で検討した結果，中性点端子の絶縁性能は，次の理由により最高使用電圧の0.3倍の試験電圧で試験すればよいということになった。すなわち，超高圧変圧器が接続される直接接地系統では，1線地絡時の健全相の対地電圧値は，地絡前の健全相の0.8倍以下である。よって，解説16.1図（c）のような円線図を考えると，中性点の対地電位の上昇は，0.34Eを超えることはないので，中性点端子の試験電圧は，電圧端子の試験電圧にこの対地電位上昇の比を乗じて求める。つまり，

$$0.72E \times 0.34/0.8 = 0.306E$$

となる。計算の基礎となった0.72Eは，安全率が見込まれているので，0.3Eとしても実質的に問題ない。

Hは，S30工規で追加されたものである。高電圧大容量変圧器は資材の節減，全重量の軽減を図るため，中性点の絶縁を線路側端子の絶縁の$1/\sqrt{3}$程度に低減し，雷インパルス電圧による高電圧に対しては，その中性点は許容端子電圧が線路側に設ける避電器の許容端子電圧の$1/\sqrt{3}$程度の避雷器を接続することによって保護するものが広く採用されている。このような変圧器は，Iに規定する方法により試験を行えないので，その方法を「※4」として別掲しているわけである。

※4は，好ましいことではないが，立法技術上，試験の方法（解説16.2図はその一例である。）をそのまま規定している。

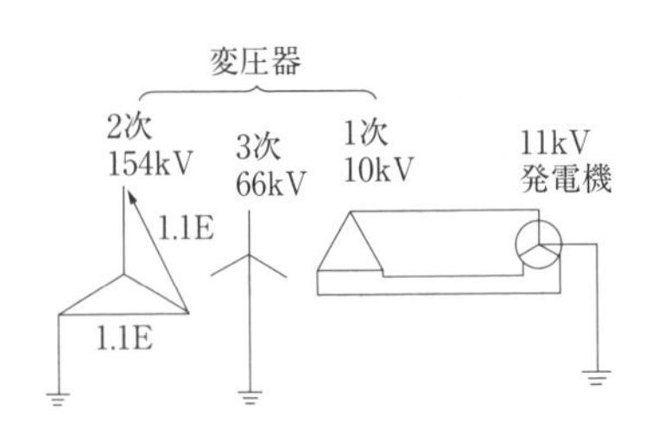

解説16.2図(a)

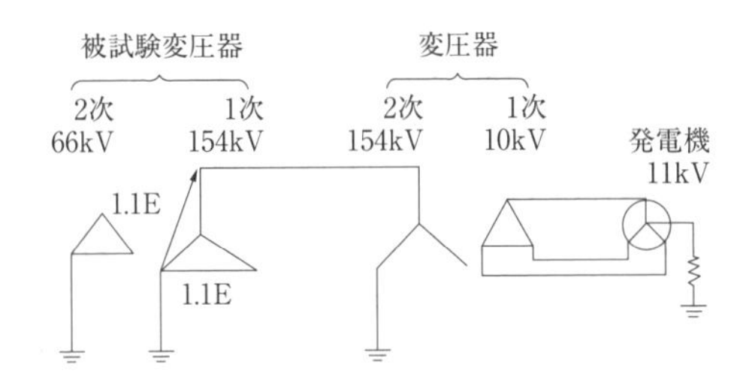

解説16.2図(b)

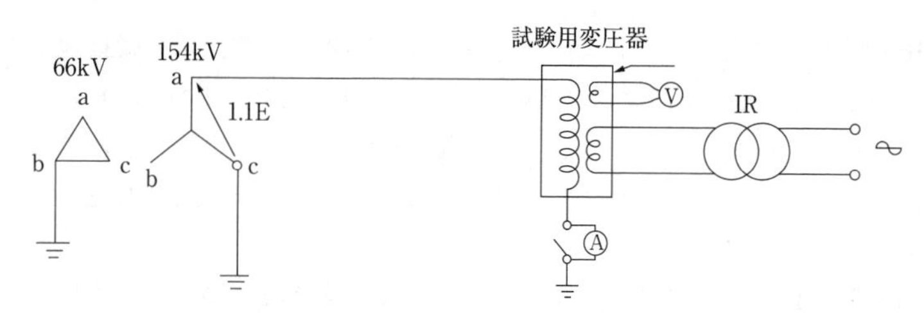

解説 16.2 図（c）単相交流による試験方法（a 相端子の試験）

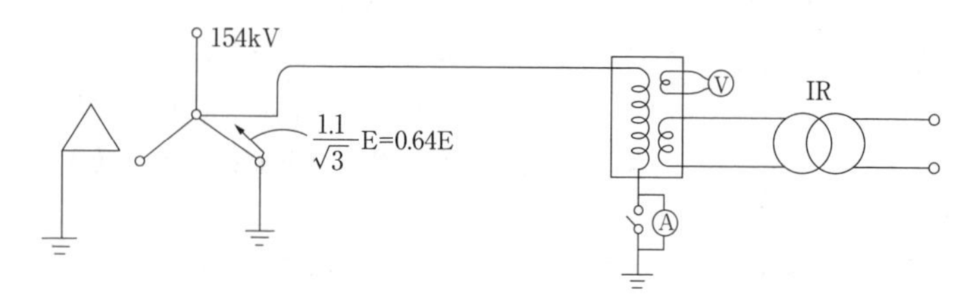

解説 16.2 図（d）単相交流による試験方法（中性点端子の試験）

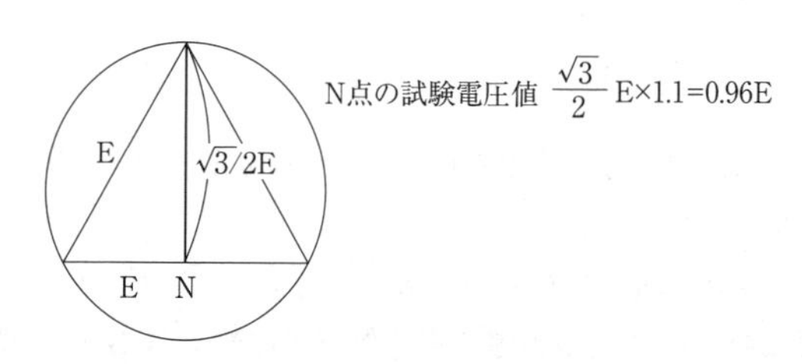

解説 16.2 図（e）スコット結線変圧器のＴ座巻線と主座巻線の接線点の試験電圧

S43 基準でただし書が加えられ，三相交流の試験電圧で行うことが困難な場合は，単相交流で試験できることを明確にしている。これは一般に行われている試験方法であるが，運用面で問題となることも考えられたので明確化したものである。解説 16.2 図（a）及び（b）は段絶縁となっている高電圧側巻線の三相交流による誘導試験方法であるが，「任意の 1 端子」という規定の表現は「どの端子でも」ということになるので，実際の試験に際しては，更に接地側の端子を取り換えて合計 2 回試験する必要がある。なお，この場合，低電圧側の巻線の 1 端子を接地するのは，高電圧側の巻線と低電圧側の巻線との間の絶縁性能をも試験するためである。解説 16.2 図（c）及び（d）は，単相交流による試験方法である。試験電圧は試験用変圧器により発生させる場合もあれば，発電機の単相運転による場合もある。解説 16.2 図（c）のように a 相，b 相，c 相の各端子それぞれに行い，最後に解説 16.2 図（d）のように中性点端子に行う。解説 16.2 図（b）では，中性点端子には 1.1/2・E の電圧しか印加されないので，再度，中性点端子に $1.1/\sqrt{3}$・E

の電圧の試験を加える必要がある。表中の0.64及び0.96は，$1.1/\sqrt{3}=0.64$，$\sqrt{3}/2\times1.1=0.96$の意味である。S43基準では，星型結線の三相変圧器だけでなく，単相変圧器についても，また，S51基準では，スコット結線変圧器のT座巻線と主座巻線の接続点の絶縁を低減した場合（→解説16.2図（e））も，Hの試験電圧及び試験方法を適用できることとした。

Jは，整流器に接続する巻線に対する耐電圧試験値で，この数値については，**第15条**の解説を参照されたい。

なお，**本号**に規定されている試験方法は，絶縁性能を確認する1つの方法であり，この試験方法により絶縁耐力試験を行うことを必ずしも要求しているものではない。

第二号は，JIS，JECに基づいて製作された変圧器に対する常規対地電圧による絶縁性能の確認について述べたもので，詳細については，**第15条**の解説を参照されたい。R4解釈より，民間規格評価機関として日本電気技術規格委員会に承認された規格リストと関連づけられ，当該機関の公開ページにて掲載されている。

第2項は，回転機の絶縁性能を定めたものである。電路に加わる電圧及び最大使用電圧に対する考え方については，**第15条**の解説を参照されたい。回転機の電路についても，特別高圧のものでは絶縁の裕度が少ないこと及び回路の保護も一般に完備していること等を考慮して，高圧以下のものよりも試験電圧の倍数を小さくしている。最低の試験電圧を500Vとしたのは，強電流電気工作物として電路を絶縁する以上は，絶縁の劣化等を考えて当然この程度の絶縁耐力を必要とするからである。なお，**第1項**の変圧器等の規定には，60,000Vを超える中性点接地式電路の試験電圧低減の規定があるが，回転機においてこのような高い電圧を使用することは一般的でないので，**本項**には規定していない。

回転変流機の場合に，直流側の電圧に等しい交流電圧を加えることは，（直流側電圧）$=\sqrt{2}\times$（交流側電圧）の関係から，交流側の電圧の$\sqrt{2}=1.414$倍を加えることになり，発電機や電動機などの1.5倍とほぼ同じ絶縁強度を要求することとなる（直流側から見れば，波高値$\sqrt{2}$倍の交流電圧で試験することになる。）。

第二号は，H4基準で，大容量の交流回転機の場合は静電容量が大きくなり，交流で絶縁耐力試験を行うには大容量の電源設備が必要となって，その実施が困難な場合が多いことから，比較的簡単に実施できる直流試験によることができるようにした。この場合の試験電圧は交流試験電圧の1.6倍とし，これに耐えればよいこととした。交流試験電圧の1.6倍は，電気学会電気規格調査会標準規格JEC-114-1979「同期機」（**2000年にJEC-2130として改訂**）に準じている。

第3項は，整流器の絶縁性能を定めたもので，考え方は**第2項**と同様である。また，交直変換装置の絶縁性能については，**第15条**の解説を参照されたい。

第4項は，燃料電池の絶縁性能を定めたものである。試験電圧は，最大使用電圧の1.5倍の直流電圧又は実際に試験する際の便宜のため1倍の交流電圧とした。最大使用電圧（直流）の1倍の交流電圧としたのは，波高値$=\sqrt{2}\times$交流電圧実効値$\fallingdotseq1.5\times$直流電圧となり，同等の絶縁強度を要求することになるためである。

第5項は，太陽電池モジュールの絶縁性能を定めたもので，第一号の試験電圧の考え方は第4項と同じである。第二号は，使用電圧が低圧の場合，日本産業規格 JIS C 8918（2013）又は JIS C 8939（2013）に適合した場合，省令第58条の規定に準ずることにより確認できることを示している。H18 解釈では小規模発電設備の場合に適用できる規定であったが，H25 解釈で，使用電圧が低圧の場合にも適用できると規定した。

これらの日本産業規格では，太陽電池モジュールは

（試験電圧）＝2×（最大システム電圧）＋1,000V

の直流電圧で1分間の試験に耐えることとなっており，これに合格した太陽電池モジュールであれば，第一号の試験にも十分耐えるものと考えられる。

第6項は，第1項から第5項までで絶縁性能を定めている主要機器以外の諸器具や接続線，母線等の電路の絶縁性能を定めたもので，その範囲は，例示の器具に類する器具であり，電気を供給する電路の附属設備的器具である。S40 基準では，「計器用変成器等の器具」としていたものを S43 基準で「…計器用変成器その他の器具」とした。ここでいう「その他の器具」は，法令上，例示の器具よりも意味の広い用語であるが，使用電圧が低圧の電気使用機械器具については省令第58条が適用されることから，H23 解釈で「（…使用電圧が低圧の電気使用機械器具を除く。）」とした。

第一号から第三号までの考え方は，第15条及び本条第1項から第5項までと同じである。第1項は，変圧器の場合なので，試験電圧は交流であるが，本項は，直流の器具等についても適用されるものであり，直流用の遮断器，母線等については，本項で計算した直流試験電圧に耐えるものであることとしている。

第一号で，最大使用電圧 7,000V 以下の器具等については，燃料電池発電設備及び太陽電池発電設備の設置により開閉器，逆流防止ダイオード（太陽電池設備の保護のために設置されるもの）等，直流充電部分を有する器具等が増加することから，実際に試験する際の便宜のため直流充電部分についても交流の試験電圧を規定した。イのかっこ書きは，多心ケーブルによっては，1線と大地との間の絶縁よりも，心線相互の絶縁の方が弱い場合もあり得るので，心線相互間の絶縁耐力をも定めたものであるが，SL ケーブルのように各心線を大地電位の鉛被で覆ったものでは，心線と大地との間の絶縁耐力が規定以上であれば，心線相互間も規定以上であることは当然である。

第四号は，第三号までと別に，器具等の絶縁性能を示している。

イに示す接地型計器用変圧器（コンデンサ形計器用変圧器を含む。）及びロに示す電力線搬送用結合コンデンサは，一般に，接地側の絶縁を低減していること，コンデンサ容量の影響を受け現地での耐電圧試験が困難であること等の理由により，それぞれ個別の絶縁性能を示している。ハに示す電力線搬送用結合リアクトルは，高圧配電線と大地

間に設置して，配電線の機器等の遠隔制御に用いられるものである。ニに示す雷サージ吸収用コンデンサ，地絡検出用コンデンサ及び再起電圧抑制用コンデンサは，接地型計器用変成器と同様な理由で，H7 基準において追加された。

避雷器についても，その性格上高電圧が印加される時間は数 10 μs のごく短時間であり，10 分間課電は特性要素，並列抵抗等に悪影響を与え，動作特性の変化，性能の低下などのおそれがあるので，ホでその絶縁性能を規定している。また，S61 基準で酸化亜鉛形避雷器，H23 解釈で高性能避雷器についての規定を追加した。

なお，この解釈では，基本的に現地で確認できる方法で電路の絶縁性能を規定しているが，上記の接地型計器用変圧器等については，現場試験の実施に当たって各種の難点があるため，やむを得ず工場試験による方法で規格としての絶縁性能を示したものである。

第五号は，H25 解釈で追加されたものである。1500V 以下の電路に施設される電力変換装置の絶縁性能については，JEC-2470（2017）（JEC-2470（2018）にて追補）による絶縁耐力試験及び常規対地電圧の印加試験により確認できることを示している。

【接地工事の種類及び施設方法】（省令第 11 条）

第 17 条　A 種接地工事は，次の各号によること。

一　接地抵抗値は，10Ω 以下であること。

二　接地線は，次に適合するものであること。

イ　故障の際に流れる電流を安全に通じることができるものであること。

ロ　ハに規定する場合を除き，引張強さ 1.04kN 以上の容易に腐食し難い金属線又は直径 2.6mm 以上の軟銅線であること。

ハ　移動して使用する電気機械器具の金属製外箱等に接地工事を施す場合において可とう性を必要とする部分は，3 種クロロプレンキャブタイヤケーブル，3 種クロロスルホン化ポリエチレンキャブタイヤケーブル，3 種耐燃性エチレンゴムキャブタイヤケーブル，4 種クロロプレンキャブタイヤケーブル若しくは 4 種クロロスルホン化ポリエチレンキャブタイヤケーブルの 1 心又は多心キャブタイヤケーブルの遮へいその他の金属体であって，断面積が $8mm^2$ 以上のものであること。

三　接地極及び接地線を人が触れるおそれがある場所に施設する場合は，前号ハの場合，及び発電所，蓄電所又は変電所，開閉所若しくはこれらに準ずる場所において，接地極を第 19 条第 2 項第一号の規定に準じて施設する場合を除き，次により施設すること。

イ　接地極は，地下 75cm 以上の深さに埋設すること。

ロ　接地極を鉄柱その他の金属体に近接して施設する場合は，次のいずれかによること。

（イ）　接地極を鉄柱その他の金属体の底面から 30cm 以上の深さに埋設すること。

(ロ)　接地極を地中でその金属体から1m以上離して埋設すること。

ハ　接地線には，絶縁電線（屋外用ビニル絶縁電線を除く。）又は通信用ケーブル以外のケーブルを使用すること。ただし，接地線を鉄柱その他の金属体に沿って施設する場合以外の場合には，接地線の地表上60cmを超える部分については，この限りでない。

ニ　接地線の地下75cmから地表上2mまでの部分は，電気用品安全法の適用を受ける合成樹脂管（厚さ2mm未満の合成樹脂製電線管及びCD管を除く。）又はこれと同等以上の絶縁効力及び強さのあるもので覆うこと。

四　接地線は，避雷針用地線を施設してある支持物に施設しないこと。

2　B種接地工事は，次の各号によること。

一　接地抵抗値は，17-1表に規定する値以下であること。

17-1表

接地工事を施す変圧器の種類	当該変圧器の高圧側又は特別高圧側の電路と低圧側の電路との混触により，低圧電路の対地電圧が150Vを超えた場合に，自動的に高圧又は特別高圧の電路を遮断する装置を設ける場合の遮断時間	接地抵抗値（Ω）
下記以外の場合		$150/Ig$
高圧又は35,000V以下の特別高圧の電路と低圧電路を結合するもの	1秒を超え2秒以下	$300/Ig$
	1秒以下	$600/Ig$

（備考）Igは，当該変圧器の高圧側又は特別高圧側の電路の1線地絡電流（単位：A）

二　17-1表における1線地絡電流Igは，次のいずれかによること。

イ　実測値

ロ　高圧電路においては，17-2表に規定する計算式により計算した値。ただし，計算結果は，小数点以下を切り上げ，2A未満となる場合は2Aとする。

17-2表

電路の種類		計算式
中性点非接地式電路	下記以外のもの	$1+\dfrac{\dfrac{V'}{3}L-100}{150}+\dfrac{\dfrac{V'}{3}L'-1}{2}$（$=I_1$とする。） 第2項及び第3項の値は，それぞれ値が負となる場合は，0とする。
	大地から絶縁しないで使用する電気ボイラー，電気炉等を直接接続するもの	$\sqrt{I_1^{\,2}+\dfrac{V^2}{3R^2}\times10^6}$
中性点接地式電路		

中性点リアクトル接地式電路	$\sqrt{\left(\frac{\frac{V}{\sqrt{3}}R}{R^2+X^2}\times10^3\right)^2+\left(I_1-\frac{\frac{V}{\sqrt{3}}X}{R^2+X^2}\times10^3\right)^2}$

（備考）
V'は，電路の公称電圧を1.1で除した電圧（単位：kV）
Lは,同一母線に接続される高圧電路（電線にケーブルを使用するものを除く。）の電線延長（単位：km）
L'は,同一母線に接続される高圧電路（電線にケーブルを使用するものに限る。）の線路延長（単位：km）
Vは，電路の公称電圧（単位：kV）
Rは，中性点に使用する抵抗器又はリアクトルの電気抵抗値（中性点の接地工事の接地抵抗値を含む。）（単位：Ω）
Xは，中性点に使用するリアクトルの誘導リアクタンスの値（単位：Ω）

ハ　特別高圧電路において実測が困難な場合は，線路定数等により計算した値

三　接地線は，次に適合するものであること。

イ　故障の際に流れる電流を安全に通じることができるものであること。

ロ　17-3表に規定するものであること。

17-3表

区分	接地線
移動して使用する電気機械器具の金属製外箱等に接地工事を施す場合において，可とう性を必要とする部分	3種クロロプレンキャブタイヤケーブル，3種クロロスルホン化ポリエチレンキャブタイヤケーブル，3種耐燃性エチレンゴムキャブタイヤケーブル，4種クロロプレンキャブタイヤケーブル若しくは4種クロロスルホン化ポリエチレンキャブタイヤケーブルの1心又は多心キャブタイヤケーブルの遮へいその他の金属体であって，断面積が8mm^{2}以上のもの
上記以外の部分であって，接地工事を施す変圧器が高圧電路又は第108条に規定する特別高圧架空電線路の電路と低圧電路とを結合するものである場合	引張強さ1.04kN以上の容易に腐食し難い金属線又は直径2.6mm以上の軟銅線
上記以外の場合	引張強さ2.46kN以上の容易に腐食し難い金属線又は直径4mm以上の軟銅線

四　第1項第三号及び第四号に準じて施設すること。

3　C種接地工事は，次の各号によること。

一　接地抵抗値は，10Ω（低圧電路において，地絡を生じた場合に0.5秒以内に当該電路を自動的に遮断する装置を施設するときは，500Ω）以下であること。

二　接地線は，次に適合するものであること。

イ　故障の際に流れる電流を安全に通じることができるものであること。

ロ　ハに規定する場合を除き，引張強さ0.39kN以上の容易に腐食し難い金属線又は直径1.6mm以上の軟銅線であること。

ハ　移動して使用する電気機械器具の金属製外箱等に接地工事を施す場合において，可とう性を必要とする部分は，次のいずれかのものであること。

（イ）　多心コード又は多心キャブタイヤケーブルの１心であって，断面積が $0.75mm^2$ 以上のもの

（ロ）　可とう性を有する軟銅より線であって，断面積が $1.25mm^2$ 以上のもの

4　D 種接地工事は，次の各号によること。

一　接地抵抗値は，100Ω（低圧電路において，地絡を生じた場合に 0.5 秒以内に当該電路を自動的に遮断する装置を施設するときは，500Ω）以下であること。

二　接地線は，第３項第二号の規定に準じること。

5　C 種接地工事を施す金属体と大地との間の電気抵抗値が 10Ω 以下である場合は，C 種接地工事を施したものとみなす。

6　D 種接地工事を施す金属体と大地との間の電気抵抗値が 100Ω 以下である場合は，D 種接地工事を施したものとみなす。

〔解　説〕　この解釈では，保安上いろいろな場合に接地工事を施すべきことを規定しているが，**本条**では，接地工事の原則は，A 種，B 種，C 種及び D 種の４種類であることを示すとともに，これらの接地工事について，接地抵抗値，使用する接地線の仕様及び施設方法を具体的に示している。接地抵抗値は，接地極と大地との間の電気抵抗値であるので，測定時の大地の湿潤の程度や温度等によって異なるが，**本条**に規定されている値以下にする必要がある。

なお，**第 13 条第二号イ**の試験用変圧器等を接地する場合，**第 19 条**の規定により電路の中性点を接地する場合及び需要場所の引込口において接地する場合，**第 37 条第 3 項**で引用している JESC E2018（2008）「高圧架空電線路に施設する避雷器の接地工事」の規定により接地を施す場合，並びに低圧架空電線を特別高圧架空電線路に併架する場合等は，**本条**に示す接地工事の原則によらないことになるが，それらについては各条に規定している。

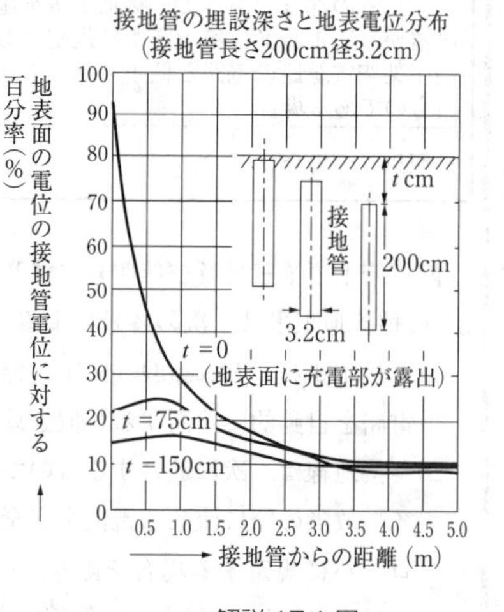

解説 17.1 図

第１項は，A 種接地工事の施設方法を示している。A 種接地工事は，特別高圧計器用変成器の２次側電路（**→第 28 条第 2 項**），高圧用又は特別高圧用機器の金属製外箱等（**→第 29 条第 1 項**）の接地等，高電圧の侵入のお

それがあり，かつ，危険度の高い場合に要求されるものにおいて施すものである。**第一号**では接地抵抗値，**第二号**では接地線の仕様を示している。長期間使用する接地線には，耐久性を考慮して銅線が多く用いられる。**第三号**では，故障時に接地線に電流が流れると，接地極の接地抵抗によって大地との間に電位差を生じ，接地極を中心として地表面に電位傾度が現れるので（→解説 17.1 図），人が触れるおそれがある場所に A 種接地工事の接地線を施設する場合には，接地極を十分な深さに埋設し，かつ，接地極から地上部分までの接地線を大地から十分に絶縁することとし，その方法を示している（→解説 17.2 図）。

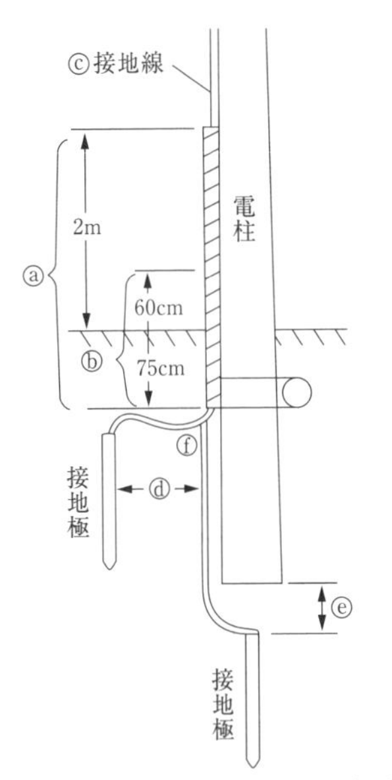

ⓐの部分の接地線を合成樹脂管などで覆う。
ⓑの部分の接地線には絶縁電線（OW線を除く），キャブタイヤケーブル又はケーブルを使用する。
ⓒ接地線を鉄柱等に沿って施設する場合はⓑと同じ電線を使用する。
ⓓ接地線を鉄柱等に沿って施設する場合は，1m以上離す。
ⓔ接地線を鉄柱の底面下に施設する場合は鉄柱底面から30 cm 以上とする。
ⓕ上記 ⓓ，ⓔの場合，接地線は ⓑと同じ電線を使用する。

解説 17.2 図

発電所，蓄電所，変電所などの場所において，接地網などで接地してあって，接地極の近傍の大地との間に生じる電位差により危険を及ぼすおそれがないときは，**第三号**の施設を省略できる。

イの接地極の埋設深さは，関東接地方式研究委員会報告（昭和 19.6 財団法人電気協同研究会）を参考として S24 工規で示されたものである。しかし，これは最低限許容される埋設深さであって，例えば接地線の絶縁効果が減少した場合には十分安全とはいい難い。実際の工事に当たっては，支持物の根入れの深さとして最低 1.1m 程度は掘削することから，一般的には，接地極の埋設深さはそれ以上としている。

ロは，故障時において地中で接地極付近の電位上昇が鉄柱等に伝わり，これによって地表面に電位傾度が現れ，人及び家畜が感電するおそれがあるので，これを防止するための措置である。H4基準で，電力中央研究所の実験結果を踏まえて，接地極と鉄柱の離隔距離について，埋設深さを鉄柱底面から30cm以上とすることができることとした。

ハ及びニは，故障時において接地線の電位上昇が鉄柱等に直接伝わることを防止するためと，地表面の電位傾度を少なくするため及び接地線の機械的損傷を防止するために工事方法を示している。

ハにおいて，鉄柱等に沿って施設する場合以外は，地表上60cmを超える部分の接地線の絶縁被覆について緩和されているが，弱電流電線と共架する場合は絶縁電線又はケーブルを使用することが必要であり（→**第81条第六号**），それ以外の場合でも柱上における作業者の安全等を考慮して，一般的には絶縁電線が使用される。また，H9解釈で表現が整理され，キャブタイヤケーブルは「通信用ケーブル以外のケーブル」に含まれるため削除された。

ニについては，特に北海道のような寒冷地にあっては，合成樹脂管内に浸入した雨水が凍結することによる合成樹脂管の破損や，接地線の絶縁効果低減のおそれが多いことから，防水キャップの採用等その施工には十分な慎重さを要する。「同等以上の絶縁効力及び強さのあるもので覆う」とは，S47基準以前に規定されていた工事方法｛木製等の不導体のといに接地線を収め，地表上60cmまでの部分は接地線とといとの間に絶縁性混和物を詰めることが規定され，接地用ビニル絶縁電線（S47基準で，この電線の規格は廃止され，規格上に多少の相違があるが，単心のビニル外装ケーブルとして取扱われることになった。）又はケーブル等を木ひに収める場合は，絶縁性混和物を詰めなくてもよいように規定されていた。｝でも良いという意味である。

第四号は，避雷針用地線についても**前号**で述べたことと同様な危険があるばかりでなく，落雷の際に非常に大きな電流が流れ，接地線を通じて高電圧が一般需要家の屋内に侵入して，機器を破壊させる等の危険があるので，これを防止するためのものである。

第2項は，B種接地工事の施設方法を示しており，**第一号**では接地抵抗値を示している。B種接地工事は，高圧又は特別高圧が低圧と混触するおそれがある場合に低圧電路の保護のために施設されるもので（→**第24条**），混触の際に，接地線に高圧又は特別高圧電路の地絡電流が流れた場合の電位上昇による低圧機器の絶縁破壊を防止するため，接地点の電位が150V（1次側が高圧又は35kV以下の特別高圧電路であって，150Vを超えたときに1秒を超え2秒以内に自動的に遮断する場合は300V，1秒以内に遮断する場合は600V）を超えないようにしたものである（→解説24.1図）。

S43基準で，混触発生時に2秒以内に自動的に遮断する場合は，低圧側の対地電圧の上昇電位を300Vまで緩和した。これは，B種接地工事が低圧側電路の保護のためのものであり，低圧側に300Vの電圧が侵入しても時間的に短ければ低圧側電路の電気機械器具に絶縁破壊を起こさないということから認められたもので，この件に関しては電気技術基準調査委員会で低圧用の数多くの機械器具を時間と電圧により区分して実験した結果によるものである。さらに，S57基準において，その後の機械器具の性能向上，混触事故の減少に伴い，同委員会で再度数多くの機械器具の耐圧試験を行った結果に基づき，混触時に1秒以内に自動的に遮断すれば対地電圧の上昇限度を600Vまで認めることとした。

なお，300V 2秒，600V 1秒の値は，人が触れた場合には危険な電圧となるので，このようなB種接地工事が施してある場合に，D種接地工事と連結することは危険が伴うので注意を要する（→第29条第1項解説）。

第二号では，B種接地工事の接地抵抗値を決定する基礎となる1線地絡電流値を示しており，**ロ**では高圧電路における算出方法を規定している。

中性点非接地式電路の1線地絡電流は，17-2表最上段に示す式により，電線路の公称電圧と長さによって計算される。

非接地式では，一般に地絡電流値が少ないが，いかなる場合でも2A以上とすることを規定している。以上の関係を3kV又は6kVの非接地式高圧電線路の場合について示せば，解説17.3図のようになる。すなわち，

①公称電圧6.6kVの高圧架空電線路の場合は，電線延長125km以下のものでは2A，125kmを超えるものでは75km又はその端数を増すごとに1Aを加える。

②公称電圧6.6kVの高圧地中電線路の場合は，線路延長1.5km以下のものでは2A，1.5kmを超えるものでは1km又はその端数を増すごとに1Aを加える。

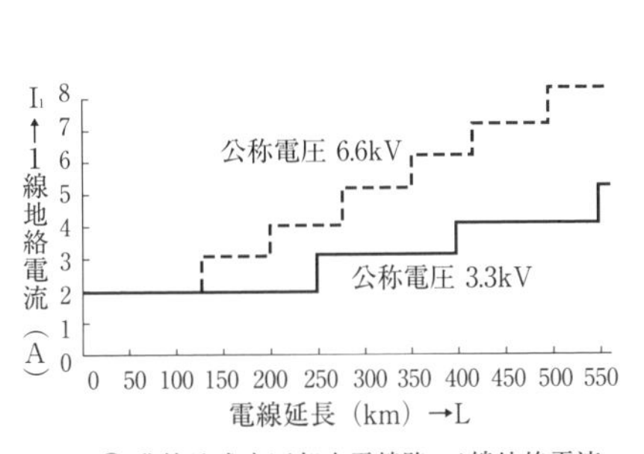

① 非接地式高圧架空電線路の1線地絡電流

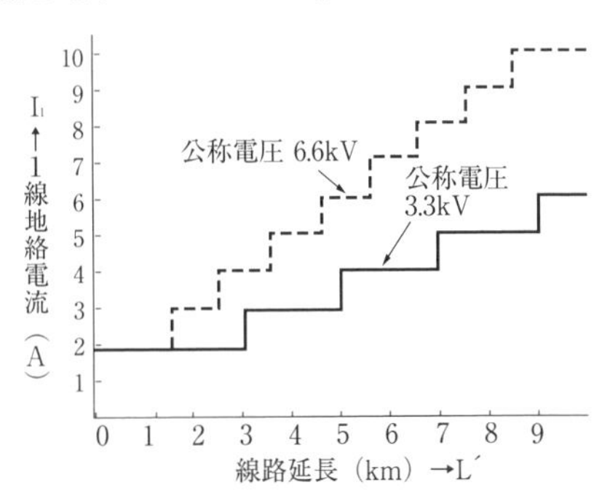

② 非接地式高圧地中電線路の1線地絡電流

解説17.3図

電力会社の3.3kVの電線路において実測した結果によれば（ケーブルを含むものが多い。），都市で10A以上，郊外で5～8A，郡部では5A以下が多い。

ここで注意を要することは，Lは同一の母線に接続される全ての高圧電路（ケーブルを使用するものを除く。）の電線延長であり，変電所等の母線から数回線の配電線が出ている場合には，その回線延長の合計について三相3線式の場合は3倍，単相2線式の場合は2倍したものであり，L′は同一母線に接続されているケーブルを使用する高圧電

路の線路延長で，この電路では３心ケーブルが一般に使用されている実情から，ケーブルの延長（三相の場合でも３倍しない。）をとるものとした。これは，電路（ケーブルを使用するものを除く。）については，１線地絡電流を実測した結果を基礎とし，これを60Hzに換算したものから決定したもの（50Hz系でもこれによることになっている。）であり，ケーブルを使用する高圧電路については，ケーブル製造者の推奨する静電容量実測値に基づいて50Hz系に使用する場合の数値をとったもの（60Hz系でもこれによることになっている。）である。

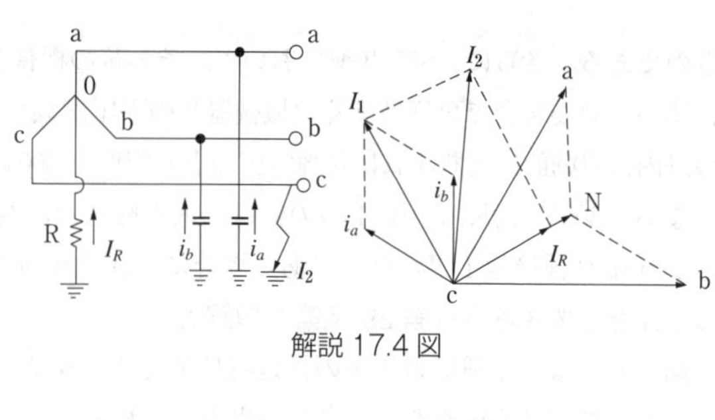

解説 17.4 図

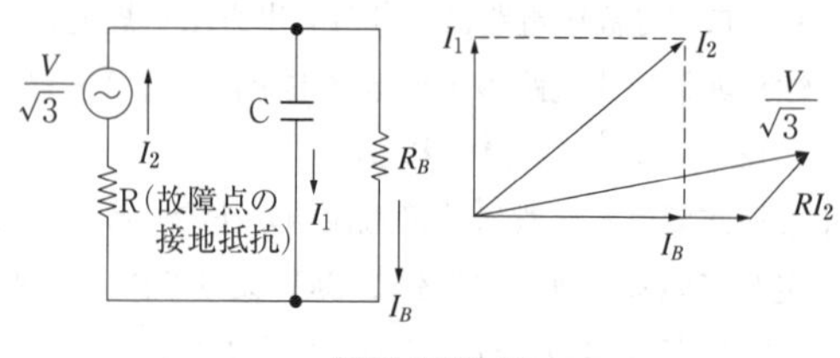

解説 17.5 図

中性点接地式高圧電路の１線地絡電流は，電線の大地に対する静電容量に基づく充電電流と，中性点（接地点）に流れる抵抗成分電流のベクトル和になり，17-2表中段のような近似式となる（→解説 17.4 図）。

中性点非接地式高圧電路において大地から絶縁せずに使用する電気ボイラーや電気炉が変圧器を介さずに直接接続されている場合は，そこで負荷の中性点が接地されていることとなるので，その個数から等価抵抗値を求めて，中性点接地式電路に準じて等価抵抗を流れる地絡電流と容量性の充電電流とのベクトル和を計算する（→解説 17.5 図）。

中性点リアクトル接地式高圧電路はあまり施設されないが，B種接地抵抗値が得られない場所では，１線地絡電流を少なくする必要があることから，このような方式の電路も施設されている。この場合は，故障点を通じて流れる電流は，中性点に使用するリアクトルの抵抗分により異なるが，中性点非接地式電路の容量性の電流と約180°の位相差があるので，１線地絡電流は17-2表最下段のような近似式となる（→解説 17.6 図）。

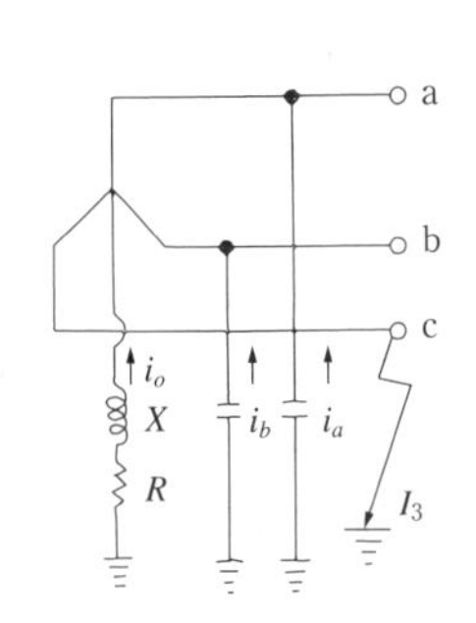

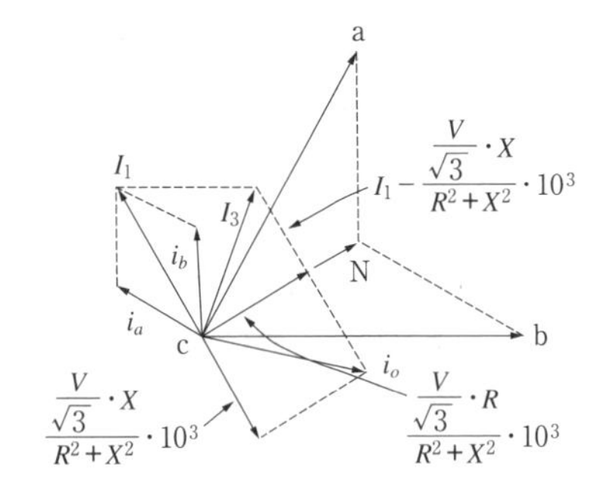

解説 17.6 図

なお，**イ**で示しているように，**17-2 表**の各式の計算によらないで，1 線地絡電流を実測するような場合には，その実測値によることができる。

ハでは，特別高圧電線路の 1 線地絡電流は，実測によるか，それが困難な場合は，個々の電線路の設計によって線路定数を求め，それに基づいて計算することを示している。

B 種接地工事の接地抵抗値の基礎となる地絡電流値は，一般的にあらかじめ系統（直接接続される自家用施設の電線路を含む。）の現状及び近い将来の予想を検討の上，その系統ごとに決定する。例えば，高圧電線路については，変電所の変圧器単位で決定しており，自家用の構内に施設する変圧器についてもこの値としている。

第三号は，接地線の仕様を示している。

第四号は，B 種接地工事について，A 種接地工事に準じて施設することを示している。B 種接地工事の接地線には，低高圧混触事故時だけでなく，低圧電路の漏れ電流が常時流れて地表面に電位傾度が現れ，人及び家畜等に感電事故を起こすことがあるので，A 種接地工事と同様の施設方法とすることとしている。

第 3 項は，C 種接地工事の施設方法を示している。C 種接地工事は，300V を超える低圧用機器の金属製外箱等の接地（**→第 29 条第 1 項**）など漏電による感電の危険度の大きい場合に施設されるもので，**第一号**において接地抵抗値は 10Ω 以下とすることを示している。

S47 基準で，C 種接地工事の接地抵抗値を，低圧電路に漏電遮断器等の地絡遮断装置を施設してあれば，500Ω まで緩和した。これは，一般に使用される漏電遮断器の定格感度電流が 100mA 以下であると考え，その場合の接触電圧を 50V 以下に抑えることができる最大の抵抗値と考えている。最大動作時間を 0.5 秒としたのは，地絡遮断装置の動作時間は極力短い方が好ましいが，バスダクトの地絡保護に施設する場合に末端の分岐回路に施設する地絡遮断装置との選択遮断が可能となることを考慮したものである。

第二号は，C 種接地工事の接地線の仕様を示している。**ハ**では，接地線の可とう性を必要とする部分に，導体の断面積が 0.75mm^2 以上の多心コード若しくは多心キャブタイヤケーブルの線心を接地線として使用する，又は接地工事を行いやすくするために，1.25mm^{2}のより線（0.75mm^{2}の2心コードを2心合わせて1本の接地線としてもよい。）を使用することを示している。

第4項は，D種接地工事の施設方法を示している。D種接地工事は，300V以下の低圧用機器の金属製外箱等の接地（→**第29条第1項**）など，漏電の際に，簡単なものでも接地工事を施してあれば，これによって感電等の危険を減少させることができる場合に施すもので，**第一号**において，接地抵抗値は100Ω以下とすることを示している。S47基準で，C種接地工事と同じく，低圧電路に漏電遮断器等の地絡遮断装置を施設してあれば，接地抵抗値を500Ωまで緩和した。**第二号**では，D種接地工事の接地線の仕様は，C種接地工事に準じることを示している。

第5項，**第6項**は，C種接地工事及びD種接地工事の省略に関する規定であるが，鉄骨又は鉄筋コンクリート造りの建築物内の機械器具，配線付属品の接地などは，あえて接地工事を施さなくても，鉄骨に電気的に接続しておけば低い抵抗値に保たれ，工事を簡素にできる場合が多いため，この規定が設けられている。ただし，鉄筋コンクリート造りの建物の場合，全部の鉄筋が電気的には接続していない場合もあるため注意を要する。

なお，H9解釈で第1種，第2種，第3種及び特別第3種接地工事の表現をそれぞれ，A種，B種，D種及びC種接地工事に変更した（第3種がD種へ，特別第3種がC種へ変更となったため留意する。）。

第1種接地工事 → A種接地工事
第2種接地工事 → B種接地工事
特別第3種接地工事 → C種接地工事
第3種接地工事 → D種接地工事

【工作物の金属体を利用した接地工事】（省令第11条）

第18条 鉄骨造，鉄骨鉄筋コンクリート造又は鉄筋コンクリート造の建物において，当該建物の鉄骨又は鉄筋その他の金属体（以下この条において「鉄骨等」という。）を，前条第1項から第4項までに規定する接地工事その他の接地工事に係る共用の接地極に使用する場合には，建物の鉄骨又は鉄筋コンクリートの一部を地中に埋設するとともに，等電位ボンディング（導電性部分間において，その部分間に発生する電位差を軽減するために施す電気的接続をいう。）を施すこと。また，鉄骨等をA種接地工事又はB種接地工事の接地極として使用する場合には，更に次の各号により施設すること。なお，これらの場合において，鉄骨等は，接地抵抗値によらず，共用の接地極として使用することができる。

一 特別高圧又は高圧の機械器具の金属製外箱に施す接地工事の接地線に1線地絡電

流が流れた場合において，建物の柱，梁，床，壁等の構造物の導電性部分間に50V を超える接触電圧（人が複数の導電性部分に同時に接触した場合に発生する導電性部分間の電圧をいう。以下この項において同じ。）が発生しないように，建物の鉄骨又は鉄筋は，相互に電気的に接続されていること。

二　前号に規定する場合において，接地工事を施した電気機械器具又は電気機械器具以外の金属製の機器若しくは設備を施設するときは，これらの金属製部分間又はこれらの金属製部分と建物の柱，梁，床，壁等の構造物の導電性部分間に，50V を超える接触電圧が発生しないように施設すること。

三　第一号に規定する場合において，当該建物の金属製部分と大地との間又は当該建物及び隣接する建物の外壁の金属製部分間に，50V を超える接触電圧が発生しないように施設すること。ただし，建物の外壁に金属製部分が露出しないように施設する等の感電防止対策を施す場合は，この限りでない。

四　第一号，第二号及び前号の規定における1線地絡電流が流れた場合の接触電圧を推定するために用いる接地抵抗値は，実測値又は民間規格評価機関として日本電気技術規格委員会が承認した規格である「病院電気設備の安全基準」の「適用」の欄に規定する要件によること。

2　大地との間の電気抵抗値が2Ω以下の値を保っている建物の鉄骨その他の金属体は，これを次の各号に掲げる接地工事の接地極に使用することができる。

一　非接地式高圧電路に施設する機械器具等に施すA種接地工事

二　非接地式高圧電路と低圧電路を結合する変圧器に施すB種接地工事

3　A種接地工事又はB種接地工事を，第1項又は前項までの規定により施設する場合における接地線は，第17条第1項第三号（同条第2項第四号で準用する場合を含む。）の規定によらず，第1項の規定により施設する場合にあっては第164条第1項第二号及び第三号の規定，前項の規定により施設する場合にあっては第164条第1項第一号から第三号までの規定に準じて施設することができる。

〔解　説〕 **第1項**は，H23解釈でIEC規格の規定による施設方法を取り入れたものであり，鉄骨造，鉄骨鉄筋コンクリート造又は鉄筋コンクリート造の建物において，当該建物の鉄骨又は鉄筋その他の金属体に等電位ボンディングを施す場合に，この接地を**第17条**に定めるA種，B種，C種及びD種接地工事並びに**第19条第1項**に定める電路の中性点の接地工事の共用の接地極として使用することを認めるものである（→解説18.1図）。

等電位ボンディングとは，建物の構造体接地極等を電気的に接続するとともに，水道管及び窓枠金属部分など系統外導電性部分も含め，人が触れるおそれがある範囲にある全ての導電性部分を共用の接地極に接続して，等電位を形成するものである。水道管，ガス管等の系統外導電性部分との接続においては，その管理者と十分打ち合わせる必要がある。なお，等電位ボンディングにおける接地線の具体的な接続方法等については，日本産業規格 JIS C 60364-5-54 を参照されたい。

第一号から**第四号**は，鉄骨等をA種接地工事又はB種接地工事の接地極として使用する場合の追加要件を規定している。接地線の種類及び太さなどについては，**第17条**の規定により施設する必要がある。なお，接触電圧の確認方法及び計算方法などの詳細は，「平成21年度電気施設技術基準国際化調査報告書」(→経済産業省ウェブサイトに掲載 http://www.meti.go.jp/meti_lib/report/2010fy01/0020429.pdf) を参照されたい。

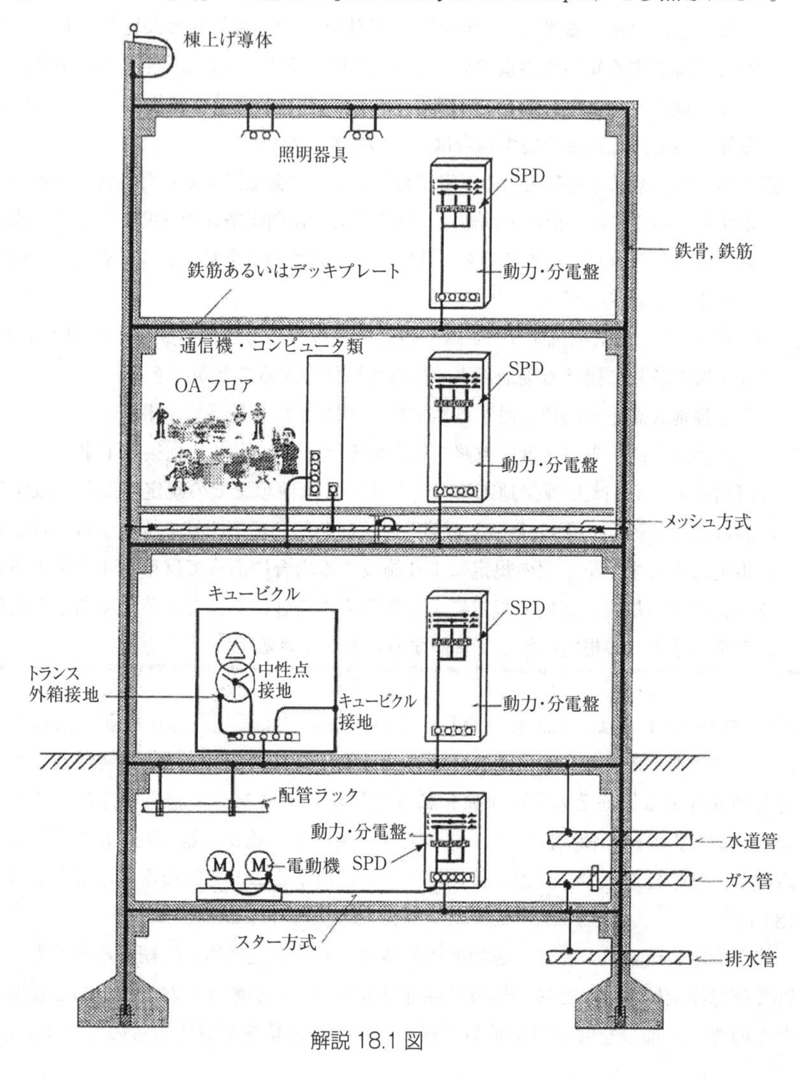

解説18.1図

第2項は，高層ビル等ではその鉄骨と大地との接触面積も大きく，また広がりも大きいので，地表面にあらわれる電位傾度が**第17条**の解説で述べた単独接地極の場合よりも小さくなる場合が多い。したがって，その鉄骨等を1線地絡電流の比較的小さい非接地式高圧電路に関係するA種又はB種接地工事の接地極に利用することを認めている。しかし，万一の場合を考慮して，地絡時の電位上昇を50～60V以下に抑制するため鉄骨等と大地との間の電気抵抗を2Ω以下としている。

第3項では，人の触れるおそれがある場所に接地線を施設する場合のA種又はB種接地工事について，水道管や建物の鉄骨の接地の場合は接地抵抗が低く，接地線に危険な電圧が発生するおそれがないので，接地極の埋設深さや合成樹脂管等に収めることを一律に規定せず，A種及びB種接地工事の重要性を考慮し，接地線をケーブル工事（S47基準で従来の「接地用ビニル絶縁電線」は単心のビニル外装ケーブルとして取り扱われるようになったので，その電線を使用しても差し支えない。）に準じて施設することを規定している。

【保安上又は機能上必要な場合における電路の接地】（省令第10条，第11条）

第19条　電路の保護装置の確実な動作の確保，異常電圧の抑制又は対地電圧の低下を図るために必要な場合は，本条以外の解釈の規定による場合のほか，次の各号に掲げる場所に接地を施すことができる。

一　電路の中性点（使用電圧が300V以下の電路において中性点に接地を施し難いときは，電路の一端子）

二　特別高圧の直流電路

三　燃料電池の電路又はこれに接続する直流電路

2　第1項の規定により電路に接地を施す場合の接地工事は，次の各号によること。

一　接地極は，故障の際にその近傍の大地との間に生じる電位差により，人若しくは家畜又は他の工作物に危険を及ぼすおそれがないように施設すること。

二　接地線は，引張強さ2.46kN以上の容易に腐食し難い金属線又は直径4mm以上の軟銅線（低圧電路の中性点に施設するものにあっては，引張強さ1.04kN以上の容易に腐食し難い金属線又は直径2.6mm以上の軟銅線）であるとともに，故障の際に流れる電流を安全に通じることのできるものであること。

三　接地線は，損傷を受けるおそれがないように施設すること。

四　接地線に接続する抵抗器又はリアクトルその他は，故障の際に流れる電流を安全に通じることのできるものであること。

五　接地線，及びこれに接続する抵抗器又はリアクトルその他は，取扱者以外の者が出入りできない場所に施設し，又は接触防護措置を施すこと。

3　低圧電路において，第1項の規定により同項第一号に規定する場所に接地を施す場合の接地工事は，第2項によらず，次の各号によることができる。

一 接地線は，引張強さ1.04kN以上の容易に腐食し難い金属線又は直径2.6mm以上の軟銅線であるとともに，故障の際に流れる電流を安全に通じることができるものであること。

二 第17条第1項第三号イからニまでの規定に準じて施設すること。

4 変圧器の安定巻線若しくは遊休巻線又は電圧調整器の内蔵巻線を異常電圧から保護するために必要な場合は，その巻線に接地を施すことができる。この場合の接地工事は，A種接地工事によること。

5 需要場所の引込口付近において，地中に埋設されている建物の鉄骨であって，大地との間の電気抵抗値が3Ω以下の値を保っているものがある場合は，これを接地極に使用して，B種接地工事を施した低圧電線路の中性線又は接地側電線に，第24条の規定により施す接地に加えて接地工事を施すことができる。この場合の接地工事は，次の各号によること。

一 接地線は，引張強さ1.04kN以上の容易に腐食し難い金属線又は直径2.6mm以上の軟銅線であるとともに，故障の際に流れる電流を安全に通じることのできるものであること。

二 接地線は，次のいずれかによること。

イ 接触防護措置を施すこと。

ロ 第164条第1項第一号から第三号までの規定に準じて施設すること。

6 電子機器に接続する使用電圧が150V以下の電路，その他機能上必要な場所において，電路に接地を施すことにより，感電，火災その他の危険を生じることのない場合には，電路に接地を施すことができる。

〔解 説〕 **本条**は，電路絶縁の原則から除外できる部分（→**第13条第1項**）のうち，保安上又は機能上の理由から電路に接地を施すことができる場合の接地場所とその工事方法を示している。

第1項は，地絡事故の速やかな遮断といった保安上の見地，更には機器の絶縁性能の合理化といった経済的観点から，**第一号**から**第三号**に掲げる場所に接地を施すことができることを示している。

第一号は，中性点に抵抗器，リアクトル等を通じて接地し，又は直接接地方式により接地する場合を指しており，計器用変成器等の高インピーダンスのものを通じて接地する場合は，**本号**には該当しない（→**第15条**）。

第二号は，直流電路が施設されてから相当の運転実績があることや今後の直流電路の建設計画も考慮し，「直流電気設備に関する技術基準の整備について」（電気技術基準調査委員会昭和54年7月答申）を踏まえ，H7基準で追加したものである。

第三号は，通常，機能達成上燃料電池の近傍に接地を施すことになるので，接地点は一の燃料電池の発電要素の中間でも，燃料電池に接続する直流電路のいずれでもよいこととしている。

第2項は，前項の規定により電路に接地を施す場合の工事方法を示している。

第一号の接地極には，極板だけでなく発蓄変電所の接地網も該当する。この場合において，人若しくは家畜又は他の工作物に危険を及ぼすおそれがないように施設することとは，事故時に歩幅電圧，接触電圧等を低く抑えるほか，大地電位の上昇を適当に抑え，電話線，水道管など零電位のものとの間に障害を生じないように施設することを意味する。

接触電圧，歩幅電圧等については，これをいくらにすべきかという確定した結論は出されていないが，一例として，AIEE（アメリカ電気学会）の委員会報告として次のような値が示されている（C.F. Dalaziel 博士により，人間が耐え得る衝撃電流の値として示されたもの。→解説 19.1 図）。

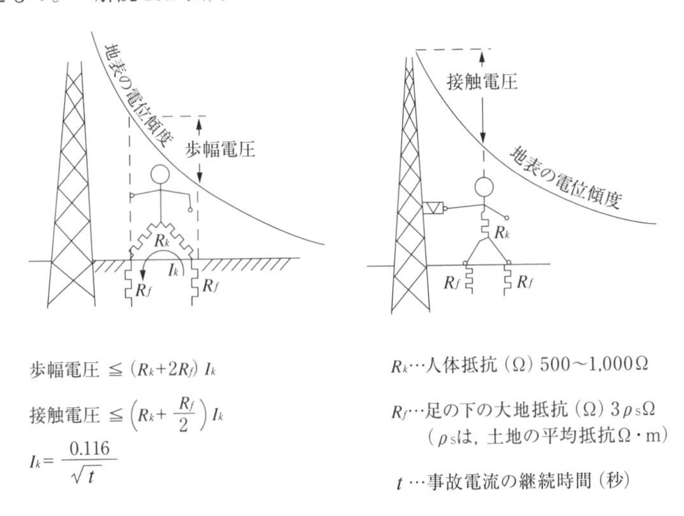

解説 19.1 図

なお時間に関係のない危険接触電圧としては，ドイツで 65V，スイスで 50V，イギリスで 40V というような低い値がとられている。我が国の中性点直接接地系統の発蓄変電所等の構内では，作業員は，ゴム靴等をはいており，事故時間も短いことから，一般に，歩幅電圧や接触電圧としては，150V が目安とされている。

通常，歩幅電圧は，接地網の設計を適当にすることにより容易にこの値以下にすることができるが，接触電圧については，若干この値を超えることがあり，このような場合，取り扱われる機器の周囲の地表の砂利層を厚くする等の方法により危険のおそれがないように施設している。さらに，発蓄変電所の構内と構外との境界付近では，公衆が感電するおそれがあるので，特に歩幅電圧の軽減，接触電圧の低下を図る必要があり，境界付近では，接地網を境界外にも伸ばし，徐々に深く埋める又はさく，接地網と切り離す等の措置を講じることが必要である。

発電所等の構内の電位が上昇した場合に，外部から入ってきている電話線の絶縁破壊や外部から入っている水道管を伝って高い電圧が外部に出るということを防止するために，一般に次のような措置を講じている。

①通信線の絶縁耐力を考慮し，電位の上昇を1,000V程度に抑えるか，絶縁耐力の大きい中継線輪等を使い，少なくとも外部に高電圧が発生することを防ぐ。

②水道管は，原則として外部から引き入れないが，引き入れる場合は，適当な長さの間は硬質ビニル管を使用し，外部の水道管と絶縁する。

接地線については，**第二号**で，接地線には鉄線のように腐食しやすい金属線を使用せず，かつ，地絡事故時に流れる電流により溶断するおそれがないように十分な強さのものを使用することを，また，**第三号**で，外部からの衝撃等により傷つけられるおそれがないように施設しなければならないことを示している。

第四号では，接地線に接続する抵抗器やリアクトル等についても，地絡事故時に流れる電流を安全に通じることができるものであることを示している。

第五号は，接地線を十分管理の行きとどく場所に施設する必要があり，一般の人が触れるおそれがないように施設する必要があることを示している。

なお，高圧及び特別高圧電路の中性点の直接接地に伴う問題としては，大地に流れる電流による電磁誘導障害があるが，この点については**第52条**などに示されている。

第3項は，配電設備や大型ビル，工場等において415/100，200V変圧器を使用する場合や，電子計算機に施設するラインフィルタによる他の電気設備への影響を防止するため，絶縁変圧器を介している場合を想定している。これらの変圧器の2次側電路での感電事故防止のため，特に保護装置（漏電遮断器等）を施設しなければならない場合に，その確実な動作の確保を図るため接地工事を施すことができる旨を示したものである。

第4項は，変圧器の安定巻線等について，機器保護の観点から特に必要がある場合には，A種接地工事により接地できるようにしたものである。ここでいう「変圧器の安定巻線若しくは遊休巻線又は電圧調整器の内蔵巻線」は，外部回路に全く接続せずに使用するものであり，外部回路に接続する場合は，接地することはできないので注意を要する。

第5項は，変圧器で高圧電路に結合されている低圧電路の更なる安全確保の観点で，**第24条**に規定するB種接地工事に加えて，需要場所の引込口付近に埋設されている大地との間の電気抵抗値が3Ω以下の値を保っている建物の鉄骨を接地極として，接地工事を施すことができることを示している。これは，低圧電路に侵入する雷等の異常電圧による屋内配線の災害を少なくすることができ，また，B種接地工事の接地抵抗値をより低くすることにより，低高圧混触時の低圧線の電圧上昇を抑えることができるからである。建物の管理者の承諾を得ることは明記されていないが，他人の財産である場合，その承諾を得ることは必要なことである。

第一号は，接地線の引張強さ，太さについて示しているが，軟銅線を使用する場合については，屋内配線との関係から下表の太さの接地線が推奨される。

解説 19.1 表

引込口電線の太さ	接地線
$14mm^2$ 以下	2.6mm
$38mm^2$ 〃	3.2mm
$100mm^2$ 〃	$14mm^2$
$250mm^2$ 〃	$22mm^2$
$250mm^2$ を超えるもの	$38mm^2$

第二号は，**第 18 条第 4 項**と同趣旨である。

第 6 項は，電子機器によって複雑に構成された回路（数値制御（NC）工作機械，プロセス制御方式の自動化機器の制御回路，CATV 中継増幅器の電源回路等）に接続される電路の一部を接地しないでおくことは，保守その他技術上困難な場合もあるので，150V 以下の回路に限って接地工事を施すことができることを示している。そのほか，危険を生じることがない場合には機能上必要な場所について，電路絶縁の原則から除外して接地を施すことができることを示している。

第4節 電気機械器具の保安原則

【電気機械器具の熱的強度】（省令第8条）

第20条 電路に施設する変圧器，遮断器，開閉器，電力用コンデンサ又は計器用変成器その他の電気機械器具は，民間規格評価機関として日本電気技術規格委員会が承認した規格である「電気機械器具の熱的強度の確認方法」の「適用」の欄に規定する方法により熱的強度を確認したとき，通常の使用状態で発生する熱に耐えるものであること。

〔解 説〕 本条は，通常の使用状態（冷却装置を有するものは，その使用も含む。）において，電路に施設する電気機械器具から発生した熱により，絶縁物や外箱などの材料が損傷すること又は火災が引き起こされることがないようにするため，電気工作物の有すべき耐熱性能についてH11解釈において規定したものである。

従来は，省令第8条（電気機械器具の熱的強度）に適合している事を確認するために，新増設工事の竣工検査時等に現地で温度上昇試験を実施し，定格使用状態で温度が飽和し，その温度上昇値がJEC，JIS等で定められている規定値以下であることを確認してきた。しかしながら，近年における変圧器等の電気機械器具については，製品の一体輸送と現場作業箇所数の低減化，現地施工管理技術の向上等により，電気機械器具の熱的強度に係る性能は，工場出荷時と現地据え付け時で差がなくなっている。こうしたことから，JEC，JIS等に基づき工場において温度上昇試験を実施したものは，省令第8条に定める電気機械器具の熱的強度に適合するものとし，現地における温度上昇試験を省略できるよう規定したものである。なお，R4解釈より，民間規格評価機関として日本電気技術規格委員会に承認された規格リストと関連づけられ，当該機関の公開ページにて掲載されている。

設置者が現地において温度上昇試験を実施する場合についても，これに合格した電気機械器具については当然のことながら熱的強度に適合するものとして取り扱うことができる。

【高圧の機械器具の施設】（省令第9条第1項）

第21条 高圧の機械器具（これに附属する高圧電線であってケーブル以外のものを含む。以下この条において同じ。）は，次の各号のいずれかにより施設すること。ただし，発電所，蓄電所又は変電所，開閉所若しくはこれらに準ずる場所に施設する場合はこの限りでない。

一 屋内であって，取扱者以外の者が出入りできないように措置した場所に施設すること。

二　次により施設すること。ただし，工場等の構内においては，ロ及びハの規定によらないことができる。

イ　人が触れるおそれがないように，機械器具の周囲に適当なさく，へい等を設けること。

ロ　イの規定により施設するさく，へい等の高さと，当該さく，へい等から機械器具の充電部分までの距離との和を5m以上とすること。

ハ　危険である旨の表示をすること。

三　機械器具に附属する高圧電線にケーブル又は引下げ用高圧絶縁電線を使用し，機械器具を人が触れるおそれがないように地表上4.5m（市街地外においては4m）以上の高さに施設すること。

四　機械器具をコンクリート製の箱又はD種接地工事を施した金属製の箱に収め，かつ，充電部分が露出しないように施設すること。

五　充電部分が露出しない機械器具を，次のいずれかにより施設すること。

イ　簡易接触防護措置を施すこと。

ロ　温度上昇により，又は故障の際に，その近傍の大地との間に生じる電位差により，人若しくは家畜又は他の工作物に危険のおそれがないように施設すること。

〔解　説〕 本条は主として一般公衆を対象として，充電部分及び故障の際の歩幅電圧による危険防止のほかに，機械器具の温度上昇による火傷防止という見地から高圧の変圧器，電動機，開閉器，遮断器，リード線などを，発蓄変電所等以外の場所に施設する場合について規定している。

第一号は，高圧用の機械器具を屋内に施設する場合は，取扱者以外の者が出入りできないようにすることを規定している。

第二号は，充電部分の露出した機械器具（例えば，変圧器）を地上に設置する場合について規定している。ただし書は，工場など需要場所の構内の地上，屋側，屋上などに施設する場合には，不特定の公衆が近づく頻度も少ないので，**第二号ロ**及びハの規定によらないことができることとしている。

第三号は，いわゆる柱上変圧器，柱上開閉器類の施設であるが，高圧架空電線路は一般に道路上に施設されるのが大部分で，自動車積荷の高さ等を考えて交通に支障のないように下から物が接触しない範囲の高さとして地表上4m，市街地の変圧器の取付け高さは，これに0.5mを加えて4.5mとしている。市街地外では交通の頻繁度が低いので，4.0mまで低減している。

ここで，機械器具に付属する高圧電線とは，柱上変圧器の高圧側の支持物の長さ方向に施設される電線（いわゆる垂直配線）を指し，この引下線による感電事故や低高圧混触事故を少なくするために，引下げ用高圧絶縁電線（→**第5条**）又は高圧ケーブル（→

第10条）である必要がある。

第四号及び第五号イは，機械器具に人が触れないように施設することを示している。

第五号ロは，住宅地域などの地上に施設される，高圧で充電される変圧器，開閉器等の高圧機器を金属箱等の一部を共用して組み込まれたもの（パッドマウント変圧器又は地上配電箱と称されるもの。）又は工場等の構内の屋外に施設される高圧電動機などで，これらの周囲にさく等を設けない場合が，これに該当する。

これらの機械器具は，人が接触するおそれがある外箱表面の温度を，真夏の気温と直射日光による温度上昇を考慮しても人の皮膚に火傷を与えないように（一般的には，80℃以下程度）する必要があり，また，これらの機械器具は**第29条**によりA種接地工事を施す必要があることとしているが，故障の際の1線地絡電流が大きい場合は，故障の際の接触電圧，歩幅電圧等を十分考慮した接地抵抗値で施設すること（**→第19条解説**）が望ましい。

【特別高圧の機械器具の施設】（省令第9条第1項）

第22条　特別高圧の機械器具（これに附属する特別高圧電線であって，ケーブル以外のものを含む。以下この条において同じ。）は，次の各号のいずれかにより施設すること。ただし，発電所，蓄電所又は変電所，開閉所若しくはこれらに準ずる場所に施設する場合，又は第191条第1項第二号ただし書若しくは第194条第1項の規定により施設する場合はこの限りでない。

一　屋内であって，取扱者以外の者が出入りできないように措置した場所に施設すること。

二　次により施設すること。

イ　人が触れるおそれがないように，機械器具の周囲に適当なさくを設けること。

ロ　イの規定により施設するさくの高さと，当該さくから機械器具の充電部分までの距離との和を，22-1表に規定する値以上とすること。

ハ　危険である旨の表示をすること。

三　機械器具を地表上5m以上の高さに施設し，充電部分の地表上の高さを22-1表に規定する値以上とし，かつ，人が触れるおそれがないように施設すること。

22-1表

使用電圧の区分	さくの高さとさくから充電部分までの距離との和又は地表上の高さ
35,000V以下	5m
35,000Vを超え160,000V以下	6m
160,000V超過	$(6+c)$ m

（備考）cは，使用電圧と160,000Vの差を10,000Vで除した値（小数点以下を切り上げる。）に0.12を乗じたもの

四　工場等の構内において，機械器具を絶縁された箱又はA種接地工事を施した金属製の箱に収め，かつ，充電部分が露出しないように施設すること。

五　充電部分が露出しない機械器具に，簡易接触防護措置を施すこと。

六　第108条に規定する特別高圧架空電線路に接続する機械器具を，第21条の規定に準じて施設すること。

七　日本電気技術規格委員会規格 JESC E2007（2014）「35kV以下の特別高圧用機械器具の施設の特例」の「2. 技術的規定」によること。

2　特別高圧用の変圧器は，次の各号に掲げるものを除き，発電所，蓄電所又は変電所，開閉所若しくはこれらに準ずる場所に施設すること。

一　第26条の規定により施設する配電用変圧器

二　第108条に規定する特別高圧架空電線路に接続するもの

三　交流式電気鉄道用信号回路に電気を供給するためのもの

〔解　説〕 **第1項**は，特別高圧の電力線搬送通信用結合コンデンサ，電動機，開閉器，変圧器（**第26条**に1次電圧，出力の制限がある。），リード線などは危険性が高いので，**前条**と同様の趣旨で，発蓄変電所等以外の場所に施設する場合について規定している。なお，電気集じん装置及びエックス線発生装置については，**第191条**及び**第194条**に規定しているので，**本条第1項**の適用を除外している。

第一号は，特別高圧用の機械器具を屋内に施設する場合は，取扱者以外の者が出入りできないようにすることを規定している。

第二号及び**第三号**は，充電部分の露出した特別高圧の機械器具，例えば，電力線搬送電話，電力線搬送リレー，送電線故障点指示装置等に用いる特別高圧用の結合コンデンサ，**第26条**の特別高圧配電用変圧器を地上，柱上又は架台に施設する場合について規定している。特別高圧用の機械器具のブッシング及び特別高圧の電気で充電する電線の地表上の高さ又はさくの高さとさくから充電部分までの距離との和（解説22.1図のd）については，発蓄変電所等のさく，へい等の施設の規定（→**第38条**）にならっている。

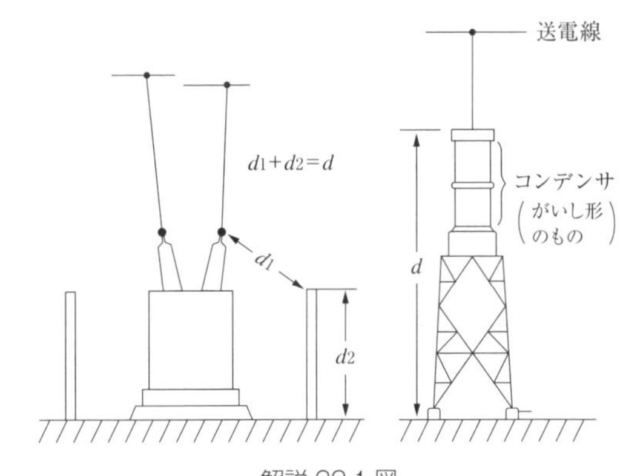

解説22.1図

第四号は，工場など需要場所構内の特別高圧電動機用の開閉装置等を収めた絶縁された箱又は金属製の箱の施設について規定しており，充電部分が露出してはならないので，これに接続する電線は全てケーブルとなる。

第五号の例としては，**第26条**の特別高圧配電用変圧器のうち，充電部分が露出しないようにしたもの又は製鉄工場等の特別高圧の電動機等が考えられる。この場合，充電部分が露出していない機械器具であっても温度上昇又は故障の際の電位上昇が考えられるので，簡易接触防護措置を施すこととしている。

第六号は，15kV以下の特別高圧架空電線路に接続する機械器具（主として，変圧器，開閉器類）は危険度において高圧用の機械器具とほとんど変わりないので，**前条**の高圧用の機械器具の規定を準用している（**→第108条解説**）。

第七号は，H11解釈で新たに認められたもので，日本電気技術規格委員会規格JESC E2007に規定する施設方法に適合すれば35kV以下の特別高圧用機械器具を路上等へ施設することを認めたものである。なお，この規定により施設する際には，以下の条件について満足する必要がある。

①外箱の温度上昇を80℃以下に抑える。

②故障時の外箱の電位上昇による接触電圧及び歩幅電圧を，通常の状態で連続的に接触していても安全な交流電圧としている50V以下に抑える。

第2項は，特別高圧用変圧器は危険であり，かつ，供給確保上からも重要なので，**第一号**から**第三号**に規定するものを除き，「発電所，蓄電所又は変電所，開閉所若しくはこれらに準ずる場所」以外の場所には設置してはならないことを規定している。

なお，**第26条**に規定する特別高圧配電用変圧器及び**第108条**の15kV以下の特別高圧架空電線路に接続する変圧器は，その重要度や容量が発電所等に施設するものに比べて一般に小さいので，特別扱いとしている。

【アークを生じる器具の施設】（省令第9条第2項）

第23条　高圧用又は特別高圧用の開閉器，遮断器又は避雷器その他これらに類する器具（以下この条において「開閉器等」という。）であって，動作時にアークを生じるものは，次の各号のいずれかにより施設すること。

一　耐火性のものでアークを生じる部分を囲むことにより，木製の壁又は天井その他の可燃性のものから隔離すること。

二　木製の壁又は天井その他の可燃性のものとの離隔距離を，23-1表に規定する値以上とすること。

23-1 表

開閉器等の使用電圧の区分		離隔距離
高圧		1m
特別高圧	35,000V 以下	2m（動作時に生じるアークの方向及び長さを火災が発生するおそれがないように制限した場合にあっては，1m）
	35,000V 超過	2m

〔解　説〕 アークを生じる器具の施設方法について示しており，可燃質のものに火が移らないような施設方法を規定している。

本条の適用については，高圧又は特別高圧用の開閉器，遮断器，避雷器のほかに，これらに類する器具であって動作時にアークを生じるもの，例えば**第25条**の放電装置等も含まれる。ただし，これらに類するものとは考えない水銀整流器やアーク放電ではない放電管は，含まれない。

第一号は，ガス遮断器のように，アークを生じる部分を耐火性のもので囲むことを規定している。

第二号は，アークを生じる器具と木製の壁又は天井その他の可燃性のものとの離隔距離を規定している。ここで，使用電圧が 35kV 以下の特別高圧用の開閉器等については，アークホーンの形状や短時間遮断によりアークの方向及び長さを制限し，火災が発生しないようにする場合は，高圧並みに可燃物から 1m 以上離すこととしている。

【高圧又は特別高圧と低圧との混触による危険防止施設】（省令第 12 条第 1 項）

第24条　高圧電路又は特別高圧電路と低圧電路とを結合する変圧器には，次の各号によりＢ種接地工事を施すこと。

一　次のいずれかの箇所に接地工事を施すこと。（関連省令第 10 条）

イ　低圧側の中性点

ロ　低圧電路の使用電圧が 300V 以下の場合において，接地工事を低圧側の中性点に施し難いときは，低圧側の 1 端子

ハ　低圧電路が非接地である場合においては，高圧巻線又は特別高圧巻線と低圧巻線との間に設けた金属製の混触防止板

二　接地抵抗値は，第 17 条第 2 項第一号の規定にかかわらず，5Ω 未満であることを要しない。（関連省令第 11 条）

三　変圧器が特別高圧電路と低圧電路とを結合するものである場合において，第 17 条第 2 項第一号の規定により計算した値が 10 を超えるときの接地抵抗値は，10Ω 以下であること。ただし，次のいずれかに該当する場合はこの限りでない。
（関連省令第 11 条）

イ　特別高圧電路の使用電圧が 35,000V 以下であって，当該特別高圧電路に地絡を

第1章　総　則

生じた際に，1秒以内に自動的にこれを遮断する装置を有する場合

ロ　特別高圧電路が，第108条に規定する特別高圧架空電線路の電路である場合

2　次の各号に掲げる変圧器を施設する場合は，前項の規定によらないことができる。

一　鉄道又は軌道の信号用変圧器

二　電気炉又は電気ボイラーその他の常に電路の一部を大地から絶縁せずに使用する負荷に電気を供給する専用の変圧器

3　第1項第一号イ又はロに規定する箇所に施す接地工事は，次の各号のいずれかにより施設すること。（関連省令第6条，第11条）

一　変圧器の施設箇所ごとに施すこと。

二　土地の状況により，変圧器の施設箇所において第17条第2項第一号に規定する接地抵抗値が得難い場合は，次のいずれかに適合する接地線を施設し，変圧器の施設箇所から200m以内の場所に接地工事を施すこと。

イ　引張強さ5.26kN以上のもの又は直径4mm以上の硬銅線を使用した架空接地線を第66条第1項の規定並びに第68条，第71条から第78条まで及び第80条の低圧架空電線の規定に準じて施設すること。

ロ　地中接地線を第120条及び第125条の地中電線の規定に準じて施設すること。

三　土地の状況により，第一号及び第二号の規定により難いときは，次により共同地線を設けて，2以上の施設箇所に共通のB種接地工事を施すこと。

イ　架空共同地線は，引張強さ5.26kN以上のもの又は直径4mm以上の硬銅線を使用し，第66条第1項の規定，並びに第68条，第71条から第78条まで及び第80条の低圧架空電線の規定に準じて施設すること。

ロ　地中共同地線は，第120条及び第125条の地中電線の規定に準じて施設すること。

ハ　接地工事は，各変圧器を中心とする直径400m以内の地域であって，その変圧器に接続される電線路直下の部分において，各変圧器の両側にあるように施すこと。ただし，その施設箇所において接地工事を施した変圧器については，この限りでない。

ニ　共同地線と大地との間の合成電気抵抗値は，直径1km以内の地域ごとに第17条第2項第一号に規定するB種接地工事の接地抵抗値以下であること。

ホ　各接地工事の接地抵抗値は，接地線を共同地線から切り離した場合において，300Ω以下であること。

四　変圧器が中性点接地式高圧電線路と低圧電路とを結合するものである場合において，土地の状況により，第一号から第三号までの規定により難いときは，次により共同地線を設けて，2以上の施設箇所に共通のB種接地工事を施すこと。

イ　共同地線は，前号イ又はロの規定によること。

ロ　接地工事は，前号ハの規定によること。

ハ　同一支持物に高圧架空電線と低圧架空電線とが施設されている部分においては，接地箇所相互間の距離は，電線路沿いに300m以内であること。

ニ　共同地線と大地との間の合成電気抵抗値は，第17条第2項第一号に規定するB種接地工事の接地抵抗値以下であること。

ホ　各接地工事の接地抵抗値は，接地線を共同地線から切り離した場合において，次の式により計算した値（300Ωを超える場合は，300Ω）以下であること。

$R=150n/Ig$

Rは，接地線と大地との間の電気抵抗（単位：Ω）

Igは，第17条第2項第二号の規定による1線地絡電流（単位：A）

nは，接地箇所数

4　前項第三号及び第四号の共同地線には，低圧架空電線又は低圧地中電線の1線を兼用することができる。

5　第1項第一号ハの規定により接地工事を施した変圧器に接続する低圧電線を屋外に施設する場合は，次の各号により施設すること。

一　低圧電線は，1構内だけに施設すること。

二　低圧架空電線路又は低圧屋上電線路の電線は，ケーブルであること。

三　低圧架空電線と高圧又は特別高圧の架空電線とは，同一支持物に施設しないこと。ただし，高圧又は特別高圧の架空電線がケーブルである場合は，この限りでない。

〔解　説〕一般に低圧電路は，変圧器の内部故障又は電線の断線等の事故の際に高圧又は特別高圧電路との混触を起こし，高圧又は特別高圧の電気が侵入して危険となるおそれがある。本条は，このような場合の保護の方法としてB種接地工事（→第17条）を施すべきことを示したもので，事故の際に接地線に流れる高圧又は特別高圧側電路の1線地絡電流による接地点の電位上昇が150V（1秒を超え2秒以内に遮断する場合は300V，1秒以内に遮断する場合は600V）を超えないようにすれば，低圧電路に接続される機器に致命的な傷害を与えることが比較的少ないと考えられる。しかし，この値は絶対安全であるという値ではないから，経済的条件が許せば接地抵抗値はできる限り低くすることが望ましい。最近は，400V配線がビルや

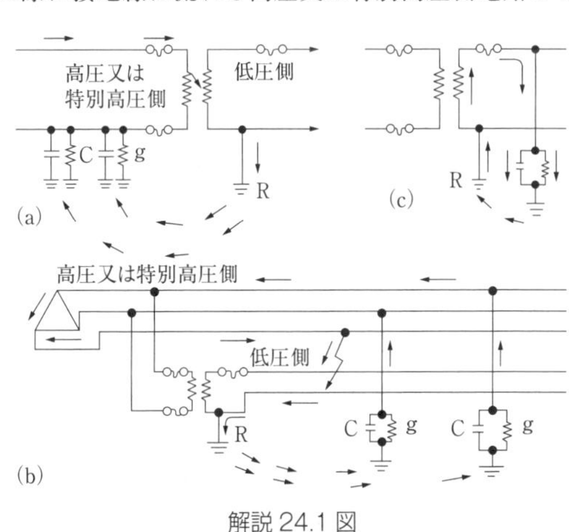

解説24.1図

工場などに普及し，22kV 又は 33kV から直接 400V に降圧する場合も多くなってきたので，S43 基準では，これらのものも含めて，本条に規定した。

第1項第一号では，B 種接地工事は原則として結合変圧器の低圧側の中性点に施すべきであるが，100V 用の単相変圧器のように構造上中性点を取り出せないものや，配電方式（例えば単相変圧器 3 個を用い△結線する三相 3 線式）で変圧器の中性点を接地し難いものでは，**ロ**のとおり低圧側の 1 端子に施してもよいこととしている。これは 300V 以下の低圧では大地に対する電位が低いので，非接地側電線から常時大地を通じて接地線に流れる電流も少なく，不平衡が問題にならないからである（→解説 24.1 図）。

400V 配線の場合には，その変圧器を△結線として 1 端子に接地を施すことは，400V にもなると不平衡電流も多くなり問題が出ることも考えられるので，変圧器側 400V 巻線は必ず星形結線として，その中性点に B 種接地工事を施すこととした。これは保安上からも対地電圧を $1/\sqrt{3}$ にすることができるので好ましいわけである（→解説 24.2 図）。

しかし，400V 側巻線を技術的に△結線にする必要がある場合は，混触防止板付き変圧器（特別高圧又は高圧巻線と低圧巻線との間に金属製の板を設け，変圧器内部事故の際に特別高圧又は高圧が直接低圧巻線に侵入しない構造のものをいう。）を使用し，**第5項**により施設することになる。

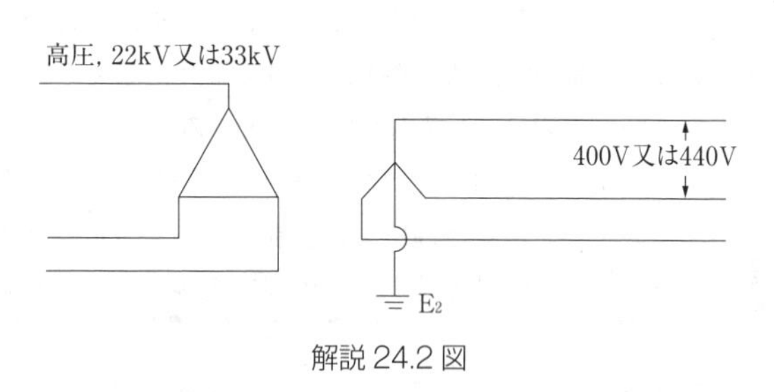

解説 24.2 図

なお，200V の発電機から直接配電されている電路や高圧から一度 415/200V に逓降して，更に 415/200V から 200/100V に逓降する電路の場合のように，高圧電路に直接関係のない低圧電路には，この規定は適用されない。これらの電路は**第13条**により，電路を原則として大地から絶縁することとしているが，415/100V，200/100V 等低圧－低圧の変圧器の 2 次側電路については，保護装置の確実な動作の確保を図るため特に必要がある場合は，**第19条**により接地することができる。

一方，低圧電路に接地工事を施すことにより，感電又は漏電による電気出火等の事故が非接地の場合に比較して多くなることは否定できない。鉱山，造船所等では，感電又は漏電による災害が多く発生し，これらを防止することがより重要な意味をもつので，混触防止板付き変圧器を使用し，又は特殊なリレーを使用して低圧電路を非接地とする場合がある。前者は，低高圧混触を起こさないように予防するものであり，後者は低高圧混触を起こした場合，特殊リレーの動作によって危険を防止しようとするものである。この特殊リレーについては，一般規定化するほどの実績がまだ十分ではないため，**第一号ハ**では，前者の場合のみ規定している。

混触防止板付き変圧器を使用する場合は，混触防止板にB種接地工事を施すことで，変圧器内で特別高圧又は高圧が低圧電路に直接侵入することを防止し，たとえ混触防止板を通して混触を生じても，事故による低圧電路の電位上昇を150V（1秒を超え2秒以内に遮断する場合は300V，1秒以内に遮断する場合は600V）以下とすることにより低圧電路を非接地とすることができる。

なお，混触防止板付き変圧器のB種接地工事は混触防止板に施すものであり，電路が非接地であることから，通常のB種接地工事で想定される「低圧電路の漏えい電流」が流れることはなく，低圧電路での漏電時における変圧器外箱の電位上昇（B種接地工事×漏えい電流）を生じるおそれがない。

混触防止板付き変圧器の構造上，混触防止板と変圧器外箱の接地工事を別に施設できない場合は，混触防止板のB種接地工事と変圧器外箱のA種接地工事を共用することができるが，その場合は，A種接地工事とB種接地工事において，接地抵抗値，接地線の強さ及び太さを満足する必要がある。

第二号では，1箇所の接地工事で極めて低い接地抵抗値を得ることは容易なことではないので，単独のB種接地工事を施す場合には，**第17条第2項**の規定による計算で求めた接地抵抗値が5Ω未満となっても，5Ω未満としなくてもよいこととしている。

第三号では，一般に特別高圧から低圧に変成する変圧器に施すB種接地工事は，変圧器の内部の混触時に発生する瞬時の故障電流が大きいため，計算で求めた接地抵抗値が10Ωを超える場合であっても，10Ω以下としている。計算値が10Ω以下，例えば8Ωの場合は8Ω以下とするが，**第二号**により5Ω未満とする必要はない。

特別高圧電路が**第108条**の解説に示す11.4kVの配電線の電路である場合は，この線路が既設の高圧電路が昇圧されたものであり，地絡が発生した場合に2秒で自動的に遮断できることを考慮して，また使用電圧が35kV以下の特別高圧電路についても，混触時に電路を1秒以内に遮断するものにあっては，高圧－低圧の場合と同様に扱うこととなっている。

第2項は，接地工事の除外規定を示している。

第一号の鉄道又は軌道の信号用変圧器については，施設形態が特殊であることから，前項の規定によらないこととしている。

第二号の負荷は，本質的に電路の一部を大地から絶縁せずに使用するものであり，多くの場合は送電端で故障が発見される。また，使用時には負荷自体の接地抵抗値が低く，専用の変圧器であることから使用しないときには，通常，変圧器の1次側で電路から切り離される。このように安全であり，かつ，別に接地工事を施すと横流が流れてかえって好ましくない等の理由により，特にB種接地工事を施すことを省略できることとしたものである。

第3項第一号では，接地工事は原則として解説24.3図（a）のように，変圧器の施設箇所ごとで行うこととしている。

第二号は，土地の状況によってその直下で規定の接地抵抗値が得られない場合には，

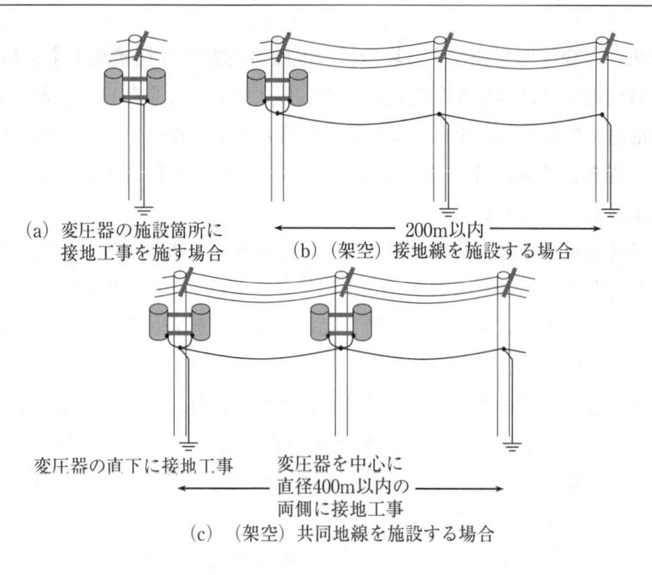

解説 24.3 図

解説 24.3 図 (b) のように，変圧器施設箇所から 200m 以内の箇所まで接地線を施設して，接地工事を施せばよいことを規定している。

イは，上記の接地線を架空接地線とする場合には，比較的切れ難いと考えられる引張強さ 5.26kN 以上のもの又は直径 4mm 以上の硬銅線を，安全率，地表上の高さ，高圧架空電線との併架方法及び建造物，道路，鉄道，軌道，架空弱電流電線との接近又は交差する箇所における工事方法（接地線は故障時のほかは電圧を有しないので，保護線又は保護網を施設しなくてもよい。）を低圧架空電線に準じて施設することを規定している。

ロは，地中接地線の場合には，**第 120 条**に基づきケーブルを使用し，他の地中電線，弱電流電線等と接近又は交差する箇所は，**第 125 条**の地中電線の規定に準じて施設することを示している。地中接地線の場合は，架空接地線と異なり常時張力がかかるものではないため電線の引張強さを規定していないが，**第 120 条**の規定に準じて施設することで機械的な保護を図ることとしている。

第三号では，土地の状況により多数の変圧器の施設箇所にそれぞれ接地工事を施すことが経済的に困難な場合は，解説 24.3 図 (c) のように，共同地線を設けて接地工事を 2 以上の変圧器の施設箇所で共用しても良いこととし，その施設方法について規定している。

イ及び**ロ**は，共同地線を前号の架空接地線又は地中接地線と同様に施設することを規定している。

ハは，共同地線が断線した場合においても，非接地状態となる変圧器がないように，どの変圧器についてもその変圧器から 200m の地域内の両側に接地工事が施されているようにしたものである（→解説 24.3 図（c）及び解説 24.4 図（a））。

ニ及びホでは，解説図 24.4 図（b）のように，直径 1km 以内の地域ごとに，合成電気抵抗で B 種接地の規定値を保つことを示している。共同地線を 1km 以上にわたって施設することを想定した規定としているのは，混触事故電流が広範囲に波及する欠点よりも，規定の抵抗値を有する直径 1km の群を持続することにより，更に接地抵抗値が低下する利点の方が多いからである。

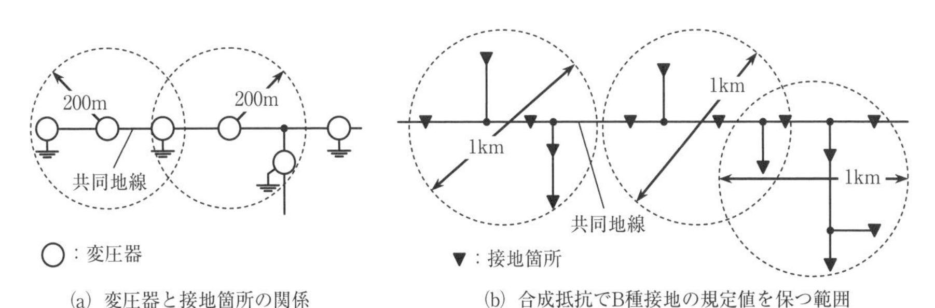

(a) 変圧器と接地箇所の関係　(b) 合成抵抗でB種接地の規定値を保つ範囲

解説 24.4 図

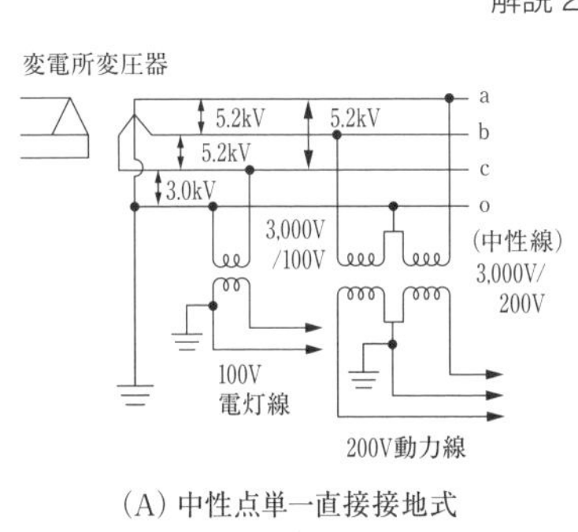

(A) 中性点単一直接接地式

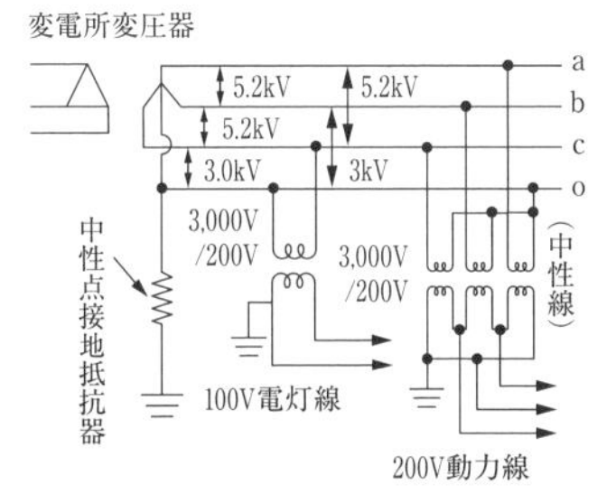

(B) 中性点単一高抵抗接地式
（Aの中性点に100－300Ωの抵抗器挿入）

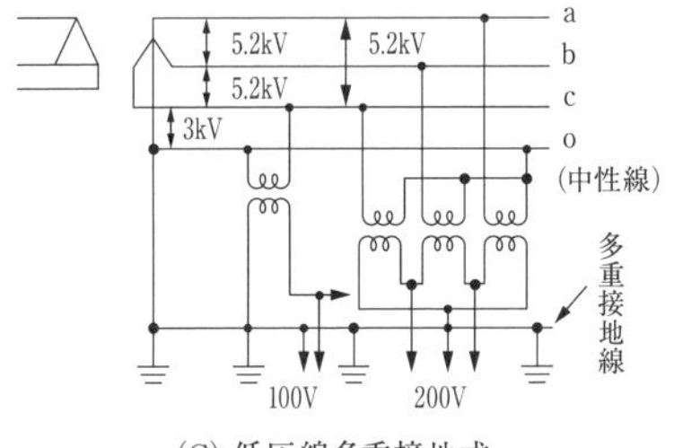

(C) 低圧線多重接地式

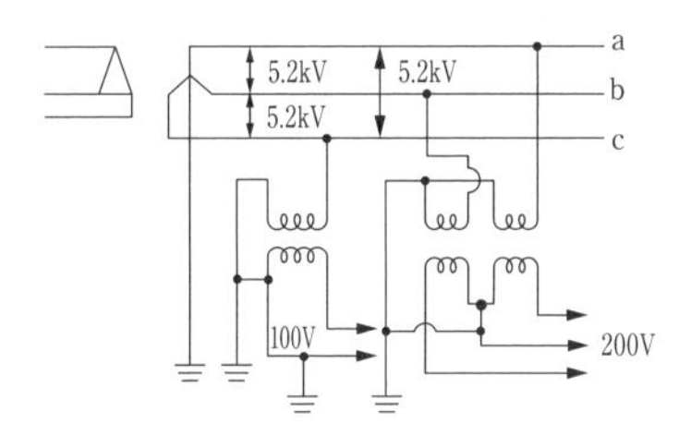

(D) 中性線大地利用式

(C) は接地保護継電器に適当なものを得れば低圧の多重接地線を中性線と共通して省略できる。これを中性線多重接地式という。
(C) 及び (D) は試験的に行われているが，その例は少ない。

解説 24.5 図

第四号は，中性点接地式電路（→解説24.5図）に関しての規定である。この種の電路では，非接地式電路に比べ，1線地絡電流が非常に大きく，より小さいB種接地抵抗値が必要となり，**第三号**の共同地線の方法によっても，なお規定値を得ることが困難な場合がある。そこで，工事方法を強化して，直径1kmの地域内より広範囲にわたっても規定の抵抗値が得られるようにすれば良いことを示している。この場合の各接地箇所の単独の抵抗値は150n/Ig（地絡電流が各接地箇所に平均して流れると仮定した場合の抵抗値）以下であれば，合成値として規定値以下になるが，施設範囲も著しく広くなり，架空共同地線の断線その他保守上の点も考えて，個々の接地抵抗は300Ωを超えないこととしている。

中性点接地式電路の場合においても，共同地線の接地工事は，**第三号**の場合と同じく各変圧器について，これを中心とする直径400m以内の地域においてその両側に施設する必要があるが，低高圧架空電線が併架されている部分では断線等による混触のおそれがあるので，変圧器の有無にかかわらず電線路沿いの距離で300m以下ごとに接地箇所を設けることとしている。

第4項は，**前項第三号**又は**第四号**の共同地線を単独で設けることは経済的に困難な場合が多いので，共同地線を電路である低圧架空電線又は低圧地中電線の1線に兼用できることを示したものである。兼用される低圧架空電線又は低圧地中電線は，**第3項第三号**又は**第四号**に規定する共同地線としての要件を満たすことが必要である。また，「兼用する」という字句を用いて第1項の例外ではないことを示している。

第5項は，混触防止板付き変圧器を使用し，非接地とした低圧電路の電線を屋外に施設する場合は，変圧器の内部故障による混触を防止しても，変圧器以外の部分（主として架空電線の部分が考えられる。）において，高圧又は特別高圧電路と低圧電路が混触を生じては意味がないので，これを防止するための規定である。

屋内に施設する場合については，一般の施設方法によっても高圧電線（特別高圧は特殊な場合に限られる。）と低圧電線とが混触を生じることはほとんどないため，特に施設の強化を規定していない。

第一号で施設場所を1構内としているのは，構外にわたって施設される場合，その部分の低圧電線と接近又は交差して施設される高圧又は特別高圧電路は，一般には施設者が異なり，これら相互の関係をより安全なものにすることが難しい場合もあり，かつ，保守の面でも構内に比べ不自由な場合もあると考えられるためである。

第二号で，架空電線又は屋上電線にケーブルを使用することとし，**第三号**で，原則として高圧又は特別高圧の架空電線と併架しないこととしているのも，これらの混触の機会をなるべく少なくするためである。

【特別高圧と高圧との混触等による危険防止施設】（省令第12条第2項）

第25条　変圧器（前条第2項第二号に規定するものを除く。）によって特別高圧電路（第

108条に規定する特別高圧架空電線路の電路を除く。）に結合される高圧電路には，使用電圧の3倍以下の電圧が加わったときに放電する装置を，その変圧器の端子に近い1極に設けること。ただし，使用電圧の3倍以下の電圧が加わったときに放電する避雷器を高圧電路の母線に施設する場合は，この限りでない。（関連省令第10条）

2　前項の装置には，A種接地工事を施すこと。（関連省令第10条，第11条）

〔解　説〕 変圧器によって特別高圧電路に結合される高圧電路では，変圧器の内部故障時の特別高圧電路との混触及び特別高圧側に生じた異常電圧が変圧器を介して高圧側に侵入することを考慮して，放電装置を設けることとしている。

この放電装置は避雷器と異なり，混触等の事故が継続する間は放電を続けることが必要であり，従来もっぱら放電間隙が使用されたが，S24工規では使用電圧の1.5倍以下の電圧で動作する放電間隙は2mm位であったためその調整が難しく，かえって事故の原因となりやすいので，S29工規からは3倍の電圧に改められた。

避雷器は，元来放電装置とは使用目的を異にするが（→第37条），特別高圧電路と高圧電路との混触は比較的少なく，かつ，避雷器は特別高圧電路からの移行電圧に対して有効に動作する利点を有するので，発電所等の特別高圧用変圧器の高圧母線に，その使用電圧の3倍以下の電圧で動作する避雷器が設けられている場合は，これを放電装置に兼用できることとした。なお，避雷器は電線路から侵入する雷電圧に対する保護装置であるから，その施設箇所は引出口を原則としている。一方，本条の放電装置は，変圧器内部での特別高圧との混触及び移行電圧を防止することを目的とするため，変圧器の端子の近くに施設すべきものである。したがって，母線に施設した避雷器については，兼用できることとした。

避雷器の放電とは，過電圧が両端子間に加わった際に避雷器内部を通して電流を流す作用をいい，直列ギャップを有しない避雷器においては，動作開始電圧を超える過電圧が加わると電流が急増し，直列ギャップにおける放電と同様の作用になる。そのため，動作開始電圧を避雷器の放電開始電圧と解釈してよい。

【特別高圧配電用変圧器の施設】（省令第9条第1項）

第26条　特別高圧電線路（第108条に規定する特別高圧架空電線路を除く。）に接続する配電用変圧器を，発電所，蓄電所又は変電所，開閉所若しくはこれらに準ずる場所以外の場所に施設する場合は，次の各号によること。

一　変圧器の1次電圧は35,000V以下，2次電圧は低圧又は高圧であること。

二　変圧器に接続する特別高圧電線は，特別高圧絶縁電線又はケーブルであること。ただし，特別高圧電線を海峡横断箇所，河川横断箇所，山岳地の傾斜が急な箇所又は谷越え箇所であって，人が容易に立ち入るおそれがない場所に施設する場合は，

第1章 総則

裸電線を使用することができる。（関連省令第5条第1項）

三 変圧器の1次側には，開閉器及び過電流遮断器を施設すること。ただし，過電流遮断器が開閉機能を有するものである場合は，過電流遮断器のみとすることができる。（関連省令第14条）

四 ネットワーク方式（2以上の特別高圧電線路に接続する配電用変圧器の2次側を並列接続して配電する方式をいう。）により施設する場合において，次に適合するように施設するときは，前号の規定によらないことができる。

イ 変圧器の1次側には，開閉器を施設すること。

ロ 変圧器の2次側には，過電流遮断器及び2次側電路から1次側電路に電流が流れたときに，自動的に2次側電路を遮断する装置を施設すること。（関連省令第12条第2項）

ハ ロの規定により施設する過電流遮断器及び装置を介して変圧器の2次側電路を並列接続すること。

〔解　説〕 特別高圧用変圧器は，**第22条**によって発電所，蓄電所又は変電所，蓄電所，開閉所若しくはこれらに準ずる場所に施設しなければならないこととしているが，本条は，**第22条**以外の場所（屋内，屋外，柱上及びマンホール等）に施設する一般的に小容量の配電用変圧器（35,000V以下の配電に用するもの）について規定している。

第一号は，特別高圧の配電用変圧器の電圧を定めたもので，変電所に比べ一般的に容量も小さく，また，事故時等に影響が及ぶ範囲を限定するという観点から，1次電圧を35kV以下としている。2次電圧については，高圧又は低圧としている。なお，低圧とする場合は，**次条**による必要がある。

第二号は，S57基準でそれまで市街地外の屋外のみに施設制限されていた特別高圧配電用変圧器について，電力需要の増大等に伴い，特別高圧電線に特別高圧絶縁電線又はケーブルを使用することを前提とした上で，その施設範囲を市街地まで拡大したものである。また，市街地外に施設する22（33）kV配電線についても，高圧配電線と合わせ，絶縁電線又はケーブルを使用することとした。

H20解釈で，海峡横断箇所等であって，人が容易に立ち入るおそれがない場所においては，感電のおそれがなく，保安の確保上問題がないことから，裸電線を使用することができるようにした。

なお，本条において人が容易に立ち入るおそれがない場所とは，人為的に一般公衆の立入りをさく，へい等により制限するのではなく，土地等の状況により人の立ち入るおそれがないと判断される場所をいう。

第三号は，変圧器の施設場所に開閉器及び過電流遮断器を施設することとしているが，開閉機能と過電流発生時の自動遮断機能を有していれば，必ずしも2台の機器を設置する必要はない。

第四号では，ネットワーク（いわゆるレギュラーネットワーク配電方式）により変圧器を施設する場合は，2回線以上の特別高圧配電線が回線ごとに変圧器に接続されるため，1回線が停止しても電気の供給に支障がなく，また，2次側電路に過電流遮断器及び2次側から1次側への逆圧を防止する装置（一般的には，逆電力リレーが使用されている。）を施設すれば，2次側電路に事故等が発生した場合にも確実に遮断でき，1次側への事故波及もないので，**イ**，**ロ**及び**ハ**に適合する場合には特別高圧側に施設する過電流遮断器を省略できることとしている。

なお，本条により施設する特別高圧の機器については**第22条**の規定により施設することとしている。

【特別高圧を直接低圧に変成する変圧器の施設】（省令第13条）

第27条　特別高圧を直接低圧に変成する変圧器は，次の各号に掲げるものを除き，施設しないこと。

一　発電所，蓄電所又は変電所，開閉所若しくはこれらに準ずる場所の所内用の変圧器

二　使用電圧が100,000V以下の変圧器であって，その特別高圧巻線と低圧巻線との間にB種接地工事（第17条第2項第一号の規定により計算した値が10を超える場合は，接地抵抗値が10Ω以下のものに限る。）を施した金属製の混触防止板を有するもの

三　使用電圧が35,000V以下の変圧器であって，その特別高圧巻線と低圧巻線とが混触したときに，自動的に変圧器を電路から遮断するための装置を設けたもの

四　電気炉等，大電流を消費する負荷に電気を供給するための変圧器

五　交流式電気鉄道用信号回路に電気を供給するための変圧器

六　第108条に規定する特別高圧架空電線路に接続する変圧器

〔解　説〕 低圧と特別高圧とを直接結合させることは，事故時に特別高圧が低圧電路に入り込むことがあって危険である。低圧電路は，広く一般の屋内配線に用いられ人命，財産と密接な関係があり，かつ，その電路の絶縁性能も低圧を前提にしたものであるため，特別高圧から高圧に変成し，更に高圧から低圧に変成するのが一般的である。しかし，特別な場合の変圧器については，このような段階を経ることが技術的，経済的に必ずしも適当でない場合もあるので，本条は，これらについて示したものである。

第一号は，発電所又は蓄電所の所内用変圧器や変電所，開閉所若しくはこれらに準ずる場所の所内用変圧器という特定の場所に施設されるものであり，一般公衆とは関係がないため，問題とならないものである。

第二号については，需要家の容量増大により，66kV又は77kV受電となる場合に，経済性を考えて，3巻線変圧器を使用して，400Vや200Vに直接変成する場合がある。また，鉄道事業者及び鉄道・運輸機構が施設する変圧器についても66kVや77kVから直接低圧に変成する場合がある。これらの変圧器については，B種接地工事を施した混触防止板を変圧器に入れることにより混触防止対策が十分とれることから，1次電圧が100kV以下のものの施設を認めている。

第三号は，特別高圧側と低圧側とが混触した場合に自動的に遮断すれば危険でないことから，特別扱いとされている。混触したときに自動的に遮断する場合とは，低圧側に接地工事を施してあり，地絡事故が発生したときに特別高圧電路が自動遮断するようになっている場合も含まれるが，混触抵抗等を考えて，相当高感度の接地リレーが必要となる。使用電圧を35kV以下に限定したのは，これ以上の高電圧になると，線路こう長も長く充電電流も大きくなるので，万一混触事故が発生すると，低圧側の電位上昇が大きく危険であるからで，この解釈では他にもこの電圧制限があり，電圧の一つの危険段階としている。

第四号は，電気炉のように大電流を必要とするものは，それだけで大電力を消費するので，変圧器を2段設けて中間に高圧の段階をおくことは，機器，配線だけでなく，電力損失その他の面からも著しく不経済になる。また低圧側回路は，一般に大地から絶縁されていないため，変圧器内部で特別高圧と低圧とが混触しても低圧側の電位上昇は比較的軽微であり，かつ，特別高圧側で直ちに保護装置による保護ができる。なお，電解槽用の変圧器も大電流を消費するものである。

第五号に示されている変圧器については，交流式電気鉄道用信号回路の誤動作を防止するために低圧回路を非接地とする必要があり，特別高圧側の巻線と低圧側との間に金属製の混触防止板を設けている。また，低圧側に一般の使用機器が接続されることもないので，特別扱いとしている。

第六号は，**第108条**の解説に示す11.4kVの特別高圧用架空電線路に接続する変圧器は，高圧配電用変圧器を昇圧して使用するものであり，かつ，低圧側は**第24条**により接地工事を施すこととしており，その危険度において高圧配電用変圧器とほとんど違いがないので，特別扱いとしている。

【計器用変成器の2次側電路の接地】（省令第10条，第11条，第12条第1項）
第28条　高圧計器用変成器の2次側電路には，D種接地工事を施すこと。
2　特別高圧計器用変成器の2次側電路には，A種接地工事を施すこと。

〔解　説〕　本条では，計器用変成器内での混触等による事故の防止のため，その2次側電路に接地工事を施すこととしているが，変圧器の場合（→**第24条**）と異なり，接地箇所については2次側電路という程度にとどめ，特に明記していない。

第1項で高圧の場合をD種接地工事としているのは，計器用変成器の2次側電路は一般に配電盤のように操作員以外の人が立ち入らない場所に施設されるためである。

なお，高圧発電設備の励磁回路に用いられる励磁用変圧器（EXTr）は計器用変成器ではなく，本条の適用を受けない。励磁用変圧器は，2次側電路を接地した場合，接地されている蓄電池回路（初期励磁用）との間に循環電流が生じてしまうため，2次側電路の接地ができない。その混触防止技術の例としては，**第24条**に準じて励磁用変圧器にB種接地工事を施した混触防止板を設ける方法がある。

【機械器具の金属製外箱等の接地】（省令第10条，第11条）

第29条　電路に施設する機械器具の金属製の台及び外箱（以下この条において「金属製外箱等」という。）（外箱のない変圧器又は計器用変成器にあっては，鉄心）には，使用電圧の区分に応じ，29-1表に規定する接地工事を施すこと。ただし，外箱を充電して使用する機械器具に人が触れるおそれがないようにさくなどを設けて施設する場合又は絶縁台を設けて施設する場合は，この限りでない。

29-1表

機械器具の使用電圧の区分		接地工事
低圧	300V以下	D種接地工事
	300V超過	C種接地工事
高圧又は特別高圧		A種接地工事

2　機械器具が小規模発電設備である燃料電池発電設備である場合を除き，次の各号のいずれかに該当する場合は，第1項の規定によらないことができる。

一　交流の対地電圧が150V以下又は直流の使用電圧が300V以下の機械器具を，乾燥した場所に施設する場合

二　低圧用の機械器具を乾燥した木製の床その他これに類する絶縁性のものの上で取り扱うように施設する場合

三　電気用品安全法の適用を受ける2重絶縁の構造の機械器具を施設する場合

四　低圧用の機械器具に電気を供給する電路の電源側に絶縁変圧器（2次側線間電圧が300V以下であって，容量が3kVA以下のものに限る。）を施設し，かつ，当該絶縁変圧器の負荷側の電路を接地しない場合

五　水気のある場所以外の場所に施設する低圧用の機械器具に電気を供給する電路に，電気用品安全法の適用を受ける漏電遮断器（定格感度電流が15mA以下，動作時間が0.1秒以下の電流動作型のものに限る。）を施設する場合

六　金属製外箱等の周囲に適当な絶縁台を設ける場合

七　外箱のない計器用変成器がゴム，合成樹脂その他の絶縁物で被覆したものである

場合

八　低圧用若しくは高圧用の機械器具，第26条に規定する配電用変圧器若しくはこれに接続する電線に施設する機械器具又は第108条に規定する特別高圧架空電線路の電路に施設する機械器具を，木柱その他これに類する絶縁性のものの上であって，人が触れるおそれがない高さに施設する場合

3　高圧ケーブルに接続される高圧用の機械器具の金属製外箱等の接地は，日本電気技術規格委員会規格 JESC E2019（2015）「高圧ケーブルの遮へい層による高圧用の機械器具の金属製外箱等の連接接地」の「2. 技術的規定」により施設することができる。

4　太陽電池モジュール，燃料電池発電設備又は常用電源として用いる蓄電池に接続する直流電路に施設する機械器具であって，使用電圧が300Vを超え450V以下のものの金属製外箱等に施すC種接地工事の接地抵抗値は，次の各号に適合する場合は，第17条第3項第一号の規定によらず，100Ω以下とすることができる。

一　直流電路は，非接地であること。

二　直流電路に接続する逆変換装置の交流側に，絶縁変圧器を施設すること。

三　直流電路を構成する太陽電池モジュールにあっては，当該直流電路に接続される太陽電池モジュールの合計出力が10kW以下であること。

四　直流電路を構成する燃料電池発電設備にあっては，当該直流電路に接続される個々の燃料電池発電設備の出力がそれぞれ10kW未満であること。

五　直流電路を構成する蓄電池にあっては，当該直流電路に接続される個々の蓄電池の出力がそれぞれ10kW未満であること。

六　直流電路に機械器具（太陽電池モジュール，燃料電池発電設備，常用電源として用いる蓄電池，直流変換装置，逆変換装置，避雷器，第154条に規定する器具並びに第200条第1項第一号において準用する第45条第一号及び第三号に規定する器具及び第200条第2項第一号ロ及びハに規定する器具を除く。）を施設しないこと。

〔解　説〕 電気機械器具（金属管工事の金属管等は，配線材料と考え機械器具に含めない。）では，一般に通電部分と金属製の台，外箱等との間は絶縁されているが，巻線，ブッシング等の絶縁が劣化してこれらの部分に漏電して危険を生じることがあるため，この危険を低減するために接地を施すことを規定している。

第1項は，漏れ電流による危険を低減するために金属製の台及び外箱を接地することを規定している。**ただし書**の場合は，高電圧系統に挿入される大容量のコンデンサや中性点接地抵抗器等のようなものは，本質的に接地できないため，周囲に適当なさくを設けるなどして，人が触れるおそれがないように施設し又は絶縁台を設けて感電のおそれがないように施設すればよい。

300V以下の低圧の機械器具については，D種接地工事（100Ω以下，→**第17条**）を

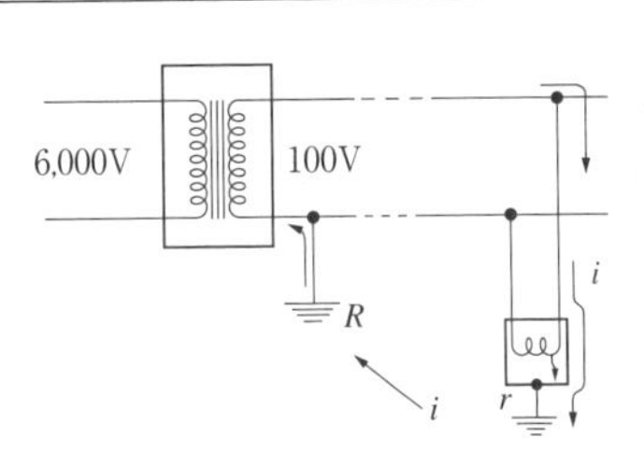

$iR \leq 150$（V）（iは，高圧側電路の1線地絡電流）

r：低圧機器の鉄台等の接地抵抗

i：rを流れる漏れ電流

$ir = 100(\mathrm{V}) \times \dfrac{r}{R+r}$

解説 29.1 図

施せばよいこととしているが，接地抵抗値は低い値であるほど漏電時に金属製外箱等に現れる電位が低くなり，危険は低減される。

なお，通常 300V 以下の低圧電路においては，変圧器施設箇所で B 種接地工事が施されるので（→**第 24 条**），解説 29.1 図の例のように非接地側電線の部分で完全接触した場合に循環電流によって金属製外箱等に現れる電位は，その接地抵抗値と B 種接地工事の抵抗値との比によって決まる。

300V を超える低圧の機械器具については，300V 以下のものに比べ危険度が高いので接地抵抗値は 10Ω 以下とすることを要求しているが，この程度の電圧の機械器具は，600V を超えるものより危険度が低いのはもちろんのこと，一般に特定の場所に限って施設するものではなく，これに A 種接地工事を要求することは経済的負担も大きくなるので，接地工事の方法については D 種接地工事並みのものとして C 種接地工事（→**第 17 条**）を要求している。D 種接地工事の場合と同様，接地抵抗値は低い値であるほど漏電時に金属製外箱等に現れる電位が低くなり，危険は低減される。

高圧又は特別高圧の電気で充電する機械器具は，人が容易に触れるおそれがないように施設することになるが（→**第 21 条，第 22 条**），万一接触し，かつ，漏電していた場合の危険を低減するために，A 種接地工事を施すことを規定している。A 種接地工事を要求しているのは，電圧が高く充電電流も大きいため，漏電時に金属製外箱等に現れる電位上昇も大きくなるからである。

第 2 項は，漏電していても危険が少ない場合について，工事を簡略化するために接地工事の省略を認めている。

第一号は，乾燥している場所では人と大地との間の接地抵抗値が大きく，対地電圧が 150V 以下であれば，致命的な電撃を受けることが少ないからである。なお，床が導電性のもので大地との間の接地抵抗値が低い場合は，絶縁性がないため，乾燥している場所とは扱わない。

第二号は，対地電圧が 150V を超える低圧の機械器具であっても，絶縁性のあるものの上で，その機械器具を取り扱う場合には漏れ電流による危険が少ないので省略を認めている。絶縁性のあるものとは，木製の床，畳，リノリウム張りの床，石等で乾燥したものをいい，コンクリートの床は含まれない。なお，絶縁性のあるものを用いた場合であっても，濡れることが多い場所は絶縁性を確保できないため，接地は省略できない。

第三号は，携帯して使用する電気使用機械器具（→**第142条第九号**）であって，感電防止のために2重絶縁（強化絶縁を含む。）されたものは，電気用品安全法でも接地端子を省略することが認められているので，**本号**においても接地は不要としている。ただし，2重絶縁機器という機器がどのようなものか一般的に定めることが難しいので，本号では，電気用品安全法で2重絶縁として認められたもののみに限定している。

第四号は，電圧が比較的低い非接地式電路では，その電路の充電部分に人が触れても，地絡電流の帰路が形成されないので，感電防止には有効である。しかし，絶縁変圧器の2次側電路に接続される負荷が大容量のものである場合，又は接続されるケーブルが長い場合などには，電路と大地との静電容量が大きくなり，その充電電流によって電撃を受けることがある。したがって，絶縁変圧器の容量を3kVA以下に限定している。なお，この絶縁変圧器は，1次側が高圧又は特別高圧である場合は，**第24条**の混触防止板付き変圧器とする必要がある。

第五号は，水気のある場所において接地工事を省略した機器に漏電が起こり，これに人体が触れたとき，人体を通して漏電遮断器を作動させることとなり，以下に述べるような可随電流（人体に電流を通過させたとき，運動の自由を失わない最大限度の電流のことで，離脱電流ともいう。）を超える電流が人体に流れるおそれがあるので，水気のある場所に施設するものについての接地は省略できない。

ここで，電気用品安全法の適用を受けるものとしているのは，定格電圧300V以下，定格電流100A以下のものという意味も含ませるためであり，また，電流動作型に限定しているのは，電圧動作型のものは，機械器具の外箱に接地工事を施さなければ動作できないものであるからである。定格感度電流を15mA以下としているのは，規格上，漏電遮断器は定格感度電流の1/2では動作しないことになっており，この不動作電流値と可随電流とを一致させるためである。この可随電流はアメリカのカリフォルニア大学教授であるDalziel博士の生体実験によると解説29.2図のような測定結果を得ている。この図において大多数の人々の可随電流と考えられる0.5%値が，電撃危険性のない安全限界として重要な値とされるべきで，この図からこの安全な可随電流値は，男性で9mA，女性で6mA程度であると考えられている。

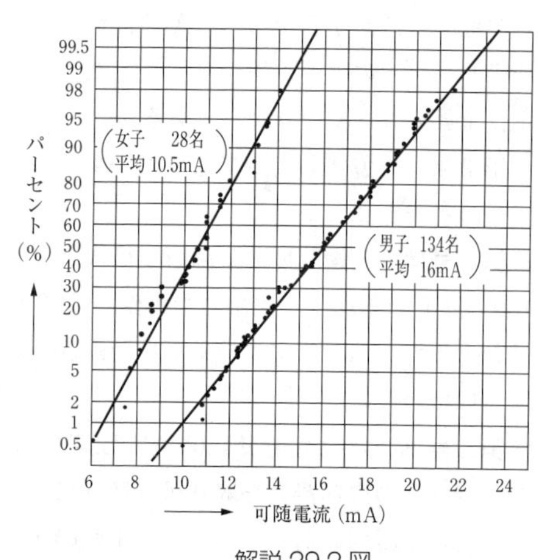

解説 29.2 図

第六号は，**第二号**で規定する絶縁性のものより，確実で，その機械器具の使用電圧に応じた絶縁台の上で当該機械器具を取り扱う場合である。

第七号は，ゴムやプラスチックでモールドされた計器用変成器の鉄心には，接地工事が施し難いので，例外としている。なお，充電部分の危険防止については，**第21条**，**第22条**又は**第150条**の規定が適用される。

第八号は，機械器具を人が触れないように木柱等の高い柱や台の上に施設し，かつ，柱等が絶縁性を有し，人が触れても危険を及ぼすおそれがない場合を対象としている。

なお，小規模発電設備である燃料電池発電設備については，上記各号に該当する場合であっても，金属製外箱等の接地の省略は認められない。これは，小出力の燃料電池発電設備については，風雨に晒される屋外に設置され，また，熱回収等のため筐体内で水を使用していることから，万が一水分が筐体内へ侵入あるいは漏洩し，充電部分と筐体間の絶縁抵抗が減少した場合においても，感電事故を防止するためである。

第3項は，H22解釈で日本電気技術規格委員会規格 JESC E2019（2015）を引用し新たに定めた規定である。この規格は，高圧用の機械器具の鉄台及び金属製外箱に対する接地工事について検討を行った，電気協同研究「配電系統接地設計の合理化」（平成19年5月第63巻第1号）において，鉄台又は金属製外箱の接地線と高圧ケーブルの金属製の電気的遮へい層とを接続し連接接地を構成する場合に，その合成抵抗値をA種接地工事の接地抵抗値以下とすれば，単独の接地工事と同等の効果があることが確認されたことから制定されたものである。

第4項は，出力電圧450Vの太陽電池アレイや燃料電池発電設備，蓄電池の出現（出力電圧を上げることで，逆変換装置の昇圧比が下がり，高効率化や製品の小型化が図れる。）に伴い，太陽電池モジュールについてはH18解釈で，燃料電池発電設備や蓄電池についてはH29解釈で新たに設けた規定である。これらの設備と接続する電路に施設される機器の鉄台や金属性外箱については，接地抵抗値10Ω以下のC種接地工事を施すことが必要であったが，一般家庭等でC種接地抵抗値を満足することは困難な場合があることから，その例外を認めたものである。

第一号のとおり直流電路が非接地であり，かつ，**第二号**のとおり逆変換装置の交流側に絶縁変圧器が施設されていれば，直流電路部分に人が触れても地絡電流の帰路が構成されないため感電防止に有効であるが，対地静電容量が大きいと電撃による危害のおそれがあるため，対地静電容量を制限する観点から，**第三号**から**第六号**についても条件としている。UL1741（Inverters, Converters, Controllers and Interconnection System Equipment for Use with Distributed Energy Resources）の11. Electric Shockによると，直流電圧450Vで充電された静電容量から受ける電撃は，静電容量が1.99 μF以下であれば人体に問題ないとされている。出力10kWの太陽電池モジュールの対地静電容量は，実測の結果0.25 μF程度であった。一方，燃料電池発電設備や蓄電池は，通常金属製外箱が接地されており，蓄えられる電荷はないため，その対地静電容量については，該当設備とパワーコンディショナとの間の直流電路が最も影響すると考えられる。そこで，直流電路を施工する際に製造事業者が一般的に指定している8mm²CVケーブル30mを想定し，電線に蓄えられる電荷が最も大きくなると考えられる線間の静電容量を計算したところ，結果は0.002μFであった。以上の結果より，**第三号**から**第六号**を満たすものについては，接地抵抗値を緩和しても安全と考えられる。なお，出力の制限値については，**第143条解説**を参照されたい。

【高周波利用設備の障害の防止】（省令第17条）

第30条　高周波利用設備から，他の高周波利用設備に漏えいする高周波電流は，次の測定装置又はこれに準ずる測定装置により，2回以上連続して10分間以上測定したとき，各回の測定値の最大値の平均値が-30dB（1mWを0dBとする。）以下であること。

LMは，選択レベル計　MTは，整合変成器
HPFは，高域ろ波器　Lは，電源分離回路
Bは，ブロック装置　Wは，高周波利用設備

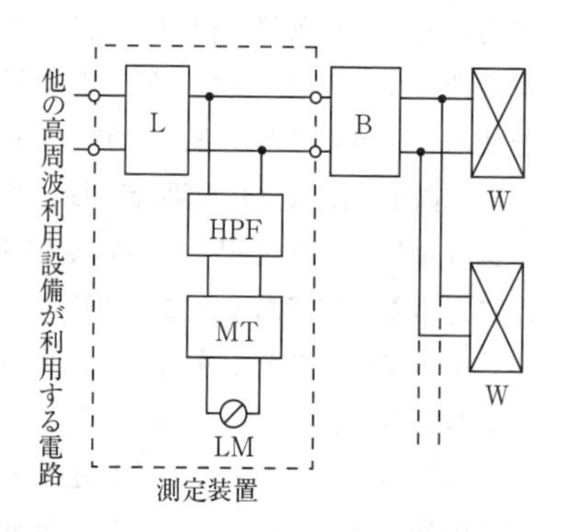

〔解　説〕需要場所においては，屋内（又は屋外）の電力回路が高周波利用通話装置（インターホン）の高周波の伝送路として利用されることをはじめとして，冷暖房設備等の高周波による制御回路としての伝送路にも利用されている。一方，配電設備においても，開閉器類の遠方監視制御，電圧負荷管理の集中自動化，検針業務の自動化，負荷制御の自動化等のために配電線を伝送路とする高周波利用設備が使われている。

これらを無秩序に施設することは，相互に発信される高周波により，互いにその機能に障害を及ぼすおそれがある。

これらの電路を高周波電流の伝送路として利用するものは，相互に妨害がなく円滑に運用される方式として，高周波の伝送を制御するブロック装置を伝送路の境界点に設置し，各領域からの高周波漏えいを抑制する方式（ブロック装置使用方式）と，高周波漏えいがあっても実質的には相互に妨害を与えないように双方で利用周波数の協定を行い，それぞれの周波数帯域を占有して双方が高周波利用を行う方式（周波数帯域設定方式）とがあり，また，これらの方式を併用する方式も考えられている。

本条の適用に当たっては，周波数帯域設定方式により相互に妨害がないように高周波利用を行う場合は，「障害を及ぼすおそれがある場合」に該当しないので本条の適用外であり，周波数帯域の設定を行わない場合又は周波数帯域の設定を行っても更に周波数

帯域外の高周波を利用する場合に本条の適用を受ける。

漏えいする高周波電流による妨害を排除するためには，漏えいを皆無にすることが理想的であるが，これは技術的に不可能であるので，漏えいしても支障のない最大レベルを漏えい許容値（30dB）としている。

【変圧器等からの電磁誘導作用による人の健康影響の防止】（省令第27条の2）

第31条　発電所，蓄電所，変電所，開閉所及び需要場所以外の場所に施設する変圧器，開閉器及び分岐装置（以下この条において「変圧器等」という。）から発生する磁界は，第3項に掲げる測定方法により求めた磁束密度の測定値（実効値）が，商用周波数において200 μT以下であること。ただし，造営物内，田畑，山林その他の人の往来が少ない場所において，人体に危害を及ぼすおそれがないように施設する場合は，この限りでない。

2　測定装置は，民間規格評価機関として日本電気技術規格委員会が承認した規格である「人体ばく露を考慮した直流磁界並びに1Hz ～ 100kHzの交流磁界及び交流電界の測定－第1部：測定器に対する要求事項」の「適用」の欄に規定するものであること。

3　測定に当たっては，次の各号のいずれかにより測定すること。なお，測定場所の例ごとの測定方法の適用例については31-1表に示す。

一　磁界が均一であると考えられる場合は，測定地点の地表，路面又は床（以下この条において「地表等」という。）から1mの高さで測定した値を測定値とすること。

二　磁界が不均一であると考えられる場合（第三号の場合を除く。）は，測定地点の地表等から0.5m，1m及び1.5mの高さで測定し，3点の平均値を測定値とすること。ただし，変圧器等の高さが1.5m未満の場合は，その高さの1/3倍，2/3倍及び1倍の箇所で測定し，3点の平均値を測定値とすること。

三　磁界が不均一であると考えられる場合であって，変圧器等が地表等の下に施設され，人がその地表等に横臥する場合は，次の図に示すように，測定地点の地表等から0.2mの高さであって，磁束密度が最大の値となる地点イにおいて測定し，地点イを中心とする半径0.5mの円周上で磁束密度が最大の値となる地点ロにおいて測定した後，地点イに関して地点ロと対称の地点ハにおいて測定し，次に，地点イ，ロ及びハを結ぶ直線と直交するとともに，地点イを通る直線が当該円と交わる地点ニ及びホにおいてそれぞれ測定し，さらに，これらの5地点における測定値のうち最大のものから上位3つの値の平均値を測定値とすること。

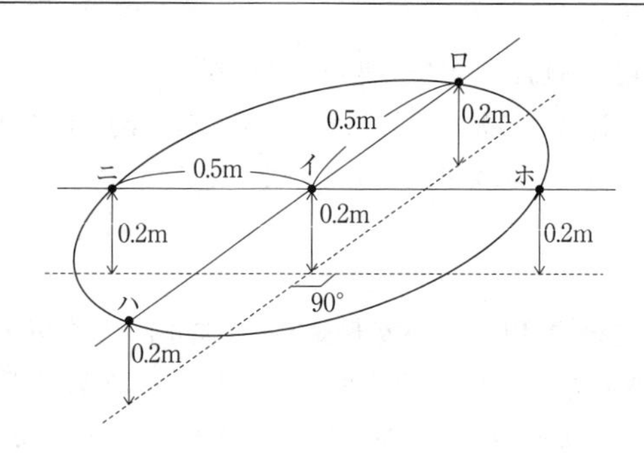

31-1 表

測定場所	測定方法
柱上に施設する変圧器等の下方における地表	第3項第一号により測定すること。
柱上に施設する変圧器等の周囲の建造物等	建造物の壁面等，公衆が接近することができる地点から水平方向に0.2m離れた地点において第3項第二号により測定すること。
地上に施設する変圧器等の周囲	変圧器等の表面等，公衆が接近することができる地点から水平方向に0.2m離れた地点において第3項第二号により測定すること。
変圧器等を施設した部屋の直上階の部屋の床	第3項第三号により測定すること。

〔解　説〕 本条は，変圧器，開閉器及び分岐装置から発生する磁界について規定している。本規制値導入の経緯については，省令第27条の2の解説で述べたとおりである。

第1項ただし書では，一般の人が立ち入ることができない倉庫，機械室など，並びに，ごく限られた人のみが立ち入るような林道及び農道など，人の往来が少ない場所は除外しているが，広く一般的に利用されている林道及び農道並びに河川敷などは人の往来の少ない場所には含まれない。この解釈では，変圧器等は**本条**で，変電所等は**第39条**で，電線路は**第50条**で，それぞれ電磁誘導作用による人の健康影響の防止について規定している。

第2項は，測定装置に求められる要件について規定している。測定装置は，日本産業規格JIS C 1910（2004）で定められた校正，仕様に係る要求事項を満足する必要がある。R4解釈より，民間規格評価機関として日本電気技術規格委員会に承認された規格リストと関連づけられ，当該機関の公開ページにて掲載されている。

第3項は，測定手順について規定している。人によって占められる空間の空間平均に相当する電磁界の測定手順に関しては，IEC62110（2009）で規定されており，当該規格によれば，測定方法は測定地点の磁界が均一であるか不均一であるかで異なり，変圧器等と測定地点とが十分離れている場合には均一と見なして1点測定を，それ以外の場合は不均一と見なして3点測定又は5点測定を推奨している。

本解釈では，IEC規格に従い，**31-1表**に測定場所の区分による測定方法の適用例を示した。なお，柱上に施設する変圧器等の下方における路面若しくは床又は側方若しくは上方であって，変圧器等の地表上の高さと同等以上の離隔距離がある場合には，**第3項第一号**に準じて測定することも問題ないものと考えられる。適用例に該当しない場合は，適用例及びIEC規格の付属文書を参考として測定方法を判断することとなる。

【ポリ塩化ビフェニル使用電気機械器具及び電線の施設禁止】（省令第19条第14項）

第32条　ポリ塩化ビフェニルを含有する絶縁油とは，絶縁油に含まれるポリ塩化ビフェニルの量が試料1kgにつき0.5mg（重量比0.00005％）以下である絶縁油以外のものである。

〔解　説〕「廃棄物の処理及び清掃に関する法律」が改正（平成10年6月17日施行）され，同法施行規則において，ポリ塩化ビフェニル（以下「PCB」という。）を含有する絶縁油に係る基準値が定められた。

本解釈は，これに準拠したものである。また，「重電機器等からの微量のPCBが検出された事案について」（平成16年2月17日環境省通達環廃産第040217005）において，廃重電機器等では，機器ごとに測定した当該廃重電機器等に封入された絶縁油中のPCB濃度が処理の目標基準である0.5mg/kg以下であるときは，当該廃重電機器等は，PCB廃棄物に該当しないものであることが示されている。

平成28年8月，改正された**ポリ塩化ビフェニル廃棄物の適正な処理の推進に関する特別措置法施行令**（平成13年政令第215号）第4条により，高濃度PCB使用製品の基準として，油に含まれているPCBの重量の割合の百分率表示を使用することとなった。そこで，この解釈においてもこれに準拠し，H28解釈において，PCB濃度の単位に絶縁油に含まれるPCBの重量の割合の百分率を用いることとし，かっこ書のとおり，重量比％を併記することとした。

なお，絶縁油の入れ換えを伴う，「微量PCB含有電気機器課電自然循環洗浄実施手順書」（平成27年3月31日 経済産業省産業技術環境局環境政策課環境指導室，同省商務流通保安グループ電力安全課，環境省大臣官房廃棄物・リサイクル対策部産業廃棄物課）に基づく適正な課電洗浄を行った場合にあっては，PCB含有電気工作物に該当しないものとする条件の一つとして，課電洗浄後の絶縁油に含まれるPCBの量が0.3mg/kg以下でなければならないこととされている。

第５節　過電流，地絡及び異常電圧に対する保護対策

【低圧電路に施設する過電流遮断器の性能等】（省令第14条）

第33条　低圧電路に施設する過電流遮断器は，これを施設する箇所を通過する短絡電流を遮断する能力を有するものであること。ただし，当該箇所を通過する最大短絡電流が10,000Aを超える場合において，過電流遮断器として10,000A以上の短絡電流を遮断する能力を有する配線用遮断器を施設し，当該箇所より電源側の電路に当該配線用遮断器の短絡電流を遮断する能力を超え，当該最大短絡電流以下の短絡電流を当該配線用遮断器より早く，又は同時に遮断する能力を有する，過電流遮断器を施設するときは，この限りでない。

2　過電流遮断器として低圧電路に施設するヒューズ（電気用品安全法の適用を受けるもの，配電用遮断器と組み合わせて１の過電流遮断器として使用するもの及び第４項に規定するものを除く。）は，水平に取り付けた場合（板状ヒューズにあっては，板面を水平に取り付けた場合）において，次の各号に適合するものであること。

一　定格電流の1.1倍の電流に耐えること。

二　33-1表の左欄に掲げる定格電流の区分に応じ，定格電流の1.6倍及び２倍の電流を通じた場合において，それぞれ同表の右欄に掲げる時間内に溶断すること。

33-1表

定格電流の区分	時間	
	定格電流の1.6倍の電流を通じた場合	定格電流の２倍の電流を通じた場合
30A以下	60分	2分
30Aを超え60A以下	60分	4分
60Aを超え100A以下	120分	6分
100Aを超え200A以下	120分	8分
200Aを超え400A以下	180分	10分
400Aを超え600A以下	240分	12分
600A超過	240分	20分

3　過電流遮断器として低圧電路に施設する配線用遮断器（電気用品安全法の適用を受けるもの及び次項に規定するものを除く。）は，次の各号に適合するものであること。

一　定格電流の１倍の電流で自動的に動作しないこと。

二　33-2表の左欄に掲げる定格電流の区分に応じ，定格電流の1.25倍及び２倍の電流を通じた場合において，それぞれ同表の右欄に掲げる時間内に自動的に動作すること。

33-2表

定格電流の区分	時間	
	定格電流の1.25倍の電流を通じた場合	定格電流の２倍の電流を通じた場合

30A 以下	60 分	2 分
30A を超え 50A 以下	60 分	4 分
50A を超え 100A 以下	120 分	6 分
100A を超え 225A 以下	120 分	8 分
225A を超え 400A 以下	120 分	10 分
400A を超え 600A 以下	120 分	12 分
600A を超え 800A 以下	120 分	14 分
800A を超え 1,000A 以下	120 分	16 分
1,000A を超え 1,200A 以下	120 分	18 分
1,200A を超え 1,600A 以下	120 分	20 分
1,600A を超え 2,000A 以下	120 分	22 分
2,000A 超過	120 分	24 分

4　過電流遮断器として低圧電路に施設する過負荷保護装置と短絡保護専用遮断器又は短絡保護専用ヒューズを組み合わせた装置は，電動機のみに至る低圧電路（低圧幹線（第 142 条に規定するものをいう。）を除く。）で使用するものであって，次の各号に適合するものであること。

一　過負荷保護装置は，次に適合するものであること。

イ　電動機が焼損するおそれがある過電流を生じた場合に，自動的にこれを遮断すること。

ロ　電気用品安全法の適用を受ける電磁開閉器，又は次に適合するものであること。

（イ）　構造は，民間規格評価機関として日本電気技術規格委員会が承認した規格である「低圧開閉装置及び制御装置－第 4 － 1 部：接触器及びモータスタータ：電気機械式接触器及びモータスタータ」の「適用」の欄に規定する要件に適合すること。

（ロ）　完成品は，民間規格評価機関として日本電気技術規格委員会が承認した規格である「低圧開閉装置及び制御装置－第 4 － 1 部：接触器及びモータスタータ：電気機械式接触器及びモータスタータ」の「適用」の欄に規定する要件に適合すること。

二　短絡保護専用遮断器は，次に適合するものであること。

イ　過負荷保護装置が短絡電流によって焼損する前に，当該短絡電流を遮断する能力を有すること。

ロ　定格電流の 1 倍の電流で自動的に動作しないこと。

ハ　整定電流は，定格電流の 13 倍以下であること。

ニ　整定電流の 1.2 倍の電流を通じた場合において，0.2 秒以内に自動的に動作すること。

三　短絡保護専用ヒューズは，次に適合するものであること。

イ　過負荷保護装置が短絡電流によって焼損する前に，当該短絡電流を遮断する能力を有すること。

ロ　短絡保護専用ヒューズの定格電流は，過負荷保護装置の整定電流の値（その値が短絡保護専用ヒューズの標準定格に該当しない場合は，その値の直近上位の標準定格）以下であること。

ハ　定格電流の1.3倍の電流に耐えること。

ニ　整定電流の10倍の電流を通じた場合において，20秒以内に溶断すること。

四　過負荷保護装置と短絡保護専用遮断器又は短絡保護専用ヒューズは，専用の1の箱の中に収めること。

5　低圧電路に施設する非包装ヒューズは，つめ付ヒューズであること。ただし，次の各号のいずれかのものを使用する場合は，この限りでない。

一　ローゼットその他これに類するものに収める定格電流5A以下のもの

二　硬い金属製で，端子間の長さが33-3表に規定する値以上のもの

33-3表

定格電流の区分	端子間の長さ
10A未満	100mm
10A以上20A未満	120mm
20A以上30A未満	150mm

〔解　説〕過電流遮断器とは，電路に過電流を生じたときに自動的に電路を遮断する装置をいい，この場合における過電流とは，短絡電流及び過負荷電流を意味している。したがって，低圧電路における過電流遮断器には，ヒューズ，配線用遮断器及び**第3項**に規定する過負荷保護装置と短絡保護専用遮断器又は短絡保護専用ヒューズを組み合わせた装置が該当する。

ヒューズ，配線用遮断器及び過負荷保護装置と短絡保護専用遮断器又は短絡保護専用ヒューズを組み合わせた装置は，過負荷電流及び短絡電流によって配線及び機械器具が過熱，焼損するのを保護するために設けるものであり，**本条**ではその特性と仕様について規定している。ヒューズと呼ばれるもののなかには，タイムラグヒューズ等のように，特殊な性能を持つものも使用されるようになってきたが，ここで規定しているヒューズは，低圧屋内幹線の電源側電路における過電流遮断器（**→第148条第1項第四号**）又は分岐点における過電流遮断器（**→第149条第1項**）のように，この解釈で過電流遮断器として施設を規定するものについてであって，特殊なヒューズ及び配線用遮断器の特性を規定しているものではない。

第1項では，過電流遮断器の取付け箇所における短絡電流に十分耐えるだけの遮断容量を有するものを使用することとしている。「施設する箇所を通過する短絡電流を遮断する能力を有するもの」としているのは，送電線路，配電線路を問わず，電源の容量が

著しく増大し最大短絡電流が大きくなった結果，単一の遮断器では遮断容量が不足するので，ヒューズ以外の遮断器と限流ヒューズとを組み合わせて1の過電流遮断器として使用されるケースが増加してきたためである。

ここで「短絡電流を遮断する能力」とは，全領域の短絡電流を遮断する能力のことであり，単一の過電流遮断器を使用する場合は最大短絡電流を遮断する能力である「遮断容量」を有していれば，それ以下の短絡電流を遮断することは可能であるが，2個の過電流遮断器を組み合わせて1の過電流遮断器として使用する場合は，最大短絡電流を遮断する能力である遮断容量を有しているばかりでなく，遮断容量の大きい過電流遮断器と遮断容量の小さい過電流遮断器との動作協調がとれていることを意味している。

低圧電路では，同一箇所（例えば，分電盤内）において，2個の過電流遮断器を組み合わせて1の過電流遮断器として使用する方法として，①限流ヒューズと配線用遮断器との組み合わせ，②配線用遮断器と配線用遮断器との組合せがある。

①限流ヒューズと配線用遮断器とを組み合わせる場合（→解説33.1図）は，次の条件を満足させる必要がある。

(a) ヒューズの最大通過電流（波高値）が配線用遮断器の耐電磁力強度以下であること。

(b) ヒューズの最大遮断ジュール積分（最大遮断 I^2t）が配線用遮断器の熱的強度以下であること。

(c) 配線用遮断器の遮断容量より若干小さい電流領域において，解説33.1図に示すようにヒューズの溶断特性曲線Bが配線用遮断器の動作特性曲線Aと交差すること（なお，この解釈では規定していないが，ヒューズの溶断特性曲線がCとなる場合は，配線用遮断器の過負荷電流の領域でヒューズが溶断するので注意を要する。）。

②配線用遮断器と配線用遮断器とを組み合わせる場合（→解説33.2図）では，一般の配線用遮断器は短絡電流の流入後3～7ms以内に開極し，長くとも20ms以内に全遮断を完了するが，被バックアップ遮断器（遮断容量の小さい方の遮断器）が開極を始めた直後，バックアップ遮断器（遮断容量の大きい方の遮断器）は，これに追随するように開極を始め，アークエネルギーを双方の遮断器が分担して，2点遮断の形で短絡電流を遮断する。被バックアップ遮断器の接触子には多少の損傷はあっても，バックアップ遮断器の動作により再使用不能になるということは起こらないのが通例である。一般にフレーム格差は1～2階級差が望ましく（例えば，30Aフレームと100Aフレームなど），動作協調が成立するためには，次の条件を満足する必要があり，組合せは配線用遮断器のメーカーの保証するものに限定される。

(a) バックアップ遮断器の遮断電流波高値が被バックアップ遮断器の機械的強度以下であること。

(b) 短絡電流遮断時の最大遮断ジュール積分（最大遮断 I^2t）が被バックアップ遮

断器の熱的強度以下であること。

(c) 被バックアップ遮断器の全遮断特性曲線（解説 33.2 図の A 曲線）とバックアップ遮断器の開極特性曲線（解説 33.2 図の B 曲線の点線の部分）との交点（クロスポイント）が被バックアップ遮断器の定格遮断容量以内であること。

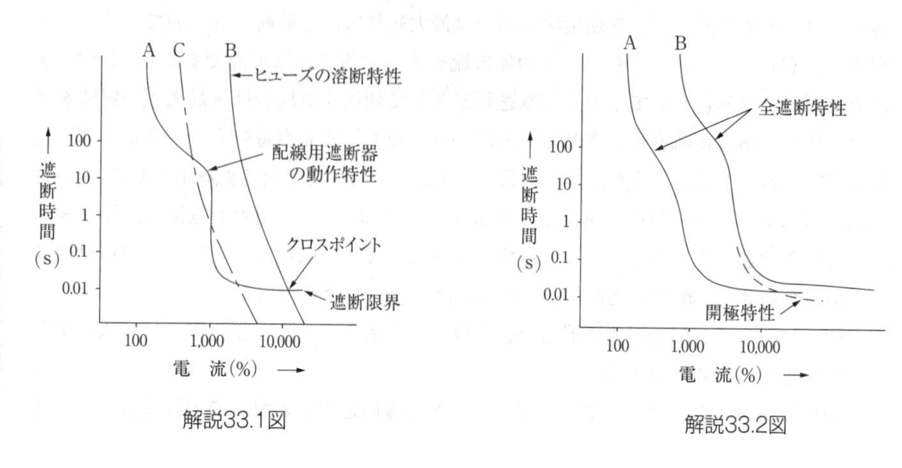

解説33.1図　　解説33.2図

また，**第１項**の「施設する箇所を通過する短絡電流」（最大短絡電流）は，低圧電路では一般的に次のように扱われる。

〔A〕最大短絡電流の算出方法

①主遮断器（変電室）

主配電盤の母線までの電路が絶縁電線，ケーブル又は導体を絶縁したバスダクトにより施設される場合は，その末端における母線に短絡が起こったときの短絡電流による。

その電路が裸導体（バスダクトのときを含む）により施設される場合は，その主遮断器の負荷側端子において短絡が起こったときの短絡電流による。

②フィーダー用遮断器

分電盤に至るフィーダーが絶縁電線，ケーブル又は導体を絶縁したバスダクトにより施設される場合は，分電盤電源側端子において短絡が起こったときの短絡電流による。

フィーダーが裸導体（バスダクトの場合を含む）により施設される場合は，そのフィーダー用遮断器の負荷側端子において短絡が起こったときの短絡電流による。

③主遮断器（分電盤）

その負荷側端子において短絡が起こったときの短絡電流による。

④分岐遮断器

第１アウトレット（第１負荷点）において短絡が起こったときの短絡電流による。

〔B〕300kVA 以下の変圧器から供給される電路の最大短絡電流

（100V 級及び 200V 級の単相及び 3 相の電路では，その都度計算できないことが多いから，次のように考えてよい。）

解説 33.1 表

種類	電路の区分		定格電流（A）	最大短絡電流（A）
I	電気事業者の低圧配電線から供給される需要家の屋内電路		30 以下のもの	1,500 ※
			30 を超えるもの	2,500
II	I 以外のもので高圧又は特別高圧の変圧器に結合する低圧電路により供給される低圧屋内電路	バンク容量 100kVA 以下の変圧器から供給される電路	30 以下のもの	1,500
			30 を超えるもの	2,500
		バンク容量 100kVA を超え 300kVA 以下の変圧器から供給される電路	30 以下のもの	2,500
			30 を超えるもの	5,000

※ 100V 級 2 線式電路に使用するカットアウトスイッチ，カバー付ナイフスイッチ及び 2 極 1 素子の配線用遮断器については，1,000A とすることができる。

なお，非包装ヒューズは一般に容器に収めて使用するので（→**第 150 条第 2 項**），容器に収めた状態での遮断容量が非包装ヒューズの遮断容量であり，ヒューズを収める容器の大きさや形状によって異なる。

第 1 項ただし書は，電路中の異なる地点に設置された 2 個の過電流遮断器，例えば，解説 33.3 図の②フィーダー用遮断器と，③分岐回路用主遮断器とで行うカスケード遮断方式（バックアップ保護方式）について規定している（なお，解説 33.3 図の③分岐回路用主遮断器と，④分岐遮断器とで行うカスケード遮断方式については，**第 1 項**本文の「これを施設する箇所を通過する」の解釈の範囲内で考えてよい。）。

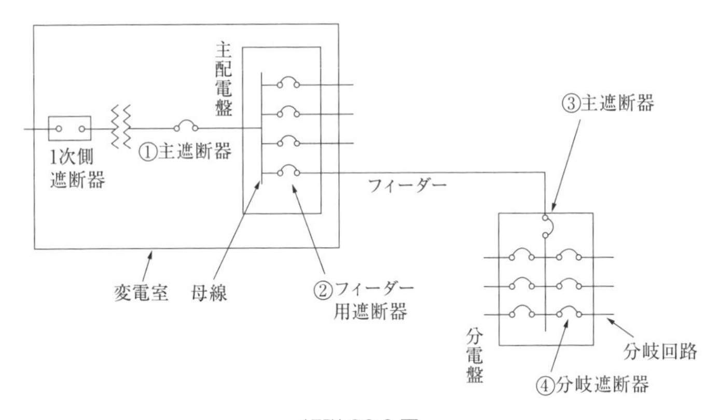

解説 33.3 図

ここで電源側の遮断器は，ヒューズ又は配線用遮断器のいずれでもよいが，負荷側の遮断器を「配線用遮断器」に限定したのは，前述のカスケード遮断方式の 3 条件の持続性，すなわち，保守の点を考慮したものである。

また，カスケード遮断方式を遮断器の設置箇所における「最大短絡電流が10,000Aを超える場合」に限定したのは，低圧電路において最大短絡電流が10kAを超えれば技術的にも経済的にもやむを得ないと考えられるためである。最大短絡電流が10kV以下の場合では，理論的にはカスケード遮断方式による短絡電流の遮断が可能であっても，現在のところメーカーごとにそれぞれ動作特性が異なっていることや，異なる地点でのカスケード遮断方式を採用する場合にユーザー側の保守時の間違いが起こるおそれがある，という点などを考慮し，カスケード遮断方式を認めていない。

第2項は，この解釈の規定により施設すべきヒューズの特性であって，包装ヒューズ（筒形ヒューズ，プラグヒューズ等）及び非包装ヒューズ（つめ付きヒューズ等）の具備すべき溶断特性を定めている。ここに掲げられている数値は，日本産業規格JIS C 8352（1983）「配線用ヒューズ通則」の値を採用したものである。JISの「配線用ヒューズ通則」の「6 性能及び特性」では，A種ヒューズは定格電流の110%，B種ヒューズは定格電流の130%の電流を通じたときこれに耐えるものであることが規定されている。

第一号では，定格電流の1.1倍の電流に耐えることとしているが，B種のものは1.3倍の電流に耐えるものであるから当然1.1倍の電流にも耐え，**第一号**の規定に適合する。また，JISでは，A種は定格電流の135%，B種は定格電流の160%を流したとき，**33-1表**の中欄に掲げる時間内に溶断することになっているが，**第二号**では定格電流の1.6倍の電流を通じたときに，**33-1表**の中欄に掲げる時間内に溶断することになっている。A種のヒューズは定格電流の135%で溶断することになっており，当然160%の電流でも溶断するので，これら2種類のヒューズは全て**第二号**に適合する。現在では，このA種とB種のヒューズの使用が認められている。

なお，**本条**では，電気用品安全法の適用を受けるものについては，同法の規制を受けるので除外している。

また，配線用遮断器と組み合わせて1の過電流遮断器として使用するものとしては，配線用遮断器の遮断容量を補うために配線用遮断器と直列に接続されるヒューズ，すなわち，バックアップ用に使用される限流ヒューズが該当する。このヒューズは**第1項**で述べる配線用遮断器と短絡領域における動作協調がとれておればよく，本項の溶断特性によらなくてもよいので除いている。

第3項は，この解釈の規定により過電流遮断器として施設する配線用遮断器の時延引外し特性について定めている。ここに掲げられている時延引外し特性については，定格電流が2,500A以下のものにあっては日本産業規格JIS C 8370（1991）「配線用遮断器」の値を採用し，定格電流が2,500Aを超えるものにあってはアメリカのNEMA（National Electrical Manufacturers Associations/アメリカ電機工業会）とUL（Underwriters Laboratories/アメリカ保険業者安全試験所）の規格を参考として規定したものである。

なお，NEMA と UL の規格は JIS と比較した結果，JIS と同一の特性となっている。

第 4 項は，自家用電気工作物などの電源設備の容量が増大し，低圧電路の短絡電流が増加してきたため，小容量電動機に至る分岐回路において，過電流遮断器を施設する箇所を通過する短絡電流が配線用遮断器の遮断能力（→第 1 項解説）を超える場合がでてきたことと，過負荷保護装置｛**第 153 条**（電動機の過負荷保護装置の施設）の規定により施設するものをいう。｝と過電流遮断器との保護協調を両立させることが困難な場合があることから，過負荷保護装置と短絡保護専用遮断器又は短絡保護専用ヒューズとを組み合わせた装置を専用の一つの箱に収めた場合に限り，低圧の電動機のみに至る分岐回路に施設する過電流遮断器として認めることとした（→解説 33.4 図）。

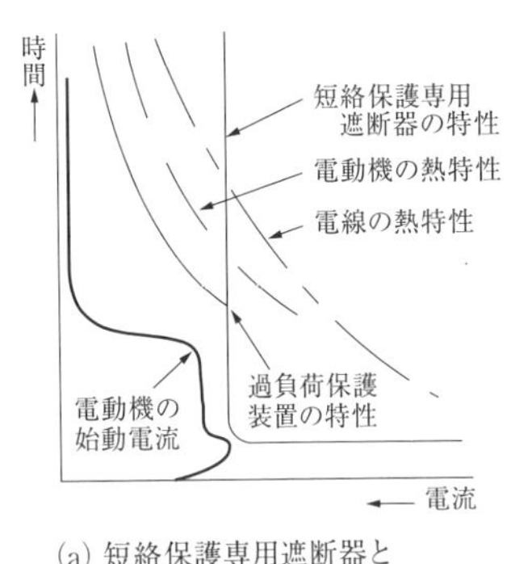

(a) 短絡保護専用遮断器と
過負荷保護装置の保護協調

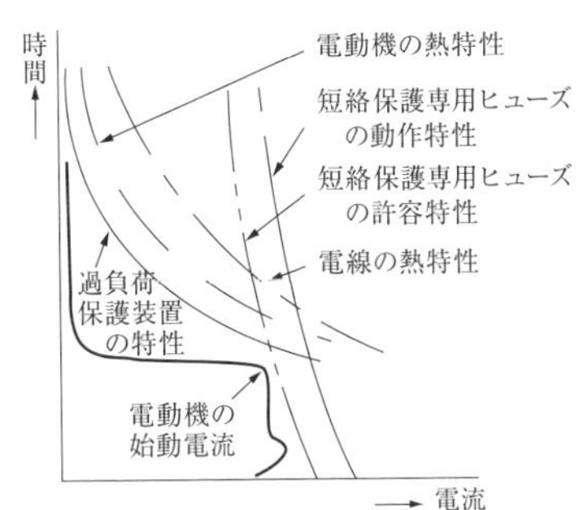

(b) 短絡保護専用ヒューズと
過負荷保護装置の保護協調

解説 33.4 図

第一号から**第三号**では，過負荷保護装置，短絡保護専用遮断器及び短絡保護専用ヒューズの要件及び過負荷保護装置と短絡保護専用遮断器又は短絡保護専用ヒューズ相互の関係を規定した。

第四号では，1 の箱の中に収めて施設することとしている。これは，両者によって過電流遮断器の役目をしていること，両者間の電線が長い場合に，この間で短絡が起こる場合は必ずしも電線の保護ができるとは限らないためである。なお，過負荷保護装置と短絡保護専用遮断器又は短絡保護専用ヒューズを組み合わせる場合は，過負荷保護装置が負荷側となるように接続する必要がある。

第 5 項では，一般に糸ヒューズは，端子の締付状態によってその特性が大いに異なり動作が不確実となるので，この解釈で過電流遮断器として施設を規定するヒューズに限らず，一般に非包装ヒューズを使用する場合は，原則としてつめ付きヒューズを使用することとしている。しかし，**第一号**のローゼット等の内部に取り付ける 5A 以下のものは，取付け箇所が狭いため一般につめ付きヒューズの使用が困難であること，さらにその確実性をそれほど要求されていないこと等により，適用から除外されている（→**第 150 条第 2 項**）。

第二号は，端子間の距離が比較的長いので，端子部分の抵抗変化の影響が少ないために，つめが省略できることを規定している。

【高圧又は特別高圧の電路に施設する過電流遮断器の性能等】（省令第14条）

第34条　高圧又は特別高圧の電路に施設する過電流遮断器は，次の各号に適合するものであること。

一　電路に短絡を生じたときに作動するものにあっては，これを施設する箇所を通過する短絡電流を遮断する能力を有すること。

二　その作動に伴いその開閉状態を表示する装置を有すること。ただし，その開閉状態を容易に確認できるものは，この限りでない。

2　過電流遮断器として高圧電路に施設する包装ヒューズ（ヒューズ以外の過電流遮断器と組み合わせて1の過電流遮断器として使用するものを除く。）は，次の各号のいずれかのものであること。

一　定格電流の1.3倍の電流に耐え，かつ，2倍の電流で120分以内に溶断するもの

二　次に適合する高圧限流ヒューズ

イ　構造は，民間規格評価機関として日本電気技術規格委員会が承認した規格である「高圧限流ヒューズ」の「適用」の欄に規定する要件に適合すること。

ロ　完成品は，民間規格評価機関として日本電気技術規格委員会が承認した規格である「高圧限流ヒューズ」の「適用」の欄に規定する要件に適合すること。

3　過電流遮断器として高圧電路に施設する非包装ヒューズは，定格電流の1.25倍の電流に耐え，かつ，2倍の電流で2分以内に溶断するものであること。

〔解　説〕過電流遮断器とは，電路に過電流を生じたときに自動的に電路を遮断する装置をいう。この場合における過電流とは，短絡電流と過負荷電流の両者を意味している。したがって，高圧及び特別高圧の電路においてはヒューズ及び過電流リレーによって動作する遮断器がこれに該当する。

ヒューズは，過負荷電流及び短絡電流によって配線及び機械器具が過熱，焼損するのを保護するために設けるものであり，**本条**ではその特性と仕様について示している。ヒューズと呼ばれるもののなかには，タイムラグヒューズ等のように，特殊な性能を持つものも使用されるようになってきたが，ここで示しているヒューズは，低圧屋内幹線の電源側電路における過電流遮断器（**→第148条第1項第四号**）又は分岐点における過電流遮断器（**→第149条第1項**）のように，この解釈で過電流遮断器として施設を規定するものについてであって，特殊なヒューズ及び配線用遮断器の特性を対象としているものではない。

第1項第一号は，低圧の過電流遮断器（**→第33条第1項**）の場合と同一趣旨である

ので，同条項本文の解説を参照されたい。なお，高圧の負荷開閉器を単独で使用する場合は，一般には過電流遮断器とは解釈されないが，引外し装置のある負荷開閉器とヒューズとを組み合わせる場合において，その負荷開閉器とヒューズとの動作協調が十分とれていれば，その負荷開閉器は，この解釈の過電流遮断器の一部とみなすことができる。したがって，**第2項**の解説における旧JEC-175「電力ヒューズ」のうちII種ヒューズ（一般にバックアップヒューズといわれている）が使用できる。しかし，引外し装置のない負荷開閉器とヒューズとを組み合わせる場合は，この解釈でいう過電流遮断器はヒューズのみで，その負荷開閉器は過電流遮断器の一部とはみなされない。したがって，この場合のヒューズは**第2項**の解説で述べた旧JEC-175「電力ヒューズ」のうちI種ヒューズ（一般に広域ヒューズといわれている。）を使用することとしている。

第二号は，高圧又は特別高圧用の遮断器で，開閉状態を容易に確認できないものは，電路が充電されているか否か分からない場合があり，また動作の確認が容易でなく，事故の原因にもなるので，作動時にこれと連動して開閉状態を表示する装置を施設しなければならないことを示したものである。**ただし書**は，外部から容易に開閉状態を確認できるものを除外するものである。

第2項は，高圧用の包装ヒューズについて示しているが，実質的には3,000V級及び6,000V級の，いわゆる電力ヒューズを指しているもので，溶断時間電流特性は電気規格調査会（電気学会）標準規格旧JEC-175-1968「電力ヒューズ」の「I種」の値を採用している。現行の電気学会電気規格調査会標準規格JEC-2330-1986「電力ヒューズ」では「種類G（一般用）」に包含されるものである。なお，ヒューズ以外の過電流遮断器と組み合わせて1の過電流遮断器として使用するものには，旧JEC-175「電力ヒューズ」のII種が該当する。

解説34.1表「電力ヒューズの種類」の新旧比較

<table>
<tr><td></td><td colspan="2">旧JEC-175-1968</td><td colspan="3">新JEC-2330-1986</td></tr>
<tr><td>種類</td><td>I種</td><td>II種</td><td>T（変圧器用）</td><td>M（電動機用）</td><td>G（一般用）</td></tr>
<tr><td rowspan="2">溶断特性</td><td rowspan="2">定格電流の1.3倍の電流で2時間以内に溶断しないこと。かつ，定格電流の2倍で2時間以内に溶断すること。</td><td rowspan="2">左記以外のもの</td><td colspan="3">定格電流の1.3倍の電流で2時間以内に溶断しないこと。</td></tr>
<tr><td colspan="3">各種の諸数値を規定</td></tr>
</table>

また，被保護機器の特性と高圧用の包装ヒューズの特性の整合並びに電源側及び負荷側の保護機器との保護協調の検討の簡便化を図るため，日本産業規格にJIS C 4604として「高圧限流ヒューズ」の規格が定められているので，これを引用して，JIS適合品も施設できることとした。R4解釈より，民間規格評価機関として日本電気技術規格委員会に承認された規格リストと関連づけられ，当該機関の公開ページにて掲載されている。

第3項の高圧用の非包装ヒューズについては，溶断特性は従来規定されていた高圧用のヒューズの値をそのまま採用している。がいし型開閉器に装着されるヒューズ等は，本項の適用を受けるものである。

【過電流遮断器の施設の例外】（省令第14条）

第35条 次の各号に掲げる箇所には，過電流遮断器を施設しないこと。

一 接地線

二 多線式電路の中性線

三 第24条第1項第一号ロの規定により，電路の一部に接地工事を施した低圧電線路の接地側電線

2 次の各号のいずれかに該当する場合は，前項の規定によらないことができる。

一 多線式電路の中性線に施設した過電流遮断器が動作した場合において，各極が同時に遮断されるとき

二 第19条第1項各号の規定により抵抗器，リアクトル等を使用して接地工事を施す場合において，過電流遮断器の動作により当該接地線が非接地状態にならないとき

〔解　説〕 **第1項各号**に掲げられている回路は，過電流によって遮断されると接地保護の意味がなくなるため，この部分に過電流遮断器を取り付けてはならないことは技術上明らかであるが，特に注意を促すため施設しないこととしている。

第2項は，**前項各号**に掲げられている回路であっても，過電流遮断器を施設できる条件を規定している。**第一号**では，一般に多線式電路の中性線にわざわざ遮断器を施設することは考えられないが，例えば単相3線式の回路に3極ブレーカーなどを取り付ける場合，3極3要素のものを使用すると，中性線に過電流遮断器が施設されることになる。しかし，中性線の過電流要素が動作しても3極同時に遮断すれば何ら支障を生じないので，このような場合は，3極3要素のものを使用できることを明確にしている。

第二号は，高圧若しくは特別高圧の中性点又は特別高圧の直流電路若しくは燃料電池の電路等の接地点(**→第19条第1項**)にリアクトル及び抵抗器を使用する場合であって，その接地線に遮断器を施設して切換えを行うときは，接地線にも過電流遮断器が結果的に入ることになるが，このようなときは接地線に過電流遮断器が入ることもやむを得ないので，例外としている。

なお，遮断器は一般に各極に施設し，単相再閉路用等特殊なものを除き，各極を同時に遮断できるものが望ましい。屋内電路については，**第148条第1項第六号及び第149条第1項第二号**において多線式電路の中性極を除き各極に遮断器を施設することを明確にしている。

【地絡遮断装置の施設】（省令第15条）

第36条　金属製外箱を有する使用電圧が60Vを超える低圧の機械器具に接続する電路には，電路に地絡を生じたときに自動的に電路を遮断する装置を施設すること。ただし，次の各号のいずれかに該当する場合はこの限りでない。

一　機械器具に簡易接触防護措置（金属製のものであって，防護措置を施す機械器具と電気的に接続するおそれがあるもので防護する方法を除く。）を施す場合

二　機械器具を次のいずれかの場所に施設する場合

イ　発電所，蓄電所又は変電所，開閉所若しくはこれらに準ずる場所

ロ　乾燥した場所

ハ　機械器具の対地電圧が150V以下の場合においては，水気のある場所以外の場所

三　機械器具が，次のいずれかに該当するものである場合

イ　電気用品安全法の適用を受ける2重絶縁構造のもの

ロ　ゴム，合成樹脂その他の絶縁物で被覆したもの

ハ　誘導電動機の2次側電路に接続されるもの

ニ　第13条第二号に掲げるもの

四　機械器具に施されたC種接地工事又はD種接地工事の接地抵抗値が3Ω以下の場合

五　電路の系統電源側に絶縁変圧器（機械器具側の線間電圧が300V以下のものに限る。）を施設するとともに，当該絶縁変圧器の機械器具側の電路を非接地とする場合

六　機械器具内に電気用品安全法の適用を受ける漏電遮断器を取り付け，かつ，電源引出部が損傷を受けるおそれがないように施設する場合

七　機械器具を太陽電池モジュールに接続する直流電路に施設し，かつ，当該電路が次に適合する場合

イ　直流電路は，非接地であること。

ロ　直流電路に接続する逆変換装置の交流側に絶縁変圧器を施設すること。

ハ　直流電路の対地電圧は，450V以下であること。

八　電路が，管灯回路である場合

2　電路が次の各号のいずれかのものである場合は，前項の規定によらず，当該電路に適用される規定によること。

一　第3項に規定するもの

二　第143条第1項ただし書の規定により施設する，対地電圧が150Vを超える住宅の屋内電路

三　第165条第3項若しくは第4項，第178条第2項，第180条第4項，第187条，第195条，第196条，第197条又は第200条第1項に規定するものの電路

3　高圧又は特別高圧の電路と変圧器によって結合される，使用電圧が300Vを超える低

圧の電路には，電路に地絡を生じたときに自動的に電路を遮断する装置を施設すること。ただし，当該低圧電路が次の各号のいずれかのものである場合はこの限りでない。
一　発電所，蓄電所又は変電所若しくはこれに準ずる場所にある電路
二　電気炉，電気ボイラー又は電解槽であって，大地から絶縁することが技術上困難なものに電気を供給する専用の電路
4　高圧又は特別高圧の電路には，36-1表の左欄に掲げる箇所又はこれに近接する箇所に，同表中欄に掲げる電路に地絡を生じたときに自動的に電路を遮断する装置を施設すること。ただし，同表右欄に掲げる場合はこの限りでない。

36-1 表

地絡遮断装置を施設する箇所	電路	地絡遮断装置を施設しなくても良い場合
発電所，蓄電所又は変電所若しくはこれに準ずる場所の引出口	発電所，蓄電所又は変電所若しくはこれに準ずる場所から引出される電路	発電所，蓄電所又は変電所相互間の電線路が，いずれか一方の発電所，蓄電所又は変電所の母線の延長とみなされるものである場合において，計器用変成器を母線に施設すること等により，当該電線路に地絡を生じた場合に電源側の電路を遮断する装置を施設するとき
他の者から供給を受ける受電点	受電点の負荷側の電路	他の者から供給を受ける電気を全てその受電点に属する受電場所において変成し，又は使用する場合
配電用変圧器（単巻変圧器を除く。）の施設箇所	配電用変圧器の負荷側の電路	配電用変圧器の負荷側に地絡を生じた場合に，当該配電用変圧器の施設箇所の電源側の発電所，蓄電所又は変電所で当該電路を遮断する装置を施設するとき

（備考）引出口とは，常時又は事故時において，発電所，蓄電所又は変電所若しくはこれに準ずる場所から電線路へ電流が流出する場所をいう。

5　低圧又は高圧の電路であって，非常用照明装置，非常用昇降機，誘導灯又は鉄道用信号装置その他その停止が公共の安全の確保に支障を生じるおそれのある機械器具に電気を供給するものには，電路に地絡を生じたときにこれを技術員駐在所に警報する装置を施設する場合は，第1項，第3項及び第4項に規定する装置を施設することを要しない。

〔解　説〕 本条は，電路の地絡事故による危険防止の見地から，電路の保安装置について示しているほか，高圧又は特別高圧については電力の供給に支障を与えないという観点から保安装置について示している。

第1項は，低圧の金属製外箱を有する機械器具に接続する電路に，漏電遮断器等の地絡遮断装置を施設することとしている。使用電圧が60Vを超える機械器具を対象としたのは，使用電圧が60V以下の場合は特殊な条件下でなければ，一応安全と見なせる電圧であり，また小勢力回路（→**第181条**）及び出退表示灯回路（→**第182条**）に接続する機械器具を本条の適用から除外するためでもある。

金属製外箱を有する機械器具には，漏電による危険を軽減するために，**第29条**において接地工事を施すことになっているため，本項ただし書の各号で，危険の少ない場合に地絡遮断装置の省略ができることとしている。

なお，労働基準法に基づく労働安全衛生規則において，移動型又は可搬型の電動機械器具の漏電による感電の危害防止を規定しているが，本項ただし書は，それを否定するものではない。

第1項本文の遮断器は，一般的に**第149条**の分岐回路の開閉器及び過電流遮断器の設置箇所に施設される。ここで，「接続する電路」という表現にしているのは，前述の労働安全衛生規則による遮断装置との施設上の重複を避けるためである。

また，漏電遮断器等の感度については，特に示していないが，分岐回路に取り付けるものでは不必要な動作を避けるため，電流動作型のものにあっては定格感度電流が15～50mA程度のものが一般的に用いられている。なお，詳細は，電気技術基準調査委員会編電気技術指針JEAG8101-1971「低圧電路地絡保護指針」を参照されたい。

第一号は，簡易接触防護措置を施す場合には，人が容易に触れるおそれがないことから，地絡遮断装置の設置を省略可能としている。

第二号は，地絡遮断装置の施設が省略できる場所を規定している。

イは，発電所，蓄電所，又は変電所若しくはこれに準ずる場所のように電気に関する知識を有する取扱者だけが出入りするような場所で，一般の人が機械器具に触れる機会がない場所について，除外している。

ロは，乾燥した場所（**→第1条第二十八号**）は機械器具の漏電による危険性が低いことから，地絡遮断装置の設置を省略可能としている。

ハは，人体が濡れた状態で機械器具に接するような水気のある場所では機械器具の漏電による危険性が高いため，それ以外の場所について地絡遮断装置の設置を省略可能としている。

第三号は，地絡遮断装置の施設が省略できる機械器具を規定している。

イについては，**第29条第2項第三号**の解説で述べたとおりである。

ロでは，ゴム，合成樹脂等の絶縁性能を示していないが，**第29条**の接地工事を施してあれば，水気のある場所でも致命的な電撃を受けることが少ないためである。

ハは，誘導電動機の始動器などがこれに該当し，電動機の始動時の短時間に限り2次側電路に電圧が誘起されるものであり，通常の運転中は危険となるような電圧が誘起されていないためである。

ニは，電路の一部を大地から絶縁しないで使用しているため，地絡遮断装置を設置しても効果がないためである。

第四号は，機械器具に施された接地工事の接地抵抗値が低ければ，機器内の完全地絡のときにも機器の外箱に発生する電圧をかなり低く抑えることができるからである。

第五号は，非接地式電路では，電路の充電部分に人が触れた場合でも，地絡電流の帰路が構成されず，電圧が低い場合の感電防止として有効なためである。しかし，電路と大地との間の静電容量が大きくなると，その充電電流によって電撃を受けることがある。そのため，第29条第2項第四号において，絶縁変圧器の容量が3kVAを超える場合には，機械器具の外箱等にD種接地工事を施すこととしている。

第六号は，漏電遮断器を内蔵した機器を電源引出部が損傷を受けるおそれがないように施設する場合は，当該機器の電源側電路の地絡遮断装置の施設を省略できることを規定している。

第七号は，出力電圧450Vの太陽電池アレイの出現に伴い，H18解釈で定められた規定である。太陽電池モジュールに接続する直流電路が非接地であり，かつ，逆変換装置の交流側に絶縁変圧器が施設されていれば，直流電路に地絡を生じても地絡電流の帰路が構成されず，地絡電流が継続して流れないため火災の発生のおそれがない。また，第29条に基づき，機械器具の外箱には接地工事が施される（感電のおそれがないとして接地工事を省略できる場合を除く。）ため，感電のおそれもない。したがって，このような直流電路については，地絡遮断装置の施設を省略できる。

第八号は，管灯回路における地絡遮断装置の施設を不要としている。

第2項は，第1項の適用除外項目を規定している。

第3項は，400V級の電路においては変電室等から引出口付近の間に地絡遮断装置を施設し，又は母線に計器用変成器や接地リレー等を施設して電源側電路を遮断できるように施設することを示している。

第4項では，高圧又は特別高圧は，配電線路や送電線路に多く用いられ，人，建物等との関係が密接で，感電，漏電火災等に対しては十分な保安装置を必要とし，また，地絡事故による事故の波及をできるだけ狭い範囲にとどめるため，接地用変成器や接地リレー等を施設して，電路を遮断することを示している。

36-1表左欄は，地絡遮断装置を施設する箇所を掲げており，事故対策上，特に必要なところを示している。

36-1表上段の「発電所，蓄電所又は変電所若しくはこれに準ずる場所の引出口」に地絡遮断装置を施設するのは，電線路が出て行く根元になる所であるからである。数回線が引き出されている場合は，引出口にそれぞれ地絡遮断装置を取り付けることとなるが，第4項本文に「36-1表の左欄に掲げる箇所又はこれに近接する箇所」として引出用母線に地絡遮断装置を1組取り付けて，その母線を停止させることもできるとしている。電力供給確保の点からは，事故点フィーダーを選択遮断することが一般的である。

また，発蓄変電所等の相互間の電線路が母線の延長とみなされるものについては，各々の引出口に遮断器を設置することが経済的ではないため，36-1表右欄において当該電線路に地絡を生じた場合に電源側の電路を遮断する装置を施設する場合の除外規定を示している。

なお，地絡事故に対する検出装置は，数千Ωの接地が検出できるようになっているが，リレーの感度を良くすると樹木接触等の瞬間的な接地においても，その都度停電となり，電力供給の確保の点からは必ずしも保安の目的と一致しないので，最小動作電流を小さく（数百mA）するとともに，時限リレーにより接地が1～2秒間継続した場合に回路を遮断することが一般的である。従来，3,500V以下のものは警報装置でもよいことになっていたが，一般の発蓄変電所等の運転保守体制を考えると，これに依存することは望ましくないので，S47基準で地絡事故が発生した場合には，電路を自動的に遮断することとした。

36-1表中段の「他の者から供給を受ける受電点」に地絡遮断装置を施設するのは，受電点の負荷側の電路に生じた地絡を供給者側の地絡遮断装置より早く遮断し，電源側に影響を与えないためであり，保安上の責任体制を明らかにしようとするものである。しかし，受電設備が単純なものである場合は，故障が発生することも少なく，また，地絡検出用の変成器等を施設することが逆に，事故の確率を高めることにもなるので，36-1表右欄において，「他の者から供給を受ける電気を全てその受電点に属する受電場所において変成し，又は使用する場合」，すなわち，受電場所から同一の電圧の線路が引き出されていない場合において，地絡遮断装置を施設しなくてもよいことを示している。ここで「受電点に属する受電場所において使用する場合」とは，例えば，中小ビルなどで受電用の変圧器と空調機とが同室に設置されているような場合を指しているので，隣室程度までと考えられる。なお，自家用発電設備を設置する場合は，解釈の第8章を参照されたい。

36-1表下段の「配電用変圧器の施設箇所」に地絡遮断装置を施設するのは，配電用変圧器に絶縁変圧器を使用している場合にはその負荷側の電路に地絡を生じたときに，上位の発電所や蓄電所，変電所において地絡事故を検出して電路を遮断することができないためである。この場合，地絡を検出する変成器を配電用変圧器の2次側に設置し，開閉装置を配電用変圧器の1次側又は2次側に設置する。また，36-1表右欄において，「配電用変圧器の負荷側に地絡を生じた場合に，当該配電用変圧器の施設箇所の電源側の発電所，蓄電所又は変電所で当該電路を遮断する装置を施設するとき」，すなわち，キャリアリレー等で発蓄変電所等の引出口の開閉装置で遮断できるように施設する場合には，地絡遮断装置の設置を省略可能としている。

第5項は，需要場所において，電気の停止が電気以外の安全の確保に支障を与えるおそれのある場合は，警報装置でもよいことを示している。なお，ここでいう「公共の安全」には，広い意味で，一般公衆のみならず，1人の従業員の安全という意味も含まれている。

【避雷器等の施設】（省令第49条）

第37条 高圧及び特別高圧の電路中，次の各号に掲げる箇所又はこれに近接する箇所には，避雷器を施設すること。

一 発電所，蓄電所又は変電所若しくはこれに準ずる場所の架空電線の引込口（需要場所の引込口を除く。）及び引出口

二 架空電線路に接続する，第26条に規定する配電用変圧器の高圧側及び特別高圧側

三 高圧架空電線路から電気の供給を受ける受電電力が500kW以上の需要場所の引込口

四 特別高圧架空電線路から電気の供給を受ける需要場所の引込口

2 次の各号のいずれかに該当する場合は，前項の規定によらないことができる。

一 前項各号に掲げる箇所に直接接続する電線が短い場合

二 使用電圧が60,000Vを超える特別高圧電路において，同一の母線に常時接続されている架空電線路の数が，回線数が7以下の場合にあっては5以上，回線数が8以上の場合にあっては4以上のとき。これらの場合において，同一支持物に2回線以上の架空電線が施設されているときは，架空電線路の数は1として計算する。

3 高圧及び特別高圧の電路に施設する避雷器には，A種接地工事を施すこと。ただし，高圧架空電線路に施設する避雷器（第1項の規定により施設するものを除く。）のA種接地工事を日本電気技術規格委員会規格 JESC E2018（2015）「高圧架空電線路に施設する避雷器の接地工事」の「2. 技術的規定」により施設する場合の接地抵抗値は，第17条第1項第一号の規定によらないことができる。（関連省令第10条，第11条）

〔解　説〕 送配電線に接続する重要機器を雷電圧から保護するため，必要な箇所に避雷器を設置して，雷電圧を低減し，機器の絶縁破壊などの被害を防止するように規定したものである。**本条**でいう避雷器とは，電気設備に侵入する雷による衝撃性過電圧に対し，その端子電圧を所要値以下に低減し，停電を生じることなく原状に復帰する性能を具備する装置であり，放電間隙のように自復能力の小さいものは避雷器とは考えない。

第1項において「次の各号に掲げる箇所又はこれに近接する箇所」としたのは，避雷器によって保護すべき機器の配置，重要度，絶縁強度等から考えて，避雷器を設置すべき位置はまちまちで，一概に引込口等と定めることができないためである。

第三号は，受電電力の容量が500kW以上の需要場所の引込口に施設することとしている。需要場所の引込口に避雷器を施設する目的は，需要場所の電気設備を保護することであって，避雷器の保護効果は電気設備から離れた位置に設置すると減少することから，避雷器は引込口の需要家側に施設されるのが一般的である。なお，高圧架空電線路から供給を受ける500kW未満の需要場所の引込口及び近接する箇所についても，雷電圧により当該電気設備に損壊のおそれがある場合には，避雷器の施設その他適切な措置

を講じることが必要である。

第2項は，避雷器の施設を省略しても，機器の絶縁破壊のおそれがほんどない場合の除外規定である。

第一号は，他の変電所に隣接する場合等，接続する電線が短い場合には，雷電圧の侵入する機会が著しく少ないので，これを除外している。

第二号では，高電圧であって，かつ，同一母線に常に多数の電線が接続されている場合は，これらの電線のサージインピーダンスによって，侵入した雷電圧が低減する。侵入する電圧を電線路のがいしの50%せん絡電圧とすれば，60kV以上の電線路では侵入した雷電圧は避雷器の放電開始電圧よりも低くなり，実用上避雷器が必要ではないため，除外している。架空電線路の数を示したのは，同一架空電線路に属する回線では，同時に同位相に雷電圧が侵入することがあるためである。「常時接続されている」としたのは，系統の切分け等により接続が解かれるような電線路を除外するためであるが，常時接続される電線路でも事故や停電作業等のために接続が解かれる場合を予想し，規定の数値には電線路数において1，回線数において2の余裕が見込まれている。なお，耐雷設計については，電力中央研究所「発変電所および地中送電線の耐雷設計ガイド」（総合報告：T40 平成7年12月）を参照されたい。

第3項は，高圧用及び特別高圧用の避雷器の接地をA種接地工事（→**第17条**）によることとしているが，機器に対する保護効果を十分にするためには，10Ωより更に低い接地抵抗値とする場合が多い。避雷器の接地は，他の機器の接地と分離して，単独接地とするのが普通であるが，発蓄変電所等の構内全体にわたる接地網を共通の接地極として使用した方が，効果が上がる場合もあるので，特に避雷器を単独接地とすることとはしていない。

第1項の規定により避雷器を施設する箇所は，非常に重要な機械器具がある場所であり，雷の侵入によりそれらの機械器具が損傷することは電力供給の確保上及び保安上の問題があるので，これを10Ω以下の十分低い接地抵抗値で接地する必要がある。また，任意に施設する避雷器の接地抵抗値については，その避雷器による保護効果を十分に検討する必要があるが，それ以上に避雷器の放電時における低圧配電線の電圧上昇について十分に考慮すべきである。

つまり，高圧配電線及びこれに接続される機械器具を保護するための避雷器の接地は，主に避雷器の接地抵抗値と放電電流を基に避雷器の放電時における絶縁協調及び低圧配電線の保護について検討すべきである。この方針に基づき，高圧配電線に施設する避雷器について，電力中央研究所耐雷設計基準委員会・配電線分科会で検討を行い，その結果を受けて電気施設技術基準委員会より，旧省令に取り込むための答申がなされた（昭和40年）。答申を踏まえ，高圧配電線に施設される避雷器は10Ω以下の接地抵抗値でなくてもよいということになり，ただし書が追加された。

耐雷設計基準委員会では，避雷器の接地は基本的に避雷器の接地と高圧柱上変圧器の

B種接地工事との関係で決まるものであると考え，柱上変圧器と避雷器が同一支持物にあるときは避雷器の接地抵抗及び放電電流の実態に基づき，「放電時の接地電位上昇で絶縁協調が確保できない場合があり，また低圧配電線に危険なサージが侵入するので，配電用避雷器の接地と柱上変圧器のB種接地とを非連接にする。」という従来の考え方及びA種接地工事に限るという考え方を改めた。

さらに，より合理的な接地設計方法の確立等を目的として，実系統の観測，実規模実験及び解析に基づき検討を行った，電気協同研究「配電系統接地設計の合理化」（平成19年5月第63巻第1号）（以下，**本条**の解説において電協研報告という。）を踏まえ，日本電気技術規格委員会規格JESC E2018（2015）「高圧架空電線路に施設する避雷器の接地工事」（以下，**本条**の解説においてJESC規格という。）が制定されたことを受け，H20解釈において，ただし書をJESC規格の技術的規定を引用する形に改めた。JESC規格の技術的規定内容の概略は，**解説37.1図**に示すとおりである。

まず，避雷器を変圧器に近接しない場所に施設する場合，すなわち配電線の負荷が長距離にわたって存在しない場所で，電線，がいし又は柱上開閉器を保護するために避雷器を施設するような場合は，接地抵抗値を30Ωまで許容している（→**解説37.1図一**）。

この30Ωという値は，$V_{0max}/I_a = 30\Omega$から求められたものである。ここで，V_{0max}は避雷器の接地電位上昇の許容限度であり，Z規格（戦時規格）の変圧器の基準衝撃絶縁強度と雷実測の結果から一般に30kVであると考えている。I_aは，我が国における配電用避雷器の放電電流で，9電力会社管内の襲雷頻度の大きい地域の実系統における調査の

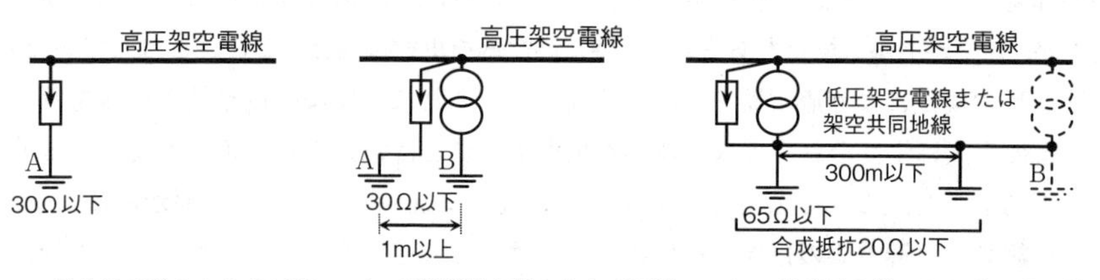

一　B種接地が施された変圧器に近接しない場合　二　B種接地が施された変圧器に近接する場合　三　B種接地が施された変圧器の施設箇所で連接接地する場合

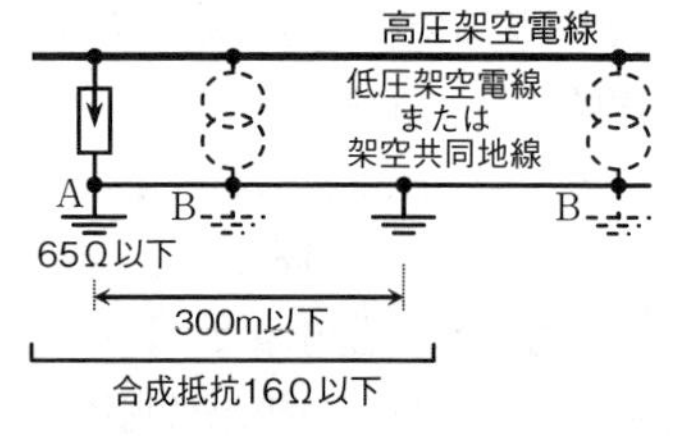

四　B種接地が施された変圧器の施設箇所以外で接地線を接続する場合

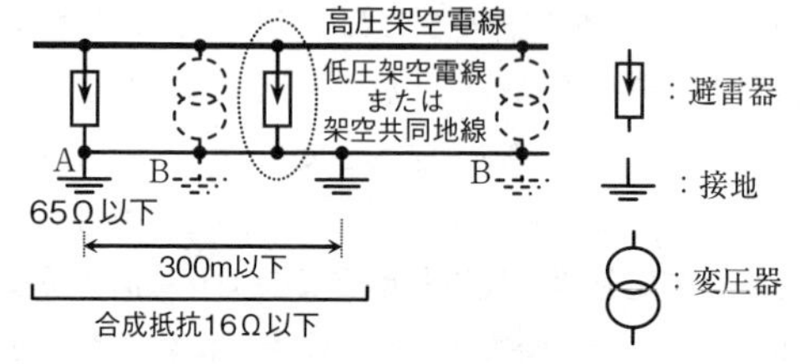

五　第四号の接地工事が施された範囲に他の避雷器を施設する場合

解説37.1図

結果では1,000A以下が95～98%であり，このうち300A以下が約70%を占め，平均値は約200Aである。配電線路近傍の落雷による最も苛酷な誘導雷サージでもその発生機構から考えて放電電流が1,000Aを超えるものはほとんどないことから，I_aを1000Aとしている。なお，配電線耐雷設計では直撃雷によるものを対象外としている。

次に，柱上変圧器を保護するために柱上変圧器の近くに避雷器を施設する場合は，B種接地抵抗値との関連において考える必要がある。

柱上変圧器のある柱に施設する避雷器の接地抵抗値については，避雷器の放電による対地電位上昇のためにB種接地線の電圧が上昇した場合は，これが低圧配電線を伝播して需要家に入るサージとなる。避雷器の接地とB種接地の極間距離が小さいときは，電圧が需要家の機器に対して危険な値となるので注意を要する。需要家の機器に危険を与える電圧の限度をE_0とすると，避雷器の放電時の接地電位の上昇値V_0との関係は，次式で表される。

$$E_0 = \alpha V_0 = \alpha IaR_{A\gamma}$$

ここに，Iaは避雷器の放電電流，$R_{A\gamma}$は避雷器の接地抵抗，αは接地系の種類，避雷器接地とB種接地との極間距離，低圧配電線の形状，B種接地抵抗値及び柱上変圧器の設置点と需要家との距離などにより定まる係数である。

実験の結果によると，E_0は標準衝撃波で5kV程度である。これを目安として計算すると，需要家に達するまでの継続時間は標準波より相当短くなるので，接地抵抗値が30Ωの場合は$l=1$m以上として実用上危険性がない値と考えられている（**→解説37.1図二**）。

避雷器の接地抵抗値が30Ωを超える場合又は避雷器とB種接地工事の相互の極が1m未満になる場合は，連接接地とする（**→解説37.1図三**）。連接接地とした場合，低圧配電線に生じる雷サージによる危険が，避雷器を単独接地した場合と同等以下になるよう，合成接地その他の条件が規定されている。連接接地には，低圧架空電線を用いる場合と架空共同地線を用いる場合があるが，電協研報告において需要家侵入サージに有意差がないことが確認されたことを受け，H20解釈以前は異なっていた両者の条件が，JESC規格では統一された。

なお，連接接地に用いられる低圧架空電線又は架空共同地線は，**第24条第3項**及び**第4項**の規定を，また，低圧架空電線又は架空共同地線に施す接地工事は，**第17条**のA種接地工事の施設方法を，それぞれ満足するものである必要がある。

避雷器の接地線と変圧器の接地線とをB種接地工事が施された変圧器の施設箇所以外で接続する場合（**→解説37.1図四**）については，既設設備の有効活用等が必要と考えられること，また架空電線路が施設された土壌の特性から現行の接地抵抗値の確保に苦慮している実情等もあることから，避雷器の設置方法の拡大を図るために追加した。H20解釈以前は，変圧器を中心に接地工事の施設場所及び合成抵抗の範囲を規定していたが，電協研報告の結果を受け，JESC 規格では避雷器を中心とするものに改められた。合成抵抗等の条件の考え方は，前記の変圧器の施設箇所で接続する場合と同じである。

さらに，JESC 規格においては，上記の接地工事が施された範囲に他の避雷器を施設する場合には，当該避雷器の接地線を，接地工事が施された低圧架空電線又は架空共同地線に接続すれば良いことが，新たに規定された（→解説 37.1 図五）。

接地に関する詳細については，電力中央研究所「配電線耐雷設計基準要綱」（技術研究所報 Vol.13，No.4）及び「配電用避雷器の接地に関する研究」（研究報告書）を参照されたい。

【サイバーセキュリティの確保】（省令第15条の2）

第37条の2 省令第15条の2に規定するサイバーセキュリティの確保は，次の各号によること。

一 スマートメーターシステムにおいては，日本電気技術規格委員会規格 JESC Z0003（2019）「スマートメーターシステムセキュリティガイドライン」によること。配電事業者においても同規格に準じること。

二 電力制御システムにおいては，日本電気技術規格委員会規格 JESC Z0004（2019）「電力制御システムセキュリティガイドライン」によること。配電事業者においても同規格に準じること。

三 自家用電気工作物（発電事業の用に供するもの及び小規模事業用電気工作物を除く。）に係る遠隔監視システム及び制御システムにおいては，「自家用電気工作物に係るサイバーセキュリティの確保に関するガイドライン（内規）」（20220530 保局第1号 令和4年6月10日）によること。

〔解　説〕 電気保安規制の目的は，電気工作物の損壊等による人体への危害や物件の損傷の防止と，著しい供給支障の防止である。サイバー攻撃等により，このような事故が生ずるおそれがあるとすれば，電気工作物の設置者は，必要な対策を講ずる必要がある。とりわけ，制御系システムやスマートメーターシステムは，サイバー攻撃等により著しい供給支障につながる可能性も否定できないことから，平成27年6月の産業構造審議会保安分科会電力安全小委員会（第10回）の審議を踏まえ，平成28年9月に省令を改正し，電気工作物におけるサイバーセキュリティ対策を求めることとした。

第一号及び第二号は，一般送配電事業，送電事業，配電事業，特定送配電事業及び発電事業の用に供する電気工作物に係るサイバーセキュリティの確保に関して示したものである。令和3年6月の産業構造審議会保安・消費生活用製品安全分科会電力安全小委員会電気保安制度 WG（第6回）において，配電事業者についても一般送配電事業者と同等のサイバーセキュリティの確保が求められることが確認されたことを受け，R4 解釈より配電事業者にも同程度の対策を講じるべきことが追記されている。

第三号は，自家用電気工作物（発電事業の用に供されるもの及び小規模事業用電気工作物を除く。）に係るサイバーセキュリティの確保に関して示したものである。近年，諸外国においては製鉄所等の産業施設へのサイバー攻撃も発生し，大規模な被害が生じており，また，中小企業も含む今後の電気保安分野におけるスマート化の進展も踏まえ，より幅広い事業主体に対策を求めることが必要である。そのため，令和3年11月及び令和4年1月の産業構造審議会保安・消費生活用製品安全分科会電力安全小委員会電気保安制度WG（第8回及び第9回）の審議を踏まえ，R4基準及びR4解釈より，電気工作物におけるサイバーセキュリティの確保義務について，自家用電気工作物を含む事業用電気工作物（小規模事業用電気工作物を除く。）へ拡大することとし，令和4年10月より施行することとした。

技術基準において求められる対策は，主としてハード的な対策であるが，ソフト的対策によりこれを補完する場合も想定される。このため，本解釈では，日本電気技術規格委員会規格として策定されたガイドライン及びこれを参考にして内規として作成されたガイドライン全体を引用している。同様に，「電気事業法施行規則第50条第2項の解釈適用に当たっての考え方（内規）」（20160905商局第2号）及び「電気事業法施行規則第50条第3項第9号の解釈適用に当たっての考え方（内規）」（20220530保局第1号）においても，当該ガイドライン全体を引用している。いずれにしろ，事業者ごとに，自身の設備の状況等を踏まえた総合的な対策の立案を行い，着実に対策を実行していくことが求められる。

第２章　発電所，蓄電所並びに変電所，開閉所及びこれらに準ずる場所の施設

【発電所等への取扱者以外の者の立入の防止】（省令第23条第１項）

第38条　高圧又は特別高圧の機械器具及び母線等（以下，この条において「機械器具等」という。）を屋外に施設する発電所，蓄電所又は変電所，開閉所若しくはこれらに準ずる場所（以下，この条において「発電所等」という。）は，次の各号により構内に取扱者以外の者が立ち入らないような措置を講じること。ただし，土地の状況により人が立ち入るおそれがない箇所については，この限りでない。

一　さく，へい等を設けること。

二　特別高圧の機械器具等を施設する場合は，前号のさく，へい等の高さと，さく，へい等から充電部分までの距離との和は，38-1表に規定する値以上とすること。

38-1表

充電部分の使用電圧の区分	さく，へい等の高さと，さく，へい等から充電部分までの距離との和
35,000V以下	5m
35,000Vを超え160,000V以下	6m
160,000V超過	（6＋c）m

（備考）cは，使用電圧と160,000Vの差を10,000Vで除した値（小数点以下を切り上げる。）に0.12を乗じたもの

三　出入口に立入りを禁止する旨を表示すること。

四　出入口に施錠装置を施設して施錠する等，取扱者以外の者の出入りを制限する措置を講じること。

2　高圧又は特別高圧の機械器具等を屋内に施設する発電所等は，次の各号により構内に取扱者以外の者が立ち入らないような措置を講じること。ただし，前項の規定により施設したさく，へいの内部については，この限りでない。

一　次のいずれかによること。

イ　堅ろうな壁を設けること。

ロ　さく，へい等を設け，当該さく，へい等の高さと，さく，へい等から充電部分までの距離との和を，38-1表に規定する値以上とすること。

二　前項第三号及び第四号の規定に準じること。

3　高圧又は特別高圧の機械器具等を施設する発電所等を次の各号のいずれかにより施設する場合は，第１項及び第２項の規定によらないことができる。

一　工場等の構内において，次により施設する場合

イ　構内境界全般にさく，へい等を施設し，一般公衆が立ち入らないように施設す

ること。

ロ　危険である旨の表示をすること。

ハ　高圧の機械器具等は，第21条第一号，第三号，第四号又は第五号（ロを除く。）の規定に準じて施設すること。

ニ　特別高圧の機械器具等は，第22条第1項第一号，第三号，第四号，第五号又は第六号の規定に準じて施設すること。

二　次により施設する場合

イ　高圧の機械器具等は，次のいずれかによること。

（イ）　第21条第四号の規定に準じるとともに，機械器具等を収めた箱を施錠すること。

（ロ）　第21条第五号（ロを除く。）の規定に準じて施設すること。

ロ　特別高圧の機械器具等は，次のいずれかによること。

（イ）　次によること。

(1)　機械器具を絶縁された箱又はA種接地工事を施した金属製の箱に収め，かつ，充電部分が露出しないように施設すること。

(2)　機械器具等を収めた箱を施錠すること。

（ロ）　第22条第1項第五号の規定に準じて施設すること。

ハ　危険である旨の表示をすること。

ニ　高圧又は特別高圧の機械器具相互を接続する電線（隣接して施設する機械器具相互を接続するものを除く。）であって，取扱者以外の者が立ち入る場所に施設するものは，第3章の規定に準じて施設すること。

〔解　説〕　本条は，高圧又は特別高圧の機械器具等を施設する発蓄変電所等において，取扱者以外の者が構内に立ち入らないような措置を講ずることを示している。

第1項は，高圧又は特別高圧の機械器具等を屋外に施設する発蓄変電所等は，土地の状況により人の立ち入るおそれがない箇所を除き，**第一号**から**第四号**によることとしている。ここで，「土地の状況により」というのは，河川や断崖のように人が立ち入るおそれがないものを指している。

第一号は，発蓄変電所等の構内に取扱者以外の一般公衆が立ち入らないようにさく，へい等を設けることを示し，更に特別高圧の機械器具等を施設する場合は，人畜その他物体との接触防止のため，充電部分との離隔について**第二号**で示している。**38-1表**に示すさく，へい等の高さとさく，へい等から充電部分までの距離との和については，若干考え方の相違する点もあるが，基本的には特別高圧架空電線の地表上の高さと同様であるので，同じ値にしている（→**第87条**）。この場合，さく，へい等と充電部分との離隔については規定していないが，特別高圧架空電線と他の工作物との接近又は交差の規定を参照されたい（→**第 102 条，第 106 条**）。なお，さく，へい等と充電部分との最小離隔距離について，旧電気技術基準調査委員会では解説 38.1 表の値を提案している。

解説 38.1 表　さく，へい等と充電部分との最小離隔距離

使用電圧	最小離隔距離
7kV 以下	0.5m
7kV を超え 35kV 以下	1.5m
35kV を超え 80kV 以下	2.0m
80kV を超え 115kV 以下	3.0m
115kV を超え 175kV 以下	4.0m
175kV 超過	4m に 175kV を超える 10kV 又はその端数ごとに 0.12m を加えた値

第三号は，出入口に立入禁止の表示をすることを示し，更に施錠装置を施設して施錠する等，取扱者以外の者の出入りを制限する措置を講じることを**第四号**に示している。「取扱者以外の者の出入りを制限する措置」には，例えば守衛等が出入りをチェックする場合や，電動シャッターのようなもので出入口を締め切る場合などが考えられる。

第 2 項は，第 1 項と同様に高圧又は特別高圧の機械器具等を屋内に施設する発蓄変電所等についても，構内に取扱者以外の一般公衆が立ち入らないように施設条件を示したものである。

自家用電気工作物の施設者が工場等の建物の一部を利用して高圧又は特別高圧の変電所等を施設する例があるが，この場合にも本項が適用されることとなる。すなわち広い建物の内部の一部をさく，へい等で囲み，その中に高圧又は特別高圧の機械器具等を設置する場合は，充電部分との離隔は**第 1 項第二号**の規定による必要があるが（→**第一号ロ**），壁，間仕切り等により天井まで完全に仕切る場合は，出入口に立入禁止の表示をし，かつ，取扱者以外の者の出入りを制限する措置を講じればよいこととなる（→**第一号イ，第二号**）。

ただし書は**第 1 項**の規定によるさく，へい等の内側にある建物については，屋外において取扱者以外の者が立ち入らないような措置が講じられているため本項を適用しないこととしている。

なお，**第 1 項**及び**第 2 項**は公衆保安を目的としたものであり，取扱者以外の者とは一般公衆を対象としている。したがって，取扱者と保安協定の締結等をしている者は取扱者と同等と扱い，第 1 項及び第 2 項の取扱者以外の者には該当しないこととしている。

第 3 項は，公衆保安が確保されている発蓄変電所等においては，その発蓄変電所等の周りに更にさく，へい等の施設や取扱者以外の者の立入りを制限する措置を講じなくてもよいことを示している。

第一号は，さく，へい等により一般公衆が立ち入らないようにしている工場等の構内にある発蓄変電所等は，危険である旨を表示するとともに**ハ**及び**ニ**により施設すれば，

第1項及び**第2項**で規定するさく，へい等の施設や取扱者以外の者の出入りを制限する措置を講じなくてもよいこととしている。

第二号は，従来，風力発電所で認められていた施設方法について，その他の設備でも同様に施設できることを明確にするため，H23解釈で追加したものである。中小工場等の受電場所又は風力発電所若しくは太陽電池発電所等に施設する高圧又は特別高圧の機械器具等を，**イ**から**ニ**により施設すれば，**第1項**及び**第2項**で規定するさく，へい等の施設や取扱者以外の者の出入りを制限する措置を講じなくてもよいこととしている。

具体的には，高圧又は特別高圧の機械器具等は，キュービクル等に収納して施錠するか，人が容易に触れるおそれがないように架台の上に施設し，いずれの場合においても危険である旨を表示することとしている。また，機械器具相互を接続する電線については，電線路と同等に施設することとしており，取扱者以外の者が発蓄変電所等の構内に立ち入った場合でも，保安が確保されるようにしている。

【変電所等からの電磁誘導作用による人の健康影響の防止】（省令第27条の2）

第39条　変電所又は開閉所（以下この条において「変電所等」という。）から発生する磁界は，第3項に掲げる測定方法により求めた磁束密度の測定値（実効値）が，商用周波数において200μT以下であること。ただし，田畑，山林その他の人の往来が少ない場所において，人体に危害を及ぼすおそれがないように施設する場合は，この限りでない。

2　測定装置は，民間規格評価機関として日本電気技術規格委員会が承認した規格である「人体ばく露を考慮した直流磁界並びに1Hz～100kHzの交流磁界及び交流電界の測定－第1部：測定器に対する要求事項」の「適用」の欄に規定するものであること。

3　測定に当たっては，次の各号のいずれかにより測定すること。なお，測定場所の例ごとの測定方法の適用例については39-1表に示す。

一　測定地点の地表，路面又は床（以下この条において「地表等」という。）から0.5m，1m及び1.5mの高さで測定し，3点の平均値を測定値とすること。

二　変電所等が地表等の下に施設され，人がその地表等に横臥する場合は，次の図に示すように，測定地点の地表等から0.2mの高さであって，磁束密度が最大の値となる地点イにおいて測定し，地点イを中心とする半径0.5mの円周上で磁束密度が最大の値となる地点ロにおいて測定した後，地点イに関して地点ロと対称の地点ハにおいて測定し，次に，地点イ，ロ及びハを結ぶ直線と直交するとともに，地点イを通る直線が当該円と交わる地点ニ及びホにおいてそれぞれ測定し，さらに，これらの5地点における測定値のうち最大のものから上位3つの値の平均値を測定値とすること。

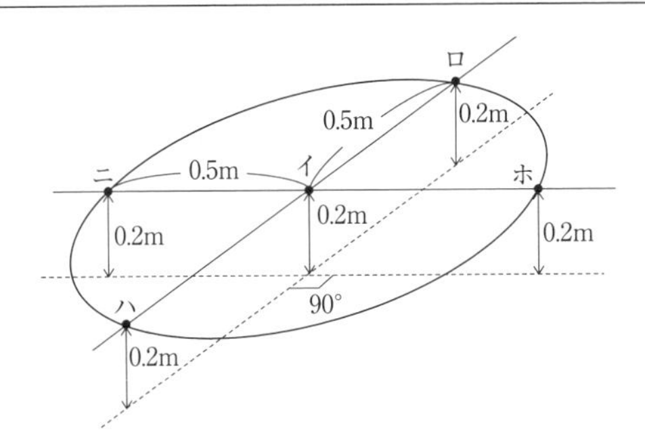

39-1 表

測定場所	測定方法
地上に施設する変電所等の周囲	変電所等の一般公衆が立ち入らないように施設したさく，へい等から水平方向に0.2m 離れた地点において第3項第一号により測定すること。
地下に施設する変電所等の上に存在する住居等	第3項第二号により測定すること。

〔解　説〕 本条は，変電所又は開閉所から発生する磁界について規定している（→第31条解説）。

第3項では，IEC 規格に従い，**39-1 表**に測定場所の区分による測定方法の適用例を示した。適用例に該当しない場合は，適用例及び IEC 規格の付属文書を参考として測定方法を判断することとなる。

【ガス絶縁機器等の圧力容器の施設】（省令第33条）

第40条　ガス絶縁機器等に使用する圧力容器は，次の各号によること。

一　100kPa を超える絶縁ガスの圧力を受ける部分であって外気に接する部分は，最高使用圧力の1.5倍の水圧（水圧を連続して10分間加えて試験を行うことが困難である場合は，最高使用圧力の1.25倍の気圧）を連続して10分間加えて試験を行ったとき，これに耐え，かつ，漏えいがないものであること。ただし，ガス圧縮機に接続して使用しないガス絶縁機器にあっては，最高使用圧力の1.25倍の水圧を連続して10分間加えて試験を行ったとき，これに耐え，かつ，漏えいがないものである場合は，この限りでない。

二　ガス圧縮機を有するものにあっては，ガス圧縮機の最終段又は圧縮絶縁ガスを通じる管のこれに近接する箇所及びガス絶縁機器又は圧縮絶縁ガスを通じる管のこれに近接する箇所には，最高使用圧力以下の圧力で作動するとともに，民間規格評価機関として日本電気技術規格委員会が承認した規格である「安全弁」に適合する安全弁を設けること。

三　絶縁ガスの圧力の低下により絶縁破壊を生じるおそれがあるものは，絶縁ガスの圧力の低下を警報する装置又は絶縁ガスの圧力を計測する装置を設けること。

四　絶縁ガスは，可燃性，腐食性及び有毒性のものでないこと。

2　開閉器及び遮断器に使用する圧縮空気装置に使用する圧力容器は，次の各号によること。

一　空気圧縮機は，最高使用圧力の1.5倍の水圧（水圧を連続して10分間加えて試験を行うことが困難である場合は，最高使用圧力の1.25倍の気圧）を連続して10分間加えて試験を行ったとき，これに耐え，かつ，漏えいがないものであること。

二　空気タンクは，前号の規定に準じるほか，次によること。

イ　材料，材料の許容応力及び構造は，民間規格評価機関として日本電気技術規格委員会が承認した規格である「圧力容器の構造－一般事項」に準じること。

ロ　使用圧力において空気の補給がない状態で開閉器又は遮断器の投入及び遮断を連続して1回以上できる容量を有するものであること。

ハ　耐食性を有しない材料を使用する場合は，外面にさび止めのための塗装を施すこと。

三　圧縮空気を通じる管は，第一号及び前号イの規定に準じること。

四　空気圧縮機，空気タンク及び圧縮空気を通じる管は，溶接により残留応力が生じないように，また，ねじの締付けにより無理な荷重がかからないようにすること。

五　空気圧縮機の最終段又は圧縮空気を通じる管のこれに近接する箇所及び空気タンク又は，圧縮空気を通じる管のこれに近接する箇所には最高使用圧力以下の圧力で作動するとともに，民間規格評価機関として日本電気技術規格委員会が承認した規格である「安全弁」に適合する安全弁を設けること。ただし，圧力1MPa未満の圧縮空気装置にあっては，最高使用圧力以下の圧力で作動する安全装置をもってこれに替えることができる。

六　主空気タンクの圧力が低下した場合に，自動的に圧力を回復する装置を設けること。

七　主空気タンク又はこれに近接する箇所には，使用圧力の1.5倍以上3倍以下の最高目盛のある圧力計を設けること。

3　圧力容器の低温使用限界は-30℃とすること。

〔解　説〕　一般の高圧ガスについては，高圧ガス保安法（昭和26年法律第204号）及び労働安全衛生法（昭和47年法律第57号）に基づくボイラー及び圧力容器安全規則（昭和47年労働省令第33号）により取り締まられるが，電気工作物としての高圧ガスについては，高圧ガス保安法においては，同法第3条第1項第六号及び同施行令第2条第2項で「発電，変電又は送電のために設置する電気工作物並びに電気の使用のために設置する変圧器，リアクトル，開閉器及び自動しゃ断器であってガスを圧縮，液化その他の方法で処理するもの」は同法による適用を除外され，またボイラー及び圧力容器安全規則においては，同規則第125条第一号に基づく電気事業法の適用を受けるボイラー及び圧力容器は同規則の認可，検査及び報告を要しないことになっている。

第1項は，発蓄変電所等に施設されるガス絶縁機器について，圧力容器としての保安の確保及び絶縁耐力の維持の観点から規定している。圧縮絶縁ガスを使用した機器としては，主にSF_6ガスを絶縁ガスとして使用した母線及び開閉器類があり，これによるコンパクト変電所の建設が主流となっている関係から，空気圧縮装置の全面準用をS47基準以降独立して示したものである。

第一号は，ガス絶縁機器の耐圧試験について，最高使用圧力の1.5倍の水圧に耐えることとしている。なお，大形圧力容器などであって，構造上水を満たすことに適さないものについては，水圧の代わりに気圧で試験を行うこととしており，この場合の試験圧力は最大使用圧力の1.25倍でよいこととしている（日本産業規格JIS B 8265（2010）の「8.5 耐圧試験」参照）。変圧器の窒素ガス封入装置等のガスは，絶縁のためではなく変圧器の絶縁油に水分が混入し，劣化するのを防止するために使用されるものであり，低圧力で保安上特に問題がないことから，使用圧力が100kPa以下であるものについては本号の対象範囲から外した。なお，SF_6ガス絶縁開閉装置等の圧力は，一般に500kPa～2MPaである。

また，「圧力を受ける部分であって外気に接する部分」としたのは，異常圧力上昇による破裂を想定した場合の外部への影響のみを示せば足ると判断したためである。

ただし書は，ガス圧縮機に接続して使用しない封じきりのガス絶縁機器は，使用圧力が500kPa程度と低圧であること，圧力変化が少ないこと，エネルギーの供給もなく安定した状態で使用していること，さらに通常の運転時内部事故等において最高使用圧力で変形しない設計・構造であれば，事故時の内圧上昇で破損するおそれが無いことが，電気協同研究「ガス絶縁開閉装置仕様・保守基準」（第52巻第1号）で確認されていることから，最高使用圧力の1.25倍の水圧試験でもよいこととしている。

第二号は，ガス圧縮機を有するものにあっては，制御回路等の故障による圧縮機の連続運転等により圧力が異常に上昇するおそれがあるので，その危険を防止するために安全弁を設置することを示している。ガス圧縮機を有しないものについては，個々に圧力上昇による危険の有無を検討し，判断している。

なお，ガス絶縁機器の圧力を受ける部分の材料の種類，材料の許容応力，構造等の規格については特に示していないが，今後も保安上の検討を十分に行う必要がある。

第三号は，封入ガスの圧力低下は，内部せん絡等の原因となり，他に危険を及ぼすおそれ及び電力の供給支障を生じるおそれがあることから，圧力の低下を警報する装置又は絶縁ガスの圧力を計測する装置を設けることとしている。

第四号は，絶縁ガスの化学的性質を示したもので，可燃性及び有毒性のものでないことしたのは，万一運転時や取扱い時にガス絶縁機器からガスが漏れた場合でも災害を発生させないためである。

第2項は，電力系統において最も重要な地位を占める遮断器及び開閉器について，その保安及び機能の確保という面から開閉器及び遮断器の操作用及び消弧用に使用する高圧ガス設備のうち圧縮空気装置について規定している。

第一号は，耐圧試験について示したもので，**前項第一号**と同様である。

第二号イは，圧縮空気装置の空気タンクの規格を示している。日本産業規格 JIS B 8265（2010）「圧力容器の構造－一般事項」は，圧力容器関連 4 法（高圧ガス保安法，電気事業法，ガス事業法及び労働安全衛生法）における技術基準（省令，告示など）の整合を図り，各技術基準における共通事項を一般事項として規定しているため，空気タンクの材料，材料の許容応力及び構造は，同 JIS に準じることとした。R4 解釈より，民間規格評価機関として日本電気技術規格委員会に承認された規格リストと関連づけられ，当該機関の公開ページにて掲載されている。

ロは，最低限のタンク容量を示したものである。なお，JEC では圧縮空気操作による遮断器については，最低 2 回連続して開閉し得るタンク容量を確保することとしている。ただし，再閉路等を行うものについては，当然その機能を果たし得るだけの容量を持つ必要がある。「連続して」というのは，空気圧縮機からの空気の補給は管の太さ等により制約を受けるため，一度動作すると圧力が低下するが，そのような状態であってもすぐに次の動作を行えることを意味している。

ハは，外面のさび止め塗装について示したもので，ステンレス鋼など耐食性材料を使用したものや，亜鉛めっきを施したものは，さび止め塗装と同等以上の効果があり，その必要がない。

第三号は，圧縮空気を通じる管について示したもので，管の準拠規格，材料，材料の許容引張応力は，JIS B 8265（2010）「圧力容器の構造－一般事項」の付表 B.1 及び付表 B.3 に示されている。

第四号は，タンクや管の内部に圧力が働いているような場合には，破裂の原因となり得るので，これを防止するためのものである。

第五号は，圧力が異常に上昇した場合の危険を防止するために安全弁を施設することとしているが，圧力が1MPa 未満の場合は，異常な圧力の上昇を抑制できる装置があれば，安全弁の施設を省略することができる。

通常，安全弁は圧力が変化する段階ごとに，例えば，空気圧縮機の冷却器，主空気タンク，減圧弁の後などにそれぞれ設けられているのであって，「圧縮空気を通じる管のこれに近接する箇所」とは，補助空気タンクの場合のように安全弁が補助空気タンクにはなく，圧縮空気を通じる管に取り付けた減圧弁の後にある場合などを指している。

第六号は，常に圧力を規定値に保つように示したもので，空気の圧力が低下すると，遮断器又は開閉器の機能が損なわれるおそれがあることから，圧力の低下に応じ自動的に空気圧縮機を作動させることとしている。一般には，規定の圧力に対して上下200kPa程度の幅をもたせている。

第七号は，主空気タンク又はこれに近接する箇所には，圧力計を施設することとしている。圧力計の最高目盛を規定しているのは，使用最大圧力以上の圧力が生じた場合でも測定可能なものであり，かつ，使用圧力付近において計器誤差が小さく，圧力を確認できるものであることを示している。

なお，従来は圧力計の取付け位置を主空気タンクにしていたが，日本産業規格 JIS B 8243（1981）「圧力容器の構造」（1993 廃止）に準じ，S61 基準で，主空気タンクに近接する箇所であって，空気タンクの圧力が測定できる場合には，主空気タンクでなくてもよいこととした。また，日本電気技術規格委員会規格 JESC E0003（2000）「発変電規程」（(社) 日本電気協会電気技術規定 JEAC5001-2000）には，圧力計の取付け位置について具体的に示しているので参照されたい。

第3項は，圧力容器の低温使用限界を示したものである。

日本産業規格 JIS B 8265（2010）「圧力容器の構造－一般事項」では，低温使用限界は各強制法規における技術基準などで別途定める規定によることとされている。これを受けて，従来引用していた日本産業規格 JIS B 8243（1969）「火なし圧力容器の構造」（1993年廃止）の「2.1 材料一般」に準じ，H19 解釈で低温使用限界を -30℃と規定した。

【水素冷却式発電機等の施設】（省令第35条）

第41条 水素冷却式の発電機若しくは調相機又はこれらに附属する水素冷却装置は，次の各号によること。

一 水素を通じる管，弁等は，水素が漏えいしない構造のものであること。

二 水素を通じる管は，銅管，継目無鋼管又はこれと同等以上の強度を有する溶接した管であるとともに，水素が大気圧において爆発した場合に生じる圧力に耐える強度を有するものであること。

三 発電機又は調相機は，気密構造のものであり，かつ，水素が大気圧において爆発した場合に生じる圧力に耐える強度を有するものであること。

四 発電機又は調相機に取り付けたガラス製ののぞき窓等は，容易に破損しない構造のものであること。

五 発電機の軸封部には，窒素ガスを封入することができる装置又は発電機の軸封部から漏えいした水素ガスを安全に外部に放出することができる装置を設けること。

六 発電機内又は調相機内に水素を安全に導入することができる装置，及び発電機内又は調相機内の水素を安全に外部に放出することができる装置を設けること。

七 発電機内又は調相機内の水素の純度が85%以下に低下した場合に，これを警報する装置を設けること。

八 発電機内又は調相機内の水素の圧力を計測する装置及びその圧力が著しく変動した場合に，これを警報する装置を設けること。

九 発電機内又は調相機内の水素の温度を計測する装置を設けること。

十 発電機内から水素を外部に放出するための放出管は，水素の着火による火災に至らないよう次によること。

イ さび等の異物及び水分が滞留しないよう考慮して施設すること。

ロ 放出管及びその周辺の金属構造物に静電気が蓄積しないよう，これらを接地すること。

ハ 放出管は可燃物のない方向に施設すること。

ニ 放出管の出口には逆火防止用の金網等を設置すること。

〔解 説〕 本条は，水素冷却式の発電機，調相機又はこれらに付属する水素冷却装置の気密構造や強度あるいは水素の純度，圧力，温度等の計測装置や警報装置等について規定している。

第一号は，管，弁等は単に耐圧強度があるだけでなく，水素と空気の混入の危険を避けるため気密構造であることを示している。

第二号は，配管の強度を規定している。

第三号は，水素冷却式の発電機又は調相機が気密構造のものであり，かつ，たとえ内部に空気が混入し爆発を起こした場合にも，その際に生じる圧力に耐える強度を有するものであることを示している。

一般に水素は純度 50 ～ 70% が爆発可能領域といわれており，ガス圧が 100kPa の場合の理論上の爆発上限圧力は 700kPa である。ガス圧が高くなればその絶対圧力に比例して爆発圧力も高くなるが，実際には運転中は純度を 90% 程度以上に保つようにしており，またガス圧が高くなれば空気の混入の機会は少なく，危険度は急速に減少するため，爆発の危険はガスの入替え等大気圧の際において最も多いことになる。

なお，実際に爆発した際の爆発圧力は，熱が吸収されること等によりかなり低減するもので，このことは実験でも確かめられている。工場において強度を確認する場合は，このことや歪み等を考慮して 400kPa 程度の圧力で試験を行い，各部の歪みの大きさ及び異常の有無を調べ，設計資料を勘案してその強度を確認している。

第四号は，空気の混入又は水素の漏えいを防ぐため，外部空気に接する部分で強度的に弱い部分については，特に注意して施設することを示している。

第五号は，発電機の軸封部が損傷し，機内の水素が漏えい，発火し，発電所の火災となることを防止するため，軸封部に窒素ガスを封入する装置又は軸封部から漏えいした水素を安全に外部に放出する装置（→第六号の解説）を設けることとしている。なお，窒素封入装置の窒素の量は，少なくとも**第六号**の装置により，機内の水素が外部に放出され，軸封部から漏れるおそれがなくなるまで連続して窒素ガスを供給できる量が必要である。

第六号で，「安全に導入する」や「安全に外部に放出する」とは，外部に放出する際にガス溜りができて危険とならないように配慮すること，水素ガスの入替えの際にガスの置換を円滑に，かつ，危険なく行えるように特に配慮すること，また，外部に放出する際にガスの置換を急速に，かつ，危険なく行えるように配慮するということである。

第七号は，何らかの理由で水素の純度が低下した場合の安全を確保するために，前述のように爆発可能範囲の上限 70% に余裕をもたせて，少なくとも 85% に低下した場合には警報を出すことを示している。通常，警報動作の設定値は，85 ～ 90% になっている。

第八号は，発電機又は調相機内の水素の圧力の変化は，冷却効果に影響を及ぼすので，運転中に水素の圧力を監視するための圧力計測装置，及びその圧力が著しく変動した場合にこれを警報する装置を設けることとしている。例えば，警報動作の設定値は規定圧力の 80 ～ 120% に設定される。

第九号は，機内の水素の温度計測装置を設け，冷却系の異常の有無等を監視できるようにすることを示している。

第十号は，**省令第 35 条第四号**に規定する「発電機内からの水素の外部への放出が安全にできるものであること」の解釈として，その火災発生防止対策の実施を確実にするため，明確に規定したものであり，（社）日本電気協会で策定された「発電用蒸気タービン及び発電機の防火対策規程」（JEAC 3718-1991）の水素ガス放出管の火災発生防止対策の内容とほぼ同一の内容である。

イの「考慮して施設する」とは，放出管から急激に空気を排出することによりさび等の異物を排出すること及び雨水の配管内への浸入を防止すること等により，水素放出時に帯電する可能性のあるさび等の異物及び水分の滞留を可能な限り低減できるよう施設することを規定したものである。

【発電機の保護装置】（省令第 44 条第 1 項）

第 42 条　発電機には，次の各号に掲げる場合に，発電機を自動的に電路から遮断する装置を施設すること。

一　発電機に過電流を生じた場合

二　容量が 500kVA 以上の発電機を駆動する水車の圧油装置の油圧又は電動式ガイドベーン制御装置，電動式ニードル制御装置若しくは電動式デフレクタ制御装置の電源電圧が著しく低下した場合

三　容量が 100kVA 以上の発電機を駆動する風車の圧油装置の油圧，圧縮空気装置の空気圧又は電動式ブレード制御装置の電源電圧が著しく低下した場合

> 四　容量が2,000kVA 以上の水車発電機のスラスト軸受の温度が著しく上昇した場合
> 五　容量が10,000kVA 以上の発電機の内部に故障を生じた場合
> 六　定格出力が10,000kW を超える蒸気タービンにあっては，そのスラスト軸受が著しく摩耗し，又はその温度が著しく上昇した場合

〔解　説〕 本条は，発電機又はこれを駆動する原動機に事故が生じた場合に，発電機等を自動的に電路から遮断すること等を示している。

第一号は，発電機に過電流を生じた場合に，自動的に電路から遮断することとしている。この場合における発電機の過電流は，外部短絡故障によるものを考えていて，事故電流による発電機の焼損防止と事故点への事故電流の供給防止を主目的としており，これらの目的を達成できる方式のものであればよい。したがって，遮断装置の施設位置や過電流検出装置を他の過電流検出装置と併用することについては示していないが，発電機回路に短絡電流が生じた場合に発電機を電路から切り離せるものであればよい。なお，発電機の内部故障によるものは**第五号**で示している。

第二号は，水車発電機の水車の圧油装置の油圧が低下した場合又は電動式ガイドベーン制御装置，電動式ニードル制御装置（ペルトン水車），電動式デフレクタ制御装置（ペルトン水車）の電源電圧が著しく低下した場合に，発電機を電路から遮断することとしているが，水車を停止することについては発電用水力設備の技術基準の解釈（平成21年度版）第41条第1項第二号に示されている。

第三号は，風力発電機の原動機である風車の圧油装置の油圧，圧縮空気装置の空気圧又は電動式ブレード制御装置の電源電圧が著しく低下した場合，発電機を電路から遮断することとしている。

第四号は，水車発電機のスラスト軸受に過熱を生じた場合の保護であるが，水車を停止することについては，発電用水力設備の技術基準の解釈（平成21年度版）第41条第1項**第三号**に示されている。

第五号の内部故障は，固定子巻線の地絡又は短絡を意味しており，これらの故障の保護装置としては一般には差動リレーが考えられるが，必ずしもこれに限定しているものではなく，検出装置の設置方法については**第一号**の考え方と同様である。なお，水車又は蒸気タービンを停止することについては，それぞれ発電用水力設備の技術基準の解釈（平成21年度版）第41条第1項**第四号**及び発電用火力設備の技術基準の解釈（平成19年度版）第25条第1項**第一号**に示されている。

第六号は，蒸気タービンのスラスト軸受に摩耗又は過熱が生じた場合の保護であるが，蒸気タービンを停止することについては，発電用火力設備の技術基準の解釈（平成19年度版）第25条第1項第三号に示されている。

【特別高圧の変圧器及び調相設備の保護装置】（省令第44条第2項）

第43条　特別高圧の変圧器には，次の各号により保護装置を施設すること。

一　43-1表に規定する装置を施設すること。ただし，変圧器の内部に故障を生じた場合に，当該変圧器の電源となっている発電機を自動的に停止するように施設する場合においては，当該発電機の電路から遮断する装置を設けることを要しない。

43-1表

変圧器のバンク容量	動作条件	装置の種類
5,000kVA以上10,000kVA未満	変圧器内部故障	自動遮断装置又は警報装置
10,000kVA以上	同上	自動遮断装置

二　他冷式（変圧器の巻線及び鉄心を直接冷却するため封入した冷媒を強制循環させる冷却方式をいう。）の特別高圧用変圧器には，冷却装置が故障した場合，又は変圧器の温度が著しく上昇した場合にこれを警報する装置を施設すること。

2　特別高圧の調相設備には，43-2表に規定する保護装置を施設すること。

43-2表

調相設備の種類	バンク容量	自動的に電路から遮断する装置
電力用コンデンサ又は分路リアクトル	500kvarを超え15,000kvar未満	内部に故障を生じた場合に動作する装置又は過電流を生じた場合に動作する装置
	15,000kvar以上	内部に故障を生じた場合に動作する装置及び過電流を生じた場合に動作する装置又は過電圧を生じた場合に動作する装置
調相機	15,000kVA以上	内部に故障を生じた場合に動作する装置

〔解　説〕　本条は，特別高圧の変圧器又は調相設備に事故が生じた場合に，これらを自動的に電路から遮断する装置又は警報装置を施設することを規定している。

第1項は，バンク容量が5,000kVA以上の変圧器について，内部に入っている油の量が多く，変圧器に内部事故を発生した場合に速やかな応急措置を講じないと大きな災害を招くおそれがあり，また電気事業用のものにあっては，変圧器を大きく損傷することは事故後の電気の供給に支障をきたすことにもなるので，**43-1表**のような保護装置を施設すべきこととしている。

ただし書は，変圧器の内部故障時に，発電所において2次側電路を遮断し，かつ，発電機を無負荷無励磁にする，又は2次側に電源を有しない配電用変電所などにおいて1次側電路のみを遮断する場合には，変圧器が無電圧かつ無負荷になり，保安上電路から遮断したことと同等と考えられることから危険がないものとして扱われる。

一般に自動遮断装置の施設場所は，機器の保護，保守点検の容易さ及び電力供給の確保等の観点から決定される。

第一号は，変圧器内部故障に対する保護装置を規定している。内部故障に対する保護リレーとしては，差動リレー，ブッフホルツリレー，圧力リレーなどが考えられ，規定上はこれらのうちいずれかが施設してあればよい。しかし，ブッフホルツリレーのみでは誤動作する場合があるので，一般には差動リレーとともに用い，ブッフホルツリレーは警報扱いとすることが多い。

保護装置の施設を変圧器ごとにではなく，バンク容量により示したのは，特別高圧用変圧器は通常三相結線で使用されるので，三相結線したものを一つの単位としたものであるが，V結線の場合は，2台の合計容量の86.6%をもってバンク容量とすべきであり，単相結線で使用されるものは1台の容量をもってバンク容量とする。なお，2バンクの変圧器群を1次側，2次側とも並列して使用し，遮断器を共用するもの等のように，常に1単位として使用されるものでは，1バンクとして解釈する。

第二号は，他冷式変圧器の著しい温度上昇に対する保護措置として，冷却装置の故障（送風機等の電源電圧の喪失を含む。）又は変圧器温度の著しい上昇のいずれかの場合に警報する装置を施設することとしている。なお，自冷式変圧器については，温度上昇の原因が変圧器内部の異常による場合が多いことから，本条では温度上昇に関する措置を規定していないが，常時監視をしない変電所においては，措置が必要となる場合もある。

H4基準で，ガス絶縁変圧器などの新方式の変圧器が採用されるのに対応するため，具体的冷却方式，具体的故障で規定するのをやめ，他冷式，冷却装置の故障で包括的に規定した。また，「他冷式」を「変圧器の巻線及び鉄心を直接冷却するため封入した冷媒を強制循環させる冷却方式」と定義した。

第2項において保護装置を容量により区別したのは，実情と経済性を考慮したもので，過電流保護装置には電力ヒューズも含まれる。

内部故障については，前項の場合と同様である。内部故障の保護装置としては，ブッフホルツリレー，圧力リレー，差動リレー等があり，それらのうち主要なものの一つを自動遮断の対象としていれば，他のものは警報とすることができる。

調相機の容量を15,000kVA以上に限定したのは，15,000kVA未満の調相機を設けることが少なくなったことを考慮したためと，発電機等とのバランスを図ったためである。

【蓄電池の保護装置】（省令第44条第1項）

第44条　発電所，蓄電所又は変電所若しくはこれに準ずる場所に施設する蓄電池（常用電源の停電時又は電圧低下発生時の非常用予備電源として用いるものを除く。）には，次の各号に掲げる場合に，自動的にこれを電路から遮断する装置を施設すること。

一　蓄電池に過電圧が生じた場合

二　蓄電池に過電流が生じた場合

三　制御装置に異常が生じた場合

四　内部温度が高温のものにあっては，断熱容器の内部温度が著しく上昇した場合

〔解　説〕 **本条**は，発電所，蓄電所又は変電所若しくはこれに準ずる場所に常用電源として施設する蓄電池は，一般に大容量で，内部抵抗が小さく短絡電流が大きいことから，異常を生じた場合に，蓄電池を自動的に電路から遮断する装置を施設することとしている。ここでいう「蓄電池（常用電源の停電時又は電圧低下発生時の非常用予備電源として用いるものを除く。）」とは，負荷平準化や受電又は発電電力の平準化等を目的として，電力を一時的に貯蔵し，必要に応じて負荷に供給するための蓄電池を指しており，非常用若しくは起動用等のバックアップ電源として用いるもの又はCVCF装置など常時フローティング状態で使用されていても，目的が電源の事故停止又は瞬時電圧低下に備えるものである場合は，これには含まれない。

なお，充放電制御装置等と蓄電池が一つのキュービクル等に収められているものでは，充放電制御装置等が**本条**で規定する機能を有し，蓄電池の保護ができるものであればよい。

第一号は，主に過充電によって生じる危険を防止するために，過電圧を生じた場合に蓄電池を電路から遮断することを示している。

第二号は，事故電流による蓄電池の焼損防止と事故点への事故電流の供給防止を主目的としたものである。

第三号は，制御装置に異常が生じると，蓄電池を安全な状態に維持することができなくなるおそれがあることから，これを検知して電路から遮断することを示している。

第四号は，ナトリウム硫黄電池など内部温度が高温のものについて，内部異常が発生した場合等における火災や容器破裂等の危険を防止するものである。

なお，第一号，第三号及び第四号は「電力貯蔵装置の規制の在り方について」（平成20年2月原子力安全・保安部会 電力安全小委員会 電力貯蔵設備規制検討ワーキンググループ報告書）に基づき，H20解釈で追加したものである。

【燃料電池等の施設】（省令第4条，第44条第1項）

第45条　燃料電池発電所に施設する燃料電池，電線及び開閉器その他器具は，次の各号によること。

一　燃料電池には，次に掲げる場合に燃料電池を自動的に電路から遮断し，また，燃料電池内の燃料ガスの供給を自動的に遮断するとともに，燃料電池内の燃料ガスを自動的に排除する装置を施設すること。ただし，発電用火力設備に関する技術基準を定める省令（平成9年通商産業省令第51号）第35条ただし書きに規定する構造を有する燃料電池設備については，燃料電池内の燃料ガスを自動的に排除する装置を施設することを要しない。

イ　燃料電池に過電流が生じた場合

ロ　発電要素の発電電圧に異常低下が生じた場合，又は燃料ガス出口における酸素濃度若しくは空気出口における燃料ガス濃度が著しく上昇した場合

ハ　燃料電池の温度が著しく上昇した場合

二　充電部分が露出しないように施設すること。

三　直流幹線部分の電路に短絡を生じた場合に，当該電路を保護する過電流遮断器を施設すること。ただし，次のいずれかの場合は，この限りでない。（関連省令第14条）

イ　電路が短絡電流に耐えるものである場合

ロ　燃料電池と電力変換装置とが1の筐体に収められた構造のものである場合

四　燃料電池及び開閉器その他の器具に電線を接続する場合は，ねじ止めその他の方法により，堅ろうに接続するとともに，電気的に完全に接続し，接続点に張力が加わらないように施設すること。（関連省令第7条）

〔解　説〕 本条は，燃料電池発電所に施設するリン酸形，固体高分子形，固体酸化物形などの燃料電池，電線及び開閉器その他器具の施設について示している。

第一号は，燃料電池に異常が生じた場合に，燃料電池を電路から自動的に遮断するとともに，燃料電池への燃料ガスの供給を自動的に遮断し，かつ，燃料電池内の燃料ガスを自動的に排除する装置を施設することを示している。H16解釈でただし書きを追加した。

イは，燃料電池外部において短絡事故等が生じた場合を考えており，事故点への事故電流の供給防止と事故電流による燃料電池の損傷等の防止を主目的としている。施設の考え方は，**第42条**の発電機の場合と同様である。

ロは，燃料電池の発電要素（電極と電解質層等からなる電池の最小単位）における電解質のシール部損傷により燃料ガスと酸素が直接混合した場合に，燃料電池が爆発等により損壊しないよう，次のいずれかの検出装置を施設することとしている。

①発電要素の発電電圧の異常低下を検出する装置

燃料ガスと酸素の混合又は反応の異常による電圧低下を検出することで，発電要素の電解質のシール部に損傷が生じたことを検出するものである。例えば，燃料電池（発電要素の集合体）をいくつかの発電要素群に均等に分割し，群相互の発電電圧を比較することにより発電要素の発電電圧の異常を検出する方法又は燃料電池全体の発電電圧を測定し，その電圧の変化から発電要素の発電電圧の異常低下を検出する方法がある。

②燃料電池の燃料ガス出口の酸素及び燃料電池の空気出口の燃料ガスの濃度を検出する装置

燃料ガス出口には通常酸素が含まれず，また，空気出口には通常燃料ガスが含まれないことから，これらの濃度上昇を検出して発電要素の電解質のシール部に損傷が生じたことを検出するものである。

ハは，燃料電池内における燃料ガスと酸素の異常な反応による温度上昇を検出し，燃料電池の損壊に至ることを防止することが主目的である。同時に，蒸気系統設備等の異常による燃料電池の損傷等の防止も目的としている。

燃料電池発電設備については，解釈によって燃料電池及びそれ以降の電気設備について示し，発電用火力設備に関する技術基準の解釈によって燃料電池設備及び燃料貯蔵設備について示している。参考のために解説 45.1 図に燃料電池発電設備の設備区分と技術基準の適用範囲の概念図（詳細な境界線を示したものではない。）を示す。

第二号は，燃料電池及び配線等は，取扱者以外の者が触れることも考えられることから，充電部分が露出しないように施設することを規定している。

第三号は，**第一号イ**の過電流はパワーコンディショナ部で検出しているものが多く，この場合，直流部分の短絡による過電流は検出できないため，直流部分の過熱焼損事故防止の観点から定めた規定である。**ロ**は，燃料電池と電力変換装置とが 1 の筐体に収められた構造のものについては，直流部分で短絡事故が発生するおそれがないため，H23 解釈において追加された。

第四号は，接続部分の接続不良による過熱焼損事故等を防止するため，端子への電線の接続は堅ろうにし，接続点に張力が加わらないように施設することを規定している。

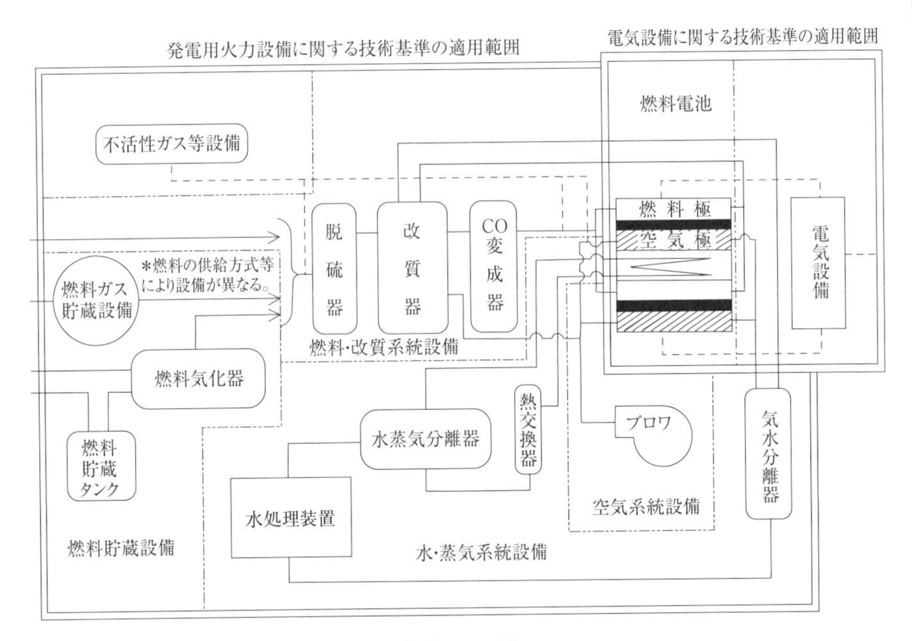

解説 45.1 図

【**太陽電池発電所等の電線等の施設**】（省令第 4 条）

第 46 条　太陽電池発電所に施設する高圧の直流電路の電線（電気機械器具内の電線を

除く。）は，高圧ケーブルであること。ただし，取扱者以外の者が立ち入らないような措置を講じた場所において，次の各号に適合する太陽電池発電設備用直流ケーブルを使用する場合は，この限りでない。

一　使用電圧は，直流1,500V以下であること。

二　構造は，絶縁物で被覆した上を外装で保護した電気導体であること。

三　導体は，断面積60mm² 以下の別表第1に規定する軟銅線又はこれと同等以上の強さのものであること。

四　絶縁体は，次に適合するものであること。

イ　材料は，架橋ポリオレフィン混合物，架橋ポリエチレン混合物又はエチレンゴム混合物であること。

ロ　厚さは，46-1表に規定する値を標準値とし，その平均値が標準値以上，その最小値が標準値の90%から0.1mmを減じた値以上であること。

46-1表

導体の公称断面積（mm²）	絶縁体の厚さ（mm）
2以上14以下	0.7
14を超え38以下	0.9
38を超え60以下	1.0

ハ　民間規格評価機関として日本電気技術規格委員会が承認した規格である「定格電圧1kV～30kVの押出絶縁電力ケーブル及びその附属品－定格電圧0.6/1kVのケーブル」の「適用」の欄に規定する方法により試験を行ったとき，次に適合するものであること。

（イ）　室温において引張強さ及び伸びの試験を行ったとき，引張強さが6.5N/mm² 以上，伸びが125%以上であること。

（ロ）　150℃に168時間加熱した後に（イ）の試験を行ったとき，引張強さが（イ）の試験の際に得た値の70%以上，伸びが（イ）の試験の際に得た値の70%以上であること。

五　外装は，次に適合するものであること。

イ　材料は，架橋ポリオレフィン混合物，架橋ポリエチレン混合物又はエチレンゴム混合物であって，民間規格評価機関として日本電気技術規格委員会が承認した規格である「定格電圧1kV～30kVの押出絶縁電力ケーブル及びその附属品－定格電圧0.6/1kVのケーブル」の「適用」の欄に規定する方法により試験を行ったとき，次に適合するものであること。

（イ）　室温において引張強さ及び伸びの試験を行ったとき，引張強さが8.0N/mm² 以上，伸びが125%以上であること。

（ロ）　150℃に168時間加熱した後に（イ）の試験を行ったとき，引張強さが（イ）

の試験の際に得た値の70%以上，伸びが（イ）の試験の際に得た値の70%以上であること。

ロ　厚さは，次の計算式により計算した値を標準値とし，その平均値が標準値以上，その最小値が標準値の85%から0.1mmを減じた値以上であること。

$t=0.035D+1.0$

tは，外装の厚さ（単位：mm。小数点二位以下は四捨五入する。）

Dは，丸形のものにあっては外装の内径，その他のものにあっては外装の内短径と内長径の和を2で除した値（単位：mm）

六　完成品は，次に適合するものであること。

イ　清水中に1時間浸した後，導体と大地との間に15,000Vの直流電圧又は6,500Vの交流電圧を連続して5分間加えたとき，これに耐える性能を有すること。

ロ　イの試験の後において，導体と大地との間に100Vの直流電圧を1分間加えた後に測定した絶縁体の絶縁抵抗が1,000MΩ-km以上であること。

ハ　民間規格評価機関として日本電気技術規格委員会が承認した規格である「電気・光ファイバケーブル－非金属材料の試験方法－第504部：機械試験－絶縁体及びシースの低温曲げ試験」,「電気・光ファイバケーブル－非金属材料の試験方法－第505部：機械試験－絶縁体及びシースの低温伸び試験」及び「電気・光ファイバケーブル－非金属材料の試験方法－第506部：機械試験－絶縁体及びシースの低温衝撃試験」の「適用」の欄に規定する方法により，-40±2℃の状態で試験を行ったとき，これに適合すること。

ニ　民間規格評価機関として日本電気技術規格委員会が承認した規格である「定格電圧1kV～30kVの押出絶縁電力ケーブル及びその附属品－定格電圧0.6/1kVのケーブル」の「適用」の欄に規定する方法により試験を行ったとき，これに適合すること。

ホ　民間規格評価機関として日本電気技術規格委員会が承認した規格である「プラスチック－実験室光源による暴露試験方法 第1部：通則」及び日本産業規格JIS K 7350-2（2008）「プラスチック－実験室光源による暴露試験方法－第2部：キセノンアークランプ」の試験方法により試験したとき，クラックが生じないこと。

ヘ　室温において，ばね鋼製のニードルに荷重を加え絶縁被覆を貫通させたとき，ニードルと導体とが電気的に接触した際の荷重（4回の平均値をとるものとする。）が次の計算式により計算した値以上であること。

$F=150\times\sqrt{導体外径}$

Fは，荷重（単位：N）

ト　ケーブルの表面に深さ0.05mmの切り込みを入れた3つの試験片について，1つは-15℃，1つは室温，もう1つは85℃に3時間放置した後，外装の外径の（3

± 0.3）倍の直径を有する円筒に巻き，次に試験片を放置して室温に戻した後，清水中に1時間浸し，導体と大地との間に300Vの交流電圧を連続して5分間加えたとき，これに耐える性能を有すること。

〔解　説〕 **本条**は，太陽電池発電所に施設する電線・太陽電池モジュールの支持物等について規定したものである。**第1項**は，高圧ケーブルは一般的に遮へい層を有するよう規定しているところ（**→第10条**），日本電線工業会が制定した，太陽電池発電設備の直流電路で使用するケーブル（以下「PVケーブル」という。）の規格においては，遮へい層を有しないものとしている。PVケーブルの省令への適合性評価を，平成22年度電気設備技術基準適合評価に基づき実施した。その結果，H24解釈で取扱者以外の者が出入りできないように措置した場所に施設する場合には，ただし書の各号に適合する電線の使用を認めることとした。**第一号**は，使用電圧は，直流の1500 V以下であることを定めている。**第二号**は，基本構造を定めており，遮へい層のない構造も認められる。**第三号～第六号**では，導体，絶縁体，外装および完成品について，材料・厚さ等の性能，使用環境などにおいて必要と想定される性能，電気的性能等を定めている。これらは，日本電線工業会 JCS4517「太陽光発電システム用ハロゲンフリーケーブル」から基本的なものを採用したものである。また，H25解釈で導体断面積を$60mm^2$まで規定した。

【常時監視と同等な監視を確実に行える発電所の施設】（省令第46条第1項）

第47条　技術員が発電所又はこれと同一の構内における常時監視と同等な常時監視を確実に行える発電所は，次の各号によること。

一　発電所の種類に応じ，第3項及び第4項の規定により施設すること。

二　第3項及び第4項の規定における「遠隔常時監視制御方式」は，次に適合するものであること。

イ　技術員が，制御所に常時駐在し，発電所の運転状態の監視又は制御を遠隔で行うものであること。

ロ　次の場合に，制御所にいる技術員へ警報する装置を施設すること。

（イ）　発電所内（屋外であって，変電所若しくは開閉所又はこれらに準ずる機能を有する設備を施設する場所を除く。）で火災が発生した場合

（ロ）　他冷式（変圧器の巻線及び鉄心を直接冷却するため封入した冷媒を強制循環させる冷却方式をいう。）の特別高圧用変圧器の冷却装置が故障した場合又は温度が著しく上昇した場合

（ハ）　ガス絶縁機器（圧力の低下により絶縁破壊等を生じるおそれのないものを除く。）の絶縁ガスの圧力が著しく低下した場合

（ニ）　第3項及び第4項においてそれぞれ規定する，発電所の種類に応じ警報を

要する場合

ハ　制御所には，次に掲げる装置を施設すること。

（イ）　発電所の運転及び停止を，監視又は操作する装置

（ロ）　使用電圧が100,000Vを超える変圧器を施設する発電所にあっては，次に掲げる装置

(1)　運転操作に常時必要な遮断器の開閉を監視する装置

(2)　運転操作に常時必要な遮断器（自動再閉路装置を有する高圧又は15,000V以下の特別高圧の配電線路用遮断器を除く。）の開閉を操作する装置

（ハ）　第3項及び第4項においてそれぞれ規定する，発電所の種類に応じて必要な装置

2　第1項の規定により施設する発電所内に施設する，変電所又は開閉所の機能を有する設備は，次の各号により，当該発電所内に施設する他の設備と分割して監視又は制御することができる。

一　第48条の規定に準じて施設すること。

二　前号の規定により当該設備を監視又は制御する技術員又は制御所は，本条の規定における技術員又は制御所と別個のものとすることができる。

3　第1項に規定する発電所のうち，汽力を原動力とする発電所（地熱発電所を除く。）は，次の各号により施設すること。

一　遠隔常時監視制御方式により施設すること。

二　蒸気タービン及び発電機には，自動出力調整装置又は出力制限装置を施設すること。

三　次に掲げる場合に，発電機を電路から自動的に遮断するとともに，ボイラーへの燃料の流入及び蒸気タービンへの蒸気の流入を自動的に停止する装置を施設すること。

イ　蒸気タービン制御用の圧油装置の油圧，圧縮空気制御装置の空気圧又は電動式制御装置の電源電圧が著しく低下した場合

ロ　蒸気タービンの回転速度が著しく上昇した場合

ハ　発電機に過電流が生じた場合

ニ　蒸気タービンの軸受の潤滑油の温度が著しく上昇した場合（軸受のメタル温度を計測する場合は，軸受のメタル温度が著しく上昇した場合でも良い。）

ホ　定格出力500kW以上の蒸気タービン又は蒸気タービンに接続する発電機の軸受の温度が著しく上昇した場合

ヘ　容量が2,000kVA以上の発電機の内部に故障を生じた場合

ト　蒸気タービンの軸受の入口における潤滑油の圧力が著しく低下した場合

チ　発電所の制御回路の電圧が著しく低下した場合

リ　ボイラーのドラム水位が著しく低下した場合

ヌ　ボイラーのドラム水位が著しく上昇した場合

四　第1項第二号ロ（ニ）の規定における「発電所の種類に応じ警報を要する場合」は，次に掲げる場合であること。

イ　蒸気タービンが異常により自動停止した場合

ロ　運転操作に必要な遮断器（当該遮断器の遮断により蒸気タービンが自動停止するものを除く。）が異常により自動的に遮断した場合（遮断器が自動的に再閉路した場合を除く。）

ハ　燃料設備の燃料油面が異常に低下した場合

五　第1項第二号ハ(ハ)の規定における「発電所の種類に応じ必要な装置」は，蒸気タービン及び発電機の出力の調整を行う装置であること。

六　第三号に掲げる場合のほか，遠隔常時監視制御方式により運転する発電所及び，監視又は制御を行う制御所並びにこれらの間に施設する電力保安通信設備に異常が発生した場合，異常の拡大を防ぐとともに，安全かつ確実に発電所を制御又は停止することができるような措置を講じること。

4　第1項に規定する発電所のうち，出力10,000kW以上のガスタービン発電所は，次の各号により施設すること。

一　遠隔常時監視制御方式により施設すること。

二　ガスタービン及び発電機には，自動出力調整装置又は出力制限装置を施設すること。

三　次に掲げる場合に，発電機を電路から自動的に遮断するとともに，ガスタービンへの燃料の流入を自動的に停止する装置を施設すること。

イ　ガスタービン制御用の圧油装置の油圧，圧縮空気制御装置の空気圧又は電動式制御装置の電源電圧が著しく低下した場合

ロ　ガスタービンの回転速度が著しく上昇した場合

ハ　発電機に過電流が生じた場合

ニ　ガスタービンの軸受の潤滑油の温度が著しく上昇した場合（軸受のメタル温度を計測する場合は，軸受のメタル温度が著しく上昇した場合でも良い。）

ホ　ガスタービンに接続する発電機の軸受の温度が著しく上昇した場合

ヘ　発電機の内部に故障を生じた場合

ト　ガスタービン入口（入口の温度の測定が困難な場合は出口）におけるガスの温度が著しく上昇した場合

チ　ガスタービンの軸受の入口における潤滑油の圧力が著しく低下した場合

リ　発電所の制御回路の電圧が著しく低下した場合

四　第1項第二号ロ（ニ）の規定における「発電所の種類に応じ警報を要する場合」は，

次に掲げる場合であること。

イ　ガスタービンが異常により自動停止した場合

ロ　運転操作に必要な遮断器（当該遮断器の遮断によりガスタービンが自動停止するものを除く。）が異常により自動的に遮断した場合（遮断器が自動的に再閉路した場合を除く。）

ハ　ガスタービンの燃料油面が異常に低下した場合

ニ　ガスタービンの空気圧縮機の吐出圧力が著しく上昇した場合

五　第1項第二号ハ(ハ)の規定における「発電所の種類に応じ必要な装置」は，ガスタービン及び発電機の出力の調整を行う装置であること。

六　第三号に掲げる場合のほか，遠隔常時監視制御方式により運転する発電所及び，監視又は制御を行う制御所並びにこれらの間に施設する電力保安通信設備に異常が発生した場合，異常の拡大を防ぐとともに，安全かつ確実に発電所を制御又は停止することができるような措置を講じること。

〔解　説〕 **省令第 46 条第 1 項**において，一定規模等高リスクな発電所について原則常時監視（制御を含む。以下同じ。）しない発電所は施設してはならないと規定しているところ，ただし書において，当該発電所又は発電所と同一の構内において行う常時監視と同等な監視を確実に行える発電所については，異常が生じた場合に安全かつ確実に停止(発電設備を安定的に保つために操作等を行う制御を含む。以下この条において同じ。)する措置を講じることができる場合に限り，例外的に常時監視を不要としている。これは，近年，IoT 技術等の進展や活用により，一定の留意事項の下であれば，異常時の制御・停止等の安全確保も含めた発電所構外からの常時監視・制御の遠隔化は可能であることが産業構造審議会保安・消費生活用製品安全分科会電力安全小委員会（第 24 回）においても認められたもの。

発電所構外から遠隔常時監視・制御する発電所においては，異常が生じた場合に，当該発電所における技術員の迅速，かつ，適切な措置を期待することができないため，保安上の観点から，発電所又はこれと同一の構内で常時監視をする発電所よりも安全かつ確実に停止することができるよう機器の保護装置等を強化する必要がある。

また，電気事業用の発電所については，電気事業法第 48 条第 1 項によって経済産業大臣に工事計画を届け出る場合に，「その事業用電気工作物が電気の円滑な供給を確保するため技術上適切なものであること。」が工事開始の条件の一つであることから，保安上の観点のみならず，電力供給の確保という観点からも規定したものである。

なお，発電所又は発電所と同一の構内において行う常時監視と同等な監視を確実に行える発電所として，発電所構外から遠隔常時監視・制御可能な発電所は，本条の適用のほか，当該発電所の遠隔常時監視・制御の導入を予定している発電事業者向けに，導入に当たっての要件や留意点を概説した「汽力及び大型ガスタービン発電所における遠隔常時監視制御導入の手引き」（以下，本条において「手引き」という。）を参照して施設していただくことが重要である。「手引き」については，産業構造審議会保安・消費生活用製品安全分科会電力安全小委員会電気保安制度 WG においてもその重要性・有用性が認められている。

第一号では，発電所又は発電所と同一の構内において行う常時監視をしないことのできる発電所として，汽力発電所（地熱発電所を除く。この条において以下同じ。）及び出力 10,000kW 以上のガスタービン発電所について規定している。

第二号の「遠隔常時監視制御方式」は，技術員が発電制御所に常時駐在し，発電所の運転状態の監視又は制御を遠隔で行う方式である。**ロ**は，発電所の異常等を発電制御所に警報する項目を示している。

ハは，発電制御所に施設する必要がある装置を示しており，**（イ）**及び**（ロ）**において各発電方式共通の項目を規定している。なお，各発電方式個別の項目については，**第3項**及び**第4項**の規定によることを，**（ハ）**で示している。

（イ）の「運転」には，起動から並列投入，出力の発生までが含まれており，例えば，発電機の並列用遮断器等も含まれる。

（ロ）は，運転操作に常時必要な遮断器の監視装置及び操作装置の施設を求めている。ここで，使用電圧が 100,000V を超える変圧器を施設する発電所に限っているのは，常時監視をしない変電所の施設条件（**→第48条第1項第五号**）との整合を図るためである。また，自動再閉路装置を有する高圧配電線又は 15,000V 以下の特別高圧配電線（主に**第108条**に示している特別高圧配電線）用遮断器の操作装置については省略することを認めている。これは，これらの配電線は事故時以外に操作することがほとんどなく，かつ，事故時に再閉路を失敗したときは配電線路の事故復旧に相当の時間を要するものであり，配電線の事故復旧確認後に現場で再投入すればよいからである。

「運転操作に常時必要な遮断器」には，発電所の保守点検時の切替え操作のみに使用されるもの及び事故時の自動遮断専用に用いられる遮断器（遮断器が動作した場合に現場に技術員が出向き，回路や機器の状態を十分検討した後でなければ投入することができないもの）は含まれない。

第2項は，発電所構内から直接配電する場合の電路の遮断器及び変電設備，開閉設備等を電力系統の適切な機能分割による効率的な運用を行うため，発電設備と分割して監視又は制御できることを示している。

第3項は，汽力発電所（地熱発電所を除く。）に対して個別に求められる要件を規定している。

第二号の発電設備は調速機のみによって運転されると最大出力を超えて出力を発生することがあり，保安上危険のおそれがあるため，自動出力調整装置又は出力制限装置を施設することとしている。ここで，「自動出力調整装置」とは，燃料供給の調整により発電出力を制御する装置であり，例えば，需要家の負荷により自動的に出力を調整する装置，プログラム制御により自動運転する装置，需要家の負荷により自動的に運転・停止を行う装置又は運転台数を制御する装置等がある。一方，「出力制限装置」とは，タービン入口（入口の温度の計測が困難な場合は出口）における蒸気の温度が著しく上昇しないように出力を制限する装置を指している。

第三号は，**イ**から**ヌ**までに掲げる異常が生じた場合に，発電機を電路から自動的に遮断し，かつ，蒸気タービンへの蒸気の流入を自動的に停止する装置を施設することとしている。

ロの「蒸気タービンの回転速度が著しく上昇した場合」は，発電用火力設備に関する技術基準を定める省令第15条及び同解釈第25条で，蒸気タービンが定格回転速度を超えた場合に，蒸気タービンを自動停止することとしているが，常時監視をしない発電所の場合には，更に発電機を電路から自動的に遮断することとしている。

ハの「発電機に過電流を生じた場合」は，**第42条**で発電機を電路から自動的に遮断する装置を施設することとしているが，常時監視をしない発電所の場合には，更に蒸気タービンへの蒸気の流入を自動的に停止する装置を施設することとしている。

ニは，給油系の故障により給油量が減少した場合又は潤滑油冷却系が故障した場合に，軸受の温度が上昇し回転部が損傷するおそれがあるため規定したものである。「軸受のメタル温度を計測する場合は，軸受のメタル温度が著しく上昇した場合でも良い。」とは，軸受のメタル温度の計測が可能な蒸気タービンについては，潤滑油又はメタルの温度を停止要件とすることができることを示したものである。

ホは，軸受の温度が著しく上昇した場合に回転部の焼付き又は焼鈍が生じるおそれがあるため規定しているものである。

ヘは，一般に発電機は内部に故障を生じることは少ないが，2,000kVAを超えるものについては自動停止の対象としている。

チは，制御回路の電圧が低下した場合に，制御不能となるおそれがあるため規定したものである。

リ及び**ヌ**は，ドラム内の水位が異常に低い場合に，空だきによる損傷のおそれがあるため，またドラム内の水位が異常に高い場合に，湿分を多く含んだ蒸気が流出しタービンを損傷させるおそれがあるため規定したものである。

第四号は，汽力発電所に対して個別に求められる警報要件を規定している。

イの「蒸気タービンが異常により自動停止した場合」の考え方については，**第三号**の条件により自動停止する場合だけでなく，その他の原因で自動停止した場合も含まれる。ただし，プログラム制御などの人為的に設定した条件により自動的に停止させる場合は含まれない。

ロの「運転操作に必要な遮断器」の考え方については，運転停止用，電路操作用などの発電機の遮断器及び送配電線用の遮断器のほか，事故時の自動遮断専用に施設される遮断器であって，遮断器が動作したとき技術員が現場に出向き投入しなければならないような遮断器も含まれる。一方，発電機の遮断器であって，並列用のものと保護用のものが2台直列に施設されている場合における並列用のもの及び母線などに施設される遮断器であって，保守時に母線などを切り分けるために用いられ，事故時には遮断しないようなものは，これに該当しない。「当該遮断器の遮断により蒸気タービンが自動停止するものを除く。」としているのは，警報を必要とする遮断器を明確にするためである。例えば，所内電源用の遮断器が異常により自動遮断することで，圧油装置のポンプが停止し，油圧低下で蒸気タービンが自動停止する場合には，「蒸気タービンの自動停止」及び「遮断器の自動遮断」で重複して警報する必要はなく，「蒸気タービンの自動停止」による警報のみで十分である。また，「遮断器が自動的に再閉路した場合」は，事故とは考えないので除外している。

第五号の「出力の調整を行う装置」は，ここでは広義の意味で考えており，例えば発電機単位の出力調整ができない発電所では，運転台数の制御も「出力の調整を行う装置」として扱う。

第六号には，**第三号**から**第五号**までのリスク及び措置に加え，遠隔監視・制御における固有のリスクである発電所と制御所等との通信途絶，制御所等の停電等遠隔制御不能の異常が発生したとしても，異常の拡大防止の措置とともに，安全かつ確実に発電所を制御又は停止できる措置を求めている。

第4項は，ガスタービン発電所に対して個別に求められる要件を規定している。

第二号は，発電設備は調速機のみによって運転されると最大出力を超えて出力を発生することがあり，保安上危険のおそれがあるため，自動出力調整装置又は出力制限装置を施設することとしている。ここで，「自動出力調整装置」とは，燃料供給の調整により発電出力を制御する装置であり，例えば，需要家の負荷により自動的に出力を調整する装置，プログラム制御により自動運転する装置，需要家の負荷により自動的に運転・停止を行う装置又は運転台数を制御する装置等がある。一方，「出力制限装置」とは，定格以上の出力を発生しないように調速機の開度を制限する装置又はタービン入口（入口の温度の計測が困難な場合は出口）におけるガスの温度が著しく上昇しないように出力を制限する装置を指している。

第三号は，**イ**から**リ**までに掲げる異常が生じた場合に，発電機を電路から自動的に遮断するとともに，ガスタービンへの燃料の流入を自動的に停止する装置を施設することとしている。

イの「電動式制御装置の電源電圧が著しく低下した場合」は，燃料制御弁を電動で駆動させるための電源電圧を指すものであって，**リ**に掲げるガスタービン発電所全体の制御回路の電圧を指すものではない。

ロの「ガスタービンの回転速度が著しく上昇した場合」は，発電用火力設備に関する技術基準を定める省令第 21 条及び同解釈第 33 条で，燃料制御系の故障や出力の急激な変動によりガスタービンの回転速度が定格回転速度を超えた場合に，ガスタービンを自動停止することとしているが，常時監視をしないガスタービン発電所の場合には，更に発電機を電路から自動的に遮断することとしている。

ハの「発電機に過電流を生じた場合」は，第 42 条で発電機を電路から自動的に遮断する装置を施設することとしているが，常時監視をしないガスタービン発電所の場合には，更にガスタービンへの燃料の流入を自動的に停止する装置を施設することとしている。

ニは，給油系の故障により給油量が減少した場合又は潤滑油冷却系が故障した場合に，軸受の温度が上昇し回転部が損傷するおそれがあるため規定したものである。「軸受のメタル温度を計測する場合は，軸受のメタル温度が著しく上昇した場合でも良い。」とは，軸受のメタル温度の計測が可能なガスタービンについては，潤滑油又はメタルの温度を停止要件とすることができることを示したものである。

ホは，軸受の温度が著しく上昇した場合に回転部の焼付き又は焼鈍が生じるおそれがあるため規定しているものである。

へは，一般に発電機は内部に故障を生じることは少ないと想定されるものの，2,000kVA を超えるものについては自動停止の対象としている。

トで「ガスの温度が著しく上昇した場合」の原因としては，冷却系の故障，タービン動静翼の異常又は燃料制御系の故障等が考えられる。

チは，潤滑油給油ポンプ又は潤滑油圧力調整弁等が故障した場合に，ガスタービンの回転部の温度が上昇して，回転部の焼付き又は焼鈍が生じるおそれがあるため規定したものである。

リは，制御回路の電圧が低下した場合に，制御不能となるおそれがあるため規定したものである。

第四号は，ガスタービン発電所に対して個別に求められる警報要件を規定している。

イの「ガスタービンが異常により自動停止した場合」の考え方については，前項第四号ロと同様である。

ロの「運転操作に必要な遮断器」の考え方については，前項第四号ロと同様である。

第五号の「出力の調整を行う装置」は，ここでは広義の意味で考えており，例えば出力の調整ができないガスタービンの場合には，運転台数の制御も「出力の調整を行う装置」として扱う。

第六号には，第三号～第五号までのリスク及び措置に加え，遠隔監視・制御における固有のリスクである発電所と制御所等との通信途絶，制御所等の停電等遠隔制御不能の異常が発生したとしても，異常の拡大防止の措置とともに，安全かつ確実に発電所を制御又は停止できる措置を求めている。

【常時監視をしない発電所の施設】（省令第46条第2項）

第47条の2　技術員が当該発電所又はこれと同一の構内において常時監視をしない発電所は，次の各号によること。

一　発電所の種類に応じ，第3項から第11項までの規定により施設すること。

二　第3項から第6項まで，第8項，第9項及び第11項の規定における「随時巡回方式」は，次に適合するものであること。

イ　技術員が，適当な間隔をおいて発電所を巡回し，運転状態の監視を行うものであること。

ロ　発電所は，電気の供給に支障を及ぼさないよう，次に適合するものであること。

（イ）　当該発電所に異常が生じた場合に，一般送配電事業者又は配電事業者が電気を供給する需要場所（当該発電所と同一の構内又はこれに準ずる区域にあるものを除く。）が停電しないこと。

（ロ）　当該発電所の運転又は停止により，一般送配電事業者又は配電事業者が運用する電力系統の電圧及び周波数の維持に支障を及ぼさないこと。

ハ　発電所に施設する変圧器の使用電圧は，170,000V以下であること。

三　第3項から第10項までの規定における「随時監視制御方式」は，次に適合するものであること。

イ　技術員が，必要に応じて発電所に出向き，運転状態の監視又は制御その他必要な措置を行うものであること。

ロ　次の場合に，技術員へ警報する装置を施設すること。

（イ）　発電所内（屋外であって，変電所若しくは開閉所又はこれらに準ずる機能を有する設備を施設する場所を除く。）で火災が発生した場合

（ロ）　他冷式（変圧器の巻線及び鉄心を直接冷却するため封入した冷媒を強制循環させる冷却方式をいう。以下，この条において同じ。）の特別高圧用変圧器の冷却装置が故障した場合又は温度が著しく上昇した場合

（ハ）　ガス絶縁機器（圧力の低下により絶縁破壊等を生じるおそれのないものを除く。）の絶縁ガスの圧力が著しく低下した場合

（ニ）　第3項から第10項までにおいてそれぞれ規定する，発電所の種類に応じ警報を要する場合

ハ　発電所の出力が2,000kW未満の場合においては，ロの規定における技術員への警報を，技術員に連絡するための補助員への警報とすることができる。

ニ　発電所に施設する変圧器の使用電圧は，170,000V以下であること。

四　第3項から第9項までの規定における「遠隔常時監視制御方式」は，次に適合するものであること。

イ　技術員が，制御所に常時駐在し，発電所の運転状態の監視及び制御を遠隔で行うものであること。

ロ　前号ロ（イ）から（ニ）までに掲げる場合に，制御所へ警報する装置を施設すること。

ハ　制御所には，次に掲げる装置を施設すること。

（イ）　発電所の運転及び停止を，監視及び操作する装置（地熱発電所にあっては，運転を操作する装置を除く。）

（ロ）　使用電圧が100,000Vを超える変圧器を施設する発電所にあっては，次に掲げる装置

(1)　運転操作に常時必要な遮断器の開閉を監視する装置

(2)　運転操作に常時必要な遮断器（自動再閉路装置を有する高圧又は15,000V以下の特別高圧の配電線路用遮断器を除く。）の開閉を操作する装置（地熱発電所にあっては，投入を操作する装置を除く。）

（ハ）　第3項，第4項，第6項，第8項及び第9項においてそれぞれ規定する，発電所の種類に応じて必要な装置

2　第1項の規定により施設する発電所内に施設する，変電所又は開閉所の機能を有する設備は，次の各号により，当該発電所内に施設する他の設備と分割して監視又は制御することができる。

一　第48条の規定に準じて施設すること。

二　前号の規定により当該設備を監視又は制御する技術員又は制御所は，本条の規定における技術員又は制御所と別個のものとすることができる。

3　第1項に規定する発電所のうち，水力発電所は，次の各号のいずれかにより施設すること。

一　随時巡回方式により施設する場合は，次によること。

イ　発電所の出力は，2,000kW未満であること。

ロ　水車及び発電機には，自動出力調整装置又は出力制限装置（自動負荷調整装置又は負荷制限装置を含む。）を施設すること。ただし，水車への水の流入量が固定され，おのずから出力が制限される場合はこの限りでない。

ハ　次に掲げる場合に，発電機を電路から自動的に遮断するとともに，水車への水の流入を自動的に停止する装置を施設すること。ただし，47-1表の左欄に掲げる場合に同表右欄に掲げる条件に適合するときは同表左欄に掲げる場合に，又は水車のスラスト軸受が構造上過熱のおそれがないものである場合は（ニ）の場合に，水車への水の流入を自動的に停止する装置を施設しないことができる。

(イ)　水車制御用の圧油装置の油圧又は電動式制御装置の電源電圧が著しく低下した場合

(ロ)　水車の回転速度が著しく上昇した場合

(ハ)　発電機に過電流が生じた場合

(ニ)　定格出力が500kW以上の水車又はその水車に接続する発電機の軸受の温度が著しく上昇した場合

(ホ)　容量が2,000kVA以上の発電機の内部に故障を生じた場合

(へ)　他冷式の特別高圧用変圧器の冷却装置が故障した場合又は温度が著しく上昇した場合

47-1表

<table>
<tr><th>場合</th><th>条件</th></tr>
<tr><td>(イ)</td><td rowspan="2">無拘束回転を停止できるまでの間，回転部が構造上安全であり，かつ，この間の下流への放流により人体に危害を及ぼし又は物件に損傷を与えるおそれのないこと。</td></tr>
<tr><td>(ロ)</td></tr>
<tr><td>(ハ)</td><td>次のいずれかに適合すること。
(1)　無拘束回転を停止できるまでの間，回転部が構造上安全であり，かつ，この間の下流への放流により人体に危害を及ぼし又は物件に損傷を与えるおそれのないこと。
(2)　水の流入を制限することにより水車の回転速度を適切に維持する装置及び発電機を自動的に無負荷，かつ無励磁にする装置を施設すること。</td></tr>
</table>

二　随時監視制御方式により施設する場合は，次によること。

イ　前号ロの規定に準じること。

ロ　前号ハ（イ）から（ホ）までに掲げる場合に，発電機を電路から自動的に遮断するとともに，水車への水の流入を自動的に停止する装置を施設すること。ただし，47-1表の左欄に掲げる場合に同表右欄に掲げる条件に適合するときは同表左欄に掲げる場合に，又は水車のスラスト軸受が構造上過熱のおそれがないものである場合は（ニ）の場合に，水車への水の流入を自動的に停止する装置を施設しないことができる。

ハ　第1項第三号ロ（ニ）の規定における「発電所の種類に応じ警報を要する場合」は，次に掲げる場合であること。

(イ)　水車が異常により自動停止した場合

(ロ)　運転操作に必要な遮断器（当該遮断器の遮断により水車が自動停止するものを除く。）が異常により自動的に遮断した場合（遮断器が自動的に再閉路した場合を除く。）

(ハ)　発電所の制御回路の電圧が著しく低下した場合

ニ　47-2表の左欄に掲げる場合に同表右欄に掲げる動作をする装置を施設するときは，同表左欄に掲げる場合に警報する装置を施設しないことができる。

47-2表

場合	動作
第3項第二号ハ（ハ）	発電機及び変圧器を電路から自動的に遮断するとともに，水車への水の流入を自動的に停止する。
第1項第三号ロ（ロ）	発電機及び当該設備を電路から自動的に遮断するとともに，水車への水の流入を自動的に停止する。
第1項第三号ロ（ハ）	

三　遠隔常時監視制御方式により施設する場合は，次によること。

イ　前号ロの規定に準じること。

ロ　前号ハ及びニの規定は，制御所へ警報する場合に準用する。

ハ　第1項第四号ハ（ハ）の規定における「発電所の種類に応じ必要な装置」は，水車及び発電機の出力の調整を行う装置であること。

4　第1項に規定する発電所のうち，風力発電所は，次の各号のいずれかにより施設すること。

一　随時巡回方式により施設する場合は，次によること。

イ　風車及び発電機には，自動出力調整装置又は出力制限装置を施設すること。ただし，風車及び発電機がいかなる風速においても定格出力を超えて発電することのない構造のものである場合は，この限りでない。

ロ　次に掲げる場合に，発電機を電路から自動的に遮断するとともに，風車の回転を自動的に停止する装置を施設すること。

（イ）　風車制御用の圧油装置の油圧，圧縮空気制御装置の空気圧又は電動式制御装置の電源電圧が著しく低下した場合

（ロ）　風車の回転速度が著しく上昇した場合

（ハ）　発電機に過電流が生じた場合

（ニ）　風車を中心とする，半径が風車の最大地上高に相当する長さ（50m未満の場合は50m）の円の内側にある区域（以下この項において「風車周辺区域」という。）において，次の式により計算した値が0.25以上である場所に施設するものであって，定格出力が10kW以上の風車の主要な軸受又はその付近の軸において回転中に発生する振動の振幅が著しく増大した場合

$$\frac{\text{風車周辺区域のうち，当該発電所以外の造営物で覆われている面積}}{\text{風車周辺区域の面積（道路の部分を除く。）}}$$

（ホ）　定格出力が500kW（（ニ）に規定する場所に施設する場合は100kW）以上の風車又はその風車に接続する発電機の軸受の温度が著しく上昇した場合

（ヘ）　容量が2,000kVA以上の発電機の内部に故障を生じた場合

（ト）　他冷式の特別高圧用変圧器の冷却装置が故障した場合又は温度が著しく上昇した場合

二　随時監視制御方式により施設する場合は，次によること。

イ　前号イの規定に準じること。

ロ　前号ロ（イ）から（へ）までに掲げる場合に，発電機を電路から自動的に遮断するとともに，風車の回転を自動的に停止する装置を施設すること。

ハ　第1項第三号ロ（ニ）の規定における「発電所の種類に応じ警報を要する場合」は，次に掲げる場合であること。

（イ）　風車が異常により自動停止した場合

（ロ）　運転操作に必要な遮断器（当該遮断器の遮断により風車が自動停止するものを除く。）が異常により自動的に遮断した場合（遮断器が自動的に再閉路した場合を除く。）

（ハ）　発電所の制御回路の電圧が著しく低下した場合

ニ　47-3表の左欄に掲げる場合に同表右欄に掲げる動作をする装置を施設するときは，同表左欄に掲げる場合に警報する装置を施設しないことができる。

47-3表

場合	動作
第4項第二号ハ（ハ）	発電機及び変圧器を電路から自動的に遮断するとともに，風車の回転を自動的に停止する。
第1項第三号ロ（ロ） 第1項第三号ロ（ハ）	発電機及び当該設備を電路から自動的に遮断するとともに，風車の回転を自動的に停止する。

三　遠隔常時監視制御方式により施設する場合は，次によること。

イ　前号ロの規定に準じること。

ロ　前号ハ及びニの規定は，制御所へ警報する場合に準用する。

ハ　第1項第四号ハ（ハ）の規定における「発電所の種類に応じ必要な装置」は，風車及び発電機の出力の調整を行う装置であること。

5　第1項に規定する発電所のうち，太陽電池発電所は，次の各号のいずれかにより施設すること。

一　随時巡回方式により施設する場合は，他冷式の特別高圧用変圧器の冷却装置が故障したとき又は温度が著しく上昇したときに，逆変換装置の運転を自動停止する装置を施設すること。

二　随時監視制御方式により施設する場合は，次によること。

イ　第1項第三号ロ（ニ）の規定における「発電所の種類に応じ警報を要する場合」は，次に掲げる場合であること。

（イ）　逆変換装置の運転が異常により自動停止した場合

（ロ）　運転操作に必要な遮断器（当該遮断器の遮断により逆変換装置の運転が自動停止するものを除く。）が異常により自動的に遮断した場合（遮断器が自動的に再閉路した場合を除く。）

ロ　47-4表の左欄に掲げる場合に同表右欄に掲げる動作をする装置を施設するときは，同表左欄に掲げる場合に警報する装置を施設しないことができる。

47-4表

場合	動作
第1項第三号ロ（ロ）	当該設備を電路から自動的に遮断するとともに，逆変換装置の運転を自動停止する。
第1項第三号ロ（ハ）	

三　遠隔常時監視制御方式により施設する場合において，前号イ及びロの規定は，制御所へ警報する場合に準用する。

6　第1項に規定する発電所のうち，燃料電池発電所は，次の各号のいずれかにより施設すること。

一　随時巡回方式により施設する場合は，次によること。

イ　燃料電池の形式は，次のいずれかであること。

（イ）　りん酸形

（ロ）　固体高分子形

（ハ）　溶融炭酸塩形であって，改質方式が内部改質形のもの

（ニ）　固体酸化物形であって，取扱者以外の者が高温部に容易に触れるおそれがないように施設するものであるとともに，屋内その他酸素欠乏の発生のおそれのある場所に設置するものにあっては，給排気部を適切に施設したもの

ロ　燃料電池の燃料・改質系統設備の圧力は，0.1MPa未満であること。ただし，合計出力が300kW未満の固体酸化物型の燃料電池であって，かつ，燃料を通ずる部分の管に，動力源喪失時に自動的に閉じる自動弁を2個以上直列に設置している場合は，燃料・改質系統設備の圧力は，1MPa未満とすることができる。

ハ　燃料電池には，自動出力調整装置又は出力制限装置を施設すること。

ニ　次に掲げる場合に燃料電池を自動停止する（燃料電池を電路から自動的に遮断し，燃料電池，燃料・改質系統設備及び燃料気化器への燃料の供給を自動的に遮断するとともに，燃料電池及び燃料・改質系統設備の内部の燃料ガスを自動的に排除することをいう。以下この項において同じ。）装置を施設すること。ただし，発電用火力設備に関する技術基準を定める省令第35条ただし書きに規定する構造を有する燃料電池発電設備については，燃料電池及び燃料・改質系統設備の内部の燃料ガスを自動的に排除する装置を施設しないことができる。

（イ）　発電所の運転制御装置に異常が生じた場合

（ロ）　発電所の制御回路の電圧が著しく低下した場合

（ハ）　発電所制御用の圧縮空気制御装置の空気圧が著しく低下した場合

（ニ）　設備内の燃料ガスを排除するための不活性ガス等の供給圧力が，著しく低下した場合

（ホ） 固体酸化物形の燃料電池において，筐体内の温度が著しく上昇した場合
（ヘ） 他冷式の特別高圧用変圧器の冷却装置が故障したとき又は温度が著しく上昇した場合

二 随時監視制御方式により施設する場合は，次によること。

イ 前号イからハまでの規定に準じること。

ロ 前号ニ（イ）から（ホ）までに掲げる場合に，燃料電池を自動停止する装置を施設すること。ただし，発電用火力設備に関する技術基準を定める省令第35条ただし書きに規定する構造を有する燃料電池発電設備については，燃料電池及び燃料・改質系統設備の内部の燃料ガスを自動的に排除する装置を施設しないことができる。

ハ 第1項第三号ロ（ニ）の規定における「発電所の種類に応じ警報を要する場合」は，次に掲げる場合であること。

（イ） 燃料電池が異常により自動停止した場合
（ロ） 運転操作に必要な遮断器（当該遮断器の遮断により燃料電池を自動停止するものを除く。）が異常により自動的に遮断した場合（遮断器が自動的に再閉路した場合を除く。）

ニ 47-5表の左欄に掲げる場合に同表右欄に掲げる動作をする装置を施設するときは，同表左欄に掲げる場合に警報する装置を施設しないことができる。

47-5表

場合	動作
第1項第三号ロ（ロ）	当該設備を電路から自動的に遮断するとともに，燃料電池を自動停止する。
第1項第三号ロ（ハ）	

三 遠隔常時監視制御方式により施設する場合は，次によること。

イ 第一号イ，ロ及び前号ロの規定に準じること。

ロ 前号ハ及びニの規定は，制御所へ警報する場合に準用する。

ハ 第1項第四号ハ（ハ）の規定における「発電所の種類に応じ必要な装置」は，燃料電池の出力の調整を行う装置であること。

7 第1項に規定する発電所のうち，地熱発電所は，次の各号のいずれかにより施設すること。

一 随時監視制御方式により施設する場合は，次によること。

イ 蒸気タービン及び発電機には，自動出力調整装置又は出力制限装置を施設すること。

ロ 次に掲げる場合に，発電機を電路から自動的に遮断するとともに，蒸気タービンへの蒸気の流入を自動的に停止する装置を施設すること。

（イ） 蒸気タービン制御用の圧油装置の油圧，圧縮空気制御装置の空気圧又は電

動式制御装置の電源電圧が著しく低下した場合
(ロ)　蒸気タービンの回転速度が著しく上昇した場合
(ハ)　発電機に過電流が生じた場合
(ニ)　定格出力が500kW以上の蒸気タービン又はその蒸気タービンに接続する発電機の軸受の温度が著しく上昇した場合
(ホ)　容量が2,000kVA以上の発電機の内部に故障を生じた場合
(ヘ)　発電所の制御回路の電圧が著しく低下した場合

ハ　第1項第三号ロ（ニ）の規定における「発電所の種類に応じ警報を要する場合」は，次に掲げる場合であること。
(イ)　蒸気タービンが異常により自動停止した場合
(ロ)　運転操作に必要な遮断器（当該遮断器の遮断により蒸気タービンが自動停止するものを除く。）が異常により自動的に遮断した場合（遮断器が自動的に再閉路した場合を除く。）

ニ　47-6表の左欄に掲げる場合に同表右欄に掲げる動作をする装置を施設するときは，同表左欄に掲げる場合に警報する装置を施設しないことができる。

47-6表

場合	動作
第1項第三号ロ（ロ）	発電機及び当該設備を電路から自動的に遮断するとともに，蒸気タービンへの蒸気の流入を自動的に停止する。
第1項第三号ロ（ハ）	

二　遠隔常時監視制御方式により施設する場合は，次によること。
イ　前号ロの規定に準じること。
ロ　前号ハ及びニの規定は，制御所へ警報する場合に準用する。

8　第1項に規定する発電所のうち，内燃力発電所（第11項の規定により施設する移動用発電設備を除く。）は，次の各号のいずれかにより施設すること。

一　随時巡回方式により施設する場合は，次によること。
イ　発電所の出力は，1,000kW未満であること。
ロ　内燃機関及び発電機には，自動出力調整装置又は出力制限装置を施設すること。
ハ　次に掲げる場合に，発電機を電路から自動的に遮断するとともに，内燃機関への燃料の流入を自動的に停止する装置を施設すること。
(イ)　内燃機関制御用の圧油装置の油圧，圧縮空気制御装置の空気圧又は電動式制御装置の電源電圧が著しく低下した場合
(ロ)　内燃機関の回転速度が著しく上昇した場合
(ハ)　発電機に過電流が生じた場合
(ニ)　内燃機関の軸受の潤滑油の温度が著しく上昇した場合
(ホ)　定格出力500kW以上の内燃機関に接続する発電機の軸受の温度が著しく

上昇した場合

(へ) 内燃機関の冷却水の温度が著しく上昇した場合又は冷却水の供給が停止した場合

(ト) 内燃機関の潤滑油の圧力が著しく低下した場合

(チ) 発電所の制御回路の電圧が著しく低下した場合

(リ) 他冷式の特別高圧用変圧器の冷却装置が故障した場合又は温度が著しく上昇した場合

(ヌ) 発電所内（屋外であって，変電所若しくは開閉所又はこれらに準ずる機能を有する設備を施設する場所を除く。）で火災が発生した場合

(ル) 内燃機関の燃料油面が異常に低下した場合

二 随時監視制御方式により施設する場合は，次によること。

イ 前号ロの規定に準じること。

ロ 次に掲げる場合に，発電機を電路から自動的に遮断するとともに，内燃機関への燃料の流入を自動的に停止する装置を施設すること。

(イ) 前号ハ（イ）から（チ）までに掲げる場合

(ロ) 容量が2,000kVA以上の発電機の内部に故障を生じた場合

ハ 第1項第三号ロ（ニ）の規定における「発電所の種類に応じ警報を要する場合」は，次に掲げる場合であること。

(イ) 内燃機関が異常により自動停止した場合

(ロ) 運転操作に必要な遮断器（当該遮断器の遮断により内燃機関が自動停止するものを除く。）が異常により自動的に遮断した場合（遮断器が自動的に再閉路した場合を除く。）

(ハ) 内燃機関の燃料油面が異常に低下した場合

ニ 47-7表の左欄に掲げる場合に同表右欄に掲げる動作をする装置を施設するときは，同表左欄に掲げる場合に警報する装置を施設しないことができる。

47-7表

場合	動作
第8項第二号ハ（ハ）	発電機を電路から自動的に遮断するとともに，内燃機関への燃料の流入を自動的に停止する。
第1項第三号ロ（ロ）	発電機及び当該設備を電路から自動的に遮断するとともに，内燃機関への燃料の流入を自動的に停止する。
第1項第三号ロ（ハ）	

三 遠隔常時監視制御方式により施設する場合は，次によること。

イ 前号ロの規定に準じること。

ロ 前号ハ及びニの規定は，制御所へ警報する場合に準用する。

ハ 第1項第四号ハ（ハ）の規定における「発電所の種類に応じ必要な装置」は，

内燃機関及び発電機の出力の調整を行う装置であること。

9　第1項に規定する発電所のうち，ガスタービン発電所は，次の各号のいずれかにより施設すること。

一　随時巡回方式により施設する場合は，次によること。

イ　発電所の出力は，10,000kW 未満であること。

ロ　ガスタービン及び発電機には，自動出力調整装置又は出力制限装置を施設すること。

ハ　次に掲げる場合に，発電機を電路から自動的に遮断するとともに，ガスタービンへの燃料の流入を自動的に停止する装置を施設すること。

（イ）　ガスタービン制御用の圧油装置の油圧，圧縮空気制御装置の空気圧又は電動式制御装置の電源電圧が著しく低下した場合

（ロ）　ガスタービンの回転速度が著しく上昇した場合

（ハ）　発電機に過電流が生じた場合

（ニ）　ガスタービンの軸受の潤滑油の温度が著しく上昇した場合（軸受のメタル温度を計測する場合は，軸受のメタル温度が著しく上昇した場合でも良い。）

（ホ）　定格出力 500kW 以上のガスタービンに接続する発電機の軸受の温度が著しく上昇した場合

（ヘ）　容量が 2,000kVA 以上の発電機の内部に故障を生じた場合

（ト）　ガスタービン入口（入口の温度の測定が困難な場合は出口）におけるガスの温度が著しく上昇した場合

（チ）　ガスタービンの軸受の入口における潤滑油の圧力が著しく低下した場合

（リ）　発電所の制御回路の電圧が著しく低下した場合

（ヌ）　他冷式の特別高圧用変圧器の冷却装置が故障した場合又は温度が著しく上昇した場合

（ル）　発電所内（屋外であって，変電所若しくは開閉所又はこれらに準ずる機能を有する設備を施設する場所を除く。）で火災が発生した場合

（ヲ）　ガスタービンの燃料油面が異常に低下した場合

（ワ）　ガスタービンの空気圧縮機の吐出圧力が著しく上昇した場合

二　随時監視制御方式により施設する場合は，次によること。

イ　前号イ及びロの規定に準じること。

ロ　前号ハ（イ）から（リ）までに掲げる場合に，発電機を電路から自動的に遮断するとともに，ガスタービンへの燃料の流入を自動的に停止する装置を施設すること。

ハ　第1項第三号ロ（ニ）の規定における「発電所の種類に応じ警報を要する場合」は，次に掲げる場合であること。

(イ) ガスタービンが異常により自動停止した場合

(ロ) 運転操作に必要な遮断器（当該遮断器の遮断によりガスタービンが自動停止するものを除く。）が異常により自動的に遮断した場合（遮断器が自動的に再閉路した場合を除く。）

(ハ) ガスタービンの燃料油面が異常に低下した場合

(ニ) ガスタービンの空気圧縮機の吐出圧力が著しく上昇した場合

ニ 47-8表の左欄に掲げる場合に同表右欄に掲げる動作をする装置を施設するときは，同表左欄に掲げる場合に警報する装置を施設しないことができる。

47-8表

場合	動作
第9項第二号ハ（ハ）	発電機を電路から自動的に遮断するとともに，ガスタービンへの燃料の流入を自動的に停止する。
第9項第二号ハ（ニ）	
第1項第三号ロ（ロ）	発電機及び当該設備を電路から自動的に遮断するとともに，ガスタービンへの燃料の流入を自動的に停止する。
第1項第三号ロ（ハ）	

三 遠隔常時監視制御方式により施設する場合は，次によること。

イ 第一号イ及び前号ロの規定に準じること。

ロ 前号ハ及びニの規定は，制御所へ警報する場合に準用する。

ハ 第1項第四号ハ（ハ）の規定における「発電所の種類に応じ必要な装置」は，ガスタービン及び発電機の出力の調整を行う装置であること。

10 第1項に規定する発電所のうち，内燃力とその廃熱を回収するボイラーによる汽力を原動力とする発電所は，次の各号により施設すること。

一 随時監視制御方式により施設すること。

二 発電所の出力は，2,000kW未満であること。

三 内燃機関，蒸気タービン及び発電機には，自動出力調整装置又は出力制限装置を施設すること。

四 次に掲げる場合に，発電機を電路から自動的に遮断するとともに，内燃機関への燃料の流入及び蒸気タービンへの蒸気の流入を自動的に停止する装置を施設すること。

イ 内燃機関及び蒸気タービン制御用の圧油装置の油圧，圧縮空気制御装置の空気圧又は電動式制御装置の電源電圧が著しく低下した場合

ロ 内燃機関又は蒸気タービンの回転速度が著しく上昇した場合

ハ 発電機に過電流が生じた場合

ニ 内燃機関の軸受の潤滑油の温度が著しく上昇した場合

ホ 定格出力500kW以上の内燃機関に接続する発電機の軸受の温度が著しく上昇した場合

ヘ 定格出力500kW以上の蒸気タービン又はその蒸気タービンに接続する発電機

の軸受の温度が著しく上昇した場合

ト　容量が 2,000kVA 以上の発電機の内部に故障を生じた場合

チ　内燃機関の潤滑油の圧力が著しく低下した場合

リ　発電所の制御回路の電圧が著しく低下した場合

ヌ　ボイラーのドラム水位が著しく低下した場合

ル　ボイラーのドラム水位が著しく上昇した場合

五　前号ヌの場合に，ボイラーへの燃焼ガスの流入を自動的に遮断する装置を施設する場合は，前号ヌの場合に内燃機関への燃料の流入を自動的に遮断する装置を施設しないことができる。

六　第 1 項第三号ロ（ニ）の規定における「発電所の種類に応じ警報を要する場合」は，次に掲げる場合であること。

イ　内燃機関又は蒸気タービンが異常により自動停止した場合

ロ　運転操作に必要な遮断器（当該遮断器の遮断により内燃機関又は蒸気タービンが自動停止するものを除く。）が異常により自動的に遮断した場合（遮断器が自動的に再閉路した場合を除く。）

ハ　内燃機関の燃料油面が異常に低下した場合

七　47-9 表の左欄に掲げる場合に同表右欄に掲げる動作をする装置を施設するときは，同表左欄に掲げる場合に警報する装置を施設しないことができる。

47-9 表

場合	動作
第 10 項第六号ハ	発電機を電路から自動的に遮断するとともに，内燃機関への燃料の流入及び蒸気タービンへの蒸気の流入を自動的に停止する。
第 1 項第三号ロ（ロ） 第 1 項第三号ロ（ハ）	発電機及び当該設備を電路から自動的に遮断するとともに，内燃機関への燃料の流入及び蒸気タービンへの蒸気の流入を自動的に停止する。

11　第 1 項に規定する発電所のうち，工事現場等に施設する移動用発電設備（貨物自動車等に設置されるもの又は貨物自動車等で移設して使用することを目的とする発電設備をいう。）であって，随時巡回方式により施設するものは，次の各号によること。

一　発電機及び原動機並びに附属装置を 1 の筐体に収めたものであること。

二　原動機は，ディーゼル機関であること。

三　発電設備の定格出力は，880kW 以下であること。

四　発電設備の発電電圧は，低圧であること。

五　原動機及び発電機には，自動出力調整装置又は出力制限装置を施設すること。

六　一般送配電事業者又は配電事業者が運用する電力系統と電気的に接続しないこと。

七　取扱者以外の者が容易に触れられないように施設すること。

八　原動機の燃料を発電設備の外部から連続供給しないように施設すること。
九　次に掲げる場合に，原動機を自動的に停止する装置を施設すること。
　イ　原動機制御用油圧，電源電圧が著しく低下した場合
　ロ　原動機の回転速度が著しく上昇した場合
　ハ　定格出力が500kW 以上の原動機に接続する発電機の軸受の温度が著しく上昇した場合（発電機の軸受が転がり軸受である場合を除く。）
　ニ　原動機の冷却水の温度が著しく上昇した場合
　ホ　原動機の潤滑油の圧力が著しく低下した場合
　ヘ　発電設備に火災が生じた場合
十　次に掲げる場合に，発電機を電路から自動的に遮断する装置を施設すること。
　イ　発電機に過電流が発生した場合
　ロ　発電機を複数台並列して運転するときは，原動機が停止した場合

〔解　説〕 情報伝送技術及び自動制御技術の進歩並びに電力用機器及び保護装置の信頼性の向上等の技術的要因を背景として，無人の発電所が設置されているが，**本条**は，第47条の発電所の場合と異なり，小規模かつ比較的低リスクの発電所において，技術員が当該発電所又はこれと同一の構内において常時監視をしないことができる発電所の種類と，その場合の施設条件について示している。

ここで発電所と同一構内とは，発電所建屋を含んだ構内境界線全般にさく，へい等を施設し，一般公衆が立ち入らないように施設したものを指しており，S7 基準で追加されたものである。

本条では，常時監視をしないことのできる発電所として水力発電所，風力発電所，太陽電池発電所，燃料電池発電所，地熱発電所，内燃力発電所，ガスタービン発電所，内燃力コンバインドサイクル発電所（内燃力とその排熱を回収するボイラーによる汽力を原動力とする発電所）及び工事現場等に施設する移動用発電設備について規定している。

常時監視をしない発電所においては，異常が生じた場合に，技術員の迅速，かつ，適切な措置を期待することができないため，保安上の観点から，常時監視をする発電所よりも安全に停止するよう機器の保護装置等を強化する必要がある。

また，電気事業用の発電所については，電気事業法第48条第1項によって経済産業大臣に工事計画を届け出る場合に，「その事業用電気工作物が電気の円滑な供給を確保するため技術上適切なものであること。」が工事開始の条件の一つであることから，保安上の観点のみならず，電力供給の確保という観点からも規定したものである。

本条は，**第1項**から**第11項**で構成され，**第1項**及び**第2項**で各発電方式の共通事項を，**第3項**から**第11項**で各発電方式の個別事項をそれぞれ規定している。

第1項は，常時監視をしない発電所の監視方式の種類及びそれぞれの施設条件を示し

たものである。

第二号の「随時巡回方式」は，常時監視をしない発電所の中で最も簡素な監視方式であり，**イ**において，技術員が適当な間隔をおいて発電所を巡回し，運転状態の把握を行うものであることを示している。なお，ここでは技術員が構外の事務所等に駐在することを規定していないが，ダム又は水路工作物の保守又は管理をする人はここでいう技術員には含まれないので，別途，ダム又は水路工作物の管理体制を確立することが必要である。また，「適当な間隔をおいて発電所を巡回」とは，発電所の機器の運転状態に拘束されず，技術員が平常勤務している場所から適当な間隔をおいてその発電所へ出向いて，運転状態等を監視することを指している。また，この時に同時に点検又は保守を行うことも考えられる。

ロは，随時巡回方式の適用条件を示したものである。随時巡回方式では，事故等により発電所が停止しても技術員へ警報されず，次回の巡回まで停止状態となるため，**ロ（イ）**及び**（ロ）**に適合する発電所，すなわち「電気の供給に支障を及ぼさない」発電所に限り，同方式を適用できるものとしている。

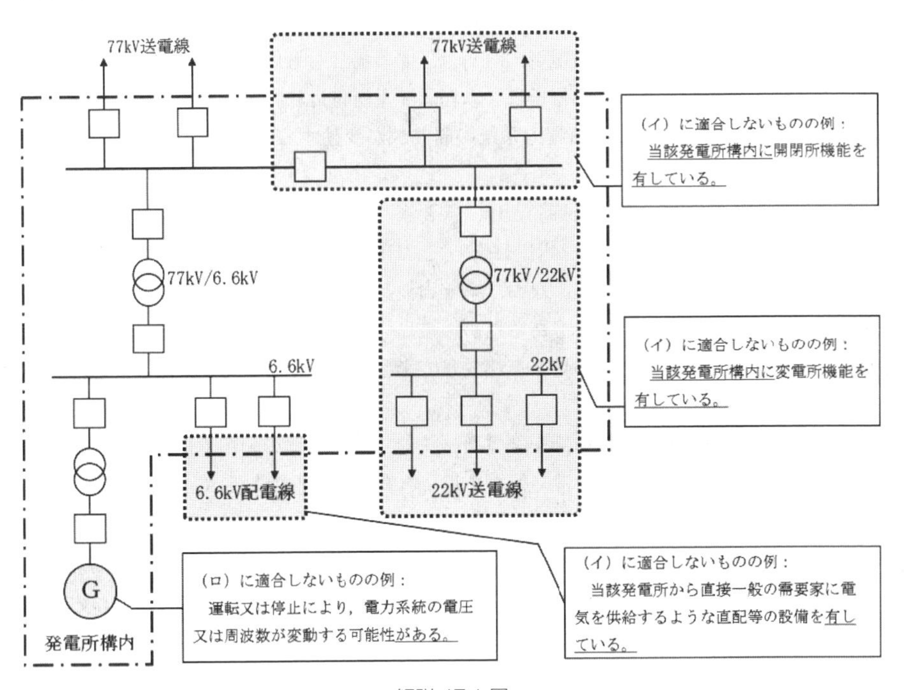

解説 47.1 図

（イ）は，発電所に異常が生じた場合に，電力会社から供給を受ける需要家が停電しないことを求めている。例えば，解説 47.1 図に示すような変電所若しくは開閉所機能を有する発電所又は発電所から直接一般の需要家に電気を供給するような直配等の設備を有する発電所は，事故等による影響が当該発電所内に限定されず，他の発電所の発電支障，系統の弱体化又は需要家への供給支障を招くおそれがあるため，（イ）の条件に適合しない。

変電所機能を有する発電所とは，当該発電所構内に省令第1条第1項第四号にて規定される変電所と同様の設備・機能を有するものをいう。なお，発電設備にて発生した電気を昇圧用変圧器により変成（昇圧）し，系統連系するための設備（所内変圧器や補機など，発電から系統連系するまでに必要な付属設備を含む）のみで構成する場合は，変電所機能を有する発電所には該当しない。

開閉所機能を有する発電所とは，当該発電所構内に省令第1条第1項第五号にて規定される開閉所と同様の設備・機能を有するものをいう。なお，一般的な1回線接続，2回線接続（常用・予備2回線接続または常時並行2回線接続）にて系統連系する場合は，開閉所機能を有する発電所には該当しない。

（ロ）は，発電所の運転又は停止により，電力系統の電圧及び周波数の維持に支障を及ぼさないことを求めている。これは，電気の供給支障だけでなく，発電所の運転又は停止により，需要家へ供給する電気の質が低下する場合も考慮する必要があるためであり，例えば，発電所の運転又は停止により当該発電所付近に接続された需要家の電圧又は当該発電所が接続されている電力系統の周波数が変動するものは，（ロ）の条件に適合しない。

ここで「電圧及び周波数の維持」とは，需要家の受電点において電気事業法施行規則第44条の電圧及び周波数の値（電圧にあっては101 ± 6V，202 ± 20V，周波数にあっては標準周波数）を指している。なお，系統周波数の著しい低下は，他の発電所の電力系統からの分離に結び付く場合もあるため，離島等において，発電所の容量と当該発電所を連系する電力系統の電力容量とを比較して影響が小さくない場合には，その取扱いに十分注意する必要がある。

ハで，随時巡回方式の適用範囲を発電所に施設する変圧器の使用電圧が170,000 V以下のものに限定しているのは，常時監視をしない変電所の施設条件（→**第48条第一号**）と整合を図るためであり，H23解釈で追加したものである。

第三号の「随時監視制御方式」は，技術員へ発電所の異常等を警報する装置を施設し，技術員が警報受信時その他必要に応じて発電所に出向き，発電所の監視及び機器の操作等を行う方式である。従来は，技術員が発電所又はその構外にある技術員駐在所に常時駐在し，技術員駐在所に警報装置を施設することとしていたが，情報通信技術を活用すれば，技術員が技術員駐在所に常時駐在しなくても，携帯電話等で警報を常時受信することが可能であることから，H23解釈で改正されたものである。

ロは，発電所の異常等を技術員に警報する項目を示しており，（イ）から（ハ）において，各発電方式共通の事項を規定している。なお，各発電方式個別の項目については，第3項から第10項までの規定によることを，(二) で示している。

(イ) は，発電所内で火災が発生した場合は，早急に消火体制を整えるための連絡及び発電所内での必要な措置がとれるように，火災報知器を設けることを示している。ただし，屋外であって，変電所若しくは開閉所又はこれらに準ずる機能を有する設備を施設する場所は，第48条と整合を図り除外している。

(ロ) の冷却装置の故障については，冷却装置用電源の喪失，電源の欠相又は冷却器各群の過負荷遮断などを考えており，ファンモーター各個のヒューズの溶断のような部分的な故障は考えていない。

(ハ) の「ガス絶縁機器の絶縁ガスの圧力が著しく低下した場合」は，機器内部に封入してあるガスの圧力低下により内部せん絡等の絶縁破壊を生じるおそれがある場合に限定している。

ハは，発電所出力が2,000kW未満の場合にあっては，技術員に報知する警報を連絡補助員に報知する警報とすることが認められることを示している。ここで「補助員」とは，発電所の運転に必要な最小限度の知識がある者であって，発電所の管理者との責任関係が明らかとなっている者であればよい。例えば，補助員を警備員とする場合についても，委託契約によって責任関係が明確であり，最小限度の知識に係る教育が実施され，確実な連絡体制が構築されていること等が明らかであれば，補助員の条件に適合するものと判断できる。

ニでは，随時監視制御方式の適用範囲を発電所に施設する変圧器の使用電圧が170,000V以下のものに限定している。これは，常時監視をしない変電所の施設条件（→第48条第一号）と整合を図るために，H23解釈で追加したものである。

第四号の「遠隔常時監視制御方式」は，技術員が発電制御所に常時駐在し，発電所の運転状態の監視及び制御を遠隔で行う方式である。

ロは，発電所の異常等を発電制御所に警報する項目を示しており，その考え方は第三号ロと同様である。

ハは，発電制御所に施設する必要がある装置を示しており，(イ) 及び (ロ) において各発電方式共通の項目を規定している。なお，各発電方式個別の項目については，第3項，第4項，第6項，第8項及び第9項までの規定によることを，(ハ) で示している。

(イ) の「運転」には，起動から並列投入，出力の発生までが含まれており，例えば，発電機の並列用遮断器等も含まれる。

(ロ) は，運転操作に常時必要な遮断器の監視装置及び操作装置の施設を求めている。ここで，使用電圧が100,000Vを超える変圧器を施設する発電所に限っているのは，常時監視をしない変電所の施設条件（→第48条第五号）との整合を図るためであり，H23解釈で追加されたものである。また，自動再閉路装置を有する高圧配電線又は

15,000V以下の特別高圧配電線（主に**第108条**に示している特別高圧配電線）用遮断器の操作装置については省略することを認めている。これは，これらの配電線は事故時以外に操作することがほとんどなく，かつ，事故時に再閉路を失敗したときは配電線路の事故復旧に相当の時間を要するものであり，配電線の事故復旧確認後に現場で再投入すればよいからである。

「運転操作に常時必要な遮断器」には，発電所の保守点検時の切替え操作のみに使用されるもの及び事故時の自動遮断専用に用いられる遮断器（遮断器が動作した場合に現場に技術員が出向き，回路や機器の状態を十分検討した後でなければ投入することができないもの）は含まれない。

なお，地熱発電所については，（イ）における「発電所の運転を操作する装置」の施設及び（ロ）（2）における「運転操作に常時必要な遮断器の投入を操作する装置」の施設をそれぞれ緩和している。これは，地熱発電所の運転は，技術員が現地に出向き，現場機器を確認しながら操作する必要があるためである。

第2項は，H9解釈で追加されたものであり，発電所構内から直接配電する場合の電路の遮断器及び変電設備，開閉設備等を電力系統の適切な機能分割による効率的な運用を行うため，発電設備と分割して監視又は制御できることを示している。H9解釈では，電路が建造物により物理的に区分されている場合に限り，分割して監視又は制御できるとしていたが，H23解釈で条件を緩和した。

第3項は，水力発電所に対して個別に求められる要件を規定している。

第一号は，随時巡回方式により施設する場合について規定している。

イは，水力発電所の出力が2,000kW未満であることを規定しているものであり，H9解釈で500kW未満から2,000kW未満に引き上げられた。

ロは，水力発電所は調速機のみによって運転されると最大出力を超えて負荷をとることがあり，保安上危険のおそれがあるため，自動出力調整装置又は出力制限装置（自動負荷調整装置又は負荷制限装置を含む。）を施設することとしている。ただし，落差及び水車の流路を構成する部分が固定であれば規定流量が決まるため，最大出力を超えて運転されることはなく，これらの装置がなくとも安全が確保できるので，H9解釈で自動負荷調整装置や負荷制限装置（自動負荷調整装置又は負荷制限装置を含む。）を必要としない条件を追加した。ここで，水力発電所における「自動出力調整装置（自動負荷調整装置を含む。）」とは，水槽水位により自動的に負荷を調整する水位調整装置又はプログラム制御によりあらかじめ定められたとおりの負荷をとるものなどが考えられるほか，水槽水位によって，自動的に運転，停止が行われる場合又は運転台数が制御される場合も含まれる。一方，「出力制限装置（負荷制限装置を含む。）」とは，ガイドベーン又はニードルが定格負荷まで開いたときに，更に負荷をとることがないように負荷を制限する装置のことを指している。

ハは，（イ）から（ヘ）に掲げる異常が生じた場合に，発電機を電路から自動的に遮断し，かつ，水車への水の流入を自動的に停止すべきことを示している。ここで，「水車への水の流入を自動的に停止する」とは，ガイドベーン又はニードル及び入口弁を閉めて水車への水の流入を停止することを指しており，ブレーキにより停止するところまで要求するものではない。ただし書は，発電用水力設備に関する技術基準を定める省令第33条第五号ただし書に対応するものであり，（イ），（ロ）又は（ハ）の場合について，無拘束回転を停止できるまでの間，回転部が構造上安全であり，かつ，この間の下流への放流により人体に危害を及ぼし又は物件に損傷を与えるおそれのない場合は，水車が回転していても発電機を電路から自動的に遮断しておけば問題がないため，水車を自動的に停止させる装置の施設は要しないこととした。また，（ハ）の場合について，発電機を自動的に無負荷，かつ，無励磁にする装置を施設する場合には，水車への水の流入を自動的に停止する装置を施設しなくてもよいこととしている。これは，発電機に過電流が生じる原因として外部事故によるものが多いことから，主に遠隔制御される水力発電所において外部事故発生時に水の流入を制限し適切な回転速度を維持しておき，外部事故復旧後直ちに並列できるようにするための緩和規定である。遠隔制御されない発電所（無拘束回転水車発電機を除く。）の場合には，できるだけ原動機も停止しておくことが望ましい。

（イ）の「水車制御用の圧油装置の油圧又は電動式制御装置の電源電圧が著しく低下した場合」は，第42条で容量500kVA以上の発電機を駆動する水車の圧油装置又は電動式ガイドベーン制御装置などの電源電圧が著しく低下した場合に発電機を自動的に電路から遮断する装置を施設することとしており，500kVA未満のものには必ずしも自動停止装置を備えなくてもよいこととしているが，常時監視をしない水力発電所の場合は，ただし書の場合を除き，500kVA未満の発電機についても電路から自動的に遮断し，かつ，水車への水の流入を自動的に停止する装置を施設することとしている。

なお，「電動式制御装置の電源電圧」とは，ガイドベーン等の水車を電動で制御するための電源電圧を指すものであって，第3項第二号ハ（ハ）に掲げる水力発電所全体の制御回路の電圧を指すものではない。

（ロ）の「水車の回転速度が著しく上昇した場合」は，発電用水力設備に関する技術基準を定める省令第33条及び同解釈第41条で容量500kVA以上の発電機を駆動する水車に自動停止装置を設けることとしているが，常時監視をしない水力発電所の場合は，ただし書の場合を除き，500kVA未満の発電機を駆動する水車であっても，水車への水の流入を自動的に停止する装置を施設することとし，更に発電機を電路から自動的に遮断する装置の施設を要求している。

（ハ）の「発電機に過電流が生じた場合」は，第42条で発電機を電路から自動的に遮断する装置を施設することとしているが，常時監視をしない水力発電所の場合は，ただし書の場合を除き，発電機を電路から自動的に遮断し，かつ，水車への水の流入を自動的に停止する装置を施設することとしている。

(ニ) ただし書の「水車のスラスト軸受が構造上過熱のおそれがないもの」としては，横軸ペルトン水車のスラスト軸受が考えられる。水中メタル（主としてカプラン水車やチューブラ水車の軸受に用いられているもの）も軸受が過熱するおそれはないが，これはスラスト軸受として扱わないのが普通である。

(ホ) の「容量が2,000kVA以上の発電機の内部に故障を生じた場合」については，一般に発電機は内部に故障を生じるおそれが少ないが，2,000kVAを超えるものについては自動停止の対象としている。保護装置としては，一般には差動リレーが考えられる。

(ヘ) の「他冷式の特別高圧用変圧器の冷却装置が故障した場合又は温度が著しく上昇した場合」については，**第43条**で警報装置の施設が規定されているが，随時巡回方式の場合には，発電機を電路から自動的に遮断し，かつ，水車への水の流入を自動的に停止する装置を施設することとしている。

第二号は，随時監視制御方式により施設する場合について規定している。

イは，随時巡回方式により施設するものと同様，自動出力調整装置又は出力制限装置（自動負荷調整装置又は負荷制限装置を含む。）を施設することとしている。

ロは，随時巡回方式により施設するものと同様，**前号ハ（イ）**から**（ホ）**までに掲げる場合に，発電機を電路から自動的に遮断し，かつ，水車への水の流入を自動的に停止する装置を施設することとしている。なお，**前号ハ（ヘ）**については，**第1項第三号ロ（ロ）**で技術員へ警報する装置を施設することとしている。

ハは，水力発電所に対して個別に求められる警報要件を規定している。

(イ) の「水車が異常により自動停止した場合」には，**ロ**の条件により自動停止する場合だけでなく，その他の原因で自動停止した場合も含まれる。ただし，プログラム制御などの人為的に設定した条件により自動的に停止させる場合は含まれない。

(ロ) の「運転操作に必要な遮断器」には，運転停止用，電路操作用などの発電機の遮断器及び送配電線用の遮断器のほか，事故時の自動遮断専用に施設される遮断器であって，遮断器が動作したとき技術員が現場に出向き投入しなければならないような遮断器も含まれる。一方，発電機の遮断器であって，並列用のものと保護用のものが2台直列に施設されている場合における並列用のもの及び母線などに施設される遮断器であって，保守時に母線などを切り分けるために用いられ，事故時には遮断しないようなものは，これに該当しない。「当該遮断器の遮断により水車が自動停止するものを除く。」としているのは，警報を必要とする遮断器を明確にするためにH23解釈で追加したものである。例えば，所内電源用の遮断器が異常により自動遮断することで，圧油装置のポンプが停止し，油圧低下で水車が自動停止する場合には，「水車の自動停止」及び「遮断器の自動遮断」で重複して警報する必要はなく，「水車の自動停止」による警報のみで十分である。また,「遮断器が自動的に再閉路した場合」は,事故とは考えないので除外している。

(ハ) の「発電所の制御回路の電圧が著しく低下した場合」は,所内制御回路及び遠隔制御回路,すなわち水力発電所全体の制御回路の電圧を指している。

ニは,技術員へ警報する装置を施設しないことができる条件を示している。

第三号は,遠隔常時監視制御方式により施設する場合について規定している。

イは,発電機を電路から自動的に遮断し,かつ,水車への水の流入を自動的に停止する装置を施設すること及びその緩和規定について,**前号ロ**に準じることを示している。

ハの「出力の調整を行う装置」は,ここでは広義の意味で考えており,例えば各発電機の運転状態が全負荷運転又は停止というような,発電機単位の出力調整ができない発電所では,運転台数の制御も「出力の調整を行う装置」として扱う。

第4項は,風力発電所に対して個別に求められる要件を規定している。

第一号は,随時巡回方式により施設する場合について規定している。

イは,風力発電所は風速によって定格以上の出力を発生することがあり,保安上危険のおそれがあるため規定したものであって,例えば,定格出力で安全に運転できる風速を超えた場合に風車及び発電機を自動停止させる装置などがある。

ロは,(イ) から (ト) までに掲げる異常が生じた場合に,発電機を電路から自動的に遮断し,かつ,風車の回転を自動的に停止することとしている。ここで,「風車の回転を自動的に停止」とは,ブレードのピッチ角制御等により,風車の発電機構に係る回転を停止することを指しており,風向追従の可動部の停止までは要求していない。

(イ) の「風車制御用の圧油装置の油圧,圧縮空気制御装置の空気圧又は電動式制御装置の電源電圧が著しく低下した場合」は,**第42条**で容量100kVA以上の発電機については,発電機を自動的に電路から遮断する装置を施設することとしており,100kVA未満のものには必ずしも自動停止装置を施設しなくてもよいこととしているが,常時監視をしない風力発電所の場合は,100kVA未満の発電機についても電路から自動的に遮断し,更に風車の回転を自動的に停止する装置を施設することとしている。なお,「電動式制御装置の電源電圧」とは,電動式ブレードを駆動させるための電源電圧を指すものであって,**第二号ハ (ハ)** に掲げる風力発電所全体の制御回路の電圧を指すものではない。

(ロ) の「風車の回転速度が著しく上昇した場合」は,発電用風力設備に関する技術基準を定める省令第5条及び同解釈第5条で,風車の回転速度が非常調速装置が作動する回転速度に達した場合に,風車を自動停止することが要求されているが,常時監視をしない風力発電所の場合には,更に発電機を電路から自動的に遮断することを要求している。

(ハ) の「発電機に過電流を生じた場合」は,**第42条**で発電機を電路から自動的に遮断する装置を施設することとしているが,常時監視をしない風力発電所の場合には,更に風車の回転を自動的に停止する装置を施設することとしている。

（ニ）は，風車の損傷又は軸受若しくは変速機等の故障により，軸受に著しい振動が発生した場合に，ブレード等が破損し周囲に被害を及ぼすおそれがあるため，周辺に一定の割合以上の人家等の造営物がある区域に施設される風車は，軸受に著しい振動が発生した場合に，発電機を電路から自動的に遮断し，かつ，風車の回転を自動的に停止する装置を施設することとしている。

（ホ）では，（ニ）に掲げる区域に施設する風車の自動停止対象範囲を100kW以上のものとしている。これは，軸受が故障した場合，出力に応じてブレードに加わる力が大きくなり，損壊する可能性が高まることから，周辺区域の状況を考慮して自動停止の対象設備を定めたものである。

（ヘ）は，一般に発電機は内部に故障を生じることは少ないが，2,000kVAを超えるものについては自動停止の対象としている。

（ト）の「他冷式の特別高圧用変圧器の冷却装置が故障した場合又は温度が著しく上昇した場合」については，**第43条**で警報装置の施設が規定されているが，随時巡回方式の場合には，発電機を電路から自動的に遮断し，かつ，風車の回転を自動的に停止する装置を施設することとしている。

第二号は，随時監視制御方式により施設する場合について規定している。

イは，随時巡回方式により施設するものと同様，自動出力調整装置又は出力制限装置を施設することとしている。

ロは，随時巡回方式により施設するものと同様，**前号ロ（イ）**から**（ヘ）**までに掲げる場合に，発電機を電路から自動的に遮断し，かつ，風車の回転を自動的に停止する装置を施設することとしている。なお，**前号ロ（ト）**については，**第1項第三号ロ（ロ）**で技術員へ警報する装置を施設することとしている。

ハは，風力発電所に対して個別に求められる警報要件を規定している。

（イ）の「風車が異常により自動停止した場合」の考え方については，**第3項第二号ハ（イ）**と同様である。

（ロ）の「運転操作に必要な遮断器」の考え方については，**第3項第二号ハ（ロ）**と同様である。「当該遮断器の遮断により風車が自動停止するものを除く。」は，警報を必要とする遮断器を明確にするためにH23解釈で追加したものである。

例えば，風車補機電源用の遮断器が異常により自動遮断することにより，圧油装置のポンプが停止し油圧が低下し，又は電動式制御装置の電圧が低下することで風車が自動停止する場合には，「風車の自動停止」及び「遮断器の自動遮断」で重複して警報する必要はなく，「風車の自動停止」による警報のみで十分である。

（ハ）の「発電所の制御回路の電圧が著しく低下した場合」は，所内制御回路及び遠隔制御回路，すなわち風力発電所全体の制御回路の電圧を指している。

ニは，技術員へ警報する装置を施設しないことができる条件を示している。

第三号は，遠隔常時監視制御方式により施設する場合について規定している。

ハの「出力の調整を行う装置」は，ここでは広義の意味で考えており，例えば出力の調整ができない風車の場合には，運転台数の制御も「出力の調整を行う装置」として扱う。

第5項は，太陽電池発電所に対して個別に求められる要件を規定している。太陽電池の出力は，施設される地域の最大日射強度等により決まる最大出力以上となることはないため，出力調整装置等を施設しなくてもよいこととしている。

第一号の「他冷式の特別高圧用変圧器の冷却装置が故障した場合又は温度が著しく上昇した場合」については，**第43条**で警報装置の施設が規定されているが，随時巡回方式の場合には，逆変換装置の運転を自動停止する装置を施設することとしている。

第二号は，随時監視制御方式により施設する場合について規定している。

イは，太陽電池発電所に対して個別に求められる警報要件を規定している。

(ロ) の「運転操作に必要な遮断器」には，逆変換装置の連系用の遮断器，送配電用の遮断器及び事故時の自動遮断専用に施設される遮断器であって，遮断器が動作したとき技術員が現場に出向き投入しなければならないような遮断器も含まれる。一方，発電機の遮断器であって，並列用のものと保護用のものが2台直列に施設されている場合における並列用のもの及び母線などに施設される遮断器であって，保守時に母線などを切り分けるために用いられ，事故時には遮断しないようなものは，これに該当しない。「当該遮断器の遮断により逆変換装置の運転が自動停止するものを除く。」としているのは，警報を必要とする遮断器を明確にするためにH23解釈で追加したものであり，考え方は**第3項第二号ハ (ロ)** と同様である。

第6項は，燃料電池発電所に対して個別に求められる要件を規定している。

第一号は，随時巡回方式により施設する場合について規定している。**イ**及び**ロ**では，形式及び圧力を限定しているが，これは技術的に発展段階である燃料電池発電において，今後の新型燃料電池発電設備に対する必要な安全措置の予測ができず，本解釈の保護装置等の規定を現時点で実用化している設備に限定しているためであり，**第二号イ**及び**第三号イ**についても同様である。

イの「燃料電池の形式」については，H9解釈でりん酸形の出力制限500kW未満を削除し，H13解釈で固体高分子形，H14解釈で溶融炭酸塩形，H18解釈で固体酸化物形をそれぞれ追加した。固体酸化物形については，作動温度が特に高温であることから，取扱者以外の者が高温部に容易に触れるおそれがないように施設したもの，かつ，排気ガスには一酸化炭素，二酸化炭素及び未燃ガス成分が含まれ温度も高いことから，屋内その他酸素欠乏の発生のおそれのある場所に設置するものにあっては，給排気部を適切に施設したものに限った。

ロは，H27解釈において，一定の要件を満たした固定酸化物形燃料電池に限って，ただし以降で1MPa未満とした。

第2章　発電所

ハは，例えば燃料供給及び電池出力をプログラム制御し，設定以上の出力となる場合は，自動停止させる装置などがある。

ニは，（イ）から（ヘ）までに掲げる異常が生じた場合に，燃料電池を自動停止する装置を施設することとしており，H16解釈でただし書を追加した。ここで，「燃料」とは液体及び気体の燃料を指しており，「燃料ガス」とは気体燃料を指すものである。

（イ）の「発電所の運転制御装置に異常が生じた場合」とは，例えば，燃料電池の運転を制御するコンピュータ又はインターロック回路等の装置が，装置自体の故障又は電源の喪失その他の原因により制御できなくなる場合等がある。

（ロ）は，制御回路の電圧が低下した場合に，制御不能となるおそれがあるため規定したものである。

（ハ）は，制御用の圧縮空気の圧力が低下した場合に，制御及び停止ができなくなるおそれがあるため規定したものである。

（ニ）は，不活性ガスの圧力が低下すると，異常により自動停止するときに燃料ガスを排除できなくなるおそれがあるため，機能が喪失する前に燃料電池を自動停止することとしている。燃料電池発電所については，**第45条**及び発電用火力設備に関する技術基準を定める省令第34条で保護装置の施設が規定されており，常時監視をしない燃料電池発電所についても，これらの規定が適用される。

（ホ）は，固体酸化物形燃料電池設備で火災等が発生した場合に，筐体内の著しい温度上昇を検知して発電を停止することとしている。

（ヘ）の「他冷式の特別高圧用変圧器の冷却装置が故障した場合又は温度が著しく上昇した場合」については，**第43条**で警報装置の施設が規定されているが，随時巡回方式の場合には，自動停止することとしている。

第二号は，随時監視制御方式により施設する場合について規定している。

ロは，随時巡回方式により施設するものと同様，**前号ニ（イ）**から**（ホ）**までに掲げる場合に，燃料電池を自動停止する装置を施設することとしている。なお，**前号ニ（ヘ）**については，**第1項第三号ロ（ロ）**で技術員へ警報する装置を施設することとしている。

ハは，燃料電池発電所に対して個別に求められる警報要件を規定している。

（イ）の「燃料電池が異常により自動停止した場合」の考え方については，**第3項第二号ハ（イ）**と同様である。

（ロ）の「運転操作に必要な遮断器」の考え方については，**第5項第二号イ（ロ）**と同様である。

第三号は，遠隔常時監視制御方式により施設する場合について規定している。ハの「出力の調整を行う装置」は，ここでは広義の意味で考えており，例えば出力の調整ができない燃料電池の場合には，運転台数の制御も「出力の調整を行う装置」として扱う。

第7項は，地熱発電所に対して個別に求められる要件を規定している。

第一号は，随時監視制御方式により施設する場合について規定している。

ロは，(イ) から (ヘ) までに掲げる異常が生じた場合に，発電機を電路から自動的に遮断し，かつ，蒸気タービンへの蒸気の流入を自動的に停止する装置を施設することとしている。

(ロ) の「蒸気タービンの回転速度が著しく上昇した場合」は，発電用火力設備に関する技術基準を定める省令第15条及び同解釈第25条で，蒸気タービンが定格回転速度を超えた場合に，蒸気タービンを自動停止することとしているが，常時監視をしない地熱発電所の場合には，更に発電機を電路から自動的に遮断することとしている。

(ハ) の「発電機に過電流を生じた場合」は，第42条で発電機を電路から自動的に遮断する装置を施設することとしているが，常時監視をしない地熱発電所の場合には，更に蒸気タービンへの蒸気の流入を自動的に停止する装置を施設することとしている。

(ホ) は，一般に発電機は内部に故障を生じることは少ないが，2,000kVA を超えるものについては自動停止の対象としている。

(ヘ) は，制御回路の電圧が低下した場合に，制御不能となるおそれがあるため規定したものである。

ハは，随時監視制御方式により施設する地熱発電所に対して個別に求められる警報要件を規定している。

(イ) の「蒸気タービンが異常により自動停止した場合」の考え方については，第3項第二号ハ (イ) と同様である。

(ロ) の「運転操作に必要な遮断器」の考え方については，第3項第二号ハ (ロ) と同様である。

第8項は，内燃力発電所（第11項の規定により施設する移動用発電設備を除く。）に対して個別に求められる要件を規定している。

第一号は，随時巡回方式により施設する場合について規定している。

ロは，内燃力発電設備は調速機のみによって運転されると最大出力を超えて負荷をとることがあり，保安上危険のおそれがあるため，自動出力調整装置又は出力制限装置を施設することとしている。ここで，「自動出力調整装置」とは，燃料供給の調整により発電出力を制御する装置であり，例えば，需要家の負荷により自動的に出力を調整する装置，プログラム制御により自動運転する装置，需要家の負荷により自動的に運転・停止を行う装置又は運転台数を制御する装置等がある。一方，「出力制限装置」とは，定格以上の負荷をとることがないように調速機の開度を制限する装置を指している。

ハは，(イ) から (ル) までに掲げる異常が生じた場合に，発電機を電路から自動的に遮断し，かつ，内燃機関への燃料の流入を自動的に停止する装置を施設することとしている。

(イ) は，内燃機関の制御用調速機の動力源が喪失した場合に，制御及び停止ができなくなるおそれがあるため規定したものである。

（ロ）は，発電用火力設備に関する技術基準を定める省令第27条及び同解釈第40条で，定格出力が500kWを超える内燃機関の回転速度が定格の回転速度を超えた場合に，内燃機関を自動停止することが要求されているが，常時監視をしない内燃力発電所の場合には，500kW以下の内燃機関であっても，内燃機関を自動停止することとし，更に発電機を電路から自動的に遮断する装置を施設することとしている。

（ハ）の「発電機に過電流が生じた場合」は，**第42条**で発電機を電路から自動的に遮断する装置を施設することとしているが，常時監視をしない内燃力発電所の場合には，更に内燃機関への燃料の流入を自動的に停止する装置を施設することとしている。

（ホ）では，発電機の軸受の温度上昇について規定しているが，内燃機関の軸受の温度上昇については，（ニ）の潤滑油の温度上昇で検知できること及び内燃機関の軸受の温度測定が一部の大型機関を除き構造的に困難であることから規定していない。

（チ）は，制御回路の電圧が低下した場合に，制御不能となるおそれがあるため規定したものである。

（リ）の「他冷式の特別高圧用変圧器の冷却装置が故障した場合又は温度が著しく上昇した場合」については，**第43条**で警報装置の施設が規定されているが，随時巡回方式の場合には，発電機を電路から自動的に遮断し，かつ，内燃機関への燃料の流入を自動的に停止する装置を施設することとしている。

（ヌ）は，火災が発生した場合に，火災拡大を防ぎ被害を最小限にするためのものである。

（ル）は，燃料油面が平常運転時と比べて著しく低下する場合であって，油漏れのおそれがある場合を指している。

なお，（ロ），（ニ），（ヘ）及び（ト）は，発電用火力設備の技術基準の解釈第42条第1項第一号から第四号に対応するものである。

第二号は，随時監視制御方式により施設する場合について規定している。

ロは，**前号ハ（イ）から（チ）**までに掲げる場合又は容量が2,000kW以上の発電機の内部に故障を生じた場合に，発電機を電路から自動的に遮断し，かつ，内燃機関への燃料の流入を自動的に停止する装置を施設することとしている。なお，**前号ハ（リ）及び（ヌ）**については，**第1項第三号ロ（イ）及び（ロ）**で，**前号ハ（ル）**については，ハ（ハ）で技術員へ警報する装置を施設することとしている。

ハは，随時監視制御方式により施設する内燃力発電所に対して個別に求められる警報要件を規定している。

（イ）の「内燃機関が異常により自動停止した場合」の考え方については，**第3項第二号ハ（イ）**と同様である。

（ロ）の「運転操作に必要な遮断器」の考え方については，**第3項第二号ハ（ロ）**と同様である。

第三号は，遠隔常時監視制御方式により施設する場合について規定している。ハの「出力の調整を行う装置」は，ここでは広義の意味で考えており，例えば出力の調整ができない内燃力の場合には，運転台数の制御も「出力の調整を行う装置」として扱う。

ハは，内燃力発電所に対して個別に求められる装置を規定している。

第9項は，ガスタービン発電所に対して個別に求められる要件を規定している。

第一号は，随時巡回方式により施設する場合について規定している。

ロは，内燃力発電設備は調速機のみによって運転されると最大出力を超えて出力を発生することがあり，保安上危険のおそれがあるため，自動出力調整装置又は出力制限装置を施設することとしている。ここで，「自動出力調整装置」とは，燃料供給の調整により発電出力を制御する装置であり，例えば，需要家の負荷により自動的に出力を調整する装置，プログラム制御により自動運転する装置，需要家の負荷により自動的に運転・停止を行う装置又は運転台数を制御する装置等がある。一方，「出力制限装置」とは，定格以上の出力を発生しないように調速機の開度を制限する装置又はタービン入口（入口の温度の計測が困難な場合は出口）におけるガスの温度が著しく上昇しないように出力を制限する装置を指している。

ハは，**(イ)** から **(ワ)** までに掲げる異常が生じた場合に，発電機を電路から自動的に遮断するとともに，ガスタービンへの燃料の流入を自動的に停止する装置を施設することとしている。

(イ) の「電動式制御装置の電源電圧が著しく低下した場合」は，燃料制御弁を電動で駆動させるための電源電圧を指すものであって，**(リ)** に掲げるガスタービン発電所全体の制御回路の電圧を指すものではない。

(ロ) の「ガスタービンの回転速度が著しく上昇した場合」は，発電用火力設備に関する技術基準を定める省令第21条及び同解釈第33条で，燃料制御系の故障や出力の急激な変動によりガスタービンの回転速度が定格回転速度を超えた場合に，ガスタービンを自動停止することとしているが，常時監視をしないガスタービン発電所の場合には，更に発電機を電路から自動的に遮断することとしている。

(ハ) の「発電機に過電流を生じた場合」は，**第42条**で発電機を電路から自動的に遮断する装置を施設することとしているが，常時監視をしないガスタービン発電所の場合には，更にガスタービンへの燃料の流入を自動的に停止する装置を施設することとしている。

(ニ) は，給油系の故障により給油量が減少した場合又は潤滑油冷却系が故障した場合に，軸受の温度が上昇し回転部が損傷するおそれがあるため規定したものである。「軸受のメタル温度を計測する場合は，軸受のメタル温度が著しく上昇した場合でも良い。」とは，軸受のメタル温度の計測が可能な中型以上のガスタービンについては，潤滑油又はメタルの温度を停止要件とすることができることを示したものである。

（ホ）は，軸受の温度が著しく上昇した場合に回転部の焼付き又は焼鈍が生じるおそれがあるため規定しているものである。

（ヘ）は，一般に発電機は内部に故障を生じることは少ないが，2,000kVA を超えるものについては自動停止の対象としている。

（ト）で「ガスの温度が著しく上昇した場合」の原因としては，冷却系の故障，タービン動静翼の異常又は燃料制御系の故障等が考えられる。

（チ）は，潤滑油給油ポンプ又は潤滑油圧力調整弁等が故障した場合に，ガスタービンの回転部の温度が上昇して，回転部の焼付き又は焼鈍が生じるおそれがあるため規定したものである。

（リ）は，制御回路の電圧が低下した場合に，制御不能となるおそれがあるため規定したものである。

（ヌ）の「他冷式の特別高圧用変圧器の冷却装置が故障した場合又は温度が著しく上昇した場合」については，第43条で警報装置の施設が規定されているが，随時巡回方式の場合には，発電機を電路から自動的に遮断し，かつ，ガスタービンへの燃料の流入を自動的に停止する装置を施設することとしている。

（ル）は，火災が発生した場合に，火災拡大を防ぎ被害を最小限にするためのものである。

（ヲ）は，燃料油面が平常運転時と比べて著しく低下する場合であって，油漏れのおそれがある場合を指している。

（ワ）は，ガスタービンの燃焼異常又はサージングのおそれがあるため規定したものである。

第二号は，H9 解釈で追加したものであり，随時監視制御方式により施設する場合について規定している。

ロは，**前号ハ（イ）から（リ）**までに掲げる場合に，発電機を電路から自動的に遮断し，かつ，ガスタービンへの燃料の流入を自動的に停止する装置を施設することとしている。なお，**前号ハ（ヌ）及び（ル）**については，**第1項第三号ロ（イ）及び（ロ）**で，**前号ハ（ヲ）及び（ワ）**については，**ハ（ハ）及び（ニ）**で技術員へ警報する装置を施設することとしている。

ハは，随時監視制御方式により施設するガスタービン発電所に対して個別に求められる警報要件を規定している。

（イ）の「ガスタービンが異常により自動停止した場合」の考え方については，**第3項第二号ハ（イ）**と同様である。

（ロ）の「運転操作に必要な遮断器」の考え方については，**第3項第二号ハ（ロ）**と同様である。

第三号は，H23解釈で追加したものであり，遠隔常時監視制御方式により施設する場合について規定している。ハの「出力の調整を行う装置」は，ここでは広義の意味で考えており，例えば出力の調整ができないガスタービンの場合には，運転台数の制御も「出力の調整を行う装置」として扱う。

第10項は，平成11年度技術基準適合評価委員会の審議結果に基づきH13解釈で追加されたものであり，内燃力コンバインドサイクル発電所に対して個別に求められる要件を規定している。

第一号は，内燃力コンバインドサイクル発電所は随時監視制御方式により施設することを示している。

第三号は，内燃力コンバインドサイクル発電設備は調速機のみによって運転されると最大出力を超えて出力を発生することがあり，保安上危険のおそれがあるため，自動出力調整装置又は出力制限装置を施設することとしている。ここで，「自動出力調整装置」とは，燃料供給の調整により発電出力を制御する装置である。一方，「出力制限装置」とは，定格以上の出力を発生しないように調速機の開度を制限する装置を指している。

第四号は，**イ**から**ル**までに掲げる異常が生じた場合に，発電機を電路から自動的に遮断し，かつ，内燃力機関への燃料の流入及び蒸気タービンへの蒸気の流入を自動的に停止する装置を施設することとしている。

イは，内燃機関及び蒸気タービンの制御用調速機の動力源が喪失した場合に，制御及び停止ができなくなるおそれがあるため規定したものである。

ハの「発電機に過電流を生じた場合」は，**第42条**で発電機を電路から自動的に遮断する装置を施設することとしているが，常時監視をしない内燃力コンバインドサイクル発電所の場合には，更に内燃力機関への燃料の流入及び蒸気タービンへの蒸気の流入を自動的に停止する装置を施設することとしている。

ホでは，発電機の軸受の温度上昇について規定しているが，内燃機関の軸受の温度上昇については，**ニ**の潤滑油の温度上昇で検知できること及び内燃機関の軸受の温度測定が一部の大型機関を除き構造的に困難であることから規定していない。

トは，一般に発電機は内部に故障を生じることは少ないが，2,000kVAを超えるものについては自動停止の対象としている。

リは，制御回路の電圧が低下した場合に，制御不能となるおそれがあるため規定したものである。

ヌ及び**ル**は，ドラム内の水位が異常に低い場合に，空だきによる損傷のおそれがあるため，またドラム内の水位が異常に高い場合に，湿分を多く含んだ蒸気が流出しタービンを損傷させるおそれがあるため規定したものである。

第六号は，内燃力コンバインドサイクル発電所に対して個別に求められる警報要件を規定している。

イの「内燃機関又は蒸気タービンが異常により自動停止した場合」の考え方については，**第3項第二号ハ（イ）**と同様である。

ロの「運転操作に必要な遮断器」の考え方については，**第3項第二号ハ（ロ）**と同様である。

ハは，燃料油面が平常運転時に比べ著しく低下する場合であって，油漏れのおそれがある場合を指している。

第11項は，H17解釈で追加したものであり，工事現場等で臨時に使用する仮設の可搬形内燃力発電設備であって，随時巡回方式により施設するものに対して個別に求められる要件を規定している。ここで「工事現場等」としているのは，工事現場のほかにイベントなどで使用されることがあるためである。また，「発電設備」とは，「発電機その他の発電機器並びにその発電機器と一体となって発電の用に供される原動力設備及び電気設備の総合体」のことである。

第一号から**第四号**では，施設できる移動用発電設備について運用実績があり安全が確認されているものに限定している。

第六号は，事故が発生した場合の供給支障等の電気的な影響を当該電気使用場所に限定するため，一般送配電事業者又は配電事業者が運用する電力系統と電気的に接続することを禁止している。

第七号は，公衆保安の観点からの内容であり，取扱者以外の者とは一般公衆を対象としており，工事現場の作業員等は取扱者と同等と考えてよい。したがって，工事現場等で構内境界線全般にさく，へい等を施設し，一般公衆が立ち入らないように施設している場合には本規定を満たすものである。

第八号は，漏油発生時でも限られた燃料で発電設備が停止するように，燃料を発電設備の外部から連続供給することを禁止している。

第九号及び**第十号**は，常時監視をしない可搬形内燃力発電設備においては，異常が生じた場合に技術員の迅速，かつ，適切な措置を期待することができないため，保安上の観点から安全に停止することを要求している。

第九号では内燃機関を自動的に停止する必要がある場合について規定しているが，可搬形内燃力発電設備は他の電力系統に接続しておらず，内燃機関が停止することによって電力の供給も停止するため，電路から自動的に遮断することは要求していない。

イの「原動機制御用油圧，電源電圧が著しく低下した場合」は，内燃機関の出力を制御する動力が著しく低下した場合に内燃機関を自動的に停止することとしているものであるが，例えば出力を制御する動力が著しく低下した場合にスプリング等により自動的に燃料供給を停止する構造のものも本規定を満たすものである。

ロの「原動機の回転速度が著しく上昇した場合」は，発電用火力設備に関する技術基準を定める省令第27条及び同解釈第40条で，定格出力が500kWを超える内燃機関の回転速度が定格の回転速度を超えた場合に，内燃機関を自動停止することが要求されているが，常時監視をしない内燃力発電所の場合には，500kW 以下の内燃機関であっても，内燃機関を自動停止することとしている。

ハの「定格出力が500kW 以上の発電機の軸受の温度が著しく上昇した場合」は，発電機の軸受が内燃機関の潤滑油系統から独立した構造で滑り軸受を適用しているものは，軸受温度が著しく上昇した場合に内燃機関を自動的に停止させることを規定している。発電機軸受に転がり軸受を適用している場合には，軸受温度上昇に対して十分な信頼性があるものとして本規定の対象外とした。

ニの「原動機の冷却水の温度が著しく上昇した場合」及びホの「原動機の潤滑油の圧力が著しく低下した場合」は，内燃機関の異常であり，回転部の温度上昇によって回転部の焼付き又は焼鈍を生じるおそれがあるからである。

への「発電設備に火災が発生した場合」は，可搬形内燃力発電設備の筐体内で火災が発生した場合であり，例えば火災が発生した場合の筐体内の温度上昇を冷却水温度で検知し自動停止できる構造のものも本規定を満たすものである。

第十号は，**イ**又は**ロ**に掲げる異常が生じた場合に，発電機を電路から自動的に遮断する装置を施設することとしている。

イは，可搬形内燃力発電設備は，作業時の使用を考慮すると無負荷でのアイドル待機が必要であることから，内燃機関を自動的に停止させることは規定していない。

ロは，発電機を複数台並列して運転する場合には，内燃機関に停止すべき異常が発生した場合に発電機を電路から遮断しなければ，停止すべき発電機がモータリング状態となることから自動的に電路から遮断する必要がある。

【常時監視をしない蓄電所の施設】（省令第46条第2項）

第47条の3　技術員が当該蓄電所において常時監視をしない蓄電所は，次の各号のいずれかにより施設すること。

一　随時巡回方式により施設する場合は，次に適合するものであること。

イ　技術員が，適当な間隔をおいて蓄電所を巡回し，運転状態の監視を行うものであること。

ロ　蓄電所は，電気の供給に支障を及ぼさないよう，次に適合するものであること。

（イ）　当該蓄電所に異常が生じた場合に，一般送配電事業者又は配電事業者が電気を供給する需要場所（当該蓄電所と同一の構内又はこれに準ずる区域にあるものを除く。）が停電しないこと。

（ロ）　当該蓄電所の運転又は停止により，一般送配電事業者又は配電事業者が運用する電力系統の電圧及び周波数の維持に支障を及ぼさないこと。

ハ　蓄電所に施設する変圧器の使用電圧は，170,000V 以下であること。

ニ 他冷式（変圧器の巻線及び鉄心を直接冷却するため封入した冷媒を強制循環させる冷却方式をいう。以下，この条において同じ。）の特別高圧用変圧器の冷却装置が故障した場合又は温度が著しく上昇した場合に，逆変換装置の運転を自動停止する装置の施設等により，当該変圧器に流れる電流を遮断するものであること。

二 随時監視制御方式により施設する場合は，次に適合するものであること。

イ 技術員が，必要に応じて蓄電所に出向き，運転状態の監視又は制御その他必要な措置を行うものであること。

ロ 次の場合に，技術員へ警報する装置を施設すること。

（イ） 蓄電所内（屋外であって，変電所若しくは開閉所又はこれらに準ずる機能を有する設備を施設する場所を除く。）で火災が発生した場合

（ロ） 他冷式の特別高圧用変圧器の冷却装置が故障した場合又は温度が著しく上昇した場合

（ハ） ガス絶縁機器（圧力の低下により絶縁破壊等を生じるおそれのないものを除く。）の絶縁ガスの圧力が著しく低下した場合

（ニ） 逆変換装置の運転が異常により自動停止した場合

（ホ） 運転操作に必要な遮断器（当該遮断器の遮断により逆変換装置の運転が自動停止するものを除く。）が異常により自動的に遮断した場合（遮断器が自動的に再閉路した場合を除く。）

ハ 蓄電所の出力が2,000kW未満の場合においては，ロの規定における技術員への警報を，技術員に連絡するための補助員への警報とすることができる。

ニ 蓄電所に施設する変圧器の使用電圧は，170,000V以下であること。

ホ 47-10表の左欄に掲げる場合に同表右欄に掲げる動作をする装置を施設するときは，同表左欄に掲げる場合に警報する装置を施設しないことができる。

47-10表

場合	動作
第二号ロ（ロ）	当該設備を電路から自動的に遮断するとともに，逆変換装置の運転を自動停止する。
第二号ロ（ハ）	

三 遠隔常時監視制御方式により施設する場合は，次に適合するものであること。

イ 技術員が，制御所に常時駐在し，蓄電所の運転状態の監視及び制御を遠隔で行うものであること。

ロ 前号ロ（イ）から（ホ）までに掲げる場合に，制御所へ警報する装置を施設すること。

ハ 制御所には，次に掲げる装置を施設すること。

（イ） 蓄電所の運転及び停止を，監視及び操作する装置

(ロ)　使用電圧が 100,000V を超える変圧器を施設する蓄電所にあっては，次に掲げる装置

(1)　運転操作に常時必要な遮断器の開閉を監視する装置

(2)　運転操作に常時必要な遮断器（自動再閉路装置を有する高圧又は 15,000V 以下の特別高圧の配電線路用遮断器を除く。）の開閉を操作する装置

(ハ)　ニにおいて規定する，蓄電所に必要な装置

ニ　遠隔常時監視制御方式により施設する場合において，前号ロ（ニ）及び（ホ）並びにホの規定は，制御所へ警報する場合に準用する。

〔解　説〕 情報伝送技術及び自動制御技術の進歩並びに電力用機器及び保護装置の信頼性の向上等の技術的要因を背景として，無人の蓄電所が設置されているが，本条は，前条と同様，技術員が当該蓄電所又はこれと同一の構内において常時監視をしないことができる蓄電所の種類と，その場合の施設条件について示している。

常時監視をしない蓄電所においては，異常が生じた場合に，技術員の迅速，かつ，適切な措置を期待することができないため，保安上の観点から，常時監視をする蓄電所よりも安全に停止するよう機器の保護装置等を強化する必要がある。

第一号の「随時巡回方式」は，常時監視をしない蓄電所の中で最も簡素な監視方式であり，**イ**において，技術員が適当な間隔をおいて蓄電所を巡回し，運転状態の把握を行うものであることを示している。また，「適当な間隔をおいて蓄電所を巡回」とは，蓄電所の機器の運転状態に拘束されず，技術員が平常勤務している場所から適当な間隔をおいてその蓄電所へ出向いて，運転状態等を監視することを指している。また，この時に同時に点検又は保守を行うことも考えられる。

ロは，随時巡回方式の適用条件を示したものである。随時巡回方式では，事故等により蓄電所が停止しても技術員へ警報されず，次回の巡回まで停止状態となるため，**ロ（イ）**及び**（ロ）**に適合する蓄電所，すなわち「電気の供給に支障を及ぼさない」蓄電所に限り，同方式を適用できるものとしている。

（イ）は，蓄電所に異常が生じた場合に，電力会社から供給を受ける需要家が停電しないことを求めている。

（ロ）は，蓄電所の運転又は停止により，電力系統の電圧及び周波数の維持に支障を及ぼさないことを求めている。これは，電気の供給支障だけでなく，蓄電所の運転又は停止により，需要家へ供給する電気の質が低下する場合も考慮する必要があるためであり，例えば，蓄電所の運転又は停止により当該蓄電所付近に接続された需要家の電圧又は当該蓄電所が接続されている電力系統の周波数が変動するものは，**（ロ）**の条件に適合しない。

ここで「電圧及び周波数の維持」とは，需要家の受電点において電気事業法施行規則

第44条の電圧及び周波数の値（電圧にあっては101 ± 6V，202 ± 20V，周波数にあっては標準周波数）を指している。なお，系統周波数の著しい低下は，他の蓄電所の電力系統からの分離に結び付く場合もあるため，離島等において，蓄電所の容量と当該蓄電所を連系する電力系統の電力容量とを比較して影響が小さくない場合には，その取扱いに十分注意する必要がある。

ハで，随時巡回方式の適用範囲を蓄電所に施設する変圧器の使用電圧が170,000V以下のものに限定しているのは，常時監視をしない変電所の施設条件（→第48条第一号）と整合を図るためである。

ニの「他冷式の特別高圧用変圧器の冷却装置が故障した場合又は温度が著しく上昇した場合」については，第43条で警報装置の施設が規定されているが，随時巡回方式の場合には，逆変換装置の運転を自動停止する装置を施設することとしている。

第二号の「随時監視制御方式」は，技術員へ蓄電所の異常等を警報する装置を施設し，技術員が警報受信時その他必要に応じて蓄電所に出向き，蓄電所の監視及び機器の操作等を行う方式である。

ロは，蓄電所の異常等を技術員に警報する項目を示しており，（イ）から（ハ）において規定している。

（イ）は，蓄電所内で火災が発生した場合は，早急に消火体制を整えるための連絡及び蓄電所内での必要な措置がとれるように，火災報知器を設けることを示している。

（ロ）の冷却装置の故障については，冷却装置用電源の喪失，電源の欠相又は冷却器各群の過負荷遮断などを考えており，ファンモーター各個のヒューズの溶断のような部分的な故障は考えていない。

（ハ）の「ガス絶縁機器の絶縁ガスの圧力が著しく低下した場合」は，機器内部に封入してあるガスの圧力低下により内部せん絡等の絶縁破壊を生じるおそれがある場合に限定している。

（ホ）の「運転操作に必要な遮断器」には，逆変換装置の連系用の遮断器，送配電用の遮断器及び事故時の自動遮断専用に施設される遮断器であって，遮断器が動作したとき技術員が現場に出向き投入しなければならないような遮断器も含まれる。一方，電力貯蔵装置の遮断器であって，並列用のものと保護用のものが2台直列に施設されている場合における並列用のもの及び母線などに施設される遮断器であって，保守時に母線などを切り分けるために用いられ，事故時には遮断しないようなものは，これに該当しない。「当該遮断器の遮断により逆変換装置の運転が自動停止するものを除く。」としているのは，警報を必要とする遮断器を明確にするためのものであり，考え方は第48条の2第3項第二号ハ（ロ）と同様である。

ハは，蓄電所出力が2,000kW未満の場合にあっては，技術員に報知する警報を連絡補助員に報知する警報とすることが認められることを示している。ここで「補助員」とは，蓄電所の運転に必要な最小限度の知識がある者であって，蓄電所の管理者との責任関係が明らかとなっている者であればよい。例えば，補助員を警備員とする場合についても，委託契約によって責任関係が明確であり，最小限度の知識に係る教育が実施され，確実な連絡体制が構築されていること等が明らかであれば，補助員の条件に適合するものと判断できる。

ニでは，随時監視制御方式の適用範囲を蓄電所に施設する変圧器の使用電圧が170,000V 以下のものに限定している。これは，常時監視をしない変電所の施設条件（→第48条第一号）と整合を図るためである。

第三号の「遠隔常時監視制御方式」は，技術員が蓄電制御所に常時駐在し，蓄電所の運転状態の監視及び制御を遠隔で行う方式である。

ロは，蓄電所の異常等を蓄電制御所に警報する項目を示しており，その考え方は第二号ロと同様である。

ハは，蓄電制御所に施設する必要がある装置を示している。

(イ) の「運転」には，起動から並列投入，出力の発生までが含まれており，例えば，電力貯蔵装置の並列用遮断器等も含まれる。

(ロ) は，運転操作に常時必要な遮断器の監視装置及び操作装置の施設を求めている。ここで，使用電圧が100,000V を超える変圧器を施設する蓄電所に限っているのは，常時監視をしない変電所の施設条件（→第48条第五号）との整合を図るためである。また，自動再閉路装置を有する高圧配電線又は15,000V 以下の特別高圧配電線（主に第108条に示している特別高圧配電線）用遮断器の操作装置については省略することを認めている。これは，これらの配電線は事故時以外に操作することがほとんどなく，かつ，事故時に再閉路を失敗したときは配電線路の事故復旧に相当の時間を要するものであり，配電線の事故復旧確認後に現場で再投入すればよいからである。

「運転操作に常時必要な遮断器」には，蓄電所の保守点検時の切替え操作のみに使用されるもの及び事故時の自動遮断専用に用いられる遮断器（遮断器が動作した場合に現場に技術員が出向き，回路や機器の状態を十分検討した後でなければ投入することができないもの）は含まれない。

【常時監視をしない変電所の施設】（省令第46条第2項）

第48条　技術員が当該変電所（変電所を分割して監視する場合にあっては，その分割した部分。以下この条において同じ。）において常時監視をしない変電所は，次の各号によること。

一　変電所に施設する変圧器の使用電圧に応じ，48-1表に規定する監視制御方式のいずれかにより施設すること。

48-1表

変電所に施設する変圧器の使用電圧の区分	監視制御方式			
	簡易監視制御方式	断続監視制御方式	遠隔断続監視制御方式	遠隔常時監視制御方式
100,000V 以下	○	○	○	○
100,000V を超え 170,000V 以下		○	○	○
170,000V 超過				○

（備考）○は，使用できることを示す。

二　48-1表に規定する監視制御方式は，次に適合するものであること。

イ　「簡易監視制御方式」は，技術員が必要に応じて変電所へ出向いて，変電所の監視及び機器の操作を行うものであること。

ロ　「断続監視制御方式」は，技術員が当該変電所又はこれから300m以内にある技術員駐在所に常時駐在し，断続的に変電所へ出向いて変電所の監視及び機器の操作を行うものであること。

ハ　「遠隔断続監視制御方式」は，技術員が変電制御所（当該変電所を遠隔監視制御する場所をいう。以下この条において同じ。）又はこれから300m以内にある技術員駐在所に常時駐在し，断続的に変電制御所へ出向いて変電所の監視及び機器の操作を行うものであること。

ニ　「遠隔常時監視制御方式」は，技術員が変電制御所に常時駐在し，変電所の監視及び機器の操作を行うものであること。

三　次に掲げる場合に，監視制御方式に応じ48-2表に規定する場所等へ警報する装置を施設すること。

イ　運転操作に必要な遮断器が自動的に遮断した場合（遮断器が自動的に再閉路した場合を除く。）

ロ　主要変圧器の電源側電路が無電圧になった場合

ハ　制御回路の電圧が著しく低下した場合

ニ　全屋外式変電所以外の変電所にあっては，火災が発生した場合

ホ　容量3,000kVAを超える特別高圧用変圧器にあっては，その温度が著しく上昇した場合

ヘ　他冷式（変圧器の巻線及び鉄心を直接冷却するため封入した冷媒を強制循環させる冷却方式をいう。）の特別高圧用変圧器にあっては，その冷却装置が故障した場合

ト　調相機（水素冷却式のものを除く。）にあっては，その内部に故障を生じた場合

チ　水素冷却式の調相機にあっては，次に掲げる場合

（イ）　調相機内の水素の純度が90%以下に低下した場合

（ロ）　調相機内の水素の圧力が著しく変動した場合

（ハ）　調相機内の水素の温度が著しく上昇した場合

リ　ガス絶縁機器（圧力の低下により絶縁破壊等を生じるおそれがないものを除く。）の絶縁ガスの圧力が著しく低下した場合

48-2 表

監視制御方式	警報する場所等
簡易監視制御方式	技術員（技術員に連絡するための補助員がいる場合は，当該補助員）
断続監視制御方式	技術員駐在所
遠隔断続監視制御方式	変電制御所及び技術員駐在所
遠隔常時監視制御方式	変電制御所

四　水素冷却式の調相機内の水素の純度が 85% 以下に低下した場合に，当該調相機を電路から自動的に遮断する装置を施設すること。

五　使用電圧が 100,000V を超える変圧器を施設する変電所であって，変電制御所を設けるものは，当該変電制御所に次に掲げる装置を施設すること。

イ　運転操作に常時必要な遮断器（自動再閉路装置を有する高圧又は 15,000V 以下の特別高圧の配電線路用遮断器を除く。）の開閉を操作する装置

ロ　運転操作に常時必要な遮断器の開閉を監視する装置

六　使用電圧が 170,000V を超える変圧器を施設する変電所であって，特定昇降圧変電所（使用電圧が 170,000V を超える特別高圧電路と使用電圧が 100,000V 以下の特別高圧電路とを結合する変圧器を施設する変電所であって，昇圧又は降圧の用のみに供するものをいう。）以外の変電所は，2 以上の信号伝送経路により遠隔監視制御するように施設すること。この場合において，変電所構内，当該信号伝送路の中継基地又は河川横断箇所等の 2 以上の信号伝送経路により施設することが困難な場所は，伝送路の構成要素をそれぞれ独立して構成することにより，別経路とみなすことができる。

七　電気鉄道用変電所（直流変成器又は交流き電用変圧器を施設する変電所をいう。）にあっては，次に掲げる装置を施設すること。

イ　主要変成機器に故障を生じた場合又は電源側電路の電圧が著しく低下した場合に当該変成機器を自動的に電路から遮断する装置。ただし，軽微な故障を生じた場合に監視制御方式に応じ 48-2 表に規定する場所等へ警報する装置を施設するときは，当該故障を生じた場合に自動的に電路から遮断する装置を施設しないことができる。

ロ　使用電圧が 100,000V を超える変圧器を施設する変電所であって，変電制御所を設けるものは，当該変電制御所に，主要変成機器の運転及び停止の操作及び監視をする装置

〔解　説〕 情報伝送技術及び自動制御技術の進歩並びに電力用機器及び保護装置の信頼性の向上等の技術的要因を背景として，無人の変電所が設置されているが，本条は，前条と同様，技術員が当該変電所又はこれと同一の構内において常時監視をしないことができる変電所の種類と，その場合の施設条件について示している。「変電所を分割して監視する場合にあっては，その分割した部分」とは，電力系統の適切な機能分担による効率的な運用を行うため，一つの変電所を2以上の場所等から分割して監視制御することを認めたものである。これは，分割した変電所の各区分に施設する電路の使用電圧に応じて，監視制御方式をそれぞれ適用できることを示しており，また，それぞれの場所等から重複して監視制御する必要はないことを示している。なお，電気鉄道用変電所のうち鉄道営業法，軌道法又は鉄道事業法が適用され又は準用されるものは，鉄道関係法令との二重規制を避けるために**第2条**により**本条第1項第三号**から**第七号**の規定は適用されない。

第一号及び**第二号**は，常時監視をしない変電所の監視制御方式を規定したものである。

第二号イの「簡易監視制御方式」は，技術員が必要に応じて変電所に出向き，変電所の運転状態の監視及び機器の操作を行う方式である。常時監視をしない変電所の中で最も簡素な監視制御方式であり，適用範囲は変電所に施設する変圧器の使用電圧が100kV以下のものに限っている。従来は，技術員が変電所又はその構外にある技術員駐在所に常時駐在することとしていたが，情報通信技術を活用すれば，技術員が技術員駐在所に常時駐在しなくても，携帯電話等で警報を常時受信することが可能であることから，H23解釈で改正されたものである。

ロ及び**ハ**は，技術員が技術員駐在所等に常時駐在し，断続的に変電所又は変電制御所へ出向き，変電所の運転状態の監視及び機器の操作を行う方式である。これらの方式により施設される変電所は，使用電圧が高く，保安上及び系統構成上重要であるので，変電所に異常が生じた場合の迅速な対応が必要となるため，変電所又は変電制御所と技術員駐在所との距離を300m以内とすることを規定している。

ニは，技術員が変電制御所に常時駐在し，変電所の運転状態の監視と機器の操作を遠隔で行う方式である。従来は特定昇降圧変電所に限り認めていたが，S57基準で変電所機器の安全性，信頼性の向上及び通信制御技術の著しい進歩を背景として，使用電圧が170kVを超える変電所全般について認めた。

48-2表の「補助員」とは，事故時に的確に技術員へ連絡することができる者を指し，変電所の運転に必要な最小限度の知識がある者であって，変電所の管理者と責任関係が明らかとなっている者であればよい。例えば，補助員を警備員とする場合についても，委託契約によって責任関係が明確であり，最小限度の知識に係る教育が実施され，確実な連絡体制が構築されていること等が明らかであれば，補助員の条件に適合するものと判断できる。

第三号イの「運転操作に必要な遮断器」には，送配電線用の遮断器のほか，事故時の自動遮断専用に施設される遮断器であって，遮断器が動作したとき技術員が現場に出向き投入しなければならないような遮断器も含まれる。一方，保守時に母線などを切り分けるために用いられ，事故時には遮断しないようなものは，これに該当しない。また，「遮断器が自動的に再閉路した場合」は，事故とは考えないので除外している。ただし，再閉路に失敗した場合には事故が継続していることを技術員に知らせる必要があるため，警報することとしている。

ロの「電源側電路が無電圧」とは，送電線の事故又は電源側の事故により，変圧器の電源側が無電圧になることも考えられる。

ハの「制御回路の電圧」については，遠隔制御回路のほかリレー電源等も含まれる。

ニは，全屋外式の場合は火災が発生する可能性が少なく，かつ，検出が容易でないため省略を認めている。

ホは特別高圧用変圧器の温度が著しく上昇した場合に警報する装置を施設することとしており，**第47条**及び**第47条の2**の発電所の場合と異なり，自冷式の変圧器も対象としている。これは，変電所は発電所と異なり民家に接近して施設される場合があり，特に油が多く入っている変圧器については，その温度上昇に関して厳しい規制が必要と判断されたためである。ただし，最近の変圧器では温度上昇するものがまれであることを考慮して，3,000kVA以下の容量のものについては不要としている。

ヘの「冷却装置が故障した場合」とは，冷却装置用電源の喪失，電源の欠相又は冷却器各群の過負荷遮断などを考えており，ファンモーター各個のヒューズの溶断のような部分的な故障は考えていない。

トは，主に巻線などの電気的な故障について規定したものであり，水素冷却式調相機については**チ**で規定している。

リは，機器内部に封入しているガスの圧力低下によって内部せん絡等の絶縁破壊が生じるおそれがある場合に限定している。

第四号は，水素冷却式調相機は機内の水素の純度が異常に低下した状態で運転を継続することは爆発の危険を伴うので，電路から調相機を自動的に遮断することを規定している。

第五号イでは，自動再閉路装置を有する高圧又は15,000V以下の特別高圧配電線路用遮断器の操作装置については，省略を認めている。これは，これらの配電線は事故時以外に操作することがほとんどなく，かつ，事故時に再閉路に失敗したときは配電線路の事故復旧に相当の時間を要するものであり，配電線の事故復旧確認後に現場で投入すればよいからである。なお，「運転操作に常時必要な遮断器」には，変電所の保守点検時の切替え操作のみに使用されるもの及び事故時の自動遮断専用に用いられる遮断器（遮断器が動作した場合に現場に技術員が出向き，回路や機器の状態を十分検討した後でなければ投入することができないもの）は含まれない。

第六号は，特定昇降圧変電所以外の使用電圧が170kVを超える変圧器を施設する変電所を遠隔常時監視制御方式により監視制御する場合は，無線，通信用ケーブル等の信頼性のある通信方式を使用した2ルート以上の遠隔監視制御用伝送路により，監視制御することとしている。これは伝送路が変電所構外にわたって施設されるため，第三者などの外部の影響を受けるおそれがあり，外部の影響を受けた場合，系統の連系機能を有する大規模な変電所にあっては，系統全体に大きな影響を与えるおそれがあるためである。別経路とすることが困難な場所では，例えば，解説48.1図に示すように伝送路の構成要素をそれぞれ独立して構成することで別経路とみなすことができるが，そのような場合には，第三者等により同時に損傷を受けないよう施設方法に配慮する必要がある。

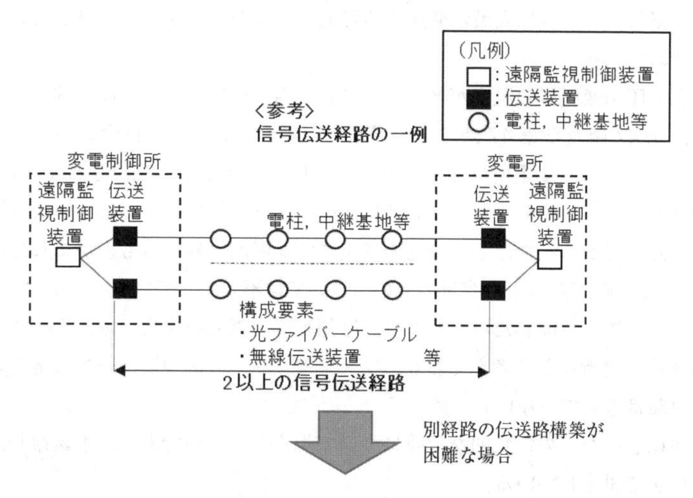

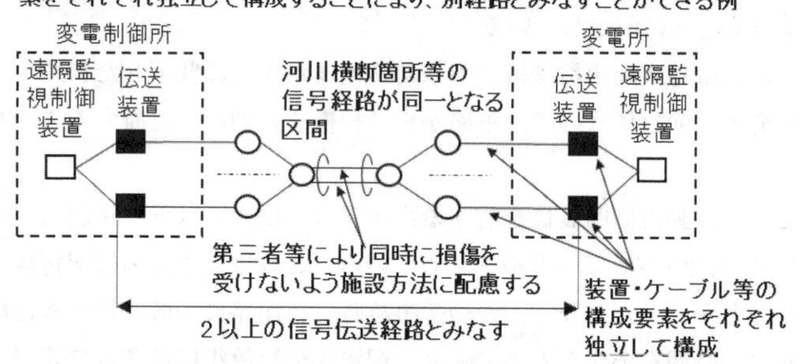

解説 48.1 図

第七号は，常時監視をしない電気鉄道用変電所に対する追加規定である。大半の電気鉄道用変電所は鉄道営業法，軌道法，鉄道事業法が適用され又は準用され，このような国土交通省によって規制される変電所については二重規制を避ける目的で，**第2条**において**本条**の**第三号**から**第七号**の規定は適用されないことを示している。従って，上記の法律の及ばない車両工場や鉱山などの電気鉄道用変電所は**本条**の規定が適用される。

イは，**第四号**に掲げる装置のほか，主要変成機器，例えば半導体整流器又はこれらの付属変圧器に異常を生じた場合に，ただし書の場合を除き，電路からこれを自動的に遮断する装置を施設することとしている。

ロは，**第五号**に掲げる装置のほか，主要変成機器の運転及び停止を操作及び監視する装置を施設することとしている。

第３章　電線路

第１節　電線路の通則

【電線路に係る用語の定義】（省令第１条）

第49条　この解釈において用いる電線路に係る用語であって，次の各号に掲げるものの定義は，当該各号による。

一　想定最大張力　高温季及び低温季の別に，それぞれの季節において想定される最大張力。ただし，異常着雪時想定荷重の計算に用いる場合にあっては，気温0℃の状態で架渉線に着雪荷重と着雪時風圧荷重との合成荷重が加わった場合の張力

二　A種鉄筋コンクリート柱　基礎の強度計算を行わず，根入れ深さを第59条第2項に規定する値以上とすること等により施設する鉄筋コンクリート柱

三　B種鉄筋コンクリート柱　A種鉄筋コンクリート柱以外の鉄筋コンクリート柱

四　複合鉄筋コンクリート柱　鋼管と組み合わせた鉄筋コンクリート柱

五　A種鉄柱　基礎の強度計算を行わず，根入れ深さを第59条第3項に規定する値以上とすること等により施設する鉄柱

六　B種鉄柱　A種鉄柱以外の鉄柱

七　鋼板組立柱　鋼板を管状にして組み立てたものを柱体とする鉄柱

八　鋼管柱　鋼管を柱体とする鉄柱

九　第1次接近状態　架空電線が，他の工作物と接近する場合において，当該架空電線が他の工作物の上方又は側方において，水平距離で3m以上，かつ，架空電線路の支持物の地表上の高さに相当する距離以内に施設されることにより，架空電線路の電線の切断，支持物の倒壊等の際に，当該電線が他の工作物に接触するおそれがある状態

十　第2次接近状態　架空電線が他の工作物と接近する場合において，当該架空電線が他の工作物の上方又は側方において水平距離で3m未満に施設される状態

十一　接近状態　第1次接近状態及び第2次接近状態

十二　上部造営材　屋根，ひさし，物干し台その他の人が上部に乗るおそれがある造営材（手すり，さくその他の人が上部に乗るおそれのない部分を除く。）

十三　索道　索道の搬器を含み，索道用支柱を除くものとする。

〔**解　説**〕 本条は，**第3章**で用いられる主要な用語の定義を掲げたものである。

第一号は，支持物設計に用いられる想定最大張力の定義である。

第二号から**第八号**は，各種鉄筋コンクリート柱及び鉄柱の定義である。それぞれの関係を解説49.1図に示す。

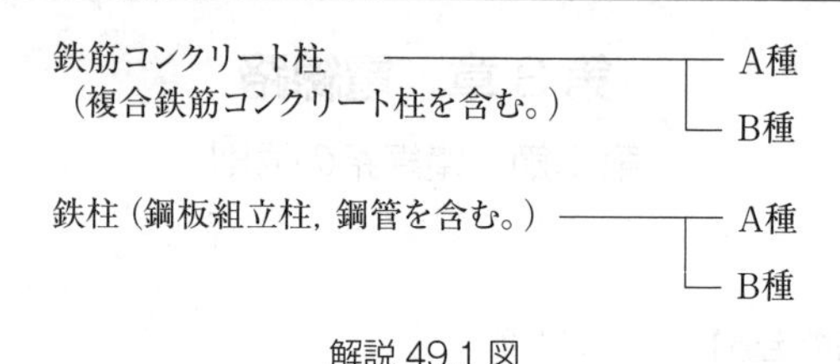

解説 49.1 図

第九号から**第十一号**は，接近状態の区分の定義である。接近状態とは，架空電線が他の工作物の上方又は側方において接近（→**第1条第二十一号**）する状態であって，他の工作物の下方において接近する場合は含まない。これらの接近状態について定義しているのは，架空電線と他の工作物とが接近し，又は交差する場合の規定を他の工作物との位置関係，他の工作物の種類ごとに規定したことに伴い，規定の条文が複雑になるのを避けるためである（→解説 49.2 図）。

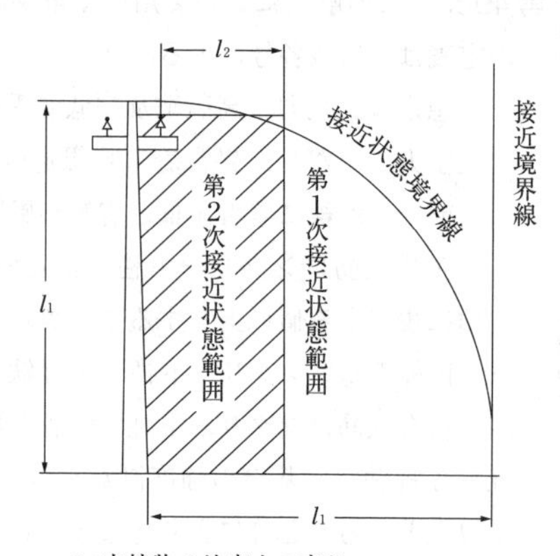

解説 49.2 図

第十二号の上部造営材とは，人が上部に乗るおそれがある造営材を指している。なお，人が上部に乗るおそれがある屋上などで安全のために屋上の周囲に設けられる手すり壁，さく又は金網（建築基準法施行令第126条）は上部造営材からの墜落の危険の防止を目的としたものであり，その他の造営材と考えてよい（→解説 49.3 図）。また，傾斜が険しい屋根などの人が昇って作業することがないような場所の上部については，上部造営材ではあるが，その他の造営材として扱うことができる。

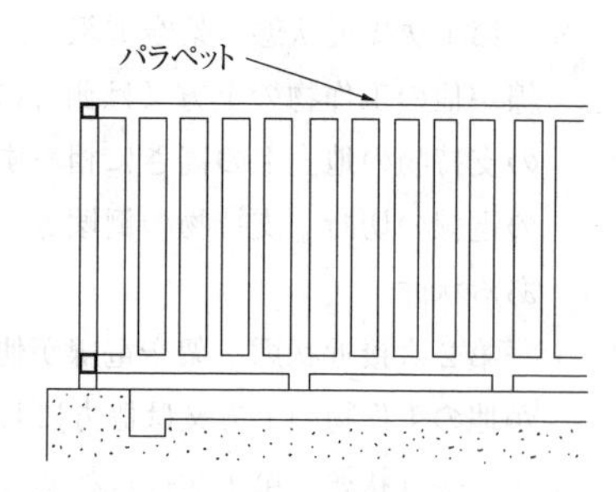

解説 49.3 図

第十三号の索道とは，空中に架設した鋼索に運搬機を取り付け，人や荷物を運搬する装置を指し，例えばロープウェイなどがこれに該当する。

【電線路からの電磁誘導作用による人の健康影響の防止】（省令第27条の2）

第50条　発電所，蓄電所，変電所，開閉所及び需要場所以外の場所に施設する電線路から発生する磁界は，第3項に掲げる測定方法により求めた磁束密度の測定値（実効値）が，商用周波数において200μT以下であること。ただし，造営物内，田畑，山林その他の人の往来が少ない場所において，人体に危害を及ぼすおそれがないように施設する場合は，この限りでない。

2　測定装置は，民間規格評価機関として日本電気技術規格委員会が承認した規格である「人体ばく露を考慮した直流磁界並びに1Hz～100kHzの交流磁界及び交流電界の測定－第1部：測定器に対する要求事項」の「適用」の欄に規定するものであること。

3　測定に当たっては，次の各号のいずれかにより測定すること。なお，測定場所の例ごとの測定方法の適用例については50-1表に示す。

一　磁界が均一であると考えられる場合は，測定地点の地表，路面又は床（以下この条において「地表等」という。）から1mの高さで測定した値を測定値とすること。

二　磁界が不均一であると考えられる場合は，測定地点の地表等から0.5m，1m及び1.5mの高さで測定し，3点の平均値を測定値とすること。

50-1表

測定場所	測定方法
架空電線路の下方における地表	第3項第一号により測定すること。
架空電線路の周囲の建造物等	建造物の壁面等，公衆が接近することができる地点から水平方向に0.2m離れた地点において第3項第二号により測定すること。
地中電線路の周囲	第3項第二号により測定すること。
地中電線路と架空電線路の接続部，その他の電線路が工作物に沿って地上に施設される部分	電線表面等，公衆が接近することができる地点から水平方向に0.2m離れた地点において第3項第二号により測定すること。

〔解　説〕　本条は，電線路から発生する磁界について規定している（→第31条解説）。

第3項では，IEC規格に従い，**50-1表**に測定場所の区分による測定方法の適用例を示した。なお，架空電線路の下方における地表等又は側方若しくは上方であって，架空電線路の地表上の高さと同等以上の離隔距離がある場合には，**第3項第一号**に準じて測定することも問題ないものと考えられる。適用例に該当しない場合は，適用例及びIEC規格の付属文書を参考として測定方法を判断することとなる。

第2節　架空電線路の通則

【電波障害の防止】（省令第42条第1項）

第51条　架空電線路は，無線設備の機能に継続的かつ重大な障害を及ぼす電波を発生するおそれがある場合には，これを防止するように施設すること。

2　前項の場合において，低圧又は高圧の架空電線路から発生する電波の許容限度は，次の各号により測定したとき，各回の測定値の最大値の平均値が，526.5kHzから1,606.5kHzまでの周波数帯において準せん頭値で36.5dB以下であること。

一　測定は，架空電線の直下から架空電線路と直角の方向に10m離れた地点において行うこと。

二　妨害波測定器のわく型空中線の中心を地表上1mに保ち，かつ，雑音電波の電界強度が最大となる方向に空中線を調整して測定すること。

三　測定回数は，数時間の間隔をおいて2回以上とすること。

四　1回の測定は，連続して10分間以上行うこと。

〔解　説〕**本条**は架空電線路から発生する電波についての規定である。電波障害については，ラジオやテレビジョン放送等無線設備の発達とネオンサイン，けい光灯等の放電現象を応用した照明装置や電気ドリル，電気バリカン，電気ミキサー，高周波ミシン等の小型電動機又は電磁石を応用した電気器具の普及，超高圧送電線の出現等，障害電波を発する電力設備の発達に伴って，両者間の障害が年々増加したため各地の無線障害防止の対策協議会で対策が行われていた。しかし，法規で規制しなければ両者の円満な発達を望み得ぬ状態になったため，S29工規で電波障害の防止の規制が設けられた。旧工規では，これらの電波障害についてまとめて規定していたが，本解釈では，電線路関係については**本条**で，電気使用機械器具関係については**第155条**で，電車線路関係については**第202条**でそれぞれ示している。

本解釈では，継続的かつ重大な電波障害を防止することを目的としており，一時的若しくは瞬間的なもの又は軽微なものは対象としていない。電波障害の種類としては，①電気機械器具や電線路等から直接発生する電波による障害，②電気機械器具の使用電流に高周波分が含まれるために，これが電路に伝わり，その電路に接続される無線設備に影響を及ぼすことによる障害，③電気機械器具から電路に伝わった高周波分によって，さらに電路から発生する電波による障害がある。

本条は，①のうち電線路等から直接発生する電波による障害に関する規定である。当然，③の電路から発生する電波による障害も，電線路に施設する電気機械器具が原因である場合は**本条**の対象となるが，需要場所に施設される電気機械器具が原因である場合は需要家側で対策を講ずべき問題である。

第2項では，架空電線路から発生する電波の許容限度のうち，低圧又は高圧の架空電線路から発生する電波の許容限度を，36.5dB（準せん頭値）としている。実際の測定に当たっては③の電波による障害を完全に切り離すことは困難であるのでこれを含めて測定し，36.5dB を超す場合には更に調査及び検討を行う。需要家設備からの高周波電流によるものを除いた測定値が 36.5dB 以下であれば当該電線路における対策は不要であり，需要家側設備においてこれを処置すべきである。

なお，この電波の許容限度については，電波技術審議会（現：総務大臣の諮問機関）の答申により定められたものであり，妨害波測定器としては，昭和 48 年度の電波技術審議会の答申に準ずる規格のものを使用することとしている。

【架空弱電流電線路への誘導作用による通信障害の防止】（省令第 42 条第 2 項）

第52条　低圧又は高圧の架空電線路（き電線路（第 201 条第五号に規定するものをいう。）を除く。）と架空弱電流電線路とが並行する場合は，誘導作用により通信上の障害を及ぼさないように，次の各号により施設すること。

一　架空電線と架空弱電流電線との離隔距離は，2m 以上とすること。

二　第一号の規定により施設してもなお架空弱電流電線路に対して誘導作用により通信上の障害を及ぼすおそれがあるときは，更に次に掲げるものその他の対策のうち 1 つ以上を施すこと。

イ　架空電線と架空弱電流電線との離隔距離を増加すること。

ロ　架空電線路が交流架空電線路である場合は，架空電線を適当な距離でねん架すること。

ハ　架空電線と架空弱電流電線との間に，引張強さ 5.26kN 以上の金属線又は直径 4mm 以上の硬銅線を 2 条以上施設し，これに D 種接地工事を施すこと。

ニ　架空電線路が中性点接地式高圧架空電線路である場合は，地絡電流を制限するか，又は 2 以上の接地箇所がある場合において，その接地箇所を変更する等の方法を講じること。

2　次の各号のいずれかに該当する場合は，前項の規定によらないことができる。

一　低圧又は高圧の架空電線が，ケーブルである場合

二　架空弱電流電線が，通信用ケーブルである場合

三　架空弱電流電線路の管理者の承諾を得た場合

3　中性点接地式高圧架空電線路は，架空弱電流電線路と並行しない場合においても，大地に流れる電流の電磁誘導作用により通信上の障害を及ぼすおそれがあるときは，第 1 項第二号イからニまでに掲げるものその他の対策のうち 1 つ以上を施すこと。

4　特別高圧架空電線路は，弱電流電線路に対して電磁誘導作用により通信上の障害を及ぼすおそれがないように施設すること。

5　特別高圧架空電線路は，次の各号によるとともに，架空電話線路に対して，通常の使用状態において，静電誘導作用により通信上の障害を及ぼさないように施設すること。ただし，架空電話線が通信用ケーブルである場合，又は架空電話線路の管理者の承諾を得た場合は，この限りでない。

一　使用電圧が60,000V以下の場合は，電話線路のこう長12kmごとに，第三号の規定により計算した誘導電流が2μAを超えないようにすること。

二　使用電圧が60,000Vを超える場合は，電話線路のこう長40kmごとに，第三号の規定により計算した誘導電流が3μAを超えないようにすること。

三　誘導電流の計算方法は，次によること。

イ　特別高圧架空電線路の使用電圧が15,000V以下の場合は，次の計算式により計算すること。

$$i_T = V_k \times 10^{-3} \times \left(2.5n + 2.76\Sigma \frac{l_m \left| \log \dfrac{b_{m+1}}{b_m} \right|}{|b_{m+1} - b_m|} + 1.2\Sigma \frac{l_m}{b_m} + 1.8\Sigma \frac{l_m}{b_{m+1} b_m} + 18\Sigma \frac{l_m}{{b_m}^2} \right)$$

交差点前後　非並行部分　並行部分　非並行部分　並行部分

（非並行部分・並行部分（第2項・第3項））電線路と電話線路との間の離隔距離が15m以下の部分（※）

（非並行部分・並行部分（第4項・第5項））電線路と電話線路との間の離隔距離が15mを超え60m以下の部分

i_Tは，受話器に通じる誘導電流（単位：μA）
V_kは，電線路の使用電圧（単位：kV）
nは，電線と電話線との交差点の数
b_m，b_{m+1}は，それぞれ地点m，地点$m+1$における電線と電話線との離隔距離（単位:m）
l_mは，地点mと地点$m+1$との間の電話線路のこう長（単位：m）
※：電線路と電話線路が交差する場合は，その交差点の前後各25mの部分を除く。

ロ　特別高圧架空電線路の使用電圧が15,000Vを超える場合は，次によること。

（イ）　誘導電流は，次の計算式により計算すること。

$$i_T = V_k D \times 10^{-3} \times \left(0.33n + 26\Sigma \frac{l_m}{b_{m+1} b_m} \right)$$

交差点前後　交差点前後以外の部分（※）

i_Tは，受話器に通じる誘導電流（単位：μA）
V_kは，電線路の使用電圧（単位：kV）
Dは，電線路の線間距離（単位：m）
nは，電線と電話線との交差点の数
b_m，b_{m+1}は，それぞれ地点m，地点$m+1$における電線と電話線との離隔距離（単位:m）
l_mは，地点mと地点$m+1$との間の電話線路のこう長（単位：m）
※：電線路と電話線路とが交差する場合は，使用電圧が60,000V以下のときは交差点の前後各50m，使用電圧が60,000Vを超えるときは交差点の前後各100mの部分を除く。

（ロ）52-1表の左欄に掲げる使用電圧に応じ，それぞれ同表の右欄に掲げる距離以上，電話線路と離れている電線路の部分は，（イ）の計算においては，省略すること。

52-1表

使用電圧の区分	電線路と電話線路との距離
25,000V以下	60m
25,000Vを超え35,000V以下	100m
35,000Vを超え50,000V以下	150m
50,000Vを超え60,000V以下	180m
60,000Vを超え70,000V以下	200m
70,000Vを超え80,000V以下	250m
80,000Vを超え120,000V以下	350m
120,000Vを超え160,000V以下	450m
160,000V超過	500m

〔解　説〕架空電線路の架空弱電流電線路に対する誘導作用による通信上の障害には，使用電圧に関係のある静電誘導作用及び架空電線の正常時の負荷電流又は地絡事故若しくは短絡事故の際の故障電流による電磁誘導作用の二つがある。**本条**は，これらの障害を軽減し，又は回避するために設けられている。誘導作用による通信上の障害について，従来は既設の架空弱電流電線路に対する障害防止のみを対象としていたが，本解釈では，全ての架空弱電流電線路を対象としている。したがって，架空電線路の建設後に施設された架空弱電流電線路に対しても通信上の障害を与える場合は，これを防止するために何らかの措置を講ずる必要があり，この場合の措置に要する費用の負担については，電気事業法第41条に定められている方針に基づいて解決されることになる。なお，き電線路については，**第204条**に示している。また，**本条**を含む**第3章第1節**及び**第2節**の規定は，**第64条**において低圧架空電線路又は高圧架空電線路から除かれている電線路及び**第83条**において特別高圧架空電線路から除かれている電線路に対しても適用されることとなるので注意を要する。

第1項第一号において，低高圧架空電線は，大地から絶縁されている（**→第13条**）ため，一般に単相及び三相回路の正常時の電磁誘導作用は，**第204条**の直流単線式電線路に比べ軽微である。離隔距離を大きくすることは，誘導作用による障害を防止するための効果的な手段の一つであり，**本号**では離隔距離を2m以上とすることとしている。**第一号**は，誘導作用による通信上の障害防止のために離隔距離を規定しているが，**第二号**では，**第一号**により架空電線と架空弱電流電線との離隔を確保しただけでは十分に誘導作用による通信上の障害を除去できない場合に，更に必要に応じて適当な対策を講ずる必要性を示している。

ロは，ねん架を行うことにより電磁誘導作用を減少させる方法を示している。

ハ（→解説 52.1 図）は，接地した金属線の介在が静電誘導を低減し，また電磁誘導に対しても接地点を適当に設けることにより，その低減の効果を大きくすることができることを示している。

ニは，中性点接地式高圧架空電線路の場合は，接地故障時には大きな地絡電流が流れ，正常時でも第3高調波により大地に電流が流れて，既設の弱電流電線に対して誘導作用による通信上の障害を及ぼすおそれがあるので，このような場合に中性点の抵抗器の抵抗値を増す等の方法によって地絡電流を極力少なくし，又は接地箇所が2箇所以上の場合には，並行区間に流れる地絡電流を少なくするように接地箇所を変更する等の方法により電磁誘導作用を防止する方法を示している。

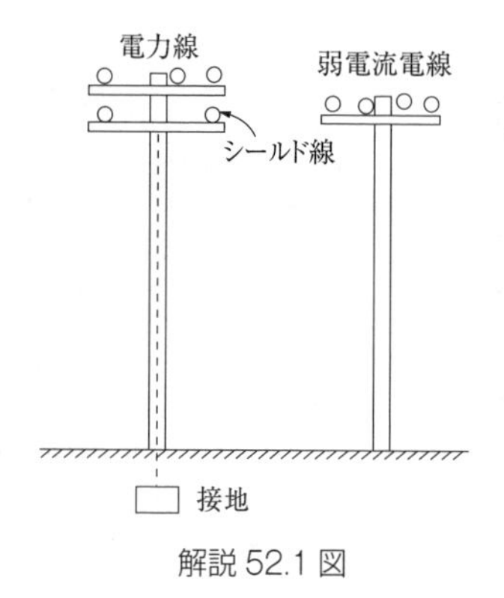

解説 52.1 図

第2項は，**前項**の規定によらないことができる条件を示している。低高圧架空電線にケーブルを使用する場合（→**第67条**）は，**第76条**に規定する架空弱電流電線との離隔距離を確保すれば，通常，電磁誘導作用による通信上の障害はほとんどないと考えられる。万一，通信上の障害を及ぼすことが確認されたような場合には，**第1項各号**に準ずることが望ましい。

第3項は，中性点接地方式の高圧架空電線路では，前述のように誘導作用による通信上の障害の原因となる要素が多いので，並行しない場合であっても架空弱電流電線路に障害を及ぼすおそれがあるときは，必要に応じて**第1項第二号**に従って適当な対策を講ずることを示している。

第4項は，特別高圧架空電線路の電磁誘導作用による通信上の障害を規定しており，一般に中性点接地式電路を対象に考えればよい。60kV 以上の電線路はほとんどが中性点接地方式であり，20kV，30kV 級の電線路でも，中性点接地方式のものが少なくない。中性点を接地することは，異常電圧の発生を抑制するほか，地絡故障時に故障点の選択遮断を行い，送電の安定を図り得る利点があるが，一方で故障の際の地絡電流や不平衡電流（三相4線式の中性線多重接地の場合に特に検討を要する。）による電磁誘導作用のために近接する弱電流電線路に有害な誘導電圧を発生し，人体や機器に障害を与えるほか，電話線には雑音による通信障害を起こすおそれがある。これらの障害を除去するためには，地絡電流については高速度遮断器を使用する，地絡電流を保護リレーの感度等よりみた必要最小限度の値にするように中性点の抵抗器の値を大きくする，又は消弧リアクトル補償方式を採用する等の方法，不平衡電流については負荷のバランスを図る，又は同一接地系統を小さく分ける等により不平衡電流を小さくする方法をとる必要がある。また，両者間の離隔距離を大きくする，特別高圧電線路及び架空弱電流電線路にシールド線を施設する，又は弱電流電線路に避雷器のような適当な保安器を取り付けること等も有効な方法である。要するに，障害防止方法としては，弱電側に防護施設をした方が経済的かつ有効な場合もあることから，実際の施設に当たってはこれらの諸方法を十分に検討して，最も実情にあった措置をとることが必要である。

1A 当たりの電磁誘導電圧の計算　現在，電磁誘導電圧の計算には，深尾氏の公式が用いられているが，Carson pollaczek の公式も参考として用いられる。深尾氏の公式は，次のとおりである（→解説 52.2 図）。

$$V=kf\left\{\Sigma\frac{l_1}{\frac{1}{2}(b_1+b_2)}+\Sigma\frac{l_2}{100}\right\}$$

V：通信線に誘導する電圧（V/A）
f：地絡電流の周波数（Hz）
b_1, b_2：送電線と通信線との水平距離（m）（通常 5,000m までが影響範囲として計算される。）
l_1，l_2：それぞれ b_1，b_2 間及び b_2，b_3 間の送電線路のこう長（m）
K：定数であって，富山県，長野県及び静岡県以東の各府県並びに北海道では，山地は 0.0005，平地は 0.00025 とし，前記以外の地方では，山地は 0.0008，平地は 0.0004

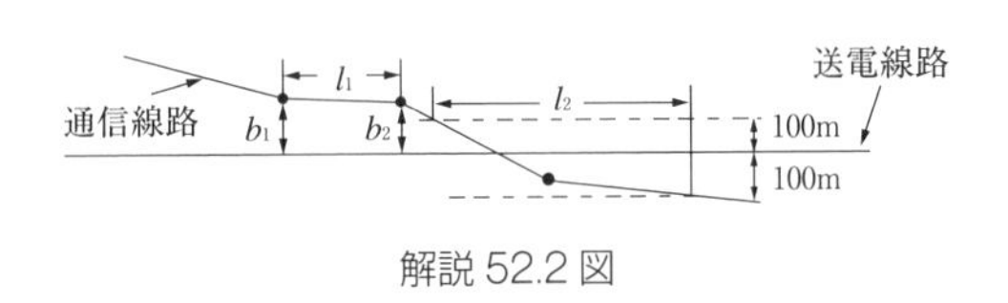

解説 52.2 図

電磁誘導電圧が何 V 以上となれば対策を必要とするかは，被害を受ける側と与える側で協議する問題であることから，本規定では許容値を示していない。

日本では，誘導調査特別委員会報告（電気学会・電子情報通信学会 平成 5 年 11 月）で，雨天時に心線を素手で掴み接続作業をするような状態で，手から胸部へ通電するような過酷な条件を考慮して，胴体の接触部が誘導電流の経路とならない設備上の対策を実施したうえで，故障電流が確実に 0.06 秒以内となるよう維持される高安定送電線からの誘導電圧に対しては，650V を制限値とすることが適切であるとしている。

また，国際的には，ITU-T（国際電気通信連合）が勧告（K.33　平成 8 年 10 月）を示しており，一般的には 2,000V，保守管理作業の状況等が上記のような過酷な場合においては 650V を制限値としているので参照されたい。

第 5 項は，特別高圧架空電線路の静電誘導作用による架空電話線路に対する誘導障害防止の規定である。特別高圧架空電線路の建設に当たっては，既設の架空弱電流電線路の施設状況を十分に調査し，また**本条**に定めた計算方法によってその障害の程度を調べて適当な離隔距離をとる等の対策が必要である。静電誘導作用は，電磁誘導作用とは異なり，主として送電時の通話障害が問題となるので，常時通信上の障害を及ぼさないことが重要であり，瞬間的な障害は問題にしていない。なお，架空ケーブルの場合は，ケーブルのちょう架用線が接地されているので静電誘導による障害は少ない。**第5項**の「架空電話線路に対して，通常の使用状態において，常時静電誘導作用により通信上の障害を及ぼさないように」とは，計算上は支障を及ぼさない程度の距離に離しても，実際に使用を開始した場合になお誘導作用による通信上の障害を及ぼすおそれがあるときは，特別高圧電線のねん架を十分に行い又はD種接地工事を施した金属線を両者の間に架設して遮へいする等により，十分にその障害を除去すべきことを意味している。この場合，弱電流電線路側においてねん架その他の手段を講じたほうが経済的かつ有効なことが少なくないので，このような場合には弱電流電線路の管理者と十分協議する必要がある。

なお，従来は単線式電話線路，架空電信線路についても規定していたが，H9解釈では，その設備がなくなったことから削除した。

第三号イの計算式の適用方法を解説52.3図を例として以下に示す。

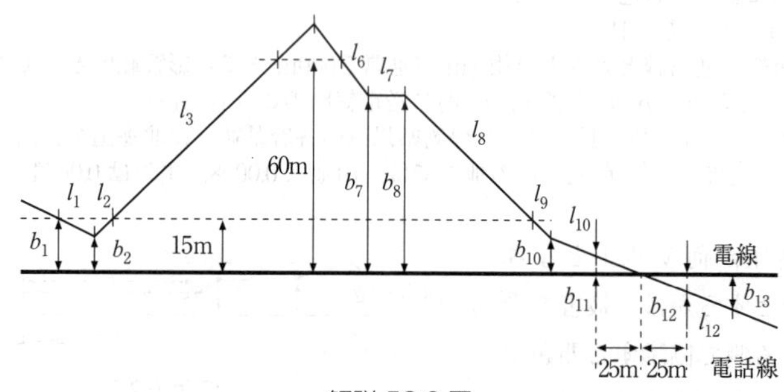

解説52.3図

$$\Sigma\frac{l_1\log\dfrac{b_2}{b_1}}{b_2-b_1}=\frac{l_1\log\dfrac{b_1}{b_2}}{b_1-b_2}+\frac{l_2\log\dfrac{15}{b_2}}{15-b_2}+\frac{l_7\log\dfrac{15}{b_4}}{15-b_4}+\frac{l_8\log\dfrac{b_4}{b_5}}{b_4-b_5}+\frac{l_9\log\dfrac{b_6}{b_5}}{b_6-b_5}$$

$$\Sigma\frac{l_1}{b_1b_2}=\frac{l_3}{150\times60}+\frac{l_4}{60\times b_3}+\frac{l_6}{b_3\times15}$$

$$\Sigma\frac{l}{b^2}=\frac{l_5}{b_3{}^2}$$

$$n=1$$

ロの計算式の適用方法を解説52.4図を例として以下に示す。

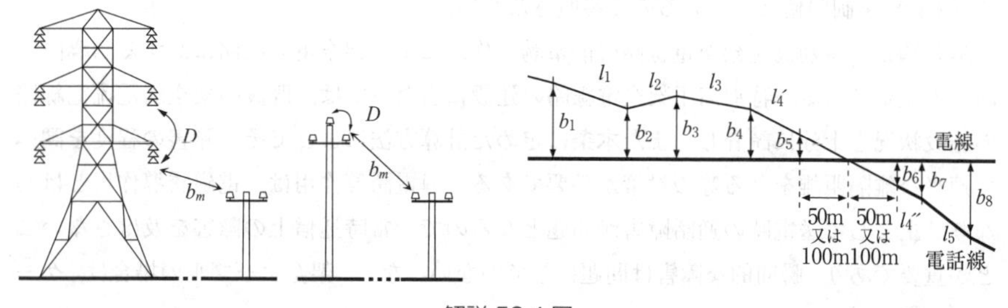

解説52.4図

$$\Sigma\frac{l_1}{b_1b_2}=\frac{l_1}{b_1b_2}+\frac{l_2}{b_2b_3}+\frac{l_3}{b_3b_4}+\frac{l_4'}{b_4b_5}+\frac{l_4''}{b_6b_7}+\frac{l_5}{b_7b_8}+\cdots$$

なお，以前は**省令第27条第1項**及び**第2項**と同一内容を解釈にも示していたが，H23解釈において省令との重複記載を避けるため削除した。**省令第27条第1項**は，500kV送電線の出現に伴って，人に対する静電誘導による電撃を防止する必要性からS43基準に規定された条文であるが，その後，電気協同研究会に超々高圧送電線技術専門委員会が設置され，静電誘導による人体への影響と防止対策について調査研究が行われた。この研究報告によれば，この場合の静電誘導とは，送電線下の電界中に絶縁された導電体があると大地との間に電位差を生じる現象であり，この導電体に人が触れると刺激を感知し，その際，放電電流が人体を通過する現象であり，接地された導電体に絶縁された人が触れた時も同じである。この場合に人体を通過する電流は，送電線が通常の施設状態においては，一般の感電における安全限界に比べはるかに低い領域にあり，人に直接危険や障害を及ぼすものではないが，接触の条件，心理条件，地域条件によって不安感や不快感を与えることがあると報告されている。したがって，S51基準では人体に対する静電誘導感知防止対策として，送電線下における電界強度の許容限度を規定した。なお，感知現象が送電線の線下で傘をさして通行中に傘の金属部分に触れるというような，ごく限られた条件下で発生するものであるため，田畑，山林並びに山林や農地での作業等のため，ごく限られた人のみが立ち入るような林道又は農道などの人の往来の少ない場所は除外したが，一般的に利用されている林道若しくは農道又は公園となっている河川敷等は人の往来の少ない場所に含まれない。静電誘導による電撃を防止する方法としては，送電線の地上高を上げ，2回線送電線においては，両回線の電圧相順を逆相順にし，又は遮へい線を施設することなどが考えられる。自動車に対する静電誘導などは，導電性タイヤを使用することにより相当少なくなったと言われており，被害工作物における対策としてはこのようなことも効果がある。

省令第27条第2項は，電磁誘導作用による障害は通信上の障害ばかりでなく，送電線事故時には，弱電流電線に対して誘導電圧により弱電流電線の作業者や通話中の人に感電のショックを与えることがあるので，これを防止する必要があることを示している。電力保安通信用設備が除かれているのは，それが**省令第27条第3項**において規定されているからである。

なお，**第3項**及び**第4項**では，架空弱電流電線路のみでなく，地中弱電流電線路に対しても考慮することとしている。したがって，特別高圧架空電線路の近くに地中弱電流電線路がある場合は，これに対しても障害の有無をチェックしておく必要がある。

【架空電線路の支持物の昇塔防止】（省令第24条）

第53条　架空電線路の支持物に取扱者が昇降に使用する足場金具等を施設する場合は，地表上1.8m以上に施設すること。ただし，次の各号のいずれかに該当する場合はこの限りでない。

一　足場金具等が内部に格納できる構造である場合

二　支持物に昇塔防止のための装置を施設する場合

三　支持物の周囲に取扱者以外の者が立ち入らないように，さく，へい等を施設する場合

四　支持物を山地等であって人が容易に立ち入るおそれがない場所に施設する場合

〔解　説〕本条は，架空電線路の支持物に一般公衆が昇塔（柱）し，充電部分に接触して感電墜落する事故を防止するために定められたものである。このような事故は，電線にひっかかった「タコ」をとるために昇塔（柱）するなどの，大人が電線の位置まで昇る意思を持って昇ったものと，子供が単なるいたずらで昇ったものなどに大別できるが，前者の場合はハシゴなどの道具も使用されるケースが多く，これを防止することは非常に難しい。

しかし，一般公衆が近寄る場所の支持物については，容易に昇ることができることは望ましくないので，一般公衆が容易には昇り難くするため，常時足場となるような装置の地表上の高さの最低値を示したものである。この最低値は，大きくするほど望ましいが，電線路の保守管理の面からは欠くことのできないものであり，検討の結果1.8mとしている。ただし書は，上記の目的から除外できる条件を備えていると考えられるものを列挙したものである。

【架空電線の分岐】（省令第7条）

第54条　架空電線の分岐は，電線の支持点ですること。ただし，次の各号のいずれかにより施設する場合はこの限りでない。

一　電線にケーブルを使用する場合

二　分岐点において電線に張力が加わらないように施設する場合

〔解　説〕本条では，架空電線に分岐点を設ける場合に，分岐点が常に異常なく保たれ，保守点検に便利なためには，固定していることが望ましいので，解説54.1図のように電線の支持点で分岐することとしている。

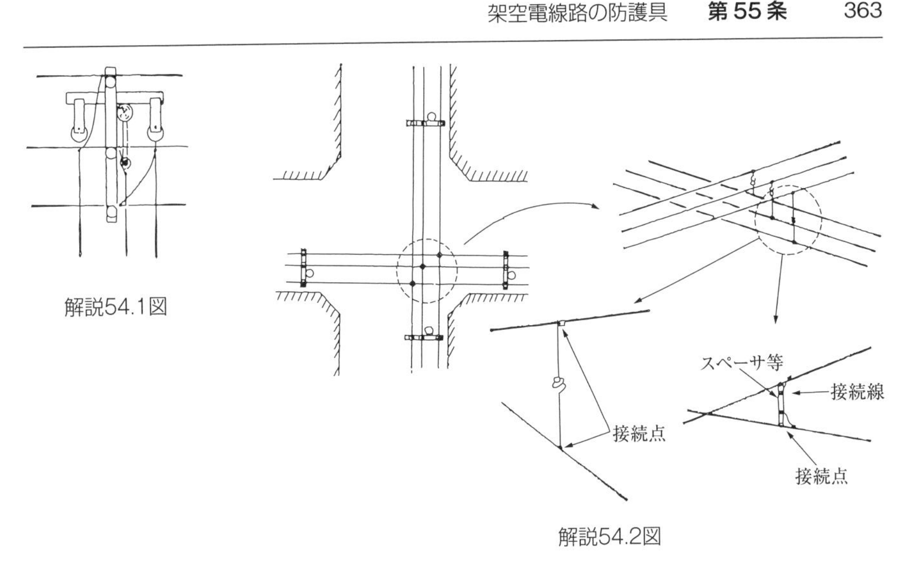

解説54.1図

解説54.2図

第一号では，架空ケーブル工事（→**第67条**，**第86条**）のように，ケーブルがちょう架用線でちょう架されていて張力が加わらないものは支持点以外で接続してもよいこととしている。

第二号では，架空電線路において，例えば道路の交差点等では交通上の理由から支持物を建柱する位置が制限され，支持点で分岐することが技術的に困難な場合や柱上変圧器の引下線を施設する場合などには，電線の分岐点に張力が加わらないようにすれば，支持点以外で分岐してもよいこととしている。架空電線の途中分岐の具体的方法としては，例えば架空電線をちょう架して施設する方法，又は解説54.2図のように固定された電線路を接続線で接続して分岐する方法等がある。

【架空電線路の防護具】（省令第29条）

第55条　低圧防護具は，次の各号に適合するものであること。

一　構造は，外部から充電部分に接触するおそれがないように充電部分を覆うことができること。

二　完成品は，充電部分に接する内面と充電部分に接しない外面との間に，1,500Vの交流電圧を連続して1分間加えたとき，これに耐える性能を有すること。

2　高圧防護具は，次の各号に適合するものであること。

一　構造は，外部から充電部分に接触するおそれがないように充電部分を覆うことができること。

二　完成品は，乾燥した状態において15,000Vの交流電圧を，また，日本産業規格JIS C 0920（2003）「電気機械器具の外郭による保護等級（IPコード）」に規定する「14.2.3 オシレーティングチューブ又は散水ノズルによる第二特性数字3に対する試験」の試験方法により散水した直後の状態において10,000Vの交流電圧を，充電部分に接する内面と充電部分に接しない外面との間に連続して1分間加えたとき，それぞれに耐える性能を有すること。

3　使用電圧が35,000V以下の特別高圧電線路に使用する，特別高圧防護具は，次の各号に適合するものであること。

一　材料は，ポリエチレン混合物であって，電気用品の技術上の基準を定める省令の解釈別表第一附表第十四1（1）の図に規定するダンベル状の試料が次に適合するものであること。

イ　室温において引張強さ及び伸びの試験を行ったとき，引張強さが9.8N/mm^{2}以上，伸びが350%以上であること。

ロ　90 ± 2℃に96時間加熱した後60時間以内において，室温に12時間放置した後にイの試験を行ったとき，引張強さが前号の試験の際に得た値の80%以上，伸びがイの試験の際に得た値の60%以上であること。

二　構造は，厚さ2.5mm以上であって，外部から充電部分に接触するおそれがないように充電部分を覆うことができること。

三　完成品は，乾燥した状態において25,000Vの交流電圧を，また，日本産業規格JIS C 0920（2003）「電気機械器具の外郭による保護等級（IPコード）」に規定する「14.2.3 オシレーティングチューブ又は散水ノズルによる第二特性数字3に対する試験 b）付図5に示す散水ノズル装置を使用する場合の条件」の試験方法により散水した直後の状態において22,000Vの交流電圧を，充電部分に接する内面と充電部分に接しない外面との間に，連続して1分間加えたとき，それぞれに耐える性能を有すること。

〔**解　説**〕 本条は，防護具に求められる要件を示している。低高圧の防護具は，**第1項**及び**第2項**に掲げる要件を満足することが必要である。また，特別高圧の防護具は，**第3項**に掲げる要件を満足する必要がある。

防護具は，人が上部に乗るおそれのない造営材や造営物以外の工作物と架空電線との離隔距離が不足した場合に，離隔距離を緩和するために用いるもの（**→第71条第3項解説，第106条第1項第五号解説**）で，S43告示第22条の2で低高圧の防護具についての規定が，H18解釈で特別高圧の防護具についての規定がそれぞれ追加された。また，S47告示第22条の2で，材料が具備すべき事項などが追加された。

第1項及び**第2項**は，低圧及び高圧の防護具の要件として，構造及び絶縁性能について規定している。なお，具体的な規格については，日本電気技術規格委員会規格JESC E2021（2010）「臨時電線路に適用する防護具及び離隔距離」を参照されたい。

第3項は，特別高圧防護具の要件として，材料，厚さ，絶縁性能等を規定している。

機械的強度については，材料及び厚さを規定することによりその要件を満足している。

第一号は，使用する材料には，耐候性，耐トラッキング性，機械的特性，熱的特性及び作業性等を考慮して，特別高圧架空電線の絶縁体にも使用されており，かつ，高圧の防護具及びカバー類等で十分な実績のあるポリエチレン混合物を用いることとしている。

第二号の防護具の厚さは，特別高圧絶縁電線の絶縁体の厚さに準じ，耐圧性能，耐トラッキング性能，外的衝撃に対する強度及び公衆接触時の安全の観点から，2.5mm としている。

第三号の耐圧性能は，特別高圧絶縁電線の試験電圧（**→第5条**）を基に，（対地電圧）×（試料，試験，その他不確定要素に対する裕度10%）×｛耐圧試験時と運転時の温度差による絶縁物の破壊強度の違いを考慮した温度係数1.1（乾燥時のみ）｝から算出している。

なお，第4回電気技術基準調査委員会（昭和42年7月15日）では，「防護具は屋外で使用されるため比較的短期間の使用であっても耐候性が問題となるので，使用材料は耐候性のよいものだけとした。」とされている。

【鉄筋コンクリート柱の構成等】（省令第32条第1項）

第56条　電線路の支持物として使用する鉄筋コンクリート柱は，次の各号のいずれかに適合するものであること。

一　次に適合する材料で構成されたものであること。

イ　許容応力は，次によること。

（イ）　コンクリートの許容曲げ圧縮応力，許容せん断応力及び形鋼，平鋼又は棒鋼に対する許容付着応力は，56-1表に規定する値

56-1表

コンクリートの圧縮強度(N/mm²)	許容曲げ圧縮応力(N/mm²)	許容せん断応力(N/mm²)	許容付着応力(N/mm²)		
			形鋼又は平鋼	棒鋼	
				丸鋼	異形棒鋼
17.7以上20.6未満	5.88	0.59	0.34	0.69	1.37
20.6以上23.5未満	6.86	0.64	0.36	0.74	1.47
23.5以上	7.84	0.69	0.39	0.78	1.57

（備考）コンクリートの圧縮強度は，材令28日の3個以上の供試体を民間規格評価機関として日本電気技術規格委員会が承認した規格である「コンクリートの圧縮強度試験方法」に規定するコンクリートの圧縮強度試験方法により試験を行って求めた圧縮強度の平均値とする。

（ロ）　形鋼，平鋼又は棒鋼の許容引張応力及び許容圧縮応力は，56-2表に規定する値

56-2表

<table>
<tr><th colspan="3">種類</th><th>許容引張応力（N/mm^2）</th><th>許容圧縮応力（N/mm^2）</th></tr>
<tr><td colspan="2" rowspan="2">形鋼又は平鋼</td><td>$\sigma_Y \leqq 0.7\sigma_B$ の場合</td><td>$\frac{1}{1.5}\sigma_Y$</td><td rowspan="2">$\frac{1}{1.5}\sigma_Y$</td></tr>
<tr><td>$\sigma_Y > 0.7\sigma_B$ の場合</td><td>$\frac{0.7}{1.5}\sigma_B$</td></tr>
<tr><td rowspan="4">棒鋼</td><td>丸鋼</td><td>全て</td><td>$\frac{1}{1.5}\sigma_Y$ かつ 156 以下</td><td>$\frac{1}{1.5}\sigma_Y$ かつ 156 以下</td></tr>
<tr><td rowspan="3">異形棒鋼</td><td>直径≧ 29mm</td><td>$\frac{1}{1.5}\sigma_Y$ かつ 196 以下</td><td>$\frac{1}{1.5}\sigma_Y$ かつ 196 以下</td></tr>
<tr><td>29mm> 直径 >25mm</td><td>$\frac{1}{1.5}\sigma_Y$</td><td>$\frac{1}{1.5}\sigma_Y$</td></tr>
<tr><td>25mm ≧直径</td><td>$\frac{1}{1.5}\sigma_Y$ かつ 215 以下</td><td>$\frac{1}{1.5}\sigma_Y$ かつ 215 以下</td></tr>
</table>

（備考）
1. σ_Y は材料の降伏点又は耐力（単位：N/mm^2）
2. σ_B は材料の引張強さ（単位：N/mm^2）

（ハ）　ボルトの許容引張応力及び許容せん断応力は，56-3 表に規定する値

56-3表

<table>
<tr><th colspan="2">許容応力の種類</th><th>許容応力（N/mm^2）</th></tr>
<tr><td rowspan="2">許容引張応力</td><td>$\sigma_Y \leqq 0.7\sigma_B$ の場合</td><td>$\frac{1}{1.5}\sigma_Y$</td></tr>
<tr><td>$\sigma_Y > 0.7\sigma_B$ の場合</td><td>$\frac{0.7}{1.5}\sigma_B$</td></tr>
<tr><td rowspan="2">許容せん断応力</td><td>$\sigma_Y \leqq 0.7\sigma_B$ の場合</td><td>$\frac{1}{1.5\sqrt{3}}\sigma_Y$</td></tr>
<tr><td>$\sigma_Y > 0.7\sigma_B$ の場合</td><td>$\frac{0.7}{1.5\sqrt{3}}\sigma_B$</td></tr>
</table>

（備考）
1. σ_Y は材料の降伏点又は耐力（単位：N/mm^2）
2. σ_B は材料の引張強さ（単位：N/mm^2）

ロ　形鋼，平鋼及び棒鋼は，次のいずれかであること。

（イ）　民間規格評価機関として日本電気技術規格委員会が承認した規格である「一般構造用圧延鋼材」の「適用」の欄に規定するもの

（ロ）　民間規格評価機関として日本電気技術規格委員会が承認した規格である「鉄筋コンクリート用棒鋼」の「適用」の欄に規定するもの

ハ　ボルトは，民間規格評価機関として日本電気技術規格委員会が承認した規格である「炭素鋼及び合金鋼製締結用部品の機械的性質－強度区分を規定したボルト，小ねじ及び植込みボルト－並目ねじ及び細目ねじ」又は「摩擦接合用高力六角ボルト・六角ナット・平座金のセット」に規定するボルトであること。

二　工場打ち鉄筋コンクリート柱であって，次に適合するものであること。

イ　遠心力プレストレストコンクリートポールにあっては，日本産業規格 JIS A 5373（2016）「プレキャストプレストレストコンクリート製品」の「5 品質」，「8 材料及び製造方法」，「9 試験方法」並びに「附属書 A ポール類」及び「推奨仕様 A-1 プレストレストコンクリートポール」に係るもの

ロ　遠心力鉄筋コンクリートポールにあっては，日本産業規格 JIS A 5309（1971）「遠心力プレストレストコンクリートポールおよび遠心力鉄筋コンクリートポール」の「5 品質」及び「6 曲げ強さ試験」の第1種に係るもの

三　複合鉄筋コンクリート柱であって，完成品の底部から全長の 1/6（2.5m を超える場合は，2.5m）までを管に変形を生じないように固定し，頂部から 30cm の点において柱の軸に直角に設計荷重の2倍の荷重を加えたとき，これに耐えるものであること。

四　第三号に規定する性能を満足する複合鉄筋コンクリート柱の規格は，次のとおりとする。

イ　鋼管は，次のいずれかであること。

（イ）　民間規格評価機関として日本電気技術規格委員会が承認した規格である「一般構造用圧延鋼材」の「適用」の欄に規定するものを管状に溶接したもの

（ロ）　民間規格評価機関として日本電気技術規格委員会が承認した規格である「溶接構造用圧延鋼材」に規定する溶接構造用圧延鋼材を管状に溶接したもの

（ハ）　民間規格評価機関として日本電気技術規格委員会が承認した規格である「一般構造用炭素鋼鋼管」の「適用」の欄に規定するもの

（ニ）　民間規格評価機関として日本電気技術規格委員会が承認した規格である「機械構造用炭素鋼鋼管」の「適用」の欄に規定するもの

（ホ）　けい素が 0.4% 以下，りんが 0.06% 以下及び硫黄が 0.06% 以下の鋼であって，引張強さが 540N/mm^2 以上，降伏点が 390N/mm^2 以上及び伸びが 8% 以上のものを管状に溶接したもの

ロ　鋼管の厚さは，1mm 以上であること。

ハ　鉄筋コンクリートは，遠心力プレストレストコンクリートにあっては，日本産業規格 JIS A 5373（2016）「プレキャストプレストレストコンクリート製品」の「5 品質」，「8 材料及び製造方法」，「9 試験方法」並びに「附属書 A ポール類」及び「推奨仕様 A-1 プレストレストコンクリートポール」に適合するもの，遠心力鉄筋コンクリートにあっては，日本産業規格 JIS A 5309（1971）「遠心力プレストレストコンクリートポールおよび遠心力鉄筋コンクリートポール」の「3 材料」及び「4 製造」に適合するものであること。

ニ　完成品は，柱の底部から全長の 1/6（2.5m を超える場合は，2.5m）までを管に変形を生じないように固定し，頂部から 30cm の点において柱の軸に直角に設計

荷重の２倍の荷重を加えたとき，これに耐えるものであること。

〔解　説〕 本条は，架空電線路の支持物として使用する鉄筋コンクリート柱の性能と規格について示している。**第１項第一号**は，架空電線路の支持物として使用される現場打ち鉄筋コンクリート柱を対象にしたもので，構成材にコンクリート，形鋼，平鋼，棒鋼又はボルトを使用する場合の各構造材の許容応力を示している。

なお，**第一号**の規定は，電気学会電気規格調査会標準規格 JEC-127-1979「送電用支持物設計標準」に基づくものである。

イは，鉄筋コンクリート柱を構成する材料に生じる応力が，56-1 表から 56-3 表に示す許容応力の範囲内に収まるように設計することとしている。

ロは，現場打ち鉄筋コンクリート柱に使用する構造材の規格を示しており，これに準じれば**イ**に示す性能を満足するとしている。

第二号は，工場打ちの鉄筋コンクリート柱の性能について示したもので，工場打ち鉄筋コンクリート柱の規格として遠心力プレストレストコンクリートポールにあっては，日本産業規格 JIS A 5373（2016）「プレキャストプレストレストコンクリート製品」，遠心力鉄筋コンクリートポールにあっては，日本産業規格 JIS A 5309（1971）「遠心力プレストレストコンクリートポールおよび遠心力鉄筋コンクリートポール」を引用している。これは，鉄筋コンクリートポールの種別を第１種と第２種に区分し，前者は主として送配電用のもの，後者は主として電気鉄道用のものを対象としているので，**本条**では第１種に係るものを採用している。

なお，**第一号**に示す鉄筋コンクリート柱と**第二号**で示す工場打ち鉄筋コンクリート柱との差異は，前者は鉄筋コンクリート柱に使用されるコンクリート及び鋼材についてそれぞれ許容応力を示し，支持物に加わる荷重により生じる応力がそれぞれの許容応力の範囲内に収まるように設計することを規定しているのに対し，後者は個々の部材についての許容応力を示さず，完成した柱体としての性能を規定していることである。

また，本条で引用している JIS A 5309（1971）については，1981 年に廃止されている。しかしながら，同規格に基づく製品が相当数あり使用されていることなど，実状を勘案して引用を継続している。

第三号では，複合鉄筋コンクリート柱の性能を示している。複合鉄筋コンクリート柱は解説 56.1 図（a）のように鉄筋コンクリート柱と鋼管柱を合わせたようなもので，その構造の主体が鉄筋コンクリートで鋼管は腕金部分となっているものが一般的である。複合鉄筋コンクリート柱は，鋼板組立柱の利点を取

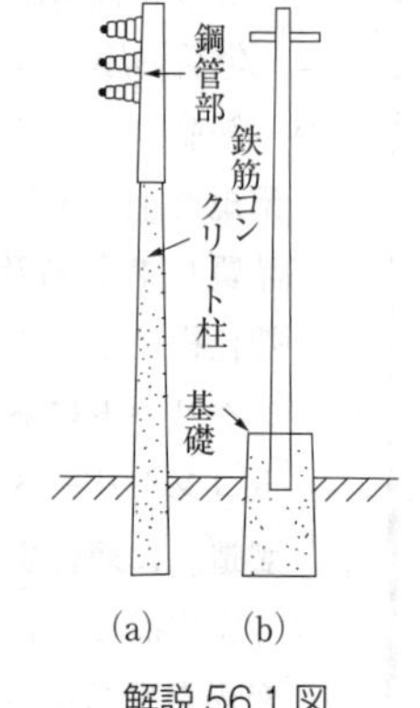

解説 56.1 図

り入れ，現場での組立てが可能であるとともに，地際，地上部分にコンクリート柱を採用することによる地際部分の腐食防止，自動車等の衝突など外部からの衝撃による破損防止，又はテーパの小さい鉄筋コンクリートを使用することによる建柱面積の縮小や美観上の環境調和を目的として使用されることが多い。ここで，解説56.1図（b）のように鋼管柱の基礎が地表上に通常の場合以上に出るものは複合鉄筋コンクリート柱ではなく，コンクリート部分はあくまでも支持物基礎と考える。また，架空地線用の鋼管キャップをかぶったものは，鋼管キャップは腕金の一部と考え，複合鉄筋コンクリート柱とはみなさない。

第四号では，複合鉄筋コンクリート柱に使用する構造材の規格を示しており，これに準じれば**第三号**に示す性能を満足するとしている。

複合鉄筋コンクリート柱の規格は，鋼管柱の規格と工場打ち鉄筋コンクリート柱の規格とを合わせたようなもので，鋼管部分には鋼管柱として使用を認めているJISの鋼管と鋼板組立柱の鋼板を管状に溶接したものを，また，鉄筋コンクリート部分には工場打ち鉄筋コンクリート柱を使用すればよいことになる。ただし，鋼管の厚さは1mm以上とし，完成品の強度試験は鋼管柱の場合（→解説57.4図）に準じて行い，その場合の荷重は鋼管柱が設計荷重の3倍であるのに対し2倍としている。

【鉄柱及び鉄塔の構成等】（省令第32条第1項）

第57条　架空電線路の支持物として使用する鉄柱又は鉄塔は，次の各号に適合するもの又は次項の規定に適合する鋼管柱であること。

一　鉄柱又は鉄塔を構成する鋼板，形鋼，平鋼，棒鋼，鋼管（コンクリート又はモルタルを充てんしたものを含む。）及びボルトの許容応力は，次によること。

イ　許容引張応力，許容圧縮応力，許容曲げ応力，許容せん断応力及び許容支圧応力は，57-1表に規定する値

57-1表

許容応力の種類		許容応力（N/mm²）	
許容引張応力	$\sigma_Y \leqq 0.7\sigma_B$ の場合	$\frac{1}{1.5}\sigma_Y$	鋼板組立柱を構成する鋼板にあっては $\frac{1}{2.0}\sigma_Y$
	$\sigma_Y > 0.7\sigma_B$ の場合	$\frac{0.7}{1.5}\sigma_B$	
許容圧縮応力		$\frac{1}{1.5}\sigma_Y$	
許容曲げ応力			
許容せん断応力	$\sigma_Y \leqq 0.7\sigma_B$ の場合	$\frac{1}{1.5\sqrt{3}}\sigma_Y$	
	$\sigma_Y > 0.7\sigma_B$ の場合	$\frac{0.7}{1.5\sqrt{3}}\sigma_B$	

第3章　電線路

許容支圧応力	板厚4mm以上の場合	$1.25\sigma_Y$
	その他の場合	$1.1\sigma_Y$

（備考）
1 σ_Y は，材料の降伏点又は耐力（単位：N/mm^2）
2 σ_B は，材料の引張強さ（単位：N/mm^2）

ロ 許容座屈応力は，57-2表に示す計算式により計算した値であること。ただし，片フランジ接合山形構造材として使用する場合において，同表の計算式により計算した値が57-3表の許容座屈応力の上限値を超えるときは，その上限値とすること。

57-2表

有効細長比の区分	許容座屈応力の計算式
$0 < \lambda_\kappa < \Lambda$ の場合	$\sigma_{ka} = \sigma_{kao} - \kappa_1\left(\frac{\lambda_\kappa}{100}\right) - \kappa_2\left(\frac{\lambda_\kappa}{100}\right)^2$
$\lambda_\kappa \geqq \Lambda$ の場合	$\sigma_{ka} = \frac{93}{\left(\frac{\lambda_\kappa}{100}\right)^2}$

（備考）
1 λ_κ は，部材の有効細長比であって，次の計算式により計算した値

$$\lambda_\kappa = \frac{l_\kappa}{r}$$

l_κ は，部材の有効座屈長で，部材の支持点間距離をとるものとする（単位：cm）。ただし，部材の支持点の状態により，主柱材にあっては部材の支持点間距離の0.9倍，腹材にあっては部材の支持点間距離の0.8倍（鉄柱の腹材であって，支持点の両端が溶接されているものにあっては，0.7倍）まで減じることができる。
r は，部材の断面の回転半径（単位：cm）。ただし，コンクリート（モルタルを含む。）を充てんした鋼管にあっては，次の計算式により計算した部材の断面の等価回転半径とすることができる。

$$r = \sqrt{\frac{I_S + \frac{1}{n} I_C}{A_S + \frac{1}{n} A_C}}$$

I_S は，鋼管の断面2次モーメント（単位：cm^4）
I_C は，コンクリートの断面2次モーメント（単位：cm^4）
A_S は，鋼管の断面積（単位：cm^2）
A_C は，コンクリートの断面積（単位：cm^2）
n は，コンクリートと鋼管の弾性係数比

2 σ_{ka} は，部材の許容座屈応力（単位：N/mm^2）。コンクリート（モルタルを含む。）を充てんした鋼管にあっては，次の計算式により計算した等価断面積を応力の算出に使用する断面積とする。

$$A = A_S + \frac{1}{n} A_C$$

A は，等価断面積（単位：cm^2）
A_S，A_C，n は，（備考）1 で定めるもの

3　Λ，σ_{kao}，κ_1 及び κ_2 は，構成材の区分及び降伏点に応じ，それぞれ 57-3 表に示す値

57-3 表

構成材の区分	鋼管，箱型断面材，十字型断面その他偏心の極めて少ないもの				単一山形鋼主柱材その他の偏心の比較的少ないもの				片側フランジ接合山形鋼腹材その他の偏心の多いもの				
降伏点 (N/mm^2)	Λ	σ_{kao} (N/mm^2)	κ_1	κ_2	Λ	σ_{kao} (N/mm^2)	κ_1	κ_2	Λ	σ_{kao} (N/mm^2)	κ_1	κ_2	σ_{kao} の上限値 (N/mm^2)
235	100	156	0	63	110	148	2	57	140	147	71	0	94
245	95	163	0	66	105	154	2	61	135	153	76	0	98
255	95	170	0	74	105	160	2	67	135	159	80	0	102
265	95	176	0	81	100	166	2	71	130	165	85	0	106
275	90	183	0	84	100	173	3	77	130	172	90	0	110
285	90	190	0	93	100	179	3	83	125	178	95	0	114
295	90	196	0	100	95	185	3	88	125	184	100	0	118
305	85	203	0	103	95	192	3	95	125	190	104	0	122
315	85	210	0	112	95	198	3	102	120	197	110	0	126
325	85	216	0	121	90	204	3	107	120	203	115	0	130
335	85	223	0	130	90	211	4	114	115	209	121	0	134
345	80	230	0	132	90	217	4	122	115	215	126	0	138
355	80	236	0	142	90	223	4	129	115	222	132	0	142
365	80	243	0	153	85	229	4	134	115	228	137	0	146
375	80	250	0	164	85	236	4	144	110	234	143	0	150
380	80	253	0	168	85	239	4	148	110	237	146	0	152
390	75	260	0	168	85	245	4	156	110	244	152	0	156
400	75	266	0	179	85	252	5	165	105	250	158	0	160
410	75	273	0	191	80	258	5	170	105	256	163	0	164
420	75	280	0	204	80	264	5	179	105	262	169	0	168
430	75	286	0	215	80	270	5	189	105	269	176	0	172
440	70	293	0	211	80	277	5	200	100	275	182	0	176
450	70	300	0	225	80	283	5	209	100	281	188	0	180
460	70	306	0	237	80	289	6	217	100	287	194	0	184
470	70	313	0	251	75	296	6	224	100	294	201	0	188
480	70	320	0	266	75	302	6	235	100	300	207	0	192
490	70	326	0	278	75	308	6	246	95	306	214	0	196
520	−	−	−	−	75	327	7	278	95	325	234	−	208

（備考）降伏点が 520N/mm^2 の単一山形鋼主柱材その他の偏心の比較的少ないものであって，幅厚比（材料のフランジ幅 / 板厚）が 14.0 を超え，かつ，$0 < \lambda_\kappa < \Lambda$ の場合は，この表に示す諸係数により計算した σ_{ka} の値と $\sigma_{kao} = 346$，$\kappa_1 = 241$，$\kappa_2 = 0$ として計算した σ_{ka} の値のいずれ

か小さい方を許容座屈応力とする。

二　鉄柱（鋼板組立柱を除く。以下この条において同じ。）又は鉄塔を構成する鋼板，形鋼，平鋼及び棒鋼は，次によること。

イ　鋼材は，次のいずれかであること。

（イ）　民間規格評価機関として日本電気技術規格委員会が承認した規格である「一般構造用圧延鋼材」の「適用」の欄に規定するもの

（ロ）　民間規格評価機関として日本電気技術規格委員会が承認した規格である「溶接構造用圧延鋼材」に規定する溶接構造用圧延鋼材

（ハ）　民間規格評価機関として日本電気技術規格委員会が承認した規格である「溶接構造用耐候性熱間圧延鋼材」に規定する溶接構造用耐候性熱間圧延鋼材

（ニ）　日本産業規格 JIS G 3129（2018）「鉄塔用高張力鋼鋼材」に規定する鉄塔用高張力鋼鋼材

（ホ）　日本産業規格 JIS G 3223（1988）「鉄塔フランジ用高張力鋼鍛鋼品」（JIS G 3223（2008）にて追補）に規定する鉄塔フランジ用高張力鋼鍛鋼品

（ヘ）　民間規格評価機関として日本電気技術規格委員会が承認した規格である「「鉄塔用 690N/mm^2 高張力山形鋼」の架空電線路の支持物の構成材への適用」に規定する鉄塔用 690N/mm^2 高張力山形鋼

ロ　厚さは，次の値以上であること。

（イ）　鉄柱の主柱材（腕金主材を含む。以下この条において同じ。）として使用するものは，4mm

（ロ）　鉄塔の主柱材として使用するものは，5mm

（ハ）　その他の部材として使用するものは，3mm

ハ　圧縮材として使用するものの細長比は，57-4 表に規定する値以下であること。

57-4 表

圧縮材として使用する部材の種類		細長比
主柱材		200
主柱材以外	補助材以外	220
	補助材	250

三　鋼板組立柱を構成する鋼板は，次によること。

イ　鋼材は，けい素が 0.4% 以下，りんが 0.06% 以下及び硫黄が 0.06% 以下の鋼であって，引張強さが 540N/mm^2 以上，降伏点が 390N/mm^2 以上及び伸びが 8% 以上のものであること。

ロ　厚さは，1mm 以上であること。

ハ　亜鉛めっきを施したものであること。

四　鉄柱又は鉄塔を構成する鋼管（コンクリート又はモルタルを充てんしたものを含

む。）は，次によること。

イ　鋼材は，次のいずれかであること。

（イ）　民間規格評価機関として日本電気技術規格委員会が承認した規格である「溶接構造用圧延鋼材」に規定する溶接構造用圧延鋼材を管状に溶接したもの

（ロ）　民間規格評価機関として日本電気技術規格委員会が承認した規格である「一般構造用炭素鋼鋼管」の「適用」の欄に規定するもの

（ハ）　民間規格評価機関として日本電気技術規格委員会が承認した規格である「鉄塔用高張力鋼管」に規定する鉄塔用高張力鋼管

ロ　厚さは，次の値以上であること。

（イ）　鉄柱の主柱材として使用するものは，2mm

（ロ）　鉄塔の主柱材として使用するものは，2.4mm

（ハ）　その他の部材として使用するものは，1.6mm

ハ　圧縮材として使用するものの細長比は，57-4表に規定する値以下であること。

ニ　コンクリートを充てんする場合におけるコンクリートの配合は，単位セメント量が350kg以上で，かつ，水・セメント比が50%以下であること。

ホ　モルタルを充てんする場合におけるモルタルの配合は，単位セメント量が810kg以上で，かつ，水・セメント比が50%以下であること。

五　鉄柱又は鉄塔を構成するボルトは，民間規格評価機関として日本電気技術規格委員会が承認した規格である「炭素鋼及び合金鋼製締結用部品の機械的性質－強度区分を規定したボルト，小ねじ及び植込みボルト－並目ねじ及び細目ねじ」又は「摩擦接合用高力六角ボルト・六角ナット・平座金のセット」に規定するボルトであること。

2　前項各号の規定によらない鋼管柱は，次の各号に適合するものであること。

一　鋼管は，次のいずれかであること。

イ　民間規格評価機関として日本電気技術規格委員会が承認した規格である「一般構造用圧延鋼材」の「適用」の欄に規定するものを管状に溶接したもの

ロ　民間規格評価機関として日本電気技術規格委員会が承認した規格である「溶接構造用圧延鋼材」に規定する溶接構造用圧延鋼材を管状に溶接したもの

ハ　民間規格評価機関として日本電気技術規格委員会が承認した規格である「一般構造用炭素鋼鋼管」の「適用」の欄に規定するもの

ニ　民間規格評価機関として日本電気技術規格委員会が承認した規格である「機械構造用炭素鋼鋼管」の「適用」の欄に規定するもの

二　鋼管の厚さは，2.3mm以上であること。

三　鋼管は，その内面及び外面にさび止めのために，めっき又は塗装を施したものであること。

四　完成品は，柱の底部から全長の1/6（2.5mを超える場合は，2.5m）までを管に変形を生じないように固定し，頂部から30cmの点において柱の軸に直角に設計荷重の3倍の荷重を加えたとき，これに耐えるものであること。

〔解　説〕　**本条**は，架空電線路の支持物として使用する鉄柱及び鉄塔の構成材について示したもので，**第1項**では，構成材及びボルトの許容応力を示している。**第二号から第五号**では，構成材として使用される鋼板，形鋼，平鋼，棒鋼，鋼管（コンクリート又はモルタルを充てんしたものを含む。）及びボルトの規格について示している。

S38工規までは，鋼板は鋼板組立柱として使用する場合を除き，主柱材として使用できなかったが，鋼板の定義が明確でなく非常に厚い鋼板もあること，またX断面や箱断面の主柱材は鋼板を切断溶接して使用することなどから，鋼板に対する使用制限がなくなった。リベット材については，支持物の構成材として使われなくなったことからH9解釈で削除した。また，H4基準で，他の建築物におけるボルトは製品規格によるものが一般的であることから，従来，棒鋼に含めてきたボルトを構成材として独立させた。

第一号イでは，鉄柱又は鉄塔に使用する鋼板，形鋼，平鋼，棒鋼，鋼管，ボルトの許容応力について示している。この場合，許容引張応力，許容圧縮応力，許容曲げ応力，許容せん断応力及び許容支圧応力は，**57-1表**においてそれぞれ鋼材の降伏点又は引張強さにより算出することとしているが，鋼材又はボルトは第二号から第五号に示す規格に適合するものであることが必要である。なお，鋼板組立柱については，従来は許容応力を一律に定めていたが，H9解釈で汎用性のある材料を使用可能とするために計算式を採用した。また，H16解釈で，解説57.1表に示す範囲内で行ったボルト接合部の継手試験及び立体解析結果に基づき，許容支圧応力として$1.25\sigma_Y$を追加した。なお，解説57.1表中の部材の材端とボルト孔中心との距離を解説57.1図に示すが，この部材の材端とボルト孔中心との距離の最小値については，電気学会電気規格調査会標準規格JEC-127-1965「送電用鉄塔設計標準」を参照されたい。

解説57.1表

条件	部材名称	最小値
部材の材端とボルト孔中心との距離	主柱材	2.0d
	腹材	1.5d
板厚	主柱材	5mm
	腹材	4mm

（備考）dは使用ボルト径

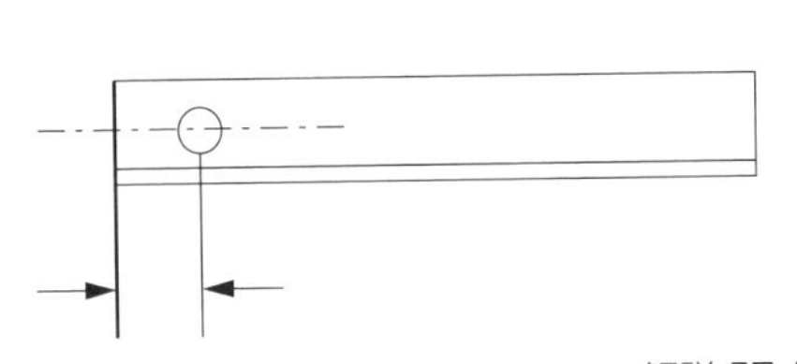
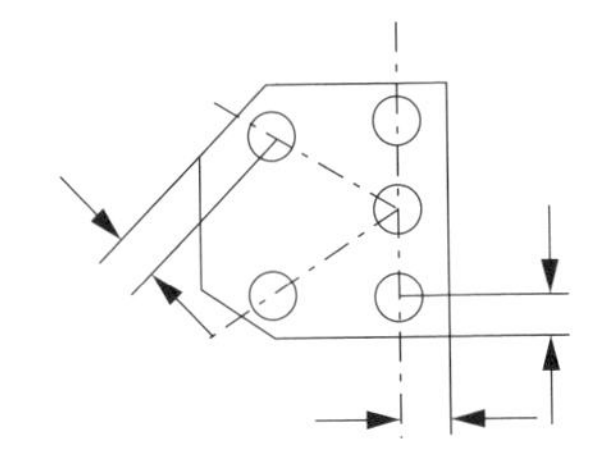

解説 57.1 図

ロの許容座屈応力は，部材の有効細長比，部材の座屈応力，部材の断面形状により異なるので計算式で示されている。許容座屈応力に関しては，従来から片フランジで接合された山形材のような偏心圧縮材の座屈応力の低下を中心に問題とされていたが，鉄塔の大型化に伴い鋼管材，箱形断面材，十字形断面材のような断面の形状の面から，また構造的に従来のものよりも偏心の少ない鉄塔材が用いられるようになったことから，従来の方法ではこれら多種多様の部材の許容座屈応力を合理的かつ一義的に定めることが困難になったため，計算式で定められている。

計算式のΛ，σ_{kao}，κ_1 及び κ_2 は，構成材の断面形状と構造上生じる偏心量の相違により定まる値であって，**57-3 表**において下記に示すように分類して，それぞれに対して数値を示している。

①鋼管，箱形断面材，十字形断面材のような対称断面をもち，部材の接合部に偏心を生じないように特に留意された偏心の極めて少ない構造材

②単一山形鋼主柱材のような断面形状をもち偏心率の点で①より不利であるが，力の作用線はほぼ断面の中心を通ると考えられる偏心の比較的少ない構造材

③片側フランジ接合山形鋼腹材等のような偏心の多いもの

なお，鉄柱及び鉄塔の構成材料として使用する引張強さ 690N/mm^2 高張力山形鋼（降伏点 520N/mm^2）については，材料の幅厚比が 14 以上になると，従来の山形鋼材では見られなかった曲げねじれ座屈の発生が考えられることから，表中の係数により計算した値と曲げねじれ座屈を考慮して計算した値のいずれか小さい方の値を許容座屈応力とすることとしている。

細長比 $\lambda_k = l_k/r$ の計算は，次のように行う。

①解説 57.2 図（a）のように節間に支持点を持たない圧縮材では，骨組の節間長を l_k とし，部材断面の最小回転半径を r とする。

②解説 57.2 図（b）のようなダブルワーレン骨組において，斜材をその交点でボルト締めした場合には，節点から支点までの長さ l の大きい方を l_k とし，部材断面の最小回転半径を r とする。

③解説 57.2 図（c）のように，節間で一面のみの補助材で支持された場合，又は④でいう立体的支持点間で一面のみの補助材で支持された場合のように一方向の変位に

対してだけ拘束された圧縮材では，節間又は立体的な支持点間の長さの全長 l を l_k とし，支持方向に直角な方向のものを r とする。この場合において，節点又は立体的支持点と中間一方向支持点間の長さ l' 及び最小回転半径 $r_{\min}$ による細長比の方が大きい場合には，これによること。

④解説 57.2 図（d）のように，圧縮材を補強するため補助材による立体的な支持点を節間に持つ圧縮材では，その支持点と骨組の節点との間の長さ，又はその支持点が二つ以上ある場合には，支持点相互間の長さ l を l_k とし，最小回転半径を r とする。

⑤解説 57.2 図（e），（f）のように，立体的に節点が一致しない場合のように一面の節間で一方向の変位に対して拘束された圧縮材，すなわち，正側面それぞれの斜材の交点が一致しない主柱材のような場合には，一面の節間の長さを l_k とし，その面に直角な方向のものを r とする。この場合に，正側面節点相互の長さ l' 及び最小回転半径 $r_{\min}$ による細長比の方が大きいときは，これによること。

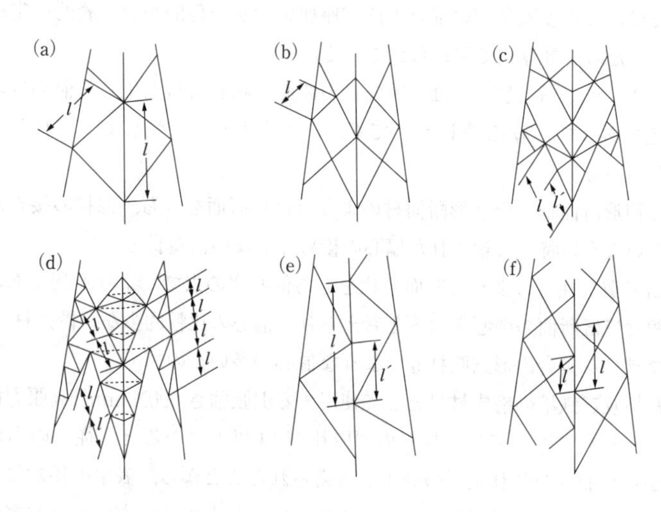

解説 57.2 図

有効座屈長 l_k は，部材の支持点間距離 l を，部材の支持点状態により主柱材にあっては，$l_k = 0.9\,l$，腹材にあっては $l_k = 0.8\,l$ まで減ずることができる。すなわち，普通，鉄塔鋼材は両端が支持され，その支持条件は通常完全なピンではないので，材端拘束効果により有効座屈長 l_k は一般に l よりも減少し，鉄塔の座屈耐力はかなり増大することが実験的に確認されている（→解説 57.3 図）。

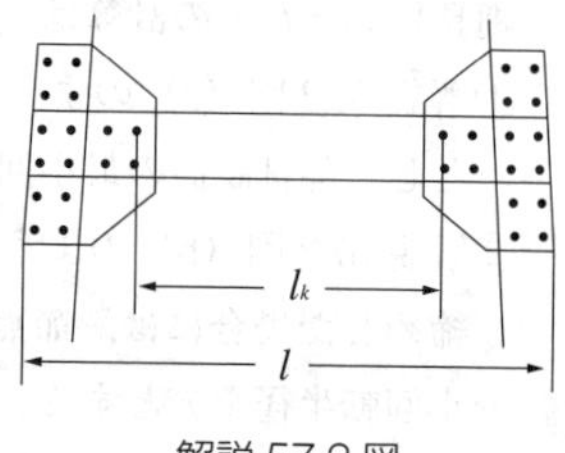

解説 57.3 図

部材が１本のボルトで接合される場合には，２本以上のボルトで接合される場合に比べて，材端拘束の効果は低下するので注意を要するが，部材が1本のボルトで接合されるのは，小規模鉄塔に限られるのが普通であり，このような鉄塔では，実応力と耐力との間にかなり余裕がある場合が多いことを考慮して，鉄塔鋼材に対し一般に $l_k=0.9\,l$ をとれるものとした。

鉄柱の腹材で，両端が溶接されているものは，従来の実績から $l_k=0.7\,l$ にすることを認めている。

コンクリート（モルタルを含む。）充てん鋼管では，鉄筋コンクリート構造物の一般の計算と同様に引張力に対してコンクリートの存在は考えないが，圧縮力に対しては弾性係数と断面積の比率で鋼管とコンクリートとが力を分担するものと考えて，鋼管に換算した等価断面積及び等価回転半径を σ_{ka} の計算に使用する。

ここで，等価断面積 A_{eq} 及び等価回転半径 r_{eq} は，次のように求められる。

$$A_{eq}=A_s+\frac{E_c}{E_s}\cdot A_c=A_s+\frac{1}{n}A_c$$

A_s：鋼管の断面積：
A_c：コンクリートの断面積
E_s：鋼管の弾性係数
E_c：コンクリートの弾性係数
n：コンクリートと鋼管の弾性係数比

$$r_{eq}=\sqrt{\frac{I_{eq}}{A_{eq}}}=\sqrt{I_s+\frac{1}{n}\cdot\frac{I_c}{A_s}+\frac{1}{n}\cdot A_c}$$

I_{eq}：等価断面2次モーメント $=I_s+\frac{1}{n}I_c$
I_s：鋼管の2次モーメント
I_c：コンクリートの2次モーメント

なお，**本条**の規定は，鋼材の許容応力，細長比などについては，電気学会電気規格調査会標準規格 JEC-128-1965「送電用鉄柱設計標準」及び電気学会電気規格調査会標準規格 JEC-127-1965「送電用鉄塔設計標準」に基づくものである。

第二号から**第五号**については，H4 基準で，UHV 等の大型鉄塔の構成材の規格として日本産業規格 JIS G 3129（1988）「鉄塔用高張力鋼鋼材」，JIS G 3223（1988）「鉄塔フランジ用高張力鋼鍛鋼品」，JIS G 3474「鉄塔用高張力鋼鋼管」を加え，ボルトの規格として日本産業規格 JIS B 1051（1991）「鋼製のボルト・小ねじの機械的性質」を加えた。更に，H14 解釈で，鉄柱及び鉄塔の構成材料として日本電気技術規格委員会規格 JESC E 3002（2001）「鉄塔用 690N/mm^2 高張力山形鋼の架空電線路の支持物の構成材への適用」に規定する鉄塔用 690N/mm^2 高張力山形鋼を加え，H16 解釈で，ボルトの規格として日本産業規格 JIS B 1186（1995）「摩擦接合用高力六角ボルト・六角ナット・平座金のセット」を加えた。ただし，従来から用いている接合形式を摩擦接合に変えるものではない。なお，「鉄塔用 690N/mm^2 高張力山形鋼の架空電線路の支持物の構成材への適用」に規定する鉄塔用690N/mm^{2}高張力山形鋼を規定する規格については，R3解釈より民間規格評価機関として日本電気技術規格委員会に承認された規格リストと関連づけられ，当該機関の公開ページにて掲載されている。

第2項では，主にき電線又は低高圧架空電線を併架する電車線路用の側柱（この場合には，架空電線路の支持物であるので，**第59条**の適用を受ける。）として用いられる鋼管柱，照明灯専用として使用される鋼管柱などの鉄柱は，一定の規格のもとに数段階の設計荷重のものが製品化されており，従来の形鋼等を結構として組み立てる鉄柱のように施設箇所ごとに個別に設計するものではないので，これらの鉄柱を架空電線路に使用する場合について**第1項**とは別に規定している。これらの鉄柱を架空電線路の支持物として使用する場合は，工場打ち鉄筋コンクリート柱や鋼板組立柱と同じく実際の施設状態における想定荷重がこの設計荷重より大きくならなければよく（**→第59条**），部材ごとの強度計算は必要ない。

鋼管柱に対しては，許容応力を想定せず，**第2項第四号**で完成品の破壊試験において設計荷重の3倍の荷重に耐えることとしているが，この試験はもちろん型式別の抜取試験で差支えない。この場合の試験方法を解説57.4図に示す。

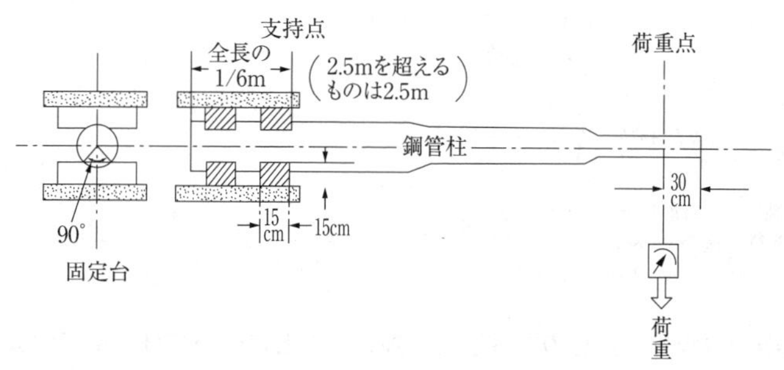

解説57.4図

【架空電線路の強度検討に用いる荷重】（省令第32条第1項）

第58条　架空電線路の強度検討に用いる荷重は，次の各号によること。なお，風速は，気象庁が「地上気象観測指針」において定める10分間平均風速とする。

一　風圧荷重　架空電線路の構成材に加わる風圧による荷重であって，次の規定によるもの

イ　風圧荷重の種類は，次によること。

（イ）　甲種風圧荷重　58-1表に規定する構成材の垂直投影面に加わる圧力を基礎として計算したもの，又は風速40m/s以上を想定した風洞実験に基づく値より計算したもの

（ロ）　乙種風圧荷重　架渉線の周囲に厚さ6mm，比重0.9の氷雪が付着した状態

に対し，甲種風圧荷重の0.5倍を基礎として計算したもの

（ハ）　丙種風圧荷重　甲種風圧荷重の0.5倍を基礎として計算したもの

（ニ）　着雪時風圧荷重　架渉線の周囲に比重0.6の雪が同心円状に付着した状態に対し，甲種風圧荷重の0.3倍を基礎として計算したもの

58-1表

<table>
<tr><td colspan="4">風圧を受けるものの区分</td><td>構成材の垂直投影面に加わる圧力</td></tr>
<tr><td rowspan="12">支持物</td><td colspan="3">木柱</td><td>780Pa</td></tr>
<tr><td rowspan="2">鉄筋コンクリート柱</td><td colspan="2">丸形のもの</td><td>780Pa</td></tr>
<tr><td colspan="2">その他のもの</td><td>1,180Pa</td></tr>
<tr><td rowspan="2">鉄柱</td><td colspan="2">丸形のもの</td><td>780Pa</td></tr>
<tr><td colspan="2">三角形又はひし形のもの</td><td>1,860Pa</td></tr>
<tr><td rowspan="3">鉄柱</td><td colspan="2">鋼管により構成される四角形のもの</td><td>1,470Pa</td></tr>
<tr><td rowspan="2">その他のもの</td><td>腹材が前後面で重なる場合</td><td>2,160Pa</td></tr>
<tr><td>その他の場合</td><td>2,350Pa</td></tr>
<tr><td rowspan="4">鉄塔</td><td rowspan="2">単柱</td><td>丸形のもの</td><td>780Pa</td></tr>
<tr><td>六角形又は八角形のもの</td><td>1,470Pa</td></tr>
<tr><td colspan="2">鋼管により構成されるもの（単柱を除く。）</td><td>1,670Pa</td></tr>
<tr><td colspan="2">その他のもの（腕金類を含む。）</td><td>2,840Pa</td></tr>
<tr><td rowspan="2">架渉線</td><td colspan="3">多導体（構成する電線が2条ごとに水平に配列され，かつ，当該電線相互間の距離が電線の外径の20倍以下のものに限る。以下この条において同じ。）を構成する電線</td><td>880Pa</td></tr>
<tr><td colspan="3">その他のもの</td><td>980Pa</td></tr>
<tr><td colspan="4">がいし装置（特別高圧電線路用のものに限る。）</td><td>1,370Pa</td></tr>
<tr><td colspan="3" rowspan="2">腕金類（木柱，鉄筋コンクリート柱及び鉄柱（丸形のものに限る。）に取り付けるものであって，特別高圧電線路用のものに限る。）</td><td>単一材として使用する場合</td><td>1,570Pa</td></tr>
<tr><td>その他の場合</td><td>2,160Pa</td></tr>
</table>

ロ　風圧荷重の適用区分は，58-2表によること。ただし，異常着雪時想定荷重の計算においては，同表にかかわらず着雪時風圧荷重を適用すること。

58-2表

<table>
<tr><td>季節</td><td colspan="2">地方</td><td>適用する風圧荷重</td></tr>
<tr><td>高温季</td><td colspan="2">全ての地方</td><td>甲種風圧荷重</td></tr>
<tr><td rowspan="3">低温季</td><td rowspan="2">氷雪の多い地方</td><td>海岸地その他の低温季に最大風圧を生じる地方</td><td>甲種風圧荷重又は乙種風圧荷重のいずれか大きいもの</td></tr>
<tr><td>上記以外の地方</td><td>乙種風圧荷重</td></tr>
<tr><td colspan="2">氷雪の多い地方以外の地方</td><td>丙種風圧荷重</td></tr>
</table>

ハ　人家が多く連なっている場所に施設される架空電線路の構成材のうち，次に掲げるものの風圧荷重については，ロの規定にかかわらず甲種風圧荷重又は乙種風

圧荷重に代えて丙種風圧荷重を適用することができる。

（イ） 低圧又は高圧の架空電線路の支持物及び架渉線

（ロ） 使用電圧が35,000V以下の特別高圧架空電線路であって，電線に特別高圧絶縁電線又はケーブルを使用するものの支持物，架渉線並びに特別高圧架空電線を支持するがいし装置及び腕金類

ニ 風圧荷重は，58-3表に規定するものに加わるものとすること。

58-3表

支持物の形状	方向	風圧荷重が加わる物
単柱形状	電線路に直角	支持物，架渉線及びがいし装置
	電線路に平行	支持物，がいし装置及び腕金類
その他の形状	電線路に直角	支持物のその方向における前面結構，架渉線及びがいし装置
	電線路に平行	支持物のその方向における前面結構及びがいし装置

二 垂直荷重 垂直方向に作用する荷重であって，58-4表に示すもの

三 水平横荷重 電線路に直角の方向に作用する荷重であって，58-4表に示すもの

四 水平縦荷重 電線路の方向に作用する荷重であって，58-4表に示すもの

五 常時想定荷重 架渉線の切断を考慮しない場合の荷重であって，風圧が電線路に直角の方向に加わる場合と電線路に平行な方向に加わる場合とについて，それぞれ58-4表に示す組合せによる荷重が同時に加わるものとして荷重を計算し，各部材について，その部材に大きい応力を生じさせる方の荷重

六 異常時想定荷重 架渉線の切断を考慮する場合の荷重であって，風圧が電線路に直角の方向に加わる場合と電線路に平行な方向に加わる場合とについて，それぞれ58-4表に示す組合せによる荷重が同時に加わるものとして荷重を計算し，各部材について，その部材に大きい応力を生じさせる方の荷重

七 異常着雪時想定荷重 着雪厚さの大きい地域における着雪を考慮した荷重であって，風圧が電線路に直角の方向に加わる場合と電線路に平行な方向に加わる場合とについて，それぞれ58-4表に示す組み合わせによる荷重が同時に加わるものとして荷重を計算し，各部材について，その部材に大きい応力を生じさせる方の荷重

58-4 表

荷重の種類	風圧の方向	垂直荷重							水平横荷重			水平縦荷重		
		架渉線重量	がいし装置重量	支持物部材重量※1	垂直角度荷重※2	支線荷重※3	被氷荷重※4	着雪荷重	風圧荷重	水平角度荷重	ねじり力荷重	風圧荷重	不平均張力荷重	ねじり力荷重
常時想定荷重	電線路に直角	○	○	○	○	○	○		○	○	○※5		○※6	○※5
	電線路に平行	○	○	○	○	○	○			○	○※5	○	○※6	○※5
異常時想定荷重	電線路に直角	○	○	○	○		○		○	○	○		○	○
	電線路に平行	○	○	○	○		○			○	○	○	○	○
異常着雪時想定荷重	電線路に直角	○	○	○	○			○	○	○	○※5		○	○※5
	電線路に平行	○	○	○	○			○		○	○※5	○	○	○※5

※1：鉄筋コンクリート柱については，腕金類を含む。
※2：電線路に著しい垂直角度がある場合に限る。
※3：鉄筋コンクリート柱又は鉄柱で支線を用いる場合に限る。
※4：乙種風圧荷重を用いる場合に限る。
※5：引留め型又は耐張型の鉄筋コンクリート柱，鉄柱又は鉄塔において，架渉線の配置が対称でない場合に限る。
※6：引留め型，耐張型又は補強型の鉄筋コンクリート柱，鉄柱又は鉄塔の場合に限る。
（備考）○は，該当することを示す。

八　垂直角度荷重　架渉線の想定最大張力の垂直分力により生じる荷重

九　水平角度荷重　電線路に水平角度がある場合において，架渉線の想定最大張力の水平分力により生じる荷重

十　支線荷重　支線の張力の垂直分力により生じる荷重

十一　被氷荷重　架渉線の周囲に厚さ6mm，比重0.9の氷雪が付着したときの氷雪の重量による荷重

十二　着雪荷重　架渉線の周囲に比重0.6の雪が同心円状に付着したときの雪の重量による荷重

十三　不平均張力荷重　想定荷重の種類に応じ，次の規定によるもの

イ　常時想定荷重における不平均張力荷重は，全架渉線につき各架渉線の想定最大張力に，次に掲げる値を乗じたものの水平縦分力による荷重とすること。

（イ）　支持物が引留め型の場合は，1

（ロ）　支持物が耐張型の場合は，1/3

（ハ）　支持物が補強型の場合は，1/6

ロ　異常時想定荷重における不平均張力荷重は，次により計算した，架渉線が切断

した場合に生じる不平均張力の水平縦分力による荷重とすること。

（イ）　切断を想定する架渉線の数は，次によること。

(1)　架渉電線の相（回線ごとの相をいう。以下この号において同じ。）の総数が12以下である場合は，1相（鉄塔が引留め型以外で，電線が多導体である場合は，1相のうち2条）

(2)　架渉電線の相の総数が12を超える場合（(3)に規定する場合を除く。）は，回線を異にする2相（鉄塔が引留め型以外で，電線が多導体である場合は，1相ごとに2条）

(3)　架渉電線が縦に9相以上並び，かつ，横に2相並んでいる場合は，縦に並んだ9相以上のうち，上部6相からの1相（鉄塔が引留め型以外で，電線が多導体である場合は，1相のうち2条）及びその他の相からの1相（鉄塔が引留め型以外で，電線が多導体である場合は，1相のうち2条）

(4)　架空地線の1条。ただし，電線と同時には切断しないものとする。

（ロ）　切断を想定する架渉線は，各部材に生じる応力が最大になるものとすること。

（ハ）　架渉線が切断した場合に生じる不平均張力の大きさは，当該架渉線の想定最大張力に等しい値（架渉線の取付け方法により，架渉線が切断したときにその支持点が移動し，又は架渉線が支持点でしゅう動する場合は，想定最大張力の0.6倍の値）とすること。

ハ　異常着雪時想定荷重における不平均張力荷重は，全架渉線につき各架渉線の想定最大張力に，次に掲げる値を乗じたものの水平縦分力による荷重とすること。

（イ）　耐張がいし装置を使用する鉄塔にあっては，0.1

（ロ）　懸垂がいし装置を使用する鉄塔にあっては，0.03

十四　ねじり力荷重　想定荷重の種類に応じ，次の規定によるもの

イ　常時想定荷重及び異常着雪時荷重におけるねじり力荷重は，支持物における架渉線の配置が対称でない場合に生じるものとすること。

ロ　異常時想定荷重におけるねじり力荷重は，前号ロ（イ）及び（ロ）に規定するように架渉線が切断した場合に生じるものとすること。

2　常時想定荷重において，支持物における架渉線の配置が対称でない場合は，58-4表の荷重のほか，垂直偏心荷重をも加算すること。

3　異常着雪時想定荷重の計算における想定着雪厚さは，着雪量の評価に関する最新の知見に基づいて作成された着雪マップにおける当該地域の想定着雪厚さ，当該地域及びその周辺地域における過去の着雪量（当該地域及びその周辺地域において着雪実績が少ない場合は，気象観測データの活用その他の適切と認められる方法により推定した着雪量）及び当該地域の地形等を十分考慮した上，適切に定めたものであること。ただし，電線に有効な難着雪対策を施す場合は，その効果を考慮して着雪量を低減す

ることができる。

4　鉄塔にあっては，第一項に規定する甲種風圧荷重と，地域別基本風速における風圧荷重を比べて，大きい方の荷重を考慮すること。また，次の各号に掲げる特殊地形箇所に施設する場合は，その大きい方の荷重と，局地的に強められた風による風圧荷重を比べて大きい方の荷重を考慮すること。ただし，これらの特殊地形箇所に施設する場合に，当該箇所の地形等から強風時の風向が電線路の走行とほぼ平行すると判断されるときは，対象外とする。

一　従来から強い局地風の発生が知られている地域における稜線上の鞍部等，風が強くなる箇所

二　主風向に沿って地形が狭まる湾の奥等の小高い丘陵部にあって収束した風が当たる箇所

三　海岸近くで突出している斜面傾度の大きな山の頂部等，海からの風が強まる箇所

四　半島の岬，小さな島等，海を渡る風が吹き抜ける箇所

五　強い風が風上側にある標高の高い丘で増速され，直近の急斜面によりさらに増速する箇所

5　鉄柱であって，第一項に規定する甲種風圧荷重を適用する場合には，地域別基本風速における風圧荷重と比べて，大きい方の荷重を考慮すること。ただし，完成品の底部から全長の1/6（2.5mを超える場合は，2.5m）までを変形を生じないように固定し，頂部から30cmの点において柱の軸に直角に設計荷重の2倍の荷重を加えたとき，これに耐えるものにあっては，この限りでない。

〔解　説〕　本条は，架空電線路の強度検討に用いる荷重について示している。風速については，気象官署において長年のデータ蓄積がなされていること，瞬間風速に比べてデータの変動幅が小さく風速分布を評価しやすいこと，強風時での風向・風速の変動が大きくなく，鉄塔自身や電線の揺れの影響を評価しやすいことなどから気象庁の地上気象観測統計にもとづく年最大10分間平均風速を用いることが妥当である。IEC60826（2017），EN50341-1（2012），建築基準法告示（平成12年建設省告示第1454号）においても鉄塔あるいは構造物に対する基準風速として10分間平均風速が用いられている。

第1項各号は，荷重の算定方法又は各種荷重の定義である。

風圧荷重は，架空電線路の強度検討において最も重要な要素であり，**イ**において風圧荷重の種類及びそれらの風圧荷重の算定基礎となる受風対象物ごとの風圧を示し，**ロ**及び**ハ**において甲種，乙種及び丙種の風圧荷重の地域ごとの選び方，**ニ**においてそれらの風圧の加わり方を示している。

概念的にいえば，甲種風圧荷重は高温季（夏から秋にかけての季節）において風速40m/sの風があるものと仮定した場合に生じる荷重，乙種風圧荷重は氷雪の多い地方に

おける低温季（冬から春にかけての一般的に強風はない季節）において架渉線に氷雪が付着した状態で甲種風圧荷重の 1/2 の風圧を受けるものと仮定した場合に生じる荷重，丙種風圧荷重は氷雪の多くない地方における低温季や人家が多く連なっている場所（一般的に風速は減少する場所）等において，甲種風圧荷重の 1/2 の風圧を受けるものと仮定した場合に生じる荷重，着雪時風圧荷重は大型河川横断部とその周辺等地形的に異常な着雪が発達しやすい箇所において架渉線に雪が付着した状態で甲種風圧荷重の 0.3 倍の風圧を受けるものと仮定した場合に生じる荷重である。

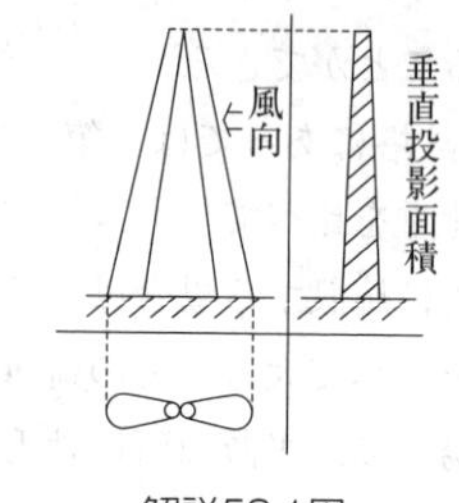

解説58.1図

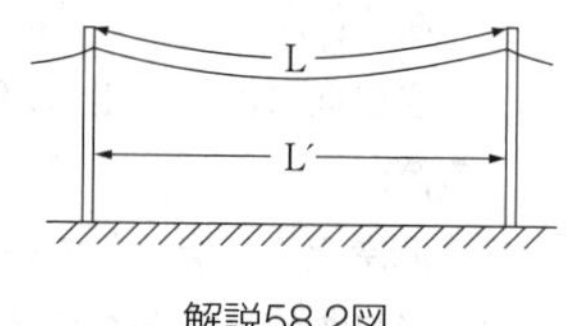

解説58.2図

58-1 表の「腕金類」とは，アームタイ，ブレーシング（腹材），腕金，吊材，腕金支材等を指しており，鉄塔及び鉄柱では支持物の構成材となる。

鉄塔と鉄柱の区別については，鉄塔では各主柱ごとに，鉄柱では各主柱共通に 1 個の基礎を持つことを標準としている。なお，鉄柱は鉄塔に比べて一般に根開きが狭少で，かつ，根開きと高さの比率が著しく小さく，鉄塔は原則として支線で補強できないが，鉄柱は支線で補強しても差し支えない等の差もある。しかし，型などによって明確には分けることができないので，本解釈における他の条文では，鉄塔の設計条件を満たすものが鉄塔であり，鉄柱の設計条件に適合するものが鉄柱と考えて支障ない。

「構成材の垂直投影面積」とは，垂直面に対する構成材の投影面積であるが，風圧の計算における受風面積は，支持物では結構面の傾斜を無視して結構一面のみの垂直投影面積をとり，架渉線，がいし及び腕金類も垂直投影面積をとっている。また架渉線に限って，被氷の厚みにより線条の直径が増大したものと考えて計算することとしている。なお，支線の風圧は考えない。木柱及び架渉線の垂直投影面積を解説 58.1 図及び解説 58.2 図に示す。

腹材が前後面で重なる場合と重ならない場合については，主な鉄塔及び鉄柱の結構としてダブルワーレン，シングルワーレン，プラット，K（逆 K），ブライヒ（ツヅミ）の 5 種類があり，その使用場所は解説 58.1 表に示すとおりである。

このうちシングルワーレンは，四角及び矩形の支持物では，前面と後面で互いに相重ならないが，鉄塔ではこの結構は鉄塔の上部に使用されるので，風圧倍数（鉄塔に加わる風圧力と風上結構一面のみの風圧力との比）及び受風面積が共に小さいから特に風圧に関しては考慮しない。鉄柱では，風圧倍数及び受風面積が鉄塔の場合とは違うので，後記のように風圧に関して考慮することとしている。

解説58.1表　鉄塔及び鉄柱結構

結　構	結構図	使用場所
ダブルワーレン		荷重が比較的大きく塔体幅2.5m未満までの箇所に使用すれば経済的で，一般送電用鉄塔主体の中間部以上の腹材に使用される場合が多い。
シングルワーレン		塔体幅が小さく，荷重も比較的少ない場合に経済的で，送電用鉄柱，屋外鉄構等に使用される場合が多い。
プラット		初期の鉄塔の設計で鉄塔下部，塔体幅の比較的広い箇所に用いられた型で，アメリカでは現在も用いられている。
K（逆K）		根開き，塔主体の幅の著しく広い場合，又は積雪の多い地域で鉄塔最下部に使用される場合が多い。
ブライヒ（ツヅミ）		140kV以上の鉄塔の主体部に使用される場合が多い。

58-1表に甲種風圧荷重における構成材の種類ごとの単位面積当たりの風圧を示しているが，この風圧決定の考え方は次のとおりである。なお，今後これら以外の構成材の出現も考えられることから，H9解釈で**58-1表**によらず，実際の状態と相似となるような条件下で実施した風洞実験等に基づき適切に風圧値を算定した場合はこれを認めることとした。

a. 支持物：風圧及び風圧力は，一般に次の理論式によって求められる。

$$p=\left(\frac{1}{2}\rho V^2\right)C\cdot g \qquad P=pA$$

p：風圧（Pa）　　P：風圧力（N）

ρ：空気密度（kg・sec²/m⁴）…高温季において上陸主要台風時の記録による平均大気状態（気圧960×10²Pa，温度23℃）の時の値0.115kg・sec²/m⁴をとり，低温季において標準大気状態（気圧1,013×10²Pa，温度15℃）の0.125kg・sec²/m⁴をとる。

V：設計風速（m/sec）

C：空気抵抗係数…受風体の形状，大きさ，傾斜，面の粗滑度によって異なるばかりでなく，その形状によっては風速Vの大小によっても変化する係数で，風洞実験の結果によって定まる。

A：受風面積（m²）

本来，実際に鉄塔に加わる風圧についても，本式に基づいて，その都度適切に算定することが望ましいが，風速が高さごとに異なることや空気抵抗係数が高さ方向の部分ごとに異なることなどから，非常に煩雑なものとなる。そこで，**58-1表**に実在する鉄塔における鉄塔主体の受風面積及び鉄塔の充実率（節間を占有する部材の面積と節間面積との比）の実態調査から，これに対する空気抵抗係数を求め，かつ，基準風速 40m/sec に上空における風速の逓増を考慮して算定した風圧により，地表面を支点に生じるモーメントと同じモーメントを生じるような鉄塔主体全体に対して一様な等価風圧を求めた風圧値を与えている。

本条では，一般に使用される塔高約 40m の送電用鉄塔に対する風圧を，高温季における形鋼鉄塔では 2,840Pa，鋼管鉄塔（単柱を除く。）では 1,670Pa と定めており，また，S61 基準で環境調和鉄塔として採用されるようになった単柱鉄塔のうち丸形のものは 780Pa，六角形又は八角形のものは 1,470Pa と定めている。なお，腕金類は管状ではなく風圧抵抗が大きいので，その他のものと同様に 2,840Pa としている。高い鉄塔の場合，例えば超高圧鉄塔のような規模の鉄塔に対しては，定められた風圧よりも高い値をとることが望ましく，JEC-127-1965 では，塔高によって解説 58.2 表の値をとってもよいとしている。なお，ここでいう超高圧鉄塔とは，220kV 以上の鉄塔を意味している。

ボルト締めの結構の鉄柱に対しては，鉄塔に比較して柱体が細く，充実率が大きいため，空気抵抗係数は鉄塔の場合よりかなり減少することが明らかなので，腹材が前後面で重なる場合は 2,160Pa，腹材が前後面で重ならない場合は腹材の風圧増加を考慮して 2,350Pa とした。鋼管で構成された鉄柱の場合も，前記と同様の理由で 1,470Pa としたが，鋼管の場合は前面の影響を受けることが少ないので，前後面の腹材が重なる場合も重ならない場合も一律の風圧としている。三角形又はヒシ形の鉄柱は前後面で重なることはないので，これも一律の風圧としている。丸型の鉄柱，鉄筋コンクリート柱及び木柱についても，それぞれ風洞実験値から算出したものである。

解説 58.2 表　超高圧鉄塔又はこれに準ずる鉄塔の風圧値（JEC-127-1965）（単位 Pa）

塔高（m）	形鋼鉄塔		鋼管鉄塔	
	普通鉄塔	超高圧鉄塔	普通鉄塔	超高圧鉄塔
40 以下	2,840	3,040	1,670	1,770
50 以下	3,040	3,240	1,770	1,860
60 以下	3,240	3,430	1,860	1,960
70 以下	−	3,630	−	2,060
80 以下	−	3,820	−	2,160

b. 架渉線：風洞実験の結果から架渉線の空気抵抗係数 C を 1 とし，高温季の空気密度 $\rho=0.115\mathrm{kg \cdot sec^2/m^4}$ とすると，風速 40m/sec では 902Pa の値が得られる。

架渉線の風圧は，鉄塔と同じく平均地上高の増大とともに増加することになるが，一方で，架渉線の規模効果により相当大幅な風圧逓減も認められている。したがって，架渉線の標準的な風圧としてはこの効果の一部も期待して広範囲に適用できるものとして，一律に 980Pa をとっている。なお，鉄塔の高さが著しく高くなる場合（おおむね 80m を超えるような場合）については，必要に応じて定められた風圧よりも大きい値をとることが望ましい。

多導体で電線の風の方向に並列（3導体の場合には，2条だけが並列になる場合の状態）に架線される場合の風圧は，風洞実験の結果から電線相互の干渉による低減を考慮して，その全線について単導体の90%としている。

多心型電線が受ける風圧は，その構造上電線の垂直投影面の形状が一様でないため，一般の円形電線が受ける風圧とは異なり，また電線の受風面積の求め方も円形電線の場合より複雑であるが，電気協同研究会アルミ専門委員会では，実用的な風圧荷重の求め方として次の方法を示している。

①高温季においては，電線外径として多心型電線の長径をとり，これに円形電線と同じ風圧を適用する。

②低温季においては，多心型電線の長径にして円形電線と同じ厚さの着氷及び同じ風圧を適用する。

③このときの多心型電線の長径のとり方は，解説58.3図によればよい。

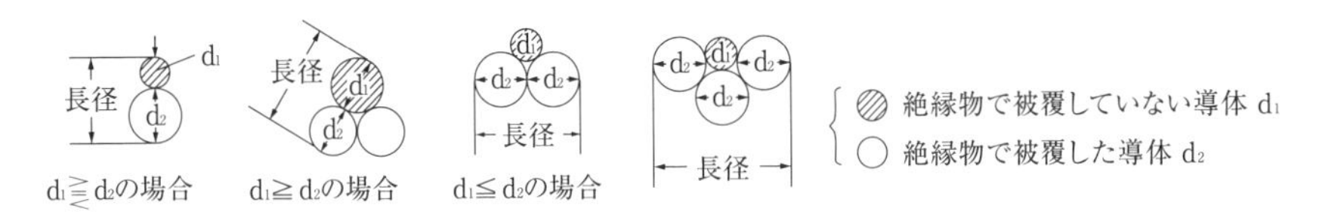

解説58.3図

c.がいし，腕金類：がいしに加わる風圧は，がいし連の傾斜による風圧の増加を考慮したもので，風洞実験の結果から定めているが，形状及び取付け方法により差異があり一律ではない。しかし，形状及び取付け方法が風圧に与える影響は，全体からみれば小さいので大略の値を示している。250mm懸垂がいしの風圧は30N/個である。がいし取付け金具の風圧は，それが重要視されるような線路でとることもある。なお，同一がいしを風の方向に沿って互いに接近して2連並列に使用する場合（前後に重なる場合）は，1連のみの風圧をとり，これと直角の方向の風を考慮するときは，2連分の風圧をとる。

腕金類は，結構の場合は鉄柱のシングルワーレン結構以外の場合と同じ値をとり，単一材の場合は鉄塔の風上結構一面の風圧値の約5%減の値をとる。

なお，鉄柱，鉄筋コンクリート柱又は鉄塔の設計基準では，甲種風圧荷重を高温季標準風圧，乙種風圧荷重を低温季標準風圧と規定しており，丙種風圧荷重については特に規定していない。高温季に甲種風圧荷重をとるのは，一般に我が国では，高温季に最大風速を生じるからである。

ロは，各種風圧荷重の計算を実際に適用する場合の規定である。**58-2表**で「氷雪の多い地方」というのは，その地方の地方気象台の記録により判断すべきであるが，大体の目安としては，従来から北海道，青森県，秋田県，山形県，岩手県，宮城県，福島県，新潟県，長野県，富山県，石川県，福井県，岐阜県北部，滋賀県北部，京都府北部，兵庫県北部，鳥取県，島根県及びその他土地が高く寒気が厳しい地方並びに栃木県，群馬県，茨城県，東京都，神奈川県，山梨県等電線に氷雪の付きやすい地方を対象に考えている。また，「海岸地その他の低温季に最大風圧を生じる地方」についても，地方気象台の記録により判断すべきであるが，大体の目安として従来から北海道，青森県，秋田県，山形県，新潟県などの地方を対象に考えている。

実際の設計では，氷雪の影響は一様に定められず，この解釈で指定する地域外でも電線路のルートによっては，氷雪が付着するものとして計算する必要のある場合もある。

甲種又は乙種風圧荷重は，国内一般の基準であるが，九州の南端，四国の南端，潮岬，房総突端，銚子付近のように海岸に突出した所では台風性暴風に襲われる回数が多く，最大風速も著しく大きく，また上空部の風圧の様相が十分明らかでない。そこで，海岸に近い地点に高い鉄塔を施設する場合は，その地方の気象観測所の記録を参照し，実際には甲種風圧荷重を適当に増加している。

ハは，人家の多く連なる場所では風速が一般に減衰することから低高圧架空電線路の支持物及び架渉線，35kV 以下の電線に特別高圧絶縁電線又は特別高圧架空ケーブルを使用する特別高圧架空電線路の支持物，架渉線並びに特別高圧架空電線を支持するがいし装置及び腕金類に丙種風圧荷重，つまり甲種風圧荷重の 1/2 を適用すればよいとしている。22（33）kV 特別高圧架空電線路は，一般的に支持物には鉄筋コンクリート柱を使用し，高圧配電線路と同様の装柱形態であることから，6kV 配電に代わる新しい供給形態として 22（33）kV 配電が採用されてきており，S47 基準で 35kV 以下の特別高圧架空電線路に併架する低高圧架空電線及び 35kV 以下の特別高圧架空ケーブル（→第 86 条解説）とそのちょう架用線に，S57 基準で 35kV 以下の特別高圧架空電線として使用する特別高圧絶縁電線（→第 5 条解説）に，更に H9 解釈で 35kV 以下の特別高圧架空電線路の支持物，架渉線，がいし装置及び腕金類にも丙種風圧荷重を適用できることとした。

ニは，このような風圧が支持物の種類によってどのように加わるかを規定したもので，支持物の強度を計算するに当たっては，支持物の各部分についてこのように仮定した風圧が同時に加わるものと考えた場合に，その部分に生じる応力を求める。例えば，鉄塔のある部材の風圧に対する強度は，その部材はもとより他の部材，がいし，架渉線等に風圧が同時に加わった場合（ニの各場合，すなわち電線路方向及び直角方向の各場合）に，その部材に生じる応力と部材の強さの比較によって決まるものである。この場合，電線路方向及び直角方向の各場合における風圧荷重を計算し，いずれの風圧荷重にも耐える部材である必要がある。

なお，風圧荷重についての詳細は，電気協同研究会第 20 巻第四号「送電用大型鉄塔」を参照されたい。

第二号から第十四号は，荷重についての説明である。荷重は，大別して垂直荷重，水平横荷重（線路方向と直角の方向に働く荷重）及び水平縦荷重（線路方向に働く荷重）の3種類であり，以下これらについて説明する。

(a) 垂直荷重：支持物の自重，架渉線及びがいし装置の重量，架渉線の被氷重量，また電線路に甚だしく垂直角度がある場合にはそれによる垂直荷重等であって，各垂直荷重の計算要領を示せば，次のようになる。

①支持物の自重：支持物自体の重量であり，既設の支持物に対し電線の張替え，位置変更等のために支持物の強度を検討する場合には，その支持物の自重は容易に算定できるが，新設の場合は支持物重量の推定が必要になる。支持物重量の推定には，既設電線路のこれと類似の設計条件で設計された支持物の質量を十分検討して推定する。

②架渉線の重量

$W_c = W_c' \times S \times g$ (N)

③がいし及び附属金具の重量

$W_1 = (aN + I) \times g$ (N)

④架渉線の被氷重量（Wi）又は着雪重量（Wj）

$W_i = 9\pi t(d + t) \times S \times 10^{-4} \times g$ (N)

$W_j = 6\pi t(d + t) \times S \times 10^{-4} \times g$ (N)

⑤電線路に垂直角度がある場合の影響（垂直角度荷重）

$V_t = T(\tan\delta_1 + \tan\delta_2)$ (N)

この場合，架渉線の支持点に生じる垂直荷重の総和Vは，次式により求められる（→解説58.4図）。

$V = W_c + W_1 + W_i + V_t$

ただし，Wc′：架空線単位質量（kg/m），S：荷重径間1/2（$S_1 + S_2$）(m)，g：重力加速度（$9.80665 m/s^2$），N：がいし個数，a：がいし1個の質量（kg），I：がいし金具の質量（kg），d：架渉線の外径（mm），t：被氷厚さ（mm），T：架渉線の想定最大使用張力（N），δ_1，δ_2：支持物前後の径間の垂直角度とする。

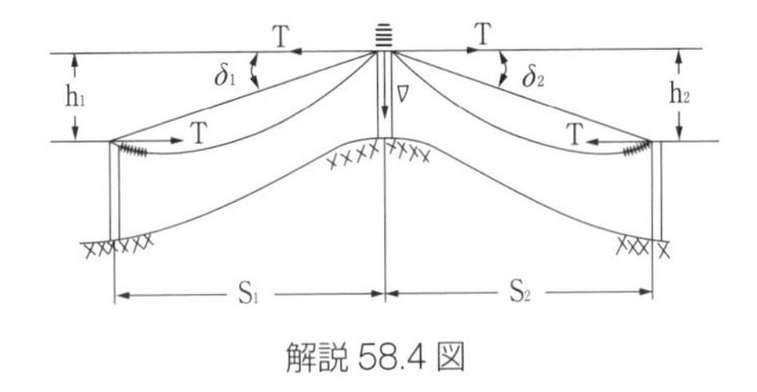

解説58.4図

(b) 水平横荷重：支持物自体の風圧，架渉線及びがいし装置の風圧，電線路に水平角度がある場合には架渉線の張力により生じる水平横分力，架渉線の断線により生じるねじり力等であって，各水平荷重の計算要領を示せば，次のようになる。

①支持物の風圧荷重：支持物の自重と同様に設計当初推定するものであるが，支持物の装柱を前もって定め，装柱によって定まる結構について，各節間ごとに受風面積を計算し（鉄筋コンクリート柱では若干異なる。），これに標準風圧値（→ 58-1 表）を掛け，支持物主体部節点における集中荷重とみなして応力の計算を行うものである。

②水平角度荷重：電線路に水平角度があることにより生じる荷重である。

③架渉線の不平均張力により生じるねじり力：架渉線の断線，その他により腕金の先端において不平均張力を生じるときは，これにより支持物の四面にねじり力が作用する。

(c) 水平縦荷重：水平縦荷重は，支持物の風圧荷重と架渉線の不平均張力及びこれにより生じるねじり力である。支持物自体の風圧及びねじり力については前記の水平横荷重の場合と同様である。

(d) 常時想定荷重，異常時想定荷重及び異常着雪時想定荷重：B 種鉄柱，B 種鉄筋コンクリート柱及び鉄塔に用いる強度検討の荷重の組合せを示したものである。

(e) 垂直角度荷重：電線路に著しい垂直角度がある場合に生じる架渉線張力の垂直分力であり，架渉線の張力により決まるものであるが，便宜上想定最大使用張力を用いて次式により算出する。

$V_t = T(\tan\delta_1 + \tan\delta_2)$ (N)

ただし，T：架渉線の想定最大使用張力（N），δ_1, δ_2：支持物前後の径間の垂直角度（°）とする。

(f) 水平角度荷重：電線路に水平角度があることにより生じる荷重であり，架渉線の張力に基づき次式により算出する（→解説 58.5 図）。

$H = T_1\sin\alpha + T_2\sin\beta$

特に $T_1 = T_2$，$\alpha = \beta = \theta/2$ のときに，$H = 2T_1\sin\theta/2$ となる。

ただし，H: 水平角度荷重（N），T_1，T_2：架渉線の張力（N），α，β，θ：水平角度（°）とする。

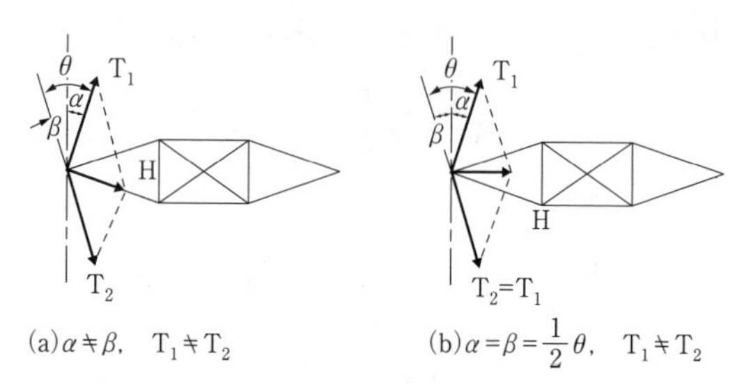

解説 58.5 図

(g) 支線荷重：鉄柱又は鉄筋コンクリート柱で支線を用いる場合に支線の張力の垂直分

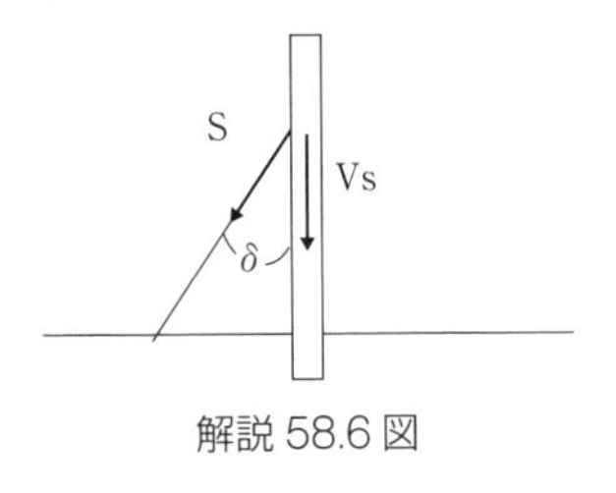

解説 58.6 図

力により生じる荷重であり，次式により算出する。

$V_s = S\cos\delta$

ただし，Vs：支線荷重（N），S：支線の張力（N），δ：支持物と支線のなす角（°）とする。

(h) 被氷荷重：氷雪の多い地方において，架渉線に付着した氷雪の重量をいい，架渉線各条について，比重0.9，厚さ6mmの氷雪が付着するものとしているが，これは氷雪が多い地方の標準的なものである。

多雪地では，無風状態で，架渉線に外径100～250mm程度の雪（比重0.1～0.4）が付着する等のこともあるので，重要線路等では個々の設計に当たって検討している。着雪は，降雪地域一般に起こる現象で，風速約5m/s以下で気温0℃前後の降雪時に発生することが多い。着氷は冬季に季節風を直接受ける山岳地帯の尾根などにおいて発生し，強風下でも容易に脱落しない。

なお，氷雪に対する対策としては日本電気技術規格委員会規格JESC E0004（2007）「配電規程（低圧及び高圧）」((社)日本電気協会技術規程JEAC 7001-2007)の付録「XIV 配電線路雪害対策」を参照されたい。

(i) 着雪荷重：大型河川横断部とその周辺等地形的に異常な着雪が発達しやすい箇所に特別高圧架空電線路を施設する場合に考慮する荷重で，架渉線に付着した着雪重量をいう。着雪による設備被害事故は，ごくまれな異常気象条件において発生するものであることから，従来，通達により運用していたものをH9解釈で追加したものである。

(j) 不平均張力荷重：想定荷重に応じた不平均荷重を示しており，異常時想定荷重における架渉線の断線条件はJEC-127-1965「送電用鉄塔設計標準」に基づいて定めたものである。相という表現を用いたのは多導体のものを含めたためである。架空地線については，電線とは別に考え，架空地線は1条が切断するものとして，電線との組合せは考慮していない。多導体の切断については，引留め型の鉄塔は全条が切断するものと考えているが，引留め型以外の鉄塔では多導体のうち2条が断線するものと考えている。

断線の組合せを図示すると，解説58.7図のようになる。断線条件は，従来に比べて緩和されているが，これは架空電線路の用地取得が困難なため4回線以上は多回線鉄塔にならざるを得なくなり，この場合に従来の断線条件では非常に厳しすぎること，また100mm^{2}以上の太さの電線は実績からしてもほとんど断線をしないという理由からである。第1項第十三号ハにおける「架渉線の想定最大張力」とは，気温0℃の状態で架渉線に着雪重量及び着雪時風圧荷重との合成荷重が加わった場合の張力のことである。

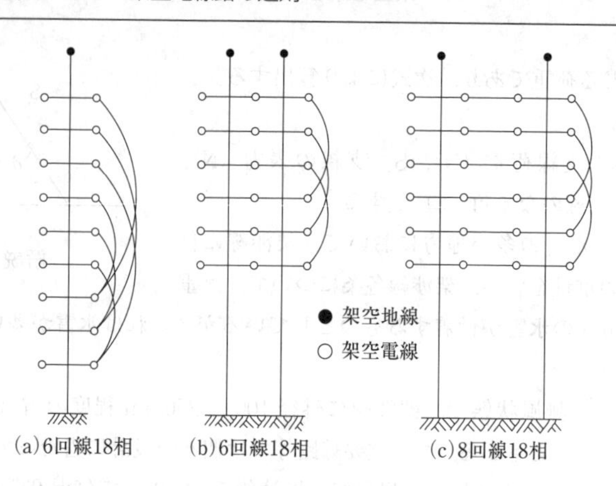

解説 58.7 図

(k) ねじり力荷重：架渉線の断線その他により腕金の先端に生じる不平均張力によるねじり力であり，四角鉄塔及び矩形鉄塔では，次式により計算する（→解説 58.8 図）。

$$q=\frac{L}{2B}p$$ （四角鉄塔）

$$q_1=\frac{LB}{A^2+B^2}p$$ （矩形鉄塔正面）

$$q_2=\frac{LA}{A^2+B^2}p$$ （矩形鉄塔側面）

ただし，P：不平均張力（N），q，q_1，q_2：ねじり力荷重（N）とする。

なお，矩形鉄塔の場合には，q_1，q_2 による応力の差が主柱材に残留することとなる。

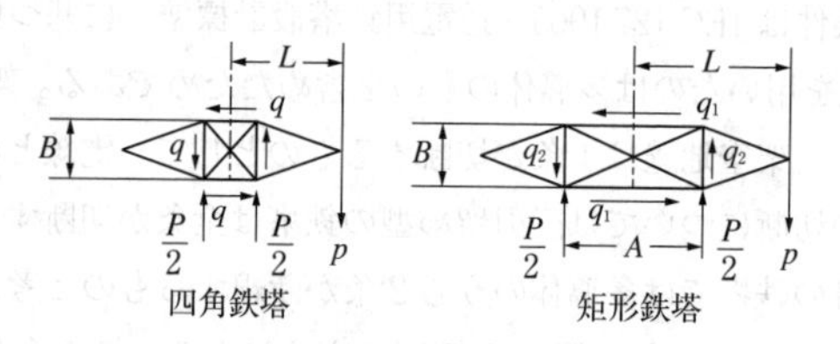

解説 58.8 図

第 2 項は，架渉線の配置が対称でない場合は，常時においても垂直偏心荷重が加わることから，この荷重を加算することとしている。

第 3 項は，異常着雪時の想定着雪厚さについて示しており，着雪量を軽減することができる「有効な難着雪対策」としては，次のようなものがある。なお，「着雪マップ」については，第 59 条第 5 項第四号の解説を参照。

(1) 難着雪装置の装着

① 難着雪リング

② スパイラルロッド
③ 電線表面の雪付着力低減対策（テフロンテープの巻付けなど）
④ 架渉線のねじれ剛性の強化（カウンタウェイト，スペーサの取付けなど）
⑤ 上記①～④の組合せによる対策

(2) 融雪電流対策
① 系統の切替，短絡による融雪電流の通電
② 発熱体（低キュリー材を電線に巻き付けるなど）

(3) 難着雪型電線
・ヒレ付電線

第4項は，鉄塔に対する風圧荷重の算出及び鉄塔に対して台風等による強風が局地的に強められるおそれがある特殊地形箇所の定義について示している。鉄塔にあっては甲種風圧荷重と，地域別基本風速における風圧荷重を比べて，大きい方の荷重を用いて強度検討を行うこととしている。また，令和元年台風15号による鉄塔倒壊事故の検証により地域の実状を踏まえた基準風速を導入することとし，「地域別基本風速」を適用することとした。地域別基本風速は，風向別基本風速を用いることとするが，風速の考え方の詳細については電気学会電気規格調査会テクニカルレポート JEC-TR-00007-2015「送電用鉄塔設計標準」を参照されたい。

鉄塔に対して台風等による強風が局地的に強められるおそれがある特殊地形箇所の定義については，過去発生した鉄塔倒壊事故を踏まえ，台風通過等に伴って強い局地風の吹く地域又は半島部等地形条件から台風等による強風が著しく収束する特殊な地形を整理したものである。**第一号**は山岳部，**第二号**及び**第三号**は海岸部，**第四号**は岬·島しょ部，**第五号**は山岳部と急斜面を指している。

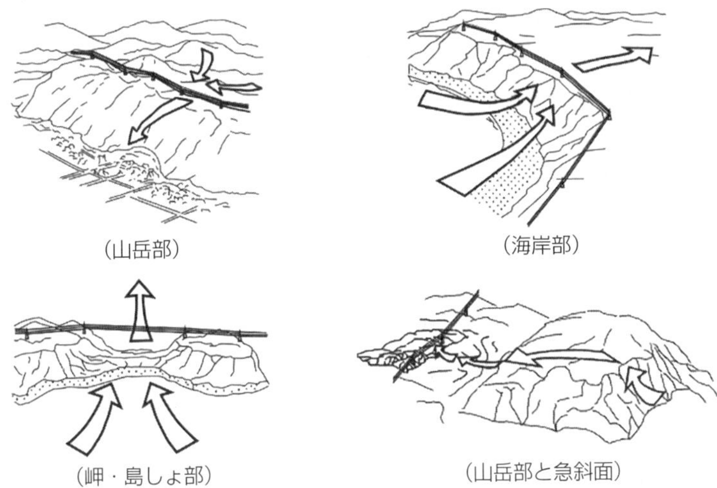

（山岳部）　（海岸部）

（岬・島しょ部）　（山岳部と急斜面）

第一号から**第四号**は平成3年台風19号による鉄塔倒壊事故の検証により特殊地形箇所としてまとめられたものであり，該当箇所については対策がとられ，以後事故の発生がなかったもの（万一，事故が発生した場合は見直しを図る）。また，令和元年台風15号による鉄塔倒壊事故の検証を受け**第五号**が追加された。

設計手法の詳細については，日本電気協会技術規程 JEAC 6001-2018「架空送電規程」，電気学会電気規格調査会テクニカルレポート JEC-TR-00007-2015「送電用鉄塔設計標準」，令和2年1月21日付鉄塔総点検指示書を参照されたい。

第5項は，鉄柱に対しても設計風速を算定する際に，第4項で示している鉄塔の場合と同様に，甲種風圧荷重と，地域別基本風速に相当する風圧荷重を比べて，大きい方の荷重を用いて強度検討を行うこととしているが，（一社）日本電気協会電気技術規程(JEAC 7001-2017)「配電規程」で示されている強度計算により設計された鉄柱である場合は，地域別基本風速に相当する風圧荷重と比較した場合でも十分な強度を有することからこれを認めるものである。

本条に示す荷重の他に**省令第32条**では，地震による振動，衝撃荷重を考慮すべきことを規定しているが，従来より，一般の送電用支持物は地震荷重よりも風圧荷重の方が大きいと評価されており，平成7年1月17日に発生した兵庫県南部地震においても，送電用支持物については地震動による直接的な被害は見られなかった。しかし，本地震は過去我が国で発生した地震の中でも最大級であったことから，改めて送電用支持物の耐震性を確認すべく，一般的電圧階級における代表型を対象に，動的な地震応答解析を実施した。その結果，これらの送電用支持物は，兵庫県南部地震で観測された地震動に対しても耐え得ることが確認された（解析内容については，日本電気協会技術規程 JEAC 6001-2008「架空送電規程」を参照されたい。）。

以上のことから，本解釈では送電用支持物における地震荷重については，特に定めておらず，したがって，地震荷重に対する強度計算も通常の場合省略してもよい。

以上，支持物に加わる荷重について説明したが，この他の事項について補足すれば，次のとおりである。

(a) 異常時想定荷重の適用除外　鉄柱及び鉄筋コンクリート柱では異常時想定荷重を考慮せず，したがって架渉線の断線を考えていない。これは，架渉線が断線したときの被害の影響範囲が大きい箇所その他電線路の重要な箇所には，鉄塔を使用することが一般的なためである。

(b) 部材の安全率　本解釈では支持物を通じての安全率を規定していない。しかし，**第57条**に規定する部材の許容応力にこの考え方を含めており，部材を結構した場合も安全率の低下はないものとしている。すなわち，鉄柱又は鉄塔の構成材としての一般構造用圧延鋼材のうちSS400を例にとると，JISではその引張強さσ_Bを400（N/mm^2）と規定しているのに対し，**第57条**，**57-1表**では許容引張応力を引張強さの

0.7/1.5 倍としている。いわゆるこの逆数 1.5/0.7 ≒ 2.1 が部材の安全率で，異常時想定荷重の場合には，1.5/0.7 × 2/3 = 1/0.7 ≒ 1.4 となる。

(c) 支持点の移動等　**第1項第十三号ロ（ハ）**の支持点の移動とは懸垂がいしのがいし連が流れることが可能な場合をいい，支持点でのしゅう動とは懸垂クランプのように線路方向での移動が可能な場合をいう。

(d) 腕金類に対する緩和の除外　**本条**に規定する鉄塔の異常時想定荷重においては，腕金類以外の部材では部材応力の 2/3 を考えているが，腕金類の部材では架線工事の際等に応力が大きくなることが考えられるので，特に 100% の異常時想定荷重をとることとした。

【架空電線路の支持物の強度等】（省令第 32 条第 1 項）

第 59 条　架空電線路の支持物として使用する木柱は，次の各号に適合するものであること。

一　わん曲に対する破壊強度を 59-1 表に規定する値とし，電線路に直角な方向に作用する風圧荷重に，安全率 2.0 を乗じた荷重に耐える強度を有すること。

59-1 表

木柱の種類	破壊強度（N/mm^2）
杉	39
ひのき，ひば及びびくり	44
とど松及びえぞ松	42
米松	55
その他	上に準ずる値

二　高圧又は特別高圧の架空電線路の支持物として使用するものの太さは，末口で直径 12cm 以上であること。

2　架空電線路の支持物として使用する A 種鉄筋コンクリート柱は，次の各号に適合するものであること。

一　架空電線路の使用電圧及び柱の種類に応じ，59-2 表に規定する荷重に耐える強度を有すること。

59-2 表

使用電圧の区分	種類	荷重
低圧	全て	風圧荷重
高圧又は特別高圧	複合鉄筋コンクリート柱	風圧荷重及び垂直荷重
	その他のもの	風圧荷重

二　設計荷重及び柱の全長に応じ，根入れ深さを 59-3 表に規定する値以上として施設すること。

59-3 表

設計荷重	全長	根入れ深さ
6.87kN 以下	15m 以下	全長の 1/6
	15m を超え 16m 以下	2.5m
	16m を超え 20m 以下	2.8m
6.87kN を超え 9.81kN 以下	14m 以上 15m 以下	全長の 1/6 に 0.3m を加えた値
	15m を超え 20m 以下	2.8m
9.81kN を超え 14.72kN 以下	14m 以上 15m 以下	全長の 1/6 に 0.5m を加えた値
	15m を超え 18m 以下	3m
	18m を超え 20m 以下	3.2m

三　水田その他地盤が軟弱な箇所においては，設計荷重は 6.87kN 以下，全長は 16m 以下とし，特に堅ろうな根かせを施すこと。

3　架空電線路の支持物として使用する A 種鉄柱は，次の各号に適合するものであること。

一　鋼板組立柱又は鋼管柱であること。

二　架空電線路の使用電圧に応じ，59-4 表に規定する荷重に耐える強度を有すること。

59-4 表

架空電線路の使用電圧	荷重
低圧	風圧荷重
高圧又は特別高圧	風圧荷重及び垂直荷重

三　設計荷重は 6.87kN 以下とし，柱の全長に応じ根入れ深さを 59-5 表に規定する値以上として施設すること。

59-5 表

全長	根入れ深さ
15m 以下	全長の 1/6
15m を超え 16m 以下	2.5m

四　水田その他地盤が軟弱な箇所においては，特に堅ろうな根かせを施すこと。

4　架空電線路の支持物として使用する，B 種鉄筋コンクリート柱，B 種鉄柱及び鉄塔は，架空電線路の使用電圧及び支持物の種類に応じ，59-6 表に規定する荷重に耐える強度を有するものであること。

59-6 表

使用電圧の区分	種類	荷重
低圧	全て	風圧荷重
高圧	全て	常時想定荷重
特別高圧	鉄筋コンクリート柱又は鉄柱	常時想定荷重
	鉄塔	常時想定荷重の 1 倍及び異常時想定荷重の 2/3 倍（腕金類については 1 倍）の荷重

5　着雪厚さの大きい地域において特別高圧架空電線路の支持物として使用する鉄塔で

あって，次の各号のいずれかに該当するものは，異常着雪時想定荷重の 2/3 倍の荷重に耐える強度を有するものであること。ただし，当該地点の地形等から着雪時の風向が限定され，電線路がこの風向とほぼ並行する場合，及び当該鉄塔が標高 800 ～ 1,000m 以上の箇所に施設される場合はこの限りでない。

一　河川法（昭和 39 年法律第 167 号）に基づく一級河川及び二級河川の河川区域を横断して施設する特別高圧架空電線路であって，次の図に示す横断径間長が 600m を超えるものの，当該横断部の支持物として使用する鉄塔（以下この項において「横断鉄塔」という。）

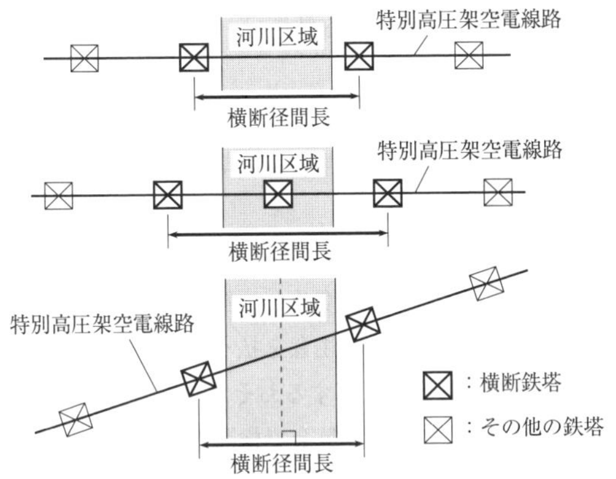

電線路が河川区域と直交しない場合は，直角投影長とする。

二　前号の箇所と地形及び気象条件が類似する，開けた谷その他の地形的に風が通り抜けやすい箇所を横断して施設する特別高圧架空電線路における横断鉄塔

三　第一号の鉄塔の両側それぞれ 2 基までの鉄塔。ただし，次の図に示す条件に該当する場合は，当該地点の地形の状況を考慮した上，当該鉄塔の異常着雪時想定荷重の計算における着雪量を低減することができる。

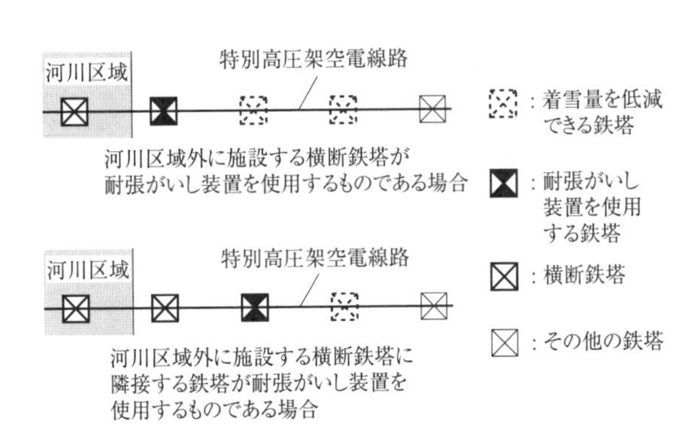

四 着雪量の評価に関する最新の知見に基づいて作成された着雪マップにおいて，想定着雪厚さが35mm 以上とされている地域に施設する特別高圧架空電線路であって，鉄塔両側の電線の標高差により，着雪量が著しく不均等となるおそれがある箇所に施設する鉄塔。

6 架空電線路の支持物として使用する木柱，鉄筋コンクリート柱又は鉄柱において，支線を用いてその強度を分担させる場合は，当該木柱，鉄筋コンクリート柱又は鉄柱は，支線を用いない場合において，この解釈において耐えることと規定された風圧荷重の1/2以上の風圧荷重に耐える強度を有するものであること。

7 架空電線路の支持物として使用する鉄塔は，支線を用いてその強度を分担させないこと。

〔解　説〕 本条は，架空電線路の支持物の強度等について示している。本条の風圧荷重には，第58条の規程が適用される。

第1項は，支持物のうち木柱の強度等について示している。木柱の強度は土質，湿気，その他種々な気象条件によって大きく変化し，経年変化による強度を的確に把握することは困難であるので，保守には十分な注意を払うことが必要である。木柱は経年変化が激しく，腐食により支持物の強度が低下するおそれがあるため，維持基準が示されている。このことに関して電気技術基準調査委員会で検討した結果，木柱の安全率については従来の安全率の値は維持基準としては大きすぎる傾向にあったので，S43基準で改められた。木柱の安全率については，令和元年台風15号の木柱の被害状況を踏まえ，R2基準で，鉄筋コンクリート柱に関する日本産業規格 JIS A 5373（2016）で必要とされる安全率2.0と同じ水準にしたものである。

第一号は，風圧荷重に対する木柱の強度を示している。木柱の風圧荷重に対する強度は通常，電線路と直角方向のものに耐えるように設計されていれば，線路方向の風圧に対しては十分に耐える。なお，長径間箇所，引留箇所，角度箇所等における電線路方向の不平均張力については，第62条に示すとおり支線を設ける必要がある。

架空電線路と直角の方向の風圧荷重に対する強度計算方法を以下に示す。なお，支線の条件については，第6項解説に示す。

イ 支線を有しない単柱

$$\frac{P}{F} \geqq K\frac{390D_0H^2 - 234H^3 + S(\Sigma 98dh)}{10(D_0')^3}$$

ロ 支線を有する単柱

$$\frac{P}{F} \geqq K\frac{195D_0H^2 - 117H^3 + 0.5S(\Sigma 98dh)}{10(D_0')^3}$$

ハ　支線を有しないH柱又はA柱

$$\frac{P}{F} \geqq K\frac{390D_0H^2-234H^3+0.5S(\Sigma 98dh)}{10(D_0')^3}$$

ニ　支線を有するH柱又はA柱

$$\frac{P}{F} \geqq K\frac{195D_0H^2-117H^3+0.25S(\Sigma 98dh)}{10(D_0')^3}$$

ホ　中腹材を用いるH柱又はA柱

解説59.1図により曲げモーメント及び垂直力を計算し，次の（イ）の計算式及び（ロ）の計算式によること。

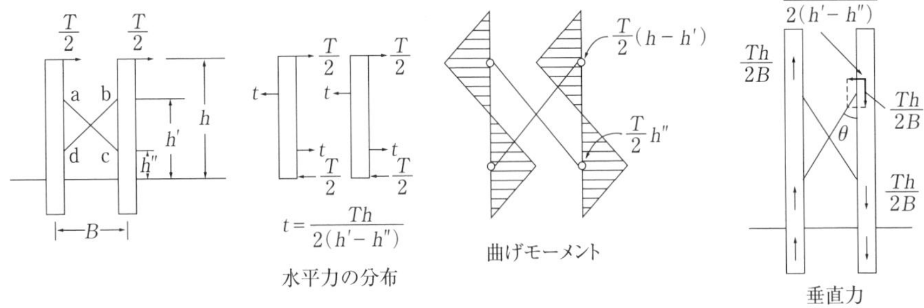

解説59.1図

（イ）　$\frac{P}{F} \geqq \frac{M_b}{Z_b}+\frac{V_b}{A_b}$

（ロ）　$\frac{P}{F} \geqq \frac{M_c}{Z_c}+\frac{V_c}{A_c}$

ヘ　単柱に用いる支線

$$anp \geqq \frac{K}{h_0\times 10^3}\{12.5S(\Sigma 98dh)+4875D_0H^2-2925H^3\}\mathrm{cosec}\,\theta$$

ト　H柱又はA柱に用いる支線

$$anp \geqq \frac{K}{h_0\times 10^3}\{12.5S(\Sigma 98dh)+9750D_0H^2-5850H^3\}\mathrm{cosec}\,\theta$$

S：両側の径間の各1/2を加えたもの（m）
d：電線その他の架渉線の外径であって，乙種風圧荷重の場合は氷雪の附着したものの値（mm）
h：電線その他の架渉線の支持点の地表上の高さ（m）
H：木柱の地表上の高さ（m）
D_0：木柱の地表面における直径であって，次の計算式により算出した値（cm）

$$D_0=D+0.9H$$

D：木柱の末口における直径（cm）
D_0'：地表面において木柱が腐食している場合に，木柱の地表面における断面積から当該腐食部分を差し引いた面積に等しい面積の円の直径（cm）

第3章　電線路

P：木柱のわん曲に対する破壊強度で，59-1 表に規定する値
F：木柱の安全率
K：風圧荷重の種類により決まる係数であって，甲種風圧荷重の場合は 1，乙種風圧荷重又は丙種風圧荷重の場合は 0.5
M_b：木柱の b 点における曲げモーメント（N・cm）
M_c：木柱の c 点における曲げモーメント（N・cm）
V_b：木柱の b 点における垂直力であって，木柱の自重その他の垂直荷重を加算したもの（N）
V_c：木柱の c 点における垂直力であって，木柱の自重その他の垂直荷重を加算したもの（N）
Z_b：木柱の b 点における断面係数（cm^3）
Z_c：木柱の c 点における断面係数（cm^3）
A_b：木柱の b 点における断面積（cm^2）
A_c：木柱の c 点における断面積（cm^2）
a：より線の引張荷重減少係数
n：支線の安全率を 2.5 とした場合の素線の条数
p：素線の引張強さであって，素線の単位面積当たりの引張強さ（N/mm^2）に断面積（mm^2）を乗じたもの（N）
h_0：支線の取付け点の地表上の高さ（m）
θ：支線と電柱との角度（°）

上記イは，支線のない単柱の場合の計算式であって，電線路に水平角度がない場合を想定している。この式は木柱の全長に分布して加わる風圧による曲げモーメントと，電線その他の架渉線に加わる風圧（両側径間の各 1/2 の部分を分担するものとし，その和をとる。）によって各架渉線の取付け点に加わる水平横荷重による曲げモーメントとの和が，木柱の地際の部分のわん曲強度，すなわち

断面係数 $\{\pi/32 \cdot (D_0')^3\}$ ×わん曲に対する破壊強度（P）

に等しくなるようにし，これに安全率等を加味したものである。

「$\Sigma 98dh$」の 98 は架渉線の風圧荷重で，980Pa に相当する。

$D_0 = D + 0.9H$ は，木柱の直径増加率を 9/1,000 とみなしているものである。

D_0' は，木柱が腐食していない場合は D_0 と同じであるが，木柱が腐食してきた場合は，腐食した部分を削り取った残りの木柱の直径ということになる。内部が腐食した場合は，力学的にはパイプの効果となり，D_0' の表現では木柱の強度を小さく評価しすぎることになるが，実態上，内部が腐食した場合にその腐食直径の的確な発見方法がないので安全率を見込んだことと，通常は内部から腐食することは稀であるのでこのような表現とした。

木柱のわん曲に対する破壊強度 P は，木柱の種類，産地及び成育条件によって相当の差異があるが，例として木柱強度専門委員会報告（電気学会昭和 18 年 2 月）を解説 59.2 図に示す。

式の適用に当たっては，径間，架渉線の太さ及びその支持点の高さから S，d，h，H を求め，使用する木柱の種類から P を選び，安全率を F（この解釈において示されている値以上をとる。）とし，風圧荷重の種類によって K を選び，式から D_0 を求めて，これより末口の直径 D を求めるのである。一般には，木柱の安全率を求める方法はグラフに

よるが，これについては，日本電気技術規格委員会規格 JESC E0004（2007）「配電規程（低圧及び高圧）」（(社）日本電気協会電気技術規程 JEAC 7001-2007）を参照されたい。

上記ホにおいて，中腹材を用いるH柱又はA柱の式は，電気学会の木柱強度専門委員会の報告に基づくもので，例えば，H柱の場合では，図中b点又はc点における応力が最も大きくなり，これが，安全率を考慮してb又はc部分に許し得る応力 P/F 以内にあれば，このH柱は風圧荷重に対して安全である。

いま，bの部分の木柱の直径を D_b cm とすれば，

$$Z_b = \frac{\pi}{32} {D_b}^3$$

$$M_b = \frac{T}{2}(h - h'),\ A_b = \frac{\pi}{4} {D_b}^2$$

$$V_b = \frac{Th}{2\mathrm{B}} + (\text{b点より上の部分の木柱の自重}) + (\text{架渉線の重量中この木柱の分担する量})$$

となり，b点の応力（$M_b/Z_b + V_b/A_b$）は D_b の関数として表わされる。ところで，これが P/F より小さいことが必要であり，木柱の強度から許し得る最小の D_b を求め，同様にしてc点についても P/F に耐えるような最小の D_c を求める。したがって，上述のように木柱の直径増加率を 9/1,000 とするので，上記のようにして得た D_c が $D_b + 0.9$（$h' - h''$）よりも大きくなれば，c点に最も大きい応力が加わることになり，D_c が木柱の太さを決定する。すなわち，$D_c = D + 0.9$（$h - h''$）から末口 D を決定する。

木柱には，支線を使用してその強度の一部を分担させてもよいが，風圧荷重に対する強度の一部を分担させる支線は，上記ヘ又はトの計算式によって，木柱の所要強度の1/2以上を分担し得るものとする。この場合の木柱の強度は，上記ロの値まで，すなわち，上記イの強度の1/2まで減じてもよいが，いかに強い支線を使用しても，木柱の強度をこれ以上減少させないこととしている。

ヘ及びトは，支線の安全率を2.5としたものである（→**第61条**）。

式中 a と p は，**第4条第1項第二号**から**第四号**に示された値を適用し，n は，**第61条**の規定によって，最小条数が示されているので，計算上（安全率は，式中で2.5となっている。）からは3未満となっても，3以上とする。

なお，特別高圧架空電線路に使用する木柱の場合は，がいし装置又は腕金類に対しても**第58条第1項**に示す風圧荷重が加わるものとして計算する。

第二号は，高圧又は特別高圧の架空電線路の支持物として使用する木柱の太さを示したものである。なお，木柱の基礎及び根かせについては，高圧架空電線路の場合と特別高圧架空電線路の場合とでは実質的に相違もあるので，ここに詳しく述べる。

(1) 木柱の根入れと土質　木柱の根入れについては，木柱の全長が15m以下の場合は全長の1/6，15mを超える場合は2.5m以上とすることとし，更に地盤が軟弱な場合は堅ろうな根かせを施すこととしている（地盤が特に堅いような場合は，計算により安

全率が2以上であれば，全長の1/6を根入れする必要はない。)。しかし，実際の根入れは，木柱調査委員会（電気学会）で成案された方法によることが多い。例えば，丸穴掘の場合には，解説59.1表の根入れの深さとすることとしているが，田畑の場合は，流砂や軟弱な土，泥土の場合を除き，0.3m増としている。なお，入り角から1m以内の場所に施設する場合も解説59.2図（a）に示すように0.3m増しとしている。傾斜地（**→省令第19条第13項**）では，解説59.2図（b）のように施設している。

解説59.1表　木柱の根入れ深さ

木柱の長さ（m）	土質		
	甲	乙	丙，丁
6～7	0.9	1.2	1.5
7.5	1.0	1.3	1.6
8～8.5	1.0	1.4	1.7
9	1.2	1.5	1.8
9.5～10	1.2	1.6	1.9
11～12	1.4	1.8	2.1
13～14	1.4	2.0	2.3
15～16	1.5	2.1	2.4
17～18	1.5	2.2	2.5
19～20	1.5	2.3	2.6

（備考）土質の区分については，甲は，山地，硬い畑地又は原野のように赤土，砂利まじり等で湧水がなく，抵抗力の大きい箇所のもの，乙は，軟らかい畑地，湧水の少ない水田のように黒土等で，やや湧水があるが，抵抗力の大きい箇所のもの，丙は，普通の水田ように湧水が多く，抵抗力の小さい箇所のもの，丁は，沼池，特に軟弱な水田のように湧水が非常に多く，抵抗力のない土地等で，杭打ち等を行う必要のある箇所のものである。

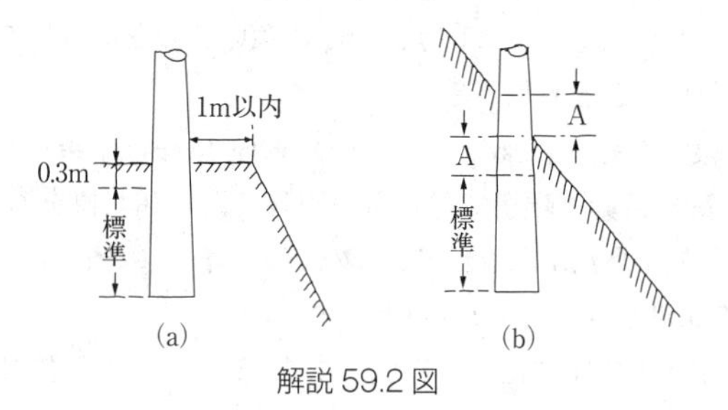

解説59.2図

(2) 根かせの施設　流砂，軟弱な土，泥土等の場合，根かせ（根はじきを含み一般的に根かせという。）を施設するが，土質の特に悪い場合には，その場所を避けるために径間を長くして，根かせの代わりに両側支線を施設する。

解説59.3図は，根かせの方法を図示したものであるが，根かせの材料は荷重の大小，土質によって適当なものを選んでいる。根かせを鉄線で木柱に取り付ける場合，鉄線は腐食しやすいので，注入柱の場合等にUボルトを使用することがある。通常，敷盤は不要であるが，垂直荷重の特に大きい場合や，地耐力が特に小さい場合に施設する。普通の土の場合で木柱の元口が30cm以上岩に入っている場合や，流砂，軟弱な土，泥土の場合で木柱の元口が30cm以上岩や普通の土に入っている場合は，根かせを必要とする場合でも根はじきを省略することができる。

なお，解説59.3図中の矢印は，**第62条**において規定している支線の代用として根かせを施す場合に分担し得る荷重の方向を示している。

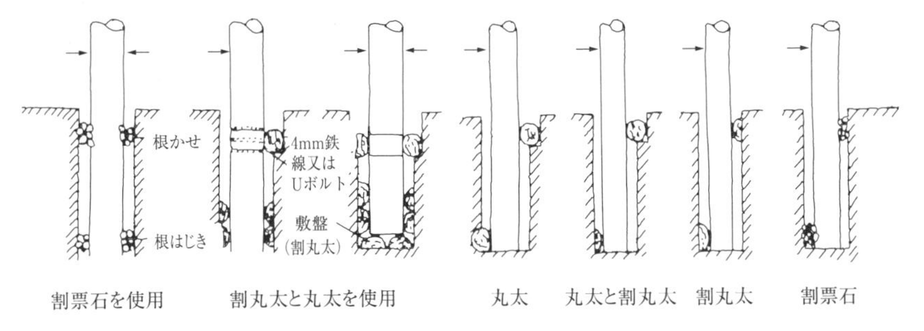

解説59.3図

第2項及び**第3項**は，架空電線路の支持物として使用するA種鉄筋コンクリート柱（**→第49条第二号**）及びA種鉄柱（**→第49条第五号**）について規定している。これは，配電線路の支持物のように類似した設備を多数施設する場合，基礎の強度計算を個々に行うことなく，支持物の全長に対する根入れ深さ及び根かせの取付け等によって施設してよいことを示したもので，支持物の強度と種類ごとに，木柱は全て，設計荷重が6.87kN以下では，鋼板組立柱及び鋼管柱は全長が16m以下のもの，鉄筋コンクリート柱は全長が20m以下のもの，設計荷重が6.87kNを超え14.72kN以下では，鉄筋コンクリート柱で全長が14m以上20m以下のものを対象としている。H4基準で，電力中央研究所の実験を踏まえて，設計荷重が14.72kN以下，全長が20m以下の鉄筋コンクリートの根入れを追加した。

A種鉄筋コンクリート柱及びA種鉄柱の施設は，上記のとおり基礎の強度計算は単純化されているが，一方で架空電線路の支持物として使用する場合の支線の施設基準（**→第62条，第96条**），架空電線路における径間の制限（**→第63条，第70条，第95条**）等において条件が付加されているので注意されたい。

なお，**第2項第三号**及び**第3項第四号**の「水田その他地盤が軟弱な箇所」とは，解説59.2表における軟弱土質をいう。また，工場打ち鉄筋コンクリート柱，鋼管組立柱，鋼管柱のうち第2項又は第3項の範囲（鉄筋コンクリート柱は20m以下かつ14.72kN以下，鋼板組立柱及び鋼管柱は16m以下かつ6.87kN以下）のものが全てA種鉄筋コンクリート柱又はA種鉄柱となるのではなく，これらの範囲に含まれる支持物であっても基礎の強度を計算して装柱する場合は，B 種鉄柱又はB 種鉄筋コンクリート柱となる。

解説 59.2 表　土質係数

	土質の種別	土質係数（N/m^4）
普通土質	［A］固まっている土又は砂，多数の砂利，石塊まじりの土などで硬い土の部類に属するもの	3.9×10^7
	［B］固まっている土又は砂，多数の砂利，石塊まじりの土などで軟らかい土の部類に属するもの	2.9×10^7
軟弱土質	［C］流砂（土がまじらないもの）	2.0×10^7
	［D］水分の多い粘土，腐蝕土，盛土など軟弱な土（深田を除く。）	0.8×10^7

高圧及び特別高圧架空電線路の支持物として使用するA 種鉄筋コンクリート柱及びA 種鉄柱のうち複合鉄筋コンクリート柱の強度は風圧荷重及び常時想定荷重における垂直荷重（架渉線，がいし装置，支持物部材の重量，垂直角度荷重，支線荷重及び被氷荷重）に耐えるものであることとしている。

A 種鉄筋コンクリート柱のうち，複合鉄筋コンクリート柱のみ垂直荷重を考慮に入れているのは，その構造上鋼管部が鉄筋コンクリートの頭にかぶさる場合が多く，垂直荷重によって鋼管部に亀裂等を生じ支持物を損壊するおそれが想定されるからである。A 種鉄柱では，木柱や鉄筋コンクリート柱と異なり垂直荷重を考慮している。これは，鉄柱が木柱や鉄筋コンクリート柱と比べ，構造的に座屈強度における余裕がないからで，著しい角度荷重又は不平均張力がある場合には，特に支線の垂直分力を検討する必要がある。

なお，電線路の直線部分の不平均張力，電線路の水平横分力（水平角度を有する箇所），引留め箇所の不平均張力等に対しては**第62条**に示すとおり支線を設ける必要がある。

ここで，風圧荷重に耐える強度を有するというのは，支持物に支線を用いない場合はその設計荷重が風圧荷重よりも大きいものをいい，支持物に支線を用いて風圧荷重の一部を分担させる場合は，風圧荷重のうち柱体が分担する部分よりもその設計荷重の方が大きいことをいう。

第4項は，架空電線路の鉄筋コンクリート柱及び鉄柱のうち，B 種鉄筋コンクリート柱（→**第49条第三号**）及びB 種鉄柱（→**第49条第六号**）並びに鉄塔の強度について示している。高圧架空電線路に使用する全てのもの並びに特別高圧架空電線路に使用する鉄筋コンクリート柱及び鉄柱は，常時想定荷重に耐えることとしている。この場合の強度もその設計荷重（部材の許容応力が示されているものにあっては，その許容応力から逆算したものを考えればよい。）が常時想定荷重よりも大きいものであればよい。なお，支線を設けてこれに荷重の一部を分担させる場合は，その荷重のうち柱体が分担する部分（風圧荷重の1/2 以上）を考えればよい。

第5項第一号から第三号は，特別高圧架空電線路の鉄塔を施設する場合，当該箇所の地形等から異常な着雪が想定される場合はその荷重を考慮する必要があることを示している。着雪による設備被害事故は，ごくまれな異常気象条件において発生するものであるが，万一発生した場合は支持物の損壊等重大な事故に発展するおそれもあることから，従来，62資公部第21号（昭和62年1月19日）「特別高圧架空電線路の耐雪強化対策について」により運用されてきた内容をH9解釈に追加したものである。**第四号**は，令和4年12月の雪害により紋別市で発生した鉄塔倒壊事故の検証（令和5年6月の第18回 産業構造審議会 保安・消費生活用製品安全分科会 電力安全小委員会 電気設備自然災害等対策WG。以下，第18回自然災害WG。）の結果，異常な着雪による荷重を考慮すべき箇所として追加したものである。当該事故は，最新の着雪マップにおいて，想定着雪厚さが35mmと相当程度の着雪が想定される地域において，気温減率が一般的な値よりも大きい値となる特異な気象条件が整ったことにより，鉄塔両側の径間において，着雪量に大きな不均等が生じたことが，鉄塔倒壊の原因であるとの検証結果が得られた。当該検証結果を踏まえ，事業者による自主保安の対応として，以下の条件に該当する既存の鉄塔については，追加の難着雪対策が実施されることとなった。

・追加の難着雪対策実施条件

① 電力中央研究所報告書「送電用鉄塔の着雪時荷重算定手法（SS21006）」における着雪マップにおいて，想定着雪厚さが35mm以上とされているエリア

② 電線の平均標高差が30m以上

③ 着雪設計を実施していない（着雪時の荷重を設計条件に含めていない）耐張がいし装置を使用する鉄塔

④ 支持する電線の公称断面積が330mm^{2}未満

ここで言う，平均標高差とは緊線区間（隣接する，耐張がいし装置を使用する鉄塔に挟まれた区間）における平均の標高差を指しており，その考え方については，解説59.4図（第18回自然災害WG資料より抜粋）を参照されたい。

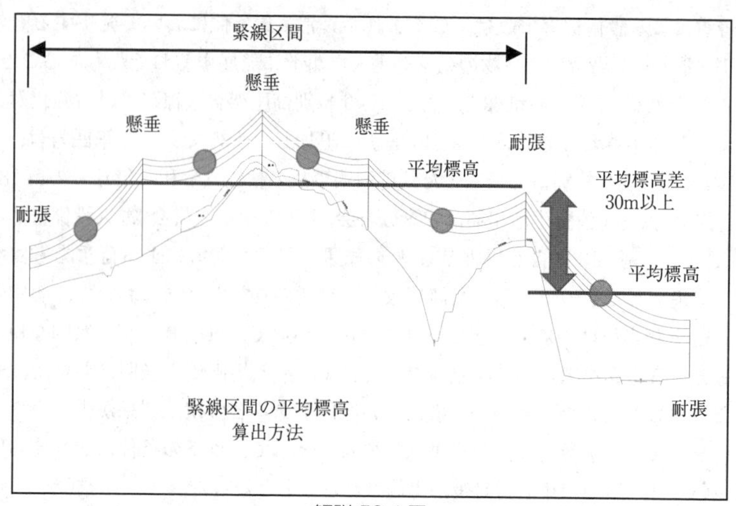

解説 59.4 図

以上を踏まえ，類似事象の発生を防止するため，35mm 以上の異常着雪が想定される地域において，支持する電線の平均標高差により着雪量が著しく不均等となるおそれがある箇所に施設する鉄塔については，着雪による荷重を考慮した強度を求めることとした。その際，第 58 条 3 項に基づき適切な着雪厚さを設定する必要がある。

なお,「着雪厚さの大きい地域」については，**第 93 条**の解説を参照されたい。

第 6 項は，木柱，鉄筋コンクリート柱又は鉄柱に支線を設ける場合の規定で，木柱，鉄筋コンクリート柱及び鉄柱についてもどのような場合であっても支線に荷重を分担させることができるわけではない。木柱では，**第 1 項**の解説の計算式で支線に 1/2 以下の風圧荷重を分担させて，柱自体も 1/2 以上の風圧荷重に耐えるものとしている（木柱の想定荷重については，ロ（支線を有する単柱）は，イ（支線を有しない単柱）の 1/2 としている。)。また，鉄筋コンクリート柱及び鉄柱についてもこれに準じて，それ自体で全体の風圧荷重の 1/2 に耐える必要があるとしている。

第 7 項は，鉄塔に支線を設けることを原則として禁止している。これは，鉄塔は重要な電線路に使用される場合が多く，かつ，構造上必要に応じて強度を増すことができるので，支線を用いて強度の一部を分担させることを禁じ，鉄塔自体で十分な強度を有するように設計することを示したものである。ただし，次のような場合は，鉄塔に支線を設けるほうが経済的であり，一般にやむを得ないものとして，6 カ月以内に限り鉄塔への支線の施設を**第 133 条**で認めている。

①送電線の新設工事等において，用地交渉が難行し部分的に鉄塔建設工事が遅れる場合であって，暫定送電のための仮工事等として，設計条件とは異なる荷重条件で鉄塔を使用するとき

②移設工事等を行う場合であって，供給確保のために設けた仮の支持物の両側にある既設の鉄塔に設計条件を超過する荷重を生じたとき
③不慮の災害により鉄塔が危険にさらされた場合であって，保安上一時的な補強が必要であるとき

【架空電線路の支持物の基礎の強度等】（省令第32条第1項）

第60条　架空電線路の支持物の基礎の安全率は，この解釈において当該支持物が耐えることと規定された荷重が加わった状態において，2（鉄塔における異常時想定荷重又は異常着雪時想定荷重については，1.33）以上であること。ただし，次の各号のいずれかのものの基礎においては，この限りでない。

一　木柱であって，次により施設するもの

イ　全長が15m以下の場合は，根入れを全長の1/6以上とすること。

ロ　全長が15mを超える場合は，根入れを2.5m以上とすること。

ハ　水田その他地盤が軟弱な箇所では，特に堅ろうな根かせを施すこと。

二　A種鉄筋コンクリート柱

三　A種鉄柱

2　前項における基礎の重量の取扱いは，日本電気技術規格委員会規格 JESC E2001（1998）「支持物の基礎自重の取り扱い」の「2.技術的規定」によること。

〔解　説〕　支持物の基礎は，塔体，柱体と同様に電線路の設計及び建設上主要な部分であるが，**本条**はその基礎の強度について規定したものである。

第1項は，架空電線路の支持物の基礎に必要な安全率を示しているが，ただし書により，配電線路の支持物のように類似した設備を多数施設する場合など，基礎の強度計算を個々に行うことなく，支持物の全長に対する根入れ深さ及び根かせの取付けによって施設するものは除外している。

基礎の構造として，工場打ち以外の鉄筋コンクリート柱又は鉄柱では，根かせ（→**第59条**）のほか，柱体の延長部をコンクリートや鉄筋コンクリートで包んだもの，又は更に鋼材で強化するか，あるいは安定板を設ける等の方法がある。鉄塔では，コンクリート基礎（主脚材及びいかり材をコンクリート又は鉄筋コンクリートで包んだもの）及び鋼材基礎（主脚材に根かせ材を取り付け，いかり材は井げた状に組み合わせたもの）等がある。基礎のコンクリート打ちは，鉄筋コンクリート柱では柱体に同質のコンクリートを必要とするのに対し，鉄柱又は鉄塔では，日本産業規格 JIS R 5210（1992）「ポルトランドセメント」を用いるコンクリートにあっては圧縮強度8.83N/mm^{2}のものを，鉄筋コンクリートとする場合にあっては15.69N/mm^{2}のものを標準とすることになっている。

木柱，鉄筋コンクリート柱又は鉄柱の基礎は，柱体に加わる想定荷重により生じる転

倒モーメント及び圧縮力に対して安全率が2以上となるように計算したものとしており，計算には，一般に電気協会式といわれている次の基本式が用いられる。根かせのある場合や基礎の補強方法等の詳細については，日本電気技術規格委員会規格 JESC E0004 (2007)「配電規程（低圧及び高圧）」((社) 日本電気協会技術規程 JEAC 7001-2007) の「205－7 支持物の基礎」を参照されたい。

$$f \leqq \frac{KD_o t^4}{120P(H+t_0)^2}$$ （根かせのない場合）

f：支持物の基礎の安全率
D_o：支持物の地際の直径（m）
t：支持物の根入れの深さ（m）
H：集中荷重点の地表上の高さ（m）
P：支持物の頂部集中荷重に換算した荷重（N）
t_0：地表面から支持物の回転中心までの深さ（m）

$$t_0 = \frac{2}{3} t$$

K：解説 59.3 表における土質係数

鉄塔の基礎は，支持物から受ける引揚力，圧縮力及び水平力に耐えるように設計するが，この引揚耐力，圧縮耐力，水平耐力の安全率はそれぞれ常時想定荷重に対しては 2 {＝荷重の不確実性に対する安全率 (1.5) × 土壌の不確実性に対する安全率 (1.33)} 以上，異常時想定荷重及び異常着雪時想定荷重に対しては 1.33（土壌の不確実性に対する安全率）以上とすることとしている。この安全率の値は，上部構造物に比べて基礎には不明確な因子が多いことを考慮して，鉄塔の上部構造物の安全率（常時想定荷重に対して 1，異常時想定荷重及び異常着雪時想定荷重に対して 2/3）の 2 倍としているが，鉄塔の上部構造物の安全率は部材の許容強度に対するものであり，一方基礎の安全率は降伏支持力に対するものであり許容支持力に対する安全率としては，実質 1.33 倍である。

安全率が荷重に対して 2 又は 1.33 以上ということは，基礎に加わる実質荷重が常時想定荷重の 2 倍又は異常時想定荷重若しくは異常着雪時想定荷重の 1.33 倍であっても，基礎の降伏支持力を超えないことを意味しており，また，一般に長期的な荷重に対する許容支持力は，極限支持力の 1/3 とすれば安全であるとされている。なお，地盤の降伏支持力は地盤に大きな変位を生じる破壊時の支持力（極限支持力）を 1.5 で除した値としている（→解説 60.1 図）。

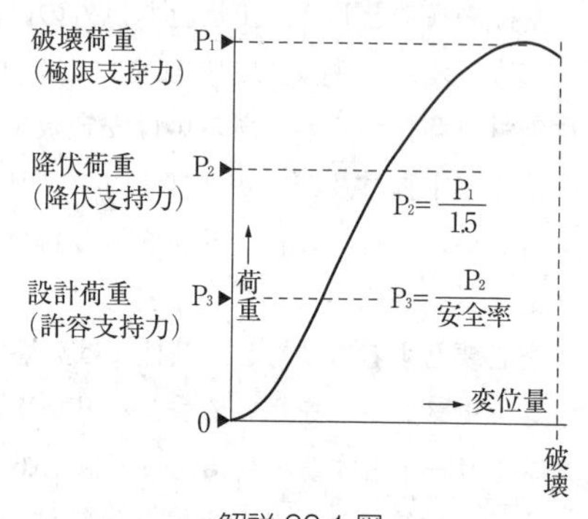

解説 60.1 図

ここで，引揚耐力とは基礎の引揚力に対す

る耐力のことであり，基礎の底面を底面とする倒立截頭錐体中に含まれる土壌の質量及びすべり面に作用する抵抗力並びに基礎自身の質量から決まり，圧縮耐力とは基礎の圧縮力に対する土壌の支持力のことであり，土壌中の大小粒子の組織，配合のほか，含水量，粒子の原岩の種類，風化の程度によって変化し，概ね実験値等より求められたものである。また，水平耐力とは基礎体側面における地盤の耐力と底面の摩擦力によるものであり，建設時の埋戻し，土壌のつき固め不十分，その他の事情を考慮して概ね基礎底面における土壌支持力の1/2～3/2としている。

基礎の降伏支持力を正確に算定するための前提条件は，基礎地盤となる土壌の強度特性を正確に把握することである。しかし，送電用の鉄塔は，通常広範囲にわたって建設されるもので基礎も多く，個々の建設地点について土壌の強度特性を正確に把握することが困難であるので，一般には解説60.1表によって地盤の諸元を推定し，次のような計算式によって基礎の設計を行う。ただし，重要な鉄塔又は地下水位の高い軟弱な地盤などに建設される鉄塔については，地盤調査を実施し，電気学会電気規格調査会標準規格JEC-127-1979「送電用支持物設計標準」説明62（9）（b）に示されている考え方（ただし，基礎自重の取り扱いについては**本条**による。）により基礎を設計することが望ましい。

解説60.1表　土壌の引揚力に抵抗する有効角度，単位質量及び耐圧限度の標準

土壌の区分	引揚力に抵抗する有効角度（°）	単位質量（kg/m^3）	耐圧限度（kN/m^2）
山地，硬い畑地又は原野のように赤土，砂利まじり等で湧水がなく，抵抗力の大きい箇所のもの	30	1,600	588
軟らかい畑地，湧水の少ない水田のように黒土等で，やや湧水があるが，抵抗力の大きい箇所のもの	20	1,500	392
普通の水田のように湧水が多く，抵抗力の小さい箇所のもの	10	1,400	196
沼地，とくに軟弱な水田のように湧水が非常に多く，抵抗力のない土地等で，杭打ち等を行う必要のある箇所のもの	0	1,300	98

引揚耐力の計算式（→解説60.2図）

$$T \leqq \varUpsilon_e (V_e - V_c')g/(F_1 \cdot F_2) + V_c \cdot \varUpsilon_c \cdot g/F_1$$

圧縮耐力の計算式（→解説60.2図）

$$Z/(F_1 \cdot F_2) \geqq [C + (W_c + W_e)g]/B^2$$

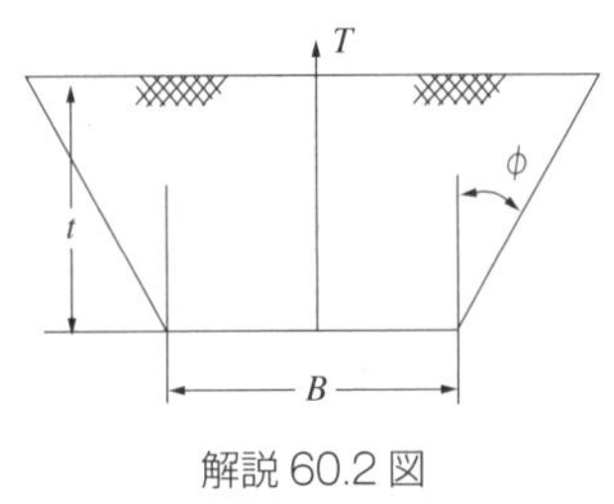

解説60.2図

T：想定荷重により計算される鉄塔上部からの引揚力（N）
V_c：コンクリート容積（m^3）
V_c'：地表面下のコンクリート容積（m^3）
V_e：基礎底面上の倒立截頭錐体の容積（m^3）

第3章　電線路

$$V_e=(B^2+2Bt\tan\phi+\frac{4}{3}t^2\tan\phi)t$$ ……角錐

$$V_e=\frac{\pi t}{4}(B^2+2Bt\tan\phi+\frac{4}{3}t^2\tan^2\phi)$$ ……円錐

γ_e：土壌の単位質量（kg/m^3）（→解説60.1表）
γ_c：コンクリートの単位質量（kg/m^3）
ϕ：引揚力に抵抗する土の有効角度（→解説60.1表）
g：重力加速度（m/s^2）
F_1（=1.5）：荷重の不確実性に対する安全率（常時想定荷重に対するもの）
F_2（=1.33）：土壌の不確実性に対する安全率（常時，異常時想定荷重に対するもの）
　ただし，$(F_1 \cdot F_2)=2$
t：地表面から基礎底面までの深さ（m）
Z：土の耐圧限度（N/m^2）
C：想定荷重により計算される上部構造物から受ける圧縮力（N）
W_c：基礎コンクリートの質量（kg）
W_e：基礎底面上の土壌の質量（kg）
B^2：基礎の底面積（m^2）

この場合の基礎自重の取扱いについては，H4解説までは引揚力算定において基礎自重も安全率2で除することとしていたが，土壌の支持力には不明確な因子があるものの基礎自重は引揚力に対する抵抗力として確実に見込めるものであることから，H10解釈において日本電気技術規格委員会規格JESC E2001（1998）「支持物の基礎自重の取り扱い」を引用し，基礎自重の取扱いを明確にするとともに，**本条解説**の引揚力の計算式を見直した。

【支線の施設方法及び支柱による代用】（省令第6条，第20条，第25条第2項）

第61条　架空電線路の支持物において，この解釈の規定により施設する支線は，次の各号によること。

一　支線の引張強さは，10.7kN（第62条及び第70条第3項の規定により施設する支線にあっては，6.46kN）以上であること。

二　支線の安全率は，2.5（第62条及び第70条第3項の規定により施設する支線にあっては，1.5）以上であること。

三　支線により線を使用する場合は次によること。

　イ　素線を3条以上より合わせたものであること。

　ロ　素線は，直径が2mm以上，かつ，引張強さが0.69kN/mm^{2}以上の金属線であること。

四　支線を木柱に施設する場合を除き，地中の部分及び地表上30cmまでの地際部分には耐食性のあるもの又は亜鉛めっきを施した鉄棒を使用し，これを容易に腐食し難い根かせに堅ろうに取り付けること。

五　支線の根かせは，支線の引張荷重に十分耐えるように施設すること。

2　道路を横断して施設する支線の高さは，路面上5m以上とすること。ただし，技術上やむを得ない場合で，かつ，交通に支障を及ぼすおそれがないときは4.5m以上，歩行の用にのみ供する部分においては2.5m以上とすることができる。
3　低圧又は高圧の架空電線路の支持物に施設する支線であって，電線と接触するおそれがあるものには，その上部にがいしを挿入すること。ただし，低圧架空電線路の支持物に施設する支線を水田その他の湿地以外の場所に施設する場合は，この限りでない。
4　架空電線路の支持物に施設する支線は，これと同等以上の効力のある支柱で代えることができる。

〔解　説〕 この解釈では，強度を補うもの（→**第59条**），安全性を増すもの（→**第92条**）又は不平均張力の大きい箇所（→**第62条**），長径間箇所（→**第63条**），建造物若しくは架空弱電流電線等と接近・交差する箇所等の木柱その他の支持物（→**第96条**）には，支線を設けることを示しているが，**本条**では，そのような場合の支線の工事方法を示している。

第1項第一号では，支線の引張強さは10.7kN以上であることとしている。これは，支線の強度は，安全率を2.5以上（**第1項第二号**）とし，かつ，最低4.31kNの引張強さ（第4条による引張強さを安全率で除した値）を有することとしているためである。すなわち，単位面積当たりの引張強さが0.34kN/mm^{2}の鉄線では，直径4mmのもの3本（$0.34\times\pi\times2^2\times3=12.82$kN）が必要となる。

第二号は，支線の安全率は原則として2.5以上であることを規定している。しかし，**第62条及び第70条第3項**により施設するものは，電線路の径間差，水平角度，引留めなどによる不平均張力を全て支線に受け持たせることが示されているが支持物自体の不平均張力の分担は考慮されていない。このような場合安全率を2.5とすることは，実際に支線が分担している荷重に対しては厳しすぎることから安全率を1.5まで下げている。

第三号は，支線をより線とした場合に必要な要件を示している。より線を使用する場合は，可とう性を考慮して3条以上の素線をより合わせたもので構成し，素線には外傷や腐食を考慮して，直径が2mm以上で単位面積当たり引張強さ0.69kN/mm^{2}以上の金属線を使用することとしている。

第四号では，支線のうち長さ30cm程度の地際部分及び地中に埋設される部分は，特に腐食しやすいことから，耐食性のあるもの又は，亜鉛めっきを施した鉄棒・鋼より線等を使用することとしている。なお，木柱は，鉄筋コンクリート柱又は鉄柱に比べればそれ自体の耐用年数が短いので，特に鉄棒の使用は強制されていないが，この場合でも地際の部分及び地中に埋没する部分は5mm以上の太い素線を使用することが望ましい。

第五号では，支線の根かせには，鉄筋コンクリート製のもの若しくは石材等又は丸太を使用する場合もあるが，通常は打込みアンカーを用いることが多い。根かせの施設に当たっては，土壌の引揚力に抵抗する有効角度の性質等（→**第58条解説**）を考慮し，支線の引張荷重に十分耐えるようにすることが必要であり，一般に地下1～2m程度の深さに埋設される（→解説61.1図）。

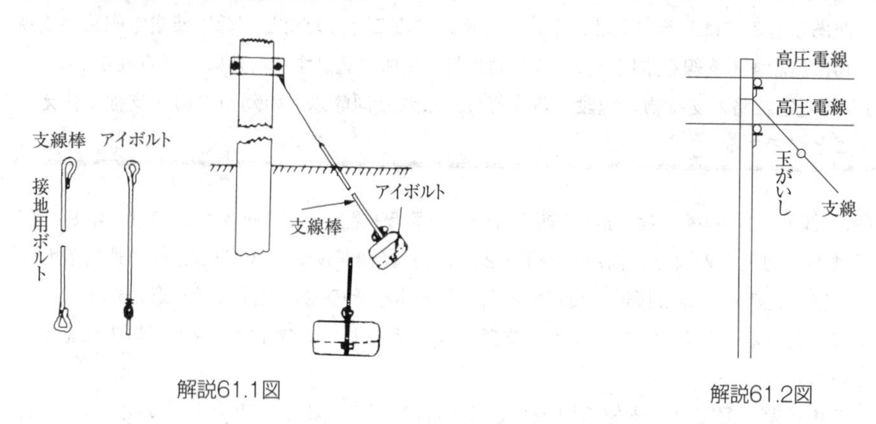

解説61.1図　　解説61.2図

第2項は，道路を横断する支線の路面上の高さを示しており，道路法の規定と整合させている。

第3項では，支線が低高圧架空電線と接触して支線に漏電することによって生じる感電や支線の地際付近の大地の電位傾度の過大による危険（→**第19条解説**）を生じるおそれがある場合には，上部に玉がいし等を挿入し電気的に絶縁することを示している（→解説61.2図）。低圧架空電線路の場合は，一律に玉がいしの挿入を要求すると，著しく施設箇所が増えることになるので，特に危険性が高く事故例の比較的多い「水田その他の湿地」に施設するものを対象としている。

第4項では，土地の状況によっては支柱を施設する方が都合のよい場合があるので，支線と同等以上の効力のあるような支柱を施設してもよいことを示している。

【架空電線路の支持物における支線の施設】（省令第32条第1項）

第62条　高圧又は特別高圧の架空電線路の支持物として使用する木柱，A種鉄筋コンクリート柱又はA種鉄柱には，次の各号により支線を施設すること。

一　電線路の水平角度が5度以下の箇所に施設される柱であって，当該柱の両側の径間の差が大きい場合は，その径間の差により生じる不平均張力による水平力に耐える支線を，電線路に平行な方向の両側に設けること。

二　電線路の水平角度が5度を超える箇所に施設される柱は，全架渉線につき各架渉線の想定最大張力により生じる水平横分力に耐える支線を設けること。

三　電線路の全架渉線を引き留める箇所に使用される柱は，全架渉線につき各架渉線の想定最大張力に等しい不平均張力による水平力に耐える支線を，電線路の方向に設けること。

〔解　説〕 本条は，高圧又は特別高圧の架空電線の支持物のうち，木柱，A 種鉄筋コンクリート柱，A 種鉄柱（→第 49 条）に支線を施設する箇所を示している。なお，本条により施設する支線の安全率については，第 61 条で 1.5 と定められている（→第 61 条解説）。

第一号は，5°以下の水平角度を含む直線部分に施設される支持物における両側径間の差が著しい場合に，その支持物に両側径間の差によって生じる不平均張力（温度の変化，氷雪の附着状況等によって生じる。）に耐える支線を電線路方向の両側に施設することにしている（→解説 62.1 図（a））。本号に定める両側の径間の差が大きい箇所とは，長い径間が 75m 以上であって，かつ，その両側の径間の差が標準径間の 2/3 以上である場合を考えているが，そのほか，架線条数，電線の太さ及び弛度等により支線の必要性を検討する必要がある。この支線は，第 61 条の規定により支柱で代えることができる。支柱は，施設方法によって抗圧力ばかりではなく引張力にも耐えるようにすることができるので，この場合には電線路方向の片側にのみ施設することができる。

第二号は，電線路の水平角度を有する箇所ではその角度によって生じる両側の全架渉線の想定最大張力の水平分力によって柱を引き倒そうとする力に耐える支線を電線路屈曲線の外側に設けることを示している（→解説 62.1 図（b））。

第三号は，引留め箇所では全架渉線を引き留める場合を考え，全架渉線の想定最大張力の水平力に耐える支線を，引留める側の反対側に電線路の方向に設けることとしている（→解説 62.1 図（c））。この支線も，第一号と同様，第 61 条の規定により支柱で代えることができる。

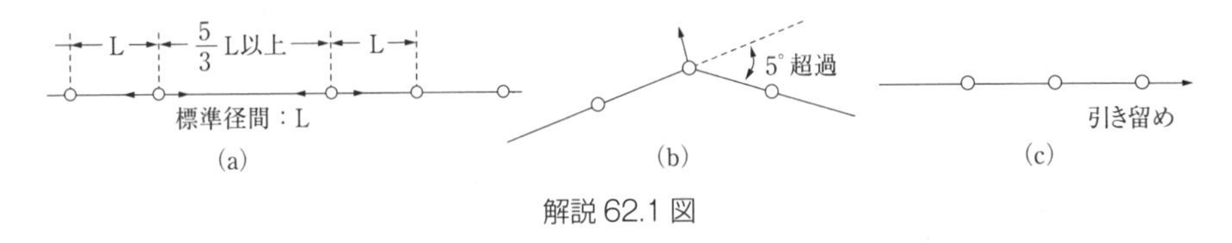

解説 62.1 図

【架空電線路の径間の制限】（省令第 6 条，第 32 条第 1 項）

第 63 条　高圧又は特別高圧の架空電線路の径間は，63-1 表によること。

63-1 表

支持物の種類	使用電圧の区分	径間	
		長径間工事以外の箇所	長径間工事箇所
木柱，A 種鉄筋コンクリート柱又は A 種鉄柱	−	150m 以下	300m 以下
B 種鉄筋コンクリート柱又は B 種鉄柱	−	250m 以下	500m 以下

鉄塔	170,000V 未満	600m 以下	制限無し
	170,000V 以上	800m 以下	

2　高圧架空電線路の径間が100mを超える場合は，その部分の電線路は，次の各号によること。

一　高圧架空電線は，引張強さ8.01kN以上のもの又は直径5mm以上の硬銅線であること。

二　木柱の風圧荷重に対する安全率は，2.0以上であること。

3　長径間工事は，次の各号によること。

一　高圧架空電線は，引張強さ8.71kN以上のもの又は断面積22mm^{2}以上の硬銅より線であること。

二　特別高圧架空電線は，引張強さ21.67kN以上のより線又は断面積55mm^{2}以上の硬銅より線であること。

三　長径間工事箇所の支持物に木柱，鉄筋コンクリート柱又は鉄柱を使用する場合は，次によること。

イ　木柱，A種鉄筋コンクリート柱又はA種鉄柱を使用する場合は，全架渉線につき各架渉線の想定最大張力の1/3に等しい不平均張力による水平力に耐える支線を，電線路に平行な方向の両側に設けること。

ロ　B種鉄筋コンクリート柱又はB種鉄柱を使用する場合は，次のいずれかによること。

（イ）　耐張型の柱を使用すること。

（ロ）　イの規定に適合する支線を施設すること。

ハ　土地の状況により，イ又はロの規定により難い場合は，長径間工事箇所から1径間又は2径間離れた場所に施設する支持物が，それぞれイ又はロの規定に適合するものであること。

四　長径間工事箇所の支持物に鉄塔を使用する場合は，次によること。

イ　長径間工事区間（長径間工事箇所が連続する場合はその連続する区間をいい，長径間工事箇所の間に長径間工事以外の箇所が1径間のみ存在する場合は，当該箇所及びその前後の長径間工事箇所は連続した1の長径間工事区間とみなす。以下この号において同じ。）の両端の鉄塔は，耐張型であること。

ロ　土地の状況によりイの規定により難い場合は，長径間工事区間から長径間工事区間の外側に1径間又は2径間離れた場所に施設する鉄塔が，耐張型であること。

〔解　説〕 本条は，高圧又は特別高圧の架空電線路の径間の制限を規定したものである。

第1項では，支持物の種類ごとにとり得る最大径間について原則を示している。長径間工事以外の箇所の最大径間の値として，木柱の場合150mとしたのは，木柱の標準径間は大略100〜200m程度まであり，木柱と同じように施設するA種柱についてもこれに準じたものである（保安工事の場合の制限は100m，→**第70条**）。B種の鉄筋コンクリート柱又は鉄柱では，標準径間が200m程度までであることを考慮して250m（保安工事の場合の制限は150m，→**第70条**）を限度としたものである。鉄塔の径間は，日本電気技術規格委員会規格JESC E2003（1998）「特別高圧架空電線路の径間の制限」を反映し，H10解釈より170,000V未満と170,000V以上の送電線に分類し，それぞれの標準径間300m，400mの2倍の値としている。

第2項では，径間が100mを超える場合は，高圧架空電線については，この解釈を通じて，一応切断することはないものとみなしている引張強さ8.01kN以上のもの又は直径5mm以上の硬銅線（→**第65条第1項解説**）を使用し，木柱については，特に安全率を高くし，2.0以上とすべきことを示している（→解説59.1表）。

第3項は，長径間工事をする場合の特例で，第一号は高圧架空電線，第二号は特別高圧架空電線の引張強さ又は断面積を規定するものであって，支持物ごとの工事方法を**第三号**及び**第四号**により強化することによって，径間を延長することができることを示している。

なお，支持物の長径間箇所はできるだけ少なくすべきであるという観点から，従来その施設箇所を川越えや谷越え等単に施設箇所から制限を加えていたが，S47基準で，この省令の保安上の最低基準という立法趣旨と最近の電線路の用地取得難等を考慮して川越え・谷越えに限らず技術的・経済的に長径間とせざるを得ない箇所にも，高圧の場合には8.71kN以上のもの又は断面積22mm^{2}以上の硬銅より線，特別高圧の場合には引張強さ21.67kN以上のより線又は断面積55mm^{2}以上の硬銅より線を使用すればこれを認めることとした。

第三号イは，長径間工事における木柱及びA種柱の支線の施設方法を示したものであるが，所定の強さの支線（→**第61条**）を線路方向に支持物の両側に施設することを示している。支線を線路方向の両側に設けるのは，水平縦分力の不平均張力を考慮したものである。**第62条第一号**の電線路の直線部分の支線は，温度変化あるいは着氷雪により生じる不平均張力による水平力に耐えればよいが，ここでは，各架渉線の想定最大張力の1/3に等しい不平均張力による水平力に耐えることとしている。したがって，一般に本号に適合する支線を施設した場合は，**第62条第一号**の径間差の大きい箇所の支線を兼ねることができる。

ロは，長径間工事におけるB種の鉄筋コンクリート柱又は鉄柱について規定したもので，耐張型の支持物若しくはこれと同等以上の強度を有する型式のものを使用する，又は線路方向の両側に支線を施設することを示している。この場合の径間は，500m以下としており，500mを超える長径間箇所の場合は鉄塔を使用することになる。なお，特に重要な電線路では，500m以下の径間であっても鉄塔によることが望ましい。

ハは，イ又はロについて，土地の状況その他により，その箇所に施設することが困難な場合は，原則として隣接箇所に施設し，更にやむを得ない場合は，長径間工事箇所から２径間離れた場所に施設することとしている（→解説 63.1 図）。

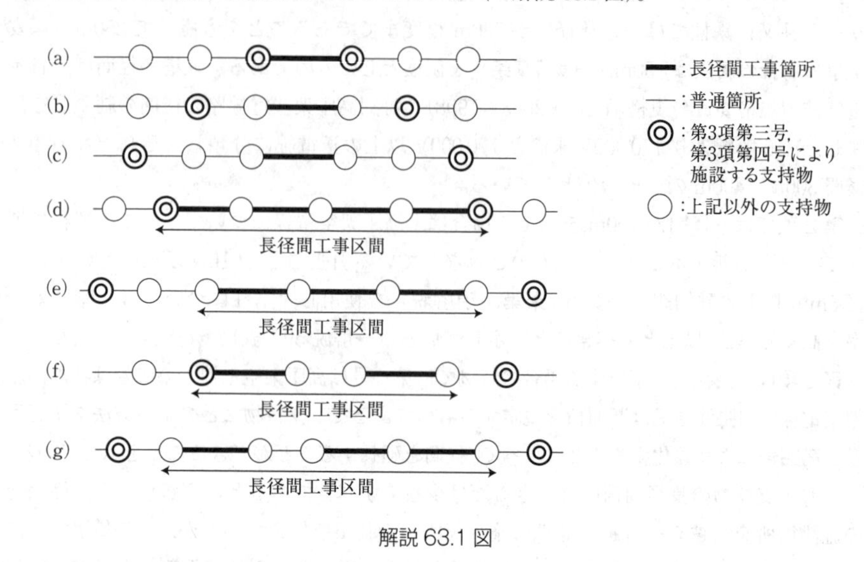

解説 63.1 図

第四号は，鉄塔を用いて長径間工事をする場合の特例である。

イは，長径間工事区間の両端に耐張型の鉄塔を使用することを規定している（→解説 63.1 図）。

ロは，イについて，土地の状況その他により，その箇所に耐張型の鉄塔を施設することが困難な場合には，１径間又は２径間離れた場所に施設することとしている。

第3節　低圧及び高圧の架空電線路

【適用範囲】（省令第1条）

第64条　本節において規定する低圧架空電線路には，次の各号に掲げるものを含まないものとする。

一　低圧架空引込線

二　低圧連接引込線の架空部分

三　低圧屋側電線路に隣接する1径間の架空電線路

四　屋内に施設する低圧電線路に隣接する1径間の架空電線路

2　本節において規定する低圧架空電線には，第1項各号に掲げるものの電線を含まないものとする。

3　本節において規定する高圧架空電線路には，次の各号に掲げるものを含まないものとする。

一　高圧架空引込線

二　高圧屋側電線路に隣接する1径間の架空電線路

三　屋内に施設する高圧電線路に隣接する1径間の架空電線路

4　本節において規定する高圧架空電線には，第3項各号に掲げるものの電線を含まないものとする。

〔解　説〕本条は低高圧の架空電線路及び架空電線について，本節における適用範囲を示したものである。架空電線路には，屋側電線路や屋内電線路（→第132条）に隣接する架空部分の1径間の電線（→解説64.1図，第119条において架空引込線と同様に施設することを規定している。），架空引込線又は連接引込線の架空部分も含まれるが，これらについては離隔距離などに関し特例扱いとなるので，別途，第110条，第111条，第116条，第117条，第119条においてそれぞれ規定しており，したがって，本節では全て除いている。

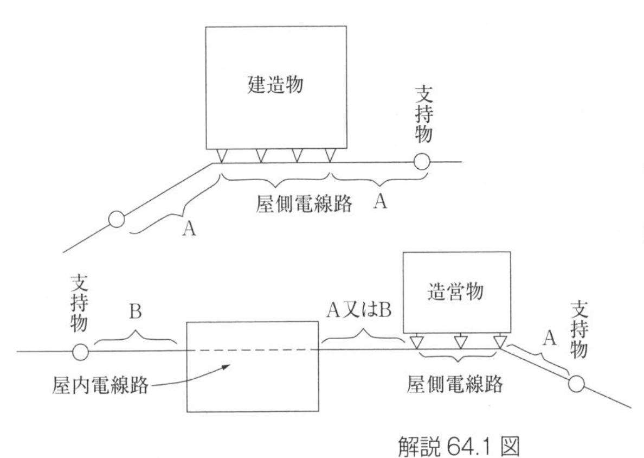

A：低圧屋側電線路に隣接する架空部分の1径間の電線

B：解釈第132条第2項の規定により施設する低高圧電線路に隣接する架空部分の1径間の電線

解説64.1図

【低高圧架空電線路に使用する電線】（省令第21条第1項）

第65条　低圧架空電線路又は高圧架空電線路に使用する電線は，次の各号によること。

一　電線の種類は，使用電圧に応じ65-1表に規定するものであること。ただし，次のいずれかに該当する場合は，裸電線を使用することができる。（関連省令第5条第1項）

イ　低圧架空電線を，B種接地工事の施された中性線又は接地側電線として施設する場合

ロ　高圧架空電線を，海峡横断箇所，河川横断箇所，山岳地の傾斜が急な箇所又は谷越え箇所であって，人が容易に立ち入るおそれがない場所に施設する場合

65-1表

使用電圧の区分		電線の種類
低圧	300V以下	絶縁電線，多心型電線又はケーブル
	300V超過	絶縁電線（引込用ビニル絶縁電線及び引込用ポリエチレン絶縁電線を除く。）又はケーブル
高圧		高圧絶縁電線，特別高圧絶縁電線又はケーブル

二　電線の太さ又は引張強さは，ケーブルである場合を除き，65-2表に規定する値以上であること。（関連省令第6条）

65-2表

使用電圧の区分	施設場所の区分	電線の種類		電線の太さ又は引張強さ
300V以下	全て	絶縁電線	硬銅線	直径2.6mm
			その他	引張強さ2.3kN
		絶縁電線以外	硬銅線	直径3.2mm
			その他	引張強さ3.44kN
300V超過	市街地	硬銅線		直径5mm
		その他		引張強さ8.01kN
	市街地外	硬銅線		直径4mm
		その他		引張強さ5.26kN

三　多心型電線を使用する場合において，その絶縁物で被覆していない導体は，B種接地工事の施された中性線若しくは接地側電線，又はD種接地工事の施されたちょう架用線として使用すること。（関連省令第5条第1項）

2　第67条第一号ホの規定により施設する場合に使用する，半導電性外装ちょう架用高圧ケーブルは，次の各号に適合する性能を有するものであること。（関連省令第5条第2項）

一　構造は，絶縁物で被覆した上を金属以外の外装で保護した電気導体であって，室温において測定した外装の体積固有抵抗が10,000Ω－cm以下であること。

二　完成品は，次に適合するものであること。

イ　65-3表の左欄に掲げるケーブルの種類に応じて，それぞれ同表の右欄に掲げる試験方法で17,000Vの交流電圧を連続して10分間加えたとき，これに耐える性

能を有すること。

65-3表

ケーブルの種類	試験方法
単心のもの	導体と大地との間に試験電圧を加える。
多心のもの	導体相互間及び導体と大地との間に試験電圧を加える。

ロ　イの試験の後において，導体と大地との間に100Vの直流電圧を1分間加えた後に測定した絶縁体の絶縁抵抗が，第5条第1項第四号ロに規定する高圧の絶縁抵抗値以上であること。

3　前項に規定する性能を満足する半導電性外装ちょう架用高圧ケーブルの規格は，次の各号のとおりとする。（関連省令第5条第2項，第6条）

一　導体は，次のいずれかであること。

イ　別表第1に規定する軟銅線又はこれを素線としたより線（絶縁体に天然ゴム混合物，ブチルゴム混合物又はエチレンプロピレンゴム混合物を使用するものにあっては，すず若しくは鉛又はこれらの合金のめっきを施したものに限る。）

ロ　別表第2に規定するアルミ線若しくはこれを素線としたより線又はアルミ成形単線（引張強さが59N/mm^{2}以上98N/mm^{2}未満，伸びが20%以上，導電率が61%以上のものに限る。）

二　絶縁体は，次に適合するものであること。

イ　材料は，ポリエチレン混合物，ブチルゴム混合物又はエチレンプロピレンゴム混合物であって，電気用品の技術上の基準を定める省令の解釈別表第一附表第十四に規定する試験を行ったとき，これに適合するものであること。

ロ　厚さは，別表第5に規定する値（導体に接する部分に半導電層を施す場合は，その厚さを減じた値）以上であること。

三　外装は，次に適合するものであること。

イ　材料は，ビニル混合物又はポリエチレン混合物であって，電気用品の技術上の基準を定める省令の解釈別表第一附表第十四に規定する試験を行ったとき，これに適合するものであること。

ロ　厚さは，別表第8に規定する値以上であること。

ハ　室温において測定した体積固有抵抗値が10,000Ω－cm以下であること。

四　完成品は，次に適合するものであること。

イ　65-3表の左欄に掲げるケーブルの種類に応じ，それぞれ同表の右欄に掲げる試験方法で17,000Vの交流電圧を連続して10分間加えたとき，これに耐える性能を有すること。

ロ　イの試験の直後において，導体と大地との間に100Vの直流電圧を1分間加えた後に測定した絶縁体の絶縁抵抗が，別表第7に規定する値以上であること。

〔**解　説**〕 本条は，低高圧架空電線の強さ及び種類を示したものである。低高圧架空電線は，一般家屋等に接近して施設される場合が多く，建設作業者，一般公衆等が誤って電線に接触して感電死傷する事故を防止するため，S51基準において，従来使用を認めていた裸線について，原則としてその使用を認めないこととした。また，S57基準で特別高圧絶縁電線の規格が新たに規定されたのに伴い，特別高圧絶縁電線を低高圧架空電線に使用できることとした。さらにH10解釈で，日本電気技術規格委員会規格JESC E2004（2002）「低高圧架空電線の種類」を引用して，B種接地工事の施された低圧架空電線の中性線（接地側電線を含む。以下同じ。）及び海峡横断箇所等の人が容易に立ち入らない箇所における高圧架空電線に裸電線を使用することを認めることとし，H20解釈で，JESC E 2004「低高圧架空電線の種類」の引用から解釈への直接記載へと変更した。

第1項は，原則として低高圧架空電線には絶縁電線又はケーブルを使用することを示しているが，低圧架空電線の中性線に限っては，B種接地工事を施してあれば万一人が触れても感電のおそれがないことから，施設場所を限定せずに裸電線の使用を認めている。また，高圧架空電線については，裸電線を使用することができる場所を示している。高圧架空電線には，感電死傷事故防止の観点から絶縁電線を使用すべきであるが，裸電線は絶縁電線に比べ電線外径が小さく，電線が受ける風圧荷重が小さくなることや，電線の弛度を小さくすることができ，長径間箇所等において支持物の強度や高さを低く抑えられるなど経済的に有利であることから，安全の確保が可能な場合に限り，S51基準以降も特認（→**第15条解説**）を受けた場合に限定して施設することが認められていた。

平成9年の改正で特認制度が廃止されたが，H10解釈において，従来「特認」を受けて高圧架空電線に裸電線を使用していた実績のある海峡横断箇所，河川横断箇所並びに山岳地の傾斜が急な箇所，谷越え箇所及び原生林については，一般公衆が電線に触れて感電するおそれがない場所であり，**省令第21条第1項ただし書**の「通常予見される使用形態を考慮し，感電のおそれがない場合」に該当し，安全が確保できることから，これらの場所に施設される場合に限り，高圧架空電線に裸電線を使用することを認めた。H20解釈において，**第26条**改正との整合を図り，JESC E 2004「低高圧架空電線の種類」の引用から解釈への直接記載へと変更した。なお，「人が容易に立ち入るおそれがない場所」については，**第26条解説**に記載している。

高圧架空電線に裸電線を使用する場合の電線の地表上の高さについては，人が容易に立ち入るおそれがない場所に施設することから，高圧架空電線に裸電線の使用が認められていたS51基準以前の電技の地上高である5m以上であれば安全を確保することができる。この地上高は，裸電線の使用が認められている特別高圧架空電線路のうち，使用電圧35,000V以下のものに対して規定される高さと同じである（→**第87条**）。また，電線の水面上の高さについては，**第68条解説**に記載している。なお，解釈には示されていないが，高圧架空電線路に比べ更に厳しい条件で施設されている特別高圧架空電線路を高圧架空電線路として使用する場合においても，当然，裸電線を使用することができる。

引込用ビニル絶縁電線は，主として架空引込線（→**第116条**）に使用することを目的として製作されたものであって，ビニル絶縁電線と同等のものを線心としてより合わせた（平型としたものもある。）ものである。架空引込線の施設実績に基づき，S40基準から，低圧架空電線についても全面的に使用できることとなった。

多心型電線は，S43基準で新たにその使用を認められた（→**第6条解説**）。

第二号では，電線の機械強度の最低限度を示している。電線の強さの規定は一般に硬銅線が基準となっており，本解釈では何mmという場合は，硬銅単線の直径を指し，何mm^2という場合は，硬銅より線の公称断面積を指している。なお，低高圧架空電線にケーブルを使用する場合は，**第67条**に示しているので除外している。

低圧のうち300Vを超える場合は300V以下の場合より引張強さの大きいものを使用することとしているが，これは300Vを超える場合には，他に与える危害が大きいと考えられる点からその安全率を多く見込んだものである。また，300Vを超える低圧及び高圧架空電線については，市街地と市街地外とに分け，市街地は引張強さを増加し，硬銅線の場合には太さを1mm増加して安全率を多く見込んでいる。なお，低圧のうち300Vを超えるものとしては400Vの配電線が考えられるが，主に特別高圧から400Vに変圧されると考えられ，バックパワーが大きいため高圧並みと考えて示している。

第三号は，多心型電線は1線が裸線であるので，その裸線はB種接地工事が施された中性線，又は接地側電線にのみ使用することを原則としている。しかし，3本より合せた多心型電線（Triplex）を単相回路に使用し，裸線を電路として使用せず，メッセンジャーワイヤとして使用する場合もあると考えられるので，この場合はD種接地工事を施すこととしている。多心型電線を架空電線に使用した場合は，**第71条**から**第77条**までにおいて，他物との離隔距離は600Vビニル絶縁電線と同様に取り扱われているので，接地工事に関しては十分注意を要し，裸の1線は，人が触れても危険のない電圧以下の対地電圧にする必要がある。

【低高圧架空電線の引張強さに対する安全率】（省令第6条）

第66条　高圧架空電線は，ケーブルである場合を除き，次の各号に規定する荷重が加わる場合における引張強さに対する安全率が，66-1表に規定する値以上となるような弛度により施設すること。

一　荷重は，電線を施設する地方の平均温度及び最低温度において計算すること。

二　荷重は，次に掲げるものの合成荷重であること。

イ　電線の重量

ロ　次により計算した風圧荷重

（イ）　電線路に直角な方向に加わるものとすること。

（ロ）　平均温度において計算する場合は高温季の風圧荷重とし，最低温度において計算する場合は低温季の風圧荷重とすること。

ハ　乙種風圧荷重を適用する場合にあっては，被氷荷重

66-1表

電線の種類	安全率
硬銅線又は耐熱銅合金線	2.2
その他	2.5

2　低圧架空電線が次の各号のいずれかに該当する場合は，前項の規定に準じて施設すること。

一　使用電圧が300Vを超える場合

二　多心型電線である場合

〔解　説〕**本条**は，低高圧架空電線の弛度を示したものであって，300Vを超える低圧及び高圧の場合は一般に適用しているが，300V以下の低圧の場合は，従来危険度の高い市街地の架空電線路で裸電線のみに適用していた。しかしS51基準で裸電線を使用しないこととしたため，300V以下の低圧については，多心型電線の場合のみに適用することとした。なお，多心型電線の場合は，裸電線1本に全張力がかかることになるので，全ての場合に高圧の場合と同様の安全率としている（**→第2項**）。

電線は，弛度を大きくするほど張力が低下し，電線の引張荷重に対する安全率が増加する。しかし，不必要に弛度を大きくすることは，電線の地表上の高さ制限（**→第68条**）により支持物を高くしなければならないため不経済であり，さらに風による横振れに起因する事故や氷雪による垂れ下り，跳ね上り等による事故の確率を増すおそれがある。

本条における弛度設計については，①電線の弛度は，原則として最悪気象条件下で電線に設計最大使用張力を生じるように定める，②夏季の台風時と冬季の季節風時を最悪条件として考える，③電線にかかる荷重として，自重，氷雪重量，風圧の三つを考える，④温度の変化による電線実長の変化が，弛度，張力に与える影響を考慮する，⑤電線の機械的性質を十分に考慮する必要がある。

架渉線の弛度，張力等の計算に用いる温度は，特殊な地方を除き，平均温度，最高温度（平均温度より30℃高い温度）及び最低温度（平均温度より30℃低い温度）の三つの温度を標準とする。平均温度は，電線路が施設される地方を代表する気象観測所の記録による年間平均気温をいう。平均温度及び最低温度は，架渉線がその想定最大張力に達する状態に相当する温度としており，**本条**の計算にも適用されている。一方，最高温度は，架渉線の最大弛度を算定するのに使用している。なお，温度については「架空送電線の弛度」（電力社）を参考にしている。

第1項第二号ロ（ロ）の高温季の風圧荷重は，夏季台風時を目安に設計条件を示している。一方，低温季の風圧荷重は，冬期の季節風時を目安として設計条件を示しているが，氷雪の多い地方でも海岸地等では，最低温度で高温季節風圧を設計条件とする場合もある。これらの電線に加わる想定荷重についてまとめると，解説66.1表のようになる。電線の安全率は，硬銅線又は耐熱銅合金線では2.2以上としているが，その他の電線では，これらに比べて耐久性や信頼性が劣るので2.5以上としている。また，昭和24年以前の工規では硬銅線の安全率を2.0以上としていたのに対し，現行解釈ではこれを2.2以上としているが，往時は全て最低温度を基準としていたためであり，それは平均温度を基準とした場合の2.2以上と実質的にはほとんど変わらない。しかし，電線の最大使用張力，径間，電線に加わる荷重との間には，下式に示す関係があって，径間の大きさによっては，最低温度において1/2の風圧が加わる場合の方が高温季荷重よりも過酷な条件となることがあるので，S30工規において，低温季荷重が追加されて，いずれに対しても安全であるように改められた。硬銅線及び鋼心アルミ線の数例について，その臨界径間を下式により計算すれば，解説66.2表のようになる。

本条に電線の安全率を示しているが，これは最大使用張力で引張荷重（電線接続点の強さをも考慮，**→第12条第一号イ**）を割ったものであるが，電線の最大張力は支持点で生じるから，支持点で規定の安全率を確保することとしている。

$$S = T\sqrt{\frac{720\alpha}{W'^2 - W^2}}$$

S：臨界径間（m）
T：電線の最大使用張力（N）
W：（平均温度－30℃），すなわち最低温度のときの電線単位長当たりの電線重量と電線に対する風圧荷重との合成荷重（N/m）
W'：平均温度のときの同上の合成荷重（N/m）
α：電線の線膨張係数

解説66.1表　電線にかかる想定荷重

地域別	気温	荷重方向		備考
		垂直方向	水平方向	
氷雪の多い地方以外の地方	平均温度	電線重量	電線の垂直投影面積に980Pa	甲種風圧荷重
	最低温度	電線重量	電線の垂直投影面積に490Pa	丙種風圧荷重
氷雪の多い地方（下記のものを除く）	平均温度	電線重量	電線の垂直投影面積に980Pa	甲種風圧荷重
	最低温度	電線重量＋厚さ6mm比重0.9の氷雪	厚さ6mmの被氷電線垂直投影面積に490Pa	乙種風圧荷重

氷雪の多い地方のうち低温季に最大風圧を生じる地方	平均温度及び最低温度	電線重量	電線の垂直投影面積に980Pa	甲種風圧荷重
	最低温度	電線重量＋厚さ6mm比重0.9の氷雪	厚さ6mmの被氷電線垂直投影面積に490Pa	乙種風圧荷重

（備考）電線にかかる想定荷重のうち，水平方向の風圧は第58条で規定している支持物の強度を算出する場合に適用する風圧荷重と同じである。なお，架渉線が多導体である場合は，58-1表のとおり電線相互の干渉による低減が考慮される点に注意されたい。

解説66.2表

電線	断面積 (mm²)	外径 (mm)	WC (kg/m)	WW′ (N/m)	WW (N/m)	$W'^2=W^2C'+W^2W'$	$W^2=W^2C'+W^2W$	W'^2-W^2	α	引張荷重 (N)	T 最大使用張力 (N)	S (T＝30℃) (m)
ACSR	{520}	31.5	1.97	30.87	15.44	1,326.18	611.62	714.57	19.5×10^{-6}	150,630	60,250	266
〃	410	27.9	1.54	27.34	13.67	975.66	414.95	560.72	19.5×10^{-6}	136,100	54,440	272
〃	330	25.2	1.26	24.70	12.35	762.57	305.20	457.37	19.5×10^{-6}	107,200	42,880	238
〃	240	22.4	1.11	21.95	10.98	600.38	239.05	361.33	18×10^{-6}	99,500	39,800	238
HDCC	(240)	20.0	2.15	19.60	9.80	828.71	540.59	288.12	17×10^{-6}	90,100	40,950	267
〃	(240)	18.5	1.84	18.13	9.07	654.29	407.86	246.43	17×10^{-6}	77,570	35,260	248
		(18mm以下)		1080Pa								
ACSR	120	16.1	0.57	17.39	7.89	333.59	93.50	240.09	18×10^{-6}	54,300	21,720	160
HDCC	(180)	17.5	1.65	18.90	8.58	619.03	335.44	283.59	17×10^{-6}	69,800	31,730	208
〃	(125)	14.5	1.13	15.66	7.11	368.04	173.35	194.68	17×10^{-6}	48,700	22,140	176
〃	75	11.1	0.68	11.99	5.44	188.18	74.06	114.11	17×10^{-6}	28,600	13,000	135

（備考）（　）はJISにおいて今後できる限り使用しないこと。{　}はJISに規格がないもの。
ACSR：鋼心アルミより線，HDCC：硬銅より線，WC：単位長当たりの質量，
WC′：単位長当たりの重量，WW′：980Paの水平風圧，WW：490Paの水平風圧

【低高圧架空電線路の架空ケーブルによる施設】（省令第6条，第21条第1項）

第67条　低圧架空電線又は高圧架空電線にケーブルを使用する場合は，次の各号によること。

一　次のいずれかの方法により施設すること。

イ　ケーブルをハンガーによりちょう架用線に支持する方法

ロ　ケーブルをちょう架用線に接触させ，その上に容易に腐食し難い金属テープ等を20cm以下の間隔でらせん状に巻き付ける方法

ハ　ちょう架用線をケーブルの外装に堅ろうに取り付けて施設する方法

ニ　ちょう架用線とケーブルをより合わせて施設する方法

ホ　高圧架空電線において，ケーブルに半導電性外装ちょう架用高圧ケーブルを使用し，ケーブルを金属製のちょう架用線に接触させ，その上に容易に腐食し難い金属テープ等を6cm以下の間隔でらせん状に巻き付ける方法

二　高圧架空電線を前号イの方法により施設する場合は，ハンガーの間隔は50cm以

下であること。

三　ちょう架用線は，引張強さ 5.93kN 以上のもの又は断面積 22mm^2 以上の亜鉛めっき鉄より線であること。

四　ちょう架用線及びケーブルの被覆に使用する金属体には，D 種接地工事を施すこと。ただし，低圧架空電線にケーブルを使用する場合において，ちょう架用線に絶縁電線又はこれと同等以上の絶縁効力のあるものを使用するときは，ちょう架用線に D 種接地工事を施さないことができる。（関連省令第 10 条，第 11 条）

五　高圧架空電線のちょう架用線は，次に規定する荷重が加わる場合における引張強さに対する安全率が，67-1 表に規定する値以上となるような弛度により施設すること。

イ　荷重は，電線を施設する地方の平均温度及び最低温度において計算すること。

ロ　荷重は，次に掲げるものの合成荷重であること。

（イ）　ちょう架用線及びケーブルの重量

（ロ）　次により計算した風圧荷重

(1)　ちょう架用線及びケーブルには，電線路に直角な方向に風圧が加わるものとすること。

(2)　平均温度において計算する場合は高温季の風圧荷重とし，最低温度において計算する場合は低温季の風圧荷重とすること。

（ハ）　乙種風圧荷重を適用する場合にあっては，被氷荷重

67-1 表

ちょう架用線の種類	安全率
硬銅線又は耐熱銅合金線	2.2
その他	2.5

〔解　説〕 本条は，架空電線にケーブルを使用する工事は，ケーブル以外の電線を使用する場合と施工方法に大きな差異があるため，S34 工規で規定されたものである。架空ケーブル工事に使用するケーブルは，低圧用のものは**第 9 条**に，高圧用のものは**第 10 条**に規定されているケーブル（**第 65 条第 2 項，第 3 項**に示すものを除く。）を使用する必要がある。

第一号及び**第二号**は，低高圧架空電線にケーブルを使用する場合の施設方法を示している。**本条**では，張力をかける構造となっていないケーブルを対象としており，ケーブル自体に過度に張力をかけて施設することはケーブルの構造上よくないので，メッセンジャーワイヤを使ってちょう架することを示している。したがって，合成樹脂系のケーブル等であって，ケーブル自体が安全に直接ちょう架できるものについては，**本条**から除かれる。

メッセンジャーワイヤを使用してちょう架する場合は，いわゆるカテナリー式でハンガを使用する。ハンガの間隔は，電線低圧では特に示していないが，高圧では 50cm 以下としている。

ひょうたん型ケーブル（→解説 67.1 図），又はラッシングタイプケーブル（→解説 67.2 図，解説 67.3 図）等，メッセンジャーワイヤ付きケーブルを使用するときは，カテナリー式でちょう架（→解説 67.4 図）しなくてもよく，ちょう架用線の太さについても，十分な強度をもつ細い線を使用することが考えられるので，引張強さが 5.93kN 以上のもの又は断面積 22mm^2 以上の亜鉛めっき鉄より線であるならば使用できることとしている。例えば，直径が 2.6mm の第 1 種普通亜鉛めっき鋼線（単位断面積当たりの引張強さ 1,230N/mm^2，→**第 4 条**）であれば，引張強さは $1,230 \times 1.3 \times 1.3 \times \pi = 6,530$N（6.53kN）となり，5.93kN 以上なので使用できる。

ホは，外装に半導電性のビニル又はポリエチレンを使用し，かつ，金属製のラッシングテープ等を併用することにより高圧ケーブルの金属製遮へい層を省略したちょう架用ケーブル（→**第 65 条第 2 項，第 3 項**）について示している。この架空ケーブルは，ちょう架用線とケーブルを保持する金属テープが半導電性外装のアース及びケーブル事故時の故障電流の通路となるため，工事方法はちょう架用線とケーブルを接触させ，その上に金属テープをらせん状に巻き付ける方法に限定し，その巻き付け間隔も 6cm 以下としている。

なお，ラッシングテープの厚さ及びその幅については，特に示していないが，短絡時の電磁力や振動・摩擦にも十分な強度と耐久性を有する必要があり，アルミテープを使用する場合においては，厚さ 1.0mm 程度以上，幅 10mm 程度以上とするのが一般的である。

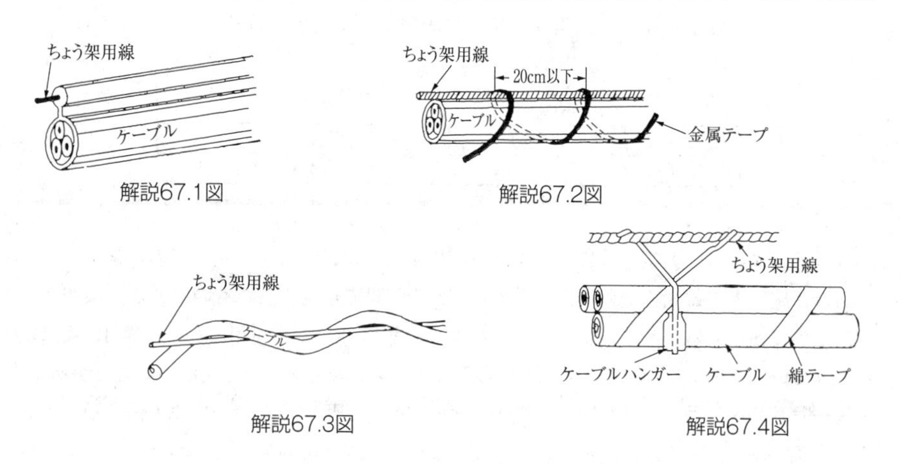

解説67.1図　解説67.2図
解説67.3図　解説67.4図

第三号では，ちょう架用線の強度を示している。なお，ちょう架用線自体は，**第 4 条**に示す金属線が適用されることは支線の場合と同様である。

第四号では，ちょう架用線には，ケーブルの被覆の損傷により，ちょう架用線が充電される場合の危険防止のため，D 種接地工事を施す必要があることを示している。ただし書は，ちょう架用線に絶縁電線を使用する場合には，接地を行ったのと同等の効果があることから，S57 基準で，このような場合には使用電圧が低圧のものに限り接地工事を省略できることとした。なお，ただし書の「これと同等以上の絶縁効力のあるもの」とは，ちょう架用線を絶縁物でコーティングしたものを使用することを考慮したものである。

第五号は，高圧架空電線に用いるちょう架用線について規定している。第三号では，ちょう架用線は引張強さが5.93kN以上のもの又は断面積22mm^{2}以上の亜鉛めっき鉄より線であることとしており，細いケーブルではこれでもよいが，高圧用の太いケーブルになるとケーブルに加わる風圧が大きくなるので，必要な強さを計算（→**第66条第1項解説**）する必要があり，ちょう架用線自体の重量及び風圧荷重に，ケーブルの重量（氷雪の附着も考慮すること。）及びケーブルに加わる風圧荷重（氷雪の附着も考慮すること。）を加えた全荷重に対し，ちょう架用線の安全率が2.5以上となるように施設することを示している。

【低高圧架空電線の高さ】（省令第25条第1項）

第68条　低圧架空電線又は高圧架空電線の高さは，68-1表に規定する値以上であること。

68-1表

区分		高さ
道路（車両の往来がまれであるもの及び歩行の用にのみ供される部分を除く。）を横断する場合		路面上6m
鉄道又は軌道を横断する場合		レール面上5.5m
低圧架空電線を横断歩道橋の上に施設する場合		横断歩道橋の路面上3m
高圧架空電線を横断歩道橋の上に施設する場合		横断歩道橋の路面上3.5m
上記以外	屋外照明用であって，絶縁電線又はケーブルを使用した対地電圧150V以下のものを交通に支障のないように施設する場合	地表上4m
	低圧架空電線を道路以外の場所に施設する場合	地表上4m
	その他の場合	地表上5m

2　低圧架空電線又は高圧架空電線を水面上に施設する場合は，電線の水面上の高さを船舶の航行等に危険を及ぼさないように保持すること。

3　高圧架空電線を氷雪の多い地方に施設する場合は，電線の積雪上の高さを人又は車両の通行等に危険を及ぼさないように保持すること。

〔解　説〕 **本条**は，低高圧架空電線の高さについて示している。

低高圧架空電線｛屋側電線路，屋内電線路に隣接する1径間の電線，架空引込線及び連接引込線の架空部分を除く。（→**第64条**）｝の地表上等からの高さは，地上の人畜又は造営物に対する危険や交通上の障害を及ぼさないことが最も大切な条件である。したがって，鉄道横断部分では列車に対する建築限界その他の関係，一般道路では貨物自動車の積荷の高さ，道路沿いその他の場所では人畜及び造営物に対する危険について考慮して，高さを定めている。

なお，この解釈における架空電線路の地表上の高さは，原則として電線からの垂直距離を指している。対象となる地表面が，山の山腹若しくは谷間のような平面でない場合，又はアーケードと一体化したような場合（→解説 68.1 図）等の離隔距離については，日本電気技術規格委員会規格 JESC E0004（2017）「配電規程（低圧及び高圧）」（(一社)日本電気協会電気技術規程 JEAC 7001-2017）を参照されたい。また，アーケード上部には消火作業用のための通路などが施設されるので，この上方に関しては，少なくとも横断歩道橋上に準じた離隔をとることが望ましい。

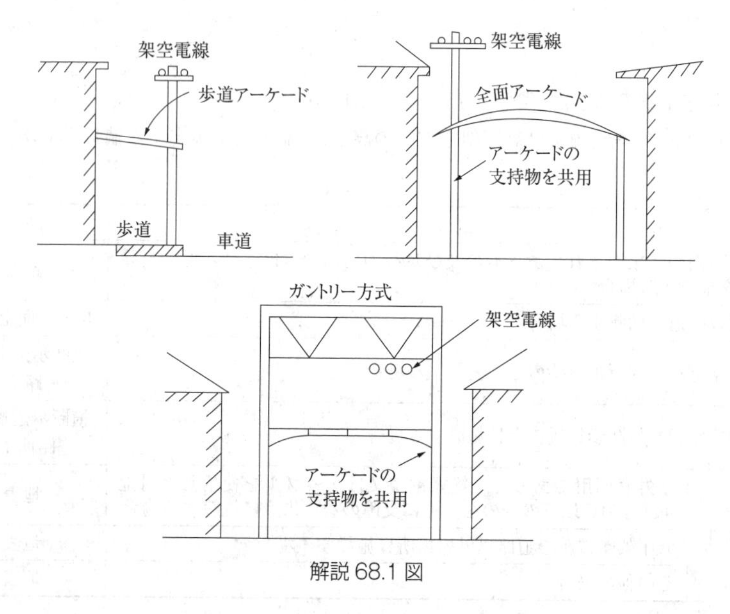

解説 68.1 図

第1項は，一般的な低高圧架空電線の地表上等の高さを示している。鉄道や軌道を横断する場合は従来 6m であったが，国土交通省の規定が 5.5m になっていることから，S40 基準でこれに合わせることとした。鉄道又は軌道を横断する場合の電線の高さは，レール面上から計算するが，施工軌面とレール面では，50cm 程度の差があるので，施工軌面からの高さとしては，6m 程度になる。この値は車両限界からも支障がないものである。なお，電気鉄道の場合は電車線のちょう架線などとの離隔距離についても考慮する必要がある。

S43 基準では，低高圧架空電線が横断歩道橋の上に施設される場合の高さについて明確に示されていなかったため，新たに規定した。横断歩道橋は，人が専用に通るものであるから，架空電線の高さについて一般の道路と区別して規定している。この高さについては，横断歩道橋をスキーのような長いものをかついで通ることなども考慮して決定した。また，横断歩道橋の階段も歩行の用にのみ供されるものであることから，横断歩道橋の一部として取り扱われる（→解説 68.2 図）。屋根のある横断歩道橋では，路面上からの高さは問題ではなく屋根との離隔距離を**第 78 条**で規定する値以上とする必要がある。なお，横断歩道橋の側面との離隔距離については，**第 72 条**が適用される（→解説 72.1 図）。

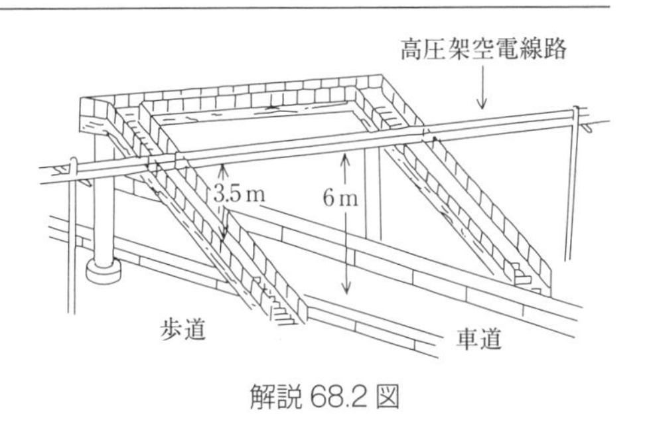

解説 68.2 図

S47 基準では，低圧屋外照明用架空電線路の施設に関する特例緩和を廃止したことに伴い，道路以外の場所における屋外照明灯専用の架空電線は，これまでの施設条件であった「絶縁電線若しくはケーブルを使用し，対地電圧が 150V 以下で交通に支障がない場合に限り，その高さを 4m に緩和する」特例を追加した。この場合において，従来は 3m であったが，引込線等の高さなどの相対的な関係から 4m とした。

68-1 表の「車両の往来がまれであるもの」とは，あいまいな表現ではあるが，耕うん機，荷馬車程度が通過する農道など，交通のはげしくない道路を指す。また，「歩行の用にのみ供される部分」とは，歩道と車道の区分がある道路の歩道部分又は歩行者専用道路など，車両が通行しない道路を指す。道路における電線の高さは，貨物自動車の積荷等の高さを考慮して規定されているため，車両が通行しない「歩行の用にのみ供される部分」については，かっこ内でこれを道路から除いている。

第 2 項は，水面上に施設する場合の架空電線の高さを水上交通に危険を及ぼさないように適当な高さに保持させることを示している。船舶等のように水面上における最大高さが定まらないものについては，水深その他の状況から航行が予想される船舶の最大高さを考慮して架空電線の高さを決定する。海峡や河川に架空電線を施設する場合は，海峡が航路及びその周辺の海域に該当する場合は，海上交通安全法の規定により海上保安庁長官の許可が必要であり，また，河川に施設する場合は，河川法の規定により河川管理者の許可が必要である。したがって，これらの管理者と協議の上，船舶の航行等に危険を及ぼさない高さとすることにより，安全を確保することができる。なお，海峡については，海域等により適用を受ける法令が異なるため，事前に最寄りの管区海上保安部警備救難部航行安全課又は各海上保安管署に問い合わせられたい。

第 3 項は，高圧架空電線の積雪上の高さについて規定しているが，積雪の状況は施設される地方により異なり，一律に規定することが困難であるので，前項と同様，明確には示していない。

【高圧架空電線路の架空地線】（省令第6条）

第69条 高圧架空電線路に使用する架空地線には，引張強さ5.26kN以上のもの又は直径4mm以上の裸硬銅線を使用するとともに，これを第66条第1項の規定に準じて施設すること。

〔解　説〕 高圧架空電線路には，避雷その他の目的で架空地線が取り付けられることがあるが，これが断線して下部にある電線に接触する等によって事故を起こさないように，丈夫な裸線又は被覆線を使用することとしている。この解釈では，引張強さ5.26kN以上のもの又は直径4mm以上の硬銅線を施設後に容易に断線し難い電線の最小限界とみなしており，関連のある各条では，これに基づき規定している。また，架空地線の安全率については，架空電線と同様に取り扱い，**第66条**に準じて弛度計算をすることとしている。架空地線には常時電流が流れないので，機械的強度や価格等の点から亜鉛めっきの裸鋼より線が多く用いられる。

誘導雷に対する架空地線の遮へい効果は，①各導体の半径，地上高及び相互の配置，②接地抵抗値によって決定されるものであって，被覆線についても裸線と同等の効果があることから，H4基準で，被覆線を使えるよう規定を改めた。

【低圧保安工事，高圧保安工事及び連鎖倒壊防止】（省令第6条，第32条第1項，第2項）

第70条 低圧架空電線路の電線の断線，支持物の倒壊等による危険を防止するため必要な場合に行う，低圧保安工事は，次の各号によること。

一　電線は，次のいずれかによること。

イ　ケーブルを使用し，第67条の規定により施設すること。

ロ　引張強さ8.01kN以上のもの又は直径5mm以上の硬銅線（使用電圧が300V以下の場合は，引張強さ5.26kN以上のもの又は直径4mm以上の硬銅線）を使用し，第66条第1項の規定に準じて施設すること。

二　木柱は，次によること。

イ　風圧荷重に対する安全率は，2.0以上であること。

ロ　木柱の太さは，末口で直径12cm以上であること。

三　径間は，70-1表によること。

70-1表

支持物の種類	径間		
	第63条第3項に規定する，高圧架空電線路における長径間工事に準じて施設する場合	電線に引張強さ8.71kN以上のもの又は断面積22mm^{2}以上の硬銅より線を使用する場合	その他の場合

木柱，A 種鉄筋コンクリート柱又は A 種鉄柱	300m 以下	150m 以下	100m 以下
B 種鉄筋コンクリート柱又は B 種鉄柱	500m 以下	250m 以下	150m 以下
鉄塔	制限無し	600m 以下	400m 以下

2　高圧架空電線路の電線の断線，支持物の倒壊等による危険を防止するため必要な場合に行う，高圧保安工事は，次の各号によること。

一　電線はケーブルである場合を除き，引張強さ 8.01kN 以上のもの又は直径 5mm 以上の硬銅線であること。

二　木柱の風圧荷重に対する安全率は，2.0 以上であること。

三　径間は，70-2 表によること。ただし，電線に引張強さ 14.51kN 以上のもの又は断面積 $38mm^2$ 以上の硬銅より線を使用する場合であって，支持物に B 種鉄筋コンクリート柱，B 種鉄柱又は鉄塔を使用するときは，この限りでない。

70-2 表

支持物の種類	径間
木柱，A 種鉄筋コンクリート柱又は A 種鉄柱	100m 以下
B 種鉄筋コンクリート柱又は B 種鉄柱	150m 以下
鉄塔	400m 以下

3　低圧又は高圧架空電線路の支持物で直線路が連続している箇所において，連鎖的に倒壊するおそれがある場合は，必要に応じ，16 基以下ごとに，支線を電線路に平行な方向にその両側に設け，また，5 基以下ごとに支線を電線路と直角の方向にその両側に設けること。ただし，技術上困難であるときは，この限りでない。

〔解　説〕 **第 1 項**は，低圧保安工事について示している。低圧保安工事というのは，低圧架空電線が高圧架空電線若しくは高圧電車線の上方で接近・交差する場合（**→第 74 条第 3 項，第 4 項**）又は特別高圧の電車線等の上方で接近する場合（**→第 75 条第 6 項**）について，低圧架空電線路の電線の断線，支持物の倒壊等により低圧架空電線がこれらの電線に接触して低圧電路に高電圧が加わる危険を防止するため，このような低圧架空電線路について一般的に示されている施設方法より強化すべき点をまとめて示したものである。すなわち，電線の引張強さ又は太さ，木柱の風圧荷重に対する安全率，末口の太さについて**第 59 条**，**第 65 条**において示されているものよりも強化すべきことを示し，さらに，支持物の径間制限を加えている。これらのほか，**第 74 条**及び**第 75 条**において，接近対象物に応じて強化すべき施設方法について示している。

第一号は，電線の施設方法を示している。架空ケーブル工事の場合は，**第 67 条**の規定により施設することとしている。ケーブル以外の場合は，300V 以下のものにあっては，300V を超えるものを市街地外に施設する場合並みの引張強さ（5.26kN 以上のもの又は直径4mm以上の硬銅線)，300Vを超えるものにあっては，市街地に施設する場合並みの引張強さ（8.01kN以上のもの又は直径5mm以上の硬銅線）の電線を用いることとしている。また，電線の安全率（弛度）については，300V以下の場合に関しても第66条第1項に準じて施設することとしている。

第二号は，低圧架空電線路の木柱であっても，第59条第1項で示されている高圧架空電線路の木柱（安全率については，高圧保安工事の場合と同じ2.0以上をとっている。）と同じ程度の強度を有することとしている。木柱の安全率に関しては，第59条の解説を参照されたい。

第三号は，径間の制限で，低圧架空電線路の径間については，一般には支持物の長さが短く，電線の地表上の高さにより径間が制限されるので示していないが，特別高圧の電車線等又は高圧架空電線等と接近又は交差する場合には危険が伴うので，特に高圧保安工事と同様の径間制限をしている。70-1表では，電線に引張強さ8.71kN以上のもの又は22mm^{2}以上の硬銅より線を使用する場合は，一般の高圧架空電線並みの径間とすることができることを示している。

第66条の解説における計算式からも明らかなように，径間は電線の最大使用張力に比例するので，第66条の規定を満足する範囲で，電線の弛度を大きくすることにより，径間を延ばすことができる。しかし，弛度が過度に大きい場合又は長径間となる場合は，電線の断線等に対する不確定要素（外傷，腐食等）による影響が大きくなることから，支持物の種類による高さの技術的な限界又は支持物の信頼度の差異により，径間の制限を示している。ただし，引張強さ又は断面積の大きい電線は，これらが小さいものよりも，断線等に対する不確定要素による影響が小さくなることから径間制限を緩めている。長径間とする場合は，支持物（→第59条），支持物基礎（→第60条），電線（→第66条）等の安全率を十分とることが望ましい。

第2項は，高圧保安工事について示している。高圧保安工事は，高圧架空電線が建造物（→第71条），道路，横断歩道橋，鉄道，軌道（→第72条），索道（→第73条），低圧架空電線，他の高圧架空電線（→第74条），電車線等（→第75条），架空弱電流電線等（→第76条），アンテナ（→第77条），他の工作物（→第78条）と接近又は交差する場合に，一般の工事方法よりも強化すべき点のうち，共通するものをまとめて高圧保安工事として定義することで，各条文での準用をなくし，規定の簡素化を図っている。

第一号は，電線の施設方法を示している。架空ケーブル工事の場合は，第67条の規定により施設することとしている。ケーブル以外の場合は，一般に規定されている引張強さ5.26kN又は直径4mmの硬銅線（→第65条）ではなく，「引張強さ8.01kN以上のもの又は直径5mm以上の硬銅線」の電線を使用することとしている。

第二号は，木柱の安全率については，令和元年台風15号の木柱の被害状況を踏まえ，

R2基準で，鉄筋コンクリート柱に関する日本産業規格 JIS A 5373（2016）で必要とされる安全率2.0と同じ水準にしたものである。

第3項は，風圧荷重，地震荷重のほか，台風等による樹木等の倒壊，トタン，看板等の飛来による外力により，低圧又は高圧架空電線路の支持物の連鎖的倒壊を防止するための支線の施設箇所を示している。なお，支線を設置する間隔については現行の運用では事業者によりばらつきがあったため，最も安全側にとっている間隔をとることとする。また，技術上困難であるとして，解釈に定める方法をとり得ない場合は，技術基準を満足するよう適切な措置を講じること。

【低高圧架空電線と建造物との接近】（省令第29条）

第71条　低圧架空電線又は高圧架空電線が，建造物と接近状態に施設される場合は，次の各号によること。

一　高圧架空電線路は，高圧保安工事により施設すること。

二　低圧架空電線又は高圧架空電線と建造物の造営材との離隔距離は，71-1表に規定する値以上であること。

71-1表

架空電線の種類	区分	離隔距離
ケーブル	上部造営材の上方	1m
	その他	0.4m
高圧絶縁電線又は特別高圧絶縁電線を使用する，低圧架空電線	上部造営材の上方	1m
	その他	0.4m
その他	上部造営材の上方	2m
	人が建造物の外へ手を伸ばす又は身を乗り出すことなどができない部分	0.8m
	その他	1.2m

2　低圧架空電線又は高圧架空電線が，建造物の下方に接近して施設される場合は，低圧架空電線又は高圧架空電線と建造物との離隔距離は，71-2表に規定する値以上とするとともに，危険のおそれがないように施設すること。

71-2表

使用電圧の区分	電線の種類	離隔距離
低圧	高圧絶縁電線，特別高圧絶縁電線又はケーブル	0.3m
	その他	0.6m
高圧	ケーブル	0.4m
	その他	0.8m

3　低圧架空電線又は高圧架空電線が，建造物に施設される簡易な突き出し看板その他の人が上部に乗るおそれがない造営材と接近する場合において，次の各号のいずれか

に該当するときは，低圧架空電線又は高圧架空電線と当該造営材との離隔距離は，第1項第二号及び第2項の規定によらないことができる。

一 絶縁電線を使用する低圧架空電線において，当該造営材との離隔距離が0.4m以上である場合

二 電線に絶縁電線，多心型電線又はケーブルを使用し，当該電線を低圧防護具により防護した低圧架空電線を，当該造営材に接触しないように施設する場合

三 電線に高圧絶縁電線，特別高圧絶縁電線又はケーブルを使用し，当該電線を高圧防護具により防護した高圧架空電線を，当該造営材に接触しないように施設する場合

〔解 説〕 本条は，低高圧架空電線と建造物とが接近又は交差する場合の施設方法を示している。

第1項は，低高圧架空電線と建造物とが接近状態（→第49条第十一号）にある場合の施設について示している。建造物との接近の仕方については，建造物の上方，側方及び下方があり，上方及び側方における接近には第1次接近状態（→第49条第九号）と第2次接近状態（→第49条第十号）に分けて示している。

第一号では，高圧架空電線路は高圧保安工事（→第70条第2項）によることとしている。

第二号は，低圧架空電線又は高圧架空電線と建造物の造営材との離隔距離を示している。「離隔距離」とは，最短距離のことであって，他の離隔距離との関係を示すと，解説71.1図のようになる。また，「離隔距離」というのは離さなければならない距離という意味であって，単に「距離」というときは接近限界を示す場合に用いられ，「離さなければならない」という意味ではない。したがって，離隔距離という場合は，通常の気象条件による電線の変化を考えておくべきであり，径間が長く，弛度の大きい場所における建造物との離隔距離については，風などによる横揺れを考慮する必要がある。さらに，接近対象物が動揺するものであれば，その動揺等も考慮したうえで，適当な離隔距離をとる必要がある。

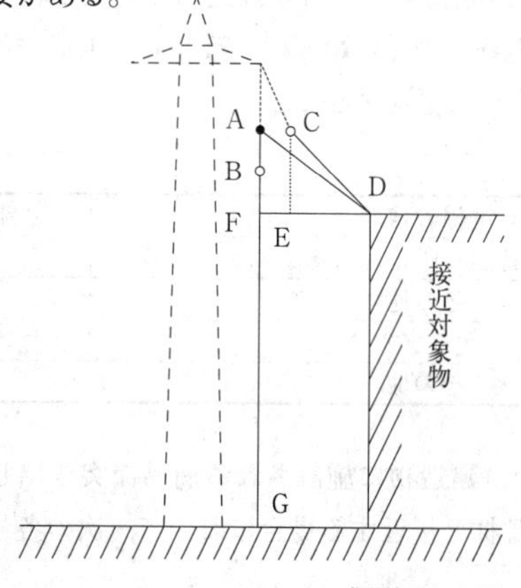

Aは，弛度が最小で無風の状態の電線の位置
Bは，弛度が最大で無風の状態の電線の位置
Cは，通常の気象条件で最も対象物に接近する電線の位置
AD ： 距離
CD ： 離隔距離
FD ： 水平距離
ED ： 水平離隔距離
AF ： 垂直距離
BF ： 垂直離隔距離
BG ： 高さ

解説71.1図

絶縁電線が建造物（窓等がない場合）と接近状態に施設される場合に必要な離隔距離を解説71.2図に示す。なお，上部造営材とその他の造営材との区分については，**第49条第十二号**の解説を参照されたい。

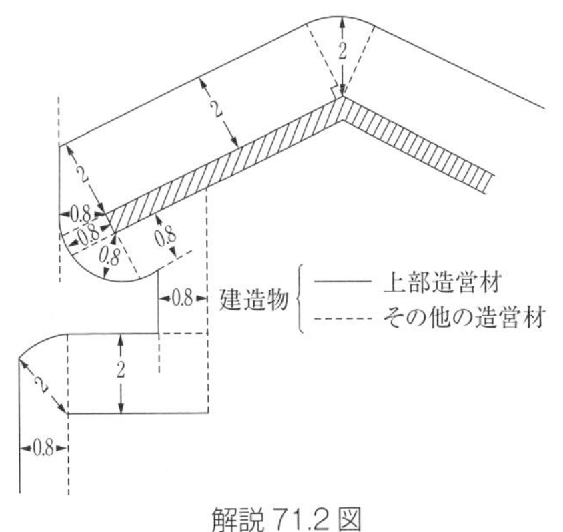

解説71.2図

従来，離隔距離は，裸線，絶縁電線（高圧の場合は高圧絶縁電線），ケーブルの3区分で示しており，基本的な考え方としては，低圧の場合は電線に低圧絶縁電線又は多心型電線を用いたときは裸電線の場合の2/3，高圧絶縁電線又はケーブルを用いたときは裸電線の場合の1/3まで離隔距離を短縮できることとし，高圧の場合は電線に高圧絶縁電線を用いたときは裸電線の場合の2/3，ケーブルを用いたときは裸電線の場合の1/3に緩和していた。なお，建造物の上部造営材においては，電線が接近しすぎると人が触れる危険性もあるので，ケーブル（低圧の場合は，高圧絶縁電線又はケーブル）を用いた場合にのみ裸電線の1/2に短縮できることとしていた。しかし，S51基準で低高圧架空電線に裸電線の使用が禁止された（→**第65条第1項**）ため，裸線に関する規定が削除された。更に，S57基準で特別高圧絶縁電線の規格（→**第5条**）が新たに規定されたことに伴い，低高圧架空電線に特別高圧絶縁電線を使用する場合の離隔距離を示した。

なお，屋外用ビニル絶縁電線は，600Vビニル絶縁電線及び引込用ビニル絶縁電線に比べて絶縁体の厚さが約2/3であって，かつ，絶縁耐力試験におけるサンプルの合格が3本のうち2本であればよいなど規格上においても違いがあることから，低圧架空電線としての絶縁上の安全性の観点から離隔距離を示すに当たって，従来一部では屋外用ビニル絶縁電線（OW電線）を600Vビニル絶縁電線又は引込用ビニル絶縁電線と区別して裸電線並みの扱いをすることもあった。しかし，S47基準では，既設のOW電線の絶縁性能などを全国的に調査した結果，塩害，じん害地域で20数年を経過したものでも，全て十分な耐電圧性能を有しており，漏れ電流についても10mAを超えることはなく，感電防止や電力供給の信頼度にも特に不安のないことが確認されたので，600Vポリエチレン絶縁電線，600Vふっ素樹脂絶縁電線，600Vゴム絶縁電線を含めて，低圧架空電線の建造物等との離隔距離に関しては同等の扱いとした。

71-1表の「人が建造物の外へ手を伸ばす又は身を乗り出すことなどができない部分」とは，例えば，建造物の側方であって，窓がないところを指しており，人が手を出して容易に電線に触れることがないため，離隔距離の緩和を認めている。

第2項は，低高圧架空電線が建造物の下方に施設される場合について示している。下方接近の例を解説 71.3 図に示す。

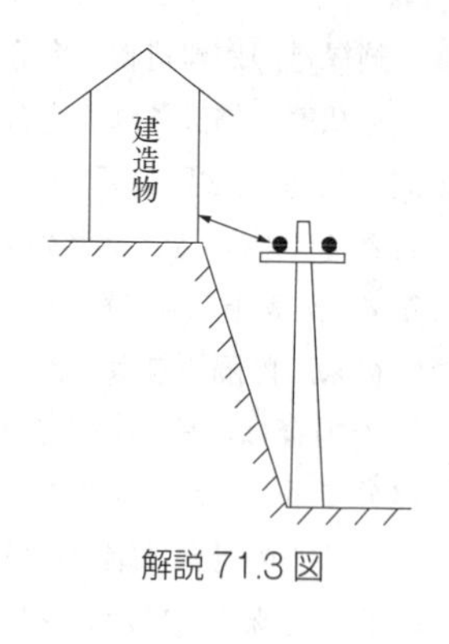

解説 71.3 図

第3項は，低高圧架空電線が建造物に施設される簡易な突き出し看板等と接近する場合の離隔距離に関する緩和規定であり，架空電線を防護具に収めて施設する場合，特に離隔距離を緩和している。最近，ビルの高層化に伴い配電線が建造物の側方で近接することが多くなっているが，建造物に施設される突き出し看板などと架空電線との離隔が不足するたびに支持物の移設や電線の高さを上げることには限度がある。そこで，配電線全体の絶縁強化ではなく，特に接触の危険又は感電等のおそれがある箇所に限って重点的に絶縁強化を行い，合理的に保安を確保しようとする見地から，絶縁性の防護具に収めた電線と，危険度の低いと考えられる建造物の簡易な突き出し看板や上部造営材以外の造営材との離隔距離は，電線が接触しなければよいこととした（→解説 71.4 図，解説 71.5 図）。

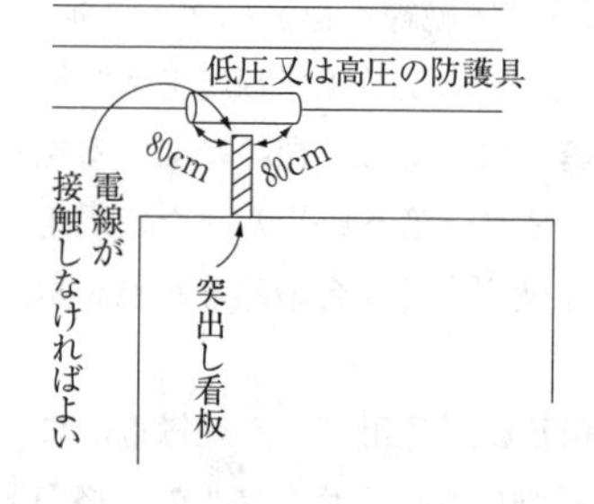

解説71.4図

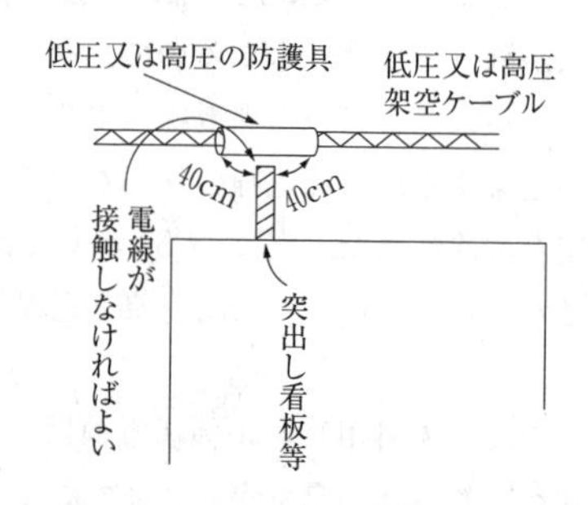

解説71.5図

【低高圧架空電線と道路等との接近又は交差】（省令第 29 条）

第72条 低圧架空電線又は高圧架空電線が，道路（車両及び人の往来がまれであるものを除く。以下この条において同じ。），横断歩道橋，鉄道又は軌道（以下この条において「道路等」という。）と接近状態に施設される場合は，次の各号によること。

一 高圧架空電線路は，高圧保安工事により施設すること。

二 低圧架空電線又は高圧架空電線と道路等との離隔距離（道路若しくは横断歩道橋の路面上又は鉄道若しくは軌道のレール面上の離隔距離を除く。）は，次のいずれかによること。

イ 水平離隔距離を，低圧架空電線にあっては 1m 以上，高圧架空電線にあっては 1.2m 以上とすること。

ロ 離隔距離を 3m 以上とすること。

2　高圧架空電線が，道路等の上に交差して施設される場合は，高圧架空電線路を高圧保安工事により施設すること。
3　低圧架空電線又は高圧架空電線が，道路等の下方に接近又は交差して施設される場合における，低圧架空電線又は高圧架空電線と道路等との離隔距離は，第78条第1項の規定に準じること。

〔解　説〕 本条は，道路（**→第1条第二十五号**），横断歩道橋，鉄道又は軌道と低高圧架空電線が接近又は交差する場合について，**第1項**が接近状態（**→第49条第十一号**）にある場合，**第2項**が道路等の上方で交差する場合，**第3項**が道路等の下方で接近又は交差する場合について示している。なお，離隔距離については，**前条**の解説を参照されたい。また，本条では車両の往来がまれであって，かつ，人の往来がまれなものを道路から除いている（**→第68条解説**）。

横断歩道橋若しくは道路の路面上又は鉄道若しくは軌道のレール面上と架空電線との距離は，**第68条**において架空電線の高さとして示されており，**第1項第二号**は，**第68条**で規定している高さ以外の離隔距離を規定しているものである。

第二号で規定している道路等のうち，横断歩道橋との離隔距離を図示すると解説72.1図のようになる。なお，架空電線と図中の手すり壁，さく又は金網などとの離隔距離は，**第78条**の規定により施設することとなる。

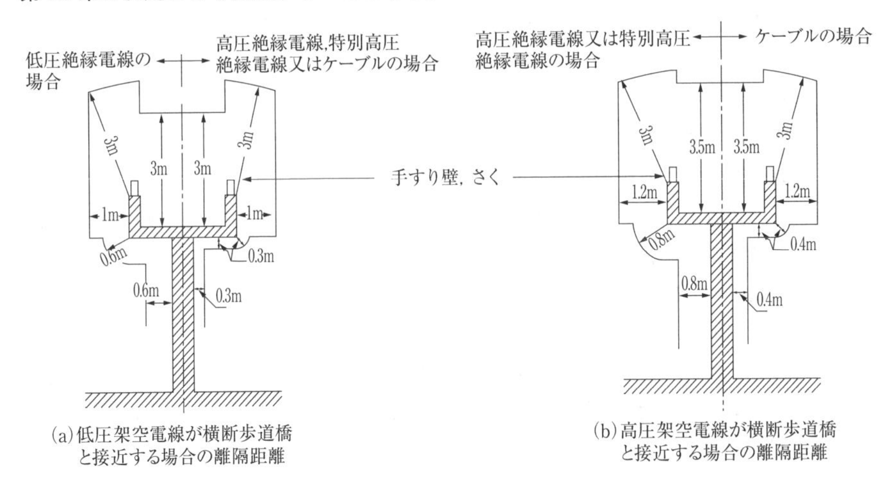

解説72.1図

第2項における路面上などからの高さについては，**第68条**によることになる。

第3項は，道路等の下方に接近又は交差して施設される場合について規定しているが，陸橋又は鉄橋などは，道路又は鉄道ではなく，橋として取り扱っている。また，架空電線と橋との離隔については，第78条の規定により施設することとしている。

【低高圧架空電線と索道との接近又は交差】（省令第29条）

第73条　低圧架空電線又は高圧架空電線が，索道と接近状態に施設される場合は，次の各号によること。

一　高圧架空電線路は，高圧保安工事により施設すること。

二　低圧架空電線又は高圧架空電線と索道との離隔距離は，73-1表に規定する値以上であること。

73-1表

使用電圧の区分	電線の種類	離隔距離
低圧	高圧絶縁電線，特別高圧絶縁電線又はケーブル	0.3m
	その他	0.6m
高圧	ケーブル	0.4m
	その他	0.8m

2　低圧架空電線又は高圧架空電線が，索道の下方に接近して施設される場合は，次の各号のいずれかによること。

一　架空電線と索道との水平距離を，索道の支柱の地表上の高さに相当する距離以上とすること。

二　架空電線と索道との水平距離が，低圧架空電線にあっては2m以上，高圧架空電線にあっては2.5m以上であり，かつ，索道の支柱が倒壊した際に索道が架空電線に接触するおそれがない範囲に架空電線を施設すること。

三　架空電線と索道との水平距離が3m未満である場合において，次に適合する堅ろうな防護装置を，架空電線の上方に施設すること。

イ　防護装置と架空電線との離隔距離は，0.6m（電線がケーブルである場合は，0.3m）以上であること。

ロ　金属製部分には，D種接地工事を施すこと。

3　低圧架空電線又は高圧架空電線が，索道と交差する場合は，低圧架空電線又は高圧架空電線を索道の上に，第1項各号の規定に準じて施設すること。ただし，前項第三号の規定に準じて施設する場合は，低圧架空電線又は高圧架空電線を索道の下に施設することができる。

〔解　説〕 本条は，索道（→第49条第十三号）と低高圧架空電線が接近又は交差する場合について，**第1項**が接近状態（→第49条第十一号）にある場合，**第2項**が索道の下方で接近する場合，**第3項**が索道と交差する場合について示している。なお，離隔距離については，第71条の解説を参照されたい。

索道については，その搬器は含めているが索道用の支柱は含めておらず，支柱との離隔距離については，**第78条**により施設することとしている。索道との離隔については，索道の横揺れなどを考慮することが望ましく，例えば，2m 程度の離隔が必要となる場合もある。

第2項は，索道との下方接近であるが，索道が電気工作物でなく，その施設方法を規制することが，立法上，困難であることなどから，原則として索道の支柱の地表上の高さの距離以内に接近しないこととしている。やむを得ず接近する場合は，索道の搬器の中の鉱石等が落下する場合等を考えて，防護装置を設けることとしている。防護装置とは，例えば，太い丸太を組んでこれに金網をかぶせ，この金網（この場合の「金属製部分」からは，丸太を組むのに用いるかすがい，釘等は除かれる。）にD種接地工事を施したようなものをいう。

第3項は，索道と交差する場合には，低圧又は高圧の架空電線を索道の上に，第1項の規定に準じて施設することとしている。

【低高圧架空電線と他の低高圧架空電線路との接近又は交差】（省令第28条）

第74条　低圧架空電線又は高圧架空電線が，他の低圧架空電線路又は高圧架空電線路と接近又は交差する場合における，相互の離隔距離は，74-1表に規定する値以上であること。

74-1表

<table>
<tr><th colspan="2" rowspan="2">架空電線の種類</th><th colspan="2">他の低圧架空電線</th><th colspan="2">他の高圧架空電線</th><th rowspan="2">他の低圧架空電線路又は高圧架空電線路の支持物</th></tr>
<tr><th>高圧絶縁電線，特別高圧絶縁電線又はケーブル</th><th>その他</th><th>ケーブル</th><th>その他</th></tr>
<tr><td rowspan="2">低圧架空電線</td><td>高圧絶縁電線，特別高圧絶縁電線又はケーブル</td><td colspan="2">0.3m</td><td rowspan="2">0.4m</td><td rowspan="2">0.8m</td><td rowspan="2">0.3m</td></tr>
<tr><td>その他</td><td>0.3m</td><td>0.6m</td></tr>
<tr><td rowspan="2">高圧架空電線</td><td>ケーブル</td><td colspan="2">0.4m</td><td colspan="2">0.4m</td><td>0.3m</td></tr>
<tr><td>その他</td><td colspan="2">0.8m</td><td>0.4m</td><td>0.8m</td><td>0.6m</td></tr>
</table>

2　高圧架空電線が低圧架空電線と接近状態に施設される場合は，高圧架空電線を，高圧保安工事により施設すること。ただし，低圧架空電線が，第24条第1項の規定により電路の一部に接地工事を施したものである場合は，この限りでない。

3　高圧架空電線が低圧架空電線の下方に接近して施設される場合は，高圧架空電線と低圧架空電線との水平距離は，低圧架空電線路の支持物の地表上の高さに相当する距離以上であること。ただし，技術上やむを得ない場合において，次の各号のいずれかに該当するときはこの限りでない。

一　高圧架空電線と低圧架空電線との水平距離が2.5m以上であり，かつ，低圧架空電線路の電線の切断，支持物の倒壊等の際に，低圧架空電線が高圧架空電線に接触するおそれがない範囲に高圧架空電線を施設する場合

二　次のいずれかに該当する場合において，低圧架空電線路を低圧保安工事（電線に係る部分を除く。）により施設するとき

イ　低圧架空電線と高圧架空電線との水平距離が2.5m以上である場合

ロ　低圧架空電線と高圧架空電線との水平距離が1.2m以上，かつ，垂直距離が水平距離の1.5倍以下である場合

三　低圧架空電線路を低圧保安工事により施設する場合

四　低圧架空電線が，第24条第1項の規定により電路の一部に接地工事を施したものである場合

4　高圧架空電線と低圧架空電線とが交差する場合は，高圧架空電線を低圧架空電線の上に，第2項の規定に準じて施設すること。ただし，技術上やむを得ない場合において，前項第三号又は第四号の規定に該当する場合は，高圧架空電線を低圧架空電線の下に施設することができる。

5　高圧架空電線が他の高圧架空電線と接近又は交差する場合は，上方又は側方に施設する高圧架空電線路を，高圧保安工事により施設すること。

〔解　説〕 本条は，低圧又は高圧の架空電線が，他の低圧又は高圧の架空電線路と接近又は交差する場合について，架空電線相互の離隔距離及び他の低圧又は高圧の架空電線路の支持物との離隔距離を示している。

第2項ただし書及び**第3項第四号**は，B種接地工事を施した低圧架空電線は，混触事故（常態における混触は含まない。）が起きてもそれほど危険ではないので，**第1項**に示す離隔距離があれば，支持物については特に強化しなくてもよいことを示している。なお，**第3項第一号**の「低圧架空電線路の電線の切断，支持物の倒壊等の際に，低圧架空電線が高圧架空電線に接触するおそれがない」とは，**第76条**に示す架空弱電流電線等との接触の場合と同様に考えてよい（→解説76.1図）。

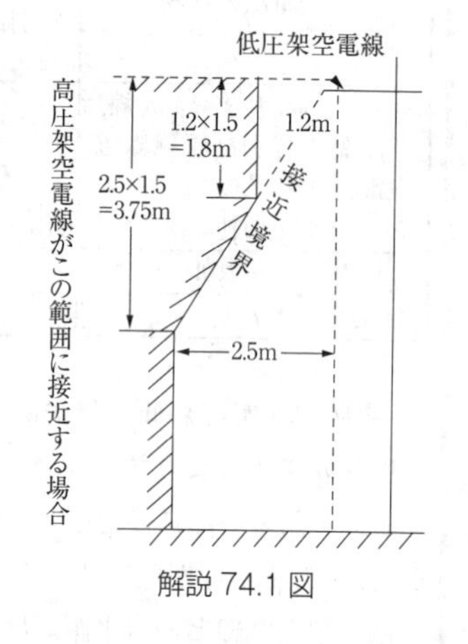

解説74.1図

第3項第二号は，高圧架空電線等が解説74.1図のような範囲に施設される場合は，低圧架空電線が断線しても混触するおそれが少ないので，低圧保安工事（→**第70条**）のうち電線の引張強さを緩和している。

第4項は，高圧架空電線を低圧架空電線の下に施設できないこととしているが，技術上やむを得ない場合であって，かつ，**第3項第三号**又は**第四号**の規定に該当する場合に

は，低圧架空電線の下に施設することが可能である。

【低高圧架空電線と電車線等又は電車線等の支持物との接近又は交差】（省令第28条）

第75条　低圧架空電線又は高圧架空電線が，低圧若しくは高圧の電車線等又は電車線等の支持物と接近又は交差する場合における，相互の離隔距離は，75-1表に規定する値以上であること。

75-1表

架空電線の種類		低圧の電車線等	高圧の電車線等	低圧又は高圧の電車線等の支持物
低圧架空電線	高圧絶縁電線，特別高圧絶縁電線又はケーブル	0.3m	1.2m	0.3m
	その他	0.6m		
高圧架空電線	ケーブル	0.4m	0.4m	0.3m
	その他	0.8m	0.8m	0.6m

2　低圧架空電線が，高圧の電車線等と接近状態に施設される場合は，第74条第3項の規定に準じること。

3　低圧架空電線が，高圧の電車線等の上に交差して施設される場合は，低圧架空電線路を低圧保安工事により施設すること。ただし，低圧架空電線が，第24条第1項の規定により電路の一部に接地工事を施したものである場合は，この限りでない。

4　高圧架空電線が，低圧若しくは高圧の電車線等と接近状態に施設される場合又は低圧若しくは高圧の電車線等の上に交差して施設される場合は，高圧架空電線路を高圧保安工事により施設すること。

5　低圧架空電線又は高圧架空電線が，特別高圧の電車線等と接近する場合は，低圧架空電線又は高圧架空電線を電車線等の側方又は下方に，次の各号のいずれかに適合するように施設すること。

一　架空電線と電車線等との水平距離を，電車線等の支持物の地表上の高さに相当する距離以上とすること。

二　架空電線と電車線等との水平距離を3m以上とするとともに，次のいずれかによること。

イ　電車線等の支持物が，鉄筋コンクリート柱又は鉄柱であり，かつ，支持物の径間が60m以下であること。

ロ　架空電線を，電車線等の支持物の倒壊等の際に，電車線等が架空電線に接触するおそれがない範囲に施設すること。

三　次により施設すること。

イ　電車線等の支持物は，次によること。（関連省令第32条第1項）

（イ）　鉄筋コンクリート柱又は鉄柱であり，かつ，径間は60m以下であること。

（ロ）　次のいずれかによること。

（1）　架空電線と接近する側の反対側に支線を設けること。

（2）　基礎の安全率が2以上であるとともに，常時想定荷重に1.96kNの水平横荷重を加算した荷重に耐えるものであること。

（3）　門形構造のものであること。

ロ　電車線等と架空電線との離隔距離は，次のいずれかによること。

（イ）　水平離隔距離を2m以上とすること。

（ロ）　架空電線の上方に保護網を第100条第9項の規定に準じて施設する場合は，離隔距離を2m以上とすること。

6　次の各号により施設する場合は，前項の規定によらず，低圧架空電線又は高圧架空電線を，特別高圧の電車線等の上方に接近して施設することができる。

一　架空電線と電車線等との水平距離は，3m以上とすること。

二　次のいずれかにより施設すること。

イ　架空電線の切断，架空電線路の支持物の倒壊等の際に，架空電線が電車線等と接触するおそれがないように施設すること。

ロ　次により施設すること。

（イ）　低圧架空電線路は，次によること。（関連省令第6条）

（1）　低圧保安工事により施設すること。ただし，電線は，ケーブル又は引張強さ8.01kN以上のもの若しくは直径5mm以上の硬銅線であること。

（2）　電線がケーブルである場合は，第67条第五号の規定に準じること。

（ロ）　高圧架空電線路は，高圧保安工事により施設すること。

（ハ）　架空電線路の支持物は，次のいずれかによること。（関連省令第32条第1項）

（1）　電車線等と接近する反対側に支線を設けること。

（2）　B種鉄筋コンクリート柱又はB種鉄柱であって，常時想定荷重に1.96kNの水平横荷重を加算した荷重に耐えるものであること。

（3）　鉄塔であること。

7　低圧架空電線又は高圧架空電線が，特別高圧の電車線等の上に交差して施設される場合は，次の各号により施設すること。

一　低圧架空電線路又は高圧架空電線路の電線，腕金類，支持物，支線又は支柱と電車線等との離隔距離は，2m以上であること。

二　低圧架空電線路又は高圧架空電線路の支持物は，次によること。（関連省令第32条第1項）

イ　次のいずれかによること。

（イ）　次の図に示す方向に支線を設けること。

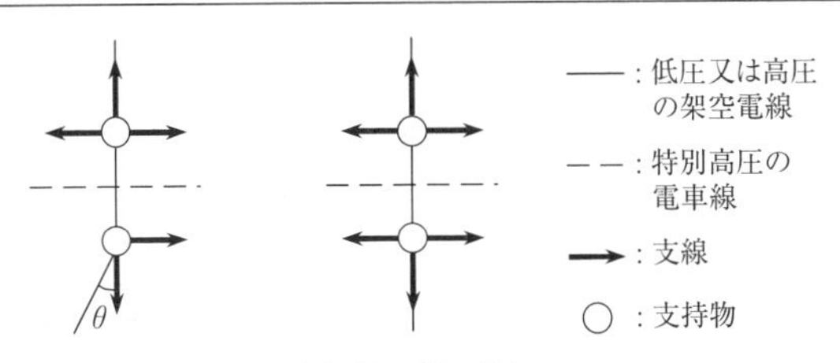

(1) θ≧10度のとき　　(2) (1)以外の場合

(ロ)　B種鉄筋コンクリート柱又はB種鉄柱であって，常時想定荷重に1.96kNの水平横荷重を加算した荷重に耐えるものであること。

(ハ)　鉄塔であること。

ロ　木柱である場合は，風圧荷重に対する安全率は，2以上であること。

ハ　径間は，木柱，A種鉄筋コンクリート柱又はA種鉄柱を使用する場合は60m以下，B種鉄筋コンクリート柱又はB種鉄柱を使用する場合は120m以下であること。

三　低圧架空電線路は，電線にケーブルを使用し，次に適合するちょう架用線でちょう架して施設すること。（関連省令第6条）

イ　引張強さが19.61kN以上のもの又は断面積38mm^{2}以上の亜鉛めっき鋼より線であって，電車線等と交差する部分を含む径間において接続点のないものであること。

ロ　第67条第五号の規定に準じるとともに，電車線等と交差する部分の両側の支持物に堅ろうに引き留めて施設すること。

四　高圧架空電線路は，次により施設すること。

イ　次のいずれかによること。（関連省令第6条）

(イ)　電線にケーブルを使用し，第三号の規定に準じて施設すること。

(ロ)　電線に，引張強さが14.51kN以上のもの又は断面積38mm^{2}以上の硬銅より線を使用するとともに，次により施設すること。

(1)　電線は，電車線等と交差する部分を含む径間において接続点のないものであること。

(2)　高圧架空電線相互の間隔は，0.65m以上であること。

(3)　支持物は，耐張がいし装置を有するものであること。

ロ　腕金類には，堅ろうな金属製のものを使用し，これにD種接地工事を施すこと。（関連省令第10条，第11条）

〔解　説〕 本条は，低高圧架空電線と電車線等が接近又は交差する場合の施設方法について示している。

第1項は，低高圧架空電線と低圧若しくは高圧の電車線等又は電車線等の支持物との離隔距離（**→第71条解説**）について示している。

第3項ただし書については，**第74条**の解説を参照されたい。

第5項は，低高圧架空電線が特別高圧の電車線等の側方又は下方に接近する場合の施設方法について示している。

第二号ロの「電車線等の支持物の倒壊等の際に，電車線等が架空電線に接触するおそれがない」とは，第76条の架空弱電流電線等との接近と同様に考えてよい（→解説76.1図）。

第三号は，イ及びロの規定に基づき施設する場合には，架空電線と電車線等との水平距離を3m未満とすることを認めている。工事方法の例を解説75.1図に示す。

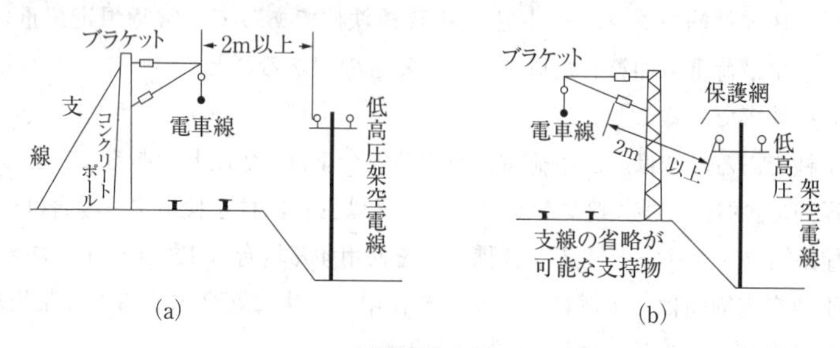

解説75.1図

旧工規の条文では，接近又は交差する場合は，電圧の高い方から規制することを原則としており，特別高圧の電車線は22kV又は25kVの特別高圧の電圧を使用していることから，特別高圧の電車線を主体として規定していた。しかし，この解釈では，専用敷地内にある電車線及びその他の電気設備は，国土交通省令により規制されることになっている関係上（→**第2条**），**本条**に関しては，従来の原則から外れて，低高圧架空電線が交流電車線の電圧により被害を受けないようにという趣旨に則して，低高圧架空電線を主体として規定している。また，低圧の交流電車線も施設されていることなどから，H23解釈で，従来の「交流電車線」を「特別高圧の電車線」に改めた。

第6項は，低高圧架空電線が特別高圧の電車線等の上方において接近する場合について示しており，**前項第一号**では水平距離で低高圧架空電線路の支持物の地表上の高さに相当する距離以内に接近しないこととしているが，低高圧架空電線の断線及びこれらの支持物の倒壊等の際に両者が接触するおそれがない場合又は低高圧架空電線を**第二号ロ**により施設する場合については，水平距離で3mまで接近することを認めている。

第二号ロ（イ）は，低圧架空電線の強度を示したもので，高圧架空電線についてはケーブルを使用する場合は**第67条第五号**，ケーブル以外のものを使用する場合は**第66条第1項**により強度計算を行うことになっているので問題はないが，第66条第2項各号に掲げるもの以外の低圧架空電線については，高圧架空電線と同様の設計をすることとしている。

（ハ）は，低高圧架空電線路に使用する支持物の施設について示したものである。支線の強度については，支持物の強度を分担するもの，すなわち，この解釈では低高圧架空電線路の支持物のもつべき強度については，**第59条**で示している想定荷重の一部を分担する場合又は**第59条**で示している不平均張力を負担する場合は，その耐えるべき荷重の2.5倍の引張強さを有する支線が必要である（**→第59条解説**）。一方，他物との接近又は交差の場合に安全性を高めるために施設する支線の強度については，この解釈では明確に示していないが，**第61条第1項**の解説で示している4.31kNを目安とし，支線の取付け箇所及び支線の開きについては，一般的に支持物の腕金から30°前後で施設されている。したがって，B種柱であって，常時想定荷重に1.96kNの水平横荷重を加算した荷重に耐えるものは，支線を設けたものと同等以上の強さを有すると判断して支線を省略することができる。

第7項では，特別高圧の電車線等と低高圧架空電線とが交差する場合の施設方法について示している。この場合は，必然的に低高圧架空電線が特別高圧の電車線等の上となる。したがって，低高圧架空電線の断線又はこれらの支持物の倒壊等の際に，高圧架空電線の場合には配電用変圧器又は高圧需要家の電気設備に対して障害を与えないよう，低圧架空電線の場合には直接一般需要家に特別高圧の電気が侵入して危険を及ぼすことのないように施設する必要があることから，一般の低高圧架空電線の工事方法と比べ厳しい内容となっている。

第一号は，低高圧架空電線路の電線，腕金類，支持物，支線又は支柱に対する離隔距離を示したもので，内容は**第106条第3項**に準じている。

第二号イは，**前項第二号ロ（ハ）**と同様，交差する部分の両側の支持物に対する支線（倒壊を防止するための安全増しのもの）の施設について示したものである。なお，低高圧架空電線路が電線路の方向に対して10°以上の水平角度をなす場合は，その内側の支線の省略を認めている。

ロは，低高圧架空電線路の木柱の強度を示しており，従来は4であったが，S43基準で木柱の維持基準の安全率として定めた2という値をとった。建設時には4以上の安全率とすることが望ましい。

第三号は，低圧架空電線の場合は高圧架空電線よりも危険が大きいため，ケーブルを使用し，かつ，**第67条**により布設するとともに，ちょう架用線については引張強さ19.61kN以上のもの又は断面積が38mm²以上の亜鉛めっき鋼より線（**→第4条，4-1表**）を使用することとしている。更に，ケーブルのちょう架用線は交差する部分の両側の支持物に引き留めて施設することとしているが，これは交差部分以外の径間で断線を生じたときに支持点がしゅう動し，交差部分の弛度が大きくなり特別高圧の電車線等に接触するのを防止するためである。

第四号イ（イ）は，高圧架空電線にケーブルを使用する場合の工事方法を示している。この場合は当然，**第67条**の適用を受けるが，ちょう架用線については引張強さの大きなものを使用し，さらに交差する部分の両側の支持物に引き留めて施設することとしている。

（ロ）は，高圧架空電線には，ケーブルを使用する場合を除き，引張強さが14.51kN以上のもの又は断面積38mm^{2}以上の硬銅より線を使用することとし，(ロ)(3)と相まって，断線又は垂れ下がるなどのことを防止している。(ロ)(2)では，線間短絡による断線を防止するためにケーブル以外のものを使用する高圧架空電線の線間距離を示している。

第四号ロは，漏えい電流により腕木が焼損し，電線が落下するのを防止するため，高圧架空電線路の腕木には金属製のものを使用することとしている。

【低高圧架空電線と架空弱電流電線路等との接近又は交差】（省令第28条）

第76条　低圧架空電線又は高圧架空電線が，架空弱電流電線路等と接近又は交差する場合における，相互の離隔距離は，76-1表に規定する値以上であること。

76-1表

<table>
<tr><th colspan="2" rowspan="2">架空電線の種類</th><th colspan="2">架空弱電流電線等</th><th rowspan="2">架空弱電流電線路等の支持物</th></tr>
<tr><th>架弱電流電線路等の管理者の承諾を得た場合において，架空弱電流電線等が絶縁電線と同等以上の絶縁効力のあるもの又は通信用ケーブルであるとき</th><th>その他の場合</th></tr>
<tr><td rowspan="2">低圧架空電線</td><td>高圧絶縁電線，特別高圧絶縁電線又はケーブル</td><td>0.15m</td><td>0.3m</td><td rowspan="2">0.3m</td></tr>
<tr><td>その他</td><td>0.3m</td><td>0.6m</td></tr>
<tr><td rowspan="2">高圧架空電線</td><td>ケーブル</td><td colspan="2">0.4m</td><td>0.3m</td></tr>
<tr><td>その他</td><td colspan="2">0.8m</td><td>0.6m</td></tr>
</table>

2　高圧架空電線が，架空弱電流電線等と接近状態に施設される場合は，高圧架空電線路を高圧保安工事により施設すること。ただし，高圧架空電線が電力保安通信線（高圧又は特別高圧の架空電線路の支持物に施設するものに限る。）又はこれに直接接続する通信線と接近する場合は，この限りでない。

3　低圧架空電線又は高圧架空電線が，架空弱電流電線等の下方に接近する場合は，低圧架空電線又は高圧架空電線と架空弱電流電線等との水平距離は，架空弱電流電線路等の支持物の地表上の高さに相当する距離以上であること。ただし，技術上やむを得ない場合において，次の各号のいずれかに該当するときは，この限りでない。

一　架空電線が，低圧架空電線である場合

二　架空弱電流電線路等が，高圧架空電線路の支持物に係る第59条，第60条及び第62条の規定に準じるとともに，危険のおそれがないように施設されたものである場合

三　高圧架空電線と架空弱電流電線等との水平距離が2.5m以上であり，かつ，架空弱電流電線路等の支持物の倒壊等の際に，架空弱電流電線等が高圧架空電線に接触するおそれがない範囲に高圧架空電線を施設する場合

4　低圧架空電線又は高圧架空電線と架空弱電流電線等とが交差して施設される場合は，低圧架空電線又は高圧架空電線を架空弱電流電線等の上に施設するとともに，高圧架

> 空電線にあっては第2項の規定に準じて施設すること。ただし，技術上やむを得ない場合において，前項第一号又は第二号に該当するときは，低圧架空電線又は高圧架空電線を架空弱電流電線等の下に施設することができる。

〔解　説〕 本条は，低高圧架空電線と架空弱電流電線又は架空光ファイバケーブルとが接近（→第1条第二十一号）又は交差する場合の規定である。低高圧架空電線と架空弱電流電線等のようなものとの接近又は交差は，線と線との関係であるから，上方における第1次接近，第2次接近，下方における接近，上交差，下交差が考えられる。なお，低圧架空電線と高圧架空電線とが同一支持物に施設される場合（一般に併架という。→第80条），低高圧架空電線と一般弱電流電線等とが同一支持物に施設される場合（一般に共架という。→第81条），低高圧架空電線と電力保安通信線とが同一支持物に施設される場合（一般に添架という。→第134条）については，接近する場合に含まれていない。交差についても同様である。

架空電線と架空弱電流電線等とが接近又は交差する場合，この解釈の規定の対象となるのは架空電線である。なお，既設架空電線路に架空弱電流電線等が接近してきた場合において，この解釈に示す離隔距離を確保するため，何らかの措置を講じる場合に必要な経費の負担については，両者が協議して決定すべきであることを電気事業法第41条に定めている。架空弱電流電線等は，一般に総務大臣の監督のもとに有線電気通信設備令等に基づきその保安の維持がなされており，条文の中に「架空弱電流電線路等の管理者の承諾」とあるのは，その関係によるものである。弱電流電線及び光ファイバケーブルについては，省令第1条の解説を参照されたい。

第1項は，接近又は交差する場合の離隔距離について示している。第2項は接近状態（→第49条第十一号）にある場合，第3項は架空弱電流電線等の下方で接近する場合，第4項は架空弱電流電線等と交差する場合について示している。

なお，76-1表の「絶縁電線と同等以上の絶縁効力のある」とは，絶縁体に使用する絶縁物が電気用品の技術上の基準を定める省令の解釈別表第一附表第十四に規定する試験を行ったとき，これに適合し，絶縁体の厚さ，絶縁抵抗，絶縁効力等が低圧絶縁電線の性能（→第5条）又は規格（→第3条，第5条）に適合するようなもの（金属線等の導電性物質を有する光ファイバケーブルであって同等の性能又は規格に適合するものを含む。）と解してよい。

第2項では，低高圧架空電線が架空弱電流電線等と接近状態に施設される場合であって，架空電線が高圧架空電線のときは高圧保安工事（→第70条）によるものとすることを示している。ただし，電力保安通信線が高圧又は特別高圧架空電線路の添架通信線又はこれに直接接続する通信線（絶縁変圧器，中継線輪等を介して結合するものを含まない。）である場合は，高圧保安工事によらなくてよいことが示されている。

第 3 項は，低高圧架空電線を架空弱電流電線等の下方に施設する場合には，原則として架空弱電流電線路等の支持物の地表上の高さに相当する距離以内に施設しないこととしている。この場合の接近限界を解説 76.1 図に示す。ただし，低圧架空電線については，技術上やむを得ない場合であって，かつ，第 1 項の規定により施設する場合は，接近限界以内に接近することができる。高圧架空電線については，技術上やむを得ない場合であって，かつ，**第 1 項**の規定により施設するほか，**第二号**により，架空弱電流電線路の支持物が強化されている場合又は**第三号**により，架空電線と架空弱電流電線等との水平距離が 2.5m 以上であって，かつ，架空弱電流電線等の支持物の倒壊のとき双方が接触するおそれがない場合（解説 76.1 図の点面の部分）は接近境界線以内に施設することができる。一般に架空電線が架空弱電流電線等の下方に施設されるということはまれなことである。

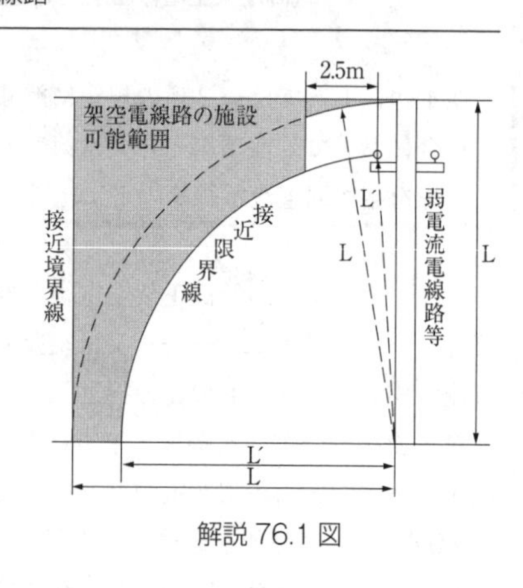

解説 76.1 図

第三号は，架空弱電流電線等の跳ね上りや支持物の倒壊により危険のおそれがないように施設することを示している。

第 4 項は，低高圧架空電線が架空弱電流電線等の上で交差する場合には，第 2 項に準じて施設することを示している。また，一般にはほとんどないが，技術上やむを得ない場合において，**第 3 項第一号又は第二号**に該当する場合は，低高圧架空電線を架空弱電流電線等の下に交差して施設することを認めている。

【低高圧架空電線とアンテナとの接近又は交差】（省令第 29 条）

第 77 条 低圧架空電線又は高圧架空電線が，アンテナと接近状態に施設される場合は，次の各号によること。

一 高圧架空電線路は，高圧保安工事により施設すること。

二 架空電線とアンテナとの離隔距離（架渉線により施設するアンテナにあっては，水平離隔距離）は，77-1 表に規定する値以上であること。

77-1 表

架空電線の種類		離隔距離
低圧架空電線	高圧絶縁電線，特別高圧絶縁電線又はケーブル	0.3m
	その他	0.6m
高圧架空電線	ケーブル	0.4m
	その他	0.8m

2　低圧架空電線又は高圧架空電線が，アンテナの下方に接近する場合は，低圧架空電線又は高圧架空電線とアンテナとの水平距離は，アンテナの支柱の地表上の高さに相当する距離以上であること。ただし，技術上やむを得ない場合において，次の各号により施設する場合はこの限りでない。

一　前項の規定に準じるとともに，危険のおそれがないように施設すること。

二　架空電線が高圧架空電線である場合は，次のいずれかによること。

イ　アンテナが架渉線により施設するものである場合は，当該アンテナを，高圧架空電線路の支持物に係る第59条，第60条及び第62条の規定に準じて施設すること。

ロ　高圧架空電線とアンテナとの水平距離が2.5m以上であり，かつ，アンテナの支柱の倒壊等の際に，アンテナが高圧架空電線に接触するおそれがない範囲に高圧架空電線を施設すること。

3　低圧架空電線又は高圧架空電線が，架渉線により施設するアンテナと交差する場合は，低圧架空電線又は高圧架空電線をアンテナの上に，第1項の規定（第二号における「水平離隔距離」は「離隔距離」と読み替えるものとする。）に準じて施設すること。ただし，技術上やむを得ない場合において，前項各号の規定に準じて施設する（同項第二号ロにおける「水平距離」は「離隔距離」と読み替えるものとする。）場合は，低圧架空電線又は高圧架空電線をアンテナの下に施設することができる。

〔解　説〕 **本条**は，低高圧架空電線とアンテナとの接近又は交差について，アンテナをテレビアンテナのような架渉線により施設しないアンテナと架渉線により施設するアンテナに区別して規定している。

第1項は，低高圧架空電線とアンテナが接近状態（**→第49条第十一号**）に施設される場合の規定であるが，**第二号**において，架渉線により施設するアンテナに対しては，その切断による跳ね上りを考慮して水平離隔距離を示し，テレビアンテナに対しては離隔距離を示している。なお，S57基準では低高圧架空電線として特別高圧絶縁電線を使用する場合の規定を追加した（**→第71条解説**）。

第2項は，低高圧架空電線がアンテナの下方において接近する場合の規定であるが，原則として支柱の地表上の高さに相当する距離以内に接近して施設しないこととしている。しかし，現実にテレビアンテナには相当高いものが存在し，低高圧架空電線を移設することが技術的に困難な場合もあるので，第1項の規定により施設するほか，アンテナが台風などの際に容易に倒れないように十分な強度のある支線又は支柱で施設するなど危険のおそれがないように施設する場合は，低高圧架空電線をアンテナの下方に施設することができる。

高圧架空電線が架渉線により施設するアンテナに接近する場合は，更に高圧架空電線が架空弱電流電線等の下方で交差する場合と同様に施設する場合又は水平距離で2.5m以上あるような場合であって，かつ，支柱の倒壊等の際にアンテナが高圧架空電線と接触するおそれがない場合には，第2項の特例扱いとしている（→解説76.1図）。

第3項は，低高圧架空電線と架渉線により施設するアンテナとが交差する場合の規定であるが，低高圧架空電線はアンテナの上に，第1項の規定に準じて施設することを示している。ただし，技術上やむを得ない場合であって，**第2項各号**の規定に準じて施設する場合には，アンテナの下で交差することが可能である。

【低高圧架空電線と他の工作物との接近又は交差】（省令第29条）

第78条　低圧架空電線又は高圧架空電線が，建造物，道路（車両及び人の往来がまれであるものを除く。），横断歩道橋，鉄道，軌道，索道，他の低圧架空電線路又は高圧架空電線路，電車線等，架空弱電流電線路等，アンテナ及び特別高圧架空電線以外の工作物（以下この条において「他の工作物」という。）と接近して施設される場合，又は他の工作物の上に交差して施設される場合における，低圧架空電線又は高圧架空電線と他の工作物との離隔距離は，78-1表に規定する値以上であること。

78-1表

区分		架空電線の種類	離隔距離
造営物の上部 造営材の上方	低圧架空電線	高圧絶縁電線，特別高圧絶縁電線又はケーブル	1m
		その他	2m
	高圧架空電線	ケーブル	1m
		その他	2m
その他	低圧架空電線	高圧絶縁電線，特別高圧絶縁電線又はケーブル	0.3m
		その他	0.6m
	高圧架空電線	ケーブル	0.4m
		その他	0.8m

2　高圧架空電線が，他の工作物と接近状態に施設される場合，又は他の工作物の上に交差して施設される場合において，高圧架空電線路の電線の切断，支持物の倒壊等の際に，高圧架空電線が他の工作物と接触することにより人に危険を及ぼすおそれがあるときは，高圧架空電線路を高圧保安工事により施設すること。

3　低圧架空電線又は高圧架空電線が，他の工作物の下方に接近して施設される場合は，危険のおそれがないように施設すること。

4　次の各号のいずれかによる場合は，第1項の規定によらないことができる。

一　絶縁電線を使用する低圧架空電線を，他の工作物に施設される簡易な突出し看板その他の人が上部に乗るおそれがない部分と0.3m以上離して施設する場合

二　電線に絶縁電線，多心型電線又はケーブルを使用し，当該電線を低圧防護具により防護した低圧架空電線を，造営物に施設される簡易な突出し看板その他の人が上部に

乗るおそれがない造営材又は造営物以外の工作物に接触しないように施設する場合
三　電線に高圧絶縁電線，特別高圧絶縁電線又はケーブルを使用し，当該電線を高圧防護具により防護した高圧架空電線を，造営物に施設される簡易な突出し看板その他の人が上部に乗るおそれがない造営材又は造営物以外の工作物に接触しないように施設する場合

〔解　説〕本条は，低圧又は高圧の架空電線が，建造物，横断歩道橋，鉄道，軌道，索道，他の低圧又は高圧の架空電線，電車線等，架空弱電流電線路等，アンテナ及び特別高圧架空電線以外の工作物（→第1条第二十二号）と接近して施設される場合，又は他の工作物の上で交差して施設される場合について規定している。特別高圧架空電線と低圧架空電線との接近又は交差については，第100条，第106条に規定されているので，本条からは除かれている。その他のものについては，第71条から第77条までに規定されている。

第4項は，建築現場における仮足場や造営物に施設される簡易な突き出し看板等との離隔距離についての緩和規定である。これは，第71条第3項の場合と同様の趣旨の規定である（→解説 71.4図，71.5図）。

【低高圧架空電線と植物との接近】（省令第5条第1項，第29条）

第79条　低圧架空電線又は高圧架空電線は，平時吹いている風等により，植物に接触しないように施設すること。ただし，次の各号のいずれかによる場合は，この限りでない。
一　低圧架空電線又は高圧架空電線を，次に適合する防護具に収めて施設すること。
イ　構造は，絶縁耐力及び耐摩耗性を有する摩耗検知層の上部に摩耗層を施した構造で，外部から電線に接触するおそれがないように電線を覆うことができること。
ロ　完成品は，摩耗検知層が露出した状態で，次に適合するものであること。
（イ）低圧架空電線に使用するものは，充電部分に接する内面と充電部分に接しない外面との間に，1,500Vの交流電圧を連続して1分間加えたとき，これに耐える性能を有すること。
（ロ）高圧架空電線に使用するものは，乾燥した状態において15,000Vの交流電圧を，また，日本産業規格 JIS C 0920（2003）「電気機械器具の外郭による保護等級（IPコード）」に規定する「14.2.3 オシレーティングチューブ又は散水ノズルによる第二特性数字3に対する試験」の試験方法により散水した直後の状態において10,000Vの交流電圧を，充電部分に接する内面と充電部分に接しない外面との間に連続して1分間加えたとき，それぞれに耐える性能を有すること。
（ハ）民間規格評価機関として日本電気技術規格委員会が承認した規格である「ゴム・プラスチック絶縁電線試験方法」の「適用」の欄に規定する要件に適

合すること。

二 低圧架空電線又は高圧架空電線が，次に適合するものであること。

イ 構造は，絶縁電線の上部に絶縁耐力及び耐摩耗性を有する摩耗検知層を施し，更にその上部に摩耗層を施した構造で，絶縁電線を一様な厚さに被覆したものであること。

ロ 完成品は，摩耗検知層が露出した状態で，次に適合するものであること。

（イ） 清水中に1時間浸した後，導体と大地との間に79-1表に規定する交流電圧を連続して1分間加えたとき，これに耐える性能を有すること。

79-1表

電線の種類		交流電圧
低圧	導体の断面積が300mm^{2}以下のもの	4,500V
	導体の断面積が300mm^{2}を超えるもの	5,000V
高圧		27,000V

（ロ） 民間規格評価機関として日本電気技術規格委員会が承認した規格である「ゴム・プラスチック絶縁電線試験方法」の「適用」の欄に規定する要件に適合すること。

三 高圧の架空電線にケーブルを使用し，かつ，民間規格評価機関として日本電気技術規格委員会が承認した規格である「耐摩耗性能を有する「ケーブル用防護具」の構造及び試験方法」の「適用」の欄に規定する要件に適合する防護具に収めて施設すること。

〔解　説〕 本条は，低高圧架空電線と植物との接近について規定している。低高圧架空配電線路は，樹木と接触して地絡事故や断線事故を起こさないよう，H9解釈で平時吹いている風等を考慮した上で，植物に接触しないように施設することとした。また，樹木との接触に対して十分な絶縁性能及び耐摩耗性を有する防護具に電線を収める場合や，防護具に収めた場合と同等の絶縁性能及び耐摩耗性を有する電線を使用する場合には，これを緩和できることとした。

第一号では，離隔を緩和できる防護具について規定している。防護具は解説79.1図(a)のように絶縁耐力及び耐摩耗性を有する摩耗検知層とその上部に摩耗層を施した構造とし，樹木が防護具に接触しても直接電線には接触しないよう電線を覆うことができることとしている。摩耗検知層は，摩耗層と異なる色にするなど，摩耗層が摩耗した際に識別可能な構造としている。

また，摩耗層が摩耗して摩耗検知層が露出した状態で，**ロ**の（**イ**），（**ロ**）の防護具としての耐圧試験に適合するとともに，民間規格評価機関として日本電気技術規格委員会が承認した規格である「ゴム・プラスチック絶縁電線試験方法」の「適用」の欄に規定する摩耗試験で，荷重24.5Nにより試験を行ったとき，回転数500回転で防護具に穴が開かないこととしている。径間40m，年間平均風速4m/sの場合における電線と樹木の接触による摩耗量を解析した結果，この荷重24.5N回転数500回転の摩耗量は，約13年間以上の摩耗量に相当しており，これだけの耐摩耗性を有していれば，摩耗層が摩耗して摩耗検知層が露出しても点検，改修するまでに充分な期間があることになる。

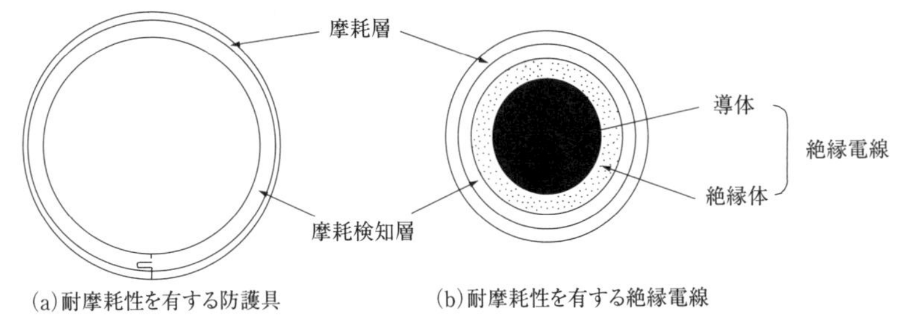

解説79.1図

第二号では，離隔を緩和できる電線について規定している。電線は解説79.1図（b）のように，絶縁電線（→**第3条**，**第5条**）の上部に，絶縁耐力及び耐摩耗性を有する摩耗検知層と摩耗層を施した構造とし，一様な厚さに被覆したものとしている。また，第一号で規定している防護具同様，摩耗検知層が露出した状態での耐圧性能についても規定しており，**第5条第1項第四号**の絶縁電線の耐圧試験を，解説79.1表の右欄に掲げる絶縁電線の試験電圧と防護具の試験電圧を加えた試験電圧で行い，これに耐えることとしている。耐摩耗性能についても，**第一号**の防護具と同等の性能を有することとしている。

解説79.1表

		絶縁電線の試験電圧	防護具の試験電圧	試験電圧
低圧	導体断面積300mm^{2}以下	3,000V	1,500V	4,500V
	その他	3,500V		5,000V
高　圧		12,000V	15,000V	27,000V

第三号は，H23解釈で追加したものであり，高圧の架空電線にケーブルを使用する場合には，**第一号**に規定する防護具のほか，日本電気技術規格委員会JESC E2020（2016）「耐摩耗性能を有する『ケーブル用防護具』の構造及び試験方法」に適合する防護具に収めて施設すれば，離隔距離を緩和できることを示している。ケーブルは，それ自体が高い絶縁性能を有しており，また，万一絶縁破壊により地絡を生じた場合についても，遮へい層により保護できることから，JESC規格では，防護具の構造，材料及び耐摩耗性能の試験方法のみを規定している。R4解釈より，民間規格評価機関として日本電気技術規格委員会に承認された規格リストと関連づけられ，当該機関の公開ページにて掲載されている。

【低高圧架空電線等の併架】（省令第28条）

第80条　低圧架空電線と高圧架空電線とを同一支持物に施設する場合は，次の各号のいずれかによること。

一　次により施設すること。

イ　低圧架空電線を高圧架空電線の下に施設すること。

ロ　低圧架空電線と高圧架空電線は，別個の腕金類に施設すること。

ハ　低圧架空電線と高圧架空電線との離隔距離は，0.5m以上であること。ただし，かど柱，分岐柱等で混触のおそれがないように施設する場合は，この限りでない。

二　高圧架空電線にケーブルを使用するとともに，高圧架空電線と低圧架空電線との離隔距離を0.3m以上とすること。

2　低圧架空引込線を分岐するため低圧架空電線を高圧用の腕金類に堅ろうに施設する場合は，前項の規定によらないことができる。

3　低圧架空電線又は高圧架空電線と特別高圧の電車線等とを同一支持物に施設する場合は，次の各号によること。

一　架空電線を，支持物の電車線等を支持する側の反対側に施設する場合は，次によること。

イ　架空電線は，第107条第1項第二号及び第三号の規定に準じて施設すること。

ロ　架空電線と電車線等との水平距離は，1m以上であること。

ハ　架空電線を電車線等の上に施設する場合は，架空電線と電車線等との垂直距離は，水平距離の1.5倍以下であること。

二　架空電線を，支持物の電車線等を支持する側に施設する場合は，次によること。

イ　架空電線と電車線等との水平距離は，3m以上であること。ただし，構内等で支持物の両側に電車線等を施設する場合は，この限りでない。

ロ　架空電線路の径間は，60m以下であること。

ハ　架空電線は，引張強さ8.71kN以上のもの又は断面積22mm^{2}以上の硬銅より線であること。ただし，低圧架空電線を電車線等の下に施設するときは，低圧架空電線に引張強さ8.01kN以上のもの又は直径5mm以上の硬銅線（低圧架空電線路の径間が30m以下の場合は，引張強さ5.26kN以上のもの又は直径4mm以上の硬銅線）を使用することができる。（関連省令第6条）

ニ　低圧架空電線は，第66条第1項の規定に準じて施設すること。（関連省令第6条）

〔解　説〕　通常，需要地又はそれに近い地区では，高圧電線と低圧電線とを同一支持物に架設する場合が多い。**本条**は，この場合の低高圧混触防止及び作業の安全と利便性を図る見地から施設方法を示したものである。

第1項は，高圧線と低圧線とを併架する場合について示したものである。**第一号ハ**

の高圧電線と低圧電線との離隔距離0.5mというのは，電線の支持点だけでなく，径間の中央付近についても考慮する必要がある。この解釈では，高圧架空電線又は低圧架空電線を2回線以上併架する場合の相互の離隔距離について規定していないが，相互の混触防止又は工事上の作業性若しくは作業中の危険防止等の観点から，十分な離隔距離をとって架設する必要がある。

第2項は，**第1項**の低高圧併架の場合の一般原則に対する例外である。低圧架空引込線を分岐する場合であって，地表上規定の高さが得られないようなときは高圧線の腕木に取り付けてもよいことになっているが，この部分における感電や低高圧混触事故が多いので，十分に危険のおそれがないように施設する必要がある。

第3項第一号は，低高圧架空電線と特別高圧の電車線等を同一支持物に施設する場合で，特別高圧架空電線と低高圧架空電線とを同一の支持物に施設する場合（**→第107条第1項**）のうち，離隔距離（**→第107条第1項第二号**），低高圧架空電線の引張強さ及び保護装置（**→第107条第三号**）に準じるほか，低高圧架空電線を支持物の特別高圧の電車線等を支持する側の反対側に施設することとしている（→解説80.1図（a），（b））。

特別高圧架空電線との併架の場合は，低高圧電線を下にすることとしている（**→第107条**）が，電車線等は集電を行う関係上，レール面上の高さが自ずから限られており，一方，低高圧架空電線の高さについては**第68条**で規定されているため，特例として低

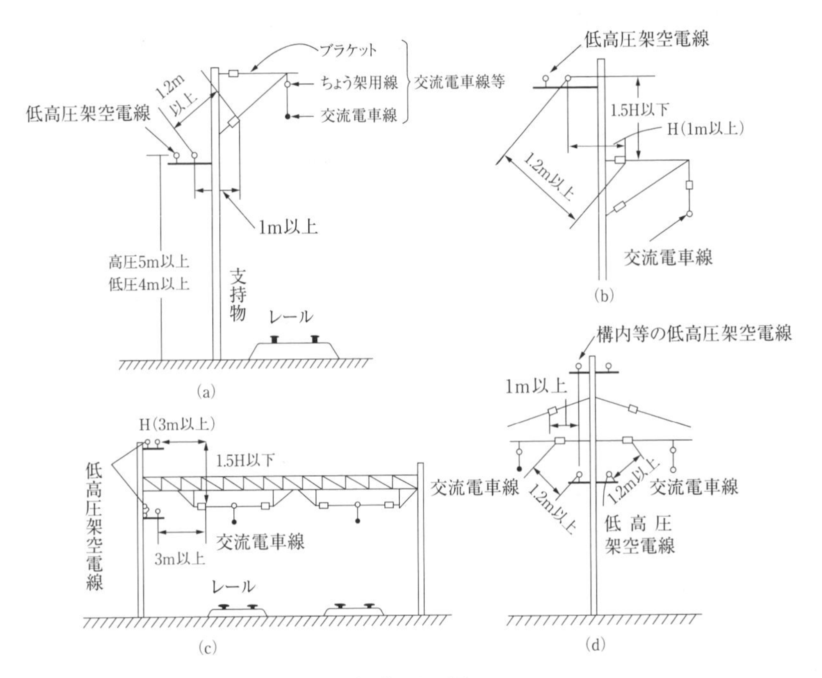

解説80.1図

第3章　電線路

高圧架空電線を上とすることを認めている。ただし，この場合には，低高圧電線が断線落下する場合に斜に落下することを考慮して，低高圧電線と特別高圧の電車線等との垂直距離を水平距離の1.5倍以下として施設することとしている。

第3項二号は，低高圧架空電線を支持物の交流電車線の反対側に施設することができない場合の例外で，径間の制限，架空電線の引張強さ及び弛度の条件等を示しており，解説80.1図の（c），（d）がこれに該当する。

【低高圧架空電線と架空弱電流電線等との共架】（省令第28条）

第81条　低圧架空電線又は高圧架空電線と架空弱電流電線等とを同一支持物に施設する場合は，次の各号により施設すること。ただし，架空弱電流電線等が電力保安通信線である場合は，この限りでない。

一　電線路の支持物として使用する木柱の風圧荷重に対する安全率は，2.0以上であること。（関連省令第32条第1項）

二　架空電線を架空弱電流電線等の上とし，別個の腕金類に施設すること。ただし，架空弱電流電線路等の管理者の承諾を得た場合において，低圧架空電線に高圧絶縁電線，特別高圧絶縁電線又はケーブルを使用するときは，この限りでない。

三　架空電線と架空弱電流電線等との離隔距離は，81-1表に規定する値以上であること。ただし，架空電線路の管理者と架空弱電流電線路等の管理者が同じ者である場合において，当該架空電線に有線テレビジョン用給電兼用同軸ケーブルを使用するときは，この限りでない。

81-1表

<table>
<tr><th colspan="2" rowspan="3">架空電線の種類</th><th colspan="5">架空弱電流電線等の種類</th></tr>
<tr><th colspan="3">架空弱電流電線路等の管理者の承諾を得た場合</th><th colspan="2">その他の場合</th></tr>
<tr><th>添架通信用第1種ケーブル，添架通信用第2種ケーブル又は光ファイバケーブル</th><th>絶縁電線と同等以上の絶縁効力のあるもの又は通信用ケーブル</th><th>その他</th><th>絶縁電線と同等以上の絶縁効力のあるもの又は通信用ケーブル</th><th>その他</th></tr>
<tr><td rowspan="3">低圧架空電線</td><td>高圧絶縁電線，特別高圧絶縁電線又はケーブル</td><td rowspan="2">0.3m</td><td>0.3m</td><td rowspan="3">0.6m</td><td>0.3m</td><td rowspan="3">0.75m</td></tr>
<tr><td>低圧絶縁電線</td><td rowspan="2">0.6m</td><td rowspan="2">0.75m</td></tr>
<tr><td>その他</td><td>0.6m</td></tr>
<tr><td rowspan="2">高圧架空電線</td><td>ケーブル</td><td>0.3m</td><td>0.5m</td><td rowspan="2">1m</td><td>0.5m</td><td rowspan="2">1.5m</td></tr>
<tr><td>その他</td><td>0.6m</td><td>1m</td><td>1.5m</td></tr>
</table>

四　架空電線が架空弱電流電線に対して誘導作用により通信上の障害を及ぼすおそれがある場合は，第52条第1項第二号の規定に準じて施設すること。(関連省令第42条第2項)

五　架空電線路の支持物の長さの方向に施設される電線又は弱電流電線等及びその附属物（以下この項において「垂直部分」という。）は，次によること。

イ　架空電線路の垂直部分と架空弱電流電線路等の垂直部分とを同一支持物に施設する場合は，次のいずれかによること。

(イ)　架空電線路の垂直部分と架空弱電流電線路等の垂直部分とは支持物を挟んで施設するとともに，地表上4.5m以内においては，架空電線路の垂直部分を道路側に突き出さないように施設すること。

(ロ)　架空電線路の垂直部分と架空弱電流電線路等の垂直部分との距離を1m以上とすること。

(ハ)　架空電線路の垂直部分及び架空弱電流電線路等の垂直部分がケーブルである場合において，それらを直接接触するおそれがないように支持物又は腕金類に堅ろうに施設すること。

ロ　支持物の表面に取り付ける架空電線路の垂直部分であって，架空弱電流電線等の施設者が施設したものの1m上部から最下部までに施設される部分は，低圧にあっては絶縁電線又はケーブル，高圧にあってはケーブルであること。

ハ　次による場合は，第二号及び第三号の規定によらないことができる。

(イ)　架空弱電流電線等の管理者の承諾を得ること。

(ロ)　架空弱電流電線等の垂直部分が，ケーブル又は十分な絶縁耐力を有するものに収めたものであること。

(ハ)　架空弱電流電線等の垂直部分が，架空電線と直接接触するおそれがないように支持物又は腕金類に堅ろうに施設されたものであること。

六　架空電線路の接地線には，絶縁電線又はケーブルを使用し，かつ，架空電線路の接地線及び接地極と架空弱電流電線路等の接地線及び接地極とは，それぞれ別個に施設すること。(関連省令第11条)

七　架空電線路の支持物は，当該電線路の工事，維持及び運用に支障を及ぼすおそれがないように施設すること。

〔解　説〕 この解釈では，低圧又は高圧架空電線と架空弱電流電線等とは別個の支持物に施設することを原則としており（**第135条**により施設する電力保安通信用電話線を架空電線路の支持物に添架する場合を除く。），これらが接近し，又は交差する場合には危険防止のための規定を示している。

しかし，資材の節約，道路の美観，交通の妨害排除等の見地から，アメリカ等の例にならって強電流電線と弱電流電線とを同一支持物に架設する，いわゆる，共架することが研究され，経済安定本部（現：内閣府）に電線施設共用基準調査委員会が設けられ，その結論に基づいて電線施設共用実施要領（昭和24.4.15.経済安定本部訓令第15号）及び電線施設共用実施基準（昭和25年経済安定本部告示第2号）が公布され，S24工規では，これらの内容を尊重してこれに関する規定を採り入れた。近年では，市街地の道路に電柱を建てる場合などは道路管理者の要求により共架することが大部分となってきているので，**本条**はその重要性を増してきている（**→省令第26条第2項**）。

ここに，同一支持物に共架するというのは，電力保安通信用電話線を添架するのとは異なり，その支持物の所有者の如何にかかわらず，同一支持物を架空電線と架空弱電流電線等とが共用している場合と考える。すなわち，架空電線路であり，同時に架空弱電流電線路等でもあるわけである。

また，**本条**によって共架されている架空電線と建造物，横断歩道橋，鉄道，軌道，他の架空電線，架空弱電流電線等とが接近し，又は交差する等の場合は，全て単独の架空電線として，この解釈が適用される。ただし，共架された架空電線と架空弱電流電線等との間については，**第76条**の接近又は交差に関する規定からは除かれる（**→第1条第二十一号，第76条解説**）。

第一号は，木柱の安全率（**→第59条解説**）について示しており，従来は，共架の場合も高圧架空電線路の木柱と低圧架空電線路の木柱とで差があったが，S43基準で全面的に木柱の安全率が見直され，保安工事（**→第70条**）の場合と同様に1.5以上に統一した。さらにR2基準で木柱の安全率が改めて見直され，2.0以上とした。

第二号は，低高圧併架の工事（**→第80条**）と同じ趣旨であるが，強弱両電線路の施設者が異なるので，架空弱電流電線路等の保守上支障を及ぼさない範囲内であって，高圧絶縁電線，特別高圧絶縁電線又はケーブルを使用する低圧のものに限り，この規定を適用しないこととした。この場合，架空弱電流電線路等の管理者の承諾を受けることは当然である。

第三号は，離隔距離について示している。この場合の離隔距離は，**第76条**に示している架空電線が架空弱電流電線等と接近又は交差する場合のものより全般的に厳しい値となっている。これは，共架される場合は電線相互が長い区間で並行することや柱上の作業のことも考慮されなければならないためである。S57基準で**第二号**及び**第三号**に低高圧架空電線として特別高圧絶縁電線を使用する場合の規定を追加し，H4基準で使用電圧65V以下の有線テレビジョン用給電兼用同軸ケーブル（**→第9条第5項**）による低圧架空電線路について，当該電線路と架空弱電流電線路等の管理者が同一である場合には保守上の障害がないものとして解除し，架空弱電流電線等（多くは給電兼用同軸ケーブルを用い小勢力回路に該当）との一束化を認めた。

また，H4基準で，**第4章**の電力保安通信線と保安上同レベルの施設形態を有する架空弱電流電線等について，**81-1表**の離隔距離によらないことができることにした。これは，電力会社等の通信ケーブルの芯線の一部が譲渡される場合には，設備的に電力保安通信線と同じになるからである。ただし，電力保安通信線の場合と違い，架空電線路と架空弱電流電線路等の管理者が異なることから，架空弱電流電線路等側の作業者の安全確保を目的とした協定の締結等により，架空弱電流電線路等の管理者の承諾を得ることになる。

第四号は，誘導障害防止に関するもので，**第52条第1項**の一般的な誘導障害防止によることが示されており，両者協力して誘導障害防止に努めるべきである。

第五号は，電線と弱電流電線等とを施設する場合の垂直部分の工事方法を示している（→解説81.1図）。

架空電線路（→**第64条**）の垂直部分とは，架空電線路の支持物の近傍において架空電線から分岐等により当該支持物の分岐方向に施設される電線及び附属物をいい，あくまでも架空電線の一部として地上高や他物との離隔距離等の基準も適用される。

ハは，H9解釈で追加したものであり，架空電線路と架空弱電流電線路等の管理者が異なることから，特に弱電流電線路等の作業員の保安を考慮して，双方が知識的，技能的に安全確保を目的とした協定の締結等により保安レベルを確保し，さらに他の電線及び弱電流電線等に対しても損傷するおそれがなく，かつ，接触，断線等によって生じる混触による感電又は火災のおそれがないような施設形態を有する架空弱電流電線等の垂直部分について，**第二号**及び**第三号**によらないことができることを示している。

第六号は，架空電線路の接地線（アレスタ，変圧器及び遮断器等のケース，B種接地工事，腕金，がいしのピンなどの接地工事の接地線）には，特に弱電流電線路等の作業員の保安を考慮して，絶縁電線又はケーブル（→**第9条**，**第10条**，**第11条**）を使用し，かつ，強電流電線側の事故時における接地線の電位上昇が弱電流電線に影響するのを防止するため，両者の接地線及び接地極は別個に施設すべきことを示している。

第七号は，同一支持物に共架することにより，架空電線と架空弱電流電線等が同一支持物を共用することになるため，当該電線路の工事，維持及び運用に支障を及ぼすおそれがないように施設することを示している。実際の施設に当たっては，総務省が策定した「公益事業者の電柱・管路等使用に関するガイドライン」（平成13年

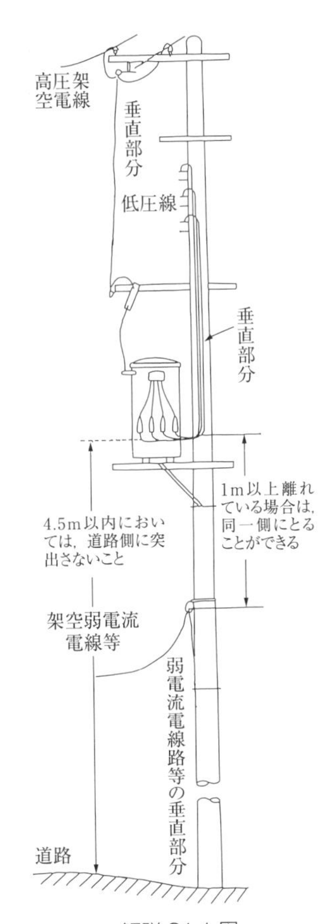

解説81.1図

4月）を参照されたい。

留意する事項を以下に示す。

①共架される2以上の架空弱電流電線等は，原則として支持物の同一側に施設する。ただし，柱上作業者の昇り降り及び柱上機器等の上げ下げに支障のない場合はこの限りではない。

②共架に係る架空弱電流電線等及びこれらに附属する機器類の支持物上の支持点の位置は，当該電線路（電力用保安通信設備を含む。）の増強計画の実施を阻害しないようにする。

③支持物上で架空弱電流電線等を固定するための腕金類の金物相互の離隔距離は，原則として30cm以上とする。ただし，柱上作業者の昇降に支障のない場合はこの限りではない。

④架空弱電流電線等の垂直部分は，原則として支持物又は腕金類に堅ろうに施設する。

⑤共架に係る架空弱電流電線等（腕金類及び垂直部分を含む。）及びこれらに附属する機器類の支持物への取付けに当たっては，足場釘（ボルト）の効用を妨げないように施設する。

⑥支持物には，原則として次の要件を満足する作業空間を確保する。

イ　一辺が0.7m以上の長方形の水平面を作業空間として確保し，地表上から当該電線路（電力用保安通信設備を含む。）の下端まで，作業空間の中心線が支持物左右の足場釘（ボルト）とほぼ等距離となるよう支持物に沿って設ける。

ロ　作業空間を支持物に沿って側方に変更する場合には，沿直方向に1.5m以上重ねる。

ハ　作業空間には，柱上作業者の昇降及び柱上機器等の上げ下げに妨げとなるものを施設しない。

【低圧架空電線路の施設の特例】（省令第6条，第25条第1項，第28条，第29条，第32条第1項）

第82条　農事用の電灯，電動機等に電気を供給する使用電圧が300V以下の低圧架空電線路を次の各号により施設する場合は，第65条第1項第二号及び第68条第1項の規定によらないことができる。

一　次のいずれかに該当するもの以外のものであること。

イ　建造物の上に施設されるもの

ロ　道路（歩行の用にのみ供される部分を除く。），鉄道，軌道，索道，他の架空電線，電車線，架空弱電流電線等又はアンテナと交差して施設されるもの

ハ　ロに掲げるものと低圧架空電線との水平距離が，当該低圧架空電線路の支持物の地表上の高さに相当する距離以下に施設されるもの

二　電線は，引張強さ 1.38kN 以上の強さのもの又は直径 2mm 以上の硬銅線であること。
三　電線の地表上の高さは，3.5m（人が容易に立ち入らない場所に施設する場合は，3m）以上であること。
四　支持物に木柱を使用する場合は，その太さは，末口で直径 9cm 以上であること。
五　径間は，30m 以下であること。
六　他の電線路に接続する箇所の近くに，当該低圧架空電線路専用の開閉器及び過電流遮断器を各極（過電流遮断器にあっては，中性極を除く。）に施設すること。（関連省令第 14 条）

2　1 構内だけに施設する使用電圧が 300V 以下の低圧架空電線路を次の各号により施設する場合は，第 65 条第 1 項第二号及び第 78 条第 1 項の規定によらないことができる。
一　次のいずれかに該当するもの以外のものであること。
イ　建造物の上に施設されるもの
ロ　道路（幅 5m を超えるものに限る。），横断歩道橋，鉄道，軌道，索道，他の架空電線，電車線，架空弱電流電線等又はアンテナと交差して施設されるもの
ハ　ロに掲げるものと低圧架空電線との水平距離が，当該低圧架空電線路の支持物の地表上の高さに相当する距離以下に施設されるもの
二　電線は，引張強さ 1.38kN 以上の絶縁電線又は直径 2mm 以上の硬銅線の絶縁電線であること。ただし，径間が 10m 以下の場合に限り，引張強さ 0.62kN 以上の絶縁電線又は直径 2mm 以上の軟銅線の絶縁電線を使用することができる。
三　径間は，30m 以下であること。
四　電線と他の工作物との離隔距離は，82-1 表に規定する値以上であること。

82-1 表

区分	架空電線の種類	離隔距離
造営物の上部造営材の上方	全て	1m
その他	高圧絶縁電線，特別高圧絶縁電線又はケーブル	0.3m
	その他	0.6m

3　1 構内だけに施設する使用電圧が 300V 以下の低圧架空電線路であって，その電線が道路（幅 5m を超えるものに限る。），横断歩道橋，鉄道又は軌道を横断して施設されるもの以外のものの電線の高さは，第 68 条第 1 項の規定によらず，次の各号によることができる。
一　道路を横断する場合は，4m 以上であるとともに，交通に支障のない高さであること。
二　前号以外の場合は，3m 以上であること。

第3章　電線路

〔解　説〕 本条は，低圧架空電線路の施設の特例について示している。

第1項では，農事用低圧架空電線路について，使用電圧が300V以下であって，**各号**により施設する場合は，電線の引張強さ及び地上高の緩和が可能であることを示している。農事用低圧架空電線路は，灌漑排水，脱穀調整等短期間に使用するものであって，その設備の利用率が低く，これに一般的な施設基準を要求することは経済上困難な場合が少なくない。さらに，一般の人及び家畜の往来も少なく，使用期間も短期間であることと相まって人及び家畜に危害を与えるおそれが少ないので，**本条**では，他の工作物との接近又は交差等において特に問題のない場合における農事用低圧架空電線路の施設について，一方においてできるだけ諸条件を緩和するとともに，他方において経済負担をあまり増加させない範囲で条件を付加している。

第一号は，施設場所の制限，**第二号**及び**第三号**は，**第65条第1項**の電線の引張強さ及び**第68条**の地表上の高さについて示している。すなわち，絶縁電線の引張強さ2.3kNを1.38kNに，絶縁電線の太さ2.6mmを2mmに，地表上の高さ4mを3mまでとしている。しかし，**第四号**で木柱の最小末口を9cm以上とすること，**第五号**でその最大径間を30m以下とすること，**第六号**で専用の開閉器及び過電流遮断器を施設することとしているように，一般には示されていない点についても条件を付加している。**第六号**の開閉器については，農事用低圧電線路を使用する期間が非常に短く，その期間中でも連続使用することが少ないので，必要に応じて開閉できるように各極に開閉器を施設することを示している。

第2項は，自家用電気工作物設置者の構内など一般公衆が自由に立ち入ることがない場所の300V以下の構内低圧架空電線路の施設方法の緩和について示している。

第一号は，構内低圧架空電線路が建造物の上部，幅5mを超えるような道路（→**第1条第二十五号**），横断歩道橋などと交差する場合及び構内低圧架空電線路の支持物の高さに相当する水平距離以内にこれらのものが接近する場合を除き，一般の工事方法のうち**第65条第1項第二号**の電線の引張強さ及び**第78条第1項**の他の工作物との離隔距離を緩和している。

第二号は，**第65条**の電線の引張強さを緩和している。一般架空電線の引張強さ2.3kN以上の絶縁電線又は直径2.6mm以上の硬銅線の絶縁電線に対して，引張強さ1.38kN以上の絶縁電線又は直径2mm以上の硬銅線の絶縁電線が使用でき，さらに，径間が10m以下の場合は引張強さ0.62kN以上の絶縁電線又は直径2mm以上の軟銅線の絶縁電線が使用できる。

第三号は，構内電線路として30m以下の径間の場合は緩和できることを示している。

第四号は，**第78条**で示している造営物の上部造営材の上方との離隔距離を**第78条**に比べ緩和している。なお，S57基準で電線に特別高圧絶縁電線を使用する場合を追加した。

第3項は，構内低圧架空電線の高さを緩和している。

第一号は幅5m以下の道路横断で，一般の場合（→**第68条**）の地表上6mを4mに緩和し，**第二号**は道路沿い等の場合で，一般の場合の地表上5mを3mに緩和している。

第4節　特別高圧架空電線路

【適用範囲】（省令第1条）

第83条　本節において規定する特別高圧架空電線路には，次の各号に掲げるものを含まないものとする。

一　特別高圧架空引込線

二　特別高圧屋側電線路に隣接する1径間の架空電線路

三　屋内に施設する特別高圧電線路に隣接する1径間の架空電線路

2　本節において規定する特別高圧架空電線には，第1項各号に掲げる電線路の電線を含まないものとする。

〔解　説〕 **本節**では，特別高圧架空電線路に関する基準を示しているが，電線路の端部となる特別高圧架空引込線，特別高圧屋側電線路に隣接する1径間の架空電線路，特別高圧屋内電線路に隣接する1径間の架空電線路については，適用外となる条文が多くあることから，**本条**にて特別高圧架空電線路の範囲を規定している。

【特別高圧架空電線路に使用する電線】（省令第6条）

第84条　特別高圧架空電線路に使用する電線は，ケーブルである場合を除き，引張強さ8.71kN以上のより線又は断面積が22mm^{2}以上の硬銅より線であること。

〔解　説〕 **本条**は，特別高圧架空電線路に使用する電線の一般的な原則となる最低基準を示している。特別高圧架空電線は電圧が高く，かつ，電気の供給において重要な電線路であり，電線の切断による被害及び供給支障の影響が大きいことなどから，電線の最低引張強さを規定している。S47基準では，一般の特別高圧架空電線路の保安レベルを従来の第3種特別高圧保安工事のレベルまで引き上げており，電線の最低引張強さは8.71kN以上であって，揺動に対して切断のおそれがないような可とう性の富んだより線を使用し又は断面積が22mm^{2}以上の硬銅より線を使用すればよいこととしている。

ケーブルについては，他の電線を使用する場合と施工方法において大きな差異があり，その施工方法が**第86条**で規定されていることから特に示していない。なお，15kV以下の特別高圧架空電線路の電線については，**第108条**で規定している。

電線の種類については，S47基準以前の規定においては裸電線に限定していたが，22（33）kV配電の採用に伴い，特別高圧配電線を道路上に施設する機会が多くなり，保安上又は他物との離隔距離を縮小する等の理由により，絶縁電線又はケーブルが使用されるようになり，各方面でその施設実績が多くなったことから，特別高圧ケーブルにあってはS47基準で，特別高圧絶縁電線にあってはS57基準でその使用を認めた。

【特別高圧架空電線の引張強さに対する安全率】（省令第 6 条）

第 85 条　特別高圧架空電線は，第 66 条第 1 項の規定に準じて施設すること。

〔解　説〕 第 66 条に準じることとしているため，解説等は省略する（→第 66 条解説）。

【特別高圧架空電線路の架空ケーブルによる施設】（省令第 6 条）

第 86 条　特別高圧架空電線にケーブルを使用する場合は，次の各号によること。

一　次のいずれかの方法により施設すること。

イ　ケーブルをハンガーにより 50cm 以下の間隔でちょう架用線に支持する方法

ロ　ケーブルをちょう架用線に接触させ，その上に容易に腐食し難い金属テープ等を 20cm 以下の間隔を保ってらせん状に巻き付ける方法

ハ　ちょう架用線をケーブルの外装に堅ろうに取り付けて施設する方法

二　ちょう架用線は，引張強さ 13.93kN 以上のより線又は断面積 $22mm^2$ 以上の亜鉛めっき鋼より線であること。

三　ちょう架用線及びケーブルの被覆に使用する金属体には，D 種接地工事を施すこと。（関連省令第 10 条，第 11 条）

四　ちょう架用線は，第 67 条第五号の規定に準じて施設すること。

〔解　説〕 電気使用機械器具の普及，大型化による電力需要の増大あるいはビルの高層化によって，大電力を需要場所の中心付近まで送り込む必要性が高まるにつれ，従来の 6.6kV 高圧配電にかわって，22（33）kV 特別高圧配電が採用されるすう勢にあったことから，22（33）kV 特別高圧架空ケーブルは，アメリカをはじめ諸外国の豊富な使用実績や昭和 40 年に発足した（財）電力中央研究所送電機能研究委員会における検討結果に基づき実用化が図られ，S47 基準でその工事方法を新たに規定した。

低高圧架空ケーブルによる施設（→第 67 条）に全面的に準じたものであるが，ちょう架用線の強さは，低高圧が引張強さ 5.93kN 以上のより線又は断面積 $22mm^2$ 以上の亜鉛めっき鉄より線であるのに対し，特別高圧では引張強さ 13.93kN 以上のより線又は断面積 $22mm^2$ 以上の亜鉛めっき鋼より線としている。

ケーブル工事において低圧から特別高圧まで，その施設方式においては差異がないが，第 65 条を準用しているちょう架用線の強さの決定にあたっては，電線路が通過する地域の特異な気象状況等を十分検討し，余裕のある安全率をとることが望ましい。

【特別高圧架空電線の高さ】（省令第 25 条第 1 項）

第 87 条　使用電圧が 35,000V 以下の特別高圧架空電線の高さは，87-1 表に規定する値以上であること。

87-1 表

区分	高さ
道路（車両の往来がまれであるもの及び歩行の用にのみ供される部分を除く。）を横断する場合	路面上 6m
鉄道又は軌道を横断する場合	レール面上 5.5m
電線に特別高圧絶縁電線又はケーブルを使用する特別高圧架空電線を横断歩道橋の上に施設する場合	横断歩道橋の路面上 4m
その他の場合	地表上 5m

2 使用電圧が 35,000V を超える特別高圧架空電線の高さは，87-2 表に規定する値以上であること。

87-2 表

使用電圧の区分	施設場所の区分	高さ
35,000V を超え 160,000V 以下	山地等であって人が容易に立ち入らない場所に施設する場合	地表上 5m
	電線にケーブルを使用するものを横断歩道橋の上に施設する場合	横断歩道橋の路面上 5m
	その他の場合	地表上 6m
160,000V 超過	山地等であって人が容易に立ち入らない場所に施設する場合	地表上（$5+c$）m
	その他の場合	地表上（$6+c$）m

（備考）c は，使用電圧と 160,000V の差を 10,000V で除した値（小数点以下を切り上げる。）に 0.12 を乗じたもの

3 特別高圧架空電線を水面上に施設する場合は，電線の水面上の高さを船舶の航行等に危険を及ぼさないように保持すること。

4 特別高圧架空電線を氷雪の多い地方に施設する場合は，電線の積雪上の高さを人又は車両の通行等に危険を及ぼさないように保持すること。

〔解　説〕 本条は，特別高圧架空電線の地表上，横断歩道橋の路面上，レール面上，水面上及び積雪面上の高さを示したもので，**第１項**では特別高圧架空電線路の電圧を 35kV 以下，**第２項**では 35kV を超え 160kV 以下，160kV を超えるものに分け，高さを規定している。ここで低高圧架空電線路の場合に定めているものと同様，電圧の大小とは無関係な最低の地表上の高さが必要であるが，電圧が高くなればそれ以上の高さが必要となる。この電圧と地表上の高さとの関係については，アメリカの National Electrical Safety Code，ドイツの VDE などの基準を参照し，かつ，旧工規に規定されていた値を勘案した。電圧の段階については実情を加味し，更に，最小絶縁間隔＋5m の範囲に入るよう 160kV を境としたものであり（→解説 87.1 図），この値はあくまでも最低の値で，実際の送電線路建設に際しての地表上の高さは，地表上の電界強度，工作

物等との離隔距離などを考慮し，各々の地点により最終的に定まるものである。

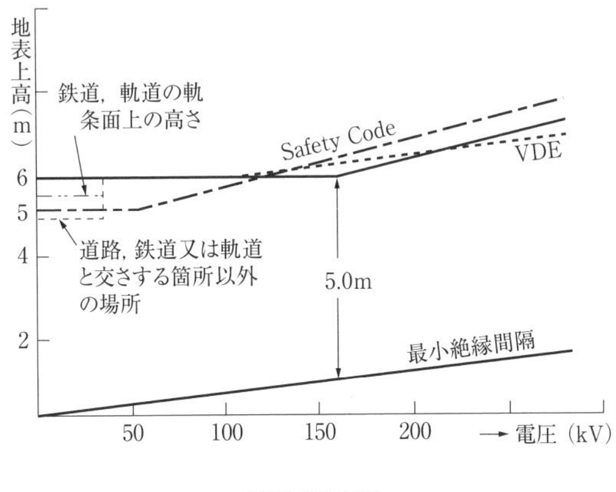

解説 87.1 図

横断歩道橋路面上の高さについては，S43 基準では一般道路箇所と同等の高さとするよう定められていたが，S47 基準で使用電圧が 35kV 以下においてケーブルを使用する場合の規定を，S57 基準で特別高圧絶縁電線を使用する場合の規定を，H9 解釈で使用電圧が 35kV 超過 160kV 以下においてケーブルを使用する場合の規定を追加したもので，その基本的な考え方については低高圧架空電線の場合と同様である（→**第 68 条解説**）。

一方，架空電線路は様々な地域を通過するため，その高さは単純に電圧のみで決められない場合がある。**第 3 項**の水面上の規定等もその例である。なお，35kV 以下の場合の地表上の高さを 5m に緩和しているのは，この解釈では，35kV を電圧の 1 つの危険段階としているので，経費節減の点から特殊箇所を除いて認めたものである。

第 3 項は，水面上に施設する場合の架空電線の高さを水上交通に危険を及ぼさないように適当な高さに保持させることを示している。船舶等のように水面上における最大高さが定まらないものについては，水深その他の状況から航行が予想される船舶の最大高さを考慮して架空電線の高さを決定する。海峡や河川に架空電線を施設する場合は，海峡が航路及びその周辺の海域に該当する場合は，海上交通安全法の規定により海上保安庁長官の許可が必要であり，また，河川に施設する場合は，河川法の規定により河川管理者の許可が必要である。したがって，これらの管理者と協議の上，船舶の航行等に危険を及ぼさない高さとすることにより，安全を確保することができる。なお，海峡については，海域等により適用を受ける法令が異なるため，事前に最寄りの管区海上保安部警備救難部航行安全課又は各海上保安管署に問い合わせられたい。

第 4 項では，氷雪の多い地方では地表上の高さを地表上にとるか積雪面上にとるかで相当の差異が生じるので，積雪面上を人又は車両が通行する場合に支障が生じないような高さをとることを規定している。しかし，相当な量の積雪がある上を大型の車両が通行することはほとんど考えられないので，交通が頻繁でない場合は，最大積雪面上3～4mの高さをとれば特に危険とはいえない。なお，市街地における地表上の高さは，第88条に示している。

架空電線路の設計に当たっては，この地表上の高さが，支持物の高さを直接的に決定することとなる。すなわち地表上の高さの制限と弛度（→第85条）から，支持物の最下段の電線取付け点が決定される。一般に，この際の弛度は高温季荷重により，また，気温は最高温度を考えることにしている。

【特別高圧架空電線路の市街地等における施設制限】（省令第40条，第48条第1項）

第88条 特別高圧架空電線路は，次の各号のいずれかに該当する場合を除き，市街地その他人家の密集する地域に施設しないこと。

一 使用電圧が170,000V未満の特別高圧架空電線路において，電線にケーブルを使用する場合

二 使用電圧が170,000V未満の特別高圧架空電線路を，次により施設する場合

イ 電線は，88-1表に規定するものであること。

88-1表

使用電圧の区分	電線
100,000V未満	引張強さ21.67kN以上のより線又は断面積55mm²以上の硬銅より線
100,000V以上130,000V未満	引張強さ38.05kN以上のより線又は断面積100mm²以上の硬銅より線
130,000V以上170,000V未満	引張強さ58.84kN以上のより線又は断面積150mm²以上の硬銅より線

ロ 電線の地表上の高さは，88-2表に規定する値以上であること。ただし，発電所，蓄電所又は変電所若しくはこれに準ずる場所の構内と構外とを結ぶ1径間の架空電線にあっては，この限りでない。（関連省令第20条）

88-2表

使用電圧の区分	電線の種類	高さ
35,000V以下	特別高圧絶縁電線	8m
	その他	10m
35,000V超過	全て	$(10+c)$ m

（備考）cは，使用電圧と35,000Vの差を10,000Vで除した値（小数点以下を切り上げる。）に0.12を乗じたもの

ハ 支持物は，鉄柱（鋼板組立柱を除く。），鉄筋コンクリート柱又は鉄塔であること。（関連省令第32条第1項）

ニ　支持物には，危険である旨の表示を見やすい箇所に設けること。ただし，使用電圧が 35,000V 以下の特別高圧架空電線路の電線に特別高圧絶縁電線を使用する場合は，この限りでない。（関連省令第 20 条）

ホ　径間は，88-3 表に規定する値以下であること。

88-3 表

支持物の種類	区分	径間
A 種鉄筋コンクリート柱又は A 種鉄柱	全て	75m
B 種鉄筋コンクリート柱又は B 種鉄柱	全て	150m
鉄塔	電線に断面積 160mm² 以上の鋼心アルミより線又はこれと同等以上の引張強さ及び耐アーク性能を有するより線を使用し，かつ，電線が風又は雪による揺動により短絡のおそれのないように施設する場合	600m
	電線が水平に 2 以上ある場合において，電線相互の間隔が 4m 未満のとき	250m
	上記以外の場合	400m

へ　電線を支持するがいし装置は，次のいずれかのものであること。

（イ）50% 衝撃せん絡電圧の値が，当該電線の近接する他の部分を支持するがいし装置の値の 110%（使用電圧が 130,000V を超える場合は，105%）以上のもの

（ロ）アークホーンを取り付けた懸垂がいし，長幹がいし又はラインポストがいしを使用するもの

（ハ）2 連以上の懸垂がいし又は長幹がいしを使用するもの

（ニ）2 個以上のラインポストがいしを使用するもの

ト　使用電圧が 100,000V を超える特別高圧架空電線路には，地絡を生じた場合又は短絡した場合に 1 秒以内に自動的にこれを電路から遮断する装置を施設すること。（関連省令第 14 条，第 15 条）

三　使用電圧が 170,000V 以上の特別高圧架空電線路を，次により施設する場合

イ　電線路は，回線数が 2 以上のもの，又は当該電線路の損壊により著しい供給支障を生じないものであること。

ロ　電線は，断面積 240mm² 以上の鋼心アルミより線又はこれと同等以上の引張強さ及び耐アーク性能を有するより線であること。（関連省令第 6 条）

ハ　電線には，圧縮接続による場合を除き，径間の途中において接続点を設けないこと。（関連省令第 6 条）

ニ　電線の地表上の高さは，その使用電圧と 35,000V の差を 10,000V で除した値（小数点以下を切り上げる。）に 0.12m を乗じたものを 10m に加えた値以上であること。（関連省令第 20 条）

ホ　支持物は，鉄塔であること。（関連省令第32条第1項）

ヘ　支持物には，危険である旨の表示を見やすい箇所に設けること。（関連省令第20条）

ト　径間は，600m以下であること。

チ　電線を支持するがいし装置は，アークホーンを取り付けた懸垂がいし又は長幹がいしであること。

リ　電線を引留める場合には，圧縮型クランプ又はクサビ型クランプ若しくはこれと同等以上の性能を有するクランプを使用すること。

ヌ　懸垂がいし装置により電線を支持する部分にはアーマロッドを取り付けること。

ル　電線路には，架空地線を施設すること。（関連省令第6条）

ヲ　電線路には，地絡が生じた場合又は短絡した場合に，1秒以内に，かつ，電線がアーク電流により溶断するおそれのないよう，自動的にこれを電路から遮断できる装置を設けること。（関連省令第14条，第15条）

2 「市街地その他人家の密集する地域」は，特別高圧架空電線路の両側にそれぞれ50m，線路方向に500mとった，面積が50,000m^{2}の長方形の区域 {道路（車両及び人の往来がまれであるものを除く。）部分を除く。} 内において，次の式により計算した建ぺい率が25～30%以上である地域とする。

$$建ぺい率 = \frac{造営物で覆われている面積（m^2）}{50,000 - 道路面積（m^2）}$$

〔**解　説**〕 特別高圧架空電線路は，電圧が高く危険であるから，原則として，市街地のような人家の密集する土地に施設することを禁止している。

しかし，特別高圧架空電線路の建設当初に野原であったものが，都市の急激な膨張に伴い，周辺が市街地化してきている例が多く，このような場合，これを直ちに地中化し，又はルートを変更することは，経済的又は立地事情からも困難である実情と，架空送電線の保安上の信頼度も向上してきていることから，この解釈では，周辺が市街地化した場合に必要な改修基準を示し，**第1項各号**により施設する場合には例外としている。なお，従来，170kV以上の送電線路に関しては，超高圧送電線路として，電力系統上も重要なものであるため，市街地の火災等の際に電力供給支障が生じることも考えられ，また誘導障害の面からも通信障害の及ぶ範囲が大きいと考えられることから，市街地への施設を禁止してきた。しかし，170kV以上の送電線路は，既に市街地等への施設が認められている下位電圧の送電線路に比べて格段に保安及び供給上の信頼度が向上してきていること，誘導による通信障害については**第52条**において施設場所にかかわらずその防止が規定されていること，また電波障害についても，電線の太線化や多導体化等による抑制対策を図っており，送電線から発生する雑音レベルの大きさは170kV未満の送電線路と同程度となってきていることから，170kV以上の送電線路の周辺にまで市街地化が進展してきている状況を踏まえ，H13解釈において日本電気技術規格委員会規格JESC E2010（2000）「特別高圧架空電線路を市街地等に施設する場合の施設要件」を反映し，170kV以上の送電線路の施設を認めた。

市街地に施設される特別高圧架空電線路は，S38工規において使用電圧が80kV未満のものまで認め，S40基準で100kV（80kVを100kVにしたことは数字の変更のみで実質的な変更ではなく，グリーンベルト内のみ170kV）未満まで，S43基準では170kV未満まで認め，H13解釈で電圧による施設制限が廃止された。

ここで，人家の密集した地域に特別高圧架空電線路を施設することは，本来好ましいことではないから，新たに特別高圧架空電線路を建設する場合は，あらかじめ十分な調査を行い，その対策を講じる必要がある。

なお，S47基準で，ケーブルを使用する場合（→**第86条**）は本条の適用を受けないこととした。また，22（33）kV配電を中心とする特別高圧架空配電が市街地を中心に現行6kV配電に代わる供給方式として新たに採用されてきたことに伴い，S57基準では特別高圧絶縁電線（→**第5条**）を使用する場合の市街地施設についての規定を追加した。

第1項第一号及び**第二号**は，170kV未満の送電線路を市街地に施設する場合の施設条件を示している。

第二号の電線の強さについては，従来，一応切れない太さとして5mmの硬銅線がとられていたが，S38工規で，特に安全度を必要とする場合（→**第95条**，第1種特別高圧保安工事）には，アークによる溶断等の特殊な場合を除けば，まず断線するおそれがないものとして，過去の実績から硬銅線で55mm^{2}という値をとることにし，電圧が高くなるに従ってより高い安全性を確保するために強い電線を使用することとしている。

第二号の電線の地表上の高さとしては，市街地では，他の工作物と接近又は交差する機会が多く，更にクレーン作業の増加，火災時の消火活動における危険防止等を考慮して，最低地上高さを10mとした。なお，35kV以下の特別高圧電線に特別高圧絶縁電線を使用する場合は，ケーブルと裸線との中間値として位置付け，8mとした。

ハで支持物に木柱及び鋼板組立柱の使用を認めていないのは，他の支持物に比べて信頼度が低いこと及び火に対して弱いためである。

ニの「危険である旨の表示」については，35kV以下の特別高圧絶縁電線を使用する場合は，高圧配電線に準じ，S57基準で危険表示は行わなくてもよいこととした。なお，同一道路に高圧架空電線路と22（33）kV架空電線路とが施設される場合には，作業者の錯覚による危険を防止するため，22（33）kV配電線路の支持物には使用電圧等を表示することが望ましい。

ホは，径間が長いと弛度が大きくなり不確定要素が多く，不測の気象条件等（→**第58**

条解説)により事故の確率が高くなることから径間を制限している。A種鉄筋コンクリート柱，A種鉄柱（→第49条）については，同じように施設するものであるので，まとめて示している。これらの径間は，従来から定められている経験に基づくものである。しかし，径間についても，送電線の水平間隔の決定と関連して研究が進み，S43基準では，これらの考え方を考慮して従来250mに制限されていた鉄塔の径間制限を400mとした。電線相互の水平間隔が4m以上であって，硬銅より線を使用する場合においては電線の断面積が55mm^{2}以上であるときには，径間を400mとすることが可能となる。これは，電気学会の送電専門委員会でまとめた「架空送電線路の絶縁設計要綱」（昭和61年5月）において，風の息を考慮した水平線間距離の経験式より算定した値である。

$$C_{\mathrm{h}} \geqq 0.0035\mathrm{U_m} + \frac{\mathrm{Pr}}{2\mathrm{T}}\mathrm{S}^2 + 2\mathrm{r}$$

C_{h}：水平線間距離（m）$\mathrm{U_m}$：最高許容電圧（kV）
P：風の息に相当する風圧荷重（Pa）r：電線半径（m）
T：最高温度における送電線の水平張力（N）S：径間長（m）

上記の式は，電線の水平張力が一定であって，がいし連長がないものと仮定して算定された値である。等価風速8m/sとして，66kVの場合の水平線間距離を計算すると解説88.1図のようになり，電線の太さが55mm^{2}以上で水平線間距離が4m以上の場合は400m以上にすることができることがわかる。

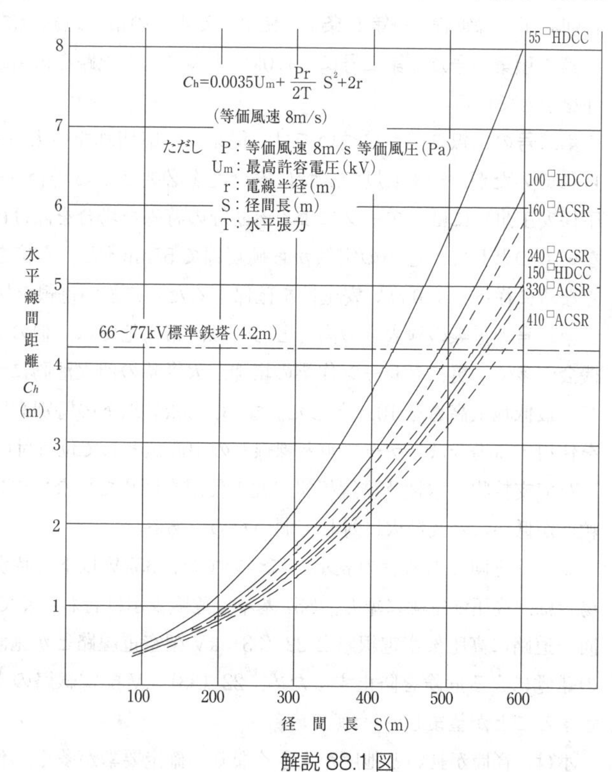

解説88.1図

なお，88-3表では，日本電気技術規格委員会規格JESC E2010 (2000)「特別高圧架空電線路を市街地等に施設する場合の施設要件」を反映し，鉄塔に限り径間長を600mまで認めている。これは，170kV未満の送電線路についても，周辺が市街地化した場合に支持物の増設が困難な場合があることに配慮したものである。

へは，電線を支持するがいし装置についての規定で，がいし装置の50% 衝撃せん絡電圧の値が，近接する他の部分を支持するがいし装置の値の110% 以上にすればよい点及びアークホーンを取り付けることをがいし装置の強化として認めている点については，**第95条第1項第五号解説**を参照されたい。

第三号は，170kV 以上の送電線路を市街地に施設する場合の施設条件を示している。170kV 以上の送電線路はその設備規模が大きく，万一支持物損壊等が発生した場合に危険を及ぼす範囲が大きいと考えられることから，170kV 未満の送電線路に比べ厳しい施設条件としている。また，著しい供給支障の発生を避ける観点から，送電線路の回線数が2以上のもの又は当該線路が損壊しても系統切り替えが可能なもの等，直ちに電力供給を再開できる場合についてのみ施設を認めている。

がいし装置については，アークホーンを取り付けて沿面せん絡によるがいしの損壊を防止するとともに，電線の支持部は，耐張がいし装置では電線との接触面積の大きい圧縮型又はクサビ型クランプを使用し，懸垂がいし装置では電線にアーマロッドを取り付けることにより，アーク電流による電線支持部での電線溶断を防止することとしている。なお，この場合のアーク電流は，地絡あるいは短絡時に電線に流れる事故電流のことを指している。

支持物は最も信頼度の高い鉄塔に限定するとともに，径間長を600m 以下に制限し，電線に鋼心アルミより線 240mm^2 以上の引張強さ及び耐アーク性能を有するものを使用することにより，過去に経験した風圧荷重や最大級の着雪荷重にも耐え，かつ，短絡の可能性が低く，万一短絡が発生しても溶断するおそれがないよう施設することを求めている。さらに，架空地線を施設し雷撃による電線の損傷を防止し，径間内における接続を制限することにより，断線の危険性に対してより高い安全性を確保することとしている。

ここで，短絡発生時の電線溶断の有無は電線の耐アーク特性と電流継続時間で決定されるが，電線の交流溶断限界特性（抗張力の20% 程度の張力を加えた状態での断線限界）については，下記の式が提案されている。この計算式により算定した各種電線の溶断特性を解説88.2図に示すが，これにより電線溶断の有無を判定する場合には，直流成分（事故発生直前まで系統のインダクタンスに蓄えられていた電磁蓄積エネルギーの放出分）の影響を考慮する必要がある。

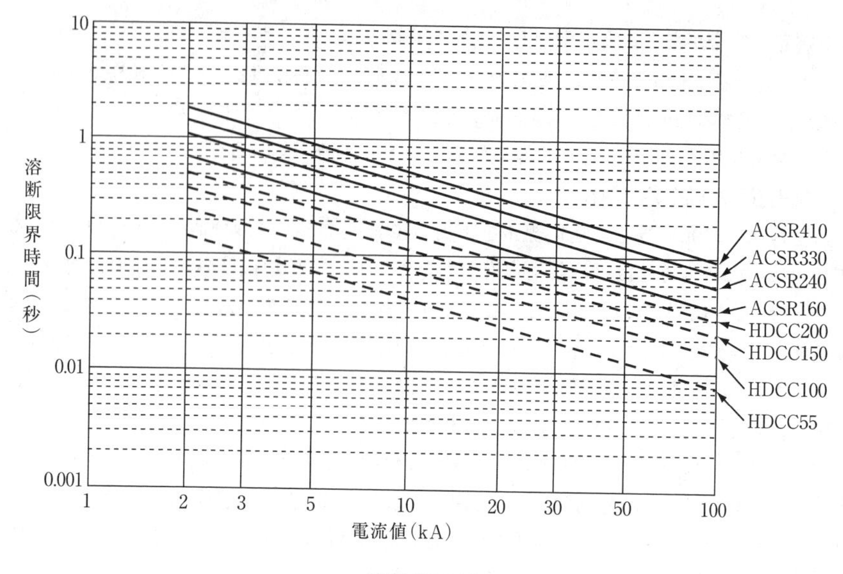

解説 88.2 図

系統で発生する短絡電流に対して，使用する電線の耐アーク性能が高く，保護装置の遮断時間が速い場合には溶断のおそれはないが，耐アーク性能が不足する場合や遮断時間が遅い場合には，電線により高い耐アーク性能を有するものを使用する又は保護装置の遮断時間を速くする等の対策が必要となる。

○裸硬銅より線（電力中央研究所第一研究所報告：送電用硬銅より線のアーク溶断特性）

$t = 4 \times 10^{-3} \cdot A \cdot I^{-0.72}$

t：溶断時間（秒）
A：導体断面積（mm^2）
I：アーク電流（kA）

○鋼心アルミより線（電気協同研究第 26 巻第 4 号：送電用特殊電線）

$t = 7.27 \times 10^{-3} \cdot A \cdot I^{-0.75}$

t：溶断時間（秒）
A：導体断面積（mm^2）
I：アーク電流（kA）

第 2 項の「市街地その他人家の密集する地域」とは，造営物が一様に存在する場合を想定しており，電線路の片側に造営物が集中し，電線路の経過地と他の側がほとんど田畑であるような，客観的に市街地その他人家の密集する地域ではないと考えられる箇所においては，この建ぺい率によらず，市街地その他人家の密集する地域に該当しないものとしている。一方，建ぺい率が解釈に示す値以下であっても，電線路の周囲に商店街，興行街，事務所街等が集中しており，客観的に市街地その他人家の密集する地域であると考えられる箇所については，市街地その他人家の密集する地域に該当するものとしている。また，建ぺい率の定義にある「造営物で覆われている面積」は，造営物の外壁又はこれに代わる柱の中心線（軒，ひさし，はねだし縁その他これらに類するもので当該中心線から水平距離1m以上突き出たものがある場合においては，その縁から水平距離1m後退した線）で囲まれた水平投影面積とすればよい。

なお，算定範囲は線路の両側に50m，線路方向に500mとった50,000m^{2}の長方形の区域としているが，これは線路が直線の場合であって，線路に水平角度がある場合には，線路中心線上で500mとり，中心線の両側50mの線で囲まれる範囲と考えればよい（→解説88.3図）。

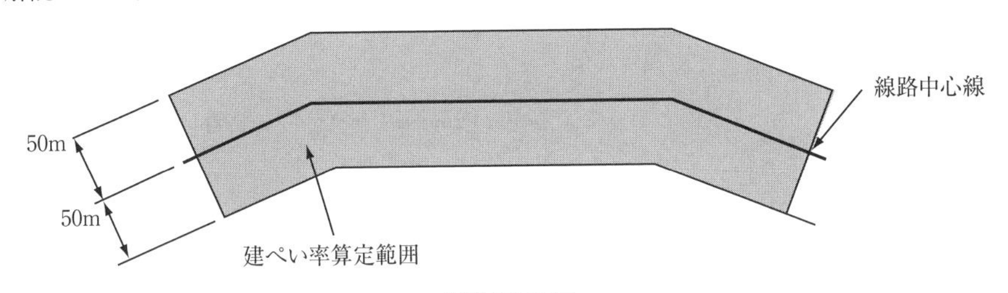

解説88.3図

【特別高圧架空電線と支持物等との離隔距離】（省令第20条）

第89条　特別高圧架空電線（ケーブルを除く。）とその支持物，腕金類，支柱又は支線との離隔距離は，次の各号のいずれかによること。

一　89-1表に規定する値以上であること。ただし，技術上やむを得ない場合において，危険のおそれがないように施設するときは，同表に規定する値の0.8倍まで減じることができる。

89-1表

使用電圧の区分	離隔距離
15,000V未満	0.15m
15,000V以上25,000V未満	0.2m
25,000V以上35,000V未満	0.25m
35,000V以上50,000V未満	0.3m
50,000V以上60,000V未満	0.35m
60,000V以上70,000V未満	0.4m
70,000V以上80,000V未満	0.45m
80,000V以上130,000V未満	0.65m
130,000V以上160,000V未満	0.9m
160,000V以上200,000V未満	1.1m
200,000V以上230,000V未満	1.3m
230,000V以上	1.6m

二 民間規格評価機関として日本電気技術規格委員会が承認した規格である「特別高圧架空電線と支持物等との離隔の決定」の「適用」の欄に規定する要件に適合すること。

〔解 説〕 本条は，特別高圧架空電線路では電線とその支持物，腕金類，支柱又は支線との間が対地絶縁距離の最低箇所になるので，電線と支持物との間で確保すべき絶縁間隔を示したものである。

本条の主旨は，電線路内部に発生する過電圧（開閉サージ電圧，一線地絡事故時の健全相に発生する過電圧等）に対しては，風速20m/s程度の風により電線が横振れした場合においても，電線と支持物との間で容易にせん絡を起こさないというものである。したがって，風速20m/s程度の風に対しても89-1表の離隔距離を確保することで考えている。

89-1表の数値は，各電圧階級に応じ，それぞれ，がいしの50%交流注水せん絡電圧に対応する棒間隔に相当する値となっているが，内部過電圧のうち支配的な開閉サージを対象とした離隔距離と考えてよい。また，この値は，発蓄変電所等における屋外母線の対地最小絶縁間隔と比較して小さい値となっているが，架空電線路の場合は前述のとおり風により電線が振れた場合の数値であって，振れがない場合の絶縁間隔が母線の絶縁間隔とほぼ等しくなるようになっている。なお，この値は，絶縁間隔の標準を示したものであり，技術上やむを得ない場合であって，かつ，その地域の風の強弱等を考慮して危険のおそれがないように施設するときは，80%まで減じることができることとしている。

第二号は，電気学会技術報告「架空送電線路の絶縁設計要綱」（昭和61年）で開閉サージの電圧及び風の強さを統計量としてとらえ開閉サージによるせん絡の発生確率を計算し，せん絡確率を事実上問題のない程度に抑制するように，特別高圧架空電線と支持物との間の離隔距離を決定する手法が提案され，この手法によれば第一号による絶縁強度と同等の絶縁強度が得られることが認められたため，H10解釈で追加したものである。

同要綱によれば，電線と支持物との離隔を標準絶縁間隔（電撃に対するアークホーンとの協調間隔）及び異常時絶縁間隔（線路の最高許容電圧に対する絶縁間隔）を確保できるように決めれば，開閉サージ電圧による電線と支持物間でのせん絡確率は事実上無視できる程度に小さくなることから，このようなケースでは開閉サージに対する検討は省略できるとされている。

なお，開閉サージ電圧の大きさ，風の強さの分布等については同要綱を参照されたい。

ここで，ケーブルについては，ケーブル自体に十分な絶縁効力があり，支持物との離隔距離については保安上問題がなく，例えば，支持物で直接支持される場合もある。また，第108条に規定する15kV以下の特別高圧架空電線路（→第108条解説）は，特例扱いとしている。

【特別高圧架空電線路の架空地線】（省令第 6 条）

第 90 条　特別高圧架空電線路に使用する架空地線は，次の各号によること。

一　架空地線には，引張強さ 8.01kN 以上の裸線又は直径 5mm 以上の裸硬銅線を使用するとともに，これを第 66 条第 1 項の規定に準じて施設すること。

二　支持点以外の箇所における特別高圧架空電線と架空地線との間隔は，支持点における間隔以上であること。

三　架空地線相互を接続する場合は，接続管その他の器具を使用すること。

〔解　説〕 本条は，特別高圧架空電線路に架空地線を施設する場合の施設方法を示したものであって，架空地線の施設義務を課したものではない。なお，雷の多い地方の送電線路又は重要な送電線路には，架空地線を設けることが望ましいが，多雪地帯を通過する電線路では，雷による事故よりもむしろスリートジャンプ等の雪害を防止する方が重要であることが多いので，特に施設義務を一律に課することを避けた。

ただし，第 1 種特別高圧保安工事では架空地線の施設が必要であり（**→第 95 条第 1 項第七号**），また，35kV を超え 170kV 未満の特別高圧架空電線が建造物と第 2 次接近状態にある場合には架空地線の施設についての規定（**→第 97 条第 3 項第四号**）がある。この場合，耐雷保護施設として十分な効果をあげるように適当な保護角で施設することが必要である。なお，遮へい角は 45° 程度以内が望ましいが，電線路の重要度，襲雷の頻度，電線の配置等の関係があるので一律に何度以内と規定することを避けた。本条では，架空地線の切断，逆せん絡の防止等の観点からその施設方法を示している。

第一号は，架空地線の強さ及び施設方法の規定であり，架空地線が断線した場合は高い確率でその送電線は停止すると考えられるので，断線の影響を考慮し，特別高圧架空電線と全く同様な内容としている（**→第 84 条，第 85 条**）。架空地線には常時電流が流れないので，機械的強度や価格等の点から，亜鉛めっき鋼より線が用いられているが，電磁誘導障害に対する遮へい効果を高めるためなどから，鋼心高力耐熱アルミ合金より線，アルミ覆鋼より線等も用いられている。

第二号は，径間逆せん絡を防止するために架空地線の弛度について規定しているものであるが，架空地線の弛度を小さくすることにより，径間中央の遮へい角が小さくなるため，雷に対する保護効果も高まる。なお，解説 90.1 図のような場合において，B<A であっても B>C である場合はもちろん差し支えない。

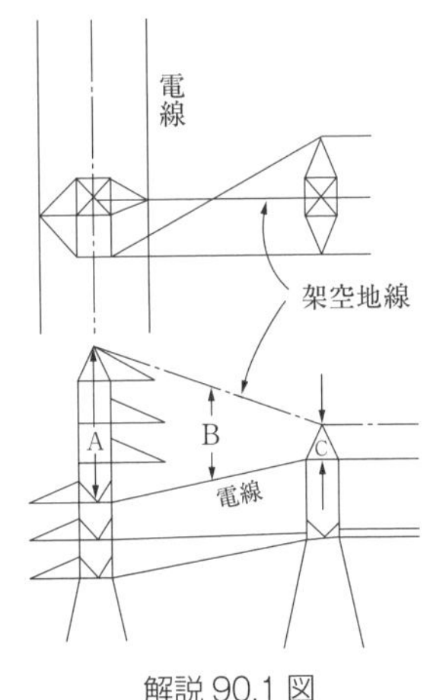

解説 90.1 図

第三号は，電気抵抗の増加によって雷電流が流れた場

第3章　電線路

合の溶断及び機械的強度を低下させないための規定である。

【特別高圧架空電線路のがいし装置等】（省令第20条）

第91条　特別高圧架空電線を支持するがいし装置は，次の各号の荷重が電線の取り付け点に加わるものとして計算した場合に，安全率が2.5以上となる強度を有するように施設すること。

一　電線を引き留める場合は，電線の想定最大張力による荷重

二　電線をつり下げる場合は，次に掲げるものの合成荷重

イ　電線及びがいし装置に，電線路に直角の方向に加わる風圧荷重

ロ　電線及びがいし装置の重量並びに乙種風圧荷重を適用する場合においては，被氷荷重

ハ　電線路に水平角度がある場合は，水平角度荷重

ニ　電線路に著しい垂直角度がある場合は，垂直角度荷重

三　電線を引き留める場合及び電線をつり下げる場合以外の場合は，次に掲げるものの合成荷重

イ　電線及びがいし装置に，電線路に直角の方向に加わる風圧荷重

ロ　電線路に水平角度がある場合は，水平角度荷重

2　次の各号に掲げるものには，D種接地工事を施すこと。（関連省令第10条，第11条）

一　特別高圧架空電線を支持するがいし装置を取り付ける腕金類

二　特別高圧架空電線路の支持物として使用する木柱にラインポストがいしを直接取り付ける場合は，その取付け金具

〔**解　説**〕 本条は，特別高圧架空電線路に使用するがいし装置及び腕金類や取付け金具に関する規定である。

第1項では，がいし装置（金具を含む。）の安全率は，2.5以上としている。これは，従来，長幹がいし，ピンがいし，250mm及び180mm懸垂がいしの強度について試験荷重値を定めていたが，S38工規でがいしの試験荷重に関する規定を削除し，安全率のみを規定することにしたものである。

第一号は，耐張がいし装置の場合であって，電線の想定最大張力に対して2.5倍の強度をもつこととしている。

第二号は，懸垂支持がいしの場合であって，電線の垂直荷重と水平横荷重との合成荷重に対して2.5倍の強度を持つこととしている。電線の垂直荷重は，電線及びがいし装置の重量並びに電線路に著しい垂直角度がある場合にはその垂直荷重の合計であり，水平横荷重は，電線及びがいし装置に加わる風圧荷重並びに水平角度荷重の合計であり，荷重は，張力としてがいしの軸方向に加わる。なお，**第二号**に規定する荷重は，**第58**

条の規定に準じて計算するものである。

第三号は，ラインポストがいし等の支持がいしを使用する場合であり，荷重は，がいしの頂部に曲げ荷重として加わることになる。なお，がいしの強度は，JIS において解説 91.1 表のように定められている。

解説 91.1 表

がいしの種類 / 荷重値(kN)	懸垂がいし JIS C 3810 (1999)	長幹がいし JIS C 3816 (1999)	ラインポストがいし JIS C 3812 (1999)
	直径 250（mm）クレビス型	胴径 80（mm）	10-70
引張破壊荷重		120	
課電破壊荷重	120		
曲げ耐荷重			7

なお，告示で定められていた特別高圧架空電線路の使用電圧の別による懸垂がいしの連結個数及びピンがいしの号数の標準については，S40 基準において，本省令の立法趣旨から標準値は定めないことになったので削除した。参考として，告示で定められていた標準値を解説 91.2 表に示す。また，特別高圧架空電線路のがいしでは，塩じんの汚損によるがいしの絶縁低下による地絡事故を防止するため，懸垂がいしを増結する，塩じん害に比較的有効な長幹がいしを使用する又はがいし洗浄を頻繁に実施するなど，様々な方法がとられている。汚損の実情は送電線のルートによって千差万別であるので，この解釈ではこれを明確に示すことは避けたが，実情に即した方法によって汚損による絶縁低下を防ぎ得るように施設する必要がある。要は**第 15 条**に定める絶縁性能を常に保持しておくようにすべきである。

解説 91.2 表

使用電圧（kV）	懸垂がいし（個）		ピンがいし（号）
	直径 250mm のもの	直径 180mm のもの	
15 未満	2	2	10
15 以上 25 未満	2	3	20
25 以上 35 未満	3	3	30
35 以上 50 未満	3	4	40
50 以上 60 未満	4	4	50
60 以上 70 未満	4	5	60
70 以上 80 未満	5		
80 以上 130 未満	7		
130 以上 160 未満	9		
160 以上 200 未満	11		
200 以上 250 未満	13		
250 以上 280 未満	16		

第 2 項第一号は，腕金類には金属製のものを使用し，これに D 種接地工事を施すこととしている。これは，がいしの損傷等によってリークした際に腕木等が焼損するのを防ぐとともに，鉄柱等にあっては電位上昇による危険防止や 1 線地絡事故の際に保安装置

の動作の確実化を図るなどの点を考慮したものである。したがって，鉄柱の場合でも接地抵抗が100Ωを超えるものは腕金に対する接地が必要となる。

第二号は，前号と同様に取付け金具の接地工事に関する規定であり，前号及び本号はともに，S47基準で，一般の特別高圧架空電線路に従来の第3種特別高圧保安工事と同等の保安レベルを課すこととしたために，ここで規定することになったものである。

【特別高圧架空電線路における耐張型等の支持物の施設】（省令第32条第2項）

第92条　特別高圧架空電線路の支持物に，木柱，A種鉄筋コンクリート柱又はA種鉄柱（以下この条において「木柱等」という。）を連続して5基以上使用する場合において，それぞれの柱の施設箇所における電線路の水平角度が5度以下であるときは，次の各号によること。

一　5基以下ごとに，支線を電線路と直角の方向にその両側に設けた木柱等を施設すること。ただし，使用電圧が35,000V以下の特別高圧架空電線路にあっては，この限りでない。

二　木柱等を連続して15基以上使用する場合は，15基以下ごとに，支線を電線路に平行な方向にその両側に設けた木柱等を施設すること。

2　前項の規定により支線を設ける木柱等は，第96条又は第101条第2項第二号ロ若しくはハの規定により設けた支線の反対側に，更に支線を設けた木柱等をもって代えることができる。

3　特別高圧架空電線路の支持物に，B種鉄筋コンクリート柱又はB種鉄柱を連続して10基以上使用する部分は，次の各号のいずれかによること。

一　10基以下ごとに，耐張型の鉄筋コンクリート柱又は鉄柱を1基施設すること。

二　5基以下ごとに，補強型の鉄筋コンクリート柱又は鉄柱を1基施設すること。

4　特別高圧架空電線路の支持物に，懸垂がいし装置を使用する鉄塔を連続して使用する部分は，10基以下ごとに，異常時想定荷重の不平均張力を想定最大張力とした懸垂がいし装置を使用する鉄塔を1基施設すること。

〔解　説〕　本条は，連続する直線部分において，保安上の観点から安全柱を施設することを規定している。

第1項は，木柱，A種鉄筋コンクリート柱及びA種鉄柱（→**第49条**）の場合の安全柱の施設方法を示している（→解説92.1図）。この際の支線の施設に当たっては，**第59条第6項**の規定は適用されない。

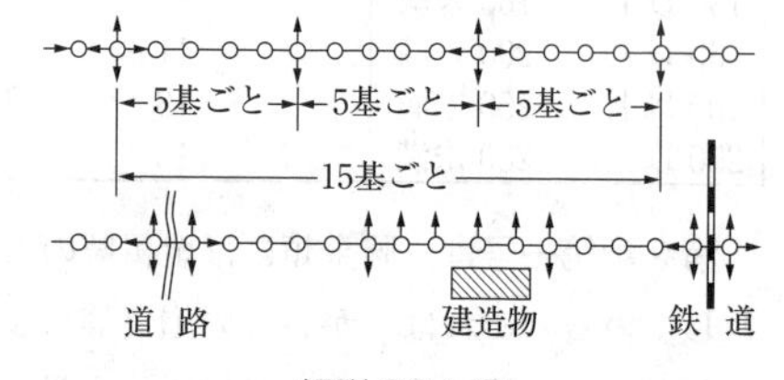

解説92.1図

第2項は，特別高圧架空電線路が，建造物，道路，横断歩道橋，鉄道等と接近する場合又は相互に接近又は交差する場合に施設する木柱，A 種鉄筋コンクリート柱又は A 種鉄柱の支線を本条の支線に代用できることを示している（→解説 92.1 図）。

第 3 項は，懸垂がいし装置を使用する B 種鉄筋コンクリート柱又は B 種鉄柱（→**第 49 条**）を連続して使用する電線路の補強，すなわち，安全柱の施設を規定したもので，10 基以下ごとに耐張型を使用し又は 5 基以下ごとに補強型を使用することとしている。この場合において支線を耐張型又は補強型と同等以上の強度を有するように設ける場合は，これに代えることができる。例えば，耐張型に代えて，角度型又は引留め型を使用する場合がある。

第 4 項は，懸垂がいし装置を使用する鉄塔を連続して使用する場合に，断線時の不平均張力により鉄塔が連続して影響を受けることを防止するための規定である。耐張がいし装置を使用する鉄塔は，架渉線の断線時の 1.0 倍の不平均張力を考慮した設計となっているので，これを施設することとしている。なお，懸垂がいし装置を使用する鉄塔であっても，架渉線の断線時の 1.0 倍の不平均張力（通常，懸垂型は 0.6 倍で設計，→**第 58 条**）を考慮して設計すれば，耐張がいし装置と同等の強度を有することからこれを認めている。

【特別高圧架空電線路の難着雪化対策】（省令第 6 条，第 32 条第 1 項）

第 93 条　特別高圧架空電線路が，着雪厚さの大きい地域において次の各号のいずれかに該当する場合は，電線の難着雪化対策を施すこと。ただし，支持物の耐雪強化対策を施すことにより，着雪による支持物の倒壊のおそれがないように施設する場合は，この限りでない。

一　第 88 条第 2 項に規定する市街地その他人家の密集する地域及びその周辺地域において，建造物と接近状態に施設される場合

二　主要地方道以上の規模の道路，横断歩道橋，鉄道又は軌道と接近状態に施設される場合

三　主要地方道以上の規模の道路，横断歩道橋，鉄道又は軌道の上に交差して施設される場合

2　前項における「主要地方道以上の規模の道路」とは，道路法（昭和 27 年法律第 180 号）の規定に基づく，次の各号に掲げるものとする。

一　高速自動車国道

二　一般国道

三　車線の数が 2 以上の都道府県道

〔解　説〕 本条は，資源エネルギー庁からの通達｛62 資公部第 21 号（昭和 62 年 1 月 19 日）「特別高圧架空電線路の耐雪強化対策について」｝により運用されてきた内容を追加した

ものであり，着雪厚さの大きい地域において特別高圧架空電線路を施設する場合の電線の難着雪化対策について示している。その趣旨は**第59条**の異常着雪への対応と同じである。なお，難着雪化対策については，**第58条第3項解説**を参照されたい。

「着雪厚さの大きい地域」とは，過去の経験において着雪厚さが大きい地域や，着雪量評価に関する最新の知見に基づいて作成された着雪マップ（例として，電力中央研究所報告書「送電用鉄塔の着雪時荷重算定手法（SS21006）」）において想定されている着雪厚さが大きい地域を指す。

第一号の「その周辺地域」とは，市街地その他人家の密集した地域に隣接する地域であって，次のような地域と考えればよい。

・特別高圧架空電線路の周囲に人家及び商店等が散在する地域
・都市計画法に基づく市街化区域に指定されている地域

なお，ただし書の「耐雪強化対策」とは，難着雪化対策と同等以上の効果を有する耐雪強化策として，例えば鉄塔の耐力を強化する場合には，着雪時の荷重として当該箇所において想定される異常着雪時想定荷重を考慮したもの等が考えられる。

【特別高圧架空電線路の塩雪害対策】（省令第5条第1項）

第94条　特別高圧架空電線路を，降雪が多く，かつ，塩雪害のおそれがある地域に施設する場合は，がいしへの着雪による絶縁破壊を防止する対策を施すこと。

〔解　説〕　本条は，平成17年12月に新潟県下越地方を中心に，塩雪害とギャロッピングを原因とした大規模停電が発生したことを受けて検討を行った，「今後の雪害対策のあり方について」（平成19年1月原子力安全・保安部会電力安全小委員会報告書）に基づき，H19解釈で追加されたものである。**本条**では，気象観測結果等の知見から塩雪害の発生が予想される地域に特別高圧架空電線路を施設する場合には，がいしへの着雪による絶縁破壊防止対策を講じることを求めている。塩雪害とは，塩分を含んだ湿った雪が，強風によりがいし表面のひだを埋め尽くすまで付着した結果，雪中の塩分を媒介して電気が流れ，橋絡する現象である。がいしへの着雪による絶縁破壊防止対策としては，例えば懸垂がいしを使用する方法がある。

【特別高圧保安工事】（省令第6条，第32条第1項）

第95条　第1種特別高圧保安工事は，次の各号によること。

一　電線は，ケーブルである場合を除き，95-1表に規定するものであること。

95-1表

使用電圧の区分	電線
100,000V未満	引張強さ21.67kN以上のより線又は断面積55mm^{2}以上の硬銅より線
100,000V以上130,000V未満	引張強さ38.05kN以上のより線又は断面積100mm^{2}以上の硬銅より線
130,000V以上300,000V未満	引張強さ58.84kN以上のより線又は断面積150mm^{2}以上の硬銅より線
300,000V以上	引張強さ77.47kN以上のより線又は断面積200mm^{2}以上の硬銅より線

二　径間の途中において電線を接続する場合は，圧縮接続によること。（関連省令第7条）

三　支持物は，B種鉄筋コンクリート柱，B種鉄柱又は鉄塔であること。

四　径間は，95-2表によること。

95-2表

支持物の種類	電線の種類	径間
B種鉄筋コンクリート柱又はB種鉄柱	引張強さ58.84kN以上のより線又は断面積150mm^{2}以上の硬銅より線	制限無し
	その他	150m以下
鉄塔	引張強さ58.84kN以上のより線又は断面積150mm^{2}以上の硬銅より線	制限無し
	その他	400m以下

五　電線が他の工作物と接近又は交差する場合は，その電線を支持するがいし装置は，次のいずれかのものであること。

イ　懸垂がいし又は長幹がいしを使用するものであって，50%衝撃せん絡電圧の値が，当該電線の近接する他の部分を支持するがいし装置の値の110%（使用電圧が130,000Vを超える場合は，105%）以上のもの

ロ　アークホーンを取り付けた懸垂がいし，長幹がいし又はラインポストがいしを使用するもの

ハ　2連以上の懸垂がいし又は長幹がいしを使用するもの

六　前号の場合において，支持線を使用するときは，その支持線には，本線と同一の強さ及び太さのものを使用し，かつ，本線との接続は，堅ろうにして電気が安全に伝わるようにすること。

七　電線路には，架空地線を施設すること。ただし，使用電圧が100,000V未満の場合において，がいしにアークホーンを取り付けるとき又は電線の把持部にアーマロッドを取り付けるときは，この限りでない。

八　電線路には，電路に地絡を生じた場合又は短絡した場合に3秒（使用電圧が100,000V以上の場合は，2秒）以内に自動的に電路を遮断する装置を設けること。（関連省令第14条，第15条）

九　電線は，風，雪又はその組合せによる揺動により短絡するおそれがないように施設すること。

2　第2種特別高圧保安工事は，次の各号によること。

一　支持物に木柱を使用する場合は，当該木柱の風圧荷重に対する安全率は，2以上であること。

二　径間は，95-3表によること。

95-3表

支持物の種類	電線の種類	径間
木柱，A種鉄筋コンクリート柱又はA種鉄柱	全て	100m以下
B種鉄筋コンクリート柱又はB種鉄柱	引張強さ38.05kN以上のより線又は断面積100mm^{2}以上の硬銅より線	制限無し
	その他	200m以下
鉄塔	引張強さ38.05kN以上のより線又は断面積100mm^{2}以上の硬銅より線	制限無し
	その他	400m以下

三　電線が他の工作物と接近又は交差する場合は，その電線を支持するがいし装置は，次のいずれかのものであること。

イ　50%衝撃せん絡電圧の値が，当該電線の近接する他の部分を支持するがいし装置の値の110%（使用電圧が130,000Vを超える場合は，105%）以上のもの

ロ　アークホーンを取り付けた懸垂がいし，長幹がいし又はラインポストがいしを使用するもの

ハ　2連以上の懸垂がいし又は長幹がいしを使用するもの

ニ　2個以上のラインポストがいしを使用するもの

四　前号の場合において，支持線を使用するときは，その支持線には，本線と同一の強さ及び太さのものを使用し，かつ，本線との接続は，堅ろうにして電気が安全に伝わるようにすること。

五　電線は，風，雪又はその組合せによる揺動により短絡するおそれがないように施設すること。

3　第3種特別高圧保安工事は，次の各号によること。

一　径間は，95-4表によること。

95-4表

支持物の種類	電線の種類	径間
木柱，A種鉄筋コンクリート柱又はA種鉄柱	引張強さ14.51kN以上のより線又は断面積38mm^{2}以上の硬銅より線	150m以下
	その他	100m以下

B種鉄筋コンクリート柱又はB種鉄柱	引張強さ38.05kN以上のより線又は断面積100mm^{2}以上の硬銅より線	制限無し
	引張強さ21.67kN以上のより線又は断面積55mm^{2}以上の硬銅より線	250m以下
	その他	200m以下
鉄塔	引張強さ38.05kN以上のより線又は断面積100mm^{2}以上の硬銅より線	制限無し
	引張強さ21.67kN以上のより線又は断面積55mm^{2}以上の硬銅より線	600m以下
	その他	400m以下

二　電線は，風，雪又はその組合せによる揺動により短絡するおそれがないように施設すること。

〔解　説〕 本条は，特別高圧架空電線が，建造物，道路，横断歩道橋，鉄道，軌道，索道，架空弱電流電線等，低圧架空電線，高圧架空電線，低圧電車線，高圧電車線，他の特別高圧架空電線，その他の工作物と接近又は交差する場合に，一般の工事方法に比べてより強化しなければならない事項のうち，共通的なものをまとめて保安工事として示し，条文の簡素化を図っているもので，その趣旨は低圧保安工事，高圧保安工事と全く同じである（**→第70条解説**）。

低高圧架空電線が他の工作物と接近又は交差する場合は，電圧による区分や接近状態による区分によって規定内容にあまり大きな差異はないが，特別高圧架空電線路では，従来から危険段階として，電圧に関しては35kV，170kV及び600kV，接近に関しては水平距離で3mを境として分けており，保安工事を危険段階に応じて第1種から第3種に分類して規定している。

解説95.1表は，特別高圧架空電線が建造物などと接近，交差する場合の施設方法を表にまとめたものである。表からも明らかであるように，第1種特別高圧保安工事は，使用電圧が35kVを超え170kV未満の特別高圧架空電線が建造物などと第2次接近状態（**→第49条第十号，第71条解説**）に施設される場合及び35kVを超える特別高圧架空電線が建造物以外の他の工作物と第2次接近状態に施設される部分が長い場合の特別高圧架空電線に要求される工事方法である。第2種特別高圧保安工事は，35kV以下の特別高圧架空電線が建造物と第2次接近状態に施設される場合，特別高圧架空電線が架空弱電流電線等，低高圧架空電線，道路などと第2次接近状態に施設される部分が長い場合，及びこれらの上で交差する場合の特別高圧架空電線に要求される工事方法である。第3種特別高圧保安工事は，特別高圧架空電線が建造物などと第1次接近状態に施設される場合の特別高圧架空電線に要求される工事方法である。

解説 95.1 表

接近又は交差の状態 ＼ 他の工作物（規制条文）・使用電圧		建造物（第97条，第106条） 35kV以下	建造物 35kV～170kV	建造物 170kV以上	道路，横断歩道橋，鉄道，軌道（第98条，第106条） 35kV以下	道路等 35kV～600kV	道路等 600kV以上	索道（第99条，第106条） 35kV以下	索道 35kV～60kV	索道 60kV超過
接近の場合	第1次接近状態	③◎※	③◎※		③◎※	③◎※		③◎※	③◎※	
	第2次接近状態	②◎※	①◎※（その他の規制あり）	禁止	②◎※	②◎※（接近長100m超過の場合①）	②◎（接近長100m以下）	②◎※	②◎※（接近長50m超過の場合①）	
	対象物の下方で接近する場合	□※◎※	□※◎※		□※◎※	□※◎※		禁止※		
交差の場合	対象物の上で交差する場合	/			②※	②※（接近長100m超過の場合①）	②※（接近長100m以下）	②※◎※	②※◎※（接近長50m超過の場合①）	
	対象物の下で交差する場合	/			/			禁止※		

接近又は交差の状態 ＼ 他の工作物（規制条文）・使用電圧		低高圧架空電線，架空弱電流電線等，低高圧電車線（第100条，第106条） 35kV以下	低高圧架空電線等 35kV～60kV	低高圧架空電線等 60kV超過	他の特別高圧架空電線（第101条） 15kV以下の特別高圧架空電線	他の特別高圧架空電線	他の特別高圧の架空地線	上記及び左記以外の工作物（第102条，第106条）
接近の場合	第1次接近状態	③◎※	③◎※		第100条及び第106条の高圧架空電線路に準じて行う。	③（上方，側方のもの）支持物に関する規制あり。◎※	◎※	③※◎※
	第2次接近状態	②※◎※□※（接近長50m超過の場合②）	②◎※□※（接近長50m超過の場合①）					②※◎※
	対象物の下方で接近する場合	禁止※						□※◎※
交差の場合	対象物の上で交差する場合	②※◎※保護線の施設※	②※◎※保護線の施設※（接近長50m超過の場合①）					②※◎※
	対象物の下で交差する場合	禁止※						/

（備考）本表のほか，第96条による支線の義務がある。

凡例：①，②，③は，それぞれ第1種，第2種，第3種の特別高圧保安工事

◎は，離隔距離の規定があることを示す。　□は，水平離隔距離の規定があることを示す。

/ は，規制がないことを示す。　※は，緩和規定があることを示す。

第1項は，第1種特別高圧保安工事の内容を示しており，この場合は特に厳重な施設方法としている。

第一号は，ケーブル以外の電線の引張強さを使用電圧で区分して示している。電線の引張強さを強くすることは，着氷雪による荷重等の不測の気象条件等に対して，電線を切断させないための有効な手段である。

なお，電線の引張強さの規定は電線の切断防止を目的としたものであり，第1種特別高圧保安工事が適用されるような箇所においては，送電線の設計に当たって，第85条（第66条を準用）に示される電線の引張強さに対する安全率を増すことが望ましい。

第二号は，接続点における断線の例は少なくないので，接続は比較的確実な圧縮接続によることとしている。しかし，圧縮接続であっても，施工不完全のために断線した例があるので，施工に当たっては十分な注意が必要である。

第三号で支持物の種類をB種鉄筋コンクリート柱，B種鉄柱及び鉄塔に限定しているのは，支持物の基礎の強度にあっては1基ごとに計算して安全率を確認し（→第60条），かつ，支持物の強度にあっては風圧荷重だけでなく常時想定荷重を考慮し設計する（→第59条）ことが支持物の信頼度につながるからである。

第四号は，径間の制限に関する規定である。一般の特別高圧架空電線路の径間については第63条，市街地に施設される特別高圧架空電線路の径間については第88条で示している。この規定は，他の工作物との接近又は交差箇所において径間が長いと，その間での断線の確率も高くなり，不測の事故を発生しやすいから，できるだけ径間は短くする必要があるという趣旨である（→第88条解説）。

引張強さ58.84kN以上のより線又は断面積150mm^{2}以上の硬銅より線を使用した場合は，一般の径間長についての規定（→第63条）の適用を受けることになる。規定上は電線を強くすることによって，径間を一般径間並みに緩和しているが，第1種特別高圧保安工事が適用されるような箇所においては，第59条及び第85条に示す支持物及び電線の安全率を一般工事よりも大きくとることが望ましい。

第五号及び第六号は，がいし装置についての規定である。電線の落下事故の大半は支持点付近で起きており，原因としては，サージによるせん絡のため電線が溶断する，架線金具が溶断する又はがいしが破損するなどが挙げられる。

第五号イは，当該部分においてサージによるせん絡が起こり難いようにする方法を示しており，例えば，がいしの増結又は1ランク上位のがいしを使用し，絶縁強度を上げる方法が考えられ，懸垂がいし，長幹がいしにも適用されている。この方法は，これまで懸垂がいしの1個増結という形で行われていたものを，S38工規で一般化したものであって，110%の値は，従来の懸垂がいし1個増結の実績，電力中央研究所，技術研究所等の意見，施工面等を考慮して決めたものである。「近接する他の部分」とは，当該支持点から概ね1km以内を指している。なお，接近又は交差する箇所が連続するような所では，がいしの絶縁強度を上げるだけでなく，4基に1基程度は，2連若しくは2個並列のがいし装置を使用する又はアークホーンを取り付けるなどの対策により，他の部位でのせん絡を防止することが望ましい。

ロは，S43基準でアークホーンを取り付けたがいし装置もがいしの強化装置として認めたものである。アークホーンはせん絡時にがいしを保護するために施設されるもので，がいしの節約に効果があるばかりでなく，放電をアークホーン間で行わせるために電線にアークスポットができず，電線の溶断に対しても効果があると認められたものである（電力中央研究所報告63038「送電線溶断に関する研究」参照）。しかし，アークホーンの形状によっては電線溶断防止に有効でないものもあるので，アークホーンの選定には十分注意すべきである。なお，クランプと電線との電気的接続が不完全であったために，クランプ内で溶断事故が発生した事例も多いので，施工に当たっては，注意が必要である。

ハは，解説95.1図のようにがいしを2連又は2個並列に施設する方法を示しており，サージによってせん絡が起こってもヨーク間又は本線若しくは支持線のいずれか一方であるので，電線の溶断を防止できる。同時にがいしの破損に対しても，安全度を考慮したものである。

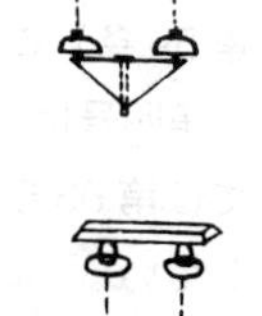

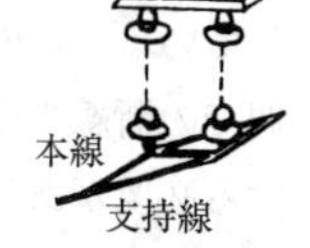

解説95.1図

第五号イにおいて，130kVを超える場合についてせん絡電圧を緩和しているのは，50%衝撃せん絡電圧の値を近接する他の部分のがいし装置の値の110%と規定した場合に，これまでの1個増しに比べてかなり苛酷になること，比率は同じであっても絶対値の差が大きくなること，130kVを超える特別高圧架空電線路では一般的に架空地線，埋設地線を設け，雷の直撃防止，逆せん絡防止等の耐雷設計についてかなり注意して設計していること等から，105%でよいこととしたものである。なお，130kVを超える送電線で105%設計にしてあるものを，一時的に130kV以下の電圧で使用する場合は規定上130kV以下の特別高圧架空電線路となり，110%の値をとることになるが，規定の趣旨からして，そのせん絡電圧の絶対値が130kV以下のがいしの場合の110%に相当するものであれば，105%の値のまま130kV以下で使用することは差し支えない。例えば，154kV送電線を一時的に77kVで使用する場合であって，50%衝撃せん絡電圧105%値の675kVで設計し，77kV設計における50%衝撃せん絡電圧110%値の395kVを上回るような場合は，更なる対策は要しない。

がいしの絶縁耐力の値は，従来は乾燥せん絡電圧，注水せん絡電圧及び50%衝撃せん絡電圧について所定の値以上としなければならなかったが，S43基準からは，50%衝撃せん絡電圧が所定の値以上であればよいことにした。これは，開閉サージのせん絡特性について不明確であったが，電気学会送電専門委員会の「架空送電線の絶縁設計要綱」（1966年）により絶縁設計の考え方が明確になったためである。これによると送電線路の絶縁は開閉サージによって定まり，商用周波の持続性異常電圧に対しては十分余裕があるため商用周波によるせん絡は考えられないので，注水又は乾燥せん絡電圧を隣接径間のそれより大きくすることは意味がないということになった。

第七号は，雷によるせん絡防止規定である。架空地線の設置工事については，逆せん絡が起こらぬように十分な注意が必要である。しかし，100kV 未満の送電線では絶縁強度が低いため，架空地線を施設しても逆せん絡が起こる確率が高いと考えられ，また，これに代えてアークホーン又はアーマロッドで被害を防止することが保安上有効な手段と考えられたので，S43 基準で，ただし書の規定を追加した（→**第97条第3項解説**）。

第八号は，事故の継続時間を短くし，電線の溶断を防止するため，また，万一断線事故が発生した場合でも災害を最小限にとどめるため，できるだけ早く電路を遮断しようとするものである。3秒という時間は消弧リアクトル接地系統においても可能な最低の時間ということで決めたもので，抵抗接地系統ではもっと速く遮断できるわけであり，できるだけ速く遮断することが望ましい。この意味から 100kV の場合は2秒という値にしている。

第九号は，断線事故の多くの原因がスリートジャンプにあるために設けた規定であり，スリートジャンプを起こしやすい地域にあっては十分オフセットをとる等の方法により，径間せん絡を防止するための措置を講ずる必要がある。

また，スリートジャンプ以外にも電線の揺動の原因として，風及び雪の相乗効果によるギャロッピングがある。本解釈では，「今後の雪害対策のあり方について」（平成19年1月原子力安全・保安部会　電力安全小委員会報告書）に基づき，H18 解釈で風と雪の組合せによる電線揺動を追加した。ギャロッピングを起こしやすい地域において径間せん絡を防止する対策としては，次のような方法などがある。

・電線間隔を広めて建設する。
・電線の相間距離を確保する（相間スペーサ）。
・捻回周期をずらす（捻回抑制装置）。
・着氷雪形状を変化させる（ルーズスペーサ，スパイラルロッド）。

送電線路の径間を中心とした設計に当たって考慮すべき事項について概略的な要素を解説 95.2 図に示す。ここに，**第九号**の規定は抽象的であるが，図中で電線間隔を規定していることになるわけである。この規定に当たっては，径間との関係において具体的な保安レベルを決定すべきであると考えられる（→**第88条解説**）。

第2項は，第2種特別高圧保安工事の内容を示している。

第一号は，木柱の安全率については R2 基準で一律 2.0 以上とした（→**第59条解説**）。

第二号は，第1種特別高圧保安工事において禁止している木柱，A 種鉄筋コンクリート柱及び A 種鉄柱の使用を認め，径間制限を 100m とした。また，引張強さ 38.05kN 以上のより線又は断面積 100mm^2 以上の硬銅より線を B 種鉄筋コンクリート柱，B 種鉄柱又は鉄塔に使用する場合は，**第63条**の適用を受けることになる。

第三号，**第四号**，**第五号**は，**第1項**の解説で述べたとおりであるが，第2種特別高圧保安工事では第三号ニでラインポストがいしの使用を認めている。

第3項は，第3種特別高圧保安工事の内容を示している。規定内容は，径間制限（→**第一号**）と揺動による短絡防止（→**第二号**）のみで，径間制限については第2種特別高圧保安工事よりやや緩くなっている（→解説95.2表）。木柱，A種柱に支線を設けた場合の径間の緩和は，第2種特別高圧保安工事と同様に設けていない。

なお，**第二号**の風又は雪による揺動による短絡防止については，S47基準において保安工事全般にわたって規制することになったが，これは雪害対策の一環として太線化（→**第84条**）を推進する一方，抽象的ではあるが揺動による短絡防止の精神を盛り込んだもので，具体的保安レベルについては，電線間隔と径間の関連から規定すべく今後の検討課題であると考えられる。

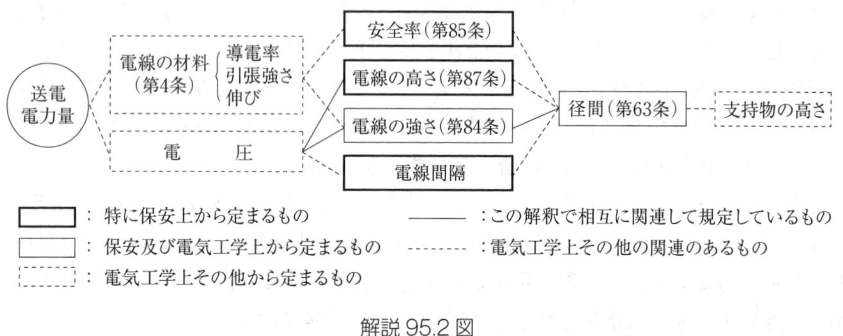

解説95.2図

解説95.2表　特別高圧架空電線の強さと径間

<table>
<tr><th colspan="3">電線の強さ／支持物の種類／項目</th><th>8.71kN以上（22mm^{2}以上の硬銅より線）</th><th>14.51kN以上（38mm^{2}以上の硬銅より線）</th><th>21.67kN以上（55mm^{2}以上の硬銅より線）</th><th>38.05kN以上（100mm^{2}以上の硬銅より線）</th><th>58.84kN以上（150mm^{2}以上の硬銅より線）</th><th>77.47kN以上（200mm^{2}以上の硬銅より線）</th></tr>
<tr><td rowspan="4">一般</td><td colspan="2">木柱，A種柱</td><td colspan="2">150m</td><td colspan="4">(300m)※※※</td></tr>
<tr><td colspan="2">B種柱</td><td colspan="2">250m</td><td colspan="4">(500m)※※</td></tr>
<tr><td rowspan="2">鉄塔</td><td>170kV未満</td><td colspan="2">600m</td><td colspan="4" rowspan="2">(制限なし)※</td></tr>
<tr><td>170kV以上</td><td colspan="2">800m</td></tr>
<tr><td rowspan="4">第3種特別高圧保安工事</td><td colspan="2">木柱，A種柱</td><td>100m</td><td colspan="5">150m</td></tr>
<tr><td colspan="2">B種柱</td><td colspan="2">200m</td><td>250m</td><td colspan="3">(500m)※※</td></tr>
<tr><td rowspan="2">鉄塔</td><td>170kV未満</td><td colspan="2" rowspan="2">400m</td><td rowspan="2">600m</td><td colspan="3">(制限なし)※</td></tr>
<tr><td>170kV以上</td><td colspan="3">800m(制限なし)※</td></tr>
<tr><td rowspan="4">第2種特別高圧保安工事</td><td colspan="2">木柱，A種柱</td><td colspan="6">100m</td></tr>
<tr><td colspan="2">B種柱</td><td colspan="3">200m</td><td colspan="3">250m(500m)※※</td></tr>
<tr><td rowspan="2">鉄塔</td><td>170kV未満</td><td colspan="3" rowspan="2">400m</td><td colspan="3">600m(制限なし)※</td></tr>
<tr><td>170kV以上</td><td colspan="3">800m(制限なし)※</td></tr>
</table>

第1種特別高圧保安工事	100kV 未満	B 種柱 鉄塔			150m 400m		250m(500m)※※ 600m(制限なし)※
	100kV 以上 130kV 未満	B 種柱 鉄塔				150m 400m	250m(500m)※※ 600m(制限なし)※
	130kV 以上 300kV 未満	B 種柱		禁止 (第95条第1項第一号の電線の強さの制限)			250m(500m)※※
		鉄塔	170kV 未満				600m(制限なし)※
			170kV 以上				800m(制限なし)※
	300kV 以上	B 種柱 鉄塔					250m(500m)※※ 800m(制限なし)※

※は，耐張型鉄塔を使用する場合
※※は，耐張型B種鉄柱を使用する場合
※※※は，全架渉線につき各架渉線の想定最大張力の1/3の水平力に耐える支線を有する木柱又はA種鉄柱を使用する場合
なお，第1種特別高圧保安工事には木柱及びA種柱は使用できない。

【特別高圧架空電線が建造物等と接近又は交差する場合の支線の施設】（省令第28条，第29条）

第96条　特別高圧架空電線が，建造物，道路（車両及び人の往来がまれであるものを除く。以下この条において同じ。），横断歩道橋，鉄道，軌道，索道，架空弱電流電線等，低圧若しくは高圧の架空電線又は低圧若しくは高圧の電車線（以下この項において「建造物等」という。）と第2次接近状態に施設される場合又は使用電圧が35,000Vを超える特別高圧架空電線が建造物等と第1次接近状態に施設される場合（建造物の上に施設される場合を除く。）は，特別高圧架空電線路の支持物（鉄塔を除く。以下この条において同じ。）には，建造物等と接近する側の反対側に支線を施設すること。ただし，次の各号のいずれかに該当する場合は，この限りでない。（関連省令第32条第1項）

一　特別高圧架空電線路が，建造物等と接近する側の反対側に10度以上の水平角度をなす場合

二　特別高圧架空電線路の支持物が，B種鉄筋コンクリート柱又はB種鉄柱であって，常時想定荷重に1.96kNの水平横荷重を加算した荷重に耐えるものである場合

三　特別高圧架空電線路が次のいずれかの場合において，支持物がB種鉄筋コンクリート柱又はB種鉄柱であって，常時想定荷重の1.1倍の荷重に耐えるものであるとき

イ　使用電圧が35,000V以下であって，電線が特別高圧絶縁電線であり，かつ，当該特別高圧架空電線路の支持物とこれに隣接する支持物との径間がいずれも75m以下である場合

ロ　使用電圧が100,000V未満であって，電線がケーブルである場合

2　特別高圧架空電線が，道路，横断歩道橋，鉄道，軌道，索道，架空弱電流電線等，低圧若しくは高圧の架空電線又は低圧若しくは高圧の電車線と交差して，又は建造物

の上に施設される場合は，特別高圧架空電線路の支持物には，次の図に示す方向に支線を施設すること。ただし，前項第二号又は第三号に該当する場合は，この限りでない。(関連省令第32条第1項)

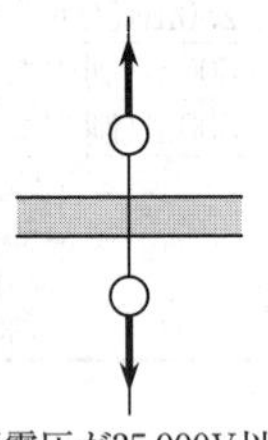

一　使用電圧が35,000V以下の特別高圧架空電線が、道路、横断歩道橋、低圧若しくは高圧の架空電線、若しくは低圧若しくは高圧の電車線と交差する場合、又は建造物の上に施設される場合

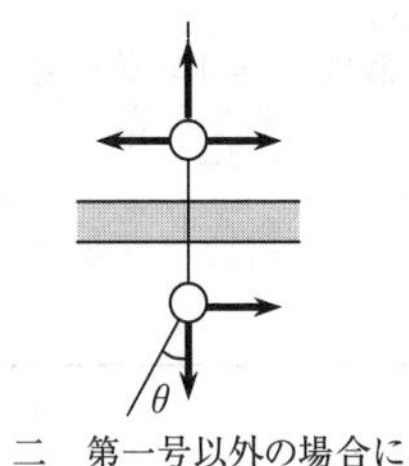

二　第一号以外の場合において、θ≧10度のとき

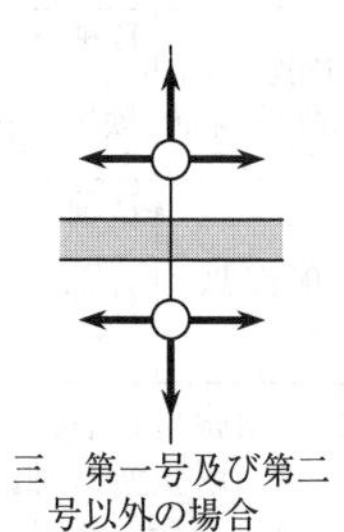

三　第一号及び第二号以外の場合

──：特別高圧架空電線　○：支持物　→：支線

▒：道路、横断歩道橋、鉄道、軌道、索道、架空弱電流電線等、低圧若しくは高圧の架空電線、低圧若しくは高圧の電車線又は建造物

〔解　説〕本条は，特別高圧架空電線が建造物，道路，横断歩道橋，鉄道，軌道，索道，架空弱電流電線等，低高圧架空電線，低高圧電車線と接近又は交差する場合の保安強化のための支線について示している。

第1項は，特別高圧架空電線がこれらの建造物等と第2次接近状態(→**第49条第十号**)に施設される場合又は使用電圧が35kVを超える特別高圧架空電線が建造物等と第1次接近状態（→**第49条第九号**）に施設される場合の支線の施設について示している。なお，建造物の上に施設される場合は第2次接近状態として取り扱われる(→**第71条解説**，解説96.1図)。

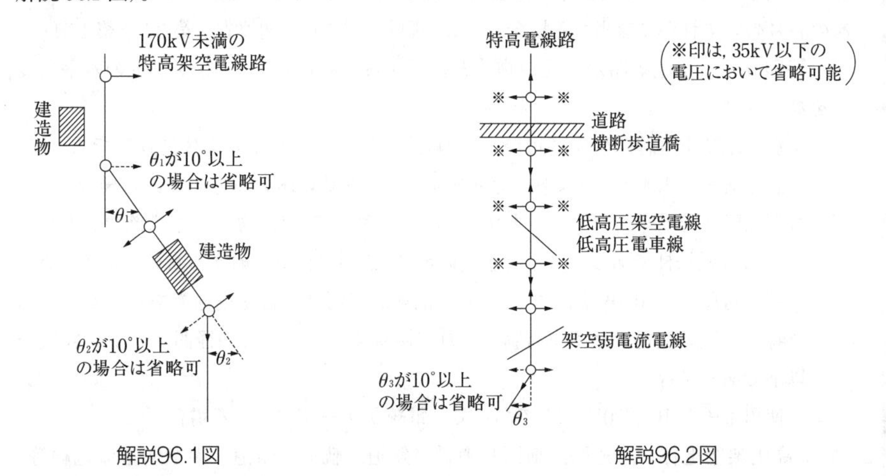

解説96.1図　　解説96.2図

支線の施設方法については，**第 61 条**に規定している。B 種鉄筋コンクリート柱又は B 種鉄柱（**→第 49 条**）のうち，常時想定荷重に 1.96kN の水平横荷重を加算した荷重に耐えるものを使用する場合には，支線を省略することができる。

特別高圧架空電線路が，建造物と接近する側と反対側に 10° 以上の水平角度をもっている場合には，角度の内側（建造物と接近する側の反対側）の支線は省略することができる。これは水平角度が 10° 以上になると，架渉線が支線を張ったのと同じように作用するため，電線路の角度の外側の方向に倒壊することはないとする考え方である。しかし，水平角度が 10° 以上であっても，電線路の回線数や電線の太さなどの諸条件を考慮して個々に検討することが望ましい場合もあり，例えば，断面積が $22mm^2$ や $38mm^2$ の硬銅線を使用する 1 回線の電線路の場合には，それぞれ 25° 以上及び 16° 以上の水平角度を有するときに角度の内側の支線を省略している。

S47 基準では，接近又は交差する場合の保安強化のための支線（支持物が耐えるべき荷重を一部分担する場合を除く。）に対し，「支線を設けたものと同等以上の強度を有する B 種柱」と規定していたものを，支線の強度の限度（**→第 61 条第 1 項解説**）の 4.31kN のものを腕金付近に 30° の角度で取り付けると仮定して（水平横分力は 2.155kN となる。），常時想定荷重にこの 1.96kN の水平横荷重を加算した荷重に耐える B 種柱として，強度の明確化を図った。

第三号は，100kV 未満の特別高圧架空電線に特別高圧絶縁電線又はケーブルを使用する場合について示したものである。100kV 未満の特別高圧架空電線路の電線としてケーブルを使用し，**第 86 条**に基づき施設する B 種柱又は 35kV 以下の特別高圧架空電線路の電線として特別高圧絶縁電線を使用し，かつ，当該支持物と隣接する支持物との径間がいずれも 75m 以下である B 種柱にあっては，**第 59 条**で規定された常時想定荷重（**→第 58 条**）の 1.1 倍の荷重に耐えるものであれば，前号と同等以上の保安レベルを有するものとして，支線を省略することを認めている。この場合において，支持物の基礎の強度は 1.1 倍の常時想定荷重に対しての 2 倍の安全率をとる必要がある（**→第 60 条**）。

第 2 項は，特別高圧架空電線と建造物等（建造物との交差はあり得ないので，建造物等といってもここでは建造物は除かれることになる。）とが交差する場合の支線の施設について示している。ただし書の支線を省略できる条件は，前項の解説のとおりである。第一号から第三号で規定する交差の場合の支線の施設方法の例を図示すると解説 96.2 図のようになる。

【35,000V を超える特別高圧架空電線と建造物との接近】（省令第 29 条，第 48 条第 2 項，第 3 項）

第 97 条　使用電圧が 35,000V を超える特別高圧架空電線（以下この条において「特別高圧架空電線」という。）が，建造物に接近して施設される場合における，特別高圧架空電線と建造物の造営材との離隔距離は，次の各号によること。

一　使用電圧が 170,000V 以下の特別高圧架空電線と建造物の造営材との離隔距離は，97-1 表に規定する値以上であること。

97-1 表

架空電線の種類	区分	離隔距離
ケーブル	上部造営材の上方	$(1.2+c)$ m
	その他	$(0.5+c)$ m
特別高圧絶縁電線	上部造営材の上方	$(2.5+c)$ m
	人が建造物の外へ手を伸ばす又は身を乗り出すことなどができない部分	$(1+c)$ m
	その他	$(1.5+c)$ m
その他	全て	$(3+c)$ m

（備考）c は，特別高圧架空電線の使用電圧と 35,000V の差を 10,000V で除した値（小数点以下を切り上げる。）に 0.15 を乗じたもの

二　使用電圧が 170,000V を超える特別高圧架空電線と建造物の造営材との離隔距離は，日本電気技術規格委員会規格 JESC E2012（2013）「170kV を超える特別高圧架空電線に関する離隔距離」の「2. 技術的規定」によること。

2　特別高圧架空電線が，建造物と第 1 次接近状態に施設される場合は，特別高圧架空電線路を，第 3 種特別高圧保安工事により施設すること。

3　使用電圧が 170,000V 未満の特別高圧架空電線が，建造物と第 2 次接近状態に施設される場合は，次の各号によること。

一　建造物は，次に掲げるものでないこと。

イ　第 175 条第 1 項第一号又は第二号に規定する場所を含むもの

ロ　第 176 条第 1 項に規定する場所を含むもの

ハ　第 177 条第 1 項又は第 2 項に規定する場所を含むもの

ニ　第 178 条第 1 項に規定する火薬庫

二　建造物の屋根等の，上空から見て大きな面積を占める主要な上部造営材であって，特別高圧架空電線と第 2 次接近状態にある部分は，次に適合するものであること。

イ　不燃性又は自消性のある難燃性の建築材料により造られたものであること。

ロ　金属製の部分に，D 種接地工事が施されたものであること。

三　特別高圧架空電線路は，第 1 種特別高圧保安工事により施設すること。

四　次のいずれかにより施設すること。

イ　特別高圧架空電線にアーマロッドを取り付け，かつ，がいしにアークホーンを取り付けること。

ロ　特別高圧架空電線路に架空地線を施設し，かつ，特別高圧架空電線にアーマロッドを取り付けること。

ハ　特別高圧架空電線路に架空地線を施設し，かつ，がいしにアークホーンを取り付けること。

ニ　がいしにアークホーンを取り付け，かつ，圧縮型クランプ又はクサビ型クランプを使用して電線を引き留めること。

4　使用電圧が 170,000V 以上の特別高圧架空電線と建造物との水平距離の計測において，当該建造物側の計測基準点は，当該建造物のうち特別高圧架空電線との水平距離が最も近い部分とすること。ただし，当該建造物の一部に外壁面から張り出した簡易な構造の物件が存在する場合であって，当該物件からの火災により架空電線路の損壊等のおそれがないときは，当該物件を計測基準点とすることを要しない。

5　特別高圧架空電線が建造物の下方に接近する場合は，相互の水平離隔距離は 3m 以上であること。ただし，特別高圧架空電線にケーブルを使用し，その使用電圧が 100,000V 未満である場合は，この限りでない。

〔解　説〕 本条は，特別高圧架空電線と建造物が接近する場合の規定である。なお，建造物と接近する場合は，本条のほかに，第 96 条に支線の施設を規定している。H23 解釈で，使用電圧が 35kV 以下のものについては，**第 106 条**で規定することとした。建造物との離隔距離などについては**第 71 条**の解説，第 1 次接近状態及び第 2 次接近状態については**第 49 条第九号**及び**第十号**の解説，特別高圧保安工事については**第 95 条**の解説を参照されたい。

第 1 項は，建造物に接近して施設される場合の離隔距離の規定である。

第二号は，R1 解釈で新たに定めた規定であり，170kV を超える特別高圧架空電線との離隔距離を規定している。詳細は，日本電気技術規格委員会規格 JESC E2012（2013）「170kV を超える特別高圧架空電線に関する離隔距離」を参照されたい。

第 3 項は，35kV を超え 170kV 未満の特別高圧架空電線が建造物と第 2 次接近状態に施設される場合の規定である。これは，過去の特認の基準を基にして電気技術基準調査委員会送電専門委員会で検討した結果によるものである。なお，第 2 次接近状態のなかには，特別高圧架空電線が建造物の上に施設される場合も含まれることは，第 71 条の解説で述べたとおりである。

元来，特別高圧架空電線が建造物のすぐ傍に施設されるということや建造物の上に施設されるということは好ましいことではない。つまり，建造物の火災による電線の溶断だけでなく，増築又はテレビアンテナの設置等の特別高圧架空電線路の保安を困難にするような事態が容易に予想される点からも，このような施設を避けることが望ましい。しかし，土地の取得難などの理由により，建造物に接近することがやむを得ないこともあるので，これを緩和している。したがって，用地の取得が困難な都市近郊に施設されることの多い 170kV 未満の特別高圧架空電線についてはこれを認めるが，重要な送電線が大半を占める170kV以上のものについてはこれを認めていない。

なお，**第3項**に関する基本的な考え方としては，電気技術基準調査委員会において，自衛上の措置は自主的判断に委ねるべきであるとの強い要望もあったので，下方建造物の火災による断線については，施設者が自衛上当然考慮すべきこととし，断線による供給支障等の影響についての判断は施設者に委ねている。また，同様の観点から保守上の難易についても施設者の自主的判断に委ねることとした。

したがって，**本条**は，特別高圧架空電線が建造物に与える危害防止についてのみ規定している。このような理由から**本条**では明文化していないが，建造物と第2次接近状態に施設されるのは，そこに施設しなければ，経済的，技術的に著しい負担がかかる場合に限ることが望ましく，特に建造物が密集しているような場所に施設することは避けることが望ましい。

第一号は，万一，火災が発生した場合に，爆発を生じ又は災害が拡大しやすい建造物（爆発のおそれがあるもの又は燃えやすい物質を多量に取り扱い若しくは貯蔵しているようなもの）（**→第175条から第178条**）については，接近しないこととしている。

第二号は，万一，断線地絡が発生した場合の危害防止のための規定であり，建造物の上面にある造営材のうち，屋根等の上部から見た投影面積の大半を占める主要な部分が，特別高圧架空電線と第2次接近状態にある場合について規定している。**イ**は，断線地絡時の火災防止のための規定であり，当該部分に火災になりやすいかや葺屋根その他可燃性のもので葺かれた屋根を持つ建造物については，接近しないこととしている。瓦，スレート若しくは鉄板等の不燃性のもの又は自消性がある難燃性の硬質塩化ビニル波板等で葺かれた建造物は，接近を認めている。**ロ**は，断線地絡時の危害防止のための規定であり，当該部分にD種接地工事を施せばよい。例えば，屋根が金属板張りの場合は，これを接地すればよく，瓦葺き等の場合では，雨とい，その他比較的面積の大きい金属製の部分に接地を施せばよい。

第四号は，第三号の第1種特別高圧保安工事のほか，電線にはアーマロッドを取り付け，さらに，がいしにはアークホーンを取り付けることとしているが，これは万一せん絡が起こってもアークにより電線が致命的な損傷を受けないようにするためである。架空地線を施設する場合は，アークホーン又はアーマロッドのいずれか一つを省略することができる。100kV以上の送電線の第1種特別高圧保安工事には，架空地線が必ず必要となるので，アークホーン又はアーマロッドのいずれか一つでよいこととなる。すなわち，雷による断線対策としてこれら三つのうちいずれか二つの対策を講じておくこととなる。なお，S57基準で圧縮型クランプ又はクサビ型クランプを使用して電線を引き留める場合には，アークホーンを取り付けるだけでもよいこととなったので，この場合は，圧縮型クランプ又はクサビ型クランプの使用が二つのうち一つの対策と解してよい。

電気技術基準調査委員会が44～77kV架空送電線路の雷害による断線事故について，

昭和 36 ～ 40 年の 5 ヵ年にわたり，架空地線とアークホーンの有無による事故率を調査した結果は解説 97.1 表のようになり，架空地線とアークホーンがあるものの事故率が一番低い。

解説 97.1　表 44 ～ 77kV 架空送電線路の雷害による断線事故統計

（GW，AH 有無別）5 ヵ年平均（昭和 36 ～ 40 年）

項目	GW，AH 各有	GW 有，AH 無	GW 無，AH 有	GW，AH 各無	計
件数	2.0	9.8	0.8	18.2	30.8
百分率（%）	6.5	31.8	2.6	59.1	100
こう長（km）	6,570	8,129	1,389	8,920	25,008
件数 /100km	0.03	0.12	0.06	0.20	0.12

（備考）GW：架空地線，AH：アークホーン

本来，アークホーンはせん絡が発生した際にアークががいしに絡みつくことを防止するためのものであり，アーマロッドは振動による電線の疲労を防止するためのものであるが，電線の溶断防止にも効果があるのでこれを規定したものである。

なお，アークホーンを使用する場合，クランプと電線との接触部がせん絡電流により過熱し溶断した例も少なくないので，電線とクランプとの間の電気抵抗を極力小さくするために，電線保持の方法を考慮することが望ましい。アーマロッドを使用する場合は，電線の溶断試験の結果からみて支持点の両側に少なくとも 1m 程度の電線を保護できるようにすることが望ましい。

S57 基準では，電線の大サイズ化などから，形状的にアーマロッドの取り付けが困難である圧縮型又はクサビ型のクランプを使用して電線を引き留める場合が多くなっていたが，これらのクランプは電線との接触面積が大きくとれ，雷によるクランプ内断線が皆無であったため，アーマロッドの省略を認めた。

第 4 項は，170kV 以上の特別高圧架空電線における建造物との水平距離の計測基準点について規定したものである。ここで，火災により架空電線路の損壊等のおそれがないと考えられる外壁面から張り出した簡易な構造の物件の具体例としては，照明器具，屋外固定式カメラ，メーター設備，門扉・塀，看板，雨とい，クレーン設備，空調・換気設備，電気・ガス等の給排水設備，アンテナ設備，水道設備，窓に付帯した手すり・格子，物干し金具，出窓，雨よけ・オーニング，テラス，自転車置場，カーポート，玄関ポーチ，ウッドデッキ，ベランダ・バルコニー，軒・ひさし，スロープ，シャッター，配管・資材用の棚，屋外階段・はしご等の昇降設備，ダスト設備その他これらに類するものがある。（→解説 97.1 図，97.2 図）

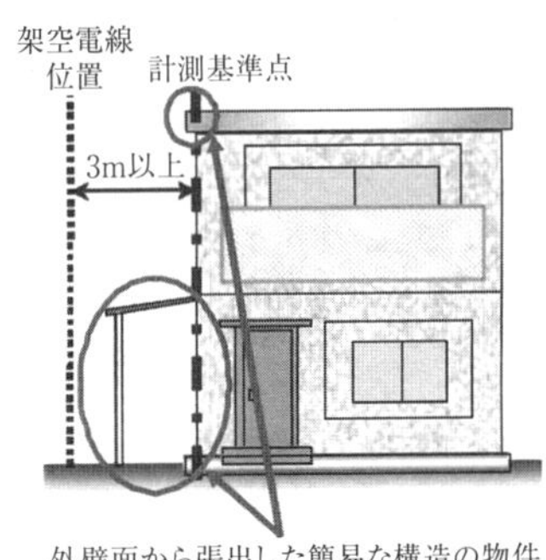

解説 97.1 図

1. 照明器具　2. 屋外固定式カメラ　3. メーター設備　4. 門扉・塀

5. 看板　6. 雨とい　7. クレーン設備　8. 空調・換気設備

9. 電気・ガス等の給排水設備　10. アンテナ設備　11. 水道設備　12. 窓に付帯した手すり・格子

13. 物干し金具　14. 出窓　15. 雨よけ・オーニング　16. テラス

17. 自転車置場　18. カーポート　19. 玄関ポーチ　20. ウッドデッキ

21. ベランダ・バルコニー

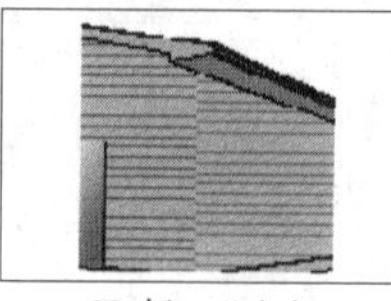

22. 軒・ひさし

23. スロープ

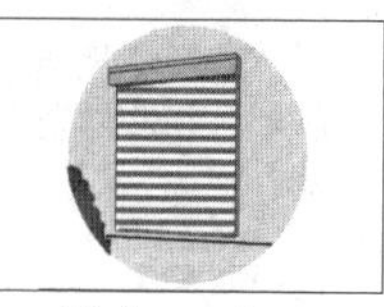

24. シャッター

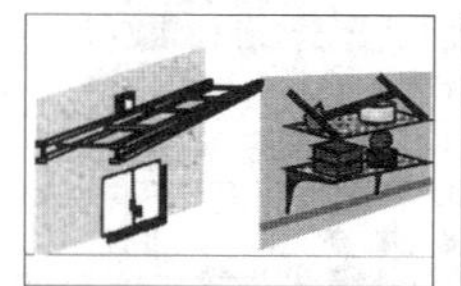

25. 配管・資材用の棚

26. 屋外階段・はしご等の昇降設備

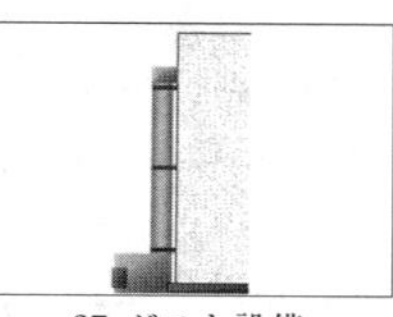

27. ダスト設備

解説 97.2 図

第 5 項は，一般にはほとんど考えられないが，**第 71 条第 2 項**の解説にあるような場合に関して，特別高圧架空電線と建造物との離隔距離を定めたものである。100kV 未満の特別高圧架空電線にケーブルを使用する場合は，相互の離隔距離のみの規定とした（→**第 104 条解説**）。

【35,000V を超える特別高圧架空電線と道路等との接近又は交差】（省令第 29 条，第 48 条第 3 項）

第 98 条 使用電圧が 35,000V を超える特別高圧架空電線（以下この条において「特別高圧架空電線」という。）が，道路（車両及び人の往来がまれであるものを除く。以下この条において同じ。），横断歩道橋，鉄道又は軌道（以下この条において「道路等」という。）と第 1 次接近状態に施設される場合は，次の各号によること。

一　特別高圧架空電線路は，第 3 種特別高圧保安工事により施設すること。

二　特別高圧架空電線と道路等との離隔距離（路面上又はレール面上の離隔距離を除く。以下この条において同じ。）は，98-1 表に規定する値以上であること。ただし，使用電圧が 170,000V を超える場合は，日本電気技術規格委員会規格 JESC E2012 (2013)「170kV を超える特別高圧架空電線に関する離隔距離」の「2. 技術的規定」によること。

98-1 表

使用電圧の区分	離隔距離
35,000V を超え 170,000V 以下	$(3+c)$ m

（備考）c は，使用電圧と 35,000V の差を 10,000V で除した値（小数点以下を切り上げる。）に 0.15 を乗じたもの

2　特別高圧架空電線が，道路等と第 2 次接近状態に施設される場合は，次の各号によること。

一　特別高圧架空電線路は，第 2 種特別高圧保安工事（特別高圧架空電線が道路と第 2 次接近状態に施設される場合は，がいし装置に係る部分を除く。）により施設すること。

二　特別高圧架空電線と道路等との離隔距離は，前項第二号の規定に準じること。ただし，ケーブルを使用する使用電圧が 100,000V 未満の特別高圧架空電線と道路等との水平離隔距離が 2m 以上である場合は，この限りでない。

三　特別高圧架空電線のうち，道路等との水平距離が 3m 未満に施設される部分の長さは，連続して 100m 以下であり，かつ，1 径間内における当該部分の長さの合計は，100m 以下であること。ただし，使用電圧が 600,000V 未満の特別高圧架空電線路を第 1 種特別高圧保安工事により施設する場合は，この限りでない。

3　特別高圧架空電線が，道路等の下方に接近して施設される場合は，次の各号による

こと。

一 特別高圧架空電線と道路等との離隔距離は，前条第1項の規定に準じること。

二 特別高圧架空電線と道路等との水平離隔距離は，3m以上であること。ただし，特別高圧架空電線にケーブルを使用し，その使用電圧が100,000V未満である場合は，この限りでない。

4 特別高圧架空電線が，道路等の上に交差して施設される場合は，次の各号によること。

一 特別高圧架空電線路は，第2種特別高圧保安工事により施設すること。ただし，次のいずれかに該当する場合は，がいし装置に係る第2種特別高圧保安工事を施さないことができる。

イ 特別高圧架空電線が道路と交差する場合

ロ 特別高圧架空電線と道路等との間に次により保護網を施設する場合

（イ） 保護網は，A種接地工事を施した金属製の網状装置とし，堅ろうに支持すること。（関連省令第10条，第11条）

（ロ） 保護網を構成する金属線は，その外周及び特別高圧架空電線の直下に施設する金属線には，引張強さ8.01kN以上のもの又は直径5mm以上の硬銅線を使用し，その他の部分に施設する金属線には，引張強さ5.26kN以上のもの又は直径4mm以上の硬銅線を使用すること。（関連省令第6条）

（ハ） 保護網を構成する金属線相互の間隔は，縦横各1.5m以下であること。

（ニ） 保護網が特別高圧架空電線の外部に張り出す幅は，特別高圧架空電線と保護網との垂直距離の1/2以上であること。ただし，6mを超えることを要しない。

二 特別高圧架空電線のうち，道路等との水平距離が3m未満に施設される部分の長さは，100m以下であること。ただし，使用電圧が600,000V未満の特別高圧架空電線路を第1種特別高圧保安工事により施設する場合は，この限りでない。

〔解　説〕 本条は，特別高圧架空電線が道路，横断歩道橋，鉄道又は軌道と接近又は交差する場合の規定である。なお，これらのものと接近又は交差する場合の特別高圧架空電線路には，本条のほかに，**第96条**で支線の施設を規定している。離隔距離，水平離隔距離及び交差などの意味については，**第71条**及び**第72条**の解説を，特別高圧保安工事については**第95条**の解説を参照されたい。

第1項は，第1次接近状態に施設される場合の規定である。離隔距離については，横断歩道橋や立体道路等の側方に架空電線が施設された場合に問題となるが，一般の道路では，その地表上の高さ（**→第87条**）により必然的に決まる。これは本条の各項に共通することである（**→第72条解説**）。なお，35kV以下の特別高圧架空電線については，**第106条**にて規定している。

第二号は，R1解釈で新たに定めた規定であり，170kVを超える特別高圧架空電線との離隔距離を規定している。詳細は，日本電気技術規格委員会規格 JESC E2012（2013）「170kV を超える特別高圧架空電線に関する離隔距離」を参照されたい。

第 2 項は，特別高圧架空電線が道路等と第 2 次接近状態に施設される場合の規定である。この場合の施設は，第 2 種特別高圧保安工事によることになるが，道路と接近又は交差する場合に限り，第 2 種特別高圧保安工事のうちがいし装置に係る部分，すなわち**第 95 条第 2 項第三号**及び**第四号**の規定によらなくてもよいこととしている（**→第 3 項解説**）。

これは，特別高圧架空電線が，山岳地等地形の関係で曲折している道路に僅かずつ接近する等の場合に，接近する部分が僅かであり，事故の確率が非常に少ないにもかかわらずルートを大きく変更しなければならず，そのために多くの困難が伴うというような場合を救済するためのものである。しかし，むやみに接近して施設することは避けることが望ましく，また，あらかじめ管理者との間に十分に連絡の上，実施することが望ましい。

第二号は，H9 解釈でただし書を追加し，35kV を超え 100kV 未満の特別高圧架空電線にケーブルを使用する場合は，水平離隔距離を 2.0m まで緩和した。これは，S47 基準で架空ケーブルの工事方法について定められたことに伴うものである。

第三号は，道路等と長距離にわたって接近状態が続けば，事故発生の確率が高くなることから，道路等と第 2 次接近状態にある距離が 100m を超える場合，35kV を超え 600kV 未満のものにあっては，第 1 種特別高圧保安工事によることとしている。

なお，**第三号**の規定について図示すると解説 98.1 図のようになる。100m という値は，**第 100 条第 3 項第三号**で規定する架空弱電流電線等の幅の狭い場合の 50m との関連で，道路など幅の広い場合は 100m がほぼ同一の危険度と考えられることによる。300kV を超え 600kV までの送電線を第 2 次接近状態に施設することについては，S51 基準で認めた。これは，道路の整備拡張が急速に進むことにより特別高圧架空電線と接近する機会が増加していたこと，また，500kV 送電線についても，運転実績が積まれたこと，S51 基準で静電誘導の障害防止について基準が定められたこと（**→省令第 27 条**）などを考慮して検討した結果，認められたものである。なお，H9 解釈で 35kV を超える 100kV 未満の特別高圧架空電線にケーブルを使用する場合は，水平離隔距離 2.0m までに緩和した。これは，S47 基準で架空ケーブルの工事方法について定められたことに伴うものである。

第 3 項は，実際にはほとんど考えられないが，特別高圧架空電線が立体道路等の下方で接近する場合についての規定であり，建造物の下方に接近する場合（**→第 97 条第 5 項解説**）の規定内容と同様である。

第 4 項は，特別高圧架空電線が道路

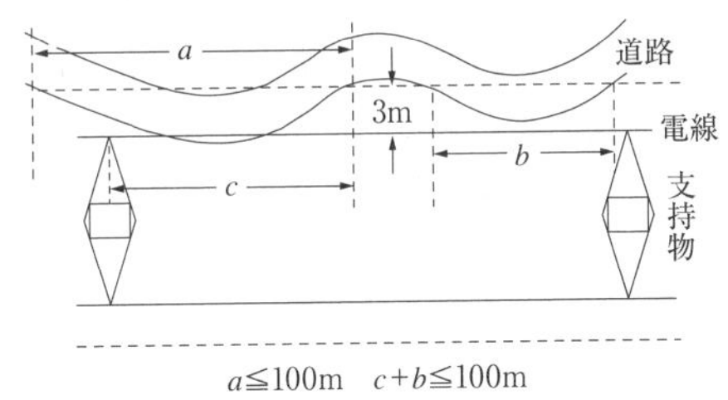

解説 98.1 図

等の上で交差する場合の規定であるが，この解釈で交差の場合に対する規定は接近の場合の規定よりも緩和されている。これは，本来距離の長いもの同士が接近することは危険度が高く，また，ルートを変えれば避けられる性質のものであることに対して，交差の場合は長いもの同士はどこかで交差しなければ施設できず，また，交差は1点であるのでその危険度は接近の場合よりも低いという考えに基づくものである。したがって，交差する場合は，特別高圧架空電線の電圧についての制限もなされていない。

施設方法としては，**第一号**で第2種特別高圧保安工事によることとしているが，**イ**で道路と交差する場合，**ロ**で保護網を施設する場合は，第2種特別高圧保安工事のうち，がいし装置に係る部分の規定（以下「がいし装置」という場合は，条文上は明確でないが，**第95条2項第三号**及び**第四号**の部分を意味している。）のみ省略できることを示している。道路については，交差する機会が非常に多く，全ての交差点においてがいし装置に規制を加えることは苛酷であるため，規制を緩和しており，したがって，保護網については横断歩道橋，鉄道及び軌道との関連において意味をもつものである。

ロは，保護網についての規定であり，万一，特別高圧架空電線が断線した場合に，これが落下しないよう支えるために，特に**（イ）**で，「堅ろうに支持すること。」と規定している。しかし，場合によっては困難なこともあるので，できるだけがいし装置によることが望ましい。保護網の具体的な施設方法については，**第100条第9項**の解説を参照されたい。

第二号は，緩やかに交差することを避ける趣旨のもので，たとえ交差する場合であっても特別高圧架空電線から水平距離で3m以内にある部分の長さは，事故の確率を低くするためできるだけ短くすることが必要である。従来，この規定はなかったが，接近の場合と整合を図るため，S38工規で新たに設けられた。したがって，特別高圧架空電線（1条を対象とする。）から水平距離で3m未満に施設される部分の長さ（道路等の長さで測定する。）が100mを超える場合は，道路等との長距離間接近（**→第2項第三号**）と同じように，35kVを超え600kV未満の特別高圧架空電線にあっては，第1種特別高圧保安工事によることとし，600kV以上のものは施設しないこととしている。なお，35kV以下の特別高圧架空電線の取扱いについては，**第106条**に規定している。

この場合の接近部分の長さの測定方法については，解説98.2図を参照されたい。なお，この規定については，道路のように幅が広いものについて特別高圧架空電線の長さをとると，交差の場合に非常な困難を生じること，**第100条第3項**で規定する架空弱電流電線等の幅の狭いものについては，どちらの長さをとっても大差ないことから，特別高圧架空電線が交差する相手方の長さをとることとした。

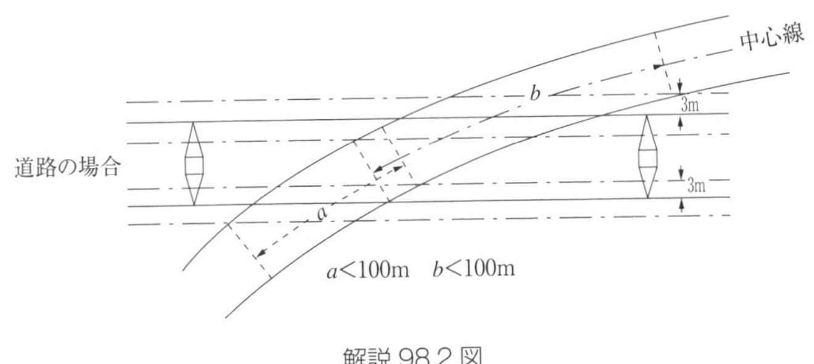

解説 98.2 図

【35,000V を超える特別高圧架空電線と索道との接近又は交差】（省令第 29 条, 第 48 条第 3 項）

第 99 条　使用電圧が 35,000V を超える特別高圧架空電線（以下この条において「特別高圧架空電線」という。）が，索道と接近又は交差して施設される場合における，特別高圧架空電線と索道との離隔距離は，99-1 表に規定する値以上であること。ただし，使用電圧が170,000V を超える場合は，日本電気技術規格委員会規格 JESC E2012(2013)「170kV を超える特別高圧架空電線に関する離隔距離」の「2. 技術的規定」によること。

99-1 表

使用電圧の区分	電線の種類	離距離
35,000V を超え 60,000V 以下	ケーブル	1m
	その他	2m
60,000V を超え 170,000V 以下	ケーブル	（1＋c） m
	その他	（2＋c） m

（備考）c は，使用電圧と 60,000V の差を 10,000V で除した値（小数点以下を切り上げる。）に 0.12 を乗じたもの

2　特別高圧架空電線が，索道と第 1 次接近状態に施設される場合は，特別高圧架空電線路を第 3 種特別高圧保安工事により施設すること。

3　特別高圧架空電線が，索道と第 2 次接近状態に施設される場合は，次の各号によること。

一　特別高圧架空電線路は，第 2 種特別高圧保安工事により施設すること。

二　特別高圧架空電線のうち，索道との水平距離が 3m 未満に施設される部分の長さは，連続して 50m 以下であり，かつ，1 径間内における当該部分の長さの合計は，50m 以下であること。ただし，特別高圧架空電線路を第 1 種特別高圧保安工事により施設する場合は，この限りでない。

4　特別高圧架空電線が，索道の下方に接近して施設される場合は，次の各号のいずれかによること。

一　特別高圧架空電線と索道との水平距離を，索道の支柱の地表上の高さに相当する距離以上とすること。

第3章　電線路

二 特別高圧架空電線と索道との水平距離が3m以上であり，かつ，索道の支柱の倒壊等の際に，索道が特別高空電線と接触するおそれがない範囲に特別高圧架空電線を施設すること。

三 次により施設すること。

イ 特別高圧架空電線と索道との水平距離が，3m以上であること。

ロ 特別高圧架空電線がケーブルである場合を除き，特別高圧架空電線の上方に堅ろうな防護装置を設け，かつ，その金属製部分にD種接地工事を施すこと。

5 特別高圧架空電線が，索道の上に交差して施設される場合は，次の各号によること。

一 特別高圧架空電線路は，第2種特別高圧保安工事により施設すること。ただし，特別高圧架空電線と索道との間に前条第4項第一号ロの規定に準じて保護網を施設する場合は，がいし装置に係る第2種特別高圧保安工事を施さないことができる。

二 特別高圧架空電線のうち，索道との水平距離が3m未満に施設される部分の長さは，50m以下であること。ただし，特別高圧架空電線路を第1種特別高圧保安工事により施設する場合は，この限りでない。

6 特別高圧架空電線が索道の下に交差して施設される場合は，第4項第三号ロの規定に準じるとともに，危険のおそれがないように施設すること。

〔解 説〕 **本条**は，特別高圧架空電線が索道（**→第49条第十三号**）と接近又は交差する場合の規定である。なお，索道と接近又は交差する場合の特別高圧架空電線路については，**本条**のほかに，**第96条**により支線を施設することを規定している。離隔距離，水平離隔距離，第1次接近状態（**→第49条第九号**），第2次接近状態（**→第49条第十号**），接近，交差などの意味については**第71条**及び**第72条**の解説を，特別高圧保安工事については，**第95条**の解説を参照されたい。

第1項の離隔距離については，電圧60kVを超える10kVにつき20cmという増加率としていたが，超高圧電線路の出現とともに工事を行う上で非常に負担となっていたので，S34工規で12cmに改めた。その後，500kVの特別高圧電線路が出現するなど，超高圧架空送電線路の設備量が増加していることなどを踏まえ，R1解釈で日本電気技術規格委員会規格JESC E2012（2013）「170kVを超える特別高圧架空電線に関する離隔距離」を引用し，6cmに改めた。この離隔距離は，過去の電気事故の実績や諸外国における離隔距離に関する規定内容を調査した結果，保安上問題ないことを確認したものである。なお，電線にケーブルを使用した場合の離隔距離の緩和について，従来は35kV以下に限っていたが，H9解釈で35kVを超えるものについても認めた。

第3項は，特別高圧架空電線が索道と第2次接近状態に施設される場合の規定で，第2種特別高圧保安工事及び第1次接近状態の場合の離隔距離のほかに，索道から水平距離で3m未満に施設される架空電線の長さが連続して50m以下で，かつ，1径間内における長さの合計が 50m 以下でない場合は第 1 種特別高圧保安工事によることとしている（**→第 98 条解説**）。

第 4 項は，特別高圧架空電線が索道の下方で接近する場合について規定している。**第一号**は，索道の支柱等が倒壊しても電線路の支持物に接触しないよう，電線路を索道の支柱の地表上の高さに相当する距離以内に施設しないこととしている。解説 99.1 図は，電線路の方向から見た場合に，索道の施設が可能な範囲を示しており，索道が図中の「支持物接触の限界」より下にあれば，**第一号**の規定を満足することがわかる。

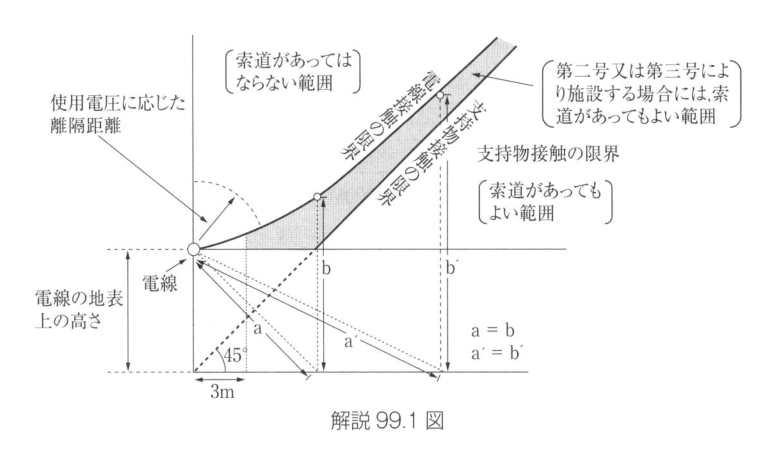

解説 99.1 図

第二号の「索道が特別高圧架空電線と接触するおそれがない範囲」とは，解説 99.1 図の縦線を引いた部分を指している。

第三号の堅ろうな防護装置については，**第 73 条**の解説を参照されたい。防護装置と特別高圧架空電線との離隔距離は，**第 102 条**の規定によることとなる。

第 5 項は，特別高圧架空電線と索道との交差の場合の規定であるが，その趣旨は**前条第 4 項**の規定と同様である。**第二号**は，**前条第 4 項第二号**の趣旨と同じで，緩やかに交差するとき，すなわち特別高圧架空電線から水平距離で 3m 未満に施設される部分の索道の長さが 50m を超える場合は，接近の場合と同様に第 1 種特別高圧保安工事によることを示している（**→第 98 条第 4 項解説**，解説 100.3 図参照）。

第 6 項は，索道は非常に高い所に施設される場合もあるので，特に特別高圧架空電線が索道の下で交差することを認めている。この場合は，下方接近の場合に準じて施設する必要がある。

【35,000V を超える特別高圧架空電線と低高圧架空電線等若しくは電車線等又はこれらの支持物との接近又は交差】（省令第 28 条，第 48 条第 3 項）

第 100 条　使用電圧が 35,000V を超える特別高圧架空電線（以下この条において「特別高圧架空電線」という。）が，低圧若しくは高圧の架空電線又は架空弱電流電線等（以下この条において「低高圧架空電線等」という。）と接近又は交差して施設される場合における，特別高圧架空電線と低高圧架空電線等又はこれらの支持物との離隔距離は，100-1表に規定する値以上であること。ただし，使用電圧が170,000Vを超える場合は，日本電気技術規格委員会規格 JESC E2012（2013）「170kVを超える特別高圧架空電線に関する離隔距離」の「2. 技術的規定」によること。

100-1表

特別高圧架空電線の使用電圧の区分	特別高圧架空電線がケーブルであり，かつ，低圧又は高圧の架空電線が絶縁電線又はケーブルである場合	その他の場合
35,000Vを超え60,000V以下	1m	2m
60,000Vを超え170,000V以下	（1+c） m	（2+c） m

（備考）cは，特別高圧架空電線の使用電圧と60,000Vの差を10,000Vで除した値（小数点以下を切り上げる。）に0.12を乗じたもの

2 特別高圧架空電線が，低高圧架空電線等と第1次接近状態に施設される場合は，特別高圧架空電線路を第3種特別高圧保安工事により施設すること。

3 特別高圧架空電線が，低高圧架空電線等と第2次接近状態に施設される場合は，次の各号によること。

一 特別高圧架空電線路は，第2種特別高圧保安工事により施設すること。

二 特別高圧架空電線と低高圧架空電線等との水平離隔距離は，2m以上であること。ただし，次のいずれかに該当する場合は，この限りでない。

イ 低高圧架空電線等が，引張強さ8.01kN以上のもの又は直径5mm以上の硬銅線若しくはケーブルである場合（関連省令第6条）

ロ 架空弱電流電線等を引張強さ3.70kN以上のものでちょう架して施設する場合，又は架空弱電流電線等が径間15m以下の引込線である場合（関連省令第6条）

ハ 特別高圧架空電線と低高圧架空電線等との垂直距離が6m以上である場合

ニ 低高圧架空電線等の上方に保護網を第9項の規定により施設する場合

ホ 特別高圧架空電線がケーブルであり，その使用電圧が100,000V未満である場合

三 特別高圧架空電線のうち，低高圧架空電線等との水平距離が3m未満に施設される部分の長さは，連続して50m以下であり，かつ，1径間内における当該部分の長さの合計は，50m以下であること。ただし，特別高圧架空電線路を第1種特別高圧保安工事により施設する場合は，この限りでない。

4 特別高圧架空電線が，低高圧架空電線等の下方に接近して施設される場合は，次の各号のいずれかによること。

一 特別高圧架空電線と低高圧架空電線等との水平距離が，低高圧架空電線等の支持

物の地表上の高さに相当する距離より大きいこと。

二　特別高圧架空電線と低高圧架空電線等との水平距離が3m以上であり，かつ，低高圧架空電線等の支持物の倒壊等の際に，低圧若しくは高圧の架空電線路又は架空弱電流電線路等が特別高圧架空電線と接触するおそれがない範囲に特別高圧架空電線を施設すること。

三　次によること。

イ　特別高圧架空電線と低高圧架空電線等との水平距離は，3m以上であること。

ロ　低圧若しくは高圧の架空電線路又は架空弱電流電線路等は，次により施設すること。ただし，使用電圧が100,000V未満の特別高圧架空電線にケーブルを使用する場合は，この限りでない。

（イ）低高圧架空電線等には，ケーブルを使用する場合を除き，引張強さ8.01kN以上のもの又は直径5mm以上の硬銅線を使用するとともに，第66条第1項の規定に準じて施設すること。（関連省令第6条）

（ロ）低高圧架空電線等の支持物として使用する木柱の風圧荷重に対する安全率は，2.0以上であること。（関連省令第32条第1項）

（ハ）低高圧架空電線等の支持物は，高圧架空電線路の支持物に係る第59条（第1項第一号の風圧荷重に対する安全率を除く。），第60条及び第62条の規定に準じて施設すること。（関連省令第32条第1項）

（ニ）低圧若しくは高圧の架空電線路又は架空弱電流電線路等の径間は，支持物に木柱又は，A種鉄筋コンクリート柱若しくはA種鉄柱（架空弱電流電線路等にあっては，これらに準ずるもの）を使用する場合は100m以下，B種鉄筋コンクリート柱又はB種鉄柱（架空弱電流電線路等にあっては，これらに準ずるもの）を使用する場合は150m以下であること。（関連省令第32条第1項）

（ホ）低圧若しくは高圧の架空電線路又は架空弱電流電線路等には，第96条第1項の規定に準じて支線を施設すること。（関連省令第32条第1項）

5　特別高圧架空電線が，低高圧架空電線等と交差して施設される場合は，特別高圧架空電線を低高圧架空電線等の上に施設するとともに，次の各号によること。

一　特別高圧架空電線路は，第2種特別高圧保安工事により施設すること。ただし，特別高圧架空電線と低高圧架空電線等との間に保護網を第9項の規定により施設する場合は，がいし装置に係る第2種特別高圧保安工事を施さないことができる。

二　特別高圧架空電線の両外線の直下部に，D種接地工事を施した引張強さ8.01kN以上の金属線又は直径5mm以上の硬銅線を低高圧架空電線等と0.6m以上の離隔距離を保持して施設すること。ただし，次のいずれかに該当する場合は，この限りでない。（関連省令第6条）

イ　低高圧架空電線等（垂直に2以上ある場合は，最上部のもの）が引張強さ8.01kN

以上のもの若しくは直径5mm以上の硬銅線又はケーブルである場合

ロ 架空弱電流電線等が通信用ケーブル又は光ファイバケーブルである場合

ハ 架空弱電流電線（垂直に2以上ある場合は，最上部のもの）を引張強さ3.70kN以上のものでちょう架して施設する場合，又は架空弱電流電線が径間15m以下の引込線である場合

ニ 特別高圧架空電線と低高圧架空電線等との垂直距離が6m以上である場合

ホ 特別高圧架空電線と低高圧架空電線等との間に保護網を第9項の規定により施設する場合

ヘ 特別高圧架空電線がケーブルであり，その使用電圧が100,000V未満である場合

三 特別高圧架空電線のうち，低高圧架空電線等との水平距離が3m未満に施設される部分の長さは，50m以下であること。ただし，特別高圧架空電線路を第1種特別高圧保安工事により施設する場合は，この限りでない。

6 次の各号のいずれかに該当する場合は，前項の規定によらず，特別高圧架空電線を低高圧架空電線等の下に交差して施設することができる。

一 架空弱電流電線等が，架空地線を利用して施設する光ファイバケーブル又は特別高圧架空ケーブルに複合された光ファイバケーブルである場合

二 特別高圧架空電線がケーブルであり，その使用電圧が100,000V未満である場合

7 低高圧架空電線等が，次の各号のいずれかのものである場合は，第2項，第3項及び第5項の規定によらないことができる。

一 第24条第1項の規定により電路の一部に接地工事を施した低圧架空電線

二 特別高圧架空電線路の支持物において，特別高圧架空電線の上方に施設する低圧の機械器具に接続する低圧架空電線

三 電力保安通信線であって，特別高圧架空電線路の支持物に施設するもの及びこれに直接接続するもの

8 特別高圧架空電線が，低圧又は高圧の電車線と接近又は交差する場合は，第1項，第2項，第3項及び第5項の規定に準じること。

9 第3項第二号ニ並びに第5項第一号ただし書及び第二号ホの規定における保護網は，次の各号によること。

一 保護網は，A種接地工事を施した金属製の網状装置とし，堅ろうに支持すること。(関連省令第10条，第11条)

二 保護網の外周及び特別高圧架空電線の直下に施設する金属線には，引張強さ8.01kN以上のもの又は直径5mm以上の硬銅線を使用すること。(関連省令第6条)

三 保護網の前号に規定する以外の部分に施設する金属線には，引張強さ5.26kN以上のもの又は直径4mm以上の硬銅線を使用すること。(関連省令第6条)

四 保護網を構成する金属線相互の間隔は，縦横各1.5m以下であること。ただし，

特別高圧架空電線が低高圧架空電線等と 45 度を超える水平角度で交差する場合における，特別高圧架空電線と同一方向の金属線については，その外周に施設する金属線及び特別高圧架空電線の両外線の直下に施設する金属線（外周に施設する金属線との間隔が 1.5m を超えるものに限る。）以外のものは，施設することを要しない。

五　保護網と低高圧架空電線等との垂直離隔距離は，0.6m 以上であること。

六　保護網が低高圧架空電線等の外部に張り出す幅は，低高圧架空電線等と保護網との垂直距離の 1/2 以上であること。

七　保護網が特別高圧架空電線の外部に張り出す幅は，特別高圧架空電線と保護網との垂直距離の 1/2 以上であること。ただし，6m を超えることを要しない。

〔解　説〕 **本条**は，特別高圧架空電線が低高圧架空電線，架空弱電流電線等，低高圧電車線又はこれらの支持物と接近又は交差する場合の規定である。特別高圧架空電線がこれらのものと接近又は交差する場合には，**本条**のほかに，**第 96 条**で支線の施設について規定している。離隔距離，水平離隔距離，第 1 次接近状態（→**第 49 条第九号**），第 2 次接近状態（→**第 49 条第十号**），接近，交差などの意味については**第 71 条**及び**第 72 条**の解説を，光ファイバケーブルについては**省令第 1 条第十三号**を，また，特別高圧保安工事については**第 95 条**の解説を参照されたい。なお，弱電流電線については，**省令第 1 条**の解説を参照されたい。

第 1 項の離隔距離について，H4 基準では 35kV 以下の特別高圧架空電線に特別高圧絶縁電線又はケーブルを使用する場合に限り離隔距離の緩和を認めていたが，H9 解釈において使用電圧が 35kV を超える電線路に架空ケーブルを使用する場合についても離隔距離の緩和を認めた。また，R1 解釈で 170kV を超える特別高圧架空電線との離隔距離を新たに規定した。詳細は，日本電気技術規格委員会規格 JESC E2012（2013）「170kV を超える特別高圧架空電線に関する離隔距離」を参照されたい。

第 2 項は，特別高圧架空電線が低高圧架空電線等と第 1 次接近状態に施設される場合の規定である。

第 3 項は，特別高圧架空電線が低高圧架空電線等と第 2 次接近状態に施設される場合の規定であり，第 2 種特別高圧保安工事及び第 1 次接近状態の場合と同様の離隔距離による施設のほかに，原則として低高圧架空電線等からの水平離隔距離を 2m 以上とし，水平距離が 3m 未満に施設される架空

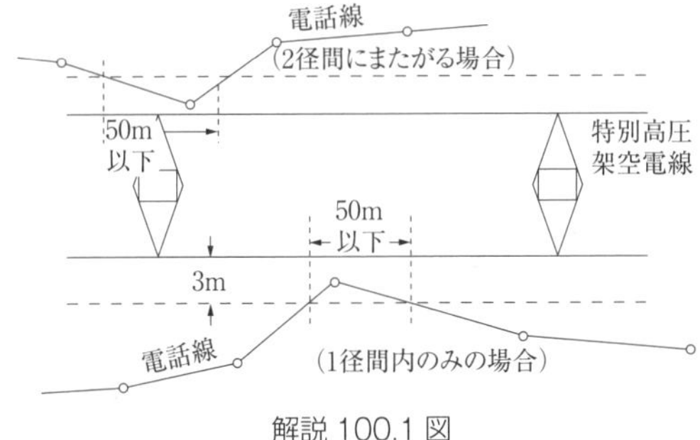

解説 100.1 図

電線の長さが短い場合，すなわち連続して 50m 以下であって，かつ，1 径間におけるその長さの合計が 50m 以下の場合を除き，第 1 種特別高圧保安工事によることを示している。この接近長を図示すると解説 100.1 図のようになる。

なお，道路や索道が特別高圧架空電線から受ける影響としては，架空電線の断線事故による被害のみであるが，架空弱電流電線等については，このほかに，通信上の誘導障害が考えられるので，**第 51 条及び第 52 条**によりこの面に対する対策を十分考える必要がある。

第二号は，低高圧架空電線等の切断による跳ね上り混触事故の防止のために，特別高圧架空電線と低高圧架空電線等との水平離隔距離を定めているが，水平離隔距離が 2m 未満になる場合は，低高圧架空電線等が切断しないような強さのものである場合又は切断しても混触しないような場合などに限り認めている。また，引張強さ 3.70kN 以上のものでちょう架されている架空弱電流電線等又は径間 15m 以下の架空弱電流引込線若しくは光ファイバケーブル引込線については切断し難いことから，水平離隔距離はとらなくてもよいこととしている。さらに，低高圧架空電線等が万一切断し跳ね上るとしても，特別高圧架空電線がケーブル（使用電圧が 100kV 未満のものに限る。）である場合は，混触事故の危険性が低いことから，水平離隔距離はとらなくてもよいこととしている。

第 4 項は，特別高圧架空電線が低高圧架空電線等の下方で接近する場合の規定であるが，このような場合は稀なケースであり，かつ，危険性も大きいので，やむを得ない場合には，各号により施設することとしている（**→第 99 条第 4 項解説**）。

第三号は，低高圧架空電線等の切断及び支持物の倒壊を防止するために，電線の太さ，木柱の安全率，支持物の施設，径間制限及び支線の施設について示している。架空弱電流電線等又は低圧架空電線については，**(ロ)** 及び **(ハ)** で高圧架空電線路の支持物と同等の施設を要求している。木柱の安全率に関しては，3 としていたものを，S43 基準の改正において，維持基準として木柱の安全率を定めるべきであるということになり，1.5 以上に改め，R2 基準の改正で 2.0 以上に改めた。したがって，建設時には 3 以上の安全率としておくことが望ましい（**→第 59 条解説**）。

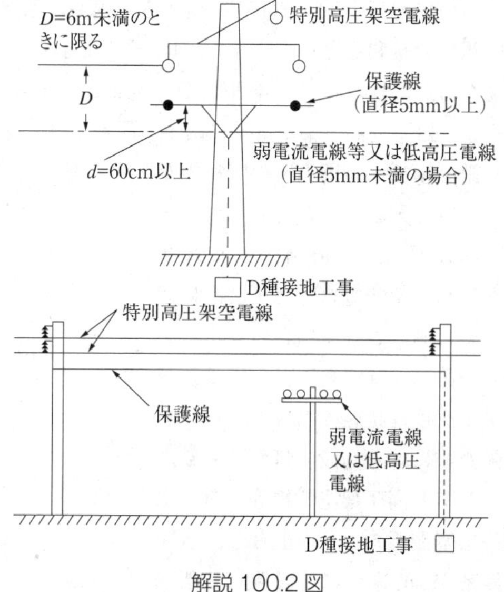

解説 100.2 図

なお，100kV 以下の特別高圧架空電線がケーブルである場合は，接近状態の場合と同様，水平距離が 3m 以上あれば混触事故のおそれが少ないことから，ロ（イ）から（ホ）の規定によらず，下方への接近を認めている。

第 5 項は，特別高圧架空電線と低高圧架空電線等が交差する場合の規定である。

第一号は，第 2 種特別高圧保安工事により施設することを示している。しかし，第 2 種特別高圧保安工事のうちがいし装置（**→第 98 条解説**）に係るものを施し難い場合は，保護網を施設することを認めている。これは，低高圧架空電線等が，特別高圧架空電線の施設後に施設され，ただちに，がいし装置の変更ができない場合を想定したものであり，できるだけ**第 95 条第 2 項第三号**のがいし装置により施設することが望ましい。

第二号は，低高圧架空電線等の切断による混触を防止するための規定であり，保護線（→解説 100.2 図）の施設を要求しているが，第 2 次接近状態に施設される場合と同じような趣旨でただし書によって保護線の省略について示しており，H9 解釈において使用電圧が 100kV 未満の架空ケーブルについても対象とした。

イ及び**ハ**の「垂直に 2 以上ある場合は，最上部のもの」というのは，下に施設される架空弱電流電線や低高圧架空電線が垂直に多数ならんでいる場合は，最上部のものが強いものであれば，その下にあるものは強いものでなくてもよいことを認めている。

第三号は，**第 98 条第 2 項第三号**及び**第 99 条第 3 項第二号**と同様の趣旨で，原則として緩やかに交差することを避けることとしており，第 2 次接近状態として施設できる場合を図示すると解説 100.3 図のようになる（**→第 98 条解説**）。

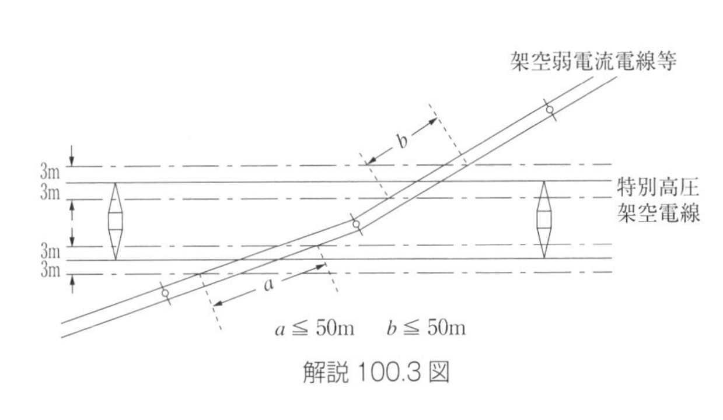

解説 100.3 図

第 6 項は，**第一号**又は**第二号**の場合を除き，特別高圧架空電線を低高圧架空電線等の下で交差して施設しないこととしている。

第 7 項は，**第 2 項**，**第 3 項**及び**第 5 項**の規定の緩和であって，B 種接地工事が施されている低圧架空電線（**→第 74 条第 2 項**），航空障害灯など特別高圧架空電線路の支持物に施設する低圧電気工作物に電気を供給するための低圧架空電線（**→第 109 条**）又は特別高圧架空電線路に添架されている電力保安通信線若しくはこれに直接接続する電力保安通信線（**→第 137 条**）などと特別高圧架空電線とが接近又は交差する場合は，離隔距離さえあれば他の保安的な施設は全て施設しなくてもよいことを認めている。このことについては，**第 76 条**及び**第 74 条**の解説を参照されたい。

第 8 項は，特別高圧架空電線が低高圧電車線と接近又は交差する場合の施設方法について規定している。なお，低高圧電車線は直径 7mm 以上のものであるので，**第5項第二号**における保護線の要求はなされない（→**第205条**，国土交通省令の規制を受ける電車線については，同省令によってその太さが規制されている。）。なお，**第4項**及び**第6項**については，低高圧電車線においてこれらの場合がないため，規定していない。

第9項は，保護網の施設方法を示しており，これを図示すると解説 100.4 図のようになる。保護網にA種接地工事を要求しているのは，**第3項**で特別高圧架空電線の切断の場合の保護も考えているためである。

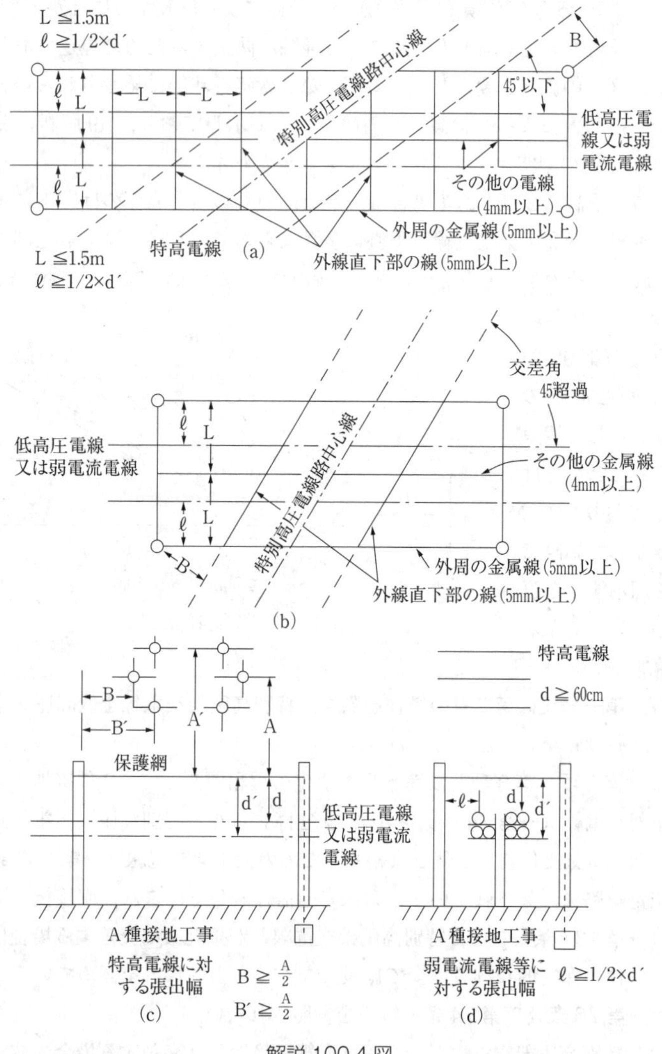

解説 100.4 図

なお，**第四号**における外線直下部に施設する金属線というのは，必ずしも外線直下部に施設しなくともよく，解説100.4図のように外線の方向と保護網を構成する金属線との方向が異なる場合は，外線を投影した場合にこれと交差する保護網の金属線を外線直下部に施設する金属線と考えて施設してもよい（保護網が全て5mm以上のHDCCで構成されていれば，外線直下部にことさら金属線を張る必要はない。）。

【特別高圧架空電線相互の接近又は交差】（省令第28条）

第101条　特別高圧架空電線が，他の特別高圧架空電線又はその支持物若しくは架空地線と接近又は交差する場合における，相互の離隔距離は，101-1表に規定する値以上であること。ただし，使用電圧が170,000Vを超える場合は，日本電気技術規格委員会規格JESC E2012（2013）「170kVを超える特別高圧架空電線に関する離隔距離」の「2. 技術的規定」によること。

101-1表

<table>
<tr><td colspan="2">特別高圧架空電線</td><td colspan="7">他の特別高圧架空電線</td><td rowspan="3">他の特別高圧架空電線路の支持物又は架空地線</td></tr>
<tr><td colspan="2" rowspan="2">使用電圧の区分</td><td colspan="3">35,000V以下</td><td colspan="2">35,000Vを超え60,000V以下</td><td colspan="2">60,000V超過</td></tr>
<tr><td>電線の種類</td><td>ケーブル</td><td>特別高圧絶縁電線</td><td>その他</td><td>ケーブル</td><td>その他</td><td>ケーブル</td><td>その他</td></tr>
<tr><td rowspan="3">35,000V以下</td><td>ケーブル</td><td>0.5m</td><td>0.5m</td><td>2m</td><td>1m</td><td>2m</td><td>$(1+c)$m</td><td>$(2+c)$m</td><td>0.5m</td></tr>
<tr><td>特別高圧絶縁電線</td><td>0.5m</td><td>1m</td><td>2m</td><td colspan="2">2m</td><td colspan="2">$(2+c)$m</td><td>1m</td></tr>
<tr><td>その他</td><td colspan="5">2m</td><td colspan="2">$(2+c)$m</td><td>2m</td></tr>
<tr><td rowspan="2">35,000Vを超え60,000V以下</td><td>ケーブル</td><td>1m</td><td colspan="2">2m</td><td>1m</td><td>2m</td><td>$(1+c)$m</td><td>$(2+c)$m</td><td>1m</td></tr>
<tr><td>その他</td><td colspan="5">2m</td><td colspan="2">$(2+c)$m</td><td>2m</td></tr>
<tr><td rowspan="2">60,000Vを超え170,000V以下</td><td>ケーブル</td><td>$(1+c)$m</td><td colspan="2">$(2+c)$m</td><td>$(1+c)$m</td><td>$(2+c)$m</td><td>$(1+c)$m</td><td>$(2+c)$m</td><td>$(1+c)$m</td></tr>
<tr><td>その他</td><td colspan="8">$(2+c)$m</td></tr>
</table>

（備考）cは，使用電圧と60,000Vの差を10,000Vで除した値（小数点以下を切り上げる。）に0.12を乗じたもの

2　特別高圧架空電線が，他の特別高圧架空電線と接近又は交差する場合は，次の各号によること。

一　上方又は側方に施設される特別高圧架空電線路は，第3種特別高圧保安工事により施設すること。

二　上方又は側方に施設される特別高圧架空電線路の支持物として使用する木柱，鉄筋コンクリート柱又は鉄柱は，次のいずれかによること。

イ　B種鉄筋コンクリート柱又はB種鉄柱であって，常時想定荷重に1.96kNの水平横荷重を加算した荷重に耐えるものであること。(関連省令第32条第1項)

ロ　特別高圧架空電線が他の特別高圧架空電線と接近する場合は，他の特別高圧架空電線路に接近する側の反対側に支線を施設すること。ただし，上方又は側方に施設される特別高圧架空電線路が，次のいずれかに該当する場合は，この限りでない。

（イ）　他の特別高圧架空電線路と接近する側の反対側に10度以上の水平角度をなす場合

（ロ）　使用電圧が，35,000V以下である場合

ハ　特別高圧架空電線が他の特別高圧架空電線と交差する場合は，上に施設する特別高圧電線路の支持物の次の図に示す方向に支線を施設すること。

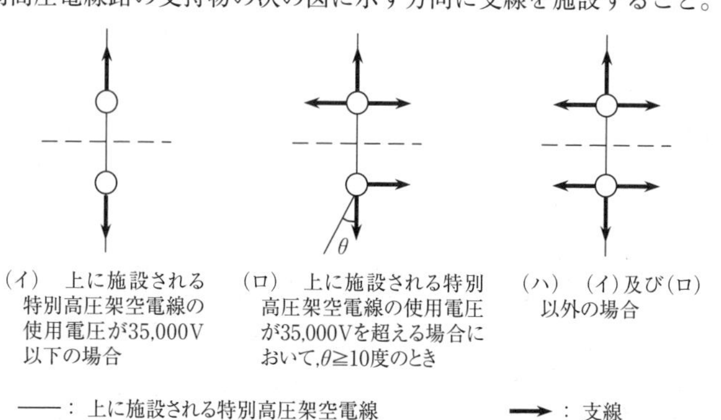

3　特別高圧架空電線が，第108条の規定により施設する特別高圧架空電線路の電線と接近又は交差して施設される場合は，第100条又は第106条の高圧架空電線との接近又は交差に係る規定に準じて施設すること。

〔解　説〕 本条は，特別高圧架空電線相互の接近又は交差の規定である。**第1項**は，接近（**→第1条第二十一号**）又は交差する場合の規定であるが，15kV以下の特別高圧架空電線は高圧架空電線と同等の施設であり，直接需要家に電気を供給するものである関係上，**第3項**において示している。

35kV以下の特別高圧架空電線に特別高圧絶縁電線を使用する場合又は特別高圧架空電線にケーブルを使用する場合には，**第100条及び第106条**と同趣旨により，相互の離隔距離を緩和している（**→第100条解説**）。なお，H9解釈で35kVを超える特別高圧架空電線にケーブルを使用する場合の離隔を，H23解釈で電圧階級が異なる特別高圧架空電線の双方にケーブルを使用する場合の離隔を追加した。また，R1解釈で170kVを

超える特別高圧架空電線との離隔距離を新たに規定した。詳細は，日本電気技術規格委員会規格 JESC E2012（2013）「170kV を超える特別高圧架空電線に関する離隔距離」を参照されたい。

第 2 項第二号の支線については，**第 96 条**の解説を参照されたい。

第 3 項は，特別高圧架空電線と**第 108 条**の規定により施設される 15kV 以下の特別高圧架空電線とが接近又は交差する場合は，**第 100 条**又は**第 106 条**のうち，特別高圧架空電線と高圧架空電線との接近又は交差の規定に準じて施設することを示したものである（→**第 108 条解説**）。

【35,000V を超える特別高圧架空電線と他の工作物との接近又は交差】（省令第 29 条，第 48 条第 3 項）

第 102 条　使用電圧が 35,000V を超える特別高圧架空電線（以下この条において「特別高圧架空電線」という。）が，建造物，道路（車両及び人の往来がまれであるものを除く。），横断歩道橋，鉄道，軌道，索道，架空弱電流電線路等，低圧又は高圧の架空電線路，低圧又は高圧の電車線路及び他の特別高圧架空電線路以外の工作物（以下この条において「他の工作物」という。）と接近又は交差して施設される場合における，特別高圧架空電線と他の工作物との離隔距離は，102-1 表に規定する値以上であること。ただし，使用電圧が 170,000V を超える場合は，日本電気技術規格委員会規格 JESCE2012（2013）「170kV を超える特別高圧架空電線に関する離隔距離」の「2. 技術的規定」によること。

102-1 表

特別高圧架空電線の使用電圧の区分	上部造営材の上方以外で，電線がケーブルである場合	その他の場合
35,000V を超え 60,000V 以下	1m	2m
60,000V を超え 170,000V 以下	$(1+c)$ m	$(2+c)$ m

（備考）c は，特別高圧架空電線の使用電圧と 60,000V の差を 10,000V で除した値（小数点以下を切り上げる。）に 0.12 を乗じたもの

2　特別高圧架空電線が，他の工作物と第 1 次接近状態に施設される場合において，特別高圧架空電線路の電線の切断，支持物の倒壊等の際に，特別高圧架空電線が他の工作物に接触することにより人に危険を及ぼすおそれがあるときは，特別高圧架空電線路を第 3 種特別高圧保安工事により施設すること。

3　特別高圧架空電線路が，他の工作物と第 2 次接近状態に施設される場合又は他の工作物の上に交差して施設される場合において，特別高圧架空電線路の電線の切断，支持物の倒壊等の際に，特別高圧架空電線が他の工作物に接触することにより人に危険を及ぼすおそれがあるときは，特別高圧架空電線路を第 2 種特別高圧保安工事により施設すること。

4　特別高圧架空電線が他の工作物の下方に接近して施設される場合は，特別高圧架空電線と他の工作物との水平離隔距離は，3m以上であること。ただし，使用電圧が100,000V未満の特別高圧架空電線路の電線にケーブルを使用する場合は，この限りでない。

〔解　説〕本条は，建造物，道路，横断歩道橋，鉄道，軌道，索道，架空弱電流電線路等，低高圧架空電線路，低高圧電車線路及び他の特別高圧架空電線路以外の工作物（例えば広告塔，石油タンク，電線路専用橋等）と接近する場合の規定である。H23解釈で，使用電圧が35kV以下の場合の規定を，第106条に規定した。

第1項は，離隔距離について規定しており，特別高圧架空電線にケーブルを使用する場合には，**第97条第1項**と同様に離隔距離が緩和できることを示している（**→第97条解説**）。離隔距離の緩和については，35kV以下の特別高圧架空電線のみ認めていたが，H9解釈で使用電圧が35kVを超える電線路に架空ケーブルを使用する場合についても認めることとした。

また，R1解釈で170kVを超える特別高圧架空電線との離隔距離を新たに規定した。詳細は，日本電気技術規格委員会規格JESC E2012（2013）「170kVを超える特別高圧架空電線に関する離隔距離」を参照されたい。

なお，消防法に基づく危険物の規制に関する政令第9条第一号において，危険物の製造所，屋内貯蔵所，屋外タンク貯蔵所，屋外貯蔵所及び一般取扱所の位置に関し，特別高圧架空電線から水平距離で5m以上離隔すべきことが定められている。工作物は千差万別で一様に規定することが難しいため，離隔距離以外の事項については詳細な規定を設けておらず，人に危険を及ぼすおそれがあることが明白な場合にのみ，第1次接近状態にあるときは第3種特別高圧保安工事，第2次接近状態にあるときは第2種特別高圧保安工事によることとしている。

第2項の「人に危険を及ぼすおそれがあるとき」という判断は，それが明白な場合に限定されるが，例えば，石油タンクその他爆発若しくは火災を生じやすい場所又は公衆が長時間密集するような場所に施設する場合には，その危険性が高くなる。

第4項は，特別高圧架空電線が，他の工作物の下方に施設される場合の規定であり，水平離隔距離のみを定めているが，H9解釈において使用電圧が35kVを超える電線路に架空ケーブルを使用する場合の規定を追加した。

【35,000Vを超える特別高圧架空電線と植物との接近】（省令第29条）

第103条　使用電圧が35,000Vを超える特別高圧架空電線（以下この条において「特別高圧架空電線」という。）と植物との離隔距離は，次の各号によること。ただし，ケーブルを使用する使用電圧が100,000V未満の特別高圧架空電線を植物に接触しないように施設する場合は，この限りでない。

一　使用電圧が170,000V以下の特別高圧架空電線と植物との離隔距離は，103-1表に規定する値以上であること。

103-1表

使用電圧の区分	離隔距離
35,000Vを超え60,000V以下	2m
60,000Vを超え170,000V以下	(2+c) m

(備考) cは，使用電圧と60,000Vの差を10,000Vで除した値（小数点以下を切り上げる。）に0.12を乗じたもの。

二　使用電圧が170,000Vを超える特別高圧架空電線と植物との離隔距離は，日本電気技術規格委員会規格JESC E2012（2013）「170kVを超える特別高圧架空電線に関する離隔距離」の「2. 技術的規定」によること。

〔解　説〕**本条**は，特別高圧架空電線と植物との接近について示したものである。特別高圧架空電線路の事故の中で，樹木との接触によるものが相当多く，特に降雪や強風のために竹や木が接触して地絡又は断線事故を起こし，ひいては山火事にまで発展したこともあるので，**本条**では，風雪その他いかなる場合でも，所定の離隔距離（**→第99条解説**）を保つこととしている。すなわち，単に電線の弛みや揺動ばかりでなく，振動（スリートジャンプ等）についても考え，また，植物についてもその傾斜倒壊が起こり得ることが予想されるものは，これを考えることを要求している（植物であるから，強度の規制ができないので表現は抽象的である。しかし，樹枝がちぎれて強風によって飛ばされるようなものについてまで考える必要はない。）。したがって，使用する電線の種類及び強さ，径間，弛度及び竹木の生長の速さ等を考慮して，建設のときにはもちろん，平常の保守にあっても，十分な伐採幅を維持するように努める必要がある。

なお，従来は35kV以下の架空電線路の電線に特別高圧絶縁電線又はケーブルを使用すれば植物と接触しなければよいこととしていたが，H9解釈でケーブルを使用する場合には，100kV未満の電圧まで許容することとした。

第二号は，R1解釈で新たに定めた規定であり，170kVを超える特別高圧架空電線との離隔距離を規定している。詳細は，日本電気技術規格委員会規格JESC E2012（2013）「170kVを超える特別高圧架空電線に関する離隔距離」を参照されたい。

【35,000Vを超える特別高圧架空電線と低高圧架空電線等との併架】（省令第28条，第31条第1項）

第104条　使用電圧が35,000Vを超え100,000V未満の特別高圧架空電線と低圧又は高圧の架空電線とを同一支持物に施設する場合は，第3項に規定する場合を除き，次の各号によること。

一 特別高圧架空電線と低圧又は高圧の架空電線との離隔距離は，104-1表に規定する値以上であること。

104-1表

特別高圧架空電線の種類	低圧又は高圧の架空電線の種類	離隔距離
ケーブル	絶縁電線又はケーブルを使用する低圧架空電線	1m
	高圧絶縁電線又はケーブルを使用する高圧架空電線	
	上記以外	2m
ケーブル以外	全て	2m

二 特別高圧架空電線路は，次によること。

イ 第2種特別高圧保安工事により施設すること。

ロ 電線は，ケーブル又は引張強さ21.67kN以上のより線若しくは断面積 $55mm^2$ 以上の硬銅より線であること。（関連省令第6条）

三 低圧又は高圧の架空電線路は，次によること。

イ 電線は，次のいずれかのものであること。（関連省令第6条）

（イ） ケーブル

（ロ） 直径3.5mm以上の銅覆鋼線

（ハ） 架空電線路の径間が50m以下の場合は，引張強さ5.26kN以上のもの又は直径4mm以上の硬銅線

（ニ） 架空電線路の径間が50mを超える場合は，引張強さ8.01kN以上のもの又は直径5mm以上の硬銅線

ロ 低圧又は高圧の架空電線は，次のいずれかに該当するものであること。

（イ） 特別高圧架空電線と同一支持物に施設される部分に，次により接地工事を施した低圧架空電線（関連省令第10条，第11条）

(1) 接地抵抗値は，10Ω以下であること。

(2) 接地線は，引張強さ2.46kN以上の容易に腐食し難い金属線又は直径4mm以上の軟銅線であって，故障の際に流れる電流を安全に通じることができるものであること。

(3) 接地線は，第17条第1項第三号の規定に準じて施設すること。

（ロ） 第24条第1項の規定により接地工事（第17条第2項第一号の規定により計算した値が10を超える場合は，接地抵抗値が10Ω以下のものに限る。）を施した低圧架空電線

（ハ） 第25条第1項の規定により施設した高圧架空電線

（ニ） 直流単線式電気鉄道用架空電線その他の大地から絶縁されていない電路に接続されている低圧又は高圧の架空電線

ハ　特別高圧架空電線路が，次のいずれかのものである場合は，ロの規定によらないことができる。

（イ）　電線に特別高圧絶縁電線を使用するとともに，第 88 条第 1 項第二号の規定に準じて施設するもの

（ロ）　電線にケーブルを使用するもの

2　使用電圧が 100,000V 以上の特別高圧架空電線と低圧又は高圧の架空電線とは，次項に規定する場合を除き，同一支持物に施設しないこと。

3　使用電圧が 35,000V を超える特別高圧架空電線と特別高圧架空電線路の支持物に施設する低圧の電気機械器具に接続する低圧架空電線とを同一支持物に施設する場合は，次の各号によること。

一　特別高圧架空電線を低圧架空電線の上に，別個の腕金類に施設すること。ただし，特別高圧架空電線がケーブルである場合であって，低圧架空電線が絶縁電線又はケーブルであるときは，この限りでない。

二　低圧架空電線は，第 1 項第三号イの規定に準じること。

三　特別高圧架空電線と低圧架空電線との離隔距離は，104-2 表に規定する値以上であること。

104-2 表

特別高圧架空電線の使用電圧の区分	特別高圧架空電線の種類	離隔距離
35,000V を超え 60,000V 以下	ケーブル	1m
	その他	2m
60,000V 超過	ケーブル	$(1+c)$ m
	その他	$(2+c)$ m

（備考）c は，特別高圧架空電線の使用電圧と 60,000V の差を 10,000V で除した値（小数点以下を切り上げる。）に 0.12 を乗じたもの

4　使用電圧が 35,000V を超える特別高圧架空電線と低圧又は高圧の電車線とを同一支持物に施設する場合は，第 1 項及び第 2 項の規定に準じること。

〔解　説〕 特別高圧架空電線路の支持物に低高圧架空電線を施設することは，混触による危険のほか，特別高圧架空電線路の事故時に異常電圧が低高圧架空電線側に侵入するおそれや，静電誘導等による障害を生じるおそれなどがあるので，できるだけ施設すべきではないが，やむを得ない場合は**本条**により施設方法の強化を図ることで施設を認めている。ただし，100kV 以上の特別高圧架空電線路には，**第 3 項**に規定する低圧架空電線を除き，施設しないこととしている。

第 1 項は，35kV を超え 100kV 未満の特別高圧架空電線と低高圧架空電線を併架する場合についての規定であり，特別高圧架空電線を第 2 種特別高圧保安工事（→**第 95 条**）により施設することなど，特別高圧架空電線が低高圧架空電線と第 2 次接近状態に施設

される場合と同程度の施設とすることとしている。

なお，特別高圧架空電線にケーブルを使用する場合については，従来，使用電圧が35kV 以下の特別高圧架空電線についてのみ規定していたが，35kV を超える架空ケーブルであっても，それ以下のケーブルと基本的特性は変わるものではなく，60kV を超える実績も既に出てきており，今後も適用の増加が見込まれることから，H9 解釈で追加した。

第２項は，低圧架空電線が次項の航空障害灯などの低圧電気機械器具に接続するものである場合を除き，低圧架空電線と 100kV 以上の特別高圧架空電線路とを併架して施設しないこととしている。

第３項は，特別高圧架空電線路の支持物に施設する低圧の電気機械器具に供給する低圧架空電線とその支持物に施設されている特別高圧架空電線との併架の場合の施設方法を示したものである。

なお，35kV を超える特別高圧架空電線にケーブルを使用する場合は，第１項の解説と同様の理由から，H9 解釈で離隔距離を減ずることができることとした。

第４項の特別高圧架空電線と直流電車線とを併架することは，従来，特別高圧架空電線と鉄道との接近という形でとらえていたが，特別高圧架空電線の使用電圧も高くなってきたため，S38 工規で新たに規定した。施設方法は，特別高圧架空電線と低高圧架空電線との併架の場合と全く同様であるので，**第１項**及び**第２項**をそのまま準用している。直流電車線の多くは単線式であり，したがって，**第１項第三号ロ（二）**に該当するものがほとんどである。また，直流電車線は，**第 205 条**の規定により低圧の場合でも直径 7mm 以上の電線を使用することとなる（高圧電車線については，全て専用敷地内に施設されるため，その太さをこの解釈では定めていないが，国土交通省令では 85mm^2 以上と定めている。）ので，**第１項第三号**の要求も自然に満たされることになる。また，使用電圧が 35kV を超え 100kV 未満の特別高圧架空電線と直流電車線との併架については，**第１項**を準用することになるが，特別高圧架空電線と鉄道との接近に係る制約（→**第 98 条第２項**）があるため，直流電車線としての特有な問題は特別高圧架空電線と直流電車線との離隔距離だけ（単線式電気鉄道でない場合は，混触による危険防止施設も必要であるが，その例はほとんどないと言える。）ということになる。電気鉄道の専用敷地内に施設され，かつ，国土交通省令によって規制を受ける電気設備については，本**省令第３条**の規定により適用除外している。しかし，電力会社の送電線については国土交通省令の適用を受けないので，この条文による必要がある。

【35,000V を超える特別高圧架空電線と架空弱電流電線等との共架】（省令第 28 条）

第 105 条　使用電圧が 35,000V を超える特別高圧架空電線と架空弱電流電線等（電力保安通信線及び電気鉄道の専用敷地内に施設する電気鉄道用の通信線を除く。以下この条において同じ。）とは，次の各号に適合する場合を除き，同一の支持物に施設しないこと。

一　架空弱電流電線等は，架空地線を利用して施設する光ファイバケーブルであること。
二　架空弱電流電線等は，第 137 条第 1 項第一号，第三号及び第四号の規定に準じて施設されたものであること。

〔解　説〕 本条は，特別高圧架空電線と架空弱電流電線等とを共架する場合の規定である。従来，これらの共架は，電力保安通信線と鉄道電話線を除けば，35kV 以下の特別高圧架空電線と架空弱電流電線等との共架（35kV 以下の特別高圧架空電線と架空弱電流電線との共架についてはS47 基準，光ファイバケーブルとの共架についてはS60 基準で追加したものである。）に限定されていたが，通信事業の自由化に伴い，通信事業者が電気事業者所有の電力保安通信線の一部心線を譲り受け，通信サービスを行うケースが増加しているため，H4 基準で電力保安通信線と保安上同レベルの施設形態を有する「架空地線を利用して施設する光ファイバケーブル」である場合の共架を認めた。

なお，電力保安通信線と特別高圧架空電線とが同一支持物に施設される場合（一般に添架という。）については，**第 136 条**，**第 137 条**及び**第 138 条**によりその施設方法が示されており，電気鉄道用専用敷地内に施設する電気鉄道用の通信線については，国土交通省令で規制することになっているので，本条からは除いている。

【35,000V 以下の特別高圧架空電線と工作物等との接近又は交差】（省令第 28 条，第 29 条，第 48 条第 3 項）

第 106 条　使用電圧が 35,000V 以下の特別高圧架空電線（以下この条において「特別高圧架空電線」という。）が，建造物と接近又は交差して施設される場合は，次の各号によること。
一　特別高圧架空電線と建造物の造営材との離隔距離は，106-1 表に規定する値以上であること。

106-1 表

架空電線の種類	区分	離隔距離
ケーブル	上部造営材の上方	1.2m
	その他	0.5m
特別高圧絶縁電線	上部造営材の上方	2.5m
	人が建造物の外へ手を伸ばす又は身を乗り出すことなどができない部分	1m
	その他	1.5m
その他	全て	3m

二　特別高圧架空電線が建造物と第 1 次接近状態に施設される場合は，特別高圧架空電線路を第 3 種特別高圧保安工事により施設すること。
三　特別高圧架空電線が建造物と第 2 次接近状態に施設される場合は，特別高圧架空

電線路を第2種特別高圧保安工事により施設すること。

四　特別高圧架空電線が，建造物の下方に接近して施設される場合は，相互の水平離隔距離は3m以上であること。ただし，特別高圧架空電線に特別高圧絶縁電線又はケーブルを使用する場合は，この限りでない。

五　特別高圧架空電線が，建造物に施設される簡易な突き出し看板その他の人が上部に乗るおそれがない造営材と接近する場合において，次により施設する場合は，特別高圧架空電線と当該造営材との離隔距離は，106-1表によらないことができる。

イ　電線は，特別高圧絶縁電線又はケーブルであること。

ロ　電線を特別高圧防護具により防護すること。

ハ　電線が，当該造営材に接触しないように施設すること。

2　特別高圧架空電線が道路（車両及び人の往来がまれであるものを除く。以下この条において同じ。），横断歩道橋，鉄道又は軌道（以下この項において「道路等」という。）と接近又は交差して施設される場合は，次の各号によること。

一　特別高圧架空電線が，道路等と第1次接近状態に施設される場合は，特別高圧架空電線路を第3種特別高圧保安工事により施設すること。

二　特別高圧架空電線が，道路等と第2次接近状態に施設される場合は，次によること。

イ　特別高圧架空電線路は，第2種特別高圧保安工事（特別高圧架空電線が道路と第2次接近状態に施設される場合は，がいし装置に係る部分を除く。）により施設すること。

ロ　特別高圧架空電線と道路等との離隔距離（路面上又はレール面上の離隔距離を除く。以下この項において同じ。）は，3m以上であること。ただし，次のいずれかに該当する場合はこの限りでない。

（イ）　特別高圧架空電線が特別高圧絶縁電線である場合において，道路等との水平離隔距離が，1.5m以上であるとき

（ロ）　特別高圧架空電線がケーブルである場合において，道路等との水平離隔距離が，1.2m以上であるとき

ハ　特別高圧架空電線のうち，道路等との水平距離が3m未満に施設される部分の長さは，連続して100m以下であり，かつ，1径間内における当該部分の長さの合計は，100m以下であること。ただし，特別高圧架空電線路を第2種特別高圧保安工事により施設する場合は，この限りでない。

三　特別高圧架空電線が，道路等の下方に接近して施設される場合は，次によること。

イ　特別高圧架空電線と道路等との離隔距離は，前項第一号の規定に準じること。

ロ　特別高圧架空電線と道路等との水平離隔距離は，3m以上であること。ただし，特別高圧架空電線に特別高圧絶縁電線又はケーブルを使用する場合は，この限りでない。

四　特別高圧架空電線が，道路等の上に交差して施設される場合は，特別高圧架空電線路を第2種特別高圧保安工事により施設すること。ただし，第98条第4項第一号イ又はロの規定に該当する場合は，がいし装置に係る第2種特別高圧保安工事を施さないことができる。

3　特別高圧架空電線が，索道と接近又は交差して施設される場合は，次の各号によること。

一　特別高圧架空電線と索道との離隔距離は，106-2表に規定する値以上であること。

106-2表

特別高圧架空電線の種類	離隔距離
ケーブル	0.5m
特別高圧絶縁電線	1m
その他	2m

二　特別高圧架空電線が索道と第1次接近状態に施設される場合は，特別高圧架空電線路を第3種特別高圧保安工事により施設すること。

三　特別高圧架空電線が索道と第2次接近状態に施設される場合は，特別高圧架空電線路を第2種特別高圧保安工事により施設すること。

四　特別高圧架空電線が，索道の下方に接近して施設される場合は，次のいずれかによること。

イ　特別高圧架空電線と索道との水平距離を，索道の支柱の地表上の高さに相当する距離以上とすること。

ロ　特別高圧架空電線と索道との水平距離が3m以上であり，かつ，索道の支柱の倒壊等の際に，索道が特別高圧架空電線と接触するおそれがない範囲に特別高圧架空電線を施設すること。

ハ　次により施設すること。

（イ）　特別高圧架空電線と索道との水平距離が，3m以上であること。

（ロ）　特別高圧架空電線がケーブルである場合を除き，特別高圧架空電線の上方に堅ろうな防護装置を設け，かつ，その金属製部分にD種接地工事を施すこと。

（関連省令第10条，第11条）

五　特別高圧架空電線が，索道の上に交差して施設される場合は，特別高圧架空電線路を第2種特別高圧保安工事により施設すること。ただし，特別高圧架空電線と索道との間に，第98条第4項第一号ロの規定に準じて保護網を施設する場合は，がいし装置に係る第2種特別高圧保安工事を施さないことができる。

六　特別高圧架空電線が索道の下に交差して施設される場合は，第四号ハ（ロ）の規定に準じるとともに，危険のおそれがないように施設すること。

4　特別高圧架空電線が，低圧若しくは高圧の架空電線，架空弱電流電線等（以下この項において「低高圧架空電線等」という。），低圧若しくは高圧の電車線又はこれらの支持物と接近又は交差して施設される場合は，次の各号によること。

一　特別高圧架空電線と，低高圧架空電線等，低圧若しくは高圧の電車線又はこれらの支持物との離隔距離は，106-3表に規定する値以上であること。

106-3表

特別高圧架空電線の種類	低圧架空電線の種類		高圧架空電線	架空弱電流電線等	低圧又は高圧の電車線	低高圧架空電線等又は低圧若しくは高圧の電車線等の支持物
	絶縁電線又はケーブル	その他				
ケーブル	0.5m	1.2m	0.5m	0.5m	1.2m	0.5m
特別高圧絶縁電線	1m	1.5m	1m	1m	1.5m	1m
その他	2m	2m	2m	2m	2m	2m

二　特別高圧架空電線が，低高圧架空電線等と第1次接近状態に施設される場合は，特別高圧架空電線路を第3種特別高圧保安工事により施設すること。

三　特別高圧架空電線が，低高圧架空電線等と第2次接近状態に施設される場合は，次により施設すること。

イ　特別高圧架空電線路は，第2種特別高圧保安工事により施設すること。ただし，特別高圧架空電線と低高圧架空電線等との間に，第100条第9項の規定に準じて保護網を施設する場合は，がいし装置に係る第2種特別高圧保安工事を施さないことができる。

ロ　特別高圧架空電線と低高圧架空電線等との水平離隔距離は，2m以上であること。ただし，次のいずれかに該当する場合は，この限りでない。

（イ）　第100条第3項第二号イからニまでの規定のいずれかに該当する場合

（ロ）　特別高圧架空電線が，特別高圧絶縁電線又はケーブルである場合

ハ　特別高圧架空電線のうち，低高圧架空電線等との水平距離が3m未満に施設される部分の長さは，連続して50m以下であり，かつ，1径間内における当該部分の長さの合計は，50m以下であること。ただし，特別高圧架空電線路を第2種特別高圧保安工事により施設する場合は，この限りでない。

四　特別高圧架空電線が，低高圧架空電線等の下方に接近して施設される場合は，第100条第4項各号のいずれかによること。

五　特別高圧架空電線が，低高圧架空電線等と交差して施設される場合は，特別高圧架空電線を低高圧架空電線等の上に，次により施設すること。

イ　特別高圧架空電線路は，第2種特別高圧保安工事により施設すること。ただし，特別高圧架空電線と低高圧架空電線等との間に第100条第9項の規定に準じて保護網を施設する場合は，がいし装置に係る第2種特別高圧保安工事を施さないことができる。

ロ　特別高圧架空電線の両外線の直下部に，D 種接地工事を施した引張強さ 8.01kN 以上の金属線又は直径 5mm 以上の硬銅線を低高圧架空電線等と 0.6m 以上の離隔距離を保持して施設すること。ただし，次のいずれかに該当する場合は，この限りでない。（関連省令第 6 条，第 10 条，第 11 条）

（イ）　第 100 条第 5 項第二号イからホまでのいずれかに該当する場合

（ロ）　特別高圧架空電線が，特別高圧絶縁電線又はケーブルである場合

六　次のいずれかに該当する場合は，前号の規定によらず，特別高圧架空電線を低高圧架空電線等の下に交差して施設することができる。

イ　架空弱電流電線等が，架空地線を利用して施設する光ファイバケーブル又は特別高圧架空ケーブルに複合された光ファイバケーブルである場合

ロ　特別高圧架空電線が，ケーブルである場合

ハ　第 100 条第 4 項第三号ロの規定に準じるほか，特別高圧架空電線の上方に堅ろうな防護装置を設け，かつ，その金属製部分に D 種接地工事を施す場合

七　低高圧架空電線等が，次のいずれかのものである場合は，第二号，第三号及び第五号の規定によらないことができる。

イ　第 24 条第 1 項の規定により電路の一部に接地工事を施した低圧架空電線

ロ　特別高圧架空電線路の支持物において，特別高圧架空電線の上方に施設する低圧の機械器具に接続する低圧架空電線

ハ　電力保安通信線であって，特別高圧架空電線路の支持物に施設するもの及びこれに直接接続するもの

八　特別高圧架空電線が，低圧又は高圧の電車線と接近又は交差して施設される場合は，第二号，第三号及び第五号の規定に準じること。

5　特別高圧架空電線が建造物，道路，横断歩道橋，鉄道，軌道，索道，架空弱電流電線路等，低圧又は高圧の架空電線路，低圧又は高圧の電車線路及び他の特別高圧架空電線路以外の工作物（以下この項において「他の工作物」という。）と接近又は交差して施設される場合は，次の各号によること。

一　特別高圧架空電線と他の工作物との離隔距離は，106-4 表に規定する値以上であること。

106-4 表

特別高圧架空電線の種類	区分	離隔距離
ケーブル	上部造営材の上方	1.2m
	その他	0.5m
特別高圧絶縁電線	上部造営材の上方	2m
	その他	1m
その他	全て	2m

二　特別高圧架空電線が，他の工作物と第1次接近状態に施設される場合において，特別高圧架空電線路の電線の切断，支持物の倒壊等の際に，特別高圧架空電線が他の工作物に接触することにより人に危険を及ぼすおそれがあるときは，特別高圧架空電線路を第3種特別高圧保安工事により施設すること。

三　特別高圧架空電線路が，他の工作物と第2次接近状態に施設される場合又は他の工作物の上に交差して施設される場合において，特別高圧架空電線路の電線の切断，支持物の倒壊等の際に，特別高圧架空電線が他の工作物に接触することにより人に危険を及ぼすおそれがあるときは，特別高圧架空電線路を第2種特別高圧保安工事により施設すること。

四　特別高圧架空電線が他の工作物の下方に接近して施設される場合は，特別高圧架空電線と他の工作物との水平離隔距離は，3m 以上であること。ただし，電線に特別高圧絶縁電線又はケーブルを使用する場合は，この限りでない。

五　特別高圧架空電線が，造営物に施設される簡易な突き出し看板その他の人が上部に乗るおそれがない造営材又は造営物以外の工作物と接近する場合において，次により施設する場合は，特別高圧架空電線と当該造営材又は工作物との離隔距離は，106-4 表によらないことができる。

イ　電線は，特別高圧絶縁電線又はケーブルであること。

ロ　電線を特別高圧防護具により防護すること。

ハ　電線が，当該造営材又は工作物に接触しないように施設すること。

6　特別高圧架空電線と植物との離隔距離は，106-5 表によること。ただし，特別高圧の架空電線にケーブルを使用し，かつ，民間規格評価機関として日本電気技術規格委員会が承認した規格である「耐摩耗性能を有する「ケーブル用防護具」の構造及び試験方法」の「適用」の欄に規定する要件に適合する防護具に収めて施設する場合は，この限りでない。

106-5 表

特別高圧架空電線の種類	離隔距離
特別高圧絶縁電線又はケーブル	接触しないこと
高圧絶縁電線	0.5m 以上
その他	2m 以上

〔解　説〕　**本条**は，使用電圧が 35kV 以下の特別高圧架空電線が工作物（他の特別高圧架空電線を除く。）又は植物と接近又は交差する場合の規定である。なお，工作物等と接近又は交差する場合には，**本条**のほかに，**第96条**で支線の施設について規定している。

第1項は，35kV 以下の特別高圧架空電線が建造物の造営材と接近又は交差する場合の規定である。詳細については，**第97条**の解説を参照されたい。**第一号**では，35kV 以下の特別高圧架空電線と建造物との離隔距離について規定している。電線に特別高圧絶縁電線又はケーブルを使用する場合については，22（33）kV 架空配電の拡大に伴い，S47 基準で架空ケーブル（→**第 86 条**）を使用する場合，S57 基準で特別高圧絶縁電線を使用する場合の離隔距離を新たに規定したものである。特別高圧絶縁電線（→**第 5 条解説**）を使用する場合の離隔距離については，人体計測結果及び低高圧架空電線との整合性を考慮して規定した。

第四号は，特別高圧架空電線が建造物の下方に施設される場合の建造物との離隔距離を定めたものである。電線に特別高圧絶縁電線又はケーブルを使用する場合は，相互の離隔距離のみの規定としている。

第五号は，特別高圧絶縁電線を防護具に収めて施設する場合に，離隔距離を緩和している。最近，ビルの高層化に伴い配電線が建造物の側方で近接することが多くなっているが，建造物に施設される突き出し看板などと架空電線との離隔が不足するたびに支持物の移設や電線高さを上げることには限度がある。そこで，配電線全体の絶縁強化ではなく，特に接触の危険又は感電等のおそれがある箇所に限って重点的に絶縁強化を行い，合理的に保安を確保しようとする見地から，H18 解釈において，絶縁性の防護具に収めた電線と，危険度の低いと考えられる建造物の一部となっているような簡易な突き出し看板や上部造営材以外の造営材との離隔距離は，電線が接触しなければよいこととした。なお，その際には，防護具による風圧荷重等の荷重増加を加味し，支持物の基礎の安全率等を確かめる必要がある。

特別高圧防護具の性能については，**第 55 条**において，材料，厚さ及び絶縁耐力試験等を規定している。機械的強度に対しては，材料及び厚さを規定することによりその性能を満足している。なお，使用する材料は，取り付け期間等を勘案し，ポリエチレン混合物としている。

第 2 項は，35kV 以下の特別高圧架空電線が道路等と接近又は交差する場合の規定であり，詳細については，**第 98 条**の解説を参照されたい。**第二号**は，第 2 次接近状態に施設される場合の施設方法を示している。水平距離については，電線に特別高圧絶縁電線を使用する場合は 1.5m，ケーブルを使用する場合は 1.2m まで緩和した。これは，架空ケーブルについては S47 基準で工事方法が，特別高圧絶縁電線については S57 基準で規格が定められたことに伴うものである。**第二号ハ**は，道路等と長距離にわたって接近状態が続けば，事故発生の確率が高くなることから，道路等と第 2 次接近状態にある距離が 100m を超える場合は，第 2 種特別高圧保安工事におけるがいし装置に係る部分を追加（道路に限る。）して施設することとしている（→解説 98.1 図）。

第 3 項は，35kV 以下の特別高圧架空電線が索道（→**第 49 条第十三号**）と接近又は交差する場合の規定である。詳細については，**第 99 条**の解説を参照されたい。

第 4 項は，35kV 以下の特別高圧架空電線が低高圧架空電線等又は低高圧電車線と接近又は交差する場合の規定であり，詳細については，**第100条**の解説を参照されたい。**106-3表**の特別高圧絶縁電線の離隔距離については，S57基準で特別高圧絶縁電線の規格（→**第5条解説**）が規定されたことに伴い追加されたもので，離隔距離の考え方は**第97条**の場合と同様である（→**第97条解説**）。また，低圧架空電線が絶縁電線又はケーブルである場合を除き，高圧架空電線よりも離隔距離を大きくしているが，これは，低圧架空電線の場合多心型電線を使用することがあるためである。

第三号は，35kV以下の特別高圧架空電線が低高圧架空電線等と第2次接近状態に施設される場合の規定であり，第2種特別高圧保安工事のほかに，原則として低高圧架空電線等からの水平離隔距離を2m以上とすることを示している。イでは，保護網を施設する場合は，第2種特別高圧保安工事のがいし装置に係る工事を施さないことができるとしているが，ハにおいて，水平距離が3m未満に施設される架空電線の長さが短い場合，すなわち連続して50m以下であって，かつ，1径間におけるその長さの合計が50m以下の場合を除き，保護網の施設にかかわらず，第2種特別高圧保安工事のがいし装置に係る部分も施設する必要があることを示している（→解説100.1図）。ロは，低高圧架空電線等の切断による跳ね上り混触事故の防止のために，特別高圧架空電線と低高圧架空電線等との水平離隔距離を定めている。ただし，特別高圧架空電線が特別高圧絶縁電線又はケーブルである場合は，混触事故の危険性が低いことから，水平離隔距離はとらなくてもよいこととしている。

第5項は，35kV以下の特別高圧架空電線が他の工作物（例えば広告塔，石油タンク又は電線路専用橋等）と接近又は交差する場合の規定であり，詳細については，第102条の解説を参照されたい。なお，消防法に基づく危険物の規制に関する政令第9条**第一号**において，危険物の製造所，屋内貯蔵所，屋外タンク貯蔵所，屋外貯蔵所及び一般取扱所の位置に関し，使用電圧が35kV以下の特別高圧架空電線から水平距離で3m以上離隔すべきことが定められている。

第五号は，特別高圧絶縁電線を防護具に収めて施設する場合，危険度が低いと考えられる建造物に施設される簡易な突き出し看板等との離隔距離については，H18解釈において，電線が接触しなければよいこととしている。

第6項は，35kV以下の特別高圧架空電線と植物との離隔距離を示したものであり，詳細については**第103条解説**を参照されたい。なお，**106-5表**では，電線に特別高圧絶縁電線又はケーブルを使用する場合には，植物と接触しないこととしており，また，**第5条**に示す高圧絶縁電線を使用する場合は，離隔距離を0.5mにできることを示している。ただし書は，H23解釈で追加したものであり，特別高圧の架空電線にケーブルを使用する場合であって，日本電気技術規格委員会JESC E2020(2016)「耐摩耗性能を有する『ケーブル用防護具』の構造及び試験方法」に適合する防護具に収めて施設する場合には，離隔距離の緩和を認めている（→**第79条第三号**解説）。R4解釈より，民間規格評価機関として日本電気技術規格委員会に承認された規格リストと関連づけられ，当該機関の公開ページにて掲載されている。

【35,000V以下の特別高圧架空電線と低高圧架空電線等との併架又は共架】（省令第28条，第31条第1項）

第107条　使用電圧が35,000V以下の特別高圧架空電線（以下この条において「特別高圧架空電線」という。）と低圧又は高圧の架空電線とを同一支持物に施設する場合は，次の各号によること。

一　特別高圧架空電線を低圧又は高圧の架空電線の上に，別個の腕金類に施設すること。ただし，特別高圧架空電線がケーブルであり，かつ，低圧又は高圧の架空電線が絶縁電線又はケーブルであるときは，この限りでない。

二　特別高圧架空電線と，低圧又は高圧の架空電線との離隔距離は，107-1表に規定する値以上であること。

107-1表

特別高圧架空電線の種類	低圧又は高圧の架空電線	離隔距離
ケーブル	絶縁電線又はケーブルを使用する低圧架空電線	0.5m
	特別高圧架空電線路の支持物に施設する低圧の電気機械器具に接続する低圧架空電線	
	特別高圧絶縁電線，高圧絶縁電線又はケーブルを使用する高圧架空電線	
その他	全て	1.2m

三　低圧又は高圧の架空電線路は，次によること。

イ　電線は，次のいずれかのものであること。（関連省令第6条）

（イ）　ケーブル

（ロ）　直径3.5mm以上の銅覆鋼線

（ハ）　架空電線路の径間が50m以下の場合は，引張強さ5.26kN以上のもの又は直径4mm以上の硬銅線

（ニ）　架空電線路の径間が50mを超える場合は，引張強さ8.01kN以上のもの又は直径5mm以上の硬銅線

ロ　低圧又は高圧の架空電線は，次のいずれかに該当するものであること。

（イ）　特別高圧架空電線と同一支持物に施設される部分に，次により接地工事を施した低圧架空電線（関連省令第10条，第11条）

(1)　接地抵抗値は，10Ω以下であること。

(2)　接地線は，引張強さ2.46kN以上の容易に腐食し難い金属線又は直径4mm以上の軟銅線であって，故障の際に流れる電流を安全に通じることができるものであること。

(3) 接地線は，第17条第1項第三号の規定に準じて施設すること。

(ロ) 第24条第1項の規定により接地工事（第17条第2項第一号の規定により計算した値が10を超える場合は，接地抵抗値が10Ω以下のものに限る。）を施した低圧架空電線（関連省令第10条，第11条）

(ハ) 第25条第1項の規定により施設した高圧架空電線

(ニ) 直流単線式電気鉄道用架空電線その他の大地から絶縁されていない電路に接続されている低圧又は高圧の架空電線

(ホ) 特別高圧架空電線路の支持物に施設する低圧の電気機械器具に接続する低圧架空電線

ハ 特別高圧架空電線路が，次のいずれかのものである場合は，ロの規定によらないことができる。

(イ) 電線に特別高圧絶縁電線を使用するとともに，第88条第1項第二号の規定に準じて施設するもの

(ロ) 電線にケーブルを使用するもの

2 特別高圧架空電線と低圧又は高圧の電車線とを同一支持物に施設する場合は，前項の規定に準じること。

3 特別高圧架空電線と架空弱電流電線等（電力保安通信線及び電気鉄道の専用敷地内に施設する電気鉄道用の通信線を除く。以下この項において同じ。）とを同一の支持物に施設する場合は，次の各号によること。

一 特別高圧架空電線路は，第2種特別高圧保安工事により施設すること。

二 特別高圧架空電線は，架空弱電流電線等の上とし，別個の腕金類に施設すること。

三 特別高圧架空電線は，ケーブルである場合を除き，引張強さ21.67kN以上のより線又は断面積が55mm^{2}以上の硬銅より線であること。（関連省令第6条）

四 特別高圧架空電線と架空弱電流電線等との離隔距離は，次に掲げる値以上であること。

イ 特別高圧架空電線がケーブルである場合は，0.5m

ロ 特別高圧架空電線がケーブル以外のものである場合は，2m

五 架空弱電流電線は，金属製の電気的遮へい層を有する通信用ケーブルであること。ただし，次のいずれかに該当する場合はこの限りでない。

イ 特別高圧架空電線がケーブルである場合

ロ 架空弱電流電線路の管理者の承諾を得た場合において，特別高圧架空電線路が，電線に特別高圧絶縁電線を使用するとともに，第88条第1項第二号の規定に準じて施設するものであるとき

六 特別高圧架空電線路における支持物の長さの方向に施設される電線であって，架空弱電流電線等の施設者が施設したものの2m上部から最下部までに施設される部

分は，ケーブルであること。

七　特別高圧架空電線路の接地線には，絶縁電線又はケーブルを使用し，かつ，特別高圧架空電線路の接地線及び接地極と架空弱電流電線路等の接地線及び接地極とは，それぞれ別個に施設すること。（関連省令第11条）

八　特別高圧架空電線路の支持物は，当該電線路の工事，維持及び運用に支障を及ぼすおそれがないように施設すること。

〔解　説〕 本条は，35kV以下の特別高圧架空電線と低高圧架空電線等との併架又は共架について規定している。

第1項は，35kV以下の特別高圧架空電線に低高圧架空電線を併架する場合について規定している。特別高圧架空電線路の支持物に低高圧架空電線を施設することは，混触による危険のほか，特別高圧架空電線路の事故時に異常電圧が低高圧架空電線側に侵入するおそれや，静電誘導等による障害を生じるおそれなどがあるので，できるだけ施設すべきではないが，やむを得ない場合は**本条**により施設方法の強化を図ることで施設を認めている。施設に当たっては，**第一号**から**第三号**までに示すように，特別高圧電線路の構造を特に堅固にするとともに，両者間の離隔距離を確保し，併架電線には混触の際に備えて保安対策を講じることとしている。

なお，**第86条**の規定に基づき特別高圧架空電線にケーブルを使用する場合は，併架する相手の低高圧架空電線が絶縁電線又はケーブルの場合に限り，特別高圧架空電線を低高圧架空電線の下に施設することができ，また，相互の離隔距離も1.2mから0.5mまで減ずることができる。

第三号ロは，特別高圧架空電線がケーブルである場合又は特別高圧架空電線が特別高圧絶縁電線であって，かつ，電線路を市街地等における施設並みに強化した場合（→ハ（イ），(ロ)）を除き，特別高圧架空電線と低高圧架空電線とが万一混触した場合に危険であるため，併架される低高圧架空電線に保安対策を施したものを使用することを示している。

（イ）については，同一支持物に施設される部分に接地工事を施す必要があることを示している。従来は，その併架部分の両端と低圧電線が引き込み又は引き出される関係発・蓄・変電所との両方に施設することを要求していた。現在は**（ロ）**の場合とのバランスから，そこまでは要求していないが，危険性を考えると従来どおり施設することが望ましい。**（ハ）**では，高圧架空電線の場合は，**第25条第1項**に定める放電装置を施設することを示している。この場合も，低圧架空電線の場合と同様，併架部分の両端と関係発・蓄・変電所の引込口又は引出口に施設することが望ましい。**（ニ）**の「直流単線式電気鉄道用架空電線その他の大地から絶縁されていない電路」とは，直流単線式電気鉄道用のき電線，電車線又は架空絶縁帰線のようなものをいう。**（ホ）**は，特別高圧架空電線路の支持物に施設する低圧の電気機械器具に供給する低圧架空電線とその支持物に施設されている特別高圧架空電線との併架の場合の施設方法を示したものである。

第2項は，35kV以下の特別高圧架空電線と低高圧の電車線とを併架する場合の規定であり，詳細については，**第104条**の解説を参照されたい。

第3項は，35kV以下の特別高圧架空電線と架空弱電流電線等とを共架する場合の規定であり，35kV以下の特別高圧架空電線と架空弱電流電線との共架についてはS47基準で，光ファイバケーブルとの共架についてはS60基準で追加された。なお，電力保安通信線と特別高圧架空電線とが同一支持物に施設される場合（一般に添架という。）については，**第136条**，**第137条**及び**第138条**によりその施設方法が示されており，電気鉄道用専用敷地内に施設する電気鉄道用の通信線については，国土交通省令で規制することになっているので，**本条**からは除いている。規定の内容は，**第一号**から**第四号**において，低高圧架空電線を併架する35kVを超え100kV未満の特別高圧架空電線（**→第104条第1項**）並みの保安を要求し，**第六号**及び**第七号**において，高圧架空電線と架空弱電流電線等を共架する場合（**→第81条**）と同様に規定している。

第五号は，誘導障害防止の観点からの規定であり，**省令第27条**により架空弱電流電線への誘導障害がなければ問題はないが，ここでは特に弱電流電線が電気的遮へい層を有する通信用ケーブルであることとしている。なお，S57基準では，特別高圧架空電線に特別高圧絶縁電線を使用し，かつ，特別高圧架空電線路を市街地における施設並みに強化し，弱電流電線路の管理者の承諾を得た場合には，金属製の電気的遮へい層を有する通信用ケーブル以外のものの使用を認めた。

第六号及び**第七号**については，**第81条**の解説を参照されたい。

第八号は，35kV以下の特別高圧架空電線と架空弱電流電線等との共架において，架空弱電流電線等が支持物に多く施設されると，架空弱電流電線等の上に施設された電線又は電気機械器具を保守又は修理する場合に，支障を及ぼすおそれがあるため，S60基準で新たに規定したものである（**→第81条解説**）。

【15,000V以下の特別高圧架空電線路の施設】（省令第6条，第20条，第28条，第29条，第31条第1項，第40条）

第108条　使用電圧が15,000V以下の特別高圧架空電線路を次の各号により施設する場合は，第84条，第88条，第89条，第91条第2項，第92条，第96条，第101条，第106条及び第107条の規定によらないことができる。

一　特別高圧架空電線路は，中性点接地式であり，かつ，電路に地絡を生じた場合に2秒以内に自動的に電路を遮断する装置を有するものであること。（関連省令第15条）

二　特別高圧架空電線は，次のいずれかのものであること。

イ　ケーブル

ロ　引張強さ8.01kN以上のもの又は直径5mm以上の硬銅線を使用する，高圧絶縁

電線又は特別高圧絶縁電線
三　高圧架空電線路に係る第 71 条から第 78 条までの規定に準じて施設すること。
四　特別高圧架空電線と低圧又は高圧の架空電線とを同一支持物に施設する場合は，次によること。
イ　特別高圧架空電線を低圧又は高圧の架空電線の上に，別個の腕金類に施設すること。
ロ　特別高圧架空電線と低圧又は高圧の架空電線との離隔距離は，108-1 表に規定する値以上であること。ただし，かど柱，分岐柱等で混触するおそれがないように施設する場合は，この限りでない。

108-1 表

特別高圧架空電線の種類	低圧又は高圧の架空電線	離隔距離
ケーブル	絶縁電線又はケーブルを使用する低圧架空電線	0.5m
	高圧絶縁電線，特別高圧絶縁電線又はケーブルを使用する高圧架空電線	
その他	全て	0.75m

五　特別高圧架空電線は，平時吹いている風等により植物に接触しないように施設すること。

〔解　説〕 本条は，電圧の改善，電力損失の軽減等を目的として，郡部等のこう長の長い配電線路に用いられる 15kV 以下の特別高圧架空電線路を対象としたものである。

電圧の改善，電力損失の軽減に対する対策としては，電線の張替え，回線増架，変電所新設，負荷切分け，自動ブスタ取付け，直列コンデンサ取付け等が考えられるところ，6.6kV 配電線を昇圧した三相 4 線式 11.4kV 配電については昭和 37 ～ 38 年頃から実施されていた。しかし，最近では，22kV（33kV）級の配電が主流となっている。

この解釈では，11.4kV 配電線は，既設の高圧架空電線を昇圧したものであること，常時の対地電圧は高圧であること，また，地絡を生じた場合に 2 秒以内に自動遮断することなどを考慮して，全般的に高圧架空電線の技術要件とほぼ同様にしている（第 1 項で適用除外している条文のほか，第 24 条，第 26 条，第 27 条，第 87 条，第 109 条など）。

また，沖縄特有の 13.8kV 特別高圧架空電線路についても，地絡を生じた場合に 2 秒以内に自動遮断することから，11.4kV の特別高圧架空電線路並みの技術要件が適用できる。

本条の内容は，電気技術調査委員会の答申及び従来の特認の基準として示されたもので，その内容は，特別高圧架空電線に高圧絶縁電線，特別高圧絶縁電線又はケーブルを使用する場合は，高圧架空電線の技術要件（→第 3 節）に準じて施設すればよいこととしている。

第二号では，15kV 以下の特別高圧架空電線路は，市街地導入の制限及び他物との離隔距離について，高圧架空電線と同様に取り扱っていることから，電線の引張強さについても高圧架空電線並みとしている。

第四号は，第107条の緩和措置である。15kV以下の特別高圧架空電線(中性線を除く。)と低高圧架空電線とを併架する場合の離隔距離を示している以外は，低高圧架空電線の場合と同様である（→**第80条解説**）。

【特別高圧架空電線路の支持物に施設する低圧の機械器具等の施設】（省令第31条第2項）

第109条 特別高圧架空電線路（第108条に規定する特別高圧架空電線路を除く。）の支持物において，特別高圧架空電線の上方に低圧の機械器具を施設する場合は，特別高圧架空電線がケーブルである場合を除き，次の各号によること。

一　低圧の機械器具に接続する電路には，他の負荷を接続しないこと。

二　前号の電路と他の電路とを変圧器により結合する場合は，絶縁変圧器を使用すること。

三　前号の絶縁変圧器の負荷側の1端子又は中性点にはA種接地工事を施すこと。（関連省令第10条，第11条）

四　低圧機械器具の金属製外箱にはD種接地工事を施すこと。（関連省令第10条，第11条）

〔解　説〕一般に特別高圧架空電線路の電線の上方において，その支持物に電気使用機械器具（→**第142条第九号**）を施設することは行われておらず，この解釈でも支持物に取り付ける電気使用機械器具に関して全般的な規定はしていない。しかし，航空法により水面又は地表上60m以上のもの等に航空障害灯を取り付けることが要求されており，河川横断その他の特別高圧鉄塔で航空障害灯を施設する例が多くなったため，S47基準で施設方法を新たに規定した。

第一号では，航空障害灯に電気を供給する低圧電線は，配線が鉄塔に沿って施設されるため，特別高圧架空電線との混触又は雷その他の事故時の鉄塔電位の上昇等によって高電圧が侵入するおそれがあることから，他の一般負荷を接続しない専用の低圧電路とすることを原則としている。**第二号**の「他の電路」とは，支持物に施設する低圧の機械器具以外の一般の低圧負荷に電気を供給する低圧電路を指し，やむを得ず他の低圧電路を当該低圧電路に接続する場合には，絶縁変圧器を使用することとしている。**第三号**では，A種接地工事を施すこととしているが，例えば，高圧の電路から支持物に施設する低圧の機械器具に直接電気を供給する場合は，高圧－低圧の専用の変圧器を施設すればよく，この場合の変圧器の接地工事は，**第24条**の規定により施設することとなる。**第四号**では，鉄塔に施設される金属製外箱は，電線との混触や雷サージという観点から見れば，支持物の腕金又はがいし装置と同等と見なされるが，これらはD種接地工事で十分であり（→**第91条**），また，内部回路の漏電等による危険防止という観点から見れば，内部回路が低圧であるため D 種接地工事で十分である（→**第 29 条**）ことから，従来 A 種接地工事であったものを H9 解釈で変更した。

以下に具体的な施設方法の例を挙げる。

①特別高圧架空電線路の支持物に施設する航空障害灯等のみに電気を供給する専用の発電機等を施設する。

②特別高圧架空電線路の支持物に施設する航空障害灯等に電気を供給する低圧電線路は，当該障害灯等の専用の電路とする（→解説 109.1 図）。

③特別高圧架空電線路の支持物に施設する航空障害灯等に電気を供給する電路と，その他の一般の低圧負荷設備に電気を供給する電路とは電気的に絶縁し，かつ，航空障害灯等は絶縁変圧器の負荷側に接続し，その負荷側の一端子に A 種接地工事を施す（→解説 109.2 図）。

なお，**第 108 条**の 15kV 以下の特別高圧架空電線路は，**本条**の特別高圧架空電線路から除かれている（→**第 108 条解説**）。

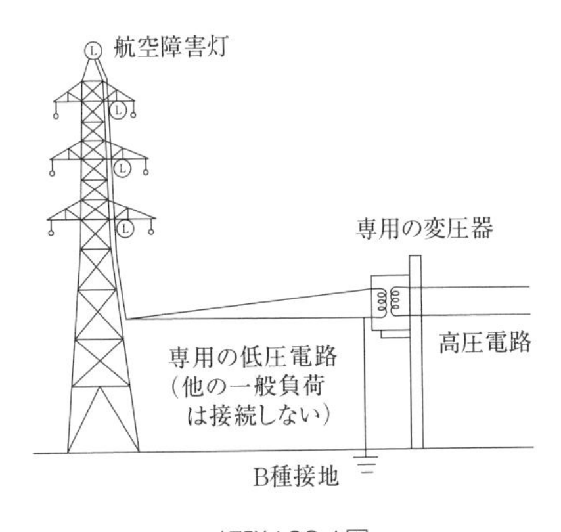

解説109.1図

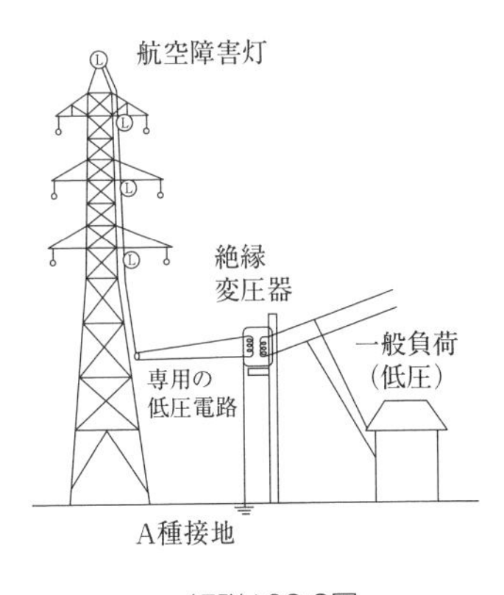

解説109.2図

第5節 屋側電線路，屋上電線路，架空引込線及び連接引込線

【低圧屋側電線路の施設】（省令第20条，第28条，第29条，第30条，第37条）

第110条 低圧屋側電線路（低圧の引込線及び連接引込線の屋側部分を除く。以下この節において同じ。）は，次の各号のいずれかに該当する場合に限り，施設することができる。

一 1構内又は同一基礎構造物及びこれに構築された複数の建物並びに構造的に一体化した1つの建物（以下この条において「1構内等」という。）に施設する電線路の全部又は一部として施設する場合

二 1構内等専用の電線路中，その構内等に施設する部分の全部又は一部として施設する場合

2 低圧屋側電線路は，次の各号のいずれかにより施設すること。

一 がいし引き工事により，次に適合するように施設すること。

イ 展開した場所に施設し，簡易接触防護措置を施すこと。

ロ 第145条第1項の規定に準じて施設すること。

ハ 電線は，110-1表の左欄に掲げるものであること。

ニ 電線の種類に応じ，電線相互の間隔，電線とその低圧屋側電線路を施設する造営材との離隔距離は，110-1表に規定する値以上とし，支持点間の距離は，110-1表に規定する値以下であること。

110-1表

<table>
<tr><th colspan="2">電線の種類</th><th>電線相互の間隔</th><th>電線と造営材との離隔距離</th><th>支持点間の距離</th></tr>
<tr><td rowspan="2">引込用ビニル絶縁電線又は引込用ポリエチレン絶縁電線</td><td rowspan="2">直径2mmの軟銅線と同等以上の強さ及び太さのもの</td><td rowspan="2">–</td><td>3cm</td><td>2m</td></tr>
<tr><td>30cm</td><td>15m</td></tr>
<tr><td>屋外用ビニル絶縁電線</td><td rowspan="2">引張強さ1.38kN以上のもの又は直径2mm以上の硬銅線</td><td rowspan="2">20cm</td><td rowspan="2">30cm</td><td rowspan="2">15m</td></tr>
<tr><td rowspan="2">上記以外の絶縁電線</td></tr>
<tr><td>直径2mmの軟銅線と同等以上の強さ及び太さのもの</td><td colspan="2">110-2表に規定する値</td><td>2m</td></tr>
</table>

110-2表

<table>
<tr><th>施設場所の区分</th><th>使用電圧の区分</th><th>電線相互の間隔</th><th>電線と造営材との離隔距離</th></tr>
<tr><td>雨露にさらされない場所</td><td>–</td><td>6cm</td><td>2.5cm</td></tr>
<tr><td rowspan="2">雨露にさらされる場所</td><td>300V以下</td><td>6cm</td><td>2.5cm</td></tr>
<tr><td>300V超過</td><td>12cm</td><td>4.5cm</td></tr>
</table>

ホ 電線に，引込用ビニル絶縁電線又は引込用ポリエチレン絶縁電線を使用する場合は，次によること。

（イ）　使用電圧は，300V 以下であること。

（ロ）　電線を損傷するおそれがないように施設すること。

（ハ）　電線をバインド線によりがいしに取り付ける場合は，バインドするそれぞれの線心をがいしの異なる溝に入れ，かつ，異なるバインド線により線心相互及びバインド線相互が接触しないように堅ろうに施設すること。

（ニ）　電線を接続する場合は，それぞれの線心の接続点は，5cm 以上離れていること。

ヘ　がいしは，絶縁性，難燃性及び耐水性のあるものであること。

ト　第3項に規定する場合を除き，低圧屋側電線路の電線が，他の工作物（当該低圧屋側電線路を施設する造営材，架空電線，屋側に施設される高圧又は特別高圧の電線及び屋上電線を除く。以下この条において同じ。）と接近する場合又は他の工作物の上若しくは下に施設される場合における，低圧屋側電線路の電線と他の工作物との離隔距離は，110-3 表に規定する値以上であること。

110-3 表

区分	低圧屋側電線路の電線の種類	離隔距離
上部造営材の上方	高圧絶縁電線又は特別高圧絶縁電線	1m
	その他	2m
その他	高圧絶縁電線又は特別高圧絶縁電線	0.3m
	その他	0.6m

チ　電線は，平時吹いている風等により植物に接触しないように施設すること。

二　合成樹脂管工事により，第145条第2項及び第158条の規定に準じて施設すること。

三　金属管工事により，次に適合するように施設すること。

イ　木造以外の造営物に施設すること。

ロ　第159条の規定に準じて施設すること。

四　バスダクト工事により，次に適合するように施設すること。

イ　木造以外の造営物において，展開した場所又は点検できる隠ぺい場所に施設すること。

ロ　第163条の規定に準じて施設するほか，屋外用のバスダクトであって，ダクト内部に水が浸入してたまらないものを使用すること。

五　ケーブル工事により，次に適合するように施設すること。

イ　鉛被ケーブル，アルミ被ケーブル又はMIケーブルを使用する場合は，木造以外の造営物に施設すること。

ロ　第145条第2項の規定に準じて施設すること。

ハ　次のいずれかによること。

（イ）　ケーブルを造営材に沿わせて施設する場合は，第164条第1項の規定に準じて施設すること。

（ロ）　ケーブルをちょう架用線にちょう架して施設する場合は，第67条（第一号ホ及び第五号を除く。）の規定に準じて施設し，かつ，電線が低圧屋側電線路を施設する造営材に接触しないように施設すること。

3　低圧屋側電線路の電線が，当該低圧屋側電線路を施設する造営物に施設される，他の低圧電線であって屋側に施設されるもの，管灯回路の配線，弱電流電線等又は水管，ガス管若しくはこれらに類するものと接近又は交差する場合は，第167条の規定に準じて施設すること。

〔**解　説**〕　**本条**は，屋側に施設される低圧電線路の要件及びその施設方法を示している。

第1項では，屋側に電線路を施設することができる条件を示している。

屋側電線路は，電気使用場所において電気の使用を目的として施設する屋側配線（**→第1条第十二号**）と類似してはいるが，電気使用場所等に安全かつ確実に電気を送るべき電線路であるので，この種の形態の電線路は**第1項**の施設範囲以外のものは本来好ましくないものであり，**本条**では原則としてその施設をしないこととしている。つまり，特殊な場合であって，技術上やむを得ない場合，例えば，工場，作業場のような構内で電線路の支持物を施設する余裕のない場合や電線が錯そうして，かえって危険を伴うような場合において施設が可能であることを示している。

第一号の「1構内又は同一基礎構造物及びこれに構築された複数の建物並びに構造的に一体化した1つの建物（以下この条において「1構内等」という。）に施設する電線路の全部又は一部」とは解説110.1図（a）のような場合をいう。

「同一基礎構造物及びこれに構築された複数の建物並びに構造的に一体化した1つの建物」については，H9解釈で，1構内の定義に追加したものである。近年，同一の開発者により，共有の人工地盤（地下駐車場に使用される場合が多い。）上に複数の建物が設置され，受電のために，その建物の屋側スペースを電線路が通過せざるを得ない場合がある。また，テナントビル等に代表されるとおり，1つの建物の中に複数の受電者が存在する場合においても，同一建物内の屋側スペースを電線路が通過せざるを得ない場合がある。よって，「同一基礎構造物に構築された複数の建物」及び「構造的に一体化した1つの建物」を合わせて「1構内等」としている（**→第132条解説**）。

第二号の「1構内等専用の電線路中その構内等に施設する部分の全部又は一部」とは，解説110.1図（b）のような場合であって，解説110.1図（c）のような場合は，いずれも第1項の規定に適合しないため，施設しないこととしている。

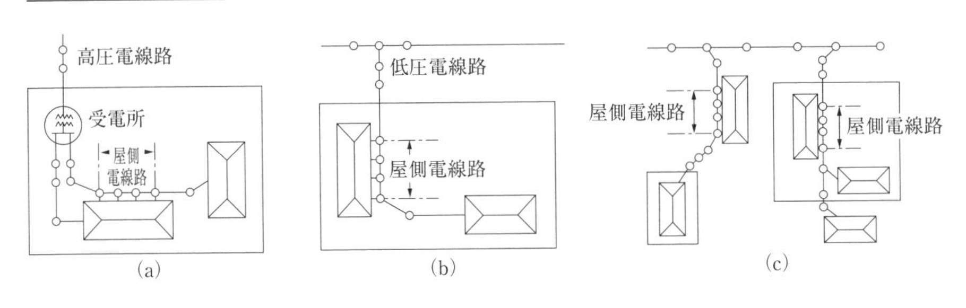

解説 110.1 図

第2項は，低圧屋側電線路の工事の種類及びその方法について示している。

第2項各号において工事方法を規定しているが，木造造営物の屋側部分は，電気工事の完了後，しばらくたってから木造造営物にメタルラス張り等が施工されるケースがあり，このようなケースで漏電火災事故につながる事例が多かったため，過去の漏電火災事故の分析をもとに，S47 基準で木造造営物には金属管工事，バスダクト工事，金属被覆を有するケーブル工事をしないこととした。

第一号は，がいし引き工事について示しており，ハで使用電線について定めている。電線の太さ及び強さは，低圧引込線の屋側部分（→**第116条**）と同じく直径 2.0mm 以上の軟銅線を基準としている。電路の絶縁のほとんどは電線を支持するがいしが負担しているが，屋側電線路の高さが十分でなく，人が触れる危険性も考慮して，電線には絶縁電線を使用することとしている。

二は，電線相互及び電線と造営材との離隔距離を，使用電線の種類と施設場所の区分ごとに示している。雨露にさらされない場所と，雨露にさらされる場所との関係については，**第1条第二十六号**の解説を参照されたい。なお，**110-1表**の電線支持点間の距離は，電線が緩んで造営材に触れることなどがないように示されたものであり，また，**110-2表**に示した値は，中ノップがいし及び低圧ピンがいしの標準寸法が基準となっている（→解説 110.2 図）。

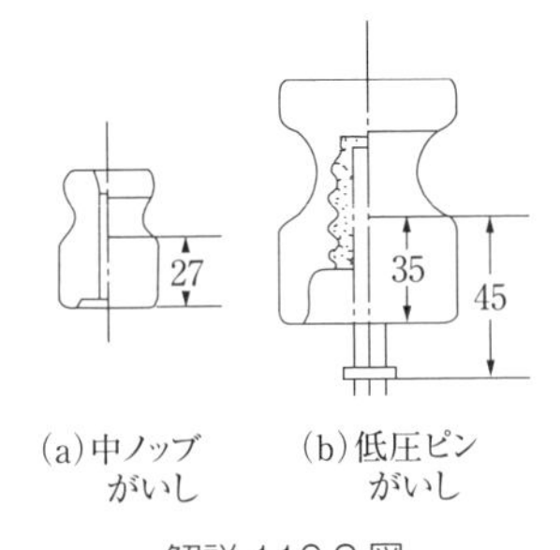

解説 110.2 図

ここでは，屋側配線に類似した屋側電線路（→解説 110.3 図（a））に対するものだけでなく，架空電線路の支持物の代わりに造営物の一部を使用したような状態の屋側電線路（→解説 110.3 図（b））の施設方法についても規定している。例えば，低圧架空電線路の電線として直径 2mm 以上の硬銅線を使用し，造営材に適当な腕木を取り付け電線相互の間隔を 20cm 以上，電線と造営材との離隔距離を 30cm 以上とする場合は，電線の機械的強度も強く，電線の緩みによる造営材との接触，電線相互の接触等の危険が少ないので，屋外用ビニル絶縁電線も使用できることにしており，支持点の距離も15mまでとることができる。

ホは，引込用ビニル絶縁電線又は引込用ポリエチレン絶縁電線を屋側電線路のがいし引き工事に使用する場合について示している。引込用ビニル絶縁電線又は引込用ポリエチレン絶縁電線（→**第5条解説**）は，線心に600Vビニル絶縁電線又は600Vポリエチレン絶縁電線と同等のものをより合せ又は平型に接合したものであり，電線相互の間隔をとれないので，この規定により施設することとしている。

（ハ）は，電線をバインド線によりがいしに取り付ける場合，バインド部分の絶縁劣化により線間に短絡を生じるおそれがあるので，バインド部分の電線をがいしの異なるみぞに入れ，それぞれ異なるバインド線により心線相互及びバインド線相互が接触しないように施設する必要があることを示している。なお，3心の引込用ビニル絶縁電線又は引込用ポリエチレン絶縁電線でそのうちの1本をバインドしないような場合は，他の2心についてのみ本号により施工することとする。

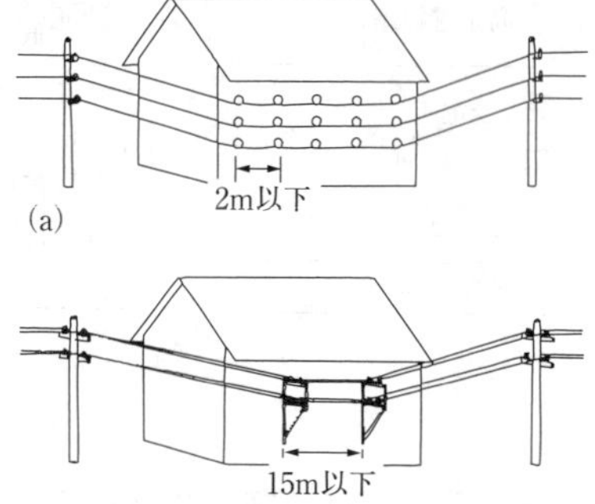

(b)屋外用ビニル絶縁電線使用の場合

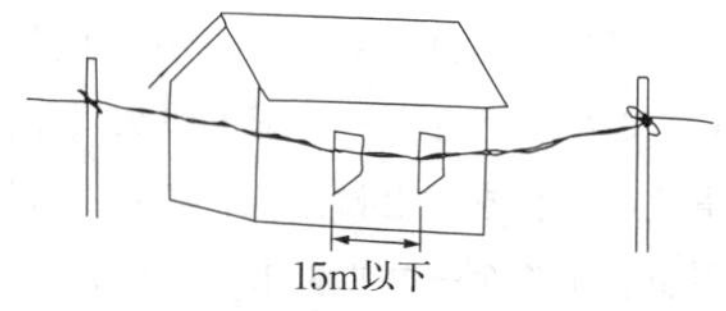

(c)引込用ビニル絶縁電線又は引込用ポリエチレン絶縁電線を用い造営材との離隔距離を30cm以上として施設する場合

解説110.3図

（ニ）も，接続点の絶縁劣化により線間短絡が発生することを防止するためのものである。110-1表において電線と造営材との離隔距離を3cmとしているのは，S47基準で追加された規定で，一般の場合の2.5cmを3cmとしている。したがって，離隔に注意して使用するがいしを選定する必要がある。

また，引込用ビニル絶縁電線を用いた場合について，屋外用ビニル絶縁電線の規定に相当する施設方法（→解説110.3図（c））をH4基準で追加し，引込用ポリエチレン絶縁電線を用いた場合の屋外用ビニル電線の規定に相当する施設方法（→解説110.3図（c））をH28解釈で追加した。これは，2階屋根等の高い架空引込線の取付け点からの引下げ部分（→解説116.5図）に引込用ビニル絶縁電線又は引込用ポリエチレン絶縁電線を用いることができるようにするためであり，引込線の施設に関する事項なので**第116条**で規定すべき事項とも考えた。しかし，従来，**同項**は低圧引込線の屋側部分と屋上部分の施設に，**本条第2項**及び**第3項**の規定を準用することにしてきたので，造営材との離隔距離，支持点間距離を屋外用ビニル絶縁電線に準じることとし，**本条**で低圧屋側電線路の規定を追加することにした。したがって，多くは低圧引込線の屋上部分の施設に準用されるものである。

へは使用するがいしの仕様について示したものであるが，陶器若しくはガラス製のもの又はポリカーボネイト若しくはエボナイト等樹脂系のもの等は，この条件を満足する。

トの他の工作物との離隔距離については，低圧架空電線路の場合に比べて若干緩和している点があるが，条項の趣旨は同様であるため，**第 78 条**の解説を参照されたい。「当該低圧屋側電線路を施設する造営材」については，**第 2 項第一号二**において示され，「架空電線，屋側に施設される他の高圧又は特別高圧の電線及び屋上電線」については，それぞれ架空電線，高圧屋側電線，特別高圧屋側電線及び屋上電線の方で示されているので，他の工作物から除いている。

チの植物との離隔については，架空電線の場合（→**第 79 条**）と同様，接触しなければよい。

第二号，**第三号**及び**第四号**は，それぞれ合成樹脂管工事，金属管工事及びバスダクト工事についての規定で，屋内配線工事のそれぞれの条項に準じることとしている。

第五号は，ケーブル工事についての規定で，ケーブルを造営材に沿わせて施設する場合は，屋内配線のケーブル工事の規定に準じて施設し，ケーブルをちょう架用線にちょう架して施設する場合は，架空ケーブル工事の規定に準じて施設することとしている。

第 3 項については**第 167 条**の準用であるので，詳細については**第 167 条**の解説を参照されたい。

【高圧屋側電線路の施設】（省令第 20 条，第 28 条，第 29 条，第 30 条，第 37 条）

第 111 条　高圧屋側電線路（高圧引込線の屋側部分を除く。以下この節において同じ。）は，次の各号のいずれかに該当する場合に限り，施設することができる。

一　1 構内又は同一基礎構造物及びこれに構築された複数の建物並びに構造的に一体化した 1 つの建物（以下この条において「1 構内等」という。）に施設する電線路の全部又は一部として施設する場合

二　1 構内等専用の電線路中，その構内等に施設する部分の全部又は一部として施設する場合

三　屋外に施設された複数の電線路から送受電するように施設する場合

2　高圧屋側電線路は，次の各号により施設すること。

一　展開した場所に施設すること。

二　第 145 条第 2 項の規定に準じて施設すること。

三　電線は，ケーブルであること。

四　ケーブルには，接触防護措置を施すこと。

五　ケーブルを造営材の側面又は下面に沿って取り付ける場合は，ケーブルの支持点間の距離を 2m（垂直に取り付ける場合は，6m）以下とし，かつ，その被覆を損傷

しないように取り付けること。

六　ケーブルをちょう架用線にちょう架して施設する場合は，第 67 条（第一号ホを除く。）の規定に準じて施設するとともに，電線が高圧屋側電線路を施設する造営材に接触しないように施設すること。

七　管その他のケーブルを収める防護装置の金属製部分，金属製の電線接続箱及びケーブルの被覆に使用する金属体には，これらのものの防食措置を施した部分及び大地との間の電気抵抗値が 10Ω 以下である部分を除き，A 種接地工事（接触防護措置を施す場合は，D 種接地工事）を施すこと。（関連省令第 10 条，第 11 条）

3　高圧屋側電線路の電線と，その高圧屋側電線路を施設する造営物に施設される，他の低圧又は特別高圧の電線であって屋側に施設されるもの，管灯回路の配線，弱電流電線等又は水管，ガス管若しくはこれらに類するものとが接近又は交差する場合における，高圧屋側電線路の電線とこれらのものとの離隔距離は，0.15m 以上であること。

4　前項の場合を除き，高圧屋側電線路の電線が他の工作物（その高圧屋側電線路を施設する造営物に施設する他の高圧屋側電線並びに架空電線及び屋上電線を除く。以下この条において同じ。）と接近する場合における，高圧屋側電線路の電線とこれらのものとの離隔距離は，0.3m 以上であること。

5　高圧屋側電線路の電線と他の工作物との間に耐火性のある堅ろうな隔壁を設けて施設する場合，又は高圧屋側電線路の電線を耐火性のある堅ろうな管に収めて施設する場合は，第 3 項及び第 4 項の規定によらないことができる。

〔**解　説**〕 本条は，屋側に施設される高圧電線路の要件及びその施設方法を示している。

第 1 項では，屋側に電線路を施設することを容認している場合を示している。高圧屋側電線路は，低圧屋側電線路より更に保安上の考慮が必要な電線路であるから，低圧屋側電線路の場合と同様，その施設範囲を限定し（→第 110.1 図），技術上やむを得ない場合にのみ施設できる。したがって，ケーブル工事のみとし，隠ぺい場所の工事はできないこととしている。

また，都市過密地域において，地中化を推進しているが，事故時における復旧時間の問題などから，複数の電線路から受送電するように需要場所に開閉器箱を設け，開閉器箱から需要家に引込む方式をとることがある。この開閉器箱は地上に設置することが原則であるが，既設のビル等でスペースがなく，やむを得ない場合に開閉器箱を屋上に施設する場合がある（→**第 132 条解説**）。

開閉器箱は，事故時に開閉器を切り替える必要があることから，一般的に電力会社の保守員等がいつでも現地に行くことができる状態になっており，それが難しい場合には電力会社の技術員駐在所等において遠隔制御できる施設となっている。

第 2 項は，高圧屋側電線路の工事方法を示している。高圧屋側電線路の施設は，ケーブル工事のみとし，隠ぺい場所には施設できないこととしている。第四号では，ケーブルに外傷保護の点から接触防護措置（→**第1条第三十六号**）を施すことを示し，**第五号**では，ケーブルの支持点間隔は他の場所におけるケーブル工事と同様2m（垂直に取り付ける場合は，6m）とし，支持点では外装等の被覆を損傷しないように施設することを示している。なお，S61基準で垂直に取り付ける場合を6mとした。これは屋内のケーブル工事と整合させたものである。**第六号**は，S51基準で追加されたもので，ケーブルをちょう架用線にちょう架して施設する場合は，架空ケーブル工事に準じて施設することを示している。**第七号**は，ケーブル工事における金属製部分の接地工事を示したもので，高圧機械器具の外箱等の接地は全てA種接地工事によることとしている（→**第29条**）ことに鑑み，原則としてA種接地工事を施すべきことを示している。ただし，防食措置を施したもの（→**第123条解説**）又は金属製部分の大地との抵抗が10Ω以下の場合はA種接地工事を施したものと同等とみなして接地工事を施設しなくてもよい。メタルラス張り又はワイヤラス張りなどの木造造営物に施設する場合は，**第145条第2項**に準じて施設する必要がある。

第3項及び**第4項**は，他の工作物との離隔距離を定めたもので，高圧屋側電線を除く他の屋側電線，弱電流電線等，水管又はガス管が施設されている造営物に高圧屋側電線路を施設する場合は，それらと0.15m以上離す必要がある。S57基準では高圧屋側電線を除くこととしたが，これはS51基準で，相互間の離隔距離をとらなくてもよいこととした高圧屋内ケーブルについて，その後の実績及び密接布設時における隣接ケーブルへの事故波及の検討を行った結果，屋側電線路についても支障がないことが確認されたためである。架空電線，屋上電線及び上記のもの以外との離隔距離は0.3m以上とすることとしている。ただし，第5項で他の工作物との間に耐火性の堅ろうな隔壁を設け又は管に収めて施設する場合は，離隔をとらなくてもよいことを示している。架空電線及び屋上電線との離隔距離については，それぞれ架空電線及び屋上電線の条文で示されている。

【特別高圧屋側電線路の施設】（省令第20条，第37条）

第112条　特別高圧屋側電線路（特別高圧引込線の屋側部分を除く。以下この条において同じ。）は，使用電圧が100,000V以下であって，前条第1項各号のいずれかに該当する場合に限り，施設することができる。

2　特別高圧屋側電線路は，前条第2項から第5項までの規定に準じて施設すること。この場合において，前条第2項第六号の規定における「第67条（第一号ホを除く。）」は「第86条」と読み替えるものとする。

〔解　説〕　電圧が高くなるのに比例して，その危険度や事故の波及範囲は大きくなるものであるが，特別高圧屋側電線路は，技術上やむを得ない特殊な事情があるときには100kV 以下の場合に限り，高圧屋側電線路の規定に準じて施設することを認めている。これは，工場構内等においては水管，ガス管又は蒸気管等のパイプスタンドが林立し，地中においても同様にこれらの配管が錯そうしているのが実情で，架空電線路又は地中電線路等の工事に比べて信頼性が高い場合もあるからである。なお，特別高圧屋側電線路の施設に当たっては，高圧の場合と同じ規制がかかっている。

屋側電線路は，屋上電線路も含めて，電線を支持する造営物の規制は立法上明確にされていないが，機械的強度は設計段階で十分チェックすべきであり，例えば，造営物が木造の場合は漏電火災の危険度も高くなるので，その保護について配慮しておかなければならない。また，造営物が常時振動している場合又は間欠的に揺れるような場合は，その影響を考慮することが必要である。

【低圧屋上電線路の施設】（省令第20条，第28条，第29条，第30条，第37条）

第113条　低圧屋上電線路（低圧の引込線及び連接引込線の屋上部分を除く。以下この条において同じ。）は，次の各号のいずれかに該当する場合に限り，施設することができる。

一　1構内又は同一基礎構造物及びこれに構築された複数の建物並びに構造的に一体化した1つの建物（以下この条において「1構内等」という。）に施設する電線路の全部又は一部として施設する場合

二　1構内等専用の電線路中，その構内等に施設する部分の全部又は一部として施設する場合

2　低圧屋上電線路は，次の各号のいずれかにより施設すること。

一　電線に絶縁電線を使用し，次に適合するように施設すること。

イ　展開した場所に，危険のおそれがないように施設すること。

ロ　電線は，引張強さ2.30kN 以上のもの又は直径2.6mm 以上の硬銅線であること。（関連省令第6条）

ハ　電線は，造営材に堅ろうに取り付けた支持柱又は支持台に絶縁性，難燃性及び耐水性のあるがいしを用いて支持し，かつ，その支持点間の距離は，15m 以下であること。

ニ　電線とその低圧屋上電線路を施設する造営材との離隔距離は，2m（電線が高圧絶縁電線又は特別高圧絶縁電線である場合は，1m）以上であること。

二　電線にケーブルを使用し，次のいずれかに適合するように施設すること。

イ　電線を展開した場所において，第67条（第五号を除く。）の規定に準じて施設するほか，造営材に堅ろうに取り付けた支持柱又は支持台により支持し，造営材との離隔距離を1m 以上として施設すること。

ロ　電線を造営材に堅ろうに取り付けた堅ろうな管又はトラフに収め，かつ，トラフには取扱者以外の者が容易に開けることができないような構造を有する鉄製又は鉄筋コンクリート製その他の堅ろうなふたを設けるほか，第164条第1項第四号及び第五号の規定に準じて施設すること。

ハ　電線を造営材に堅ろうに取り付けたラックに施設し，かつ，電線に簡易接触防護措置を施すほか，第164条第1項第二号，第四号及び第五号の規定に準じて施設すること。

三　バスダクト工事により，次に適合するように施設すること。

イ　民間規格評価機関として日本電気技術規格委員会が承認した規格である「バスダクト工事による低圧屋上電線路の施設」の「適用」の欄に規定する要件によること。

ロ　第163条の規定に準じて施設すること。

3　低圧屋上電線路の電線が，他の工作物と接近又は交差する場合における，相互の離隔距離は，113-1表に規定する値以上であること。

113-1表

<table>
<tr><th rowspan="3">電線の種類</th><th colspan="4">他の工作物の種類</th></tr>
<tr><th colspan="2">屋側に施設される低圧電線，他の低圧屋上電線路の電線</th><th rowspan="2">屋側に施設される高圧又は特別高圧の電線，弱電流電線等，アンテナ又は水管，ガス管若しくはこれらに類するもの</th><th rowspan="2">左記以外のもの（当該低圧屋上電線路を施設する造営材，架空電線及び高圧の屋上電線路の電線を除く。）</th></tr>
<tr><th>絶縁電線，多心型電線若しくはケーブルであって低圧防護具により防護したもの，高圧絶縁電線，特別高圧絶縁電線又はケーブル</th><th>その他</th></tr>
<tr><td>バスダクト</td><td colspan="4">0.3m</td></tr>
<tr><td>高圧絶縁電線，特別高圧絶縁電線又はケーブル</td><td colspan="4">0.3m</td></tr>
<tr><td>絶縁電線又は多心型電線であって低圧防護具により防護したもの</td><td colspan="3">0.3m</td><td>0.6m</td></tr>
<tr><td>上記以外のもの</td><td>0.3m</td><td colspan="2">1m</td><td>0.6m</td></tr>
</table>

4　低圧屋上電線路の電線は，平時吹いている風等により植物と接触しないように施設すること。

〔解　説〕 本条は，屋上に施設される低圧電線路の要件と施設方法を示している。

第1項では，屋上に電線路を施設することを容認している場合を示している（→解説110.1図）。

第2項では，屋上電線路の工事は，ケーブルを使用する方法，絶縁電線をがいしで固定する方法及びバスダクトによる方法に限定している。S61 基準で，絶縁電線の工事の場合とケーブル工事の場合とを分けて示した。また，H11 解釈で，バスダクト工事による場合を新たに追加した。

第一号の絶縁電線を用いる工事方法では，屋上電線路に使用できる電線を引張強さ 2.30kN 以上の絶縁電線又は直径 2.6mm 以上の硬銅線の絶縁電線とし，屋側電線の直径 2mm の軟銅線より強度を大きくとっている（→**第 110 条第 2 項**）。

絶縁電線を使用する屋上電線は，通称「うま」と言われる支持柱又は支持台を設け，これにがいしを用いて電線を取り付けるのが普通であるが，この場合，電線の支持点間の距離は電線の振れ，緩み等を考慮し 15m 以下とすることとし，電線とそれを施設する造営材との離隔は 2m（電線が高圧絶縁電線又は特別高圧絶縁電線の場合は，1m）以上とすればよいこととした。屋上に人が出入りすることができるような場所等については，施設しないことが望ましいが，やむを得ない場合は十分な離隔距離をとることとした。

第二号は，ケーブル工事について示している。ケーブルを使用する場合は，**イ**では，架空ケーブル工事（→**第 67 条**）に準じて施設し，造営材との離隔距離は 1m としたが，屋上に人が出入りすることができるような場所等については，**前号**と同様に離隔距離を 2m 以上とすることが望ましい。**ロ**では，ケーブルを管，トラフ等に収めて施設し，管又はトラフを造営材に堅ろうに取り付ける工事方法を示しており，この場合，**第 164 条第 1 項第四号**及び**第五号**に準じて接地を施すこととしている。

一般的に，堅ろうな管又はトラフとしては，鉄筋コンクリート製の管又はトラフのほか，厚さが 1.2mm 以上の金属製の管又はトラフなどが考えられる。また，トラフのふたを取扱者以外の者が容易に開けることができると危険であるので，ふたを開けるのに必要な工具を特殊なものとし，又はふたに施錠装置を施すなどにより，容易にふたを開けることができないように施設することとしている。

ハは，ケーブルを造営材に堅ろうに取り付けたラック（親げたとはしご状に設けられた子げたによって構成されている一種の支持台）（→解説 113.1 図）に施設するとともに，取扱者以外の者が立ち入らないように施設する（さく若しくはへいを設け又は屋上を立入り禁止にするなど），ラックの取付け高さを確保して施設する，又はラックにカバーを設けて施設するなどの簡易接触防護措置（→**第 1 条第三十七号**）を施す工事方法を示しているもので，H20 解釈で追加された。

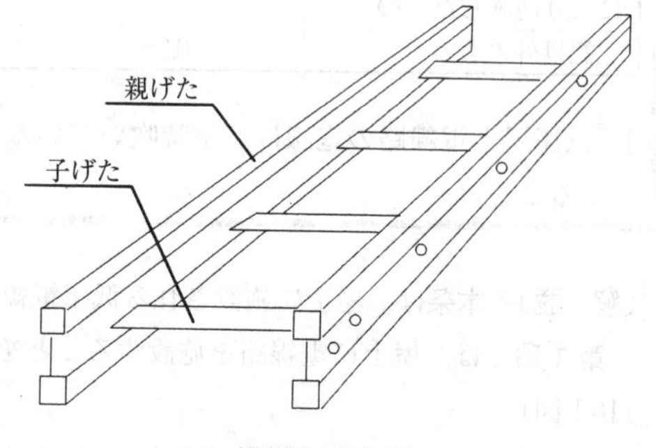

解説 113.1 図

また，簡易接触防護措置を施す場

合であっても，重量物の圧力又は著しい機械的衝撃を受けるおそれがある箇所に施設する場合にあっては，**第164条第1項第二号**に準じて，ケーブルに圧力が加わらないようラックに鋼板製のカバー等を設けるなど，適当な防護装置を設けることとした。

その他，接地工事については，**第164条第1項第四号**及び**第五号**に準じて施設することとした。

第三号は，バスダクト工事については日本電気技術規格委員会規格 JESC E6001（2011）「バスダクト工事による低圧屋上電線路の施設」に適合する場合に施設できることを示しているもので，H11解釈で追加された。バスダクトによる低圧屋上電線路は，バスダクト工事（→**第163条**）に準じて施設し，木造以外の造営物に施設するとともに，バスダクトに簡易接触防護措置を施すこととしている。また，使用するバスダクトは，屋外用バスダクトであって，防水性能（IPX4：防まつ形）であることが必要である。なお，バスダクトと他の工作物との最小離隔距離は0.3mとした。R4解釈より，民間規格評価機関として日本電気技術規格委員会に承認された規格リストと関連づけられ，当該機関の公開ページにて掲載されている。

第3項では，他の工作物との離隔距離を示しており，その考え方は架空電線路の場合と同様である。架空電線及び高圧屋上電線との離隔距離に関しては，それぞれ架空電線，高圧屋上電線の条文で示されている。また，低圧架空電線との離隔距離は**第78条**による必要がある。

【高圧屋上電線路の施設】（省令第20条，第28条，第29条，第30条，第37条）

第114条　高圧屋上電線路（高圧の引込線の屋上部分を除く。以下この条において同じ。）は，次の各号のいずれかに該当する場合に限り，施設することができる。

一　1構内又は同一基礎構造物及びこれに構築された複数の建物並びに構造的に一体化した1つの建物（以下この条において「1構内等」という。）に施設する電線路の全部又は一部として施設する場合

二　1構内等専用の電線路中その構内等に施設する部分の全部又は一部として施設する場合

三　屋外に施設された複数の電線路から送受電するように施設する場合

2　高圧屋上電線路は，次の各号により施設すること。

一　電線は，ケーブルであること。

二　次のいずれかによること。

イ　電線を展開した場所において，第67条（第一号ロ，ハ及びニを除く。）の規定に準じて施設するほか，造営材に堅ろうに取り付けた支持柱又は支持台により支持し，造営材との離隔距離を1.2m以上として施設すること。

ロ　電線を造営材に堅ろうに取り付けた堅ろうな管又はトラフに収め，かつ，トラ

フには取扱者以外の者が容易に開けることができないような構造を有する鉄製又は鉄筋コンクリート製その他の堅ろうなふたを設けるほか，第111条第2項第七号の規定に準じて施設すること。

3 高圧屋上電線路の電線が他の工作物（架空電線を除く。）と接近し，又は交差する場合における，高圧屋上電線路の電線とこれらのものとの離隔距離は，0.6m以上であること。ただし，前項第二号ロの規定により施設する場合であって，第124条及び第125条（第3項及び第4項を除く。）の規定に準じて施設する場合は，この限りでない。

4 高圧屋上電線路の電線は，平時吹いている風等により植物と接触しないように施設すること。

〔解 説〕 **第1項**では，高圧屋上電線路は低圧屋上電線路と同様，原則としてその施設を禁じ，施設範囲も限定している（→解説110.1図）。

第2項では，安全度を高めるため高圧屋上電線路の電線にはケーブル以外のものを使用することを認めていない。また，工事方法は，次の2つの方法によることとしている。

①架空電線路の架空ケーブル工事（**→第67条**）に準じて施設し，ケーブルと造営材との離隔距離は1.2m以上とする場合（支持柱又は支持台はかなり丈の高いものになり，これを造営物に取り付ける場合は，造営材の材質等を考慮して堅ろうに取り付ける必要がある。）

②ケーブルを管又はトラフに収めて施設し，**第111条第2項第七号**に準じて接地を施す場合（**→第113条第2項第二号ロ解説**）。

なお，高圧屋側電線路においてπ引込みが認められたことから高圧屋上電線路もπ引込みができるようになった。π引込みについては**第111条**及び**第132条**の解説を参照されたい。

第3項は，架空電線以外の他の工作物との離隔距離について定めたもので，高圧屋上電線はケーブルのみが使用されるので，その離隔距離は0.6m（ケーブルを管又はトラフ等に収める場合は，**第125条**に準じること。）以上あればよいことになっている。架空電線路との離隔は，**第78条**に基づいて離隔距離をとることとしている。

第4項は，植物との離隔距離の規定である（**→第79条解説**）。

【特別高圧屋上電線路の施設】（関連省令第37条）

第115条 特別高圧屋上電線路は，特別高圧の引込線の屋上部分を除き，施設しないこと。

〔解 説〕 特別高圧屋上電線路は危険度が高く，特殊な場合にのみ施設されるものであるから，特別の事情がある場合を除き施設してはならないこととしている（**→省令第37条**）。

なお，引込線については，一般需要家と結ぶ終端で人又は家畜が造営物に接近する機会も多く，造営物に直接取り付けられる等，電線路のうち他の部分とは保安上考慮すべき事項が異なるため，別途独立して規定している（→第116条から第118条）。引込線（→第1条第十号）のうち屋上部分は本来屋上電線路であるが，上記の理由により屋上電線路から除いている。S47基準で，特別高圧引込線の施設に関する規定（→第118条）が新規追加されたことに伴い，屋上電線路から引込線の屋上部分が除かれ，その部分は，第118条第2項の規定に従い施設することとした。

【低圧架空引込線等の施設】（省令第6条，第20条，第21条第1項，第25条第1項，第28条，第29条，第37条）

第116条　低圧架空引込線は，次の各号により施設すること。

一　電線は，絶縁電線又はケーブルであること。

二　電線は，ケーブルである場合を除き，引張強さ2.30kN以上のもの又は直径2.6mm以上の硬銅線であること。ただし，径間が15m以下の場合に限り，引張強さ1.38kN以上のもの又は直径2mm以上の硬銅線を使用することができる。

三　電線が屋外用ビニル絶縁電線である場合は，人が通る場所から手を伸ばしても触れることのない範囲に施設すること。

四　電線が屋外用ビニル絶縁電線以外の絶縁電線である場合は，人が通る場所から容易に触れることのない範囲に施設すること。

五　電線がケーブルである場合は，第67条（第五号を除く。）の規定に準じて施設すること。ただし，ケーブルの長さが1m以下の場合は，この限りでない。

六　電線の高さは，116-1表に規定する値以上であること。

116-1表

区分		高さ
道路（歩行の用にのみ供される部分を除く。）を横断する場合	技術上やむを得ない場合において交通に支障のないとき	路面上3m
	その他の場合	路面上5m
鉄道又は軌道を横断する場合		レール面上5.5m
横断歩道橋の上に施設する場合		横断歩道橋の路面上3m
上記以外の場合	技術上やむを得ない場合において交通に支障のないとき	地表上2.5m
	その他の場合	地表上4m

七　電線が，工作物又は植物と接近又は交差する場合は，低圧架空電線に係る第71条から第79条までの規定に準じて施設すること。ただし，電線と低圧架空引込線を直接引き込んだ造営物との離隔距離は，危険のおそれがない場合に限り，第71条第1項第二号及び第78条第1項の規定によらないことができる。

八 電線が，低圧架空引込線を直接引き込んだ造営物以外の工作物（道路，横断歩道橋，鉄道，軌道，索道，電車線及び架空電線を除く。以下この項において「他の工作物」という。）と接近又は交差する場合において，技術上やむを得ない場合は，第七号において準用する第71条から第78条（第71条第3項及び第78条第4項を除く。）の規定によらず，次により施設することができる。

イ 電線と他の工作物との離隔距離は，116-2表に規定する値以上であること。ただし，低圧架空引込線の需要場所の取付け点付近に限り，日本電気技術規格委員会規格 JESC E2005（2002）「低圧引込線と他物との離隔距離の特例」の「2. 技術的規定」による場合は，同表によらないことができる。

116-2表

区分	低圧引込線の電線の種類	離隔距離
造営物の上部造営材の上方	高圧絶縁電線，特別高圧絶縁電線又はケーブル	0.5m
	屋外用ビニル絶縁電線以外の低圧絶縁電線	1m
	その他	2m
その他	高圧絶縁電線，特別高圧絶縁電線又はケーブル	0.15m
	その他	0.3m

ロ 危険のおそれがないように施設すること。

2 低圧引込線の屋側部分又は屋上部分は，第110条第2項（第一号チを除く。）及び第3項の規定に準じて施設すること。

3 第82条第2項又は第3項に規定する低圧架空電線に直接接続する架空引込線は，第1項の規定にかかわらず，第82条第2項又は第3項の規定に準じて施設することができる。

4 低圧連接引込線は，次の各号により施設すること。

一 第1項から第3項までの規定に準じて施設すること。

二 引込線から分岐する点から100mを超える地域にわたらないこと。

三 幅5mを超える道路を横断しないこと。

四 屋内を通過しないこと。

〔解 説〕 本条は，低圧引込線の要件及び施設方法について示している。

架空引込線（→第1条第九号）は，一般需要家と関係の多い電線であるから，その工事は，特に入念に行う必要があるとともに，保守点検についても注意を怠らないことが必要である。特に，市街地においては比較的狭い空間に弱電流電線その他の突出物が多いところに施設されている場合が多いので，がいしの脱落，バインド切れ，電線の弛み，植物との接触等が多く，電話線との混触事故，断線による不点事故が起こりがちである。したがって，架空引込線の良否は，保守の適否によって決まるといっても過言ではない。

架空引込線は，架空電線路に対する規定のうち，**第71条から第79条まで**（建造物，道路等，索道，架空弱電流電線，アンテナ，電車線等，他の低圧架空電線若しくは他の工作物との接近・交差又は植物との接近）が準用され，その性質上，経済上及び工事施工の点から，道路の横断，地表上の高さ及び造営物等との離隔距離について緩和している。

第1項第一号は，特に人及び家畜，造営物に対する感電，火災の危険を防止するため，電線には絶縁電線（**→第65条解説**）又はケーブルを使用することとしている。

第二号において，径間が15m以下の場合に引張強さ1.38kN以上のもの又は直径2mm以上の硬銅線の使用できることとしているのは，負荷電流も少なく，径間15m以下の引込線が施設されるような場所は風当りも弱く，受ける荷重も小さい等，保安上問題がないと判断されるためである（**→第65条**）。

第三号及び**第四号**は，引込線の施設される場所は人の接近する機会が多いので，引込線の高さ及び他物との離隔距離だけでなく，施設される周辺の状況によって人が触れることのないように施設すべきことを示している。

第五号は，電線にケーブルを使用する場合は架空ケーブル工事（**→第67条**）に準じて施設することを示しているが，この場合，ケーブルの長さが1m未満のものではその張力及び弛度も小さいので工事を簡略化し，ちょう架しなくてもよいこととしている。

第六号では，架空引込線の地表上の高さは，主として経済上の理由から，交通に支障がない限り一般の電線路の場合より緩和している。なお，建造物の構造上，取付け点を4mもの高さにすることがどうしても困難な場合があるので2.5mに緩和している（→解説116.1図）。解説116.1図において，Dの長さについては示していないが，交通に支障のない範囲であまり大きくならないように注意する必要がある。

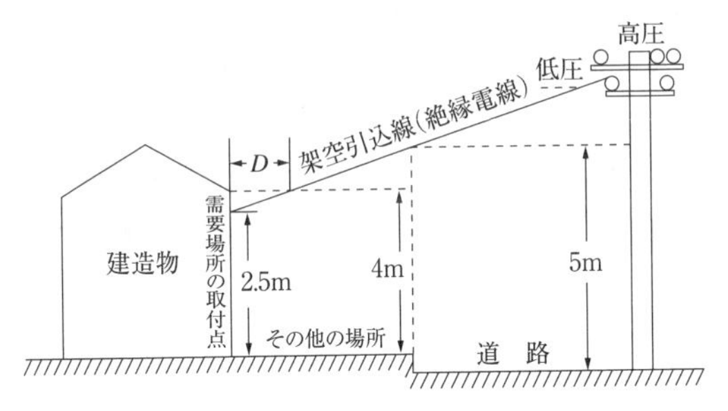

解説116.1図

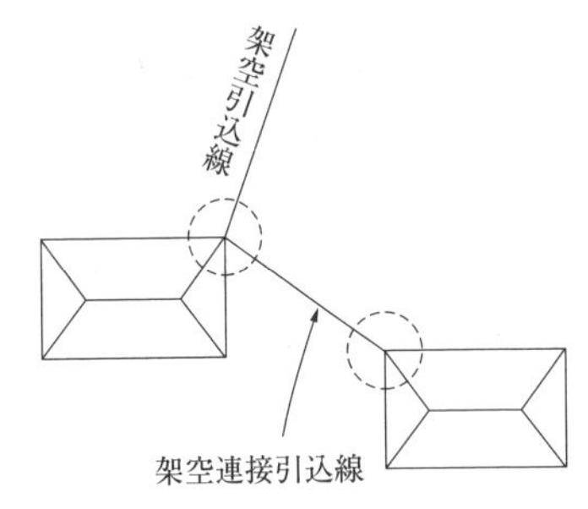

解説116.2図

第七号では，**第71条第1項第二号**及び**第78条第1項**に規定される造営材と架空電線との離隔距離を架空引込線の引込点付近に適用することは不可能であるため，離隔距離を緩和している。この場合において，「危険のおそれがない場合」とは解説116.2図のような場所を指しており，破線の円内では，第七号の規定による離隔距離の緩和ができる。

第八号は，**第71条**（**第3項**を除く。），**第72条**から**第77条**まで及び**第78条**（**第4項**を除く。）に規定される造営材と架空電線の離隔距離を，架空引込線を引き込む造営物以外の工作物との接近又は交差に適用すると，引込工事が非常に困難となり又は多くの資材を要する場合が多いので，離隔距離を緩和している（→解説116.3図）。

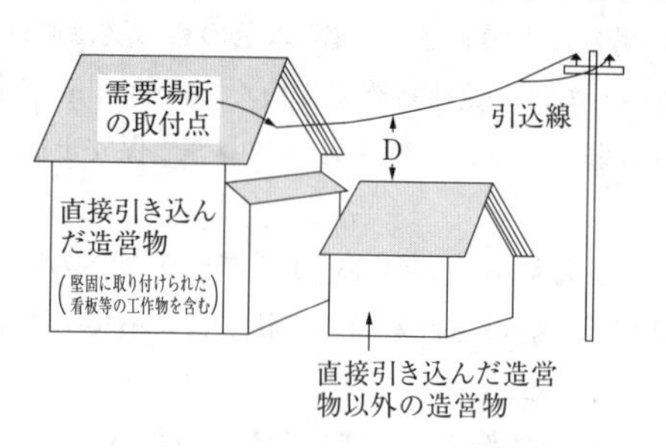

解説116.3図

第八号イは，H10解釈で追加されたものであり，低圧架空引込線と他の工作物との離隔距離のうち，需要場所の取付け点付近における離隔距離については日本電気技術規格委員会規格JESC E2005によることができることを示している。このJESC規格では，近年の施設実態を考慮し，低圧架空引込線は取付け点付近では風の影響による揺動等もなく安定した状態であること及び取付け点付近のように引込線が弱電流電線等と接近する電線長が短い場合は通信障害等のおそれもないことを考慮して，低圧架空引込線と他の工作物との離隔距離を決めている。また，弱電流電線等との離隔距離においては，電線相互が直接接触しなければ混触又は通信障害などの影響はないため「接触しない」こととし，さらに，弱電流電線等の作業者の安全を確保するために必要な空間として，弱電流電線の引留具類に弱電流電線を取り付け又は撤去するための離隔距離（→解説116.4）を示している。

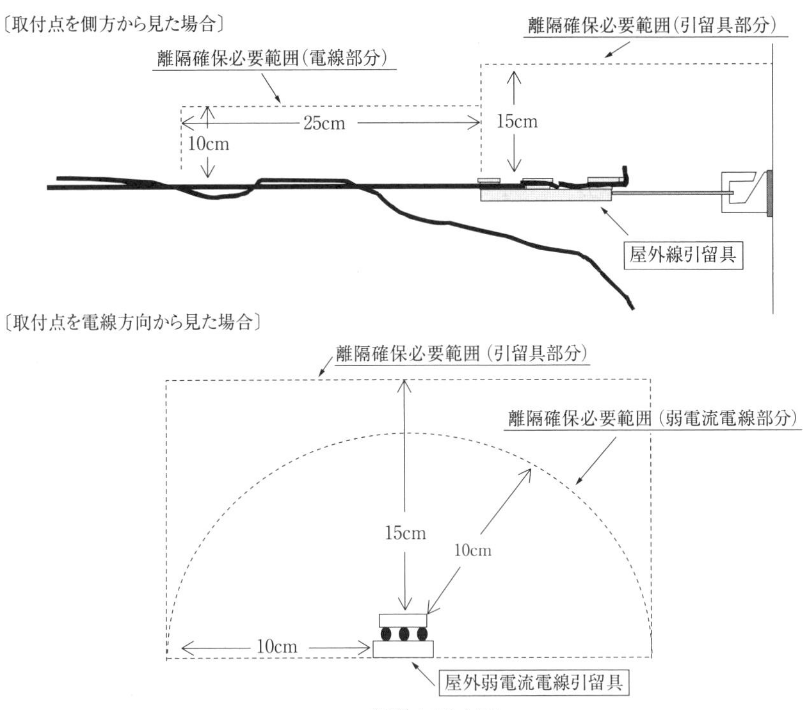

解説 116.4 図

第 2 項は，低圧引込線の屋側部分又は屋上部分の工事方法で，いわゆる引込線の需要場所の取付け点から引込口に至る部分（→**第 1 条解説**，解説 1.2 図）の屋側部分又は屋上部分は**第 110 条第 2 項**（第一号チを除く。）及び**第 3 項**の屋側電線路の規定に準じて施設することを示している。屋側部分だけでなく，屋上部分についても屋側電線路の規定に準じたのは，屋上電線路はその造営物と関係がないのに対し，引込線の屋上部分は，その造営材に引き込むためのものであるから，工事上の利便を図ったものである。また，住居の過密化，建物の高級化，美観，権利意識の向上を反映して引込線の施設場所に制約が生じており，H4 基準で，引込用ビニル絶縁電線，H28 解釈で引込用ポリエチレン絶縁電線について，**第 110 条第 2 項第一号**の支持点間距離を 15m までとれるよう改めた。解説 116.5 図は，屋上部分に準じ，離隔を確保する間柱や屋側工事を要することなく施設する例である。なお，4 カ月以内の臨時的な工事については，**第 133 条第 7 項**で，がいし引き工事の電線相互及び電線と造営材との離隔をとらなくてもよいこととしている。

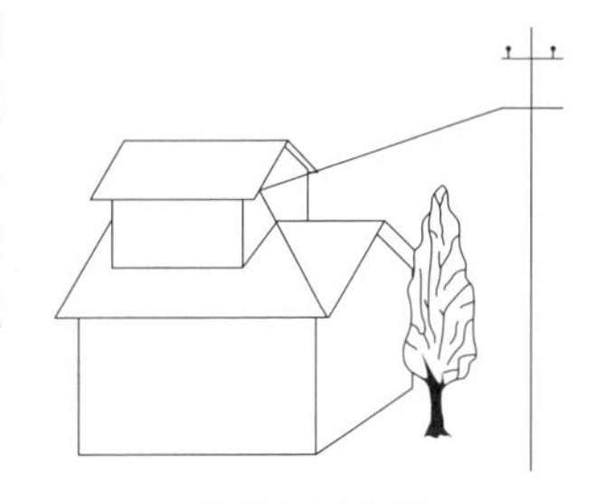

解説 116.5 図

第 3 項は，構内電線の一般工事が緩和されている部分については，引込線についても緩和することを示している。

第4項は，低圧連接引込線の要件と施設方法について示している。引込線は一つの電柱から一つの需要家に引き込むことが望ましいが，市街地においては，一つの電柱から多数の引込線をとる方式（傘型引込という。）によると混触して不点事故の原因となりやすいので，連接引込方式が認められており，多くの引込線に用いられている。

連接引込線（→**省令第1条第十六号**）は，引込線の家屋外面に沿う電線を経て他の需要場所に引き込まれるもので，この場合の工事上の制限は，一般の引込線の場合と同様である。

第二号は，連接引込線の長さの制限について示している。これはあまり広範囲に連接引込を行うと，電圧降下，不点事故範囲の拡大又は需要家と柱上変圧器との関係の不明確さによる保守上の不便等，需要家に対する電力供給の確保を図る上からも好ましくないので，その長さについて規定したものである。

第三号は，幅5m以内の狭い小路の横断を認め，連接引込線の建設を容易にしている。これより広い道路では，交通に支障があると考えられるので，幅5mを超える道路は横断しないこととしている。

第四号は，一つの需要家に供給する引込線が他の需要家の屋内を貫通すると，供給責任の境界が不明確になり（特に長屋式建造物の場合，紛争を生じた例もある。），点検も困難となるので，これをしないこととしている。なお，同一需要家に属する二つの需要場所，例えば母家と離屋がある場合，母家を貫通して離屋に至る場合で，母家の引込口開閉器から後で分岐するものは**省令第1条第十六号**の定義からは連接引込線とならないが，やむを得ない場合を除き，**本条**どおり配線することが望ましい（→**第132条，第147条第1項第一号**）。

【高圧架空引込線等の施設】（省令第6条，第20条，第21条第1項，第25条第1項，第28条，第29条，第37条）

第117条　高圧架空引込線は，次の各号により施設すること。

一　電線は，次のいずれかのものであること。

　イ　引張強さ8.01kN以上のもの又は直径5mm以上の硬銅線を使用する，高圧絶縁電線又は特別高圧絶縁電線

　ロ　引下げ用高圧絶縁電線

　ハ　ケーブル

二　電線が絶縁電線である場合は，がいし引き工事により施設すること。

三　電線がケーブルである場合は，第67条の規定に準じて施設すること。

四　電線の高さは，第68条第1項の規定に準じること。ただし，次に適合する場合は，地表上3.5m以上とすることができる。

　イ　次の場合以外であること。

（イ） 道路を横断する場合
（ロ） 鉄道又は軌道を横断する場合
（ハ） 横断歩道橋の上に施設する場合

ロ 電線がケーブル以外のものであるときは，その電線の下方に危険である旨の表示をすること。

五 電線が，工作物又は植物と接近又は交差する場合は，高圧架空電線に係る第71条から第79条までの規定に準じて施設すること。ただし，電線と高圧架空引込線を直接引き込んだ造営物との離隔距離は，危険のおそれがない場合に限り，第71条第1項第二号及び第78条第1項の規定によらないことができる。

2 高圧引込線の屋側部分又は屋上部分は，第111条第2項から第5項までの規定に準じて施設すること。

〔**解 説**〕 本条は，高圧引込線等の要件及び施設方法について示している。

高圧架空引込線は，低圧より電圧が高く危険であるので，低圧架空引込線の場合のように，電線路に対する緩和はなされていない。ただし，低圧架空引込線の場合と同様，引込線の特殊事情から，工事上やむを得ない場合で，危険のおそれがないときに限り，直接引き込んだ造営物との離隔距離及び地表上の高さを緩和している。この高圧架空引込線に適用される基本的事項については，**第116条解説**を参照されたい。なお，高圧の連接引込線は，電線路も長くなり危険度が増すので，原則として施設しないこととしている（**→省令第38条**）。

第1項第一号から**第三号**では，引込線は需要場所に接近して施設されることから，その危険度を考慮して，引張強さ8.01kN未満又は直径5mm未満の硬銅線は使用しないこととしている（**→第65条**）。

第四号は，高圧架空引込線の地表上の高さの緩和について示している。通常，道路，鉄道，横断歩道橋を横断する以外の場合における地表上の高さは5m以上と規定している（**→第68条**）が，工場等では実施困難な場合があるので，危険表示（ケーブルを除く。）をすれば3.5mまで下げることができる。

第五号は，危険のおそれがない場合の緩和について示している。「危険のおそれがない場合」等の判断は，施設に際して責任を持つ技術者の総合的な判断に委ねられる点が多いわけであるが，本号の場合には，周辺の状況及び過去の事故事例等を考慮し，慎重に工事をする必要がある。

第2項は，高圧引込線のうち架空引込線及び地中引込線を除く部分，すなわち屋側や屋上に施設される部分の工事の規定で，高圧屋側電線路の規定に準じて施設する必要がある。屋上部分の電線を屋側電線路に準じて施設してもよいこととしたのは，低圧引込線の場合と同様である。（**→第116条第2項解説**）。

【特別高圧架空引込線等の施設】（省令第5条第1項，第6条，第20条，第25条第1項，第28条，第29条）

第118条　特別高圧架空引込線は，次の各号により施設すること。

一　変電所に準ずる場所又は開閉所に準ずる場所に引き込む特別高圧架空引込線は，次によること。

イ　次のいずれかによること。

（イ）　電線にケーブルを使用し，第86条の規定に準じて施設すること。

（ロ）　電線に，引張強さ8.71kN以上のより線又は断面積が22mm^{2}以上の硬銅より線を使用し，第66条第1項の規定に準じて施設すること。

ロ　電線と支持物等との離隔距離は，第89条の規定に準じること。

二　第一号に規定する場所以外の場所に引き込む特別高圧架空引込線は，次によること。

イ　使用電圧は，100,000V以下であること。

ロ　電線にケーブルを使用し，第86条の規定に準じて施設すること。

三　電線の高さは，第87条の規定に準じること。ただし，次に適合する場合は，同条第1項の規定にかかわらず，電線の高さを地表上4m以上とすることができる。

イ　使用電圧が，35,000V以下であること。

ロ　電線が，ケーブルであること。

ハ　次の場合以外であること。

（イ）　道路を横断する場合

（ロ）　鉄道又は軌道を横断する場合

（ハ）　横断歩道橋の上に施設される場合

四　電線が，工作物又は植物と接近又は交差する場合は，第97条から第103条まで及び第106条の規定に準じて施設すること。ただし，電線と特別高圧架空引込線を引き込んだ造営物との離隔距離は，危険のおそれがない場合に限り，第97条第1項及び第5項，第102条第1項及び第4項並びに第106条第1項第一号及び第5項第一号の規定によらないことができる。

五　第88条の規定に準じること。

2　特別高圧引込線の屋側部分又は屋上部分は，次の各号により施設すること。

一　使用電圧は，100,000V以下であること。

二　第112条第2項の規定に準じて施設すること。

3　第108条の規定により施設する特別高圧架空電線路の電線に接続する特別高圧引込線は，第1項及び第2項の規定によらず，前条の規定に準じて施設することができる。

〔解　説〕　本条は，特別高圧引込線等の要件及び施設方法について示している。なお，特別高圧の連接引込線は，電線路も長くなり危険度が増すので，原則として施設しないこととしている（→**省令第 38 条**）。また，特別高圧架空引込線は，**第 83 条**において特別高圧架空電線路から除かれているが，**第 3 章第 1 節及び第 2 節**は特別高圧架空引込線に対しても適用されるので注意を要する（→**第 52 条解説**）。

第 1 項第一号は，変電所又は開閉所に準ずる場所（→**第 1 条第六号，第七号**）に引き込む特別高圧架空引込線を，特別高圧架空電線に準じて施設することを示している。

第二号では，**第一号**以外の場合には，電圧は 100kV 以下であって，電線にケーブルを使用し，特別高圧架空電線に準じて施設することを示しており，例えば，特高需要家の受電室等に直接引き込まないで，建物等へ引き留めて受電室等に引き込む場合又は特別高圧の機器を使用する工場等で構内に特別高圧架空電線路を施設し，使用場所に直接引き込む場合が考えられる（→ **169 条解説**）。

第三号では，35kV 以下で電線にケーブルを使用する場合，道路等の横断以外の場所の地表上の高さを 4m まで下げてもよいこととしている。**第四号**は，**前条第 1 項第五号**の趣旨と同じである。

第 2 項は，特別高圧引込線（→**第 1 条第十号**）のうち屋側や屋上に施設される部分の施設方法の規定で，電圧が 100kV 以下の場合は高圧引込線と同様に高圧屋側電線の規定に準じて施設することを示している（→**第 116 条第 2 項解説**）。

第 3 項は，中性点接地式の 15kV 以下の特別高圧架空電線路は，これに接続する引込線を高圧引込線の規定に準じて施設してもよいことを示している。

【屋側電線路又は屋内電線路に隣接する架空電線の施設】（省令第 20 条）

第 119 条　低圧屋側電線路又は屋内に施設する低圧電線路に隣接する 1 径間の低圧架空電線は，第 116 条（第 4 項を除く。）の規定に準じて施設すること。

2　高圧屋側電線路又は屋内に施設する高圧電線路に隣接する 1 径間の高圧架空電線は，第 117 条の規定に準じて施設すること。

3　特別高圧屋側電線路又は屋内に施設する特別高圧電線路に隣接する 1 径間の特別高圧架空電線は，第 118 条（第 1 項第一号を除く。）の規定に準じて施設すること。

〔解　説〕　低圧，高圧及び特別高圧の屋側電線路（→**第 110 条，第 111 条，第 112 条**）並びに屋内に施設する電線路（→**第 132 条**）に隣接する 1 径間の電線は，施設実態としては低圧，高圧及び特別高圧の引込線（→**第 116 条，第 117 条，第 118 条**）と同様であるので，各引込線と同様の施設方法によることとしている。

なお，電線路には一般的な電線路のほかに**第 7 節**に規定する特殊場所の電線路など種々の施設形態があるが，このような電線路から架空電線に移る場合には，施設実態を十分に考慮し，保安に留意する必要がある。

第6節 地中電線路

【地中電線路の施設】（省令第21条第2項，第47条）

第120条 地中電線路は，電線にケーブルを使用し，かつ，管路式，暗きょ式又は直接埋設式により施設すること。なお，管路式には電線共同溝（C. C. BOX）方式を，暗きょ式にはキャブ（電力，通信等のケーブルを収納するために道路下に設けるふた掛け式のU字構造物）によるものを，それぞれ含むものとする。

2 地中電線路を管路式により施設する場合は，次の各号によること。

一 電線を収める管は，これに加わる車両その他の重量物の圧力に耐えるものであること。

二 高圧又は特別高圧の地中電線路には，次により表示を施すこと。ただし，需要場所に施設する高圧地中電線路であって，その長さが15m以下のものにあってはこの限りでない。

イ 物件の名称，管理者名及び電圧（需要場所に施設する場合にあっては，物件の名称及び管理者名を除く。）を表示すること。

ロ おおむね2mの間隔で表示すること。ただし，他人が立ち入らない場所又は当該電線路の位置が十分に認知できる場合は，この限りでない。

3 地中電線路を暗きょ式により施設する場合は，次の各号によること。

一 暗きょは，車両その他の重量物の圧力に耐えるものであること。

二 次のいずれかにより，防火措置を施すこと。

イ 次のいずれかにより，地中電線に耐燃措置を施すこと。

（イ） 地中電線が，次のいずれかに適合する被覆を有するものであること。

(1) 建築基準法（昭和25年法律第201号）第2条第九号に規定される不燃材料で造られたもの又はこれと同等以上の性能を有するものであること。

(2) 電気用品の技術上の基準を定める省令の解釈別表第一附表第二十一に規定する耐燃性試験に適合すること又はこれと同等以上の性能を有すること。

（ロ） 地中電線を，（イ）(1) 又は (2) の規定に適合する延焼防止テープ，延焼防止シート，延焼防止塗料その他これらに類するもので被覆すること。

（ハ） 地中電線を，次のいずれかに適合する管又はトラフに収めること。

(1) 建築基準法第2条第九号に規定される不燃材料で造られたもの又はこれと同等以上の性能を有するものであること。

(2) 電気用品の技術上の基準を定める省令の解釈別表第二附表第二十四に規定する耐燃性試験に適合すること又はこれと同等以上の性能を有すること。

(3) 民間規格評価機関として日本電気技術規格委員会が承認した規格である「地中電線を収める管又はトラフの「自消性のある難燃性」試験方法」の「適

用」の欄に規定する要件に規定する試験に適合すること。

ロ　暗きょ内に自動消火設備を施設すること。

4　地中電線路を直接埋設式により施設する場合は，次の各号によること。ただし，一般用電気工作物又は小規模事業用電気工作物が設置された需要場所及び私道以外に施設する地中電線路を日本電気技術規格委員会規格 JESC E6007（2021）「直接埋設式（砂巻き）による低圧地中電線の施設」の「3. 技術的規定」により施設する場合はこの限りでない。

一　地中電線の埋設深さは，車両その他の重量物の圧力を受けるおそれがある場所においては 1.2m 以上，その他の場所においては 0.6m 以上であること。ただし，使用するケーブルの種類，施設条件等を考慮し，これに加わる圧力に耐えるよう施設する場合はこの限りでない。

二　地中電線を衝撃から防護するため，次のいずれかにより施設すること。

イ　地中電線を，堅ろうなトラフその他の防護物に収めること。

ロ　低圧又は高圧の地中電線を，車両その他の重量物の圧力を受けるおそれがない場所に施設する場合は，地中電線の上部を堅ろうな板又はといで覆うこと。

ハ　地中電線に，第6項に規定するがい装を有するケーブルを使用すること。さらに，地中電線の使用電圧が特別高圧である場合は，堅ろうな板又はといで地中電線の上部及び側部を覆うこと。

ニ　地中電線に，パイプ型圧力ケーブルを使用し，かつ，地中電線の上部を堅ろうな板又はといで覆うこと。

三　第2項第二号の規定に準じ，表示を施すこと。

5　地中電線を冷却するために，ケーブルを収める管内に水を通じ循環させる場合は，地中電線路は循環水圧に耐え，かつ，漏水が生じないように施設すること。

6　第4項第二号ハの規定におけるがい装は，次の各号に適合する性能を有するものであること。

一　金属管を使用するものは，2枚の鉄板を平行にしてその間に材料を挟み，室温において管軸と直角の方向の投影面積 $1m^2$ につき 294.2kN の荷重を板面と直角の方向に加えたとき，その外径が 5% 以上減少しないこと。

二　金属管以外のものを使用するものは，120-1 表に規定する値以上の厚さの鋼帯又は黄銅帯と同等以上の機械的強度を有するものをケーブルの外装又は線心の上に設け，全周を完全に覆う構造であること。

120-1 表

ケーブルの外装又は線心の外径	鋼帯又は黄銅帯の厚さ
12mm 以下	0.5mm（0.4mm）
12mm を超え 25mm 以下	0.6mm（0.4mm）
25mm を超え 40mm 以下	0.6mm
40mm 超過	0.8mm

（備考）かっこ内の数値は，絶縁物に絶縁紙を使用したケーブル以外のものに適用する。

三　金属製のものは，当該金属部分の上に防食層を有すること。

四　金属以外の管を使用し，これをケーブルの外装と兼用するものは，次に適合すること。

イ　管の内径は，ケーブルが単心のものにあっては線心の直径，多心のものにあっては各線心をまとめたものの外接円の直径の 1.3 倍以上であること。

ロ　2 枚の板を平行にしてその間に材料を挟み，室温において管軸と直角の方向の投影面積 1m^2 につき 122.6kN の荷重を板面と直角の方向に加えたとき，管に裂け目を生じず，かつ，その外径が 20% 以上減少しないこと。

7　前項に規定する性能を満足するがい装の規格は，次の各号のとおりとする。

一　重ね巻きした鋼帯又は黄銅帯（成形加工を施したものを除く。）を使用するものの規格は次のとおりとする。

イ　ケーブルの外装の上に鋼帯又は黄銅帯をその幅の 1/3 以下の長さに相当する間げきを保ってらせん状に巻き，次にその間げきの中央部を覆うように鋼帯又は黄銅帯で巻き，更にその上に防食層を施したものであること。この場合において，鉛被ケーブル又はアルミ被ケーブルの外装の上に鋼帯又は黄銅帯を施すときは，鉛被又はアルミ被と鋼帯又は黄銅帯との間に座床を施したものであること。

ロ　イの規定における鋼帯又は黄銅帯は，その厚さが 120-1 表に規定する値以上のものであること。

ハ　イの規定における防食層は，次のいずれかのものであること。

（イ）　ビニル混合物，ポリエチレン混合物又はクロロプレンゴム混合物であって，その厚さが 120-2 表に規定する値を標準値とし，その平均値が標準値の 90% 以上，最小値が標準値の 70% 以上のもの

120-2 表

使用電圧の区分	ビニル混合物，ポリエチレン混合物又はクロロプレンゴム混合物の厚さ	
	布テープ層があるもの	布テープ層がないもの
7,000V 以下	2.0mm	2.5mm
7,000V を超え 100,000V 以下	3.0mm	3.5mm
100,000V 超過	4.0mm	4.5mm

（ロ）　防腐性コンパウンドを浸み込ませたジュートであって，その厚さが 120-3

表に規定する値を標準値とし，その平均値が標準値の90%以上，最小値が標準値の70%以上のもの

120-3表

ジュート層の内径	ジュートの厚さ
70mm以下	1.5mm
70mm超過	2.0mm

ニ　イの規定における座床は，次のいずれかのものであること。

（イ）ビニル混合物，ポリエチレン混合物又はクロロプレンゴム混合物であって，その厚さが120-2表に規定する値を標準値とし，その平均値が標準値の90%以上，最小値が標準値の70%以上のもの

（ロ）ジュート（鋼帯又は黄銅帯の上に施す防食層にジュートを使用する場合は，防腐性コンパウンドを浸み込ませたものに限る。）であって，その厚さが120-4表に規定する値を標準値とし，その平均値が標準値の90%以上，最小値が標準値の70%以上のもの

120-4表

ケーブルの外装又は線心の外径	ジュートの厚さ
40mm以下	1.5mm
40mm超過	2.0mm

二　成形加工を施した鋼帯又は黄銅帯を使用するものの規格は，次のとおりとする。

イ　ビニル外装ケーブル，ポリエチレン外装ケーブル又はクロロプレン外装ケーブルの線心又は外装の上に成形加工を施した鋼帯又は黄銅帯を前後が完全にかみ合うようにらせん状に巻いたものであること。この場合において，線心の上に巻くものにあっては線心と鋼帯又は黄銅帯との間にその線心を損傷しないように座床を施し，外装の上に巻くものにあってはその鋼帯又は黄銅帯の上に防食層を施すこと。

ロ　イの規定における鋼帯又は黄銅帯は，その厚さが120-1表に規定する値以上のものであること。

ハ　イの規定における防食層は，ビニル混合物，ポリエチレン混合物又はクロロプレンゴム混合物であって，その厚さが120-2表に規定する値を標準値とし，その平均値が標準値の90%以上，最小値が標準値の70%以上のものであること。

三　鋼管を使用するものの規格は，次のとおりとする。

イ　ビニル外装ケーブル，ポリエチレン外装ケーブル又はクロロプレン外装ケーブルの線心又は外装の上を鋼管により被覆したものであること。この場合において，線心の上に被覆するものにあっては線心と鋼管との間にその線心を損傷しないように座床を施し，外装の上に被覆するものにあってはその鋼管の上に防食層を施すこと。

ロ　イの規定における鋼管は，次に適合するものであること。

(イ)　鋼帯を円筒状に成形し，合わせ目を連続して溶接した後，波付け加工を施したものであって，その厚さが次の計算式により計算した値を標準値とし，その平均値が標準値の90% 以上，最小値が標準値の85% のものであること。

$T=(D/270)+0.25$

T は，鋼管の厚さ（単位：mm。小数点2位以下は，四捨五入する。）

D は，鋼管の内径（単位：mm）

(ロ)　2枚の鉄板を平行にしてその間に長さ500mm 以上の試料を挟み，室温において管軸と直角の方向の投影面積 $1m^2$ につき294.2kN の荷重を板面と直角の方向に加えたとき，その外径が5% 以上減少しないこと。

(ハ)　室温において，鋼管の外径の20倍の直径を有する円筒のまわりに180度屈曲させた後，直線状に戻し，次に反対方向に180度屈曲させた後，直線状に戻す操作を5回繰り返したとき，ひび，割れその他の異状を生じないこと。

ハ　イの規定における防食層は，ビニル混合物，ポリエチレン混合物又はクロロプレンゴム混合物であって，その厚さが120-2表に規定する値を標準値とし，その平均値が標準値の90% 以上，最小値が標準値の70% 以上のものであること。

四　第10条第4項に規定するCD ケーブルの規格は，前項第四号に規定する性能を満足するものとする。

〔解　説〕 本条は，地中電線路の施設方式及びその要件を示したものである。

第1項は，使用する電線及び施設方式を規定している。電線は，**第9条**，**第10条**又は**第11条**の基準に適合するケーブルとし，施設方式は，管路式，暗きょ式又は直接埋設式によることとしている。

管路式（→解説120.1図，解説120.2図）は，H4基準で定めたもので，H4基準以前における管路引入れ式を含め，管を用いるものは全て管路式とした。なお，配電線等の地中化のために施設されている電線共同溝（C.C.BOX とも称する。解説120.2図）については，管路式に含まれ，特殊部（電線を宅地内等へ分岐するため，電線を接続するため又は地上機器を設置するため等に設けるもの）については地中箱として取り扱うこととしている。

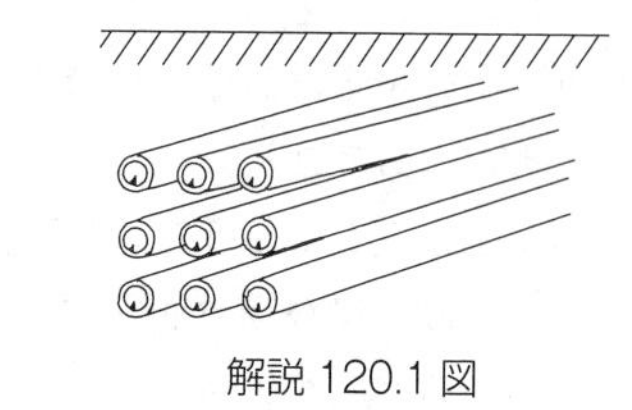

解説 120.1 図

解説 120.2 図

暗きょ式（→解説120.3図）は，内部に地中電線を施設できる空間を有する構造物による方式をいい，共同溝などが一般的である。また，配電線等の地中化のために施設されているキャブ（CAB:

Cable Box の略称，電力，通信等のケーブルを収納するために道路下に設けるふた掛け式のＵ字構造物）（→解説 120.3 図右）は，ふた自体が道路構造物の一部で，ふた表面を地表と解釈することが合理的であることから，暗きょ式の中に含めて取り扱うこととしている。

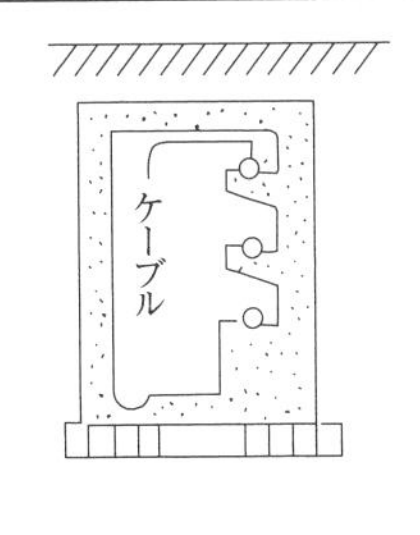

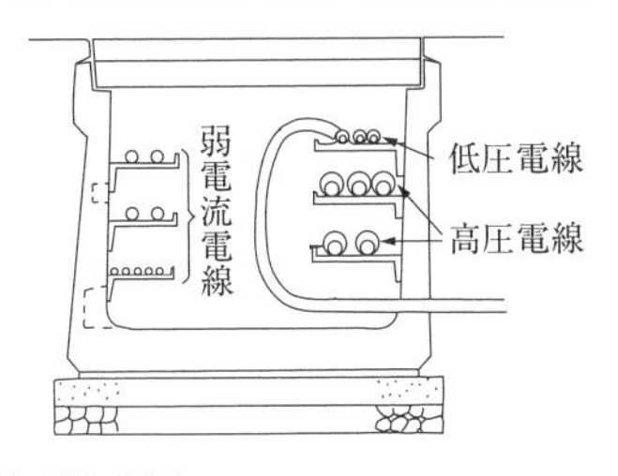

解説 120.3 図

直接埋設式（→解説 120.4 図）は，原則として地中電線に堅ろうなトラフ等の防護を施し，一定の深さに埋設する方式をいう。

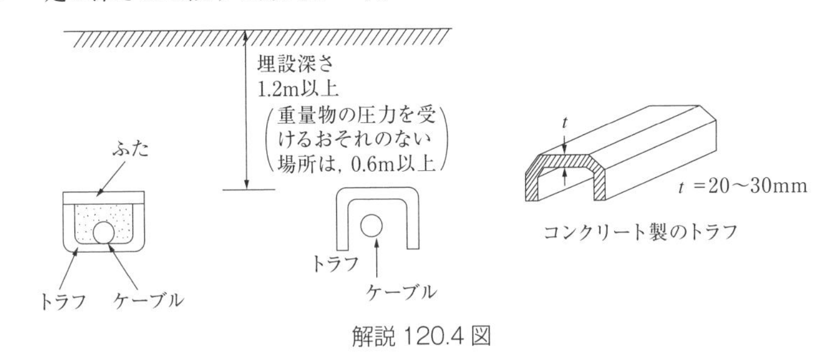

解説 120.4 図

第２項は，管路式（→解説 120.1 図，解説 120.2 図）により施設する場合の管の要件を示している。ここで，管とは管材料そのものを示すものではなく，管材料及び管材料を覆うコンクリート等，管路設備を構成する構造物全体を指している。

第一号の地中の管路に加わる圧力は，管路の上部の土の自重のほか車両等の荷重によるものである。車両の載荷荷重は地表における集中荷重としては大きいが，管路に加わる圧力としては，埋設深さが深くなるに従って分散され，低減するものである。なお，つるはしや掘削機械の刃が直接打ち込まれる不測の事態に対し，管に万全の強度を求めることは，物理的に又は経済的に極めて現実的ではないため，要求していない。

第二号では，電力ケーブルが埋設されていることについて掘削作業者の注意を喚起する措置として，高圧又は特別高圧の地中電線路には，埋設表示を施す必要があることを示している。ただし，需要場所に施設する長さが 15m 以下の高圧地中電線路については，例外として除外した。埋設表示は，「物件の名称」，「管理者名」及び「電圧」を概ね 2m の間隔で表示することを目安として示しているが，他人が容易に立ち入らないような場所まで表示を施す必要性はなく，また，表示しなくても電線路の位置を認知できるような場合にも不要である。表示事項のうち，「物件の名称」及び「電圧」は，掘削作業者の注意を喚起するためであり，厳密さは要らないので「高電圧ケーブル」と集約したものでよい。集約しない場合の「電圧」は，公称電圧でも，**省令第2条第1項**の電圧の区分（「高圧」，「特別高圧」）でもよい。

H4基準で，需要場所においては，水管，ガス管等他の埋設物に対して電力ケーブルであることが判別できればよいので，「電圧」表示のみで足りると考え，管理者名，物件の名称は要らないことにした（→第二号イかっこ書）。この場合でも「高電圧ケーブル」と表示するとわかりやすいと考えられる。また，埋設年が表示事項となっていたが，保安記録等で管理すべき事項であるので，これを削除した。表示する際の具体的な方法としては，管路の胴締部に表示する方法，表示事項を印刷したテープを地表と管路の間に埋設する方法，標石を地表に設置する方法又は位置表示を含んだ標柱を近傍に掲げる方法等があり，詳細については，日本電気技術規格委員会規格 JESC E0004（2017）「配電規程（低圧及び高圧）」（（一社）日本電気協会電気技術規程 JEAC 7001-2017）又は JESC E0006（2013）「地中送電規程」（（一社）日本電気協会電気技術規程 JEAC 6021-2013）等を参照されたい。

H4基準以前の規定においては，管路引入れ式の管について「堅ろうで車両その他の重量物の圧力に耐え，」としていたが，「これに加わる車両その他の重量物の圧力に耐える」とし，同義なのでH4基準において「堅ろうで」を削除した。また，不可欠な要件でないため「水が浸入し難い管」を削除した。

第3項第一号は，暗きょ式（→解説120.3図）により施設する場合の暗きょの要件を示している。暗きょには，管路式と同様，車両等の重量物による圧力に耐えるものを使用する必要がある。H2基準以前の規定においては，暗きょについて「堅ろうで車両その他の重量物の圧力に耐え，」としていたが，「これに加わる車両その他の重量物の圧力に耐える」とし，同義なので「堅ろうで」を削除した。また，キャブでは構造上避けられず，不可欠な要件でないため「水が浸入し難い暗きょ」を削除した。

第二号は，H4基準で追加したものであり，昭和59年11月に洞道内電話ケーブル火災（東京都世田谷区）が発生したことに鑑み，耐燃措置又は自動消火設備の設置を義務付けている。なお，管路式や直接埋設式では内部で人が作業することがないことから対策を要しない。

イは，耐燃措置について示している。電線の被覆，延焼防止テープ，シート，塗料等，管，トラフに不燃性又は自消性のある難燃性を求めたものであり，いずれかの措置を選択できる。また，この中の不燃性又は自消性のある難燃性は，④通達の内容であり，**第125条**の自消性のある難燃性とは異なるものである。なお，建築基準法第2条第九号の不燃材料又はこれと同等以上の性能を有するものとは，コンクリート，れんが，瓦，鉄鋼，アルミニウム，ガラス，モルタル等である。H18解釈では，地中電線を収める管又はトラフの「自消性のある難燃性」試験方法の1つに日本電気技術規格委員会規格 JESC

E7003（2005）を追加した。R4解釈より，民間規格評価機関として日本電気技術規格委員会に承認された規格リストと関連づけられ，当該機関の公開ページにて掲載されている。

ロの自動消火設備の例としては，散水式（スプリンクラー式）のものが考えられる。

第4項は，直接埋設式（→解説120.4図）により施設する場合の要件を示している。

ただし書きは，埋設深さの浅層化が可能であることが確認されたため，R4解釈より追加した規定である。ここで，当該規格の適用にあたり，一般用電気工作物又は小規模事業用電気工作物が設置された場所及び私道（公道以外の道路）（→解説120.5図）には施設できないこととしている。これらの場所は，一般的に電気の知識を有していない者が設置者となることが想定されること，敷地外における私道については所有者が複数にわたる場合も考えられることから，安全性を考慮し適用できないこととした。なお，事業用電気工作物（小規模事業用電気工作物を除く。）が設置された構内における私道については，自主保安の原則のもと，電気主任技術者の監督下で保安確保が図られるべきであり，当該規格の適用を妨げるものではない。

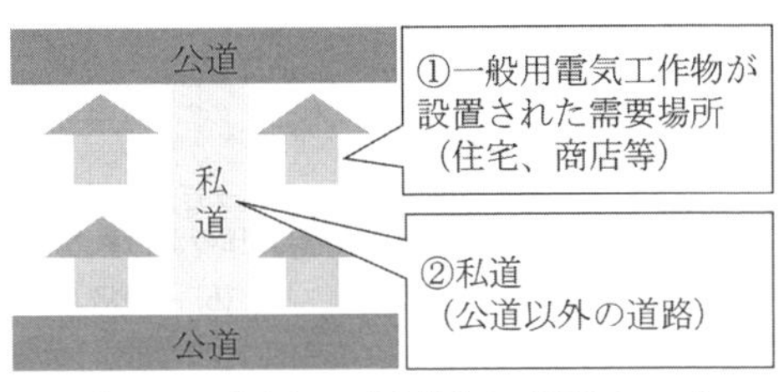

解説120.5図

第一号は，地中電線がこれに加わる車両等の荷重による圧力に耐えるための要件であって，必要な埋設深さとして，車両その他の重量物の圧力を受けるおそれがある場所では1.2m以上，その他の場所では0.6m以上としている。しかし，使用するケーブルの種類，施設条件によっては，これらの埋設深さによらずとも地中電線がこれに加わる車両等の荷重による圧力に耐えることが可能であることから，これも併記した。

第二号は，地中電線を道路工事等に伴うつるはし，掘削機械等による衝撃から防護することを期待し，その方法を示したものである。

イの「堅ろうなトラフその他の防護物」とは，解説120.4図又は解説120.6図に示すような形状，構造のものをいう。

ロは，低圧又は高圧の地中電線を，重量物の圧力がない，すなわち，歩道又は需要家構内等の場所で，「堅ろうな板又はとい」で地中電線の上部を覆った場合である。板又はといは，つるはし程度のものによる損傷防止が目的である（→解説120.6図（a））。

ハは，低圧又は高圧の地中電線として，第6項に示すがい装（鎧装）を有するケーブルを使用する場合は，そのまま地中に埋設できることを示している（→解説120.6図（b）左）。特別高圧の地中電線として使用する場合には，「堅ろうな板又はとい」で，地中電線の上部と側部を覆うこととしている（→解説120.6図（b）右）。

ニは，パイプ型圧力ケーブルを地中電線として使用する場合には，「堅ろうな板又はとい」で，地中電線の上部を覆うこととしている（→解説 120.6 図(c)）。パイプ型圧力ケーブルは，内圧及び外部からの機械力に対し十分な強度を有する相当な肉厚の鋼管に，第122条に示す加圧装置で，絶縁油又は絶縁ガスを充てん加圧する構造のものであり，規格は特に定めていない（→解説 120.7 図）。建設費が高いので一般に低高圧のものはない。

第三号の表示方法については，第2項第二号の解説を参照されたい。

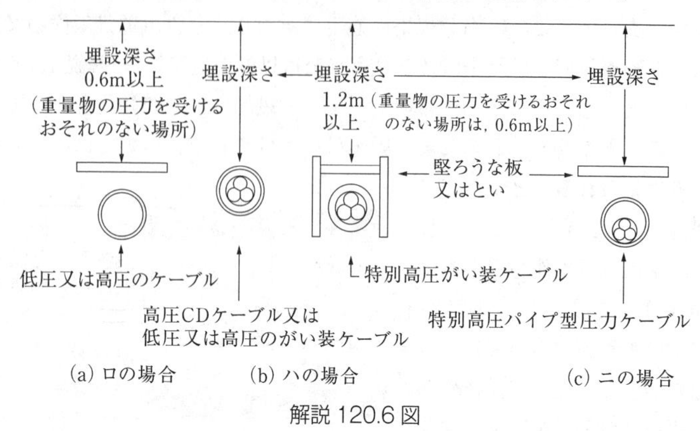

解説 120.6 図

第5項は，地中電線路の冷却系を直接冷却方式により施設する場合の要件を示している。送電容量を増加させるために，ケーブルを収める管内に冷却水を循環させ，発熱を連続的に除去する方式が採用されている。関連する管及び設備については，水圧に耐え，かつ，電線路から漏水しないように施設することとしている。

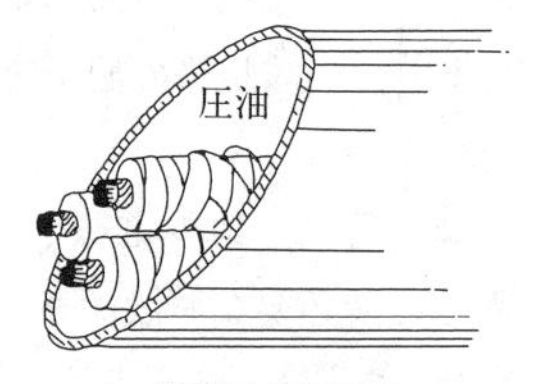

解説 120.7 図

第6項は，第4項第二号イ及びハに示した堅ろうながい装の性能を規定している。ここで「がい装」とは，ケーブルを構成する「外装」ではなく，ケーブルの外装の上を覆う「鎧装」である。

第一号は，がい装に金属管を使用する場合の強度に関する性能を規定している。

第二号は，がい装に金属管を使用せず，金属帯を使用する場合の強度に関する性能を規定している。

第三号は，ケーブルのがい装が金属製である場合，当該金属部分の防食を規定している。

第四号は，がい装に金属以外の管を使用する場合の性能を規定している。イでは管の内径を，ロでは圧縮外力に対する強度を示している。

第7項は，第6項に規定する性能を満足する規格を示している。第一号では，「鋼帯重ね巻きがい装」の規格を示している（→解説 120.8 図）。

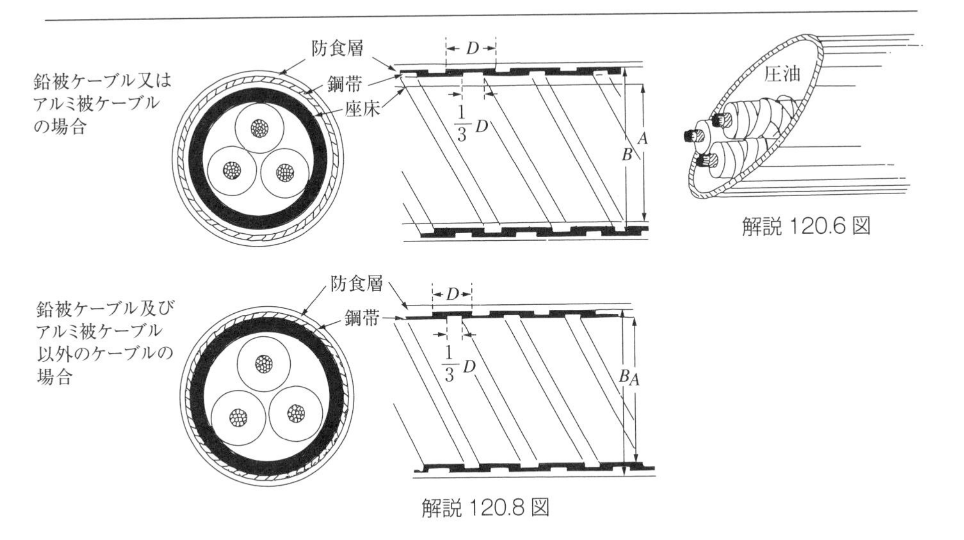

解説 120.6 図

解説 120.8 図

第二号は，「インターロック型鋼帯がい装」の規格を示したものである（→解説 120.9 図）。インターロックがい装ケーブルは S47 告示で追加されたものである。

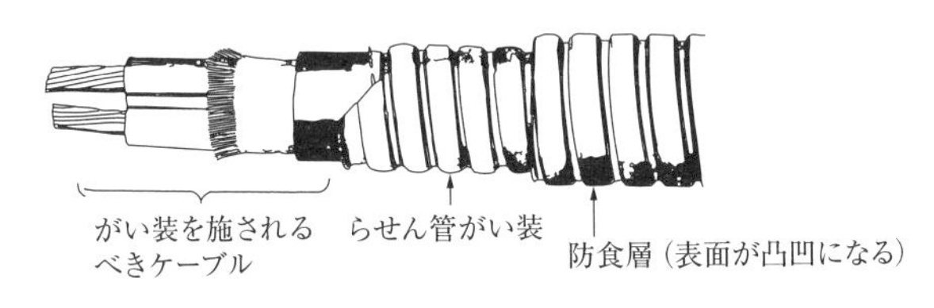

解説 120.9 図

第三号は，「波付鋼管がい装」の規格を示したものである（→解説 120.10 図）。波付鋼管がい装ケーブルは，S43 告示で追加されたものである。

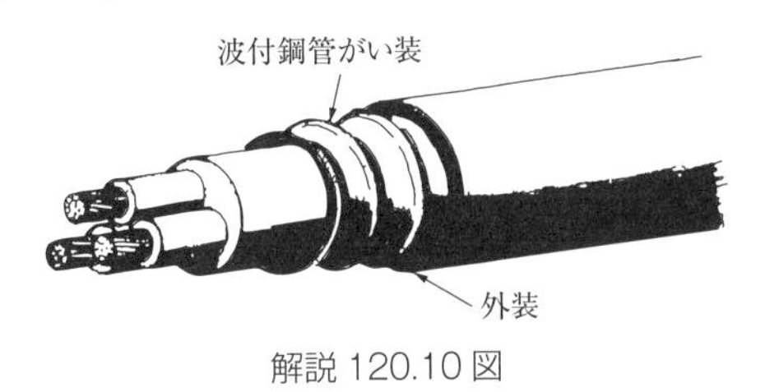

解説 120.10 図

第四号は，第 6 項第四号の性能を満足するがい装を有するケーブルの例として，「CD ケーブル」に関する構造が**第 10 条第 4 項**によることを示している。これを満足する CD ケーブルは，地中電線路の上部を 20t トラックが通過しても十分耐えうる堅ろうなもの

第3章　電線路

であり，そのまま埋設しても安全性に支障がないことが，実験の結果から判明している。

【地中箱の施設】（省令第23条第2項，第47条）

第121条　地中電線路に使用する地中箱は，次の各号によること。

一　地中箱は，車両その他の重量物の圧力に耐える構造であること。

二　爆発性又は燃焼性のガスが侵入し，爆発又は燃焼するおそれがある場所に設ける地中箱で，その大きさが1m³以上のものには，通風装置その他ガスを放散させるための適当な装置を設けること。

三　地中箱のふたは，取扱者以外の者が容易に開けることができないように施設すること。

〔解　説〕 地中箱（マンホール，ハンドホール等）は，地中電線路を管路式により施設する場合に，管路の途中又は末端に設けるもので，ケーブルの引入れ，引抜き，ケーブルの接続などを行うための地表面下に設ける箱であって，**本条**は，この施設方法を規定している。

第一号は，地中箱は地中電線路の一部であるから（**→省令第1条第八号**），**第120条第2項**と同じ要件を定めている。H4基準で，**第120条第2項**と同様，「水が浸入し難い構造」については不可欠な要件でないため削除した。

第二号は，爆発性又は燃焼性のガスが侵入し，爆発又は燃焼するおそれがある地中箱であって，その大きさが1m³以上のものは，作業するときにガスの放散が遅いので通風装置その他ガスを放散させるための適当な装置を設けることを定めている。なお，「爆発性又は燃焼性のガスが侵入し，爆発又は燃焼するおそれ」とは，高濃度の可燃性ガスが滞留し，点火源がある場合に爆発又は燃焼する場合を指している。マンホールの例を解説121.1図に示す。

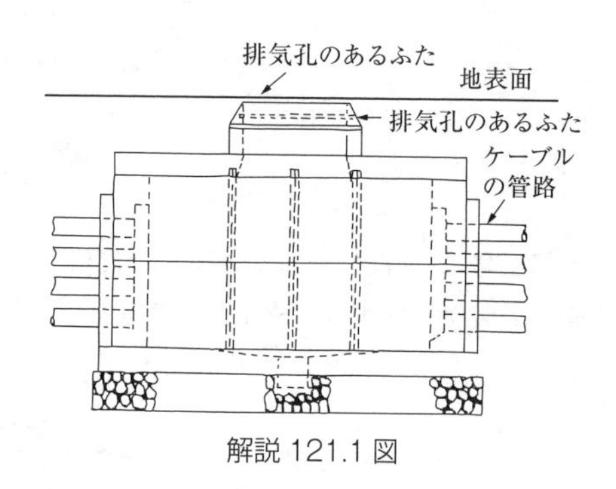

解説121.1図

第三号は，地中箱のふたを一般公衆が容易に開けることができると危険であるので，ふたを開けるのに特殊な道具を必要とするようにし，又はふたの重量を重くするなどして，ふたを容易に開けることができないように施設することを定めている。

【地中電線路の加圧装置の施設】（省令第34条）

第122条　圧縮ガスを使用してケーブルに圧力を加える装置（以下この条において「加

圧装置」という。）は，次の各号によること。

一　圧縮ガス又は圧油を通じる管（以下この条において「圧力管」という。），圧縮ガスタンク又は圧油タンク（以下この条において「圧力タンク」という。）及び圧縮機は，それぞれの最高使用圧力の1.5倍の油圧又は水圧（油圧又は水圧で試験を行うことが困難である場合は，最高使用圧力の1.25倍の気圧）を連続して10分間加えたとき，これに耐え，かつ，漏えいがないものであること。

二　圧力タンク及び圧力管は，溶接により残留応力が生じないように，また，ねじの締付けにより無理な荷重がかからないようにすること。

三　加圧装置には，圧縮ガス又は圧油の圧力を計測する装置を設けること。

四　圧縮ガスは，可燃性及び腐食性のものでないこと。

五　自動的に圧縮ガスを供給する加圧装置であって，減圧弁が故障した場合に圧力が著しく上昇するおそれがあるものは，次によること。

イ　圧力管であって最高使用圧力が0.3MPa以上のもの及び圧力タンクの材料，材料の許容応力及び構造は，民間規格評価機関として日本電気技術規格委員会が承認した規格である「圧力容器の構造－一般事項」に適合するものであること。

ロ　圧力タンク又は圧力管のこれに近接する箇所及び圧縮機の最終段又は圧力管のこれに近接する箇所には，最高使用圧力以下の圧力で作動するとともに，民間規格評価機関として日本電気技術規格委員会が承認した規格である「安全弁」に適合する安全弁を設けること。ただし，圧力1MPa未満の圧縮機にあっては，最高使用圧力以下で作動する安全装置をもってこれに代えることができる。

〔解　説〕 特別高圧用地中電線に使用されるOFケーブル又はガス圧ケーブルには，圧力を加えるための装置が必要である。これには，セル内部又は外部にガスを封じ込んだもの（→解説122.1図），ガスボンベによるもの（→解説122.2図）及びガス圧縮機を使用して圧力を加えるもの（→解説122.3図）等がある。

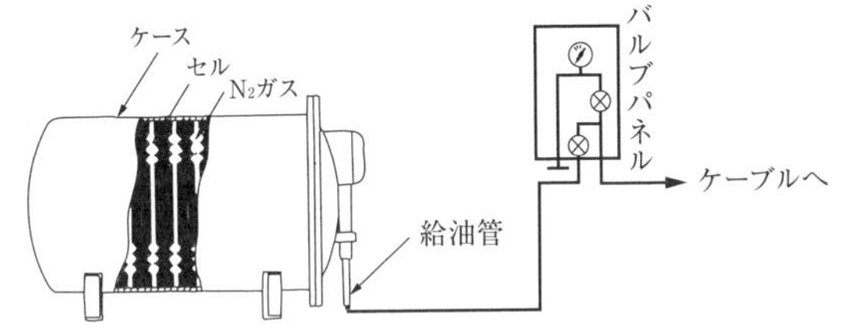

解説122.1図

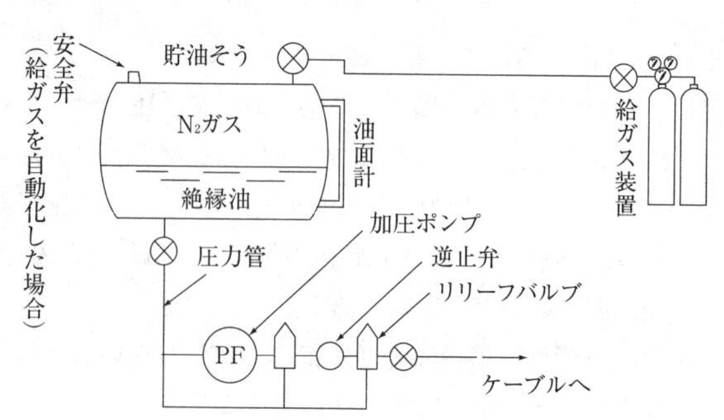

貯油そう方法(ケース本体にケーブル絶縁油とN_2ガスを封入したもの)

解説 122.2 図

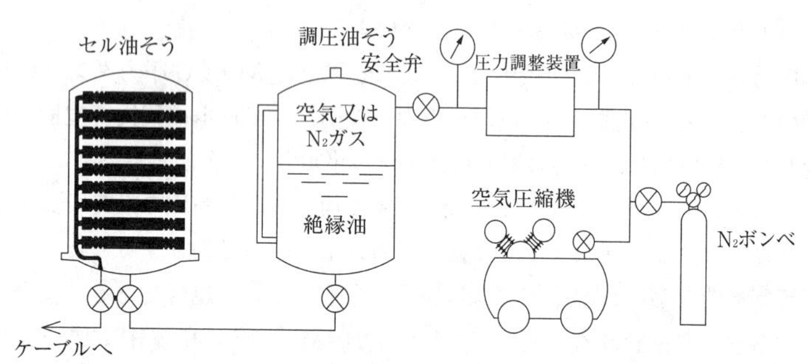

自動的に圧縮ガスを供給する加圧装置の例。特殊圧力油そうの調圧油そう

解説 122.3 図

本条の対象となるのは，これらのいずれかによって圧力を加えられ，その圧縮ガスや油をためるタンク，圧縮ガスや圧油を通ずる管及び圧縮ガスを作る圧縮機である。窒素ガスや炭酸ガスを詰めてあるボンベなどは，高圧ガス保安法により取り締まられているので，除外されると解してよい。なお，**本条**の対象となるような圧縮ガス装置は，**省令第34条**の解説でも述べられているように，いずれも電気工作物であるので，高圧ガス保安法，労働安全衛生法に基づくボイラー及び圧力容器安全規則からは適用除外されている。したがって，ケーブル加圧装置については，**省令第34条**が適用される。

本条は，圧力型ケーブルにおける加圧装置について，その保安面及び機能の確保という面から規定している。

第一号は，圧力管，圧力タンク及び圧縮機の耐圧を定めているもので，最高使用圧力の1.5倍の水圧に耐えることとしている。なお，構造上水を満たすのに適しないものにあっては，これを気圧で行い，この場合の試験圧力は最高使用圧力の1.25倍でよいと定めている(日本産業規格 JIS B 8243(1969)「火なし圧力容器の構造」15 水圧試験を参照)。

本号は，圧力管，圧力タンク及び圧縮機の有すべき強度について定めているものであって，必ず耐圧試験を現地で行わねばならないことを定めているものではない。実際の運用に当たっては，試験設備をはじめ他の機器との関連や構造物との関係等で実施できないケースが多いので，開閉器又は自動遮断器の操作に使用する圧縮空気装置と同様に考え，工場試験等で安全性が確認できれば，あえて現地で試験しなくてもよい。

第二号は，圧力タンク及び圧力管の内部に無理な残留応力が働いているような場合には，爆発の原因になり得るので，これを防止するための規定である。大型の圧力タンクや圧力管では溶接による残留応力を除去することは困難であるが，**本号**は溶接又はねじの締付けにより生じる残留応力が本体の性能に影響を及ぼさないよう十分安全な設計をすることを規定しているものと解釈すればよい。

第三号は，加圧装置には圧力計を施設することとしているが，圧力計は内部の圧力を監視するのに最も適した目盛を有するものであればよく，耐圧値まで計測できることを要求するものではない。

第四号は，使用する圧縮ガスが加圧装置を腐食し，機械的強度を損なうおそれのあるもの又は内部若しくは外部に漏れて爆発の原因となるものを避けるための規定である。圧力型ケーブルに使用されるガスとしては，空気，炭酸ガス，窒素ガス，六ふっ化硫黄，フレオンガス等が挙げられるが，いずれも可燃性及び腐食性のものではない。現在，一般的には，窒素ガスが用いられている。

第五号は，自動的に圧縮ガスを供給する加圧装置の圧力管及び圧力タンクの規格について示している。自動的に圧縮ガスを供給する加圧装置には，ガス圧縮機を有する圧縮ガス装置又はボンベから圧力を供給する圧縮ガス装置などがある（→解説 122.2 図）。ボンベから圧力を供給する装置の場合，減圧弁等で圧力を下げて供給するときは減圧弁が故障した際に著しく圧力が上昇するので，本号の対象となるが，減圧弁を使用せず，ボンベの圧力をそのままケーブルに加えるようにしてあるもの（減圧弁がないもの）は本条の対象から除かれる。

これらの圧力装置は，特に危険性が高いことから，**イ**において，材料と構造の規格を定めている。しかし，0.3MPa 未満の圧力管には，鋼材のほかにゴム管，鉛管等も使用されるので，第一号の耐圧試験に耐えればよいこととしている。

ロは，圧力が異常に上昇した場合の危険を防止するためのもので，安全弁の施設を要求しているが，圧力が 1MPa 未満の場合は必ずしも安全弁でなくてもよく，その他異常な圧力の上昇を抑制できる装置であればよい。通常，安全弁は圧力が変化する段階ごとに，例えばガス圧縮機の冷却器の後，主ガスタンク，減圧弁の後などに設けられる。

圧力管及び圧力タンクの規格は，従来発電用火力設備に関する技術基準の細目を定める告示に準拠していたが，S47 基準で，全般的に日本産業規格 JIS B 8243（1969）「火なし圧力容器の構造」の規格に準拠することにした。これは，当該圧力容器は火炎が伴うものではなく，また，JIS が整備されたことなどにより，これに準拠する方が実際的であったためである。なお，第 40 条第 2 項に規定する「開閉器及び遮断器に使用する圧縮空気装置」と技術的に同様であることから，同じ内容で規定することになった。内容については第 40 条の解説を参照されたい。

【地中電線の被覆金属体等の接地】（省令第 10 条，第 11 条）

第 123 条 地中電線路の次の各号に掲げるものには，D 種接地工事を施すこと。

一 管，暗きょその他の地中電線を収める防護装置の金属製部分

二 金属製の電線接続箱

三 地中電線の被覆に使用する金属体

2 次の各号に掲げるものについては，前項の規定によらないことができる。

一 ケーブルを支持する金物類

二 前項各号に掲げるもののうち，防食措置を施した部分

三 地中電線を管路式により施設した部分における，金属製の管路

〔解 説〕 本条は，ケーブルを収める金属体及び被覆金属体の接地について定めている。ケーブル故障時における金属体の誘起電圧を軽減するとともに，故障電流を大地に容易に放流するために，管又は暗きょその他直埋する場合に使用する地中電線を収める防護装置の金属製部分，金属製の電線接続箱及び地中電線の被覆に使用する金属体には，D 種接地工事（→第 17 条）を施すことを定めている。

第 2 項第一号では，ケーブルの支持金物，吊り金物類はケーブルそのものが金属遮へい層を有しており，それが接地されていることから，静電誘導による誘起電圧を発生させるおそれがなく，また，ケーブルと併設していないため，電磁誘導による誘起電圧は保安の観点から無視できる程度であることから除外している。

第二号は，ケーブルの被覆に使用する金属体や管に防食措置を施した部分に接地工事を施すと，直流単線式電気鉄道の帰線からの大地漏えい電流が接地点からケーブル被覆金属体に出入りしやすくなって，防食の目的が達せられなくなり，また，接地工事がなくても防食層により前述のような障害を起こすおそれがないので接地工事の省略を認めている。

第三号は，H16 解釈で追加したものであり，地中電線を収める金属製の管路を管路式により施設した箇所については，D 種接地工事を施したものとみなすことができることとした。

【地中弱電流電線への誘導障害の防止】（省令第 42 条第 2 項）

第 124 条 地中電線路は，地中弱電流電線路に対して漏えい電流又は誘導作用により通信上の障害を及ぼさないように地中弱電流電線路から十分に離すなど，適当な方法で

施設すること。

〔解　説〕 本条は，地中弱電流電線路への誘導障害の防止を規定している。地中電線路は，故障時その他施設が不完全な場合には漏れ電流を地中に流すことになるため，近接する地中通信ケーブルの鉛被などにもこれが流入して通信上の障害を及ぼすことがある。また，電力ケーブルの負荷電流の不平衡又は故障時等には，近接する地中通信ケーブルに誘導障害を与えることがある。これらを防止するために，地中電線路は地中弱電流電線から十分に離し又はシールド効果のある介在物を設けるなど適当な措置を講じて施設することとしている。なお，かつては既設地中弱電流電線路のみを対象としていたが，S40 基準では全ての地中弱電流電線路を対象とした（→第 52 条解説）。

【地中電線と他の地中電線等との接近又は交差】（省令第 30 条）

第 125 条　低圧地中電線と高圧地中電線とが接近又は交差する場合，又は低圧若しくは高圧の地中電線と特別高圧地中電線とが接近又は交差する場合は，次の各号のいずれかによること。ただし，地中箱内についてはこの限りでない。

一　低圧地中電線と高圧地中電線との離隔距離が，0.15m 以上であること。

二　低圧又は高圧の地中電線と特別高圧地中電線との離隔距離が，0.3m 以上であること。

三　暗きょ内に施設し，地中電線相互の離隔距離が，0.1m 以上であること（第 120 条第 3 項第二号イに規定する耐燃措置を施した使用電圧が 170,000V 未満の地中電線の場合に限る。）。

四　地中電線相互の間に堅ろうな耐火性の隔壁を設けること。

五　いずれかの地中電線が，次のいずれかに該当するものである場合は，地中電線相互の離隔距離が，0m 以上であること。

イ　不燃性の被覆を有すること。

ロ　堅ろうな不燃性の管に収められていること。

六　それぞれの地中電線が，次のいずれかに該当するものである場合は，地中電線相互の離隔距離が，0m 以上であること。

イ　自消性のある難燃性の被覆を有すること。

ロ　堅ろうな自消性のある難燃性の管に収められていること。

2　地中電線が，地中弱電流電線等と接近又は交差して施設される場合は，次の各号のいずれかによること。

一　地中電線と地中弱電流電線等との離隔距離が，125-1 表に規定する値以上であること。

125-1表

地中電線の使用電圧の区分	離隔距離
低圧又は高圧	0.3m
特別高圧	0.6m

二　地中電線と地中弱電流電線等との間に堅ろうな耐火性の隔壁を設けること。

三　地中電線を堅ろうな不燃性の管又は自消性のある難燃性の管に収め，当該管が地中弱電流電線等と直接接触しないように施設すること。

四　地中弱電流電線等の管理者の承諾を得た場合は，次のいずれかによること。

イ　地中弱電流電線等が，有線電気通信設備令施行規則（昭和46年郵政省令第2号）に適合した難燃性の防護被覆を使用したものである場合は，次のいずれかによること。

（イ）　地中電線が地中弱電流電線等と直接接触しないように施設すること。

（ロ）　地中電線の電圧が222V（使用電圧が200V）以下である場合は，地中電線と地中弱電流電線等との離隔距離が，0m以上であること。

ロ　地中弱電流電線等が，光ファイバケーブルである場合は，地中電線と地中弱電流電線等との離隔距離が，0m以上であること。

ハ　地中電線の使用電圧が170,000V未満である場合は，地中電線と地中弱電流電線等との離隔距離が，0.1m以上であること。

五　地中弱電流電線等が電力保安通信線である場合は，次のいずれかによること。

イ　地中電線の使用電圧が低圧である場合は，地中電線と電力保安通信線との離隔距離が，0m以上であること。

ロ　地中電線の使用電圧が高圧又は特別高圧である場合は，次のいずれかによること。

（イ）　電力保安通信線が，不燃性の被覆若しくは自消性のある難燃性の被覆を有する光ファイバケーブル，又は不燃性の管若しくは自消性のある難燃性の管に収めた光ファイバケーブルである場合は，地中電線と電力保安通信線との離隔距離が，0m以上であること。

（ロ）　地中電線が電力保安通信線に直接接触しないように施設すること。

3　特別高圧地中電線が，ガス管，石油パイプその他の可燃性若しくは有毒性の流体を内包する管（以下この条において「ガス管等」という。）と接近又は交差して施設される場合は，次の各号のいずれかによること。

一　地中電線とガス管等との離隔距離が，1m以上であること。

二　地中電線とガス管等との間に堅ろうな耐火性の隔壁を設けること。

三　地中電線を堅ろうな不燃性の管又は自消性のある難燃性の管に収め，当該管がガス管等と直接接触しないように施設すること。

4　特別高圧地中電線が，水道管その他のガス管等以外の管（以下この条において「水道管等」という。）と接近又は交差して施設される場合は，次の各号のいずれかによること。

一　地中電線と水道管等との離隔距離が，0.3m 以上であること。

二　地中電線と水道管等との間に堅ろうな耐火性の隔壁を設けること。

三　地中電線を堅ろうな不燃性の管又は自消性のある難燃性の管に収める場合は，当該管と水道管等との離隔距離が，0m 以上であること。

四　水道管等が不燃性の管又は不燃性の被覆を有する管である場合は，特別高圧地中電線と水道管等との離隔距離が，0m 以上であること。

5　第1項から前項までの規定における「不燃性」及び「自消性のある難燃性」は，それぞれ次の各号によること。

一　「不燃性の被覆」及び「不燃性の管」は，建築基準法第2条第九号に規定される不燃材料で造られたもの又はこれと同等以上の性能を有するものであること。

二　「自消性のある難燃性の被覆」は，次によること。

イ　地中電線における「自消性のある難燃性の被覆」は，IEEE Std. 383-1974 に規定される燃焼試験に適合するもの又はこれと同等以上の性能を有するものであること。

ロ　光ファイバケーブルにおける「自消性のある難燃性の被覆」は，電気用品の技術上の基準を定める省令の解釈別表第一附表第二十一に規定する耐燃性試験に適合するものであること。

三　「自消性のある難燃性の管」は，次のいずれかによること。

イ　管が二重管として製品化されているものにあっては，電気用品の技術上の基準を定める省令の解釈別表第二 1.（4）トに規定する耐燃性試験に適合すること。

ロ　電気用品の技術上の基準を定める省令の解釈別表第二附表第二十四に規定する耐燃性試験に適合すること又はこれと同等以上の性能を有すること。

ハ　民間規格評価機関として日本電気技術規格委員会が承認した規格である「地中電線を収める管又はトラフの「自消性のある難燃性」試験方法」の「適用」の欄に規定する要件に規定する試験に適合すること。

〔解　説〕本条は，地中電線と他の地中電線，地中弱電流電線等，ガス管又は水道管等とが接近し，又は交差する場合の規定である。これらは，架空電線路のように支持物の倒壊，電線の断線等のおそれがなく，ともに地中に埋設されているため，相互の関係位置はあまり問題にならないから，単に地中電線の故障時におけるアーク放電により他の地中電線，地中弱電流電線等，ガス管及び水道管等に損傷を与えるおそれを考慮して，相互の離隔距離の最低値を示している。また，離隔距離がそれ以下のときは相互間にコンクリート，鉄板など堅ろうな耐火性の隔壁を設け又はケーブルを堅ろうな不燃性又は自消性のある難燃性の管に収める等の施設方法を規定している（→解説 125.1 図）。なお，本条の規定は共同溝内での他物との接近又は交差する場合にも適用される。

第1項は，地中電線が相互に接近又は交差する場合に，地中電線の事故時のアーク放電によって他の地中電線に損傷を与えないように，離隔距離が低圧地中電線と高圧地中電線との間では0.15m，低圧地中電線と特別高圧地中電線との間及び高圧地中電線と特別高圧地中電線との間では0.3m以下となる場合の施設方法を規定している。ただし，地中箱の内部においては，上記の距離を保つことは，地中箱の大きさの点から困難であり，また，平常の点検が可能であるところから除外している。H4基準で，キャブに関する電力中央研究所の実験に基づき，低圧と高圧の場合を，影響に差のない0.1m以下に改め，自消性のある難燃性の「被覆を有する電線」と「堅ろうな管」相互の組合せが可能となるよう改めた。

第一号ハは，暗きょ内に施設し，かつ，**第120条第3項第二号イ**に規定する耐燃措置を施した使用電圧が170,000V未満の地中電線である場合は，離隔距離が0.1m以上で施工出来ることをH28解釈で追加した。

なお，難燃性，自消性のある難燃性，不燃性及び耐火性については，**第1条第三十二号から三十五号**を参照されたい。

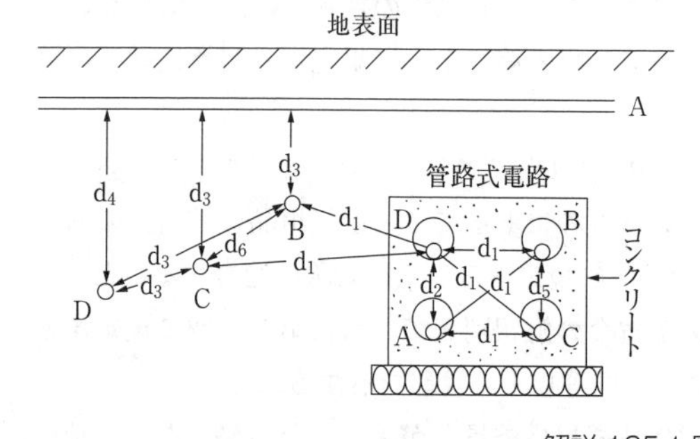

A：弱電流電線
B：低圧電線
C：高圧電線
D：特別高圧電線

d_3：0.3mを超えること
d_4：0.6mを超えること
d_6：0.15mを超えること

d_1，d_2，d_5についてはそれぞれ0.3m，0.6m，0.15m以下でもよいが，作業性及びケーブルの熱放散による送電容量を考慮し，適当な間隔を設けることが望ましい。

解説125.1図

第2項は，地中弱電流電線等と接近又は交差する場合の規定である。従来は，一般通信事業者が所有する地中弱電流電線等と地中電線が接近する場合，電気事業者が所有する電力保安通信線と地中電線が接近する場合に比べて，相互の離隔距離の規定が厳しくなっていた。しかし，「無電柱化低コスト手法の技術検討に関する中間とりまとめ」（国土交通省無電柱化低コスト手法技術検討委員会　平成27年12月公表）で示された検証結果を基に，有線電気通信設備令施行規則との整合を図ったうえで，H28解釈で第四号イを追加した。なお，有線電気通信設備令施行規則第十六条第一号で規定されている難燃性の防護被覆とは，規定の解説において，「鉄管，ビニール管等のことであって，ケーブル外被は含まれない。」こととされている。また，一般通信線のうち，光ファイバケーブルについては，電力保安通信線と同様な施設条件で対応できるものと考えられるため，H7基準で電力保安通信線並みの施設方法が可能となるように規定し，更に，H28解釈で有線電気通信設備令施行規則との整合を図り，**第四号ロ**の規定のように改正した。**第四号ハ**は，H9解釈で追加した項目で，「地中電線故障を想定した地中弱電流電線との所要離隔距離の検証」に関する電力中央研究所の実験に基づき，地中電線が170kV未満で，地中弱電流電線等の管理者の承諾を得た場合，離隔距離を0.1m以上確保すれば良いこととした。ここでは，「地中弱電流電線等の管理者の承諾」となっているが，地中弱電流電線等を後から設置するような場合には，有線電気通信法において，地中電線の管理者へ承諾を求めることが規定されている。

第五号では，電力保安通信用の地中弱電流電線等は，地中電線と共通の地中箱に施設することがあり，地中箱の引出部分等においては**第一号**から**第三号**の規定により施設することが困難なため，別途規定している。

第3項は，特別高圧地中電線が可燃性又は有毒性の液体や気体を内包している管と接近又は交差して施設される場合について規定している。流体であるからガス管とは限らず液状の可燃性のもの，例えば石油パイプなどの管も全てこれに含まれる。

第4項は，可燃性又は有毒性の流体を内包する管以外のもの，例えば，水道管，蒸気管などの管との離隔距離を定めている。しかし，地中電線を不燃性の管又は自消性のある難燃性の管に収める場合又はこれらの管が不燃性の管である場合若しくは不燃性の材料で被覆してある場合はアークによる損傷の度合も少ないので，特例扱いとしている。

第5項では，「不燃性」及び「自消性のある難燃性」について規定している。なお，H18解釈で，地中電線を収める管又はトラフの「自消性のある難燃性」試験方法の1つに日本電気技術規格委員会規格JESC E7003（2005）を追加した。R4解釈より，民間規格評価機関として日本電気技術規格委員会に承認された規格リストと関連づけられ，当該機関の公開ページにて掲載されている。

第7節　特殊場所の電線路

【トンネル内電線路の施設】（省令第6条，第20条，第28条，第29条，第30条）

第126条　人が常時通行するトンネル内又は鉄道，軌道若しくは自動車道の専用のトンネル内の電線路は，次の各号により施設すること。

一　低圧電線は，次のいずれかにより施設すること。

イ　がいし引き工事により，次に適合するように施設すること。

（イ）　電線は，絶縁電線であって，引張強さ2.30kN以上のもの又は直径2.6mm以上の硬銅線であること。

（ロ）　第157条（第1項第一号，第四号及び第八号を除く。）の規定に準じること。

（ハ）　電線の高さは，レール面上又は路面上2.5m以上であること。

ロ　合成樹脂管工事により，第158条の規定に準じて施設すること。

ハ　金属管工事により，第159条の規定に準じて施設すること。

ニ　金属可とう電線管工事により，第160条の規定に準じて施設すること。

ホ　ケーブル工事により，第164条（第3項を除く。）の規定に準じて施設すること。

二　高圧電線は，第111条第2項の規定に準じて施設すること。ただし，鉄道，軌道又は自動車道の専用のトンネル内において，高圧電線をがいし引き工事により次に適合するように施設する場合はこの限りでない。

イ　電線は，高圧絶縁電線若しくは特別高圧絶縁電線であって，引張強さ5.26kN以上のもの又は直径4mm以上の硬銅線であること。

ロ　第168条第1項第二号（ロ及びハを除く。）の規定に準じること。

ハ　電線の高さは，レール面又は路面上3m以上であること。

三　特別高圧電線は，次により施設すること。

イ　人が常時通行するトンネル内の電線は，次によること。

（イ）　使用電圧は，35,000V以下であること。

（ロ）　日本電気技術規格委員会規格 JESC E2011（2014）「35kV以下の特別高圧電線路の人が常時通行するトンネル内の施設」の「2.技術的規定」により施設すること。

ロ　鉄道，軌道又は自動車道の専用のトンネル内の電線は，第111条第2項の規定に準じて施設すること（同項第六号における「第67条（第一号ホを除く。）」は「第86条」と読み替えるものとする。）。

2　第1項に規定するもの以外のトンネル内の電線路は，次の各号により施設すること。

一　低圧電線は，ケーブル工事により，第164条（第3項を除く。）の規定に準じて施設すること。

二　高圧電線は，第111条第2項の規定に準じて施設すること。

三　特別高圧電線は，次により施設すること。

イ　電線は，CVケーブル又はOFケーブルであること。

ロ　日本電気技術規格委員会規格 JESC E2014（2019）「特別高圧電線路のその他のトンネル内の施設」の「2.技術的規定」により施設すること。

3　トンネル内電線路の低圧電線が，当該トンネル内の他の低圧電線（管灯回路の配線を除く。以下この条において同じ。），弱電流電線等又は水管，ガス管若しくはこれらに類するものと接近又は交差する場合は，第167条の規定に準じて施設すること。

4　トンネル内電線路の高圧電線又は特別高圧電線が，当該トンネル内の低圧電線，高圧電線（管灯回路の配線を除く。），弱電流電線等又は水管，ガス管若しくはこれらに類するものと接近又は交差する場合は，第111条第3項及び第5項の規定に準じて施設すること。

〔解　説〕トンネル内の電線路は，明示していないが一般の支持物を使用した架空電線路とは区別して考えている。すなわち，トンネル内は空間が限定されているから，電線路を施設する場合には，人の通行，通過する列車又は自動車に対して障害とならないように，危険を及ぼすことのないように適当な設置箇所，使用電線及び工事方法を選定する必要がある。

ここで，**本条**と**第179条**との関係を説明しておくと，トンネル内を通過するだけのものが前者であり，後者は電気使用場所の工事であるから，自家用の構内におけるものと考えてよく，トンネル等も地下工場及びこれに類するもの（トンネルが貫通していない場合もある。）を主な対象としており，この構内においては，列車，人等も配線施設と同一責任者の監督を受けている特定の範囲のものとしている。したがって，工事に対する考え方について，後者は基本的に屋内工事に準ずるものであるのに対し，**本条**は電線路（**→省令第1条第八号**）として，低圧のがいし引き工事にあっては低圧架空引込線と同等の電線を使用することとし，高圧及び特別高圧にあっては屋側電線路と同様の工事を要求している。なお，トンネル内の電灯列は，街路照明の場合と異なり，使用場所の工事と考えられる。

第1項は，平時から人が通行するトンネル内，鉄道，軌道又は自動車道の専用のトンネル内電線路の規定で，**第一号**から**第三号**までに電線路の工事方法を示している。なお，トンネル内は，地下水の湿気やばい煙で感電しやすい状態にあるから，低高圧のがいし引き工事の電線は絶縁電線に限定し，裸電線の使用を禁止している。また，特別高圧の場合の電線は，トンネルの大きさと列車の大きさから考えて十分な離隔距離が得られないので，ケーブルのみに限定している。

第一号では，低圧にあっては低圧屋内配線工事のうち，がいし引き工事（電線には引張強さ2.30kN以上の絶縁電線又は直径2.6mm以上の絶縁電線を使用すること。），合成樹脂管工事，金属管工事，金属可とう電線管工事又はケーブル工事により施設することとしている。金属可とう電線管工事は，電線路の一部に可とう電線管を使用する場合も考えられるので追加したが，トンネル内は乾燥していない所なので**第160条**により２種金属製可とう電線管を使用した金属可とう電線管工事に限定される。

第二号では，高圧にあっては高圧屋側電線路の規定に準じて施設することとしている。ただし書は，鉄道，軌道又は自動車道の専用のトンネル内においては，高圧屋内がいし引き工事（引張強さ5.26kN以上の高圧絶縁電線又は直径4mm以上の高圧絶縁電線若しくは特別高圧絶縁電線を使用すること。）により施設できることを示している。

第三号イは，H14解釈において，日本電気技術規格委員会規格JESC E2011(2014)「35kV以下の特別高圧電線路の人が常時通行するトンネル内の施設」に規定する施設方法に適合すれば，35kV以下の特別高圧電線路についても人が平時から通行するトンネル内への施設を認めたものである。これは，22（33）kVケーブルの信頼性が，条文制定当時（昭和７年）に比べて格段に向上しており，特別高圧電線路の設備保安面での信頼性は，低高圧電線路と同等以上であるとともに，近年，公衆感電・電気火災事故事例のない22（33）kVケーブルを，鉄道，軌道又は自動車道の専用のトンネル内の特別高圧電線の規定に準じて施設した場合，公衆保安面で低高圧電線路と同等の安全性が確保できることから，鉄道，軌道又は自動車の専用トンネル内の特別高圧電線路と同等な条件で施設できるように規定したものである。ロは，鉄道等については，屋側電線路の規定に準じて施設することとしている。

特に規定していないが，がいしを使用するときは，トンネル内は湿気が多く腐食しやすいため，列車の振動で取り付け箇所が緩み，脱落するおそれがあるので，工事には十分注意を要する。また，支持点間の距離もあまり大きくならないように留意する必要がある。なお，**本条**は，国土交通省令の適用を受ける電気工作物については，**第２条**により適用除外とされている。しかし，電力会社の電線路がトンネル内に施設される場合は，**本条**が適用される。

第２項は，**第１項**に該当しないトンネル内の電線路について示したものであるが，具体的には，鉄道，軌道又は自動車道の専用トンネルなど交通専用のトンネル以外であって，かつ，一般公衆が常時通行する可能性のないトンネルであり，例えば用水路用トンネル及び交通専用トンネルに併設される避難抗などがある。これらのトンネルは，その形態等が種々あるので，工事方法としては，一番安全なケーブルを使用することとしている。

特別高圧電線路については，H17解釈において，日本電気技術規格委員会規格JESC E2014（2004）「特別高圧電線路のその他のトンネル内の施設」に規定する施設方法に適合する場合に，その施設を認めることとした。これは，**第２項**で規定するトンネルは，人が平時から通行する可能性がないものであり，また，第１項では，既に特別高圧電線路の施設が認められていることから，**第２項**のトンネルについても，**第１項**と同様の施設要件を満たすことにより特別高圧電線路を施設することができると判断したものである。

また，現在使用している特別高圧ケーブルについて検討した結果，設備の信頼性は，昭和40年代に比べて格段に向上しており，公衆の安全性についても，近年の特別高圧ケーブルに係わる公衆感電・電気火災事故事例が極めて少ない状況にあることから，**第1項**の特別高圧電線路の施設と同様の条件で施設しても問題ないことを確認した。

第3項及び**第4項**は，トンネル内電線路の電線と他の工作物との混触による危害を防止するための離隔距離を示している。**第3項**では，低圧については屋内配線と他の工作物との関係と，**第4項**では，高圧及び特高については屋側電線路と他の工作物との関係と同様にしている。したがって，トンネル内電線路の使用電圧が低圧の場合は，**第167条**の屋内配線を，高圧又は特別高圧の場合は，**第111条第3項**及び**第5項**の屋側配線をそれぞれトンネル内電線路の電線に置き換えればよい。トンネル内の他の低圧電線とは，他のトンネル内電線路の電線及びトンネル内の配線を指しており，管灯回路の配線は除かれているが，これは，管灯回路の配線とトンネル内電線路の低圧電線との関係については，**第179条**で示されているからである。

【水上電線路及び水底電線路の施設】（省令第6条，第7条，第20条）

第127条　水上電線路は，次の各号によること。

一　使用電圧は，低圧又は高圧であること。

二　電線は，次によること。

イ　使用電圧が低圧の場合は，次のいずれかのものであること。

（イ）　3種キャブタイヤケーブル

（ロ）　3種クロロプレンキャブタイヤケーブル

（ハ）　3種クロロスルホン化ポリエチレンキャブタイヤケーブル

（ニ）　3種耐燃性エチレンゴムキャブタイヤケーブル

（ホ）　4種キャブタイヤケーブル

（ヘ）　4種クロロプレンキャブタイヤケーブル

（ト）　4種クロロスルホン化ポリエチレンキャブタイヤケーブル

ロ　使用電圧が高圧の場合は，高圧用のキャブタイヤケーブルであること。

ハ　浮き台の上で支えて施設し，かつ，絶縁被覆を損傷しないように施設すること。

三　水上電線路に使用する浮き台は，鎖等で強固に連結したものであること。

四　水上電線路の電線と架空電線路の電線との接続点は，次により施設すること。

イ　接続点から電線の絶縁被覆内に水が浸入しないように施設すること。

ロ　接続点は，支持物に堅ろうに取り付けること。

ハ　接続点の高さは，127-1表に規定する値以上であること。

127-1表

接続点の場所の区分		使用電圧の区分	高さ
陸上	道路（歩行の用にのみ供される部分を除く。以下この項において同じ。）上以外	低圧	地表上4m
		高圧	地表上5m
	道路上	低圧又は高圧	路面上5m
水面上		低圧	水面上4m
		高圧	水面上5m

五　水上電線路に接続する架空電線路の電路には，専用の開閉器及び過電流遮断器を各極（過電流遮断器にあっては，多線式電路の中性極を除く。）に施設し，かつ，水上電線路の使用電圧が高圧の場合は，電路に地絡を生じたときに自動的に電路を遮断する装置を施設すること。（関連省令第14条，第15条）

2　水底電線路は，次の各号により施設すること。

一　損傷を受けるおそれがない場所に，危険のおそれがないように施設すること。

二　低圧又は高圧の水底電線路の電線は，次のいずれかのものであること。

イ　第3条に規定する性能を満足し，直径6mmの亜鉛めっき鉄線以上の機械的強度を有する金属線によりがい装を施した水底ケーブル

ロ　第120条第6項に規定する性能を満足するがい装を有するケーブル

ハ　堅ろうな管に収めたケーブル

ニ　水底に埋設する場合は，直径4.5mmの亜鉛めっき鉄線以上の機械的強度を有する金属線によりがい装を施したケーブル

ホ　直径4.5mm（飛行場の誘導路灯その他の標識灯に接続するものである場合は，直径2mm）の亜鉛めっき鉄線以上の機械的強度を有する金属線によりがい装を施し，かつ，がい装に防食被覆を施したケーブル

三　特別高圧の水底電線路の電線は，次のいずれかのものであること。

イ　堅ろうな管に収めたケーブル

ロ　直径6mmの亜鉛めっき鉄線以上の機械的強度を有する金属線によりがい装を施したケーブル

3　第2項第二号イに規定する性能を満足する水底ケーブルの規格は，次の各号によること。

一　電線の導体は，別表第1に規定する軟銅線を素線としたより線（絶縁体にブチルゴム混合物又はエチレンプロピレンゴム混合物を使用するものにあっては，すず若しくは鉛又はこれらの合金のめっきを施したものに限る。）であること。

二　絶縁体は，次に適合するものであること。

イ　材料は，ポリエチレン混合物，ブチルゴム混合物又はエチレンプロピレンゴム混合物であって，電気用品の技術上の基準を定める省令の解釈別表第一附表第

十四に規定する試験を行ったとき，これに適合するものであること。

ロ　厚さは，127-2表に規定する値（導体に接する部分に半導電層を設ける場合は，その厚さを減じた値）以上であること。

127-2表

使用電圧の区分	導体の公称断面積	絶縁体の厚さ	
		ポリエチレン混合物又はエチレンプロピレンゴム混合物の場合	ブチルゴム混合物の場合
600V以下	$8mm^2$以上$80mm^2$以下	2.0mm	2.5mm
	$80mm^2$を超え$325mm^2$以下	2.5mm	2.5mm
600Vを超え3,500V以下	$8mm^2$以上$325mm^2$以下	3.5mm	4.5mm
3,500V超過	$8mm^2$以上$325mm^2$以下	5.0mm	6.0mm

三　電力保安通信線を複合するものである場合は，当該通信線は，第137条第5項に規定する添架通信用第2種ケーブルであること。

四　がい装は，線心（電力保安通信線を複合するものにあっては当該通信線を含む。）をジュートその他の繊維質のものとともにより合せて円形に仕上げたものの上に，防腐処理を施したジュート又はポリエチレン混合物，ポリプロピレン混合物若しくはビニル混合物の繊維質のもの（以下この条において「ジュート等」という。）を厚さ2mm以上に巻き，その上に直径6mm以上の防食性コンパウンドを塗布した亜鉛めっき鉄線を施し，更にジュート等を厚さ3.5mm以上に巻いたものであること。この場合において，ジュートを巻くものにあっては，亜鉛めっき鉄線の上部及び最外層に防腐性コンパウンドが塗布されたものであること。

五　完成品は，次に適合するものであること。

イ　清水中に1時間浸した後，導体（電力保安通信線を複合するものにあっては，当該通信線の導体を除く。以下この号において同じ。）相互間及び導体と大地との間に127-3表に規定する交流電圧を連続して10分間加えたとき，これに耐える性能を有すること。

127-3表

ケーブルの使用電圧の区分	交流電圧
600V以下	3,000V
600Vを超え3,500V以下	10,000V
3,500V超過	18,000V

ロ　イの試験の後において，導体と大地との間に100Vの直流電圧を1分間加えた後に測定した絶縁体の絶縁抵抗が別表第7に規定する値以上であること。

〔解　説〕本条は水上電線路及び水底電線路の施設方法について規定している。

第1項は，港湾，河川等のしゅんせつ工事に使用されるしゅんせつ船，港に停泊する運搬船（船内の保冷器等の電源）又は遊園地の水上遊具施設等に電気を供給する場合のように，架空電線路によることはもちろん，水底電線路によることも困難な場合があるので，水上電線路の施設方法を定めている。

したがって，島へ電線路を引く場合又は河川横断等の場合は，これによることは認められない。水上電線路は排泥管を支持する浮き台上に大部分の電線を敷設するもので，これを図示すれば解説127.1図のようになる。

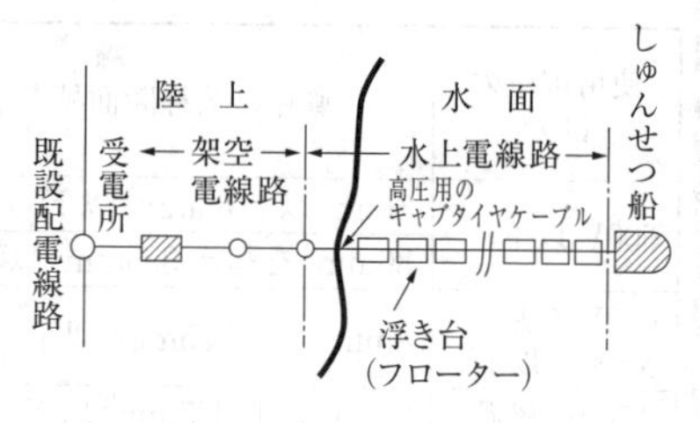

解説127.1図

第一号では，水上電線路は，その構造上他の電線路に比べ安全度が劣るので，その使用電圧を低圧又は高圧としている。

第二号イは，低圧の場合の使用電線について規定しており，**第8条**の規定によるキャブタイヤケーブルのうち，比較的丈夫な外装を有する3種又は4種のキャブタイヤケーブルとしている。**ロ**は，高圧の場合には耐候性，耐オゾン性等に優れた性能を有するクロロプレン外装又はクロロスルホン化ポリエチレン外装を施した高圧用のキャブタイヤケーブルとしている。

S47基準では，しゅんせつ船用高圧ケーブルを高圧用の2種クロロプレンキャブタイヤケーブルと名称変更するとともに，一般用のキャブタイヤケーブルの一種として扱うことにした。もともとこの規格は，日本電線工業会電線技術委員会標準資料JCS 218「3,500V ドレッジャケーブル」及びJCS 265「6,000V ドレッジャケーブル」を基にして規定している。

ハは，キャブタイヤケーブルの施設方法について規定しているが，絶縁被覆を損傷しないように施設することを条件としているので，詳細については別段定めていない。しかし，実際には浮き台に施設する部分は，次のような方法によって施設することが望ましい。

①浮き台（長さ4～5m）の上に渡り板を固定し，その板上にキャブタイヤケーブルを敷設し，2～3m間隔に麻紐等で緊縛する。この場合，浮き台相互間は0.3～1mの間隔があるので，その部分はキャブタイヤケーブルに直接張力がかからないように弛みを持たせて，浮き台相互の移動は余裕をもたせる。

②浮き台に長さ1～2mの鉄製又は木製の柱を2.5～4m間隔になるように固定し，ケーブルを架設する。また，架空電線路の終端柱から浮き台に至るまでの部分（立上り部分を含む。）が外傷を受けやすい場合は，適当な防護装置を施すことが望ましい。すなわち，終端柱が陸上にある場合は，ケーブルの立上り部分を鉄製の管又は合成樹脂製のとい等に収め，終端柱が水中にある場合は，ボート等の接近によって損傷しないように，終端柱の周囲に杭を打ち込む等の方法を講ずることが望ましい。

第三号は，キャブタイヤケーブルに張力がかからないようにするため，電線を施設する浮き台は，相互を十分強固に連結しておくことを定めている。

第四号は，水上電線路と架空電線の接続方法を規定したもので，水上電線路は一般に1～3カ月位の短期間に限って施設されることが多いが，地中電線路から直接この電線路に接続されることはほとんどなく，大部分は，水上電線路の近くまで架空電線路を施設し，これから水上電線路に接続することが多いので，この場合についてのみ規定している。キャブタイヤケーブルの性質上，絶縁被覆内に水が浸入すると劣化が速まるので，架空電線路との接続部分は，水の浸入を避けるように接続することが望ましい。

接続点が水面上にある場合の水面の基面は，海面では満潮位，河川等では平水位とすることが望ましい。なお，水上電線路は使用状態が比較的苛酷であり，また電線の接続部分が弱点となりやすいので，原則として接続点を設けないほうがよいが，やむを得ない場合にはケーブルメーカーに依頼する等十分な注意を払った上で設けることもできる。

第五号は，水上電線路には専用の保安装置を施設することを規定している。水上電線路は，その施設方法からも分かるように地絡事故の発生頻度が高いので，使用電圧が高圧の場合は，地絡発生のときにこの電線路のみを自動遮断できるように施設することを規定している（→第 36 条）。これらの条件を満足し，かつ，しゅんせつ工事のように絶えず工事場所を変えるのに便利な方法として，開閉器，過電流遮断器，漏電遮断器，避雷器その他計量装置を一括組合せて可搬式の鉄製の箱に収めて一個の装置とする方法が行われている。この方法によれば，しゅんせつ船と一緒にこの装置を運搬し，簡単に据え付けることができる。なお，既設の変電所から簡単に専用線路を施設することができる場合であって，かつ，その変電所の保護装置により選択遮断できるような場合には，本号に規定されている条件を満足するものと判断される。

第 2 項は，水底電線路の施設方法を定めたものである。

第一号では，水底電線路は施設する場所によって海底電線路，河底電線路，湖底電線路等に分けられるが，敷設場所の地質，水底の状態，水深，波浪，潮流，流量，艦船の停泊等の関係を十分考慮して，損傷を受けるおそれがない場所に溝を作ってそこに敷設する等危険のないように施設することとしている。

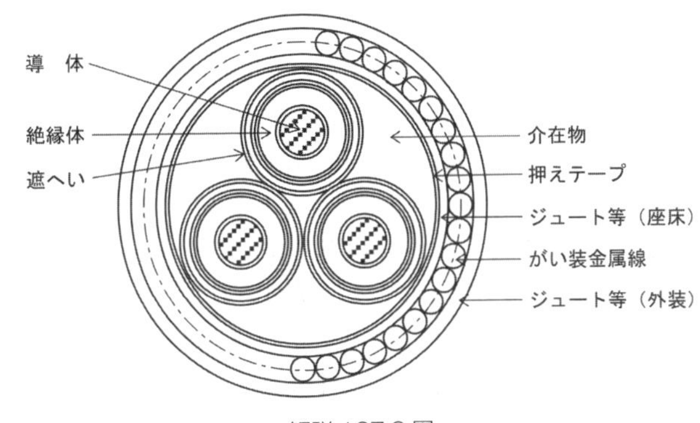

解説 127.2 図

第二号イ及び**ロ**は，低高圧水底電線路にあっては，電線には水底ケーブル（→解説127.2図）又は保護層に鋼管を使用したケーブルとして，**第120条第6項**に規定する波付鋼管がい装ケーブル（→解説120.9図）を使用することとしている。水底ケーブルには電圧によっていろいろな種類があるが，敷設，引揚等の際に大きな張力を受け，敷設後も外傷を受けるおそれが多いので，一般に地中ケーブルに比べてがい装がはるかに厳重であり，1重鉄線がい装，2重鉄線がい装，鋼帯鉄線がい装等が施される。

第二号ハでは，ケーブルを堅ろうな管（→**第120条**）に収めて施設する場合には，地中電線と同様に低圧のものにあっては**第9条**，高圧のものにあっては**第10条**の規定に適合するケーブルの使用を認めている。

第二号ニ及び**ホ**のがい装金属線において，太さが直径6mmを4.5mmに緩和しているのは，水底ケーブルではなく外装を有する普通のケーブルの上に，更にがい装金属線を施すためである。

ニでは，**第9条**の低圧ケーブル及び**第10条**の高圧ケーブルに直径4.5mm以上の鉄線がい装を施したものを水底に埋設して使用する場合は，損傷を受けるおそれがないのでこれを認めている。一般に，埋設の深さは0.5m以上とされている。

ホは，がい装金属線の電食や自然腐食の防止を図っている。一般に海底に埋設できない場所は潮の流れが急で，海底に泥などがない場所であるので，特にがい装金属線が腐食した場合には損傷を受けやすいためである。また，**ホ**の飛行場の誘導路灯などのための水底電線路は，施設される海域には他の船舶が出入りできないように管理され，さらに水深も限られ，潮流等による障害も少ないことなどから，ケーブルの立上り部分の作業事情を考慮して，がい装金属線の太さを2mmとしている。

第三号は，特別高圧水底電線路に係る規定で，特別高圧用の水底ケーブルは，個々に設計されるので，特別に詳細な規格等は設けないで，地中電線路の場合と同様にケーブルを使用することとしている（→**第11条**）。ただし，水底で使用するケーブルは，海水が導電性であるため金属製の電気的遮へい層を設ける必要がなく，したがって，**第11条第二号**では，絶縁体にブチルゴム，ポリエチレン又はエチレンプロピレンゴムを用いたときでも，遮へい層のないものの使用を認めている（→**第11条解説**）。

ケーブルの布設方法については，**第120条**に規定するような保護管又はトラフに収めることとしている。ただし，6mmの亜鉛めっき鉄線がい装を有するケーブル（水底ケーブルはこれに該当する。）を使用するときは，保護管等の施設については任意となる。

第3項は，水底ケーブルの規格を定めたものである。ブチルゴム絶縁，ポリエチレン絶縁又はエチレンプロピレンゴム絶縁のものについては，日本電線工業会電線技術委員会標準規格JCS 273（1961）のうち，6mm鉄線がい装のものを基にして規定している。これらはいずれも比較的施設条件のよい水底に使用されることが多く，施設条件によっては，8mm鉄線がい装のもの又は2重鉄線がい装（これらは本項の規格にプラスアルファのものであるので，使用して差し支えない。）のものを使用するなどにより，第2項第一号の規定を満足する必要がある。また，波付鋼管がい装ケーブルは，本来，地中電線用のケーブルであり，張力及び外傷に対して，水底ケーブルより劣っているため，**第2項第一号**の規定に十分留意し，水底状態が比較的良好で波浪，流速の小さい条件のよい場所に限定して使用することが望ましい。

【地上に施設する電線路】（省令第5条第1項，第20条，第37条）

第128条　地上に施設する電線路は，次の各号のいずれかに該当する場合に限り，施設することができる。

一　1構内だけに施設する電線路の全部又は一部として施設する場合

二　1構内専用の電線路中その構内に施設する部分の全部又は一部として施設する場合

三　地中電線路と橋に施設する電線路又は電線路専用橋等に施設する電線路との間で，取扱者以外の者が立ち入らないように措置した場所に施設する場合

2　地上に施設する低圧又は高圧の電線路は，次の各号により施設すること。

一　交通に支障を及ぼすおそれがない場所に施設すること。

二　第123条，第124条及び第125条（第1項を除く。）の規定に準じて施設すること。

三　電線は，次によること。

イ　使用電圧が低圧の場合は，次のいずれかのものであること。

（イ）　ケーブル

（ロ）　3種クロロプレンキャブタイヤケーブル

（ハ）　3種クロロスルホン化ポリエチレンキャブタイヤケーブル

（ニ）　3種耐燃性エチレンゴムキャブタイヤケーブル

（ホ）　4種クロロプレンキャブタイヤケーブル

（ヘ）　4種クロロスルホン化ポリエチレンキャブタイヤケーブル

ロ　使用電圧が高圧の場合は，次のいずれかのものであること。

（イ）　ケーブル

（ロ）　高圧用の3種クロロプレンキャブタイヤケーブル

（ハ）　高圧用の3種クロロスルホン化ポリエチレンキャブタイヤケーブル

四　電線がケーブルである場合は，次によること。

イ　電線を，鉄筋コンクリート製の堅ろうな開きょ又はトラフに収めること。

ロ　イの開きょ又はトラフには取扱者以外の者が容易に開けることができないような構造を有する鉄製又は鉄筋コンクリート製その他の堅ろうなふたを設けること。

ハ　第125条第1項の規定に準じて施設すること。

五　電線がキャブタイヤケーブルである場合は，次によること。

イ　電線の途中において接続点を設けないこと。

ロ 電線は，損傷を受けるおそれがないように開きょ等に収めること。ただし，取扱者以外の者が出入りできないように措置した場所に施設する場合は，この限りでない。

ハ 電線路の電源側電路には，専用の開閉器及び過電流遮断器を各極（過電流遮断器にあっては，多線式電路の中性極を除く。）に施設すること。（関連省令第14条）

ニ 使用電圧が300Vを超える低圧又は高圧の電路には，電路に地絡を生じたときに自動的に電路を遮断する装置を施設すること。ただし，電線路の電源側接続点から1km以内の電源側電路に専用の絶縁変圧器を施設する場合であって，電路に地絡を生じたときに技術員駐在所に警報する装置を設けるときは，この限りでない。（関連省令第15条）

3 地上に施設する特別高圧電線路は，次の各号により施設すること。

一 第1項第一号又は第二号に該当する場合は，使用電圧は，100,000V以下であること。

二 第111条第2項第七号，第124条及び第125条の規定に準じること。

三 電線は，ケーブルであること。

四 電線を，鉄筋コンクリート製の堅ろうな開きょ又はトラフに収めること。

五 前号の開きょ又はトラフには取扱者以外の者が容易に開けることができないような構造を有する鉄製又は鉄筋コンクリート製その他の堅ろうなふたを設けること。

〔解　説〕 地上電線路とは，地中電線路の保蔵物の一部又は全部を地上に露出したものと考えることができる。地上電線路は工場構内等において，地中に施設する埋設物が多い場合に，電線路を地上に施設する方が保安上及び経済上かえって有利な場合等に用いられる。

第1項では，低圧又は高圧の地上電線路の施設範囲を規定しており，**第一号及び第二号**で施設範囲を1構内だけ及び1構内専用（→解説110.1図）に限定している。地上電線路は，屋側電線路と同様，架空電線路や地中電線路に比べて本来好ましい電線路とはいい難いので，このような施設範囲が規定されている。

しかしながら，1構内だけ及び1構内専用の設備にとどまらないケースとして，H9解釈では，一般公衆が立ち入らないように措置した場所に施設する場合で，地中電線路から橋に施設する電線路及び電線路専用橋等に施設する電線路に接続された地上電線路に限り施設可能とした。

なお，地上電線路で使用期間が2カ月間の臨時的なもの（特別高圧については災害復旧用のもの）については，**第133条第8項**に規定する方法により施設すれば，**本条**の規定によらないことができる。

第2項は，低高圧の地上電線路の工事方法を規定したものであり，**第三号**は，低高圧の電線にケーブル（低圧のものにあっては**第9条**，高圧のものにあっては**第10条**の規定によること。）又は構造的に比較的丈夫な3種及び4種（高圧のものにあっては，3種）

の耐候性，耐オゾン性等に優れた性能を有するクロロプレンキャブタイヤケーブル，クロロスルホン化ポリエチレンキャブタイヤケーブル又は耐燃性エチレンゴムキャブタイヤケーブル（低圧に限る。）（→**第8条**）を使用することとしている。

第四号は，電線にケーブルを使用する場合の規定であり，他の地上電線路との離隔距離を地中電線路の場合と同様にとるほか，ケーブルを鉄筋コンクリート製の堅ろうな開きょ（通常，ダクト又はトレンチといわれる。）又はトラフに収め，開きょには一般公衆が容易に開けることができないような構造の鉄製又は鉄筋コンクリート製その他の堅ろうなふたを設けることを規定している。S57基準で，「その他の堅ろうなふた」を追加規定したが，これは強化プラスチック複合板等を用いたふたが開発されたので，従来の鉄製やコンクリート製のものに加え，これらと同等以上の堅ろうなふたであればよいこととしたものである。

第五号は，電線にキャブタイヤケーブルを使用し，電線を移動して使用する場合の規定である。特に，電線路の範ちゅうでこのような移動性のものを考えざるを得なくなったのは，最近，港湾のふ頭におけるガントリークレーン（→解説128.1図）などの移動して使用するものが大型化し，そのため高圧で電気を供給する必要が生じたこと，更にガントリークレーンのような電動機，照明器具，制御機器など多数の電気使用機械器具（→**第142条第九号解説**）の集合体となり，負荷容量の大きいものは一つの電気使用場所（→**省令第1条第八号解説**）の単位を形成するものとして考えざるを得なくなり，一つの移動電線路（→**第171条**）の形態をもつことになったためである。

規定内容には，移動することが明記されていないが，規定の趣旨は上記のとおりであり，特認による施設実績を参考としている。**イ**は，電線の接続点は**第12条**の規定に従うにしても，移動して使用する場合の弱点となりやすいことから，電気機械器具との接続以外は中間で接続点を設けないこととしている。**ロ**は，一般公衆が出入りできないようにさく等をめぐらした場所以外では，原則として地表上を転がしたり，引きずったりしないこととし，所定の開きょに収めることとしている。**ハ**及び**ニ**は，屋外高圧移動電線（→**第171条解説**）と同様である。

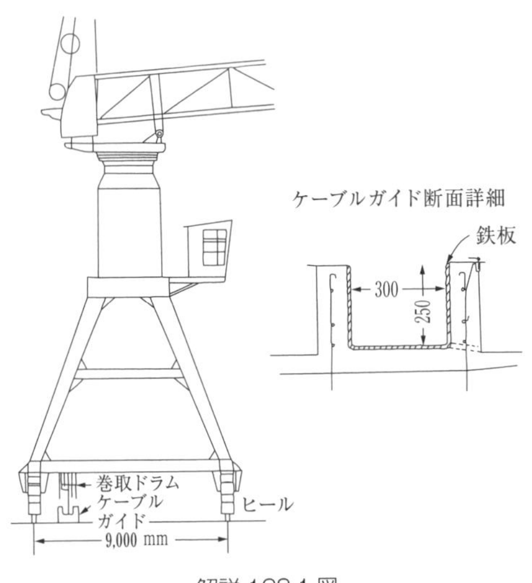

解説128.1図

第3項は，特別高圧地上電線路

に対する規定であり，地中電線路に比べて危険度が高いので，使用電圧又は施設条件に制限を設けている。**本項**は，工場構内等では，地下埋設物や地上の架台が錯そうし，**本項**の規定による電線路とした方がむしろ保守上便利なこともあるのでその施設を認めているものであり，あくまでも技術上やむを得ない場合に限られる。

この場合の工事方法は，固定して施設する場合に限定し，ケーブルを低高圧の地上電線路と同様，開きょ又はトラフに収めること，金属製部分にA種接地工事を施すこと及び地中弱電流電線や低高圧の地中電線と離隔距離を確保することを規定している。

なお，**第38条**の規定により構内に一般公衆が立ち入らないように施設した発電所，蓄電所，変電所，開閉所若しくはこれらに準ずる場所の構内の地上に施設する電線は，**本条**の電線路と解しない。

【橋に施設する電線路】（省令第6条，第20条）

第129条 橋（次条に規定するものを除く。以下この条において同じ。）に施設する低圧電線路は，次の各号によること。

一 橋の上面に施設するものは，電線路の高さを橋の路面上5m以上とするほか，次のいずれかにより施設すること。

イ 電線をがいしにより支持して施設する場合は，次によること。

（イ） 電線は，絶縁電線であって，引張強さ2.30kN以上のもの又は直径2.6mm以上の硬銅線であること。

（ロ） 電線と造営材との離隔距離は，0.3m以上であること。

（ハ） がいしは，絶縁性，難燃性及び耐水性のあるものであって，造営材に堅ろうに取り付けた腕金類に施設すること。

ロ 架空ケーブルにより施設する場合は，次によること。

（イ） 第67条（第五号を除く。）の規定に準じて施設すること。

（ロ） 電線と造営材との離隔距離は，0.15m以上であること。

ハ 二層橋の上段の造営材その他これに類するものの下面に施設する場合は，第167条の規定に準じるほか，次のいずれかによること。

（イ） 合成樹脂管工事により，第158条の規定に準じて施設すること。

（ロ） 金属管工事により，第159条の規定に準じて施設すること。

（ハ） 金属可とう電線管工事により，第160条の規定に準じて施設すること。

（ニ） ケーブル工事により，第164条（第3項を除く。）の規定に準じて施設すること。

二 橋の側面に施設するものは，次のいずれかにより施設すること。

イ 前号イ又はロの規定に準じて施設し，橋の内側へ突き出して施設するものにあっては，電線路の高さを橋の路面上5m以上として施設すること。

ロ　第110条第2項及び第3項の規定に準じて施設すること。

三　橋の下面に施設するものは，第一号ハの規定に準じて施設すること。

2　橋に施設する高圧電線路は，次の各号によること。

一　橋の上面に施設するものは，電線路の高さを橋の路面上5m以上とするほか，次のいずれかにより施設すること。

イ　架空ケーブルにより施設する場合は，次によること。

（イ）　第67条の規定に準じて施設すること。

（ロ）　電線と造営材との離隔距離は，0.3m以上であること。

ロ　二層橋の上段の造営材その他これに類するものの下面に施設する場合は，第111条第2項の規定に準じるほか，次のいずれかによること。

（イ）　第111条第3項から第5項までの規定に準じて施設すること。

（ロ）　民間規格評価機関のうち日本電気技術規格委員会が承認した規格である「橋又は電線路専用橋等に施設する電線路の離隔要件」の「適用」の欄に規定する方法により施設すること。

ハ　鉄道又は軌道の専用の橋において，電線を造営材に堅ろうに取り付けた腕金類にがいしを用いて支持して施設する場合は，次によること。

（イ）　電線は，引張強さ5.26kN以上のもの又は直径4mm以上の硬銅線であること。

（ロ）　第66条第1項の規定に準じること。

（ハ）　電線と造営材との離隔距離は，0.6m以上であること。

（ニ）　がいしは，絶縁性，難燃性及び耐水性のあるものであること。

二　橋の側面に施設するものは，次のいずれかにより施設すること。

イ　前号イ又はハの規定に準じて施設し，橋の内側へ突き出して施設するものにあっては，電線路の高さを橋の路面上5m以上として施設すること。

ロ　前号ロの規定に準じること。

三　橋の下面に施設するものは，第一号ロの規定に準じて施設すること。

3　橋に施設する特別高圧電線路は，次の各号によること。

一　橋の上面に施設するものは，次により施設すること。

イ　電線路の高さは，橋の路面上5m以上であること。

ロ　二層橋の上段の造営材その他これに類するものの下面に，第111条第2項（第四号から第六号までを除く。）の規定に準じるほか，次のいずれかによること。

（イ）　第111条第3項から第5項までの規定に準じて施設すること。

（ロ）　民間規格評価機関のうち日本電気技術規格委員会が承認した規格である「橋又は電線路専用橋等に施設する電線路の離隔要件」の「適用」の欄に規定する方法により施設すること。

ハ　ケーブルは，堅ろうな管又はトラフに収めて施設すること。

二　橋の側面又は下面に施設するものは，第111条第2項の規定に準じる（同項第六号における「第67条（第一号ホを除く。）」は「第86条」と読み替えるものとする。）ほか，次のいずれかによること。

イ　第111条第3項から第5項までの規定に準じて施設すること。

ロ　民間規格評価機関のうち日本電気技術規格委員会が承認した規格である「橋又は電線路専用橋等に施設する電線路の離隔要件」の「適用」の欄に規定する方法により施設すること。

〔解　説〕 橋に施設する電線路とは，いわゆる「橋りょう添架電線路」のことであって，本条では，鉄道橋あるいは道路橋等に添架する電線路について規定し，電線路専用橋その他これに類するもの（→第130条解説）に施設する電線路については，次条に規定している。また，橋に支持物を施設して架線するものは架空電線路と見なされ，本条の規定は適用されない。一般に常時人の通行する橋（道路橋）に電線路を施設する場合は，美観上から橋の上面や側面に施設されることはほとんどないが，私有の橋などの場合にはその可能性も考えられるので，本条では保安上支障のない範囲について定めている。

なお，鉄道又は軌道の専用の橋の電線路で国土交通省令の規制を受けるものは，第2条の規定により本条の規定の適用が除外されている。

第1項は，使用電圧が低圧の場合の施設方法を規定している。

第一号は，橋の上面に施設する場合の施設方法を規定しており，電線だけでなく電線路の工作物の路面からの高さを，5m以上とした。

イは，トラス橋等の上弦材を結ぶ支材等に腕金類を取り付け，がいし引き工事とする場合で，電線と造営材との離隔距離は0.3m以上としている。

ロは，トラス橋等の上弦材を結ぶ支材等にちょう架用線を取り付け，第67条の規定に準じて施設する場合で，ケーブルと造営材との離隔距離は0.15m以上としている。

ハは，二層橋（上段，下段に路面又は軌道を備える橋）等の上段の造営材下面に直接施設する場合で，第158条，第159条，第160条又は第164条（第3項を除く。）の規定に準じて施設し，弱電流電線等と接近又は交差する場合は，第167条の規定に準じて施設することを示している。

第二号は，橋の側面に施設する場合について，橋けた等の側面に槍出しを設けて，がいし引き工事若しくは架空ケーブル工事により施設する方法又は橋けた等の側面に直接合成樹脂管工事，金属管工事若しくはケーブル工事により施設する方法を規定している。アーチ橋，トラス橋等の腹材（橋けた）に槍出しを設けて施設する場合には，上面に施設する**前号イ，ロ**と同じ条件になり，橋の内側へ突き出して施設するものは，路面上の高さの規制が必要となる。槍出しによって橋の外側に突き出して施設するものは，路面上の高さの規制を受けない。また，橋けた等の側面に直接施設するものでは施設形態が屋側電線路と類似するため**第110条第2項**及び**第3項**の規定を準用した。

第三号は，橋の下面に施設する場合の施設方法を規定している。造営材下面への施設は，**第一号ハ**の場合と同じであるため，**第一号ハ**の規定を準用した。橋の下を通過するボートなどから容易に手が届くようなものは，事故例もあるので堅ろうに施設することとしている。

第2項は，使用電圧が高圧の場合の施設方法を規定している。常時人の通行する橋（道路橋）に対する危険性を考慮し，原則として電線にケーブルを使用することとし，鉄道又は軌道の専用の橋においてのみ例外を認めた。

第一号は，橋の上面に施設する場合の施設方法を規定しており，電線だけでなく電線路の工作物の路面からの高さを，5m以上とした。

イは，トラス橋等の上弦材を結ぶ支材等にちょう架用線を取り付け，**第67条**の規定に準じて施設する場合で，ケーブルと造営材との離隔距離は0.3m以上としている。

ロは，二層橋等の上段の造営材下面に施設する場合で，高圧ケーブルを支持物以外の造営材に取り付ける場合の基本原則を網羅していることから**第111条第3項**から**第5項**の規定を準用した。H4基準で，二層橋の上段の下面などの連続する造営材が得られる場合の施設方法を追加した。なお，H20解釈で，JESC E2016（2017）「橋又は電線路専用橋等に施設する電線路の離隔要件」に従って，ケーブルを堅ろうな不燃性又は自消性のある難燃性の管又はトラフに収めた場合，他の工作物との離隔距離を緩和できることとした。

ハは，鉄道又は軌道の専用の橋に，直径4mmの硬銅線又は引張強さ5.26kN以上の電線を使用し，**第66条**に準じて施設する場合で，電線と造営材との離隔距離を0.6m以上として，造営材に取り付けた腕金類にがいしを用いて支持することとした。鉄道又は軌道の専用の橋の場合は**イ**，**ロ**，**ハ**のいずれも選択できる。

第二号は，橋の側面に施設する場合の施設方法を規定している。アーチ橋，トラス橋等の腹材（橋けた）に槍出しを設けて施設する場合には，上面に施設する前号の場合と同じ条件となり，橋の内側へ突き出して施設するものは，路面上の高さの規制が必要となる。槍出しによって橋の外側に突き出して施設するものは，路面上の高さの規制を受けない。

また，橋けた等の側面に直接施設するものでは施設形態が屋側電線路と類似するため**第111条**の規定を準用した。なお，H20解釈で，JESC E2016（2006）「橋又は電線路専用橋等に施設する電線路の離隔要件」に従って，ケーブルを堅ろうな不燃性又は自消性のある難燃性の管又はトラフに収めた場合，他の工作物との離隔距離を緩和できることとした。

本号で「前号イ又はハ」と「前号ロ」の規定に準じて施設することを分けているのは，**前号ロ**の準用において路面上の高さの規制を加えないためである。なお，**第111条**においては，ケーブルを堅ろうな管又はトラフに収めるか，人が触れるおそれがないように施設することを規定している。

第三号は，橋の下面に施設する場合の施設方法を規定している。造営材下面へのケーブルの施設は，**第一号ロ**の場合と同じであることから，**第一号ロ**の規定を準用した。

第3項は，使用電圧が特別高圧の場合の施設方法を規定している。高圧の場合と同様，電線にケーブルを使用することを原則とした。

第一号は，橋の上面に施設する場合の施設方法を規定している。電線だけでなく電線路の工作物の路面からの高さを，5m以上とした。

ロで，高圧の場合の前項**第一号ロ**と同じ理由で，**第111条第2項**（**第四号**から**第六号**を除く。）から**第5項**を準用した。なお，H20解釈で，JESC E2016（2017）「橋又は電線路専用橋等に施設する電線路の離隔要件」に従って，ケーブルを堅ろうな不燃性又は自消性のある難燃性の管又はトラフに収めた場合，他の工作物との離隔距離を緩和できることとした。

ハでは，**ロ**で除いた**第111条第2項第四号**に代えて，ケーブルを堅ろうな管又はトラフに収めて施設することとした。従来，特別高圧の電線路については橋の上面への施設を禁止してきたが，H4基準で，二層橋の上段の下面などの連続する造営材が得られる場合には，ケーブルを堅ろうな管又はトラフに収めることを条件に施設することを認めた。

第二号は，橋の側面又は下面に施設する場合の施設方法を規定している。橋けた等の側面に直接施設するもの又は造営材下面へケーブルを施設するもので，**前項第二号**，**第三号**と同様の理由により**第111条第2項**から**第5項**に準じて施設することとした。なお，H20解釈で，JESC E2016（2017）「橋又は電線路専用橋等に施設する電線路の離隔要件」に従って，ケーブルを堅ろうな不燃性又は自消性のある難燃性の管又はトラフに収めた場合，他の工作物との離隔距離を緩和できることとした。

【電線路専用橋等に施設する電線路】（省令第20条）

第130条 電線路専用の橋，パイプスタンドその他これらに類するものに施設する低圧電線路は，次の各号によること。

一 バスダクト工事による場合は，次によること。

イ 1構内だけに施設する電線路の全部又は一部として施設すること。

ロ 第163条の規定に準じて施設するほか，ダクトは水が浸水してたまらないものであること。

二 バスダクト工事以外による場合は，電線は，ケーブル，3種クロロプレンキャブタイヤケーブル，3種クロロスルホン化ポリエチレンキャブタイヤケーブル，3種耐燃性エチレンゴムキャブタイヤケーブル，4種クロロプレンキャブタイヤケーブル又は4種クロロスルホン化ポリエチレンキャブタイヤケーブルであること。

三 電線がケーブルである場合は，第164条第1項第二号から第五号までの規定に準じて施設すること。

四 電線がキャブタイヤケーブルである場合は，第128条第2項第五号の規定に準じて施設すること。

2　電線路専用の橋，パイプスタンドその他これらに類するものに施設する高圧電線路は，次の各号によること。

一　電線は，ケーブル又は高圧用の3種クロロプレンキャブタイヤケーブル若しくは3種クロロスルホン化ポリエチレンキャブタイヤケーブルであること。

二　電線がケーブルである場合は，第111条第2項の規定に準じるほか，次のいずれかによること。

イ　第111条第3項から第5項までの規定に準じて施設すること。

ロ　民間規格評価機関のうち日本電気技術規格委員会が承認した規格である「橋又は電線路専用橋等に施設する電線路の離隔要件」の「適用」の欄に規定する方法により施設すること。

三　電線がキャブタイヤケーブルである場合は，第128条第2項第五号の規定に準じて施設すること。

3　電線路専用の橋，パイプスタンドその他これらに類するものに施設する特別高圧電線路は，次の各号によること。

一　パイプスタンドその他これに類するものに施設する場合は，使用電圧は，100,000V以下であること。

二　第111条第2項の規定に準じる（同項第六号における「第67条（第一号ホを除く。）」は「第86条」と読み替えるものとする。）ほか，次のいずれかによること。

イ　第111条第3項から第5項までの規定に準じて施設すること。

ロ　民間規格評価機関のうち日本電気技術規格委員会が承認した規格である「橋又は電線路専用橋等に施設する電線路の離隔要件」の「適用」の欄に規定する方法により施設すること。

〔解　説〕 電線路専用の橋に施設する電線路とは，地中電線路の河川横断等の際に施設される電線路専用の橋，いわゆる「線路橋」に施設する電線路であり（**→前条解説**），パイプスタンドその他これらに類するものに施設する電線路とは，工場の構内等において水管，蒸気管その他各種の配管を支持する架台がある場合に，これに施設する電線路である。

パイプスタンド等についての強度は規定していないが，一般に十分強固なものであり，さらに，施設者も同一であると考えられるので，それほど厳格には定めていない。また，パイプスタンドに類するものについては，工場構内ではこの種のものが多く，支持物を別個に建設するよりも同一とするほうが保安上の信頼度が高いと考えられるため，保安上支障のない限り広く解釈して差し支えない。なお，電線路専用の橋に類するものとは，共同橋（**→第3項解説**）のように電線路専用の橋に準ずる橋を指している。

第1項は，使用電圧が低圧の場合の規定である。**第一号**は，バスダクト工事による場合の規定，**第二号**以下は，バスダクト工事以外による場合の規定で，電線には，地上電線路（→**第128条**）と同様のものを使用することを規定している。

第三号は，電線にケーブルを使用し，線路橋又は架台に固定して施設する場合の規定で，低圧屋内配線のケーブル工事（→**第164条**）に準じた施設方法とすることを示している。

第四号は，電線にキャブタイヤケーブルを使用し，架台等の上を移動して使用する場合の規定である。規定の趣旨は，地上移動電線路と同様である。ここで，地上移動電線路の場合は，地上の開きょ等をキャブタイヤケーブルが移動するのに対し，**本条**で規定しているのは，ある高さをもった架台の上においてキャブタイヤケーブルが移動する電線路であるが，地上移動電線路と実態上の差異はなく，施設方法もそれに準拠している。

第2項は，使用電圧が高圧の場合の規定で，前項の低圧の場合と同様であるが，電線にケーブルを使用する場合は，ケーブルを支持物以外の造営材に取り付ける場合の基本原則を規定している高圧屋側電線路の施設方法を準用している。なお，H20解釈で，JESC E2016（2017）「橋又は電線路専用橋等に施設する電線路の離隔要件」に従って，ケーブルを堅ろうな不燃性又は自消性のある難燃性の管又はトラフに収めた場合，他の工作物との離隔距離を緩和できることとした。

第3項は，使用電圧が特別高圧の場合の規定で，パイプスタンド等の架台に施設する場合は，工場構内等において技術上やむを得ない場合に施設されるものであるから，使用電圧を100kV以下としている。施設方法については，高圧の場合と同様，屋側電線路の施設方法を準用している。なお，H20解釈で，JESC E2016（2017）「橋又は電線路専用橋等に施設する電線路の離隔要件」に従って，ケーブルを堅ろうな不燃性又は自消性のある難燃性の管又はトラフに収めた場合，他の工作物との離隔距離を緩和できることとした。S57基準では，河川管理上の問題又は環境上の理由から，電線路を水道管・ガス管などと一緒に施設する共同橋（電線路と弱電流電線路等，ガス管又は水管その他これらに類するものを収納した橋であって，一般の通行の用に供しない橋をいう。）が建設されるようになったため，これを電線路専用橋に類するものとして取り扱い，専用橋と同一の施設方法で施設できるようにした。

【がけに施設する電線路】（省令第39条）

第131条　がけに施設する低圧又は高圧の電線路は，次の各号に該当する場合に限り施設することができる。

一　次に該当しないこと。

イ　建造物の上に施設される場合

ロ　道路，鉄道，軌道，索道，架空弱電流電線等，架空電線又は電車線と交差して施設される場合

ハ　鉄道，軌道，索道，架空弱電流電線等，架空電線又は電車線と電線路との水平

距離が，3m 未満に接近して施設される場合
二　技術上やむを得ない場合であること。
2　がけに施設する低圧又は高圧の電線路は，次の各号によること。
一　第65条，第66条，第67条（第一号ホを除く。），第68条，及び第79条の規定に準じて施設すること。
二　電線の支持点間の距離は，15m 以下であること。
三　電線は，ケーブルである場合を除き，がけに堅ろうに取り付けた金属製腕金類に絶縁性，難燃性及び耐水性のあるがいしを用いて支持すること。
四　電線には，接触防護措置を施すこと。
五　損傷を受けるおそれがある場所に電線を施設する場合は，適当な防護装置を設けること。
六　低圧電線路と高圧電線路とを同一のがけに施設する場合は，高圧電線路を低圧電線路の上とし，かつ，高圧電線と低圧電線との離隔距離は，0.5m 以上であること。

〔解　説〕 本条は，低圧又は高圧の電線路のうち，がけに施設する部分の規定である。「がけ」は，険しくそばだったところであり，電線路の設置が容易ではないため保安上の観点から危険のおそれがあり，がけに施設する電線路は一般の支持物を使用した架空電線路とは区別して考えている。このような施設は保安上の観点から本来好ましい施設ではないが，その実績からみて保安上支障もないので，**第1項第一号イ**から**ハ**に該当しない場合であって，技術上やむを得ない場合は施設できることとしている。

第2項は，その工事方法を示したものであり，実態が架空電線路に類似しているので，**第一号**において**第65条**から**第68条**及び**第79条**の規定に準ずることとしているほか，**第二号**から**第六号**までに，電線の支持点間の距離，低高圧電線路を同一のがけに施設する場合の高圧電線と低圧電線の位置関係などを示している。なお，**第四号**の接触防護措置（**→第1条第三十六号**）については，十分な高さを有し，人が通る場所から手を伸ばしても触れることのない範囲に施設されていれば，人が触れることのないように更に防護措置を施す必要はない。

【屋内に施設する電線路】（省令第20条，第28条，第29条，第30条，第37条）
第132条　屋内に施設する電線路は，次の各号のいずれかに該当する場合において，第175条から第178条までに規定する以外の場所に限り，施設することができる。
一　1構内，同一基礎構造物及びこれに構築された複数の建物並びに構造的に一体化した1つの建物（以下この条において「1構内等」という。）に施設する電線路の全部又は一部として施設する場合
二　1構内等専用の電線路中，その1構内等に施設する部分の全部又は一部として施

設する場合

三　屋外に施設された複数の電線路から送受電するように施設する場合

2　屋内に施設する電線路は，次項に規定する場合を除き，次の各号によること。

一　低圧電線路は，次によること。

イ　第145条第1項及び第2項，第148条，第156条（金属線ぴ工事，ライティングダクト工事及び平形保護層工事に係る部分を除く。），第157条から第160条まで，第162条から第164条まで，並びに第165条第1項及び第2項の規定に準じて施設すること。

ロ　電線が，他の屋内に施設する低圧電線路の電線，低圧屋内配線，弱電流電線等又は水管，ガス管若しくはこれらに類するものと接近又は交差する場合は，第167条の規定に準じて施設すること。

二　高圧電線路は，次によること。

イ　第145条第1項及び第2項並びに第168条第1項の規定に準じて施設すること。

ロ　電線が，他の屋内に施設する低圧又は高圧の電線路の電線，高圧屋内配線，低圧屋内配線，弱電流電線等又は水管，ガス管若しくはこれらに類するものと接近又は交差する場合は，第168条第2項の規定に準じて施設すること。

三　特別高圧電線路は，次によること。

イ　第145条第1項及び第2項並びに第169条第1項の規定に準じて施設すること。

ロ　電線が，屋内に施設する低圧又は高圧の電線路の電線，低圧屋内配線，高圧屋内配線，弱電流電線等又は水管，ガス管若しくはこれらに類するものと接近又は交差する場合は，第169条第2項の規定に準じて施設すること。

四　電線にケーブルを使用し，次のいずれかにより施設する場合は，第一号から第三号までの規定によらないことができる。

イ　電線路専用であって堅ろう，かつ，耐火性の構造物に仕切られた場所に施設する場合

ロ　民間規格評価機関として日本電気技術規格委員会が承認した規格である「免震建築物における特別高圧電線路の施設」の「適用」の欄に規定する方法により施設する場合

五　地中電線と地中弱電流電線等を屋内に直接引き込む場合の相互の離隔距離は，地中からの引込口付近に限り，第一号から第三号の規定によらず，第125条（第1項を除く。）の規定に準じて施設することができる。

3　住宅の屋内に施設する電線路は，次の各号によること。

一　電線路の対地電圧は，300V以下であること。

二　次のいずれかによること。

イ　合成樹脂管工事により，第158条の規定に準じて施設すること。

ロ　金属管工事により，第 159 条の規定に準じて施設すること。
ハ　ケーブル工事により, 第 164 条（第 3 項を除く。）の規定に準じて施設すること。
三　人が触れるおそれがない隠ぺい場所に施設すること。

〔解　説〕 本条は，屋内（→第 143 条解説）を貫通して施設される電線路の要件と，その電線路のうち屋内に施設される部分の施設方法を示している。

第 1 項では，屋内に電線路を施設することを容認している場合を示している。電線路は，人身に対する安全確保の観点から，また，一般的に事故時の供給支障の影響が配線と比較して大きいことから，人が居住し活動する屋内を避けて施設することが望ましい。

しかし，工場の構内等では，例えば解説 132.1 図（a）のように構内だけに施設する電線路として電気室から B 棟までの電線路を施設しようとする場合に，途中にある A 棟を迂回すると電線路の全長がかなり長くなり，また，迂回することで他の電線路や他の工作物と接近することが多くなるため，A 棟を貫通して施設した方が経済的にも保安上からも望ましい場合がある。解説 132.1 図（b）のような 1 構内専用の電線路についても同様である。

第一号は，当該電線路が 1 構内等の中だけに施設される場合を示したものである。近年，同一の開発者により，人工地盤（地下駐車場などに使用される場合が多い。）上に複数の建物が構築される場合がある。また，一つの建物の中に複数の受電者が存在する場合がある。これらの場合，電気を供給するためには，やむを得ず受電する者の構内以外の屋内を通過せざるを得ない場合がある。よって，「同一基礎構造物に構築された複数の建物」及び「構造的に一体化した 1 つの建物」を合わせて「1 構内等」としている（→解説 132.2 図）。

第二号は，当該電線路が 1 構内等の専用電線路である場合（→解説 132.1 図（b））を示したものである。

第三号は，地中電線路により電気を供給する場合，事故時の復旧時間の短縮等を目的とし，屋外に施設された複数の電線路から送受電可能なように電線路を施設する（π 引込み等）場合について示している。

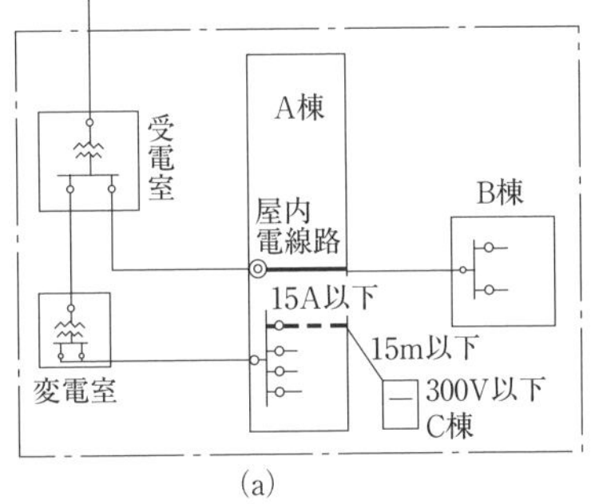

(a)

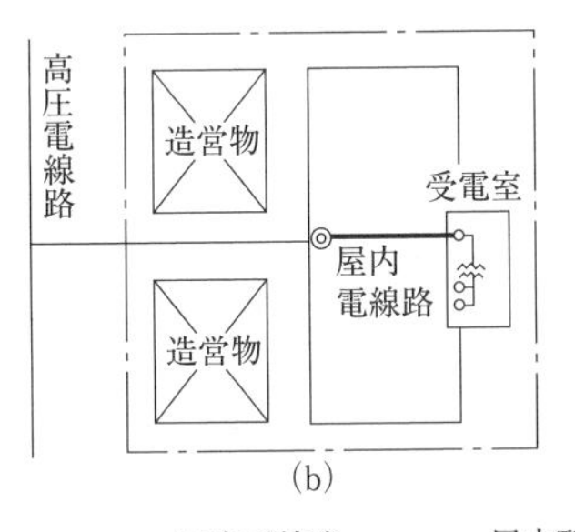

(b)

—— 屋内電線路　– – – 屋内配線
□ 建　物　[ ] 構　内
◎ 開閉器及び遮断器を必要とする箇所
○ 開閉器及び遮断器

解説 132.1 図

なお，解説132.1図（a）中破線の部分は，C棟が300V以下でA棟（定格電流15A以下の過電流遮断器で保護されている場合）からの長さが15m以下である場合（→**第147条第一号**）にあっては，屋外配線であって**本条**の範ちゅうではない。

第175条から**第178条**までに示している場所を除外しているのは，これらの場所が危険な場所であり，電気工作物はなるべく施設しないようにする必要がある場所であるからである。たとえ施設の安全度を上げたとしても，それは事故の確率を減らすだけのことであり，危険であることに変わりはない。

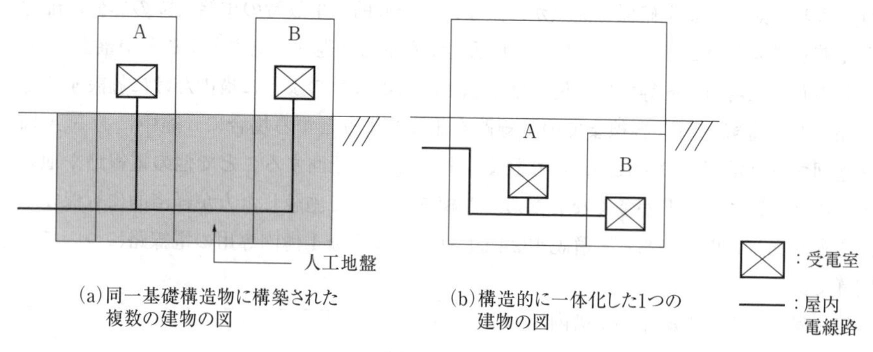

(a)同一基礎構造物に構築された複数の建物の図　(b)構造的に一体化した1つの建物の図

解説132.2図

第2項では，屋内に施設する電線路の施設方法を示している。なお，低圧電線路の引込口には，**第147条**により，屋内の引込口に近い箇所に区分開閉器を施設することとしている。

屋内電線路の電線がケーブルであるような場合は，途中での分岐，接続は避け，受電所等の当該電線路の引出口に専用の開閉器及び過電流遮断器を施設することが普通であり，また，屋内に施設される電線路の電線は，配線と違い人が触れるおそれのない所に施設するのが普通であって，感電等の際に区分開閉器を開くという必要もないので，受電所に専用のものを施設すれば十分である。この場合，受電所から当該電線路に至る間で他の電気使用場所に分岐する線路の分岐点より負荷側に開閉器及び遮断器を施設することとしている。これは，電気使用場所が異なれば，その区分も独立して行えるようにした方が保安上便利であり，事故を少なくすることになるからである（→解説132.1図）。この場合の遮断器は，屋内電線路の電線を過電流から保護するため，その定格電流はその電線の許容電流以下とすることとしている。

屋内に施設される電線路の工事方法は，屋内配線の幹線（→**第148条**）に準じて施設すればよく，使用電圧が低圧の場合は**第一号**，高圧の場合は**第二号**，特別高圧の場合は**第三号**にそれぞれ示している。低圧の場合の工事方法において，屋内配線の場合と違う点は，金属線ぴ工事，ライティングダクト工事及び平形保護層工事のように末端の配線に用いられる軽易な工事が採用できないことである。なお，従来低圧の場合にはバスダクト工事が認められていなかったが，屋外用バスダクトが出現し，屋側電線路にバスダクト工事が認められたことに伴い，屋内電線路にもバスダクト工事が認められた。また，団地等高層ビルの400V配線などの垂直配線として，パイプシャフト内に垂直ちょう架ケーブルが施設されるようになったため，S61基準で，低圧屋内電線路のパイプシャフト内直配線における垂直ちょう架ケーブルの使用を認めた。

第四号は，**第一号**から**第三号**までによらなくて良い場合を示している。

イは，H9解釈において，ケーブルシャフト等は相当な強度を有しているため，これを電線路専用のスペースとして使用する場合には，地中電線路の暗きょ式相当として，ケーブルを管に収める必要がない等，条件を緩和した。

ロは，免震建築物の免震層に特別高圧電線路を施設する場合に，地震発生時の変位を吸収する部分で**第三号**（同号で参照している**第169条第1項第三号**）又は**イ**の要件を満たすことが難しい場合があることから，日本電気技術規格委員会規格JESC E2017（2014）「免震建築物における特別高圧電線路の施設」の技術的規定により，暗きょ相当の要件で施設すれば良いことを示しているものでH20解釈で追加され，R6解釈より，民間規格評価機関として日本電気技術規格委員会に承認された規格リストと関連づけられ，当該機関の公開ページにて掲載されている。

第五号は，H13解釈で日本電気技術規格委員会規格JESC E2009（1999）「地中電線と地中弱電流電線を直接屋内に引込む場合の相互の離隔距離」を引用し新たに定めた規定で，地中電線と地中弱電流電線等を直接屋内に引き込む場合，地中からの引込口付近については，屋内であっても施設条件等が地中と同等と解して差し支えないことから，相互の離隔距離について地中部分の規定である**第125条**を準用することを認めたものである。

第3項は，住宅の屋内を通過する電線路の施設方法を示しており，電線路の対地電圧は150Vを超え300V以下とすることができる。ただし，この場合の工事方法は安全度の高い合成樹脂管工事，金属管工事又はケーブル工事に限定され，住宅の居住者がこの電線に触れるおそれがないように，隠ぺい場所に施設することとしている。

【臨時電線路の施設】（省令第4条）

第133条　架空電線路の支持物として使用する鉄塔であって，使用期間が6月以内のものは，第59条第7項の規定によらず，支線を用いてその強度を分担させることができる。

2　架空電線路の支持物として使用する鉄筋コンクリート柱，鉄柱又は鉄塔に施設する支線であって，使用期間が6月以内のものを，次の各号により施設する場合は，第61条第1項第三号の規定によらないことができる。

一　支線は，日本産業規格 JIS G 3525（2013）「ワイヤロープ」に規定するワイヤロープであること。

二　支線の公称径は，10mm 以上であること。

3　架空電線路の支持物として使用する鉄筋コンクリート柱，鉄柱又は鉄塔に施設する支線であって，使用期間が6月以内のものは，第61条第1項第四号の規定によらないことができる。

4　低圧架空電線又は高圧架空電線にケーブルを使用する場合であって，使用期間が2月以内のものは，第67条（第110条第2項第五号ハ（ロ），第111条第2項第六号，第113条第2項第二号イ，第114条第2項第二号イ，第116条第1項第五号，第117条第1項第三号，第129条第1項第一号ロ（イ）及び第2項第一号イ（イ）並びに第131条第2項第一号で準用する場合を含む。）の規定によらないことができる。

5　35kV 以下の特別高圧架空電線路又は災害後の復旧に用する特別高圧架空電線路の電線にケーブルを使用する場合であって，使用期間が2月以内のものは，第86条（第112条第2項，第126条第1項第三号ロ，第129条第3項第二号及び第130条第3項第二号で準用する場合を含む。）の規定によらないことができる。

6　低圧，高圧又は35,000V 以下の特別高圧の架空電線を，民間規格評価機関として日本電気技術規格委員会が承認した規格である「臨時電線路に適用する防護具及び離隔距離」の「適用」の欄に規定する要件により施設する場合は，当該電線と造営物との離隔距離は，第71条，第78条及び第106条の規定によらないことができる。

7　使用電圧が300V 以下の低圧引込線の屋側部分又は屋上部分であって，使用期間が4月以内のものを，雨露にさらされない場所にがいし引き工事により施設する場合は，第116条第2項（同条第4項で準用する場合を含む。）で準用する第110条第2項第一号ニの規定にかかわらず，電線相互間及び電線と造営材との間を離さないで施設することができる。

8　地上に施設する低圧又は高圧の電線路及び災害後の復旧に用する地上に施設する特別高圧電線路であって，使用期間が2月以内のものを，次の各号により施設する場合は，第128条の規定によらないことができる。

一　電線は，電線路の使用電圧が低圧の場合はケーブル又は断面積が，8mm² 以上の3種クロロプレンキャブタイヤケーブル，3種クロロスルホン化ポリエチレンキャブタイヤケーブル，3種耐燃性エチレンゴムキャブタイヤケーブル，4種クロロプレンキャブタイヤケーブル若しくは4種クロロスルホン化ポリエチレンキャブタイヤケーブル，高圧の場合はケーブル又は高圧用のキャブタイヤケーブル，特別高圧の場合はケーブルであること。

二　電線を施設する場所には，取扱者以外の者が容易に立ち入らないようにさく，へい等を設け，かつ，人が見やすいように適当な間隔で危険である旨の表示をすること。

三　電線は，重量物の圧力又は著しい機械的衝撃を受けるおそれがないように施設すること。

9　地上に施設する使用電圧が35,000V以下の特別高圧電線路を，日本電気技術規格委員会規格 JESC E2008（2014）「35kV以下の特別高圧地上電線路の臨時施設」の「2. 技術的規定」により施設する場合は，第128条の規定によらないことができる。

〔解　説〕 本条では，使用期間の短い臨時的に施設する電線路は，事故の応急復旧の迅速化，経済性等から考えて，本格的な工事を行うことが必ずしも有利でないことから，保安面で問題のない限りにおいて簡便な工事方法によってよいこととしている。この規定は，従来，それぞれの当該電線路の規定の中で定められていたが，基準運用の利便を図るため，S51基準で本条にまとめたものである。

第1項は，短期的に鉄塔の強度を支線で補強することを認める規定で，これは，次のような場合は鉄塔に支線を設けることが経済的に有利であり，一般にやむを得ないものとして，使用期間が6カ月以内のものに限りこれを認めている。

①送電線の新設工事等において，用地交渉が難行し部分的に鉄塔建設工事が遅れる場合であって，暫定送電のための仮工事等として，設計条件とは異なる荷重条件で鉄塔を使用する場合

②移設工事等を行う際に，供給確保のための仮の支持物を設ける場合であって，当該支持物の両側にある既設の鉄塔に設計条件を超過する荷重を生じる場合

③不慮の災害により鉄塔が危険にさらされ，やむを得ず保安上一時的に補強する必要がある場合

なお，高温季又は低温季どちらか一方の期間でしか使用しないことが明白な場合にあっては，その使用する期間の条件のみの設計でよいことは当然である。

第2項は，H14解釈において日本電気技術規格委員会規格 JESC E3003（2002）「架空電線路の支持物に施設する支線へのワイヤロープの適用」を反映したものである。災害復旧のルート確保等の臨時電線路を施設する場合においては，入手の容易さ，工事現場での作業性の面から有利なワイヤロープを支持物の支線に使用したいとの要望があり，また，使用期間が6カ月以内の短期間の臨時電線路に施設される支線については，日本産業規格 JIS G 3525（2017）「ワイヤロープ」に規定されるもので公称径10mm以上であれば，「引張強さ」については規定値を満たし，「外傷」，「腐食」，「可とう性」についても問題がないことからワイヤロープの使用を認めたものである。ただし，使用履歴のあるワイヤロープを使用する場合は，労働安全衛生規則第501条の廃棄基準等に照らして，損傷の有無や腐食について入念に検査を行い，劣化程度の大きいものの使用は避けるとともに，適宜，サイズアップや多条化をするなどして所定の安全率を確保するような配慮が必要である。

第3項は，S57基準で新たに定めたもので，仮工事等の臨時電線路に施設される支線

は，使用期間が短ければ耐腐食性上問題がないため，使用期間が6カ月以内のものに限り，木柱に施設する支線と同様，防食規定の除外を示したものである（→**第61条解説**）。

第4項は，臨時的に施設する低高圧架空ケーブル工事において，例えば配電線事故による停電時間を極力短くするための応急用に使用する場合又は一時的な工事用等に使用する場合に，半永久的に維持義務をもつ工事方法によることは必ずしも有利でないこと及び施設時点における監視状態等を考慮して，使用期間が2カ月以内のケーブルの工事方法については制約をかけず，大きな弛度をとる等，簡単にケーブル工事（例えばバイパス用ロープにちょう架する工法など）ができるようにしている。

第5項は，H9解釈において追加したもので，地震，台風，洪水等の自然災害により電気設備が損壊した場合に，電気事業者はこれを速やかに復旧し送電を再開することが必要であり，このような場合にはルートの確保，送電容量の面で特別高圧架空電線に架空ケーブルを使用することがその施設の容易さから有効であるため，災害復旧に要する特別高圧架空電線路にケーブルを使用する場合であって，使用期間を2カ月以内に限って設置する場合については，保安上の対策を万全にすることで，**第86条**によらず，施設できることを示したものである。さらに，H11解釈において35kV以下の特別高圧架空電線の臨時電線路を同様の方法で施設する場合は，災害復旧以外の工事に用する場合等においてもその施設を認めることとした。これは，35kV以下の特別高圧架空電線の施設数が年々増加する傾向にあり，道路工事及び建築工事による支障移設工事時のバイパス送電の必要性が高いことを踏まえ，臨時施設が認められていた高圧架空電線路と同等の保安レベルを確保することにより，35kV以下の特別高圧架空電線路についても臨時施設を認めたものである。

第6項は，臨時的な造営物が建設された場合などに，架空電線と当該造営物との離隔距離の不足に伴う電線路の改修の繁雑化を避けるためS51基準で定めたもので，防護具の使用期間が6カ月以内のものに限って防護具に収めた絶縁電線と造営物の造営材との離隔距離をケーブル並みに緩和している。なお，H23解釈で35kV以下の特別高圧の架空電線についても離隔距離の緩和を認めるとともに，低高圧架空電線路の離隔距離及び各防護具の規定を含め，JESC規格の技術的規定を引用する形に改め，R4解釈より，民間規格評価機関として日本電気技術規格委員会に承認された規格リストと関連づけられ，当該機関の公開ページにて掲載されている。

第7項は，建造物等の改築等に伴う臨時引込の施設について示したものである。

第8項は，臨時に施設する低高圧地上電線路及び災害復旧に用する特別高圧地上電線路についての規定である。これは，経済社会の電気エネルギーに対する依存度が高まるにつれて，停電に対する影響も強くなるので，電力供給信頼度の向上策として，工事や事故による停電時間の短縮を図り，応急用又は臨時用として，作用区間又は事故区間をバイパスして送電する地上電線路を，2カ月間に限り施設する場合の特別緩和規定である。

以上の趣旨から使用期間を2カ月に限定し，その施設方法を各号で規定している。

第一号は臨時に地上に施設することができる電線について示している。

第二号は取扱者以外の者が臨時に施設する電線路に触れることのないよう，安全対策を施すこととしている。

第三号は，電線を地上に施設する場合の電線の保護について示している。

H9解釈において，新たに特別高圧地上電線路の規定を追加した。これは，**第5項**と同様の趣旨により，ケーブルを使用した特別高圧地上電線路を施設できることを示したものである。

第9項は，第5項と同様の趣旨により，日本電気技術規格委員会規格JESC E2008(2014)「35kV以下の特別高圧地上電線路の臨時施設」を引用し，35kV以下の特別高圧地上電線路の臨時施設を高圧電線路と同様に施設可能としたものである。

第4章　電力保安通信設備

【電力保安通信設備に係る用語の定義】（省令第1条）

第134条　この解釈において用いる電力保安通信設備に係る用語であって，次の各号に掲げるものの定義は，当該各号による。

一　添架通信線　架空電線路の支持物に施設する電力保安通信線

二　給電所　電力系統の運用に関する指令を行う所

〔解　説〕　本条は第4章で用いられる主要な用語の定義を掲げたものである。

第一号は，添架通信線の定義である。添架通信線には，添架する電線路の使用電圧により，低圧添架通信線，高圧添架通信線，特別高圧添架通信線がある。

第二号は，給電所の定義である。給電所は，電力系統を構成する発蓄変電所，送配電線路等の電力施設を経済的かつ合理的に総合運用するための指令，すなわち，発蓄変電所の運転，周波数及び電圧の調整，電力需給の調整，送電系統の変更並びに系統事故の際の復旧操作等の指示を行うところである。

【電力保安通信用電話設備の施設】（省令第4条，第50条第1項）

第135条　次の各号に掲げる箇所には，電力保安通信用電話設備を施設すること。

一　次に掲げる場所と，これらの運用を行う給電所との間

イ　遠隔監視制御されない発電所又は蓄電所（第225条に規定する場合に係るものを除く。）。ただし，次に適合するものを除く。

（イ）　発電所又は蓄電所の出力が2,000kW未満であること。

（ロ）　第47条の2第1項第二号ロの規定に適合するものであること。

（ハ）　給電所との間で保安上，緊急連絡の必要がないこと。

ロ　遠隔監視制御されない変電所

ハ　遠隔監視制御されない変電所に準ずる場所であって，特別高圧の電気を変成するためのもの。ただし，次に適合するものを除く。

（イ）　使用電圧が35,000V以下であること。

（ロ）　機器をその操作等により電気の供給に支障を及ぼさないように施設したものであること。

（ハ）　電力保安通信用電話設備に代わる電話設備を有すること。

ニ　発電制御所（発電所を遠隔監視制御する場所をいう。以下この条において同じ。）

ホ　蓄電制御所（蓄電所を遠隔監視制御する場所をいう。以下この条において同じ。）

ヘ　変電制御所（変電所を遠隔監視制御する場所をいう。以下この条において同じ。）

ト 開閉所（技術員が現地へ赴いた際に給電所との間で連絡を確保できるものを除く。）
チ 電線路の技術員駐在所
二 2以上の給電所のそれぞれとこれらの総合運用を行う給電所との間
三 前号の総合運用を行う給電所であって，互いに連系が異なる電力系統に属するものの相互の間
四 水力設備中の必要な箇所並びに水力設備の保安のために必要な量水所及び降水量観測所と水力発電所との間
五 同一水系に属し，保安上，緊急連絡の必要がある水力発電所相互の間
六 同一電力系統に属し，保安上，緊急連絡の必要がある発電所，蓄電所，変電所及び変電所に準ずる場所であって特別高圧の電気を変成するためのもの，発電制御所，蓄電制御所，変電制御所及び開閉所相互の間
七 次に掲げるものと，これらの技術員駐在所との間
イ 発電所又は蓄電所（第225条第1項に規定する場合に係るものを除く。）。ただし，次に適合するものを除く。
（イ） 第一号イ（イ）及び（ロ）の規定に適合するものであること。
（ロ） 携帯用又は移動用の電力保安通信用電話設備により，技術員駐在所との間の連絡が確保できること。
ロ 変電所（第225条第1項に規定する場合に係るものを除く。）。ただし，次に適合するものを除く。
（イ） 第48条の規定により施設するものであること。
（ロ） 使用電圧が35,000V以下であること。
（ハ） 変電所に接続される電線路が同一の技術員駐在所により運用されるものであること。
（ニ） 携帯用又は移動用の電力保安通信用電話設備により，技術員駐在所との間の連絡が確保できること。
ハ 発電制御所
ニ 蓄電制御所
ホ 変電制御所
ヘ 開閉所（第225条第1項に規定する場合に係るものを除く。）
八 発電所，蓄電所，変電所，変電所に準ずる場所であって特別高圧の電気を変成するためのもの，発電制御所，蓄電制御所，変電制御所，開閉所，給電所及び技術員駐在所と電気設備の保安上，緊急連絡の必要がある気象台，測候所，消防署及び放射線監視計測施設等との間

2 特別高圧架空電線路及びこう長5km以上の高圧架空電線路には，架空電線路の適当な箇所で通話できるように携帯用又は移動用の電力保安通信用電話設備を施設すること。

〔解　説〕 電力系統を構成している事業用電気工作物（小規模事業用電気工作物を除く発電所，蓄電所，変電所，電線路等の電力設備）を最も安全に合理的かつ経済的に総合運用するため，これらの設備，機器の運転操作は全て給電所（→**第 134 条第二号**）から発せられる給電指令によって行われる。したがって，給電所とこれらの電力設備との間には「専用」の通信設備が必要である。ここでいう「専用」とは，原則として電力保安通信用電話のみのために施設されたものをいう。

発電所から蓄電所又は変電所への送電は，この通信設備によって予めその旨を給電所から発・蓄・変電所に連絡するなど，両者間の緊密な連絡のもとに行われる。

事故等で発電，蓄電，送電，変電等の機能が停止した場合や，設備の点検，保守などの場合にも，給電所からこれら電力設備に対して適切な指示が与えられて，事故の復旧操作や電気工作物の使用，停止等が行われるが，これらの指令伝達にもこの専用の通信設備が使用される。このように電力設備の保安上及び運用上欠かせない通信設備を電力保安通信設備と呼んでいる。

この電力保安通信設備には，重要な区間に用いられている多重無線設備と有線設備等があり，電話の他にテレメータ，キャリアリレー，フォルトロケーター，テレコントロール等の信号伝送に利用されている。**本条**では，このうち電話設備の施設について規定している。

第 1 項第一号は，一つの給電所とその給電所の指令によって運転されている発電所，蓄電所，変電所（特別高圧の電気を受電している自家用電気工作物の受電所等を含む。），発電制御所，蓄電制御所，変電制御所，開閉所，電線路の技術員駐在所（いわゆる保線所，保線区等）との間に電力保安通信用電話設備を施設するよう規定している。ここでいう発電所，蓄電所，変電所，発電制御所，蓄電制御所，変電制御所，開閉所，電線路の技術員駐在所は，異なる事業者所有も含まれる。

S43 基準で，発電制御所，変電制御所，R4 基準で蓄電所が新たに追加されたが，従来これらの制御するところは当然発電所であり，蓄電所であり，変電所であると解釈されていたが，発電所や蓄電所，変電所の中にない独立した制御所も将来は考えられるということから，**本条**において全面的にこれらが追加された。なお，S57 基準で，35kV 以下の特高需要家が，スポットネットワーク供給方式又は本線予備線供給方式のような機器の操作が極めて簡単で，かつ，系統に影響を及ぼすおそれがない方式で受電する場合，電力会社の給電所と当該需要家との間に公衆電話等による通常の連絡手段が確保されていれば，保安上及び供給上特に問題がないので，電力保安通信用電話設備は省略できることとした。

また，S61 基準で，遠隔監視制御されない発電所であって，電気の供給に支障を及ぼさず，かつ，給電所との間で常時連絡をとる必要のない発電所は，保安上及び供給上特に問題がないので，電力保安通信用電話設備は省略できることとした。なお，ここでいう「電気の供給に支障を及ぼさず」とは，イ（イ）から（ハ）の条件を全て満足することをいう。

（ハ）の「給電所との間で保安上，緊急連絡の必要がない」とは，連系する電力系統や当該発電所の主回路の構成が簡単であること等により，当該発電所の運転，操作等が簡略であり，平常時，事故時の処置をあらかじめ給電所との間で取り決めておき，支障なく対処できるように措置されていることをいう。

無人発・蓄・変電所は，これを制御する親発電所等や発・蓄・変電制御所等と給電所との間に通信設備を施設してあれば，通常の運転，操作に関しては目的が達せられることから，遠隔監視制御される無人発・蓄・変電所を除いている。ただし，親発・蓄・変電所と無人発電所（ただし書の発電所を除く。）無人蓄電所又は無人変電所との間においては，事故時などに保安上の連絡が必要であり，常設又は移動用の電話設備を準備することが望ましい。また，への**かっこ書き**は，開閉所において，その場所に保安員が赴いた場合に給電所と連絡をとれる設備があれば，当該開閉所と給電所との間に電話設備を常設する必要はないことを規定している。

第二号は，電力系統の連系が大きくなったため，給電所（例えば支店給電所）とその総合運用を行う上位給電所（例えば中央給電所）との間に電話設備を完備していなければ，平常運転にも支障を生じ，また，事故の波及が広範囲にわたるおそれがあるので，両者間に電話設備を設けるよう規定している。ここでいう給電所とその総合運用を行う上位給電所には，異なる事業者所有も含まれる。

第三号は，多くの電力系統が連系されて電力の融通が行われている今日では（各電力会社相互間で電力融通が行われている。），他の電力系統の必要箇所と連絡がとれなければ，平常時の系統運用にも支障をきたすばかりでなく，事故が広範囲に波及するおそれがあるので，これらの給電所間に電話設備を設けるよう規定している。

第四号は，発電用の貯水池，調整池及びダム水路等の水力設備と水力発電所との間並びにこれら水力設備の保安と直接関係のある量水所及び降水量観測所と水力発電所との間に電話設備を施設するよう規定している。

第五号は，保安上，緊急連絡の必要がある同一水系の水力発電所相互間に電話設備を施設するように規定している。

第六号は，保安上，緊急連絡の必要がある同一電力系統の発蓄変電所等の相互間に電話設備を施設するよう規定している。

第七号の「技術員駐在所」とは，発電所，蓄電所，変電所，発電制御所，蓄電制御所，変電制御所，開閉所の運用に直接関係のある技術員駐在所を指しており，これは，一般には発・蓄・変電所等に異常（事故等）が発生した場合，緊急出動する技術員の駐在所が該当する。ここでいう技術員駐在所には，異なる事業者所有も含まれる。ただし，事業者間の協議により保安上緊急を要する連絡が必要ない場合には，施設することを必要としない。また，無人の発・蓄・変電所等の場合は，保安警報を受信する技術員駐在所（連絡補助員の駐在所は中継のみであるため含まれない。）も当然これに該当する。なお，**イ**及び**ロ**のただし書の発・蓄・変電所については，緊急を要する連絡の必要性が低いことから，携帯用又は移動用の電力保安通信用電話設備を用意してあれば，発・蓄・変電所に施設することを要しない。

第八号は，水力発電所の運転上，降雨量の変化及び気象の変化による負荷の変動等を予め想定する必要から又は雷若しくは台風等電力設備と密接な関係を有する気象の変化を予知する等の必要から気象台，測候所との間に電力保安通信用電話を施設することを規定し，さらに，火災時に消防活動及び付近の一般大衆の保護のため罹災家屋の送電を緊急遮断する必要があるので，消防署との間に電力保安通信用電話を施設するよう規定したものである。また，原子力発電所にあっては，放射線監視計測施設との間に電力保安通信用電話が必要である。

R6 基準で，分散型電源設置者の技術員駐在所と分散型電源設置者の遠隔監視制御されない発電所若しくは蓄電所，分散型電源専用で昇圧若しくは降圧をする目的で施設された遠隔監視制御されない変電所又は遠隔監視制御されない専ら発電所の連系のために設置する開閉所との間の電話設備については，**第 225 条**に則り施設することとされた。

第 2 項は，特別高圧架空電線路及びこう長 5km 以上の高圧架空電線路には，線路巡視に出た場合，必要に応じ，携帯用又は移動用の電話機で随時通話できるように電力保安通信用電話設備を施設する必要があることを示している。

【電力保安通信線の施設】（省令第 28 条，第 50 条第 2 項）

第 136 条　重量物の圧力又は著しい機械的衝撃を受けるおそれがある場所に施設する電力保安通信線は，次の各号のいずれかによること。

一　適当な防護装置を設けること。

二　重量物の圧力又は著しい機械的衝撃に耐える保護被覆を施した通信線を使用すること。

2　架空電力保安通信線は，次の各号のいずれかにより施設すること。（関連省令第 6 条）

一　通信線にケーブルを使用し，次により施設すること。

イ　ケーブルをちょう架用線によりちょう架すること。

ロ　ちょう架用線は，金属線からなるより線であること。ただし，光ファイバケーブルをちょう架する場合は，この限りでない。

ハ　ちょう架用線は，第 67 条第五号の規定に準じて施設すること。

二　通信線に，引張強さ 2.30kN 以上のもの又は直径 2.6mm 以上の硬銅線（ケーブルを除く。）を使用すること。

三　架空地線を利用して光ファイバケーブルを施設すること。

3 電力保安通信線に複合ケーブルを使用する場合は，次の各号によること。

一 複合ケーブルを使用した通信線を道路に埋設して施設する場合は，次のいずれかによること。ただし，通信線を山地等であって人が容易に立ち入るおそれがない場所に施設する場合は，この限りでない。

イ 複合ケーブルを使用した通信線を暗きょ内に施設すること。

ロ 複合ケーブルを使用した通信線の周囲に取扱者以外の者が立ち入らないように，さく，へい等を施設すること。

ハ 交通の確保その他公共の利益のためやむを得ない場合において，複合ケーブルを使用した通信線が道路を横断するときは，次のいずれかによること。

(イ) 車両その他の重量物の圧力に耐えるように施設すること。

(ロ) 埋設深さを1.2m以上として施設すること。

二 複合ケーブルを使用した通信線に直接接続する通信線は，次によること。

イ 通信線は，添架通信用第2種ケーブル又はこれと同等以上の絶縁効力を有するケーブルであること。

ロ 通信線相互の接続は，第12条第二号（第一号の準用に係る部分を除く。）の規定に準じること。

ハ 通信線の架空部分は，第137条及び第138条の特別高圧架空電線路添架通信線に直接接続する架空通信線の規定に準じて施設すること。

ニ 工作物に固定して施設する通信線（通信線の架空部分並びに地中，水底及び屋内に施設するものを除く。以下この号において同じ。）と工作物に固定して施設された他の弱電流電線等（弱電流電線等の架空部分を除く。以下この号において同じ。）とが接近若しくは交差する場合，又は通信線を他の弱電流電線等と同一の支持物に固定して施設する場合は，通信線と他の弱電流電線等との離隔距離を15cm以上として施設すること。ただし，他の弱電流電線路等の管理者の承諾を得た場合は，この限りでない。

4 電力保安通信線を暗きょ内に施設する場合は，次の各号のいずれかによること。

一 次のいずれかに適合する被覆を有する通信線を使用すること。

イ 建築基準法第2条第九号に規定される不燃材料で造られたもの又はこれと同等以上の性能を有するものであること。

ロ 電気用品の技術上の基準を定める省令の解釈別表第一附表第二十一に規定する耐燃性試験に適合すること又はこれと同等以上の性能を有すること。

二 前号イ又はロの規定に適合する延焼防止テープ，延焼防止シート，延焼防止塗料その他これらに類するもので通信線を被覆すること。

三 次のいずれかに適合する管又はトラフに通信線を収めて施設すること。

イ 建築基準法第2条第九号に規定される不燃材料で造られたもの又はこれと同等

以上の性能を有するものであること。
ロ　電気用品の技術上の基準を定める省令の解釈別表第二附表第二十四に規定する耐燃性試験に適合すること又はこれと同等以上の性能を有すること。
四　暗きょ内に自動消火設備を施設すること。

〔解　説〕 発・蓄・変電所は大半が無人化，自動化され，これらの制御を一括して電子計算機により前処理し，最終判断のみを制御所又は給電所の運転員が行っているのが現状である。何らかの原因により，情報が失われ又は情報に誤りが生じると正しい操作が困難となり，混乱を起こしかねない。したがって，本条では電力保安通信線全般の信頼性を確保するため，その施設方法を規定している。

第1項は，重量物の圧力又は著しい機械的衝撃を受けるおそれがある場所には，適当な防護装置を設け又はこれらに耐える保護被覆を施したもの（一般に通信ケーブルは保護被覆を施したものと解してよい。）を使用するよう規定している。一般に「重量物の圧力又は著しい機械的衝撃を受けるおそれがある」とは，人等が通行する面上に施設される場合，通信線の上に電力ケーブル等が施設される場合，直接地中に埋設する場合，コンクリートに直接埋設する場合又は壁等を貫通する場合などが考えられる。

第2項では，電力保安架空通信線は，台風，集中豪雨，雪等によりビニル袋，木片等が飛散し，通信線に引っ掛かり又は樹木等が倒壊し，通信線に寄りかかるなど外的損傷を受けやすい設備であるため，信頼性を向上させるために通信線の強さを規定している。**第一号イ**は，通信線をちょう架用線（メッセンジャーワイヤ等）によりちょう架するよう規定し，**ロ**では，そのちょう架用線の材料を金属線とするよう規定している。光ファイバケーブルの場合に金属線以外のものを使用できるのは，光ファイバケーブルが絶縁物であることから，ちょう架用線も金属製以外のものを使用すると誘導電圧が生じず，作業上安全であるためである。**ハ**は，ちょう架用線の安全率を高圧電線並みにするよう規定したものである。光ファイバケーブル等の通信線を支持物に固定して引き下げる場合等は，通信線に張力が加わらないので，ちょう架用線は必要ない。

第3項は，電力保安通信線に複合ケーブルを使用する場合の施設方法について規定している。水力発電所では，ダム・水路等の取水設備のゲート操作等を発電所又は技術員の駐在所から操作するため，電力線と通信線を施設する必要があるが，架空電線及び架空通信線では，山岳地を通過するため，保守が困難であり，また，土砂崩れ等により損壊しやすかった。そのため，導水路を利用し，電力線と通信線とを束ねた複合ケーブルを使用した施設方法が多く採用されてきた。S61基準で，これらの複合ケーブルを規格化し，基準を整備することにより，ダム・水路等の施設だけでなく，一般的な電力保安通信設備についても使用できるようにした。複合ケーブルの通信線は，常時誘導電圧が誘起するため，他の通信線と異なり，非常に危険である（誘導電圧は電気エネルギーを送電する目的を持たないため，電線扱いにはならない。)。したがって，弱電流電線を電力保安通信線に使用する場合に限り，使用が認められている。

第一号は，複合ケーブルを使用した通信線を道路に埋設して施設する場合の施設方法について規定している。これは，複合ケーブルを使用した通信線を道路に埋設して施設する方法は，ボーリング調査，道路工事又は道路に管等を埋設する工事のときに，ケーブルが損傷することが多く，金属製の刃等によりケーブルが損傷した場合には，通信線に電力が侵入し，通信機等を損傷させるだけでなく，人に対し非常に危険なためである。**イ**及び**ロ**では，道路に埋設しても，管理を徹底すれば危険でないので，その施設方法について規定している。**ハ**では，やむを得ず道路を横断する場合には，損傷を受けるおそれの少ない（イ）又は（ロ）の方法により施設することとしている。この場合の工事方法は，万が一の事を考え，堅ろうな鋼管を使用することが望ましい。

第二号は，複合ケーブルを使用した通信線に直接接続する通信線について規定している。複合ケーブルの通信線については，電力線としての規定により，その保安が確保されている。これに直接接続された通信線（絶縁変圧器又は中継線輪等を介して結合するものを除く。）についても，複合ケーブルと同様に危険であることから，**本号**で規定している。

イでは，耐圧値が4kVの添架通信用第2種ケーブル又はこれと同等以上のケーブルの使用を，**ロ**では，通信線相互を接続する場合の接続部分の絶縁性能について，添架通信用第2種ケーブルと同等以上の性能を要求している。これは，常時電圧が誘起しているため，絶縁が不十分であると危険なためである。

ハは，複合ケーブルを使用した通信線に直接接続する通信線の施設方法について規定しており，特別高圧架空電線路の支持物に施設する通信線に直接接続する架空通信線と同等の保安レベルを要求している。

ニでは，この通信線と他の弱電流電線等との離隔距離について規定している。複合ケーブルの通信線に直接接続する通信線と他の弱電流電線等とが接近又は交差する場合において，どちらか一方が架空通信線又は屋内の通信線の場合は有線電気通信設備令第10条において30cmを超えて施設すること，また，水中又は水底通信線相互の場合は第16条において500mを超えて施設することと規定されており，二重規制を避けるため除いている。しかし，どちらも造営物又は支持物に施設された通信線相互の場合は，有線電気通信設備令で離隔距離の規定がないため，15cm以上と規定したものである。15cmとしたのは，高圧の屋側電線路と弱電流電線等との離隔距離と整合させたものである。

第4項は，昭和59年11月の洞道内電話ケーブル火災（東京都世田谷区）を受け，地中電線と同様（**→第120条第3項**），通信線を暗きょ内に施設する場合は，通信線に耐燃措置（**→第120条第3項，第125条第5項**）を施し，又は暗きょ内に消火設備を設けることをH4基準で規定した。これは，一般的に通信線は発火源となることはないが，暗きょ内に併設される他の設備に火災が発生した場合の通信線への類焼を防止するため，通信線の耐燃措置等を施すこととしたものである。

【添架通信線及びこれに直接接続する通信線の施設】（省令第 4 条，第 28 条）

第 137 条　添架通信線は，次の各号によること。

一　通信線と，低圧，高圧又は特別高圧の架空電線との離隔距離は，137-1 表に規定する値以上であること。

137-1 表

架空電線の使用電圧の区分	架空電線の種類	通信線の種類	離隔距離
低圧	低圧引込線	添架通信用第 2 種ケーブル若しくはこれと同等以上の絶縁効力を有するもの又は光ファイバケーブル	0.15m
	絶縁電線又はケーブル	添架通信用第 1 種ケーブル若しくはこれと同等以上の絶縁効力を有するもの，添架通信用第 2 種ケーブル又は絶縁電線	0.3m
	上記以外の場合		0.6m
高圧	ケーブル	添架通信用第 1 種ケーブル若しくはこれと同等以上の絶縁効力を有するもの，添架通信用第 2 種ケーブル又は絶縁電線	0.3m
	上記以外の場合		0.6m
特別高圧	ケーブル	添架通信用第 1 種ケーブル若しくはこれと同等以上の絶縁効力を有するもの，添架通信用第 2 種ケーブル又は絶縁電線	0.3m
	第 108 条の規定により施設するもの	全て	0.75m
	上記以外の場合		1.2m

二　通信線は，架空電線の下に施設すること。ただし，次のいずれかに該当する場合は，この限りでない。

イ　架空電線にケーブルを使用する場合

ロ　通信線に架空地線を利用して施設する光ファイバケーブルを使用する場合

ハ　通信線のうち，支持物の長さ方向に施設されるもの（以下この項において「垂直部分」という。）を，架空電線と接触するおそれがないように支持物又は腕金類に堅ろうに施設する場合

三　通信線は，架空電線路の支持物に施設する機械器具に附属する高圧引下げ線，変圧器の二次側配線及びその他の機械器具に附属する全ての電線と接触するおそれがないように，支持物又は腕金類に堅ろうに施設すること。

四　通信線の垂直部分は，第 81 条第五号イの規定に準じて施設すること。

2　添架通信線に直接接続する通信線（屋内に施設するものを除く。）は，次の各号いずれかのものであること。

一　絶縁電線
二　通信用ケーブル以外のケーブル
三　光ファイバケーブル
四　添架通信用第1種ケーブル又はこれと同等以上の絶縁効力を有する通信線
五　添架通信用第2種ケーブル

3　特別高圧架空電線路添架通信線に直接接続する通信線が，建造物，道路（車両及び人の往来がまれであるものを除く。以下この条において同じ。），横断歩道橋，鉄道，軌道，索道（搬器を含み，索道用支柱を除く。以下この条において同じ。），電車線等，他の架空弱電流電線等（特別高圧架空電線路添架通信線又はこれに直接接続する通信線を除く。以下この条において同じ。），又は低圧架空電線と接近する場合は，高圧架空電線路に係る第71条，第72条第1項及び第3項，第73条第1項及び第2項，第74条第1項から第3項まで，第75条第1項及び第4項から第6項まで，並びに第76条第1項から第3項までの規定に準じて施設すること。この場合において，「ケーブル」とあるのは，「ケーブル又は光ファイバケーブル」と読み替えるものとする。

4　特別高圧架空電線路添架通信線又はこれに直接接続する通信線が，他の工作物と交差する場合は，次の各号によること。

一　通信線が道路，横断歩道橋，鉄道，軌道，索道，低圧架空電線又は他の架空弱電流電線等と交差する場合は，次によること。

イ　通信線は，直径4mmの絶縁電線以上の絶縁効力のあるもの又は8.01kN以上の引張強さのもの若しくは直径5mm以上の硬銅線であること。

ロ　通信線が索道又は他の架空弱電流電線等と交差する場合の離隔距離は，137-2表に規定する値以上であること。

137-2表

通信線の種類	離隔距離	
	造営物の引込み部分であって危険のおそれがない場合	その他の場合
ケーブル又は光ファイバケーブル	0.3m	0.4m
その他	0.6m	0.8m

ハ　通信線が低圧架空電線又は他の架空弱電流電線等と交差する場合は，通信線を低圧架空電線又は他の架空弱電流電線等の上に施設すること。ただし，低圧架空電線又は他の架空弱電流電線等が絶縁電線以上の絶縁効力のあるもの又は8.01kN以上の引張強さのもの若しくは直径5mm以上の硬銅線である場合は，この限りでない。

二　通信線（架空地線を利用して施設する光ファイバケーブルを除き，第136条第2項第一号の規定により施設する場合は，その通信線をちょう架するちょう架用線を含む。以下この項において同じ。）が，他の特別高圧架空電線と交差する場合は，次のいずれかによること。

イ　通信線を他の特別高圧架空電線の下に施設し，かつ，通信線と他の特別高圧架空電線との間に他の金属線が介在しない場合は，通信線（垂直に2以上ある場合は，最上部のもの）は，8.01kN 以上の引張強さのもの又は直径5mm 以上の硬銅線であること。

ロ　他の特別高圧架空電線と通信線との垂直距離が，6m 以上であること。

三　通信線が特別高圧の電車線等と交差する場合は，高圧架空電線に係る第75条第7項（第四号イ（ロ）(2) を除く。）の規定に準じて施設すること。

5　添架通信用第1種ケーブル及び添架通信用第2種ケーブルは，次の各号に適合するものであること。

一　導体は，別表第1に規定する軟銅線であること。

二　絶縁体は，ビニル混合物又はポリエチレン混合物であって，電気用品の技術上の基準を定める省令の解釈別表第一附表第十四に規定する試験を行ったとき，これに適合するものであること。

三　外装は，次に適合するものであること。

イ　材料は，ビニル混合物又はポリエチレン混合物であって，電気用品の技術上の基準を定める省令の解釈別表第一附表第十四に規定する試験を行ったとき，これに適合するものであること。

ロ　外装の厚さは，次によること。

（イ）　添架通信用第1種ケーブルにあっては，1.2mm 以上であること。

（ロ）　添架通信用第2種ケーブルにあっては，次の計算式により計算した値（2mm未満の場合は，2mm）以上であること。

$$T = \frac{D}{25} + 1.3$$

T は，外装の厚さ（単位：mm。小数点2位以下は，四捨五入する。）

D は，丸形のものにあっては外装の内径，その他のものにあっては外装の内短径と内長径の和を2で除した値（単位:mm。小数点2位以下は，四捨五入する。）

四　完成品は，清水中に1時間浸した後，137-3表左欄に規定する箇所に同表右欄に規定する交流電圧をそれぞれ連続して1分間加えたとき，これに耐える性能を有すること。

137-3表

電圧を加える箇所の区分	交流電圧（V）	
	添架通信用第1種ケーブル	添架通信用第2種ケーブル
導体相互間，及び遮へいがある場合は導体と遮へいとの間	350	2,000
導体と大地との間，及び遮へいがある場合は遮へいと大地との間	1,500	4,000

〔解　説〕 **本条**は，添架通信線及びこれに直接接続する通信線の施設方法等を規定したものである。

第1項第一号は，作業者の安全や断線等による跳ね上り等の危険を考慮し，添架通信線と低圧架空電線，高圧架空電線及び特別高圧架空電線との離隔距離を定めている。しかし，添架通信線は架空電線路と施設者が同じであって，電線の引張強さ又は絶縁耐力などの制限が設けられているので，共架の場合よりも離隔距離を小さくしている（→**第81条**）。

また，光ファイバケーブルは，絶縁物であるため，その絶縁効力は絶縁電線と同等以上であるが，条文構成上，添架通信用第1種ケーブル以上の絶縁効力のあるものの中に含まれる。

なお，S57基準では，低圧架空引込線と添架通信線との離隔距離を，添架通信線に絶縁性能の優れている添架通信用第2種ケーブルを使用すれば保安上の問題が少ないため，0.3mから0.15mに緩和した。

電力線に絶縁電線又はケーブルを使用する場合には，低高圧架空電線と他の工作物とが接近又は交差する場合と同様，裸線の場合に比べ離隔距離を緩和している。

第二号において，通信線は電力線に比べて細く強度が小さいので，断線接触による危険を考慮して，通信線は原則として架空電線路の下に施設することを規定しているが，架空地線を利用して施設する光ファイバケーブルにあっては，雷による危険もなく，また，ちょう架用線としての架空地線に対しては，**第90条**において引張強さに対する安全率等が規定されており，断線の可能性が少ないため，除外している。また，H9解釈で，無線用アンテナが架空電線の

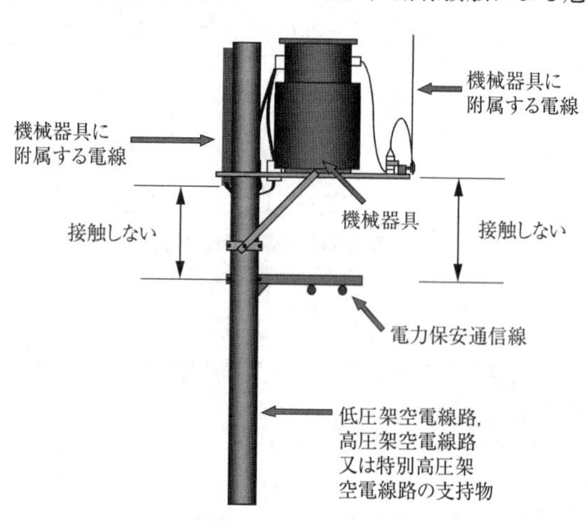

解説137.1図

上に設置される場合等，今後新たな施設形態の出現により架空電線の上に支持物の長さ方向に施設される通信線を施設せざるを得ない場合が発生することが考えられるため，この通信線を架空電線と接触するおそれがないように支持物又は腕金類に堅ろうに施設する場合についても，除外している。

第三号は，S43基準において，高圧引下げ線と添架通信線との離隔について明確な規定がなかったので，これに関する規定が加えられたものである。また，H18解釈では，低圧架空電線路における機械器具に附属する電線の取扱いについての検討を行い，保安レベルを考慮して高圧架空電線路又は特別高圧架空電線路の支持物に施設する機械器具に附属する電線と同等に扱うことが妥当であると判断されたことから，低圧架空電線路の支持物に施設する機械器具に附属する電線についても新たに対象に加えることとした。

第四号は，添架通信線路の垂直部分の施設方法について**第81条第五号イ**の規定を準用したもので，架空電線路の垂直部分と同一支持物に施設することを避け，同一の支持物に施設する場合は，①両者の垂直部分相互を1m以上離す，②支持物を挟んで施設する，③両垂直部分にケーブルを使用し直接接触することのないよう支持物又は腕金類に堅ろうに取り付けることを規定している。

第2項は，添架通信線に直接接続する通信線の種類について規定したものである。添架通信線は，一般の弱電流電線と異なり，長区間にわたり強電流電線と同一支持物に施設され危険度が大きい。また，添架通信線に直接接続されている通信線（絶縁変圧器，中継線輪又は電気信号を光信号に変換する装置等を介して結合するものは含まれない。→解説139.1図）についても，電気的には添架通信線そのものと全く同じで異常な高圧が誘起されている場合がある。架空通信線については，前条で通信線の強度を規定しているので，断線等による心配は少ないが，架空通信線以外の通信線にあっては，人が触れる可能性があるので，絶縁性に対し，絶縁電線（**→第5条**），通信用ケーブル以外のケーブル，光ファイバケーブル，添架通信用第1種ケーブル以上の絶縁効力を有する通信線又は添架通信用第1種ケーブル若しくは添架通信用第2種ケーブルを使用することとした。一般の通信用ケーブルが使用できないのは，耐圧の保証がないためである。H9解釈では，自主保安の観点から，通信線用の保安装置の設置義務はなくなったが，今後も誘導作用による危険電圧並びに雷及び電力線との混触等による危険電圧に対して十分配慮する必要がある。

第3項は，特別高圧架空電線路添架通信線に直接接続する通信線が建造物などと接近する場合の規定で，交差する場合と同様，これを高圧架空電線と同等に取り扱うこととし，それぞれ高圧架空電線路の各条文に準じて施設すべきことを定めている。この接近する場合の規定は，交差する場合の規定より厳しくなっている点がある。これは，交差することはやむを得ないものがあるが，接近することは避けることができるものであり，また，接近状態が長い区間にわたる場合は危険性が高いという考え方に基づくものである。光ファイバケーブルについても，金属線のちょう架用線によりちょう架する場合が多く，ちょう架用線と電線との接触を考慮し，同様の扱いとしている。

第4項は，特別高圧架空電線路添架通信線又はこれに直接接続する通信線が，他の工作物と交差する場合について規定している。特別高圧架空電線路添架通信線（光ファイバケーブルを除き，普通60～70kV級までが限度である。）又はこれに直接接続する通信線は，光ファイバケーブルを除き，誘導によって高い電圧を有している場合があり，その取扱いは特別高圧架空電線路の電圧，線路定数その他によりかなり大幅な相違があるが，だいたい高圧電線と同様としている（→**第138条解説**）。したがって，**第71条**から**第78条**までの規定を準用すればよいが，添架通信線を架設する支持物については，特別高圧電線路の支持物（→**第59条**，**第62条**，**第92条**）であるので，**本項**で規定する必要はなく，また，一律に高圧電線と同様な取扱いとすることも好ましくないので，特に関係の深い対象物と接近又は交差（→**第71条解説**）する場合について規定している。

本項に規定していない事項については，高圧電線並みとして前述の関係各項を準用することが望ましい。**第76条**並びに**第100条**及び**第106条**の規定により施設する架空弱電流電線には，**本章**に掲げる電力保安通信線も含まれることになるが，**本項**に規定されている電力保安通信線に対しては離隔距離と**第76条第3項**及び**第4項**並びに**第100条第4項**，**第6項**及び**第9項**並びに**第106条第4項第四号**及び**第六号**以外は，それぞれ**第76条第2項**，**第100条第7項**及び**第106条第4項第七号**で適用除外されている。

第一号イは，通信線の絶縁効力又は引張強さについて規定している。高圧電線並みといっても，通信線が誘導によって有している電圧は比較的低いので，絶縁電線以上の絶縁効力のものであれば，その絶縁効果が認められている。また，引張強さ8.01kN以上又は直径5mm以上の硬銅線であることとされているのは，断線しない電線という意味である。よって，絶縁効力又は断線しない引張強さを有すればよいとしている。

ロは，通信線と索道又は他の架空弱電流電線等との離隔距離を規定している。ただし，架空通信線のうち支持物から屋内に引き込む部分，すなわち架空通信引込線は，引き込むべき建造物との関係で架空通信線の引込線でない部分と同一の離隔距離を確保することは困難な場合が多いので，規制が緩和されている。

ハを図示すれば，解説137.2図のとおりである。

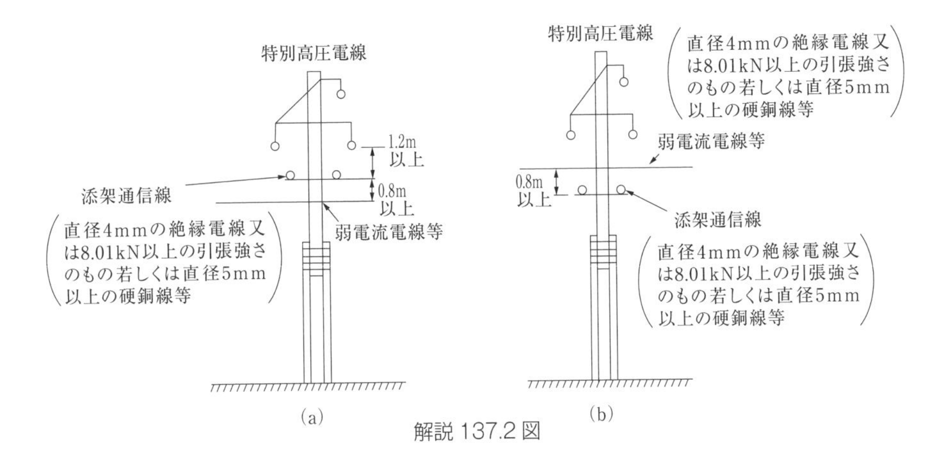

解説 137.2 図

〈参考〉

電技の全般にわたる原則として，電圧の高い電線は「強度」や「絶縁効力」を持たせた上で，他の電線等よりも上の位置に施設する。

解釈ハ）のただし書の規定は，「低圧線や弱電流電線等」が「通信線（添架通信線）」の上に施設される場合，「低圧線や弱電流電線等」に「強度」や「絶縁効力」が備わっていれば切れにくいため，触れたときでも安全であるために認めた例外である。

第二号は，他の特別高圧架空電線との交差の場合の規定で，**第一号イ**の断線を防止するための規定と同様である。なお，金属線が間に介在するというのは，通信線が断線し，跳ね上がった場合に混触する危険がほとんどないということを意味しており，この場合の金属線は必ずしも接地工事の施されたものでなくてもよい（→解説 137.3 図）。

第三号は，特別高圧の電車線等と交差する場合の規定で，**第 75 条第 7 項**の高圧架空電線と特別高圧の電車線等との交差の場合に準じて施設することとしている。

第 5 項は，添架通信線又はこれに直接接続する通信線に使用する通信用ケーブルは，絶縁性能と耐電圧性能が要求されるので，一般の通信用ケーブルと区別し「添架通信用第１種ケーブル及び第２種ケーブル」として，その要件を規定している。

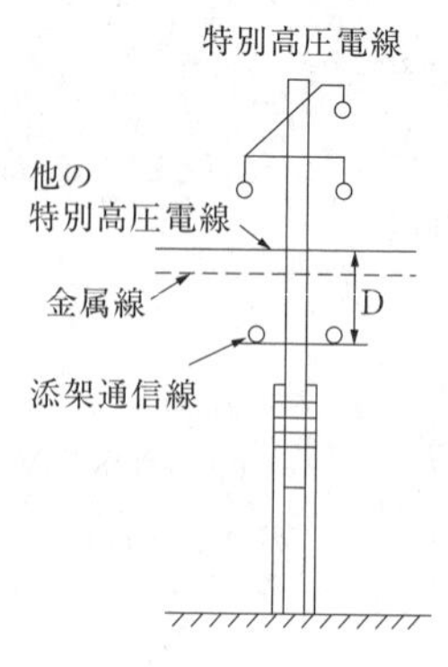

通信線の太さ（Dが6m未満のとき）
　金属線が介在する場合（第136条第2項第二号）
　　引張強さ2.30kN以上のもの又は直径2.6mm以上の硬銅線
　金属線が介在しない場合（第137条第4項）
　　引張強さ8.01kN以上のもの又は直径5mm以上の硬銅線

解説 137.3 図

【電力保安通信線の高さ】（省令第25条第1項）

第138条　電力保安通信線の架空部分（以下この条において「架空通信線」という。）の高さは，次項及び第3項に規定する場合を除き，138-1表に規定する値以上であること。ただし，車両の高さがトンネル，橋梁等により制限され，交通に支障がないと判断される場合は，この限りでない。

138-1 表

架空通信線の区分	通信線の施設場所等の区分		通信線の高さ
特別高圧の架空電線路の支持物に施設する架空通信線又はこれに直接接続する架空通信線	道路（車両の往来がまれであるもの及び歩行の用にのみ供される部分を除く。）横断		路面上 6m
	鉄道横断又は軌道横断		レール面上 5.5m
	横断歩道橋上	通信線が添架通信用第1種ケーブルと同等以上の絶縁効力をもつ場合	横断歩道橋の路面上 4m
		上記以外の場合	横断歩道橋の路面上 5m
	上記以外の部分		地表上 5m
低圧又は高圧の架空電線路の支持物に施設する架空通信線又はこれに直接接続する架空通信線	道路横断	歩行の用にのみ供される部分又は交通に支障がない場合	路面上 5m
		上記以外の場合	路面上 6m
	道路		路面上 5m
	鉄道横断又は軌道横断		レール面上 5.5m
	横断歩道橋上	通信線が添架通信用第1種ケーブルと同等以上の絶縁効力をもつ場合	横断歩道橋の路面上 3m
		上記以外の場合	横断歩道橋の路面上 3.5m
	横断歩道橋，鉄橋又は高架道路の下（車道を除く。）	通信線が添架通信用第2種ケーブルと同等以上の絶縁効力をもつ場合	地表上 4m
		上記以外の場合	地表上 5m

	上記以外の部分	通信線が添架通信用第1種ケーブルと同等以上の絶縁効力をもつ場合	地表上3.5m
		上記以外の場合	地表上4m
上記以外の架空通信線	道路（歩行の用にのみ供される部分を除く。）又は道路横断	交通に支障がない場合	路面上4.5m
		上記以外の場合	路面上5m
	鉄道横断又は軌道横断		レール面上5.5m
	横断歩道橋上		横断歩道橋の路面上3m
	上記以外の部分		地表上3.5m

2　交通に支障がなく，かつ，感電のおそれがない場合において，138-2表の中欄に規定する場所に施設する通信線の造営物の引込み部分及び取付け点における高さは，第1項の規定にかかわらず，同表右欄に規定する値以上であること。ただし，車両の高さがトンネル，橋梁等により制限され，交通に支障がないと判断される場合は，この限りでない。

138-2表

架空通信線の区分	通信線の施設場所	通信線の高さ
特別高圧の架空電線路の支持物に施設する架空通信線又はこれに直接接続する架空通信線	道路（歩行の用にのみ供される部分を除く。以下この項において同じ。）又は道路横断	路面上5m
	道路，道路横断，鉄道横断，軌道横断及び横断歩道橋上以外の部分	地表上3.5m
低圧又は高圧の架空電線路の支持物に施設する架空通信線又はこれに直接接続する架空通信線	道路又は道路横断	路面上4.5m
	道路，道路横断，鉄道横断，軌道横断，横断歩道橋上，横断歩道橋の下，鉄橋の下及び高架道路の下以外の部分	地表上2.5m
上記以外の架空通信線	道路又は道路横断	路面上4.5m
	道路，鉄道横断，軌道横断及び横断歩道橋上以外の部分	地表上2.5m

3　架空通信線を水面上に施設する場合は，その水面上の高さを船舶の航行等に支障を及ぼすおそれがないように保持すること。

〔解　説〕 独立通信線，添架通信線又はこれと直接接続する通信線には，交通障害防止等の保安上の見地から架空電線と同じく地表上の高さに制限を加えている。また，特に特別高圧架空電線路添架通信線には，異常な高電圧（対地電圧1,000V以上となる場合がある。）が誘起される可能性がある。そこで，電力保安通信設備については，特別高圧架空電線路添架通信線は高圧架空電線，低高圧架空電線路添架通信線は低圧架空電線と同様な取扱いをしている。**第1項ただし書**は，トンネル，橋梁等により車両が通行する道路上の高さが制限される場合においては，架空通信線の高さがそれ以上であれば交通の支障とはならないため，この場合は表中の規定によらないことができることを示している。

138-1 表の「架空通信線の区分」は，上欄，中欄が添架通信線，下欄が独立通信線となっている。

上欄は特別高圧添架通信線及びこれと直接接続する架空通信線についての規定である。なお，第108条に定める15kV以下の特別高圧架空電線路に添架される架空通信線については，第140条により，表中の中欄の規定により施設されることになる。

中欄は低圧又は高圧の添架通信線及びこれと直接接続する架空通信線についての規定である。添架通信線の横断歩道橋上の高さに係る規定は，従来，低高圧架空電線の横断歩道橋上の高さに比べ厳しくなっていたが，本来は同様に取り扱うべきものであり，また，現場の状況によってはやむを得ず上方で交差して施設しなければならない場合が多くなってきたため，S47基準で高圧添架通信線の高さを低圧架空電線と同じにした。なお，「横断歩道橋，鉄橋又は高架道路の下（車道を除く。）」に施設する場合，下部の径間はできるだけ短くすることが望ましい。これは，下部の径間をできるだけ短くすることで，架空通信線の高さが低くなる部分を極力短くするという趣旨のものである。

下欄は，「上記以外の架空通信線」，すなわち，独立通信線（添架通信線又はこれと直接接続する架空通信線以外のもの）についての規定である。独立通信線を道路上に施設する場合において，道路が車道と歩道に分かれている場合は，車道上の高さを5m以上と定め，歩道上では「上記以外の部分」が適用されることにより，3.5mまで緩和することができるとしている。これは，道路法施行令で道路の効用・保全の面から電線の路面上の高さを制限する規定（同政令第11条）があり，車道面上と歩道面上を区別して規制したことと関連させたものである。横断歩道橋の上に施設される場合は，横断歩道橋が高いものであり，人しか通らないことから，3m以上としている。

138-2 表は，架空通信線のうち支持物から屋内に引き込む部分，すなわち架空通信引込線についての規定である。架空通信引込線は，引き込むべき建造物との関係で，架空通信線の引込線でない部分と同一の高さを保つことは困難な場合が多いので，この部分についての地表上の高さについて緩和している（→解説116.1図）。第2項ただし書は，第1項ただし書と同様の趣旨である。なお，これら架空引込部分について，弱電流電線の路面上の高さを定めた道路法施行令第11条の2及び有線電気通信設備令第8条の規定は，一般架空部分と架空引込部分とを区別しておらず，字句上若干の差異はあるが，この解釈の規定によって施設すれば，これらの政令の規定も満足するようになっている。

【特別高圧架空電線路添架通信線の市街地引込み制限】（省令第41条）

第139条 特別高圧架空電線路添架通信線又はこれに直接接続する通信線は，市街地に施設する通信線に接続しないこと。ただし，次の各号のいずれかに該当する場合は，この限りでない。

一　特別高圧架空電線路添架通信線又はこれに直接接続する通信線と市街地に施設する通信線との接続点に特別高圧用の保安装置を設け，かつ，その中継線輪又は排流中継線輪の2次側に市街地に施設する通信線を接続する場合
二　市街地に施設する通信線が次のいずれかのものである場合
　イ　添架通信用第1種ケーブル又はこれと同等以上の絶縁効力を有するもの
　ロ　添架通信用第2種ケーブル
　ハ　絶縁電線
　ニ　次項ただし書の規定により施設する特別高圧架空電線路添架通信線
2　特別高圧架空電線路添架通信線は，市街地に施設しないこと。ただし，通信線が次の各号のいずれかのものである場合は，この限りでない。
一　引張強さ5.26kN以上のもの又は直径4mm以上の硬銅線であって，絶縁電線以上の絶縁効力を有するもの
二　添架通信用第1種ケーブル
三　添架通信用第2種ケーブル
四　光ファイバケーブル

〔解　説〕特別高圧架空電線路添架通信線は，光ファイバケーブルを除き，静電誘導及び電磁誘導により高い誘導電圧を有する場合が多く，また，断線時等において特別高圧架空電線との混触のおそれもあり，危険を伴うものであることから，特別高圧架空電線路添架通信線及びこれに直接接続される通信線を市街地に施設する通信線に接続すること及び市街地に施設する通信線を特別高圧架空電線路の支持物に添架することを原則として認めないこととした（→解説139.1図）。ただし，以下の場合については，その危険性も少ないので，この例外としている。

第1項は，特別高圧架空電線路添架通信線又はこれに直接接続する通信線と市街地に施設する通信線（特別高圧架空電線路添架通信線を除く。）とを接続する場合の施設方法を規定している。

第一号は，特別高圧架空電線路添架通信線には，異常な高電圧（対地電圧1,000V以上となる場合がある。）が誘起される可能性があるので，特別高圧用の保安装置（1,000Vで動作する避雷器を有するもの）で通信線の電圧上昇を抑制し，更に中継線輪又は排流中継線輪（一種の絶縁変圧器）を介して結合することにより，安全を図ったものである。なお，保安装置の規格については，自主保安の範ちゅうであることから，H9解釈で削除した。

第二号は，市街地の通信線が添架通信用第1種ケーブル以上の絶縁効力のあるもの（光ファイバケーブルを含む。）又は添架通信用第1種ケーブル，添架通信用第2種ケーブル若しくは絶縁電線であるときには，高電圧が加わっても外部に漏れることがなく，他の接近工作物に対して危険を及ぼすおそれがないと考えており，その施設を認めている。

第2項では，市街地に施設する特別高圧架空電線路添架通信線の工事方法を規定しており，容易に断線しないように引張強さ5.26kN以上のもの又は直径4mm以上の硬銅線としている。絶縁効力については，**第1項第二号**と同じ趣旨である。

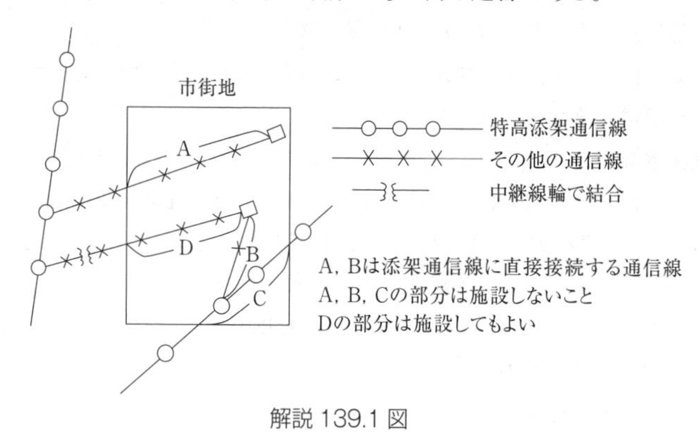

解説 139.1 図

【15,000V以下の特別高圧架空電線路添架通信線の施設に係る特例】（省令第4条，第25条第1項，第28条，第41条）

第140条　第108条に規定する特別高圧架空電線路の支持物に施設する電力保安通信線又はこれに直接接続する通信線を次の各号により施設する場合は，第137条第1項第一号の特別高圧架空電線との離隔距離の規定，同条第3項及び第4項の規定，並びに第138条及び第139条の特別高圧架空電線路添架通信線又はこれに直接接続する通信線の規定によらないことができる。

一　通信線は，添架通信用第2種ケーブル若しくはこれと同等以上の絶縁効力を有するケーブル又は光ファイバケーブルであること。ただし，通信線に特別高圧用の保安装置を設ける場合は，この限りでない。

二　通信線は，第137条第1項第一号の高圧架空電線との離隔距離の規定，及び第138条の低圧又は高圧の架空電線路の支持物に施設する通信線又はこれに直接接続する通信線の規定に準じて施設すること。

〔**解　説**〕 **本条**は，15kV以下の特別高圧架空電線路添架通信線又はこれに直接接続する通信線の施設を，**本条各号**により施設した場合は，高圧架空電線路添架通信線と同様に施設できることを示している。すなわち，通信線と特別高圧架空電線との離隔距離0.75mを0.6m（又は0.3m）（→ **137-1表**）に，道路，横断歩道橋及びその他の地表上の高さ（→ **138-1表**）を高圧架空電線路添架通信線に関する部分の高さにすることができることとし，**第137条**，**第139条**の特別高圧架空電線路添架通信線に関する規定は適用除外としている。これは，15kV以下の特別高圧架空電線路に係る規定が高圧架空電線路とほとんど同様なものになっており，**第一号**に規定する添架通信用第２種ケーブル以上の絶縁効力を有するケーブル若しくは添架通信用第２種ケーブル又は光ファイバケーブルを使用すれば常時及び異常時の誘導電圧に十分耐え，保安上問題にはならないと考えたからである。

第一号ただし書は，添架通信用第２種ケーブル以上の絶縁効力を有するケーブル若しくは添架通信用第２種ケーブル又は光ファイバケーブル以外のものを使用する場合は，特別高圧用の保安装置（1,000V 以下で動作する避雷器を有するもの）を設けることを示している。

【無線用アンテナ等を支持する鉄塔等の施設】（省令第51条）

第141条 電力保安通信設備である無線通信用アンテナ又は反射板（以下この条において「無線用アンテナ等」という。）を支持する木柱，鉄筋コンクリート柱，鉄柱又は鉄塔は，次の各号によること。ただし，電線路の周囲の状態を監視する目的で施設される無線用アンテナ等を架空電線路の支持物に施設するときは，この限りでない。

一 木柱は，特別高圧架空電線路に係る第59条第１項及び第60条の規定に準ずるものであること。

二 鉄筋コンクリート柱は，第56条の規定に準ずるものであること。

三 鉄柱又は鉄塔は，第57条の規定に準ずるものであること。

四 鉄柱，鉄筋コンクリート柱又は鉄塔の基礎の安全率は，1.5以上であること。

五 鉄筋コンクリート柱，鉄柱又は鉄塔は，141-1表に規定する荷重に耐える強度を有するものであること。

141-1表

支持物の種類	垂直荷重	水平荷重
第56条第二号若しくは第三号の規定に準ずる鉄筋コンクリート柱又は鋼管柱	無線用アンテナ等の重量による荷重	次号に規定する風圧荷重
上記以外のもの	無線用アンテナ等及び鉄柱，鉄筋コンクリート柱又は鉄塔の部材等の重量による荷重の2/3倍の荷重	次号に規定する風圧荷重の2/3倍の荷重

六 木柱，鉄柱，鉄筋コンクリート柱又は鉄塔の強度検討に用いる風圧荷重は，次に掲げる風圧を基礎として第58条第１項第一号ニの規定に準じて計算したものであること。

イ 木柱，鉄筋コンクリート柱，鉄柱又は鉄塔並びに架渉線，がいし装置及び腕金類については，第58条第１項第一号イ（イ）に規定する風圧

ロ パラボラアンテナ又は反射板については，その垂直投影面に対してパラボラアンテナにあっては4,510Pa（レドーム付きのものにあっては，2,750Pa），反射板

にあっては3,920Paの風圧

〔解　説〕 省令第51条の目的を達成するため，電力保安通信設備は天災時等においても保安上及び運用上必要な通信の確保を図る見地から，安定強固な設備であることが望ましい。現在の通信技術においては，無線が最もこの要請に合致するものであるが，空中線，反射板等を支持する木柱，鉄柱，鉄筋コンクリート柱又は鉄塔の強度が弱ければ，この目的を達し得ないので，架空電線路の支持物と同様の規定を設けたものである。

無線用アンテナ等の支持物は，基本的に架空電線路の支持物に係る設計施工の規定により施設すればよいが，風圧に対する支持物の強度が不足すると，暴風時に支持物のたわみによる無線用アンテナ等の位置ずれが大きくなり，通信に支障を及ぼすおそれがあることから，風圧は10分間平均で風速40m/sを基礎としている。従来，本条において，風圧は瞬間風速を基礎としていたが，R2基準の改正により省令全体で10分間平均に風速を統一したものである。なお，瞬間風速を用いる場合は風速60m/sを用いればよい。

ただし書では，電線路の周囲の状態を監視する目的で架空電線路の支持物に施設される無線用アンテナ等については，給電用無線及び保護リレー用無線等の本来の電力保安通信用無線設備の重要度と比較して下位にあること，また，架空電線路の支持物設計によれば十分なことから，本条の規定によらず施設できることとしている。

なお，H9解釈で無線用アンテナ等の施設制限が解除され，架空電線路の支持物に無線用アンテナ等を施設することが可能となったが，この場合においても，給電用無線及び保護リレー用無線等の特に重要な回線を施設するときは，10分間平均で風速40m/sの風圧荷重を考慮して設計施工する必要がある。

また，本条は無線用アンテナ等を木柱，鉄筋コンクリート柱，鉄柱又は鉄塔以外のものに施設することを禁止したものではないが，建造物の屋上に施設する場合でも，この規定の趣旨により設計施工することが望ましい。

第5章　電気使用場所の施設及び小規模発電設備

第1節　電気使用場所の施設及び小規模発電設備の通則

【電気使用場所の施設及び小規模発電設備に係る用語の定義】（省令第1条）

第142条　この解釈において用いる電気使用場所の施設に係る用語であって，次の各号に掲げるものの定義は，当該各号による。

一　低圧幹線　第147条の規定により施設した開閉器又は変電所に準ずる場所に施設した低圧開閉器を起点とする，電気使用場所に施設する低圧の電路であって，当該電路に，電気機械器具（配線器具を除く。以下この条において同じ。）に至る低圧電路であって過電流遮断器を施設するものを接続するもの

二　低圧分岐回路　低圧幹線から分岐して電気機械器具に至る低圧電路

三　低圧配線　低圧の屋内配線，屋側配線及び屋外配線

四　屋内電線　屋内に施設する電線路の電線及び屋内配線

五　電球線　電気使用場所に施設する電線のうち，造営物に固定しない白熱電灯に至るものであって，造営物に固定しないものをいい，電気機械器具内の電線を除く。

六　移動電線　電気使用場所に施設する電線のうち，造営物に固定しないものをいい，電球線及び電気機械器具内の電線を除く。

七　接触電線　電線に接触してしゅう動する集電装置を介して，移動起重機，オートクリーナその他の移動して使用する電気機械器具に電気の供給を行うための電線

八　防湿コード　外部編組に防湿剤を施したゴムコード

九　電気使用機械器具　電気を使用する電気機械器具をいい，発電機，変圧器，蓄電池その他これに類するものを除く。

十　家庭用電気機械器具　小型電動機，電熱器，ラジオ受信機，電気スタンド，電気用品安全法の適用を受ける装飾用電灯器具その他の電気機械器具であって，主として住宅その他これに類する場所で使用するものをいい，白熱電灯及び放電灯を除く。

十一　配線器具　開閉器，遮断器，接続器その他これらに類する器具

十二　白熱電灯　白熱電球を使用する電灯のうち，電気スタンド，携帯灯及び電気用品安全法の適用を受ける装飾用電灯器具以外のもの

十三　放電灯　放電管，放電灯用安定器，放電灯用変圧器及び放電管の点灯に必要な附属品並び管灯回路の配線をいい，電気スタンドその他これに類する放電灯器具を除く。

〔解　説〕本条は，第5章で用いられる主要な用語の定義を掲げたものである。

低圧幹線（第一号）

低圧幹線は，引込口における開閉器又は変電所に準ずる場所に施設した低圧開閉器を

起点とし，低圧分岐回路と接続するものをいう。

低圧分岐回路（第二号）

低圧電路には，電灯や扇風機，電熱器等の各種の電気機械器具が接続されるが，電気機械器具又はこれに電気を供給するための電線の故障の際，事故の波及範囲を限定し，かつ，保守点検を容易にするため電気回路を適当な群に分割しておく必要があり，この分割された電気回路を低圧分岐回路という。

屋内電線（第四号）

屋内電線とは，屋内に施設する電線路の電線及び屋内配線を指す。ここで，屋内とは，一般家庭の屋内をはじめ，工場，事務所等の区別なく，電気使用場所（**→第1条第四号**）の屋内という意味である。

電球線（第五号）

電球線は，造営材に固定しない白熱電灯に接続する電線であって，造営材に固定しないものを指しているが，産業用電気機械器具等に附属する白熱電灯に接続する電線でその機械器具内に施設されるもの又はパイプペンダント若しくはブラケット等の管の部分に収める電線等はこれに含まない。

移動電線（第六号）

電気使用場所に施設する電線のうち造営物に固定しない電線をいい，例えば，扇風機，電気バリカン等の可搬形の電気機械器具に附属するコード，キャブタイヤケーブル等がこれに該当する。

接触電線（第七号）

接触電線は，走行クレーン，モノレールホイスト，電車線，遊戯用電車等に使用される。

電気使用機械器具（第九号）

電気使用機械器具は，電気を使用する業務用電気機械器具，家庭用電気機械器具，白熱電灯，放電灯をいう。また，業務用電気機械器具とは，主として工場等で使用される電気機械器具を総称したものである。

ここで，電気使用場所における電気機械器具類を分類すると，次のようになる。

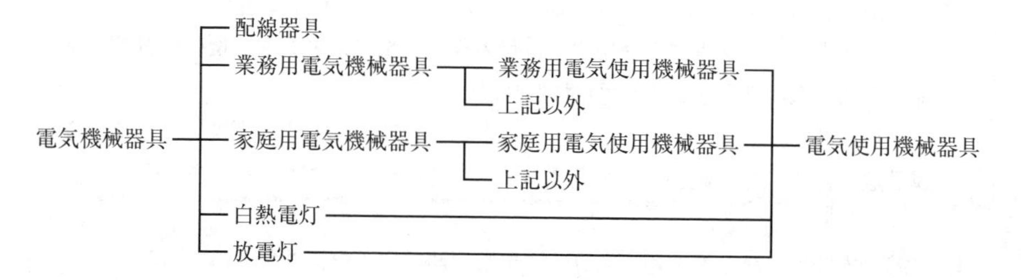

解説 142.1 図

家庭用電気機械器具（第十号）

家庭用電気機械器具とは，扇風機，電熱器，洗濯機，掃除機その他，主として家庭用に使用される電気機械器具（白熱電灯及び放電灯を除く。）を総称するものであって，白熱電灯又は放電灯のうちでも特に電気スタンド及び装飾用電灯器具は家庭用電気機械器具に含むこととしている。

配線器具（第十一号）

配線器具は，電気機械器具から業務用電気機械器具，家庭用電気機械器具，白熱電灯，放電灯を除いたものをいう。

白熱電灯（第十二号）

白熱電灯については，電気スタンド，携帯灯及び装飾用電灯器具（クリスマスツリー用電球など）は，家庭用電気機械器具に含めることとして，これから除かれている。

放電灯（第十三号）

放電灯とは，放電管だけでなく，放電灯用安定器（放電灯用変圧器を含む。）及び点灯に必要なグローランプその他の附属品並びに安定器から放電管にいたる管灯回路（→**第1条第十四号**）の配線も含めたものを総称するものである。

【電路の対地電圧の制限】（省令第15条，第56条第1項，第59条，第63条第1項，第64条）

第143条　住宅の屋内電路（電気機械器具内の電路を除く。以下この項において同じ。）の対地電圧は，150V以下であること。ただし，次の各号のいずれかに該当する場合は，この限りでない。

一　定格消費電力が2kW以上の電気機械器具及びこれに電気を供給する屋内配線を次により施設する場合

イ　屋内配線は，当該電気機械器具のみに電気を供給するものであること。

ロ　電気機械器具の使用電圧及びこれに電気を供給する屋内配線の対地電圧は，300V以下であること。

ハ　屋内配線には，簡易接触防護措置を施すこと。

ニ　電気機械器具には，簡易接触防護措置を施すこと。ただし，次のいずれかに該当する場合は，この限りでない。

（イ）　電気機械器具のうち簡易接触防護措置を施さない部分が，絶縁性のある材料で堅ろうに作られたものである場合

（ロ）　電気機械器具を，乾燥した木製の床その他これに類する絶縁性のものの上でのみ取り扱うように施設する場合

ホ　電気機械器具は，屋内配線と直接接続して施設すること。

ヘ　電気機械器具に電気を供給する電路には，専用の開閉器及び過電流遮断器を施設すること。ただし，過電流遮断器が開閉機能を有するものである場合は，過電

流遮断器のみとすることができる。

ト 電気機械器具に電気を供給する電路には，電路に地絡が生じたときに自動的に電路を遮断する装置を施設すること。ただし，次に適合する場合は，この限りでない。

（イ）電気機械器具に電気を供給する電路の電源側に，次に適合する変圧器を施設すること。

(1) 絶縁変圧器であること。

(2) 定格容量は3kVA以下であること。

(3) 1次電圧は低圧であり，かつ，2次電圧は300V以下であること。

（ロ）（イ）の規定により施設する変圧器には，簡易接触防護措置を施すこと。

（ハ）（イ）の規定により施設する変圧器の負荷側の電路は，非接地であること。

二 当該住宅以外の場所に電気を供給するための屋内配線を次により施設する場合

イ 屋内配線の対地電圧は，300V以下であること。

ロ 人が触れるおそれがない隠ぺい場所に合成樹脂管工事，金属管工事又はケーブル工事により施設すること。

三 太陽電池モジュールに接続する負荷側の屋内配線（複数の太陽電池モジュールを施設する場合にあっては，その集合体に接続する負荷側の配線）を次により施設する場合

イ 屋内配線の対地電圧は，直流450V以下であること。

ロ 電路に地絡が生じたときに自動的に電路を遮断する装置を施設すること。ただし，次に適合する場合は，この限りでない。

（イ）直流電路が，非接地であること。

（ロ）直流電路に接続する逆変換装置の交流側に絶縁変圧器を施設すること。

（ハ）太陽電池モジュールの合計出力が，20kW未満であること。ただし，屋内電路の対地電圧が300Vを超える場合にあっては，太陽電池モジュールの合計出力は10kW以下とし，かつ，直流電路に機械器具（太陽電池モジュール，第200条第2項第一号ロ及びハの器具，直流変換装置，逆変換装置並びに避雷器を除く。）を施設しないこと。

ハ 屋内配線は，次のいずれかによること。

（イ）人が触れるおそれのない隠ぺい場所に，合成樹脂管工事，金属管工事又はケーブル工事により施設すること。

（ロ）ケーブル工事により施設し，電線に接触防護措置を施すこと。

四 燃料電池発電設備又は常用電源として用いる蓄電池に接続する負荷側の屋内配線を次により施設する場合

イ 直流電路を構成する燃料電池発電設備にあっては，当該直流電路に接続される個々の燃料電池発電設備の出力がそれぞれ10kW未満であること。

ロ　直流電路を構成する蓄電池にあっては，当該直流電路に接続される個々の蓄電池の出力がそれぞれ10kW未満であること。

ハ　屋内配線の対地電圧は，直流450V以下であること。

ニ　電路に地絡が生じたときに自動的に電路を遮断する装置を施設すること。ただし，次に適合する場合は，この限りでない。

（イ）直流電路が，非接地であること。

（ロ）直流電路に接続する逆変換装置の交流側に絶縁変圧器を施設すること。

ホ　屋内配線は，次のいずれかによること。

（イ）人が触れるおそれのない隠ぺい場所に，合成樹脂管工事，金属管工事又はケーブル工事により施設すること。

（ロ）ケーブル工事により施設し，電線に接触防護措置を施すこと。

五　第132条第3項の規定により，屋内に電線路を施設する場合

2　住宅以外の場所の屋内に施設する家庭用電気機械器具に電気を供給する屋内電路の対地電圧は，150V以下であること。ただし，家庭用電気機械器具並びにこれに電気を供給する屋内配線及びこれに施設する配線器具を，次の各号のいずれかにより施設する場合は，300V以下とすることができる。

一　前項第一号ロからホまでの規定に準じて施設すること。

二　簡易接触防護措置を施すこと。ただし，取扱者以外の者が立ち入らない場所にあっては，この限りでない。

3　白熱電灯（第183条に規定する特別低電圧照明回路の白熱電灯を除く。）に電気を供給する電路の対地電圧は，150V以下であること。ただし，住宅以外の場所において，次の各号により白熱電灯を施設する場合は，300V以下とすることができる。

一　白熱電灯及びこれに附属する電線には，接触防護措置を施すこと。

二　白熱電灯（機械装置に附属するものを除く。）は，屋内配線と直接接続して施設すること。

三　白熱電灯の電球受口は，キーその他の点滅機構のないものであること。

〔解　説〕　電気設備のうち屋内に施設するものは人と最も密接な関係にあり，感電，火災等の危険が多いので，その施設については特に厳重に規制する必要がある。第1項及び第2項では，屋内に施設する電路の対地電圧の制限について規定している。

ここで，屋内とは，一般家庭の屋内をはじめ工場，事務所等の区別なく電気使用場所の屋内の場所という意味である。発電所，蓄電所又は変電所若しくはこれに準ずる場所（**→第1条**）や工場等における電気室のような場所は，この解釈でいう屋内ではないので，**本条**の規制の対象から除かれる。また，工場等において取扱者以外の者が出入りできないように措置した場所であって上記以外の場所，例えば高電圧試験装置を施設した

場所などは，この解釈でいう屋内である。したがって，本条の規制の対象にはなるが，工事方法，施設等に関する規制については，それぞれの条項において，取扱者以外の者が出入りできないように措置した場所は，一般の場所とは区別して緩和されている（→第21条，第144条，第150条，その他）。

第1項では，住宅の屋内電路の対地電圧を，原則として150V以下に制限している。**本項**でいう電路は，かっこ内で示されているように電気機械器具内の電路を除いている。なお，電気機械器具が低圧の電気を受けてその内部で電圧を変成し，高電圧を発生する部分があっても，それが外部に導き出されない場合には，**本条**の制限は受けない。また，住宅の空調機器のように室内機と室外機とが別個の場所に施設されるような場合には，電気機械器具として機能的に一つの機器として解釈してもよいが，相互を接続する配線等は，電気機械器具内の電路とは解釈しない。

本項でいう住宅とは，一般家庭において日常生活する場所をいうのであって，アパート，寮等の私室も含まれる。高層アパートのボイラー室やコンプレッサ室等の附帯設備や，ホテルのロビーに相当するような場所は住宅と考えなくてよい。また，店舗付住宅のような場合は，店舗に相当する部分は住宅と考えなくてよい。このように，住宅とは乳児から老人に至るまで安心して生活できるべき場所に限定しており，このような所では危険度の高いものは極力施設することを避けるべきである。100V用電気設備における感電事故と200V用電気設備における感電事故とを比較した場合，後者がはるかに死傷事故の確率が高いことは周知の事実である。したがって，住宅の屋内電路は対地電圧150V以下とすべき旨が規定されているわけである。

しかし，次のような場合には，ただし書により例外を認めている。

①住宅に施設する定格消費電力が2kW以上の電気機械器具及び当該電気機械器具のみに電気を供給するための屋内配線
②当該住宅以外の場所に電気を供給するための屋内配線
③住宅の屋根などに施設した太陽電池モジュールの負荷側の屋内電路(屋内の直流電路)
④住宅に施設した燃料電池発電設備や蓄電池の負荷側の屋内電路（屋内の直流電路）
⑤屋内を通過する電線路

①は**第一号**に示すものであり，家庭電化が進み，冷暖房機器，温水器など容量の大きい電気機械器具が家庭においても使われるようになり，特に電動機応用機器では始動電流が大きく一時的な電圧低下を生じることがあり，また，機器の効率及び配線の経済性からも三相200Vの動力線に接続しなければならないという場合もあるので，定格消費電力2kW以上の固定して施設する電気機械器具について，以下の規定により施設する場合には，その対地電圧を300Vまで認めている。定格消費電力2kW未満のものについては，単相3線式であっても機器の効率及び配線の経済性がそれほど問題となることはなく，単相3線式による対地電圧100V，使用電圧200Vで対応できること，また，対地

電圧150Vを超える可搬形又は移動形の機器が一般家庭で頻繁に使用されると，上述の危険の確率が増加することから，これらの機器については，対地電圧150V以下を原則としたわけである。

ロでは，電気機械器具の使用電圧を300V以下（→**省令第2条**）とすべきことを規定している。我が国では，交流の低圧としては100V，200V，100/200V，400V，230/400Vの電圧が採用され，400V級のものは主として大規模のビル又は工場等で採用される。使用電圧が300V以下の回路には普通B種接地工事（→**第24条**）が施されており，通常，接地側電線に触れても感電等のおそれはないが，非接地側電線に触れると電撃を受ける。その程度は，屋内の乾燥状況，接地抵抗等によって著しく異なるが，電圧が低いので高圧に比べて危険度は少ない。直流の回路には通常，接地工事を施さないが，正負両極の電路の絶縁が良ければ，単にその中性点が移動するだけで直接的障害とはならない。

ハでは，事故防止のため屋内配線は人が容易に触れるおそれがないように高所又は人が近寄れない場所に施設することとした。また，電線はケーブル又はキャブタイヤケーブルであっても，合成樹脂管等に収めるなどの接触防護措置を施すこととしている。

ニでは，取扱い上，簡易接触防護措置を施すことができない配線器具及び家庭用電気機械器具についての例外が認められている。

（イ）は，簡易接触防護措置を施さない部分が硬質ビニルその他の合成樹脂，木等の絶縁物で堅ろうに作られており，内部の電路の絶縁が劣化していても，ごく特殊な場合を除けば感電の危険がない場合である。この場合，絶縁物の表面の一部に装飾としてつけた金属製のものは，内部の金属製のものと電気的に絶縁されていれば差し支えない。

（ロ）は，乾燥した木製の床その他これらに類する絶縁性のもの（→**第29条解説**）の上から取り扱うように施設され，万一，外箱に漏電していても，致命的な事故となる可能性は極めて少ない場合である。

ホでは，電気機械器具を屋内配線と直接接続することを規定しており，コンセントによる接続を禁止している。これは，電気機械器具を移動させることが，事故の間接的な原因になっている場合が多いこと，また，移動電線をコンセントで接続し，頻繁にこれを入り切りすることは感電の機会を増すことになるとともに，誤って100Vの電気機械器具を接続するおそれもあるためでもある。したがって，住宅で使用される対地電圧200Vの電気機械器具は造営材に固定して，又は据え置いて設置されるものに限定されることになる。

へでは，住宅で使用される200Vの電気機械器具は，不使用の際には，できるだけ事故の機会を少なくするため，電気機械器具に電気を供給する電路を電源から切り離しておく必要があることから，専用の開閉器及び過電流遮断器を施設することとしている。

トでは，感電防止のため電気機械器具に電気を供給する電路に漏電遮断器等の地絡遮断装置を設けることを規定している。ここで設置する漏電遮断器等の感度については，特に規定されていないが，感電防止という趣旨を考えると，電流動作形の漏電遮断器であれば，一般的に定格感度電流が15～50mA程度のものが用いられている。**ただし書**では，絶縁変圧器を施設し，2次側電路を非接地にすれば漏電遮断器と同等以上の効果が期待できるが，変圧器の容量が大きくなると必ずしも安全であるとはいえないので，定格容量を3kVA以下としている（**→第29条解説**）。

②は**第二号**に示すものであり，住宅と店舗，事務所又は工場その他営業所などが同一建造物内にある場合又は隣接する場合であって，住宅用の使用電圧100Vの引込線とは別に営業用の使用電圧200Vの引込線を設ける場合に，主として空間的に余裕がなく技術上の困難を伴うこと又は経済的に過大な負担を招くことがあるので，住宅を通過して営業用の負荷設備に電気を供給する対地電圧が150Vを超え300V以下の低圧屋内配線を施設することを認めている。ただし，この配線の工事方法は安全度の高い合成樹脂管工事，金属管工事又はケーブル工事に限定され，住宅の居住者がこの配線に触れるおそれがないように隠ぺい場所に施設することとしている。

③は**第三号**に規定するものであり，屋根などに施設した太陽電池モジュールの負荷側の電路のうち，太陽電池モジュールからインバータに至る電路であって，住宅の屋内に施設される配線の対地電圧｛一般的に当該電路は非接地であるため，線間の電圧を指す。（**→省令第58条**）｝を直流の場合は150Vを超え直流450V以下とすることができるとしている。

これは，クリーンで，地球環境にやさしいエネルギー源として期待されている太陽電池発電設備が，我が国において住宅用途を中心に急速に普及しつつある状況などを考慮し，H13解釈において新たに規定したものである。

住宅に施設される太陽電池発電設備は，太陽電池アレイ（複数の太陽電池モジュールの集合体をいう。）からの直流出力が，パワーコンディショナ（インバータの他，保護装置などで構成される電力変換装置をいう。）を介して交流出力に変換され，屋内の負荷に供給されるものである。太陽電池アレイは，一般的に非接地方式を採用することにより感電の危険を防止し，設備全体では地絡事故時にも地絡経路を遮断する等の保護機能を具備している。

従来，太陽電池アレイの開放時の電圧を300V以下とし，最大出力動作電圧を200V程度に抑制して屋内のインバータへ入力していた。しかし，インバータへの直流入力電圧を高く設定することができると，インバータの昇圧比が下がり，高効率化や製品の小型化が図れることとなる。そこで，広く普及が見込まれる直流開放電圧が450V以下の太陽電池アレイを用いた太陽電池発電設備を住宅に施設できるよう，屋内の対地電圧制限を緩和するための施設条件等を整備した。

ロは，電路に地絡遮断装置を施設することを示している。この場合の地絡遮断装置は，当該電路が直流であるため，専用の地絡検出装置（磁性体の磁気回路の途中に設けたホール素子により磁電変換して地絡を検出する装置等）を用いることとなる。この地絡遮断装置は，一般の交流電路用の地絡遮断装置とは異なるものが必要となるので注意を要する。ただし，一般的にパワーコンディショナには，このような直流用の地絡遮断装置が内蔵されているため，地絡遮断装置を内蔵したパワーコンディショナを施設している場合にあっては，別途地絡遮断装置を施設する必要はない。ここでは，地絡遮断装置の動作特性については，特に示していないが，太陽電池モジュールの施設形態による特性を十分考慮し，感電保護が行え，かつ，不要動作が起きない範囲で，整定値を設定することが必要である（→**省令第15条解説**）。**ただし書**では，**（イ）**のとおり太陽電池モジュールに接続する直流電路が非接地であり，かつ，**（ロ）**のとおりインバータの交流側に絶縁変圧器が施設されている場合は，地絡を生じても地絡電流の帰路が構成されず，検出が困難であるとともに危険性も低いことから，地絡遮断装置の施設を省略可能としている。ただし，住宅屋内電路はケーブル工事等のしかるべき手法により工事が施されているとはいえ，取扱い不良等により人が充電部分に触れる可能性が否めず，また，非接地の電路であっても，対地静電容量が大きい場合は，充電部分に触れると瞬間的に電撃を受け，危害を被るおそれがあるため，対地静電容量を安全な範囲に抑える観点から**（ハ）**の条件についても定めている。

なお，パワーコンディショナの金属製外箱や太陽電池モジュールの金属製架台には接地工事を施すことが必要であり（→**第29条**），電圧が300Vを超過している場合はC種接地工事を施すこととなる。ただし，当該電路には地絡遮断装置を施設することとしているため，接地抵抗値は500Ω以下（D種接地工事の場合であっても500Ω以下）とすることができる。

ハは，屋内配線の工事方法について示している。この配線の工事方法は，**第二号**と同様に安全度の高い工事方法である合成樹脂管工事，金属管工事又はケーブル工事に限定され，住宅の居住者がこの配線に触れるおそれがないようにこれを隠ぺい場所に施設することとした。しかし，太陽電池発電設備の配線は，既設住宅に後から施設されることが多く，配線を隠ぺい場所に施設することが困難なケースがあることから，ケーブル工事により施設する場合にあっては，接触防護措置を施す場合に限り，露出場所に施設できることとした。具体的な防護装置としては，ケーブルを金属管等に収めて施設する方法などがある（→**第164条解説**）。

④は**第四号**に示すものであり，第三号と同様に，住宅に施設した燃料電池発電設備又は蓄電池の負荷側の電路のうち，燃料電池発電設備又は蓄電池からインバータに至る電路であって，住宅の屋内に施設される配線については，その対地電圧を，直流の場合は450V以下とすることができるとしている。

これは，燃料電池発電設備や蓄電池の一般家庭への普及に伴い，第三号の太陽電池モジュールに対する規定を燃料電池発電設備や蓄電池にも当てはめて安全性を検証した結果を踏まえ，H29 解釈で定めたものである。

第三号では，電路に地絡が生じたときに自動的に電路を遮断する装置を省略できる条件として，太陽電池モジュールの合計出力に制限を設けている。これは，太陽電池モジュールの場合，その面積が大きくなると対地静電容量が増加し，充電部に接触すると瞬間的な電撃が発生するおそれがあることから，出力制限を設けることで対地静電容量を安全な範囲に抑える必要があるからである。一方，燃料電池発電設備や蓄電池の場合，感電保護のため金属製外箱が接地されるため，器具本体において電荷が蓄えられる要素がなく，対地静電容量は出力に依存しない（**→第 29 条解説**）が，ここでは個々の燃料電池発電設備の出力制限値を，一般用電気工作物となる小規模発電設備の出力制限値と一致させて 10kW 未満とし，蓄電池の出力制限値についても同じ値を採用している。

⑤は**第五号**に示すものであり，②の屋内配線と異なって屋内を通過する電線路の場合で，この屋内に施設する電線路は，**第 132 条第 3 項**の規定により施設することとしている。

第 2 項では，住宅以外の場所（旅館，ホテル，喫茶店，事務所，工場等）の屋内に施設する家庭用電気機械器具（**→第 142 条第十号**）に電気を供給する屋内電路の対地電圧を原則として 150V 以下に制限している。しかし，このような場所では機器の台数が多く，全体の容量が大きくなるため，三相 200V によることが必要な場合もあること，また，利用者が特定の者に限られること等を考慮し，取扱者以外の者が容易に触れるおそれがない場所に施設する場合又は安全性を高めた工事方法による場合は，例外として対地電圧が 150V を超えることを認めている。すなわち，やむを得ない場合の保安のため工事方法を規定し，電気設備の維持管理の責任体制を明確にすることによって，対地電圧を 300V 以下でよいこととしている。

ここで取扱者とは，旅館，ホテル，事務所，工場等の従業員でその取扱いを許されているものと広義に解釈してよく，外来者の出入りのない場所の多くは，この規定により除外される。したがって，安全度を高めた工事方法は，旅館，ホテル，喫茶店等外来の人が多く出入りする場所に適用されることになり，この場合の工事方法が**前項第一号ロ**から**ホ**までに示されている。

第 3 項では，白熱電灯（**→第 142 条第十二号**）は人が手を触れて取り扱う機会が非常に多く，特に感電の危険があるので，これに電気を供給する屋内電路の対地電圧を 150V 以下（単相 2 線式 100V 配線又は単相 3 線式 200V 配線）とするよう規定している。

第 3 項ただし書では，白熱電灯に電気を供給する電路の電圧が高いほど屋内配線などが経済的になるので，保安上，工事方法を規制することによって対地電圧を 300V 以下でよいこととし，電路の対地電圧を 150V を超え 300V 以下とする場合の工事方法について**第一号**から**第三号**までに規定している。

第一号では，感電による危険を防止するため接触防護措置を施すことを示しており，例えば，床上 2.3m 以上の箇所に施設する方法又はガラス若しくは合成樹脂等で電灯器具を覆う方法がある。

第二号では，白熱電灯は，低圧屋内配線と直接接続することを示している。したがって，移動電線によるコンセントの使用は禁じられている。しかし，コンセントによって屋内配線に接続される機械装置に附属する電圧の有無を示す標示灯などではやむを得ないので，かっこ内でこれを除外している。

第三号は，白熱電灯に触れることがないようにする意味で示している。

【裸電線の使用制限】（省令第57条第2項）

第144条　電気使用場所に施設する電線には，裸電線を使用しないこと。ただし，次の各号のいずれかに該当する場合は，この限りでない。

一　がいし引き工事による低圧電線であって次に掲げるものを，第157条の規定により展開した場所に施設する場合

　イ　電気炉用電線

　ロ　電線の被覆絶縁物が腐食する場所に施設するもの

　ハ　取扱者以外の者が出入りできないように措置した場所に施設するもの

二　バスダクト工事による低圧電線を，第163条の規定により施設する場合

三　ライティングダクト工事による低圧電線を，第165条第3項の規定により施設する場合

四　接触電線を第173条，第174条又は第189条の規定により施設する場合

五　特別低電圧照明回路を第183条の規定により施設する場合

六　電気さくの電線を第192条の規定により施設する場合

〔解　説〕電気使用場所に施設する電線｛一般には屋内配線，電球線（→**第170条**），移動電線（→**第171条**），接触電線（→**第173条**，**第174条**，**第189条**），管灯回路の電線（→**第185条**，**第186条**），小勢力回路及び出退表示灯回路の電線（→**第181条**，**第182条**）並びにエックス線回路の電線（→**第194条**）を総称するが，**本条**ではそのうち，低圧用のものの総称｝の施設位置には，自ら限界があって人や家畜の接触するおそれがないとはいえず，また，造営材に接触することによる漏電火災のおそれもあるので，裸電線の使用を原則として禁止している。

しかし，**本条第二号**から**第六号**までに掲げるバスダクト工事（→**第163条**），ライティングダクト工事（→**第165条**），低圧接触電線（→**第173条第1項**），遊戯用小型電車（→**第189条第二号**）の規定により施設する場合は，これらが本来裸電線を使用する工事方法なので特例として本文の適用除外とされ，また，**本条第一号イ**から**ハ**までに掲げる電線をがいし引き工事（→**第157条**）により展開した場所に施設する場合もその適用を除外されている。

第一号イでは，電気炉用電線は，一般に高熱高温にさらされることになるが，これに耐えるような絶縁被覆が現在のところ製造されていない又は高価であるので，やむを得ず裸電線の使用が認められている。

ロは，被覆絶縁物が腐食するような腐食性ガスや溶液の飛散する化学工場内等に施設する電線は，絶縁被覆の寿命が極めて短く，被覆線使用の意味がないので，技術上やむを得ないものとして裸電線の使用を認めている。しかし，腐食性ガスや溶液の種類によっては，ポリエチレン外装ケーブル，ビニル外装ケーブル，鉛被ケーブル等の使用が有効であるので，この場合は，これらを使用するのがよい。

ハの場所は，例えば実験室のようなところをいい，このような場所では一般の人に対する危険のおそれが少ないので，裸電線の使用が認められている。

【メタルラス張り等の木造造営物における施設】（省令第56条，第59条）

第145条 メタルラス張り，ワイヤラス張り又は金属板張りの木造の造営物に，がいし引き工事により屋内配線，屋側配線又は屋外配線（この条においては，いずれも管灯回路の配線を含む。）を施設する場合は，次の各号によること。

一 電線を施設する部分のメタルラス，ワイヤラス又は金属板の上面を木板，合成樹脂板その他絶縁性及び耐久性のあるもので覆い施設すること。

二 電線がメタルラス張り，ワイヤラス張り又は金属板張りの造営材を貫通する場合は，その貫通する部分の電線を電線ごとにそれぞれ別個の難燃性及び耐水性のある堅ろうな絶縁管に収めて施設すること。

2 メタルラス張り，ワイヤラス張り又は金属板張りの木造の造営物に，合成樹脂管工事，金属管工事，金属可とう電線管工事，金属線ぴ工事，金属ダクト工事，バスダクト工事又はケーブル工事により，屋内配線，屋側配線又は屋外配線を施設する場合，又はライティングダクト工事により低圧屋内配線を施設する場合は，次の各号によること。

一 メタルラス，ワイヤラス又は金属板と次に掲げるものとは，電気的に接続しないように施設すること。

イ 金属管工事に使用する金属管，金属可とう電線管工事に使用する可とう電線管，金属線ぴ工事に使用する金属線ぴ又は合成樹脂管工事に使用する粉じん防爆型フレキシブルフィッチング

ロ 合成樹脂管工事に使用する合成樹脂管，金属管工事に使用する金属管又は金属可とう電線管工事に使用する可とう電線管に接続する金属製のプルボックス

ハ 金属管工事に使用する金属管，金属可とう電線管工事に使用する可とう電線管又は金属線ぴ工事に使用する金属線ぴに接続する金属製の附属品

ニ 金属ダクト工事，バスダクト工事又はライティングダクト工事に使用するダクト

ホ ケーブル工事に使用する管その他の電線を収める防護装置の金属製部分又は金

属製の電線接続箱

ヘ　ケーブルの被覆に使用する金属体

二　金属管工事，金属可とう電線管工事，金属ダクト工事，バスダクト工事又はケーブル工事により施設する電線が，メタルラス張り，ワイヤラス張り又は金属板張りの造営材を貫通する場合は，その部分のメタルラス，ワイヤラス又は金属板を十分に切り開き，かつ，その部分の金属管，可とう電線管，金属ダクト，バスダクト又はケーブルに，耐久性のある絶縁管をはめる，又は耐久性のある絶縁テープを巻くことにより，メタルラス，ワイヤラス又は金属板と電気的に接続しないように施設すること。

3　メタルラス張り，ワイヤラス張り又は金属板張りの木造の造営物に，電気機械器具を施設する場合は，メタルラス，ワイヤラス又は金属板と電気機械器具の金属製部分とは，電気的に接続しないように施設すること。

〔解　説〕 木造建築物でメタルラス（鉄板を加工して網状としたもので，壁面仕上げの下地として用いられる。），ワイヤラス（鉄線を加工して網状としたもので，壁面仕上げの下地として用いられる。），金属板（主として亜鉛めっき鉄板又はアルミ板等で，屋内の壁若しくは天井又は屋外の壁若しくは屋根仕上げ材として用いられる。）張りのものがあり，これに合成樹脂管工事，金属管工事，金属可とう電線管工事，金属線ぴ工事，金属ダクト工事，バスダクト工事，ライティングダクト工事又はケーブル工事で低圧配線を施設する例が極めて多く，この場合，金属管等の配線材料の金属製部分，ケーブルの金属被覆等とメタルラス，ワイヤラス又は金属板とが直接接触し又はボックスその他の附属品若しくはプルボックス等を取り付けるねじとメタルラス等とが接触していると（→解説 145.1 図），漏電が起こった場合に柱上変圧器のB種接地工事の接地点を通じて地絡電流がメタルラス等を通ることになり，これにより火災を起こした実例がある。

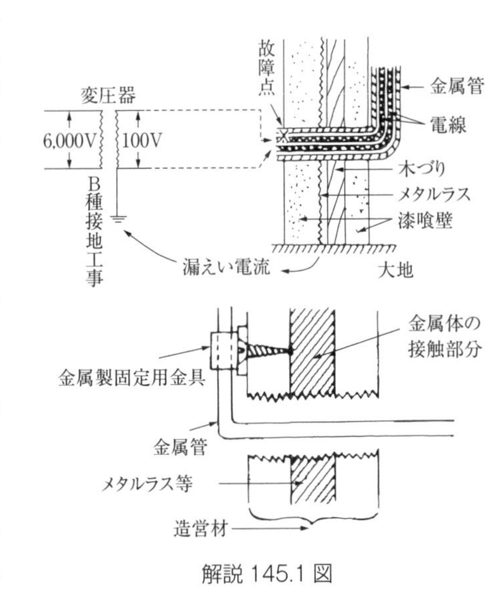

解説 145.1 図

また，がいし引き工事でも，一度工事をすると半永久的にそのままとなり，長い年月の間には造営材が老朽化し，その間地震又は台風等による振動，衝撃又は雨漏りが原因で造営材が破損し，メタルラス，ワイヤラス等が露出しこれに配線が接触して前述と同様に地絡電流が流れ，火災が発生することがある。本条は，これらを防止するために規定された条項であり，その防止方法は，地絡電流がメタルラス等に流入することのないようにすることである。

第1項は，がいし引き工事により配線を施設する場合の工事方法を規定している。

第一号は，メタルラス張り，ワイヤラス張り又は金属板張りの木造造営物にがいし引き工事により低圧又は高圧の配線を施設する場合は，造営材の破損，がいしのバインド線の脱落等が原因で，露出したメタルラス，ワイヤラス等と接触して漏電事故となるおそれがあるので，これを防止するため，低高圧配線を施設する部分のメタルラス，ワイヤラス又は金属板の上面を木板，合成樹脂板等で覆い，電線がこれらに直接接触しないように施設することを規定している。この場合，低高圧配線の直下にあるメタルラス，ワイヤラス又は金属板はもちろんのこと，その配線の側面及び上方にあるものも規制の対象となるので注意を要する。

第二号は，メタルラス張り，ワイヤラス張り又は金属板張りを貫通するがいし引き工事の電線は，絶縁管が破損し，電線の被覆が劣化すると，造営材が金属製であるため接触した場合の漏えい電流が大きくなり，危険であることから，堅ろうな絶縁管（例えば，陶磁器製のもの又は硬質ビニル製のものならば合成樹脂製電線管並みのもの）等を使用することを規定している。

なお，この絶縁管の材質，構造の「難燃性及び耐水性のある堅ろうな絶縁管」とは，陶磁器製，特殊ガラス製，硬質ビニル製等であることを意味し，木，竹，ゴム及びファイバー等で製作したものは使用できない。

第2項は，合成樹脂管工事，金属管工事及び金属線ぴ工事等の工事により屋内配線，屋側配線又は屋外配線を施設する場合の工事方法を規定している。

第一号は，電線の被覆が損傷した場合，1次的に充電されるおそれがある金属部分が**イ**から**ヘ**までにそれぞれ示されており，これらのものとメタルラス等とは前述の目的を達成するため電気的に接続されないようにすることを定めている。例えば，金属管等とメタルラス等との間に木板を取り付ける方法（漆喰壁でメタルラス等が覆われている場合は，差し支えない。），サドルで取り付ける部分の金属管等にビニルテープ若しくはガラス繊維テープ等を巻きつける方法又は金属管等を取り付ける箇所のメタルラス等をあらかじめ十分切り抜いておく方法等がある。

一般にこの解釈では，金属管工事における接地工事の施工などについては，短小な金属管を施設する場合で感電等の危険が少ないと考えられるときは，接地工事を省略することが認められているが，**本条**におけるメタルラス等と金属管等との絶縁については，短小な金属管等を施設する場合においても，**本条**の規定による施工方法の省略は認められていない。

第二号は，金属管等の工事によってメタルラス張りの造営材を貫通する場合には，特に漏電事故を起こすおそれが多いので，その工事方法について明確に規定している。

第3項は，屋内，屋側又は屋外において，木造の造営物に張られたメタルラス，ワイヤラス又は金属板と機械器具の金属製部分とが接触していると，機器の絶縁が劣化した場合にメタルラス，ワイヤラス又は金属板等に通電し，そのために火災等を起こすおそれがあるので，このような危険を防止するため，相互に接触しないように施設することとしている。

【低圧配線に使用する電線】（省令第57条第1項）

第146条　低圧配線は，直径1.6mmの軟銅線若しくはこれと同等以上の強さ及び太さのもの又は断面積が1mm^{2}以上のMIケーブルであること。ただし，配線の使用電圧が300V以下の場合において次の各号のいずれかに該当する場合は，この限りでない。

一　電光サイン装置，出退表示灯その他これらに類する装置又は制御回路等（自動制御回路，遠方操作回路，遠方監視装置の信号回路その他これらに類する電気回路をいう。以下この条において同じ。）の配線に直径1.2mm以上の軟銅線を使用し，これを合成樹脂管工事，金属管工事，金属線ぴ工事，金属ダクト工事，フロアダクト工事又はセルラダクト工事により施設する場合

二　電光サイン装置，出退表示灯その他これらに類する装置又は制御回路等の配線に断面積0.75mm^{2}以上の多心ケーブル又は多心キャブタイヤケーブルを使用し，かつ，過電流を生じた場合に自動的にこれを電路から遮断する装置を設ける場合

三　第172条第1項の規定により断面積0.75mm^{2}以上のコード又はキャブタイヤケーブルを使用する場合

四　第172条第3項の規定によりエレベータ用ケーブルを使用する場合

2　低圧配線に使用する，600Vビニル絶縁電線，600Vポリエチレン絶縁電線，600Vふっ素樹脂絶縁電線及び600Vゴム絶縁電線の許容電流は，次の各号によること。ただし，短時間の許容電流についてはこの限りでない。

一　単線にあっては146-1表に，成形単線又はより線にあっては146-2表にそれぞれ規定する許容電流に，第二号に規定する係数を乗じた値であること。

146-1表

導体の直径（mm）	許容電流（A）		
	軟銅線又は硬銅線	硬アルミ線，半硬アルミ線又は軟アルミ線	イ号アルミ合金線又は高力アルミ合金線
1.0以上1.2未満	16	12	12
1.2以上1.6未満	19	15	14
1.6以上2.0未満	27	21	19
2.0以上2.6未満	35	27	25
2.6以上3.2未満	48	37	35
3.2以上4.0未満	62	48	45

4.0 以上 5.0 未満	81	63	58
5.0	107	83	77

146-2 表

導体の公称断面積 (mm^2)	許容電流（A）		
	軟銅線又は硬銅線	硬アルミ線，半硬アルミ線又は軟アルミ線	イ号アルミ合金線又は高力アルミ合金線
0.9 以上　1.25 未満	17	13	12
1.25 以上　2 未満	19	15	14
2 以上　3.5 未満	27	21	19
3.5 以上　5.5 未満	37	29	27
5.5 以上　8 未満	49	38	35
8 以上　14 未満	61	48	44
14 以上　22 未満	88	69	63
22 以上　30 未満	115	90	83
30 以上　38 未満	139	108	100
38 以上　50 未満	162	126	117
50 以上　60 未満	190	148	137
60 以上　80 未満	217	169	156
80 以上　100 未満	257	200	185
100 以上　125 未満	298	232	215
125 以上　150 未満	344	268	248
150 以上　200 未満	395	308	284
200 以上　250 未満	469	366	338
250 以上　325 未満	556	434	400
325 以上　400 未満	650	507	468
400 以上　500 未満	745	581	536
500 以上　600 未満	842	657	606
600 以上　800 未満	930	745	690
800 以上 1,000 未満	1,080	875	820
1,000	1,260	1,040	980

二　第一号の規定における係数は，次によること。

イ　146-3 表に規定する許容電流補正係数の計算式により計算した値であること。

146-3 表

絶縁体の材料及び施設場所の区分	許容電流補正係数の計算式
ビニル混合物（耐熱性を有するものを除く。）及び天然ゴム混合物	$\sqrt{\frac{60-\theta}{30}}$
ビニル混合物（耐熱性を有するものに限る。），ポリエチレン混合物（架橋したものを除く。）及びスチレンブタジエンゴム混合物	$\sqrt{\frac{75-\theta}{30}}$
エチレンプロピレンゴム混合物	$\sqrt{\frac{80-\theta}{30}}$

<table>
<tr><td colspan="2">ポリエチレン混合物（架橋したものに限る。）</td><td>$\sqrt{\frac{90-\theta}{30}}$</td></tr>
<tr><td rowspan="2">ふっ素樹脂混合物</td><td>電線又はこれを収める線ぴ，電線管，ダクト等を通電による温度の上昇により他の造営材に障害を及ぼすおそれがない場所に施設し，かつ，電線に接触防護措置を施す場合</td><td>$0.9\sqrt{\frac{200-\theta}{30}}$</td></tr>
<tr><td>その他の場合</td><td>$0.9\sqrt{\frac{90-\theta}{30}}$</td></tr>
<tr><td rowspan="2">けい素ゴム混合物</td><td>電線又はこれを収める線ぴ，電線管，ダクト等を通電による温度の上昇により他の造営材に障害を及ぼすおそれがない場所に施設し，かつ，電線に接触防護措置を施す場合</td><td>$\sqrt{\frac{180-\theta}{30}}$</td></tr>
<tr><td>その他の場合</td><td>$\sqrt{\frac{90-\theta}{30}}$</td></tr>
</table>

（備考）θ は，周囲温度（単位：℃）。ただし，30℃以下の場合は 30 とする。

ロ　絶縁電線を，合成樹脂管，金属管，金属可とう電線管又は金属線ぴに収めて使用する場合は，イの規定により計算した値に，更に 146-4 表に規定する電流減少係数を乗じた値であること。ただし，第 148 条第 1 項第五号ただし書並びに第 149 条第 2 項第一号ロ及び第二号イに規定する場合においては，この限りでない。

146-4 表

同一管内の電線数	電流減少係数
3 以下	0.70
4	0.63
5 又は 6	0.56
7 以上 15 以下	0.49
16 以上 40 以下	0.43
41 以上 60 以下	0.39
61 以上	0.34

〔解　説〕 本条は，屋内，屋側又は屋外における低圧配線に使用する電線の太さについて規定している。一般に屋内配線には，導電率，可とう性，強度及び価格等の点から軟銅線が使用されているので，これを標準とし，低圧の場合は，工事上不安のない強度を有するものとして直径 1.6mm 以上の軟銅線を使用することとしている。もちろん，これと同等以上の強さ及び太さを有する他の金属線（鉄線，アルミ線，硬銅線等）（→**第 4 条**）を使用することは差し支えないが，電圧降下が大きく，工事施工に際しての取扱いも難しくなる。なお，細物のアルミ線については，接続部においてトラブルが起こりやすいので，施工に際しては十分に注意する必要がある。

また，屋内，屋側又は屋外の配線に使用する電線は，**第 157 条**から**第 162 条**及び**第 165 条**の規定により，屋外用ビニル絶縁電線以外の絶縁電線（→**第 5 条**）とすることが必要である。

MI ケーブルについては，IV 電線に比べ許容電流が大きく，また，外装が銅管であり引張強さが大きいので，断面積 1mm^2 のものが使用できる。また，アルミ導体の絶縁電線及びケーブルについては，電気用品取締法（現：電気用品安全法）の技術上の基準の昭和 46 年 10 月の改正で，硬アルミ線については直径 2mm，半硬アルミ線については直径 2.3mm までのものが認められている。なお，この電気用品取締法（現：電気用品安全法）の技術上の基準の改正の際に機械的強度の点から 1.6mm のアルミ導体の多心ケーブルについて検討が行われたが，**第 149 条第 2 項**の分岐回路の過電流保護で，1.6mm のアルミ線では，過電流遮断器の動作特性（→**第 33 条**）から 10A（配線用遮断器では，15A）以下のものが必要となり，この種の過電流遮断器の市場性，特にヒューズの場合は入手が困難であること，住宅設備機器（冷暖房機器，厨房機器）に 1kW 前後の容量のものが多くなってきていること，また，アルミ線は銅線に比べ巻付け強度及び曲げ強度が著しく劣り，更にアルミ線の接続には相当の熟練を要することなどから，アルミ導体の多心ケーブルについても直径 2mm を限度とした。

この規定は，低圧の屋内，屋側及び屋外に施設される配線に適用されるが，電気機械器具内の配線，移動電線，電球線には適用されない。したがって，実際の適用に当たっては，その電線がいずれに属するか個々の場合について判断しなければならないが，パイプペンダント，ブラケット等に収められるものは，電気機械器具内の配線と考えることとしている。なお，電気機械器具に関しては電気用品安全法，日本産業規格その他の規格が設けられている。

第一号は，電光サイン等は本質的に個々の電球へ配線する多数の電線を必要とし，電線を太くすれば，それに応じて合成樹脂管も太くなるので，なるべく細いものの使用が要望される。これらのものは，電流容量から見ればごく細いもので十分であり，また，合成樹脂管等に収めれば外傷に対しても防護されるが，長さが長いので，その最小の太さを直径 1.2mm としている。

第二号は，電気機械器具の制御回路は配線に多数の電線を必要とするので，このような場合，又は前号の電光サイン等であって，更に規模が大きく，複雑で，多数の配線を必要とし，かつ，細い電線を使用しなければならない場合には，断面積 0.75mm^2 以上の多心ケーブル又は多心キャブタイヤケーブルの使用を認めた。ただし，電線が細く，使用条件が多岐にわたっているので，過電流を生じた場合，自動的にこれを遮断する装置を設けることを規定した。

第三号は，**第 172 条**の規定によりショウウィンドー，ショウケース内に限り認められた配線で，直径 1.0mm の軟銅線相当の 0.75mm^2 以上のコード又はキャブタイヤケーブルを使用することとしている。

第四号は，エレベータ用ケーブルを使用する場合である。

第 2 項は，絶縁電線の許容電流について規定したものである。なお，**本項**においては低圧配線に使用する絶縁電線の許容電流についてのみ規定しているが，コード，キャブタイヤケーブル及びケーブルの許容電流についても，日本電気技術規格委員会規格JESC E0005（2016）「内線規程」（（一社）日本電気協会電気技術規程JEAC8001-2016）等を参照して検討する必要がある。また，低圧屋内配線（**→第1条第十一号**）に限らず，屋側・屋外配線，電球線，移動電線，接触電線など電気使用場所の電路全般における許容電流については，電気の配線設計の際，使用する電線の特性や施設条件を十分に考慮する必要があり，例えば，日射の影響を受ける場所では耐候性や許容電流を，薬品や油等の影響のある場所については耐薬品性・耐油性等を考慮してケーブル選定を行う。

絶縁電線の許容電流は，絶縁電線の連続使用に際し絶縁被覆を構成する物質に著しい劣化をきたさないようにするための限界電流であって，短時間に限って使用する場合には，ここに示された許容電流値よりも大きい電流を通じても差し支えない場合がある。よって，一般に許容電流値をいう場合は連続使用の場合の値を指すものであって，短時間使用の場合のものについては，特に短時間定格の許容電流と称している。

また，許容電流補正係数でビニル及び天然ゴムを基準としたのは，これらを絶縁体とした絶縁電線が広く一般に使用されている実態から，計算上の繁雑さを避けるためである。

許容電流を決定する前提としては，周囲温度を30℃として，電線の導体許容温度を，絶縁体が，ビニル及び天然ゴムにあっては60℃，耐熱ビニル，ポリエチレン及びスチレンブタジエンゴムにあっては75℃，エチレンプロピレンゴムにあっては80℃，架橋ポリエチレンにあっては90℃，けい素ゴムにあっては180℃，ふっ素樹脂にあっては200℃としている。なお，一般の場所で，けい素ゴム及びふっ素樹脂の絶縁電線の導体許容温度（導体と絶縁体の接する部分の温度を指し，絶縁電線の表面の温度ではない。）の限度を90℃としたのは，その電線を取り付ける造営材及び人体に対して支障のないように考えたためである。また，ふっ素樹脂絶縁電線について，0.9を乗じているのは，他の絶縁電線より絶縁体が薄く，表面積が小さくなり，熱放散が劣るためである。

周囲温度30℃を基準とした理由は，我が国では気温が30℃を超える期間は1年間を通じて限られており，また，最大電流の時刻と気温の最高時とが重なることは短時間であり，実用上問題となるようなことがないと考えたからである。

第二号ロは，絶縁電線を合成樹脂管，金属管，金属可とう電線管又は金属線ぴに収めて使用する場合は，電線を空中に施設する場合（がいし引き工事）より熱放散が低下するので，許容電流を小さくする必要があることを示している。

この場合の**146-4表**の電流減少係数は，同一管内の電線数が増加すれば，その需要率も低下することが考えられることから，電線数が11本以上の場合については需要率（50～75%）を考慮して示している。

なお，**第148条第1項第五号ただし書**及び**第149条第2項第二号イ**の電動機等が接続される幹線及び分岐回路の過電流遮断器の定格の選定の基準となる絶縁電線の許容電流の算出には，この電流減少係数を乗じなくてもよい。これは電動機の始動電流が通常

2～6秒程度しか持続しないため，絶縁電線の絶縁体に支障をきたすことがないと考えられるからである。また，**第149条第2項第一号ロ**の「許容電流」については，単に軟銅線とアルミ線等の導電率の相違による電気抵抗を表現しているにすぎないから，電流減少係数を乗じる必要はない。

なお，**146-1表**において，導体が軟アルミ線，イ号アルミ合金線及び高力アルミ合金線の場合の許容電流を示しているが，溶接用ケーブルに用いられる軟アルミ集合より線を除き，この種の導体の絶縁電線のうち100mm^{2}以下のものは電気用品安全法の適用を受けるもので，**146-1表**で定めてあっても，使用できるという意味ではない。

【低圧屋内電路の引込口における開閉器の施設】（省令第56条）

第147条 低圧屋内電路（第178条に規定する火薬庫に施設するものを除く。以下この条において同じ。）には，引込口に近い箇所であって，容易に開閉することができる箇所に開閉器を施設すること。ただし，次の各号のいずれかに該当する場合は，この限りでない。

一 低圧屋内電路の使用電圧が300V以下であって，他の屋内電路（定格電流が15A以下の過電流遮断器又は定格電流が15Aを超え20A以下の配線用遮断器で保護されているものに限る。）に接続する長さ15m以下の電路から電気の供給を受ける場合

二 低圧屋内電路に接続する電源側の電路（当該電路に架空部分又は屋上部分がある場合は，その架空部分又は屋上部分より負荷側にある部分に限る。）に，当該低圧屋内電路に専用の開閉器を，これと同一の構内であって容易に開閉することができる箇所に施設する場合

〔解　説〕 本条では，低圧屋内電路には，引込口に近い箇所に開閉器を施設して屋内と屋外とを容易に区分できるようにすることを規定している。これは，ヒューズの取替，屋内電路の絶縁抵抗の測定，屋内配線の修理その他保守上の利便を図るとともに，雷の発生時に異常電圧が外部から侵入して来ることを防止するために開放しておく等に使用されるものであるから，必要に応じて容易に開閉できる箇所に施設することを規定している。なお，全極を開放しない場合には部分的に配線が充電されることもあるので各極に施設することが望まれる。なお，火薬庫については，必要最小限の電気設備を施設し，開閉器は屋外に施設することとされている（**→第178条**）ので，**本条**の適用から除外している。

第一号は，母屋の屋内配線（使用電圧が300V以下のものに限る。）を経てこれと離れた箇所の物置小屋等に電気を供給するような場合，引込口に開閉器を施設しなくてもよいことを規定している。この場合，電路の長さは15m以下で，これが接続される母屋の分岐回路には定格電流が15A以下のヒューズ又は定格電流が20A以下の配線用遮断器が設置されていることが条件である（→解説147.1図）。

第二号は，工場その他事業場で電路の操作に集中制御方式を採用し，構内の発電所又は電気室等に各々専用の開閉器を設け，これにより別の建造物内にある負荷側の電路を中央で操作する場合あるいは爆発又は燃焼しやすい危険な物質を取り扱う場所で開閉器をその屋内に設けるのが好ましくない場合等に使用場所の屋内引込口に開閉器を設けなくてもよい場合があるので，これを規定している。

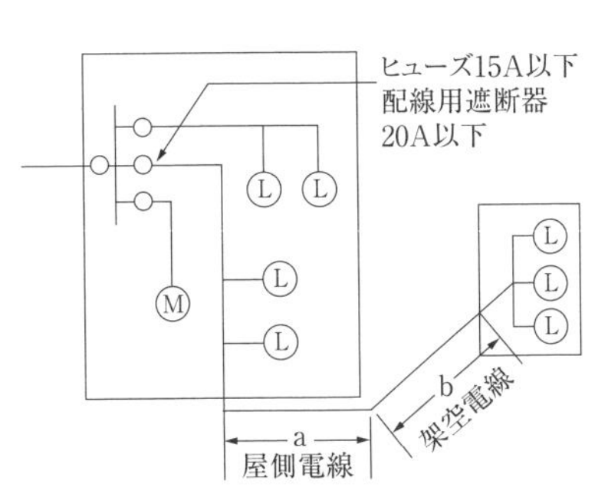

解説 147.1 図

引込口の開閉器を省略する場合は，必ずその電源側のいずれかの場所において，他の使用場所の電路とは無関係に単独でその屋内電路を開閉できる専用の開閉器を設ける必要がある。この場合，その屋内電路の電源側電路が架空電線路若しくは架空部分のある引込線である場合又は屋上電線路若しくは屋上部分のある引込線である場合は，雷の侵入又は高電圧電路との混触等を生じるおそれがあるため，屋内電路とこれらの電源側電路とは必要に応じ分離できるようにしておく必要がある。このため，電源側電路にこの種の電路があるときは，これらの電路に接続する屋内電路の電源側の部分に，専用の開閉器を施設することを要求している（→解説 147.2 図）。

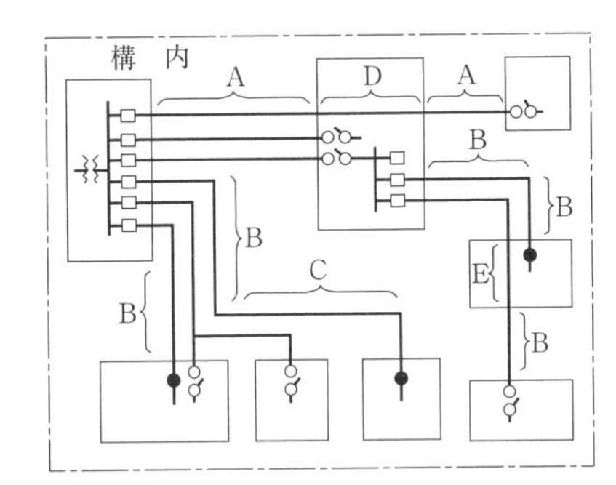

□ ：開閉器
━●━ ：省略できる引込口開閉器
-○δ- ：省略できない引込口開閉器

Aの部分：架空電線
Bの部分：パイプスタンドに施設する電線路
Cの部分：地中電線路
Dの部分：屋内に施設する電線路
Eの部分：屋上電線路

解説 147.2 図

【低圧幹線の施設】（省令第56条第1項，第57条第1項，第63条第1項）

第148条　低圧幹線は，次の各号によること。

一　損傷を受けるおそれがない場所に施設すること。

二　電線の許容電流は，低圧幹線の各部分ごとに，その部分を通じて供給される電気使用機械器具の定格電流の合計値以上であること。ただし，当該低圧幹線に接続する負荷のうち，電動機又はこれに類する起動電流が大きい電気機械器具（以下この条において「電動機等」という。）の定格電流の合計が，他の電気使用機械器具の定格電流の合計より大きい場合は，他の電気使用機械器具の定格電流の合計に次の値を加えた値以上であること。

イ　電動機等の定格電流の合計が50A以下の場合は，その定格電流の合計の1.25倍

ロ　電動機等の定格電流の合計が50Aを超える場合は，その定格電流の合計の1.1倍

三　前号の規定における電流値は，需要率，力率等が明らかな場合には，これらによって適当に修正した値とすることができる。

四　低圧幹線の電源側電路には，当該低圧幹線を保護する過電流遮断器を施設すること。ただし，次のいずれかに該当する場合は，この限りでない。

イ　低圧幹線の許容電流が，当該低圧幹線の電源側に接続する他の低圧幹線を保護する過電流遮断器の定格電流の55%以上である場合

ロ　過電流遮断器に直接接続する低圧幹線又はイに掲げる低圧幹線に接続する長さ8m以下の低圧幹線であって，当該低圧幹線の許容電流が，当該低圧幹線の電源側に接続する他の低圧幹線を保護する過電流遮断器の定格電流の35%以上である場合

ハ　過電流遮断器に直接接続する低圧幹線又はイ若しくはロに掲げる低圧幹線に接続する長さ3m以下の低圧幹線であって，当該低圧幹線の負荷側に他の低圧幹線を接続しない場合

ニ　低圧幹線に電気を供給する電源が太陽電池のみであって，当該低圧幹線の許容電流が，当該低圧幹線を通過する最大短絡電流以上である場合

五　前号の規定における「当該低圧幹線を保護する過電流遮断器」は，その定格電流が，当該低圧幹線の許容電流以下のものであること。ただし，低圧幹線に電動機等が接続される場合の定格電流は，次のいずれかによることができる。

イ　電動機等の定格電流の合計の3倍に，他の電気使用機械器具の定格電流の合計を加えた値以下であること。

ロ　イの規定による値が当該低圧幹線の許容電流を2.5倍した値を超える場合は，その許容電流を2.5倍した値以下であること。

ハ　当該低圧幹線の許容電流が100Aを超える場合であって，イ又はロの規定による値が過電流遮断器の標準定格に該当しないときは，イ又はロの規定による値の直近上位の標準定格であること。

六　第四号の規定により施設する過電流遮断器は，各極（多線式電路の中性極を除く。）に施設すること。ただし，対地電圧が150V以下の低圧屋内電路の接地側電線以外の電線に施設した過電流遮断器が動作した場合において，各極が同時に遮断されるときは，当該電路の接地側電線に過電流遮断器を施設しないことができる。

2　低圧幹線に施設する開閉器は，次の各号に適合する場合には，中性線又は接地側電線の極にこれを施設しないことができる。

一　開閉器は，前条の規定により施設する以外のものであること。

二　低圧幹線は，次に適合する低圧電路に接続するものであること。

イ　第19条又は第24条第1項の規定により接地工事を施した低圧電路であること。

ロ　低圧電路は，次のいずれかに適合するものであること。

（イ）電路に地絡を生じたときに自動的に電路を遮断する装置を施設すること。

（ロ）イの規定による接地工事の接地抵抗値が，3Ω以下であること。

三　中性線又は接地側電線の極の電線は，開閉器の施設箇所において，電気的に完全に接続され，かつ，容易に取り外すことができること。

〔解　説〕本条は，低圧幹線の施設について示したものである。低圧屋内電路を大別すれば，引込口配線の屋内の部分，低圧屋内幹線の部分，電気使用機械器具に至る低圧屋内電路の部分並びに低圧の移動電線及び電気使用機械器具の電路の部分に分けられる。引込口配線の屋内の部分は，引込口から引込口開閉器に至る部分で，この解釈では，第147条において引込口開閉器を引込口に近い箇所に施設することとするにとどめ，短い部分であることから，特に規定を設けていない。なお，幹線（過電流遮断器を要する。）や幹線を経ないで電気使用機械器具に至る電路（→第149条第5項）は，屋内の引込口配線の終端に接続されるものである。

低圧幹線は，低圧配線（分電盤の母線を含む場合もある。）で構成されるものであり，これらの関係を解説148.1図に示す。

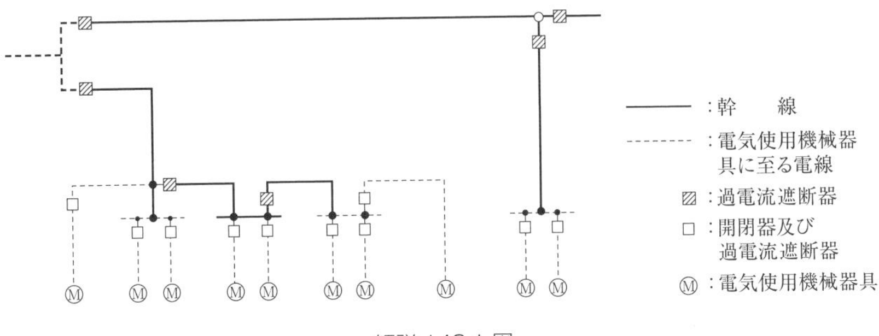

解説148.1図

定義では規定しないが，本来幹線は，直接機器に達するものでないので施設位置や工事方法について，電気使用機械器具に至る電路の電線（→**第149条**）のような制約を受けるものではない。しかし，電路中の重要な部分を構成しているので，**第一号**で他物の接触により損傷するおそれがない場所に施設すべきことを示している。

なお，ビル等において低圧屋内幹線を展開した場所に金属ダクト工事，バスダクト工事により施設し，壁等に沿って立ち上げている場合，電線は堅ろうな接地工事を施した鉄板等で被われており，危険がなく，また，低圧屋内幹線をがいし引き工事で施設する場合は，**第157条**で接触防護措置を施すことを規定しており，その他の保安面についてもそれぞれの条項で規定しているので，低圧幹線の施設方法として，特に人が触れることについては規定していない。

第二号は，使用電線の太さの選び方に関する規定であるが，原則として，需要率を1とした場合において，負荷電流が電線の許容電流を超えないようにすることを示している。

ただし書は，幹線に接続される負荷のうち電動機等の容量の占める割合が大きい場合，過負荷や電圧の変動等によって，負荷時の電流が定格電流（定格電圧，定格周波数の場合の全負荷電流）より大きくなる場合があり，また，複数の電動機が同時に始動する場合もあるので，これらを考慮して，電線を太くすることを示している。この場合，電動機等の合計容量が大きい場合（おおよそ15kW以上）は，電圧の変動のみを考慮して10%増しに，小さい場合は，電圧の変動のほかに過負荷使用の場合を考慮して25%増しにすることを示している。

なお，**本号**の趣旨を数式で示せば，次のようになる。

本文の場合（$\Sigma I_M \leqq \Sigma I_L$ の場合）は，

$$I_W \geqq \Sigma I_M + \Sigma I_L \quad \cdots\cdots (1)$$

ただし書の場合（$\Sigma I_M > \Sigma I_L$ の場合）は，

$$I_W \geqq k\Sigma I_M + \Sigma I_L \quad \cdots\cdots (2)$$

I_W：電線の許容電流
I_M：その幹線に接続される電動機等の定格電流
I_L：その幹線に接続される電動機等以外の電気使用機械器具の定格電流
k：定数で，$\Sigma I_M \leqq 50\text{A}$ の場合は，1.25，$\Sigma I_M > 50\text{A}$ の場合は 1.1

これによれば，負荷が増設されるごとに電線の太さを変えなければならないが，電圧降下，負荷の増設等を考慮して当初から余裕をもった電線を選んでおけば，将来の負荷増加にも対応できる。

第三号は，その幹線に接続される負荷の性質により，需要率（＝最大需要電力 / 設備容量×100%）が明らかである場合又はコンデンサ等を設置して力率を改善しているような場合若しくは力率の異なる負荷を接続する場合は，それらの値を使用して電流値を算定し，前号の規定により選定した電線よりも細いものを使用して差し支えないことを示している。しかし，始動電流が大きく，しかも始動時間の長い特殊な電動機が接続されている場合は，第五号の過電流遮断器の定格の制約から電動機の始動時にヒューズが溶断し，又は配線用遮断器が動作するおそれがあり，あまり細い電線を選定できない場合もあるので，注意を要する。

第四号は，幹線を保護するために過電流遮断器を設置することを示したものである。条文上からは過電流遮断器の施設箇所は明確にされていないが，低圧で受電する場合は，第147条の規定により引込口に施設する開閉器の箇所が適当であり，高圧又は特別高圧で受電し，低圧に変成する場合は，幹線が引き出される電気室等からの引出口の近い箇所に施設することになる。

また，幹線は末端にいくほど細い電線を使用する場合が多いので，電線のサイズ（許容電流）の異なる部分のうち，**第五号**の過電流遮断器の定格電流では保護できない部分に，それより負荷側の電線を保護できる過電流遮断器を設置することになる。なお，ただし書は，主幹線からの分岐幹線について過電流遮断器の施設を省略できる場合を示したもので，例示すると解説148.2図のとおりである。

イの場合は，解説148.2図の分岐幹線の電線の許容電流が幹線の電線を保護する過電流遮断器（B_1）の定格電流の55%以上あれば，この過電流遮断器で十分保護し得る。

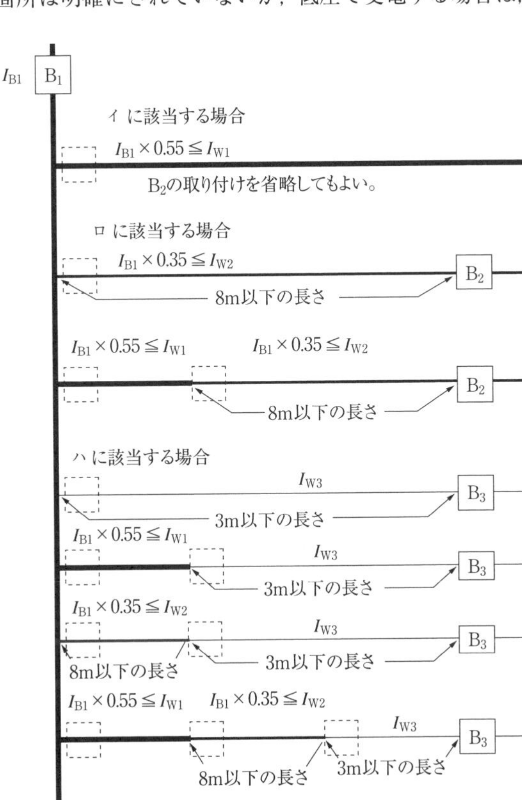

解説 148.2 図

ロの場合は，分岐幹線の電線の長さが8m以下と限定されているので，この部分で短絡事故を生じる機会が少なく，かつ，万一短絡事故が生じた場合でも電線の許容電流が幹線の電線を保護する過電流遮断器の定格電流の35%以上あれば，この過電流遮断器で一応保護し得る（電線に著しい変化を生じさせるような温度上昇はない。)。

ハの場合は，分岐幹線の電線の長さが極めて短いときには，実態上この間で短絡事故が生じる可能性はないものとして考える。

ニの場合は，上記イからハまでとは性格が異なるものであるが，太陽電池のみを電源とする幹線においては，太陽電池の特性上，最大短絡電流が定格電流の1.1倍～1.2倍程度にしかならないため幹線の許容電流を最大短絡電流以上にすることによっても幹線の保護ができる（→解説148.3図)。

なお，太陽電池と蓄電池を組合せたものを電源とする幹線は，ニの場合に該当しない。

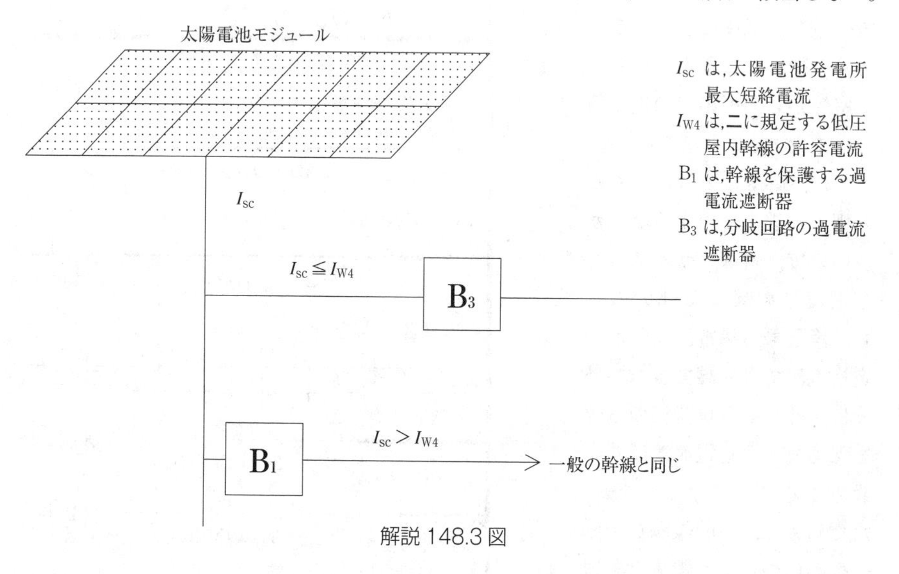

解説148.3図

第五号は，幹線の保護のために施設する過電流遮断器の定格電流I_Bは，原則として$I_B \leqq I_W$（I_Wは電線の許容電流で，絶縁電線を管等に収めている場合は**第146条第2項**の電流減少係数を乗じた値）としている。

ただし書は，負荷に電動機等を含む場合であって，幹線と分岐回路との許容電流の差が小さい場合には，**次条第2項第二号**との関連において，電動機の始動電流により過電流遮断器が動作しやすくなるので，より大きい定格のもの$I_B \leqq 3\Sigma I_M + \Sigma I_L$（ただし$I_B \leqq 2.5I_W'$とする。$I_W'$は電線の許容電流で，絶縁電線を管等に収めている場合でも**第146条第2項**の電流減少係数を乗じなくてもよい。)を選ぶことができる旨を示している。

ハの「過電流遮断器の標準の定格に該当しないとき」とは，JISによれば，ヒューズ及び配線用遮断器の規格は50，60，75，100，125，150A……というように段階的であるので，仮に（$3\Sigma I_M+\Sigma I_L$）の値が130Aとすれば，原則としてこの値以下の定格125Aのものとなるが，電動機の始動電流のように短時間（2sec～10sec）の電流に対しては電線の短時間過電流耐量に若干の裕度があるので，定格150Aのものを使用してもよいという意味である。しかし，電線の許容電流が100A以下の場合は，短時間過電流耐量も小さいので，直近上位の定格のものを使用することはできない。

第六号は，幹線を確実に保護するために過電流遮断器は，これを各極に施設すべきことを規定している。なお，多線式電路の中性線には，過電流遮断器を施設してはならないので（→**第35条**），本号の適用から除外されている。ただし書は，過電流遮断器として，バイメタル又はマグネットコイル等の動作要素を用いる配線用遮断器で動作要素が一つで各極同時に遮断される，いわゆる2極1素子の過電流遮断器を対地電圧が150V以下の低圧電路に施設することを認めている。2極1素子の過電流遮断器を施設する場合は，動作要素が非接地側になるように取り付ける必要がある。なお，この過電流遮断器は，**第33条第3項**に規定する配線用遮断器であり，低圧で受電する一般従量需要家に取り付けられる電流制限器とはその動作特性が異なることから，一般需要家引込口において，この配線用遮断器に電流制限器としての役割を兼ねさせることは認められない。

第2項第二号では，低圧幹線の電路でそれが接続される変圧器の中性点若しくは1端子又は接地側の電線に接地抵抗値の十分低い接地工事（接地抵抗値3Ω以下）を施している場合，又は幹線の電源側に漏電遮断器等を設置しているような場合は，開閉器を省略しても保安上支障はない（→**第19条解説**）ので，このような電路の接地側の極又は中性極には開閉器を省略できることとなっている（→**第149条第1項第三号解説**）。なお，引込口に施設するものについては，**前条**の規定が適用される。

第三号では，開閉器を省略する場合は，他の相の開閉器と同じ箇所に，中性極又は接地側の極の接続端子を設け，又はニュートラルスイッチを使用する等により電気的に完全に接続し，同時に保守点検の際に便利なように容易に取り外しができるように施設することを示している。

【低圧分岐回路等の施設】（省令第56条第1項，第57条第1項，第59条第1項，第63条第1項）

第149条　低圧分岐回路には，次の各号により過電流遮断器及び開閉器を施設すること。

一　低圧幹線との分岐点から電線の長さが3m以下の箇所に，過電流遮断器を施設すること。ただし，分岐点から過電流遮断器までの電線が，次のいずれかに該当する場合は，分岐点から3mを超える箇所に施設することができる。

イ　電線の許容電流が，その電線に接続する低圧幹線を保護する過電流遮断器の定格電流の55%以上である場合

ロ　電線の長さが8m以下であり，かつ，電線の許容電流がその電線に接続する低圧幹線を保護する過電流遮断器の定格電流の35%以上である場合

二　前号の規定により施設する過電流遮断器は，各極（多線式電路の中性極を除く。）に施設すること。ただし，次のいずれかに該当する電線の極については，この限りでない。

イ　対地電圧が150V以下の低圧電路の接地側電線以外の電線に施設した過電流遮断器が動作した場合において，各極が同時に遮断されるときは，当該電路の接地側電線

ロ　第三号イ及びロに規定する電路の接地側電線

三　第一号に規定する場所には，開閉器を各極に施設すること。ただし，次のいずれかに該当する低圧分岐回路の中性線又は接地側電線の極については，この限りでない。

イ　第24条第1項又は第19条第1項から第4項までの規定により接地工事を施した低圧電路に接続する分岐回路であって，当該分岐回路が分岐する低圧幹線の各極に開閉器を施設するもの

ロ　前条第2項第二号イ及びロの規定に適合する低圧電路に接続する分岐回路であって，開閉器の施設箇所において，中性線又は接地側電線を，電気的に完全に接続し，かつ，容易に取り外すことができるもの

四　第一号の規定により施設する過電流遮断器が，前号の規定に適合する開閉器の機能を有するものである場合は，当該過電流遮断器と別に開閉器を施設することを要しない。

2　低圧分岐回路は，次の各号により施設すること。

一　第二号及び第三号に規定するものを除き，次によること。

イ　第1項第一号の規定により施設する過電流遮断器の定格電流は，50A以下であること。

ロ　電線は，太さが149-1表の中欄に規定する値の軟銅線若しくはこれと同等以上の許容電流のあるもの又は太さが同表の右欄に規定する値以上のMIケーブルであること。

149-1表

分岐回路を保護する過電流遮断器の種類	軟銅線の太さ	MIケーブルの太さ
定格電流が15A以下のもの	直径1.6mm	断面積1mm^2
定格電流が15Aを超え20A以下の配線用遮断器		
定格電流が15Aを超え20A以下のもの（配線用遮断器を除く。）	直径2mm	断面積1.5mm^2
定格電流が20Aを超え30A以下のもの	直径2.6mm	断面積2.5mm^2
定格電流が30Aを超え40A以下のもの	断面積8mm^2	断面積6mm^2
定格電流が40Aを超え50A以下のもの	断面積14mm^2	断面積10mm^2

ハ　電線が，次のいずれかに該当する場合は，ロの規定によらないことができる。

（イ）　次に適合するもの

(1)　1のねじ込み接続器，1のソケット又は1のコンセントからその分岐点に至る部分であって，当該部分の電線の長さが，3m以下であること。

(2)　太さが149-2表の中欄に規定する値の軟銅線若しくはこれと同等以上の許容電流のあるもの又は太さが同表の右欄に規定する値以上のMIケーブルであること。

149-2表

<table>
<tr><th>分岐回路を保護する過電流遮断器の種類</th><th>軟銅線の太さ</th><th>MIケーブルの太さ</th></tr>
<tr><td>定格電流が15Aを超え20A以下のもの（配線用遮断器を除く。）</td><td rowspan="2">直径1.6mm</td><td rowspan="2">断面積 $1mm^2$</td></tr>
<tr><td>定格電流が20Aを超え30A以下のもの</td></tr>
<tr><td>定格電流が30Aを超え50A以下のもの</td><td>直径2mm</td><td>断面積 $1.5mm^2$</td></tr>
</table>

（ロ）　使用電圧が300V以下であって，第146条第1項各号のいずれかに該当するもの

ニ　低圧分岐回路に接続する，コンセント又はねじ込み接続器若しくはソケットは，149-3表に規定するものであること。

149-3表

<table>
<tr><th>分岐回路を保護する過電流遮断器の種類</th><th>コンセント</th><th>ねじ込み接続器又はソケット</th></tr>
<tr><td>定格電流が15A以下のもの</td><td>定格電流が15A以下のもの</td><td rowspan="2">ねじ込み型のソケットであって，公称直径が39mm以下のもの若しくはねじ込み型以外のソケット又は公称直径が39mm以下のねじ込み接続器</td></tr>
<tr><td>定格電流が15Aを超え20A以下の配線用遮断器</td><td>定格電流が20A以下のもの</td></tr>
<tr><td>定格電流が15Aを超え20A以下のもの（配線用遮断器を除く。）</td><td>定格電流が20Aのもの（定格電流が20A未満の差込みプラグが接続できるものを除く。）</td><td rowspan="4">ハロゲン電球用のソケット若しくはハロゲン電球用以外の白熱電灯用若しくは放電灯用のソケットであって，公称直径が39mmのもの又は公称直径が39mmのねじ込み接続器</td></tr>
<tr><td>定格電流が20Aを超え30A以下のもの</td><td>定格電流が20A以上30A以下のもの（定格電流が20A未満の差込みプラグが接続できるものを除く。）</td></tr>
<tr><td>定格電流が30Aを超え40A以下のもの</td><td>定格電流が30A以上40A以下のもの</td></tr>
<tr><td>定格電流が40Aを超え50A以下のもの</td><td>定格電流が40A以上50A以下のもの</td></tr>
</table>

二　電動機又はこれに類する起動電流が大きい電気機械器具（以下この条において「電動機等」という。）のみに至る低圧分岐回路は，次によること。

イ　第1項第一号の規定により施設する過電流遮断器の定格電流は，その過電流遮断器に直接接続する負荷側の電線の許容電流を2.5倍（第33条第4項に規定する過電流遮断器にあっては，1倍）した値（当該電線の許容電流が100Aを超える場合であって，その値が過電流遮断器の標準定格に該当しないときは，その値の直近上位の標準定格）以下であること。

ロ　電線の許容電流は，間欠使用その他の特殊な使用方法による場合を除き，その部分を通じて供給される電動機等の定格電流の合計を1.25倍（当該電動機等の定格電流の合計が50Aを超える場合は，1.1倍）した値以上であること。

三　定格電流が50Aを超える1の電気使用機械器具（電動機等を除く。以下この号において同じ。）に至る低圧分岐回路は，次によること。

イ　低圧分岐回路には，当該電気使用機械器具以外の負荷を接続しないこと。

ロ　第1項第一号の規定により施設する過電流遮断器の定格電流は，当該電気使用機械器具の定格電流を1.3倍した値（その値が過電流遮断器の標準定格に該当しないときは，その値の直近上位の標準定格）以下であること。

ハ　電線の許容電流は，当該電気使用機械器具及び第1項第一号の規定により施設する過電流遮断器の定格電流以上であること。

3　住宅の屋内には，次の各号のいずれかに該当する場合を除き，中性線を有する低圧分岐回路を施設しないこと。

一　1の電気機械器具（配線器具を除く。以下この条において同じ。）に至る専用の低圧配線として施設する場合

二　低圧配線の中性線が欠損した場合において，当該低圧配線の中性線に接続される電気機械器具に異常電圧が加わらないように施設する場合

三　低圧配線の中性線が欠損した場合において，当該電路を自動的に，かつ，確実に遮断する装置を施設する場合

4　低圧分岐回路に施設する開閉器は，第1項第三号又は第173条第9項の規定により施設するものを除き，次の各号に該当する箇所に施設しないことができる。

一　開閉器を使用電圧が300V以下の低圧2線式電路に施設する場合は，当該2線式電路の1極

二　開閉器を多線式電路に施設する場合は，第1項第三号ロの規定に適合する低圧電路に接続する分岐回路の中性線又は接地側電線

5　引込口から低圧幹線を経ずに電気機械器具に至る低圧電路は，第1項（第三号ただし書を除く。），第2項及び第3項の規定に準じて施設すること。

〔解　説〕 本条は，電気使用機械器具（→第142条第九号）に至る低圧電路について示したものである。なお，接触電線等の特殊な屋内電路は，本条では除いて考えてよい。

第1項は，低圧屋内幹線から分岐して電気使用機械器具に至る低圧屋内電路について示したものである。**第一号**は，分岐点に近い箇所に分岐回路用の開閉器及び過電流遮断器を設置することとしている。ここで分岐点からの長さが3m以下の箇所としたのは，通常，幹線から分岐回路用の開閉器及び過電流遮断器までの長さはこの程度で十分であり，かつ，その部分の保護は**前条第1項第四号ハ**と同様の理由により差し支えないものとした。

ただし書の場合は，幹線から分岐回路用の開閉器及び過電流遮断器までの部分の電線については，**前条第1項第四号イ**及び**ロ**と同様の理由により，幹線を保護する過電流遮断器により保護することとしている。なお，ただし書の趣旨を解説149.1図により説明すれば次のようになる。すなわち，原則としてはAの場合のように電線の長さを3m以下とすべきであるが，Bの場合のように電線の許容電流が幹線の過電流遮断器の定格電流の55%以上であれば，電線の長さの制限は受けない。また，Cの場合のように電線の許容電流が幹線の過電流遮断器の定格電流の35%以上あれば，電線の長さを8mまで延長してもよいこととしている。

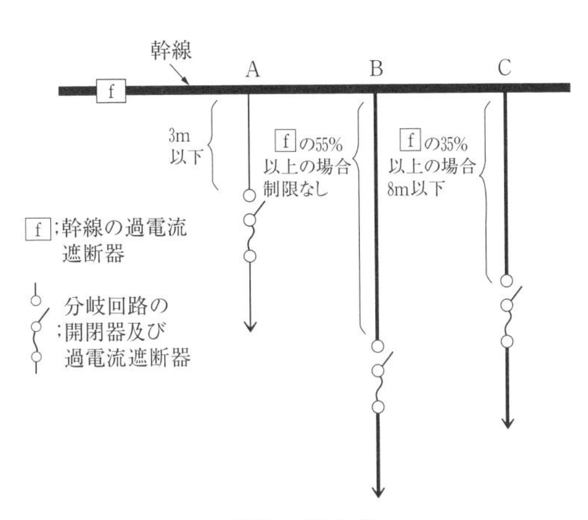

解説 149.1 図

第二号は，分岐回路の電線及び電気使用機械器具を保護する過電流遮断器は，原則として各極に設置することとしている。なお，多線式電路の中性線には，**第35条**の規定により過電流遮断器の施設が禁じられているので，当然設けてはならないことになっている。**イ**は，2極1素子の配線用遮断器を設置する場合の規定である（→**第148条第1項第六号解説**）。

ロは，**第三号ただし書**の**イ**及び**ロ**に該当する接地側電線の極については設けなくてよいように緩和している。

第三号は，分岐回路の開閉器は，原則として各極に設置することとしている。**イ**及び**ロ**に掲げる場合は，開閉器を省略するために設けた規定であって，いずれも絶縁抵抗測定の際，その分岐回路を大地からも電源からも完全に切り離すことができ，かつ，分岐回路用の省略しない方の極の開閉器を開くことにより，その分岐回路が充電されていないようにすることができるように施設するものである（→解説149.2図）。ここで開閉器を省略する場合は，他の相の開閉器と同じ箇所に，中性極又は接地側の極の接続端子を設け，又はニュートラルスイッチを使用する等により電気的に完全に接続し，同時に保守点検の際に便利なように容易に取り外しできるように施設することを示している。

イでは，分電盤内に主開閉器を設ける場合（→解説149.2図（a））において，それぞれ開閉器を省略してよいこととしている。

ロでは，開閉器が単独の場合（→解説149.2図（b））及び分電盤内に主開閉器を設けない場合（→解説149.2図（c））において，それぞれの中性線又は接地側電線の極の開閉器を省略してよいことを規定している。この場合に中性線又は接地側電線の接地抵抗値を3Ω以下としたのは，事故時の異常電圧発生等を防止するとともに，保守点検時の安全を確保するためのものである。したがって，当該箇所より電源側電路に漏電遮断器等が設置されていれば，保守点検時の危険性は少ないので，接地抵抗値の制限を設けていない。

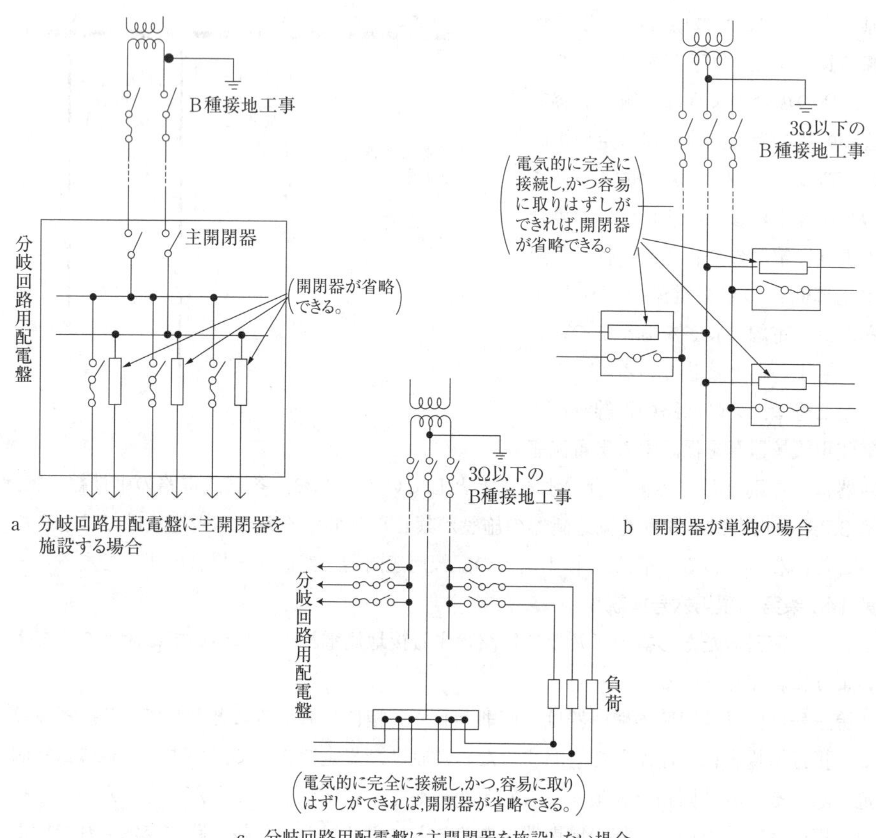

解説149.2図

第四号は，開閉器を節約する意味で設けられた規定である。プラグヒューズを使用する場合など，絶縁抵抗測定又は点検などの際にその回路を容易に電源から切り離すことができる場合は，開閉器を省略してもよいこととしている。

第2項は，分岐回路用過電流遮断器の容量が50A以下の場合の施設方法について規定している。

第一号イは，分岐回路に使用する過電流遮断器の定格電流を50A以下に限定している。

ロは，低圧配線の分岐回路を保護する過電流遮断器の定格に応じて，これに使用される電線の太さを規定している。この規定は，分岐回路に使用される低圧配線の太さに対して適当な容量の過電流遮断器を示し，当該回路に接続されるコンセント等の数又はそれらの定格電流の合計値に関係なく短絡等による事故電流の保護をしようとするものである。ただし，電光サイン装置，出退表示灯，制御回路等の配線，ショウウィンドー若しくはショウケース内の配線又はエレベータ用ケーブルを使用する場合は特殊なため，この規定の適用から除かれている（→**第146条**）。

なお，MIケーブルについては，許容電流，機械的強度が他の電線に比べ優れているので1ランク下の太さのものでよいことになっている。一方，アルミ導体の電線では，その機械的強度を考慮し，「軟銅線と同等以上の許容電流」のあるものよりも更に1ランク上の太さのものを使用することとなる。

ハの「1のねじ込み接続器，1のソケット又は1のコンセントからその分岐点に至る部分」というのは，いわゆる「タップ」のことで，これに関連して定格電流が15Aを超え20A以下のヒューズで保護される分岐回路を示すと，解説149.3図のとおりである。

本号では，電球線及び移動電線等の太さについて示していないが，電球線については**第170条**で，断面積が0.75mm^{2}以上のものを使用することになっている。普通の白熱電灯には並型口金のねじ込み接続器が使用され，これを保護する過電流遮断器は，定格電流が15A以下のヒューズ又は20A以下の配線用遮断器である。また，移動電線については，**第171条第1項第一号**で断面積0.75mm^{2}以上のコード（軽小な家庭用電気機械器具に附属するものにあっては，金糸コード）を使用することとなっている。通常，家庭用電気機械器具の差込み接続器の定格電流は15A以下であって，定格電流15A以下のヒューズ又は20A以下の配線用遮断器により保護されていることから，断面積が0.75mm^{2}以上のコード又はキャブタイヤケーブルについても保護されることになる。

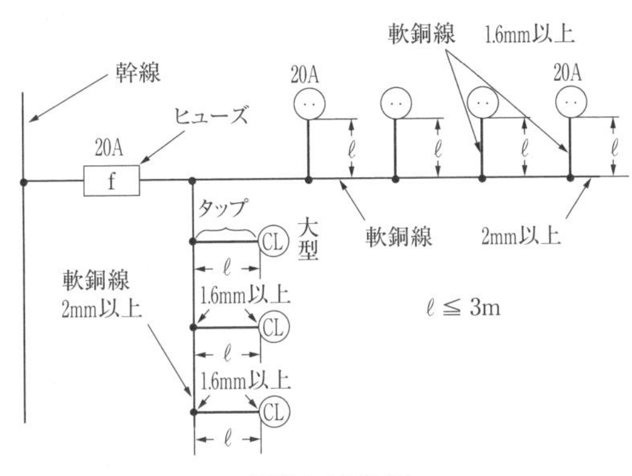

解説149.3図

ニは，分岐回路の種類（過電流遮断器の容量）に応じてこれに接続できるコンセント又はねじ込み接続器若しくはソケット（以下「コンセント等」という。）の定格について示している。

その趣旨は，コンセント等には，その定格又は大きさに応じて適当な容量の負荷が接続され，負荷には，コンセント等に接続するためにその容量に応じた太さのコードが使用される。この場合，分岐回路の過電流遮断器の定格に対して不釣り合いの過小な容量のコンセント等の接続を認めると，電気使用機械器具又はコードで短絡等の事故が発生した場合に，過電流遮断器が動作する前にコードが焼損すること又は過電流遮断器が動作しないことがある。このようなことのないように，分岐回路の種類に応じて適正な容量のコンセント等を接続することを定めている。

149-3表の「定格電流が15Aを超え20A以下のもの（配線用遮断器を除く。）」及び「定格電流が20Aを超え30A以下のもの」において，「定格電流が20A未満の差込みプラグが接続できるものを除く。」とあるのは，定格電流が15Aの差込みプラグと20Aの差込みプラグが接続できる兼用コンセントをこの電路に使用しないことを示している。

低圧のコンセントの定格電圧及び定格電流は，定格電圧が125Vのものに対しては，15A及び20A，定格電圧が250Vのものには，15A，20A，30A及び50Aの各々の定格電流がある。また，定格電圧が250Vのねじ込み接続器及びソケット（けい光灯スターターソケット及びナトリウム放電灯用ソケットを除く。）の大きさは，一般には口金又は受金の公称直径が39mm，26mm，17mm及び12mmのものがある。

白熱電灯（ハロゲン電球を除く。）には普通ねじ込み口金が使用されているが，39mmのものは大型口金又はモーガルソケット，26mmのものは並列口金，17mmのものは中型口金，12mm以下のものは細型口金又は小型口金と呼ばれている。ハロゲン電球で電路に接続して使用されるものが，ワット数が500W以上の撮影用及びスタジオ用のものであり，受金は特殊な構造をしている。

けい光灯用ソケットには定格電流が3～0.2A，けい光灯用スターターソケットには定格電流が1Aのものがある。また低圧ナトリウム放電灯は，高速道路の照明用に使用されるもので，ワット数が60～200Wで，受口は差込み形である。

第二号は，電動機等の特性が電灯や電熱器具の特性と異なるので，これを別に規定している。

電動機の分岐回路の過電流に対する保護装置は，その回路の電線等を短絡及び過負荷から保護できるとともに，電動機の始動電流で動作しないようにする必要がある。すなわち，一般回路用の過電流遮断器でこの回路の過負荷保護をするために電動機の全負荷電流に合わせて過電流遮断器の定格電流を選定すると，電動機の始動電流で動作することになる。そのため，この分岐回路の過電流遮断器は，もっぱら電路の短絡を保護し，電動機の過負荷電流は電磁接触器に組み込まれた熱動リレー等（→**第153条解説**）で保護することになる。

イは，電動機の始動電流に耐え，かつ，配線の短絡故障の際に電線を十分保護し得るようにするため，過電流遮断器が第33条第2項又は第3項に該当する配線用ヒューズ又は配線用遮断器である場合は，電線の許容電流の250%以下の定格電流のものを使用することとしている。また，過負荷保護装置と短絡保護専用遮断器又は短絡保護専用ヒューズを組み合わせた装置である場合は，電線の許容電流以下の定格電流のものを使用することとしている。なお，イでいう電線の許容電流は，第146条第2項で算出した値であるが，電線を金属管等に収めて使用する場合でも146-4表の電流減少係数を乗じなくてもよい（→第146条第2項解説）。

電動機用分岐回路の過電流遮断器の定格の選定は，過電流遮断器が第33条第2項及び第3項に該当する配線用ヒューズ又は配線用遮断器である場合は，電線の短絡保護という観点から示されているが，実際の選定に当たっては，電動機の過負荷保護を行う電磁開閉器（電磁接触器と熱動リレー等と組み合わせたもの）との保護協調を十分考慮する必要がある。

一般に電磁接触器の接点の溶着電流及び熱動リレーの溶断電流（閉路電流又は遮断電流）は，その定格電流の10倍前後（日本産業規格JISC8325（1983）「交流電磁開閉器」）となっているので，解説149.4図に示すように電動機の全負荷電流の3～6倍以下を熱動リレーで保護し，それ以上の過負荷及び短絡電流を過電流遮断器で保護することができるように熱動リレーの動作特性曲線Aと過電流遮断器の遮断特性曲線Bとが交差するような過電流遮断器の定格を選定すべきである。すなわち，過電流遮断器の定格が大き過ぎて，解説149.4図に示すように，熱動リレーの動作特性曲線Aと，過電流遮断器の遮断特性曲線Cとが交差しないと，電動機端子などで短絡事故などが発生したとき，熱動リレーが溶断し，又は電磁接触器の接点が溶着することもある（1分岐回路に2以上の電動機を接続する場合は，特に，最小容量の電動機の電磁開閉器との保護協調に注意する必要がある。）。

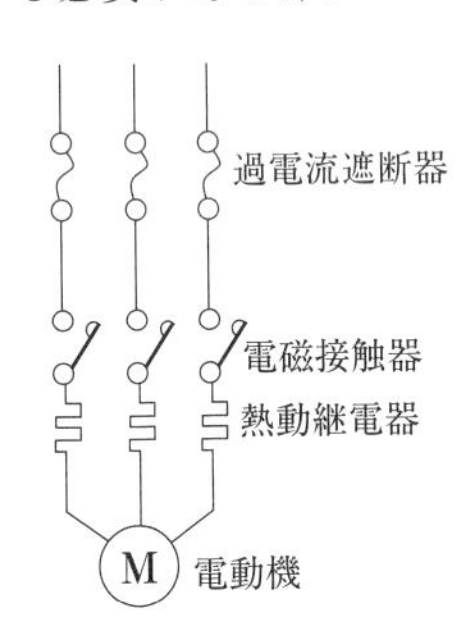

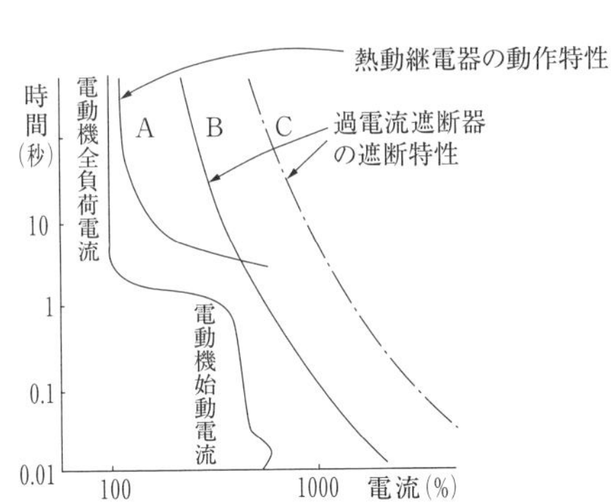

解説149.4図

電動機用の電磁開閉器のなかには，遮断閉路容量がその定格電流の5倍程度のものもあるが，汎用の電動機の場合は，電動機の全負荷電流の3倍前後の定格電流の過電流遮断器を選定すれば，十分保護協調を保つことが可能である。

また，過負荷保護装置（電磁開閉器に限っている。）と短絡保護専用遮断器又は短絡保護専用ヒューズを組み合わせた装置である場合は，電線の短絡保護と過負荷保護の両方ができ，さらに，電磁開閉器と短絡保護専用遮断器又は短絡保護専用ヒューズとは**第33条第4項**の規定によってあらかじめ保護協調を考慮して組み合わせていることから，この場合については保護協調を考慮しなくてもよい。

なお，過電流遮断器として「電動機用ヒューズ」，「電動機用配線用遮断器」又は「電磁開閉器と短絡保護専用遮断器又は短絡保護専用ヒューズを組み合わせた装置」を使用して，分岐回路の過負荷保護及び短絡保護を兼ね，**第153条**で規定する熱動リレーなどの過負荷保護装置を省略する場合は，電動機の全負荷電流に見合った定格のものを選定する必要がある。この場合に汎用の電動機のときは問題がないが，始動電流が大きく，始動時間の長い電動機の場合には，始動時にヒューズが溶断する又は配線用遮断器が動作するなど，この方式が採用できない場合があるので注意を要する。

ロは，電線の太さについて示した規定であるが，電動機等は，過負荷又は供給電圧の低下の際には定格電流よりも大きな電流が通じることがあるので，電線を過負荷にさせないようにするため定格電流に対するものよりも若干太めの電線を使用しておく必要がある。

一般的に，小容量の電動機ほど過負荷の程度が甚だしく，また，細い電線ほど許容電流に対する短時間過電流耐量が小さいので，定格電流50A以下の場合は，電圧の変動も考慮し，電動機の定格電流の25%増しの許容電流をもつ電線を使用することとし，比較的大容量のものは，過負荷の程度も少ないので主として供給電圧の低下の場合の影響のみを考慮して10%増のものを使用することとしている。また，分岐回路の電線中にも2個以上の電動機に電気を供給する共通部分を有することとなるが，この部分の使用電線の太さは幹線の場合と全く同様であると考えている。

間欠使用等の場合は，一律に定め難いので，この規定としては定めていないが，それぞれの場合に応じて電線の太さを適当に選べばよい。しかし，あまり細い電線を選定すると，**イ**の過電流遮断器の定格電流の制約から電動機の始動時に過電流遮断器が動作することがあるので注意を要する。

第三号イは，比較的大容量の電気使用機械器具（定格電流が50Aを超えるもの）は，取扱いに特に注意を要するので1個ごとに分岐することを示している。**ロ**は，比較的大容量の電気使用機械器具に電気を供給する分岐回路用過電流遮断器の容量が電気使用機械器具の定格に対して過大であると過電流保護の役目を果たさないので，電気使用機械器具（始動電流の大きい電動機等は除かれている。**→第2項第二号**）の定格電流の1.3倍以下であることを示している。**ハ**は，分岐回路又はその負荷の短絡事故等によって，過大な電流が流れても低圧配線が焼損することを防止するように，また，低圧配線に対して不相応な負荷を使用して過大な電流が流れないように，その許容電流がそれに接続する電気使用機械器具及び分岐回路用過電流遮断器の定格電流以上の適正な太さの電線を使用することとしている。

第3項は，単相3線式配線に関するものであり，H4基準で**第一号**，H14解釈で**第二号**及び**第三号**の施設方法が規定された。単相3線式配線は，同じ箇所で二つの電圧がとれる利便性を有するものの中性点が欠相となった場合，100V負荷機器へ異常電圧が加わり機器を損傷するおそれがあるため，住宅の分岐回路については，欠相防止を考慮した配線方法や，欠相時の保護装置を施設するなど，対策を施した場合に限り施設できることとした。

これは，住宅への単相3線式引込みが一般的になり，中性線の接続点の緩みによる欠相事故の苦情が聞かれるようになったことに伴うものである。欠相事故の原因は，漏電遮断器の中性線端子にあると推定されており，押し1ネジ（1本のネジの頭部で心線を押して接続する最も簡単な構造の端子部）を用いたものに事故例がある。事故が発生したものは工事後5年程度以上を経ており，端子部の接続に微妙な緩みが生ずるものと推定されている。中性線の抵抗が増加すると電圧が不平衡となり，100V電気使用機械器具に定格電圧を上回る電圧が加わるため電気使用機械器具を損傷する。漏電遮断器の端子部の改善については，日本産業規格JISC8371（1992）「漏電遮断器」において，主回路端子への外部導体の脱落や抜け強度に関する性能確認を目的に端子強度が規定された。

なお，200V分岐回路の配線については，現在，200V電気使用機械器具の専用分岐回路が一般的で，2線式配線になっている。

第一号は，単相3線式電気機械器具への専用回路を示しており，例えば単相3線式電気使用機械器具というのは，200Vだけでなく100Vも必要とする電気使用機械器具のことであり，電気乾燥機がある。

第二号は，中性線の欠相時に100V負荷に異常電圧が加わらないように施設された回路を示している。これは，単相3線式分岐回路の片相に，100V負荷を集中させて施設することを示している。100V負荷を片相に集中させることにより，中性線が欠相した場合であっても，100V負荷は不点（電源が供給されない。）となるため，負荷に異常電圧が加わることを回避できる方式である。ただし，負荷を片相に寄せることにより不平衡となるおそれがあるため，あらかじめ分電盤内において100V負荷をバランスさせておくことが必要である。

第三号は，欠相保護装置を施設する回路を示している。これは，中性線が欠相した場合に当該電路を遮断する装置を施設することにより，負荷機器の損傷を防ぐ方式である。現在，単相3線式回路の保護装置として，中性線欠相保護機能付き漏電遮断器が開発されているが，これは，分電盤内における中性線の欠相を保護するものである。幹線と同様に，分岐回路においても中性線の欠相を検知し当該電路を遮断する装置を施設することにより，負荷機器に加わる異常電圧を最小限にとどめ，機器の損傷を防止するというものである。この場合には，欠相の検知を負荷の末端で行う必要があるため，検知線を負荷の末端に施設するなどの対策を講じることとなる。

一方，ビル，工場等では電流容量が大きく省資源効果が高いため，単相3線式配線方式が採用されている。幹線等の電流容量の大きなものでは電線に圧着端子を付け，バネ座金を用いるなど信頼性の高いものが採用されていることや，ネジの増し締め等の保守によっても回避できる問題であることから，規制対象を最小限にするため住宅の分岐回路に限った。また，専用回路についても障害のないものとして除外した。

第4項第一号では，使用電圧が300V以下の低圧2線式電路での特例を認めている。すなわち，低圧2線式電路は主として電灯回路を対象とするものであって，電灯の点灯等に各極に開閉器を設けることは，個々の容量は小さくても数が多いために多くの資材を必要とし，工事も複雑となるので，経済的にもその簡易化が望まれる。一方，保安上の点からは既に**第147条**，**本条第1項**及び**第173条第9項**の規定により必要な箇所に開閉器を設けることになっているので，電灯等の点灯だけを目的とするものでは，これを単極に設けることを認めている。

第二号では，多線式の屋内配線では分岐回路中にあって，この解釈で設置することを義務付けられている開閉器（**→第1項第一号**）及び屋内接触電線に電気を供給するための専用の開閉器以外の開閉器，例えば操作用の開閉器には，その開閉器が施設される電線に接地抵抗値の十分低い接地工事（接地抵抗値3Ω以下）を施している場合又はその電源側に漏電遮断器等が設置されている場合には，その電路には開閉器を省略してもよいことを規定している。

第5項は，低圧幹線を経ずに電気機械器具に至る低圧電路について定めたものである。このような配線は，幹線及び分岐回路に該当しないため，別に「幹線を経ずに電気機械器具に至る電路」とし，施設方法は**第1項**，**第2項**及び**第3項**に準じることにしたものである。**第1項**を準用する場合に，開閉器及び過電流遮断器（配線用遮断器）が**第147条**の規定による引込口開閉器を兼ねることになるため，全極を解放しないことにより部分的に配線が充電されることがないよう，**第三号ただし書**の規定を除外している。

【配線器具の施設】（省令第59条第1項）

第150条　低圧用の配線器具は，次の各号により施設すること。

一　充電部分が露出しないように施設すること。ただし，取扱者以外の者が出入りできないように措置した場所に施設する場合は，この限りでない。

二　湿気の多い場所又は水気のある場所に施設する場合は，防湿装置を施すこと。

三　配線器具に電線を接続する場合は，ねじ止めその他これと同等以上の効力のある方法により，堅ろうに，かつ，電気的に完全に接続するとともに，接続点に張力が加わらないようにすること。

四　屋外において電気機械器具に施設する開閉器，接続器，点滅器その他の器具は，損傷を受けるおそれがある場合には，これに堅ろうな防護装置を施すこと。

2　低圧用の非包装ヒューズは，不燃性のもので製作した箱又は内面全てに不燃性のものを張った箱の内部に施設すること。ただし，使用電圧が300V以下の低圧配線において，次の各号に適合する器具又は電気用品安全法の適用を受ける器具に収めて施設する場合は，この限りでない。

一　極相互の間に，開閉したとき又はヒューズが溶断したときに生じるアークが他の極に及ばないような絶縁性の隔壁を設けること。

二　カバーは，耐アーク性の合成樹脂で製作したものであり，かつ，振動により外れないものであること。

三　完成品は，日本産業規格 JIS C 8308（1988）「カバー付きナイフスイッチ」の「3.1 温度上昇」，「3.6 短絡遮断」，「3.7 耐熱」及び「3.9 カバーの強度」に適合するものであること。

〔解　説〕 本条は，配線器具の施設方法について規定している。**第1項**は，低圧電路は一般家庭や工場の屋内，屋側又は屋外に施設され，通常これに取り付けられる配線器具は一般の人々が接触するものであり，充電部分が露出しているときは，これに触れて感電するおそれがあるので，充電部分が露出しないような適当な構造とすることを規定しているもので，**第144条**の電気使用場所における裸電線の使用制限の条項と同様，電気工事の原則の一つである。ただし，取扱者しか出入りしない特定の場所に施設するものは，電気機器の取扱いの心得のある者のみがその器具を扱うため差し支えないこととしている。したがって，一般家庭や工場では露出型開閉器等は使用せず，カバー付きスイッチや箱型スイッチのようなものを使用することとしている。

第二号は，湿気の多い場所（**→第1条第二十七号**）又は水気のある場所（**→第1条第二十六号**）に施設する配線器具には湿気の侵入を防止できるような防湿構造のものを使用すべきことを定めている。これは，水分や湿気のため配線器具の機能及び寿命が著しく低下し，感電，漏電等の危険も多くなるからである。

第三号は，配線器具端子部分の接続不良による過熱焼損事故等を防止するため，配線器具端子への電線接続は堅ろうにし，接続点に張力をかけないように施設することを示している。

第四号は，開閉器，接続器，点滅器等で破損しやすく充電部の露出する可能性のあるもの及び工事現場等で損傷を受ける可能性の高いものについて，堅ろうな防護装置を施すことを示している。屋外に施設する配線器具は，雨露にさらされ，外傷を受けることが多く，その上，人が触れやすい。特に土木機械の移動コンベヤーのようなものでは，使用後の取扱いがきわめて乱暴であり，水分のある土地で使用するために配線器具などが破損し，これによる作業者の感電事故が発生していたことから，これらの事故を防止する趣旨で設けられたものである。

第2項は，非包装ヒューズが溶断するときに発生するアークが近くの可燃性物質に燃え移るおそれがあるので，これを防止するための規定である。

第一号から**第三号**の規定に適合する開閉器は，そのカバーが材質的には必ずしも不燃質のものとはいえないが，非包装ヒューズが溶断してアークが発生しても，ほとんど危険のおそれがないものと認められるので，その使用を認めることとしている。

この規格は，日本産業規格 JIS C 8308（1988）「カバー付きナイフスイッチ」から採ったものであるが，**第二号**の「耐アーク性の合成樹脂」とは，尿素樹脂，メラミン樹脂（黒色及び茶色を除く。），耐熱スチロール及び硬質塩化ビニルをいい，従来のカバー付ナイフスイッチのカバーとして多く使用されていたフェノール樹脂（いわゆるベークライト）は含まれないので注意されたい。

また，**本条**で引用している JIS C 8308（1988）については，当該規格に規定するカバー付きナイフスイッチが非包装ヒューズを使用した我が国独自の製品であるため，包装ヒューズ付き器具で構成された国際規格との整合を図ることが難しいこと，また，需要が減少していることなどの理由により平成17年に廃止されている。しかしながら，同規格に基づく製品が現在も製造され，かつ，使用されているなど，実情を勘案して引用を継続することとした。

【電気機械器具の施設】（省令第59条第1項）

第151条 電気機械器具（配線器具を除く。以下この条において同じ。）は，その充電部分が露出しないように施設すること。ただし，次の各号のいずれかに該当するものについては，この限りでない。

一 第183条に規定する特別低電圧照明回路の白熱電灯

二 管灯回路の配線

三 電気こんろ等その充電部分を露出して電気を使用することがやむを得ない電熱器であって，その露出する部分の対地電圧が150V以下のもののその露出する部分

四 電気炉，電気溶接器，電動機，電解槽又は電撃殺虫器であって，その充電部分の一部を露出して電気を使用することがやむを得ないもののその露出する部分

五 次に掲げるもの以外の電気機械器具であって，取扱者以外の者が出入りできないように措置した場所に施設するもの

イ 白熱電灯

ロ 放電灯

ハ 家庭用電気機械器具

2　通電部分に人が立ち入る電気機械器具は，施設しないこと。ただし，第198条の規定により施設する場合は，この限りでない。
3　屋外に施設する電気機械器具（管灯回路の配線を除く。）内の配線のうち，人が接触するおそれ又は損傷を受けるおそれがある部分は，第159条の規定に準ずる金属管工事又は第164条（第3項を除く。）の規定に準ずるケーブル工事（電線を金属製の管その他の防護装置に収める場合に限る。）により施設すること。
4　電気機械器具に電線を接続する場合は，ねじ止めその他これと同等以上の効力のある方法により，堅ろうに，かつ，電気的に完全に接続するとともに，接続点に張力が加わらないようにすること。

〔解　説〕 **第1項**は，**前条第1項**と同様の原則的な規定である。

第一号は，特別低電圧照明回路の白熱電灯については，充電部分が露出する場合があり，**第183条**で特別に施設要件を定めていることから，**本条**の規定対象外としている。

第三号は，対地電圧が150V以下の家庭用電気機械器具（→**第142条第十号**）のうち電気こんろや電気ストーブ等は，その使用目的から見て充電部分を露出させて使用することがやむを得ないものであり，かつ，使用状態では充電部分の温度が高く，人が触れるおそれが少ないので，その露出部分（発熱体部分）については，この規定を適用しないこととしている。

第四号は，電気炉，電気溶接器及び電解槽の電極，電撃殺虫器の電撃格子並びに電動機のスリップリング，整流子及びブラシのような構造上露出することがやむを得ないものについては，そのやむを得ない部分に限り，**本項**の規定を適用しないこととしている。

電気機械器具には，業務用電気機械器具（→**第142条第九号解説**）も含まれるが，これらも専門的知識のない一般の人々が取り扱うことが多いことから，家庭用電気機械器具の場合と同様，充電部分が露出しないように施設することを原則としている。しかし，取扱者のみしか出入りしない特定の場所に施設するものは，電気機器の取扱いの心得がある者のみがその機械器具を扱うので，前述のような危険を防ぐことができると認めて，第五号で充電部分の露出禁止を強制しないこととしている。

第2項は，一般の浴槽に加温用又は刺激用の電極を設けるもの等通電部分に人が立ち入るものは，その使用状態からみて施設方法によっては不測の事故を起こすことも考えられるので，これらの使用を禁止している。

ただし，電極式温泉用昇温器，電気浴器及び銀イオン殺菌装置については**第198条**に施設方法を示しているので，この例外とされている。

第3項は，電気機械器具内の配線のうち，電気機械器具の外面等に施設するものについては，人が接触する又は物が触れるなどの可能性もあるので，ケーブル工事の場合であっても金属管その他の防護装置で保護することとしている。なお，**第164条第3項**

に示されている建造物の電気配線用パイプシャフト内にケーブルを垂直につり下げて施設する方法は準用できないので注意を要する（→第164条解説）。屋外に施設する電気使用機械器具は，雨露にさらされ，外傷を受けることが多く，その上，人が触れやすい。特に土木機械の移動コンベヤーのようなものでは，使用後の取扱いがきわめて乱暴であり，水分のある土地で使用するために配線器具などが破損し，これによる作業者の感電事故が発生していたことから，これらの事故を防止する趣旨で設けられたものである。

第4項は，**前条第1項第三号**と同様に規定したもので，機械器具端子部分の過熱，焼損事故を防止するため，電気使用機械器具端子への電線接続は堅ろうにし，接続点に張力をかけないように施設することとしている。

【電熱装置の施設】（省令第59条第1項）

第152条　電熱装置は，発熱体を機械器具の内部に安全に施設できる構造のものであること。ただし，次の各号のいずれかに該当する場合は，この限りでない。

一　第195条（第3項を除く。），第196条又は第197条の規定により施設する場合

二　転てつ装置等の積雪又は氷結を防止するために鉄道の専用敷地内に施設する場合

三　発電用のダム，水路等の屋外施設の積雪又は氷結を防止するために，ダム，水路等の維持及び運用に携わる者以外の者が容易に立ち入るおそれのない場所に施設する場合

2　電熱装置に接続する電線は，熱のため電線の被覆を損傷しないように施設すること。（関連省令第57条第1項）

〔解　説〕 本条は，屋内，屋側及び屋外で使用する低圧用の電熱装置による感電，出火の災害を防止するため，一般的な事項について規定している。

第1項は，一般に電気炉，電熱器等は，その使用目的からみて発熱体が露出している場合が多いが，この場合は機械器具の内部に安全に取り付けられる必要がある。それ以外の場合には，屋内，屋側及び屋外に発熱体を施設することを禁じている。しかし，ただし書において暖房のためコンクリート等の床に発熱体を施設するフロアヒーティングの施設，路面の氷結を防止するためのロードヒーティングの施設及びコンクリート養生線の施設（→**第195条**），電気温床等の施設（→**第196条**）並びにパイプライン等の電熱装置の施設（→**第197条**）については認められている。

第二号では，鉄道の専用敷地内であれば維持運用に携わる者以外は容易に立ち入れないので，転てつ装置等の氷結防止用電熱装置を施設してよいこととしている。

第三号では，発電用のダム，水路等の屋外施設であって，ダム，水路等の維持運用に携わる者以外の者が容易に立ち入るおそれのない場所であれば，氷結防止用電熱装置を施設してよいこととしている。なお，発電用のダム，水路等の屋外施設に氷結防止用電

熱装置を施設する場合にあっては，発熱線を直接ダム内に施設すること等によってダム工作物の安全をおびやかさないように施設する必要がある。

第2項は，電熱器で電線を取り付ける部分の構造が適当でないと，熱のため電線の被覆が早く劣化するので，電線の取付け点は電熱器の熱のなるべく少ない位置とする必要があることを示している（電線の取付け点までは電熱線を豆がい管に入れて表面配線を行う。）。

電熱装置と電線との接続は，コードを直接器体に取り付ける場合は，器体に取り付けられる部分のコードの各線心に，熱伝導率の少ない耐熱材を巻いてあるものを使用する必要がある。

【電動機の過負荷保護装置の施設】（省令第65条）

第153条　屋内に施設する電動機には，電動機が焼損するおそれがある過電流を生じた場合に自動的にこれを阻止し，又はこれを警報する装置を設けること。ただし，次の各号のいずれかに該当する場合はこの限りでない。

一　電動機を運転中，常時，取扱者が監視できる位置に施設する場合

二　電動機の構造上又は負荷の性質上，その電動機の巻線に当該電動機を焼損する過電流を生じるおそれがない場合

三　電動機が単相のものであって，その電源側電路に施設する過電流遮断器の定格電流が15A（配線用遮断器にあっては，20A）以下の場合

四　電動機の出力が0.2kW以下の場合

〔解　説〕電動機の分岐回路に設けられた過電流遮断器は，主として分岐回路の電線の短絡保護のための装置であり，また，電動機の始動電流に対して余裕を必要とするので，その定格又は整定値は，電動機の過負荷保護又は欠相による過電流には不適当である。

本条は，電動機に対し過負荷保護装置を設ける規定であり，長時間過負荷又は欠相による過電流が通じたままで運転されることにより電動機が過熱し，火災の原因となるのを防止することを目的としている。保護装置としては過電流の状態を短時間かつ自動的に阻止する装置又はこれを警報する装置が要求されるが，過電流による異常の検出は電流又は電動機巻線の温度等によって行えばよい。一般にはこの装置として，電動機の巻線の過負荷を入力電力によって検出する誘導形及びサーマル形と，巻線の過負荷による過熱を検出するバイメタル形及びサーミスタ形とがあり，これらのリレーと電磁接触器又は警報器とを組合せたものが使用される。また，遅動（タイムラグ）特性を有する電動機用ヒューズ又は電動機用配線用遮断器が汎用の電動機に使用されるが，大形ファン，遠心分離機のように始動電流が大きく，始動電流の持続時間の長い電動機には適さない。

この場合の過電流とは，電動機を焼損させるような過電流ということであって短時間の過電流は考える必要がない。したがって，このような過電流の状態は電流だけでなく，

巻線の温度によっても検出できる。この過電流が電動機の全負荷電流の何倍であるかということは，大形ファンや遠心分離機のように遅延特性が必要な場合，冷凍機や水中ポンプのように速動特性が必要な場合，始動停止を頻繁に繰り返す間欠使用の電動機の場合など，電動機及び負荷の種類によって始動電流，始動時間がそれぞれ異なり，それに適応した過負荷電流又は温度上昇を検出するリレーの選択が必要である。

なお，ここで注意しなければならないことは，過負荷保護装置として電磁開閉器（電磁接触器とサーマルリレーを組み合わせたもの）を使用する場合，電磁開閉器の遮断閉路容量が，巻線形誘導電動機用のもので定格容量の 5 倍，直入かご形誘導電動機用のもので 10 倍程度しかなく，短絡などの事故に対して十分な過電流耐量を有しないので，分岐回路に設置する過電流遮断器との保護協調を十分保つ必要がある（→**第 149 条第 2 項第二号解説**）。

このような過負荷保護装置を設けなくてよい場合について**第一号**から**第四号**までに規定されている。

第一号は，取扱者が常時電動機の近くにいて，電動機に異常が発生すれば視覚又は臭覚によって直ちに適正な処置がとれる場合である。この場合の「常時取扱者が監視できる」とは，例えば電動機に異常が生じて大事に至る前に必ず発見できる程度の間隔をもって巡視している場合なども含まれると考えてよい。

第二号は，電動機の負荷が一定限度を超えるときに機械的に電動機の回転子が滑って，電動機が過負荷に達せず，かつ，過電流遮断器にヒューズを使用せず容易に欠相するおそれがないような場合である。

第三号は，単相電動機の場合は欠相運転の心配がなく，また，分岐回路が 15A（配線用遮断器の場合は，20A）以下であれば，電動機を十分保護できるためである。例えば，家庭用電気機械器具等の電動機がこれに該当する。

第四号は，**省令第 65 条**において除外されているものである。

【蓄電池の保護装置】（省令第 59 条第 1 項）

第 154 条　蓄電池（常用電源の停電時又は電圧低下発生時の非常用予備電源として用いるものを除く。）には，第 44 条各号に規定する場合に，自動的にこれを電路から遮断する装置を施設すること。（関連省令第 14 条）

〔解　説〕 本条は，H20 解釈で新たに追加されたものであり，蓄電池の保護装置について規定している。規定の内容及び考え方は，**第 44 条**と同じである。

【電気設備による電磁障害の防止】（省令第67条）

第155条　電気機械器具が，無線設備の機能に継続的，かつ，重大な障害を及ぼす高周波電流を発生するおそれがある場合には，これを防止するため，次の各号により施設すること。

一　電気機械器具の種類に応じ，次に掲げる対策を施すこと。

イ　けい光放電灯には，適当な箇所に静電容量が0.006μF以上0.5μF以下（予熱始動式のものであって，グローランプに並列に接続する場合は，0.006μF以上0.01μF以下）のコンデンサを設けること。

ロ　使用電圧が低圧であり定格出力が1kW以下の交流直巻電動機（以下この項において「小型交流直巻電動機」という。）であって，電気ドリル用のものには，端子相互間に静電容量が0.1μFの無誘導型コンデンサ及び，各端子と大地との間に静電容量が0.003μFの十分な側路効果のある貫通型コンデンサを設けること。

ハ　電気ドリル用以外の小型交流直巻電動機は，次のいずれかによること。

（イ）　端子相互間に静電容量が0.1μFのコンデンサ及び，各端子と小型交流直巻電動機を使用する電気機械器具（以下この項において「機械器具」という。）の金属製外箱若しくは小型交流直巻電動機の枠又は大地との間に静電容量が0.003μFのコンデンサを，それぞれ設けること。

（ロ）　金属製の台及び外箱等，人が触れるおそれがある金属製部分から小型交流直巻電動機の枠が絶縁されている機械器具にあっては，端子相互間に静電容量が0.1μFのコンデンサ及び，各端子と枠又は大地との間に静電容量が0.003μFを超えるコンデンサを，それぞれ設けること。

（ハ）　各端子と大地との間に静電容量が0.1μFのコンデンサを設けること。

（ニ）　機械器具に近接した箇所において，機械器具に接続する電線相互間に静電容量が0.1μFのコンデンサ及び，その各電線と機械器具の金属製外箱又は大地との間に0.003μFのコンデンサを，それぞれ設けること。

ニ　けい光放電灯又は小型交流直巻電動機において，イからハまでに規定する対策を施してもなお無線設備の機能に継続的かつ重大な障害を与えるような高周波電流を発生するおそれがある場合は，次によること。

（イ）　当該電気機械器具に接続する電路の当該電気機械器具に近接する箇所に，高周波電流の発生を防止する装置を施設すること。

（ロ）　（イ）の規定により施設する装置の接地側端子は，接地工事を施していない電気機械器具の金属製の台及び外箱等，人が触れるおそれがある金属製部分と接続しないこと。

ホ　ネオン点滅器には，電源端子相互間及び各接点に近接する箇所において，これらに接続する電路に高周波電流の発生を防止する装置を設けること。

二 前号ロ及びハの規定におけるコンデンサ（電路と大地との間に設けるものに限る。），並びに前号ニ及びホの規定における高周波電流の発生を防止する装置の接地側端子には，D種接地工事を施すこと。（関連省令第10条，第11条）

三 第一号イからハまでの規定におけるコンデンサは，155-1表に規定する交流電圧をコンデンサの両端子相互間及び各端子と外箱との間に連続して1分間加えたとき，これに耐える性能を有すること。

155-1表

区分		交流電圧
電気機械器具の端子相互間又は電線相互間に施設するもの	使用電圧が150V以下の電路に施設するもの	230V
	その他のもの	460V
電気機械器具の端子又は電線と，電気機械器具の金属製外箱若しくは交流直巻電動機の枠又は大地との間に施設するもの		1,000V

〔解 説〕 **本条**は，電気機械器具からの妨害電波による無線設備の通信障害のうち，継続的かつ重大なものを防止することを目的としている。したがって，一時的又は瞬間的なものや軽微なものまでも規制するものではない。電波障害の種類としては，①電気機械器具や電線路等から直接発生する電波による障害，②電気機械器具の使用電流に高周波分が含まれるために，これが電路に伝わり，その電路に接続される無線設備に影響を及ぼすことによる障害，③電気機械器具から電路に伝わった高周波分によって，さらに電路から発生する電波による障害，④接地点からの伝導がある。**本条**においては，電気機械器具が高周波電流を発生して通信障害を及ぼさないようにその防止方法を規定している。

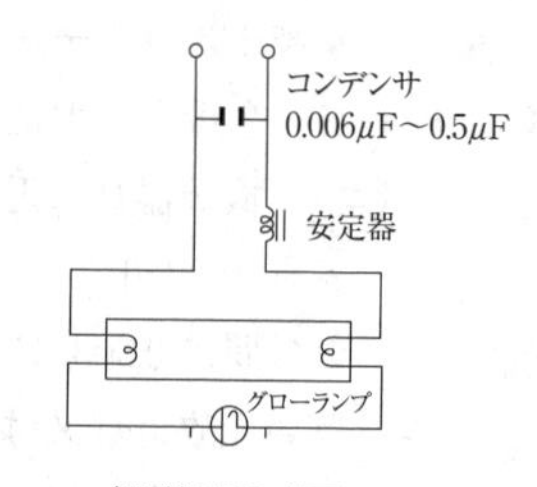

解説155.1図

第一号イでは，けい光放電灯から発生する妨害高周波電流の通信障害防止方法について規定している。けい光放電灯より発生する妨害高周波電流は解説155.1, 2図のように，放電灯と並列にコンデンサを挿入すれば最も効果的に防止することができ，一般的にはこの方法で受信障害を解決できるので，**本条**では，この方法について規定した。この場合，挿入するコンデンサの値は0.006μF～0.5μFのものが適当である。このコンデンサの値がこれより小さいと防止効果が下がり，また，大きくてもその割に防止効果があがらず，特に予熱始動式のものでグローランプに並列に接続するものは放電管の寿命，グローランプの機能（接点が融着することがある。），始動時間等に悪影響を及ぼすので，0.006μF～0.01μFのコンデンサを設けてもよいようにした。

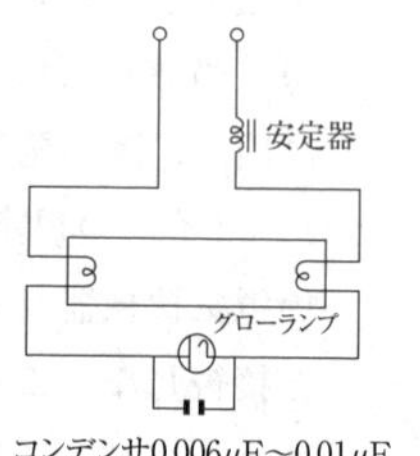

解説155.2図

ロでは，電気ドリル用の小型交流直巻電動機から発生する高周波電流による通信障害防止方法について規定している。直巻整流子電動機は，ブラシから整流子を通じて電気を電機子巻線に供給しているので，整流子とブラシの接触面で火花放電が起こり，これによる高周波振動が生じる。これが妨害電波の発生する主な原因であり，これによって，例えばテレビ画面には細い乱れた線が現われ，映像がひずむ。テレビなどの超短波帯に対する妨害電波の障害防止には，電波の波長が非常に短いため標準放送波帯の受信障害防止を目的とする防止器では十分な防止効果が期待できないので，電波技術審議会の答申により貫通型コンデンサと無誘導型コンデンサとを組合せて超短波帯における妨害電波の防止方法を規定している。紙コンデンサは，若干のインダクタンス分を含有している。また，このほかに周波数が高くなるとコンデンサのリード線がインダクタンスとなって効いてきて，これが直列に付加されることになり，この内部及び外部インダクタンスと静電容量の共振点を境にして，共振周波数より高い範囲では誘導リアクタンスとして作用する。そのため高い周波数（VHF 等）では，このインダクタンス効果が現われて，高周波電流の通過が阻害される。貫通型コンデンサは上述のインダクタンス分を含有しないような構造となっている。すなわち，このコンデンサの接地側は電気機器のケースと一体となってはめこまれ，妨害電波の発生源となる交流直巻電動機の電路がこのコンデンサの誘電体を貫通している。また無誘導型コンデンサもその構造上インダクタンス要素のないものである。

昭和 39 年度電波技術審議会より答申された HF 帯及び VHF 帯電波の受信に与える妨害電波防止方法の結線図を解説 155.3 図に示す。この種の妨害電波防止方法では，防止器の入出力間の浮遊容量による結合除却及び貫通コンデンサの接地端子と電気ドリルの金属製外箱との接続方法がその効果に重要な影響を与える。すなわち貫通型コンデンサの入出力端子を遮へいした場合としない場合とでは，その防止効果は，周波数が 100MHZ で 40dB ほども違うので，十分遮へいに注意し，かつ，貫通型コンデンサのベースを完全に金属製ケースに密着させて電気的に完全に接続すること。

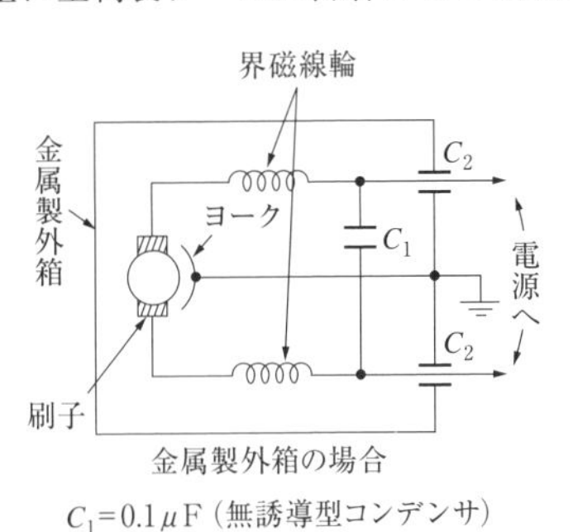

金属製外箱の場合
$C_1=0.1\mu$F（無誘導型コンデンサ）

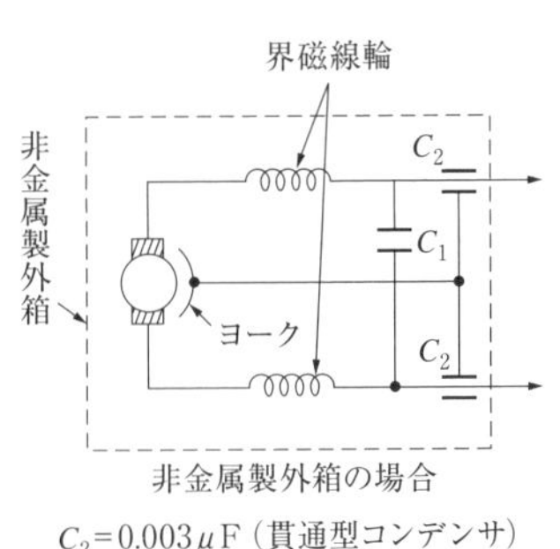

非金属製外箱の場合
$C_2=0.003\mu$F（貫通型コンデンサ）

解説 155.3 図

ハでは，電気ドリル以外のものであって，小型交流直巻電動機を使用する電気機械器具から発生する妨害高周波電流の通信障害防止方法について規定している。これは，小型交流直巻電動機が電気バリカン，ヘアドライヤ，電気ミシン，電気ミキサ，電気掃除機，電気ポリッシャー，電気ひげそり等に広く使用されるようになり，ラジオ，テレビに障害を与えるようになったことから，電波技術審議会の答申を基にその障害防止の方法を規定したものである。電波障害防止に使用されるコンデンサの要件については，第三号で示している。

原則としては，解説155.4図のように小型交流直巻電動機を使用する電気機械器具の端子相互間に0.1μFのコンデンサを，端子と電気機械器具の金属製外箱又は大地との間に0.003μFのコンデンサを施設することとしている。

（イ）で端子相互間のコンデンサの静電容量を0.1μFとしたのは，これ以上大きくしても，その割に効果がないためである。端子と外箱又は大地との間に施設するコンデンサの値は，0.003μFより大きい方が効果があるが，コンデンサの一端を接地することは実際には困難な場合が多く，ほとんどの場合，電気機械器具の外箱に接続する方法が次善の策としてとられており，人が触れた場合にコンデンサの静電容量が大きいと電撃を受けることがあるため，この値を0.003μFと限定している。（ロ）は，電動機の端子と電動機のフレームとの間にコンデンサを接続する場合に，電気機械器具の外箱内に収められた電動機のフレームが電気機械器具の金属製外箱から絶縁されているものについては，人が電撃を受けるおそれがないため，0.003μFを超えるコンデンサを設けることとしている。（ハ）は，コンデンサの一端が確実に大地と電気的に接続される場合には，端子相互間のコンデンサを省略し，端子と大地との間に0.1μFのコンデンサを施設する方法をとることができることを示している。以上の方法は，電気機械器具に直接コンデンサを施設する場合であるが，（ニ）では，電気機械器具が接続されるコンセントの近くの屋内配線に防止装置を施設する場合について示

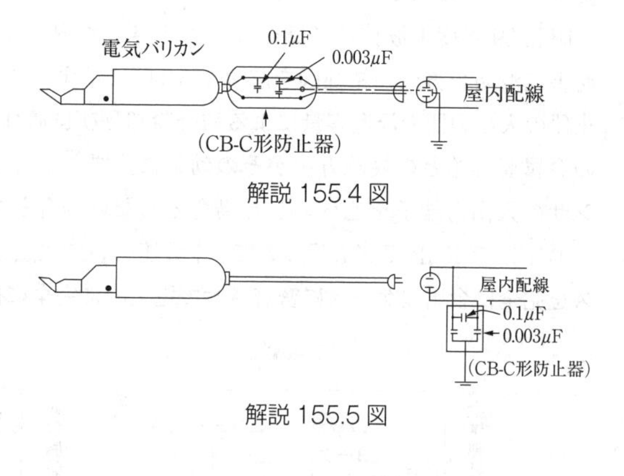

解説155.4図

解説155.5図

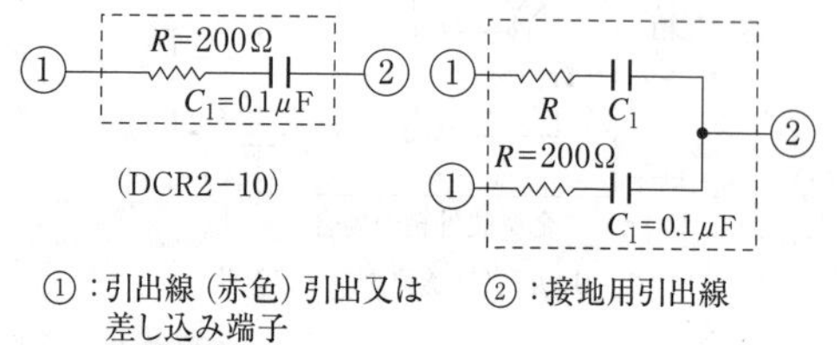

解説155.6図

しており，電線相互間に0.1μFのコンデンサを，電線と大地又は電気機械器具の金属製外箱との間に0.003μFのコンデンサを施設することとしている（→解説155.5図）。

ニでは，以上の方法により防止装置を講じてもなおその障害が著しい場合には，追加対策を行うことを示している。この場合には，接地側端子は人が触れるおそれがある金属製外箱に接続しないこととしている。

ホは，ドラム型のネオン点滅器の接点が動作することにより発生する妨害電波の障害防止のための規定である。この高周波電流防止装置については，ネオン点滅器の各接点に近接する箇所の電路に施設するもの及びネオン点滅器の電源端子相互間に施設するものがある。前者の結線図を解説155.6図に，後者の結線図を解説155.7図及び解説155.8図に示す。

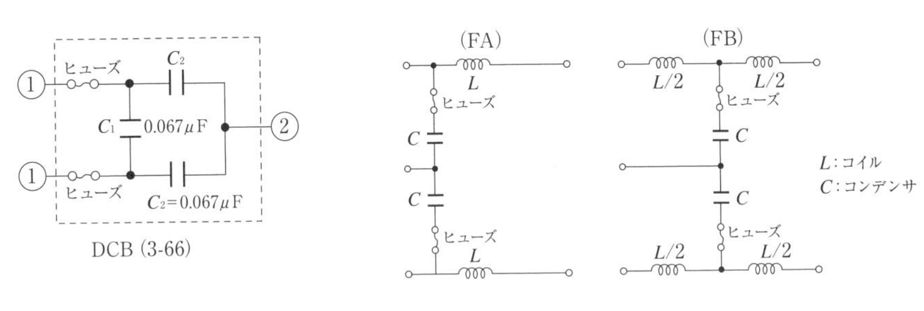

解説155.7図　　解説155.8図

第二号では，コンデンサ及び高周波電流の発生を防止する装置の接地側端子にはD種接地工事を施すことを規定している。

第三号では，コンデンサ及び高周波電流発生防止装置の要件を示している。

第2節　配線等の施設

【低圧屋内配線の施設場所による工事の種類】（省令第56条第1項）

第156条　低圧屋内配線は，次の各号に掲げるものを除き，156-1表に規定する工事のいずれかにより施設すること。

一　第172条第1項の規定により施設するもの

二　第175条から第178条までに規定する場所に施設するもの

156-1表

施設場所の区分		使用電圧の区分	工事の種類											
			がいし引き工事	合成樹脂管工事	金属管工事	金属可とう電線管工事	金属線ぴ工事	金属ダクト工事	バスダクト工事	ケーブル工事	フロアダクト工事	セルラダクト工事	ライティングダクト工事	平形保護層工事
展開した場所	乾燥した場所	300V以下	○	○	○	○	○	○	○	○			○	
		300V超過	○	○	○	○		○	○	○				
	湿気の多い場所又は水気のある場所	300V以下	○	○	○	○			○	○				
		300V超過	○	○	○	○				○				
点検できる隠ぺい場所	乾燥した場所	300V以下	○	○	○	○	○	○	○	○		○	○	○
		300V超過	○	○	○	○		○	○	○				
	湿気の多い場所又は水気のある場所	－	○	○	○	○				○				
点検できない隠ぺい場所	乾燥した場所	300V以下		○	○	○				○	○	○		
		300V超過		○	○	○				○				
	湿気の多い場所又は水気のある場所	－		○	○	○				○				

（備考）○は，使用できることを示す。

〔解　説〕 本条は，一般の場所における低圧屋内配線（→**第1条第十一号**）の工事方法（その工事方法については，**第157条**から**第165条**までに規定されている。）の種類を規定している。

なお，粉じんの多い場所，可燃性のガス等の存在する場所，危険物等の存在する場所及び火薬庫における低圧屋内配線の工事方法については，**第175条**から**第178条**までに規定されている。

また，ショウウィンドー，ショウケース内に施設する特殊配線工事による低圧屋内配線は特殊な工事方法であるので，それぞれその規定によることとして，**本条**の適用からは除外している（**→第172条解説**）。

合成樹脂管工事，金属管工事，金属可とう電線管工事及びケーブル工事は，施設場所及び使用電圧の制限を受けないで施設できるように規定されているが，金属可とう電線管工事には，1種金属製可とう電線管を使用するものと2種金属製可とう電線管を使用するものとの2種類があり，施設場所及び使用電圧の制限を受けないのは2種金属製可とう電線管を使用する可とう電線管工事で，1種金属製可とう電線管を使用する可とう電線管工事は**第160条第2項第二号**により施設場所及び使用電圧の制限を受ける。また，ケーブル工事についても電線の種類によって**第164条第1項第一号**及び**第2項**により施設場所及び使用電圧の制限を受ける。

展開した場所（**→第1条第三十一号**）で金属線ぴ工事，金属ダクト工事及びライティングダクト工事によるときは，湿気の侵入を防止することが困難なので，これを乾燥した場所に限定し，金属線ぴ工事及びライティングダクト工事によるときは，更に使用電圧を300V以下に限っている。なお，H9解釈で，バスダクト工事については，**156-1表**により「展開した場所」の「300V以下のもの」の「湿気の多い場所又は水気のある場所」にも施設できることとした。

点検できる隠ぺい場所（**→第1条第三十号**）で金属線ぴ工事，金属ダクト工事，バスダクト工事，セルラダクト工事，ライティングダクト工事及び平形保護層工事によるときは，湿気の侵入を防止することが困難なので乾燥した場所に限定し，金属線ぴ工事，セルラダクト工事，ライティングダクト工事及び平形保護層工事によるときは，更に使用電圧を300V以下に限っている。

点検できない隠ぺい場所（**→第1条第二十九号**）に施設できる工事方法のうち，フロアダクト工事及びセルラダクト工事は，コンクリート等の床内に埋め込むこととなるが，いったん浸入した水分を除去することは困難であるので，使用電圧300V以下の乾燥した場所に限られている。

なお，金属線ぴ工事及びライティングダクト工事は，線ぴ又はダクトにじんあい等が溜ることがあって危険であり，バスダクト工事は施設後，電気的な性能を保つため定期的に点検が必要なので点検できない隠ぺい場所に施設できないこととしている。また，がいし引き工事は他の工事に比べて十分安全とはいい難いので，点検できない隠ぺい場所には施設しないこととしている。

【がいし引き工事】（省令第56条第1項，第57条第1項，第62条）

第157条　がいし引き工事による低圧屋内配線は，次の各号によること。

一　電線は，第144条第一号イからハまでに掲げるものを除き，絶縁電線（屋外用ビニル絶縁電線，引込用ビニル絶縁電線及び引込用ポリエチレン絶縁電線を除く。）であること。

二　電線相互の間隔は，6cm以上であること。

三　電線と造営材との離隔距離は，使用電圧が300V以下の場合は2.5cm以上，300Vを超える場合は4.5cm（乾燥した場所に施設する場合は，2.5cm）以上であること。

四　電線の支持点間の距離は，次によること。

イ　電線を造営材の上面又は側面に沿って取り付ける場合は，2m以下であること。

ロ　イに規定する以外の場合であって，使用電圧が300Vを超えるものにあっては，6m以下であること。

五　使用電圧が300V以下の場合は，電線に簡易接触防護措置を施すこと。

六　使用電圧が300Vを超える場合は，電線に接触防護措置を施すこと。

七　電線が造営材を貫通する場合は，その貫通する部分の電線を電線ごとにそれぞれ別個の難燃性及び耐水性のある物で絶縁すること。ただし，使用電圧が150V以下の電線を乾燥した場所に施設する場合であって，貫通する部分の電線に耐久性のある絶縁テープを巻くときはこの限りでない。

八　電線が他の低圧屋内配線又は管灯回路の配線と接近又は交差する場合は，次のいずれかによること。

イ　他の低圧屋内配線又は管灯回路の配線との離隔距離が，10cm（がいし引き工事により施設する低圧屋内配線が裸電線である場合は，30cm）以上であること。

ロ　他の低圧屋内配線又は管灯回路の配線との間に，絶縁性の隔壁を堅ろうに取り付けること。

ハ　いずれかの低圧屋内配線又は管灯回路の配線を，十分な長さの難燃性及び耐水性のある堅ろうな絶縁管に収めて施設すること。

ニ　がいし引き工事により施設する低圧屋内配線と，がいし引き工事により施設する他の低圧屋内配線又は管灯回路の配線とが並行する場合は，相互の離隔距離が6cm以上であること。

九　がいしは，絶縁性，難燃性及び耐水性のあるものであること。

〔解　説〕 がいし引き工事は，配線に人が触れて感電すること又はこれを損傷することのないように，原則として人が容易に触れるおそれがないように施設することとしている。

第1項第一号は，使用電線について定めている。電路の絶縁は，ほとんど電線を支持するがいしが負担しているが，安全性を考慮して電線には600Vビニル絶縁電線，600V

ポリエチレン絶縁電線，600Vふっ素樹脂絶縁電線，600Vゴム絶縁電線，高圧絶縁電線又は特別高圧絶縁電線を使用することとしている。なお，**第144条第一号イ**から**ハ**までに掲げるものは，工事等における特殊な配線であって，**第一号**の規定の適用から除外されている。

第二号から**第四号**までは，低圧屋内配線の使用電圧，湿気の有無等の条件に対して電線相互の間隔，電線と造営材との離隔距離等を定めたものである。

第五号及び**第六号**では，低圧屋内配線は使用電圧が300V以下の場合は簡易接触防護措置（**→第1条第三十七号**），使用電圧が300Vを超える場合は接触防護措置（**→第1条三十六号**）を施すこととしている。

第七号は，電線が造営材を貫通する部分では押圧，振動等の原因で被覆が損傷しやすく，これによる漏電等の事故を生じることが多いので，貫通部分の電線を絶縁管等に収めて施設することとしている。この場合の絶縁管等は，少しぐらい移動しても電線が造営材に接触するおそれがないように，十分な長さのものとする必要がある。また，一つの絶縁管等には1本の電線のみを収める必要がある。一般に絶縁管等には，陶磁器製のもの又は合成樹脂製のものでは合成樹脂製電線管その他これに準じる性能を有するものを使用する。

第七号ただし書は，使用電圧が150V以下の低圧屋内配線が既に施設してあって，後から造営材を貫通させる必要が生じた場合又は貫通部分の穴が直線でないなどの理由により，絶縁管が使用できないときは，乾燥した場所であれば，耐久性のある絶縁テープ（ゴム製のものは実績上耐久性に乏しく好ましくない。）で代用できることを規定している。

第八号は，低圧屋内配線相互が接近し，又は交差する場合の離隔距離の規定である。**ロ**及び**ハ**における絶縁性の隔壁を設ける場合又は十分な長さの絶縁管に収める場合というのは，解説167.1図の場合と同様である。

第九号は，使用するがいしの仕様について規定したもので，陶磁器製のもの，ガラス製のもの，その他難燃性の合成樹脂製のもの等は，この条件を満足する。

【合成樹脂管工事】（省令第56条第1項，第57条第1項）

第158条　合成樹脂管工事による低圧屋内配線の電線は，次の各号によること。

一　絶縁電線（屋外用ビニル絶縁電線を除く。）であること。

二　より線又は直径3.2mm（アルミ線にあっては，4mm）以下の単線であること。ただし，短小な合成樹脂管に収めるものは，この限りでない。

三　合成樹脂管内では，電線に接続点を設けないこと。

2　合成樹脂管工事に使用する合成樹脂管及びボックスその他の附属品（管相互を接続するもの及び管端に接続するものに限り，レジューサーを除く。）は，次の各号に適合するものであること。

一　電気用品安全法の適用を受ける合成樹脂製の電線管及びボックスその他の附属品で

あること。ただし，附属品のうち金属製のボックス及び第159条第4項第一号の規定に適合する粉じん防爆型フレキシブルフィッチングにあっては，この限りでない。

二　端口及び内面は，電線の被覆を損傷しないような滑らかなものであること。

三　管（合成樹脂製可とう管及びCD管を除く。）の厚さは，2mm以上であること。ただし，次に適合する場合はこの限りでない。

イ　屋内配線の使用電圧が300V以下であること。

ロ　展開した場所又は点検できる隠ぺい場所であって，乾燥した場所に施設すること。

ハ　接触防護措置を施すこと。

3　合成樹脂管工事に使用する合成樹脂管及びボックスその他の附属品は，次の各号により施設すること。

一　重量物の圧力又は著しい機械的衝撃を受けるおそれがないように施設すること。

二　管相互及び管とボックスとは，管の差込み深さを管の外径の1.2倍（接着剤を使用する場合は，0.8倍）以上とし，かつ，差込み接続により堅ろうに接続すること。

三　管の支持点間の距離は1.5m以下とし，かつ，その支持点は，管端，管とボックスとの接続点及び管相互の接続点のそれぞれの近くの箇所に設けること。

四　湿気の多い場所又は水気のある場所に施設する場合は，防湿装置を施すこと。

五　合成樹脂管を金属製のボックスに接続して使用する場合又は前項第一号ただし書に規定する粉じん防爆型フレキシブルフィッチングを使用する場合は，次によること。（関連省令第10条，第11条）

イ　低圧屋内配線の使用電圧が300V以下の場合は，ボックス又は粉じん防爆型フレキシブルフィッチングにD種接地工事を施すこと。ただし，次のいずれかに該当する場合は，この限りでない。

（イ）　乾燥した場所に施設する場合

（ロ）　屋内配線の使用電圧が直流300V又は交流対地電圧150V以下の場合において，簡易接触防護措置（金属製のものであって，防護措置を施す設備と電気的に接続するおそれがあるもので防護する方法を除く。）を施すとき

ロ　低圧屋内配線の使用電圧が300Vを超える場合は，ボックス又は粉じん防爆型フレキシブルフィッチングにC種接地工事を施すこと。ただし，接触防護措置（金属製のものであって，防護措置を施す設備と電気的に接続するおそれがあるもので防護する方法を除く。）を施す場合は，D種接地工事によることができる。

六　合成樹脂管をプルボックスに接続して使用する場合は，第二号の規定に準じて施設すること。ただし，技術上やむを得ない場合において，管及びプルボックスを乾燥した場所において不燃性の造営材に堅ろうに施設するときは，この限りでない。

七　CD管は，次のいずれかにより施設すること。

イ　直接コンクリートに埋め込んで施設すること。

ロ　専用の不燃性又は自消性のある難燃性の管又はダクトに収めて施設すること。

八　合成樹脂製可とう管相互，CD管相互及び合成樹脂製可とう管とCD管とは，直接接続しないこと。

〔解　説〕 合成樹脂管工事は，合成樹脂管が著しい機械的衝撃又は重量物の圧力等に対する保護効果などの点において金属管等よりも劣るため，こうした損傷のおそれのある箇所で施設することは避けることとした。硬質ビニルなどの合成樹脂管は，耐腐食性，電気的絶縁性等に優れた性能を有しているが，その性質上，アセトンその他のケトン類，エーテル，エステル類，ベンゾールその他芳香族炭化水素，ハロゲン化炭化水素等には侵されることがあるので，これらの物質を発生させる場所又は取り扱う場所での使用は避ける必要がある。

第1項は，配線に関する規定である。合成樹脂管はコンクリート内に埋め込んで配管することも認められているが，その場合には，以下の点などに注意する必要がある。

①合成樹脂管を多数集中させ造営材の荷重を個々の合成樹脂管に分担させることを避けること。

②合成樹脂管を鉄筋に沿わせて配管し，コンクリート打設時及び施工完了後においても合成樹脂管に荷重が加わらないように配管すること。

③合成樹脂管は温度の変化による長さの変化が大きいから，これによる無理な圧力が加わらないようにすること。

④合成樹脂管はコンクリート壁内を横走りさせるとコンクリート打設時等においてこれに著しい荷重が加わるおそれがあるので，できるだけ横走り部分を避けること。

⑤壁内に埋め込むボックス等にはコンクリート打設時に形わく等を使用し，後から取り付けるようにすること。

また，合成樹脂管は電気用品の技術上の基準を定める省令の解釈において，CD管，合成樹脂製可とう管（PF管）及びその他の合成樹脂製電線管に分かれており，CD管はポリエチレン製でできており，可とう性に富んでいる一方で可燃性の性質を持っている。また，合成樹脂製可とう管（PF管）は，ポリエチレン製の管の上に軟質の塩化ビニルをかぶせた二重管やポリエチレン製の管に難燃材を加えたものであり，可とう性と難燃性の性質を持っている。その他の合成樹脂製電線管については，耐燃性及び圧縮性の良いものに限られていることから，一般に硬質ビニル製のものとなっている。硬質ビニルは，熱可塑性物質であるので，高温度となれば軟化し，機械的保護効果に問題が出るので，内蔵される電線のうち導体許容温度が75℃以下の絶縁電線（絶縁体が，ビニル，天然ゴム，スチレンブタジエンゴム及び架橋されないポリエチレンのもの）では別段支障ないが，導体許容温度が75℃を超える絶縁電線（絶縁体が，エチレンプロピレンゴム，架橋ポリエチレン，けい素ゴム及びふっ素樹脂のもの）では，支障を生じるおそれがあるので，導体許容温度が75℃以下の絶縁電線と同様に許容電流を算定することが望ましい。また，CD管及び合成樹脂製可とう管（PF管）についても同様の配慮が必要である（**→第146条解説**）。

本項においては，その他使用電線の種類，管内における電線接続の禁止等が定められているが，いずれも金属管工事の場合と同様の趣旨である（**→第159条**）。

第2項は，合成樹脂管工事に使用する管及び附属品についての規定である。**本項**は，附属品のうち管相互を接続するもの及び管の端に接続するカップリング，ノーマルベンド，ブッシング，ボックスコネクター及びボックスに関する規定であって，レジューサーには適用されない（**第3項**における附属品にはレジューサーも含まれる。）。なお，山形鋼と鉄板で作られるような大型のプルボックスは附属品とは考えられない（プルボックスの用途に供するものであっても，小型のものはアウトレットボックスとして電気用品安全法の適用を受ける。）。プルボックスとは，多数の管を配管する場合に，その途中で各方向へ電線を仕分けるのに使用されるものである。

第一号は，合成樹脂管工事の材料の規格として，本文で「電気用品安全法の適用を受ける合成樹脂製の電線管及びその附属品」を示し，ただし書で，金属製のボックスと粉じん防爆型フレキシブルフィッチングの使用を認めている。これは金属製のボックスが機械的強度に優れているためである。また，粉じん防爆型フレキシブルフィッチングは合成樹脂製ではないが，合成樹脂管の防爆型附属品である。なお，防爆型フレキシブルフィッチングの規格は**第159条第4項**に定められている。

なお，水道管用硬質ビニル管を電線管として使用することを禁止する根拠は電気用品安全法第28条（使用の制限）である。硬質ビニル管用附属品とCD管用附属品又は合成樹脂製可とう管用附属品とは構造が異なるので，硬質ビニル管には硬質ビニル管用附属品を，CD管にはCD管用附属品を，合成樹脂製可とう管（PF管）には合成樹脂製可とう管用附属品を，それぞれ使用しなければならない。相互の管の接続は，昭和57年6月に電気用品の技術上の基準を定める省令が改正になり，合成樹脂製可とう管（PF管）及びその附属品が新たに認められるとともに，CD管用附属品のカップリング及びコンビネーションカップリングの追加規定により，相互の管の接続はカップリング又はコンビネーションカップリングによることができるようになった。

なお，金属製のボックスは機械的強度に優れているため，**第3項第五号**で接地工事の規定を設けた上で，コンクリート内に施設するものに限らず，使用することができる。

第二号においては，管は電線の引入れ又は引替えのとき電線の被覆を損傷しないように電線管の端口を軽く面取りすることを示している。管を曲げる場合は，屈曲部全体を一様に曲げて滑らかにするほか，内面も滑らかにすることとしている。

第三号においては，合成樹脂管は，電気用品安全法の適用を受けるが，厚さが2mm未満の合成樹脂製電線管にあっては機械的衝撃に対し，他の管より弱いことから，イからハまでに適合する場合に限り，その使用を認めている。

第3項は，管及び附属品の施設方法に関する規定である。

第一号は，機械的強度不足を補う意味で，重量物を取り扱う場所又は運搬するような場所等で，重量物の圧力又は著しい機械的衝撃を受けるおそれがある場所（**→第164条第1項解説**）には施設しないこと又はこれらの外力を防止するため適当な防護方法を講じることとしている。

第二号は，合成樹脂管工事は，電線を保護する目的で管路を構成するものであることから，管相互や管とボックス等の接続が緩むことにより電線を損傷しないように，接続の堅ろうさを求めるものである。金属管工事の場合の接続は，ねじ切りによることが原則となっているが，合成樹脂管工事の場合は，材料の性質上，ねじ切りを行って，互換性を良くするほど精密に製作することが一般的に困難であるので，この解釈では比較的寸法裕度のとれる差込み接続による方法を原則として定めている。硬質ビニル管の場合は，接続部分を気密，水密にするために接着剤を使用することができ，また，工事現場で熱源が得られるならば加熱収縮性をもたせた成形附属品を使用することができる。これらの方法は，極めて容易に水密又は気密とすることができ，この工事の特徴の一つでもある。また，接続の際の差込みの深さ，支持点間の間隔及び支持方法の規定は，合成樹脂管が経年変化又は温度変化に対し，収縮又はわん曲を生じるおそれがあることを考慮して定められたもので，接着剤を使用しない場合の管の差込み深さは管の外径の1.2倍であるが，接着剤を使用する場合は0.8倍でよいこととしている。なお，接着剤を使用する場合には，日本産業規格JIS C 8432（1977）に適合するものを使用することとなる。CD管及び合成樹脂製可とう管（PF管）の場合は，接着剤による接続はできないので，機械的に締め付ける方法をとっている。

第三号では，合成樹脂管の材質は，金属管より機械的強度が劣り，接続方法も差込み接続（金属管では，ねじ接続）等で接続条件が異なるので，管の支持点間の距離は1.5m以下とし，また，管端，管とボックスとの接続点及び管相互の接続点は振動，温度差による収縮膨張その他外部の衝撃に対して機械的に弱点となるおそれがあるので，これらの箇所の近くに支持点を設けることが定められている。

第五号イにおいて，合成樹脂管に接続する金属製のボックス又は粉じん防爆型フレキシブルフィッチングには，D種接地工事を施すこととしている。これは，ボックス内又は粉じん防爆型フレキシブルフィッチング内での漏電による危険を防止するためのものである。ただし，乾燥した場所又は直流300V以下若しくは交流150V以下のように電圧が低い屋内配線で，簡易接触防護措置（**→第1条第三十七号**）を施す場合は，この接地工事を施さないことができる。

ロは，使用電圧が300Vを超える合成樹脂管工事に使用されるボックス又は粉じん防爆型フレキシブルフィッチングには，C種接地工事を施すこととしている。ただし，接触防護措置（**→第1条第三十六号**）を施す場合は，D種接地工事でよいこととして緩和している。

第六号は，合成樹脂管とプルボックスとの接続方法についての緩和規定である。合成樹脂管工事において使用される合成樹脂管及びボックスは，**第二号**の規定により機械的に堅ろうに接続することとあるが，プレハブ住宅又は量産住宅などと呼ばれるプレキャストコンクリート（PC）工法を主とする住宅では，建築方式の性格から**第二号**の規定によることが困難な場合がある。これらの住宅の建設には工場で既に製作された壁等が使用され，これを建築現場で組み立てる場合が多く，この場合，合成樹脂管等がこれらの既製の造営材に組み込まれているため，現場で既製の合成樹脂管相互又は既製の合成樹脂管とボックス又はプルボックスとを接続する場合，**第二号**によることが技術的に困難なことがある。このような場合には，造営材自体がプレハブ方式であるため機械的に堅固に構成され，これに組み込まれている合成樹脂管，ボックスその他の附属品も機械的に堅固に施設されているので，その接続箇所にプルボックスを使用すれば必ずしも**第二号**の規定によらなくてもよい。ただし，この場合，管及びプルボックスは乾燥した場所であって，不燃性の造営材に堅ろうに組み込まれ，かつ，施設することとした。

第七号は，CD管は不燃性でないことからコンクリートに埋設する場合を除き，不燃性又は自消性のある難燃性の管又はダクトに収めて施設すべきことを規定している。

第八号は，CD管又は合成樹脂製可とう管は長尺のものであり，接続する必要性が少ないが，これら相互を接続する場合は，専用のカップリングを使用することとしている。

【金属管工事】（省令第56条第1項，第57条第1項）

第159条 金属管工事による低圧屋内配線の電線は，次の各号によること。

一 絶縁電線（屋外用ビニル絶縁電線を除く。）であること。

二 より線又は直径3.2mm（アルミ線にあっては，4mm）以下の単線であること。ただし，短小な金属管に収めるものは，この限りでない。

三 金属管内では，電線に接続点を設けないこと。

2 金属管工事に使用する金属管及びボックスその他の附属品（管相互を接続するもの及び管端に接続するものに限り，レジューサーを除く。）は，次の各号に適合するものであること。

一 電気用品安全法の適用を受ける金属製の電線管（可とう電線管を除く。）及びボックスその他の附属品又は黄銅若しくは銅で堅ろうに製作したものであること。ただし，第4項に規定するもの及び絶縁ブッシングにあっては，この限りでない。

二 管の厚さは，次によること。

イ コンクリートに埋め込むものは，1.2mm以上

ロ イに規定する以外のものであって，継手のない長さ4m以下のものを乾燥した展開した場所に施設する場合は，0.5mm以上

ハ　イ及びロに規定するもの以外のものは，1mm 以上

三　端口及び内面は，電線の被覆を損傷しないような滑らかなものであること。

3　金属管工事に使用する金属管及びボックスその他の附属品は，次の各号により施設すること。

一　管相互及び管とボックスその他の附属品とは，ねじ接続その他これと同等以上の効力のある方法により，堅ろうに，かつ，電気的に完全に接続すること。

二　管の端口には，電線の被覆を損傷しないように適当な構造のブッシングを使用すること。ただし，金属管工事からがいし引き工事に移る場合においては，その部分の管の端口には，絶縁ブッシングその他これに類するものを使用すること。

三　湿気の多い場所又は水気のある場所に施設する場合は，防湿装置を施すこと。

四　低圧屋内配線の使用電圧が 300V 以下の場合は，管には，D 種接地工事を施すこと。ただし，次のいずれかに該当する場合は，この限りでない。(関連省令第10条，第11条)

イ　管の長さ（2 本以上の管を接続して使用する場合は，その全長。以下この条において同じ。）が 4m 以下のものを乾燥した場所に施設する場合

ロ　屋内配線の使用電圧が直流 300V 又は交流対地電圧 150V 以下の場合において，その電線を収める管の長さが 8m 以下のものに簡易接触防護措置（金属製のものであって，防護措置を施す管と電気的に接続するおそれがあるもので防護する方法を除く。）を施すとき又は乾燥した場所に施設するとき

五　低圧屋内配線の使用電圧が 300V を超える場合は，管には，C 種接地工事を施すこと。ただし，接触防護措置（金属製のものであって，防護措置を施す管と電気的に接続するおそれがあるもので防護する方法を除く。）を施す場合は，D 種接地工事によることができる。(関連省令第 10 条，第 11 条)

六　金属管を金属製のプルボックスに接続して使用する場合は，第一号の規定に準じて施設すること。ただし，技術上やむを得ない場合において，管及びプルボックスを乾燥した場所において不燃性の造営材に堅ろうに施設し，かつ，管及びプルボックス相互を電気的に完全に接続するときは，この限りでない。

4　金属管工事に使用する金属管の防爆型附属品は，次の各号に適合するものであること。

一　粉じん防爆型フレキシブルフィッチングは，次に適合すること。

イ　構造は，継目なしの丹銅，リン青銅若しくはステンレスの可とう管に丹銅，黄銅若しくはステンレスの編組被覆を施したもの又は電気用品の技術上の基準を定める省令の解釈別表第二 1（1）及び（5）ロに適合する 2 種金属製可とう電線管に厚さ 0.8mm 以上のビニルの被覆を施したものの両端にコネクタ又はユニオンカップリングを堅固に接続し，内面は電線の引入れ又は引換えの際に電線の被覆を損傷しないように滑らかにしたものであること。

ロ　完成品は，室温において，その外径の 10 倍の直径を有する円筒のまわりに 180

度屈曲させた後，直線状に戻し，次に反対方向に180度屈曲させた後，直線状に戻す操作を10回繰り返したとき，ひび，割れその他の異状を生じないものであること。

二 耐圧防爆型フレキシブルフィッチングは，次に適合すること。

イ 構造は，継目なしの丹銅，リン青銅又はステンレスの可とう管に丹銅，黄銅又はステンレスの編組被覆を施したものの両端にコネクタ又はユニオンカップリングを堅固に接続し，内面は電線の引入れ又は引換えの際に電線の被覆を損傷しないように滑らかにしたものであること。

ロ 完成品は，室温において，その外径の10倍の直径を有する円筒のまわりに180度屈曲させた後，直線状に戻し，次に反対方向に180度屈曲させた後，直線状に戻す操作を10回繰り返した後，196N/cm^{2}の水圧を内部に加えたとき，ひび，割れその他の異状を生じないものであること。

三 安全増防爆型フレキシブルフィッチングは，次に適合すること。

イ 構造は，電気用品の技術上の基準を定める省令の解釈別表第二1（1）及び（5）イに適合する1種金属製可とう電線管に丹銅，黄銅若しくはステンレスの編組被覆を施したもの又は電気用品の技術上の基準を定める省令の解釈別表第二1（1）及び（5）ロに適合する2種金属製可とう電線管に厚さ0.8mm以上のビニルを被覆したものの両端にコネクタ又はユニオンカップリングを堅固に接続し，内面は電線の引入れ又は引換えの際に電線の被覆を損傷しないように滑らかにしたものであること。

ロ 完成品は，室温において，その外径の10倍の直径を有する円筒のまわりに180度屈曲させた後，直線状に戻し，次に反対方向に180度屈曲させた後，直線状に戻す操作を10回繰り返したとき，ひび，割れその他の異状を生じないものであること。

四 第一号から第三号までに規定するもの以外のものは，次に適合すること。

イ 材料は，乾式亜鉛めっき法により亜鉛めっきを施した上に透明な塗料を塗るか，又はその他適当な方法によりさび止めを施した鋼又は可鍛鋳鉄であること。

ロ 内面及び端口は，電線の引入れ又は引換えの際に電線の被覆を損傷しないように滑らかにしたものであること。

ハ 電線管との接続部分のねじは，5山以上完全にねじ合わせることができる長さを有するものであること。

ニ 接合面（ねじのはめ合わせ部分を除く。）は，工場電気設備防爆指針（NIIS-TR-No.39（2006））に規定する接合面及び接合面の仕上げ程度に適合するものであること。ただし，金属，ガラス繊維，合成ゴム等の難燃性及び耐久性のあるパッキンを使用し，これを堅ろうに接合面に取り付ける場合は，接合面の奥行きは，工場電気設備防爆指針（NIIS-TR-No.39（2006））に規定するボルト穴までの最短距離の値以上とすることができる。

ホ　接合面のうちねじのはめ合わせ部分は，工場電気設備防爆指針（NIIS-TR-No.39（2006））に規定するねじはめあい部に適合するものであること。

へ　完成品は，工場電気設備防爆指針（NIIS-TR-No.39（2006））に規定する容器の強さに適合するものであること。

〔解　説〕 金属管工事は，ケーブル工事とともに，あらゆる箇所の工事に採用できる方法である。

第1項は，配線の施設方法についての規定である。

第一号は，電線自体に絶縁効力を期待するので，屋外用ビニル絶縁電線以外の絶縁電線（**→第5条**）を使用することとしている。引込用ビニル絶縁電線又は引込用ポリエチレン絶縁電線は合成樹脂管工事，金属管工事，金属線ぴ工事，金属可とう電線管工事，金属ダクト工事に使用することが認められているが，これは引込用ビニル絶縁電線又は引込用ポリエチレン絶縁電線の線心が実質的には600Vビニル絶縁電線又は600Vポリエチレン絶縁電線と同じで，保安上支障がないからである。しかし，屋外用ビニル絶縁電線については，主として架空電線に使用されるものであり，絶縁体の厚さが600Vビニル絶縁電線の50～75%となっているため，使用を禁止している。

第二号は，電線を金属管に引き入れるために柔軟性のあるものを使用することが必要なので定められた規定であり，より線又は直径の小さな単線を使用することとしている。ただし，短小な金属管（長さ1m程度のもの）に収めるものは通線の際に柔軟性も大して必要でないため，この規定から除外されている。

なお，アルミ線にあっては電気用品の技術上の基準を定める省令の解釈で14mm^{2}未満のものは単線としており，また，アルミ線は軟銅線に比べて柔軟性がある。

第三号は，接続点を設ければ，その部分における事故が比較的多く起きることが考えられるからで，電線に接続点を設ける場合にはボックス内等で行うべきことを規定している。なお，その接続については，第12条の規定が適用される。

第2項は，金属管工事に使用する金属管（一般には，これを電線管と称している。）及びボックスその他の附属品の仕様についての規定である。ここで，その他の附属品とは，カップリング，ノーマルベンド，エルボ，キャップ，ブッシング，ボックス等を指し，レジューサーを除いている（第3項における附属品にはレジューサーも含まれる。）。

第2項第一号は，金属管工事の材料の基準として「電気用品安全法の適用を受ける金属製の電線管及びボックスその他の附属品」又は「黄銅若しくは銅で堅ろうに製作したもの」の2種類を原則として示し，さらに，「防爆型附属品及び絶縁ブッシング」を追加した。「黄銅若しくは銅で堅ろうに製作したもの」と「防爆型附属品」を独自に規定しているのは，電気用品安全法の政令で電気用品から除かれているためである。本文で可とう電線管を除いているのは別に**第160条**の規定があるためであり，絶縁ブッシングが使用できるようにしているのは金属管の附属品ではないためである。一般には，鋼製及びアルミニウム製のものが大部分であって，銅又は黄銅製のものは特殊な用途（装飾用等）に用いられるものである。

なお，鋼製のガス管又は水道管を電線管として使用することを禁止する根拠は電気用品安全法第 28 条（使用の制限）である。

第二号は，金属管の強度を要求するため，厚さの制限について定めているが，コンクリートに埋め込む場合は腐食の点も考慮して 1.2mm 以上（薄鋼電線管と同等以上）と定められている。一般の露出配管等に使用するものは，若干緩和して 1.0mm 以上でよいことと定められており，また，継手のない長さ 4m 以下の短いものを乾燥した展開した場所に施設する場合は，危険度も割合低いので，更に薄くすることが認められている。ここで短いものの限度を 4m としたのは，電線管の規格では管の長さは厚鋼又は薄鋼電線管では 3.658m であるので，電線管 1 本分の長さを基準として定めたのである。電気用品の技術上の基準を定める省令の解釈によると，最小厚さは，薄鋼電線管にあっては 1.2mm，厚鋼電線管にあっては 2.3mm，アルミニウム電線管にあっては 2.0mm となっている。これより薄いものを使用する場合には電気用品安全法による例外承認を受けなければならない。したがって，上記の厚さの規制が問題となることはまずないものと考えられる。ブラケットやパイプペンダント等に使用する銅製や黄銅製のものについては，特に定められた規格はないが，この条件に合致するものを選ぶ必要がある。

第三号は，電線の被覆を損傷しないように管の端口及び内面を滑らかにし，かつ，屈曲する場合に鋭角に曲げること，角が立つように曲げること又は管の断面を押しつぶすように曲げることなどがないようにすることを定めている。

第 3 項は，管及びボックスその他の附属品の施設方法を規定している。なお，**本項**でいうその他の附属品には，レジューサーも含まれる。

第一号は，金属管工事は，電線を保護する目的で管路を構成するものであるから，管相互や管とボックス等の接続が緩むことによって電線を損傷しないように接続の堅ろうさを求めることと，金属体相互が電気的に接続されないと接地の効果に支障があるため，電気的接続の完全さを求めるものである。機械的堅ろうさについては，絶縁性の合成樹脂管工事における規定（**→第 158 条第 3 項第二号**）と同様である。管相互の接続に限り，適当なカップリング，ノーマルベンド，ユニオンカップリング，アダプタ等を使用して普通に取り付けるならば，機械的にも電気的にも接続の効果は十分に満足されるので，一般には接地効果をよくするためのボンド等を施す必要はない。しかし，施工上機械的接続を完全にすることが困難な場合又は振動を受けるような場所に露出した配管を行う場合には，ボンドを施す。

第二号は，管の端口をそのままにして電線を引き入れるなどすると電線の被覆を損傷し事故発生の原因ともなるので，ボックスその他の附属品に接続する場合等の管の端口には，全てブッシングを使用することとしている。さらに金属管から電線を外部に引き出して施設する場合，すなわち，金属管工事からがいし引き工事に移る場合，がいし引き工事から金属管工事に移る場合又は金属管から引き出して直ちに電動機，制御器等へ配線する場合等には，管の端口には電線の損傷による漏電等の危険を防止するため絶縁ブッシング，ターミナルキャップ等を使用することが定められている。

第三号は，防湿装置についての規定であるが，管相互の接続部は，ねじ切りのカップリングを使用し，導電耐水防食塗料をあらかじめ塗布して接続するのも効果がある。ボックスには，防湿型のものを使用するのがよい。しかし，カップリング，ボックス等の完全防湿は困難であり，かつ，水気による腐食のため寿命も短くなるので，湿気の多い場所又は水気のある場所に施設するのを避けることが望ましい。

第四号は，使用電圧が300V以下の屋内配線における配管の接地に関する規定であり，管相互の電気的接続とともに金属管工事における重要な条件である。これは，電線の絶縁劣化等のため金属管に漏電した場合の危険を防止するために施すものであるので，接地抵抗値は小さいほどよいが，この規定では，経済的な問題を考慮してD種接地工事でよいこととしている。

イ及び**ロ**に掲げてある場合は，比較的危険も少ないので，接地の省略を認めているが，可能であればこれにも接地工事を施すことが望ましい。

第五号は，使用電圧が300Vを超える低圧屋内配線における配管の接地に関する規定である。管には，原則としてC種接地工事を施すこととしているが，接触防護措置（→**第1条第三十六号**）を施す場合は，D種接地工事でよいことを規定している。

第六号は，金属管を金属製のプルボックスに接続する場合の工事方法を規定している。プルボックスは大型のもので附属品ではない（→**第158条第2項解説**）ので，**第一号**の適用を受けないため，改めて，ボックスと電線管との接続の場合と同様にねじ接続とし，電気的に完全に接続し，かつ，堅ろうであることとしている。ただし書は，プレハブ住宅その他これに類する建築物の造営材に金属管工事による配線をする場合で，技術上やむを得ない場合には**第一号**の規定による接続方法によらなくてもよいとして，これを緩和している。これは合成樹脂管の場合と同様である（→**第158条第3項第六号解説**）。

第4項第一号は，粉じん防爆型のフレキシブルフィッチングの構造及び完成品についての試験に適合したものを使用することを定めている。

第二号は，耐圧防爆型のフレキシブルフィッチングの構造及び完成品についての試験に適合したものを使用することを定めている。

第三号は，安全増防爆型のフレキシブルフィッチングの構造及び完成品についての試験に適合したものを使用することを定めている。

第四号は，**第一号**から**第三号**に規定するもの以外の規格品について規定しており，接合面については，これまで本号で引用していたJIS C 0903（1983）「一般用電気機器の防爆構造通則」が廃止されたため，R5年に独立行政法人労働者健康安全機構 労働安全衛生総合研究所が発行する「工場電気設備防爆指針（ガス蒸気防爆2006）（NIIS-TR-No.39（2006））」を引用した。第四号のニ，ニのただし書き，ホ，へでそれぞれ要求する工場電気設備防爆指針の規定箇所を解説159.1表に示す。

解説159.1表

第四号	工場電気設備防爆指針 NIIS-TR-No.39
ニ	接合面及び奥行きは「2231　接合面」，「表22.2」によること。
ニのただし書き	接合面の仕上がり程度は「2233　接合面の仕上げ程度」によること。
ホ	ねじはめあい部は「2244　ねじはめあい部」によること。
へ	容器の強さは「2221　容器の強さ」によること。

防爆構造電気機械器具は，労働安全衛生法により「電気機械器具防爆構造規格」（昭和44年労働省告示16号）に適合したものを施設しなければならないとしている。また，防爆構造電気機械器具は労働安全衛生法第44条の2（型式検定）に基づき，登録型式検定機関による型式検定を受検する必要がある。型式検定における具体的な基準は，独立行政法人労働者健康安全機構労働安全衛生総合研究所が発行する工場電気設備防爆指針に基づき実施されている。廃止されたJIS C 0903と「工場電気設備防爆指針（ガス蒸気防爆2006）（NIIS-TR-No.39（2006））」を確認したところ，同等の内容が規定されていたためR5年の改正で当該指針を引用した。

【金属可とう電線管工事】（省令第56条第1項，第57条第1項）

第160条　金属可とう電線管工事による低圧屋内配線の電線は，次の各号によること。

一　絶縁電線（屋外用ビニル絶縁電線を除く。）であること。

二　より線又は直径3.2mm（アルミ線にあっては，4mm）以下の単心のものであること。

三　電線管内では，電線に接続点を設けないこと。

2　金属可とう電線管工事に使用する電線管及びボックスその他の附属品（管相互及び管端に接続するものに限る。）は，次の各号に適合するものであること。

一　電気用品安全法の適用を受ける金属製可とう電線管及びボックスその他の附属品であること。

二　電線管は，2種金属製可とう電線管であること。ただし，次に適合する場合は，1種金属製可とう電線管を使用することができる。

イ　展開した場所又は点検できる隠ぺい場所であって，乾燥した場所であること。

ロ　屋内配線の使用電圧が300Vを超える場合は，電動機に接続する部分で可とう性を必要とする部分であること。

ハ　管の厚さは，0.8mm 以上であること。

三　内面は，電線の被覆を損傷しないような滑らかなものであること。

3　金属可とう電線管工事に使用する電線管及びボックスその他の附属品は，次の各号により施設すること。

一　重量物の圧力又は著しい機械的衝撃を受けるおそれがないように施設すること。

二　管相互及び管とボックスその他の附属品とは，堅ろうに，かつ，電気的に完全に接続すること。

三　管の端口は，電線の被覆を損傷しないような構造であること。

四　2種金属製可とう電線管を使用する場合において，湿気の多い場所又は水気のある場所に施設するときは，防湿装置を施すこと。

五　1種金属製可とう電線管には，直径1.6mm 以上の裸軟銅線を全長にわたって挿入又は添加して，その裸軟銅線と管とを両端において電気的に完全に接続すること。ただし，管の長さ（2本以上の管を接続して使用する場合は，その全長。以下この条において同じ。）が4m 以下のものを施設する場合は，この限りでない。

六　低圧屋内配線の使用電圧が300V 以下の場合は，電線管には，D種接地工事を施すこと。ただし，管の長さが4m 以下のものを施設する場合は，この限りでない。（関連省令第10条，第11条）

七　低圧屋内配線の使用電圧が300V を超える場合は，電線管には，C種接地工事を施すこと。ただし，接触防護措置（金属製のものであって，防護措置を施す管と電気的に接続するおそれがあるもので防護する方法を除く。）を施す場合は，D種接地工事によることができる。（関連省令第10条，第11条）

〔解　説〕 金属可とう電線管工事は，工場等において電動機へ配線する場合又は建物のエキスパンション部分等に配線する場合に採用される工事方法である。可とう電線管には1種金属製可とう電線管（フレキシブルコンジットと呼ばれている。）2種金属製可とう電線管（プリカチューブと呼ばれている。）があり，そのうち1種金属製可とう電線管は外的衝撃や荷重に対してはあまり丈夫でないので，倉庫等における重量物の圧力がかかるおそれがある箇所又は通路の付近等のように機械的衝撃を受けるおそれがある箇所には施設しないこととしている。

第1項は，配線の施設方法についての規定である。

第一号は，使用電線に関する規定であるが，**第159条第1項第一号**の場合と同様である。また，**第二号**及び**第三号**についてもそれぞれ**第159条第1項第二号**及び**第158条第1項第三号**と同様なので，説明は省略する。

第2項は，金属可とう電線管の仕様について定めている。可とう電線管には，金属製のものでは1種金属製可とう電線管，2種金属製可とう電線管等があり，非金属製のものではポリエチレン製のものがあるが，後者は合成樹脂管工事として取り扱っているので（→第158条解説），**本項**では金属製のもののみの使用を認めている。**第一号**は，電気用品安全法の適用を受けるものを使用することを示している。これは，金属可とう電線管及びその附属品（レジューサーを除く。）は電気用品安全法の適用を受けるものであり，電気用品安全法により，電線管以外の用途を目的として作られたものについては使用を禁止されているためである。

解説 160.1 図

第二号は，可とう電線管工事に2種金属製可とう電線管を使用する場合は，施設場所及び使用電圧に制限を受けないが，1種金属製可とう電線管を使用する場合は，施設場所が乾燥した場所であって，展開した場所又は点検できる隠ぺい場所に限られ，さらに，使用電圧が300Vを超える場合は電動機に接続する部分で可とう性を必要とする部分に限られている。2種金属製可とう電線管は，1種金属製可とう電線管に比べ，機械的強度及び耐水性能が優れているので，隠ぺい工事（コンクリート内の埋め込み配線等）として使用することが認められている。

ハは，1種金属製可とう電線管については，外傷に対する機械的な強度，可とう性及び導電性を考慮して，0.8mm以上の軟鋼片を使用することとしている。この材料を使用してできるだけ堅ろうに製作すべきことは当然のことであるが，実際には解説160.1図のように帯鋼を波型に加工して巻き付けて作るため，薄い材料を使用するにもかかわらず，比較的堅ろうな構造とすることができる。

電気用品の技術上の基準を定める省令の解釈によると，最小径の最小の条片の厚さは0.5mmであるが，これは機械器具内等の一般屋内配線以外の用途に使用するものを対象としたものであって，屋内配線の可とう電線管工事には使用できないものである。

また，2種金属製可とう電線管については，最小のもの（内径10mm）で厚さ0.14mmの鉛めっきを施した鋼（外層）と厚さ0.11mmの鋼（中間層）及び0.11mmの非金属の条片（内層）を三重に組み合わせたもの（→解説160.2図）で，一つ一つの条片の厚さは薄いが，構成されたものは十分に堅ろうなものであり，外径の3倍の曲率半径で屈曲させ，屈曲部を水中に48時間浸しても管内に水が浸入しないだけの耐水性を有するものである。

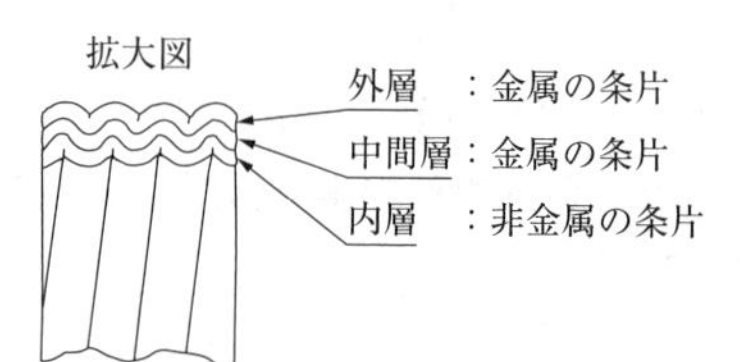

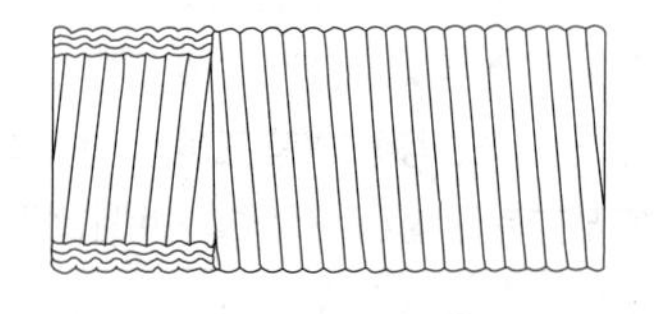

解説 160.2 図

第三号は，金属可とう電線管として必要な性能であるが，内面は構造上本質的に凹凸をもっているが，普通に仕上げられているならば電線の被覆を損傷することはなく，十分滑らかであると考えて差し支えない。

第3項は，金属可とう電線管の施設方法についての規定である。

第二号は，金属可とう電線管工事は，電線を保護する目的で管路を構成するものであるから，管相互や管とボックス等の接続が緩むことによって電線を損傷しないように接続の堅ろうさを求めることと，金属体相互が電気的に接続されないと接地の効果に支障があるため，電気的接続の完全さを求めるものである。途中で接続を要する場合は，金属可とう電線管用カップリングを使用して機械的に堅ろうに，かつ，電気的に完全に接続する必要がある。

第三号は，電線を引き出す部分の電線の損傷防止について定めたものであり，端口には金属可とう電線管用ブッシングを使用して，電線の被覆を損傷することのないように施設することとしている。

第四号は，2種金属製可とう電線管の防湿装置についての規定であり，**第159条第3項第三号**と同様の理由で定められたものである。なお，1種金属製可とう電線管は，第2項第二号において，乾燥した場所で使用することとしている。

第五号は，金属可とう電線管のうち1種金属製可とう電線管については，金属管に比べて電気抵抗が大きく，かつ，屈曲等による電気抵抗の変化も著しく，漏電等の際に接地効果を減少させる又は過熱するなどのおそれがあるので，これを防止するため，可とう電線管の外面又は内面に裸銅線を添加又は挿入して，これと電気的に接続することを定めている。この効果を確実にするため，その両端においては，可とう電線管と裸銅線とをろう付け等で完全に接続するように定められているが，途中の部分においてもできるだけ良く接続するようにすべきである。このため内面に挿入する場合はやむを得ないとしても，外面に添わせる場合は，可とう電線管をサドル等で固定するときに，裸銅線も一緒に留めるようにすべきである。長さが短い場合は，金属可とう電線管自体の電気抵抗が小さいので，接地を施す場合でも，裸電線を挿入又は添加する必要はない。

第六号は，**第159条第3項第四号**と同様の理由で定められた規定である。

第七号は，使用電圧が300Vを超える低圧屋内配線に金属可とう電線管を使用する場合は，原則としてC種接地工事を施すこととし，接触防護措置を施す場合は，D種接地工事によることができることとしている。

【金属線ぴ工事】（省令第56条第1項，第57条第1項）

第161条　金属線ぴ工事による低圧屋内配線の電線は，次の各号によること。

一　絶縁電線（屋外用ビニル絶縁電線を除く。）であること。

二　線ぴ内では，電線に接続点を設けないこと。ただし，次に適合する場合は，この限りでない。

イ　電線を分岐する場合であること。

ロ　線ぴは，電気用品安全法の適用を受ける2種金属製線ぴであること。

ハ　接続点を容易に点検できるように施設すること。

ニ　線ぴには第3項第二号ただし書の規定にかかわらず，D種接地工事を施すこと。（関連省令第10条，第11条）

ホ　線ぴ内の電線を外部に引き出す部分は，線ぴの貫通部分で電線が損傷するおそれがないように施設すること。

2　金属線ぴ工事に使用する金属製線ぴ及びボックスその他の附属品（線ぴ相互を接続するもの及び線ぴの端に接続するものに限る。）は，次の各号のいずれかに適合するものであること。

一　電気用品安全法の適用を受ける金属製線ぴ及びボックスその他の附属品であること。

二　黄銅又は銅で堅ろうに製作し，内面を滑らかにしたものであって，幅が5cm以下，厚さが0.5mm以上のものであること。

3　金属線ぴ工事に使用する金属製線ぴ及びボックスその他の附属品は，次の各号により施設すること。

一　線ぴ相互及び線ぴとボックスその他の附属品とは，堅ろうに，かつ，電気的に完全に接続すること。

二　線ぴには，D種接地工事を施すこと。ただし，次のいずれかに該当する場合は，この限りでない。（関連省令第10条，第11条）

イ　線ぴの長さ（2本以上の線ぴを接続して使用する場合は，その全長をいう。以下この条において同じ。）が4m以下のものを施設する場合

ロ　屋内配線の使用電圧が直流300V又は交流対地電圧が150V以下の場合において，その電線を収める線ぴの長さが8m以下のものに簡易接触防護措置（金属製のものであって，防護措置を施す線ぴと電気的に接続するおそれがあるもので防護する方法を除く。）を施すとき又は乾燥した場所に施設するとき

〔解　説〕金属線ぴ工事は，点滅器への引下げ線その他乾燥した場所であって，展開した場所の部分的な配線で模様替えをするような箇所で行われる。**各項**とも，**前条**の関係各項と同じ理由であるので，解説は省略する。なお，幅が5cm以下の金属線ぴ及びその附属品は電気用品安全法の対象となっている。

また，電気用品の技術上の基準を定める省令の改正により2種金属製線ぴが追加され，従来の線ぴが1種金属製線ぴとなった。2種金属製線ぴは1種に比べ断面積が大きく，また，照明器具への配線用などに使用されるため，線ぴ内での分岐接続が行えるようにした。

【金属ダクト工事】(省令第56条第1項，第57条第1項)

第162条　金属ダクト工事による低圧屋内配線の電線は，次の各号によること。

一　絶縁電線(屋外用ビニル絶縁電線を除く。)であること。

二　ダクトに収める電線の断面積(絶縁被覆の断面積を含む。)の総和は，ダクトの内部断面積の20%以下であること。ただし，電光サイン装置，出退表示灯その他これらに類する装置又は制御回路等(自動制御回路，遠方操作回路，遠方監視装置の信号回路その他これらに類する電気回路をいう。)の配線のみを収める場合は，50%以下とすることができる。

三　ダクト内では，電線に接続点を設けないこと。ただし，電線を分岐する場合において，その接続点が容易に点検できるときは，この限りでない。

四　ダクト内の電線を外部に引き出す部分は，ダクトの貫通部分で電線が損傷するおそれがないように施設すること。

五　ダクト内には，電線の被覆を損傷するおそれがあるものを収めないこと。

六　ダクトを垂直に施設する場合は，電線をクリート等で堅固に支持すること。

2　金属ダクト工事に使用する金属ダクトは，次の各号に適合するものであること。

一　幅が5cmを超え，かつ，厚さが1.2mm以上の鉄板又はこれと同等以上の強さを有する金属製のものであって，堅ろうに製作したものであること。

二　内面は，電線の被覆を損傷するような突起がないものであること。

三　内面及び外面にさび止めのために，めっき又は塗装を施したものであること。

3　金属ダクト工事に使用する金属ダクトは，次の各号により施設すること。

一　ダクト相互は，堅ろうに，かつ，電気的に完全に接続すること。

二　ダクトを造営材に取り付ける場合は，ダクトの支持点間の距離を3m(取扱者以外の者が出入りできないように措置した場所において，垂直に取り付ける場合は，6m)以下とし，堅ろうに取り付けること。

三　ダクトのふたは，容易に外れないように施設すること。

四　ダクトの終端部は，閉そくすること。

五　ダクトの内部にじんあいが侵入し難いようにすること。

六　ダクトは，水のたまるような低い部分を設けないように施設すること。

七　低圧屋内配線の使用電圧が300V以下の場合は，ダクトには，D種接地工事を施すこと。(関連省令第10条，第11条)

八　低圧屋内配線の使用電圧が300Vを超える場合は，ダクトには，C種接地工事を施すこと。ただし，接触防護措置(金属製のものであって，防護措置を施すダクトと電気的に接続するおそれがあるもので防護する方法を除く。)を施す場合は，D種接地工事によることができる。(関連省令第10条，第11条)

〔解　説〕 金属ダクト工事は，主に工場内，事務所ビル等の変電室からの引出口等における多数の配線を収める部分の工事に採用されている。また，OA 機器への配線，電子計算機と端末機器との配線など，事務所等においても多数の回路が施設され，ビルの床にも金属ダクト工事が採用されている。なお，金属製のダクトの随所にコンセントを埋め込んで取り付けて配線する方法は，本条でいう金属ダクト工事として扱わない。しかし，金属ダクトの外面に直接コンセントを取り付けること又は照明器具を取り付けることなどを否定するものではない。

第1項は，電線の施設方法に関する規定であり，**第一号**は，**第159条第1項第一号**の場合と同じ理由によるものである。より線を使用すべき旨が規定されていないのは，金属管等よりも電線の施設が容易であり，電線を施設する際は引き入れによらないからである。

第二号は，占積率に関する規定である。金属ダクトに収める電線は数も多く屋内配線の重要な部分を構成しているので，事故の波及を避けること，点検を容易にすること及び電線からの発熱等を考慮して定められた数値である。実際の工事方法は，電線の数が多い場合は，電線を金属ダクト内に転がして施設することは少なく，多くはクリート等を 1m 又は 2m 間隔に並べ，これを幾層も重ね多数の電線をクリートにより固定している（→解説 162.1 図）。なお，電光サイン，制御回路等の配線のみを収める金属ダクトについては，総合の需要率が低く，通電による電線の発熱で絶縁被覆が損なわれることもないので，電線占積率を緩和している。

第三号は，機械装置等への多数の配線を金属ダクト工事により配線する場合，すなわち，金属ダクトと機械装置等の母体とを密着させるような場合で，機械装置のリード線と配線とを金属ダクト内で接続するとき，又は金属ダクトが分岐する場合の分岐箇所で電線自体も分岐する必要のあるとき等工事上やむを得ない場合のほかは，金属管工事の場合と同様の理由から金属ダクト内での接続は，原則として認めないこととしている。この場合，その接続箇所の点検は容易にできるように施設することとした。

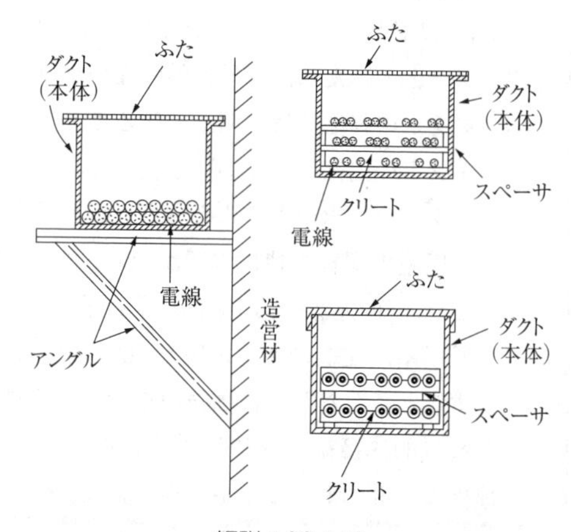

解説 162.1 図

第四号は，電線を金属ダクトから引き出す部分の電線の損傷防止について定めたものである。金属ダクトから電線を引き出す部分は，電線が損傷するおそれがないように金属ダクトの貫通部分には堅ろうなブッシング等を使用し施設することとした。また，金属ダクトに直接取り付けられた電気機械器具内に電線を引き出す場合は，絶縁ブッシングを使用することが望ましい。

第五号は，金属ダクト内に接続端子を設けること，照明器具を直接取り付けること，又は放電灯用安定器を入れることなどは，電線の被覆を損傷するおそれがあるので，これを防止するための規定である。金属ダクトは，電線を収めるのが目的であって，この中に他の物品を入れると電線の被覆を損傷するおそれがあり，また，金属ダクトの容積を減少することとなるので，これらを適用しているのである。

第2項は，金属ダクトの仕様に関する規定であるが，我が国では金属ダクトとして標準化されたものではなく，個々の場合に応じて適当な寸法のものが設計されている。

第一号は，金属ダクトは多数の電線を収めることを目的として施設されるものであり，**第161条**の金属線ぴとの区別を明確にするため幅が5cmを超えるものとしている。また，機械的強度を考慮して，1.2mm以上の鉄（鋼）板又はこれと同等以上の強さを有する金属製のものを使用して施設することとした。ただし，金属ダクトの形状及び寸法は種々雑多なので，金属ダクトの断面積が大きく，その縦横の寸法の比が不均衡で機械的強度を必要とする場合は，厚さ1.6mm以上のものを使用することが望ましい。なお，アルミニウムその他の金属を使用することについては，バスダクトのハウジング（→**第163条**）を参考として厚さ1.2mm以上の鉄板と同等以上の強度を有するものであって，堅ろうに製作すれば，施設することができる。

第二号は，金属ダクトには板金加工した鉄板をリベット打ち等により組み立てる場合又はアングルにより構成した骨組にボルト及びナットを使用して，鉄板製のふた，側壁，底部を取り付けて製作する場合があるが，これらのリベット，ボルト又は鉄板のまくれ等が内部に突出して電線の被覆を損傷することのないように施設することとした。

第三号は，鉄（鋼）製の金属ダクトの防錆に関する規定である。

第3項は，金属ダクトの施設方法について規定している。

第一号は，金属ダクト工事は，電線を保護する目的で管路を構成するものであるから，金属ダクト相互の接続が緩むことによって電線を損傷しないように機械的接続の堅ろうさを求め，金属ダクト相互が電気的に接続されないと接地の効果に支障があるため，電気的接続の完全さを求めるものである。金属ダクト相互は，その接続部を支持点付近に設けるようにして，機械的にも電気的にも完全に接続することが必要である。

第二号は，金属ダクトを壁の側面等に取り付ける場合は，適当な間隔にアングルを設けて，その上に施設する方法又はアンカーボルトを適当な間隔に設け，これを使用して天井，はり等からつり下げる方法等により施設されるが，この場合の支持点間の距離について規定している。支持点間隔を3m以下としたのは，柱の間隔又は間仕切りの関係から適当な距離であり，**第2項**の規定に適合する金属ダクトであれば十分な強度もあるので認められたものである。また，垂直に施設する場合であって，取扱者以外の者が出入りできないように措置した場所に限り，支持点間距離を6m以下としたのは，各階床面で支持すれば途中で支持する必要が少ないためである。この場合，金属ダクトの支持点間距離にかかわらず金属ダクト内の電線はクリート等で堅固に支持することとした。なお，金属ダクトをメタルラス張りの木造の造営物に施設する場合は，**第145条**に規定された事項に対する注意が必要である。

第三号は，金属ダクトのふたを取り付ける場合には，ビス等で容易に外れないように施設すべきことを定めている。なお，金属ダクトの底板及び側板を埋設して施設し，これに上ぶたを取り付ける場合は容易に外れないように施設するとともに，人の通行の妨げにならないように施設する必要がある。

第四号は，金属ダクト内に蛇，ネズミ等が入るのを防止するため，終端部等は適当な方法で空隙のないようにふたをすることとしている。

第五号は，金属ダクトのふたを取り付ける場合等に空隙からじんあいが入り難いように，できる限り密閉することとしている。

第六号は，金属ダクトを床面に施設する場合等，水が浸入しやすいダクトには，水が溜まるとダクトが錆びる等事故の原因となるので，途中に水が溜まるようなことがないように施設することとしている。

第七号及び**第八号**は，漏電による危険防止のために定められた規定であるが，金属ダクトは多数の配線を収めているので，接地の省略は認められていない。

【バスダクト工事】（省令第56条第1項，第57条第1項）

第163条　バスダクト工事による低圧屋内配線は，次の各号によること。

一　ダクト相互及び電線相互は，堅ろうに，かつ，電気的に完全に接続すること。

二　ダクトを造営材に取り付ける場合は，ダクトの支持点間の距離を3m（取扱者以外の者が出入りできないように措置した場所において，垂直に取り付ける場合は，6m）以下とし，堅ろうに取り付けること。

三　ダクト（換気型のものを除く。）の終端部は，閉そくすること。

四　ダクト（換気型のものを除く。）の内部にじんあいが侵入し難いようにすること。

五　湿気の多い場所又は水気のある場所に施設する場合は，屋外用バスダクトを使用し，バスダクト内部に水が浸入してたまらないようにすること。

六　低圧屋内配線の使用電圧が300V以下の場合は，ダクトには，D種接地工事を施すこと。（関連省令第10条，第11条）

七　低圧屋内配線の使用電圧が300Vを超える場合は，ダクトには，C種接地工事を施すこと。ただし，接触防護措置（金属製のものであって，防護措置を施すダクトと電気的に接続するおそれがあるもので防護する方法を除く。）を施す場合は，D種接地工事によることができる。（関連省令第10条，第11条）

2　バスダクト工事に使用するバスダクトは，日本産業規格JIS C 8364（2008）「バスダクト」に適合するものであること。

〔解　説〕 バスダクト工事は，工場，ビルディング等において比較的大電流を通ずる屋内幹線を施設する場合に採用される工事方法である。その施設可能な場所については，**第156条**を参照されたい。

ここでバスダクトとは，エンクローザー（ハウジングともいう。）と呼ばれる金属製のダクトの中に導体を絶縁して収めたものをいう。導体の絶縁方法により，裸導体のバスダクトと絶縁導体バスダクトがある。裸導体バスダクトは，裸導体を適当な間隔で絶縁物により支持し，ダクト内に収めたものである。一方，絶縁導体バスダクトには，裸導体を絶縁物で被覆したもの又は裸導体を絶縁物で支持する代わりにハウジング内に絶縁物を充填して固めたもの（コンパウンド形）がある。絶縁導体バスダクトは，異極導体間及び導体と接地されたエンクローザー間の絶縁距離を減少し，バスダクトをコンパクトにしようとするもので，**第2項**に適合するものであることが確認されれば使用できる。バスダクトには，幹線に用いるフィーダバスダクト，差込口（プラグインホール）を設けて差込装置（プラグインスイッチ等）により適宜分岐できる構造のプラグインバスダクト等の種類があり，日本産業規格 JIS C 8364（2008）によると，形式は解説163.1表のように分類されている。

解説 163.1 表

<table>
<tr><th colspan="7">種類</th></tr>
<tr><th colspan="2">名称</th><th colspan="4">形式</th><th>極数</th></tr>
<tr><td rowspan="4">バスダクト</td><td rowspan="3">フィーダバスダクト
ストレート
エルボ
オフセット
ティー
クロス
レジューサ
エキスパンションバスダクト
タップ付きバスダクト
トランスポジションバスダクト</td><td rowspan="2">—</td><td>屋内用</td><td>絶縁導体
裸導体</td><td>換気形
非換気形</td><td rowspan="4">2
3
4</td></tr>
<tr><td>屋外用</td><td>絶縁導体
裸導体</td><td>換気形
非換気形</td></tr>
<tr><td>耐火</td><td>屋内用</td><td>絶縁導体
裸導体</td><td>非換気形</td></tr>
<tr><td>プラグインバスダクト</td><td>—</td><td>屋内用</td><td>絶縁導体
裸導体</td><td>換気形
非換気形</td></tr>
</table>

本条では，フィーダバスダクト及びプラグインバスダクトについて規定しており，原則として非換気型の全閉式のものについて示している。しかし，ダクトに換気口のある換気型バスダクトをじんあいのない清浄な場所に施設することを妨げるものではない。これについては**第175条第1項第三号イ**において爆燃性粉じん，可燃性粉じんが存在する場所以外の粉じんの多い場所に施設する低圧屋内配線を換気型以外のバスダクトを使用して施設できることからも明確である。換気型バスダクトの構造は，日本産業規格

JIS C 8364（2008）「バスダクト」の「7.1 バスダクトの構造」において保護等級はJIS C 0920に規定する第一特性数字が2以上でなければならないとされている。

屋外用バスダクトの水に対する保護等級については，日本産業規格JIS C 0920（2003）に規定する第二特性数字が3以上でなければならないとされている。**第1項第五号**では，屋内配線であっても，湿気の多い場所又は水気のある場所に施設する場合は，屋外用バスダクトを使用し，バスダクト内部に水が浸入して溜まらないようにすることが規定されている。屋外用バスダクトの使用は**第110条**により低圧屋側電線路，**第113条**により低圧屋上電線路，**第130条**により専用橋等の電線路及び**第166条**により低圧屋側配線又は低圧屋外配線に認められており，ダクトは内部に水が浸入し溜まらないようなものであることが規定されている。

なお，トロリーバスダクトは接触電線として使われるものであり，**第173条**に規定されている。なお，縫製工場等で，使用中は固定しているが配置換え等で，必要に応じて設置場所を変える電気ミシン等に電気を供給するための配線にトロリーバスダクトを使用する場合は，**第173条**の規定により施設することとした。

第1項は，バスダクトの施設方法について規定している。

第一号では，製造工場などで適当な長さのユニットとして製造され，施設場所において外側のダクトと内部の導体とを同時に接続する接続方法について定めている。導体の接続については特にボルト締め等の工法により確実に行い，接続部において発熱等のおそれがないようにすることとした。

第二号では，バスダクトの取付け方法を規定しているが，これは**前条**の金属ダクトの場合と同様である。

第三号及び**第四号**は，バスダクトの構造の規制に近いが，じんあいのない場所に換気型のバスダクトを使用する場合を除き，非換気型の全閉式バスダクトを使用することとした。したがって，プラグインバスダクトのプラグ受口にはカバーを付けることとした。

第五号は，H9解釈で追加された規定であり，湿気の多い場所又は水気のある場所に施設するバスダクトについて規定している。

第六号及び**第七号**の接地の規定は，金属ダクトの場合と同じ趣旨である。

第2項では，バスダクト工事に使用するバスダクトについてJIS C 8364（2008）に規定された構造及び性能に適合するものを使用することを規定している。

【ケーブル工事】（省令第56条第1項，第57条第1項）

第164条 ケーブル工事による低圧屋内配線は，次項及び第3項に規定するものを除き，次の各号によること。

一 電線は，164-1表に規定するものであること。

164-1 表

電線の種類		区分	
		使用電圧が300V以下のものを展開した場所又は点検できる隠ぺい場所に施設する場合	その他の場合
ケーブル		○	○
2種	キャブタイヤケーブル	○	
3種		○	○
4種		○	○
2種	クロロプレンキャブタイヤケーブル	○	
3種		○	○
4種		○	○
2種	クロロスルホン化ポリエチレンキャブタイヤケーブル	○	
3種		○	○
4種		○	○
2種	耐燃性エチレンゴムキャブタイヤケーブル	○	
3種		○	○
ビニルキャブタイヤケーブル		○	
耐燃性ポリオレフィンキャブタイヤケーブル		○	

（備考）○は，使用できることを示す。

二　重量物の圧力又は著しい機械的衝撃を受けるおそれがある箇所に施設する電線には，適当な防護装置を設けること。

三　電線を造営材の下面又は側面に沿って取り付ける場合は，電線の支持点間の距離をケーブルにあっては2m（接触防護措置を施した場所において垂直に取り付ける場合は，6m）以下，キャブタイヤケーブルにあっては1m以下とし，かつ，その被覆を損傷しないように取り付けること。

四　低圧屋内配線の使用電圧が300V以下の場合は，管その他の電線を収める防護装置の金属製部分，金属製の電線接続箱及び電線の被覆に使用する金属体には，D種接地工事を施すこと。ただし，次のいずれかに該当する場合は，管その他の電線を収める防護装置の金属製部分については，この限りでない。（関連省令第10条，第11条）

イ　防護装置の金属製部分の長さが4m以下のものを乾燥した場所に施設する場合

ロ　屋内配線の使用電圧が直流300V又は交流対地電圧150V以下の場合において，防護装置の金属製部分の長さが8m以下のものに簡易接触防護措置（金属製のものであって，防護措置を施す設備と電気的に接続するおそれがあるもので防護する方法を除く。）を施すとき又は乾燥した場所に施設するとき

五　低圧屋内配線の使用電圧が300Vを超える場合は，管その他の電線を収める防護装置の金属製部分，金属製の電線接続箱及び電線の被覆に使用する金属体には，C種接地工事を施すこと。ただし，接触防護措置（金属製のものであって，防護措置

を施す設備と電気的に接続するおそれがあるもので防護する方法を除く。）を施す場合は，D種接地工事によることができる。（関連省令第10条，第11条）

2　電線を直接コンクリートに埋め込んで施設する低圧屋内配線は，次の各号によること。

一　電線は，MIケーブル，コンクリート直埋用ケーブル又は第120条第6項に規定する性能を満足するがい装を有するケーブルであること。

二　コンクリート内では，電線に接続点を設けないこと。ただし，接続部において，ケーブルと同等以上の絶縁性能及び機械的保護機能を有するように施設する場合は，この限りでない。

三　工事に使用するボックスは，電気用品安全法の適用を受ける金属製若しくは合成樹脂製のもの又は黄銅若しくは銅で堅ろうに製作したものであること。

四　電線をボックス又はプルボックス内に引き込む場合は，水がボックス又はプルボックス内に浸入し難いように適当な構造のブッシングその他これに類するものを使用すること。

五　前項第四号及び第五号の規定に準じること。

3　電線を建造物の電気配線用のパイプシャフト内に垂直につり下げて施設する低圧屋内配線は，次の各号によること。

一　電線は，次のいずれかのものであること。

イ　第9条第2項に規定するビニル外装ケーブル又はクロロプレン外装ケーブルであって，次に適合する導体を使用するもの

（イ）　導体に銅を使用するものにあっては，公称断面積が22mm²以上であること。

（ロ）　導体にアルミニウムを使用するものにあっては，次に適合すること。

(1)　軟アルミ線，半硬アルミ線及びアルミ成形単線以外のものであること。

(2)　公称断面積が30mm²以上であること。ただし，第9条第2項第一号ハの規定によるものにあっては，この限りでない。

ロ　垂直ちょう架用線付きケーブルであって，次に適合するもの

（イ）　ケーブルは，（ロ）に規定するちょう架用線を第9条第2項に規定するビニル外装ケーブル又はクロロプレン外装ケーブルの外装に堅ろうに取り付けたものであること。

（ロ）　ちょう架用線は，次に適合するものであること。

(1)　引張強さが5.93kN以上の金属線又は断面積が22mm²以上の亜鉛めっき鉄より線であって，断面積5.3mm²以上のものであること。

(2)　ケーブルの重量（ちょう架用線の重量を除く。）の4倍の引張荷重に耐えるようにケーブルに取り付けること。

ハ　第9条第2項に規定するビニル外装ケーブル又はクロロプレン外装ケーブルの外装の上に当該外装を損傷しないように座床を施し，更にその上に第4条第二号

に規定する亜鉛めっきを施した鉄線であって，引張強さが294N以上のもの又は直径1mm以上の金属線を密により合わせた鉄線がい装ケーブル

二　電線及びその支持部分の安全率は，4以上であること。

三　電線及びその支持部分は，充電部分が露出しないように施設すること。

四　電線との分岐部分に施設する分岐線は，次によること。

イ　ケーブルであること。

ロ　張力が加わらないように施設し，かつ，電線との分岐部分には，振留装置を施設すること。

ハ　ロの規定により施設してもなお電線に損傷を及ぼすおそれがある場合は，さらに，適当な箇所に振留装置を施設すること。

五　第1項第二号，第四号及び第五号の規定に準じること。

六　パイプシャフト内は，省令第70条及び第175条から第178条までに規定する場所でないこと。(関連省令第68条，第69条，第70条)

〔解　説〕 ケーブル工事は，屋内では金属管工事と同様，あらゆる場所に利用できる工事方法である。電線にはケーブルを使用する場合とキャブタイヤケーブルを使用する場合とがあり，それらのケーブルについては，**第8条**から**第11条**により各種のケーブル（→**第9条**）の使用が認められているが，その施設場所に応じて適当なケーブルを選ぶことが大切である（→**第9条解説**）。すなわち，腐食性ガス等のある場所にはガス等の性質に応じて耐腐食性を有する鉛被ケーブル，ビニル外装ケーブル，クロロプレン外装ケーブル又はポリエチレン外装ケーブル（→**第9条**）を使用し，爆燃性又は可燃性の物質のある場所には**第120条第6項**又は**第7項**の規定に適合するがい装を有するケーブル（管等の防護装置に収める場合は，がい装を有するケーブル以外のケーブル及びこれに保護被覆を施したケーブル又は**第9条**のMIケーブル）を使用すべきこと（→**第175条**から**第178条**）は，それぞれの条項で明らかであるが，その他の場所においても，施設場所の条件に応じて適当なケーブルを選ぶ必要がある。

また，キャブタイヤケーブルについては，本来移動電線として使用することを目的として製作されるものであるが，鉱山等のキャブタイヤケーブルを多く使用する事業場では，坑道内の配線に限らず，一般の配線としても使用する場合が多く，一般の需要場所においても固定した電気使用機械器具等に至る短小な配線には可とう性に富むキャブタイヤケーブルを使用するのが便利な場合があるので，ケーブルと同等程度の性能を有するものと考えられる2種，3種及び4種キャブタイヤケーブル並びにビニルキャブタイヤケーブル及び耐燃性ポリオレフィンキャブタイヤケーブルを使用する配線工事について規定している（→第8条解説）。

第一号は，電線の種類によって使用電圧及び施設場所の制限を解説164.1表に示すと

おり規定している。

解説 164.1 表 電圧及び場所の制限

電線の種類 ＼ 施設場所 / 使用電圧		展開した場所又は点検できる隠ぺい場所		点検できない隠ぺい場所	
		300V 以下	300V 超過	300V 以下	300V 超過
	ケーブル	○	○	○	○
	ビニル	○	×	×	×
	耐燃性ポリオレフィン	○	×	×	×
	1種（天然ゴム）	×	×	×	×
	2種（天然ゴム）	○	×	×	×
キャブ	2種クロロプレン	○	×	×	×
	2種クロロスルホン化ポリエチレン	○	×	×	×
	2種耐燃性エチレンゴム	○	×	×	×
	3種（天然ゴム）	○	○	○	○
	3種クロロプレン	○	○	○	○
	3種クロロスルホン化ポリエチレン	○	○	○	○
	3種耐燃性エチレンゴム	○	○	○	○
	4種（天然ゴム）	○	○	○	○
キャブ	4種クロロプレン	○	○	○	○
	4種クロロスルホン化ポリエチレン	○	○	○	○

（備考）○：施設できる。×：施設できない。

第二号は，ケーブル又はキャブタイヤケーブルの防護装置について規定しているが，これは施設場所及び使用する電線に応じて，適当な防護装置を施すべきことを意味する。

ここで「重量物の圧力又は著しい機械的衝撃を受けるおそれがある」とは，ケーブル又はキャブタイヤケーブルの外装に対する相対的なことを意味している。例えば，比較的外装の程度の低いビニル外装ケーブルに対しては損傷を受けるような重量物の圧力又は著しい機械的衝撃を受けるおそれがある場合であっても，鋼帯がい装を有するクロロプレン外装ケーブルに対してその外装を損傷するまでに至らない場合であれば，鋼帯がい装クロロプレン外装ケーブルに対しては重量物の圧力又は著しい機械的衝撃を受けるおそれがない場合であると考える。

また,「重量物の圧力又は著しい機械的衝撃」としては,ケーブル又はキャブタイヤケーブルに損傷を与えるような外力は全て考慮すべきであって，施設されている電線の上に重量物が乗せられる場合，通路等の上に施設されている電線に通行人又は運搬中の物が触れるおそれがある場合，木製の側壁等に取り付けられた電線が壁の裏面等から釘打ちをされるおそれがある場合等は，当然，あらかじめ考慮しておく必要がある。

具体的な防護施設としては，ケーブル又はキャブタイヤケーブルを金属管に収めることが最も一般的であって，これはあらゆる場合の防護施設として利用できる。その他，金属ダクト若しくはフロアダクトに収める方法，ケーブル若しくはキャブタイヤケーブルの側面等に防護板を取り付ける方法又は壁の裏面からの釘打ちを防止するためケーブル又はキャブタイヤケーブルの取付け面に鉄板を張り付ける方法等があるが，施設場所又は使用電線の性能に応じて，適当な方法を講ずることとなる。

最近，事務所ビル等で重量物による防護が不要な施工法の一つとしてアクセスフロアによる施工方法が多く採用されている。具体的な施工方法については，日本電気技術規格委員会規格 JESC E0005（2016）「内線規程」（(一社）日本電気協会電気技術規程 JEAC 8001-2016）の 3170 節（アクセスフロア内のケーブル配線）を参考にされたい。

第三号は，電線の取付け方法に関する規定である。ケーブル又はキャブタイヤケーブルを金属管やダクト等に収めて施設する場合は問題ないが，建築物の仕上り面等の下面又は側面に直接取り付ける場合は，サドル，ステープル等により造営材に固定することとしている。この場合にその取付け点間隔を，ケーブルでは 2m 以下を原則としているが，接触防護措置を施した場所において垂直に取り付ける場合は 6m 以下とすることができる。特に金属管やダクト等に収めて施設する場合は，ケーブルを直接堅ろうに支持することが望ましい。キャブタイヤケーブルは，その使用目的から心線には細い素線を用いているので，機械的強度においてケーブルに劣るため，1m 以下とすることとしている。造営材等の上面に施設する場合，造営材に沿わせない場合は特に定めていない。

ケーブルを取り付ける際には，その屈曲部分の曲率半径に注意する必要があり，アルミ被又は鉛被を有するケーブルの屈曲部の内側半径は，仕上り外径の 12 倍以上，鉛被を有しないケーブルの場合は 5 倍以上とすることが望ましい。なお，接続については，**第 12 条**の規定が適用される。

第四号は，漏電による危険防止のため，低圧屋内配線の使用電圧が 300V 以下の場合は，D 種接地工事を施すべき旨の規定であって，一般には，ケーブル又はキャブタイヤケーブルを収める金属管若しくは金属ダクト，金属接続箱及びケーブルの被覆に使用する金属体（鉛被ケーブル等については，その鋼帯と鉛被の双方を指している。）等をボンド等により電気的に接続してから D 種接地工事を施す。なお，**ただし書**の場合については，金属管工事等の場合と同様である。この場合に，配線器具を金属製のアウトレットボックスに収めて使用する場合は，アウトレットボックスは管その他の電線を収める防護装置と解してよい（→**第 159 条**）。

第五号は，低圧屋内配線の使用電圧が 300V を超える場合は，C 種接地工事を施すべき旨の規定で，その趣旨は前号と同じである。ただし書は，**第 159 条第 3 項第五号**の場合と同じである。

第 2 項は，ケーブルをコンクリートに直接埋設する工事方法について規定している。

第一号では，コンクリートに直接埋設するケーブルは，生コンクリートを流し込むときに外力が加わることを考慮し，MI ケーブル，コンクリート直埋用ケーブル又は**第 120 条第 6 項**若しくは**第 7 項**に規定する構造のがい装を有するケーブルのみとしている。「コンクリート直埋用ケーブル」は，コンクリート直接埋設用ケーブルで，耐衝撃性を強化するための保護層が設けられている。

第二号は，コンクリート内では，電線に接続点を設けないことを規定している。これは，コンクリート打設時に接続点が弱点となるおそれがあるためで，接続には必ずボックスを使用することとしている。ただし書は，直埋したケーブルがはつり等の外力によって損傷を受けた場合等の補修に際して，どうしてもやむを得ない場合に，その接続部分を十分に絶縁処理し，ケーブルと同等以上の機械的保護を施せば，その部分をモルタル塗り込めして埋め込むことができることを示している。

第三号は，ボックスの材質等について規定している。**第四号**は，ボックス又はプルボックス内に電線引込部から水が浸入することを防止する趣旨である。

第3項は，ケーブルを電気配線用パイプシャフト内に垂直につり下げて施設する工事方法について規定している。超高層ビル等の垂直配線をケーブル工事により施設する場合に建造物の軽量化等その構造上，支持点間の距離を長くする必要があり，これに対応できる工事方法として規定されたものである。

第一号は，垂直につり下げて施設する垂直ちょう架ケーブルに関する規定である。**イ**は，垂直につり下げて施設するケーブルには垂直荷重がかかるため，使用できる電線の太さを規定している。**(ロ)** は，**(イ)** で除外した鋼心アルミ導体ケーブルのうち，垂直につり下げて施設できるものの仕様を示している。**ロ**は，ケーブルとちょう架用線が一体化されたものの仕様を規定している。**ハ**は，垂直につり下げて施設するケーブルの外装保護方法等について規定している。

第二号は，ケーブルとその支持部分の安全率を4以上と規定している。これは，地震時の安全をも考慮して定めたものである。

第三号は，充電部分が露出しないように施設することを規定している。

第四号は，垂直ちょう架ケーブルの運動性（電源投入時等）への追随性を考慮して，分岐線をケーブルに限定し，その施設方法を定めている。

第六号は，**省令第70条**及び**第175条**から**第178条**に規定する場所には，垂直ちょう架ケーブルの施設実績がなく，また，安全性が確認できないため，垂直ちょう架ケーブルを施設できないこととした。

【特殊な低圧屋内配線工事】（省令第56条第1項，第57条第1項，第64条）

第165条　フロアダクト工事による低圧屋内配線は，次の各号によること。

一　電線は，絶縁電線（屋外用ビニル絶縁電線を除く。）であること。

二　電線は，より線又は直径3.2mm（アルミ線にあっては，4mm）以下の単線であること。

三　フロアダクト内では，電線に接続点を設けないこと。ただし，電線を分岐する場合において，その接続点が容易に点検できるときは，この限りでない。

四　フロアダクト工事に使用するフロアダクト及びボックスその他の附属品（フロアダクト相互を接続するもの及びフロアダクトの端に接続するものに限る。）は，次のいずれかのものであること。

イ　電気用品安全法の適用を受ける金属製のフロアダクト及びボックスその他の附属品

ロ　次に適合するもの

（イ）　厚さが 2mm 以上の鋼板で堅ろうに製作したものであること。

（ロ）　亜鉛めっきを施したもの又はエナメル等で被覆したものであること。

（ハ）　端口及び内面は，電線の被覆を損傷しないような滑らかなものであること。

五　フロアダクト工事に使用するフロアダクト及びボックスその他の附属品は，次により施設すること。

イ　ダクト相互並びにダクトとボックス及び引出口とは，堅ろうに，かつ，電気的に完全に接続すること。

ロ　ダクト及びボックスその他の附属品は，水のたまるような低い部分を設けないように施設すること。

ハ　ボックス及び引出口は，床面から突出しないように施設し，かつ，水が浸入しないように密封すること。

ニ　ダクトの終端部は，閉そくすること。

ホ　ダクトには，D 種接地工事を施すこと。（関連省令第 10 条，第 11 条）

2　セルラダクト工事による低圧屋内配線は，次の各号によること。

一　電線は，絶縁電線（屋外用ビニル絶縁電線を除く。）であること。

二　電線は，より線又は直径 3.2mm（アルミ線にあっては，4mm）以下の単線であること。

三　セルラダクト内では，電線に接続点を設けないこと。ただし，電線を分岐する場合において，その接続点が容易に点検できるときは，この限りでない。

四　セルラダクト内の電線を外部に引き出す場合は，当該セルラダクトの貫通部分で電線が損傷するおそれがないように施設すること。

五　セルラダクト工事に使用するセルラダクト及び附属品（ヘッダダクトを除き，セルラダクト相互を接続するもの及びセルラダクトの端に接続するものに限る。）は，次に適合するものであること。

イ　鋼板で製作したものであること。

ロ　端口及び内面は，電線の被覆を損傷しないような滑らかなものであること。

ハ　ダクトの内面及び外面は，さび止めのためにめっき又は塗装を施したものであること。ただし，民間規格評価機関として日本電気技術規格委員会が承認した規格である「デッキプレート」の「適用」の欄に規定するものに適合するものにあっては，この限りでない。

ニ　ダクトの板厚は，165-1表に規定する値以上であること。

165-1表

ダクトの最大幅	ダクトの板厚
150mm以下	1.2mm
150mmを超え200mm以下	1.4mm（民間規格評価機関として日本電気技術規格委員会が承認した規格である「デッキプレート」の「適用」の欄に規定するものに適合するものにあっては1.2mm）
200mmを超えるもの	1.6mm

ホ　附属品の板厚は1.6mm以上であること。

ヘ　底板をダクトに取り付ける部分は，次の計算式により計算した値の荷重を底板に加えたとき，セルラダクトの各部に異状を生じないこと。

$P=5.88D$

Pは，荷重（単位：N/m）

Dは，ダクトの断面積（単位：cm^2）

六　セルラダクト工事に使用するヘッダダクト及びその附属品（ヘッダダクト相互を接続するもの及びヘッダダクトの端に接続するものに限る。）は，次に適合するものであること。

イ　前号イ，ロ及びホの規定に適合すること。

ロ　ダクトの板厚は，165-2表に規定する値以上であること。

165-2表

ダクトの最大幅	ダクトの板厚
150mm以下	1.2mm
150mmを超え200mm以下	1.4mm
200mmを超えるもの	1.6mm

七　セルラダクト工事に使用するセルラダクト及び附属品（ヘッダダクト及びその附属品を含む。）は，次により施設すること。

イ　ダクト相互並びにダクトと造営物の金属構造体，附属品及びダクトに接続する金属体とは堅ろうに，かつ，電気的に完全に接続すること。

ロ　ダクト及び附属品は，水のたまるような低い部分を設けないように施設すること。

ハ　引出口は，床面から突出しないように施設し，かつ，水が浸入しないように密封すること。

ニ　ダクトの終端部は，閉そくすること。

ホ　ダクトにはD種接地工事を施すこと。（関連省令第10条，第11条）

3　ライティングダクト工事による低圧屋内配線は，次の各号によること。

一　ダクト及び附属品は，電気用品安全法の適用を受けるものであること。

二　ダクト相互及び電線相互は，堅ろうに，かつ，電気的に完全に接続すること。
三　ダクトは，造営材に堅ろうに取り付けること。
四　ダクトの支持点間の距離は，2m 以下とすること。
五　ダクトの終端部は，閉そくすること。
六　ダクトの開口部は，下に向けて施設すること。ただし，次のいずれかに該当する場合は，横に向けて施設することができる。
　イ　簡易接触防護措置を施し，かつ，ダクトの内部にじんあいが侵入し難いように施設する場合
　ロ　日本産業規格 JIS C 8366（2012）「ライティングダクト」の「5 性能」,「6 構造」及び「8 材料」の固定Ⅱ形に適合するライティングダクトを使用する場合
七　ダクトは，造営材を貫通しないこと。
八　ダクトには，D 種接地工事を施すこと。ただし，次のいずれかに該当する場合は，この限りでない。（関連省令第 10 条，第 11 条）
　イ　合成樹脂その他の絶縁物で金属製部分を被覆したダクトを使用する場合
　ロ　対地電圧が 150V 以下で，かつ，ダクトの長さ（2 本以上のダクトを接続して使用する場合は，その全長をいう。）が 4m 以下の場合
九　ダクトの導体に電気を供給する電路には，当該電路に地絡を生じたときに自動的に電路を遮断する装置を施設すること。ただし，ダクトに簡易接触防護措置（金属製のものであって，ダクトの金属製部分と電気的に接続するおそれがあるもので防護する方法を除く。）を施す場合は，この限りでない。

4　平形保護層工事による低圧屋内配線は，次の各号によること。
一　住宅以外の場所においては，次によること。
　イ　次に掲げる以外の場所に施設すること。
　　（イ）旅館，ホテル又は宿泊所等の宿泊室
　　（ロ）小学校，中学校，盲学校，ろう学校，養護学校，幼稚園又は保育園等の教室その他これに類する場所
　　（ハ）病院又は診療所等の病室
　　（ニ）フロアヒーティング等発熱線を施設した床面
　　（ホ）第 175 条から第 178 条までに規定する場所
　ロ　造営物の床面又は壁面に施設し，造営材を貫通しないこと。
　ハ　電線は，電気用品安全法の適用を受ける平形導体合成樹脂絶縁電線であって，20A 用又は 30A 用のもので，かつ，アース線を有するものであること。
　ニ　平形保護層（上部保護層，上部接地用保護層及び下部保護層をいう。以下この条において同じ。）内の電線を外部に引き出す部分は，ジョイントボックスを使用すること。

ホ　平形導体合成樹脂絶縁電線相互を接続する場合は，次によること。（関連省令第7条）

（イ）　電線の引張強さを20%以上減少させないこと。

（ロ）　接続部分には，接続器を使用すること。

（ハ）　次のいずれかによること。

(1)　接続部分の平形導体合成樹脂絶縁電線の絶縁物と同等以上の絶縁効力のある接続器を使用すること。

(2)　接続部分をその部分の平形導体合成樹脂絶縁電線の絶縁物と同等以上の絶縁効力のあるもので十分に被覆すること。

ヘ　平形保護層内には，電線の被覆を損傷するおそれがあるものを収めないこと。

ト　電線に電気を供給する電路は，次に適合するものであること。

（イ）　電路の対地電圧は，150V以下であること。

（ロ）　定格電流が30A以下の過電流遮断器で保護される分岐回路であること。

（ハ）　電路に地絡を生じたときに自動的に電路を遮断する装置を施設すること。

チ　平形保護層工事に使用する平形保護層，ジョイントボックス，差込み接続器及びその他の附属品は，次に適合するものであること。

（イ）　平形保護層は次に適合するものであること。

(1)　構造は日本産業規格 JIS C 3652（1993）「電力用フラットケーブルの施工方法」の「附属書 電力用フラットケーブル」の「4.6 上部保護層」，「4.5 上部接地用保護層」及び「4.4 下部保護層」に適合すること。

(2)　完成品は，日本産業規格 JIS C 3652（1993）「電力用フラットケーブルの施工方法」の「附属書 電力用フラットケーブル」の「5.16 機械的特性」，「5.18 地絡・短絡特性」及び「5.20 上部接地用保護層及び上部保護層特性」の試験方法により試験したとき，「3 特性」に適合すること。

（ロ）　ジョイントボックス及び差込み接続器は，電気用品安全法の適用を受けるものであること。

（ハ）　平形保護層，ジョイントボックス，差込み接続器及びその他の附属品は，当該平形導体合成樹脂絶縁電線に適したものであること。

リ　平形保護層工事に使用する平形保護層，ジョイントボックス，差込み接続器及びその他の附属品は，次により施設すること。

（イ）　平形保護層は，電線を保護するように施設すること。この場合において，上部保護層は，上部接地用保護層を兼用することができる。

（ロ）　平形保護層を床面に施設する場合は，平形保護層を粘着テープにより固定し，適当な防護装置を設けること。

（ハ）　平形保護層を壁面に施設する場合は，金属ダクト工事に使用する金属ダクトに収めて施設すること。ただし，平形保護層の床面からの立ち上がり部において，平形保護層の長さを30cm以下とし，適当な防護装置を設けて施設する場合は，この限りでない。

(ニ) 上部接地用保護層相互及び上部接地用保護層と電線に附属する接地線とは，電気的に完全に接続すること。(関連省令第11条)

(ホ) 上部保護層及び上部接地用保護層並びにジョイントボックス及び差込み接続器の金属製外箱には，D種接地工事を施すこと。(関連省令第10条，第11条)

二 住宅においては，次のいずれかにより施設すること。

イ 民間規格評価機関として日本電気技術規格委員会が承認した規格である「コンクリート直天井面における平形保護層工事」の「適用」の欄に規定する要件

ロ 民間規格評価機関として日本電気技術規格委員会が承認した規格である「石膏ボード等の天井面・壁面における平形保護層工事」の「適用」の欄に規定する要件

〔解　説〕 本条は，特殊な低圧屋内配線工事の施設方法について規定している。

第1項は，フロアダクト工事について規定している。フロアダクト工事は，事務室等で，電話線，信号線等の弱電流電線，電気スタンド及びOA機器用電源の強電流電線とを併設する場合にしばしば利用されるもので，シンダーコンクリート床等の内に埋め込まれて施設される(→解説165.1図)。強電流電線と弱電流電線とを併設するといっても，実際にはフロアダクト2本を使用し，一方には強電流電線，他方には弱電流電線を収め，その交差点には隔離板を設けたジャンクションボックスを使用して双方の電線が直接接触しないように施設している（しかし，双方のダクトはジャンクションボックスにより電気的に接続されることとなる。)。また，電話線，信号線，強電流電線の3回路を併設するときは，3本のダクトを使用して施設する方法のものもある。この場合の弱電流電線との関係は，**第167条第2項**及び**第3項**に規定されている。

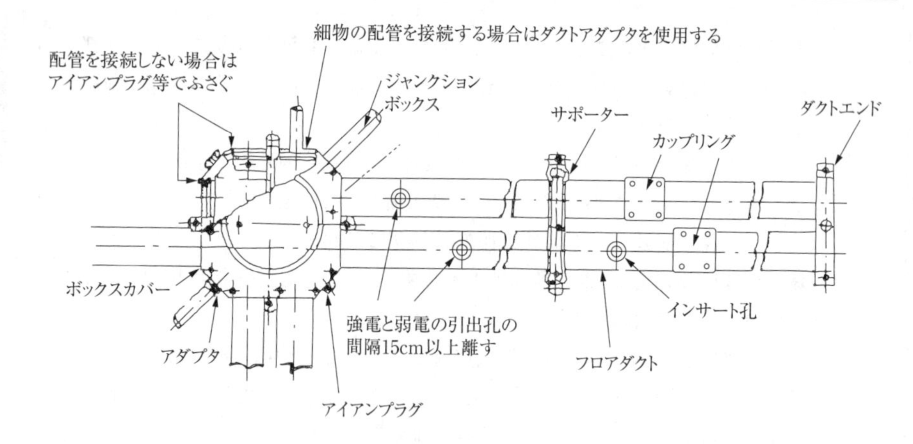

解説 165.1 図

第一号から**第三号**は，配線の施設方法について規定しているが，それぞれ**第 159 条第 1 項第一号**及び**第二号**並びに**第 158 条第 1 項第三号**と同様なので，解説は省略する。なお，**第三号ただし書**で，電線を分岐する場合において，その電線の接続点が容易に点検できる場合に限り，フロアダクト内での電線の接続を認めることとした。例えば，**次項**の規定により施設するセルラダクトに組み合わせてフロアダクトを施設する低圧屋内配線システムにおけるセルラダクトとフロアダクトの交差部に設けるボックスの部分がこれに該当する。

第四号は，フロアダクト及びボックス（ジャンクションボックス）その他の附属品の仕様を規定している。

イは，幅が 10cm 以下のフロアダクト及びその附属品は電気用品安全法の規格に適合したものを使用することを示している。

ロは，幅が 10cm を超えるものは，厚さが 2mm 以上の鋼板で腐食しないようなものを使用することとしている。なお，厚さを 2mm 以上としているのは，床面への電線の引出しをするフロアダクトは，スタットをフロアダクトにねじで取り付ける必要があること，また，施工中コンクリート床面からスタットが出ていると荷物等を置いたときスタットが押され，フロアダクトがつぶれるおそれがあるためである。**(ハ)** は，フロアダクトには，一般に引抜鋼管又は溶接鋼管を四角に仕上げたものが使用されるが，内面に電線の被覆を損傷するような有害な突起等がないように，かつ，端口も面取りして電線の被覆を損傷するおそれがないようにすることを規定している。

第五号は，フロアダクト，ボックス（ジャンクションボックス）その他の附属品の施設方法を定めている。

イは，フロアダクト工事は，電線を保護する目的で管路を構成するものであるから，フロアダクト相互，フロアダクトとボックス及び引出口の接続が緩むことによって電線を損傷しないように，機械的接続の堅ろうさを求め，また，これらの金属部分が電気的に接続されないと接地の効果に支障があるため，電気的接続の完全さを求めるものである。電気的接続については，フロアダクト相互は，カップリングの止めねじがダクトに食込むように完全に締め付けることによりこの目的は達せられる。フロアダクトとジャンクションボックスとの接続の場合も，ジャンクションボックスの止めねじの締付けによって，また，フロアコンセント等の引出口を取り付ける場合は，これらをフロアダクトの引出口にねじ込むことにより，この目的は達せられる。

ロは，フロアダクトを埋め込む場合には，フロアダクトサポート等を使用して，水平になるように固定してからシンダーコンクリート中に埋め込み，工事施工中に水等が入った場合でも，途中に水が溜まるようなことがないように施設すべきことを規定している。

ハは，ボックス及び引出口は，床面から突出しないようにシンダーコンクリート中に埋め込み，工事中においても，フロアダクト内に水が浸入しないようにボックスの引出口は密封しておくこと，また，フロアコンセント等を取り付ける場合にも，その接続部等はねじ接続等により，床にまくなどした水が浸入し難いように施設することを規定している。

ニは，フロアダクトの終端部はダクトエンド等でふたをしておくことを意味している。

ホは，漏電による危険を防止するための保護方法であることは金属管工事等の場合と同じであるが，初めに述べたようにフロアダクトではその構造上強電流電線を収めるフロアダクトと弱電流電線を収めるフロアダクトを併設するときは相互に電気的に接続されているので，電話線との混触による危険を考慮してC種接地工事を施す必要があり（→**第167条第3項**），電線と弱電流電線とを同一のダクト内に収めない場合はD種接地工事でよいこととしている。

第2項は，セルラダクト工事について規定している。セルラダクト工事は，一般的には，大形の鉄骨造建造物の床コンクリートの仮枠又は床構造材として使用される波形デッキプレートの溝を閉鎖してこれをセルラダクトとして使用する方式で，フロアダクトよりもダクト部分の断面積を大きくとれるので，負荷容量の増加に伴う配線の容量及び回路の増加に対処でき，また，負荷の位置変更にも容易に対応できる工事方法である。なお，

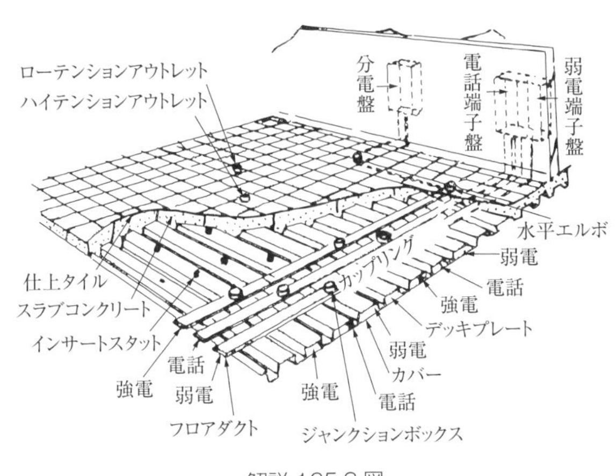

解説 165.2 図

セルラダクト工事による配線システムは，一般的には，フロアダクト（ヘッダダクト），金属ダクト（ピット状のもの）又は金属管等と組み合わせて使用される例が多い（→解説 165.2 図）。

第一号から**第四号**は，セルラダクト工事による電線の施設方法について規定している。

第一号から**第三号**までの規定は，それぞれ**前項第一号**から**第三号**と同様のため解説は省略する。**第四号**は，セルラダクトから電線を引き出す場合にセルラダクト貫通部分で電線の損傷を防止するための規定である。

第五号は，セルラダクトの仕様に関する規定である。

第六号は，セルラダクト工事に使用するヘッダダクト及びその付属品についての規定である。

第七号は，セルラダクト及びヘッダダクトの施設方法について規定している。

イは，セルラダクト相互及びセルラダクトと附属品の接続が緩むことによって電線を損傷しないように，機械的接続の堅ろうさを求め，また，これらの金属部分が電気的に接続されないと接地の効果に支障があるため，電気的接続の完全さを求めるもので，前項**第五号イ**と同様の趣旨である。**ロ**から**ホ**までの規定は，**前項第五号ロ**から**ホ**までと同様であるため解説を省略する。

第3項は，ライティングダクトの施設方法を規定したものである。**第二号**は，**第163条第1項第一号**と同様である。バスダクトの接続は，接続ボルトの締付け圧力で導体の電気的接続及びダクト本体の機械的接続を確実にしているのに対し，ライティングダクトは，接続部品をダクト端部に差し込むことにより，導体同士の接触面に十分な圧力を加え，電気的接続を確保している。また，ライティングダクト本体は，接続部品の取付けビスの締付けにより機械的に接続される。

第三号及び**第四号**は，ライティングダクトは造営材の支持点間を 2m 以下として堅ろうに取り付けることを規定しており，ライティングダクト工事は，ライティングダクトを造営材に固定せずに施設しないこととしている。

第五号は，ライティングダクトの末端は充電部分が露出するため，エンドキャップ等で閉そくするよう規定している。

第六号は，ダクト内部にじんあいが侵入すると，漏電の可能性があるため，ライティングダクトを上向きに施設しないこととしている。ただし，ロに規定した固定Ⅱ形のライティングダクトを使用する場合又は人が容易に触れるおそれのない場所において，ライティングダクト内部にじんあいが侵入し難いように施設すれば横向きに施設することができる。

第七号は，ライティングダクトは開口部を有するため造営材を貫通して施設しないこととしている。

第八号は，ライティングダクトには，合成樹脂その他の絶縁物で金属製部分を被覆したライティングダクトを使用する場合を除き，原則としてD種接地工事を施すこととし，対地電圧150V以下でライティングダクトの長さが4m以下の場合省略することができる。

第九号は，ライティングダクトを人が容易に触れるおそれがある場所に施設するときは，ライティングダクトの内部にじんあいが入ると，ライティングダクト内を清掃する時に感電の可能性があるため，漏電遮断器等を施設することとしている。

第4項は，平形保護層工事について規定している。平形保護層工事は，平形保護層（上部保護層，上部接地用保護層及び下部保護層によりなるもの）内に平形導体合成樹脂絶縁電線を入れ，床面に粘着テープにより固定し，タイルカーペット等の下に施設する低圧屋内配線工事である。保護層の厚さが2mm程度と非常に薄いことから，タイルカーペットの上からは配線ルートが分かりづらく，床面の任意の位置からコンセントを取り出すことができ，電線相互や電線と配線器具との接続が特殊なコネクタ及び工具により行われ，保護層を粘着テープで固定する方式であるため（→解説165.3図），事務所内において机，端末機器等のレイアウトが変わっても，簡単に変更工事ができる特長を持っている。しかし，各メーカーの電線及び保護層の厚さや幅が異なるため，同一メーカー以外のものの組合せにより構成された配線では，安全が保証されない可能性がある。なお，平形保護層工事に使用される配線は，**第5条**で規定する電気用品安全法の適用品を使用することとなる。電気用品安全法の対象となる平形導体合成樹脂絶縁電線は，定格電圧が100V以上300V以下，定格電流30A以下のものに限られる。また，導体は3本以上，5本以下であり，このうちいずれか一つが接地線（緑又は黄緑の線）となっている。

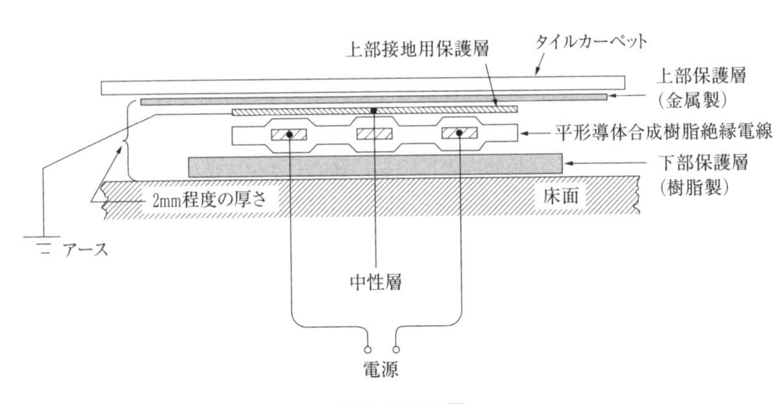

解説 165.3 図

この配線工法は，保護層と電線とが一体となって保安を確保するという考え方に基づくものであるため，電線の絶縁厚さを厚くして保護層を薄くするメーカーもあれば，電線の絶縁厚さを薄くし，電線相互の接続を安定化させ，その代わりに保護層を厚くして保安を確保する方式のメーカーもある。したがって，電線と保護層とは常に一体化していなければ保安が確保できないものである。日本産業規格 JIS C 3652（1993）「電力用フラットケーブルの施工方法」において平形保護層配線を「電力用フラットケーブル」と呼ぶのはそのためであり，本解釈においても，**第4項第一号チ（ハ）**において，「平形保護層，ジョイントボックス，差込み接続器及びその他の附属品は，当該平形導体合成樹脂絶縁電線に適したもの」と規定し，平形保護層工事を一つのシステム化した配線工事として位置付けている。

第一号は，住宅以外の場所に施設できる平形保護層工事の施設制限，保護層の構造及び電路に関する施設方法について規定しており，**イ**は，この配線工事が他の配線工事より弱いため，施設場所を限定したものであり，**ロ**は，壁際の床には重量のある書類ロッカーなどが置かれることが多く，また，タイルカーペットの隙間が出やすい部分のため，重量による圧力が平形保護層に直接かかり，平形導体合成樹脂絶縁電線を損傷するおそれがあるため，造営材を貫通して施設できないことを規定したものである。**ハ**は，保護層が帯状であるため，偏平な平形導体合成樹脂絶縁電線に限定したものである。また，電気用品の技術上の基準を定める省令の解釈別表第一「電線及び電気温床線」1. 電線（8）平形導体合成樹脂絶縁電線には，導体の電気抵抗が8.92Ω/km 以下のもの（直径1.6mmの銅導体と同等以上の導体），5.65Ω/km 以下のもの（直径2.0mm の銅導体と同等以上の導体）又は3.35Ω/km 以下のもの（直径2.6mm の銅導体と同等以上の導体）の3種類のものが規定されているが，20℃における電気抵抗が8.92Ω/km 以下のもの（15A 用）は住宅のコンクリート直天井面に施設するために規定されたものであるため，造営材の床及び壁に施設する場合は，使用できない。

ホは，平形導体合成樹脂絶縁電線相互を接続する場合について規定している。これは，**第12条**において平形導体合成樹脂絶縁電線を絶縁電線から除外しているため，**第12条**とは別に接続方法を規定しているものである。平形導体合成樹脂絶縁電線相互のみを定めているのは**第一号ニ**で「平形保護層内の電線を外部に引き出す部分は，ジョイントボックスを使用すること。」と規定していることから，他の電線との接続ができないことによる。

なお，平形導体合成樹脂絶縁電線は，メーカーによって導体幅，導体厚さ及び導体相互間隔が少しずつ異なり，また，接続用コネクタ（接続用はとめ）も電線メーカーによって異なる場合もあるので，適正な接続材を使用することが必要である（**→第一号チ（ハ）**）。

ヘは，平形保護層内に異物（砂，小物金属等）が入ると，電線に傷がつき危険な状態となるため，施工時は注意を要する。特に，コンクリートに直接平形保護層を取り付ける場合は，使用中に上部保護層によって床面がこすられ，砂が保護層に入るので，必ずコンクリートの上に上部保護層より広く塗料を塗り（粘着テープが付く部分も塗料を塗ること。），又は上部保護層より広い下部保護層を使用しなければならない。また，施工時，差込み接続器等を床面に取り付ける時に，床に穴を開けるので，これらのごみが保護層内に入らないように，あらかじめ掃除機等で十分ごみを取り除く必要がある。なお，保護層内に光ファイバケーブル等を入れることは，電線に傷を付けることになるので，保護層内には電線以外のものは入れられない。

ト（イ）は，地絡が発生した場合においても人体に危険がないように対地電圧を150V以下に制限している。（ロ）で定格電流を30A以下の分岐回路に限定したのは，電気用品安全法において平形導体合成樹脂絶縁電線の定格電流を30A以下に限定しているためである。（ハ）は，電線の絶縁物の厚さが薄く，絶縁破壊を起こしやすいため，地絡遮断装置の施設を義務付けることにより保安を確保するものである。

チは，平形保護層工事に使用する平形保護層，ジョイントボックス及び差込み接続器の仕様について規定している。

（イ）は，平形保護層の規格であり，日本産業規格JIS C 3652（1993）の附属書を引用している。

（ロ）は，ジョイントボックス及び差込み接続器については，電気用品安全法の適用を受けるものであることとしている。したがって，平形保護層工事の専用のジョイントボックスは，埋込みトランジションボックス内に施設するものであっても，充電部分が露出しない構造を要求しているので，ジョイントボックスのキャップを外すことはできない。

（ハ）は，平形保護層と電線とは同一のメーカーのものを使用することを義務付けたものである。なお，異なったメーカーとの電線相互の接続にあっては，ジョイントボックスを使用し，又は異メーカー接続用専用電線及び専用接続コネクタを使用する必要がある。

リは，保護層の施設方法について規定したものである。なお，施設方法の詳細については，日本産業規格JIS C 3652（1993）「電力用フラットケーブルの施工方法」又は日本電気技術規格委員会規格JESC E0005（2016）「内線規程」（（一社）日本電気協会電気技術規程JEAC8001-2016）を参照されたい（→解説165.4図）。

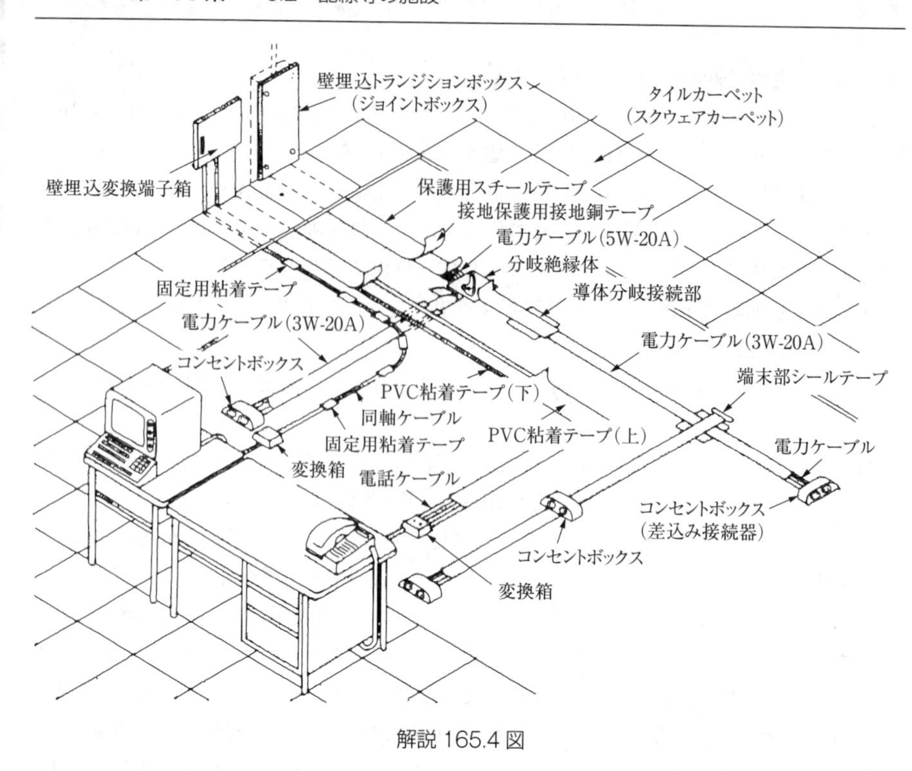

解説 165.4 図

第二号に規定する平形保護層工事は，H14 解釈で日本電気技術規格委員会規格 JESC E6004（2001）「コンクリート直天井面における平形保護層工事」を引用し，H16 解釈で日本電気技術規格委員会規格 JESC E6005（2003）「石膏ボード等の天井面・壁面における平形保護層工事」を引用し，R4 解釈より民間規格評価機関として日本電気技術規格委員会に承認された規格リストと関連づけられ，当該機関の公開ページにて掲載されている。なお，平形保護層工事による低圧屋内配線を住宅におけるコンクリート直天井面に施設する施設方法の詳細については，日本電気技術規格委員会規格 JESC E0011（2001）「コンクリート直天井面におけるテープケーブル工事の設計・施工指針」（(社）電気設備学会指針 IEIE-G-0002（2001））を参照されたい。

【低圧の屋側配線又は屋外配線の施設】（省令第56条第1項，第57条第1項，第63条第1項）

第166条 低圧の屋側配線又は屋外配線（第184条，第188条及び第192条に規定するものを除く。以下この条において同じ。）は，次の各号によること。

一 低圧の屋側配線又は屋外配線は，166-1 表に規定する工事のいずれかにより施設すること。

166-1表

施設場所の区分	使用電圧の区分	工事の種類					
		がいし引き工事	合成樹脂管工事	金属管工事	金属可とう電線管工事	バスダクト工事	ケーブル工事
展開した場所	300V以下	○	○	○	○	○	○
	300V超過	○	○	○	○	○	○
点検できる隠ぺい場所	300V以下	○	○	○	○	○	○
	300V超過		○	○	○	○	○
点検できない隠ぺい場所	－		○	○	○		○

（備考）○は，使用できることを示す。

二　がいし引き工事による低圧の屋側配線又は屋外配線は，第157条の規定に準じて施設すること。この場合において，同条第1項第三号における「乾燥した場所」は「雨露にさらされない場所」と読み替えるものとする。

三　合成樹脂管工事による低圧の屋側配線又は屋外配線は，第158条の規定に準じて施設すること。

四　金属管工事による低圧の屋側配線又は屋外配線は，第159条の規定に準じて施設すること。

五　金属可とう電線管工事による低圧の屋側配線又は屋外配線は，第160条の規定に準じて施設すること。

六　バスダクト工事による低圧の屋側配線又は屋外配線は，次によること。

イ　第163条の規定に準じて施設すること。

ロ　屋外用のバスダクトを使用し，ダクト内部に水が浸入してたまらないようにすること。

ハ　使用電圧が300Vを超える場合は，民間規格評価機関として日本電気技術規格委員会が承認した規格である「バスダクト工事による300Vを超える低圧屋側配線又は屋外配線の施設」の「適用」の欄に規定する要件によること。

七　ケーブル工事による低圧の屋側配線又は屋外配線は，次によること。

イ　電線は，166-2表に規定するものであること。

166-2 表

電線の種類		区分	
		使用電圧が 300V 以下のものを展開した場所又は点検できる隠ぺい場所に施設する場合	その他の場合
ケーブル		○	○
クロロプレンキャブタイヤケーブル	2 種	○	
	3 種	○	○
	4 種	○	○
クロロスルホン化ポリエチレンキャブタイヤケーブル	2 種	○	
	3 種	○	○
	4 種	○	○
耐燃性エチレンゴムキャブタイヤケーブル	2 種	○	
	3 種	○	○
ビニルキャブタイヤケーブル		○	
耐燃性ポリオレフィンキャブタイヤケーブル		○	

（備考）○は，使用できることを示す。

ロ　第 164 条第 1 項第二号から第五号まで及び同条第 2 項の規定に準じて施設すること。

八　低圧の屋側配線又は屋外配線の開閉器及び過電流遮断器は，屋内電路用のものと兼用しないこと。ただし，当該配線の長さが屋内電路の分岐点から 8m 以下の場合において，屋内電路用の過電流遮断器の定格電流が 15A（配線用遮断器にあっては，20A）以下のときは，この限りでない。

2　屋外に施設する白熱電灯の引下げ線のうち，地表上の高さ 2.5m 未満の部分は，次の各号のいずれかにより施設すること。

一　次によること。

イ　電線は，直径 1.6mm の軟銅線と同等以上の強さ及び太さの絶縁電線（屋外用ビニル絶縁電線を除く。）であること。

ロ　電線に簡易接触防護措置を施し，又は電線の損傷を防止するように施設すること。

二　ケーブル工事により，第 164 条第 1 項及び第 2 項の規定に準じて施設すること。

〔解　説〕 本条は，低圧の屋側配線及び屋外配線（→第 1 条）の施設方法を規定している。引込線及び連接引込線の家屋の外面に沿って施設される部分並びに屋側電線路及び屋上電線路は電線路に含まれ，屋側配線には含まれない。実体的にはほとんど差異がないが，施設場所に応じて施設できる工事の種類が多少異なるほかは，工事方法もほとんど同じである。なお，交通信号灯，滑走路灯等配線及び電気さくについては，それぞれ第 184 条，第 188 条及び第 192 条に規定されており，本条の適用から除外している。

第 1 項は，低圧の屋側配線及び屋外配線の工事方法について示しており，使用する電線の最小太さ，開閉器，過電流遮断器類の保護装置，使用電線の太さと遮断器容量との関係等は屋内配線の原則的事項と変わりないので，屋側配線及び屋外配線にも適用される。すなわち，屋側配線及び屋外配線は，第145条，第146条，第148条，第149条の規定により施設することになる。

第一号では，低圧の屋側配線又は屋外配線の工事方法を示している。本号において金属可とう電線管工事は，施設場所及び使用電圧によらず施設できるとしているが，ここで施設制限を受けないのは2種金属製可とう電線管を使用するものであって，1種金属製可とう電線管を使用するものは，雨露にさらされる場所には施設しないこととしている。

また，H11解釈で，使用電圧が300Vを超える低圧のバスダクト工事（展開した場所及び点検できる隠ぺい場所以外の場所を除く。）については日本電気技術規格委員会規格JESC E6002（2011）「バスダクト工事による300Vを超える低圧の屋側配線又は屋外配線の施設」に適合する場合に施設できることとした。

第二号では，低圧の屋側配線又は屋外配線をがいし引き工事により施設する場合について規定している。第157条の準用により，電線には絶縁電線（屋外用ビニル絶縁電線及び引込用ビニル電線を除く。）を使用すること，電線相互の間隔及び電線と造営材との離隔距離は解説166.1表に示す値であること，低圧屋内配線は，300V以下の場合は簡易接触防護措置（→第1条第三十七号）を施し，300Vを超える場合は接触防護措置（→第1条第三十六号）を施すことを規定している。雨露にさらされない場所と雨露にさらされる場所の関係については，第1条第二十六号解説を参照されたい。

解説166.1表　がいし引き工事による低圧の屋側配線，屋外配線

使用電圧	施設条件	電線相互の最小間隔	電線と造営材との最小距離	電線支持点間の最小距離
300V以下	簡易接触防護措置	6cm	2.5cm	造営材の上面，側面に取り付ける場合のみ，2m
300V超過	接触防護措置	6cm	4.5cm 雨露にさらされない場所は，2.5cm	造営材の上面，側面に取り付ける場合は，2m その他の場合は，6m

第三号から第七号までは，合成樹脂管工事，金属管工事，金属可とう電線管工事，バスダクト工事又はケーブル工事は，屋内配線のそれぞれの工事の規定に準じて施設することを示している。

第六号では，バスダクト工事による低圧の屋側配線又は屋外配線には，屋外用のバスダクトを使用することとしている。屋外用のバスダクトは密閉した防水構造のハウジングであって内部に水が浸入しない構造となっているが，屋外の施設条件は屋内に比較して風雨等の影響によりはるかに悪く，ダクトにわずかな損傷があっても風雨におかされるおそれがある。また，ダクトの内部と外部との温度差による空気の呼吸作用があり，ダクト継目から湿気の浸入を完全に防止することは困難である。そのほか，ハウジング

の内側面，ダクト内の導体及びこれらの支持がいしに水滴が生じることがある。このような場合，水がダクト内に溜まらないようにダクトの底部に水抜きを設けることとしている（→**第163条解説**）。

また，300Vを超えるバスダクト工事については日本電気技術規格委員会規格JESC E6002（2011）「バスダクト工事による300Vを超える低圧の屋側配線又は屋外配線の施設」に適合することにより施設できることとしている。なお，この場合にあっては，防水性能（IPX4：防まつ形）のバスダクトを使用し，木造以外の造営物に施設するとともに，バスダクトに人が容易に触れないように施設することとしている。R4解釈より，民間規格評価機関として日本電気技術規格委員会に承認された規格リストと関連づけられ，当該機関の公開ページにて掲載されている。

第七号では，ケーブル工事による低圧の屋側配線又は屋外配線にキャブタイヤケーブルを使用する場合は，耐候性のあるものを使用することを規定している。また，**第164条第3項**に示されている建造物の電気配線用パイプシャフト内にケーブルを垂直につり下げて施設する方法は準用できないので注意を要する（→**第164条解説**）。

第八号は，事故の波及範囲を限定し，また，保守点検を容易にするために屋側配線又は屋外配線も屋内配線と同様に適当な容量ごとに区分されるが(→**第148条**, **第149条**)，屋内の負荷と屋側の負荷とは施設場所，用途等の相違で，自ずから事故を生じる機会も異なり，また，保守点検の場合も別々に行うことができれば便利であるので，屋内配線と屋側配線又は屋外配線とは別個の開閉器及び過電流遮断器を施設（施設箇所は，屋内でもよい。）することを示している。

この場合，小容量の屋側配線又は屋外配線であって，電線の長さが8m以下の短いもののときは，屋内の開閉器及び過電流遮断器を兼用してもよいこととしている。

第2項では，街路灯，農事用けい光灯及び誘蛾灯，門軒灯又は標示灯等の屋外電灯は，その用途によって相当低い位置に取り付けられることがあるので，このような場合の引下げ線のうち地表上2.5m未満の部分は，屋外用ビニル絶縁電線以外の直径1.6mm以上の絶縁電線（→**第5条**）を使用して施設することとしている。

また，電線の外傷防止及び感電防止のため，金属管等に収めるなどの簡易接触防護措置を施すこととしている。この場合，管等の内部に雨露が溜まらないように注意する必要がある。

屋外灯の点滅装置には，一般的には自動点滅器が使用されている。自動点滅器以外の方法としては，開閉器（防水プルスイッチ等）を高い所（地表上3m程度）に取り付けて，紐で引っ張ることにより操作するもの又は開閉器（街灯スイッチ等）を低い所（地表上1.8m程度）に取り付けて，直接手で操作するものがある。

第164条に準じて，ケーブル工事により施設する場合には，人が容易に触れるおそれがある場所に施設する場合においても，外傷防止装置は不要である。ただし，**第164条**

第3項に示されている建造物の電気配線用パイプシャフト内にケーブルを垂直につり下げて施設する方法は準用できないので注意を要する（→**第164条解説**）。なお，地表上2.5m以上の部分については，**第1項**の規定により施設する。

【低圧配線と弱電流電線等又は管との接近又は交差】（省令第62条）

第167条　がいし引き工事により施設する低圧配線が，弱電流電線等又は水管，ガス管若しくはこれらに類するもの（以下この条において「水管等」という。）と接近又は交差する場合は，次の各号のいずれかによること。

一　低圧配線と弱電流電線等又は水管等との離隔距離は，10cm（電線が裸電線である場合は，30cm）以上とすること。

二　低圧配線の使用電圧が300V以下の場合において，低圧配線と弱電流電線等又は水管等との間に絶縁性の隔壁を堅ろうに取り付けること。

三　低圧配線の使用電圧が300V以下の場合において，低圧配線を十分な長さの難燃性及び耐水性のある堅ろうな絶縁管に収めて施設すること。

2　合成樹脂管工事，金属管工事，金属可とう電線管工事，金属線ぴ工事，金属ダクト工事，バスダクト工事，ケーブル工事，フロアダクト工事，セルラダクト工事，ライティングダクト工事又は平形保護層工事により施設する低圧配線が，弱電流電線又は水管等と接近し又は交差する場合は，次項ただし書の規定による場合を除き，低圧配線が弱電流電線又は水管等と接触しないように施設すること。

3　合成樹脂管工事，金属管工事，金属可とう電線管工事，金属線ぴ工事，金属ダクト工事，バスダクト工事，フロアダクト工事又はセルラダクト工事により施設する低圧配線の電線と弱電流電線とは，同一の管，線ぴ若しくはダクト若しくはこれらのボックスその他の附属品又はプルボックスの中に施設しないこと。ただし，低圧配線をバスダクト工事以外の工事により施設する場合において，次の各号のいずれかに該当するときは，この限りでない。

一　低圧配線の電線と弱電流電線とを，次に適合するダクト，ボックス又はプルボックスの中に施設する場合。この場合において，低圧配線を合成樹脂管工事，金属管工事，金属可とう電線管工事又は金属線ぴ工事により施設するときは，電線と弱電流電線とは，別個の管又は線ぴに収めて施設すること。

イ　低圧配線と弱電流電線との間に堅ろうな隔壁を設けること。

ロ　金属製部分にC種接地工事を施すこと。（関連省令第10条，第11条）

二　弱電流電線が，次のいずれかに該当するものである場合

イ　リモコンスイッチ，保護リレーその他これに類するものの制御用の弱電流電線であって，絶縁電線と同等以上の絶縁効力があり，かつ，低圧配線との識別が容易にできるもの

ロ　C種接地工事を施した金属製の電気的遮へい層を有する通信用ケーブル（関連省令第10条，第11条）

〔解　説〕屋内，屋側，屋外又はトンネル若しくは坑道その他これらに類する場所に施設する低圧配線等の周囲には，電話線，水道管，ガス管，空気管又は蒸気管などの金属体が広範囲に施設されているが，これらに漏電した場合は種々の障害を引き起こすことになる。これを防止するためには，低圧配線とこれらのものとを離して施設するのが最も確実で簡便な方法である。このため**本条**では，低圧配線とこれらのものとの離隔距離を示している。

ここで種々の障害としては，例えば，電話線と混触した場合は，電話機器を損傷し，又は電話回路からの感電，漏電が容易に起こる。また，水道管，ガス管等と混触した場合は，これらが大地と良好な接続状態を保っているので，変圧器の電圧側→屋内配線→水道管（又はガス管）を通って変圧器のB種接地工事の接地極へと循環電流が流れ，したがって接地極付近に電位傾度が現われて家畜等の感電を起こすおそれがある。なお，循環電流がガス管を通る場合には，ガス管との接触部における火花放電により，ガス管に穴をあけ，ガスに引火して大事に至ること等がある。

第1項は，がいし引き工事による場合は，危険度が高いので，低圧配線の電線と弱電流電線等又は管若しくはこれらに類するものとの離隔距離は，原則として10cm以上とすることとしている。また，裸電線を使用する場合は30cm以上とすることとしているが，相互の間に絶縁性の隔壁を設け，又は電線を十分な長さの絶縁管（→**第145条**）に収める場合は，この規制の適用の例外としている（→解説167.1図）。

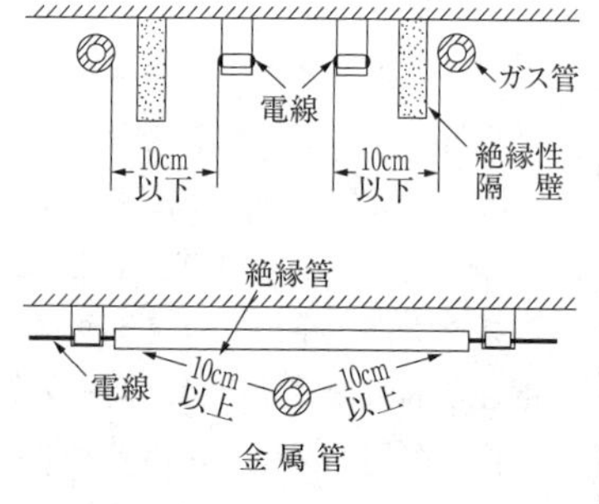

解説167.1図

第2項は，低圧配線が合成樹脂管工事，金属管工事，金属可とう電線管工事，金属線ぴ工事，金属ダクト工事，バスダクト工事，ケーブル工事，フロアダクト工事，セルラダクト工事，ライティングダクト工事又は平形保護層工事により施設されている場合で，電線そのものは損傷を受ける危険が少ないので，弱電流電線又は水管等と直接接触しなければよいわけであるが，実際の施工に当たっては，できるだけ離すことが望ましい。光ファイバケーブルであって，金属製の保護管に収めていない場合又は金属製のもので防護措置を施していない場合には，それ自体絶縁物であるため接触することを認めている。なお，**本項**の規定は，ケーブル工事において同一のケーブル又はキャブタイヤケーブル内の線心の一部を低圧屋内配線に使用し，一部を弱電流電線に使用することを妨げるものではないが，**第8条**及び**第9条**の規定によりケーブル又はキャブタイヤケーブルには低圧用のケーブル又はキャブタイヤケーブルを使用する必要があり，したがって弱電流電線用の線心も低圧屋内配線用の線心と同じ絶縁効力を有するものとする必要があるわけで，この場合の考え方は，**第3項第二号イ**の考え方と同様である。

なお，平形保護層工事において，弱電流電線と交差する場合は，原則として電線を弱電流電線の下とすることが望ましいが，やむを得ず，弱電流電線の上に施設するときは，上部接地用保護層と同じものを相互の間に入れ，これを接地する施設方法がとられている。また，弱電流電線に保護層があれば，直接接触したことにはならない（**→第165条解説**）。

第3項は，合成樹脂管工事，金属管工事，金属可とう電線管工事，金属線ぴ工事，金属ダクト工事，フロアダクト工事又はセルラダクト工事により低圧配線を施設する場合において，低圧配線と弱電流電線とを一緒に，同一の管，線ぴ若しくはダクト又はこれらの附属品，更にはプルボックスの中に収めて施設してよい場合について規定している。元来，強電流電線と弱電流電線とを一緒に施設することは混触の危険が大きくなるので禁止されているが，一緒に施設することが必要な場合もあるので，保安上の対策をとった場合は例外とされている。

第一号イ及び**ロ**は，相互間に隔壁を設け，かつ，ダクト等の金属製部分にC種接地工事を施すことを規定している。すなわち，直接の混触を避け，ダクト等の金属製部分を通しての混触については，接地工事により危険のないようにする方法である。

第二号イは，弱電流電線にも強電流電線並みの絶縁効力のあるもの（600Vゴム絶縁電線，600Vビニル絶縁電線，高圧絶縁電線，特別高圧絶縁電線，キャブタイヤケーブル又は低圧用ケーブル）を使用し，直接混触する危険性を少なくするとともに，低圧配線と弱電流電線とをとり違えて事故を生じる危険のないように電線の色分けその他容易に見分けられるような方法で，低圧配線と弱電流電線とを区別できるようにする方法である。ただし，この場合，あらゆる弱電流電線について認めているのではなく，リモコンスイッチ用の弱電流電線又は保護リレー用の弱電流電線等の「制御回路等」の弱電流電線に限られる。また，バスダクト工事のダクト内については導体が裸であるので認められない。

ロは，弱電流電線に金属製の電気的遮へい層を有する通信用ケーブルを使用し，その遮へい層にC種接地工事を施すことにより，直接の混触を避け，危険のないようにする方法である。

【高圧配線の施設】（省令第56条第1項，第57条第1項，第62条）

第168条　高圧屋内配線は，次の各号によること。

一　高圧屋内配線は，次に掲げる工事のいずれかにより施設すること。

　イ　がいし引き工事（乾燥した場所であって展開した場所に限る。）

　ロ　ケーブル工事

二　がいし引き工事による高圧屋内配線は，次によること。

イ 接触防護措置を施すこと。

ロ 電線は，直径2.6mmの軟銅線と同等以上の強さ及び太さの，高圧絶縁電線，特別高圧絶縁電線又は引下げ用高圧絶縁電線であること。

ハ 電線の支持点間の距離は，6m以下であること。ただし，電線を造営材の面に沿って取り付ける場合は，2m以下とすること。

ニ 電線相互の間隔は8cm以上，電線と造営材との離隔距離は5cm以上であること。

ホ がいしは，絶縁性，難燃性及び耐水性のあるものであること。

ヘ 高圧屋内配線は，低圧屋内配線と容易に区別できるように施設すること。

ト 電線が造営材を貫通する場合は，その貫通する部分の電線を電線ごとにそれぞれ別個の難燃性及び耐水性のある堅ろうな物で絶縁すること。

三 ケーブル工事による高圧屋内配線は，次によること。

イ ロに規定する場合を除き，電線にケーブルを使用し，第164条第1項第二号及び第三号の規定に準じて施設すること。

ロ 電線を建造物の電気配線用のパイプシャフト内に垂直につり下げて施設する場合は，第164条第3項（第一号イ（ロ）(2) ただし書を除く。）の規定に準じて施設すること。この場合において，同項の規定における「第9条第2項」は「第10条第3項」と読み替えるものとする。

ハ 管その他のケーブルを収める防護装置の金属製部分，金属製の電線接続箱及びケーブルの被覆に使用する金属体には，A種接地工事を施すこと。ただし，接触防護措置（金属製のものであって，防護措置を施す設備と電気的に接続するおそれがあるもので防護する方法を除く。）を施す場合は，D種接地工事によることができる。（関連省令第10条，第11条）

2 高圧屋内配線が，他の高圧屋内配線，低圧屋内電線，管灯回路の配線，弱電流電線等又は水管，ガス管若しくはこれらに類するもの（以下この項において「他の屋内電線等」という。）と接近又は交差する場合は，次の各号のいずれかによること。

一 高圧屋内配線と他の屋内電線等との離隔距離は，15cm（がいし引き工事により施設する低圧屋内電線が裸電線である場合は，30cm）以上であること。

二 高圧屋内配線をケーブル工事により施設する場合においては，次のいずれかによること。

イ ケーブルと他の屋内電線等との間に耐火性のある堅ろうな隔壁を設けること。

ロ ケーブルを耐火性のある堅ろうな管に収めること。

ハ 他の高圧屋内配線の電線がケーブルであること。

3 高圧屋側配線は，第111条（第1項を除く。）の規定に準じて施設すること。

4 高圧屋外配線（第188条に規定するものを除く。）は，第120条から第125条まで及び第127条から第130条まで（第128条第1項を除く。）の規定に準じて施設すること。

〔解　説〕 本条は，電気使用場所（電気室等は含まない。）における高圧屋内配線等の施設方法を規定したものである。

第1項第一号では，高圧屋内配線は，ケーブル工事を原則とし，乾燥した場所であって展開した場所で，接触防護措置（→第1条第三十六号）を施したときに限り，がいし引き工事が認められている。

第二号は，がいし引き工事の施設基準であるが，電線の種類及び電線と造営材との離隔距離は低圧の場合よりも厳重になっている。すなわち，電線には2.6mm以上の太さの高圧絶縁電線，特別高圧絶縁電線又は引下げ用高圧絶縁電線（→第5条第3項）を使用し，造営材との離隔距離も5cm以上となっているので，低圧用ノップがいしでは不十分であり，高圧用のがいしを使用する必要がある。造営材を貫通する部分についても電圧が高いので，造営材から5～10cm突出する程度の十分な長さをもつ高圧用のがい管を選ぶことが必要である。

また，電線の支持点間の距離については造営材の面に沿って施設するときは2m以下，はりからはりへとばして取り付ける場合は，はりの間隔を考慮して6m以下としている。

がいし引き工事による高圧配線と低圧配線とはなるべく接近しないように施設することが望ましいが，接近して施設する場合は混同すると極めて危険なので色分け又は標識などにより識別しやすいように十分配慮する必要がある。

第三号は，ケーブル工事に関する規定であって，次のように定めている。

①ケーブルは，機械的衝撃を受けないようにし，造営材への取付け点の間隔は2m以下とするなど，第164条第1項第二号及び第三号の規定に準じること（→第164条第1項解説）。

なお，建造物の電気配線用のパイプシャフト内にケーブルを垂直につり下げて施設する場合は，第164条第3項の規定に準じて施設すればよいこととした。

②ケーブルには，第10条に規定されているケーブルを使用すること。

③管その他のケーブルを収める防護装置の金属製部分，金属製の電線接続箱及びケーブルの被覆に使用する金属体には，A種接地工事を施すこと。しかし，接触防護措置を施す場合には，D種接地工事によることができる。

第2項は，他の高圧屋内配線，低圧屋内電線（屋内に施設する電線路の電線も含まれることに注意する。→第132条），管灯回路の配線，弱電流電線等又は水管若しくはガス管等と接近し又は交差する場合に離隔すべき距離を定めたもので，第一号では原則として15cm以上とすることとしているが，低圧屋内配線については第144条第一号により裸線を使用したがいし引き工事の場合があるので，その場合は30cm以上としている。第二号は，ケーブル工事により施設する高圧屋内配線と低圧屋内電線等との間に耐火性の隔壁を設ける場合又はケーブルを鋼管などの耐火性の管に収める場合は，その離隔距離を更に短縮してもよいこととしている。

第3項及び第4項は，石油化学工場等において高圧の電動機等を屋外に施設する場合が多いため，電動機等と開閉器類とを接続する屋側又は屋外の配線の工事方法について規定している。なお，機械器具については第21条の規定が適用される。

【特別高圧配線の施設】（省令第56条第1項，第57条第1項，第62条）

第169条 特別高圧屋内配線は，第191条の規定により施設する場合を除き，次の各号によること。

一 使用電圧は，100,000V以下であること。

二 電線は，ケーブルであること。

三 ケーブルは，鉄製又は鉄筋コンクリート製の管，ダクトその他の堅ろうな防護装置に収めて施設すること。

四 管その他のケーブルを収める防護装置の金属製部分，金属製の電線接続箱及びケーブルの被覆に使用する金属体には，A種接地工事を施すこと。ただし，接触防護措置（金属製のものであって，防護措置を施す設備と電気的に接続するおそれがあるもので防護する方法を除く。）を施す場合は，D種接地工事によることができる。（関連省令第10条，第11条）

五 危険のおそれがないように施設すること。

2 特別高圧屋内配線が，低圧屋内電線，管灯回路の配線，高圧屋内電線，弱電流電線等又は水管，ガス管若しくはこれらに類するものと接近又は交差する場合は，次の各号によること。

一 特別高圧屋内配線と低圧屋内電線，管灯回路の配線又は高圧屋内電線との離隔距離は，60cm以上であること。ただし，相互の間に堅ろうな耐火性の隔壁を設ける場合は，この限りでない。

二 特別高圧屋内配線と弱電流電線等又は水管，ガス管若しくはこれらに類するものとは，接触しないように施設すること。

3 使用電圧が35,000V以下の特別高圧屋側配線は，第111条（第1項を除く。）の規定に準じて施設すること。

4 使用電圧が35,000V以下の特別高圧屋外配線は，第120条から第125条まで及び第127条から第130条まで（第128条第1項を除く。）の規定に準じて施設すること。

5 使用電圧が35,000Vを超える特別高圧の屋側配線又は屋外配線は，第191条の規定により施設する場合を除き，施設しないこと。

〔解　説〕 本条は，工場等において特別高圧の電気設備を施設する場合の工事方法についての規定である。変圧器等は，発電所，蓄電所又は変電所若しくはこれに準ずる場所に施設されるので，本条の適用は受けない。製鉄所等では，大型の電動機が特別高圧の電路に接続されることもあり，また，変電所又はこれに準ずる場所に引き込む屋内に施設する電線路も増加しているので，特別高圧の屋内配線等の施設方法が規定されたものである。なお，特別高圧用の機械器具については第 22 条の規定が適用される。

電気集じん応用装置については，特殊なものでもあり第 191 条に規定されているので，本条のうち第 1 項及び第 5 項については適用を除外されている。その他の条項は，いずれも適用を受けるので注意を要する。

第 1 項は，特別高圧屋内配線に関する規定である。

第一号では，使用電圧を制限している。特別高圧の電動機などの使用電圧は 10,000V 又は 20,000V であるから，使用場所においては，危険第 1 段階の 35,000V の電圧で十分満足されるのであるが，本条は第 132 条第 2 項第三号において準用されていることから 100,000V としている。

第二号は，ケーブル（→第 11 条）を使用することを定めている。

第三号は，使用電圧が特別高圧であり危険なため，重量物等による機械的衝撃による損傷を防止するため鉄製又は鉄筋コンクリート製の管，ダクト等の堅ろうな防護装置にケーブルを収めるように規定している。

第四号は，静電誘導又は漏電による危険を防止するため，ケーブルを収める金属製の管，電線接続箱及びケーブルの被覆に使用する金属体には，原則として A 種接地工事を施すことと規定し，接触防護措置を施す場合は，D 種接地工事でよいこととしている。なお，遮へい層の接地は当然のこととして，本号では規定していない。

第 2 項では，特別高圧の屋内配線と低圧若しくは高圧の屋内配線の電線，屋内に施設する低圧若しくは高圧の電線路の電線又は管灯回路の配線との離隔距離を原則として 60cm 以上とするよう規定している。また，特別高圧の屋内配線と弱電流電線等，水管又はガス管との離隔距離に関しては，接触しないように施設することとしている。

第 3 項及び第 4 項は，製鉄所等では公害防除設備の大型化に伴い，特別高圧の電動機を屋外に施設する場合があるので，電動機等と開閉器類とを接続する屋側又は屋外の配線の工事方法について規定している。

第 5 項は，特別高圧の危険第 1 段階の 35kV で使用電圧を制限している。特別高圧の電動機などの使用電圧は 10kV 程度であるから，使用場所においては，十分この電圧で満足される。なお，第 191 条に規定する電気集じん装置若しくは石油精製用不純物除去装置又は特別高圧の電動機若しくは発電機であって第 176 条の規定に準じた防爆構造としたものについては特殊なものであり，本項の適用を除外している。

【電球線の施設】（省令第 56 条第 1 項，第 57 条第 1 項）

第 170 条　電球線は，次の各号によること。

一　使用電圧は，300V 以下であること。

二　電線の断面積は，$0.75mm^2$ 以上であること。

三　電線は，170-1表に規定するものであること。

170-1表

<table>
<tr><th colspan="2" rowspan="2">電線の種類</th><th colspan="2">施設場所</th></tr>
<tr><th>屋内</th><th>屋側又は屋外</th></tr>
<tr><td colspan="2">防湿コード</td><td>○</td><td>○※2</td></tr>
<tr><td colspan="2">防湿コード以外のゴムコード</td><td>○※1</td><td></td></tr>
<tr><td colspan="2">ゴムキャブタイヤコード</td><td>○</td><td></td></tr>
<tr><td>1種</td><td rowspan="4">キャブタイヤケーブル</td><td>○</td><td>○※2</td></tr>
<tr><td>2種</td><td rowspan="3">○</td><td rowspan="3">○</td></tr>
<tr><td>3種</td></tr>
<tr><td>4種</td></tr>
<tr><td>2種</td><td rowspan="3">クロロプレンキャブタイヤケーブル</td><td rowspan="3">○</td><td rowspan="3">○</td></tr>
<tr><td>3種</td></tr>
<tr><td>4種</td></tr>
<tr><td>2種</td><td rowspan="3">クロロスルホン化ポリエチレンキャブタイヤケーブル</td><td rowspan="3">○</td><td rowspan="3">○</td></tr>
<tr><td>3種</td></tr>
<tr><td>4種</td></tr>
<tr><td>2種</td><td rowspan="2">耐燃性エチレンゴムキャブタイヤケーブル</td><td rowspan="2">○</td><td rowspan="2">○</td></tr>
<tr><td>3種</td></tr>
</table>

※1：乾燥した場所に施設する場合に限る。
※2：屋側に雨露にさらされないように施設する場合に限る。
（備考）○は，使用できることを示す。

四　簡易接触防護措置を施す場合は，前号の規定にかかわらず，次に掲げる電線を使用することができる。

イ　軟銅より線を使用する600Vゴム絶縁電線

ロ　口出し部の電線の間隔が10mm以上の電球受口に附属する電線にあっては，軟銅より線を使用する600Vビニル絶縁電線

五　電球線と屋内配線又は屋側配線との接続は，その接続点において電球又は器具の重量を配線に支持させないものであること。

〔解　説〕　本条は，屋内，屋側又は屋外に施設する使用電圧が300V以下の電球線（→**第142条第五号**）に関する規定である。

第一号では，**第143条**の対地電圧の制限を受けるのは当然であるほか，コードの絶縁体の厚さが絶縁電線に比べて薄く，また絶縁効力も低いので，使用電圧を300V以下に制限している。

第二号で電球線の太さを $0.75mm^2$ 以上としているのは，十分な機械的強度を有する太さ及び分岐回路（→**第149条第2項**）に施設される過電流遮断器のうち最も容量の小さい15Aのヒューズ又は20Aの配線用遮断器で保護できる太さ等の実験結果を考慮し

て定めたものである。

第三号では，屋内に施設される電球線には，原則としてゴムコード，ゴムキャブタイヤコード又はキャブタイヤケーブル（ビニルキャブタイヤケーブル，耐燃性ポリオレフィンキャブタイヤケーブルを除く。）を使用することとしている。電球線にビニルコード，耐燃性ポリオレフィンコード及びビニルキャブタイヤケーブルを使用しないこととしているのは，白熱電球からの発熱により電球受口を通じて，熱が電球線に伝ってビニル又はポリオレフィンを軟化させるおそれがあるからである。なお，電球線にコードを使用する場合，これを湿気の多い場所（**→第1条第二十七号**）又は水気のある場所に施設するときは，防湿コード又はゴムキャブタイヤコードを使用することとしている。

屋側又は屋外に施設される電球線は，雨露にさらされる場合が多いから，屋内における電球線の施設と同様な施設方法のほか，使用電線等に条件を加えている。使用電線は，原則としてキャブタイヤケーブル（1種キャブタイヤケーブルは耐候性に劣るため除かれる。）を使用することとしている。また，軒下等で雨露にさらされないように施設する場合（**→第1条二十六号解説**）には，防湿コード（外部編組に防湿剤を施したゴムコード）又は1種キャブタイヤケーブルを使用することができる。

第四号イでは，簡易接触防護措置を施す場合には，その白熱電灯の点滅は別個に設けられた点滅器で行われ，電球等が移動することがほとんどなく，その可とう性はあまり問題にならないので，600Vゴム絶縁電線（ある程度の可とう性はあったほうが望ましいので，心線には軟銅より線を使用するものとしている。）の使用が特に認められている。また，**ロ**で規定しているように口出し部分の間隔が10mm以上ある電球受口であれば600Vビニル絶縁電線を使用することができる。これは，電気用品の技術上の基準を定める省令の解釈により防水ソケットの技術基準として示されているものであって，電線の取付け部分において口出しの2線の間に絶縁性の隔壁を設け，耐水性の絶縁コンパウンドを詰めて堅固にかためているもので，短絡又は電球の過熱による事故を発生しないような構造のものである。

第五号では，電球や器具の重量を直接，屋内配線等で支えると，接続部分で断線し又は屋内配線が弛み，造営物と接触し漏電の原因となる場合があるので，屋内配線等との接続点に重量を直接かけないようすることが必要であるとしている。なお，電線の接続については，**第150条**及び**第151条**の規定によることとなる。

【移動電線の施設】（省令第56条，第57条第1項，第66条）

第171条　低圧の移動電線は，第181条第1項第七号（第182条第五号において準用する場合を含む。）に規定するものを除き，次の各号によること。

一　電線の断面積は，0.75mm^{2}以上であること。

二　電線は，171-1表に規定するものであること。

171-1表

<table>
<tr><th colspan="2" rowspan="3">電線の種類</th><th colspan="3">区分</th></tr>
<tr><th colspan="2">使用電圧が300V以下のもの</th><th rowspan="2">使用電圧が300Vを超えるもの</th></tr>
<tr><th>屋内に施設する場合</th><th>屋側又は屋外に施設する場合</th></tr>
<tr><td colspan="2">ビニルコード</td><td>△※1</td><td></td><td></td></tr>
<tr><td colspan="2">ビニルキャブタイヤコード</td><td>△※1</td><td>△※2</td><td></td></tr>
<tr><td colspan="2">耐燃性ポリオレフィンコード</td><td>△※1</td><td></td><td></td></tr>
<tr><td colspan="2">耐燃性ポリオレフィンキャブタイヤコード</td><td>△※1</td><td>△※2</td><td></td></tr>
<tr><td colspan="2">防湿コード</td><td>○</td><td>○※2</td><td></td></tr>
<tr><td colspan="2">防湿コード以外のゴムコード</td><td>○※1</td><td></td><td></td></tr>
<tr><td colspan="2">ゴムキャブタイヤコード</td><td>○</td><td></td><td></td></tr>
<tr><td colspan="2">ビニルキャブタイヤケーブル</td><td>△</td><td>△</td><td>▲</td></tr>
<tr><td colspan="2">耐燃性ポリオレフィンキャブタイヤケーブル</td><td>△</td><td>△</td><td>▲</td></tr>
<tr><td>1種</td><td rowspan="4">キャブタイヤケーブル</td><td>○</td><td></td><td></td></tr>
<tr><td>2種</td><td rowspan="3">○</td><td rowspan="3">○</td><td rowspan="3">○</td></tr>
<tr><td>3種</td></tr>
<tr><td>4種</td></tr>
<tr><td>2種</td><td rowspan="3">クロロプレンキャブタイヤケーブル</td><td rowspan="3">○</td><td rowspan="3">○</td><td rowspan="3">○</td></tr>
<tr><td>3種</td></tr>
<tr><td>4種</td></tr>
<tr><td>2種</td><td rowspan="3">クロロスルホン化ポリエチレンキャブタイヤケーブル</td><td rowspan="3">○</td><td rowspan="3">○</td><td rowspan="3">○</td></tr>
<tr><td>3種</td></tr>
<tr><td>4種</td></tr>
<tr><td>2種</td><td rowspan="2">耐燃性エチレンゴムキャブタイヤケーブル</td><td rowspan="2">○</td><td rowspan="2">○</td><td rowspan="2">○</td></tr>
<tr><td>3種</td></tr>
</table>

※1：乾燥した場所に施設する場合に限る。
※2：屋側に雨露にさらされないように施設する場合に限る。

（備考）

1. ○は，使用できることを示す。
2. △は，次に掲げるものに附属する移動電線として使用する場合に限り使用できることを示す。
   （1）　差込み接続器を介さないで直接接続される放電灯，扇風機，電気スタンドその他の電気を熱として利用しない電気機械器具（配線器具を除く。以下この条において同じ。）
   （2）　電気温水器その他の高温部が露出せず，かつ，これに電線が触れるおそれがない構造の電熱器であって，電熱器と移動電線との接続部の温度が80℃以下であり，かつ，電熱器の外面の温度が100℃を超えるおそれがないもの
   （3）　移動点滅器
3. ▲は，電気を熱として利用しない電気機械器具に附属する移動電線に限り使用できることを示す。

三　屋内に施設する使用電圧が300V以下の移動電線が，次のいずれかに該当する場合は，第一号及び第二号の規定によらないことができる。

イ　電気ひげそり，電気バリカンその他これらに類する軽小な家庭用電気機械器具

に附属する移動電線に，長さ2.5m以下の金糸コードを使用し，これを乾燥した場所で使用する場合

ロ　電気用品安全法の適用を受ける装飾用電灯器具（直列式のものに限る。）に附属する移動電線を乾燥した場所で使用する場合

ハ　第172条第3項の規定によりエレベータ用ケーブルを使用する場合

ニ　第190条の規定により溶接用ケーブルを使用する場合

四　移動電線と屋内配線との接続には，差込み接続器その他これに類する器具を用いること。ただし，移動電線をちょう架用線にちょう架して施設する場合は，この限りでない。

五　移動電線と屋側配線又は屋外配線との接続には，差込み接続器を用いること。

六　移動電線と電気機械器具との接続には，差込み接続器その他これに類する器具を用いること。ただし，簡易接触防護措置を施した端子にコードをねじ止めする場合は，この限りでない。

2　低圧の移動電線に接続する電気機械器具の金属製外箱に第29条第1項の規定により接地工事を施す場合において，当該移動電線に使用する多心コード又は多心キャブタイヤケーブルの線心のうちの1つを接地線として使用するときは，次の各号によること。

一　線心と造営物に固定している接地線との接続には，多心コード又は多心キャブタイヤケーブルと屋内配線，屋側配線又は屋外配線との接続に使用する差込み接続器その他これに類する器具の1極を用いること。

二　線心と電気機械器具の外箱との接続には，多心コード又は多心キャブタイヤケーブルと電気機械器具との接続に使用する差込み接続器その他これに類する器具の1極を用いること。ただし，多心コード又は多心キャブタイヤケーブルと電気機械器具とをねじ止めにより接続する場合は，この限りでない。

三　第一号及び第二号の規定における差込み接続器その他これに類する器具の接地線に接続する1極は，他の極と明確に区別することができる構造のものであること。

3　高圧の移動電線は，次の各号によること。

一　電線は，高圧用の3種クロロプレンキャブタイヤケーブル又は3種クロロスルホン化ポリエチレンキャブタイヤケーブルであること。

二　移動電線と電気機械器具とは，ボルト締めその他の方法により堅ろうに接続すること。

三　移動電線に電気を供給する電路（誘導電動機の2次側電路を除く。）は，次によること。

イ　専用の開閉器及び過電流遮断器を各極（過電流遮断器にあっては，多線式電路の中性極を除く。）に施設すること。ただし，過電流遮断器が開閉機能を有するものである場合は，過電流遮断器のみとすることができる。

ロ 地絡を生じたときに自動的に電路を遮断する装置を施設すること。

4 特別高圧の移動電線は，第191条第1項第八号の規定により屋内に施設する場合を除き，施設しないこと。

〔解 説〕 本条は，移動電線（→第142条第六号）及び移動電線に接続する電気機械器具（配線器具を除く。）に関する規定である。

なお，前条で規定している電球線及び電気機械器具内に施設してある電線は移動電線から除かれる。また，小勢力回路及び使用電圧が60V以下の出退表示灯回路の移動電線は，危険度が低いので，第181条及び第182条の規定によることとし本条の適用から除外している。

第1項は，低圧の移動電線の施設について規定している。移動電線も電球線の場合と同様，原則として外装又は絶縁体の材料がビニル又は耐燃性ポリオレフィンであるもの以外のコード又はキャブタイヤケーブルを使用すべきであるが，電気を熱として利用しない家庭用及び業務用の電気機械器具及び電気を熱として利用するもののうち比較的温度の低い（移動電線を接続する部分の温度が80℃以下であって，移動電線が接触するおそれのある部分の温度が100℃以下のもの）保温用電熱器，電気温水器等については外装又は絶縁体の材料がビニル及び耐燃性ポリオレフィンであるものを使用することを認めている。また，屋側又は屋外に施設される低圧の移動電線については，雨露にさらされる可能性の多い場所であるから，屋内における移動電線の施設と同様な施設方法のほか，使用電線等に条件を加えている。移動電線を湿気の多い場所等に施設する場合に電線の種類に制限を受けること及び雨露にさらされないように施設される移動電線に防湿コードを使用してもよいことは，電球線の場合と同様である。なお，300V以下の低圧の移動電線は，電球線の場合と異なり外傷を受けやすいので1種キャブタイヤケーブルは使用できず，また，当然絶縁電線も使用できない。

移動電線の太さについても電球線と同様の趣旨で断面積0.75mm^{2}以上のものを使用すべきであるが，第三号では電気ひげそり又は電気バリカン等は頻繁に動かしながら使用するものであるから，これらに附属する移動電線には，一般のコードでは可とう性が十分でなく，素線が切断する場合が多いので，特に可とう性を主目的として作られた金糸コード（→第7条解説）を使用することが認められている。

金糸コードは導体の断面積が小さく，許容電流も0.5A程度であるので，これに接続される家庭用電気機械器具は容量が50VA程度以下のものとなる。また，金糸コードは，分岐回路に施設されるヒューズでは確実に保護できるとは限らないので，事故発生率を少なくするため長さを制限し，使用場所も乾燥した場所に限っているが，その取扱いには十分注意が必要である。

なお，エレベータ用ケーブル，溶接用ケーブル及び電気用品安全法の適用を受ける直列式の装飾用電灯器具（クリスマスツリー用等）は特殊なものであるから，この規定から除かれている。

第四号は，移動電線と屋内配線との接続方法について規定している。本来，移動電線は一定の場所に固定しない電気使用機械器具と屋内配線との接続に使用されるので，電気使用機械器具の使用中には，部分的には常に移動し，張力等の外部からの力が加えられている。したがって，屋内配線との接続点には衝撃が加わることがあり，また，現場の作業では電気機械器具の取扱いが乱暴なので誤って極端な張力を与えた場合でもその接続点に損傷を生じることがなく，その他移動機器による事故の発生を防止し，かつ，事故発生時にはただちに屋内電路から接続を断つためにも，差込み接続器等を使用することを原則とした。

ただし書は，主として工場における生産機械に付属する電動機に使用される移動電線の施設であって，移動電線に接続する電気使用機械器具を使用する場所は一定の場所に限定されているが，使用中，その場所内でその機器が移動し，移動電線と屋内配線との接続点に張力等の外力が加わるおそれがないような工事方法である。このような場合は，移動電線をちょう架用線でちょう架し，移動電線の長さに十分余裕を持たせて，電気使用機械器具の移動によって，移動電線と屋内配線の接続箇所，移動電線自体その他ちょう架装置を損傷することのないように保安上十分に注意して施設することが必要である。

第五号では，移動電線を屋側配線又は屋外配線に接続する場合に，移動電線を開閉器の端子等にねじり止めし又はねじに引っ掛けて使用すると，電気機械器具の移動の際に移動電線に張力が加わって，ねじから外れやすく，例えば，線心の１つが外れ，他線が接続されたままの状態になり，しばしば事故が起こっているので，差込み接続器を使用して接続することとしている。

第六号は，移動電線と電気機械器具との接続方法を規定したものである。この接続点は最も損傷しやすく，感電，短絡事故のおそれの高いところである。そこで，移動電線と電気機械器具との接続は人が容易に触れないように施設した端子金物にキャブタイヤケーブルをねじり止めし又は差込み接続器その他これに類するもので行うこととしている。ビニルテープ類で被覆して，コードを直接接続する方法は保安の観点からは好ましくない。

第２項は，移動電線の線心のうちの１つをその移動電線に接続する機器の外箱の接地線に利用する場合（**→第17条及び第29条第１項**）の移動電線と屋内配線，電気機械器具等との接続方法を定めたもので，差込み接続器又はこれに類する器具の使用を原則とし，かつ，誤接続のおそれがないような構造のものであることを要求している。

第３項は，屋内，屋側又は屋外に施設される高圧の移動電線について規定している。

第一号では，電線は，高圧用の３種クロロプレンキャブタイヤケーブル又は３種クロロスルホン化ポリエチレンキャブタイヤケーブル（**→第８条**）を使用することを規定している。高圧用のキャブタイヤケーブルには，２種クロロプレンキャブタイヤケーブル，

2種クロロスルホン化ポリエチレンキャブタイヤケーブル，3種クロロプレンキャブタイヤケーブル及び3種クロロスルホン化ポリエチレンキャブタイヤケーブルがあるが，2種クロロプレンキャブタイヤケーブルと2種クロロスルホン化ポリエチレンキャブタイヤケーブルとは，主としてしゅんせつ船等の水上電線路（→**第127条**）に使用されるもので，ここではその使用は認めないこととしている。

第二号では，高圧の電気を必要とする移動機械は大型の機械であり，また，移動電線も低圧のものと異なって相当の重量であることから，機械の移動中に接続点において異常な荷重が加わり，接続点が外れて感電，短絡事故が生じるおそれがある。したがって，これを防止するため，ボルト締めその他これと同等以上の効果のある接続方法とすることを定めている。

第三号では，移動電線の事故時に他の回路と独立して開路できるように専用の開閉器及び過電流遮断器を設けるほか，地絡を生じたときに電路を遮断する装置を設けることを定めている。高圧用の3種クロロプレンキャブタイヤケーブル又は3種クロロスルホン化ポリエチレンキャブタイヤケーブルは，多心キャブタイヤケーブルであっても各線心に金属製の遮へい層を有しているので，キャブタイヤケーブルが損傷を受けたときは相間短絡事故になる前に1線と金属製の遮へい層との間に短絡が生じるため，この金属製の遮へい層はキャブタイヤケーブルの電源側の1端で接地工事を施し，接地リレーの動作を確実にしておく必要がある。なお，かっこ内で「誘導電動機の2次側電路」を除いているのは，電動機が移動し，始動器が固定している場合で，その相互間を移動電線で接続するとき，その回路に過電流遮断器等を設置することは不都合であり，また，電動機の始動時以外は電圧がほとんど誘起されていないからである。

第4項は，**第191条**の規定により施設する場合を除き，特別高圧の移動電線の施設を禁止している。これは，電気使用場所では電気知識に乏しい一般の人が電気設備に接する機会が多く危険であるので，電気使用機械器具に直接電気を供給する特別高圧を禁止する趣旨である。

【特殊な配線等の施設】（省令第56条第1項，第2項，第57条第1項，第63条第1項）

第172条　ショウウィンドー又はショウケース内の低圧屋内配線を，次の各号により施設する場合は，外部から見えやすい箇所に限り，コード又はキャブタイヤケーブルを造営材に接触して施設することができる。

一　ショウウィンドー又はショウケースは，乾燥した場所に施設し，内部を乾燥した状態で使用するものであること。

二　配線の使用電圧は，300V以下であること。

三　電線は，断面積0.75mm^{2}以上のコード又はキャブタイヤケーブルであること。

四　電線は，乾燥した木材，石材その他これに類する絶縁性のある造営材に，その被覆を損傷しないように適当な留め具により，1m 以下の間隔で取り付けること。

五　電線には，電球又は器具の重量を支持させないこと。

六　ショウウィンドー又はショウケース内の配線又はこれに接続する移動電線と，他の低圧屋内配線との接続には，差込み接続器その他これに類する器具を用いること。

2　常設の劇場，映画館その他これらに類する場所に施設する低圧電気設備は，次の各号によること。

一　舞台，ならく，オーケストラボックス，映写室その他人又は舞台道具が触れるおそれがある場所に施設する低圧屋内配線，電球線又は移動電線（次号に規定するものを除く。）は，次により施設すること。

イ　使用電圧は，300V 以下であること。

ロ　低圧屋内配線の電線には，電線の被覆を損傷しないよう適当な装置を施すこと。

ハ　ならくに施設する電球線は，防湿コード，ゴムキャブタイヤコード又は，ビニルキャブタイヤケーブル及び耐燃性ポリオレフィンキャブタイヤケーブル以外のキャブタイヤケーブルであること。

ニ　移動電線（ホに規定するものを除く。）は，1 種キャブタイヤケーブル以外のキャブタイヤケーブルであること。

ホ　ボーダーライトに附属する移動電線は，1 種キャブタイヤケーブル，ビニルキャブタイヤケーブル及び耐燃性ポリオレフィンキャブタイヤケーブル以外のキャブタイヤケーブルであること。

二　使用電圧が 300V を超える低圧の舞台機構装置の屋内配線及び移動電線は，民間規格評価機関として日本電気技術規格委員会が承認した規格である「興行場に施設する使用電圧が 300V を超える低圧の舞台機構設備の配線」の「適用」の欄に規定する要件により施設すること。

三　フライダクト（差込み接続器等を多数並列に取り付けた，舞台用の照明設備に電気を供給するためのダクトをいう。）は，次により施設すること。

イ　次に掲げる構造のものであること。

（イ）　内部配線に使用する電線は，絶縁電線（屋外用ビニル絶縁電線を除く。）又は，これと同等以上の絶縁効力のあるものであること。

（ロ）　ダクトは厚さが 0.8mm 以上の鉄板又は民間規格評価機関として日本電気技術規格委員会が承認した規格である「フライダクトのダクト材料」の「適用」の欄に規定する要件に適合するものにより，堅ろうに製作したものであること。

（ハ）　ダクトの内面は，電線の被覆を損傷するような突起がないものであること。

（ニ）　ダクトの内面及び外面は，さびが発生しないような措置を施したものであること。

（ホ）　ダクトの終端部は，閉そくしたものであること。

ロ　フライダクト内の電線を外部に引き出す場合は，1種キャブタイヤケーブル，ビニルキャブタイヤケーブル及び耐燃性ポリオレフィンキャブタイヤケーブル以外のキャブタイヤケーブルを使用し，かつ，フライダクトの貫通部で電線が損傷するおそれがないように施設すること。

ハ　フライダクトは，造営材等に堅ろうに取り付けること。

四　舞台，ならく，オーケストラボックス及び映写室の電路には，これらの電路に専用の開閉器及び過電流遮断器を施設すること。ただし，過電流遮断器が開閉機能を有するものである場合は，過電流遮断器のみとすることができる。

五　舞台用のコンセントボックス，フライダクト及びボーダーライトの金属製外箱には，D種接地工事を施すこと。（関連省令第10条，第11条）

3　エレベータ，ダムウェーター等の昇降路内に施設する，低圧屋内配線及び低圧の移動電線並びにこれらに直接接続する低圧屋内配線であって，使用電圧が300V以下のものには，次の各号に適合するエレベータ用ケーブルを使用することができる。

一　構造は，民間規格評価機関として日本電気技術規格委員会が承認した規格である「エレベータ用ケーブル」の「適用」の欄に規定する要件に適合すること。

二　完成品は，民間規格評価機関として日本電気技術規格委員会が承認した規格である「エレベータ用ケーブル」の「適用」の欄に規定する要件に適合すること。

4　水上又は水中における作業船等の低圧屋内配線及び低圧の管灯回路の配線のケーブル工事には，次の各号に適合する船用ケーブルを使用することができる。

一　ケーブルの公称電圧が，0.6kVのものであること。

二　材料及び構造は，民間規格評価機関として日本電気技術規格委員会が承認した規格である「船用電線」の「適用」の欄に規定する要件に適合すること。

三　完成品は，民間規格評価機関として日本電気技術規格委員会が承認した規格である「船用電線」の「適用」の欄に規定する要件に適合するものであること。

〔解　説〕 **第1項**は，ショウウィンドー及びショウケース内の配線の施設について規定している。電線にコードを使用して造営材に接触して施設する配線工事は，安全度が劣るので，一般の配線には認められない。しかし，ショウウィンドー，ショウケース内の配線は，美観上等からやむを得ない場合もあり，比較的安全度の高い箇所に限れば支障もないので，**本項**でこれを示している。

第一号及び**第二号**は，この特殊配線工事によることができる範囲を規定したものである。ここで「外部から見えやすい箇所」とは，外部から見て遮へい物が全くなく見通せる箇所又は透明なガラス等を通して見える箇所をいう。したがって，ショウウィンドー，ショウケース等の下部にある戸棚内等の配線工事は，外部から見えやすい箇所ではないため，金属管工事，金属線ぴ工事等によることとなる。

第三号は，使用電線について規定している。

第四号は，電線の取付け方法として，これを取り付ける造営材は，比較的絶縁性のある乾燥した木材，コンクリート，石材等とし，かつ，その場合は，ステープル等を使用して電線の被覆を損傷しないように施工し，ステープル自体も脱落しないようにすべきことが定められている。

また，電線には，可とう性のあるコードやキャブタイヤケーブルを使用するので，取付け点間の距離は，がいし引き工事の場合の1/2，すなわち1m以下とし，**第五号**では，**第170条**と同様，配線には電球，電灯器具の重量を支持させないようにすべき旨を定めている。

電球線の場合は，いったんがいし等にこれを引き留め又はシーリング等を利用して電球線を引き出すこととし，電灯器具等は他の支持方法で固定し，又はつり下げ，配線からリード線だけを配線するようにすべきである。なお，電線の接続については，**第12条**のコード及びキャブタイヤケーブルの接続に関する規定が適用される。

第六号は，この配線は，上述のとおり他の配線工事方法に比べ安全度が劣るので，「ショウウィンドー又はショウケース内の配線」又はこれに接続する「移動電線」を，一般の配線工事方法により施設した部分から完全に切り離すことができるようにするため，差込み接続器等を使用すべき旨が定められている。一般に，ショウウィンドー又はショウケースのコード配線の電源側には，差込みプラグ等を設け，これをコンセントに差し込んで電源と接続するが，この場合差込みプラグを取り付けるコード部分が，ここでいう「移動電線」である。

第2項では，劇場，映画館等に施設する電気設備について規定している。劇場，映画館，公会堂等では公衆が集合し，また，舞台その他特殊な設備を有するので事故が発生しやすく，事故発生時に公衆が混乱し災害が拡大するおそれがある。このような場所の屋内工事は，一般の屋内の施設基準だけでは不十分であるので，特にこの項を設けて注意すべき点を規定しており，**本項**に規定のない配線工事その他の事項は，全て一般規定の適用を受ける。

第一号イでは，**ロ**から**ホ**に規定する施設は興行場に特有のものであるため，保安の観点から，その電路の使用電圧を300V以下に制限している。

ロは，配線の工事方法の種類によってとるべき処置が異なるが，ケーブル工事であればケーブルを金属管に収めるなどの方法を講じることを規定している。**ハ**から**ホ**は，使用場所と電線の種類を規定している。

第二号では，H13解釈で興行場に施設する使用電圧が300Vを超える低圧配線は，日本電気技術規格委員会規格JESC E6003（2016）により施設することができることを示している。このJESC規格では，近年，興行場の大型化に伴う幕，舞台装置及び照明設備の増加による吊物機構の増大，また，床置きの舞台装置の巨大化による床機構の重量増大が著しいことから，舞台機構設備（幕，床等の昇降・移動を目的として，劇場，ホール等に固定設備として施設されるものをいう。）の電動装置における電動機の大容量化が求められてきたことにより，主に400V級の電動機を施設できるよう施設条件を整理したものである。R4解釈より，民間規格評価機関として日本電気技術規格委員会に承認された規格リストと関連づけられ，当該機関の公開ページにて掲載されている。

なお，近年の大型化された興行場における電気設備の施設に関する民間規格として，日本電気技術規格委員会規格JESC E0002（1999）「劇場等演出空間電気設備指針」（(社)電気設備学会指針IEIE-G-0001（1999））がまとめられているので参照されたい。

第三号は，フライダクトの構造及び施設方法について規定している。フライダクトとは，舞台用の照明設備に電気を供給するためのダクトをいい，舞台照明効果の向上を図ってダクトの内部にコンセント類を多数並列に取り付けたものである。なお，フライダクトは，一般的には照明器具の取付け用のパイプなどと組み合わせて，ワイヤー等によって舞台上部からつり下げて使用されることが多い。フライダクトのダクトは，厚さ0.8mm以上の鉄板又はこれと同等以上の強さを有する材料で堅ろうに制作されたものを用いることとしている。これはH13解釈で，日本電気技術規格委員会規格JESC E3001（2000）のダクト材料の規格を引用することにより，鉄板以外の金属製材料をダクト材料として使用できることとしたものである。R4解釈より，民間規格評価機関として日本電気技術規格委員会に承認された規格リストと関連づけられ，当該機関の公開ページにて掲載されている。

第四号は，舞台，ならく，オーケストラボックス及び映写室は事故が起こりやすい場所であり，事故の波及を小範囲に止めるため，これらの場所への配線は，それぞれ別の回路とし，又は**第149条**の規定に基づき舞台，ならく，オーケストラボックス及び映写室への配線の全部又は一部を一括し，これを他の屋内配線と別回路として，専用の開閉器（保守点検用にも必要となる。）及び過電流遮断器を施設すべきことを定めた。

第五号は，短時間のうちに照明設備の取付け，取り外しが行われるなどの危険があるため，万一の場合を考慮して舞台用のコンセントボックス，フライダクト及びボーダーライトの金属製外箱には，D種接地工事を施すことを規定している。

第3項では，エレベータ用ケーブルは数多くの線心を必要とすること，また，昇降路内という限定された場所内に施設されるため，昇降路内から機械室の制御盤等に至る電線として，エレベータ用ケーブルが使用できることとした。これは，エレベータ用ケーブルが昇降路から出ると使用できない従来方式では，制御盤等に至る電線に多心型ケーブルを使用した場合，その接続点において，その接続が十分でないとエレベータ等の制御が不安定となることから，信頼性を向上させるためである。

第4項では，作業船等で使用されるケーブルについて規定している。一般の船舶（船舶安全法が適用されるもの）に設置される電気設備は，**電気事業法第2条第1項第十八号（電気事業法施行令第1条）**によって「電気工作物」の定義から除外されているので，この解釈は適用されないが，推進器を有しないしゅんせつ船その他の作業船等の電気設備には，この解釈が適用される。

一般の鉄鋼船の配線には，造船の工程途中の溶接火花におかされにくく，また配線工事を容易にするような，特殊ながい装を有する船用ケーブルが使用されている。推進器を持たない作業船等においても，大型になれば，この船用ケーブルが使用される場合が多い。この船用ケーブルは国際規格との関係から，一般に陸上で使用しているケーブルの規格と一致していない。日本産業規格においても「船用電線」として，他のケーブルとは別に規格を定めている。したがって，作業船等の配線に限って，この種のケーブルの使用を認めている。

なお，日本産業規格 JIS C 3410（2010）「船用電線」には，公称電圧が 0.6kV のものと公称電圧 0.2kV のものとが規定されているが，公称電圧が 0.2kV のものは，外装が鉛被又はアルミ被のものを除き，電気用品安全法の適用範囲のものであるため，**本条**では公称電圧 0.6kV のものに限定している。R4 解釈より，民間規格評価機関として日本電気技術規格委員会に承認された規格リストと関連づけられ，当該機関の公開ページにて掲載されている。

【低圧接触電線の施設】（省令第 56 条第 1 項，第 57 条第 1 項，第 2 項，第 59 条第 1 項，第 62 条，第 63 条第 1 項，第 73 条第 1 項，第 2 項）

第 173 条　低圧接触電線（電車線及び第 189 条の規定により施設する接触電線を除く。以下この条において同じ。）は，機械器具に施設する場合を除き，次の各号によること。

一　展開した場所又は点検できる隠ぺい場所に施設すること。

二　がいし引き工事，バスダクト工事又は絶縁トロリー工事により施設すること。

三　低圧接触電線を，ダクト又はピット等の内部に施設する場合は，当該低圧接触電線を施設する場所に水がたまらないようにすること。

2　低圧接触電線をがいし引き工事により展開した場所に施設する場合は，機械器具に施設する場合を除き，次の各号によること。

一　電線の地表上又は床面上の高さは，3.5m 以上とし，かつ，人が通る場所から手を伸ばしても触れることのない範囲に施設すること。ただし，電線の最大使用電圧が 60V 以下であり，かつ，乾燥した場所に施設する場合であって，簡易接触防護措置を施す場合は，この限りでない。

二　電線と建造物又は走行クレーンに設ける歩道，階段，はしご，点検台（電線のための専用の点検台であって，取扱者以外の者が容易に立ち入るおそれがないように施錠装置を施設したものを除く。）若しくはこれらに類するものとが接近する場合は，次のいずれかによること。

イ　離隔距離を，上方においては 2.3m 以上，側方においては 1.2m 以上とすること。

ロ　電線に人が触れるおそれがないように適当な防護装置を施設すること。

三　電線は，次に掲げるものであること。

イ　使用電圧が300V以下の場合は，引張強さ3.44kN以上のもの又は直径3.2mm以上の硬銅線であって，断面積が8mm^{2}以上のもの

ロ　使用電圧が300Vを超える場合は，引張強さ11.2kN以上のもの又は直径6mm以上の硬銅線であって，断面積が28mm^{2}以上のもの

四　電線は，次のいずれかにより施設すること。

イ　各支持点において堅ろうに固定して施設すること。

ロ　支持点において，電線の重量をがいしで支えるのみとし，電線を固定せずに施設する場合は，電線の両端を耐張がいし装置により堅ろうに引き留めること。

五　電線の支持点間隔及び電線相互の間隔は，173-1表によること。

173-1表

<table>
<tr><th colspan="4" rowspan="2">区分</th><th colspan="2">電線相互の間隔</th><th rowspan="2">支持点間隔</th></tr>
<tr><th>電線を水平に配列する場合</th><th>その他の場合</th></tr>
<tr><td rowspan="4">電線が揺動しないように施設する場合</td><td colspan="3">使用電圧が150V以下のものを乾燥した場所に施設する場合であって，当該電線に電気を供給する屋内配線に定格電流が60A以下の過電流遮断器を施設するとき</td><td colspan="2">3cm以上</td><td>0.5m以下</td></tr>
<tr><td rowspan="3">上記以外の場合</td><td colspan="2">屈曲半径1m以下の曲線部分</td><td colspan="2" rowspan="3">6cm（雨露にさらされる場所に施設する場合は，12cm）以上</td><td>1m以下</td></tr>
<tr><td rowspan="2">その他の部分</td><td>電線の導体断面積が100mm^{2}未満の場合</td><td>1.5m以下</td></tr>
<tr><td>電線の導体断面積が100mm^{2}以上の場合</td><td>2.5m以下</td></tr>
<tr><td rowspan="3">その他の場合</td><td colspan="3">電線がたわみ難い導体である場合</td><td>14cm以上</td><td>20cm以上</td><td>6m以下</td></tr>
<tr><td colspan="3" rowspan="2">上記以外の場合</td><td>14cm以上</td><td>20cm以上</td><td>6m以下</td></tr>
<tr><td>28cm以上</td><td>40cm以上</td><td>12m以下</td></tr>
</table>

（備考）電線相互の間及び集電装置の充電部分と極性が異なる電線との間に堅ろうな絶縁性の隔壁を設ける場合は，電線相互間の距離を縮小することができる。

六　電線と造営材との離隔距離及び当該電線に接触する集電装置の充電部分と造営材との離隔距離は，屋内の乾燥した場所に施設する場合は2.5cm以上，その他の場所に施設する場合は4.5cm以上であること。ただし，電線及び当該電線に接触する集電装置の充電部分と造営材との間に絶縁性のある堅ろうな隔壁を設ける場合は，この限りでない。

七　がいしは，絶縁性，難燃性及び耐水性のあるものであること。

3　低圧接触電線をがいし引き工事により点検できる隠ぺい場所に施設する場合は，機械器具に施設する場合を除き，次の各号によること。

一　電線には，前項第三号の規定に準ずるものであって，たわみ難い導体を使用すること。

二　電線は，揺動しないように堅ろうに固定して施設すること。

三　電線の支持点間隔は，173-2表に規定する値以下であること。

173-2表

区分	電線の導体断面積	支持点間隔
屈曲半径が1m以下の曲線部分	－	1m
その他の部分	$100mm^2$ 未満	1.5m
	$100mm^2$ 以上	2.5m

四　電線相互の間隔は，12cm以上であること。

五　電線と造営材との離隔距離及び当該電線に接触する集電装置の充電部分と造営材との離隔距離は，4.5cm以上であること。ただし，電線及び当該電線に接触する集電装置の充電部分と造営材との間に絶縁性のある堅ろうな隔壁を設ける場合は，この限りでない。

六　前項第四号及び第七号の規定に準じて施設すること。

4　低圧接触電線をバスダクト工事により施設する場合は，次項に規定する場合及び機械器具に施設する場合を除き，次の各号によること。

一　第163条第1項第一号及び第二号の規定に準じて施設すること。

二　バスダクト及びその附属品は，日本産業規格 JIS C 8373（2007）「トロリーバスダクト」に適合するものであること。

三　バスダクトの開口部は，下に向けて施設すること。

四　バスダクトの終端部は，充電部分が露出しない構造のものであること。

五　使用電圧が300V以下の場合は，金属製ダクトにはD種接地工事を施すこと。（関連省令第10条，第11条）

六　使用電圧が300Vを超える場合は，金属製ダクトにはC種接地工事を施すこと。ただし，接触防護措置（金属製のものであって，防護措置を施すダクトと電気的に接続するおそれがあるもので防護する方法を除く。）を施す場合は，D種接地工事によることができる。（関連省令第10条，第11条）

七　屋側又は屋外に施設する場合は，バスダクト内に水が浸入しないように施設すること。

5　低圧接触電線をバスダクト工事により屋内に施設する場合において，電線の使用電圧が直流30V（電線に接触防護措置を施す場合は，60V）以下のものを次の各号により施設するときは，前項各号の規定によらないことができる。

一　第163条第1項第一号及び第二号の規定に準じて施設すること。
二　バスダクトは，次に適合するものであること。
イ　導体は，断面積20mm^{2}以上の帯状又は直径5mm以上の管状若しくは丸棒状の銅又は黄銅を使用したものであること。
ロ　導体支持物は，絶縁性，難燃性及び耐水性のある堅ろうなものであること。
ハ　ダクトは，鋼板又はアルミニウム板であって，厚さが173-3表に規定する値以上のもので堅ろうに製作したものであること。

173-3表

ダクトの最大幅(mm)	厚さ（mm）	
	鋼板	アルミニウム板
150以下	1.0	1.6
150を超え300以下	1.4	2.0
300を超え500以下	1.6	2.3
500を超え700以下	2.0	2.9
700超過	2.3	3.2

ニ　構造は，次に適合するものであること。
(イ)　日本産業規格 JIS C 8373（2007）「トロリーバスダクト」の「6.1 トロリーバスダクト」（異極露出充電部相互間及び露出充電部と非充電金属部との間の距離に係る部分を除く。）に適合すること。
(ロ)　露出充電部相互間及び露出充電部と非充電金属部との間の沿面距離及び空間距離は，それぞれ4mm及び2.5mm以上であること。
(ハ)　人が容易に触れるおそれのある場所にバスダクトを施設する場合は，導体相互間に絶縁性のある堅ろうな隔壁を設け，かつ，ダクトと導体との間に絶縁性のある介在物を有すること。
ホ　完成品は，日本産業規格 JIS C 8373(2007)「トロリーバスダクト」の「8 試験方法」（「8.8 金属製ダクトとトロリーの金属フレームとの間の接触抵抗試験」を除く。）により試験したとき「5 性能」に適合するものであること。
三　バスダクトは，乾燥した場所に施設すること。
四　バスダクトの内部にじんあいが堆積することを防止するための措置を講じること。
五　バスダクトに電気を供給する電路は，次によること。
イ　次に適合する絶縁変圧器を施設すること。
(イ)　絶縁変圧器の1次側電路の使用電圧は，300V以下であること。
(ロ)　絶縁変圧器の1次巻線と2次巻線との間に金属製の混触防止板を設け，かつ，これにA種接地工事を施すこと。（関連省令第10条，第11条）
(ハ)　交流2,000Vの試験電圧を1の巻線と他の巻線，鉄心及び外箱との間に連続して1分間加えたとき，これに耐える性能を有すること。

ロ　イの規定により施設する絶縁変圧器の２次側電路は，非接地であること。

6　低圧接触電線を絶縁トロリー工事により施設する場合は，機械器具に施設する場合を除き，次の各号によること。

一　絶縁トロリー線には，簡易接触防護措置を施すこと。

二　絶縁トロリー工事に使用する絶縁トロリー線及びその附属品は，日本産業規格 JIS C 3711（2007）「絶縁トロリーシステム」に適合するものであること。

三　絶縁トロリー線の開口部は，下又は横に向けて施設すること。

四　絶縁トロリー線の終端部は，充電部分が露出しない構造のものであること。

五　絶縁トロリー線は，次のいずれかにより施設すること。

イ　各支持点において堅ろうに固定して施設すること。

ロ　両端を耐張引留装置により堅ろうに引き留めること。

六　絶縁トロリー線の支持点間隔は，173-4表に規定する値以下であること。

173-4表

区分			支持点間隔
前号イの規定により施設する場合	屈曲半径が3m以下の曲線部分		1m
	その他の部分	導体断面積が500mm^{2}未満の場合	2m
		導体断面積が500mm^{2}以上の場合	3m
前号ロの規定により施設する場合			6m

七　絶縁トロリー線及び当該絶縁トロリー線に接触する集電装置は，造営材と接触しないように施設すること。

八　絶縁トロリー線を湿気の多い場所又は水気のある場所に施設する場合は，屋外用ハンガ又は屋外用耐張引留装置を使用すること。

九　絶縁トロリー線を屋側又は屋外に施設する場合は，絶縁トロリー線に水が浸入してたまらないように施設すること。

7　機械器具に施設する低圧接触電線は，次の各号によること。

一　危険のおそれがないように施設すること。

二　電線には，接触防護措置を施すこと。ただし，取扱者以外の者が容易に接近できない場所においては，簡易接触防護措置とすることができる。

三　電線は，絶縁性，難燃性及び耐水性のあるがいしで機械器具に触れるおそれがないように支持すること。ただし，屋内において，機械器具に設けられる走行レールを低圧接触電線として使用するものを次により施設する場合は，この限りでない。

イ　機械器具は，乾燥した木製の床又はこれに類する絶縁性のあるものの上でのみ取り扱うように施設すること。

ロ　使用電圧は，300V以下であること。

ハ　電線に電気を供給するために変圧器を使用する場合は，絶縁変圧器を使用すること。この場合において，絶縁変圧器の1次側の対地電圧は，300V以下であること。
二　電線には，A種接地工事（接地抵抗値が3Ω以下のものに限る。）を施すこと。（関連省令第10条，第11条）

8　低圧接触電線（機械器具に施設するものを除く。）が他の電線（次条に規定する高圧接触電線を除く。），弱電流電線等又は水管，ガス管若しくはこれらに類するもの（以下この項において「他の電線等」という。）と接近又は交差する場合は，次の各号によること。
一　低圧接触電線をがいし引き工事により施設する場合は，低圧接触電線と他の電線等との離隔距離を，30cm以上とすること。
二　低圧接触電線をバスダクト工事により施設する場合は，バスダクトが他の電線等と接触しないように施設すること。
三　低圧接触電線を絶縁トロリー工事により施設する場合は，低圧接触電線と他の電線等との離隔距離を，10cm以上とすること。

9　低圧接触電線に電気を供給するための電路は，次の各号のいずれかによること。
一　開閉機能を有する専用の過電流遮断器を，各極に，低圧接触電線に近い箇所において容易に開閉することができるように施設すること。
二　専用の開閉器を低圧接触電線に近い箇所において容易に開閉することができるように施設するとともに，専用の過電流遮断器を各極（多線式電路の中性極を除く。）に施設すること。

10　低圧接触電線は，第175条第1項第三号に規定する場所に次の各号により施設する場合を除き，第175条に規定する場所に施設しないこと。
一　展開した場所に施設すること。
二　低圧接触電線及びその周囲に粉じんが集積することを防止するための措置を講じること。
三　綿，麻，絹その他の燃えやすい繊維の粉じんが存在する場所にあっては，低圧接触電線と当該低圧接触電線に接触する集電装置とが使用状態において離れ難いように施設すること。

11　低圧接触電線は，第176条から第178条までに規定する場所に施設しないこと。

〔解　説〕 走行クレーン，モノレールホイスト，オートクリーナー等の移動（自動又は他動）して使用する電気機械器具に電気を供給するためには，移動電線を使用する場合と接触電線による場合とがある。移動電線を使用する場合は，その電気機械器具の移動するコースが確定していない場合，移動する範囲が狭い場合，使用電圧が高く裸電線の使用が危険な場合等であって，接触電線を使用する場合は，移動する範囲が広く，かつ，移動するコースが確定している場合が一般的である。接触電線は，その性質上，裸電線を使用する必要があるため，感電の危険，アーク発生による断線，火災等の危険もあるので，その施設には十分な注意が必要である。このような理由から接触電線については一般の屋内配線とは分離し，独立して規定している。

接触電線には，走行クレーンやモノレールホイストのようにその機台自体に接触電線を施設し，その機械の中で更に移動する電気機械器具もある。このような接触電線については，「機械器具に施設する接触電線」として，一般の造営材に固定して施設する接触電線と区別している。機械器具に施設する接触電線については，機械器具の機能上特殊な設計を必要とする場合があり，かつ，一般の接触電線と異なり，専門的な配慮がなされる点を考慮し，規制を一律に設けるということはしていない。すなわち，機械器具に施設される接触電線については，**本条**のうち**第1項**から**第4項**まで及び**第6項**の適用はない。

なお，**本条**でいう接触電線には，電車線はもちろん遊戯用小型電車用の接触電線も含まれていない。

第1項において，一般の低圧接触電線の工事方法は，がいし引き工事，バスダクト工事又は絶縁トロリー工事とすることとし，また，裸電線であるので，常時点検を必要とするため，点検できない隠ぺい場所での施設を禁止している。**第三号**については，屋外でガントリークレーン等を施設する場合，接触電線を空中に施設せず，レールに沿って配線ピットを設け，この中に接触電線を施設し，上部を覆って人が触れないようにする場合がある。

第2項では，一般の低圧接触電線を，展開した場所において，がいし引き工事により施設する場合の工事方法を規定している。**第一号**では，裸電線を使用するため，電線は地表面又は床面からの高さを3.5m以上とし，人が通る場所から手を伸ばしても電線に触れるおそれがないように施設することが規定されている。ただし，電線の最大使用電圧が60V以下であり，かつ，乾燥した場所に施設する場合であって，簡易接触防護措置を施す場合は，危険度が非常に小さいので，高さ制限を解除している。

第二号は，クレーン等の点検，修理のために電線と建造物の内側又はクレーンガーターに設けられた歩道，階段，はしご，点検台等との離隔距離について規定している。なお，「これらに類するもの」とは，クレーン等の点検，修理のための歩道ではないが，これらを行うため又は塗装作業などの作業を行うために立ち入る部分をいう。また，裸電線の直下等に機械器具が据え付けられたとき，その上又は周辺等に設けられた機械器具の点検台等も含まれる。

第三号は，接触電線が容易に断線するおそれがないように，引張強さ11.2kN以上のもの又は直径6mm以上の硬銅線（→**第205条解説**）を使用することとしている。断面積28mm^{2}は直径6mmの丸棒に相当するものであり，接触電線としてI形鋼その他の形鋼が使われるので，特に断面積で表したものである。なお，使用電圧が300V以下の場合は危険度も低く，かつ，過去の実績に照らして，引張強さ3.44kN以上のもの又は直径3.2mmの硬銅線相当まで使用できることとしている。

第四号は，電線の施設方法を規定している。接触電線の保持方法としては，両端で緊張し，途中は単にがいしで支えているだけで，集電の際には，がいしから浮くようにしたものと，適当な間隔をおいてがいしに取り付けるものとがある。前者の場合，不用意な施工をすれば，電線ががいしから外れて落下するので，両端を緊張させ，万一外れても，電線の弛みが小さくなるようにする必要がある。ロは，このように，途中は単に電線をがいしの上にのせているだけの場合を指している。

第五号は，電線の支持点間隔，第六号は電線相互間の離隔距離について規定している。ここで，支持点間隔という場合の支持点は，前述のようにがいしの上に電線をのせているだけの，いわば保持ともいうべきものも含んでいる。電線相互間の離隔距離については，**173-1表**のとおり定められている。支持点間の距離が6mのときの水平配列の電線相互間14cmを基本とし，その他の配列（垂直又は斜め）の電線相互間は20cmとしている。表の「その他の場合」については，電線に線状のものを使用するときは，電線の支持点間隔を最大12mまでとしている。

173-1表の備考は，短絡のおそれがないものについて例外としており，表の「その他の部分」は，モノレールホイストのように，電線相互間を小さくとっているものについて支持点間の距離を小さくし，振動による短絡を防止している。また，「使用電圧が150V以下のものを乾燥した場所に施設する場合」は，テレビその他電気機械器具の製造工程中の試験で，この種の接触電線が施設されており，支障なく使用されている実例が多いので規定したものである。

このように段階的な数値をとっているのは，支持点間の距離と電線相互の離隔距離とを調整して網羅的に規定することは困難で，わかりにくくなるからである。したがって，何らかの理由で，この電線相互間の離隔距離や支持点間隔をとれない場合は，例えば水平配列の電線相互の離隔距離を10cm程度にする必要があるときは，支持点間隔を4m以下にするということも考えられる。

第六号は，接触電線及び集電装置の充電部分と造営材との離隔距離について定めている。

第七号では，がいしについて規定している。がいしは起重機等の起動，移動，停止等により発生する振動，衝撃に対して十分耐える機械的強度を有するものであることとしている。この規定で絶縁性，難燃性及び耐水性のあるものを条件として要求しているが，磁器製，ガラス製又は耐アーク性の合成樹脂製（**→第150条第2項解説**）のものが適している。また，施設に当たっては接触電線の配線方法と使用条件とを考慮し，振動及び衝撃に対して十分に注意する必要がある。

第3項は，一般の低圧接触電線を点検できる隠ぺい場所においてがいし引き工事により施設する場合の工事方法を規定している。

第一号及び第六号については，展開した場所における場合と同様であるが，隠ぺい場所という特殊性から，電線がぶらぶらするような施設方法は禁止する必要があり，電線には，I形鋼その他これに類するたわみ難いものを使用し，かつ，支持点間の距離も2.5m

（導体断面積が1cm^{2}未満のときは1.5m，屈曲半径が1m以下のときは1m）以下とし，支持点ごとに堅ろうに固定することを要求している。更に電線相互間の距離も展開した場所における場合の2倍とし，造営材との離隔距離も4.5cm以上としている。

なお，点検できる隠ぺい場所に接触電線を施設する例としては，ピット内等に施設する場合が考えられる。

また，屋側又は屋外に施設する場合は，屋内の点検できる隠ぺい場所と同様に施設することとなるが，屋側や屋外であるため，また，ダクトは地面より下に施設する場合があるため，雨水などの水が入りやすいので，特に点検でき，かつ，水が溜まらないものであることが必要である。

第4項は，一般の低圧接触電線をバスダクト工事により施設する場合の工事方法について規定している。バスダクトのうちトロリーバスダクトと称するものがこれに該当する。これはがいし引き工事によるものと異なり，裸電線が露出せず，金属製又は合成樹脂製（最大幅が300mm以下のものに限る。）のダクトの中に収められていて人が直接触れるおそれもなく，安全度の高い工事方法である。

工事方法は，一般の屋内配線の場合（→**第163条**）と同様であるが，トロリーバスダクトの特殊性としては，当然集電装置が通過する開口部があるから，じんあい等が入ることにより，接触不良又は絶縁低下を生じさせないように，この開口部を下方に向けて施設する必要がある。

第二号は，平成26年以前はトロリーバスダクトの詳細の仕様を条文で規定していたが，トロリーバスダクトの詳細仕様等がJIS C 8373（2007）「トロリーバスダクト」として整備されたことから，平成24年度電気施設関連規格等調査役務請負報告書を踏まえ，当該JISに適合することを要件とした。（H26改正）

第七号は，屋側又は屋外にバスダクト工事により施設する場合は，バスダクト内に雨水が入らないように防水構造（屋外用）のものを使用する必要があることを規定している。

第5項は，自動物品搬送装置の施設方法について規定している。なお，この装置は，施設形態から走行路として使用するトロリーバスダクトを上向きに施設するのが通例である。このため，人が充電部分に触れることが避けられない場合が多いので，使用電圧を直流の30V（人が充電部分に触れるおそれがないように施設する場合は，60V）以下に限定した。

また，トロリーバスダクトを上向きに施設することが一般的であることから，ダクトの内部にじんあいが堆積することを防止する装置を講じる必要があることを定めている。

第二号は，自動物品搬送装置の走行路として使用するトロリーバスダクトの工事は現場の作業では接続が主体であり，本体は工場で製作されユニットとして販売されるので，ケーブル等と同様，その構造の規格を定めている。

第三号は，トロリーバスダクトを上向きに施設することが一般的であるところから，水分が浸入し，溜まるおそれがあるので，乾燥した場所に限り施設できることとしている。

第五号は，安全性を高めるため，電源側とトロリーバスダクトの間に絶縁変圧器を設けることを規定している。

イ（ロ）では，絶縁変圧器の1次巻線との間に金属製の混触防止板（**→第24条解説**）を設け，この板にA種接地工事を施すことを規定している。これは絶縁変圧器の1次側の電圧が2次側に侵入することを防止するとともに，事故の範囲を限定するためである。

ロは，絶縁変圧器の2次側の電路は接地しないことを規定している。これは，非接地回路であれば，その回路の任意の1点に地絡事故が発生しても，帰路がないので地絡電流は流れず感電事故防止に効果があるためである。

第6項は，一般の低圧接触電線を絶縁トロリー工事により施設する場合の工事方法を規定している。**第一号**は，絶縁トロリー線は人が容易に触れるおそれがないように施設すべきことを規定している。

第二号は，絶縁トロリー線及びその附属品（フィードイン，ジョインタ，エンド，ハンガ及び耐張引留装置をいう。）並びにコレクタ（集電装置）の仕様について規定している。平成26年以前は絶縁トロリー線の詳細の仕様を条文で規定していたが，絶縁トロリー線の詳細仕様等がJIS C 3771（2007）「絶縁トロリーシステム」として整備されたことから，平成24年度電気施設関連規格等調査役務請負報告書を踏まえ，当該JISに適合することを要件とした。(H26改正)

第三号は，絶縁トロリー線には，コレクタが通過する開口部があることから，じんあい等が堆積して接触不良が発生するのを防止するため，この開口部を横又は下方に向けて施設することを規定している。

第四号は，絶縁トロリー線の終端部にはエンドを用いて充電部分を露出させないように施設することを規定している。

第五号は，絶縁トロリー線の支持方法，**第六号**は，絶縁トロリー線の支持点間隔について規定しており，耐張式の絶縁トロリー線を施設する場合は，両端を耐張引留装置により堅ろうに引き留め，その支持点間隔を6m以下とすることとし，その他の絶縁トロリー線を施設する場合は，**第六号**に規定する支持点間隔ごとに各支持点をハンガを用いて堅ろうに固定することとしている。**第七号**は，絶縁トロリー線及び集電装置と造営材との離隔距離について定めている。

第八号は，湿気の多い場所又は水気のある場所に施設する絶縁トロリー線を取り付けるハンガ及び耐張引留装置には屋外形のものを使用することを規定している。

第九号は，屋側又は屋外に絶縁トロリーを施設する場合は，内部に雨水が入らないように防水構造（屋外用）のものを使用することを規定している。

第7項は，機械器具に施設する接触電線についての規定で，**本条**の解説の初めに説明した理由から詳細な規定を設けず，原則的事項のみを規定している。これらの事項については前述のとおりである。**第三号のただし書**に規定されている事項は，紡績工場等で施設例があるもので，機台と電気的につながって走行レールを接触電線の一として使用する場合の工事方法である。このような場合，接地工事が不完全であれば機台は対地電圧をもつことになり，人が触れれば電撃を受けるので，その施工方法については**第一号**から**第三号**の規定により施設する場合に限り認めている。その理由は，次のとおりである。なお，屋側又は屋外は，屋内の場合に比べて湿気も多く感電の機会も多いので，走行レールを接触電線として使用しないこととしている。

(a) 使用電圧を 300V 以下とし，かつ，木製の床その他これに類する絶縁性のあるもの（→**第 29 条解説**）の上から取り扱うようにすれば，万一接地工事が不完全であっても致命的な事故とならない。

(b) 絶縁変圧器の 1 次側の電圧を対地電圧 300V 以下とすることにより，2 次側を非接地とすれば，万一接地工事が不完全であっても人体に流れる電流が小さく危険が少ない。

(c) 接地抵抗値が 3Ω 以下であれば通常時において機台に対地電位を生じず，また，万一他の電線の 1 線が地絡しても機台の電位の上昇は少なく危険もない。

なお，(c) における電線とは，接触電線として使用する走行レールを指す。また，低圧接触電線の電路の絶縁抵抗値は，**第 14 条**の規定による必要があるが，**第三号ただし書**の規定により施設するものは，大地から絶縁されていないので，**第 13 条第二号**において除外されている。

第 8 項は，接触電線と他の電線，弱電流電線等又は管若しくはこれらに類するものとの離隔距離を規定している。一般には，これらのものが接近する機会は少なく，また，できるだけ接近させないことが望ましいが，やむを得ず接近する場合は 30cm 以上の離隔距離を保持することとしている。ただし，絶縁トロリー工事の場合は，充電部分が絶縁物で覆われていることから 10cm 以上離隔して施設すればよいこととしている。また，トロリーバスダクト工事の場合は，ダクトにより隔離されており，かつ，ダクトには接地工事が施してあるから保安上心配ないので，直接接触しないように施設すればよいこととしている。

第 9 項は，接触電線に電気を供給する配線には，保守，点検上必要であるので，専用の開閉器及び過電流遮断器を施設することとしている。開閉器は接触電線に近いところで操作しやすい箇所に施設し又は接触電線に近い箇所から遠隔操作できるように施設することを規定している。また，接触電線が充電されているにもかかわらず停電していると誤認して事故を起こす例も少なくないので，一般的に接触電線の近くで見えやすい位置に電圧の有無を示す表示灯が設けられている。

第 10 項は，爆燃性粉じんの存在する場所，可燃性粉じんの存在する場所には施設しないこととしている。ただし，**第 175 条第 1 項第三号**に規定する場所では粉じん爆発の危険が少なく，粉じんが集積することを防止する措置を講ずれば危険はないので，その施設を認めている。なお，粉じん（糸くずを含む。）が可燃性のものであるときは，アークを発生して粉じんに点火することのないよう接触電線と集電装置が使用状態で離れ難いように施設する必要がある。

第11項は，接触電線は火花を発することが多いので，可燃性ガス等の存在する場所等の危険場所（→**第176条から第178条**）に施設しないこととしている。粉じんの多い場所でも比較的危険でない場所については，前項でこれを施設してよいこととしている。

【高圧又は特別高圧の接触電線の施設】（省令第56条第1項，第57条，第62条，第66条，第67条，第73条）

第174条　高圧接触電線（電車線を除く。以下この条において同じ。）は，次の各号によること。

一　展開した場所又は点検できる隠ぺい場所に，がいし引き工事により施設すること。

二　電線は，人が触れるおそれがないように施設すること。

三　電線は，引張強さ2.78kN以上のもの又は直径10mm以上の硬銅線であって，断面積70mm^{2}以上のたわみ難いものであること。

四　電線は，各支持点において堅ろうに固定し，かつ，集電装置の移動により揺動しないように施設すること。

五　電線の支持点間隔は，6m以下であること。

六　電線相互の間隔並びに集電装置の充電部分相互及び集電装置の充電部分と極性の異なる電線との離隔距離は，30cm以上であること。ただし，電線相互の間，集電装置の充電部分相互の間及び集電装置の充電部分と極性の異なる電線との間に絶縁性及び難燃性の堅ろうな隔壁を設ける場合は，この限りでない。

七　電線と造営材（がいしを支持するものを除く。以下この号において同じ。）との離隔距離及び当該電線に接触する集電装置の充電部分と造営材の離隔距離は，20cm以上であること。ただし，電線及び当該電線に接触する集電装置の充電部分と造営材との間に絶縁性及び難燃性のある堅ろうな隔壁を設ける場合はこの限りでない。

八　がいしは，絶縁性，難燃性及び耐水性のあるものであること。

九　高圧接触電線に接触する集電装置の移動により無線設備の機能に継続的かつ重大な障害を及ぼすおそれがないように施設すること。

2　高圧接触電線及び当該高圧接触電線に接触する集電装置の充電部分が他の電線，弱電流電線等又は水管，ガス管若しくはこれらに類するものと接近又は交差する場合における相互の離隔距離は，次の各号によること。

一　高圧接触電線と他の電線又は弱電流電線等との間に絶縁性及び難燃性の堅ろうな隔壁を設ける場合は，30cm以上であること。

二　前号に規定する以外の場合は，60cm以上であること。

3　高圧接触電線に電気を供給するための電路は，次の各号によること。
　一　次のいずれかによること。
　　イ　開閉機能を有する専用の過電流遮断器を，各極に，高圧接触電線に近い箇所において容易に開閉することができるように施設すること。
　　ロ　専用の開閉器を高圧接触電線に近い箇所において容易に開閉することができるように施設するとともに，専用の過電流遮断器を各極（多線式電路の中性極を除く。）に施設すること。
　二　電路に地絡を生じたときに自動的に電路を遮断する装置を施設すること。ただし，高圧接触電線の電源側接続点から1km以内の電源側電路に専用の絶縁変圧器を施設する場合であって，電路に地絡を生じたときにこれを技術員駐在所に警報する装置を設けるときは，この限りでない。
4　高圧接触電線から電気の供給を受ける電気機械器具に接地工事を施す場合は，集電装置を使用するとともに，当該電気機械器具から接地極に至る接地線を，第1項第二号から第五号までの規定に準じて施設することができる。（関連省令第11条）
5　高圧接触電線は，第175条から第177条までに規定する場所に施設しないこと。
6　特別高圧の接触電線は，電車線を除き施設しないこと。

〔解　説〕 本条は，製鉄工場で使用する大型移動クレーン等における高圧接触電線の施設方法を示したものである。

第1項で，点検できない隠ぺい場所を禁止しているのは，裸電線であるので常時点検を必要とするからである。

第二号は，低圧接触電線の場合（→第173条）と異なり，危険度が高いので，取扱者でも容易に接近できないように高所に施設し又は周囲にさく等を巡らすなどの措置について規定している。

第三号は，接触電線が容易に断線するおそれがないように引張強さが27.8kN（2,835kgf）以上のもの又は直径10mm（78.54mm^2）以上の硬銅線であって，断面積70mm^{2}以上のたわみ難いものを使用することとしている。

第四号では，低圧接触電線のように，電線を両端で耐張がいし装置により引き留め，途中は単に電線をがいしの上に載せているだけの方法を禁止している。

第五号は，接触電線が10～12mm程度の銅丸棒だけでは支持点間の距離を1～2mの間隔にしないと集電装置の移動により揺動して，前号の規定に適合しなくなるが，接触電線に形鋼と組合せたもの又は断面積の大きなものを使用する場合があるので建物の構造等を考慮して最大の距離を6mとしている。

第六号及び第七号は，集電装置の移動の際に生じるアークにより，短絡又は地絡を生じない最低の距離を定めている。

第九号は，集電装置と接触電線との間で生じる放電により，無線設備の機能に障害を与えないことを規定している。

第2項は，接触電線と他の電線，弱電流電線等又は管若しくはこれらに類するものとの離隔距離を規定している。一般には，これらのものが接近する機会は少ないが，やむを得ず接近する場合は，60cm以上の距離を保持することとしている。しかし，低圧接触電線やクレーン制御用等の弱電流電線が並行に施設される場合もあるので，このような場合には隔壁を設ければ，30cmまで接近することができる。

第3項第一号は，高圧接触電線に電気を供給する電路には，保守，点検上必要であるので，専用の開閉器及び過電流遮断器を施設することとしている。開閉器は接触電線に近い箇所で操作しやすいように（遠隔操作でもよい。）施設しておく必要がある。

第二号は，前号の開閉器又は遮断器に地絡リレーを付加して，地絡事故が発生したときに遮断すべきことを規定している。しかし，地絡事故が生じたとき，直ちに電源を遮断して，移動クレーンを停止すると，移動クレーンの下の作業員の安全に支障をきたす場合もあるので，接触電線の電源側に絶縁変圧器（1次電圧が特別高圧であってもよい。）を設置して，接触電線を含む電路の長さを短くし，1線地絡電流を小さくして，地絡事故時の事故点の電位上昇を低く抑制できるようにすれば，警報装置でもよいことを示している。

第4項は，移動クレーンを施設して建物の鉄骨と大地との間の電気抵抗が2Ω以下を常に保っている場合は，**第18条第2項**により，移動クレーン内の電気機器の外箱の接地は，そのクレーンのレールを通じて，容易に施すことができる。しかし，建物の鉄骨と大地との間の電気抵抗が2Ωを超える場合は，高圧接触電線と同様に裸導体をがいし引き工事により施設して，この裸導体と接地極とを接続するとともに，集電装置を通じて移動クレーンをこの裸導体に接触させて，電気的に接地回路を形成することを認めている。

第5項は，集電装置と接触電線との間で生じる放電により，爆発又は火災の危険を与えることから，これらの場所には施設しないこととしている。

なお，**省令第73条**において，「粉じんにより絶縁性能等が劣化することによる危険のある場所（**→省令第68条**）」，「可燃性のガス等により爆発する危険のある場所（**→省令第69条**）」，「腐食性のガス等により絶縁性能等が劣化することによる危険のある場所（**→省令第70条**）」では，安全性を確保することが困難となるため，これらの場所に施設することを禁止している。

第6項は，特別高圧の接触電線の施設を禁止している。これは，電気使用場所では電気知識に乏しい一般の人が電気設備に接する機会が多く危険であるので，電気使用機械器具に直接電気を供給する特別高圧を禁止する趣旨である。

第3節　特殊場所の施設

【粉じんの多い場所の施設】（省令第68条，第69条，第72条）

第175条　粉じんの多い場所に施設する低圧又は高圧の電気設備は，次の各号のいずれかにより施設すること。

一　爆燃性粉じん（マグネシウム，アルミニウム等の粉じんであって，空気中に浮遊した状態又は集積した状態において着火したときに爆発するおそれがあるものをいう。以下この条において同じ。）又は火薬類の粉末が存在し，電気設備が点火源となり爆発するおそれがある場所に施設する電気設備は，次によること。

イ　屋内配線，屋側配線，屋外配線，管灯回路の配線，第181条第1項に規定する小勢力回路の電線及び第182条に規定する出退表示灯回路の電線（以下この条において「屋内配線等」という。）は，次のいずれかによること。

（イ）　金属管工事により，次に適合するように施設すること。

(1)　金属管は，薄鋼電線管又はこれと同等以上の強度を有するものであること。

(2)　ボックスその他の附属品及びプルボックスは，容易に摩耗，腐食その他の損傷を生じるおそれがないパッキンを用いて粉じんが内部に侵入しないように施設すること。

(3)　管相互及び管とボックスその他の附属品，プルボックス又は電気機械器具とは，5山以上ねじ合わせて接続する方法その他これと同等以上の効力のある方法により，堅ろうに接続し，かつ，内部に粉じんが侵入しないように接続すること。

(4)　電動機に接続する部分で可とう性を必要とする部分の配線には，第159条第4項第一号に規定する粉じん防爆型フレキシブルフィッチングを使用すること。

（ロ）　ケーブル工事により，次に適合するように施設すること。

(1)　電線は，キャブタイヤケーブル以外のケーブルであること。

(2)　電線は，第120条第6項に規定する性能を満足するがい装を有するケーブル又はMIケーブルを使用する場合を除き，管その他の防護装置に収めて施設すること。

(3)　電線を電気機械器具に引き込むときは，パッキン又は充てん剤を用いて引込口より粉じんが内部に侵入しないようにし，かつ，引込口で電線が損傷するおそれがないように施設すること。

ロ　移動電線は，次によること。

（イ）　電線は，3種キャブタイヤケーブル，3種クロロプレンキャブタイヤケーブル，3種クロロスルホン化ポリエチレンキャブタイヤケーブル，3種耐燃性エチレンゴムキャブタイヤケーブル，4種キャブタイヤケーブル，4種クロロプレンキャブタイヤケーブル又は4種クロロスルホン化ポリエチレンキャブタイヤケーブルであること。

(ロ) 電線は，接続点のないものを使用し，損傷を受けるおそれがないように施設すること。

(ハ) イ(ロ)(3)の規定に準じて施設すること。

ハ 電線と電気機械器具とは，震動によりゆるまないように堅ろうに，かつ，電気的に完全に接続すること。

ニ 電気機械器具は，電気機械器具防爆構造規格（昭和44年労働省告示第16号）に規定する粉じん防爆特殊防じん構造のものであること。

ホ 白熱電灯及び放電灯用電灯器具は，造営材に直接堅ろうに取り付ける又は電灯つり管，電灯腕管等により造営材に堅ろうに取り付けること。

ヘ 電動機は，過電流が生じたときに爆燃性粉じんに着火するおそれがないように施設すること。

二 可燃性粉じん（小麦粉，でん粉その他の可燃性の粉じんであって，空中に浮遊した状態において着火したときに爆発するおそれがあるものをいい，爆燃性粉じんを除く。）が存在し，電気設備が点火源となり爆発するおそれがある場所に施設する電気設備は，次により施設すること。

イ 危険のおそれがないように施設すること。

ロ 屋内配線等は，次のいずれかによること。

(イ) 合成樹脂管工事により，次に適合するように施設すること。

(1) 厚さ2mm未満の合成樹脂製電線管及びCD管以外の合成樹脂管を使用すること。

(2) 合成樹脂管及びボックスその他の附属品は，損傷を受けるおそれがないように施設すること。

(3) ボックスその他の附属品及びプルボックスは，容易に摩耗，腐食その他の損傷を生じるおそれがないパッキンを用いる方法，すきまの奥行きを長くする方法その他の方法により粉じんが内部に侵入し難いように施設すること。

(4) 管と電気機械器具とは，第158条第3項第二号の規定に準じて接続すること。

(5) 電動機に接続する部分で可とう性を必要とする部分の配線には，第159条第4項第一号に規定する粉じん防爆型フレキシブルフィッチングを使用すること。

(ロ) 金属管工事により，次に適合するように施設すること。

(1) 金属管は，薄鋼電線管又はこれと同等以上の強度を有するものであること。

(2) 管相互及び管とボックスその他の附属品，プルボックス又は電気機械器具とは，5山以上ねじ合わせて接続する方法その他これと同等以上の効力のある方法により，堅ろうに接続すること。

(3)　(イ)(3)及び(5)の規定に準じて施設すること。

(ハ)　ケーブル工事により，次に適合するように施設すること。

(1)　前号イ(ロ)(2)の規定に準じて施設すること。

(2)　電線を電気機械器具に引き込むときは，引込口より粉じんが内部に侵入し難いようにし，かつ，引込口で電線が損傷するおそれがないように施設すること。

ハ　移動電線は，次によること。

(イ)　電線は，1種キャブタイヤケーブル以外のキャブタイヤケーブルであること。

(ロ)　電線は，接続点のないものを使用し，損傷を受けるおそれがないように施設すること。

(ハ)　ロ(ハ)(2)の規定に準じて施設すること。

ニ　電気機械器具は，電気機械器具防爆構造規格に規定する粉じん防爆普通防じん構造のものであること。

ホ　前号ハ，ホ及びへの規定に準じて施設すること。

三　第一号及び第二号に規定する以外の場所であって，粉じんの多い場所に施設する電気設備は，次によること。ただし，有効な除じん装置を施設する場合は，この限りでない。

イ　屋内配線等は，がいし引き工事，合成樹脂管工事，金属管工事，金属可とう電線管工事，金属ダクト工事，バスダクト工事（換気型のダクトを使用するものを除く。）又はケーブル工事により施設すること。

ロ　第一号ハの規定に準じて施設すること。

ハ　電気機械器具であって，粉じんが付着することにより，温度が異常に上昇するおそれがあるもの又は絶縁性能若しくは開閉機構の性能が損なわれるおそれがあるものには，防じん装置を施すこと。

ニ　綿，麻，絹その他の燃えやすい繊維の粉じんが存在する場所に電気機械器具を施設する場合は，粉じんに着火するおそれがないように施設すること。

四　国際電気標準会議規格 IEC 60079-14（2013）Explosive atmospheres–Part 14: Electrical installations design, selection and erection の規定により施設すること。

2　特別高圧電気設備は，粉じんの多い場所に施設しないこと。

〔解　説〕 粉じん（繊維のちりも含む。）のある場所とは，以下の場所をいう。**本条**では，このうち①の場所における低圧又は高圧の工事を**第1項第一号**に，②の場所におけるものを**第二号**に，③の場所におけるものを**第三号**にそれぞれ規定している。

①爆燃性粉じんの多い（爆発した場合に，人に危害を与え又は近くの工作物を損壊す

る程度）場所又は火薬類の裸薬の粉末が飛散する場所

②可燃性粉じんが，空気中に浮遊し，点火源があれば爆発する濃度に達するおそれがある場所

③①及び②以外の場所で，粉じんが堆積し又は機械器具内に侵入し，その熱の放散を妨げ又は絶縁性能若しくは開閉機構の性能等を劣化させるおそれがある場所

④その他の場所

「爆燃性粉じん」とは，マグネシウム，アルミニウム，アルミニウムブロンズ，チタン，ジルコニウム，過酸化ベンゾール等空気中に浮遊した状態ではむろんのこと，床上に溜まっている状態でも点火源があれば爆発的に燃焼するものをいう（→解説 175.1 表）。

「火薬類の粉末」とは，火薬類取締法第2条に定義される火薬及び爆薬のうち乾燥綿薬，カーリット，黒色火薬などの裸薬の粉末又は粉じんを指し，雷管や導火線など包装されたものはこれに該当しない。

解説 175.1 表　各種粉じんの爆発特性

粉じんの種類	浮遊粉じんの発火点（℃）	最小点火エネルギー（mj）	爆発下限界（g/m³）	最大爆発圧力（kg/cm²）
（金属）				
ジルコニウム	室温	15	40	2.9
マグネシウム	520	80	20	5.0
アルミニウム	645	20	35	6.2
マグネシウム－アルミニウム合金（50-50）	535	80	50	4.3
ダウメタル	430	80	20	3.9
チタン	460	120	45	3.1
シリコン	775	900	160	4.3
フェロチタン	370	80	140	2.4
フェロシリコン	860	400	425	2.5
鉄	316	〈100	120	2.5
マンガン	450	120	210	1.8
亜鉛	680	900	500	0.9
バナジウム	500	60	220	2.4
アンチモン	416	—	420	1.4
（樹脂）				
セラック・ロジン・ゴム	390	10	15	4.1
アリルアルコール	500	20	35	4.8
フェノール	460	10	35	4.3
クマロンインデン	520	10	15	4.4
ポリエチレン	450	80	25	5.8
酢酸セルローズ	410	15	25	4.8
リグニン	450	20	40	4.8
ビニールブチラール	390	10	20	4.2
パインロジン・ベイス	440	—	55	3.8

尿素	470	80	70	4.6
ポリエチレン	490	120	20	3.1
ビニール	550	160	40	3.4
(樹脂成型コンパウンド)				
酢酸セルローズ	320	10	25	4.3
フェノール	490	10	30	4.4
合成ゴム	320	30	30	4.1
ミチルメタクリレイト	440	15	20	4.0
尿素	450	80	75	4.4
ポリエチレン	560	40	15	3.5
C.M.C. ナトリウム塩	350	—	—	—
ビニール	690	—	—	—
(樹脂一次原料)				
ヘキサメチレンテトラミン	410	10	15	4.5
ペンタエリスリトール	450	10	30	4.6
無水フタル酸	650	15	15	3.4
樹脂安定剤	510	40	180	3.6
カゼイン	520	60	45	3.4
塩素化パラフィン	840	—	—	—
(樹脂充填剤)				
綿フロック	470	25	50	4.7
木粉	430	20	40	4.3
パルプ	480	80	60	4.2
(農産物)				
コンスターチ	470	40	45	5.0
大豆	560	100	40	4.6
小麦	470	160	60	4.1
ピーナツ殻	570	370	85	2.9
砂糖	410	—	19	3.9
(その他)				
石炭（れきせい）	610	40	35	3.2
コールタール・ピッチ	—	80	80	3.4
硬質ゴム	350	50	25	4.0
石けん	430	60	45	4.2
硫黄	190	15	35	2.9
アテアリン酸アルミニウム	400	15	15	4.3
O- オキシベンズアルデヒド	430	15	20	4.1
フェノチアジン	540	—	15	3.0
P- ジニトロクレゾール	440	—	25	3.9

（備考）1. 各種粉じん試料は 200 メッシュ全通。
　　　　2. －は，測定結果の得られていないことを示す。

「爆燃性粉じん又は火薬類の粉末が存在し，電気設備が点火源となり爆発するおそれがある場所」とは，平常の状態においても爆発（小規模で，人や他の工作物に危害を生じるおそれがない程度のものを除く。）するだけの量の爆燃性粉じんを露出した状態で取り扱う場所はもちろんのこと，密閉した容器内に入れてあって，漏れ出た粉じんが空気中に浮遊し又は堆積している場所のほか，装置の修理又は点検等の保守作業を行う場合，又は通常起こり得る誤操作の場合に上述と同じ状態になる場所を含む。

このような場所では，電気設備その他点火源となるものはできるだけ施設しないようにすべきであることから，電気設備の施設はやむを得ない場合のみに限るものとし，かつ，爆燃性粉じんが空中に浮遊し又は機器の上に堆積するなどのことを防止するためできるだけの措置を講じる必要がある。

第一号に規定する場所に該当する可能性の高い場所としては，次のような場所がある。

(1) 爆燃性粉じん又は火薬類の粉末をふるい分けする場所

(2) 爆燃性粉じん又は火薬類の粉末の製造場における粉砕場所

(3) 爆燃性粉じん又は火薬類の粉末を1つの容器から他の容器に移す場所

(4) 爆燃性粉じんの貯蔵所

(5) 火薬類を混合又は配合する場所

(6) 火薬類を乾燥する場所

なお，危険場所は局部的にとらえれば，同一の建物の中にこのような危険場所があればその建物内全体の電気設備を**本号**の規定により施設しなければならないということではない。**本条**が適用される火薬類製造所の危険工室については，解説175.2表を参照されたい。

解説175.2表　火薬類の裸薬の粉末又は，粉じんの存在する火薬類製造所の危険工室等

火薬類の種類	危険工室等
(2) ニトロセルローズその他の硝酸エステル（(1) の欄，(3) の欄及び(4)の欄に掲げるものを除く。）	風乾工室　ふるい分け工室　粉状薬乾燥工室　固形薬乾燥工室　計量工室一時置場
(4) ニトロ基を3以上含むニトロ化合物若しくはこれを主とする爆薬又はペンタエリスリットテトラナイトレート（ニトログリセリン及びニトログリコールを含有せず，かつ，ニトロ化合物を10%を超えて含有している爆薬を含む。）	風乾工室　粉砕ふるい分け工室　フレーキング工室（浴ゆう室が別区画の場合を除く。）乾燥工室　混和工室　成形工室　てん薬工室　乾燥薬取扱い工室
(5) カーリットその他過塩素酸塩を主とする爆薬（ニトログリセリン及びニトログリコールを含有せず，かつ，ニトロ化合物が10%以下で過塩素酸塩を含有している爆薬を含む。）	混和工室　機械てん薬工室　手てん薬工室　自動てん薬包装工室（包装室が別区画の場合を除く。）

(6) ニトログリセリン，ニトログリコール及び過塩素酸塩を含有せず，かつ，ニトロ化合物が10%以下である硝安爆薬又は硝酸塩を主とする爆薬	混和工室　ふるい分け工室　放冷工室（爆薬が容器に収められている場合を除く。）配合工室　てん薬工室　自動てん薬包装収函工室（包装収函室が別区画の場合を除く。）
(7) 起爆薬	風乾工室　乾燥工室　払しき工室　ふるい分け工室　払しきふるい分け工室
(8) 無煙火薬	混和準備工室　予混和工室　乾餅混和工室（溶剤を使用しない場合に限る。）ふるい分け工室　表面膠化光沢付け工室　乾燥工室　混同工室
(9) 硝酸エステルを主とする火薬（(8) の欄に掲げるものを除く。）	切削工室
(11) 黒色火薬その他硝酸塩を主とする火薬（(10) の欄に掲げるものを除く。）	三味混和工室　圧磨工室　破砕工室　水圧工室　造粒工室　円形造粒工室　光沢付け工室　ふるい分け工室　乾燥工室混同工室　包装工室　包装収函工室（収函工室を除く。）準備工室
(17) 実包又は空包	焼い剤えい光剤混和工室
(21) 導爆線	第2種導爆線しん薬乾燥工室　第2種導爆線しん薬ふるい分け工室　含薬工室
(22) 導火線	製造工室　含薬工室
(23) 弾薬	溶てん工室　圧てん工室　乾燥工室　えい光剤混和工室
(24) 特殊弾	照明剤等　混和工室　圧てん工室
(25) 解撤	てん薬弾脱薬工室　特殊弾解体脱薬工室
(27) 火薬又は爆薬を使用した火工品であって他の欄に掲げるもの以外のもの	混和工室（粉薬を取り扱う場合に限る。）成型工室（粉薬を取扱う場合に限る。）
(30) 煙火（がん具煙火を除く。）又はこれの原料用火薬若しくは爆薬	爆発の危険のある配合工室｛塩素酸塩又は過塩素酸塩を主とするものその他硝酸塩を主としないもの（発煙剤を除く。）の工室に限る。｝爆発の危険のあるてん薬工室｛塩素酸塩又は過塩素酸塩を主とするものその他硝酸塩を主としないもの（発煙剤を除く。）の工室に限る。｝雷巻き工室発火の危険のある配合工室（硝酸塩を主とするもの及び発煙剤の工室に限る。）発火の危険のあるてん薬工室（硝酸塩を主とするもの及び発煙剤の工室に限る。）星掛け工室星打ち工室速火線等塗装工室（塩素酸塩を含有する火薬又は爆薬の工室に限る。）導火線塗装工室（塩素酸塩を含有しない火薬又は爆薬の工室に限る。）速火線製作工室揚薬取付け工室裏打ち準備工室引き玉の薬付け薬巻き工室筒物のせん孔工室
(31) がん具煙火又はこれの原料用火薬若しくは爆薬	発音薬配合工室爆発音薬てん薬工室笛音薬てん薬工室一般配合工室一般てん薬工室朝顔等薬より工室（硝酸塩を主とするものの工室を除く。）せん孔工室クラッカーボール薬巻き工室平玉巻き玉塗薬工室花車等薬より工室｛硝酸塩を主とするもの（塩素酸塩又は赤燐を含有しないものを除く。）の工室に限る。｝線香花火等薬より工室｛硝酸塩を主とするもの（塩素酸塩又は赤燐を含有しないものに限る。）の工室に限る。｝

(32) 信号焔管若しくは信号火せん又はこれらの原料用火薬	配合工室　成形工室　発火薬製造工室　てん薬工室　組立工室

(備考) 火薬類の種類の欄の区分は，火薬類の製造施設の構造，位置及び設備並びに製造方法の基準の細目を定める告示（昭和49年通商産業省告示第58号）による。

第一号に規定されている工事方法の基本的な考え方としては，常時火花を発し又は高温になるなどして点火源となりやすい部分については，その構造に厳重な規制を設け（粉じん防爆特殊防じん構造），その他の部分，例えば配線については，外傷防護と粉じんの集積により熱の放散を損なうことを防止することに着目して規定している。

なお，粉じん危険場所における電気工事については，独立行政法人労働安全衛生総合研究所（旧：産業安全研究所）から工場電気設備防爆指針が出されているので参考とされたい。

イでは，屋内，屋側及び屋外の配線並びに管灯回路の配線（放電灯の使用電圧は本文で300V以下に規制されている。**→第185条**）の工事方法について規定しており，金属管工事又はケーブル工事によることとしている。ケーブル工事により配線する場合は，信頼性の高いケーブルを使用することとし，キャブタイヤケーブルを使用しないこととしている。

(イ) では，金属管工事による場合には，一般の工事方法（電線の種類，接地工事等）は，**第159条**に規定されており，これに従う必要があることはいうまでもないが，そのほか特に要求される事項について規定している。このうち，**(1)** の「同等以上の強度」とは一般に耐衝撃力，耐圧強度について比較する必要がある。

(2) の「容易に摩耗，腐食その他の損傷を生じるおそれがない」とは，その使用条件によって一概に言えないが，腐食性ガスの溶液のある所では，当然それに耐えるものが必要となり，擦り合わせの激しい所では，当然耐摩耗性の優れたものを必要とする。要は，不断の点検により十分に防じんの性能を維持できるものを使うことが必要となる。また，「粉じんが内部に侵入しない」とは，少しも入らぬようにということである。

(3) における「内部に粉じんが侵入しないように接続する」とは，5山以上ねじ合わせることにより粉じんが侵入し難くなるわけであるが，更にねじ合わせ部分をロックナットで締めつけ又は金属管の導電性を妨げないような方法で塗料やパッキンを用いる等の方法を講ずることをいう。

金属管工事により配線する場合，電動機と金属管とを直接接続すると，電動機の振動が金属管に直接伝わり，金属管の接続箇所等で損傷が生じるおそれがあるので，金属管から電動機の端子箱に至る橋渡しの役目をするものとして可とう性のある保護管を使用する必要がある。この部分は，金属管の防爆型の附属品のうち粉じん防爆型フレキシブルフィッチングを使用することとしている。粉じん防爆型フレキシブルフィッチングの構造（**→第159条第4項第一号**）は，継目のない丹銅，リン青銅又はステンレスでできている可とう性のある管の上に更に丹銅，黄銅又はステンレスでできている編組被覆を被せたもの，又は2種金属製可とう電線管に厚さ0.8mm以上のビニルを被せたもので，いずれも堅固に製作されている。粉じん防爆型フレキシブルフィッチングと金属管又は電動機の端子箱との接続は，これに附属するコネクタ又はユニオンカップリングにより内部に粉じんが侵入しないように施工する。

なお，「可とう性を必要とする部分」とは，上記の橋渡しにおける必要最小限の部分を意味している。

(ロ) では，ケーブル工事による場合は，第164条（第3項を除く。）に規定された一般原則に従うほか，さらに **(1)** から **(3)** の規定により施設することとしている。

(2) は，原則として金属管や堅ろうなとい等に収めて外傷を防護する必要があるが，ケーブルに鋼帯がい装を施したもの又はMIケーブルを使用すれば，必ずしも防護装置の中に収める必要はない。この場合のがい装は，十分な強度を有することが必要であり，ケーブルのがい装については**第120条**にその構造が示されている（→**第120条解説**）。MIケーブルは，その構造が導体の銅線を粉末状の酸化マグネシウムその他絶縁性のある無機物で充てんし，これを銅管で覆うものであって機械的強度があり，電線に短絡事故を発じても，その影響を外部に及ぼすおそれがないので，がい装ケーブルと同様に防護装置に収めなくてもよいこととしている（→**第9条解説**）。

(3) は，端子箱内でケーブルと電気機械器具内の電線とを接続する場合のケーブルが端子箱を貫通する部分について定めたもので，防じんパッキン式引込み方式又は防じん固着式引込み方式等が日本産業規格JIS C 0903（1983）に定められているので参考とされたい。なお，引込口で損傷するおそれがないものとは，引込口を面取りすることをいう。

ロでは，移動電線は，できるだけ使用しないことが望ましいが，やむを得ない場合は，機械的強度の強い3種以上のキャブタイヤケーブルに限って使用を認めている。この場合，電気機械器具との接続部分は，ケーブルを電気機械器具に引き込む場合と同様の注意が必要である。特に引込口において，角があるなどすると事故の原因になるので，無理のない構造とする必要がある。また，移動電線の途中の接続部分は，往々にして粗雑な方法がとられ，事故の原因となっているので，途中に接続部分を設けないこととしている。

ハでは，電気機械器具と配線又は移動電線とを接続する場合について規定しており，その部分に振動が加わるようなときは，接続部分には止めナット，ばね座金を用いて緩み止めを施す必要がある。

危険場所内に設ける電気機械器具（配線器具，白熱電灯，放電灯等を含む。）は，外箱等の接地（→**第29条**），対地電圧の制限（→**第143条**）等の一般規定によることはもちろん，そのほか次のことなどが要求される。

①「電気機械器具防爆構造規格」（昭和44年労働省告示第16号）に規定される粉じん防爆特殊防じん構造に適合するものであること。

②白熱電灯及び放電灯器具は，造営材に直接堅ろうに取り付け，又は電灯つり管，電

灯腕管等により造営材に堅ろうに取り付けること。

③電動機は過電流を生じやすく，過負荷，欠相等により過熱しやすいので，過電流保護装置を設け，又は焼損した場合にも，火が外部に出ず，外被が爆燃性粉じんの発火点以上にはならないように製作されたものを使用すること。

H20解釈以前は，粉じん防爆特殊防じん構造の規格が**本条**に規定されていたが，労働安全衛生規則により，「電気機械器具防爆構造規格」に適合するものでなければ使用してはならないこととされていることから，同規格に適合することを規定する形に改めた。

「電気機械器具防爆構造規格」においては，粉じん防爆特殊防じん構造とは，「接合面にパッキンを取り付けること等により容器の内部に粉じんが侵入しないようにし，かつ，当該容器の温度の上昇を当該容器の外部の爆燃性粉じんに着火しないように制限した構造をいう。」とされ，容器（外箱，外被，保護カバー等）の接合面へのパッキンの取付け，操作軸又は回転軸と容器の接合面における奥行き寸法，防じん性の保持に必要な箇所に用いられるねじ類に対して錠締め構造（特殊な工具を用いなければ緩めることができない構造）及び緩み止めを施すこと等が規定されている。

第二号は，可燃性粉じんのある危険場所における電気設備の施設方法について規定している。

「可燃性粉じん」とは，空気中に浮遊した状態において初めて爆発的に燃焼するものをいう。したがって，爆燃性粉じんは該当しない。可燃性粉じんに該当するものには次のようなものもあり，鉄粉のように微粉となって初めて燃焼性をもつものもある（→解説175.1表）。

石炭，コーヒー，ココア，でん粉，デキストリン，ゼラチン，穀粉，粉ミルク，たばこ，カゼイン，木粉，紙，コルク，皮革，シェラック，ピッチ，エボナイト，硫黄，ナフタリン，樟脳，合成ゴム，無水フタル酸，アストアリニド，アセチルサルチル酸，石鹸，天然樹脂，フェノール樹脂，アクリルアルコール樹脂，ポリエチレン，ステアリン酸，鉄粉，亜鉛粉等。

「可燃性粉じんが存在し，電気設備が点火源となり爆発するおそれがある場所」とは，可燃性粉じんがあるだけでなく，以下の条件が，日常その場所で起きるような場所である。

(1) 可燃性粉じんが多量にあること。

(2) その粉じんが空気中に浮遊している状態であり，又は何らかの機会に空気中に浮遊した状態となること。

(3) 空気中に浮遊した状態における粉じんの濃度が，点火源のあった場合に爆発するおそれのある濃度に達すること。

日常という意味は，予想せざる機械装置その他の損壊による場合を含まないという意味で，日常行われる保守，点検作業のため，可燃性粉じんを密閉した容器を開ける場合等は含まれ，可燃性粉じんの上に作業者が誤って物を落としたときに粉じんが舞い上がり爆発し，次々と連鎖反応的に粉じんが舞い上がるというように，通常起こり得る誤操作等によって危険となる場合も含まれる。

また，換気除じん装置により，その換気除じん装置が運転されている限り，そのような危険な状態にならない場所は，その状態では爆発のおそれがないわけであるから**本項**に規定する場合には含まれないが，そのような場所では，換気除じん装置が故障により停止した場合は，危険な状態になるおそれがあるから，**本項**の規定に従って電気設備が施設されていない場合は，速やかに当該場所内の電気設備を電路から遮断する必要がある。したがって，換気除じん装置に依存している場所では，このような措置がとれる体制を整えておく必要がある。

第二号に規定する場所に該当する可能性の高い場所としては，次のような場所がある。一般に，爆発するおそれがある濃度とは，視界を妨げる程度のものであるので，かなりもうもうとした場所で，町の精米場の程度のものは該当しない。

(1) 可燃性粉じんをふるい分ける場所

(2) 可燃性粉じんの製造場における粉砕場所

(3) 可燃性粉じんを１つの容器から他の容器に移す場所

(4) 可燃性粉じんの貯蔵場

(5) 可燃性粉じんを輸送するコンベアのある場所

(6) 可燃性粉じんの乾燥場

なお，危険場所は局部的にとらえればよく，この点については**第一号**の場合と同様である。

第二号に規定されている工事方法の規制の基本的考え方等については，**第一号**の場合と同様であるので，**第一号**の解説を参照されたい。

ロでは，屋内配線について規定しており，**第一号**の場合と異なっている点は，合成樹脂管工事による施設が認められていることであるが，これは危険の度合が**第一号**の場合より低いことによるものである。

(イ) は，合成樹脂管工事による場合について規定している。**(2)** では，合成樹脂管及びその附属品は，金属製のものに比べて，若干損傷しやすいので，物を運搬する際に衝突するおそれがある場合その他著しい衝撃が加わるような所に施設することは避けることとしている。

(3) では，ボックスその他の附属品のようにすき間があるものについては，そのすき間にはパッキンを用い，又はすき間の奥行きを長くするなどの方法により粉じんが入り難い構造とし，内部に可燃性粉じんが集積することを防止することを規定している。

(4) では，爆燃性粉じんの場合とは異なり，粉じんが全く入らぬようにということではないので，合成樹脂管とその附属品，プルボックス又は電気機械器具とは差込み深さを管の外径の1.2倍（接着剤を使用するときは，0.8倍）とすれば，一応防じんの目的は達せられるものと考えている。**(4)** で附属品との関係を規定していないのは，それらは，一般原則である**第158条第2項第一号**の適用を受けるからである。

なお，厚さ2mm未満の合成樹脂製電線管は機械的衝撃等により破損しやすいため，また，CD管は管の端末や接続部分を粉じんが侵入しないような構造とする施工方法が確立していないため，ともに使用しないこととしている。

(ロ) は，金属管工事による場合について規定している。**第一号**の場合と異なる点は，防じんのための施工方法で，**第一号**の場合は粉じんが侵入しないようにすることとしているが，**本号**の場合は，粉じんが入り難くなっていればよい。

すなわち，附属品の合せ目等に必ずしもパッキンを使う必要がなく，例えばすきまの奥行きを長くすることでもよく，金属管とボックス等の接続についても単に5山以上しっかりねじ合わせるだけでよい。その他の点は，**第一号**と同様である。

(ハ) は，ケーブル工事による場合について規定している。ケーブル工事による場合は，キャブタイヤケーブルが使用できるほか，ケーブルを機械器具に引き込む部分の防じん構造については，**第一号**の場合ほど厳密に考える必要がない点が異なっている。

ハは，移動電線を施設する場合について規定している。移動電線は，**第一号**の場合と同様，できるだけ使用しないことが望ましいが，これを使用する場合に，物がぶつかる又は人が踏みつけるなどのおそれがない場所において，2種以上のキャブタイヤケーブルを使用することとし，かつ，**第一号**の場合と同様，接続点のないものを使用する必要がある。また，電気機械器具に引き込む部分については，ケーブル工事の場合と同様に，粉じんが侵入し難いように，かつ，引込口は面取りして損傷を防止する必要がある。

ホは，電気機械器具の端子への電線の取付けについて規定しており，前号の場合と同様，接続箇所が振動により緩まないようにする必要がある。また，危険場所内に設ける電気機械器具は，**第一号**の場合と同じく一般規定によるほか，白熱電灯や放電灯用電灯器具の取付け，電動機は過電流が生じた場合に可燃性粉じんに着火するおそれがないように施設することのほか，電気機械器具の構造は，「電気機械器具防爆構造規格」に規定された粉じん防爆普通防じん構造のものを使用することが必要とされる。「電気機械器具防爆構造規格」においては，粉じん防爆普通防じん構造とは，「接合面にパッキンを取り付けること，接合面の奥行きを長くすること等の方法により容器の内部に粉じんが侵入し難いようにし，かつ，容器の温度の上昇を当該容器の外部の可燃性の粉じん（爆燃性の粉じんを除く。）に着火しないように制限した構造をいう。」とされ，粉じん防爆特殊防じん構造の場合と同様，各種の構造が規定されている。

第三号に規定する場所（その他粉じんの多い場所）には，微粉又はちりが多く，電気設備の熱の放散を妨げるおそれ，絶縁性能を劣化させるおそれ又は開閉機構の性能を損なうおそれがある程，粉じんが多い場所が該当する。

ただし，除じん装置を設けて，通常の状態ではじんあいが少ないような場所は，該当しない。

粉じんの多い場所に該当する可能性の高い場所の例としては，精米場，製粉場，綿打場，織布場，より糸場，セメント製造場，砕鉱場等がある。

本号の規定は，電気設備の熱の放散が妨げられること，絶縁性能が劣化すること又は開閉機構の性能が低下することにより，２次的に感電，火災等の障害を生じることを防止するためのものである。「有効な除じん装置」とは，局部的な除じんだけではこれに該当せず，例えばオートクリーナーとインジュースドファンとを併用するような装置のことをいう。

イでは，配線工事について規定しており，広く一般的な工事方法を認めているが，金属線ぴ工事，換気型のバスダクト工事（**→第163条解説**）及びフロアダクト工事は認めていない。

なお，がいし引き工事によるものについては，点検保守が比較的容易であり，したがって点検が十分に行われるという前提にたっているが，線間距離，電線と造営材との離隔距離を大きくとって安全度を上げることが望ましい。金属可とう電線管工事については，**本号**では規定していないが，２種金属製可とう電線管を使用すること又は１種金属製可とう電線管にビニルチューブを被覆したものを使用することが望ましい。その他の配線工事の方法については，一般原則に従って施設することとなる。

電気機械器具の端子に配線又は移動電線を取り付ける場合には，**第一号**の場合と同様，振動により緩むおそれがないようにする必要がある。

電気機械器具は，次の要件を満たす必要がある。

①粉じんが附着又は堆積して機器の温度が著しく上昇するおそれがある場合，開閉器又は過電流遮断器などの電路を開閉する部分を有し，粉じんが接点間に入って接触不良を生じるおそれがある場合，開閉操作機構の部分の粉じんが集積して開閉操作ができなくなるおそれがある場合又は絶縁物で覆われていない充電部分を有するものであって，導電性の粉じんが入って絶縁性が失われるおそれがある場合等，機器の機能を著しく低下させるようなおそれがある場合は，その結果として２次的に感電その他の障害を生じるので，これらの機器には防じん装置を設けて，このような障害の発生を防止する必要がある。

必要となる防じん装置は，粉じんの存在する状態，障害を生じるおそれがある機器の機能等によって異なる。例えば，熱の放射を妨げられることに対しては，じんあいが堆積するおそれのある床の上を避け，高所に施設し又は全閉構造の適当な大きさの箱内に収める等のことが考えられ，絶縁性能の劣化，開閉機構の性能低下等については，機器自体を全閉構造とし又は全閉構造の箱内に収める等のことが考えられる。なお，銅粉，鉄粉等が多いような所では，内部に露出充電部分のない機械器具を使うことが望ましいが，露出充電部分がある場合には，その部分を防じん構造とすることが望ましい。

②開閉器やヒューズのようにアークや火花を発する電気機械器具を綿，麻，絹等の燃えやすい繊維の粉じんが存在する場所に施設するときは，集積したこれらのものに

火が着くと急速に燃え広がるため，アークや火花が電気機械器具の外部に出ないように全閉構造とし，又はその他適当な方法により施設する必要がある。

したがって，キー付ソケットは，ハ及びニの規定に適合しないため使用できない。

第四号は，**第一号**から**第三号**までに規定する施設方法によらず，IEC 規格の規定による施設方法であっても，省令の規定趣旨を満足するものであることを示している。IEC 規格の規定の概要は，以下の通りである。なお，H20 解釈で引用規格の番号が，IEC 1241-1（1993-8）及び IEC 1241-2（1993-8）から，IEC 61241-14（2004-07）へ変わったが，以下の概要は前者に基づくものである。

A. 共通要件

1. 電気設備の防爆方式を選定するための基本要件

(1) IEC1241-1-1 及び IEC1241-1-2 に従った防爆電気設備を計画するに際し，まず IEC1241-3「可燃性粉じんが存在する危険区域の分類」（Classification of areas where combustible dusts are or may be present）により電気設備を施設する区域が危険な状態となる頻度とその継続時間などを考慮して危険度 20 区域（Zone 20），危険度 21 区域（Zone 21），危険度 22 区域（Zone 22）に分類して，それぞれに対応した設備を選定すること。

区域の分類は以下のとおりである。

危険度 20 区域（Zone 20）：正常機能の状態において，可燃性粉じんが雲状で連続，あるいは頻繁に存在して爆発性粉じん雰囲気を生成するか，又は過度の粉じん堆積層の形成を排除できない区域

危険度 21 区域（Zone 21）：正常機能の状態において，可燃性粉じんが雲状で存在して爆発性粉じん雰囲気が生成され，Zone 20 と分類できない区域

危険度 22 区域（Zone 22）：可燃性粉じん雲がごくまれに，しかも短時間だけ存在するか，あるいは異常状態で粉じん堆積層が形成され，かつ燃焼をおこすおそれがあって Zone 21 と分類できない区域。ただし，異常状態が継続して粉じん堆積層の除去が実施できない状況の場合，その区域は Zone 21 と分類すること。

(2) これらの区域を決定する手法は，IEC1241-3（1997-5）に示されている。また，この規格には，危険区域の範囲の例示もあるが，それぞれの範囲は，プラント設備の性質，使用する機械設備の構造，運転・保守の状況などにより，爆発性雰囲気の生成条件が異なる。危険区域の決定に際しては，プラントの製造プロセス，運転・保全等の状況を把握している技術者が加わり十分な検討を行うこと。

2. 電気設備設置後の点検・保守

電気設備の点検・保守はIEC1241-1-2に基づいて実施すること。

B. 適用基準　各区域における適用基準は，解説175.3表のとおりである。ただし，容器以外の要件については，IEC1241-1-1によること。

解説175.3表　危険区域の分類

粉じんの種類	区域の分類	
	Zone 20，Zone 21	Zone 22
導電性粉じん	IP 6X又はIEC1241-1-1で規定される耐じん容器	IP 6X又はIEC1241-1-1で規定される耐じん容器
非導電性粉じん	IP 6X又はIEC1241-1-1で規定される耐じん容器	IP 5X又はIEC1241-1-1で規定される耐じん容器

C. 配線方式（Zone 20，Zone 21，Zone 22とも共通）

1. ケーブルは保護管に収めること。
2. 保護管に収めない場合，ケーブルは耐衝撃性のもので，かつ，粉じんが侵入しないものであること。

   使用例：

   (1) 合成樹脂又はゴムで絶縁し，遮へい又はがい装を施したケーブルで，ビニル，クロロプレン又は類似の外装を施したもの

   (2) 継ぎ目無しアルミ被ケーブル

   (3) MIケーブル
3. ケーブルをダクト，パイプ，トレンチ，トランク等に収納する場合，可燃性粉じんが通過する又は集積することのないような措置を講じること。
4. 配線の引込部は，容器の保護等級を保持できるものであること。
5. 接続箱等の配線用付属品は，上記B.の適用基準によるものであること。
6. 粉じん堆積層が形成されやすく，かつ，空気の自然循環が阻害されやすい区域にケーブルを布設する場合，粉じんの堆積によりケーブルの放熱が阻害されるため，電流値を定格以下となるように余裕をとること。特に，着火温度の低い粉じんの場合には注意すること。
7. 外傷を受けるリスクが低い区域では，プラスチック製電線管及びフィッチングを使用してもよい。ただし，日本産業規格JIS C 0930で規定する機械的強度試験に適合するものであること。
8. 電線管と端子箱の接合は，ガスケット接合，ねじ接合，スピゴット（印籠）結合，フランジ接合のいずれかによること。ねじ接合では，平行ねじの場合は5山以上，テーパねじの場合は3山以上とすること。

第2項は，特別高圧電気設備は，危険度が高いので施設することを禁止している。

【可燃性ガス等の存在する場所の施設】（省令第69条，第72条）

第176条　可燃性のガス（常温において気体であり，空気とある割合の混合状態において点火源がある場合に爆発を起こすものをいう。）又は引火性物質（火のつきやすい可燃性の物質で，その蒸気と空気とがある割合の混合状態において点火源がある場合に爆発を起こすものをいう。）の蒸気（以下この条において「可燃性ガス等」という。）が漏れ又は滞留し，電気設備が点火源となり爆発するおそれがある場所における，低圧又は高圧の電気設備は，次の各号のいずれかにより施設すること。

一　次によるとともに，危険のおそれがないように施設すること。

イ　屋内配線，屋側配線，屋外配線，管灯回路の配線，第181条第1項に規定する小勢力回路の電線及び第182条に規定する出退表示灯回路の電線（以下この条において「屋内配線等」という。）は，次のいずれかによること。

（イ）　金属管工事により，次に適合するように施設すること。

(1)　金属管は，薄鋼電線管又はこれと同等以上の強度を有するものであること。

(2)　管相互及び管とボックスその他の附属品，プルボックス又は電気機械器具とは，5山以上ねじ合わせて接続する方法その他これと同等以上の効力のある方法により，堅ろうに接続すること。

(3)　電動機に接続する部分で可とう性を必要とする部分の配線には，第159条第4項第二号に規定する耐圧防爆型フレキシブルフィッチング又は同項第三号に規定する安全増防爆型フレキシブルフィッチングを使用すること。

（ロ）　ケーブル工事により，次に適合するように施設すること。

(1)　電線は，キャブタイヤケーブル以外のケーブルであること。

(2)　電線は，第120条第6項に規定する性能を満足するがい装を有するケーブル又はMIケーブルを使用する場合を除き，管その他の防護装置に収めて施設すること。

(3)　電線を電気機械器具に引き込むときは，引込口で電線が損傷するおそれがないようにすること。

ロ　屋内配線等を収める管又はダクトは，これらを通じてガス等がこの条に規定する以外の場所に漏れないように施設すること。

ハ　移動電線は，次によること。

（イ）　電線は，3種キャブタイヤケーブル，3種クロロプレンキャブタイヤケーブル，3種クロロスルホン化ポリエチレンキャブタイヤケーブル，3種耐燃性エチレンゴムキャブタイヤケーブル，4種キャブタイヤケーブル，4種クロロプレンキャブタイヤケーブル又は4種クロロスルホン化ポリエチレンキャブタイヤケーブルであること。

（ロ）　電線は，接続点のないものを使用すること。

(ハ)　電線を電気機械器具に引き込むときは，引込口より可燃性ガス等が内部に侵入し難いようにし，かつ，引込口で電線が損傷するおそれがないように施設すること。

ニ　電気機械器具は，電気機械器具防爆構造規格に適合するもの（第二号の規定によるものを除く。）であること。

ホ　前条第一号ハ，ホ及びへの規定に準じて施設すること。

二　日本産業規格 JIS C 60079-14（2008）「爆発性雰囲気で使用する電気機械器具－第 14 部：危険区域内の電気設備（鉱山以外）」の規定により施設すること。

2　特別高圧の電気設備は，次の各号のいずれかに該当する場合を除き，前項に規定する場所に施設しないこと。

一　特別高圧の電動機，発電機及びこれらに特別高圧の電気を供給するための電気設備を，次により施設する場合

イ　使用電圧は 35,000V 以下であること。

ロ　前項第一号及び第 169 条（第 1 項第一号及び第 5 項を除く。）の規定に準じて施設すること。

二　第 191 条の規定により施設する場合

〔解　説〕 **本条**は，可燃性のガス又は引火性物質の蒸気が充満し，点火源があれば爆発するおそれがある危険場所に施設する場合の規定である。

「**可燃性ガス**」とは，常温において気体となっており，空気とある割合の混合状態であるときに点火源があれば爆発を起こすものであり，「**引火性物質**」とは，火のつきやすい可燃性の物質で，その蒸気と空気とがある割合の混合状態にあるときに点火源があれば爆発を起こすものである。**本条**でいう引火性物質は，原則として引火点が 40℃ 以下のものを指すが，引火点が 40℃ を超えるものであっても，その物質の温度が，その場所に存在する状態において引火点以上となっている場合には，その物質も引火性物質に含められる（→解説 176.1 表，解説 176.2 表）。

解説 176.1 表　可燃性のガス

物質名（別名）	爆発限界（容量 %）	発火点（℃）	ガス比重（空気＝1,000）	用途
水素	4.0 ～ 75	580	0.0696	硫安，ソーダ工業，電解工業，硬化油，ガス切断
アセチレン	2.5 ～ 81	305	0.9107	溶接，溶接アセチレン，塩化ビニル，その他の有機合成
アンモニア	16 ～ 25	650	0.596	硫安肥料，冷凍用，硝酸
一酸化炭素	12.5 ～ 74	605	0.967	石灰炉，発生炉，水性ガス，高炉ガス
硫化水素	4.3 ～ 46	292	1.1898	有機合成，分析試薬，硫化物
塩化ビニル〔モノマー〕	4.0 ～ 22	472	2.15	塩化ビニル樹脂
石炭ガス	6.5 ～ 36.0 5.3 ～ 33.0	560 ～ 647	0.4 ～ 0.6	燃料，有機合成，都市ガス
都市ガス〔例〕	6.0 ～ 35.0			燃料
水性ガス	7.0 ～ 72.0			燃料，硫安，水素製造
発生炉ガス	20.7 ～ 73.7			燃料，硫安
エチレン	3.1 ～ 32	450	0.375	
エタン	3.0 ～ 12.5	470	1.035	
メタン	5.3 ～ 14	535	0.554	
プロパン	2.9 ～ 9.5	446	1.56	燃料

解説 176.2 表　引火性の物質

物質名（別名）	引火点（℃）	爆発限界（容量 %）	発火点（℃）	蒸気密度（空気＝1）	用途
アクロレイン	-17.7	2.8 ～ 31	278		有機合成，プラスチック，用水消毒
アセタール	-20.5	1.65 ～	230	4.08	医薬，溶剤
アセトアルデヒド	-37.8	4.1 ～ 55	185	1.52	有機合成（酢酸）
アセトン					一般溶剤，爆薬製造
アセトン	-17.7	2.6 ～ 12.8	538	2	有機合成，セルロイド製造，溶解アセチレン
アミルアルコール（イソ）	42.5	1.2 ～	343	3.04	酢酸アミル，アルミ化合物の製造
（醗酵アミルアルコール，フーゼル油）					
アミルアルコール（正）	37.7	1.2 ～	371	3.04	—
アリルアルコール	21	2.5 ～ 18	378	2	医薬，有機合成
エチルアルコール（エタノール，アルコール酒精）	12.6	4.3 ～ 19	423	1.61	酒類，溶剤，有機合成，消毒剤，医薬，燃料
エチルエーテル（イーサー，エーテル）	-46	1.85 ～ 48	180	2.56	溶剤，有機合成，医薬，無煙火薬の製造，化学分析
エチレンオキシド（酸化エチレン）	-17.7	3.0 ～ 80	429	1.52	有機合成

エチレンクロルヒドリン	60	4.9 ～ 15.9	425	2.78	有機合成，溶剤
塩化エチル	-50	3.8 ～ 15.4	519	2.22	麻酔医薬，有機合成，冷凍用
塩化エチレン（エチレンジクロライド）	13	6.2 ～ 15.9	413	3.43	有機合成，麻酔剤，殺虫剤，混合溶剤，一般溶剤，浸透剤
塩化ベンジル	60	1.1 ～	627	4.36	有機合成
ガソリン	-44	1.4 ～ 7.5	280 ～ 426	3 ～ 4	燃料，溶剤，機械洗浄
蟻酸エチル	-20	2.75 ～ 13.5	577	2.55	有機合成
蟻酸メチル	-19	5.9 ～ 20	236	2.07	有機合成
キシレン（キショール）	17.2	1.0 ～ 6	482	3.66	染料合成，有機合成，ラッカー，ゴムセメントなどの溶剤
クロルベンゼン	29.3	1.3 ～ 71	593 ～ 649	3.88	爆薬，染料，有機合成
原油	-27 ～	ガソリンに準ずる	—	—	石油精製
コロジオン	4	硝化綿をエーテル及びアルコール混液に溶解したもの			写真，塗料，医療剤
酢酸（醋酸）	40	4.0 ～	565	2.07	酢酸塩類，有機合成，香料
酢酸（無水）	49.5	2.7 ～ 10	315	3.52	調味料，酢酸セルローズ，医薬
酢酸アミル	25	1.1	399	4.49	調味料，ラッカー，塗料，香料，各種溶剤
酢酸エチル	-4.4	2.5 ～ 9.0	426	3.04	医薬，香料，調味料，塗料，エッセンス，溶剤，シンナー
酢酸ビニール〔モノマー〕	-8	1.0 ～	427	2.7	酢酸ビニール樹脂，ポリビニールアルコール
酢酸ブチル	22	1.7 ～ 7.6	421	4	塗料溶剤，エッセンス，その他の溶剤
酢酸メチル	-10	3.1 ～ 16	502	2.56	香料，溶剤，接着剤，塗料，浸透剤
ジエチルアミン	-17.7	1.8 ～ 10.1	312	2.53	有機合成
ジエチレンオキシド（ジオキサン，ダイオキサン）	12.1	1.97 ～ 22.5	266	3.03	溶剤
シクロヘキサン（ナフテン）	-17.2	1.31 ～ 8.0	268	2.9	原油に含まれている
シクロヘキサノン	44	1.1 ～ 9.4	420	3.38	溶剤，ペンキ剥離剤，機械洗浄剤，染色安定剤
ジクロルベンゼン—オルソ	66	2.2 ～ 9.2	648	5.07	防虫剤
重油	50	灯油に準ずる			A 重油：銅精錬 B 重油：内燃機関 C 重油：加熱炉
シンナー	ベンゼン，酢酸エチル及びブチルアルコールなどの混合溶剤（ベンゼン参照）				塗料溶剤
スチレン（スチロール）	33.2	1.1 ～ 6.0	490	3.6	医薬，スチロール樹脂
ストッダードソルベント	40.5	1.1 ～ 6.0	232	—	ドライクリーニング溶剤

石油エーテル（ヘキサンを主成分とするもの）	-40	1.4 ～ 5.9	245	2.5	抽出及び精製用溶剤
ヘキサン（正）	-26	1.2 ～ 6.9	260	2.97	油脂抽出，溶剤
ベンジン（ベンヂン）	石油ベンジンに同じ				
ベンゼン（ベンゾール）	-11.1	1.4 ～ 7.1	538	2.77	染料，有機顔料，医薬，農薬，香料，プラスチック，爆薬，防虫剤，溶剤
ミネラルターペン	ストッダードソルベントの項参照				溶剤，ドライクリーニング
メチルアルコール（メタノール）	11	7.3 ～ 36.5	464	1.11	各種溶剤，染料，香料，ポリビニールアルコール，燃料，有機合成

本条に規定される場所は，次のいずれかの場合において，ガス等が空気中において爆発するおそれがある濃度に達する可能性のある場所である。

(a) 正常な運転状態（安全弁の作動等通常の使用状態で頻繁に起こる異常を含む。）

(b) 修理又は点検等の保守作業を行う場合

(c) 通常起こりやすい誤操作の場合

したがって，例えば配管の破裂や容器の破損の場合等については考慮する必要がない。なお，有効な換気装置があり，それが運転されている状態では，危険な濃度に達するおそれがない場所も，**本条**に規定する場所から除外される。しかし，常に，多量のガス等が漏出しており，換気装置が停止したとき，いつでも直ちに危険となるような場合は，有効な換気装置とは認められない。

また，上記（a）又は（b）の場合は別として，（c）の場合は，誤操作防止対策を講ずることを前提とすれば，適当な防止策がない場合についてだけ考慮すればよい。なお，バルブを締め忘れるというようなことは，ここでいう誤操作とは考えない。

本条に規定するような危険場所には，元来点火源となるものは施設しないことが望ましいのであって，電気設備も，真にやむを得ない場合に限りこれを施設するというのが一般的である。

本条に規定する危険場所になりやすい場所とは，次のとおりである。

危険な場所に該当する可能性の大きい場所の例

(1) プロパン等の可燃性の液化ガスを他の容器へ移注する作業又は小分けする作業等を行う箇所の周辺

(2) アセチレン発生器室の内部

(3) 圧力容器内に残留している可燃性ガスの放出試験を行う箇所

(4) エタノール，メタノール，エーテル等の引火性の液体の蒸留かんの排気口及び受器の開口部附近並びにこれらの液体の移注を行う箇所

(5) 塗料工場におけるシンナーの取扱い箇所，ラッカー，ワニス等の塗料を調合し，混合する箇所

(6) ヘキサン，ベンゼン等の引火性の液体を用いる抽出作業を行う箇所のうち，抽出かん，

蒸留かん，溶剤タンク，溶剤の移送ポンプの周辺

(7) 引火性の液体を溶剤とする塗料の吹付け，塗装作業場のブースの内部，排気ダクトの内部，吹付塗装作業を行う箇所の周辺又は当該塗料の浸漬塗装作業場の浸漬槽の周辺

(8) 引火性の液体を用いるドライクリーニング工場の洗浄槽，遠心分離機（ふりきり）の附近

(9) 引火性の液体を密閉していない容器に入れて機械，器具，材料等の洗浄等の作業を行う場所

(10) ゴム糊の製造工程におけるゴム糊の混合槽の附近又はゴム糊を用いて接着する作業を行う場所若しくはゴム糊を用いて接着したものを乾燥する場所

(11) 引火性の液体を含む薬剤の塗布作業を行う場所及び乾燥させる箇所

(12) 焼酎，ウイスキー等の酒類製造工場におけるエチルアルコールの水割り作業を行う箇所

(13) 可燃性のガス又は引火性の液体を充満した容器（完全に密封したもののみを除く。）を貯蔵する場所

(14) 危険物（引火性液体）貯蔵庫の内部

(15) 引火性の液体が残っている容器，配管，装置等の内部において掃除，点検等の作業を行う場合における当該容器等の内部

(16) タンクローリのタンク，石油タンク，ガスタンク，船そう等の内部等，自然通風又は自然換気が不十分な場所において，引火性の液体を用いて塗装，掃除等の作業を行う場合の当該箇所

(17) 引火性の液体を用いる抽出かん，引火性の液体の蒸留かん等の装置の取扱いにおいて，抽出に用いた当該液体を十分に除去せずに容器のふたを誤って開放し，又はバルブの操作手順を誤る等の誤操作により，一時に多量の引火性の液体が噴出し，又は漏出するおそれがある場所

なお，**本条**が適用される可燃性のガス等の存在する火薬類製造所の危険工室については，解説176.3表を参照されたい。

解説 176.3 表　可燃性のガス等の存在する火薬類製造所の危険工室

火薬類の種類	危険工室
無煙火薬	乾餅混和工室（溶剤を使用しない場合を除く。）
	捏和工室（〃）
	表面膠光沢付け工室（膠化する場所に限る。）
	回収乾燥室
電気雷管	点火薬配合室（溶剤を使用しない場合を除く。）

本条に規定されている低圧又は高圧の工事方法の基本的な考え方は，**前条**の場合と同様である。なお，ガス蒸気危険場所における電気工事については独立行政法人労働安全

衛生総合研究所（旧：産業安全研究所）から工場電気設備防爆指針として詳細な基準が示されているので，参考とされたい。

第1項第一号イは，配線工事について規定している。配線工事は，**前条第一号**の爆燃性粉じんのある危険場所におけるものと同様に金属管工事又はケーブル工事によることとしている。個々の工事方法に関する規制も防じんの点を除いては同一である。ガス等が金属管又はその付属品中に侵入しても熱の放散を妨げるおそれがないのは当然のことであり，これらの内部では火花又はアークを発することもないので，単に外傷防護のみを考慮して規定している。

（イ）は，金属管工事による場合について規定している。金属管工事による場合は，一般規定によるほか，薄鋼電線管と同等以上の強度を有するものを使用し，接続は5山以上ねじ合わせすることとされている。5山以上ねじ合わせるのは接続を機械的に堅ろうに行うためである。附属品等には，防爆型のものを使わなくてはならないということはない。また，電動機に接続する短小な部分には，耐圧防爆型フレキシブルフィッチング又は安全増防爆型フレキシブルフィッチングを使用することとしている（**→第159条第4項第二号及び第三号，第175条第1項第一号解説**）。

（ロ）は，ケーブル工事による場合について規定している。ケーブル工事による場合は，一般規定によるほか，ケーブルを管若しくはとい等の防護装置に収め又は鋼帯がい装等のがい装を有するケーブル若しくはMIケーブルを使って損傷を防止することとなる。電気機械器具の引込口での損傷防止については，粉じん危険場所と同様である（**→第175条第1項第一号イ**）。

ハの移動電線は，できるだけこのような危険場所では使用しないことが望ましいが，やむを得ず使用する場合は，爆燃性粉じんのある危険場所における場合と同様，機械的強度の強い3種以上のキャブタイヤケーブルであって，かつ，途中に接続点のないものを使用することが必要である。そのほか，引込口から粉じんが内部に入り難いように，かつ，引込口で損傷を受けるおそれがないように施設する必要がある（**→第175条第1項第二号ロ，同条第1項第一号ロ解説**）。

ニでは，電気機械器具の構造は，「電気機械器具防爆構造規格」（昭和44年労働省告示第16号）の規定に従い，使用場所に応じて適当な構造のものを使用する必要があることを規定している。

H20解釈以前は，各種防爆構造の使用区分及び規格が**本条**に規定されていたが，労働安全衛生規則により，「電気機械器具防爆構造規格」に適合するものでなければ使用してはならないこととされていること，及び同規格において危険箇所の区分と使用可能な防爆構造についてIECの考え方を一部取り入れたことにより，**本条**の規定における各種防爆構造の使用区分が同規格と整合しなくなったことから，同規格に適合することを規定する形に改めた。危険箇所の区分の考え方は，日本産業規格JIS C 60079-10「爆発性雰囲気で使用する電気機械器具－第10部：危険区域の分類」に示されている。

ホでは，電気機械器具と配線又は移動電線との接続部分は，震動により緩むおそれがないように施設することを規定している。また，危険場所内に設ける電気機械器具は，爆燃性粉じん等のある場所と同様，一般規定によるほか，白熱電灯や放電灯用電灯器具の取付け及び電動機は過電流を生じた場合にもガス等に着火するおそれがないように施設すること等の規制がある。

第二号は，**第一号**に規定する施設方法によらず，IEC規格の規定による施設方法であっても，省令の規定趣旨を満足するものであることを示している。**本号**で引用している，日本産業規格JIS C 60079-14（2008）「爆発性雰囲気で使用する電気機械器具－第14部：危険区域内の電気設備（鉱山以外）」は，IEC 60079-14（2002）と同等の内容のJISである。

「電気機械器具防爆構造規格」における，危険箇所の区分及びその区分に応じた電気機械器具の防爆構造の選定の考え方は，IEC規格と基本的に同等である。しかし，各防爆構造の規格は，「電気機械器具防爆構造規格」第二章の規定とIEC規格では異なる部分があり，IEC規格に適合する電気機器を使用する場合は，IEC規格に規定される施設方法により施設する必要がある。また，**本号**の規定により，IEC規格の方法で施設する場合においても，使用する電気機械器具は，労働安全衛生法第44条の2に基づく検定を受けたものでなければならないことに変わりはない。

第2項は，特別高圧の電動機，発電機及びこれらに電気を供給する設備を可燃性ガス等の存在する場所に施設する場合の施設方法について規定している。

本項では，原則として危険物等の存在する場所には特別高圧の電気設備を施設しないこととしているが，**第一号**又は**第二号**の規定による場合は例外としている。

第一号イでは，電動機，発電機及びこれらに電気を供給するための電気設備の使用電圧について規定しており，**第169条第3項**から**第5項**の規定を踏まえ，その電圧を35,000V以下とした。**ロ**では使用する電線をケーブルとするとともに，ケーブルを鉄製又は鉄筋コンクリート製の管，ダクトその他の堅ろうな防護装置に収めて施設して，ケーブルの損傷を防止することとしている。また，当該設備が特別高圧であり，人が触れるおそれがある場所に施設されることから，管その他のケーブルを収める防護装置の金属製部分，金属製の電線接続箱及びケーブルの被覆に使用する金属体には，A種接地工事を施すこととしている。

【危険物等の存在する場所の施設】（省令第69条，第72条）

第177条　危険物（消防法（昭和23年法律第186号）第2条第7項に規定する危険物のうち第2類，第4類及び第5類に分類されるもの，その他の燃えやすい危険な物質をいう。）を製造し，又は貯蔵する場所（第175条，前条及び次条に規定する場所を除く。）に施設する低圧又は高圧の電気設備は，次の各号により施設すること。

一　屋内配線，屋側配線，屋外配線，管灯回路の配線，第181条第1項に規定する小勢力回路の電線及び第182条に規定する出退表示灯回路の電線（以下この条において「屋内配線等」という。）は，次のいずれかによること。

イ　合成樹脂管工事により，次に適合するように施設すること。

（イ）　合成樹脂管は，厚さ2mm未満の合成樹脂製電線管及びCD管以外のものであること。

（ロ）　合成樹脂管及びボックスその他の附属品は，損傷を受けるおそれがないように施設すること。

ロ　金属管工事により，薄鋼電線管又はこれと同等以上の強度を有する金属管を使用して施設すること。

ハ　ケーブル工事により，次のいずれかに適合するように施設すること。

（イ）　電線に第120条第6項に規定する性能を満足するがい装を有するケーブル又はMIケーブルを使用すること。

（ロ）　電線を管その他の防護装置に収めて施設すること。

二　移動電線は，次によること。

イ　電線は，1種キャブタイヤケーブル以外のキャブタイヤケーブルであること。

ロ　電線は，接続点のないものを使用し，損傷を受けるおそれがないように施設すること。

ハ　移動電線を電気機械器具に引き込むときは，引込口で損傷を受けるおそれがないように施設すること。

三　通常の使用状態において火花若しくはアークを発し，又は温度が著しく上昇するおそれがある電気機械器具は，危険物に着火するおそれがないように施設すること。

四　第175条第1項第一号ハ及びホの規定に準じて施設すること。

2　火薬類（火薬類取締法（昭和25年法律第149号）第2条第1項に規定する火薬類をいう。）を製造する場所又は火薬類が存在する場所（第175条第1項第一号，前条及び次条に規定する場所を除く。）に施設する低圧又は高圧の電気設備は，次の各号によること。

一　前項各号の規定に準じて施設すること。

二　電熱器具以外の電気機械器具は，全閉型のものであること。

三　電熱器具は，シーズ線その他の充電部分が露出していない発熱体を使用したものであり，かつ，温度の著しい上昇その他の危険を生じるおそれがある場合に電路を自動的に遮断する装置を有するものであること。
3　特別高圧の電気設備は，第1項及び第2項に規定する場所に施設しないこと。

〔解　説〕 本条に規定する場所は，**第175条**及び**第176条**に規定するような危険性は少ないが，一度火災を生じた場合には，火災の拡大が早いという危険性を持つ場所である。したがって，低圧又は高圧の工事方法としては，**第175条**及び**第176条**に規定する場合のように電気機械器具等に特殊な構造のものを要求するのではなく，一般に行われている工事方法の中で安全度の高いもののみを認めている。

第1項は，燃えやすい危険物の製造所，貯蔵所及び取扱所に施設する電気設備について規定している。

「危険物」とは，例えばセルロイド，マッチ，石油類などが該当し，**本項**の適用を受ける場所は，**第175条**及び**第176条**に規定する危険場所並びに火薬類の製造所，貯蔵所及び取扱所以外の場所であって，概ね消防法第2条に規定する危険物のうち第二類，第四類及び第五類に分類されるものの製造所，貯蔵所及び取扱所である。

解説第177.1表　消防法第2条（別表第一）に基づく危険物の種類

種別	性質	品名
第二類	可燃性固体	一　硫化りん 二　赤りん 三　硫黄 四　鉄粉 五　金属粉 六　マグネシウム 七　その他のもので政令で定めるもの 八　前各号に掲げるもののいずれかを含有するもの 九　引火性固体
第四類	引火性液体	一　特殊引火物 二　第一石油類 三　アルコール類 四　第二石油類 五　第三石油類 六　第四石油類 七　動植物油類
第五類	自己反応性物質	一　有機過酸化物 二　硝酸エステル類 三　ニトロ化合物 四　ニトロソ化合物 五　アゾ化合物 六　ジアゾ化合物 七　ヒドラジンの誘導体 八　ヒドロキシルアミン 九　ヒドロキシルアミン塩類 十　その他のもので政令で定めるもの 十一　前各号に掲げるもののいずれかを含有するもの

第一号における工事方法は，次のとおりである。なお，管灯回路の低圧配線も含むことに注意されたい。

配線工事方法の種類としては，合成樹脂管工事（CD管を使用するものを除く。），金属管工事又はケーブル工事に限られている。危険場所における点火源となるおそれのある電気設備は最小限のものとすべきであることから，金属ダクト工事のように多くの電線を収めることを目的とする工事方法及びバスダクト工事のように大電流を通すことを目的とした工事方法は，認められていない。

第一号イの合成樹脂管工事による場合は，一般規定（**→第158条**）によるほか，物がぶつかる又は重圧が加わるというような損傷を受ける場所は避けて施設する必要がある（**→第175条第1項第二号ロ（イ）**）。

ロの金属管工事による場合は，一般規定（**→第159条**）の規定によるほか，金属管には薄鋼電線管と同等以上の強度を有するものを使用する必要がある（**→第175条第1項第一号イ（イ）**）。

ハのケーブル工事による場合（**→第175条第1項第一号イ（ロ）**）は，ケーブル又はキャブタイヤケーブルを，管，とい等の防護装置に収めて施設する必要がある。ただし，ケーブルが鋼帯がい装を有するもの又はMIケーブル（**→第175条解説**）を使用する場合は，必ずしも防護装置に収めなくてもよい。

電動機の端子と金属管との橋渡しをする部分を金属可とう電線管工事による場合は，できるだけ短小とすることが望ましい。その工事方法は一般規定（**→第160条**）によることとなる。

第二号では，移動電線は危険場所内で施設することをできるだけ避けることが望ましいが，やむを得ない場合は，1種キャブタイヤケーブル以外の比較的丈夫なものの使用を認めている。途中に接続点を設けてはいけないこと，損傷を受けるおそれがあるような場所を避けて施設すること等は，**第175条**及び**第176条**の場合と同様である（**→第175条第1項第一号ロ**）。

第三号は，電気機械器具についての規定であり，事故時以外の場合でも火花やアークを発するもの（開閉器，回転機の整流子等）や温度が著しく上昇するもの（電熱器等）は，危険物に触れた場合，これに着火又は発火させる危険があることから，これらのものは全閉構造とすることにより危険物と触れ難くし，又は危険物から離して施設することが必要であることを示している。

第四号では，**第175条**及び**第176条**の場合と同様，配線や移動電線を電気機械器具の端子に取り付ける場合は，振動により緩むおそれがないようにすることを規定している（**→第175条第1項第一号ハ**）。また，白熱電灯や放電灯用電灯器具は壊れやすいので，ぶらぶらさせないで造営材に直接取り付け，又は電灯つり管若しくは電灯腕管で堅ろうに取り付ける必要がある（**→第175条第1項第一号ホ**）。

第2項は，火薬類の製造所，貯蔵所（火薬庫を除く。）及び取扱所に施設する電気設備について規定している。

「火薬類を製造する場所」は，火薬類取締法施行規則第1条に定義されている危険工室のほか，建物内の火薬類を運搬する廊下等火薬類が存在し得る場所がこれに該当する。危険工室等と隔壁等により分離され，火薬類が存在し得ない，火薬類を取り扱わない機械室や電気室等は含まれない。

「火薬類が存在する場所」は，火薬類製造所の火薬類一時置場（製造工程上火薬類の半製品を一時保管する建物），火薬類の消費現場の火薬取扱所等が，これに該当する。

以上，いずれの場合も局部的にとらえればよく，同一建物の中に，火薬類の存在する場所があればその建物全体の電気設備を**本項**の規定により施設しなければならないということではない。

また，**本項**は「火薬類を製造する場所」及び「火薬類が存在する場所」について規定しているものであり，火薬類製造所の中の火薬類の原料を製造又は取り扱う建物であって，火薬類を製造する建物とは別棟の建物は，**本項**の適用を受けないが，火薬類の原料であるアルミニウム粉を取り扱うような場所は**第175条第一号**の規定が，硫黄などを取り扱うような場所では**前項**の規定が適用される。なお，火薬庫については**第178条**で規定されているので，**本条**の適用からは除外している。

工事方法については，**前項**の規定が準用されるほか，**第二号**で電気機械器具は全閉型のものを使用することが定められている。「全閉型」とは，電灯器具であればグローブ付きのものを指し，開閉器又はコンセント類では金属箱内に取り付けた，いわゆる閉鎖型と呼ばれるものがこれに相当する。

第三号は，火薬製造所では火薬類の乾燥，包装に電熱器具の使用が認められているが，電熱器具はその構造及び機能上全閉型とすることが困難であることから，発熱体には充電部分が露出していないものを使用し，熱媒体の過熱や液面の低下などの際には電源を遮断する装置を施設することを定めている。

第3項では，特別高圧の電気設備は危険度が高いので，危険物等の存在する場所に施設することを禁止している。

【火薬庫の電気設備の施設】（省令第69条，第71条）

第178条　火薬庫（火薬類取締法第12条の火薬庫をいう。以下この条において同じ。）内には，次の各号により施設する照明器具及びこれに電気を供給するための電気設備を除き，電気設備を施設しないこと。

一　電路の対地電圧は，150V以下であること。

二　屋内配線及び管灯回路の配線は，次のいずれかによること。

イ　金属管工事により，薄鋼電線管又はこれと同等以上の強度を有する金属管を使用して施設すること。

ロ　ケーブル工事により，次に適合するように施設すること。

（イ）　電線は，キャブタイヤケーブル以外のケーブルであること。

（ロ）　電線は，第120条第6項に規定する性能を満足するがい装を有するケーブル又はMIケーブルを使用する場合を除き，管その他の防護装置に収めて施設すること。

三　電気機械器具は，全閉型のものであること。

四　ケーブルを電気機械器具に引き込むときは，引込口でケーブルが損傷するおそれがないように施設すること。

五　第175条第1項第一号ハ及びホの規定に準じて施設すること。

2　火薬庫内の電気設備に電気を供給する電路は，次の各号によること。

一　火薬庫以外の場所において，専用の開閉器及び過電流遮断器を各極（過電流遮断器にあっては，多線式電路の中性極を除く。）に，取扱者以外の者が容易に操作できないように施設すること。ただし，過電流遮断器が開閉機能を有するものである場合は，過電流遮断器のみとすることができる。（関連省令第56条，第63条）

二　電路に地絡を生じたときに自動的に電路を遮断し，又は警報する装置を設けること。（関連省令第64条）

三　第一号の規定により施設する開閉器又は過電流遮断器から火薬庫に至る配線にはケーブルを使用し，かつ，これを地中に施設すること。（関連省令第56条）

〔解　説〕 火薬類とは，火薬類取締法第2条に規定されるもので，火薬，爆薬及び火工品を含むものである。

火薬庫には，多量の火薬類が貯蔵されており，事故の場合はその被害が大きいことから，原則として，その屋内に電気設備を施設しないこととしているが，火薬庫内の照明に必要な最小限度の電気設備に限り，その施設を認めている。

第1項第一号では，火薬庫の電気設備の対地電圧は150V以下とし，**第二号**では，屋内配線は金属管工事又はケーブル工事（キャブタイヤケーブルを使用するものを除く。）に限定し，他の配線工事については認めていない。

イの金属管工事による場合は，一般規定（→第 159 条）の規定によるほか，金属管には薄鋼電線管又はこれと同等以上の強度を有するものを使用する必要がある（→第 175 条第 1 項第一号イ（イ））。

ロのケーブル工事による場合は，一般規定（→第 164 条）の規定によるほか，ケーブルを管又はとい等で防護して施設する必要がある。ただし，ケーブルに鋼帯がい装又は波付鋼管がい装を有するもの又は MI ケーブル（→第 175 条解説）を使用する場合は，防護装置を省略できる。

火薬庫内に施設できる電気使用機械器具は，対地電圧が 150V 以下の白熱電灯又はけい光灯であり，配線器具のうち開閉器及び過電流遮断器は火薬庫外に施設する。

第三号では，白熱電灯又はけい光灯の電灯器具は，グローブ付きのものを使用し，**第五号**では造営材に直接堅ろうに取り付ける又は電灯つり管，電灯腕管などにより造営材に堅ろうに取り付け，電気機械器具（電灯器具及び開閉器，過電流遮断器以外の配線器具）と配線との接続部分は，振動により緩むおそれがないように施設することとしている。

第 2 項は，**第一号**で引込口の開閉器及び過電流遮断器を火薬庫の外に施設することを規定し，**第二号**で漏電遮断器又は漏電警報器の施設について規定している。

引込口の開閉器及び過電流遮断器は，一般の場合（→第 147 条）では屋内に施設されるのが普通であるが，火薬庫の場合は屋外に施設する必要がある。これは火薬庫が積出し積込みの作業のとき以外は照明を必要としないため，照明の不必要なときは火薬庫の電路を外部の電路から切り放しておくためと，アークの発生する電気機械器具を火薬庫にできるだけ施設しないでおくためである。したがって，開閉器及び過電流遮断器は，火薬庫専用のものとし，少なくとも火薬庫から 3m 以上離れた場所に施設することが望ましい。また，開閉器及び過電流遮断器は，取扱者以外の者が操作できないように施錠装置を施す必要がある。

漏電遮断器又は漏電警報器は，火薬庫内の電路の漏電による火災を防止するために施設するが，漏電警報器は警報が鳴った際に速やかに電路を開放できるように施設する必要があり，例えば，開閉器の附近に取り付けられる。

第三号は，開閉器又は過電流遮断器から火薬庫までの配線を地中ケーブルにより施設することを定めている。これは，架空により施設すると台風その他により電線が断線又は損傷し，火薬庫の造営材と電線とが接触して危険な状態になるおそれがあるためである。なお，この地中配線は，地中電線路（→第 120 条）ではないので，埋設場所が道路でない限り，安全に施設することができれば埋設深さを 60cm とする必要はない。

【トンネル等の電気設備の施設】（省令第 56 条，第 57 条第 1 項，第 62 条）

第 179 条　人が常時通行するトンネル内の配線（電気機械器具内の配線，管灯回路の配線，第 181 条第 1 項に規定する小勢力回路の電線及び第 182 条に規定する出退表示灯回路の電線を除く。以下この条において同じ。）は，次の各号によること。

一　使用電圧は，低圧であること。

二　電線は，次のいずれかによること。

イ　がいし引き工事により，次に適合するように施設すること。

（イ）　電線は，直径1.6mmの軟銅線と同等以上の強さ及び太さの絶縁電線（屋外用ビニル絶縁電線，引込用ビニル絶縁電線及び引込用ポリエチレン絶縁電線を除く。）であること。

（ロ）　電線の高さは，路面上2.5m以上であること。

（ハ）　第157条第1項第二号から第七号まで及び第九号の規定に準じて施設すること。

ロ　合成樹脂管工事により，第158条の規定に準じて施設すること。

ハ　金属管工事により，第159条の規定に準じて施設すること。

ニ　金属可とう電線管工事により，第160条の規定に準じて施設すること。

ホ　ケーブル工事により，第164条（第3項を除く。）の規定に準じて施設すること。

三　電路には，トンネルの引込口に近い箇所に専用の開閉器を施設すること。

2　鉱山その他の坑道内の配線は，次の各号によること。

一　使用電圧は，低圧又は高圧であること。

二　低圧の配線は，次のいずれかによること。

イ　ケーブル工事により，第164条（第3項を除く。）の規定に準じて施設すること。

ロ　使用電圧が300V以下のものを，次により施設すること。

（イ）　電線は，直径1.6mmの軟銅線と同等以上の強さ及び太さの絶縁電線（屋外用ビニル絶縁電線，引込用ビニル絶縁電線及び引込用ポリエチレン絶縁電線を除く。）であること。

（ロ）　電線相互の間を適当に離し，かつ，岩石又は木材と接触しないように絶縁性，難燃性及び耐水性のあるがいしで電線を支持すること。

三　高圧の配線は，ケーブル工事により，第168条第1項第三号イ及びハの規定に準じて施設すること。

四　電路には，坑口に近い箇所に専用の開閉器を施設すること。

3　トンネル，坑道その他これらに類する場所（鉄道又は軌道の専用トンネルを除く。以下この条において「トンネル等」という。）に施設する高圧の配線が，当該トンネル等に施設する他の高圧の配線，低圧の配線，弱電流電線等又は水管，ガス管若しくはこれらに類するものと接近又は交差する場合は，第168条第2項の規定に準じて施設すること。

4　トンネル等に施設する低圧の電球線又は移動電線は，次の各号によること。

一　電球線は，屋内の湿気の多い場所における第170条の規定に準じて施設すること。

二　移動電線は，屋内の湿気の多い場所における第171条の規定に準じて施設すること。

三　電球線又は移動電線を著しく損傷を受けるおそれがある場所に施設する場合は，次のいずれかによること。

イ　電線を第160条第2項各号の規定に適合する金属可とう電線管に収めること。

ロ　電線に強じんな外装を施すこと。

四　移動電線と低圧の配線との接続には，差込み接続器を用いること。

〔解　説〕 **第1項**は，常時人が通行するトンネル（人の通行を目的としたトンネル）内の配線について規定している。

第一号では，常時人が通行するトンネルでは，人や家畜に対する感電の危険を防止するため，使用場所の工事としては，使用電圧を低圧のみに限定している。**第二号**では，トンネル内は湿気及び水気等が多いので，合成樹脂管工事（防湿装置を施すこと。），金属管工事（防湿装置を施すこと。）及びケーブル工事により施設することとしている。がいし引き工事の場合は，電線に人が触れるおそれがないようにするため，これを路面上2.5m以上の高さに保持することを示している。

第三号は，この種のトンネルは，特に人や家畜との関係が深いので，トンネル内の事故発生に備えるとともに，保守点検が容易に行えるようにトンネル入口に専用の開閉器を設置することを示している。

第2項は，鉱山その他の坑道内の配線について規定している。鉱山等で昭和24年8月より施行された鉱山保安法の適用を受ける電気工作物（昭和24.8.26—通商産業省告示第53号）は，この解釈の適用を受けるが，鉱山保安法に基づく取締り規制（この解釈の規定を準用しているものが多い。）の適用も受ける。

鉱山その他の坑道は，前項で述べたトンネル等よりもはるかに小さく，場所が狭いから配線を安全な箇所に施設することは一般に困難とされる。また，坑道内はかなり水気，湿気も多く，充電部分に接触するととても危険である。したがって，坑道内等では，原則として電線自身が丈夫な外装を有し，かつ，耐湿性を有するものを使用することとしている。

第二号は，低圧配線は，屋内の低圧ケーブル工事（**→第164条第1項及び第2項**）に準じて施設することを原則としている（**第164条第3項**に規定する建造物の電気配線用パイプシャフト内にケーブルを垂直につり下げて施設する方法は準用できない。）。しかし，**ロ**で使用電圧が300V以下であって，石又は坑木等と接触しないようにがいし引き工事により施設できる場合は，太さ1.6mm以上の絶縁電線（屋外用ビニル絶縁電線，引込用ビニル絶縁電線及び引込用ポリエチレン絶縁電線は使用できない。）の使用も認めている。

第三号は，高圧配線は，屋内の高圧ケーブル工事（**→第168条第1項第三号**）に準じて施設することを規定している。なお，前号と同様，**第164条第3項**の準用に係る部分は除かれている。

第四号は，坑道内の事故発生に備えるとともに，保守点検が容易に行えるようにするため，坑道入口で電路の開閉ができるよう開閉器の設置を規定している。

なお，鉱山その他の坑道内には鉱石の種類や取り扱う品物によって爆発性のガス又は微粉の発生するおそれがある場所があるので，このような所には，それぞれ屋内の特殊場所の工事方法に準じて施設し，危険のおそれがないようにする必要がある。

第3項は，トンネル等に施設する高圧の配線と他の高圧の配線等が接近又は交差する場合について規定している。トンネルや坑道内では，狭い場所に他の配線，水管（排水用など），空気管（排気用など），通信ケーブル，ガス管等多くの金属体が存在するので，電線はこれらのものに漏電の危険を及ぼさないように施設する必要がある。この場合における相互の離隔距離は，それぞれ屋内配線に準じる必要がある。鉄道営業法，軌道法又は鉄道事業法の適用を受ける，いわゆる鉄道又は軌道専用のトンネル内については，**本項**の適用が除かれている（**→第2条解説**）。

高圧の場合には，**第168条**の規定に準じて施設することとし，ケーブル工事のときは，実際問題として狭い坑道内等で一定の離隔距離をとることは困難であり，工事上やむを得ない場合が多いので，直接接触しなければよいこととしている。しかし，できる限り離隔距離をとることが望ましい。

なお，低圧の場合には，**第167条**の規定により施設することとなる。この場合，ケーブル工事の場合であっても，他の金属管に接触して施設することは好ましくないから，できる限り避けるべきである。

第4項は，トンネル等に施設する低圧の電球線等について規定している。トンネルや坑道内は一般に高温多湿であるので，電球線又は移動電線は，防湿構造のものとする必要がある。なお，トンネル等に施設する高圧の移動電線は**第171条**の規定により施設することとなる。

第一号及び**第二号**は，**第170条**及び**第171条**の湿気の多い場所又は水気のある場所の工事に準じて施設することを規定している。キャブタイヤケーブルは摩耗に対し比較的強いので，岩石上を引き回すような場合に適している。なお，**第171条**では，使用電圧が300Vを超える低圧の移動電線には，キャブタイヤケーブル（1種キャブタイヤケーブル，ビニルキャブタイヤケーブル及び耐燃性ポリオレフィンキャブタイヤケーブルを除く。）で断面積が0.75mm^{2}以上の太さのものを使用することが規定されている。

第三号は，鉱山の坑内等では特に外傷を受けるおそれがあるので，このような場合には，**第160条第2項**に規定されている金属可とう電線管に収め，又は強じんな編組で覆うことを規定している（**→第170条**，**第171条**）。

なお，トンネル等では特別高圧の移動電線の施設を禁止している（**→第171条第4項**）。

【臨時配線の施設】（省令第4条）

第180条　がいし引き工事により施設する使用電圧が300V以下の屋内配線であって，その設置の工事が完了した日から4月以内に限り使用するものを，次の各号により施設する場合は，第157条第1項第一号から第四号までの規定によらないことができる。

一　電線は，絶縁電線（屋外用ビニル絶縁電線を除く。）であること。

二　乾燥した場所であって展開した場所に施設すること。

2　がいし引き工事により施設する使用電圧が300V以下の屋側配線であって，その設置の工事が完了した日から4月以内に限り使用するものを，次の各号のいずれかにより施設する場合は，第166条第1項第二号の規定によらないことができる。

一　展開した雨露にさらされる場所において，電線に絶縁電線（屋外用ビニル絶縁電線，引込用ビニル絶縁電線及び引込用ポリエチレン絶縁電線を除く。）を使用し，電線相互の間隔を3cm以上，電線と造営材との離隔距離を6mm以上として施設する場合

二　展開した雨露にさらされない場所において，電線に絶縁電線（屋外用ビニル絶縁電線を除く。）を使用して施設する場合

3　がいし引き工事により施設する使用電圧が150V以下の屋外配線であって，その設置の工事が完了した日から4月以内に限り使用するものを，次の各号により施設する場合は，第166条第1項第二号の規定によらないことができる。

一　電線は，絶縁電線（屋外用ビニル絶縁電線を除く。）であること。

二　電線が損傷を受けるおそれがないように施設すること。

三　屋外配線の電源側の電線路又は他の配線に接続する箇所の近くに専用の開閉器及び過電流遮断器を各極に施設すること。ただし，過電流遮断器が開閉機能を有するものである場合は，過電流遮断器のみとすることができる。

4　使用電圧が300V以下の屋内配線であって，その設置の工事が完了した日から1年以内に限り使用するものを，次の各号によりコンクリートに直接埋設して施設する場合は，第164条第2項の規定によらないことができる。

一　電線は，ケーブルであること。

二　配線は，低圧分岐回路にのみ施設するものであること。

三　電路の電源側には，電路に地絡を生じたときに自動的に電路を遮断する装置，開閉器及び過電流遮断器を各極（過電流遮断器にあっては，多線式電路の中性極を除く。）に施設すること。ただし，過電流遮断器が開閉機能を有するものである場合は，開閉器を省略することができる。

〔解　説〕 本条は，建築工事現場，催場，式場又は祭日の装飾等に施設される臨時工事について規定している。

第 1 項は，使用電圧が 300V 以下の低圧屋内配線の臨時工事について規定している。その使用期間は，その施設が竣工してから 4 ヵ月以内に限定している。この場合，臨時工事の方法は，電線相互の間隔，電線と造営材との離隔距離については，本工事（→**第 157 条**）の規定の値によらず施設できる等かなり緩和されている。なお，電線には引込用ビニル絶縁電線及び引込用ポリエチレン絶縁電線の使用が認められている。

第 2 項は，使用電圧が 300V 以下の低圧屋側配線の臨時工事について規定している。その使用期間は，屋内の場合と同様，その施設が竣工してから 4 ヵ月以内に限定している。この場合，臨時工事の工事方法は，**第 166 条**に比べ，解説 180.1 表に示すように，電線相互の間隔，電線と造営材との離隔距離及び使用電線の種類についてのみ緩和しているので，これ以外の使用電線の太さ並びに，開閉器及び過電流遮断器の施設などについては，**第 166 条**の規定によることとしている。

解説 180.1 表　がいし引き工事による臨時工事と本工事

<table>
<tr><th>工事の別</th><th colspan="2">施設場所</th><th>使用電圧</th><th>電線相互の間隔</th><th>電線と造営材との離隔距離</th><th>使用絶縁電線の制限</th></tr>
<tr><td>本工事</td><td colspan="2">屋側・屋外</td><td>300V 以下</td><td>6cm 以上</td><td>2.5cm 以上</td><td>屋外用ビニル絶縁電線，引込用ビニル絶縁電線及び引込用ポリエチレン絶縁電線を使用禁止</td></tr>
<tr><td rowspan="3">臨時工事</td><td rowspan="2">屋側</td><td>雨露にさらされない場所</td><td>300V 以下</td><td>離さないでよい</td><td>離さないでよい</td><td>屋外用ビニル絶縁電線を使用禁止</td></tr>
<tr><td>雨露にさらされる場所</td><td>300V 以下</td><td>3cm 以上</td><td>6mm 以上</td><td>屋外用ビニル絶縁電線，引込用ビニル絶縁電線及び引込用ポリエチレン絶縁電線を使用禁止</td></tr>
<tr><td colspan="2">屋外</td><td>150V 以下</td><td>離さないでよい</td><td>離さないでよい</td><td>屋外用ビニル絶縁電線を使用禁止</td></tr>
</table>

第 3 項は，使用電圧が 150V 以下の低圧屋外配線の臨時工事について規定している。その使用期間は，その施設が竣工してから 4 ヵ月以内に限定している。この場合，臨時工事の工事方法は，**第 166 条**に比べ，解説 180.1 表に示すように電線相互の間隔，電線と造営材との離隔距離及び使用電線の種類についてのみ緩和しているので，これ以外の使用電線の太さなどについては，**第 166 条**の規定によることとしている。なお，電気機械器具の点検操作のときに便利なように，又は保安上の観点から，屋外配線に電気を供給するための電線路又は他の配線との接続箇所の近くには屋外配線専用の開閉器及び過電流遮断器を各極に施設することとしている。

第 4 項は，ケーブルをコンクリートに直接埋設して施設する使用電圧が 300V 以下の低圧屋内配線の臨時工事について規定している。その使用期間は，その施設が竣工してから 1 年以内としている。この場合，臨時工事の工事方法は，**第 164 条第 2 項**の規定によらなくてもよいこととしている。**第一号**は，使用電線に関する規定であり，**第 164**

条第2項の規定に適合するケーブルでなくてもよく，通常のビニル外装ケーブル等も使用できる。

第二号は，施設する電路に関する規定であり，分岐回路に限り施設できることとしている。**第三号**は，保護装置に関する規定であり，当該低圧屋内配線の電源側にその低圧屋内配線専用の開閉器及び過電流遮断器を各極に施設し，かつ，地絡事故防止のための漏電遮断器を施設することとしている。

第4節 特殊機器等の施設

【小勢力回路の施設】（省令第56条第1項，第57条第1項，第59条第1項，第62条）

第181条 電磁開閉器の操作回路又は呼鈴若しくは警報ベル等に接続する電路であって，最大使用電圧が60V以下のもの（以下この条において「小勢力回路」という。）は，次の各号によること。

一 小勢力回路の最大使用電流は，181-1表の中欄に規定する値以下であること。

二 小勢力回路に電気を供給する電路には，次に適合する変圧器を施設すること。

イ 絶縁変圧器であること。

ロ 1次側の対地電圧は，300V以下であること。

ハ 2次短絡電流は，181-1表の右欄に規定する値以下であること。ただし，当該変圧器の2次側電路に，定格電流が同表の中欄に規定する最大使用電流以下の過電流遮断器を施設する場合は，この限りでない。

181-1表

小勢力回路の最大使用電圧の区分	最大使用電流	変圧器の2次短絡電流
15V以下	5A	8A
15Vを超え30V以下	3A	5A
30Vを超え60V以下	1.5A	3A

三 小勢力回路の電線を造営材に取り付けて施設する場合は，次によること。

イ 電線は，ケーブル（通信用ケーブルを含む。）である場合を除き，直径0.8mm以上の軟銅線又はこれと同等以上の強さ及び太さのものであること。

ロ 電線は，コード，キャブタイヤケーブル，ケーブル，第3項に規定する絶縁電線又は第4項に規定する通信用ケーブルであること。ただし，乾燥した造営材に施設する最大使用電圧が30V以下の小勢力回路の電線に被覆線を使用する場合は，この限りでない。

ハ 電線を損傷を受けるおそれがある箇所に施設する場合は，適当な防護装置を施すこと。

ニ 電線を防護装置に収めて施設する場合及び電線がキャブタイヤケーブル，ケーブル又は通信用ケーブルである場合を除き，次によること。

(イ) 電線がメタルラス張り，ワイヤラス張り又は金属板張りの木造の造営材を貫通する場合は，第145条第1項の規定に準じて施設すること。

(ロ) 電線をメタルラス張り，ワイヤラス張り又は金属板張りの木造の造営材に取り付ける場合は，電線を絶縁性，難燃性及び耐水性のあるがいしにより支持し，造営材との離隔距離を6mm以上とすること。

ホ 電線をメタルラス張り，ワイヤラス張り又は金属板張りの木造の造営物に施設する場合において，次のいずれかに該当するときは，第145条第2項の規定に準じて施設すること。

(イ)　電線を金属製の防護装置に収めて施設する場合

(ロ)　電線が金属被覆を有するケーブル又は通信用ケーブルである場合

ヘ　電線は，金属製の水管，ガス管その他これらに類するものと接触しないように施設すること。

四　小勢力回路の電線を地中に施設する場合は，次によること。

イ　電線は，600Vビニル絶縁電線，キャブタイヤケーブル（外装が天然ゴム混合物のものを除く。），ケーブル又は第4項に規定する通信用ケーブル（外装が金属，クロロプレン，ビニル又はポリエチレンのものに限る。）であること。

ロ　次のいずれかによること。

(イ)　電線を車両その他の重量物の圧力に耐える堅ろうな管，トラフその他の防護装置に収めて施設すること。

(ロ)　埋設深さを，30cm（車両その他の重量物の圧力を受けるおそれがある場所に施設する場合にあっては，1.2m）以上として施設し，第120条第6項に規定する性能を満足するがい装を有するケーブルを使用する場合を除き，電線の上部を堅ろうな板又はといで覆い損傷を防止すること。

五　小勢力回路の電線を地上に施設する場合は，前号イの規定に準じるほか，電線を堅ろうなトラフ又は開きょに収めて施設すること。

六　小勢力回路の電線を架空で施設する場合は，次によること。

イ　電線は，次によること。

(イ)　キャブタイヤケーブル，ケーブル，第3項に規定する絶縁電線又は第4項に規定する通信用ケーブルを使用する場合は，引張強さ508N以上のもの又は直径1.2mm以上の硬銅線であること。ただし，引張強さ2.36kN以上の金属線又は直径3.2mm以上の亜鉛めっき鉄線でちょう架して施設する場合は，この限りでない。

(ロ)　(イ)に規定する以外のものを使用する場合は，引張強さ2.30kN以上のもの又は直径2.6mm以上の硬銅線であること。

ロ　電線がケーブル又は通信用ケーブルである場合は，引張強さ2.36kN以上の金属線又は直径3.2mm以上の亜鉛めっき鉄線でちょう架して施設すること。ただし，電線が金属被覆以外の被覆を有するケーブルである場合において，電線の支持点間の距離が10m以下のときは，この限りでない。

ハ　電線の高さは，次によること。

(イ)　道路（車両の往来がまれであるもの及び歩行の用にのみ供される部分を除く。以下この項において同じ。）を横断する場合は，路面上6m以上

(ロ) 鉄道又は軌道を横断する場合は，レール面上5.5m以上

(ハ) (イ)及び(ロ)以外の場合は，地表上4m以上。ただし，電線を道路以外の箇所に施設する場合は，地表上2.5mまで減じることができる。

ニ 電線の支持物は，第58条第1項第一号の規定に準じて計算した風圧荷重に耐える強度を有するものであること。

ホ 電線の支持点間の距離は，15m以下であること。ただし，次のいずれかに該当する場合は，この限りでない。

(イ) 電線を第65条第1項第二号の規定に準じるほか，電線が裸電線である場合において，第66条第1項の規定に準じて施設するとき

(ロ) 電線が絶縁電線又はケーブルである場合において，電線の支持点間の距離を25m以下とするとき又は電線を第67条(第五号を除く。)の規定に準じて施設するとき

ヘ 電線が弱電流電線等と接近若しくは交差する場合又は電線が他の工作物{電線(他の小勢力回路の電線を除く。)及び弱電流電線等を除く。以下この号において同じ。}と接近し，若しくは電線が他の工作物の上に施設される場合は，電線が絶縁電線，キャブタイヤケーブル又はケーブルであり，かつ，電線と弱電流電線等又は他の工作物との離隔距離が30cm以上である場合を除き，低圧架空電線に係る第71条から第78条までの規定に準じて施設すること。

ト 電線が裸電線である場合は，電線と植物との離隔距離は，30cm以上であること。

七 小勢力回路の移動電線は，コード，キャブタイヤケーブル，第3項に規定する絶縁電線又は第4項に規定する通信用ケーブルであること。この場合において，絶縁電線は，適当な防護装置に収めて使用すること。

2 小勢力回路を第175条から第178条までに規定する場所(第175条第1項第三号に規定する場所を除く。)に施設する場合は，第158条，第159条，第160条又は第164条の規定に準じて施設すること。(関連省令第69条)

3 小勢力回路の電線に使用する絶縁電線は，次の各号に適合するものであること。

一 導体は，均質な金属性の単線又はこれを素線としたより線であること。

二 絶縁体は，ビニル混合物，ポリエチレン混合物又はゴム混合物であって，電気用品の技術上の基準を定める省令の解釈別表第一附表第十四に規定する試験を行ったとき，これに適合するものであること。

三 完成品は，清水中に1時間浸した後，導体と大地との間に1,500V(屋内専用のものにあっては，600V)の交流電圧を連続して1分間加えたとき，これに耐える性能を有すること。

4 小勢力回路の電線に使用する通信用ケーブルは，次の各号に適合するものであること。

一 導体は，別表第1に規定する軟銅線又はこれを素線としたより線(絶縁体に天然

ゴム混合物，スチレンブタジエンゴム混合物，エチレンプロピレンゴム混合物又はけい素ゴム混合物を使用するものにあっては，すず若しくは鉛又はこれらの合金のめっきを施したものに限る。）であること。

二　絶縁体は，外装が金属テープ又は被覆状の金属体であって絶縁体を密封するものを除き，ビニル混合物，ポリエチレン混合物又はゴム混合物であって，電気用品の技術上の基準を定める省令の解釈別表第一附表第十四に規定する試験を行ったとき，これに適合すること。

三　外装は，次に適合するものであること。

イ　材料は，金属又はビニル混合物，ポリエチレン混合物若しくはクロロプレンゴム混合物であって，電気用品の技術上の基準を定める省令の解釈別表第一附表第十四に規定する試験を行ったとき，これに適合すること。

ロ　外装の厚さは，金属を使用するものにあっては0.72mm以上，ビニル混合物，ポリエチレン混合物又はクロロプレンゴム混合物を使用するものにあっては0.9mm以上であること。

四　完成品は，外装が金属であるもの又は遮へいのあるものにあっては導体相互間及び導体と外装の金属体又は遮へいとの間に，その他のものにあっては清水中に1時間浸した後，導体相互間及び導体と大地との間に350Vの交流電圧又は500Vの直流電圧を連続して1分間加えたとき，これに耐えるものであること。

〔解　説〕 電磁開閉器の操作回路又はベル等，電路の使用が短時間の交流電気回路であって最大使用電圧が60V以下，250かつ，電流も小さい回路については，危険度が低いため一般の低圧電線と同様な施設方法によることは適当でないので，**本条**が設けられた。しかし，この種の回路については，従来から強電流回路であるのか，弱電流回路として扱うべきかが個々の場合において常に問題とされてきた。強電と弱電という区別（→**第1条解説**）は昨今では非常に難しくなってきており，エネルギーの多少よりも用途により分けるべきという考え方もあるが，現在の法体系のもとでは，これを一概に用途で分けることもできないのが実情である。

弱電に類似した強電回路を，**本条**では小勢力回路という形で扱っている。したがって，弱電であれば，**本条**の適用は受けないが，これに類似する施設では，その機能保持その他の点からも**本条**に規定する程度のことを守るべきであると考えられる。

なお，**本条**では最大使用電圧が60Vを超える電路と変圧器で結合された交流回路のみを対象とし，直流回路又は最大使用電圧が60V以下の発電機等から供給される小電流の回路について触れていない。これは，この程度の回路（信号灯回路，操作回路等のものに限ることに注意が必要である。）を弱電流回路と見なしたためである。

本条で規定している小勢力回路は，あくまで強電流回路として扱っており，**第1条**の解説で述べているような弱電流回路からは除かれる。しかし，小勢力回路の電線と他の強電流回路の電線との関係においては，小勢力回路は弱電流並みに扱う必要があるので，この解釈で「弱電流電線」というときは，小勢力回路の電線も含まれる（→**第1条**）。

解説 181.1 表

最大使用電圧（V）	最大使用電流（A）	短絡電流（A）（過電流遮断器の定格電流）
15	5	8（5）
30	3	5（3）
60	1.5	3（1.5）

小勢力回路とは，次の要件を備えたもののうち，弱電流回路以外のものである。

①最大使用電圧が 60V 以下

②電源用変圧器の 1 次側電路の対地電圧が 300V 以下

③最大使用電流及び短絡電流（その回路の電源側に施設された過電流遮断器の定格電流）が最大使用電圧に応じて，解説 181.1 表の値以下

第1項第二号イは，変圧器に単巻変圧器を使用すると，事故時に 2 次側電路の対地電圧が 1 次側と同じ電圧となり，危険度を増すおそれがあるので，絶縁変圧器を施設することとしている。なお，容量が500VA 以下の絶縁変圧器は電気用品安全法の対象となっている。

第三号は，地中，地上及び架空以外の場所に施設する場合の工事方法である。

イは，機械的強度を規定したもので，「ケーブル（通信用ケーブルを含む。）」としたのは，小勢力回路も低圧回路であり，したがって第 9 条を適用するため，特に通信用ケーブルを含むことを明記したものである。

ロは，電線の種類を示している。小勢力回路の電線は正常時は，感電による死傷のおそれはないとはいえ，若干のショックがあることと，万一 1 次側と混触した場合には危険な電圧が生じるため，絶縁効力のはっきりしたものを使用することを明記している。なお，600V ビニル絶縁電線等については，**第3項**に規定する絶縁電線に含まれる。

最大使用電圧が 30V 以下の小勢力回路を乾燥した場所に施設する場合は，危険の程度が少ないので裸電線以外の適当な絶縁被覆のある電線を使用することができる。また，CATV の信号伝送路及びアンプ用電源（使用電圧が 30V 以下であって，最大使用電流が 3A 以下のものに限る。）の伝送路として使用する同軸ケーブルのうち，日本産業規格 JIS C 3501「高周波同軸ケーブル（ポリエチレン絶縁編組形）」に適合するものは，**本条**に規定する通信用ケーブルに含まれる。

ニ及び**ホ**は，いずれも漏れ電流により予想外の場所で，死傷のおそれはないにしても，ショックを受けるおそれがあること，また，特殊な場合に火災のおそれがないとはいえないので，規定したものである。

ヘも，予想外の場所でショックを受けることを防止するためのものである。

第四号は，地中に施設する場合で，ある程度の耐久性，機械的強度を必要とするため，使用できる電線を限定している。なお，ケーブルを直接埋め込む場合の埋設深さを30cmとしたのは，これらの電線は庭園その他限られた場所に施設されるものであり，事故時の影響も少ないので地中電線路並みの埋設深さを必要とせず，一般には損傷の心配がないと考えられる値とした。

当該電線の埋設深さは，地中電線路（→**第120条**）に比べ緩和されているが，ケーブルの損傷を防ぐため電線の上部を堅ろうな板又はといで覆うこととしている。ただし，**第120条第6項**に示すがい装ケーブルを使用する場合は，損傷のおそれが少ないので，上部に施設する板，とい等を省略することができる。

第五号は，地上に置かれたトラフ又は上面が地上に露出したトラフに収めて配線する場合の規定である。

第六号では，架空に施設する場合で，他の施設方法と異なりややこう長の長いものも想定して規定している。基本的には，裸電線を使用する場合には電撃によるショックを考慮して低圧架空電線に近い線とし，その他のものについては，電気的障害よりはむしろ機械的障害，交通障害等の観点から規定している。

イでは，電線の種類と引張強さを規定している。絶縁電線（→**第三号ロ**），キャブタイヤケーブル又はケーブル（通信用ケーブルを含む。）については，引張強さ508N以上のもの又は1.2mm以上の硬銅線を使用することとしている。ただし，メッセンジャーワイヤを使ってちょう架する場合には，特に引張強さを問題としない。そのほかの電線（裸電線等）を使う場合は，引張強さ2.30kN以上のもの又は2.6mm以上の硬銅線であることが必要である。

ロで，プラスチックケーブルは機械的に強いので，ケーブルの直接ちょう架を行うこととしている。

ハの電線の地表上の高さは，低圧架空電線の例及び有線電気通信設備令による架空弱電流電線に対する規制等を勘案して示したものである。

ニについては，**第58条**の解説を参考にされたい。

ホは，電線の支持点間隔について規定している。一般に小勢力回路の電線は，細い電線が多いので支持点間隔を15m以下としている。しかし，電線の太さを低圧架空電線並みとする場合（裸線を使用するときは，風圧荷重を計算し，安全率は硬銅線にあっては2.2，その他のものにあっては2.5以上であることが必要である。）は例外とし，また，絶縁電線又はケーブルを使用する場合も例外としている。なお，絶縁電線やケーブルをメッセンジャーワイヤでちょう架して施設する場合であって，メッセンジャーワイヤの強度が十分なとき（→**第67条第三号**）は，25m以上の支持点間隔とすることができる。

ヘは，小勢力回路の電線と弱電流電線等又は他の工作物との離隔について示しており，裸線を使用する場合は，低圧架空電線並みとし，その他の場合は30cmとした。ここで，絶縁電線等については，機械的な接触による損傷だけを考慮して離隔距離は小さくてもよいとしている。

トは，電線と樹木との接触による断線を防止するためのもので，電線の被覆の有無によらないものであるが，裸電線は他の電線に比べ，断線して垂れ下がった場合にショックを与えるおそれが高いことを考慮して，特にこれを規定した。

第七号は，移動電線に使用する電線の種類を示している。このうち絶縁電線は，絶縁被覆が薄く，導体の太さも細い場合が多いことから，電線が断線又は損傷しないように防護することを示している。

第2項は，爆燃性粉じんのある場所，ガス蒸気のある場所，燃えやすい物質のある場所，火薬類製造所等危険場所における工事方法を規定したもので，このような場所では一般の場所と違い，小勢力回路でも大きな事故につながるおそれがあるので，特に低圧配線並みの工事が必要である。具体的には，準用条項（→**第158条**から**第160条**，**第164条**，**第175条**から**第178条**）の解説を参照されたい。

【出退表示灯回路の施設】（省令第56条第1項，第57条第1項，第59条第1項，第63条第2項）

第182条　出退表示灯その他これに類する装置に接続する電路であって，最大使用電圧が60V以下のもの（前条第1項に規定する小勢力回路及び次条に規定する特別低電圧照明回路を除く。以下この条において「出退表示灯回路」という。）は，次の各号によること。

一　出退表示灯回路は，定格電流が5A以下の過電流遮断器で保護すること。

二　出退表示灯回路に電気を供給する電路には，次に適合する変圧器を施設すること。

　イ　絶縁変圧器であること。

　ロ　1次側電路の対地電圧は，300V以下，2次側電路の使用電圧は60V以下であること。

　ハ　電気用品安全法の適用を受けるものを除き，巻線の定格電圧が150V以下の場合にあっては交流1,500V，150Vを超える場合にあっては交流2,000Vの試験電圧を1の巻線と他の巻線，鉄心及び外箱との間に連続して1分間加えたとき，これに耐える性能を有すること。（関連省令第5条第3項）

三　前号の規定により施設する変圧器の2次側電路には，当該変圧器に近接する箇所に過電流遮断器を各極に施設すること。

四　出退表示灯回路の電線を造営材に取り付けて施設する場合は，次によること。

　イ　電線は，直径0.8mmの軟銅線と同等以上の強さ及び太さのコード，キャブタイヤケーブル，ケーブル，前条第3項に規定する絶縁電線，又は前条第4項に規定する通信用ケーブルであって直径0.65mmの軟銅線と同等以上の強さ及び太さのものであること。
ロ　電線は，キャブタイヤケーブル又はケーブルである場合を除き，合成樹脂管，金属管，金属線ぴ，金属可とう電線管，金属ダクト又はフロアダクトに収めて施設すること。
ハ　前条第1項第三号ハからへまでの規定に準じて施設すること。
五　前条第1項第四号から第七号まで及び第2項の規定に準じて施設すること。

〔解　説〕 **前条**の小勢力回路は，電磁開閉器の操作回路又はベル等の電路であって，その使用が短時間であるのに対し，出退表示灯は，その使用が長時間である。しかもビルが大型になり，大人数を収容するようになるに従って，出退表示灯の1表示器に取り付けられる電灯の数が増加し，また1操作スイッチで点滅する灯数も多くなり，操作スイッチから多数の表示器に至る配線が複雑になってきて，一般の屋内配線では，その施設が困難であることから，**本条**では，最大使用電圧が60V以下であり，かつ，定格電流が5A以下の過電流遮断器で保護された回路について，一般の低圧配線の例外として示している。

出退表示灯回路の範囲は，小勢力回路の範囲を超え最大使用電圧60V以下で最大使用電流5A以下である。なお，出退表示灯回路は「出退表示灯その他これに類する装置に接続する電路」とあるように出退表示灯ばかりでなく，ある程度広義にとらえてよい。しかし，出退表示灯などが小勢力回路の範囲内で施設される場合は，その出退表示灯などの回路は**本条**を適用せず，**前条**を適用する。

本条で規定している出退表示灯回路は，あくまでも強電流回路としてとらえているが，出退表示灯回路の電線と他の強電流回路の電線との関係においては，出退表示灯回路は弱電流並みとする必要があるので，この解釈で「弱電流電線」というときは出退表示灯回路の電線も含まれる（→**第1条**）。

なお，小勢力回路は，**前条**において交流回路であることを明示しているが，出退表示灯回路は最大使用電圧60V以下のものであり，かつ，定格電流が5A以下の過電流遮断器で保護することと規定されているので，直流回路もこれに相当するものであれば**本条**を適用する。しかし，**第1条**の「電線」の解説で述べているような弱電流回路は除かれる。

第二号イは，変圧器に単巻変圧器を使用すると，事故時に2次側電路の対地電圧が1次側と同じ電圧となり，危険度を増大するおそれがあるので，絶縁変圧器を施設することとしている。

ハは，変圧器が解説182.1図のように複数の出退表示灯回路の共通の電源となることが多く，変圧器の容量も大きくなることから，電気用品安全法の適用を受けない定格容量が500VAを超える変圧器の絶縁耐力について規定している。

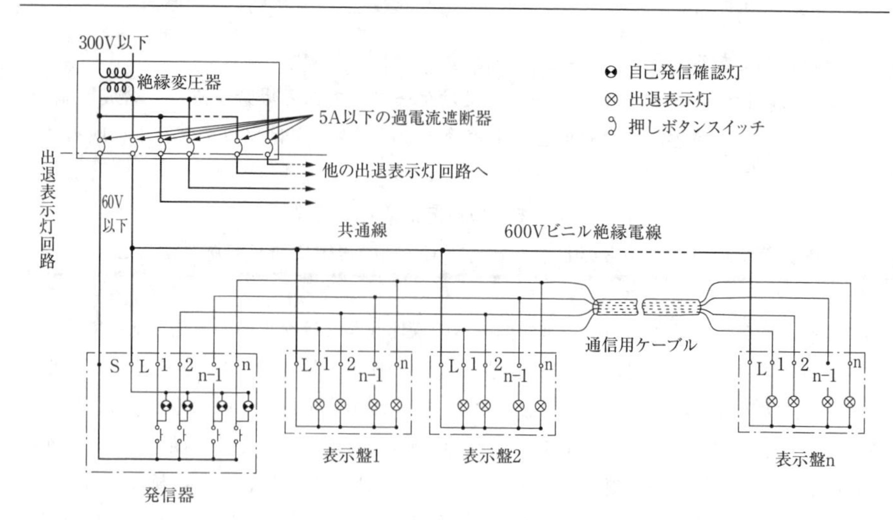

解説 182.1 図

第三号は，絶縁変圧器の２次側電路の事故時にその電路の保護を確実にするため各極に過電流遮断器を施設することとしている。解説 182.1 図は絶縁変圧器と出退表示灯回路とが近接している場合，解説 182.2 図は絶縁変圧器と出退表示灯回路とが離れている場合の過電流遮断器の施設箇所を示している。

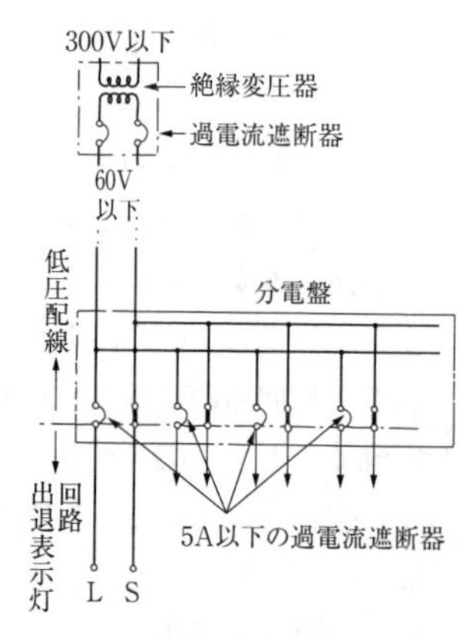

解説 182.2 図

第四号は，電線を造営材に取り付けて施設する場合の電線の太さ及び種類並びに電線の保護について規定しており，その他の工事方法については小勢力回路（→**前条第１項第三号ハからへ**）と同様に施設することとしている。

イでは，電線の種類は，小勢力回路の電線と同様である（→**前条第１項第三号ロ解説**）が，ケーブル及び通信用ケーブルについても電線の太さを規定している。ケーブルは，クロロプレン外装ケーブル，ビニル外装ケーブル及びポリエチレン外装ケーブルを使用する場合の線心の太さについては，それぞれの規格（別表第４）では最小直径 0.8mm のものしかないので，直径 0.8mm 以上のものとしている。

通信用ケーブルは５対以上の多心のものが多く，機械的強度については問題にならないが，出退表示灯回路には，小勢力回路と異なり長時間電流が流され，電線が細いと電線の導体抵抗により発熱して，絶縁の劣化又は他に障害を与えることになり，また，出退表示灯回路が 5A の過電流遮断器に保護されていることなどの理由から，直径 0.65mm 以上のものを使用することとしている。

ロでは，電線の損傷により，感電による死傷のおそれはないにしても，小勢力回路に比べて電流が大きいことから火災にならないとはいえないので，電線を全線にわたり防護することを規定している。なお，ここでは電線を合成樹脂管等に収めることとしているが，**第158条**から**第162条**及び**第165条**に規定されている線ぴ工事，合成樹脂管工事等により施設することという意味ではない。

なお，出退表示灯回路の電線を，地中に施設する場合は**前条第1項第四号**に，地上に施設する場合は**前条第1項第五号**に，架空で施設する場合は**前条第1項第六号**に，移動電線の場合は**前条第1項第七号**に準じて施設することとしているので，**前条**の解説を参照されたい。

また，出退表示灯回路を爆燃性粉じんのある場所，ガス蒸気のある場所，燃えやすい物質のある場所，火薬類のある場所に施設する場合は，**前条第2項**が準用され，低圧配線並みの工事が必要である。

【特別低電圧照明回路の施設】（省令第5条，第56条第1項，第57条第1項，第2項，第59条第1項，第62条，第63条第1項）

第183条　特別低電圧照明回路（両端を造営材に固定した導体又は一端を造営材の下面に固定し吊り下げた導体により支持された白熱電灯に電気を供給する回路であって，専用の電源装置に接続されるものをいう。以下この条において同じ。）は，次の各号によること。

一　屋内の乾燥した場所に施設すること。

二　大地から絶縁し，次のものと電気的に接続しないように施設すること。

イ　当該特別低電圧照明回路の電路以外の電路

ロ　低圧屋内配線工事に用いる金属製の管，ダクト，線ぴその他これらに類するもの

三　白熱電灯を支持する電線（以下この条において「支持導体」という。）は，次によること。

イ　引張強さ784N以上のもの又は断面積$4mm^2$以上の軟銅線であって，接続される全ての照明器具の重量に耐えるものであること。

ロ　展開した場所に施設すること。

ハ　簡易接触防護措置を施すこと。

ニ　造営材と絶縁し，かつ，堅ろうに固定して施設すること。

ホ　造営材を貫通しないこと。

ヘ　他の電線，弱電流電線又は金属製の水管，ガス管若しくはこれらに類するものと接触しないように施設すること。

ト　支持導体相互は，通常の使用状態及び揺動した場合又はねじれた場合において，直接接触しないように施設すること。ただし，支持導体の一端を造営材に固定し

て施設するものであって，支持導体のいずれか一線に被覆線を用いる場合にあっては，この限りでない。

四 専用の電源装置から支持導体に電気を供給する電線（以下この条において「接続線」という。）は，次によること。

イ 断面積 1.5mm^2 以上の被覆線であって，その部分を通じて供給される白熱電灯の定格電流の合計以上の許容電流のあるものであること。

ロ 展開した場所又は点検できる隠ぺい場所に施設すること。ただし，接続線にケーブル又はキャブタイヤケーブルを使用する場合にあっては，この限りでない。

ハ 接続線には張力が加わらないように施設すること。ただし，支持導体と同等以上の強さを有するものを用いる場合は，この限りでない。

ニ 造営材を貫通する場合は，接続線がケーブル又はキャブタイヤケーブルである場合を除き，貫通部を絶縁性のあるもので保護すること。

ホ メタルラス張り，ワイヤラス張り又は金属張りの造営材を貫通する場合は，接続線を防護装置に収めて施設する場合及び接続線がキャブタイヤケーブル又はケーブルである場合を除き，第145条第1項の規定に準じて施設すること。

ヘ メタルラス張り，ワイヤラス張り又は金属板張りの木造の造営物に施設する場合において，次のいずれかに該当するときは，第145条第2項の規定に準じて施設すること。

（イ） 接続線を金属製の防護装置に収めて施設する場合

（ロ） 接続線が金属被覆を有するケーブルである場合

ト 金属製の水管，ガス管その他これらに類するものと接触しないように施設すること。

チ 他の電線又は弱電流電線と接触しないように施設すること。ただし，接続線にケーブル又はキャブタイヤケーブルを使用する場合にあっては，この限りでない。

2 特別低電圧照明回路に電気を供給する専用の電源装置は，次の各号によること。

一 電源装置は，次に適合するものであること。

イ 日本産業規格 JIS C 61558-2-6（2012）「入力電圧 1100V 以下の変圧器，リアクトル，電源装置及びこれに類する装置の安全性」に適合する安全絶縁変圧器又は日本産業規格 JIS C 8147-2-2（2011）「ランプ制御装置－第2-2部：直流又は交流電源用低電圧電球用電子トランスの個別要求事項」に適合する独立形安全超低電圧電子トランスであること。

ロ 1次側の対地電圧は 300V 以下，2次側の使用電圧は 24V 以下であること。

ハ 2次側電路の最大使用電流は，25A 以下であること。

ニ 2次側電路に短絡を生じた場合に自動的に当該電路を遮断する装置を設けること。ただし，定格2次短絡電流が，最大使用電流の値を超えるおそれがない場合にあっては，この限りでない。

二　屋内の乾燥し，かつ，展開した場所に施設すること。ただし，耐火性の外箱に収めたものである場合は，点検できる隠ぺい場所に施設することができる。

三　造営材に固定して施設すること。ただし，展開した場所に施設し，かつ，差込み接続器を介して屋内配線と接続する場合は，この限りでない。

3　特別低電圧照明回路に使用する白熱電灯及び附属品の金属製部分は，第1項第二号並びに第三号ハ及びへの規定に準じて施設すること。

4　特別低電圧照明回路並びにこれに接続する電源装置，白熱電灯及び附属品は，省令第70条及び第175条から第178条までに規定する場所に施設しないこと。（関連省令第68条，第69条，第70条）

〔解　説〕 **本条**は，H20解釈で新たに定められたもので，解説183.1図及び解説183.2図のような，造営材に固定された裸導体又は被覆された導体に白熱電灯を支持し，使用電圧24V以下で電気を供給する照明設備について規定している。この照明設備は，白熱電灯の位置を容易に変更できることや意匠性に優れていること等から，レストラン，喫茶店，住宅のリビング等に施設されているものである。また，この照明設備については，JIS C 8105-2-23「照明器具－第2-23部：白熱電球用特別低電圧照明システムに関する安全性要求事項」及びJIS C 0364-7-715「建築電気設備第7-715部：特殊設備又は特殊場所に関する要求事項－特別低電圧照明設備」に規格が規定されており，**本条**の規定の一部は，これらの規格を根拠としている。

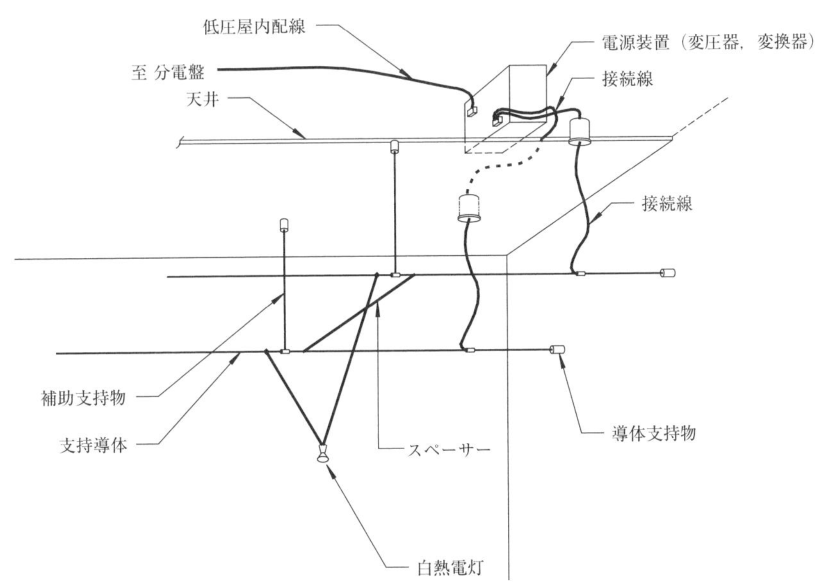

解説183.1図　支持導体の両端を造営材に固定した特別低電圧照明回路の施設例

特別低電圧照明回路は，JIS C 60364-4-41（2006）「建築電気設備第 4-41 部：安全保護　感電保護」に規定される SELV（safety extra-low voltage 安全特別低電圧）回路である。SELV 回路とは，公称電圧が交流 50V，直流 120V を超えないもので，二重絶縁又はこれと同等以上の絶縁で他の回路から電気的に分離された非接地の回路である。SELV の具体的な要件については，JIS C 60364-4-41 に規定されている。

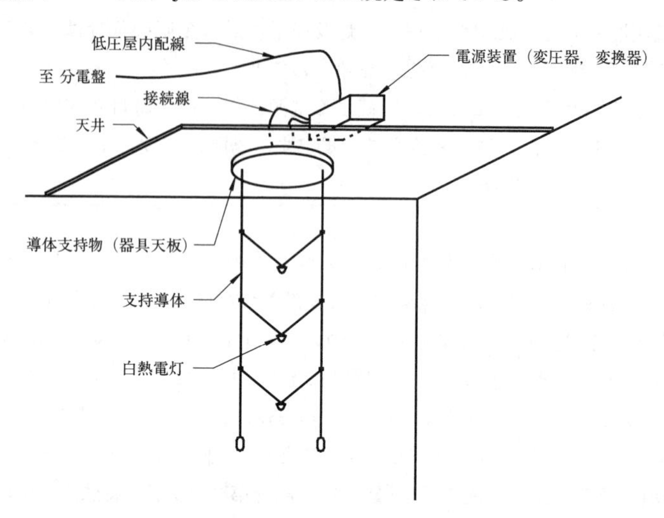

解説 183.2 図　支持導体の一端を造営材に固定し白熱電灯をつり下げた特別低電圧照明回路の施設例

第１項第一号では，特別低電圧照明回路には裸線を用いるなど充電部分が露出する場合があることから，屋外及び屋内であっても湿気，水気のある場所には施設しないことを規定している。

第二号は，JIS C 60364-4-41 に規定されている SELV 回路の要件を踏まえた規定である。

特別低電圧照明回路は，専用の電源装置に接続することとしているが，この専用の電源装置について，**第２項第一号イ**で機能的要件を，**第２項第一号ロ**で使用電圧を，**第２項第二号**及び**第三号**で施設方法を，それぞれ規定している。

第三号イは，支持導体が白熱電灯を支持する電線であることを考慮した機械的強度を規定している。支持導体の選定に当たっては，施設される照明器具の重さにより，支持導体が強度不足とならないよう，配慮する必要がある。一般的に支持導体には，酸化防止を目的としてすずめっきを施したものが使用される。

ロから**ト**では，支持導体の施設方法について規定している。

ロ，**ハ**及び**ホ**では，支持導体に裸線が使用されることもあることから，安全性を考慮して，支持導体は，展開した場所に造営材を貫通させないように施設し，また，人や物が不用意に接触することを避けるため，人が容易に触れるおそれがないように施設することとしている。また，**第13条**により，電路は大地から絶縁することが原則であることから，**ニ**で，支持導体は造営材と絶縁することとしている。

ヘは，JIS C 60364-4-41 に規定されているSELVの要件を踏まえたものである。解説183.2図のようなつり下げ形を施設する場合は，支持導体が揺動することも考慮して，他の電線等と接触しないようにする必要がある。

トでは，支持導体間の短絡を防ぐため，解説183.1図に示すように，補助支持物やスペーサー等を設けて，支持導体相互が直接接触しないように施設することとしている。**ただし書**の趣旨は，解説183.2図のように支持導体の一端を造営材に固定しつり下げて施設する形態においては，支持導体相互間にスペーサーを設けても，よじれ等により互いに接触する可能性があることから，この場合にはいずれか一方の支持導体に被覆線を用いて，接触による短絡を防ぐ必要があるという意味である。

第四号イでは，接続線に一般の低圧屋内配線よりも細い電線を使用可能としているが，太さの選定には，電線の許容電流も考慮する必要がある。

ロから**チ**では，接続線の施設方法について規定している。接続線には，一般の低圧屋内配線よりも細く，十分な絶縁強度の被覆を有しているとは限らない電線が使用されることから，**ロ**で，展開した場所又は点検できる隠ぺい場所への施設を，**ハ**で，張力が加わらないようにすること，**ニ**で，造営材貫通部は絶縁性のあるもので保護することを，それぞれ規定している。したがって，十分な強度や被覆を有するケーブル又はキャブタイヤケーブルを使用する場合等については，上記の規定から除外している。また，**ハ**に関連して，接続線相互及び接続線と支持導体の接続部については，**第12条**に基づき，引張強さを20%以上減少させないように施設し，又は張力が加わらないように施設することになる。

ホ，**ヘ**及び**ト**は，小勢力回路や出退表示灯回路と同様の規定，**チ**は，JIS C 60364-4-41 に規定されているSELVの要件を踏まえた規定である。

第2項は，専用の電源装置について規定しており，**第一号**の使用電圧については，1次側の対地電圧は，小勢力回路及び出退表示灯回路に準じ，2次側の使用電圧は，市販されている特別低電圧照明回路に使用する白熱電灯の定格電圧が，12V又は24Vが主流であることを考慮して規定している。また，**ハ**で，最大使用電流を25Aとしていることから，電源装置の最大容量は600VAとなる。なお，500VA以下の変圧器については，電気用品安全法の適用を受ける。

ニのただし書については，JIS C 8105-2-23（2004）「照明器具 - 第2-23部：白熱電球用特別低電圧照明システムに関する安全性要求事項」における特別低電圧照明回路の短絡保護は，裸線の支持導体相互間に試験用の鎖を用いて2次側電路を短絡させた時の温度上昇について規定しており，必ずしも当該電路を遮断することまで求めていないことから，定格2次短絡電流が最大使用電流の値を超えるおそれがない場合にあっては，当該電路の遮断まで要求しないこととしている。

第二号では，故障等の不具合が生じた場合に点検できるよう，展開した場所又は点検できる隠ぺい場所（後者は，耐火性の外箱に収める場合）に施設することとしている。**第三号**は，電源装置の不用意な移動により，電線や接続部に張力が加わることは安全上好ましくないことから，電源装置は造営材に固定して施設することとしている。また，電源装置には，展開した場所で差込み接続器を介して施設するものもあるが（→解説 183.3 図），その場合は接続部の確認も容易であることから，造営材への固定を求めていない。

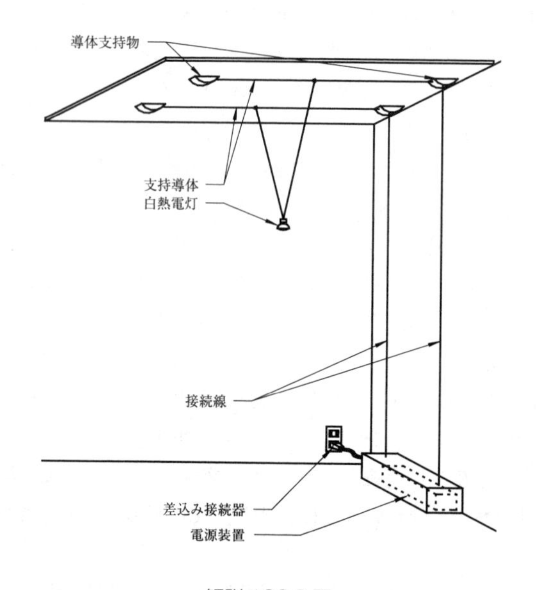

解説 183.3 図

第3項は，**第1項第二号**や**第三号**へと同様，SELV の要件を踏まえた規定である。

第4項は，特別低電圧照明回路を粉じんの多い場所，可燃性ガス等のある場所，燃えやすい物質のある場所，火薬類製造所等危険場所に施設するのは危険であることから，これらの場所に施設しないこととしている。

なお，特別低電圧照明回路の電源装置，接続線，支持導体，白熱電灯及びその他附属品は，短絡や過負荷等の不具合が生じた場合に適切に保護できるよう，システムとして構成されている必要があるが，製造業者が異なると製品の仕様も異なり，適切な保護ができない場合もあるので，注意が必要である。

【交通信号灯の施設】（省令第56条第1項，第57条第1項，第62条，第63条第2項）

第184条　交通信号灯回路（交通信号灯の制御装置から交通信号灯の電球までの電路をいう。以下この条において同じ。）は，次の各号により施設すること。

一　使用電圧は，150V以下であること。

二　交通信号灯回路の配線（引下げ線を除く。）は，次によること。

イ　第68条及び第79条の規定に準じて施設すること。

ロ　電線は，ケーブル，又は直径1.6mmの軟銅線と同等以上の強さ及び太さの600Vビニル絶縁電線若しくは600Vゴム絶縁電線であること。

ハ　電線が600Vビニル絶縁電線又は600Vゴム絶縁電線である場合は，これを引張強さ3.70kNの金属線又は直径4mm以上の鉄線2条以上をより合わせたものにより，ちょう架すること。

ニ　ハに規定する電線をちょう架する金属線には，支持点又はこれに近接する箇所にがいしを挿入すること。

ホ　電線がケーブルである場合は，第67条（第五号を除く。）の規定に準じて施設すること。

三　交通信号灯回路の引下げ線は，次によること。

イ　第79条及び前号ロの規定に準じて施設すること。

ロ　電線の地表上の高さは，2.5m以上であること。ただし，電線を金属管工事により第159条の規定に準じて施設する場合，又はケーブル工事により第164条（第3項を除く。）の規定に準じて施設する場合は，この限りでない。

ハ　電線をがいし引き工事により施設する場合は，電線を適当な間隔ごとに束ねること。

四　交通信号灯回路の配線が，他の工作物と接近又は交差する場合は，次によること。

イ　建造物，道路（車両及び人の往来がまれであるものを除く。），横断歩道橋，鉄道，軌道，索道，架空弱電流電線等，アンテナ，電車線又は他の交通信号灯回路の配線と接近又は交差する場合は，低圧架空電線に係る第71条から第77条までの規定に準じて施設すること。

ロ　イに規定する以外のものと接近又は交差する場合は，交通信号灯回路の配線とこれらのものとの離隔距離は，0.6m（交通信号灯回路の配線がケーブルである場合は，0.3m）以上とすること。

2　交通信号灯の制御装置の電源側には，専用の開閉器及び過電流遮断器を各極に施設すること。ただし，過電流遮断器が開閉機能を有するものである場合は，過電流遮断器のみとすることができる。

3　交通信号灯の制御装置の金属製外箱には，D種接地工事を施すこと。（関連省令第10条，第11条）

〔解　説〕 本条は，交通整理のため道路の交差点等に設置する交通信号灯の施設方法を規定している。本条における交通信号灯回路とは，交通信号灯の制御装置（制御器，整理機等）から交通信号灯の電球までの電路をいうのであって，制御装置から電源側の電路は含まれない。

交通信号灯回路の配線は，本来屋外配線に該当するものであるが，その性格上一般の使用場所における屋外配線と同一とすることは適当でなく，また，屋外配線もこのような施設を対象としたものではないので，特殊施設としてその施設方法が示されている。

交通信号灯回路の使用電圧は，現在100V級が採用されており，本条も100Vのものを対象としている。すなわち，使用電圧を150V以下にすることにより，一般電線路，屋外配線に比べて電線を束ねる等の施設上の制限を緩和している。

第二号は，交通信号灯回路の配線の工事方法を示したもので，電線の高さ及び電線と植物との離隔については，それぞれ**第68条**及び**第79条**の低圧架空電線の規定に準じることとしているほか，**ロ**に電線の強さ及び太さ，**ハ**及び**ニ**に電線の種類を規定し，電線に600Vゴム絶縁電線又は600Vビニル絶縁電線を使用する場合の工事方法として，電線を引張強さが3.70kNの金属線又は直径4mm以上の鉄線2条以上をより合わせたものでちょう架し，この金属線には電線被覆の損傷又は自然劣化の際の漏電による危険を防止するため，支持点又はこれに近い箇所にがいしを挿入することを示している。

また，**ホ**において電線にケーブルを使用する場合は，**第67条**（**第五号**を除く。）に準じること，すなわち，ケーブルを，D種接地工事を施した引張強さ5.93kN以上のもの又は断面積22mm^{2}以上の亜鉛めっき鉄より線でちょう架することを示している。なお，ちょう架用線に絶縁電線又はこれと同等以上の絶縁効力を有するものを使用する場合には，ちょう架用線に施すD種接地工事を省略することができる（→**第67条第四号解説**）。

第三号は，交通信号灯回路の配線のうち，支持物に沿って施設する引下げ線の工事方法を規定したもので，電線と植物との間隔については**第79条**，使用電線の強さ及び太さ並びに種類については**前号ロ**に準じて，引下げ線の高さは金属管工事又はケーブル工事により施設する場合に限って地表上2.5m未満とすることができるとしている。電線をがいし引き工事によって施設する場合は，電線相互の摩擦等によって被覆が損傷するのを防止するため，適当な間隔（1m程度）ごとにテープ巻を施すなどして，これを束ねることを示している。なお，引下げ線をケーブル工事により施設する場合は，**第164条第3項**に規定された建造物の電気配線用パイプシャフト内にケーブルを垂直につり下げて施設する方法を準用できないので注意を要する。

第四号は，交通信号灯回路の配線と他の工作物とが接近し又は交差する場合の工事方法で，低圧架空電線の施設方法（→**第71条**から**第77条**）に準じている。

第2項は，交通信号灯回路に事故を生じた時に他の回路と独立に遮断できるように，制御装置の電源側には，各極に専用の開閉器及び過電流遮断器を施設することとしている。

【放電灯の施設】（省令第56条第1項，第57条第1項，第59条第1項，第63条第1項）
第185条　管灯回路の使用電圧が1,000V以下の放電灯（放電管にネオン放電管を使用するものを除く。以下この条において同じ。）は，次の各号によること。

一　放電灯に電気を供給する電路の対地電圧は，150V以下であること。ただし，住宅以外の場所において，次により放電灯を施設する場合は，300V以下とすることができる。

イ　放電灯及びこれに附属する電線には，接触防護措置を施すこと。

ロ　放電灯用安定器（放電灯用変圧器を含む。以下この条において同じ。）は，配線と直接接続して施設すること。

二　放電灯用安定器は，放電灯用電灯器具に収める場合を除き，堅ろうな耐火性の外箱に収めてあるものを使用し，外箱を造営材から1cm以上離して堅ろうに取り付け，かつ，容易に点検できるように施設すること。

三　管灯回路の使用電圧が300Vを超える場合は，放電灯用変圧器を使用すること。

四　前号の放電灯用変圧器は，絶縁変圧器であること。ただし，放電管を取り外したときに1次側電路を自動的に遮断するように施設する場合は，この限りでない。

五　放電灯用安定器の外箱及び放電灯用電灯器具の金属製部分には，185-1表に規定する接地工事を施すこと。ただし，次のいずれかに該当する場合は，この限りでない。（関連省令第10条，第11条）

185-1表

管灯回路の使用電圧の区分	放電灯用変圧器の2次短絡電流又は管灯回路の動作電流	接地工事
高圧	1Aを超える場合	A種接地工事
300Vを超える低圧	1Aを超える場合	C種接地工事
上記以外の場合		D種接地工事

イ　管灯回路の使用電圧が対地電圧150V以下の放電灯を乾燥した場所に施設する場合

ロ　管灯回路の使用電圧が300V以下の放電灯を乾燥した場所に施設する場合において，簡易接触防護措置（金属製のものであって，防護措置を施す設備と電気的に接続するおそれがあるもので防護する方法を除く。）を施し，かつ，その放電灯用安定器の外箱及び放電灯用電灯器具の金属製部分が，金属製の造営材と電気的に接続しないように施設するとき

ハ　管灯回路の使用電圧が300V以下又は放電灯用変圧器の2次短絡電流若しくは管灯回路の動作電流が50mA以下の放電灯を施設する場合において，放電灯用安定器を外箱に収め，かつ，その外箱と放電灯用安定器を収める放電灯用電灯器具とを電気的に接続しないように施設するとき

五　放電灯を乾燥した場所に施設する木製のショウウィンドー又はショウケース内に施設する場合において，放電灯用安定器の外箱及びこれと電気的に接続する金属製部分に簡易接触防護措置（金属製のものであって，防護措置を施す設備と電気的に接続するおそれがあるもので防護する方法を除く。）を施すとき

六　湿気の多い場所又は水気のある場所に施設する放電灯には適当な防湿装置を施すこと。

2　使用電圧が300V以下の管灯回路の配線（放電管にネオン放電管を使用するものは除く。）は，次の各号によること。

一　電線は，けい光灯電線又は直径1.6mmの軟銅線と同等以上の強さ及び太さの絶縁電線（屋外用ビニル絶縁電線，引込用ビニル絶縁電線及び引込用ポリエチレン絶縁電線を除く。），キャブタイヤケーブル又はケーブルであること。

二　第156条から第165条まで（第164条第3項を除く。），第167条及び第172条第1項の規定に準じて施設すること。

3　使用電圧が300Vを超え1,000V以下の管灯回路の配線（放電管にネオン放電管を使用するものは除く。）は，次の各号のいずれかによるとともに，第167条の規定に準じて施設すること。

一　がいし引き工事により，次に適合するように施設すること。

イ　展開した場所又は点検できる隠ぺい場所に施設すること。

ロ　電線は，けい光灯電線であること。ただし，展開した場所において，管灯回路の使用電圧が600V以下の場合は，直径1.6mmの軟銅線と同等以上の強さ及び太さの絶縁電線（屋外用ビニル絶縁電線，引込用ビニル絶縁電線及び引込用ポリエチレン絶縁電線を除く。）を使用することができる。

ハ　第157条第1項第二号，第三号，第七号及び第九号の規定に準じて施設すること。

ニ　電線を造営材の表面に沿って取り付ける場合は，電線の支持点間の距離は，管灯回路の使用電圧が600V以下の場合は2m以下，600Vを超える場合は1m以下であること。

ホ　電線には簡易接触防護措置を施すこと。

二　合成樹脂管工事により，次に適合するように施設すること。

イ　前号ロの規定に準じること。

ロ　第158条（第1項第一号及び第3項第五号を除く。）の規定に準じて施設すること。

ハ　合成樹脂管を金属製のプルボックス又は第159条第4項第一号に規定する粉じん防爆型フレキシブルフィッチングに接続して使用する場合は，プルボックス又は粉じん防爆型フレキシブルフィッチングには，D種接地工事を施すこと。（関連省令第10条，第11条）

三　金属管工事により，次に適合するように施設すること。

イ　第一号ロの規定に準じること。

ロ　第159条（第1項第一号並びに第3項第四号及び第五号を除く。）の規定に準じて施設すること。

ハ　金属管には，D種接地工事を施すこと。ただし，管の長さ（2本以上の管を接続して使用する場合は，その全長。以下この条において同じ。）が4m以下のものを乾燥した場所に施設し，かつ，簡易接触防護措置（金属製のものであって，防護措置を施す管と電気的に接続するおそれがあるもので防護する方法を除く。）を施す場合は，この限りでない。（関連省令第10条，第11条）

四　金属可とう電線管工事により，次に適合するように施設すること。

イ　第一号ロの規定に準じること。

ロ　第160条（第1項第一号及び第3項第五号から第七号までを除く。）の規定に準じて施設すること。

ハ　1種金属製可とう電線管には，直径1.6mmの裸軟銅線を全長にわたって挿入又は添加して，その裸軟銅線と1種金属製可とう電線管とを両端において電気的に完全に接続すること。ただし，管の長さが4m以下のものに簡易接触防護措置（金属製のものであって，防護措置を施す管と電気的に接続するおそれがあるもので防護する方法を除く。）を施す場合は，この限りでない。

ニ　可とう電線管には，D種接地工事を施すこと。ただし，管の長さが4m以下のものに簡易接触防護措置（金属製のものであって，防護措置を施す管と電気的に接続するおそれがあるもので防護する方法を除く。）を施す場合は，この限りでない。（関連省令第10条，第11条）

五　金属線ぴ工事により，次に適合するように施設すること。

イ　展開した場所又は点検できる隠ぺい場所であって，かつ，乾燥した場所に施設すること。

ロ　第一号ロの規定に準じること。

ハ　第161条（第1項第一号及び第3項第二号を除く。）の規定に準じて施設すること。

ニ　金属線ぴには，D種接地工事を施すこと。ただし，線ぴの長さ（2本以上の管を接続して使用する場合は，その全長）が4m以下のものに簡易接触防護措置（金属製のものであって，防護措置を施す線ぴと電気的に接続するおそれがあるもので防護する方法を除く。）を施す場合は，この限りでない。（関連省令第10条，第11条）

六　ケーブル工事により，次に適合するように施設すること。

イ　第164条（第1項第四号及び第五号並びに第3項を除く。）の規定に準じて施設すること。

ロ　管その他の電線を収める防護装置の金属製部分，金属製の電線接続箱及び電線の被覆に使用する金属体には，D種接地工事を施すこと。ただし，長さが4m以下の防護装置の金属製部分又は長さが4m以下の電線を，乾燥した場所に施設し，かつ，簡易接触防護措置（金属製のものであって，防護措置を施す設備と電気的に接続するおそれがあるもので防護する方法を除く。）を施す場合は，この限りでない。（関連省令第10条，第11条）

七　乾燥した場所に施設し，内部を乾燥した状態で使用するショウウィンドー又はショウケース内の管灯回路の配線を外部から見えやすい箇所において造営材に接触して施設する場合は，次によること。

イ　電線は，けい光灯電線であること。

ロ　電線には，放電灯用安定器の口出し線又は放電灯用ソケットの口出し線との接続点以外に接続点を設けないこと。

ハ　電線の接続点を造営材から離して施設すること。

ニ　第172条第1項第四号及び第五号の規定に準じて施設すること。

八　乾燥した場所に施設するエスカレーター内の管灯回路の配線（点検できる隠ぺい場所に施設するものに限る。）を軟質ビニルチューブに収めて施設する場合は，次によること。

イ　電線は，けい光灯電線を使用するとともに，電線ごとにそれぞれ別個の軟質ビニルチューブに収めること。

ロ　軟質ビニルチューブは，日本産業規格 JIS C 2415（1994）「電気絶縁用押出しチューブ」の「6 検査」に適合するものであること。

ハ　電線には，放電灯用安定器の口出し線又は放電灯用ソケットの口出し線との接続点以外に接続点を設けないこと。

ニ　電線と接触する金属製の造営材には，D種接地工事を施すこと。（関連省令第10条，第11条）

4　管灯回路の使用電圧が1,000Vを超える放電灯は，次の各号によること。

一　屋内において機械器具の内部に安全に施設する場合を除き，次によること。

イ　管灯回路の使用電圧は，高圧であること。

ロ　放電灯用変圧器は，次に適合する絶縁変圧器であること。

（イ）　直径2.6mmの導体を取り付けることができる黄銅製の接地端子を設け，かつ，鉄心と電気的に完全に接続した金属製の外箱に収めたものであること。

（ロ）　巻線相互及び巻線と大地の間に最大使用電圧の1.5倍の交流電圧（500V未満となる場合は，500V）を連続して10分間加えたとき，これに耐える性能を有すること。

ハ　放電灯に電気を供給する電路には，専用の開閉器及び過電流遮断器を各極（過電流遮断器にあっては，多線式電路の中性極を除く。）に施設すること。ただし，

過電流遮断器が開閉機能を有するものである場合は，過電流遮断器のみとすることができる。（関連省令第14条）

ニ　管灯回路の配線は，第111条，第120条から第125条まで，第129条，第130条及び第151条第1項の規定に準じて施設すること。

二　屋内に施設する場合は，次によること。

イ　第1項第一号の規定に準じること。

ロ　放電管に接触防護措置を施すこと。

三　屋側又は屋外に施設する場合は，次によること。

イ　放電灯に電気を供給する電路の使用電圧は，低圧又は高圧であること。

ロ　放電管は，金属製の堅ろうな器具に収めるとともに，次により施設すること。

（イ）　器具は，地表上4.5m以上の高さに施設すること。

（ロ）　器具と他の工作物（架空電線を除く。）又は植物との離隔距離は，0.6m以上であること。

ハ　放電灯には，適当な防水装置を施すこと。

5　管灯回路の使用電圧が300Vを超える放電灯は，省令第70条及び第175条から第178条までに規定する場所に施設しないこと。（関連省令第68条，第69条，第70条，第71条）

〔解　説〕　放電灯（**→第142条第十三号**）のうち，けい光灯，水銀灯等に関する規定を**本条**で定めており，ネオン放電灯については**次条**で定めている。なお，管灯回路とは，放電灯用安定器（放電灯用変圧器を含む。）から放電管までの電路（**→第1条第十四号**）をいう。

第1項は，管灯回路の配線に係る事項を除く他の事項について規定している。

第一号では，放電灯は人が手を触れて取り扱う機会が非常に多く，特に感電の危険があるので，これに電気を供給する屋内電路の対地電圧を150V以下（単相2線式100V配線又は単相3線式200V配線）に制限している。ただし，放電灯に電気を供給する電路の電圧が高いほど屋内配線などが経済的になるので，保安上，工事方法を規制することによって対地電圧を300V以下でよいこととし，電路の対地電圧を150Vを超え300V以下とする場合の工事方法について**イ**及び**ロ**に規定している。

イでは，感電による危険を防止するため接触防護措置を施すことを示しており，例えば，床上2.3m以上の箇所に施設する方法又はガラス若しくは合成樹脂等で電灯器具を覆う方法がある。

ロでは，放電灯用安定器は，低圧屋内配線と直接接続することを示している。したがって，移動電線によるコンセントの使用は禁じられている。

第二号は，安定器の施設方法を定めている。照明器具等に収められるものは，**本条**の対象外である。それ以外の場合は全て**本条**の規定により安定器を施設することになる。

安定器（特殊なものを除き電気用品安全法の適用を受けるので，同法によるものを使用すること。）は，堅ろうな耐火性の箱（一般にはほとんどが金属製の外箱）に収めてあるものを使用する必要があり，その取付け方法として，外箱を造営材から少なくとも1cm 離し，かつ，容易に点検できるよう施設することを定めている。

なお，メタルラス張り等の木造の造営物に放電灯を取り付ける場合には，**第145条**の規定により施設する必要がある。

第三号及び**第四号**は，変圧器に単巻変圧器又はチョークコイルを使用することは，漏電，感電等の危険防止上，好ましくないので2次電圧が300V を超える場合は原則として認めないことを定めている。しかし，安定器の資材節約を図る意味でインターロックシステム（放電管を取り外したとき自動的に1次側電路が遮断される。）を採用した場合等には，単巻変圧器の使用を認めている（→解説 185.1 図）。しかし，放送宣伝カーの停車中（停車中は，電源を一般配線からとる。）において，単巻変圧器を使用したけい光放電灯の保守不完全から感電事故を起こした例があるので，この種のものには，単巻変圧器の使用を避けることが望ましい。

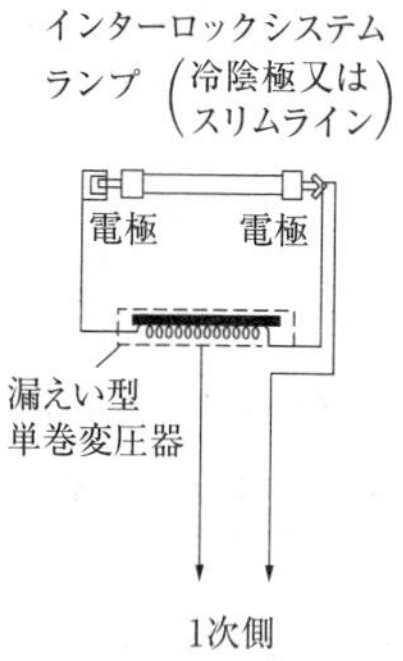

解説 185.1 図

第五号は，危険防止のため接地工事を施すべき旨の規定であるが，工事を簡易にするため，管灯回路の使用電圧が高圧の場合でも管電流が1A 以下の場合は，D 種接地工事でよいこととし，さらに**イ**，**ロ**，**ハ**及び**ニ**に掲げてある場合は，比較的危険度が低いので接地の省略を認めている。ここで，**イ**及び**ロ**の場合は主として予熱始動式熱陰極けい光放電灯を施設するときに，**ハ**の場合は主としてけい光灯を使用するスタンド等で予熱始動式熱陰極型（使用電圧 300V 以下，電流制限なし。）又は冷陰極型（50mA 以下，電圧制限なし。）のけい光放電灯を使用するときに，**ニ**の場合はけい光灯の種類にかかわらず適用される。

第六号は，防湿装置に関する規定であるが，けい光灯は湿気に対し敏感で不点になりやすく，事故も発生しやすいので，湿気の多い場所等に施設することはなるべく避けたほうがよい。やむを得ず施設する場合は，安定器及び放電管等が湿気を帯びないように防湿型の照明器具内に施設すべきである。

第2項及び**第3項**は，管灯回路の配線について規定している。ネオン放電灯以外の放電灯は，安定器，放電管その他の付属品を1個の照明器具に収めてその電源を一般の低圧屋内配線からとるようにするのが保安の観点からは最も好ましい方法であるが，建造物内の照明方法によっては必ずしもこのようにできない場合が多い。

ネオン放電灯以外の管灯回路において使用電圧が低圧の場合は，その配線方法も低圧屋内配線と同様に考えて別段差し支えないが，高圧の場合は，高圧屋内配線と同様に取り扱うことは実運用上支障があるので，できるだけ実状に即するように工事方法が定められている。

第2項は，使用電圧が300V以下の管灯回路（ネオン放電灯を除く。）の配線について，一般の使用電圧が300V以下の低圧屋内配線と同様に施設することを定めているほか，電線にけい光灯電線が使用できることを規定している。なお，管灯回路の配線をケーブル工事により施設する場合に，**第164条第3項**で規定されている建造物の電気配線用のパイプシャフト内にケーブルを垂直につり下げて施設する方法は準用できないので注意を要する（**→第164条解説**）。

第3項は，使用電圧が300Vを超え1,000V以下の管灯回路（ネオン放電灯を除く。）の配線について規定している。なお，工事方法ごとに施設できる条件を定めているが，使用電圧が300Vを超える一般の低圧屋内配線の工事方法に比べ，金属線ぴ工事については，その施設できる条件を緩和し，乾燥した場所であって，展開した場所又は点検できる隠ぺい場所の施設を認めている。

第一号は，がいし引き工事による方法を規定しており，電線に可とう性のあるけい光灯電線を使用するときに，支持点間の距離を1m以下としているほかは，使用電圧が300Vを超える一般の低圧屋内配線とほぼ同様である。

第二号は，使用電圧が300Vを超える配線での合成樹脂管工事に関するものであり，電線にけい光灯電線を使用するほかは，一般の低圧屋内配線とほぼ同様である。

第三号は，金属管工事に関する規定である。このうち接地工事については，各放電灯ごとにA種接地工事又はC種接地工事を施すことは困難であること，及び管灯回路の電流は一般に小さいという理由で，300V以下の低圧並みにD種接地工事を認めている。ただし書では，長さ4m以下の管を乾燥した場所に施設し，簡易接触防護措置を施す場合に限って，接地の省略を認めている。

第四号及び**第五号**は，それぞれ金属可とう電線管工事及び金属線ぴ工事に関する規定で，**前号**と同様の趣旨である。

第六号は，ケーブル工事に関する規定であるが，実際にはこれによる工事はほとんど行われていないが，もし行うとすれば，低圧ケーブル工事と同様な方法によるべきことが定められている。なお，**第164条第3項**で規定されている建造物の電気配線用パイプシャフト内にケーブルを垂直につり下げて施設する方法は，準用できないので注意を要する（**→第164条解説**）。

第七号は，ショウウィンドー等（陳列棚を含む。）内の特殊配線工事に関する規定で，美観上の要求から目立たない配線を行うため，造営材に接触して施設する配線工事を認めている。この場合は，接続点に弱点があるので，接続点を造営材から浮かして固定するよう定めている。危険度からみれば，管灯回路の使用電圧が低圧の場合は**第172条**と同様であるが，高圧の場合でも管灯回路の電流は一般に小さいことと，電線には特に設計されたけい光灯電線を使用し，かつ，危険のおそれがないように施設することを条件とすることで特に認められたものである。

第八号は，エスカレーターの側面等においてけい光灯照明を施す場合の規定である。これは，このような場所の配線は，化粧板と内部の反射板との間の極めて狭い場所に施設するものであり，**第156条**に規定する一般の工事方法によることができないため，やむを得ず，けい光灯電線を軟質ビニルチューブに収めて施設する方法があるが，その使用実績からみて保安上支障がないので一般規定化したものである。

なお，**本号**で引用されているJIS C 2415（1994）については，平成13年に廃止されている。同JISはUL224規格に対応するものであるが，廃止後はこのUL224規格に基づいて電気絶縁チューブが製作され，使用されているなど現在においても廃止JISが機能し，かつ，ニーズがあると認められるため，引用を継続することとした。

第4項は，ネオン放電灯以外の管灯回路の使用電圧が1,000Vを超える放電灯は，放電灯用変圧器の2次短絡電流が大きいものを要求されることから，ネオン放電灯と同様に取り扱うことは危険であるため，複写機などのように放電灯が機械器具の内部に安全に施設されている場合を除き，屋内の使用を禁止しているが，機械器具の内部に収まらない印刷の塗料硬化を目的とした産業用水銀灯のために，**第一号**及び**第二号**の規定により施設することを条件として施設制限を緩和している。なお，ネオン放電灯以外の1,000Vを超える放電灯としては，主として管灯回路の電圧が高圧の水銀灯が該当する。

第一号イ及び**ロ**は，漏電，感電等の危険防止の見地から，放電灯に電気を供給する電路と管灯回路とを絶縁変圧器により結合し，管灯回路の1線地絡電流（**→第17条解説**）をできるだけ小さく抑えることとしている。なお，この絶縁変圧器に放電灯用安定器を組み合わせて使用する場合もあるので，この規定ではこの絶縁変圧器は漏れ変圧器である必要はない。この放電灯用変圧器については**第16条第1項**で特殊な変圧器としてその適用が除かれているので，絶縁耐力その他必要な事項をロで定めている。

ハは，放電灯に電気を供給する電源電路には，保守，点検上必要であるので，専用の開閉器及び過電流遮断器を施設することとしている。

ニでは，管灯回路の配線は，高圧ケーブル（**→第10条第1項**）を使用して，高圧屋側電線路（**→第111条**），地中電線路（**→第120条**から**第125条**），橋に施設する電線路（**→第129条**），電線路専用橋等に施設する電線路（**→第130条**）に準じて施設することとしているほか，放電灯器具は，充電部分を露出しないこと（**→第151条第1項**）を規定している。

第三号では，屋側又は屋外に施設する場合について規定している。

ロは，放電管の器具は高温であるので，人が触れないように取付け高さを示すとともに，他の工作物（架空電線については**第78条**等の規定で別に示しているので，ここでは除かれる。）又は植物との離隔距離を示している。

第5項は，粉じんの多い場所又は爆発性物質のある場所に管灯回路の使用電圧が

300V を超える放電灯を施設することは，危険であるので，これらの場所に施設しないこととしている。

【ネオン放電灯の施設】（省令第 56 条第 1 項，第 57 条第 1 項，第 59 条第 1 項）

第 186 条　管灯回路の使用電圧が 1,000V 以下のネオン放電灯（放電管にネオン放電管を使用する放電灯をいう。以下，この条において同じ。）は，次の各号によること。

一　次のいずれかの場所に，危険のおそれがないように施設すること。

イ　一部が開放された看板（開放部は，看板を取り付ける造営材側の側面にあるものに限る。）の枠内

ロ　密閉された看板の枠内

二　簡易接触防護措置を施すこと。

三　屋内に施設する場合は，前条第 1 項第一号の規定に準じること。

四　放電灯用変圧器は，次のいずれかのものであること。

イ　電気用品安全法の適用を受けるネオン変圧器

ロ　電気用品安全法の適用を受ける蛍光灯用安定器であって，次に適合するもの

（イ）　定格 2 次短絡電流は，1 回路あたり 50mA 以下であること。

（ロ）　絶縁変圧器を使用すること。

（ハ）　2 次側に口出し線を有すること。

五　管灯回路の配線は，次によること。

イ　電線は，けい光灯電線又はネオン電線であること。

ロ　電線は，看板枠内の側面又は下面に取り付け，かつ，電線と看板枠とは直接接触しないように施設すること。

ハ　電線の支持点間の距離は，1m 以下であること。

ニ　第 167 条の規定に準じて施設すること。

六　管灯回路の配線のうち放電管の管極間を接続する部分を次により施設する場合は，前号イからハまでの規定によらないことができる。

イ　電線は，厚さ 1mm 以上のガラス管に収めて施設すること。ただし，電線の長さが 10cm 以下の場合はこの限りでない。

ロ　ガラス管の支持点間の距離は，0.5m 以下であること。

ハ　ガラス管の支持点間のうち最も管端に近いものは，管端から 8cm 以上であって 12cm 以下の部分に設けること。

ニ　ガラス管は，看板枠内に堅ろうに取り付けること。

七　管灯回路の配線又は放電管の管極部分が看板枠を貫通する場合は，その部分を難燃性及び耐水性のある堅ろうな絶縁管に収めること。

八　放電管は，次によること。

イ 看板枠及び造営材と接触しないように施設すること。

ロ 放電管の管極部分と看板枠又は造営材との離隔距離は，2cm 以上であること。

九 放電灯用変圧器の外箱及び金属製の看板枠には，D 種接地工事を施すこと。（関連省令第 10 条，第 11 条）

十 湿気の多い場所又は水気のある場所に施設するネオン放電灯には適当な防湿装置を施すこと。

2 管灯回路の使用電圧が 1,000V を超えるネオン放電灯は，次の各号によること。

一 簡易接触防護措置を施すとともに，危険のおそれがないように施設すること。

二 屋内に施設する場合は，前条第 1 項第一号の規定に準じること。

三 放電灯用変圧器は，電気用品安全法の適用を受けるネオン変圧器であること。

四 管灯回路の配線は，次によること。

イ 展開した場所又は点検できる隠ぺい場所に施設すること。

ロ がいし引き工事により，次に適合するように施設すること。

（イ） 電線は，ネオン電線であること。

（ロ） 電線は，造営材の側面又は下面に取り付けること。ただし，電線を展開した場所に施設する場合において，技術上やむを得ないときは，この限りでない。

（ハ） 電線の支持点間の距離は，1m 以下であること。

（ニ） 電線相互の間隔は，6cm 以上であること。

（ホ） 電線と造営材との離隔距離は 186-1 表に規定する値以上であること。

186-1 表

施設場所の区分	使用電圧の区分	離隔距離
展開した場所	6,000V 以下	2cm
	6,000V を超え 9,000V 以下	3cm
	9,000V 超過	4cm
点検できる隠ぺい場所	–	6cm

（ヘ） がいしは，絶縁性，難燃性及び耐水性のあるものであること。

ハ 管灯回路の配線のうち放電管の管極間を接続する部分，放電管取付け枠内に施設する部分又は造営材に沿い施設する部分（放電管からの長さが 2m 以下の部分に限る。）を次により施設する場合は，ロ（イ）から（ニ）までの規定によらないことができる。

（イ） 電線は，厚さ 1mm 以上のガラス管に収めて施設すること。ただし，電線の長さが 10cm 以下の場合は，この限りでない。

（ロ） ガラス管の支持点間の距離は，50cm 以下であること。

（ハ） ガラス管の支持点のうち最も管端に近いものは，管端から 8cm 以上であって 12cm 以下の部分に設けること。

（ニ）　ガラス管は，造営材に堅ろうに取り付けること。

ニ　第167条の規定に準じて施設すること。

五　管灯回路の配線又は放電管の管極部分が造営材を貫通する場合は，その部分を難燃性及び耐水性のある堅ろうな絶縁管に収めること。

六　放電管は，造営材と接触しないように施設し，かつ，放電管の管極部分と造営材との離隔距離は，第四号ロ（ホ）の規定に準じること。

七　ネオン変圧器の外箱には，D種接地工事を施すこと。（関連省令第10条，第11条）

八　ネオン変圧器の2次側電路を接地する場合は，次によること。

イ　2次側電路に地絡が生じたときに自動的に当該電路を遮断する装置を施設すること。（関連省令第15条）

ロ　接地線には，引張強さ0.39kN以上の容易に腐食し難い金属線又は直径1.6mm以上の軟銅線であって，故障の際に流れる電流を安全に通じることができるものを使用すること。（関連省令第11条）

九　湿気の多い場所又は水気のある場所に施設するネオン放電灯には適当な防湿装置を施すこと。

3　管灯回路の使用電圧が300Vを超えるネオン放電灯は，省令第70条及び第175条から第178条までに規定する場所に施設しないこと。（関連省令第68条，第69条，第70条，第71条）

〔解　説〕 本条は，屋内，屋側及び屋外におけるネオン放電灯の施設方法に関する規定である。ネオン放電灯は，管内に封入した各種の気体による発光を利用するグロー放電による放電管で高電圧を必要とする。したがって，漏電，感電等の危険を防止するため，その工事には相当な注意を必要とする。

管灯回路の配線以外の部分の充電部分の露出禁止，弱電流電線等との離隔，メタルラス張り等の木造造営物に取り付ける場合の制限（**第1項**を除く。），防湿装置に関する規定等はネオン放電灯を除く1,000V以下の放電灯の場合と同様であるが，その他の制限事項については，順を追って各号に定められている。なお，看板材料等については，火災予防条例（例）に，「支枠その他ネオン管灯に近接する取付け材には，木材（難燃性合板を除く。）又は合成樹脂（不燃性及び難燃性のものを除く。）を用いないこと。」と規定している。

第1項は，1,000V以下のネオン放電灯回路を看板の枠内に施設する方法に関する規定である。なお，ここでいう一部が開放された看板とは，いわゆるバックネオン看板と呼ばれるものであって，壁面等の取付け側が開放された箱文字の看板内にネオン放電灯を施設し，壁面の反射により文字等が浮かぶように照らす方式のものである。この場合，配線等の安全性を考慮し，開放部は造営材側の側面に限定している。

第四号については，放電灯用変圧器にネオン変圧器及びけい光灯用安定器が使用できることとした。ただし，この場合のけい光灯用安定器は，漏電や感電に対する安全を考慮して絶縁変圧器とするとともに，この種の安定器には複数の出力回路を有するものもあることから，定格二次短絡電流を 1 回路あたり 50mA 以下に限定している。なお，複数の出力回路により 1 の放電管（又は直列に接続した複数の放電管）を点灯させる様な場合は，管灯回路の出力としては，当然，1 回路とみなせるので出力の合計値が適用される。

第五号は，ネオン放電灯回路が看板内に施設されることを考慮し，使用電線にはけい光灯用安定器の口出し線としても用いられているけい光灯電線が使用できることとした。また，看板との離隔距離については看板内に施設することから特に規定しないが，電線被覆の損傷等を考慮し，直接接触させないよう施設することとした。

第六号については，管極間を接続する部分の施設方法としてガラス細管工事を規定した。

第七号については，複数の看板を連結して施設する場合等において看板枠を貫通して施設されることがあるため，貫通部の配線の防護方法について規定している。

第八号については，放電管の管極部の離隔距離を 2cm とした（**→第 2 項第六号**）。なお，造営材との離隔距離については，一部を開放したバックネオン看板の施設に対するものである。

第九号については，ネオン放電灯を使用した看板は，人が触れないよう，かつ，危険のおそれがないように施設されるものであるが，絶縁不良等により看板枠に漏電した場合を考慮し，変圧器外箱及び看板枠には D 種接地工事を施すこととしている。

第 2 項は，管灯回路の使用電圧が 1,000V を超えるネオン放電灯の施設方法について規定している。

第三号では，ネオン変圧器は電気用品安全法の適用を受けるものであることとしている。ネオン管は本質的に高電圧を必要とするが，保安の見地から電圧は低い方がよいので，同法の技術上の基準では実状を加味して，その限度を 15,000V と定めている。また，このような高電圧では危険であるので，安全面を考慮して変圧器の 2 次短絡電流を 50mA 以下（人の感電に対する安全の限界を考えて定めた数値である。）と制限している。しかし，実際には漏れ変圧器を使用して安定器の役目を果たさせているので，容易に条件を満足させることができる。また，ネオン変圧器のように巻線比の大きいこれらの変圧器には，2 次側電路が非接地の絶縁変圧器のものと，小形・軽量で，輸入品の使用が可能な 2 次側電路に接地を施すものがある。H15 解釈では，国際整合化等の観点から二次巻線の中性点を接地する接地式ネオン変圧器の使用に係る規定を追加した。

第四号は，漏電による火災の危険が多いので，配線は展開した場所及び点検できる隠ぺい場所（**→第 1 条第三十号**）に限ることとした。

ロは，管灯回路の配線は，がいし引き工事のみによることとし，高電圧であるので**ハ**による場合を除き，ネオン電線（電気用品安全法により型式認可を受けているもの）を使用することを定めている。また，点検できる隠ぺい場所に施設する場合は，安全性を高くするため電線と造営材との離隔距離を大きくすることを定めている。この場合，コードサポートがいしの6cm以上のものを使用すれば，この条件は満足できる。

ハは，ネオン電線を使用せずに配線工事ができる場合の例外規定である。放電管の管極間の短小な配線，ネオンの看板枠内の部分（長さの制限はない。）又は建物の壁等の造営材に沿ってネオンサイン等を取り付けるときの放電管から長さ2m以下の部分の配線に限り，いわゆる，ガラス細管工事（→解説186.1図）によることができることを示している。

ガラス細管工事は，高電圧で充電された裸線をガラス管（肉厚1mm以上，一般には直径5～6mm前後，1本の長さは1m前後のもの）に収めて配線するので，ガラス管を破損するおそれがある場合，例えば建造物に取り付けられたネオン変圧器から突き出しの看板まで空間をとばして配線するような場合（看板が風等で動揺した場合，ガラス管自体に圧縮応力，曲げ応力等が加わって破損するおそれがあり，破損した場合は裸線が露出されるので危険である。）には使用を認めないこととし，前述のとおり，比較的危険の少ない箇所に限り，また，その部分をなるべく少なくするように制限している。ガラス管の管端の支持点を管端から8～12cmと定めたのは，裸線に充電された高電圧の沿面漏電を避けるためである。湿気の多い場所等（屋外では雨露にさらされる場所）においては，沿面漏電の危険性が高まるが，この場合においても沿面漏電が発生しないよう施設することが求められる。

第五号は，配線又は管極部分が造営材を貫通する場合は，電線被覆の損傷防止や漏れ電流の防止のため，絶縁性及び耐水性のあるがい管に収めるべきことを規定している。この規定は，ハの配線を施設する場合にも当然適用される。

第六号は，管の表面からの漏れ電流による危険防止のため，造営材とは直接接触させないように施設すべき旨を定めているが，管極部分は特に危険が多いので最低離隔距離を制限している。この制限は，チャンネル内等に施設する場合にも当然適用される。

第七号は，ネオン変圧器の外箱は金属

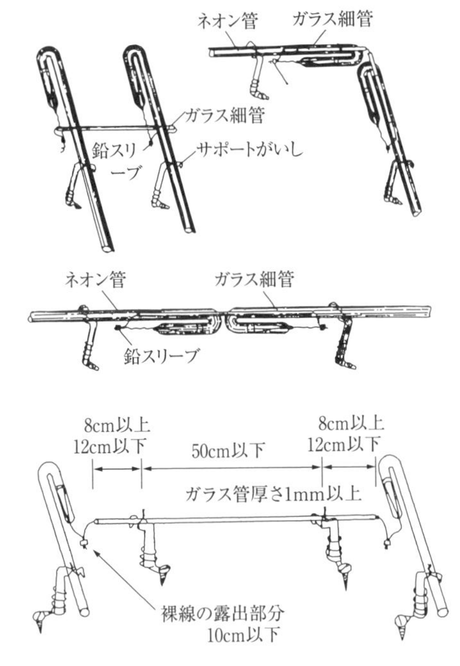

解説 186.1 図

製であり，危険防止のためその金属製部分にはＤ種接地工事を施すべきことを定めている。

第八号は，ネオン変圧器の２次側電路に接地を施す場合の規定で，対地電圧は非接地方式に比べて半分であるため，二次側での地絡が生じにくいが，一旦，一線が地絡すると，非接地式における一線地絡に比べて地絡電流が大きい。したがって，二次巻線接地方式のネオン変圧器を使用する場合には，感電防止手段として，地絡保護装置を施設するよう規定している。

第３項は，粉じんの多い場所又は爆発性物質のある場所に管灯回路の使用電圧が300V を超えるネオン放電灯を施設することは，危険であるので，これらの場所に施設しないこととしている。

【水中照明灯の施設】（省令第５条，第 56 条第１項，第 57 条第１項，第 59 条第１項，第 63 条第１項，第 64 条）

第 187 条　水中又はこれに準ずる場所であって，人が触れるおそれのある場所に施設する照明灯は，次の各号によること。

一　照明灯は次に適合する容器に収め，損傷を受けるおそれがある箇所にこれを施設する場合は，適当な防護装置を更に施すこと。

イ　照射用窓にあってはガラス又はレンズ，その他の部分にあっては容易に腐食し難い金属又はカドミウムめっき，亜鉛めっき若しくは塗装等でさび止めを施した金属で堅ろうに製作したものであること。

ロ　内部の適当な位置に接地用端子を設けたものであること。この場合において，接地用端子のねじは，径が 4mm 以上のものであること。

ハ　照明灯のねじ込み接続器及びソケット（けい光灯用ソケットを除く。）は，磁器製のものであること。

ニ　完成品は，導電部分と導電部分以外の部分との間に 2,000V の交流電圧を連続して１分間加えて絶縁耐力を試験したとき，これに耐える性能を有すること。

ホ　完成品は，当該容器に使用可能な最大出力の電灯を取り付け，定格最大水深（定格最大水深が 15cm 以下のものにあっては 15cm）以上の深さに水中に沈め，当該電灯の定格電圧に相当する電圧で 30 分間電気を供給し，次に 30 分間電気の供給を止め，この操作を６回繰り返したとき，容器内に水が浸入する等の異状がないものであること。

ヘ　容器は，その見やすい箇所に使用可能な電灯の最大出力及び定格最大水深を表示したものであること。

二　照明灯に電気を供給する電路には，次に適合する絶縁変圧器を施設すること。

イ　１次側の使用電圧は 300V 以下，２次側の使用電圧は 150V 以下であること。

ロ　絶縁変圧器は，その2次側電路の使用電圧が30V以下の場合は，1次巻線と2次巻線との間に金属製の混触防止板を設け，これにA種接地工事を施すこと。この場合において，A種接地工事に使用する接地線は，次のいずれかによること。（関連省令第10条，第11条）

（イ）接触防護措置を施すこと。

（ロ）600Vビニル絶縁電線，ビニルキャブタイヤケーブル，耐燃性ポリオレフィンキャブタイヤケーブル，クロロプレンキャブタイヤケーブル，クロロスルホン化ポリエチレンキャブタイヤケーブル，耐燃性エチレンゴムキャブタイヤケーブル又はケーブルを使用すること。

ハ　絶縁変圧器は，交流5,000Vの試験電圧を1の巻線と他の巻線，鉄心及び外箱との間に連続して1分間加えて絶縁耐力を試験したとき，これに耐える性能を有すること。

三　前号の規定により施設する絶縁変圧器の2次側電路は，次によること。

イ　電路は，非接地であること。

ロ　開閉器及び過電流遮断器を各極に施設すること。ただし，過電流遮断器が開閉機能を有するものである場合は，過電流遮断器のみとすることができる。

ハ　使用電圧が30Vを超える場合は，その電路に地絡を生じたときに自動的に電路を遮断する装置を施設すること。

ニ　ロの規定により施設する開閉器及び過電流遮断器並びにハの規定により施設する地絡を生じたときに自動的に電路を遮断する装置は，堅ろうな金属製の外箱に収めること。

ホ　配線は，金属管工事によること。

ヘ　照明灯に接続する移動電線は，次によること。

（イ）電線は，断面積2mm^{2}以上の多心クロロプレンキャブタイヤケーブル，多心クロロスルホン化ポリエチレンキャブタイヤケーブル又は多心耐燃性エチレンゴムキャブタイヤケーブルであること。

（ロ）電線には，接続点を設けないこと。

（ハ）損傷を受けるおそれがある箇所に施設する場合は，適当な防護装置を設けること。

ト　ホの規定による配線とヘの規定による移動電線との接続には，接地極を有する差込み接続器を使用し，これを水が浸入し難い構造の金属製の外箱に収め，水中又はこれに準ずる以外の場所に施設すること。

四　次に掲げるものは，相互に電気的に完全に接続し，これにC種接地工事を施すこと。（関連省令第10条，第11条）

イ　第一号に規定する容器の金属製部分

ロ　第一号及び第三号へ（ハ）に規定する防護装置の金属製部分

ハ　第一号に規定する容器を収める金属製の外箱

ニ　前号ニ及びトに規定する金属製の外箱

ホ　前号ホに規定する配線に使用する金属管

五　前号の規定によるC種接地工事の接地線は，次によること。（関連省令第11条）

イ　第三号トに規定する差込み接続器と照明灯との間は，第三号へに規定する移動電線の線心のうちの1つを使用すること。

ロ　イの規定による部分と固定して施設する接地線との接続には，第三号トに規定する差込み接続器の接地極を用いること。

2　水中又はこれに準ずる場所であって，人が立ち入るおそれがない場所に施設する照明灯は，次の各号によること。

一　照明灯は，次に適合する容器に収めて施設すること。

イ　照射用窓（電灯のガラスの部分が外部に露出するものを除く。）にあってはガラス又はレンズ，その他の部分にあっては容易に腐食し難い金属若しくはカドミウムめっき，亜鉛めっき，塗装等でさび止めを施した金属又はプラスチックで堅ろうに製作したものであること。

ロ　前項第一号ハからへまでの規定に適合するものであること。

ハ　金属製部分には，C種接地工事を施すこと。（関連省令第10条，第11条）

二　照明灯に電気を供給する電路の対地電圧は，150V以下であること。

三　照明灯に接続する移動電線は，次によること。

イ　電線は，断面積0.75mm²以上のクロロプレンキャブタイヤケーブル，クロロスルホン化ポリエチレンキャブタイヤケーブル又は耐燃性エチレンゴムキャブタイヤケーブルであること。

ロ　電線には，接続点を設けないこと。

〔解　説〕 本条は，プールの水中に設置する照明灯の施設又は噴水等で美観又は装飾の目的で水中又は水辺に設置する照明灯の施設に係る規定である。

第1項は，人が泳ぐプールの水中に設置する照明灯の設置方法について規定し，**第2項**では，人は水中に立ち入らないが，噴水等の池の水中に設置する照明灯又は池の周辺で水に没するおそれがある場所若しくは水がかかる場所｛防水構造でないと容器内に水が浸入するおそれがある場所をいい，しぶきが飛散する程度のいわゆる水気のある場所（→**第1条第二十六号**）は含まない。｝に設置する照明灯の施設について規定している。

第1項では，プールの水中照明灯の施設は人が最も感電事故を起こしやすく危険なものであるため，厳格な規制を設けている。

第一号は，水中照明灯の容器に係る規定である。

照明灯は，通常解説187.1図のようにプールの水中においてその側壁の凹部に設置される。これは，泳者による直接的な外力又は衝撃波動等によって照明灯が損傷を受けるおそれがないよう，又はプールの清掃等で誤って衝撃を与え破損しないように十分奥行に余裕をもって凹部に設置することが必要である。やむを得ずこのような箇所に設置することができず側壁の外部に設置するような場合は，堅ろうで十分奥行に余裕のある箱に照明灯を設置し適当な防護装置を施す必要がある。

第二号イは，変圧器の高電圧巻線と低電圧巻線の混触により高電圧が低電圧側の照明灯関係の電路に入り込まないように，照明灯に電気を供給するための絶縁変圧器（**→第198条解説**）を電源側と照明灯との間に設け，更に安全性を高めるため，1次側の使用電圧及び2次側の電圧を300V以下及び150V以下に制限している。

ロは，絶縁変圧器の2次側電路の使用電圧が30V以下の場合は，絶縁変圧器の1次巻線と2次巻線との間に金属製の混触防止板（**→第24条解説**）を設け，この板にA種接地工事を施すことを規定している。これは高電圧が照明灯回路に侵入するのを防止するとともに，事故の範囲を最小限にするためである。この場合，2次側電路の使用電圧が保安上十分に低いので，**第三号ハ**の電路に地絡を生じたときに自動的に電路を遮断する装置の施設義務を課していない。また，A種接地工事に使用する接地線を人が触れるおそれがある場所で施設する場合は，プールの水には消毒用の化学薬品が溶解されていることがあり，天然ゴムの絶縁電線では侵されやすいので，化学的に耐性のある電線を使用することを規定している。

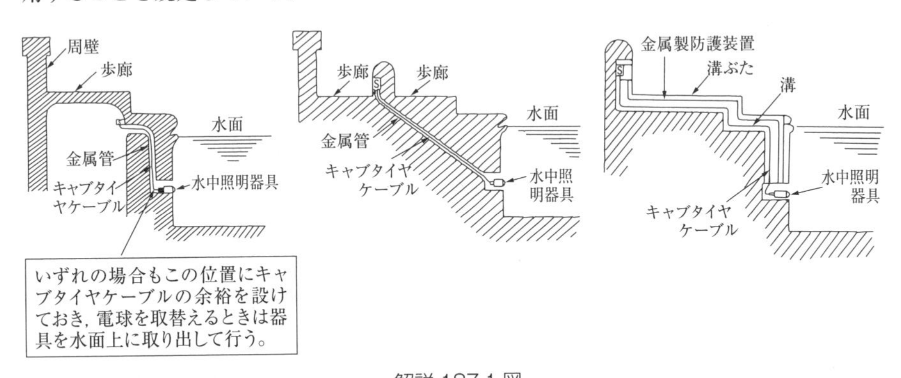

解説187.1図

第三号イは，絶縁変圧器の2次側電路の施設について規定しており，絶縁変圧器の2次側の電路は接地しないこと，つまり，非接地回路とすることとしている。非接地回路であれば，その回路の任意の1点に地絡事故が発生しても，150V以下の低電圧回路であれば帰路がないので地絡電流は流れないことから感電防止に効果がある。

ハは，絶縁変圧器の2次側電路の使用電圧が30Vを超える場合は，漏電遮断器を施設することを規定している。2次側の電路が30V以下の場合は，1次側電路の使用電圧（普通100V又は200V）に比べ十分電圧が低く，安全性が確保されている。したがって，このような場合は両巻線の間に混触防止板を設けて，1次側の電圧が2次側の低電圧回路に侵入するのを防止することによって感電防止上効果をあげることができる。安全確保の方法として使用電圧をできるだけ低く（例えば6V）して，感電しても微弱な電流しか流れず，人体に支障を与えないといった方法があるが，あまり電圧が低いとその回路に接続する負荷に対する配電容量との関係で電線に太いものを使用するか，さもなければ電流損失が増大するなど，電線重量などの経済的な問題も関係するため，自ずから限度がある。

したがって，照明灯に電気を供給する電路の使用電圧として30Vを超え100V以下程度の電圧を採用する場合がある。このような場合は，1次側と2次側の使用電圧は同じであって，絶縁変圧器に混触防止板を設ける意味が前述に比較してなくなるので，ハでは事故発生を防止するため，電路の使用電圧を150V以下の電圧（安全と考えられる電圧の一つの段階→**第24条解説**）に抑えて電路に漏電遮断器を施設すべきことを規定している。この場合の漏電遮断器は，電路が非接地式電路であるので，漏電遮断器の内部で高抵抗で中性点を接地した特殊な構造のものを使用する必要がある。一般の屋内配線用のものでは1線が接地しても動作しないので注意を要する。

ニは，2次側電路に使用される開閉器，過電流遮断器，漏電遮断器はそれぞれ堅ろうな金属製の外箱に収めることを規定している。

ホは，絶縁変圧器の2次側の配線は金属管工事により施設することとしている。これは，金属管工事により施設されていれば，絶縁電線の絶縁被覆が損傷して地絡を生じても，事故電流はその帰路として接地抵抗値の低い金属管に流れ，電流経路が限定されるためである。また，漏電遮断器の動作という点でも効果がある。もし絶縁性の合成樹脂管が使用されると，絶縁電線の損傷箇所の導体から直接事故電流が流出し，電位傾度の発生の場は前者より広範にわたることになる。本号では，以上の趣旨から2次側配線を金属管工事で施設するよう規定している。

へは，照明灯に電気を供給する移動電線の規定である。移動電線に接続点を設けないこととしているのは，その箇所が弱点となって事故発生の原因となるからであり，この場合，特に水中又はこれに準ずる場所に施設するものであるから当然のことである。電線の種類を限定しているのは，機械的な強度及び化学薬品に対する耐性等の点からである。移動電線は，保安上及び経済上からむやみに長い経路をとることは好ましくない。

また，損傷を受ける箇所に移動電線を施設する場合は，適当な防護装置を設けることを規定している。この防護装置には，接地系確立のため金属管等金属型（**→第1項第四号**）のものが使用される。なお，移動電線には，プール等の場所に施設されることから，その取扱いが乱暴になりやすく，保安上からも機械的強度が要求されるので，その断面積は$2mm^2$以上のものと規制している。

トは，照明灯に使用する移動電線とこれに電気を供給する配線との接続には，差込み接続器を使用することを規定している（→**第171条第1項解説**）。この差込み接続器は，水が浸入し難い（→**第175条第1項第二号ロ解説**）金属製の外箱に収め，解説187.1図の接続器Ⓢの位置のように水がかかることがなく，水没することのないような場所に設ける必要がある。この場合，水面以下のガラス窓を介してプールの側壁に設置するようなものは，事故で窓ガラスが破損すれば水が照明灯側に浸入してくるので，水面以上の高い箇所又は水が内側に浸入しても接続器に水がかからないような空間的に十分余裕のある箇所に設置することが要求される。なお，金属製の外箱と限定したのは，機械的強度を得るためと接地系確立の趣旨からである。

第四号は，絶縁変圧器の2次側の接地系を確立するための規定である（→解説187.2図）。ここで電気的に相互に完全に接続することとしているのは，化学薬品が溶解していて水分その他湿気により金属の表面が酸化して接触抵抗を生じることのないようにするためであり，接続は，ねじ・ボンド又は接地クランプ等による堅固な接続とする必要がある。更に，配管には，接続箇所のさび止め等の措置を講じる必要がある。

第五号は，接地系を間違いなく確立する趣旨で，接地線の施設方法について規定している。

第2項各号では，プールの場合と異なって人が水中に立ち入らないので，**第1項**の場合よりも規制を緩和している。

第一号は，照明灯の規格に関するものである。ハは，照明灯の金属製の容器にはC種接地工事を施すことを規定している。

第二号では，照明灯に電気を供給する電路の対地電圧を150V以下に制限している。この場合，**第1項**のように，絶縁変圧器，漏電遮断装置等の規制はない。

第三号は，移動電線について規定しており，接続点のない断面積0.75mm² 以上のものでよいこととしている。

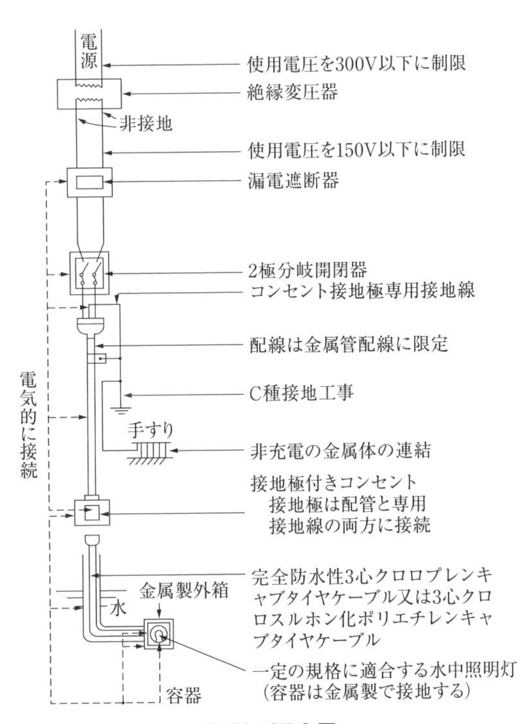

解説187.2図

【滑走路灯等の配線の施設】（省令第56条第1項，第57条第1項）

第188条　飛行場の構内であって，飛行場関係者以外の者が立ち入ることができない場所において，滑走路灯，誘導灯その他の標識灯に接続する地中の低圧又は高圧の配線は，第123条から第125条までの規定に準じるとともに，次の各号のいずれかによること。

一　第120条及び第121条の規定に準じて施設すること。

二　管路式又は暗きょ式により，次に適合するように施設すること。

イ　電線は，ケーブル若しくは第2項に規定する飛行場標識灯用高圧ケーブル又はこれらに保護被覆を施したケーブルであること。

ロ　管又は暗きょは，車両その他の重量物の圧力に耐えるものであること。

三　車両その他の重量物の圧力を受けるおそれがない場所において，直接埋設式により，次に適合するように施設すること。

イ　埋設深さは，60cm以上であること。

ロ　電線は，クロロプレン外装ケーブル若しくは第2項に規定する飛行場標識灯用高圧ケーブル又はこれらに保護被覆を施したケーブルであること。

ハ　電線の埋設箇所を示す適当な表示を設けること。

四　滑走路，誘導路その他の舗装した路面に設けた溝に，次に適合するように施設すること。

イ　配線の使用電圧は，低圧であること。

ロ　電線は，断面積$2mm^2$以上の軟銅より線を使用する600Vビニル絶縁電線であること。

ハ　電線には，次に適合する保護被覆を施すこと。

（イ）　材料は，ポリアミドであって，日本産業規格 JIS K 6920-2(2009)「プラスチック－ポリアミド（PA）成形用及び押出用材料－第2部：試験片の作製方法及び特性の求め方」の表2の溶融温度により試験したとき，融点が210℃以上のものであること。

（ロ）　厚さは，0.2mm以上であること。

（ハ）　保護被覆を施した600Vビニル絶縁電線について，おもりの質量を1.5kgとして保護被覆が擦り減って絶縁体が露出するまでスクレープ摩耗試験を行ったとき，その平均回数が300以上であること。なお，スクレープ摩耗試験を行う前は「試料調整」及び「加熱処理」を実施すること。

ニ　溝には，電線が損傷を受けるおそれがないように堅ろうで耐熱性のあるものを充てんすること。

2　飛行場標識灯用高圧ケーブルは，次の各号に適合するものであること。

一　導体は，次のいずれかであること。

イ　別表第1に規定する軟銅線又はこれを素線としたより線（すず若しくは鉛又は

これらの合金のめっきを施したものに限る。）
ロ　別表第2に規定するアルミ線又はこれを素線としたより線
二　絶縁体は，次に適合するものであること。
イ　材料は，ブチルゴム混合物又はエチレンプロピレンゴム混合物であって，電気用品の技術上の基準を定める省令の解釈別表第一附表第十四に規定する試験を行ったとき，これに適合すること。
ロ　厚さは，別表第5に規定する値以上であること。
三　外装は，次に適合するものであること。
イ　材料は，クロロプレンゴム混合物であって，電気用品の技術上の基準を定める省令の解釈別表第一附表第十四に規定する試験を行ったとき，これに適合すること。
ロ　厚さは，別表第10に規定する値以上であること。
四　完成品は，次に適合するものであること。（関連省令第5条第2項）
イ　清水中に1時間浸した後，単心のものにあっては導体と大地との間に，多心のものにあっては導体相互間及び導体と大地との間に，17,000V（使用電圧が3,500V以下のものにあっては，9,000V）の交流電圧を連続して10分間加えたとき，これに耐える性能を有すること。
ロ　イの試験の直後において，導体と大地との間に100Vの直流電圧を1分間加えた後に測定した絶縁体の絶縁抵抗が，別表第7に規定する値以上であること。

〔解　説〕　本条は，航空法の規定によって飛行場内に設置する滑走路灯，滑走路末端灯，滑走路中心線灯，接地帯灯，誘導路灯，誘導路中心線灯等に電気を供給する配線の施設方法について規定している。

第1項は，飛行場内に設置する滑走路灯等の標識灯に電気を供給する低圧又は高圧の配線を地中電線路関係条項（**→第120条，第121条，第123条，第124条，第125条解説**）の規定に準じて施設することとしている。

第二号は，飛行場内で管路式又は暗きょ式により配線を施す場合の電線の種類及び管又は暗きょの強度について示している。飛行場内は，維持管理を行う者以外の者が容易に立ち入ることができる場所ではないので，**第2項**に示す飛行場標識灯用高圧ケーブルを使用できることとしている。

第三号は，飛行場のような場所は，ハの規定により地中電線の埋設箇所が明白となり，かつ，管理が十分行き届く場所であるので，クロロプレン外装ケーブル及び**第2項**に規定する飛行場標識灯用高圧ケーブルを使用する場合に損傷防止装置を省略できることとしている。

第四号は，飛行場は十分に管理が行き届く場所であることから，低圧配線に使用する断面積$2mm^2$以上でハに示す保護被覆を施した電線（ビニル絶縁ポリアミド外装電線）

を滑走路，誘導路その他の舗装した路面に設けた溝に施設し，溝には電線が損傷を受けるおそれのないようにエポキシ樹脂などの堅ろうで耐熱性のあるものを充てんして施設したものを低圧配線として使用できることを示している。

保護被覆の摩耗試験は，JIS C 3003（1976）「エナメル銅線及びエナメルアルミニウム線試験方法」の「往復式耐摩耗性」によることとしていたが，当該JISが廃止されたこと，同規格による試験機が入手困難であることを踏まえ，R5解釈に同等の試験方法として確認をしたスクレープ摩耗試験（JASO D 625-2（2022）（自動車部品－自動車用電線－第2部：試験方法）の4.7.2を参照。））を適用した。なお，JASO D 625-2（2022）のスクレープ摩耗試験には，JIS C 3003で規定していた「試料調整」，「加熱処理」に関する規定がないため，スクレープ摩耗試験を行う前に解説188.1表に示す「試料調整」と「加熱処理」を実施する必要がある。

解説188.1表

試料の調整	試料を約1%引き延ばし，真っすぐにして表面をアルコールで拭く
加熱処理の温度と時間	温度125 ± 3℃を10分間
加熱処理後の処置	温度20 ± 10℃，湿度65 ± 5%の恒温槽中に12時間以上放置

第2項は，飛行場標識灯用高圧ケーブルの規格を示している。飛行場標識灯用高圧ケーブルは，遮へいの点を除いてはクロロプレン外装ケーブルと構造的に同じである（→第10条）。

【遊戯用電車の施設】（省令第5条，第56条第1項，第57条第1項，第2項，第59条第1項）

第189条　遊戯用電車（遊園地の構内等において遊戯用のために施設するものであって，人や物を別の場所へ運送することを主な目的としないものをいう。以下この条において同じ。）内の電路及びこれに電気を供給するために使用する電気設備は，次の各号によること。

一　遊戯用電車内の電路は，次によること。

　イ　取扱者以外の者が容易に触れるおそれがないように施設すること。

　ロ　遊戯用電車内に昇圧用変圧器を施設する場合は，次によること。

　　（イ）　変圧器は，絶縁変圧器であること。

　　（ロ）　変圧器の2次側の使用電圧は，150V以下であること。

　ハ　遊戯用電車内の電路と大地との間の絶縁抵抗は，使用電圧に対する漏えい電流が，当該電路に接続される機器の定格電流の合計値の1/5,000を超えないように保つこと。

二　遊戯用電車に電気を供給する電路は，次によること。

　イ　使用電圧は，直流にあっては60V以下，交流にあっては40V以下であること。

ロ　イに規定する使用電圧に電気を変成するために使用する変圧器は，次によること。
（イ）変圧器は，絶縁変圧器であること。
（ロ）変圧器の1次側の使用電圧は，300V以下であること。
ハ　電路には，専用の開閉器を施設すること。
ニ　遊戯用電車に電気を供給するために使用する接触電線（以下この条において「接触電線」という。）は，次によること。
（イ）サードレール式により施設すること。
（ロ）接触電線と大地との間の絶縁抵抗は，使用電圧に対する漏えい電流がレールの延長1kmにつき100mAを超えないように保つこと。
三　接触電線及びレールは，人が容易に立ち入らないように措置した場所に施設すること。
四　電路の一部として使用するレールは，溶接（継目板の溶接を含む。）による場合を除き，適当なボンドで電気的に接続すること。
五　変圧器，整流器等とレール及び接触電線とを接続する電線並びに接触電線相互を接続する電線には，ケーブル工事により施設する場合を除き，簡易接触防護措置を施すこと。

〔解　説〕 遊戯用電車とは，人の輸送を目的としない一回りして同じ場所に帰って来るものを対象としているので，遊園地間を結ぶような構外にわたって施設されるものは遊戯用電車として扱われず，**本条**の規定を適用することができないので，**第6章**の電気鉄道等の規定によることとなる。

本条の適用の対象となる電気設備は，「遊戯用電車内の電路及びこれに電気を供給するために使用する電気設備」として，一つの装置という考え方で成り立っている。定義だけでは，電気設備のどの部分から**本条**の対象となるかは明確でないが，通常，交流40V以下又は直流60V以下の電気に変成する装置から遊戯用電車までがその対象となる。

第一号イは，遊戯用電車内の電路は取扱者以外の者が容易に触れるおそれがないように施設することを規定している。**ロ**は，遊戯用電車内に昇圧用変圧器を設置する場合は，**次号ロ**と同様の趣旨で変圧器の2次電圧を150V以下としている。これらの変圧器に単巻変圧器を使用すると電路の地絡事故等に際し，危険度を増大するおそれがあるので，**（イ）**でこれを使用しないよう規定している。**ハ**は，電車内の配線は一般の屋内配線と異なり，その構造上常に振動を受け，また，車台周りの配線は風雨やじんあいにさらされているので，劣化しやすい状態にあり，電車内の電路の絶縁低下は漏電の原因となり乗客はもちろん，乗務員にも危険を及ぼすおそれがある。したがって，電路の絶縁を常に良好な状態に保持することとしており，その絶縁抵抗は使用電圧に対する漏えい電流が定格電流の1/5,000以下となるよう規定している。電路の絶縁抵抗をその漏れ電流の割合で規定したのは，絶縁抵抗の測定は，主回路と補助回路等に分けてその機器を含めて測定されるため，一律に絶縁抵抗値によることが困難であるからである。なお，絶縁抵抗試験は，一般にはメガーで測定し，その値と電路の使用電圧から漏れ電流を逆算する方法が採用されている。

第二号イは，遊戯用電車に電気を供給する電路の使用電圧は直流にあっては60V以下，交流にあっては40V以下としている。ここで直流電圧と交流電圧とで差異があるのは，危険度の問題であり，詳細については**省令第2条**及び**第16条**の解説を参照されたい。**ロ**では，交流40V以下又は直流60V以下の電圧に電気を変成するために使用する変圧器の1次側線間電圧は300V以下であることとしている。これは万一変圧器に事故を生じた場合の危険をできるだけ少なくするためである。**ハ**は，遊戯用電車に関する電気設備に事故を生じた際に，他の回路と独立に遮断できるように専用の開閉器を設置することとしている。

第三号は，レール及び接触電線は，人が容易に立ち入らないようにさく等を設けた場所に施設することとしている。

第四号は，電路の一部として使用するレールの継目は溶接又はボンドにより電気的に接続することとしている。その趣旨は，レールの継目は，これを継目板とボンドで接続するだけでは電気抵抗が大きく，このままレールを帰線として使用すると，電力損失や電圧降下が大きく，甚だしい場合は安定した電車の運転を困難にし，また，帰線から大地への漏れ電流を増加させて付近の金属製地中管路の電食の原因ともなるので，レールを溶接する場合を除き，レール電流に相応した断面積を有する適当な種類，型式のボンドでレールを接続すべきことを規定している。

第五号は，変圧器，整流器等とレール及び接触電線とを接続する電線や接触電線相互を接続する電線の工事方法についての規定であり，使用電圧も低く，かつ，施設場所及び工事方法がまちまちであるのでケーブル工事による場合のほかは，簡易接触防護措置を施すこととしている。

【アーク溶接装置の施設】（省令第56条第1項，第57条第1項，第59条第1項）

第190条 可搬型の溶接電極を使用するアーク溶接装置は，次の各号によること。

一 溶接変圧器は，絶縁変圧器であること。

二 溶接変圧器の1次側電路の対地電圧は，300V以下であること。

三 溶接変圧器の1次側電路には，溶接変圧器に近い箇所であって，容易に開閉することができる箇所に開閉器を施設すること。

四 溶接変圧器の2次側電路のうち，溶接変圧器から溶接電極に至る部分及び溶接変圧器から被溶接材に至る部分（電気機械器具内の電路を除く。）は，次によること。

イ 溶接変圧器から溶接電極に至る部分の電路は，次のいずれかのものであること。

（イ） 電気用品の技術上の基準を定める省令の解釈別表第八2（100）イ（ロ）b

の規定に適合する溶接用ケーブル

(ロ)　第2項に規定する溶接用ケーブル

(ハ)　1種キャブタイヤケーブル，ビニルキャブタイヤケーブル及び耐燃性ポリオレフィンキャブタイヤケーブル以外のキャブタイヤケーブル

ロ　溶接変圧器から被溶接材に至る部分の電路は，次のいずれかのものであること。

(イ)　イ（イ）及び（ロ）に規定するもの

(ロ)　キャブタイヤケーブル

(ハ)　電気的に完全に，かつ，堅ろうに接続された鉄骨等

ハ　電路は，溶接の際に流れる電流を安全に通じることのできるものであること。

ニ　重量物の圧力又は著しい機械的衝撃を受けるおそれがある箇所に施設する電線には，適当な防護装置を設けること。

五　被溶接材又はこれと電気的に接続される治具，定盤等の金属体には，D種接地工事を施すこと。（関連省令第10条，第11条）

2　前項第四号イ（ロ）の規定における溶接用ケーブルは，次の各号に適合するものであること。

一　導体は，次のいずれかであること。

イ　別表第1に規定する軟銅線であって，直径が1mm以下のものを素線としたより線

ロ　190-1表に規定する硬アルミ線，半硬アルミ線又は軟アルミ線を素線としたより線

190-1表

アルミ線の種類	導体の直径（mm）	引張強さ（N/mm^2）	伸び（%）	導電率（%）
硬アルミ線	0.45	159以上	1.2以上	61.0以上
半硬アルミ線	0.45	98.1以上159未満	1.2以上	61.0以上
軟アルミ線	0.45	58.8以上98.1未満	1.6以上	61.0以上

二　絶縁体は，次に適合するものであること。

イ　材料は，導線用のものにあっては天然ゴム混合物又はクロロプレンゴム混合物，ホルダー用のものにあっては天然ゴム混合物であって，電気用品の技術上の基準を定める省令の解釈別表第一附表第十四に規定する試験を行ったとき，これに適合すること。

ロ　厚さは，190-2表に規定する値以上であること。

190-2表

導体の公称断面積（mm^2）	絶縁体の厚さ（mm）	
	導線用のもの	ホルダー用のもの
100を超え125以下	3.3	1.2
125を超え150以下	3.5	1,2
150を超え200以下	3.8	1.5

> 三　ホルダー用のものにあっては，外装は，次に適合するものであること。
> 　イ　材料は，天然ゴム混合物，クロロプレンゴム混合物又はクロロスルホン化ポリエチレンゴム混合物であって，電気用品の技術上の基準を定める省令の解釈別表第一附表第十四に規定する試験を行ったとき，これに適合すること。
> 　ロ　厚さは，別表第8に規定する値以上であること。
> 四　完成品は，清水中に1時間浸した後，導体と大地との間に1,500V（導線用のものにあっては1,000V）の交流電圧を連続して1分間加えたとき，これに耐える性能を有すること。

〔解　説〕電気溶接には，抵抗溶接とアーク溶接があり，電流も交流の場合と直流の場合があり，構造的にも作業者が溶接棒ホルダーを持って行う可搬型のものと，溶接装置を固定して被溶接材を移動させる固定型とがあるが，**本条**は，建築現場や造船所に多く，使用状態も乱雑となりがちな可搬型のアーク溶接装置（交流だけでなく，直流のものも含む。）について規定している。したがって，自動車工場等に多い点溶接機はその対象外である。

このアーク溶接装置は，電源部となるアーク溶接機（交流の場合は，**本条**の溶接変圧器に該当する。）と，溶接棒（**本条**の溶接電極に相当する。）を保持する溶接棒ホルダー，アーク溶接機と溶接棒とを結ぶ電線及びアーク溶接機と被溶接材とを結ぶ電路から構成される。このうち溶接棒ホルダーについては，第三者との関係がなく，取扱者だけに関係する特殊なものであり，かつ，労働安全衛生規則で規制されているので，**本条**では触れていない。**本条**では，途中の電線における感電及び火災の予防という観点からのみ規定している。

溶接変圧器はアークの特性から無負荷電圧は85V以上で，負荷電圧は30V程度が普通である。容量の大きいものでは無負荷電圧が100Vのものもあるようであるが，溶接棒ホルダーでの感電事故は無負荷時に起こるのであって，充電部分が露出している関係上無負荷電圧が低いことが望ましい。また，溶接変圧器の1次側電圧が高いと混触による危険もあるので，**第二号**で溶接変圧器を接続する電路の対地電圧は300V以下とすることを規定している。さらに，溶接変圧器に単巻変圧器を使用することは，1次側電路の結線間違い等で危険を生じること，及び1次側のB種接地工事の接地点と被溶接材等の接地点とを経て思わぬ所に電流が流れ込むことがあることから，**第一号**で絶縁変圧器とすることを規定している。

第三号は，点検，事故時等に容易に電路を区分できるように設けられたものである。

第四号は，溶接変圧器から溶接棒ホルダーに至る電路と溶接変圧器から被溶接材に至る電路について規定している（→解説190.1図）。

「溶接変圧器から溶接棒ホルダーに至る電線」には，溶接用ケーブル又はキャブタイヤケーブルを使用することとあるが，作業上の状態から1種キャブタイヤケーブル，ビニルキャブタイヤケーブル及び耐燃性ポリオレフィンキャブタイヤケーブル以外のものを使用することとしている。なお，溶接用ケーブルは，100mm² 以下のものは電気用品安全法の対象となっている。100mm² を超えるものは**第 2 項**に適合するものを使用すればよい。

「溶接変圧器から被溶接材に至る電路」は，一般に溶接変圧器と溶接棒ホルダーを結ぶ電線に対しては注意を払うが，帰路となる溶接変圧器と被溶接材との間の電路については注意を怠りがちとなるため思わぬ所で火花が出る又は過熱するなどのことが起こる。したがって，帰路となる電路においても，溶接用ケーブル又はキャブタイヤケーブル（1 種キャブタイヤケーブル，ビニルキャブタイヤケーブル又は耐燃性ポリオレフィンキャブタイヤケーブルを含む。）を使用することとしている。しかし，帰路となる電路が電気的に完全に，かつ，堅ろうに接続された鉄骨等（鉄筋や水管，空気ダクトなどは電気的に接続されていない場合が多いので認められない。）を利用すれば，必ずしも溶接用ケーブル及びキャブタイヤケーブルを使用することを要しない。

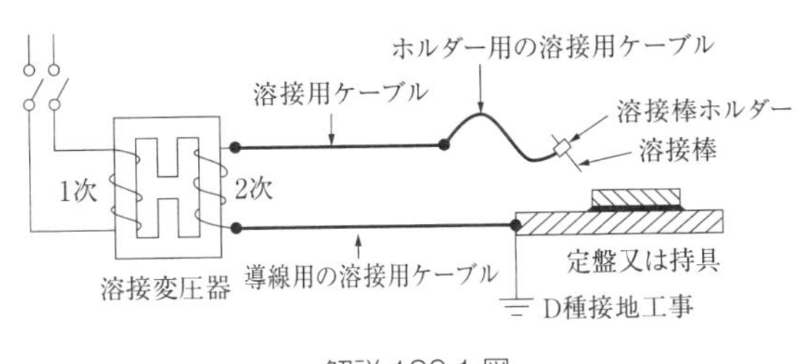

解説 190.1 図

第五号は，被溶接材又はこれを保持する装置（治具，定盤等）の金属体に，D 種接地工事を施すこととしている。これは，被溶接材，治具，定盤等は金属体であるからこれらを大地と同電位とし，帰路の電路を接地側電路とすることを示している。この接地が不完全であると，感電等の危険をもたらすことから，十分な注意が必要である。溶接変圧器の 2 次側の近くに接地を施すことは，分流を促すことにもなるので，被溶接材に近い箇所で接地工事を施すことが望ましい。

第 2 項は，溶接用ケーブルの規格について規定している。

【電気集じん装置等の施設】（省令第 56 条第 1 項，第 57 条第 1 項，第 59 条第 1 項，第 60 条，第 69 条，第 72 条）

第 191 条　使用電圧が特別高圧の電気集じん装置，静電塗装装置，電気脱水装置，電気選別装置その他の電気集じん応用装置（特別高圧の電気で充電する部分が装置の外箱の外に出ないものを除く。以下この条において「電気集じん応用装置」という。）及びこれに特別高圧の電気を供給するための電気設備は，次の各号によること。

一　電気集じん応用装置に電気を供給するための変圧器の 1 次側電路には，当該変圧器に近い箇所であって，容易に開閉することができる箇所に開閉器を施設すること。

二　電気集じん応用装置に電気を供給するための変圧器，整流器及びこれに附属する特別高圧の電気設備並びに電気集じん応用装置は，取扱者以外の者が立ち入ることのできないように措置した場所に施設すること。ただし，充電部分に人が触れた場合に人に危険を及ぼすおそれがない電気集じん応用装置にあっては，この限りでない。

三　電気集じん応用装置に電気を供給するための変圧器は，第16条第1項の規定に適合するものであること。

四　変圧器から整流器に至る電線及び整流器から電気集じん応用装置に至る電線は，次によること。ただし，取扱者以外の者が立ち入ることができないように措置した場所に施設する場合は，この限りでない。

イ　電線は，ケーブルであること。

ロ　ケーブルは，損傷を受けるおそれがある場所に施設する場合は，適当な防護装置を施すこと。

ハ　ケーブルを収める防護装置の金属製部分及び防食ケーブル以外のケーブルの被覆に使用する金属体には，A種接地工事を施すこと。ただし，接触防護措置（金属製のものであって，防護措置を施す設備と電気的に接続するおそれがあるもので防護する方法を除く。）を施す場合は，D種接地工事によることができる。（関連省令第10条，第11条）

五　残留電荷により人に危険を及ぼすおそれがある場合は，変圧器の2次側電路に残留電荷を放電するための装置を設けること。

六　電気集じん応用装置及びこれに特別高圧の電気を供給するための電気設備は，屋内に施設すること。ただし，使用電圧が特別高圧の電気集じん装置及びこれに電気を供給するための整流器から電気集じん装置に至る電線を次により施設する場合は，この限りでない。

イ　電気集じん装置は，その充電部分に接触防護措置を施すこと。

ロ　整流器から電気集じん装置に至る電線は，次によること。

（イ）　屋側に施設するものは，第1項第四号ハ（ただし書を除く。）の規定に準じて施設すること。

（ロ）　屋外のうち，地中に施設するものにあっては第120条及び第123条，地上に施設するものにあっては第128条，電線路専用の橋に施設するものにあっては第130条の規定に準じて施設すること。

七　静電塗装装置及びこれに特別高圧の電気を供給するための電線を第176条に規定する場所に施設する場合は，可燃性ガス等（第176条第1項に規定するものをいう。以下この条において同じ。）に着火するおそれがある火花若しくはアークを発するおそれがないように，又は可燃性ガス等に触れる部分の温度が可燃性ガス等の発火点以上に上昇するおそれがないように施設すること。

八　移動電線は，充電部分に人が触れた場合に人に危険を及ぼすおそれがない電気集じん応用装置に附属するものに限ること。

2　石油精製の用に供する設備に生じる燃料油中の不純物を高電圧により帯電させ，燃料油と分離して，除去する装置（以下この条において「石油精製用不純物除去装置」という。）及びこれに電気を供給する設備を第176条に規定する場所に施設する場合は，次の各号によること。

一　第176条第1項及び前項（第四号ハ，第七号及び第八号を除く。）の規定に準じて，かつ，危険のおそれがないように施設すること。

二　管その他のケーブルを収める防護装置の金属製部分，金属製の電線接続箱及びケーブルの被覆に使用する金属体及び電気機械器具の金属製外箱にはA種接地工事を施すこと。（関連省令第10条，第11条）

三　充電部分は燃料油の槽内の液相部から露出するおそれがないように施設すること。

四　石油精製用不純物除去装置に電気を供給するための変圧器の一次側電路には，専用の過電流遮断器を施設すること。（関連省令第14条）

〔解　説〕電気集じん応用装置（コットレル）は，産業界で広く利用されており，また，家庭用電気機械器具（例えば，空気清浄器）にも利用されている。しかし，家庭用電気機械器具に該当するようなものは，テレビと同じように特別高圧部分が機器の外部に出ていないので，**本条**の適用を受けない。

なお，電気集じん応用装置については，**本条**の規定のほか，特別高圧屋内電気設備として**第145条第2項**及び**第175条**から**第178条**の規定の適用を受けるから注意を要する。

第一号は，事故時，点検時等に電路を区分するためのものである。

第二号は，**第22条**の規定の考え方と同じで，高電圧であり，かつ，危険性が高いため設けられた規定である。ただし書は，電気集じん応用装置は，電圧は高いが電流は微小で，地絡した場合に流れる電流は最大で3mA程度であり，触れても電撃がないというものもある。したがって，このようなものであれば，万一触れても危険はないので例外としている。

第三号は，電気集じん応用装置用変圧器については，**第16条第1項**で特殊な変圧器としてその適用が除かれているので，**本項**で改めて規定しているものである。

第四号は，**第二号**と同じ考えであるが，電源室（電源装置のある部屋）と電気集じん応用装置のある部屋とが様々な理由から離れていることがある。**本号**は，このような場合の途中の配線工事の方法を規定したものである。なお，大型電気集じん応用装置は，しばしば電源室と別の棟に施設されることがあるが，このような場合，電源室から電気集じん応用装置の施設される場所に至る電線は，電源室内の電線は別として，人の出入りする場所はケーブル工事によることとし，人が直接ケーブルに触れるおそれがないような高所（2.5m以上）に施設し，又は適当な防護措置を講じる必要がある。

第五号は，整流器回路の静電容量等により残留電荷が大きく，1次側電路を遮断しても，すぐに作業に取りかかれないような場合には，1次側電路の開閉器とインターロックされた放電装置を設け，又は接地棒をその近くに備えつけておいて容易に放電させることができるように施設することを規定している。

第六号は，電気集じん応用装置並びにこれに電気を供給する整流器及び配線を屋内に施設することを原則としている。しかし，大型の電気集じん応用装置は屋内に施設することが困難な場合が多く，また，電源室から電気集じん応用装置のある場所に至る配線が屋外に施設される場合が多いことから，**ただし書**において，電気集じん応用装置及び整流器から電気集じん装置に至る配線を屋側又は屋外に施設することを認めている。

イでは，電気集じん装置の露出した充電部分は，接触防護措置を施すこととしている。**ロ**では，整流器から電気集じん装置に至る電線にケーブルを使用し，電線路の電線と同様に施設することとしている。

第七号は，一般に特別高圧電気設備は充電状態では放電を伴うことが多いので，**第175条**から**第178条**に規定する危険な場所には施設できないことになっているが，静電塗装装置はその目的上，当然シンナー等を取り扱う場所で扱われることになるので，これを例外としている。そのため静電塗装装置は，短絡しても着火するだけのエネルギーのある火花を発するおそれのないものでなければならず，当然高温となる部分を有していないことが必要条件とされ，したがって電源装置などをその場所に施設しないことにしている。

第八号は，可搬型の静電塗装装置のように充電部分に人が触れれば，ただちに電圧が下がって危険のおそれがないようなものについてのみ，移動電線の使用を認めている。

第2項は，石油精製用不純物除去装置を施設する場合について，**第1項**に準じて施設することを基本として，さらに追加事項を規定したものである。

石油精製用不純物除去装置とは，石油精製において用いられている脱塩装置（電極間に直流又は交流の特別高圧電圧を印加することにより，原油中に含まれている塩を溶解した水分などの分離・沈降を促進させるために設ける装置），電気凝集装置（電極間に直流の特別高圧電圧を印加することにより，燃料油中に含まれている中和エステルや硫酸及びその中和のための苛性ソーダを除去するために設ける装置），電気触媒分離装置（ガラスビーズを充填した電極間に特別高圧電圧を印加することによって不均一な電場を形成し，その電場内の微粒子に生ずる誘電永動力を利用して微粒子を分離する装置）等が該当する。

石油精製用不純物除去装置は，石油精製過程で用いられる施設であるため，**第176条**に規定する可燃性ガス又は引火性物質の蒸気が漏れ又は滞留し，電気設備が点火源となり爆発するおそれがある場所に施設される。一方，**第176条**に規定する場所には，原則として特別高圧の電気機械を施設しないこととしているが，**本条**の規定により施設される場合は，この限りではないこととしている。

第二号では，変圧器から整流器に至る電線及び整流器から石油精製用不純物除去装置に至る電線は，ケーブルを使用し，ケーブルが損傷を受けるおそれがある場所に施設される場合は，適当な防護装置を施すこととし，これら防護装置等の金属体には，A種接地工事を施すこととしている。

第三号は，槽内のガスに露出した充電部分が接しないように施設することを示している。これは，槽内の液相部から充電部分が露出すると，露出充電部分間の絶縁が保てず，アークにより槽内の可燃性ガスに着火するおそれがあるため，これを防止するための措置を講じることを規定したものである。

第四号では，**第1項第一号**に準じて石油精製用不純物除去装置に電気を供給するための変圧器の一次側に開閉器を施設することを規定しているが，さらに専用の過電流遮断器を施設することとしている。

【電気さくの施設】（省令第67条，第74条）

第192条　電気さくは，次の各号に適合するものを除き施設しないこと。

一　田畑，牧場，その他これに類する場所において野獣の侵入又は家畜の脱出を防止するために施設するものであること。

二　電気さくを施設した場所には，人が見やすいように適当な間隔で危険である旨の表示をすること。

三　電気さくは，次のいずれかに適合する電気さく用電源装置から電気の供給を受けるものであること。

イ　電気用品安全法の適用を受ける電気さく用電源装置

ロ　感電により人に危険を及ぼすおそれのないように出力電流が制限される電気さく用電源装置であって，次のいずれかから電気の供給を受けるもの

（イ）　電気用品安全法の適用を受ける直流電源装置

（ロ）　蓄電池，太陽電池その他これらに類する直流の電源

四　電気さく用電源装置（直流電源装置を介して電気の供給を受けるものにあっては，直流電源装置）が使用電圧30V以上の電源から電気の供給を受けるものである場合において，人が容易に立ち入る場所に電気さくを施設するときは，当該電気さくに電気を供給する電路には次に適合する漏電遮断器を施設すること。

イ　電流動作型のものであること。

ロ　定格感度電流が15mA以下，動作時間が0.1秒以下のものであること。

五　電気さくに電気を供給する電路には，容易に開閉できる箇所に専用の開閉器を施設すること。

六　電気さく用電源装置のうち，衝撃電流を繰り返して発生するものは，その装置及びこれに接続する電路において発生する電波又は高周波電流が無線設備の機能に継続的，かつ，重大な障害を与えるおそれがある場所には，施設しないこと。

〔解　説〕 電気さくは，高い電圧で充電された裸電線を，簡単なさくに取り付け，張り巡らすという施設であり，他に例をみないものである。したがって，**省令第74条**にて，使用目的が「田畑，牧場，その他これに類する場所において野獣の侵入又は家畜の脱出を防止するため」に限定されているとともに，施設に際しては「感電又は火災のおそれがないように施設する」こととされており，**本条**において具体的な施設方法が示されている。

本条は，電気さく，電気さく用電源装置及びこれらを接続する電線路に大別し，前2者に対しては**本条**で規定し，電線路に対しては**第3章**の電線路の一般規定が適用される。

省令第74条において，電気さくとは「屋外において裸電線を固定して施設したさくであって，その裸電線に充電して使用するものをいう。」と定義しており，この定義で明らかなように，屋内に施設するものは電気さくとは言わないので，**本条**とは別に屋内配線に関する規定が適用される。また，屋外に施設される裸電線であっても，電気さくに該当しないものについては，当然，**第144条**の規定が適用される（電気さくは，**第144条**において，裸電線の使用が認められている。）。

第一号では，**省令第74条**において，電気さくの使用目的は，「田畑，牧場，その他これに類する場所において野獣の侵入又は家畜の脱出を防止するため」に限られているが，「その他これに類する場所」の解釈については，なるべく狭義に解釈して，盗難予防のようなものに適用されないのは当然である。このようなものは，定義上電気さくに該当しても，**省令第74条**の規定に抵触することになる。

第二号は，危険表示の規定である。電気さくに人が接触した際に流れる衝撃電流は瞬間的であり，それ自体，通常は人体に危害を及ぼすものではない。しかし，高電圧で充電された裸電線という特異な設備であり，人が接触すると電撃を受けることから，**本号**の規定を設けている。危険表示の位置や間隔は，人の立入り状況や土地の形状等によるため一律に決定するのは困難であるが，人が容易に視認できる位置や間隔で行う必要がある。また，電気さくを設置する場所に立ち入る人を想定して，容易に判読可能な文字，背景色や記号を利用した表示内容である必要がある。例示すると解説192.1図のとおりである。

第三号は，人への危害を防止する観点から，電気さくに流れる衝撃電流を人体に問題ない大きさ・波形に制限する必要があるとともに，電気さく用電源装置（又は直流電源装置）の内部で腐食等が発生し，電気さく側に電源側の電気が流出すると，接触した人に危害を及ぼすおそれがあることから設けた規定である。なお，**本号**は平成21年8月の電気さくによる農業従事者の感電死亡事故発生を踏まえ，電気さくを施設する場合の要件をより明確化するため，H21解釈で全面的に改められた。

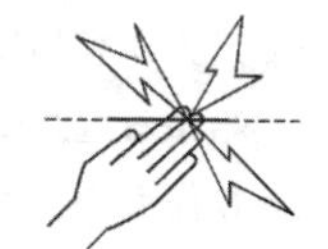

記号による表示
(IEC 60335-2-76:2002 JIS C 9335-2-76:2005)

きけん！！

ひらがな等での表示。
背景の色は周囲と区別しやすい色が好ましい。

解説192.1図

イは，一般のコンセント等の交流を電源とする場合についての規定で，電気さく用電源装置が電気用品安全法に基づく電気用品に該当することから，同法の適用を受けるものを使用することとしている。あわせて，交流の電源は，電気用品安全法の対象となる範囲，すなわち定格電圧 300V 以下とすることを示している。

ロは，（**イ**）で規定する交流を直流に変換する直流電源装置又は（**ロ**）で規定する蓄電池や太陽電池等の直流を電気さく用電源装置の電源とする場合についての規定である。この場合の電気さく用電源装置は，電気用品安全法の対象とならず，同法に基づく電気用品の技術基準の規制がかからないことから，感電により人に危険を及ぼすおそれのないように出力電流が制限されるものとすべきことをここで規定している。**第三号**及び**第四号**の規定により施設する電気さくの施設方法の例を解説 192.1 表に示す。

解説 192.1 表

規定	第三号			第四号
	施設方法	直流電源装置	電気さく用電源装置	漏電遮断器
第三号イ	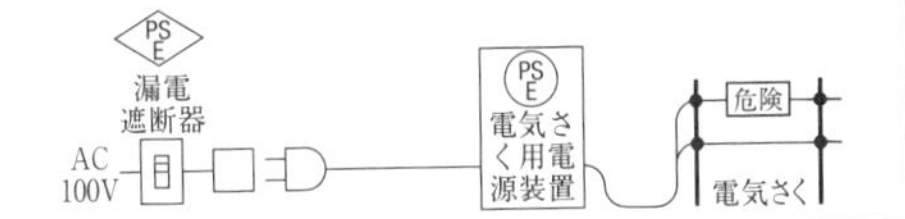 PSE 漏電遮断器 AC 100V ― 電気さく用電源装置（PSE） ― 危険 電気さく	–	電気用品安全法適用品	必要※1 電気用品安全法適用品※2
第三号ロ（イ）	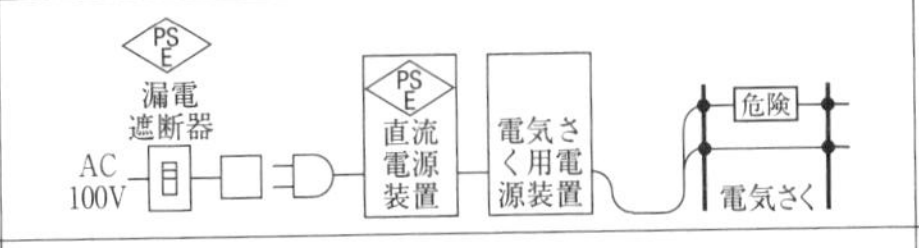 PSE 漏電遮断器 AC 100V ― 直流電源装置（PSE） ― 電気さく用電源装置 ― 危険 電気さく	電気用品安全法適用品	感電により人に危険を及ぼすおそれのないように出力電流が制限されるもの	必要※1 電気用品安全法適用品※2
第三号ロ（ロ）	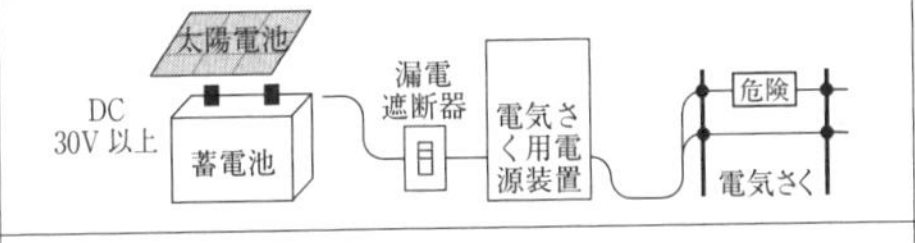 太陽電池 DC 30V 以上 蓄電池 ― 漏電遮断器 ― 電気さく用電源装置 ― 危険 電気さく	–		必要※1
参考	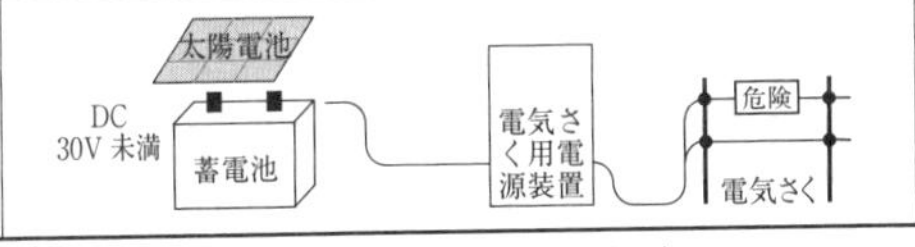 太陽電池 DC 30V 未満 蓄電池 ― 電気さく用電源装置 ― 危険 電気さく	–		–

※1：人が容易に立ち入る場所に施設する場合
※2：電気用品安全法の規定による

第四号は，万が一電気さく側に電源側の電気が流出した場合は，人が接触したとき（人体を介して地絡事故が発生したとき）に人体に問題ない時間内に電路を遮断する必要があることから設けた規定である。漏電遮断器の整定値については，**第29条第2項第五号**の解説にある可随電流の考え方に基づいている。**本号**の「人が容易に立ち入る場所」とは，人が一般的に通る場所と，さく，へい等で分離されておらず，かつ，人が容易に触れ得る高さの場所を指す。

第五号は，電気さくの事故等の際に容易に電源から開放できるように専用の開閉器を施設することとした。

第六号は，電波障害の防止について規定している。電気さく用電源装置は，(a) 衝撃電流を繰り返して発生するもの，及び (b) 衝撃電流を繰り返し発生しないもの，の2つに分類されるが，電波障害を与えるおそれがある場所では，このうち (b) に該当するものを使用する必要がある。

【電撃殺虫器の施設】（省令第56条第1項，第59条第1項，第67条，第75条）

第193条　電撃殺虫器は，次の各号によること。

一　電撃殺虫器を施設した場所には，危険である旨の表示をすること。

二　電撃殺虫器は，電気用品安全法の適用を受けるものであること。

三　電撃殺虫器の電撃格子は，地表上又は床面上3.5m以上の高さに施設すること。ただし，2次側開放電圧が7,000V以下の絶縁変圧器を使用し，かつ，保護格子の内部に人が手を入れたとき，又は保護格子に人が触れたときに絶縁変圧器の1次側電路を自動的に遮断する保護装置を設ける場合は，地表上又は床面上1.8m以上の高さに施設することができる。

四　電撃殺虫器の電撃格子と他の工作物（架空電線を除く。）又は植物との離隔距離は，0.3m以上であること。

五　電撃殺虫器に電気を供給する電路には，専用の開閉器を電撃殺虫器に近い箇所において容易に開閉することができるように施設すること。

2　電撃殺虫器は，次の各号に掲げる場所には施設しないこと。

一　電撃殺虫器及びこれに接続する電路において発生する電波又は高周波電流が無線設備の機能に継続的かつ重大な障害を与えるおそれがある場所

二　省令第70条及び第175条から第178条までに規定する場所

〔解　説〕 電撃殺虫器は食品工場，ゴルフ場，果樹園など薬剤散布により害虫を防除できない場所に使用されるもので，その機能上高電圧の露出した充電部分があることから，本条では人又は家畜に対してその施設が危険なものとならないように制限するとともに，火災等に対しても十分危険のおそれがないように施設すべきことを規定している。

電撃殺虫器は，光により虫を誘引する照明部分と誘引した虫を電撃により殺す部分とからなっており，本条では電撃により殺す部分を「電撃格子」といっている。

第一号は，取扱者以外の者に対する危険表示の規定である。

第二号では，電気用品安全法の適用を受けるものであることとしている。電気用品の技術上の基準を定める省令の解釈では，電撃格子に加わる電圧を12,000V以下とし，電撃格子が短絡した際に流れる電流を25mA以下とするため，電撃格子に電気を供給する変圧器には磁気漏れ変圧器で，かつ，絶縁変圧器を使用し，その2次側開放電圧及び

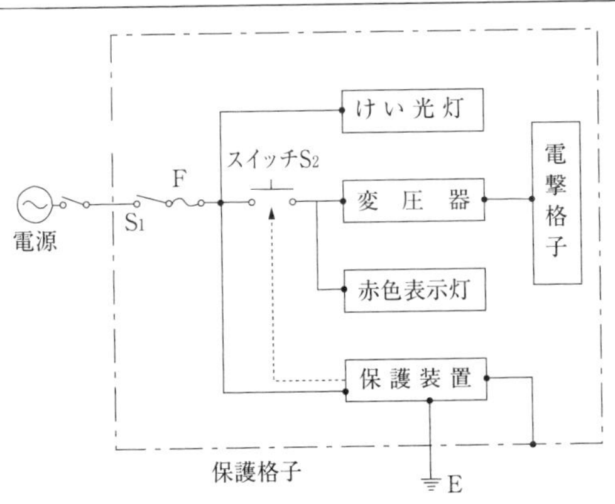

(a)電撃殺虫器の配線の一例

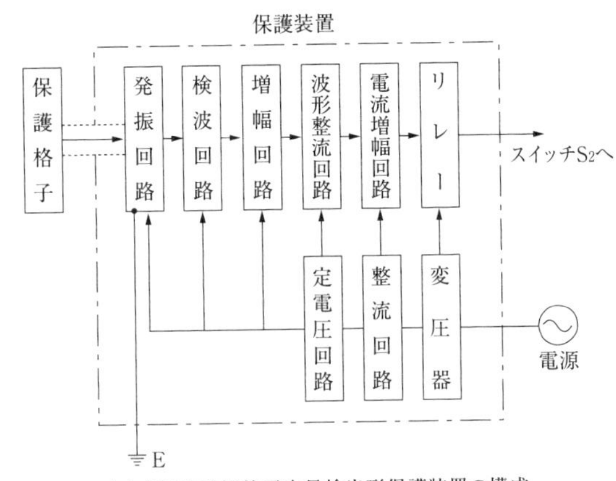

(b)高周波発振静電容量検出形保護装置の構成

解説 193.1 図

2 次側短絡電流を制限している。大きな蛾を殺す必要性から，電撃格子に加える電圧を 12,000V としているが，一般のはえや蛾を殺すためのものであれば，開放電圧が 3,000V ～ 7,000V，短絡電流が 10mA 程度のもので十分であり，特に屋内で使用されるものは開放電圧の低いものを使用することが望ましい。

第三号は，電撃格子に人が触れないようにその取付け高さを 3.5m としている。しかし，ただし書において，電撃殺虫器の変圧器の 2 次側開放電圧が 7,000V 以下で，保護格子に人が接近又は触れたときに自動的に変圧器の電源を遮断する保護装置を有するものでは，1.8m 以上の高さに施設することができることを示している。

一般に使用される保護装置を内蔵した電撃殺虫器は，解説 193.1 図（a）に示すような配線となっており，電撃殺虫器の絶縁変圧器及び保護装置(保護格子を除く。）の外箱は接地し，保護格子は電撃格子及び絶縁変圧器の外箱から絶縁している。保護装置は，その用途から考えて高度の信頼性を要求されるため，一般にはトランジスタなどの半導体で構成され，解説 193.1 図（b）のような高周波発振静電容量検出形のものが多い。同図の保護格子と接地した電撃殺虫器の外箱又は大地間には固有の静電容量を有しており，発振回路はこの静電容量のもとで正常な発振を続け，人が保護格子に接近又は接触すると，人体と大地との間の静電容量又は抵抗のために，保護格子と大地との間の静電容量の増加又は抵抗の減少により，発振回路の発振条件が乱され，発振周波数の変化，振幅変化又は発振停止を引き起こす。この発振回路の出力を検出して，検波し，反転増幅，波形整形及び電流増幅回路を経てリレーを動作させ，解説 193.1 図（a）のスイッチ S_2 が自動的に開放する。人体が保護格子から離れると，発振が正常に復し，リレーの動作は停止して，スイッチ S_2 は閉じて，再び電撃格子に高電圧が印加される。

このように静電容量検出形のものは，保護格子と大地との間の静電容量が電撃殺虫器の設置される周囲の条件に左右されるので，設置場所において電撃殺虫器を調整する必要がある。

第四号は，電撃格子と他の工作物（架空電線については**第 78 条**等で別に示しているので，ここでは当然除かれる。）又は植物との離隔距離を電気さく（→**前条**）と同様，0.3m 以上と規定している。しかし，前述の静電容量検出形保護装置を有する電撃殺虫器を使用する場合には，発振回路の調整が困難になることから電撃殺虫器は他の工作物又は植物から十分に離す必要がある。

第五号は，電撃格子の極間に虫の死体やごみが溜まるため，これらの掃除の際に電撃殺虫器を電源から容易に開放できるような専用の開閉器を施設することとしている。

第 2 項第一号は，電撃格子の極間に生ずる放電は，無線設備の機能に障害を与えることから，このような場所には施設しないこととしている。

第二号は，**省令第 70 条**及び**第 175 条**から**第 178 条**に規定する場所では，安全性を確保することが困難となるため，これらの場所に施設することを禁止している。

【エックス線発生装置の施設】（省令第 56 条第 1 項，第 57 条第 1 項，第 2 項，第 59 条第 1 項，第 62 条，第 75 条）

第 194 条　エックス線発生装置（エックス線管，エックス線管用変圧器，陰極加熱用変圧器及びこれらの附属装置並びにエックス線管回路の配線をいう。以下この条において同じ。）は，次の各号によること。

一　変圧器及び特別高圧の電気で充電するその他の器具（エックス線管を除く。）は，人が容易に触れるおそれがないように，その周囲にさくを設け，又は箱に収める等適当な防護装置を設けること。ただし，取扱者以外の者が出入りできないように措置した場所に施設する場合は，この限りでない。

二　エックス線管及びエックス線管導線は，人が触れるおそれがないように適当な防護装置を設ける等危険のおそれがないように施設すること。ただし，取扱者以外の者が出入りできないように措置した場所に施設する場合は，この限りでない。

三　エックス線管導線には，金属被覆を施したケーブルを使用し，エックス線管及びエックス線回路の配線と完全に接続すること。ただし，エックス線管を人体に 20cm 以内に接近して使用する以外の場合において，次により施設するときは，十分な可とう性を有する断面積 $1.2mm^2$ の軟銅より線を使用することができる。

イ　エックス線管の移動等により電線にゆるみを生じることがないように巻取り車等適当な装置を設けること。

ロ　エックス線管導線の露出する充電部分に1m以内に接近する金属体には，D種接地工事を施すこと。(関連省令第10条，第11条)

四　エックス線管導線の露出した充電部分と造営材，エックス線管を支持する金属体及び寝台の金属製部分との離隔距離は，エックス線管の最大使用電圧の波高値が100,000V以下の場合は15cm以上，100,000Vを超える場合は最大使用電圧の波高値と100,000Vの差を10,000Vで除した値（小数点以下を切り上げる。）に2cmを乗じたものを15cmに加えた値以上であること。ただし，相互の間に絶縁性の隔壁を堅ろうに取り付ける場合は，この限りでない。

五　エックス線管を人体に20cm以内に接近して使用する場合は，そのエックス線管に絶縁性被覆を施し，これを金属体で包むこと。

六　エックス線管回路の配線（エックス線管導線を除く。以下この条において同じ。）は，次のいずれかによること。

イ　次に適合するエックス線用ケーブルを使用すること。

（イ）　構造は，日本産業規格 JIS C 3407（2003）「X線用高電圧ケーブル」の「5 材料，構造及び加工方法」に適合すること。

（ロ）　完成品は，日本産業規格 JIS C 3407（2003）「X線用高電圧ケーブル」の「4 特性」に適合すること。

ロ　次に適合するように施設すること。

（イ）　電線の床上の高さは，194-1表に規定する値以上であること。ただし，取扱者以外の者が出入りできないように措置した場所に施設する場合は，この限りでない。

（ロ）　電線と造営材との離隔距離，電線相互の間隔，及び電線が低圧屋内電線，高圧屋内電線，管灯回路の配線，弱電流電線等又は水管，ガス管若しくはこれらに類するもの（以下この号において「低圧屋内電線等」という。）と接近又は交差する場合における電線とこれらのものとの離隔距離は，194-1表に規定する値以上であること。ただし，相互の間に絶縁性の隔壁を堅ろうに取り付け，又は電線を十分な長さの難燃性及び耐水性のある堅ろうな絶縁管に収めて施設する場合は，この限りでない。

194-1表

エックス線管の最大使用電圧の区分	電線の床上の高さ	電線と造営材との離隔距離	電線相互の間隔及び低圧屋内電線等との離隔距離
100,000V以下	2.5m	0.3m	0.45m
100,000V超過	$(2.5+c)$ m	$(0.3+c)$ m	$(0.45+c')$ m

（備考）
1. エックス線管の最大使用電圧は，波高値で示す。
2. c は，エックス線管の最大使用電圧と 100,000V の差を 10,000V で除した値（小数点以下を切り上げる。）に 0.02 を乗じたもの
3. c' は，エックス線管の最大使用電圧と 100,000V の差を 10,000V で除した値（小数点以下を切り上げる。）に 0.03 を乗じたもの

七　エックス線管用変圧器及び陰極加熱変圧器の１次側電路には，開閉器を容易に開閉することができるように施設すること。

八　１の特別高圧電気発生装置により２以上のエックス線管を使用する場合は，分岐点に近い箇所で，各エックス線管回路に開閉器を施設すること。

九　特別高圧電路に施設するコンデンサには，残留電荷を放電する装置を設けること。

十　エックス線発生装置の次に掲げる部分には，D 種接地工事を施すこと。（関連省令第 10 条，第 11 条）

イ　変圧器及びコンデンサの金属製外箱（大地から十分に絶縁して使用するものを除く。）

ロ　エックス線管導線に使用するケーブルの金属被覆

ハ　エックス線管を包む金属体

ニ　配線及びエックス線管を支持する金属体

十一　エックス線発生装置の特別高圧電路は，その最大使用電圧の波高値の 1.05 倍の試験電圧をエックス線管の端子間に連続して１分間加えたとき，これに耐える性能を有すること。（関連省令第５条第２項）

2　次の各号により施設する場合は，前項第一号から第五号までの規定によらないことができる。

一　取扱者以外の者が出入りできないように措置した場所及び床上の高さ 2.5m を超える場所に施設する部分を除き，露出した充電部分がないように施設し，かつ，エックス線管に絶縁性被覆を施し，これを金属体で包むこと。

二　エックス線管導線には，金属被覆を施したケーブルを使用し，エックス線管及びエックス線回路の配線と完全に接続すること。

3　エックス線発生装置は，省令第 70 条及び第 175 条から第 178 条までに規定する場所には施設しないこと。

〔**解　説**〕 本条は，エックス線発生装置の施設方法について規定している。

第１項第一号は，変圧器及び特別高圧の電気をもって充電するコンデンサその他の器具（エックス線管を除く。）は，人が容易に触れないようにその周囲にさくを設けること等を規定している。ただし，一般の人が出入りせず取扱者のみが出入りするように措置した工業用又は研究用等の特殊な場所に施設するものは，この制限から除外されている。

第二号は，エックス線管及びその導線の充電部分は露出しているので，取扱者以外の

人が触れるおそれがないように，人の行動範囲を制限するような防護装置を設けて充電部分に人が接触することを防ぐべきことを規定している。

ただし書は，工事の都合によって，例えばエックス線管を取り付ける位置が寝台の上部にあるような場合であって，防護装置を設けることが困難な場合には，危険のおそれがないようにすれば，この防護装置は省略することができることを示している。この防護装置としては，絶縁性のものがよく，金属製のものは誘導電位を生じやすいのでふさわしくない。**前号**と同様，取扱者以外の者が出入りしない場所に施設するものは，防護装置を省略することができる。

エックス線管を寝台の上部で使用する場合には，エックス線管の導線をなるべく垂直とすることも接触防止上適当である。また，床にゴム，ビニルその他絶縁性の合成樹脂を張ることが防護方法としては有効である。ただし，金属製の釘を露出して使用するなどのことをすると効果を失うことになるため避けることとする。

第三号は，エックス線管の導線に使用する電線とその施設方法について規定したもので，エックス線管と配線との接続を堅固に，かつ，完全にすべきことを特に規定し，人が触れても安全なように，原則として金属被覆を施したケーブルを使用することにしている。ただし，エックス線管を人体に 20cm 以内に近づけない場合に限って，十分な可とう性を有する断面積 1.2mm^2 の軟銅より線を使用することができることを規定している。保安の観点からは金属被覆を施したケーブルを使用するのが最もよいが，高電圧のものでは絶縁が困難なため危険度が増しても裸線を使用する場合があるので，この規定が設けられた。

イは，エックス線管の移動により，導線に緩みを生じて，人が触れ感電するおそれがあるので，巻取車など適当な装置を設けて常に緩まないようにすべきことを規定している。

ロは，軟銅より線を使用する場合，**第十号**と同じ理由により導線の露出する充電部分に 1m 以内に接近する金属体には，D 種接地工事を施すことを規定している。

第四号は，エックス線管の導線の露出した充電部分と造営材，エックス線管を支持する金属体及び寝台の金属製部分との離隔距離は，100kV 以下の場合は 15cm，100kV を超える場合は 10kV 超過するごとに 2cm を加え，10kV 未満の端数がある場合には更に 2cm を加えた値を常に保持することが規定されている。**194-1 表**で造営材と電線との離隔距離を 30cm と定めているのに対し，**本号**で 15cm としているのは，エックス線管が移動するものであることを考慮し，安全率を見込まない許容し得る最小の接近距離をもってその限度と定めたためである。

第五号は，エックス線管を人体と 20cm 以内に接近して使用する場合は，危険性が高いことから，エックス線管に絶縁被覆を施して，金属体で包むことを規定している。

第六号は，エックス線管回路の配線についての規定で，この回路は特別高圧の電線を屋内に取り付けるものであることから，その危険性を考慮して厳重な制限を設けている。

イに規定するエックス線用ケーブルを使用する場合は問題ないが，これ以外の電線を使用するときは，**ロ**に規定するような厳重な工事制限を課している。

なお，エックス線用高電圧ケーブルの構造は，概ね解説 194.1 図に示すとおりで，一般に屋内に特別高圧の配線を行うことは，電気に関する技術者のほかは出入りを許されない特定の場所に限って認められているのであって，エックス線発生装置用配線のように高電圧のものを一般の人の出入りする場所に施設することは危険であるが，この場合は本質上やむを得ないものとして，**本条**の規定に従って施設するものに限りこれを認めることとしている。ただし，**ロ（ロ）**の制限は，施設場所の関係から工事上やむを得ない場合であって，相互間に絶縁性の隔壁を設け，又は電線を十分な長さの絶縁管に収めて施設するときは，その部分に限りこの制限によらないことができるとしている。

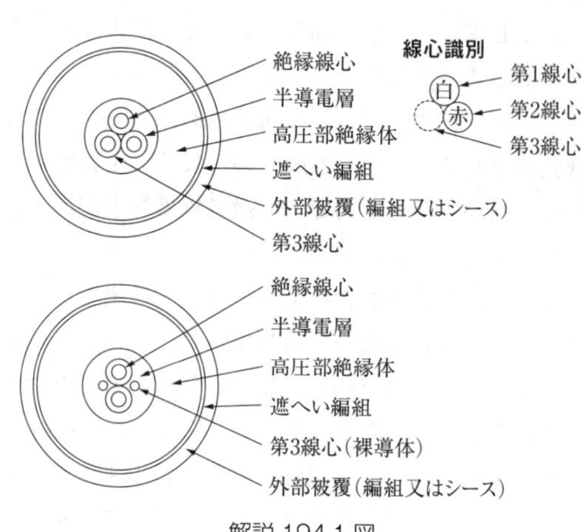

解説 194.1 図

ロ（イ）は，電線は通常天井，はり等に取り付けられるが，その床上の高さは，人が誤って手を伸ばしても危険のおそれがない程度の高さとして，2.5m と定めた。一般に屋内における人が触れるおそれがない箇所とは，床上の高さを例にとれば床上 2.3m（**→第1条第三十六号**）である。ここでは屋内のため空間的に十分余裕がなく，かつ，電線と造営材との離隔距離も十分にとる必要があるが，エックス線管回路の配線は電圧が高く危険であるので，施設状況から離隔距離は，2.5m と定められた。ただし，これは一般の人が出入りする場所に対する制限であって，ただし書にあるように取扱者のほかは入らない特定の場所では，この制限によらないことができる。

（ロ）は，離隔距離について定めた規定であるが，電圧が高いので放電の危険を避けるため，安全率を見込んだ十分な離隔距離を設けている。電線相互の間隔が電線と造営材との離隔距離と若干相違するのは，電線と造営材との離隔距離については，エックス線発生装置が設置される場所の大きさの制限から十分な安全率を見込むことができないが，電線相互間の場合にはこの制限がないためである。また，施設の制限を 100kV を境界として取り扱っているのは，一般に 100kV 以下のものが多く，この電圧以下のものに対して一括して制限を設けることが合理的なためである。

第七号は，エックス線管用変圧器及び陰極加熱変圧器の 1 次側は一般屋内配線工事によって施設するが，2 次側が高電圧であることから，2 次側の故障等の場合に速かに遮断できるように，1次側の適当な箇所に開閉器を設けることを定めている。

第八号は，一つの特別高圧発生装置によって，2個又はそれ以上のエックス線管を使用するような設備は，点検補修その他のためにその一部のエックス線管の使用を休止することが必要になる場合もあるので，このような場合に不要な部分にまで高電圧で充電されないように規定したものである。

第九号は，エックス線発生装置には，管球の電圧変動の軽減及び変圧器の2次電圧よりも高い電圧の発生のために，多くはコンデンサを取り付けているが，エックス線装置の使用が終わり，電源を切った際にこのコンデンサに残留電荷が残り，このまま関係回路に人が触れると電撃を受けるおそれがあるので，この残留電荷を放電する装置を設置すべきことを規定したものである。

第十号は，静電誘導作用その他により電位が上昇する危険を考えて，**イ**，**ロ**，**ハ**及び**ニ**のそれぞれにD種接地工事を施すことを規定している。一般に特別高圧関係機器の外箱はA種接地工事を施すよう規定しているが，エックス線発生装置についてはD種接地工事を施すことを規定している。これは，放電管は管灯回路と同様（→**第185条**，**第186条**），変圧器のインピーダンスが高いため，接地又は短絡の際の故障電流が小さく接地線における電圧降下が少ないので，D種接地工事で十分と考えたことによるものである。

第十一号は，エックス線発生装置の耐圧試験に関する規定であって，最大使用電圧（波高値）の1.05倍の電圧に1分間耐えるものでなければならないことを規定している。ここで5%増しの電圧としたのは，この回路は高電圧であるから5%増しただけでも短時間で十分に不良箇所を検出できるからである。

第2項は，**第一号**及び**第二号**により施設する場合に**前項第一号**から**第五号**の規定によらないことができることを規定している。**第2項**の規定による施設方法は3種類に分類され，これを危険度の低いものから高いものの順に列記すると次のとおりである。

①露出した充電部分がなく，かつ，エックス線管に絶縁性被覆を施し，これを金属体で包んだもの。これは，携帯し又は移動することを目的としていて，外部からその装置のいずれの部分に触れても電撃の危険のないもので，一部に管球の上に空気間隙をおいて金属製の被覆を施したものである。

②取扱者以外の者が出入りできないように措置した場所に施設する部分を除き露出した充電部分がなく，かつ，エックス線管に絶縁性被覆を施し，これを金属体で包んだもの。

③取扱者以外の者が出入りできないように措置した場所及び床上の高さ2.5mを超える場所に施設する部分を除き，露出した充電部分がなく，かつ，エックス線管に絶縁性被覆を施し，これを金属体で包んだもの。

第3項では，**省令第70条**及び**第175条**から**第178条**に規定する場所では，安全性を確保することが困難となるため，これらの場所に施設することを禁止している。

【フロアヒーティング等の電熱装置の施設】（省令第56条第1項，第57条第1項，第59条第1項，第63条第1項，第64条）

第195条 発熱線を道路，横断歩道橋，駐車場又は造営物の造営材に固定して施設する場合は，次の各号によること。

一 発熱線に電気を供給する電路の対地電圧は，300V以下であること。

二 発熱線は，MIケーブル又は次に適合するものであること。

イ 日本産業規格 JIS C 3651（2014）「ヒーティング施設の施工方法」の「附属書A（規定）発熱線等」の「A.3 性能」（「A.3.2 外観」及び「A.3.3 構造」を除く。）の第2種発熱線に係るものに適合すること。

ロ 日本産業規格 JIS C 3651（2014）「ヒーティング施設の施工方法」の「附属書A（規定）発熱線等」の「A.5.1 外観」及び「A.5.2 構造」の試験方法により試験したとき，「A.4 構造及び材料」に適合すること。

三 発熱線に直接接続する電線は，MIケーブル，クロロプレン外装ケーブル（絶縁体がブチルゴム混合物又はエチレンプロピレンゴム混合物のものに限る。）又は次に適合する発熱線接続用ケーブルであること。

イ 導体は，別表第1に規定する軟銅線又はこれを素線としたより線（絶縁体にエチレンプロピレンゴム混合物又はブチルゴム混合物を使用するものにあっては，すず若しくは鉛又はこれらの合金のめっきを施したものに限る。）であること。

ロ 絶縁体は，次に適合するものであること。

（イ） 材料は，耐熱ビニル混合物，架橋ポリエチレン混合物，エチレンプロピレンゴム混合物又はブチルゴム混合物であって，電気用品の技術上の基準を定める省令の解釈別表第一附表第十四に規定する試験を行ったとき，これに適合すること。

（ロ） 厚さは，絶縁体に耐熱ビニル混合物，架橋ポリエチレン混合物又はエチレンプロピレンゴム混合物を使用するものにあっては0.8mm以上，絶縁体にブチルゴム混合物を使用するものにあっては1.1mm以上であること。

ハ 外装は，次に適合するものであること。

（イ） 材料は，耐熱ビニル混合物であって，電気用品の技術上の基準を定める省令の解釈別表第一附表第十四に規定する試験を行ったとき，これに適合すること。

（ロ） 厚さは，絶縁体に耐熱ビニル混合物，架橋ポリエチレン混合物又はエチレンプロピレンゴム混合物を使用するものにあっては1.2mm以上，絶縁体にブチルゴム混合物を使用するものにあっては1.0mm以上であること。ただし，外装の上にポリアミドを0.2mm以上の厚さに被覆するものにあっては，0.2mmを減じた値とすることができる。

ニ　完成品は，次に適合するものであること。

(イ)　清水中に1時間浸した後，導体と大地の間に1,500Vの交流電圧を連続して1分間加えたとき，これに耐える性能を有すること。

(ロ)　(イ)の試験の後において，導体と大地との間に100Vの直流電圧を1分間加えた後に測定した絶縁体の絶縁抵抗が別表第7に規定する値以上であること。

四　発熱線は，次により施設すること。

イ　人が触れるおそれがなく，かつ，損傷を受けるおそれがないようにコンクリートその他の堅ろうで耐熱性のあるものの中に施設すること。

ロ　発熱線の温度は，80℃を超えないように施設すること。ただし，道路，横断歩道橋又は屋外駐車場に金属被覆を有する発熱線を施設する場合は，発熱線の温度を120℃以下とすることができる。

ハ　他の電気設備，弱電流電線等又は水管，ガス管若しくはこれらに類するものに電気的，磁気的又は熱的な障害を及ぼさないように施設すること。

五　発熱線相互又は発熱線と電線とを接続する場合は，電流による接続部分の温度上昇が接続部分以外の温度上昇より高くならないようにするとともに，次によること。

イ　接続部分には，接続管その他の器具を使用し，又はろう付けし，かつ，その部分を発熱線の絶縁物と同等以上の絶縁効力のあるもので十分被覆すること。

ロ　発熱線又は発熱線に直接接続する電線の被覆に使用する金属体相互を接続する場合は，その接続部分の金属体を電気的に完全に接続すること。

六　発熱線又は発熱線に直接接続する電線の被覆に使用する金属体には，使用電圧が300V以下のものにあってはD種接地工事，使用電圧が300Vを超えるものにあってはC種接地工事を施すこと。(関連省令第10条，第11条)

七　発熱線に電気を供給する電路は，次によること。

イ　専用の開閉器及び過電流遮断器を各極（過電流遮断器にあっては，多線式電路の中性極を除く。）に施設すること。ただし，過電流遮断器が開閉機能を有するものである場合は，過電流遮断器のみとすることができる。

ロ　電路に地絡を生じたときに自動的に電路を遮断する装置を施設すること。

2　コンクリートの養生期間においてコンクリートの保温のために発熱線を施設する場合は，前項の規定に準じて施設する場合を除き，次の各号によること。

一　発熱線に電気を供給する電路の対地電圧は，300V以下であること。

二　発熱線は，電気用品の技術上の基準を定める省令の解釈別表第一の第2項に適合するものであること。

三　発熱線をコンクリートの中に埋め込んで施設する場合を除き，発熱線相互の間隔を5cm以上とし，かつ，発熱線が損傷を受けるおそれがないように施設すること。

四　発熱線に電気を供給する電路は，次によること。

イ　専用の開閉器を各極に施設すること。ただし，発熱線に接続する移動電線と屋内配線，屋側配線又は屋外配線とを差込み接続器その他これに類する器具を用いて接続する場合，又はロの規定により施設する過電流遮断器が開閉機能を有するものである場合は，この限りでない。

ロ　過電流遮断器を各極（多線式電路の中性極を除く。）に施設すること。

3　電熱ボード又は電熱シートを造営物の造営材に固定して施設する場合は，次の各号によること。

一　電熱ボード又は電熱シートに電気を供給する電路の対地電圧は，150V 以下であること。

二　電熱ボード又は電熱シートは電気用品安全法の適用を受けるものであること。

三　電熱ボードの金属製外箱又は電熱シートの金属被覆には，D 種接地工事を施すこと。（関連省令第 10 条，第 11 条）

四　第 1 項第四号ハ及び第七号の規定に準じて施設すること。

4　道路，横断歩道橋又は屋外駐車場に表皮電流加熱装置（小口径管の内部に発熱線を施設したものをいう。）を施設する場合は，次の各号によること。

一　発熱線に電気を供給する電路の対地電圧は，交流（周波数が 50Hz 又は 60Hz のものに限る。）300V 以下であること。

二　発熱線と小口径管とは，電気的に接続しないこと。

三　小口径管は，次によること。

イ　小口径管は，日本産業規格 JIS G 3452（2019）「配管用炭素鋼鋼管」に規定する配管用炭素鋼鋼管に適合するものであること。

ロ　小口径管は，その温度が 120℃を超えないように施設すること。

ハ　小口径管に附属するボックスは，鋼板で堅ろうに製作したものであること。

ニ　小口径管相互及び小口径管とボックスとの接続は，溶接によること。

四　発熱線は，次に適合するものであって，その温度が 120℃を超えないように施設すること。

イ　発熱体は，別表第 1 に規定する軟銅線又はこれを素線としたより線（絶縁体にエチレンプロピレンゴム混合物又はけい素ゴム混合物を使用するものにあってはすず若しくは鉛又はこれらの合金のめっきを施したもの，ふっ素樹脂混合物を使用するものにあっては，ニッケル若しくは銀又はこれらの合金のめっきを施したものに限る。）であること。

ロ　絶縁体は，次に適合するものであること。

（イ）　材料は，耐熱ビニル混合物，架橋ポリエチレン混合物，エチレンプロピレンゴム混合物，けい素ゴム混合物又はふっ素樹脂混合物であって電気用品の技術上の基準を定める省令の解釈別表第一附表第十四に規定する試験を行ったとき，これに適合するものであること。

（ロ）　厚さは，195-1 表に適合するものであること。

195-1 表

導体の公称断面積（mm^2）　絶縁体の種類／使用電圧の区分	絶縁体の厚さ（mm）						
	耐熱ビニル混合物	架橋ポリエチレン混合物又はエチレンプロピレンゴム混合物		けい素ゴム混合物			ふっ素樹脂混合物
	600V 以下	600V 以下	600V を超え 3,500V 以下	600V 以下	600V を超え 1,500V 以下	1,500V を超え 3,500V 以下	600V 以下
8 以下	1.2	1.0	2.5	1.6	2.5	3.5	0.6
8 を超え 14 以下	1.4	1.0	2.5	1.9	3.0	3.5	0.7
14 を超え 22 以下	1.6	1.2	2.5	1.9	3.0	3.5	0.8
22 を超え 30 以下	1.6	1.2	2.5	2.3	3.0	3.5	0.8
30 を超え 38 以下	1.8	1.2	2.5	2.3	3.0	3.5	0.9
38 を超え 60 以下	1.8	1.5	3.0	2.3	3.0	4.0	0.9
60 を超え 80 以下	2.0	1.5	3.0	2.8	3.0	4.0	1.0
80 を超え 100 以下	2.0	2.0	3.0	2.8	3.5	4.0	1.0
100 を超え 125 以下	2.2	2.0	3.0	2.8	3.5	4.0	1.1
125 を超え 150 以下	2.2	2.0	3.0	3.4	3.5	4.0	1.1

ハ　外装は，次に適合するものであること。

（イ）　材料は，絶縁体に耐熱ビニル混合物，架橋ポリエチレン混合物又はエチレンプロピレンゴム混合物を使用する場合は耐熱ビニル混合物，架橋ポリエチレン混合物又はエチレンプロピレンゴム混合物であって，電気用品の技術上の基準を定める省令の解釈別表第一附表第十四に規定する試験を行ったとき，これに適合するもの，絶縁体にけい素ゴム混合物又はふっ素樹脂混合物を使用する場合は耐熱性のあるもので密に編組したもの又はこれと同等以上の耐熱性及び強度を有するものであること。

（ロ）　厚さは，195-2 表に適合するものであること。

195-2表

使用電圧の区分（V）	外装の厚さ（mm）			
	耐熱ビニル混合物（絶縁体が耐熱ビニル混合物の場合）	架橋ポリエチレン混合物又はエチレンプロピレンゴム混合物（絶縁体が架橋ポリエチレン混合物又はエチレンプロピレンゴム混合物の場合）	編組又は被覆（絶縁体がけい素ゴム混合物の場合）	節組又は被覆（絶縁体がふっ素樹脂混合物の場合）
600以下	$\frac{D}{25}+0.8$（1.5未満の場合は1.5）	$\frac{D}{25}+0.8$（1.5未満の場合は1.5）	1.5	0.6
600を超え3,500以下	−	$\frac{D}{25}+1.3$（1.5未満の場合は1.5）	1.5	−

（備考）
1. Dは，外装の内径（単位：mm）
2. 外装の厚さは，小数点2位以下を四捨五入した値とする。

ニ　完成品は，次に適合するものであること。

（イ）　清水中に1時間浸した後，発熱線と大地との間に195-3表に規定する交流電圧を連続して1分間加えたとき，これに耐える性能を有すること。

195-3表

使用電圧の区分（V）	導体の公称断面積（mm^2）	交流電圧（V）			
		耐熱ビニル発熱線	架橋ポリエチレン発熱線又はエチレンプロピレンゴム発熱線	けい素ゴム発熱線	ふっ素樹脂発熱線
600以下	8以下	1,500	1,500	2,000	1,500
	8を超え22以下	2,000	2,000	2,000	2,000
	22を超え30以下	2,000	2,000	2,500	2,000
	30を超え60以下	2,500	2,500	2,500	2,500
	60を超え80以下	2,500	2,500	3,000	2,500
	80を超え150以下	3,000	3,000	3,000	3,000
600を超え1,500以下	8を超え150以下	−	9,000	5,000	−
1,500を超え3,500以下	8を超え150以下	−	9,000	8,000	−

（ロ）　（イ）の試験の後において，発熱線と大地との間に100Vの直流電圧を1分間加えた後に測定した絶縁体の絶縁抵抗が別表第7に規定する値以上であること。

（ハ）　使用電圧が600Vを超えるものにあっては，接地した金属平板上にケーブルを2m以上密着させ，導体と接地板との間に，195-4表に規定する試験電圧まで徐々に電圧を加え，コロナ放電量を測定したとき，放電量が30pC以下であること。

195-4 表

使用電圧の区分	試験電圧
600V を超え 1,500V 以下	1,500V
1,500V を超え 3,500V 以下	3,500V

五　表皮電流加熱装置は，人が触れるおそれがなく，かつ，損傷を受けるおそれがないようにコンクリートその他の堅ろうで耐熱性のあるものの中に施設すること。

六　発熱線に直接接続する電線は，発熱線と同等以上の絶縁効力及び耐熱性を有するものであること。

七　発熱線相互又は電線と発熱線とを接続する場合は，電流による接続部分の温度上昇が接続部分以外の温度上昇より高くならないようにするとともに，次によること。

イ　接続部分には，接続管その他の器具を使用し，又はろう付けすること。

ロ　接続部分には，鋼板で堅ろうに製作したボックスを使用すること。

ハ　接続部分は，発熱線の絶縁物と同等以上の絶縁効力のあるもので十分被覆すること。

八　小口径管（ボックスを含む。）には，使用電圧が 300V 以下のものにあってはD種接地工事，使用電圧が 300V を超えるものにあってはC種接地工事を施すこと。（関連省令第 10 条，第 11 条）

九　第 1 項第四号ハ及び第七号の規定に準じて施設すること。

〔解　説〕 低圧用の電熱装置による感電，出火の災害を防止するための施設方法については**第 152 条**に示されているが，**本条**では，道路や造営物，横断歩道橋等に埋め込み又は固定して施設する電熱装置について規定している。

第 1 項は，道路や屋外駐車場，横断歩道橋の路面の積雪又は氷結を防止するための，いわゆるロードヒーティング及び暖房のため発熱線を床等に埋め込む，いわゆるフロアヒーティングについて規定している。

第一号は，保安上は 150V 以下とすることが望ましいが，ロードヒーティング等で大規模なものになると，電源その他で不経済となる場合があるので，300V 以下とすることを規定している。

第二号は，発熱線には，MI ケーブル（**→第 9 条解説**）又はイ及びロに規定する発熱線の規格に適合するものを使用することを示している。ここで示す規格は，日本産業規格 JIS C 3651（2014）「ヒーティング施設の施工方法」の「附属書 A（規定）　発熱線等」で規定する第 2 種発熱線相当としている。**本項**の規定により施設される発熱線は，**第四号**の規定により耐熱性のあるものの中に施設されることから，衝撃試験及び耐荷重試験の試験荷重の小さい第 2 種発熱線と同等以上であればよいとした。

第三号は，発熱線に直接接続する電線には，ブチルゴム絶縁クロロプレン外装ケーブル，エチレンプロピレンゴム絶縁クロロプレン外装ケーブル，MIケーブル又はイからニに規定する規格に適合する発熱線接続用ケーブルを使用することを示している。これは普通の電線であると，発熱線に接続する部分及びその近くにおいて，発熱線の熱の伝導により電線の絶縁物が劣化し危険が生ずるので，電線の種類を限定したわけである。ここで示す電線の構造は，導体が軟銅線で，絶縁体及び外装が発熱線と同様のものを用いている。

第四号イでは，発熱線の施設箇所は「コンクリートその他の堅ろうで耐熱性のあるものの中」に限られており，必ずしも発熱線をコンクリート内に埋め込むことを規定しているものではないが，発熱線が損傷を受けるおそれがないように施設する必要がある。

したがって，暖房のため発熱線を床等に施設するフロアヒーティングでは，発熱線の周囲2.5cm程度はセメントモルタルなどの耐熱性のあるもので覆われている必要があるが，その上面は堅ろうなビニルタイルその他の表面材で仕上げられていても差し支えない（→解説195.1図）。また，木造の平屋の土間の土の中に発熱線を埋め込んでも差し支えないが，その場合はその上面をコンクリートその他の堅ろうなもので覆い，発熱線が容易に露出することがないように施設する必要がある。

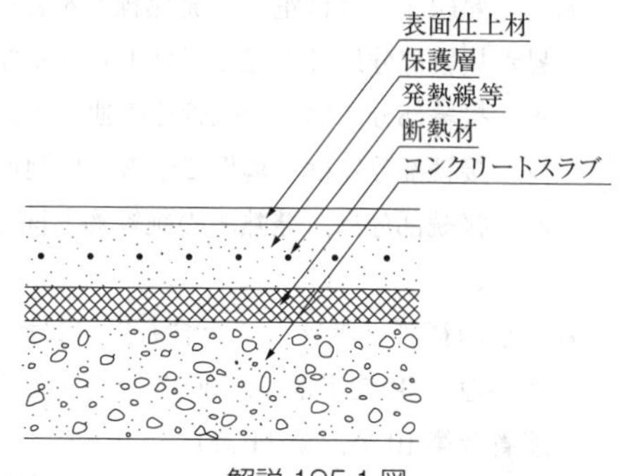

解説195.1図

また，路面の氷結防止のためのロードヒーティングでは，車両その他の重量物の荷重及び衝撃によって，道路表面の損傷により発熱線が露出して損傷を受け危険な状態になるおそれがあるので，路面自体を堅ろうなものとする必要がある。したがって，車道はセメントコンクリート舗装又はアスファルトコンクリート舗装の堅ろうな道路で，発熱線は，概ね解説195.2図に示すように施設する必要がある。

しかし，道路でも歩道などは，比較的，重量物の荷重及び衝撃を受けないので，アスファルト舗装又はコンクリートブロック舗装の道路に解説195.3図のように発熱線を施設することができる。

ロは，発熱線の絶縁物が熱により劣化又は軟化することを防止するためと，床上に置かれた物に損傷を与えないように温度制限を行ったものである。これはもちろん，実際の施設における発熱線の最高限度の温度であって，フロアヒーティング又はロードヒーティングがその本来の目的である暖房又は融雪のために最も適当な温度になるように設計すべきである。ここでは，発熱線用の絶縁物の急激な劣化又は軟化を招かない程度のものとして，80℃としている。

もちろん，MIケーブル又は絶縁体に無機物若しくはけい素ゴムを用いた発熱線は，これ以上の温度でも絶縁体に劣化が生じることがないが，フロアヒーティングの場合は，

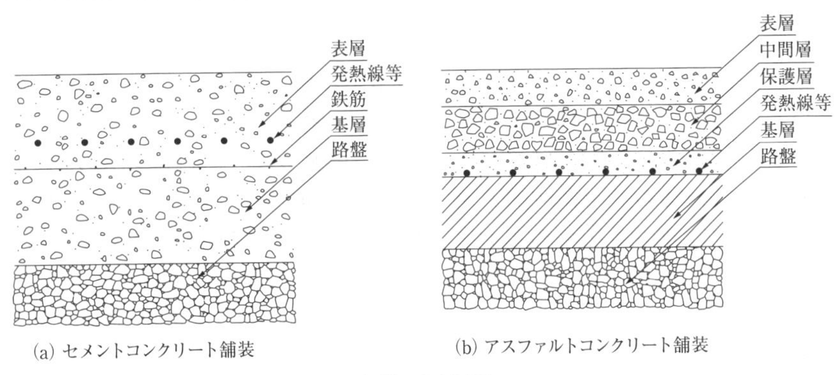

(a) セメントコンクリート舗装　(b) アスファルトコンクリート舗装

解説 195.2 図

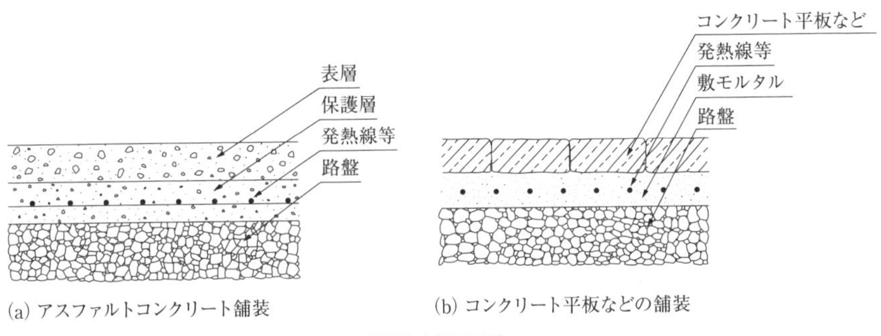

(a) アスファルトコンクリート舗装　(b) コンクリート平板などの舗装

解説 195.3 図

床面の仕上材又は床上に置かれた物が損傷又は火災を生じないように80℃としている。しかし，ただし書の道路又は屋外駐車場のロードヒーティングの場合は，このような心配が少ないので，MIケーブル又は金属被覆を有する発熱線（外装が銅管又は鋼管で絶縁体が無機物又はけい素ゴム混合物のもの）を使用する場合には，120℃までとしている。もちろんこの温度は，発熱線の温度であって，路面の温度ではない。

ハは，他の工作物に対する電気的，磁気的又は熱的な障害を防止する規定である。発熱線を施設する同一道路又は床内に，他の電気設備，弱電流電線等，水管，ガス管等が施設されていると，熱により他の電気設備又は弱電流電線等を劣化若しくは軟化させるおそれ又はガス管等の内圧を高め危険な状態にするおそれがあり，また，発熱線からの漏電によりこれらの工作物に種々の障害を引き起こすおそれがある。したがって，道路又は床内に他の工作物が施設してあれば，発熱線はこの道路又は床内に施設しないことが望ましい。

第五号は，発熱線相互及び発熱線と電線とを接続すると局部的な過熱を生じやすいので，この接続部分が過熱しないように規定している。

イは，局部的な過熱を防止するため，接続部分の電気抵抗を低くする具体的な方法と接続部分の絶縁の低下を防止する方法を電線相互の接続（**→第12条第一号及び第二号**）

と同様に示している。

ロは，発熱線にMIケーブル又は金属被覆を有するものを使用する場合について規定している。これは，**次号**の接地効果を良くするための規定でもある。

第六号は，万一発熱線の絶縁劣化等のためにその金属被覆に漏電した場合の危険を防止するために施すもので，保安の観点からは接地抵抗値は小さいほどよいが，電路の使用電圧に応じて，使用電圧が300V以下のものにあってはD種接地工事，使用電圧が300Vを超えるものにあってはC種接地工事でよいこととしている。

第七号は，発熱線の事故時に他の回路と独立に開路できるように専用の開閉器及び過電流遮断器を設けるほか，漏電遮断器を設けることを規定している。

第2項は，冬季におけるコンクリート打設時のコンクリートの養生期間中に温度が下がりすぎないよう保温するため，発熱線（コンクリート養生線）を使用する場合の工事方法について規定している。

第一号は，低圧で十分に用が足りるため必要以上に高い電圧とすることを禁止するものである。

第二号は，発熱線の規格を示しているが，電気用品安全法の適用を受ける電気温床線の規格と同じであるので，小規模のものであれば，電気用品安全法に適合している電気温床線ならばもちろん使用できる。

第三号は，局部的に加熱することを避けるため，適当に間隔をとることを要求している。

第四号は，発熱線の事故時に他の回路と独立に開路できるように専用の開閉器及び過電流遮断器を設けることを規定している。ただし書では，発熱線に附属する移動電線と配線とを差込み接続器等を用いて接続するようになっているものについて，除外している。なお，発熱線に附属する移動電線は，当然**第171条**の規定の適用を受ける。

第3項は，電熱ボード又は電熱シートを室内の造営材に組み込んで暖房する，いわゆるスペースヒーティング及び屋根の積雪又は氷結を防止するための，いわゆるルーフヒーティングについて規定している。暖房用のスペースヒーティングは，床，壁又は間仕切り等に電熱装置を組み込むものであり｛特殊な電気（赤外線）ストーブを天井からつり下げるものは，**本項**の適用を受けない。｝，また，ルーフヒーティングは木造建築物などの屋根に施設し，融雪効果を高めるために屋根の造営材の中に組み込まれて施設することが多い。したがって，火災防止の観点から特に規定されているもので，**第一号**で対地電圧を150V以下とし，電熱装置には発熱温度が低く，かつ，造営材に密着しても，又は壁材若しくは屋根材そのものとして使用しても，安全な構造の電熱ボード又は電熱シートを使用する必要がある。この電熱ボード又は電熱シートについては，**第二号**で電気用品安全法に適合しているものとすることを規定している。

第三号及び**第四号**では，漏電による危険を防止するため金属製外箱又は金属被覆の接地と漏電遮断器の設置の必要性を示している。更に同一造営材に施設された他の工作物に電気的，磁気的又は熱的な障害を及ぼさないように施設することを示している。

第4項は，表皮電流加熱装置（セクト法と呼ばれている加熱装置）で強磁性体の小口径管内に発熱線を通し，発熱線の電流により小口径管に生ずる誘導電流の発熱を利用する方法（誘導セクトと呼ばれている。→解説195.4図）についての規定である。なお，施設場所は，道路，横断歩道及び屋外駐車場に限定している。

第一号は，使用電圧の規定である。使用電圧は，対地電圧を交流の300V以下としている。すなわち，対地電圧が300V以下の400V回路にも適用できることとなる。**第二号**は，発熱線と小口径管とは，電気的に接続しないことを規定しており，電路を接地しない誘導式表皮電流加熱装置に限定している。

第三号及び**第六号**から**第八号**については，**第197条第3項**の解説を参照されたい。なお，**本項**では道路や屋外駐車場の路面の積雪や氷結の防止が目的であることから，発熱線の温度は，120℃以下に限定している。

第四号は，発熱線の仕様について規定している。発熱線には低圧のもの及び高圧のものがあるが，高圧の発熱線は国内外での使用例の多くが3,500V以下という実績もあるので，これを参考に最高3,500Vと規定している。発熱線は小口径管に配線されるので，通線時における摩耗等の損傷を防止するため外装を施すこととし，絶縁体及び外装は耐熱性に優れた材料に限定している。高圧発熱線の絶縁体厚さは，架橋ポリエチレン又はエチレンプロピレンゴム混合物については**別表第5**の高圧ケーブルの絶縁体の厚さに基づき規定しており，けい素ゴム混合物については口出し用けい素ゴム絶縁ガラス編組電線（日本産業規格JIS C 3324）の絶縁体厚さ＋0.5mmの厚さに規定している。絶縁体が耐熱ビニル混合物，架橋ポリエチレン混合物又はエチレンプロピレンゴム混合物のものにあっては，外装は絶縁体と同じ材料のものを使用するよう規定している。なお，高圧発熱線については，コロナ（部分放電）試験を行うことを規定している。

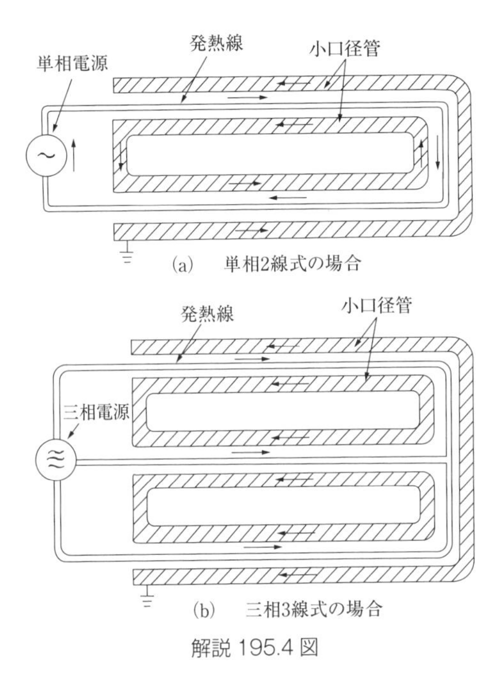

解説195.4図

第五号は，表皮電流加熱装置の施設場所をコンクリート等の舗装の中に限定している。

【電気温床等の施設】（省令第56条第1項，第57条第1項，第59条第1項，第63条第1項，第64条）

第196条　電気温床等（植物の栽培又は養蚕，ふ卵，育すう等の用に供する電熱装置をいい，電気用品安全法の適用を受ける電気育苗器，観賞植物用ヒーター，電気ふ卵器及び電気育すう器を除く。以下この条において同じ。）は，前条第1項又は第3項の規定に準じて施設する場合を除き，次の各号によること。

一　電気温床等に電気を供給する電路の対地電圧は，300V以下であること。

二　発熱線及び発熱線に直接接続する電線は，電気温床線であること。

三　発熱線及び発熱線に直接接続する電線は，損傷を受けるおそれがある場合には適当な防護装置を施すこと。

四　発熱線は，その温度が80℃を超えないように施設すること。

五　発熱線は，他の電気設備，弱電流電線等又は水管，ガス管若しくはこれらに類するものに電気的，磁気的又は熱的な障害を及ぼさないように施設すること。

六　発熱線若しくは発熱線に直接接続する電線の被覆に使用する金属体又は第三号に規定する防護装置の金属製部分には，D種接地工事を施すこと。（関連省令第10条，第11条）

七　電気温床等に電気を供給する電路には，専用の開閉器及び過電流遮断器を各極（過電流遮断器にあっては，多線式電路の中性極を除く。）に施設すること。ただし，過電流遮断器が開閉機能を有するものである場合は，過電流遮断器のみとすることができる。

八　電気温床等に過電流遮断器を施設し，かつ，電気温床等に附属する移動電線と屋内配線，屋側配線又は屋外配線とを差込み接続器その他これに類する器具を用いて接続する場合は，前号の規定によらないことができる。

2　発熱線を空中に施設する電気温床等は，前項の規定によるほか，次の各号のいずれかによること。

一　発熱線をがいしで支持するとともに，次により施設すること。

イ　発熱線には，簡易接触防護措置を施すこと。ただし，取扱者以外の者が出入りできないように措置した場所に施設する場合は，この限りでない。

ロ　発熱線は，展開した場所に施設すること。ただし，木製又は金属製の堅ろうな構造の箱（以下この項において「箱」という。）に施設し，かつ，その金属製部分にD種接地工事を施す場合は，この限りでない。

ハ　発熱線相互の間隔は，3cm（箱内に施設する場合は，2cm）以上であること。ただし，発熱線を箱内に施設する場合であって，発熱線相互の間に40cm以下ごとに絶縁性，難燃性及び耐水性のある隔離物を設ける場合は，その間隔を1.5cmまで減じることができる。

ニ　発熱線と造営材との離隔距離は，2.5cm 以上であること。
ホ　発熱線を箱内に施設する場合は，発熱線と箱の構成材との離隔距離は，1cm 以上であること。
ヘ　発熱線の支持点間の距離は，1m 以下であること。ただし，発熱線相互の間隔が 6cm 以上の場合は，2m 以下とすることができる。
ト　がいしは，絶縁性，難燃性及び耐水性のあるものであること。
二　発熱線を金属管に収めるとともに，第 159 条第 2 項（第二号イを除く。）及び第 3 項（第五号を除く。）の規定に準じて施設すること。
3　発熱線をコンクリート中に施設する電気温床等は，第 1 項の規定によるほか，次の各号によること。
一　発熱線は，合成樹脂管又は金属管に収めるとともに，第 158 条第 2 項（第三号ただし書を除く。）及び第 3 項（第五号ロを除く。）又は第 159 条第 2 項（第二号ロを除く。）及び第 3 項（第四号イ及び第五号を除く。）の規定に準じて施設すること。
二　発熱線に電気を供給する電路には，電路に地絡を生じたときに自動的に電路を遮断する装置又は警報する装置を施設すること。
4　第 2 項及び第 3 項に規定する電気温床等以外のものは，第 1 項の規定によるほか，次の各号によること。
一　発熱線相互は，接触しないように施設すること。
二　発熱線を施設する場所には，発熱線を施設してある旨を表示すること。
三　発熱線に電気を供給する電路には，電路に地絡を生じたときに自動的に電路を遮断する装置を施設すること。ただし，対地電圧が 150V 以下の発熱線を地中に施設する場合であって，発熱線を施設する場所に取扱者以外の者が立ち入らないように周囲に適当なさくを設けるときは，この限りでない。

〔解　説〕 本条では，野菜，稲等の育苗，草花，果実等の栽培又は養蚕，ふ卵，育すうなどの用途に用いられる電熱装置（これらを総称して「電気温床等」といっている。）について規定している。なお，電気用品安全法の適用を受ける電気育苗器，観賞植物用ヒーター，電気ふ卵器及び電気育すう器を使用するものは，**本条**の適用を受けない。また，**第 195 条第 1 項**又は**第 3 項**のフロアヒーティングに準じた施設も，この規定から除外されている。

第 1 項では，電気温床等には，その用途によって種々の形態のものがあるので，これらに共通な事項を規定している。

第一号は，供給電路及び発熱線の使用電圧の制限で，保安上は 150V 以下とすることが望ましいが，動力等他の用途の電源を利用することにより電気の多角利用ができる点などを考慮して，300V 以下と規定している（したがって 200V 回路から供給できる。）。

第二号は，発熱線とその付属電線は電気温床線を使用することとしている。すなわち，電気温床は，電気用品安全法の適用を受けるので，その対象となるものを使用する必要がある。

第三号は，電気温床線には外装のあるものと外装のないものとがあり，一律に規定することはできないが，施設箇所又は使用電気温床線の性能に応じて，適当な方法を講じる必要がある。

第四号では，発熱線の熱による劣化又は軟化を防止するため温度を制限している。これはもちろん，実際の施設状況における温度であって，電気温床等がその本来の目的，すなわち育苗器であれば育苗のために最も適当な温度になるように設計すべきであることはもちろんであるが，発熱線の表面温度が 80℃を超えないようにその設計をすべきことを示したもので，ビニル被覆の急激な劣化や軟化を招かない程度のものとして 80℃（60℃以下とすることが望ましい。）としている。なお，育苗等の使用目的によって温度を自動調節する装置が設けられることが多い。

第五号は，他の工作物に対する電気的，磁気的又は熱的な障害を防止する規定である。

第六号は，万一，電気温床線の絶縁劣化等のため金属被覆又は金属製の防護装置に漏電した場合の危険を防止するために施すもので，保安の観点からは接地抵抗値は小さいほどよいが，D 種接地工事でよいとしている。

第七号は，電気温床等の事故時に他の回路と独立に開路できるように専用の開閉器及び過電流遮断器を設けることを規定している。**第八号**は，主として**第 2 項**に該当する電気温床等で箱内に施設し，その内部に過電流遮断器を内蔵し，更に電気温床等に付属する移動電線と配線とを差込み接続器等（これにより開閉操作を行うことができる。）を用いて接続するようになっているものについて，除外している。

第 2 項は，発熱線を空中において，がいし引き又は金属管に収めて施設する方法について規定している。なお，樹木に直接発熱線を巻き付ける場合には**第 4 項**の規定が適用される。

第一号は，発熱線を温室内に施設する規定で，がいし引き工事（**→第 157 条解説**）に準じた工事方法を要求しているが，発熱線相互間の間隔等を緩和している。また，育苗器，育すう器等で箱内に施設するものは，更に工事方法を緩和している。なお，「電気育苗器」等の名称で市販されているものがあるが，これは電気用品安全法の適用を受けるので，**第 1 項**において，**本条**の適用を除外している。

第二号は，空中において発熱線を金属管に収めて施設するもので，金属管工事（**→第 159 条解説**）に準じた工事方法を要求している。

第 3 項は，発熱線をコンクリート内に施設する場合で，主として家畜小屋などの暖房用と魚の養殖用に利用される場合が多く，**第一号**で電気温床線を合成樹脂管（厚さ 2mm 未満の合成樹脂製電線管を除く。）又は金属管に収め，合成樹脂管工事（**→第 158 条解説**）又は金属管工事（**→第 159 条解説**）に準じた工事方法を要求している。電気温床線を直接コンクリート中に埋め込むことは認められないが，フロアヒーティング用の発熱線を使用する場合には，**第195条第1項**の規定により家畜小屋の暖房又は魚の養殖用の施設ができる。

第二号は，家畜小屋では水を取り扱う場合が多く，魚の養殖では発熱線を水槽の底部のコンクリート内に施設するので，作業員の感電防止の観点から漏電遮断器又は漏電警報器を施設することを規定している。

第4項は，発熱線を地中，水中，泥中等に施設する場合の規定であり，発熱線の施設場所の明示のほか，感電防止の観点から，対地電圧が150V以下のものを地中に施設する場合を除き，漏電遮断器を設置することとした。

【パイプライン等の電熱装置の施設】（省令第56条第1項，第57条第1項，第59条第1項，第63条第1項，第64条，第76条）

第197条　パイプライン等（導管及びその他の工作物により液体の輸送を行う施設の総体をいう。以下この条において同じ。）に発熱線を施設する場合（第4項の規定により施設する場合を除く。）は，次の各号によること。

一　発熱線に電気を供給する電路の使用電圧は，低圧であること。

二　発熱線は，次のいずれかのものであって，発生する熱に耐えるものであること。

イ　MIケーブル

ロ　露出して使用しないものにあっては，第195条第1項第二号イ及びロの規定に適合するもの

ハ　露出して使用するものにあっては，次に適合するもの

(イ)　日本産業規格 JIS C 3651（2014）「ヒーティング施設の施工方法」の「附属書A（規定）発熱線等」の「A.3 性能」（「A.3.2 外観」及び「A.3.3 構造」を除く。）の第3種発熱線に係るものに適合すること。

(ロ)　日本産業規格 JIS C 3651（2014）「ヒーティング施設の施工方法」の「附属書A（規定）発熱線等」の「A.5.1 外観」及び「A.5.2 構造」の試験方法により試験したとき，「A.4 構造及び材料」に適合すること。

三　発熱線に直接接続する電線は，MIケーブル，クロロプレン外装ケーブル（絶縁体がブチルゴム混合物又はエチレンプロピレンゴム混合物のものに限る。）又はビニル外装ケーブル（絶縁体がビニル混合物，架橋ポリエチレン混合物，ブチルゴム混合物又はエチレンプロピレンゴム混合物のものに限る。）であること。

四　発熱線は，次により施設すること。

イ　人が触れるおそれがなく，かつ，損傷を受けるおそれがないように，断熱材又は金属製のボックス等の中に収めて施設すること。

ロ　発熱線の温度は，被加熱液体の発火温度の80%を超えないように施設すること。

ハ　発熱線は，他の電気設備，弱電流電線等，他のパイプライン等又はガス管若し

くはこれに類するものに電気的，磁気的又は熱的な障害を及ぼさないように施設すること。

五　発熱線相互又は発熱線と電線とを接続する場合は，電流による接続部分の温度上昇が接続部分以外の温度上昇より高くならないようにするとともに，次によること。

イ　接続部分には，接続管その他の器具を使用し，又はろう付けし，かつ，その部分を発熱線の絶縁物と同等以上の絶縁効力のあるもので十分に被覆すること。

ロ　発熱線又は発熱線に直接接続する電線の被覆に使用する金属体相互を接続する場合は，その接続部分の金属体を電気的に完全に接続すること。

六　発熱線及び発熱線に直接接続する電線の被覆に使用する金属体並びにパイプライン等には，使用電圧が300V以下のものにあってはD種接地工事，使用電圧が300Vを超えるものにあってはC種接地工事を施すこと。(関連省令第10条，第11条)

七　発熱線に電気を供給する電路は，次によること。

イ　専用の開閉器及び過電流遮断器を各極（過電流遮断器にあっては，多線式電路の中性極を除く。）に施設すること。ただし，過電流遮断器が開閉機能を有するものである場合は，過電流遮断器のみとすることができる。

ロ　電路に地絡を生じたときに自動的に電路を遮断する装置を施設すること。

八　パイプライン等には，人が見やすい箇所に発熱線を施設してある旨を表示すること。

2　パイプライン等に電流を直接通じ，パイプライン等自体を発熱体とする装置（以下この項において「直接加熱装置」という。）を施設する場合は，次の各号によること。

一　発熱体に電気を供給する電路の使用電圧は，交流（周波数が50Hz又は60Hzのものに限る。）の低圧であること。

二　直接加熱装置に電気を供給する電路には，専用の絶縁変圧器を施設し，かつ，当該変圧器の負荷側の電路は，非接地であること。

三　発熱体となるパイプライン等は，次に適合するものであること。

イ　導体部分の材料は，次のいずれかであること。

（イ）日本産業規格 JIS G 3452（2019）「配管用炭素鋼鋼管」に規定する配管用炭素鋼鋼管

（ロ）日本産業規格 JIS G 3454（2017）「圧力配管用炭素鋼鋼管」（JIS G 3454（2019）にて追補）に規定する圧力配管用炭素鋼鋼管

（ハ）日本産業規格 JIS G 3456（2019）「高温配管用炭素鋼鋼管」に規定する高温配管用炭素鋼鋼管

（ニ）民間規格評価機関として日本電気技術規格委員会が承認した規格である「配管用アーク溶接炭素鋼鋼管」に規定する配管用アーク溶接炭素鋼鋼管

（ホ）民間規格評価機関として日本電気技術規格委員会が承認した規格である「配管用ステンレス鋼鋼管」に規定する配管用ステンレス鋼鋼管

ロ　絶縁体（ハに規定するものを除く。）は，次に適合するものであること。

（イ）材料は，次のいずれかであること。

(1)　民間規格評価機関として日本電気技術規格委員会が承認した規格である「電気用二軸配向ポリエチレンテレフタレートフィルム」に規定する電気用二軸配向ポリエチレンテレフタレートフィルム

(2)　日本産業規格 JIS C 2338（2012）「電気絶縁用ポリエステル粘着テープ」に規定する電気絶縁用ポリエステルフィルム粘着テープ

(3)　日本産業規格 JIS K 7137-1（2001）「プラスチック－ポリテトラフルオロエチレン（PTFE）素材－第1部：要求及び分類」に規定する FP3E3 と同等以上のもの

(4)　電気用品の技術上の基準を定める省令の解釈別表第一附表第十四に規定する試験を行ったとき，これに適合するポリエチレン混合物

（ロ）厚さは 0.5mm 以上であること。

ハ　発熱体相互のフランジ接合部及び発熱体とベント管，ドレン管等の附属物との接続部分に挿入する絶縁体は，次に適合するものであること。

（イ）材料は，次のいずれかであること。

(1)　日本産業規格 JIS K 6912（1995）「熱硬化性樹脂積層板」（JIS K 6912（2006）にて追補）に規定する熱硬化性樹脂積層板のうちガラス布基材けい素樹脂積層板，ガラス布基材エポキシ樹脂積層板又はガラスマット基材ポリエステル樹脂積層板

(2)　日本産業規格 JIS K 7137-1（2001）「プラスチック－ポリテトラフルオロエチレン（PTFE）素材－第1部：要求及び分類」に規定する SP3E3 と同等以上のもの

（ロ）厚さは，1mm 以上であること。

ニ　完成品は，発熱体と外被（外被が金属製でない場合は，外被に取り付けた試験用金属板）との間に 1,500V の交流電圧を連続して1分間加えたとき，これに耐える性能を有すること。

四　発熱体は，次により施設すること。

イ　発熱体相互の接続は，溶接又はフランジ接合によること。

ロ　発熱体には，シューを直接取り付けないこと。

ハ　発熱体相互のフランジ接合部及び発熱体とベント管，ドレン管等の附属物との接続部分には，発熱体の発生する熱に十分耐える絶縁物を挿入すること。

ニ　発熱体は，人が触れるおそれがないように絶縁物で十分に被覆すること。

五　発熱体と電線とを接続する場合は，次によること。

イ　発熱体には，電線の絶縁が損なわれない十分な長さの端子をろう付け又は溶接

すること。

ロ 端子は，発熱体の絶縁物と同等以上の絶縁効力のあるもので十分に被覆し，その上を堅ろうな非金属製の保護管で防護すること。

六 発熱体の断熱材の金属製外被及び発熱体と絶縁物を介したパイプライン等の金属製非充電部分には，使用電圧が 300V 以下のものにあってはＤ種接地工事，使用電圧が 300V を超えるものにあってはＣ種接地工事を施すこと。(関連省令第 10 条，第 11 条)

七 前項第四号ロ及びハ並びに第七号及び第八号の規定に準じて施設すること。

3 パイプライン等に表皮電流加熱装置を施設する場合は，次の各号によること。

一 発熱体に電気を供給する電路の使用電圧は，交流（周波数が 50Hz 又は 60Hz のものに限る。）の低圧又は高圧であること。

二 表皮電流加熱装置に電気を供給する電路には，専用の絶縁変圧器を施設し，かつ，当該変圧器から発熱線に至る電路は，非接地であること。ただし，発熱線と小口径管とを電気的に接続しないものにあっては，この限りでない。

三 小口径管は，次によること。

イ 小口径管は，日本産業規格 JIS G 3452（2019）「配管用炭素鋼鋼管」に規定する配管用炭素鋼鋼管に適合するものであること。

ロ 小口径管に附属するボックスは，鋼板で堅ろうに製作したものであること。

ハ 小口径管相互及び小口径管とボックスとの接続は，溶接によること。

ニ 小口径管をパイプライン等に沿わせる場合は，ろう付け又は溶接により，発生する熱をパイプライン等に均一に伝えるようにすること。

四 発熱線は，第 195 条第 4 項第四号イからニまでの規定に適合するものであること。

五 小口径管又は発熱線に直接接続する電線は，発熱線と同等以上の絶縁効力及び耐熱性を有するものであること。

六 発熱線相互又は電線と発熱線若しくは小口径管（ボックスを含む。）とを接続する場合は，電流による接続部分の温度上昇が接続部分以外の温度上昇より高くならないようにするとともに，次によること。

イ 接続部分には，接続管その他の器具を使用し，又はろう付けすること。

ロ 接続部分には，鋼板で堅ろうに製作したボックスを使用すること。

ハ 発熱線相互又は発熱線と電線との接続部分は，発熱線の絶縁物と同等以上の絶縁効力のあるもので十分に被覆すること。

七 小口径管（ボックスを含む。）には，使用電圧が 300V 以下のものにあってはＤ種接地工事，使用電圧が 300V を超える低圧のものにあってはＣ種接地工事，使用電圧が高圧のものにあってはＡ種接地工事を施すこと。(関連省令第 10 条，第 11 条)

八 第 1 項第四号ロ及びハ並びに第七号及び第八号の規定に準じて施設すること。

4 発熱線を送配水管又は水道管に固定して施設する場合（電気用品安全法の適用を受

ける水道凍結防止器を使用する場合を除く。）は，第2項又は第3項のいずれかにより施設する場合を除き，次の各号によること。

一　発熱線に電気を供給する電路の使用電圧は，300V以下であること。

二　発熱線は，第1項第二号の規定に適合するものであること。

三　発熱線に直接接続する電線は，MIケーブル，クロロプレン外装ケーブル（絶縁体がブチルゴム混合物又はエチレンプロピレンゴム混合物のものに限る。），ビニル外装ケーブル（絶縁体がビニル混合物，架橋ポリエチレン混合物，ブチルゴム混合物又はエチレンプロピレンゴム混合物のものに限る。），又は第195条第1項第三号に適合する発熱線接続用ケーブルであること。

四　発熱線は，その温度が80℃を超えないように施設すること。

五　発熱線又は発熱線に直接接続する電線の被覆に使用する金属体には，D種接地工事を施すこと。（関連省令第10条，第11条）

六　第1項第四号イ及びハ並びに第五号及び第七号の規定に準じて施設すること。

〔解　説〕 電熱装置による感電，出火の災害を防止するための施設方法については，**第152条**に規定されている。**本条**は，原油，重油等の石油類，チョコレート，クリーム，糖みつ等の食品類，苛性ソーダ，フェノール，ベンゼン等の化学薬品類を加熱するため又は送配水管や横断歩道橋に施設されるドレンパイプの凍結を防止するため電気による発熱を利用する，これらのパイプライン等（一般の輸送管，配管を含む。）に施設する電熱装置について規定している。なお，**本条**でいうパイプライン等は，液体の輸送を行う施設の総体をいうのであって，もっぱら貯蔵を目的とするタンク，ベッセル，ドラム等の容器類はパイプライン等には含まれない。

第1項は，MIケーブル等の発熱線をパイプライン等に沿わせる方式の電熱装置について規定している。**第一号**は，使用電圧についてである。保安上は電圧を低くすることが望ましいが，パイプライン等の口径が大きく，長さが長いものになると，電源その他で不経済となる場合があるので低圧としている。

第二号は，発熱線の規格で，発熱線にはMIケーブル（**→第9条解説**）のほか，**第195条第1項第二号**（**→第195条解説**）又はハに規定する発熱線の規格に適合するものであって，発生する熱に耐えるものを使用する必要がある。なお，「発熱線を露出して使用しないもの」は，日本産業規格JIS C 3651（2014）「ヒーティング施設の施工方法」の「附属書A（規定）　発熱線等」で規定する第2種発熱線相当とし，「発熱線を露出して使用するもの」は，同付属書で規定する第3種発熱線相当としている。

第三号は，発熱線に直接接続する電線についての規定であるが，発熱線に直接接続する電線は発熱線からの熱の伝導により高温となるので，耐熱性に優れたものに限定している。

第四号イは，発熱線は人が触れて感電，火傷するおそれがないよう，また，損傷を受けるおそれのないよう断熱材，金属製ボックス等の中に設置することを規定している。

ロは，万一，パイプラインから原油や重油等の流体が漏えいした場合，加熱温度がこれらの流体の発火温度より高いと火災のおそれがあるので温度制限を行ったものである。特に規定されていないが，当然発熱線自体の温度は，発熱線の種類に応じて定まる限度以下の温度とする必要がある。そのためにも加熱温度の自動制御装置の取付け，過熱防止装置の取付けなどを行うべきである。なお，発熱線の温度の限度については，労働省産業安全研究所編「工場電気設備防爆指針（ガス蒸気防爆）」に防爆機器の容器外面の温度上昇限度として，発火点の最小値の80%を限度としており，これらを参照したものである。

ハは，他の工作物に対する電気的，磁気的又は熱的な障害を防止する規定である。この電熱装置の近くに弱電流電線等，水管，ガス管，他のパイプライン等の工作物が施設されていると，熱によりこれらの工作物を劣化若しくは軟化させ，又はガス管等の内圧を高め危険な状態にするなどのおそれがある。また，発熱線からの漏れ電流や誘導電流により，これらの工作物に種々の障害を引き起こすおそれがある。したがって，これらのものからは十分な離隔距離をとる等の必要な措置を講じる必要がある。

第五号は，発熱線相互及び発熱線と電線とを接続すると局部過熱を生じやすいので，この接続部分が過熱しないように規定している。**イ**は，局部過熱を防止するため，接続部分の電気抵抗を低くする具体的な方法と接続部分の絶縁の低下を防止する方法を，電線相互の接続（**→第12条第一号**及び**第二号**）と同様に規定している。**ロ**は，発熱線にMIケーブル又は金属被覆を有するものを使用する場合について規定している。これは**次号**の接地効果を良くするための規定でもある。

第六号は，発熱線の絶縁劣化等のために，万一その金属被覆に漏電した場合の危険を防止するための規定である。

第七号は，発熱線の事故時に他の回路と分離できるように専用の開閉器及び過電流遮断器のほか，地絡遮断装置を設けることを規定している。

第八号は，取扱者以外の者に対して注意を喚起するため，発熱線を施設してある旨の表示をするよう規定している。

第2項は，パイプラインに直接電流を流して，パイプラインの抵抗損及び鉄損による発熱作用を利用するもので，国内では一般に直接加熱装置という名称で呼ばれているものである。

第一号は，使用電圧について規定している。この方式は，パイプラインに現場で絶縁テープ等を巻いて絶縁を確保するもので，保安上は電圧を低くすることが望ましいが，大口径，長距離になると電源その他が不経済になるので低圧としている。

第二号は，専用の絶縁変圧器を使用するよう規定しており，地絡時の電流を抑制し，負荷相互の横流を避けるために2次側を非接地にし，接続する負荷を限定している。1

次側が特別高圧又は高圧の場合は，第 24 条によって絶縁変圧器は混触防止板付きのものを使用し，混触防止板にはＢ種接地工事を施す必要がある。

第三号は，発熱体となるパイプライン等の要件を規定したものである。この方式はパイプライン自体に電流が流れ，また，このパイプラインを絶縁する作業が工場ではなく，現場で行われるものであるが，当該パイプライン等の材質，被覆絶縁の材質及び絶縁厚さ並びに耐電圧値等が**イ**から**ニ**の要件に適合するものであることを規定している。完成品（発熱体をテープで絶縁処理し，その上にロックウール，グラスウール，ウレタンフォーム等の保温材を被せて断熱し，さらにその上を鉄板や塩化ビニルパイプ等で防水したもの）は，パイプラインと金属製外被との間に 1,500V の交流電圧を 1 分間加えたとき，これに耐えるものであることが要求される。絶縁物は，電線等に使用されているものの中から選定され，厚さは，JIS C 8364 で絶縁バスダクトの絶縁被覆の最小厚さが 0.5mm 以上になっていることを参照したが，実際の工事に当たっては，被加熱物の温度を考慮して目的にかなったものを選ぶ必要がある。温度測定用抵抗体の保護管をパイプラインに取り付ける場合，ねじ込み方式とフランジ方式とがあるが，ねじ込み方式は絶縁保持が困難で，万一，抵抗体の絶縁が破壊すると温度計まで充電されることになるので，フランジ接続のみに限定している。

第四号イは，発熱体となるパイプラインは一般に定尺物で，途中で接続することから，接続が電気的に完全に行われないと局部過熱の原因となるため，発熱体となる部分は全て溶接接続とし，電気的に絶縁される接続部分はフランジ接合とする必要がある。

ロは，配管工事の場合は，一般にシューを取り付けるが（→解説 197.1 図），直接加熱のパイプラインに直接シューを取り付けるとその部分の絶縁が困難なため，シューの直接取付けを禁止した。ここで「直接取り付ける」とは，パイプライン自体にシューを溶接などで取り付けることを指しており，断熱材の外側を支持することは差し支えない。

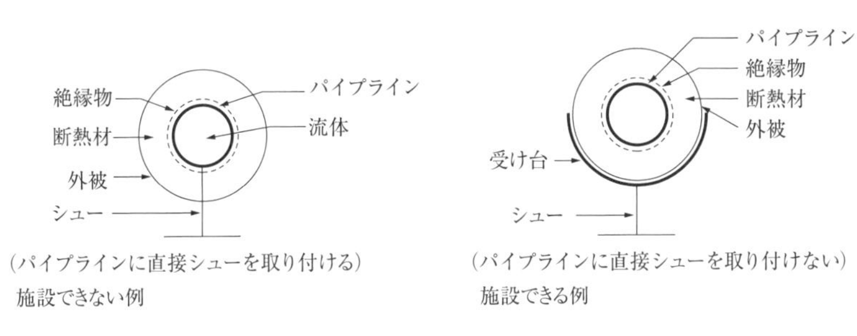

解説 197.1 図

ハは，発熱体の端末フランジやベント，ドレン取出口等の附属物のフランジに挿入される絶縁物について，加熱状態でも絶縁が劣化及び軟化するようなことがないものを使用するよう規定している。

二は，発熱体は人が触れるおそれがないように絶縁物で被覆することを規定している。

第五号は，発熱体に外部電線を接続する部分の工事方法について規定している。十分電気容量のある，外部電線の絶縁が劣化しない温度となる長さの銅帯等の端子を発熱体に溶接又はろう付けし，その端子部分には十分な絶縁を施し，更に端子部分には外傷保護を施す必要があるが，過電流が流れるものでは困るので非金属製のもので保護する必要があることを示している。

第六号は，絶縁物の劣化等のため，外装の金属板及びドレン，ベント等の金属製の部分（→解説197.2図）に万一漏電した場合の危険を防止するため，300V以下の低圧用はD種接地工事，300Vを超える低圧用にはC種接地工事を施す必要があることを示したものである。

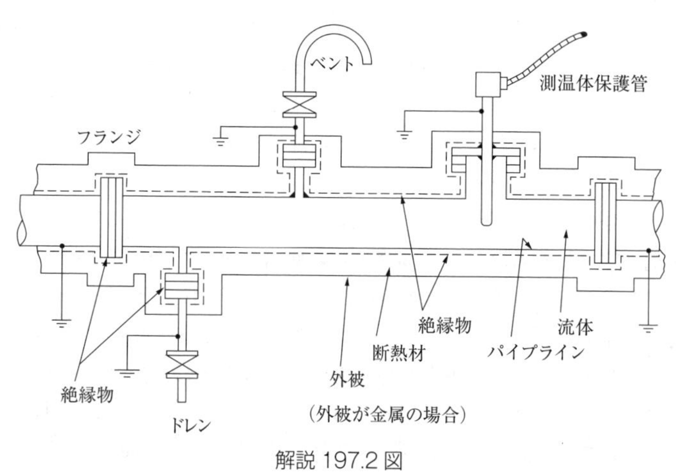

解説197.2図

第3項は，表皮電流加熱装置（セクト法と呼ばれている加熱装置）で強磁性体の小口径管内に発熱線を通して，発熱線と小口径管との間に電流を流すと，小口径管の電流は表皮作用により管の内壁に集中して流れるが，この電流により小口径管に発生する熱を

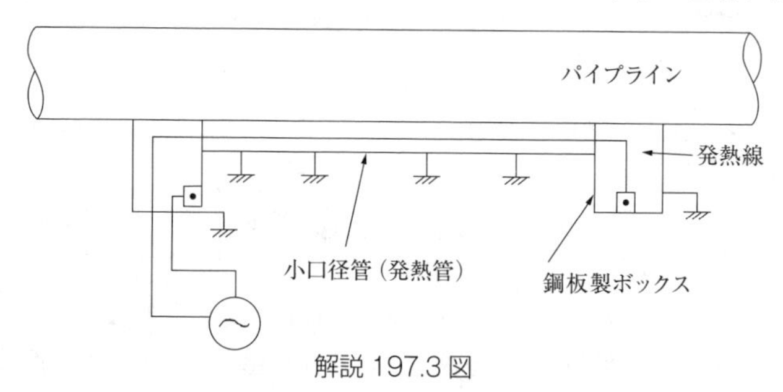

解説197.3図

利用する方法（→解説 197.3 図）及び誘導セクトと呼ばれる内部発熱線の電流により小口径管に生じる誘導電流の発熱を利用する方法（→解説 197.4 図）についての規定である。

第一号は，使用電圧についての規定である。この方式による電熱装置は，小口径管の外被には電位が現れるが，同時に逆起電力の作用により総体的には人体に危険な電流を流す電位とはならず，したがって発熱線の耐電圧と耐熱が保証されるときは高い電圧を使用することができる。短い距離の場合には低圧でよいが，長距離の場合には高圧が経済的に有利となるので，使用電圧は低圧又は高圧としている。

第二号は，専用絶縁変圧器を使用することを規定している。発熱線と小口径管を接続する方式のものは，発熱管の接地箇所を通じて他の回路との間にループ電流が流れるので，これを防止するために専用の絶縁変圧器を使用することとした。絶縁変圧器は 1 次側が特別高圧又は高圧の場合は**第 24 条**に従って混触防止板付きのものを使用し，混触防止板には B 種接地工事を施す必要がある。なお，小口径管と発熱線を接続しない方式のものは，専用の変圧器を使用する必要はない。

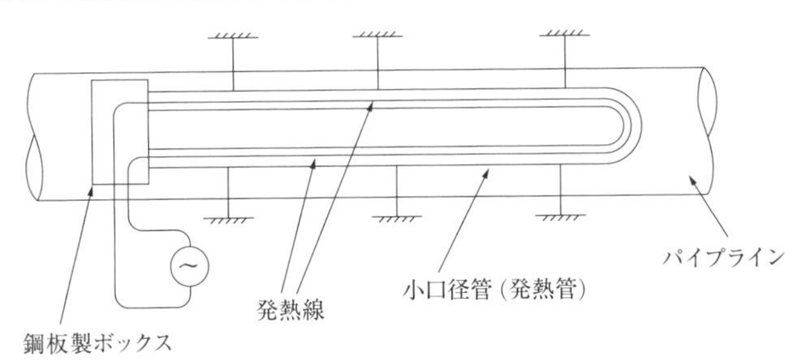

解説 197.4 図

第三号は，小口径管に関する規定である。**イ**は，小口径管の規格で，小口径管は強磁性体である必要があり，**イ**に規定する小口径管の規格に適合するものを使用する必要がある。**ロ**は，発熱線の接続及び延線のときに使用するボックスについての規定であり，ボックスは鋼板製で堅ろうに作る必要がある。**ハ**は，小口径管相互と小口径管とボックスとの接続方法についての規定であり，これらの接続部分で完全な接続が行われないと局部過熱の原因となるので，接続部分は全て溶接によることとしている。**ニ**は，小口径管に発生した熱をパイプラインに均一に伝えることにより局部過熱の防止を図ったものである。

第四号は，発熱線には第 195 条**第 4 項第四号イ**から**ニ**に適合するものを使用する必要があることを示している。

第五号は，小口径管及び発熱線に直接接続する電線に関する規定で，小口径管及び発熱線は高温であるので，これらとボックスまでのリード線として用いられる電線は，発熱線と同等の絶縁効力及び耐熱性が要求されることを規定したものであり，発熱線と同一のものを使用することが望ましい。

第六号は，発熱線と発熱線，発熱線と電線，発熱線とボックスを含めた小口径管，電線とボックスを含めた小口径管の接続部分では局部過熱を生じやすいので，これらの接続部分が過熱しないようにするための規定である。**イ**は，接続部分の電気抵抗を低くする具体的な方法を示している。**ロ**は，接続は鋼板製のボックスで行うことを規定している。**ハ**は，発熱線と発熱線，発熱線と電線の接続部分の絶縁被覆に関する規定である。

第七号は，発熱線の絶縁体の劣化等により，万一，小口径管に漏電した場合の危険を防止するため，及び電源供給ケーブルの断線等の際に発生する小口径管の電位上昇防止のために接地工事を施すことを規定している。

第4項は，**第1項**と同様，MIケーブル等の発熱線を被加熱管に沿わせる方式のものについての規定であるが，**第1項**はパイプラインの電気加熱装置についての規定であり，**第4項**は比較的小口径，短い長さのドレンパイプ，送配水管等の凍結防止装置に対しての規定である。なお，電気用品安全法の適用を受ける水道凍結防止器はこの項の適用を受けない。

第一号は，使用電圧の制限であり，対象が小口径，短距離のものであるので使用電圧を300V以下と規定した。その他の**各号**については，**第195条**及び**本条第1項**の解説を参照されたい。

なお，**省令第76条**において，粉じんが多い場所，火薬類が存在する場所，可燃性ガス又は引火性物資の蒸気が存在する場所等（**→省令第68条から第70条**）には，特別な場合を除き，パイプライン等の電熱装置の施設を禁止している。

【電気浴器等の施設】（省令第59条第1項，第77条）

第198条　電気浴器は，次の各号によること。

一　電気浴器の電源は，電気用品安全法の適用を受ける電気浴器用電源装置（内蔵されている電源変圧器の2次側電路の使用電圧が10V以下のものに限る。）であること。

二　電気浴器用電源装置の金属製外箱及び電線を収める金属管には，D種接地工事を施すこと。（関連省令第10条，第11条）

三　電気浴器用電源装置は，浴室以外の乾燥した場所であって，取扱者以外の者が容易に触れない箇所に施設すること。

四　浴槽内の電極間の距離は，1m以上であること。

五　浴槽内の電極は，人が容易に触れるおそれがないように施設すること。

六　電気浴器用電源装置から浴槽内の電極までの配線は，次のいずれかにより施設すること。ただし，電気浴器用電源装置から浴槽に至る配線を乾燥した場所であって，展開した場所に施設する場合は，この限りでない。（関連省令第56条第1項，第57条第1項）

イ　直径1.6mm以上の軟銅線と同等以上の強さ及び太さの絶縁電線（屋外用ビニル絶縁電線を除く。）若しくはケーブル又は断面積が1.25mm^{2}以上のキャブタイヤケーブルを使用し，合成樹脂管工事，金属管工事又はケーブル工事により施設すること。

ロ　断面積が1.25mm^{2}以上のキャブタイヤコードを合成樹脂管（厚さ2mm未満の合成樹脂製電線管及びCD管を除く。）又は金属管の内部に収めて，管を造営材に堅ろうに取り付けること。

七　電気浴器用電源装置から浴槽内の電極までの電線相互間及び電線と大地との間の絶縁抵抗値は，0.1MΩ以上であること。

2　銀イオン殺菌装置は，次の各号によること。

一　銀イオン殺菌装置の電源は，電気用品安全法の適用を受ける電気浴器用電源装置であること。

二　電気浴器用電源装置の金属製外箱及び電線を収める金属管には，D種接地工事を施すこと。（関連省令第10条，第11条）

三　電気浴器用電源装置は，浴室以外の乾燥した場所であって，取扱者以外の者が容易に触れない箇所に施設すること。

四　浴槽内の電極は，人が容易に触れるおそれがないように施設すること。

五　電気浴器用電源装置から浴槽内のイオン発生器までの配線は，断面積1.25mm^{2}以上のキャブタイヤコード又はこれと同等以上の絶縁効力及び強さを有するものを使用し，合成樹脂管（厚さ2mm未満の合成樹脂製電線管及びCD管を除く。）又は金属管の内部に収めて，管を造営材に堅ろうに取り付けること。（関連省令第56条第1項，第57条第1項）

六　電気浴器用電源装置から浴槽内の電極までの電線相互間及び電線と大地との間の絶縁抵抗値は，0.1MΩ以上であること。

3　水管を経て供給される温泉水の温度を上げ，水管を経て浴槽に供給する電極式の温水器（以下この条において「昇温器」という。）は，次の各号によること。

一　昇温器の使用電圧は，300V以下であること。

二　昇温器又はこれに附属する給水ポンプに直結する電動機に電気を供給する電路には，次に適合する絶縁変圧器を施設すること。

イ　使用電圧は300V以下であること。

ロ　絶縁変圧器の鉄心及び金属製外箱には，D種接地工事を施すこと。（関連省令第10条，第11条）

ハ　交流2,000Vの試験電圧を1の巻線と他の巻線，鉄心及び外箱との間に連続して1分間加えて絶縁耐力を試験したとき，これに耐える性能を有すること。（関連省令第5条第3項）

三　前号の規定により施設する絶縁変圧器の1次側電路には，開閉器及び過電流遮断器を各極（過電流遮断器にあっては，多線式電路の中性極を除く。）に施設すること。

ただし，過電流遮断器が開閉機能を有するものである場合は，過電流遮断器のみとすることができる。（関連省令第63条第1項）

四　第二号の規定により施設する絶縁変圧器の2次側電路には，昇温器及びこれに附属する給水ポンプに直結する電動機以外の電気機械器具（配線器具を除く。）を接続しないこと。

五　昇温器の水の流入口及び流出口には，遮へい装置を設けること。この場合において，遮へい装置と昇温器との距離は，水管に沿って50cm以上，遮へい装置と浴槽との距離は水管に沿って1.5m以上であること。

六　昇温器に附属する給水ポンプは，昇温器と遮へい装置との間に施設し，かつ，その給水ポンプ及びこれに直結する電動機には，簡易接触防護措置を施すこと。ただし，その給水ポンプにC種接地工事を施す場合は，この限りでない。（関連省令第10条，第11条）

七　昇温器に接続する水管のうち，昇温器と遮へい装置との間及び遮へい装置から水管に沿って1.5mまでの部分は，絶縁性及び耐水性のある堅ろうなものであること。この場合において，その部分には，水せん等を施設しないこと。

八　遮へい装置の電極には，A種接地工事を施すこと。この場合において，接地工事の接地極は，第18条の規定により水道管路を接地極として使用する場合を除き，他の接地工事の接地極と共用しないこと。（関連省令第10条，第11条）

九　昇温器及び遮へい装置の外箱は，絶縁性及び耐水性のある堅ろうなものであること。

〔解　説〕 **第1項**は，一般の公衆浴場で浴槽の両極に極板を設け，これに微弱な交流電圧を加えて入浴者に電気的刺激を与える設備について規定している。この設備は，人体が湯の中にある状態なので感電事故発生の条件としては最も危険なため，本来ならば禁止すべき施設（**→第151条第2項解説**）であるが，**本項各号**の規定により保安上十分な安全度の高い施設方法による場合に限って認めている。

第一号は，電気浴器に電気を供給する電源装置は，電気用品安全法の適用を受けるものとすることを規定している。電気用品の技術上の基準を定める省令の解釈では，電気浴器用電源装置は混触防止板を設けた絶縁変圧器を有することとしている。一般の低圧配電線路は，柱上変圧器により高圧から低圧に変成しており，低圧配電線路の1線にはB種接地工事が施されている。高低圧混触事故の際には低圧側電路の電位が上昇するが，絶縁変圧器を介すことにより，浴槽内の電極にこの電圧が加わることを防止でき，通常の使用状態においてもB種接地工事の接地極と浴槽内の電極間に横流が生じることを防止できる。また，混触防止板を設けることにより雷インパルス，開閉サージ等の異常電圧の侵入を抑制することができる。なお，電気浴器用電源装置は，銀イオン殺菌装置の電源としても使用されることから，電気浴器用と銀イオン殺菌装置用とを区別するため，電気浴器用としては内蔵されている電源変圧器の2次側電路の定格電圧が10V（実効値）以下の表示のものを使用することを規定している。

第二号は，電気浴器用電源装置の金属製外箱及び電線を収める金属管にはD種接地工事を施すように規定しているが，前述のように安全を図るため接地抵抗値はできるだけ低いほうがよいので，条文上では規制されていないが，C種接地工事を施すことが望ましい。

第三号は，電気浴器用電源装置は浴室以外の乾燥した場所で，一般の公衆が触れないような場所に設置することを規定している。これは取扱者以外の者の安全を図るとともに，これらの電気使用機械器具が湿気等によって事故を生じると公衆の安全に対して影響が大きいためである。

第四号及び**第五号**は，浴槽内の電極に人が触れることのないように規定している。このため電極相互の距離を1m以上とし，電極には，例えば堅固なわくを設けるなど，人が容易に触れるおそれがないように施設する必要がある。

第六号は，電気浴器用電源装置から直接浴槽内の電極に微弱な電圧を供給するための工事方法を規定している。工事方法は原則として，安全度の高い合成樹脂管工事，金属管工事若しくはケーブル工事又は電線の断面積が1.25mm^{2}以上のキャブタイヤコードを合成樹脂管（厚さが2mm未満の合成樹脂製電線管及びCD管を除く。）若しくは金属管の内部に収めて，管を造営材に堅ろうに取り付ける場合のいずれかによるべきである。しかし，乾燥した場所であって，展開した場所では，その施設条件によっては他の工事方法も認められている。なお，浴場では化学的に多様な成分の温泉水が使用されることがあるので，これらの工事に使用される電線には，ゴム絶縁電線よりもビニル絶縁電線その他化学的に耐性のある絶縁電線を使用することが望ましい。

第七号は，浴槽の電極までの配線（浴槽内の電極を除く。）相互間及び配線と大地との間の絶縁抵抗は，常に0.1MΩ以上に保つことを規定している。

第2項は，銀イオン殺菌装置の施設について規定している。銀イオン殺菌装置は多人数が入浴する各種の事業所，独身寮，社会福祉施設（高齢者福祉施設，身体障害者養護施設）内の浴場，リハビリテーション病院のハーバートタンク，訓練用プールなどの用水を殺菌する目的で施設されるもので，電極に高電圧が侵入すると水中にいる人が非常に危険であることからその施設方法について規定している。したがって，人が入る

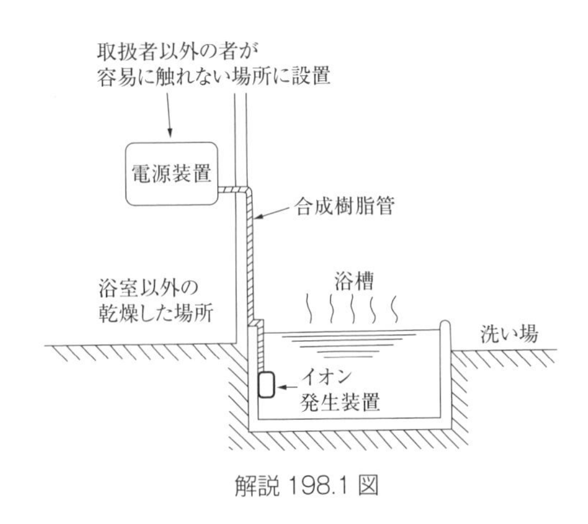

解説198.1図

浴槽，プール等に銀イオンにより用水を殺菌する装置を施設する場合は，この条文が適用されることとなる。

なお，これは人体が湯（水）の中にある状態なので感電事故発生の条件としては最も危険なので，本来ならば禁止すべき施設（→**第151条第2項解説**）であるが，**本項各号**の規定により保安上十分に安全度の高い施設方法による場合に限って認めている（→解説198.1図）。

第一号は，銀イオン殺菌装置に電気を供給する電源装置は，電気用品安全法の適用を受ける電気浴器用電源装置とすることを規定している。

第二号は，電気浴器用電源装置の金属製外箱及び電線を収める金属管には，D種接地工事を施すことを規定している。しかし，安全を図るため接地抵抗値はできるだけ低いほうが望ましい（→**前項第二号解説**）。

第三号は，電気浴器用電源装置は，浴室以外の乾燥した場所で，取扱者以外の者が触れないような場所に設置することを規定している。これは，取扱者以外の者の安全を図るとともに，これらの電気使用機械器具が湿気等によって事故を生じると公衆の安全に対して影響が大きいためである。

第五号は，電気浴器用電源装置から直接浴槽内の電極に微弱な電圧を供給するための工事方法を規定している。工事方法については，**前項第六号**と同様な方法を認めているが，電圧がわずかながら高くなっていることから，合成樹脂管又は金属管に収めることとした。

第六号は，浴槽の電極までの配線（浴槽内の電極を除く。）相互間及び配線と大地との間の絶縁抵抗は，常に0.1MΩ以上に保つことを規定している。

第3項は，温泉地等において温泉水の温度を上げるための電極式の温水器，いわゆる電極式温泉昇温器を対象としたもので，工場等において使用する温水器，電気ボイラー等に適用されるものではない。

第一号では，昇温器の使用電圧を制限しているが，これは水管を通して高電圧が浴そうに現れてはならないので，300V以下に限ったものである。

第二号で，昇温器に電気を供給するためには絶縁変圧器を使用することとしているのは，一般の低圧配電線路は，柱上変圧器により高圧から低圧に変成されているので，高低圧混触事故の際の低圧側電路の電位上昇の影響を昇温器に与えないためと，一般に低圧配電線路の1線にはB種接地工事が施されているので，その接地極と昇温器の遮へい装置とを通じて常時大地に横流を生じ，地表面に危険な電位傾度が現れるおそれがあるためである。

ここで，昇温器に附属する給水ポンプとは，昇温器に近接した箇所に施設するものを指しており，昇温器と関連して動作するものであるから同一電源から供給するのがよく，これも昇温器と同様，比較的浴槽に近接した箇所に施設されるので事故の際の危険を防止するため，昇温器と同様の取扱いをしている。

ロでは，絶縁変圧器は，いかなる箇所に設置する場合でも，接地工事を施す必要があることを示している（→第29条）。

ハでは，絶縁変圧器の絶縁耐力について規定しているが，これは柱上変圧器の低圧側における試験電圧，日本産業規格 JIS C 4304 に準じたものである。

第三号は，昇温器と附属給水ポンプとの関連及び絶縁変圧器の保護を考慮して，絶縁変圧器の入力側に開閉器と過電流遮断器を施設することとしている。

第四号では，絶縁変圧器に接続できる負荷を限定しているが，これは他の電気機械器具に地絡事故を生じた場合に横流を防止するためである。

第五号では，昇温器の電極の電位が外部に現れるのを防止するために，温泉水の流入口及び流出口には，遮へい装置を設けることを規定している。ここで，遮へい装置と昇温器又は浴槽との間の離隔距離を規定しているのは，遮へい装置から大地又は浴槽に流出する漏れ電流を危険でない程度に制限するためで，この数値は，温泉水の固有抵抗値を 1,000Ω/cm 程度，給水管の直径を 4cm 程度であるとして定めたものである。

第六号では，昇温器に附属する給水ポンプは，事故の際には，昇温器の電極と同電位になることが考えられるので，原則として遮へい装置より昇温器側に設置し，簡易接触防護措置を施すこととしているが，その接地抵抗値を 10Ω 以下とするときは，危険度も軽減されるので，これを緩和している。

第七号では，遮へい装置と昇温器との間及び遮へい装置の外側 1.5m までの水管には絶縁性の管（一般に硬質ビニル管が使用される。）を使用することとしている。これは**第五号**の規定と関連するもので，導電性のある金属管を用いたのでは意味がないからである。また，この間に水せん等（一般に金属製と考えられる。）を施設しないこととしているのは，その水せん等に危険な電位が現れることが考えられるからである。

第八号では，遮へい装置の電極に施す接地工事について規定しているが，この電極には危険な電位が現れている場合が多いので A 種接地工事によることとし，接地線に現れる電位により他に障害を及ぼすことのないように接地極の共用を禁じている。ただし，水道管路を接地極として使用する場合には，十分に低い接地抵抗値（3Ω 以下）を得ることができるので，その共用を認めている（→第18条）。

第九号では，昇温器及び遮へい装置の外箱について規定しているが，一般には硬質ビニル又は硬質ポリエチレンが使用される。これらの外箱には，金属製のものは外箱に高電位が現れて危険であるため使用できない。また，絶縁性のものでも，その中を通る温泉水の温度により軟化又は破損するものであってはならない。

【電気防食施設】（省令第59条第1項，第62条，第78条）

第199条　地中若しくは水中に施設される金属体，又は，地中及び水中以外の場所に施設する機械器具の金属製部分（以下この条において「被防食体」という。）の腐食を防止するため，地中又は水中に施設する陽極と被防食体との間に電気防食用電源装置を使用して防食電流を通じる施設（以下この条において「電気防食施設」という。）は，次の各号によること。

一　電気防食回路（電気防食用電源装置から陽極及び被防食体までの電路をいう。以下この条において同じ。）は，次によること。（関連省令第56条第1項，第57条第1項）

イ　使用電圧は，直流60V以下であること。

ロ　電線を架空で施設する部分は，次によること。

（イ）　低圧架空電線に係る第67条，第68条，第71条から第77条まで及び第79条の規定に準じて施設すること。

（ロ）　電線は，ケーブル，又は直径2mmの硬銅線と同等以上の強さ及び太さの屋外用ビニル絶縁電線以上の絶縁効力のあるものであること。

（ハ）　電気防食回路の電線と低圧架空電線とを同一支持物に施設する場合は，電気防食回路の電線を下として別個の腕金類に施設し，かつ，電気防食回路の電線と低圧架空電線との離隔距離は，0.3m以上であること。ただし，電気防食回路の電線又は低圧架空電線がケーブルである場合は，この限りでない。

（ニ）　電気防食回路の電線と高圧架空電線又は架空弱電流電線等とを同一支持物に施設する場合は，それぞれ低圧架空電線に係る第80条又は第81条の規定に準じて施設すること。ただし，電気防食回路の電線が600Vビニル絶縁電線又はケーブルである場合は，電気防食回路の電線を架空弱電流電線等の下とし，架空弱電流電線等との離隔距離を0.3m以上として施設することができる。

ハ　電線を地中に施設する部分は，次によること。

（イ）　第120条第1項から第3項まで（第2項第二号を除く。）及び第121条の規定に準じて施設すること。

（ロ）　電線は，直径2mmの軟銅線又はこれと同等以上の強さ及び太さのものであること。ただし，陽極に附属する電線には，直径1.6mmの軟銅線又はこれと同等以上の強さ及び太さのものを使用することができる。

（ハ）　電線は，600Vビニル絶縁電線，クロロプレン外装ケーブル，ビニル外装ケーブル又はポリエチレン外装ケーブルであること。

（ニ）　電線を直接埋設式により施設する場合は，電線を被防食体の下面に密着して施設する場合を除き，埋設深さを車両その他の重量物の圧力を受けるおそれがある場所においては1.2m以上，その他の場所においては0.3m以上とし，かつ，電線の上部及び側部を石，コンクリート等の板又はといで覆って施設すること。ただし，車両その他の重量物の圧力を受けるおそれがない場所において，埋設深さを0.6m以上とし，かつ，電線の上部を堅ろうな板又はといで覆って施設する場合は，この限りでない。

（ホ）　立上り部分の電線のうち，深さ0.6m未満の部分は，人が触れるおそれがなく，かつ，損傷を受けるおそれがないように適当な防護装置を設けること。

ニ　電線のうち，地上の立上り部分は，ハ（ロ）及び（ハ）の規定に準じるほか，地表上2.5m未満の部分には，人が触れるおそれがなく，かつ，損傷を受けるおそれがないように適当な防護装置を設けること。

ホ　電線を水中に施設する部分は，次によること。

（イ）　電線は，ハ（ロ）及び（ハ）に規定するものであること。

（ロ）　電線は，電気用品安全法の適用を受ける合成樹脂管若しくはこれと同等以上の絶縁効力及び強さのある管又は電気用品安全法の適用を受ける金属管に収めて施設すること。ただし，電線を被防食体の下面若しくは側面又は水底で損傷を受けるおそれがない場所に施設する場合は，この限りでない。

二　陽極は，次のいずれかによること。

イ　地中に埋設し，かつ，陽極（陽極の周囲に導電物質を詰める場合は，これを含む。）の埋設の深さは，0.75m以上であること。

ロ　水中の人が容易に触れるおそれがない場所に，次のいずれかに適合するように施設すること。

（イ）　水中に施設する陽極とその周囲1m以内の距離にある任意点との間の電位差は，10Vを超えないこと。

（ロ）　陽極の周囲に人が触れるのを防止するために適当なさくを設けるとともに，危険である旨の表示をすること。

三　地表又は水中における1mの間隔を有する任意の2点（水中に施設する陽極の周囲1m以内の距離にある点及び前号ロ（ロ）の規定により施設するさくの内部の点を除く。）間の電位差は，5Vを超えないこと。

四　電気防食用電源装置は，次に適合するものであること。

イ　堅ろうな金属製の外箱に収め，これにD種接地工事を施すこと。（関連省令第10条，第11条）

ロ　変圧器は，絶縁変圧器であって，交流1,000Vの試験電圧を1の巻線と他の巻線，鉄心及び外箱との間に連続して1分間加えたとき，これに耐える性能を有すること。（関連省令第5条第3項）

ハ　1次側電路の使用電圧は，低圧であること。

ニ　1次側電路には，開閉器及び過電流遮断器を各極（過電流遮断器にあっては，多線式電路の中性極を除く。）に設けること。ただし，過電流遮断器が開閉機能

を有するものである場合は，過電流遮断器のみとすることができる。（関連省令第63条第1項）

2　電気防食施設を使用することにより，他の工作物に電食作用による障害を及ぼすおそれがある場合には，これを防止するため，その工作物と被防食体とを電気的に接続する等適当な防止方法を施すこと。

〔解　説〕 地中又は水中に施設される金属体の腐食現象は，主として金属体の表面に形成される局部電池による電気化学的腐食又は外部からの迷走電流が金属面から流出するために生じる電食作用によるものであるが，これを防止する方法の一つとして，金属面から流出する腐食電流と反対方向にこれを打ち消すだけの電流を人為的に継続して流し，腐食電流を消滅させる電気防食法があり，ガス管，水道管，ケーブル等の金属製の埋設管路又は港湾における鋼矢板壁，桟橋等に用いられている。

電気防食には，被防食体よりも低電位の金属（一般に亜鉛，マグネシウム等が用いられる。）を陽極とし，これを地中又は水中において被防食体に直接取り付け，又は導線で接続する流電陽極方式と，地中又は水中に電極を設置し，外部の直流電源を使用して電極と被防食体との間に防食電流を通ずる外部電源方式とがあるが，流電陽極方式のものは危険のおそれがないので，**本条**では外部電源方式のものについてのみ規定している。

なお，冷却水等を使用する機械器具（熱交換器，冷却器等で，特に多量の海水を使用するもの）等はそれ自体を地中又は水中に施設するものでなくてもその腐食を防止するために電気防食施設を使用することがあるが，この場合には，**本条**の規定により施設することとなる。

電気防食施設の電路は，配線のほか，被防食体及び大地（地中又は水中）で構成されているので，感電による傷害を防止するため，**第1項第一号イ**では，電気防食回路の使用電圧を直流60V以下としている。

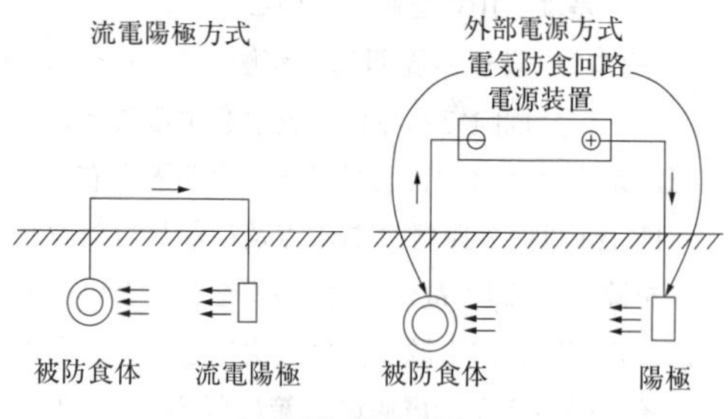

解説 199.1 図

ロでは，電気防食回路の電線を架空で施設する場合について示している。この場合は，概ね低圧架空電線と同様であると考えられるが，電気防食回路の使用電圧は**イ**で直流60V以下に制限されており，危険度も低いので低圧架空電線に比べ緩和している面もある。すなわち，電気防食回路の電線を架空ケーブル工事による場合の工事方法（→**第67条**），電線の地表上の高さ（→**第68条**），高圧架空電線と同一支持物に施設する場合の工事方法（→**第80条**）及び他の工作物，植物等の接近，交差の場合の工事方法（→**第71条から第77条，第79条**）については低圧架空電線の規定を準用しているが，電線については低圧架空引込線のうち径間が15m以下の部分（→第116条）と同様としている。

架空弱電流電線等と同一支持物に施設する場合の工事方法については，原則として低圧架空電線と同様であるが，電線に600Vビニル絶縁電線又はケーブルを使用する場合は，離隔距離を緩和している。

また，低圧架空電線と同一支持物に施設する場合は，両方とも同じ低圧ではあるが，低圧電線路の電圧が電気防食回路に侵入すれば危険であるので，特に（ハ）に条件を示している。なお，電気防食回路の電線を屋側，屋内，トンネル内又は坑道内に施設する場合は，当然低圧屋側電線路の施設（→第110条），低圧屋内配線の施設（→第145条，第146条，第156条から第165条，第167条），トンネル，坑道等の場所の施設（→第179条）が適用される。

ハ及びニでは，電気防食回路の電線を地中に施設する場合について規定している。

ホでは，電気防食回路の電線を水中に施設する場合について示しているが，電気防食施設の場合は，一般の水底電線（→第127条）の場合とは施設場所，施設条件も異なるので，比較的簡易な工事方法としている。すなわち，電線にハ（ロ）又は（ハ）で規定するものを使用し，これの損傷を防止するために合成樹脂管又は金属管に収めて施設すればよいこととしている。ただし，電線を被防食体の側面の損傷を受けるおそれのない場所に沿わせて施設する場合又は水底で船舶の投錨等による損傷を受けるおそれがない場所に施設する場合には，防護装置を省略することができる。ここで，防護装置としては本来絶縁性のものを使用すべきで，金属管のような導電性のものを使用することは好ましくないが，やむを得ず使用する場合には，金属自体の防食についても十分考慮する必要がある。

第二号イでは，陽極は直接これに人が接触すると危険であるので，地面上に露出して施設しないことを規定している。陽極を地中に施設する場合に，その埋設深さを0.75m以上としているのは，陽極を埋設することにより地表面に現れる電位傾度を危険のない程度に小さくするためで，A種又はB種接地工事の接地極の埋設深さに準じたものである（→第17条）。陽極の接地抵抗値を減少させるために陽極の周囲にコークス粒，炭素末，塩類などを配合した導電物質を詰める場合があるが，この導電物質の電位は陽極の電位とほぼ同じであるので，陽極と同じように0.75m以上の深さに埋設することとなる。

ロでは，水中に施設する場合にも，人が触れるおそれがある場所にこれを施設しないことを規定しており，陽極を水中に施設する場合は，陽極と陽極から1mの範囲内にある任意の点との間の電位差を10V以下とし，人又は家畜に危険を及ぼさないようにしなければならない。この場合，電位差は**第三号**に規定する電位傾度よりも大きくなっている。これは，電圧降下が陽極付近において最も大きくなること及び経済的な問題を考慮し，施設場所に制限を加えることにより電位傾度が大きくなることを認めているものである。

第三号では，電気防食施設を使用することによって地表面又は水中に現れる電位傾度を，5V/m以下とすることとしている。この数値は，動物に対する電撃，人体に対する電撃等の文献に示された値に基づいて一応危険のない限度としたもので，電気鉄道のレールと大地間の電圧における危険電圧よりかなり低いものとなっているが，電気防食施設の場合は常時連続して，地表面又は水中に電位が生じていることを考慮している。

第四号では，電気防食用電源装置について規定しているが，電気防食回路に高電圧が侵入すると大きな被害を生じることが考えられるので，変圧器には，単巻変圧器を使用せず，巻線の絶縁についても条件を加え，更に電源装置に電気を供給する電路の使用電圧も低圧に限っている。

第2項では，電気防食施設の使用によって，他の工作物に与える障害防止について規定している。

電気防食施設を使用する際には，被防食体に隣接する他の金属構造物に防食電流の一部が貫流して干渉による電食障害を生じる場合がある（このことは，隣接構造物の電位の変化を測定すれば判明し，その危険の程度を判定することもできる。）。干渉による障害は，適当な箇所で適当な電気抵抗値を有する電線により隣接構造物と被防食体とを接続する等の処置を施すことにより防止することができるが，これらの処置は，被防食体及び隣接構造物におけるそれぞれの固有の条件及び相互関係並びに土壌又は水の比抵抗等により大きく左右され，具体的に規定することは困難であるので，それぞれの構造物の管理者との間で協議のうえ適切な処置を講じる必要がある。

【電気自動車等から電気を供給するための設備等の施設】（省令第4条，第7条，第9条第1項，第44条第1項，第56条第1項，第57条第1項，第59条第1項，第63条第1項）

第199条の2　電気自動車等（道路運送車両の保安基準（昭和26年運輸省令第67号）第17条の2第5項に規定される電力により作動する原動機を有する自動車をいう。以下この条において同じ。）から供給設備（電力変換装置，保護装置又は開閉器等の電気自動車等から電気を供給する際に必要な設備を収めた筐体等をいう。以下この項において同じ。）を介して，一般用電気工作物に電気を供給する場合は，次の各号により施設すること。

一　電気自動車等の出力は，10kW未満であるとともに，低圧幹線の許容電流以下であること。

二　電路に地絡を生じたときに自動的に電路を遮断する装置を施設すること。ただし，次のいずれかに該当する場合は，この限りでない。（関連省令第15条）

イ　電気自動車等と供給設備とを接続する電路以外の電路が，次のいずれかに該当する場合

（イ）　第36条第1項ただし書に該当する場合（第36条第2項第二号及び第三号

に該当する場合を除く。）

（ロ）　第36条第2項第二号又は第三号に該当する場合であって，当該電路に適用される規定により施設されるとき

ロ　電気自動車等と供給設備とを接続する電路が，次のいずれかに該当する場合

（イ）　電路の対地電圧が150V以下の場合において，イ（イ）に該当し，かつ，電気自動車等を常用電源の停電時の非常用予備電源として用いる場合

（ロ）　第五号ただし書の規定により施設する場合

三　電路に過電流を生じたときに自動的に電路を遮断する装置を施設すること。（関連省令第14条）

四　屋側配線又は屋外配線は，第143条第1項（第一号イ，第三号及び第四号を除く。）又は第2項の規定に準じて施設すること。この場合において，同条の規定における「屋内電路」は「屋側又は屋外電路」と，「屋内配線」は「屋側配線又は屋外配線」と，「屋内に」は「屋側又は屋外に」と読み替えるものとする。

五　電気自動車等と供給設備とを接続する電路（電気機械器具内の電路を除く。）の対地電圧は，150V以下であること。ただし，次により施設する場合はこの限りでない。

イ　対地電圧が，直流450V以下であること。

ロ　供給設備が，低圧配線と直接接続して施設すること。

ハ　直流電路が，非接地であること。

ニ　直流電路に接続する電力変換装置の交流側に絶縁変圧器を施設すること。

ホ　電気自動車等と供給設備とを接続する電路に地絡を生じたときに自動的に電路を遮断する装置を施設すること。

ヘ　電気自動車等と供給設備とを接続する電路の電線が切断したときに電気の供給を自動的に遮断する装置を施設すること。ただし，電路の電線が切断し，充電部分が露出するおそれのない場合はこの限りでない。

六　電気自動車等と供給設備とを接続する電線（以下この項において「供給用電線」という。）は，次によること。

イ　断面積は0.75mm²以上であること。

ロ　対地電圧が150V以下の場合は，第171条第1項に規定する1種キャブタイヤケーブル以外のキャブタイヤケーブル，又はこれと同等以上の性能を有するケーブルであること。

ハ　対地電圧が150Vを超え450V以下の場合は，2種キャブタイヤケーブルと同等以上の性能を有するものであるとともに，使用環境を想定した性能を有するものであること。

七　供給用電線と電気自動車等との接続には，次に適合する専用の接続器を用いるこ

と。

イ　電気自動車等と接続されている状態及び接続されていない状態において，充電部分が露出しないものであること。

ロ　屋側又は屋外に施設する場合には，電気自動車等と接続されている状態において，水の飛まつに対して保護されているものであること。

八　供給設備の筐体等，接続器その他の器具に電線を接続する場合は，簡易接触防護措置を施した端子に電線をねじ止めその他の方法により，堅ろうに，かつ，電気的に完全に接続するとともに，接続点に張力が加わらないようにすること。

九　電気自動車等の蓄電池（常用電源の停電時又は電圧低下発生時の非常用予備電源として用いるものを除く。）には，第44条各号に規定する場合に，自動的にこれを電路から遮断する装置を施設すること。ただし，蓄電池から電気を供給しない場合は，この限りでない。（関連省令第14条）

十　電気自動車等の燃料電池は，第200条第1項の規定により施設すること。ただし，燃料電池から電気を供給しない場合は，この限りでない。（関連省令第15条）

2　一般用電気工作物又は小規模事業用電気工作物が設置された需要場所において，電気自動車等を充電する場合の電路は，次の各号により施設すること。

一　充電設備（電力変換装置，保護装置又は開閉器等の電気自動車等を充電する際に必要な設備を収めた筐体等をいう。以下この号及び次項において同じ。）と電気自動車等とを接続する電路は，次に適合するものであること。

イ　電路の対地電圧は，150V以下であること。ただし，前項第五号ただし書及び第六号ハにより施設する場合はこの限りでない。この場合において，同項の規定における「供給設備」は「充電設備」と読み替えるものとする。

ロ　充電部分が露出しないように施設すること。

ハ　電路に地絡を生じたときに自動的に電路を遮断する装置を施設すること。

二　屋側配線又は屋外配線は，第143条第1項（第一号イ，第三号及び第四号を除く。）又は第2項の規定に準じて施設すること。この場合において，同条の規定における「屋内電路」は「屋側又は屋外電路」と，「屋内配線」は「屋側配線又は屋外配線」と，「屋内に」は「屋側又は屋外に」と読み替えるものとする。

3　自家用電気工作物（小規模事業用電気工作物を除く。）が設置された需要場所において電気自動車等を充電する場合（充電設備と電気自動車等を接続する電路の使用電圧が直流1,500V以下の高圧である場合に限る。）の電路は，次の各号により施設すること。

一　電路が次のいずれにも適合していることを充電開始前に確認し，及びいずれかに適合していない場合にあっては充電を開始しない機能を有すること。

イ　充電設備と電気自動車等とが適切に接続されていること

ロ　使用電圧に応じた絶縁性能を有すること

ハ　短絡を生じるおそれがないこと

二　充電設備と電気自動車等を接続する電路（電気機械器具内の電路を除く。）は，次により施設すること。

イ　充電設備は，配線と直接接続して施設すること。

ロ　直流電路が，非接地であること。

ハ　直流電路に接続する電力変換装置の交流側に絶縁変圧器を施設すること。

ニ　充電設備と電気自動車等とを接続する電路に地絡，過電流又は過電圧を生じたときに自動的に電路を遮断する装置を施設すること。

ホ　充電設備と電気自動車等とを接続する電路の電線が切断したときに電気の供給を自動的に遮断する装置を施設すること。

三　充電設備と電気自動車等とを接続する電線（次号において「充電用ケーブル」という。）は，次によること。

イ　断面積は0.75mm^{2}以上であること。

ロ　国際電気標準会議規格 IEC 62893-4-1(2020) Charging cables for elec-tric vehicles of rated voltages up to and including 0,6/1 kV - Part 4-1: Cables for DC charging according to mode 4 of IEC 61851-1 - DC charging without use of a thermal management system に適合するものであること。

四　充電用ケーブルと電気自動車等との接続には，次に適合する専用の接続器を用いること。

イ　電気自動車等と接続されている状態及び接続されていない状態において，充電部分が露出しないものであること。

ロ　屋側又は屋外に施設する場合には，電気自動車等と接続されている状態において，水の飛まつに対して保護されているものであること。

ハ　充電中は，人の操作により電気自動車等から外れないものであること。

五　充電設備の筐体等，接続器その他の器具に電線を接続する場合は，簡易接触防護措置を施した端子に電線をねじ止めその他の方法により，堅ろうに，かつ，電気的に完全に接続するとともに，接続点に張力が加わらないようにすること。

〔解　説〕 本条の2は，電気自動車等（プラグインハイブリッド自動車，燃料電池自動車を含む。）の充電，もしくは電気自動車等から住宅等へ電気の供給を行う場合の施設方法の規定である。電気自動車等の普及および，電気自動車等を一般家庭等の電源等として使用する状況を踏まえ，H24解釈において条文を制定した。

本条の2では，電気自動車等から一般用電気工作物へ電気の供給を行う場合の規定はあるが，電気自動車等から自家用電気工作物へ電気の供給を行う場合の規定はない。これは，必ずしも電気の知識を有していない者が設置者となる一般用電気工作物は，詳細の施設方法まで国が示すことが適切であるが，自家用電気工作物は，自主保安の原則のもと電気主任技術者の監督下で保安確保が図られるべきものであることから，詳細な施設方法について規定をしていないためである。よって，電気自動車等から自家用電気工作物への電気の供給を行うことを妨げているものではないが，本条の 2 の規定を参考に，電気主任技術者の監督下において安全に施設する必要がある（平成 26 年 3 月 10 日電力安全小委員会参照）。

第 1 項は電気自動車等から住宅等に電気を供給する場合について規定している。

第一号は，小規模発電設備の容量を基本として規定した。なお電気自動車等の出力とは，電気自動車等から外部に出る電気出力である。

第二号は，原則として地絡遮断器の施設（この場合，電源側となる電気自動車側での遮断）を規定している。なお，ただし書き**イ**（電気自動車と供給設備の電路以外の電路での要件）若しくは，ただし書き**ロ**（電気自動車と供給設備と電路での要件）のいずれかが満たされれば，地絡遮断器の施設を省略できる。

イ（イ）では，従来より地絡遮断器が省略できる条件（→**第 36 条第 1 項ただし書**）を規定している。**イ（ロ）**では，地絡遮断器の設置はイ（イ）によらず当該電路（→例として，**第 143 条第 1 項ただし書**の規定により施設する対地電圧が 150 V を超える住宅の屋内電路，**第 165 項第 3 項**もしくは**第 4 項等**）で規定される場合を規定している。**ロ（イ）**では対地電圧 150V 以下，かつ，**イ（イ）**に該当し，さらに非常時のみの使用である場合を規定している。**ロ（ロ）**では，地絡遮断器の設置は，本条の 2 第 1 項第五号ただし書きで規定している。

第三号は，過電流遮断器の施設を規定している。

第四号は，屋側配線又は屋外配線について，人とより密接に関係する場所に施設される可能性がある。そのため，屋側配線又は屋外配線は，屋内配線と同様に第 143 条の規定に準じることとした。

第五号は，電気自動車等と供給設備を接続する電路は，一般の人が触れることを前提に対地電圧制限は 150V 以下とした。

ただし書では，直流 450V 以下の急速充電の規格を用いることを念頭に，対地電圧制限 150V によらない場合の要件を定めたものである。ハで直流を非接地とし，ニで電力変換装置の交流側に絶縁変圧器が施設することで，基本的に地絡電流の帰路が構成されないようにする。なお，ハでいう非接地回路は，基本的な帰路の構成を防止するためであり，地絡遮断器等の計器用のために管理された高抵抗接地を行うことを妨げるものではない。ホでは地絡電流が流れたとしても遮断できるように地絡遮断器を設置することを求めている。人体へ影響がない電流値の考え方は，解説第 29 条の解説 29.2 図を参照されたい。ヘは，地震等で車が動いて電路が断線又は接続器が外れた場合にも安全に電気の供給を停止するための規定である。これに適合する装置としては，例えばケーブルの外装の内又は外に通信線を配置し，通信が遮断されたことを検知し，遮断する方法が考えられる。

第六号イは，断線のおそれのないよう電線の断面積を規定している。実際の施工にあたっては，電気自動車等に供給される電流以上の許容電流を有するものを選定することとなる。**ロ**は，使用環境を考慮して，使用できるキャブタイヤケーブルを限定している。**ハ**は，使用電圧を考慮し，2種キャブタイヤケーブルと同等以上の性能を有するとともに，引きずられることや車両に踏まれることを考慮した性能を有することを要求している。平成24年度電気設備技術基準関連規格等調査報告書では，日本電線工業会が提案する電線が省令に適合することを確認している。日本電線工業会が提案する具体的な規格としてJCS4522「電気自動車用可とうケーブル」がある。

第七号は，接続器に関する規定である。専用の接続器を用いて充電部が露出しないものであるとともに，屋外にも設置されるため，水の飛まつに対する保護機能を求めている。

第八号は，電線の接続方法についての規定をしている。

第九号は，電気自動車等の蓄電池から電気を供給する場合，蓄電池の内部故障・外部短絡等の異常時は電路から遮断するように求めている。なお非常用予備電源として用いる場合には，定置型の蓄電池と同様，本号の規定は適用されない。

第十号は，電気自動車等の燃料電池は，小規模発電設備の燃料電池等の規定を適用する。

第2項は，住宅等から電気自動車等に電気を供給する場合の規定である。具体的にはIEC 61851-1に規定するモード3及びモード4により施設する場合について規定している。なお，モード1及びモード2については，本条の規定は適用されないが，移動電線等に適用される基準が適用されることとなる。ここで，充電設備まで至る低圧屋内電路や屋外電路については，**第33条**及び**第149条**が適用され，これらに基づき過電流遮断器が施設される。

第一号では，充電設備と電気自動車等の電路において，一般の人が触れることを前提とした規定である。**イ**では直流急速充電によらない場合は，対地電圧制限は150V以下としている。**ロ**で充電部の露出をしないようにし，**ハ**で地絡遮断器の設置を求めている。

第二号では，屋側配線又は屋外配線について，人とより密接に関係する場所に施設される可能性があるため，屋側配線又は屋外配線は，屋内配線と同様に第143条の規定に準じることとした。

第3項は，自家用電気工作物が設置された需要場所において，電気自動車等に直流1,500V以下の高圧で電気を供給する充電設備の施設方法について規定している。図199の2.1に，充電設備の例を示す。第3項は，IEC61851-1（2017）で定義するモード4，ケースCの充電設備を，IEC61851-23（2023）の要件を踏まえ規定した。

高圧の電気機械器具である充電設備については，関連する**省令第9条**において「高圧又は特別高圧の電気機械器具は，取扱者以外の者が容易に触れるおそれがないように施設しなければならない。」と規定されているものの，ただし書きにおいて，「接触による危険のおそれがない場合は，この限りでない。」と規定されており，**第3項**で規定する充電設備は，同条に適合する。

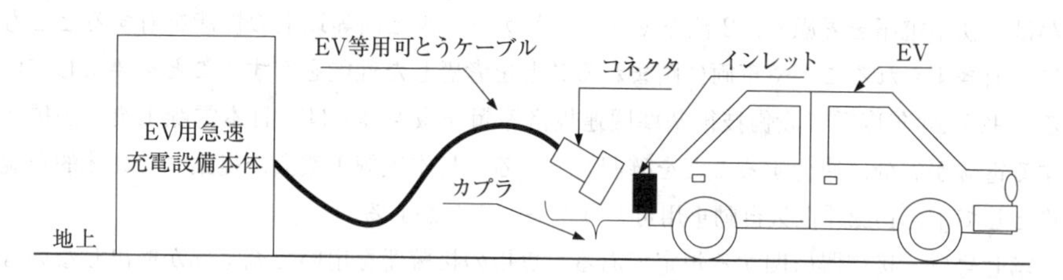

図199の2.1　充電設備のイメージ図

なお，自家用電気工作物が設置された需要場所において，充電設備の使用電圧が直流750V以下の充電設備を施設する場合も，**第3項第二号**を参考に自主保安の原則のもと電気主任技術者の監督下において安全に施設することが求められる。

充電設備の電源側に接続する配線方法（低圧配線若しくは高圧配線），過電流遮断器，漏電遮断器の施設，接地などに関しては，他の関連条文を参照されたい。

第一号は，電気自動車等の充電電圧が直流1,500V以下の高圧の充電設備を，一般的に電気の知識を有していない者が取り扱うため，危険を及ぼさないよう，充電設備が充電開始前に，電気自動車等との接続状態，絶縁状態，短絡状態を確認し，適切でない場合は電気自動車等への充電を開始しないこととしている。

イから**ハ**までに掲げる電気自動車等との接続状態，絶縁状態，短絡状態の適切性は，充電設備のシステムとして充電器本体，充電用ケーブル，専用の接続器を含め確認することとしている。

第二号は，充電設備と電気自動車等を接続する電路について規定している。

イは，充電設備の電源側の配線を直接接続することを規定している。**ロ**で直流を非接地とし，**ハ**で電力変換装置の交流側に絶縁変圧器を施設することで，基本的に地絡電流の帰路が構成されないようにする。なお，**ロ**でいう非接地回路は，基本的な帰路の構成を防止するためのものであり，地絡検出のために設置する高抵抗接地を行うことを妨げるものではない。

ニでは地絡電流，過電流発生が流れたとしても遮断できるように地絡遮断器を設置すること及び過電流発生時に遮断できるよう過電流遮断器を設置することを求めている。なお，地絡電流は，IEC61851-23（2023）に準じIEC60479-1（2018）に示す表13のDC-2領域内の値に制限すること。

ホでは，地震等で車が動いて電路が断線した又は接続器が外れた場合に，安全に電気の供給を停止するための規定である。これに適合する装置の例としては，例えば充電用ケーブルの外装の内又は外に通信線を配置し，通信が遮断されたことを検知し，遮断する方法が考えられる。なお，充電設備には，複数の充電用ケーブルを備えた充電設備から同時に複数の電気自動車等に充電できるものもあるが，それぞれの充電用ケーブルで**第二号ニ**に示す不具合が生じた場合は適切に充電設備を停止させる必要がある。

第三号は，充電設備と電気自動車等を接続する充電用ケーブルの施設方法についての規定である。

イは，断線のおそれのないよう充電用ケーブルの単心の断面積を規定している。IEC62893-4-1（2020）は，EV 用急速充電設備に接続する充電用ケーブルの性能を規定している。充電用ケーブルは，図 199 条の 2.2 のように絶縁被覆で覆われた電力線，制御線，保護接地線を一つの外装に纏めたケーブルとなっている。

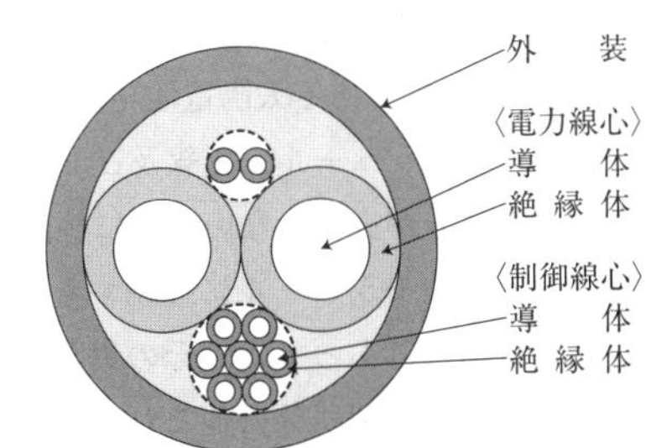

図 199 条の 2.2　充電用ケーブルの断面図の例

IEC62893-4-1（2020）の適用にあたり，**第 8 条**で規定する高圧のキャブタイヤケーブルと比較した結果，IEC62893-4-1（2020）は，モード 4 専用の充電用ケーブルに特化した性能が規定されていること，加えて**第 3 項の第二号**のとおり充電設備のシステムとして充電開始前や充電中において充電設備と電気自動車等の間の電路を監視し，適切性を確認していることを踏まえ，第 3 項に限り適用できることとした。なお，充電用ケーブルは適切な許容電流のものを適用すること。例えば，短時間に大きな電流を流して充電時間を短縮させるいわゆるブーストモード機能を備えた充電設備の場合においても適切な充電用ケーブルを選定する必要がある。

第四号は，充電設備のコネクタの性能について規定している。人が充電中に誤ってコネクタを外そうとしても危険のないようロック機構を備えたコネクタを使用することを求めている。

第五号は，電線の接続方法について規定している。充電設備と配線との接続，充電設備と充電用ケーブルとの接続，充電用ケーブルとコネクタの接続に対して電気的に完全に接続することとし，充電設備の通常の使用時において断線のおそれがないよう接続点に張力が加わらないように施設することを求めている。

第５節　小規模発電設備

【小規模発電設備の施設】（省令第 4 条，第 15 条，第 59 条第 1 項）

第 200 条　小規模発電設備である燃料電池発電設備は，次の各号によること。

一　第 45 条の規定に準じて施設すること。この場合において，同条第一号ロの規定における「発電要素」は「燃料電池」と読み替えるものとする。

二　燃料電池発電設備に接続する電路に地絡を生じたときに，電路を自動的に遮断し，燃料電池への燃料ガスの供給を自動的に遮断する装置を施設すること。

2　小規模発電設備である太陽電池発電設備は，次の各号により施設すること。

一　太陽電池モジュール，電線及び開閉器その他の器具は，次の各号によること。

イ　充電部分が露出しないように施設すること。

ロ　太陽電池モジュールに接続する負荷側の電路（複数の太陽電池モジュールを施設する場合にあっては，その集合体に接続する負荷側の電路）には，その接続点に近接して開閉器その他これに類する器具（負荷電流を開閉できるものに限る。）を施設すること。

ハ　太陽電池モジュールを並列に接続する電路には，その電路に短絡を生じた場合に電路を保護する過電流遮断器その他の器具を施設すること。ただし，当該電路が短絡電流に耐えるものである場合は，この限りでない。（関連省令第 14 条）

ニ　電線は，次によること。ただし，機械器具の構造上その内部に安全に施設できる場合は，この限りでない。

（イ）　電線は，直径 1.6mm の軟銅線又はこれと同等以上の強さ及び太さのものであること。（関連省令第 6 条）

（ロ）　次のいずれかにより施設すること。

(1)　合成樹脂管工事により，第 158 条の規定に準じて施設すること。

(2)　金属管工事により，第 159 条の規定に準じて施設すること。

(3)　金属可とう電線管工事により，第 160 条の規定に準じて施設すること。

(4)　ケーブル工事により，屋内に施設する場合にあっては第 164 条の規定に，屋側又は屋外に施設する場合にあっては第 166 条第 1 項第七号の規定に準じて施設すること。

（ハ）　第 145 条第 2 項並びに第 167 条第 2 項及び第 3 項の規定に準じて施設すること。

ホ　太陽電池モジュール及び開閉器その他の器具に電線を接続する場合は，ねじ止めその他の方法により，堅ろうに，かつ，電気的に完全に接続するとともに，接続点に張力が加わらないようにすること。（関連省令第 7 条）

〔解　説〕 本条は，発電所扱いとならない小規模力発電設備の施設方法について規定している。

第1項では，発電所扱いとならない燃料電池発電設備，すなわち小規模発電設備である燃料電池発電設備の施設方法について規定している。なお，発電所扱いとなる燃料電池発電設備については，**第45条**で規定されており，**第一号**で小規模発電設備についてもこれを準用することを示している。また，**第45条第一号ロ**の「発電要素」は，「燃料電池」と読み替えることとしている。これは，以下の理由からである。

・小規模発電設備については，人の介在による運転制御が期待されないため，なんらかの異常発生時には，自動的に運転を停止することが必要である。
・燃料電池発電設備については，（脱硫，改質，CO変成・除去の）各触媒の劣化や配管のつまりなど，様々な異常が発電電圧の異常として現れる。

第二号は，小規模発電設備である燃料電池発電設備に接続する電路に地絡が生じた際に，電路を遮断し，燃料電池への燃料ガスの供給を停止することを定めている。なお，この地絡遮断装置については，**第36条第1項**のような省略条件はない。これは，小出力の燃料電池発電設備については，風雨に晒される屋外に設置され，また，熱回収等のため筐体内で水を使用していることから，万一，水分が筐体内へ侵入又は漏洩し，充電部分と筐体間の絶縁抵抗が減少した場合においても，**第29条**の筐体接地工事と合わせ，感電事故を防止するためである。

第2項は，小規模発電設備である太陽電池発電設備について，一般公衆の生活環境に近接して施設されることが多く，また施設形態が電気使用場所における電気工作物と類似していることから，電気使用場所の施設の規定と同様の規定を定めたものである。

第一号イは，太陽電池モジュール，機器及び電線等は，取扱者以外の者が触れることも考えられることから，充電部分が露出しないように施設することとした。

ロは，屋外配線，屋側配線，屋内配線，電気使用機械器具等に異常が発生した場合又はこれらの設備の点検の場合に必要に応じて太陽電池モジュールからの電気を開閉できるよう開閉器その他これに類する器具を施設することとした。「その他これに類する器具」の例としては，差込み接続器が考えられる。

ハは，太陽電池モジュール，電線等の電路を過電流から保護するために規定した。直列に接続した太陽電池モジュールは，その特性上短絡時においても定格電流の1.1倍から1.2倍程度の電流しか発生しないため，電路の過電流保護は使用電線に余裕をもたせることにより，特別に保護装置を考えなくてもよい場合が多い。しかし，太陽電池を並列に多数接続した場合，並列にした他の太陽電池から事故点へ短絡電流が供給されることから，事故点のある電路の過電流保護のため，過電流遮断器その他の器具を施設することを規定した。

したがって，電路に短絡が生じ，並列にした他の太陽電池から事故点へ短絡電流が供給されても，その電流に耐えうる電路には，上記の過電流遮断器等は，施設しなくてもよい。「その他の器具」の例としては，逆流防止ダイオードが考えられる。

二は，太陽電池モジュール間の配線を含む電線及び配線工事の種類について規定している。

電線の太さは，工事上不安のない強度を有するものとして直径1.6mm以上の軟銅線を使用することとした。これは，第146条（低圧配線に使用する電線）の規定と同様の考え方である。

一般に太陽電池の発電電圧は低圧であるため，工事方法は，低圧の屋内配線，屋側配線及び屋外配線と同様の工事方法としている。

ホは，接続部分の接続不良による過熱焼損事故等を防止するため，端子への電線接続は堅ろうにし，接続点に張力が加わらないように施設することを規定している。

第6章　電気鉄道等

【電気鉄道等に係る用語の定義】（省令第1条）

第201条　この解釈において用いる電気鉄道等に係る用語であって，次の各号に掲げるものの定義は，当該各号による。

一　架空方式　支持物等で支持すること，又はトンネル，坑道その他これらに類する場所内の上面に施設することにより，電車線を線路の上方に施設する方式

二　架空電車線　架空方式により施設する電車線

三　架空電車線等　架空方式により施設する電車線並びにこれと電気的に接続するちょう架線，ブラケット及びスパン線

四　き電線　発電所，蓄電所又は変電所から他の発電所，蓄電所又は変電所を経ないで電車線に至る電線

五　き電線路　き電線及びこれを支持し，又は保蔵する工作物

六　帰線　架空単線式又はサードレール式電気鉄道のレール及びそのレールに接続する電線

七　レール近接部分　帰線用レール並びにレール間及びレールの外側30cm以内の部分

八　地中管路　地中電線路，地中弱電流電線路，地中光ファイバケーブル線路，地中に施設する水管及びガス管その他これらに類するもの並びにこれらに附属する地中箱等をいう。

〔解　説〕　本条は第6章で用いられる主要な用語の定義を掲げたものである。

第一号の架空方式は，電車線の施設方法の一つで，カテナリちょう架方式，直接ちょう架方式，剛体ちょう架方式などがある。

第四号のき電線及び**第五号**のき電線路は，電気鉄道に付随するもので，電気鉄道の専用敷地内に施設する場合に，一般の電線路と異なった規定を必要とするため，定義している。

第七号の「レール近接部分」を図示すると解説201.1図のようになる。

第八号の「地中箱」とは，マンホール，ハンドホール，監視孔のようなものを指す。「これらに類する管」の中には，空気管，蒸気管などが含まれる。

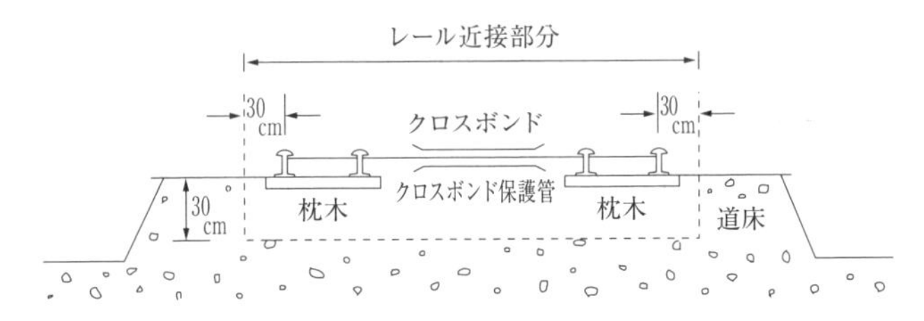

解説201.1図

【電波障害の防止】（省令第42条第1項）

第202条　電車線路は，無線設備の機能に継続的，かつ，重大な障害を及ぼす電波を発生するおそれがある場合には，これを防止するように施設すること。

2　前項の場合において，電車線路から発生する電波の許容限度は，次の各号により測定したとき，各回の測定値の最大値の平均値（第一号の規定によることが困難な場合にあっては，任意の地点において測定し，次の図の横軸に示す離隔距離に応じ，それぞれ同図の縦軸に示す値で補正した値）が，300kHzから3,000kHzまでの周波数帯において準せん頭値で36.5dB以下であること。

一　電車線の直下から電車線と直角の方向に10m離れた地点において測定すること。

二　妨害波測定器のわく型空中線の中心の面を電車線路に平行に保って6回以上測定すること。

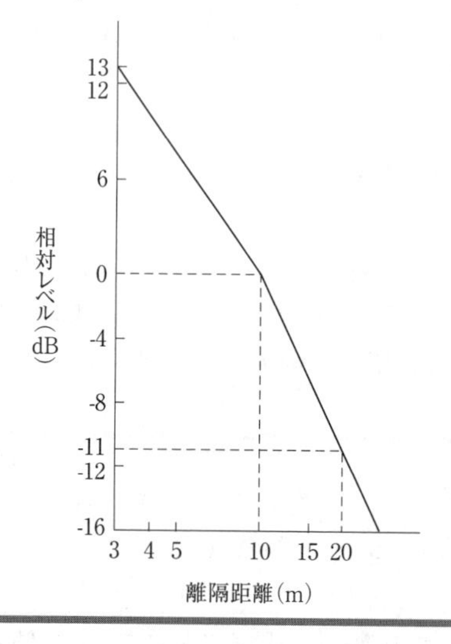

〔**解　説**〕 本条は，電車線路からの電波障害に対する防止規定である。

第1項は直流式又は交流式電気鉄道の電車線路が，無線設備の機能に継続的かつ重大な障害を与えることのないように定めたものである。

第2項は，電波技術審議会の答申（**→第51条解説**）によりその許容限度を定めたもので，**第51条第2項**にその許容限度が36.5dBと定められている。答申では，このほか車両そのものによる妨害電波についても定めているが，電気事業法においては**法第2条第1項第十六号**による**電気事業法施行令第1条第一号**で，鉄道営業法，軌道法又は鉄道事業法が適用され又は準用される車両若しくは搬器は電気工作物から除かれているので，これについて特に定める必要がない。なお，電波の許容限度を測定するための妨害波測定器は，電波技術審議会（JRTC）（昭和48年）の答申に準ずる規格のものを使用することとしている。詳細は**第51条**の解説を参照されたい。この36.5dBの限度については，法的には電車は規制の対象外であるので，電車線路のみから発生する電波だけを考えているが，実際には電車による高周波電流が電車線を通じて発生するものを測定上区別することは困難であるので，答申の36.5dBの限度はこれを含めて考えている。

【直流電車線路の施設制限】（省令第52条）

第203条　直流電車線路は，次の各号によること。

一　使用電圧は，低圧又は高圧であること。

二　架空方式により施設する場合であって，使用電圧が高圧のものは，電気鉄道の専用敷地内に施設すること。

三　サードレール式により施設する場合は，地下鉄道，高架鉄道その他人が容易に立ち入らない専用敷地内に施設すること。

四　剛体複線式により施設する場合は，人が容易に立ち入らない専用敷地内に施設すること。ただし，次のいずれかによる場合は，この限りでない。

イ　電車線の高さが地表上5m（道路以外の場所に施設する場合であって，下面に防護板を設けるときは，3.5m）以上である場合

ロ　電車線を水面上に，船舶の航行等に危険を及ぼさないように施設する場合

〔解　説〕 本条は，直流電車線路の施設制限を規定したもので，いわゆる架空電車線（剛体ちょう架式を含む。→**第205条**），剛体複線式（モノレール及び新交通システム方式）及びサードレールとして施設するもののみを認めている。

第一号は，直流式電気鉄道の使用電圧について規定している。我が国では，土地が狭く近接の弱電流電線路に対する誘導障害を少なくすること，狭軌鉄道のため車内の絶縁距離が十分に確保できないこと，トンネル，跨線橋等既設設備への支障を少なくすることなど，建設量の軽減から直流式が採用された。電気鉄道として，当初の電車線路の電圧には直流600V，750Vの低圧が採用されていた。しかし，速度の向上，車体の大型化のために大出力の車両が必要になり，1,500Vが標準方式となった。

第二号は，架空直流電車線のうち使用電圧が，高圧（750Vを超え7,000V以下）のものは，危険性が高いので，専用敷地内に施設する場合に限って，その使用が認められる。

第三号は，サードレールの性質上，レール面上の高さが低く，その施設場所を，一般公衆が立ち入らない地下鉄道，高架鉄道及び人が容易に立ち入らないように高いへい又は鉄条網等を厳重に張り巡らしたような専用敷地内の鉄道に限定している。

第四号は，モノレール及び新交通システム方式のもので，原則として電車線は人が容易に立ち入らない専用敷地内に施設することとしている。なお，専用敷地外に施設する場合は，**イ**又は**ロ**の規定により施設することとなる。

【直流電車線等から架空弱電流電線路への通信障害の防止】（省令第42条第2項）

第204条　直流のき電線路，電車線路又は架空絶縁帰線が，架空弱電流電線路と並行する場合は，誘導作用により通信上の障害を及ぼさないように，電線と弱電流電線との離隔距離は，次の各号によること。ただし，架空弱電流電線が通信用ケーブルである場合又は架空弱電流電線路の管理者の承諾を得た場合は，この限りでない。

一　直流複線式電気鉄道用のき電線又は電車線の場合は，2m以上

二　直流単線式電気鉄道用のき電線，電車線又は架空絶縁帰線の場合は，4m以上

2　前項本文の規定により施設してもなお架空弱電流電線路に対して障害を及ぼすおそれがある場合は，必要に応じ，次に掲げるものその他の対策のうち1つ以上のものを更に施すこと。

一　電線と架空弱電流電線との離隔距離を増加すること。

二　直流電源の電圧波形が平滑になるようにすること。

三　直流単線式電気鉄道用のき電線，電車線又は架空絶縁帰線の場合は，帰線のレール近接部分及び大地に流れる電流を減少させること。

四　直流単線式電気鉄道用のき電線，電車線又は架空絶縁帰線の場合は，弱電流電線路の接地極と帰線との距離を増加すること。

〔解　説〕直流式電気鉄道の電線路の電流は，変換装置の種類（整流器を使用する場合は，脈流を含むのが通例である。）によって脈流を含むため，架空単線式電気鉄道では，近接通信線に電磁誘導（通常問題となるのは，電話線に対する可聴周波数の誘導電流である。静電誘導については，電車線電圧は低いので，ほとんど問題にならない。）による障害を与える。これを防止するためには，電車線等と弱電流電線との距離をなるべく大きくすることが有効である。そこで，**本条**では直流電気鉄道用のき電線，電車線路又は架空絶縁帰線と架空弱電流電線とが並行する場合には，その離隔距離を直流複線式電気鉄道用のき電線又は電車線にあっては2m，直流単線式電気鉄道用のき電線又は電車線にあっては4m以上としている。ただし，弱電流電線路の施設者が承諾した場合と架空弱電流電線にケーブルを使用する場合に限り，この制限によらないことができる。なお，この場合においても**第207条**の規定が適用されるので，**同条**に定める制限距離以内に接近して施設することはできない。この場合，並行距離が極めて短い場合には，誘導障害はあまり問題とならないから，このような時には，技術上の判断から弱電流電線路の施設者とよく協議をした上，適当な離隔距離をとるのがよい。

第2項は，2m又は4m離してもなお障害を及ぼすおそれがあるときは，更に障害除去のため必要な措置を行うべきことを定めている。

【直流電車線の施設】（省令第5条第1項，第6条，第20条，第25条第1項）
第205条　直流電車線は，次の各号によること。
一　使用電圧が低圧の架空電車線は，直径7mmの硬銅線又はこれと同等以上の強さ及び太さのものであること。
二　架空電車線のレール面上の高さは，次によること。
イ　トンネル内の上面，橋の下面その他これに類する場所又はこれらの場所に隣接する場所に施設する場合は，3.5m以上
ロ　鉱山その他の坑道内の上面に施設する場合は，1.8m以上
ハ　イ及びロに規定する以外の場合は，5m以上
三　直流電車線の絶縁部分と大地との間の絶縁抵抗は，使用電圧に対する漏えい電流が軌道の延長1kmにつき，架空電車線（剛体ちょう架式を除く。）にあっては10mA，その他の電車線にあっては，100mAを超えないように保つこと。

〔解　説〕 本条では，直流電車線の施設について規定している。

第一号では，電線の太さについて規定している。一般に電線の太さは，許容電流，電圧降下，機械的強度，施工上の利便及び電力経済等の面から定められるが，電車線が他の低高圧架空電線と異なる点として，摩耗による断線及び地絡事故に基づく過電流による断線があるので，これを防止する見地から電車線では，送配電線等より太くする必要がある。この太さは，この解釈の一つの基本的な考え方となっている5mmの硬銅線の強さと太さを基準にとり，これに集電子とハンガイヤーとの関係，衝撃や火花の影響を加えて，その2倍の断面積程度を必要とするものとし，これに相当した7mmとしている。従来は，摩耗を考えて8mm以上となっていたが，この解釈が維持すべき最低基準という考えから，その最低値を定めている。

本条は，**第2条**に該当する電車線等及びレールについては，鉄道営業法，軌道法又は鉄道事業法の相当規定に定めるところによることとして適用除外されている。したがって，**本条**は，鉱山などに施設されるものだけに適用される。なお，従来は高圧直流電車線にあっては断面積85mm^{2}の硬銅線と同等以上のものを使用することが定められていたが，実際には，鉱山等では高圧電車線の施設例もないので，ここには定められていない。

第二号は，架空電車線の高さについて規定している。架空電車線は，道路上に施設されているものでは貨物自動車等の通行に支障を生じないように，専用敷地内に施設されるものでは踏切等で一般交通に障害を及ぼさないように，そのレール面上の高さを定めたものである。

イは，トンネル内や橋の下部等では，その構造上，電車線のレール面上の高さを5m以上に保持することは困難な場合があるので，このような場合には，その場所及びその前後の電車線の勾配緩和区間に限って電車線のレール面上の高さを3.5m以上とするこ

とを認めている。

ロでは，鉱山の坑道内に施設する電車線のレール面上の高さは，坑道が狭く，一般にその構造上3.5m以上に保つことも困難な場合があるので，更に1.8mまで緩和している。

第三号は，電車線の絶縁抵抗に関する規定である。**本項**においては，架空電車線のうち剛体ちょう架式は除いており，その他の電車線としてサードレール及び剛体複線式電車線と同様の扱いとしている。一般の高圧電線路の絶縁については，絶縁耐力を示しているが（**→第15条**），電車線のように多くのがいしで支持された複雑な電路では，絶縁耐力を試験することが困難であるので，絶縁抵抗によりこれを規定することとしている。

架空電車線（剛体ちょう架式を除く。）の絶縁は，その使用電圧を加えたときに，安全に通電できるものとする必要があり，漏れ電流が多い場合は，電車線金具等の電食その他保安の観点から好ましくない影響を生じるので，漏れ電流を1km当り10mA以下に保つ必要がある。サードレールや剛体複線式電車線は，架空電車線に比べ多数のがいしで支持され，その施設位置も運転レールや案内レールに近接しているため，鉄粉その他のじんあいが付着しやすく，湿気も多いので，その絶縁度を電車線と同程度まで要求することは困難であるから，その絶縁抵抗の値を架空電車線の場合の1/10としている（**→第15条解説**）。

トンネル内においては，電車線をトンネル上部からつる剛体ちょう架式電車線が用いられている。従前，この剛体ちょう架式電車線は架空電車線に含まれ，カテナリ式架線と同様，延長1kmに付き10mAが適用されていた。しかし，剛体ちょう架式電車線の支持点間隔は7m以下とされており，絶縁性能をカテナリ式（支持点間隔約50m）と同一に規制することは合理的でない。そこで実態に合わせるため，H9解釈で剛体ちょう架式を架空直流電車線から除きその他の電車線に移した。

本項で定める絶縁抵抗試験は，一般に，送電を停止し，電車のパンタグラフ等の集電装置を電車線から切り離し，絶縁抵抗計で絶縁抵抗を測定し，漏れ電流を逆算する方法又は直流漏れ電流測定器で測定する方式を用いている。しかし，電車線は，き電線に接続されているので，新設工事の場合は別として，営業線では，き電線を切り離して測定することが困難であるため，き電線を含めて測定を行うこともやむを得ない。なお，低圧き電線路の絶縁抵抗については，一般の電線路として**第14条**に規定されている。

【道路等に施設する直流架空電車線等の施設】（省令第5条第1項，第6条，第20条，第25条第1項，第32条第1項）

第206条　道路に施設する直流架空電車線等の支持物の径間は，60m以下であること。

2　橋の下部その他これに類する場所に施設する低圧の架空き電線の高さは，第68条第1項の規定にかかわらず，地表上3.5m以上であること。

3　直流き電線と直流架空電車線とを接続する電線をちょう架する金属線は，その電線からがいしで絶縁し，これにD種接地工事を施すこと。ただし，当該金属線にがいしを2個以上接近して直列に取り付ける場合は，D種接地工事を施すことを要しない。（関連省令第10条，第11条）

4　直流架空電車線のスパン線には，次の各号によりD種接地工事を施すこと。ただし，直流架空電車線を当該電車線路に接近して架空弱電流電線等が施設されていない市街地外の場所に施設する場合，又はスパン線にがいしを2個以上接近して直列に取り付ける場合は，この限りでない。（関連省令第10条，第11条）

一　次に掲げる以外の部分にD種接地工事を施すこと。

イ　直流架空電車線相互の間

ロ　直流架空電車線から次に掲げる距離以内の部分

（イ）　集電装置にビューゲル又はパンタグラフを使用する場合は，1m

（ロ）　架空単線式電気鉄道の半径が小さい軌道曲線部分で電車ポールの離脱により障害が起こるおそれがあるような場合は，1.5m

（ハ）　（イ）及び（ロ）に規定する場合以外の場合は，0.6m

二　スパン線（直流架空電車線と電気的に接続する部分を除く。）が断線したときに直流架空電車線に接触するおそれがある場合は，そのスパン線の支持点の近くにがいしを取り付けるとともに，前号の規定にかかわらず，スパン線の支持点とがいしとの間の部分だけにD種接地工事を施すこと。

〔解　説〕　本条は，道路等に施設する直流架空電車線等の施設について規定している。

第1項は，支持物の径間について規定している。架空電車線のちょう架方式としては，電車線を直接スパン線やブラケット等でちょう架する直接ちょう架式と，鋼より線を張り，これを支持がいし又は懸垂がいしを介して，ビーム，ブラケット等で支持し，このちょう架線にハンガ又はドロッパによって電車線をつるしたカテナリちょう架式とトンネル等の天端に取り付けたがいしにより，剛体をつり下げ，この下面トロリ線を取り付けた剛体ちょう架式がある。

架空電車線を道路上に施設する場合は，ちょう架線を用いない直接ちょう架式が採用され，通常はスパン線からちょう架する。この場合，電車線路の支持物にはその構造上，電車線，スパン線等による水平横荷重が加わるので，支持物はこれに対して十分な強度をもつことが必要である。したがって，直接ちょう架式では，径間を大きくすることは保安上不適当であるから，道路上では，径間60m以下とするように規定している。

第2項は，低圧の架空き電線に係る例外規定である。

第3項及び**第4項**は，ちょう架線とスパン線の工事方法を定めたものであって，路面電車を対象に考えられている規制である。

第3項は，き電線と電車線とを接続する電線（フイーダーブランチ）をちょう架する金属線は，その電車線から絶縁するとともに，安全のため，更にD種接地工事（→**第17条**）を施すことを定めている。しかし，ちょう架する金属線にがいしを2個以上接近して直列に取り付ける場合は，そのがいし全部が同時に破損することは極めて稀で，この金属線が充電されることがないので，**ただし書**でD種接地工事をしなくてもよいこととしている。

第4項は，道路上において，電車線のスパン線の充電部分をなるべく小範囲に限定するために，スパン線は原則として電車線間及び電車線から60cm以内の部分を絶縁し，安全のため，更にD種接地工事を施すことを定めている。ただし，電車線から60cmのところに絶縁がいしを設けるとビューゲル又は小型パンタグラフの偏位によりこのがいしが破損するおそれがあるので，これを1mまで増加することができることを定めている。1mと定めた理由は，なるべく充電部分の範囲を狭くするという前提に立って，前述の障害を防止することができる最小限度としたもので，この程度ならば軌道の限界を超えることもないからである。また，架空単線式において，半径が小さい軌道曲線部分でトロリーポールが外れて，トロリーポールが電車線に接触しながら0.6m隔たった先の接地工事を施したスパン線に接触した場合は，電車線が接地状態になる危険があるので（→解説206.1図），この場合は，0.6mを1.5mまで増加することができることを定めている。

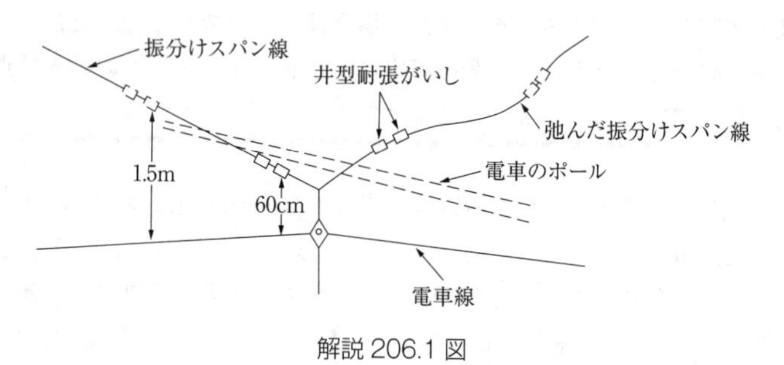

解説206.1図

ただし書は，電車線のスパン線にがいしを2個以上接近して直列に取り付ける場合は，**第3項ただし書**と同様，D種接地工事をしなくてもよいことを定めている。また，市街地外で電車線路に接近して弱電流電線等が施設されていない場合の電車線のスパン線については，**第一号**及び**第二号**に規定した施設を省略してもよいことを定めている。これは，このような所では，他の工作物との関係においても，一般の通行や立入りの問題についても障害を及ぼす危険が極めて少ないためである。

第二号は，解説206.2図に示すとおり曲線部に限らず直線部においても考えられる問題であるが，スパン線（特に振分けスパン線のような場合）が断線して緩み，下部を通過している架空弱電流電線に接触し，先端が電車線に触れるような場合を考えたものであって，この場合は，電車線電圧が直接，架空弱電流電線に印加されて架空ケーブルに孔をあけるなど種々の障害を起こす危険があるので，スパン線の支持点に近い適当な位置にがいしを取り付けることを定めている。支持点の近くとは，支持点付近には弱電流電線があるからである。

なお**本条**は，**第2条**に該当する専用敷地内に施設された電気設備については，鉄道営業法，軌道法又は鉄道事業法の相当規定に定めるところによることとして適用除外されている。

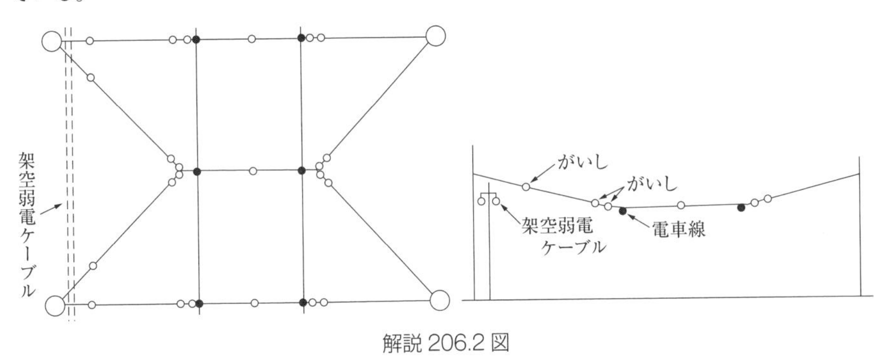

解説206.2図

【直流架空電車線等と架空弱電流電線等との接近又は交差】（省令第28条）

第207条　直流の架空電車線等が架空弱電流電線等と接近又は交差する場合は，次の各号によること。

一　架空電車線等が架空弱電流電線等と水平距離で，電車線路の使用電圧が低圧の場合は2m以内，高圧の場合は2.5m以内に接近する場合又は45度以下の水平角度で交差する場合は，次のいずれかによること。

イ　架空電車線等と架空弱電流電線等との水平距離が電車線路の使用電圧が低圧にあっては1m以上，高圧にあっては1.2m以上であり，かつ，垂直距離が水平距離の1.5倍以下であること。

ロ　電車線路の使用電圧が低圧の場合において，架空弱電流電線等が絶縁電線と同等以上の絶縁効力のあるもの又は通信用ケーブルであること。

ハ　架空電車線等と架空弱電流電線等との垂直距離が6m以上であり，かつ，架空弱電流電線等が引張強さ8.01kN以上又は直径5mm以上（電車線路の使用電圧が低圧の場合は，引張強さ5.26kN以上又は直径4mm以上）の硬銅線，通信用ケー

ブル又は光ファイバケーブルであること。(関連省令第6条)

ニ　架空電車線等と架空弱電流電線等との垂直距離が2m以上であり，かつ，架空弱電流電線等が第215条第2項に準じて施設されたものであること。

二　電車線路の使用電圧が低圧であって，架空電車線等と架空弱電流電線等とが45度を超える水平角度で交差する場合は，次のいずれかによること。

イ　前号ニの規定により施設すること。

ロ　架空弱電流電線路等の管理者の承諾を得ること。

〔解　説〕 **本条**は，電車線が他の工作物に対して障害を及ぼさないようにするための規定である。電車線も低高圧架空電線や特殊場所の低高圧配線と同じように建造物等やその他の工作物（**→第71条から第78条**）と相対関係を有するものであるから，これらに準じて施設し，これらの条項をそのまま準用すればよいわけであるが，電車線は架空電線に比べるとその構造上から接近又は交差のケースが自ずから限定されてくるので，**本条**では，これら不必要なケースを除いて実際起こり得る必要なケースのみについて規定している。

実際起こり得るケースとして**本条**に規定されている事項は，対象を架空弱電流電線等のみとし，しかも架空弱電流電線等が電車線の上方で接近し，又は上で交差する場合についての障害防止施設に限定している。したがって，電車線路の支持物等の強度の規定はなく｛き電線と電車線とが支持物を共用するときは，その支持物は電車線路のものであり，同時に，き電線路のものであるから，当然，き電線路（**第71条から第78条**等に規定する架空電線路に含まれる。）の支持物としての制限を受ける。｝，また，常態における離隔距離の規定もなく（接近するときは懸念するような距離に近づくことはなく，交差するときは電線とも交差することになるので，実際には支障はない。），全て事故時における混触防止（光ファイバケーブルの場合にはちょう架線に電気が侵入することの防止）について規定している。

第一号は接近する場合及び45°以下の水平角度で交差する場合の規定で，**イ**は水平・垂直距離を，**ロ**は線種を示している。**ハ**は垂直距離6m以上の場合の線種を示している。従前は架空弱電流電線の太さを規制していたが，現在は引張強さが所定以上あれば直径に対する規制はない。**ニ**は，H9解釈で保護網保護線を削除｛近年設備がないため（→旧省令第262条の2，第262条の3)｝したことに伴って6mの離隔が必要になる。ただし，交流式電気鉄道の上部横断の条件（**→第215条第2項**）と同一の施工方法を行えば2mとすることができる。

なお，電車線又はその支持物と低圧，高圧及び特別高圧架空電線との離隔距離については，それぞれ**第75条**，**第100条**及び**第106条**に規定されているので，それらを参照する必要がある。また，特に明記しない限り「弱電流電線等」には，電力保安通信用添架電話線も含まれるが，実際の運用に当たっては，特別高圧電線路に添架するものは高圧線並みと考えて，**第137条**に準じて施設すればよい。

なお本条は，**第2条**に該当する専用敷地内に施設された電気設備については，鉄道営業法，軌道法又は鉄道事業法の相当規定に定めるところによることとして適用除外されている。

【直流電車線路に付随する設備の施設】（省令第53条第1項）

第208条　直流式電気鉄道用の架空絶縁帰線は，低圧架空電線に係る第3章の規定に準じて施設すること。

〔解　説〕 絶縁帰線は，帰線内における電圧降下，電力損失を軽減するため，レールの適当な箇所に接続され，変電所に引き込まれるものである。絶縁帰線の対地電圧は，一般に比較的小さく絶縁の点はあまり問題とならないが，中には短時間ではあるが，100Vを超えるものもあるので，直流式電気鉄道の絶縁帰線を架空式にする場合は，低圧架空電線に準じて施設することとしている。

なお本条は，**第2条**に該当する専用敷地内に施設された電気設備については，鉄道営業法，軌道法又は鉄道事業法の相当規定に定めるところによることとして適用除外されている。

【電食の防止】（省令第54条）

第209条　直流帰線は，レール近接部分を除き，大地から絶縁すること。

2　直流帰線のレール近接部分が金属製地中管路と接近又は交差する場合は，次の各号のいずれかによること。

一　帰線のレール近接部分と金属製地中管路との離隔距離を，1m以上とすること。

二　帰線のレール近接部分と地中管路との間に，次のいずれかに適合する不導体の隔離物を設け，電流が地中1m以上を通過しなければ，両者間を流通することができないようにすること。

イ　アスファルト及び砂からなる厚さ6cm以上の絶縁物をコンクリートその他の物質で堅ろうに保護するとともに，き裂を生じないように施設したものであること。

ロ　イに規定するものと同等以上の絶縁性，耐久性及び機械的強度を有するものであること。

3　直流帰線と金属製管路とを同一の鉄橋に施設する場合は，直流帰線と橋材との間の漏えい抵抗を十分に大きくするように施設すること。

4　直流帰線のレール近接部分が金属製地中管路と1km以内に接近する場合は，次項の規定による場合を除き，次の各号により金属製地中管路に対する電食作用による障害を防止する対策を施すこと。ただし，地中管路の管理者の承諾を得た場合は，この限りでない。

一　1変電所のき電区域内において，地中管路から1km以内の距離にある帰線に対策を施すこと。ただし，帰線と地中管路が100m以内の距離に2回以上接近するときは，その接近部分の中間において離隔距離が1kmを超えることがあっても，その全部を1区間として，対策を施すこと。

二　帰線は，負極性とすること。

三　帰線用レールの継目の抵抗の和は，その区間のレールだけの抵抗の2割以下に保ち，かつ，1の継目の抵抗は，そのレールの長さ5mの抵抗に相当する値以下であること。

四　帰線用レールは，特殊の箇所を除き，長さ30m以上にわたるよう連続して溶接すること。ただし，断面積115mm^{2}以上，長さ60cm以上の軟銅より線を使用したボンド2個以上を溶接又はボルト締めにより取り付けることによって，レールの溶接に代えることができる。

五　帰線用レールの継目には，前号の規定により施設する場合を除き，次のいずれかに適合するボンドを溶接又はボルト締めにより二重に取り付けること。ただし，断面積190mm^{2}以上，長さ60cm以上の軟銅より線を使用したボンドを溶接又はボルト締めにより取り付ける場合は，この限りでない。

イ　軟銅線を使用する場合は直径1.4mm以下の太さの素線からなるより線を使用し，かつ，振動に対する耐久力が大きくなるような長さ及び構造を有する短小なボンド又はこれと同等以上の効力のあるものであること。

ロ　断面積60mm^{2}以上，長さ60cm以上の軟銅より線を使用したボンド又はこれと同等以上の効力のあるものであること。

六　帰線のレール近接部分において，当該部分に通じる1年間の平均電流が通じるときに生じる電位差は，次に掲げる条件により計算した値が，その区間内のいずれの2点間においても2V以下であること。

イ　平均電流は，車両運転に要する直流側における1年間の消費電力量（単位：kWh）を8,760で除したものを基礎として計算すること。

ロ　帰線の電流は，漏えいしないものとして計算すること。

ハ　レールの抵抗は，次の計算式により計算したものとすること。

$R=1/W$

Rは，継目の抵抗を含む単軌道1kmの抵抗（単位：Ω）

Wは，レール1mの重量（単位：kg）

5　土壌との間を砂利，枕木等で厚さ30cm以上離隔して施設し，又はこれと同等以上の絶縁性を有するコンクリート道床等の上に施設する直流帰線のレール近接部分が，金属製地中管路と1km以内に接近する場合は，次の各号により金属製地中管路に対する電食作用による障害を防止するための対策を施すこと。ただし，地中管路の管理者の承諾を得た場合は，この限りでない。

一　1変電所のき電区域内において，地中管路から2km以内の距離にある1の連続した帰線に対策を施すこと。
二　前項第二号及び第三号の規定に準じること。
三　帰線用レールは，特殊の箇所を除き，長さ20m以上にわたるよう連続して溶接すること。ただし，断面積$115mm^2$以上，長さ60cm以上の軟銅より線を使用したボンド2個以上を溶接又はボルト締めにより取り付けることによってレールの溶接に替えることができる。
四　帰線用レールの継目には，前号の規定により施設する場合を除き，前項第五号イの規定に適合するボンドを溶接又はボルト締めにより取り付けること。ただし，独立した長さ60cm以上のボンド2個以上を堅ろうに取り付ける場合は，この限りでない。
五　帰線のレール近接部分において，当該部分に通じる1年間の平均電流が通じるときに生じる電位差は，前項第六号イからハまでに示す条件により計算した値が，軌道のこう長1kmにつき2.5V以下であるとともに，その区間内のいずれの2点間においても15V以下であること。
六　帰線のレール近接部分は，次条ただし書に規定する場合を除き，大地との間の電気抵抗値が低い金属体と電気的に接続するおそれのないように施設すること。ただし，車庫その他これに類する場所において，金属製地中管路の電食防止のため帰線を開閉する装置（き電線を同時に開閉できるものに限る。）又はこれに類する装置を施設する場合は，この限りでない。
七　第二号から第六号までの規定により施設してもなお障害を及ぼすおそれがある場合は，更に適当な防止方法を施すこと。

〔解　説〕 直流帰線は，**第13条第二号**により「電路の一部を大地から絶縁しないで使用することがやむを得ないもの」に指定されている。一般に帰線は，道床砂利，敷石等の絶縁性のものによって大地に対して漏えい抵抗を有しているが，その値は，専用軌道の場合1～10Ω·km，併用軌道の場合0.1Ω·km程度で，一般の回路に比べるとほとんど接地に近い値である。しかし，この値の大小は帰線から大地へ流出する漏えい電流を左右するので，これをできるだけ大きくする必要がある。

このため**第1項**では，裸線を直接大地に施設することを禁止し，クロスボンド，レールボンドのような裸線の施設は僅かであるが絶縁の役目をする道床砂利，敷石のある範囲内に限ることとし，レール近接部分（**→第201条第七号**）以外に施設される負き電線等には絶縁電線又はケーブル等を使用して電路を大地から絶縁することを規定している。

第2項では，直流帰線のレール近接部分が金属製地中管路と接近又は交差する場合について規定している。直流式電気鉄道でレールを帰線に使用する場合，帰線と大地との間を完全に絶縁することは工事上困難である。このため帰線から漏えい電流が生じ，この電流が付近に埋設された金属製の地中管路（ケーブル等を含む。→**第201条第八号**）に流入して電食を起こさせる。これを防止するために帰線のレール近接部分と金属製地中管路との離隔距離を1m以上とすることを定め，工事上やむを得ず離隔距離を1m以上にできない場合の施設方法を定めている。**第二号**は，漏えい電流の地中の通路の長さを1m以上にすれば，同様の目的が達せられるので，レール近接部分と埋設物との間に絶縁性の隔離物を設けてその通路を1m以上にするよう定めている。**イ及びロ**は，漏えい電流の回路の電圧は一般に非常に低いので，その絶縁性の隔離物には高い絶縁性が必要でなく，むしろ劣化が少なく耐久力が大きいこと，機械的強度が大きくき裂等を生じないことが必要であり，このような見地から隔離物の成分，厚さ等を規定している。

第3項は，鉄橋では，鉄桁を介して帰線と管路が電気的に接続されるおそれがないような方法を講じることを意味している。

第4項は，直流帰線のレール近接部分が金属製地中管路と1km以内に接近する場合について規定している。金属製地中管路の電食は，主として帰線のレール近接部分から大地に流出する漏えい電流に起因するものであるが，漏えい電流の方向，流出入の状況等を概括的に表すと解説209.1図に示すようになる。

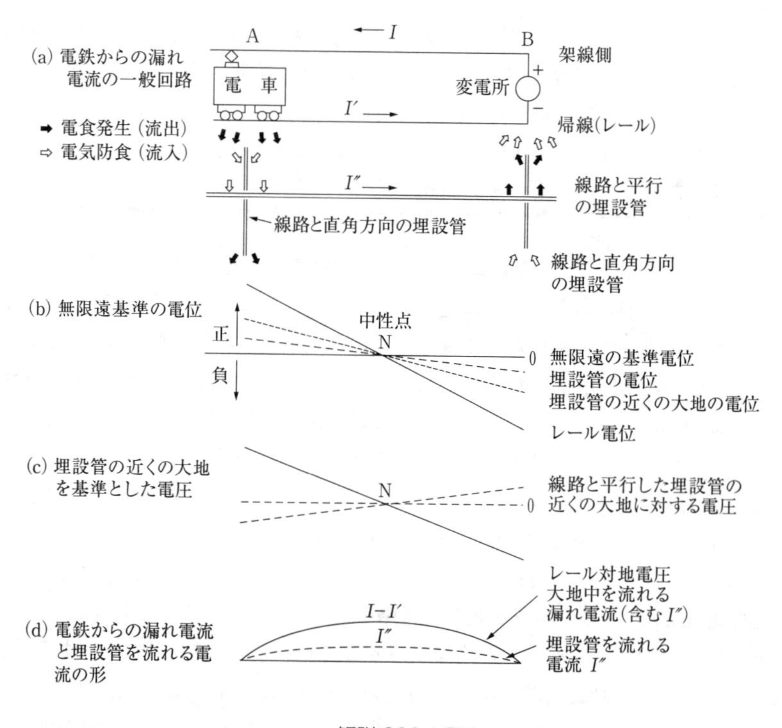

解説209.1図

解説209.1図（a）は電車の運転状態を示し，図（b）は大地の電位を基準として考えた場合のレール及び金属製地中管路の電位の変化を示している。図（c）は，金属製地中管路周囲の大地電位を基準としたときの金属製地中管路の電位を示しているが，これによって金属製地中管路への漏えい電流の流出入の状況を知ることができる。中性点N（レール，金属製地中管路の電位が大地電位と一致する点で，変電所と電車の中央付近に生じ，図（d）に示されるように，中性点では金属製地中管路と大地の間に電流の流出入がなく，金属製地中管路を流れる電流が最大となる。）を境として，それより変電所側は，金属製地中管路より大地に電流が流出する地域，すなわち，電食を引き起こす危険地域であり，その反対側は，金属製地中管路に電流が流入する地域，すなわち，安全地域である。なお，この関係は，電車の位置の変化に伴い変化する（大地に対する金属製地中管路の電位は，前者の場合は正，後者の場合は負である。）。

解説209.1図は，レール及び金属製地中管路の電位等の基本的な関係を示したものであるが，実際には多数の電車が同時に運転されるので，上述の電位分布は複雑となり，かつ，不断に変動し，漏えい電流は複雑な分布をなすので，その実態を把握することは極めて困難である。

金属製地中管路の電食に関係する要因は極めて多いが，その主なものを挙げると，帰線の電気抵抗，軌道床の漏えい抵抗，大地の電気抵抗，き電用変電所及び負絶縁帰線の施設状態，金属製地中管路と帰線との離隔距離，運転ダイヤ等である。

したがって，帰線と金属製地中管路との離隔距離のみで電食の被害の程度を判断することはできないが，一般に，金属製地中管路の電食と密接な関係を有するレールの対大地電位傾度は，解説209.2図に示されるように帰線の付近が最も急峻で（解説209.2図の場合は，レールとレール直下の大地面との間の電位差は10Vである。）距離の増加とともに平滑となり，1km程度離れれば非常に僅少となる。

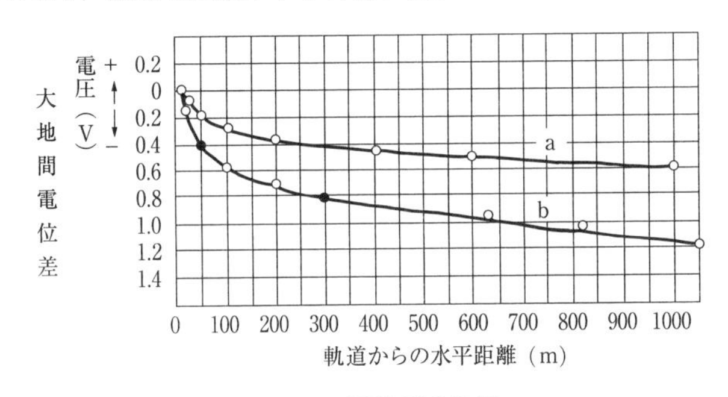

解説209.2図

したがって，レールと金属製地中管路とが1km以内に接近する場合を電食発生のおそれがある場合とみなし，帰線のレール近接部分に対し，**本項**及び**次項**において種々の施設制限を規定している。

なお，道床の構造により大地に流出する漏えい電流は著しく異なるので，その施設制限も自ずから相違してくる。このため，専用敷地内に施設する道床砂利の厚さが30cm以上の軌道構造を有するものについては**次項**に，また市内電車のように道路に施設される舗装又は無舗装軌道と，道床砂利の厚さが30cm未満の専用敷地内の軌道については**本項**にそれぞれ規定している。

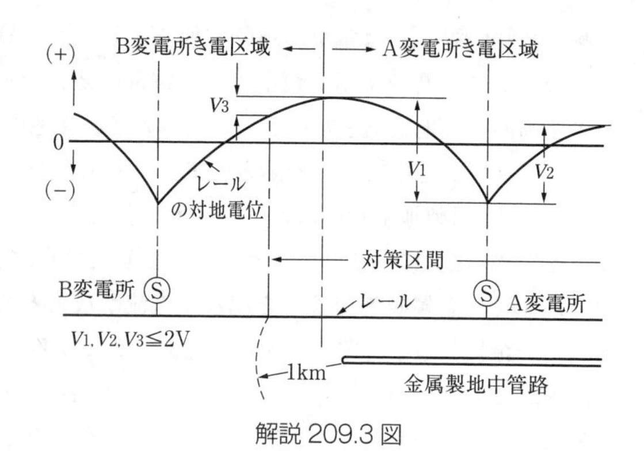

解説 209.3 図

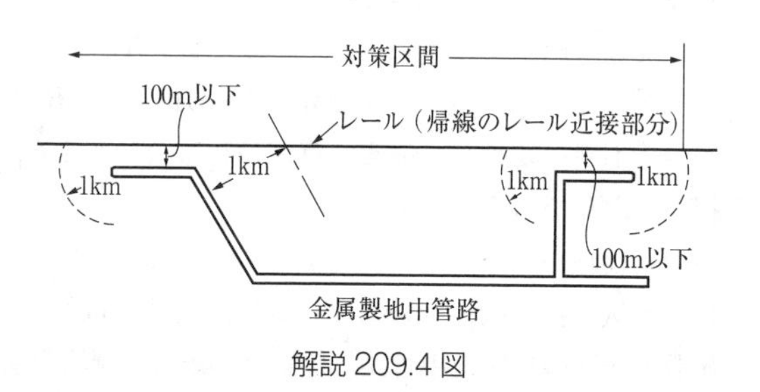

解説 209.4 図

第一号は，施設の制限を行わなければならない区間の範囲を次のように定めている。

① 1変電所のき電区域内において，金属製地中管路から1km以内にある連続した帰線（→解説209.3図）

② 1変電所のき電区域内において，帰線と金属製地中管路が100m以内に2回以上接近する場合は，その中間の部分で離隔距離が1kmを超えてもその帰線の全部（100m以内に2回以上接近する場合は，その接近部分で，帰線からの漏えい電流の流出入が生じるおそれがあるため。→解説209.4図）

なお，1変電所のき電区域内のみについて考えるのは，漏えい電流の遊動範囲は，それぞれの関係変電所のき電区域内に限られるからである。

第4項ただし書は，地中管路の管理者の承諾を得た場合は，**第4項各号**によらなくてもよいことを示している。

第二号は，電食の危険区域を変電所，負き電点付近に集中させ，排流施設等の電食防止対策の実施を容易にするため，帰線を常に負極にするよう規定している。

第三号は，漏えい電流を軽減するため，レールの継目の電気抵抗値を制限し，その保守の基準を定めたものである。一般にボンドを用いたレール継目の抵抗の変化は，接続した当初には，接続部分の抵抗の増加は極めて少なく無視し得る程度であるが，解説209.5図のように年数の経過に伴い，振動その他の原因でレールの接続部分の抵抗は次第に増加し，継目抵抗がある値に達すると，それからは急激に増加するものであるから，

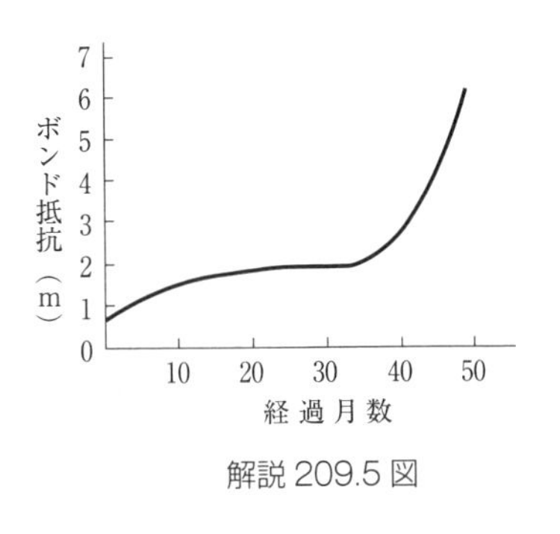

解説209.5図

注意を要する。

正規にボンドが取り付けられている場合には，レールの継目の抵抗は概ねレールの1～2mに相当する抵抗値以下であって5mにも及ぶものは不良なボンドであると考えて差し支えないので，1の継目の抵抗を5m以下に保つように規定した。したがって，ボンドが切断又は脱落しているものは，当然**本号**の規定に抵触することとなる。また，総合で抵抗の増加を20%以下と定めた理由は，個々のボンドが正規に取り付けられ，保守が十分に行われておれば，抵抗の増加を20%以下に抑えることは技術的に困難でないと考えられるためである。

第四号は，レールの溶接について規定している。レールを溶接すると，溶接部分の電気抵抗は極めて小さいため，帰線の電気抵抗を減少できるとともに，レール継目の振動，保線作業等により損傷しやすく，その保守に手数を要するボンドを省略することができるので，10mのレール3本を溶接することを目標として，30m以上にわたるように連続して溶接することとしている。

特殊の箇所というのは，曲線部分，わたり線又は分岐点のように，レールの摩耗が大きくレール交換の多い部分や，振動が激しく溶接やボルト締めに適さない部分を意味している。

レールを溶接して，いわゆる長尺レールとして使用することは様々な面で優れているので**本号**はこれによることを原則としているが，交通量の少ない地方の鉄道又は新しく電化した区間などでは，経済上その他の理由から溶接又はボルト締めのレールボンドを使用できることとしている。ただし書では，やむを得ないものとしてその代替の工事方法を定めている。「断面積115mm^{2}以上，長さ60cm以上の軟銅より線を使用したボンド2個以上を溶接又はボルト締めにより取り付ける」とレールの継目の抵抗は，おおむね90$\mu\Omega$となり，30kgレールの1.8mの抵抗に相当することとなる。なお従前は，溶接ボンドのみを規定していたが，ボルト締めボンドは実績があり，振動に強いことから追加した。

第五号は，**前号**の規定による溶接又はボルト締めにより接続された長さ30m以上のレールを更に接続する場合の規定であるが，ボンドの断線，脱落によるレール継目の電気的接続の悪化を防止するため，使用するボンドの種類と取付け方法を規定している。すなわち，**イ**及び**ロ**で規定する種類のボンドは脱落又は断線のおそれのないように，溶接又はボルト締めによって二重に取り付けることとしている。

イに規定する短小なボンドは，日本産業規格JIS E 3601のV1型，V2型のボンドを意味している。ボンドの素線の太さの最高を制限したのは，耐震性を大きくするためであり，より線に限定したのは，リボン型の導体（耐震性が小さい。）の使用を禁止するためである。

ロで，断面積 60mm^2 以上，長さ 60cm 以上と定めているのは，断面積については，保線作業等による外傷，腐食等に対する抵抗力を電車線の太さを参考にして定めたものであり，長さ 60cm 以上と定めたのは，長さを大きくすれば非常に耐震性が増すためである。これに該当するボンドとしては日本産業規格 JIS E 3601 の L 形ボンドがある。

ただし書では，**イ**及び**ロ**の施設に代えて，長期にわたり耐久力があると認められる断面積 190mm^2 以上，長さ 60cm 以上の軟銅より線を使用したボンドを溶接又はボルト締めにより取り付ける施設方法を認めている。これは**前号ただし書**の規定とともに電食防止研究委員会の研究結果に基づくものである。

第六号は，漏えい電流を制限するため，帰線のレール近接部分に生じる平均的な電圧降下の値を制限したものであるが，この値が 2V を超える場合には，変電所の新設によるき電区間の縮小，負絶縁帰線の数の増加，単位重量の大きいレールの使用等の方法を講じ，2V 以下になるようにすること。なお，金属製地中管路の電食を防止するためには，帰線から大地に流出する漏えい電流値を直接制限することが望ましいが，漏えい電流を簡単に，かつ，比較的正確に測定する方法がなく，これを計算で求めることも容易でないので，帰線のレール近接部分に生じる電位降下を制限する方法を採用している。

帰線を流れる電流値として 1 年間の平均電流を用いることとしたのは，電食の被害は通過電流量に比例するので電車運転の変動等を考慮し，1 カ年を 1 周期とみなしたためである。また「その区間内のいずれの 2 点間」というのは，**第 4 項第一号**に規定する区間内の帰線のレール近接部分の大地に対する電位が最高となる点と最低となる点（→解説 209.6 図）との間の電位差が問題となるので定められている。

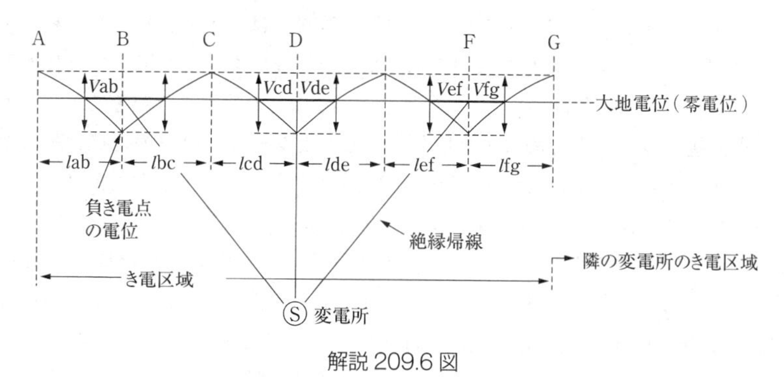

解説 209.6 図

帰線のレール近接部分の電圧降下の計算方法は，次のとおりである。

イは，帰線のレール近接部分に流れる 1 年間の平均電流の算出方法を定めたもので，次の式により計算する。

$$1年間の平均電流 (A) = \frac{車両運転に使用される変電所の直流側 1年間の使用電力量 (kWh)}{8760 \times 電車線の電圧 (kV)}$$

上式の計算に当たっては，①電鉄き電関係一覧図，②電車種別ごとの運転区間及び1年間の運転回数，③各車両の車粁当たりの消費電力量の比，④各変電所における直流供給電力量及び電車線電圧等を調査し，これに基づき各変電所のき電区域内において電車の運転に消費される1年間の電力量を電車運転区間ごと（運転される電車の車両数，運転回数，各車両の消費電力量等を考慮する。）に計算し，これに基づきその区間ごとに帰線を流れる1年間の平均電流値を計算する。

帰線のレール近接部分の電圧降下の計算を行うには，各変電所のき電区域内における電車運転区間ごとの帰線を流れる1年間の平均電流値だけでなく，その電流の分布も知る必要がある。

一般に，実際の電流の分布は複雑であるので，これを解説209.7図と解説209.8図に示すように仮定して計算を行う。

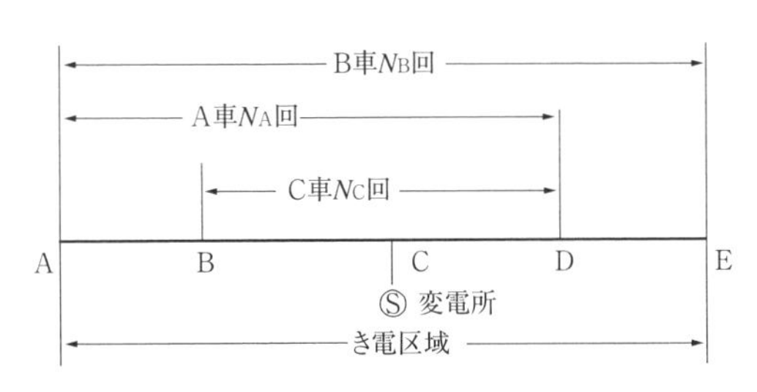

解説209.7図

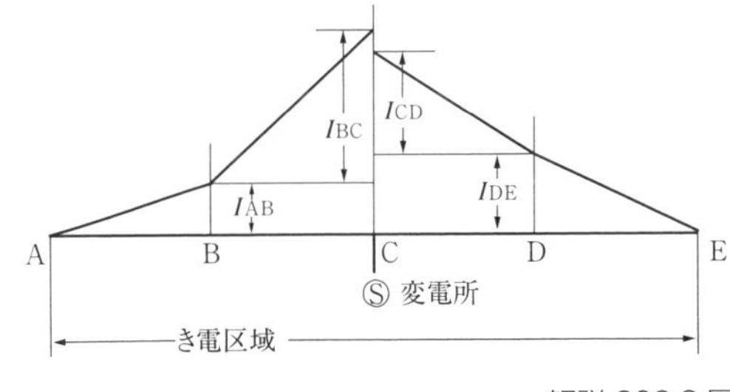

I_{AB}：AB区間における1ヵ年の平均電流
I_{BC}：BC区間　〃
I_{CD}：CD区間　〃
I_{DE}：DE区間　〃

解説209.8図

ロは，計算を簡単にするため，レールからの漏えい電流はないものとして取り扱うことを定めている。なお，複線及び複々線軌道の場合は，帰線の電流値を上述の単軌道の場合のそれぞれ1/2及び1/4とする。

ハは，レールの電気抵抗の計算式を定めたもので，レールの電気抵抗を銅の12倍，ボンド抵抗によるレール継目の抵抗増加をレール長で20%増とした場合の計算式である。なお，レールの1kg /mのものの断面積を$1.25mm^2$，銅の固有抵抗を$1.69\mu\Omega cm$とする。

なお，ボンドの脱落若しくは断線又はレールの接続部分の破損等が生じると，帰線の電気抵抗が増大し，帰線の電圧降下も増大する。したがって，必要に応じて電圧降下を測定し，帰線の変化を把握することが望ましい。また，帰線のレール近接部分に生じる電圧降下の計算結果に相当大きな変動を与える軌道の延長，単線軌道の複線軌道化，著しいダイヤの変更等があった場合は，その都度，測定を行うことが望ましい。

帰線のレール近接部分の最大電位差を測定するには，計算又は適当な実測によって最大電位差を生じる2点を定め，この点に測定用の電線を接続し，内部抵抗の高い電圧計により測定することとなる。この方法による場合は，相当費用及び手数を要し，また，簡単に測定できない場合もあるので，電食防止研究委員会の研究結果に基づき，帰線の最大電位の生じる両端において，帰線の大地に対する電位を測定し，帰線の最大電位差を算出する方法等でこれに代えることを認めている。

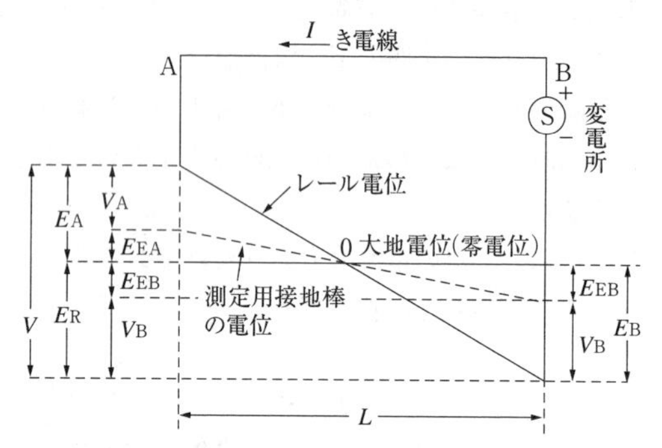

レールから遠距離の大地電位を零電位とする

A，B：レールの大地に対する電位の最大の点

L：A，B間のレール長

I：負荷電流

V_A：A点と測定用接地棒との電位差

V_B：B点　〃　〃

E_{EA}：A点の測定用接地棒の大地に対する電位

E_{EB}：B点　〃　〃

E_A：A点の大地に対する電位

E_B：B点　〃　〃

V：A，B間の電位差

$E_A = V_A + E_{EA}$

$E_B = V_B + E_{EB}$

$V = E_A - E_B = V_A + E_{EA} - (V_B + E_{EB})$

$= V_A - V_B + E_{EA} - E_{EB}$

$\therefore V_A - V_B = V - (E_{EA} - E_{EB})$

故に$V_A - V_B$はVに比較して$E_{EA} - E_{EB}$だけ小である。

解説209.9図

この方法によれば，解説209.9図のように帰線の電位上昇により帰線付近の大地の電位が上昇するため，帰線の最大電位を生じる点の大地に対する電位の測定値は実際の値より小さく出る（電位測定用の接地棒の大地に対する電位が上昇することによる。）ため，この方法で算出された最大電位差の値は，直接最大電位差を測定した場合に比べ，若干小さな値を示すことになる。実測結果の例を挙げると解説209.1表のとおりである。これらの結果より，この方法により算出された最大電位差の値の10%増をもって帰線の最大電位差とみなして実用上は支障ないと考えられる。

解説 209.1 表

L（km）	I（A）	V（V）	V_A（V）	V_B（V）	$V_A - V_B$（V）	$\frac{V_A - V_B}{V}$ %
31.35	165	20.65	11.0	-7.2	18.2	88
14.60	100	15.80	6.9	-7.5	14.4	91
24.07	100	20.00	8.7	-9.0	17.7	88.5
11.00	157	16.50	11.2	-4.3	15.5	94.0

なお，レールの大地に対する最大電位差の測定に当たっては，最大電位差が生じる時刻において，最大電位差の生じる両端における大地に対するレールの電位を同時に測定する必要がある。また，測定結果の整理の方法については，電食・土壌腐食ハンドブックを参照して正しい方法によらなければ正確なレールの最大電位差が得られないので注意が必要である。さらに，レールの継目の抵抗の大小は，帰線から流出する漏れ電流に大きく関係するので，測定は年 1 回程度測定して記録することが望ましい。

第 5 項は，砂利，枕木等の厚さが 30cm 以上（枕木の上面から測る。）の道床，コンクリート道床又はスラブ軌道等を使用した電気鉄道の帰線のレール近接部分が金属製地中管路と 1km 以内に接近する場合の施設制限に関する規定で，**前項**の場合に比べ，軌道床がよいため大地に対する漏えい抵抗が比較的高いので，施設制限が緩和されている。ただし書は，**第 4 項ただし書**と同趣旨のものである。

なお，**本項**の対象となる専用敷地内の帰線についても，帰線のレール近接部分に生じる最大電位差の測定及びレール継目の抵抗の測定は，**前項**で解説したように行うことが望ましい。

第 4 項の施設制限の対象となる帰線（主として併用軌道）と**本項**の施設制限の対象となる帰線（主として専用軌道）とが混合して敷設される場合の帰線漏れ電流，帰線電圧降下等の状況は，その組合せ及び混合率によって変化するので，その施設制限に一定の基準を定めることは困難であり，本解釈にはこのような場合の基準を明示してはいない（したがって，**第 4 項**の規定が適用される。）。

その施設制限は，**前項第二号**及び**第三号**に準ずるほか，次により施設することとしている。

第一号は，**第 4 項第一号**と同様，施設制限を行うべき区間を定めたものであるが，**本項**の規定は**前項**に比べ施設制限が相当緩和されているので，1 変電所のき電区域で地中管路から 2km 以内の距離にある一つの連続した帰線をその区間と規定し，地中管路から**前項**の 2 倍の距離にある帰線を施設制限の対象としている。

第三号は，**前項第四号**と同様の趣旨で，特殊の箇所（**→前項第四号解説**）を除き，溶接又はボルト締めによってレールの 1 本の長さを 20m 以上とすることを定めているが，これはレールの長さ 10m のもの 2 本を溶接する場合を基準として定めたもので，20m 以上の長尺レールを使用する場合は，当然これに適合する。溶接することが困難な場合については，ボンドをもって代えることができる（→**前項第四号解説**）。

第四号は，**前項第五号**と同様の趣旨で，レールの継目の電気的接続について示したものである。ボンド取付けを溶接又はボルト締めによることを原則としたのは，両者のいずれかにすれば堅固に取り付けられるので，脱落や端子とレールとの接触抵抗の変化が少ないためである。

第五号は，**前項第六号**と同様の趣旨で，帰線からの漏えい電流の制限に関する項目である。**本項**の場合，軌道床の漏えい抵抗が比較的高いので，**前項**の 2V 以下が 15V 以下に緩和されているが，この電位差がレールの特定部分に集中すると大きい障害を生じるおそれがあるので，別にレールのこう長 1km につき 2.5V 以下とするよう制限を設けている。

なお，上述のレールのこう長 1km につき 2.5V 以下とは，解説 209.6 図において

$$(Vab/lab) \leqq 2.5\text{V},\ (Vbc/lbc) \leqq 2.5\text{V}\cdots\cdots\cdots\cdots$$

となることをいうのである ｛Vab，Vbc：電位差（V），lab，lbc：2 点間の距離（km)｝。電位差の計算方法は，**前項第六号解説**のとおりである。

第六号は，直流帰線のレール近接部分において，**次条**に規定する排流接続を除き接地抵抗の低い金属製構造物との接続を禁止したものである。これは，車庫等においてレール近接部分が鉄筋コンクリート構造物の鉄筋のような低接地抵抗の構造物と接触し，漏れ電流が大きくなると金属製地中管路に電食障害を及ぼすおそれがあるためである。しかし，車輪転削装置のように，帰線と低接地構造物とを分離することが困難な場合は，漏れ電流の流れる時間を短くするため，帰線を開閉する装置を施設することを定めた。その装置の一例として，帰線自動開閉装置の結線図を解説 209.10 図に示す。

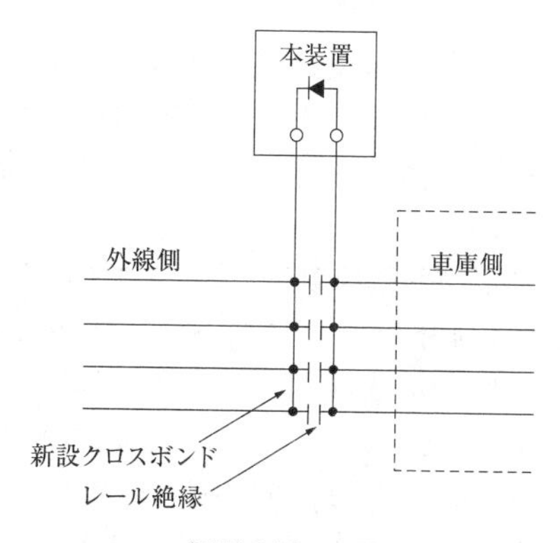

解説 209.10 図

第七号は，**本項**の規定が**前項**に比べかなり緩和されているので，レールの漏えい抵抗が土地の状況その他により低いため又は地中管路が帰線に極めて接近するため若しくは河川や海岸に軌道が接近するため等により，**第二号**から**第六号**の規定により施設しても，なお地中管路に障害を及ぼすおそれがある場合には，更に適当な防止方法（変電所又は負き電線の設置等）を講ずべきことを示している。

【排流接続】（省令第5条，第53条第2項，第54条）

第210条　直流帰線と地中管路とは，電気的に接続しないこと。ただし，直流帰線を前条第4項又は第5項の規定により施設してもなお金属製地中管路に対して電食作用により障害を及ぼすおそれがある場合において，次の各号により施設するときは，この限りでない。

一　次に適合する強制排流器又は選択排流器のいずれかを施設すること。

イ　帰線から排流器を経て金属製地中管路に通じる電流を阻止する構造であること。

ロ　排流器を保護するために適当な過電流遮断器を施設すること。

ハ　排流器は，次のいずれかにより施設すること。

（イ）　D種接地工事を施した金属製外箱その他の堅ろうな箱に収めて施設すること。

（ロ）　人が触れるおそれがないように施設すること。

ニ　強制排流器用の電源装置は，次に適合するものであること。

（イ）　変圧器は，絶縁変圧器であること。

（ロ）　1次側電路には，開閉器及び過電流遮断器を各極（過電流遮断器にあっては，多線式電路の中性極を除く。）に設けること。ただし，過電流遮断器が開閉機能を有するものである場合は，過電流遮断器のみとすることができる。（関連省令第14条）

二　排流施設は，他の金属製地中管路及び帰線用レールに対する電食作用による障害を著しく増加するおそれがないように施設すること。

三　排流線を帰線に接続する位置は，帰線用レールの電位分布を著しく悪化させないとともに，電気鉄道の信号保安装置の機能に障害を及ぼさない場所であること。

四　排流回路は，排流線と金属製地中管路及び帰線との接続点を除き，大地から絶縁すること。

五　排流線は，次により施設すること。

イ　排流線は，架空で施設し，又は地中に埋設して施設すること。ただし，電気鉄道の専用敷地内に施設する部分に絶縁電線（屋外用ビニル絶縁電線を除く。），キャブタイヤケーブル又はケーブルを使用し，かつ，損傷を受けるおそれがないように施設する場合は，この限りでない。

ロ　架空で施設する排流線は，低圧架空電線に係る第67条，第68条及び第71条から第79条までの規定並びに第204条の規定に準じるほか，次によるとともに，危険のおそれがないように施設すること。

（イ）　排流線は，ケーブルである場合を除き，引張強さ5.26kN以上のもの，直径3.5mm以上の銅覆鋼線又は直径4mm以上の硬銅線であること。（関連省令第6条）

（ロ）　排流線は，排流電流を安全に通じることができるものであること。

（ハ）　排流線と高圧架空電線又は架空弱電流電線等とを同一支持物に施設する場

合は，それぞれ低圧架空電線に係る第80条又は第81条の規定に準じて施設すること。ただし，排流線が600Vビニル絶縁電線又はケーブルである場合は，排流線を架空弱電流電線等の下とし，又は架空弱電流電線等との離隔距離を30cm以上として施設することができる。

（ニ）　排流線を専用の支持物に施設する場合は，第53条，第54条及び第56条から第60条までの規定に準じて施設すること。

ハ　地中に埋設して施設する排流線には，次に掲げる電線であって排流電流を安全に通じることができるものを使用するとともに，これを第120条，第124条及び第125条（第1項を除く。）の規定に準じて施設すること。

（イ）　600Vビニル絶縁電線

（ロ）　1種キャブタイヤケーブル以外のキャブタイヤケーブル

（ハ）　低圧ケーブルであって，外装がクロロプレン，ビニル又はポリエチレンであるもの

ニ　排流線の立上り部分のうち，地表上2.5m未満の部分には，絶縁電線（屋外用ビニル絶縁電線を除く。），キャブタイヤケーブル又はケーブルを使用し，人が触れるおそれがなく，かつ，損傷を受けるおそれがないように施設すること。

〔解　説〕 本条では，金属製地中管路に対する電食を防止するため，帰線と金属製地中管路とを電気的に接続する場合の施設方法（排流接続）について，電食防止研究委員会の検討に基づいて規定したものである。

第1項本文においては，直流帰線に**第209条**による必要な電食防止措置を行うことを前提として，これらの施設を行ってもなお，金属製地中管路に対し電食による障害を及ぼすおそれがある場合において，次の**各号**により施設する場合に，直流帰線と地中管路とを接続することを認めている。

排流法には解説210.1図に示すように，選択排流法，強制排流法，直接排流法がある。なお，選択排流法では，レールの対地電圧の正値が大きく，レール付近で金属製地中管路に電流が流入し，それがレールから遠く離れた地域で流出することによって電食を起こすような場合には電食の発生を防止できない。また，直接排流法は金属製地中管路とレールを直接導線で接続するため，レール対地電圧が正の場合には，レールから金属製地中管路に電流が流れ，金属製地中管路の電食を促進するおそれがあるため，日本国内では使用されていない。

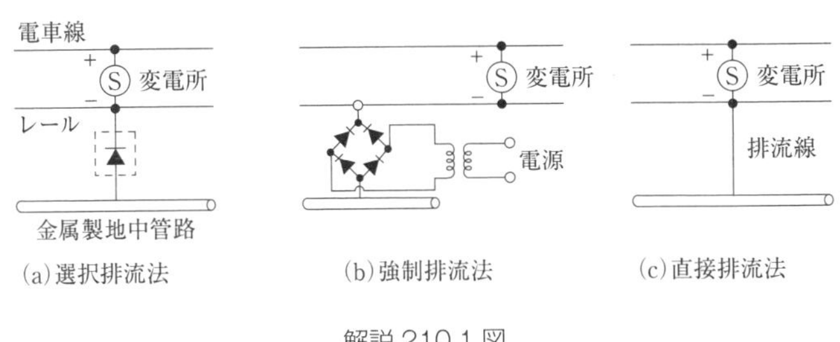

解説 210.1 図

第一号では，排流接続に使用する排流器の具備すべき要件について示している。

イでは，帰線から排流線を経て金属製地中管路に通ずる電流を阻止することは，排流器の基本的な機能であり，逆耐電圧が十分高く，逆流電流がなるべく少ないものを使用する必要がある。強制排流器の場合は，直流電源装置が入っているので逆流を起こし難いが，帰線と金属製地中管路との間の電位差が電源装置の出力電圧以上になることもあるので，この際にも逆流を起こさない構造とする必要がある。

ロでは，電車の運転ダイヤの変更又は電車線の地絡事故時等には，排流器の容量を超過する過大な排流電流又はレールからの逆流が排流回路に流入するおそれがある。これらの過大電流から排流線及び排流器を保護するため排流回路に適当な過電流遮断器（一般には排流器内にヒューズを挿入している。）を施設する必要があることを示している。また，ヒューズを取り付ける場合，ヒューズの取付け部が通過電流によって過熱する事故が多いので，ヒューズの取付け部の接触面積を十分に大きくとる必要がある。なお，排流器に取り付けるヒューズの定格としては，排流器の連続定格容量の2倍程度のものを一般に使用している。

ハは，排流回路には，レールの電圧が印加され，また，強制排流器の場合には1次側に交流電源もあるので，排流器の絶縁不良による人や家畜に対する危険を防止するために設けられた規定である。

ニ（イ）において単巻変圧器の使用を禁じ絶縁変圧器の使用を規定しているのは，2次側がレール及び金属製地中管路と接続されるので，1次側との回路が構成され排流電流が流れるのを防止するためである。

(ロ)において1次側電路に開閉器及び過電流遮断器を設けることを規定しているのは，点検時及び事故時等に容易に電路を区分できるようにするためである。

第二号は，他の金属製地中管路等に対する電食作用による障害について規定している。排流接続を行うと電鉄帰線からの漏えい電流が増加するとともに，帰線及び金属製地中管路の電位を変化させ，帰線用レール及び付近の金属製地中管路の電食を増加させることがある。したがって，排流法を採用する場合は，それによる障害を著しく増加するおそれのないように排流電流を可能な限り少なくする必要がある。対策としては，排流回路に制限抵抗を入れ排流電流を制限する方法と，付近の金属製地中管路を電気的に接続し共同排流を行う方法などがある。

この場合，付近の他の金属製地中管路に対してどの程度まで電食を増進させたときに排流電流を制限する必要があるか又は共同排流を行う必要があるかを定量的に規定することは困難である（電食の程度を正確に測定する器具が不完全であること，電食の被害物件の経済的重要度により許容される電食の被害の程度が異なってくること等による。）。したがって，現状では，東京，中部，関西，中国及び新潟地区で組織されている電食防止対策委員会のような組織により関係者が協同調査を行い，その資料を技術的に正確に判断し，関係者相互の協力と理解により適切な対策を実施するのが妥当であると考えられる。なお，弱電流電線路と地中電線路との共同排流については，**第125条**により両者を離隔することとなっているので，注意を要する。

第三号は，排流線を帰線に接続すると，帰線は接続点において接地された状態となり，帰線の電位分布及び帰線を信号回路に使用している信号保安装置の機能に影響を及ぼすことになるため設けられた規定である。

「帰線の電位分布を著しく悪化させる」というのは，多数の絶縁帰線を設けて等電位法を採用している変電所の負極母線に排流線を直接接続すると，絶縁帰線の電流を減少させ，帰線内の最大電位差を増大させ，帰線電位を上昇させること等をいい，このような場合には，排流電流を制限し又はいくつかの負き電点に分けて排流する必要がある。

信号保安装置の機能に障害を及ぼさないようにするためには，不平衡電流を防止することが必要であり，帰線への排流接続は，インピーダンスボンドの中性点に限られる。また，連続した軌道回路に排流するとクロスボンド回路を生じ，危険な動作をするおそれがあるので，これを避けるため解説210.2図に示すように排流回路にインピーダンスを入れて回路のインピーダンスを高くし又は1軌道回路以上離れた点に接続することとしている。

また，強制排流法を採用する場合は，直流電源装置により軌道回路に脈流が流れて信号障害を起こすおそれがあるので，この妨害電流の大きさをその軌道回路に対する制限値以下にする必要がある。

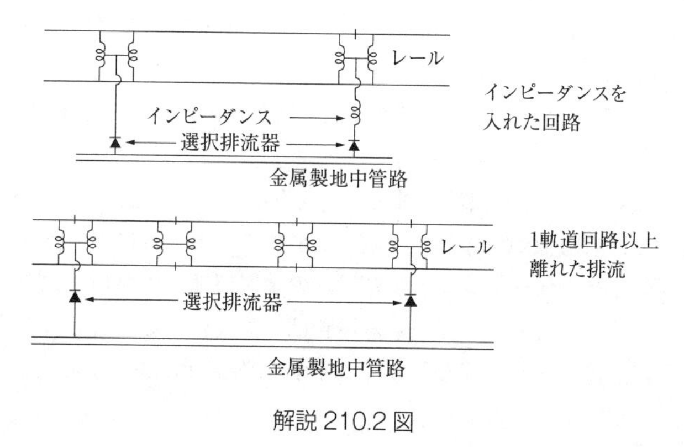

解説210.2図

第四号では，排流線にはレールの電位が印加され電車の移動に伴い瞬間的ではあるが相当高い電位になることが予想されるが，排流線から電流が漏えいすることは電食防止の見地から好ましくないので，技術的にやむを得ない排流線と金属製地中管路又は帰線との接続点を除き，排流回路を大地から絶縁することとしている。

第五号は，排流線の施設方法を規定したものである。

イは，排流線の施設方法の原則を示したもので，排流線を地上に転がして施設することは許されない。**ただし書**は，排流線と専用軌道の帰線との接続部分についての例外規定である。

ロは，排流線を架空で施設する場合の施設方法について示している。前述のとおり，排流線の対地電圧は瞬間的ではあるが相当高い値に上昇するので，排流線を架空で施設する場合は，概ね低圧架空電線に準じて施設することとしている。すなわち，**第67条**，**第68条**，**第71条**から**第79条**及び**第204条**の規定に準ずるほか，次の**（イ）**，**（ロ）**，**（ハ）**及び**（ニ）**の規定に適合する安全な施設が求められる。

（イ）では，排流線に使用する電線の引張強さは5.26kNとしている。排流線には相当高い電位が生じることもあるので，比較的切れ難いと考えられる直径3.5mm以上の銅覆鋼線又は直径4mmの硬銅線等を要求している。

（ロ）では，排流線に使用する電線の電流容量が不足していたために，その絶縁被覆を損傷した事例もあるので，排流線の電流容量には特に注意を要することを示している。排流線の電流容量は，排流器の連続定格容量に一致させることが合理的である。

（ハ）では，排流線を架空弱電流電線路等の支持物に添架する場合には，**第80条**，**第81条**の低圧架空電線の規定に準じて施設することを規定している。ただし書では，排流線に600Vビニル絶縁電線又はケーブルを使用する場合には，排流線と架空弱電流電線等との離隔距離を75cm以上から30cm以上までに短縮できるとともに，排流線を架空弱電流電線等の下に施設することができることとしている。

（ニ）では，排流線を専用の支持物に施設する場合には，低圧架空電線路の施設に関する規定に準じて施設することとしている。

ハにおいて，地中に埋設して施設する排流線に金属被覆を有するケーブル等を使用することは，金属被覆が金属製地中管路付近の電位と同電位となり保安の観点からは好ましくない。また，天然ゴムはビニルやクロロプレンに比べ絶縁の耐久性において劣るので，600Vゴム絶縁電線を排流線に使用することを禁じている。

排流線を地中に埋設する場合の工事方法については，低圧地中電線路の工事に関する規定に準じて施設することとしている。

ニは，排流線を地中式から架空式に，又は架空式から地中式に引き出し又は引き入れる時の施設方法についての規定である。

なお，排流線と金属製地中管路との接続点の点検は，排流線の施設後においては容易にできないので，施設する際に脱落するおそれがないように十分注意するとともに，接続点の電気抵抗をできるだけ小さくしておく必要がある。

排流線と金属製地中管路とを接続する方法としては，一般に，排流線を直接金属管にろう付けする方法，金属管にバンドをはめ，バンドと排流線とをろう付けする方法又は埋設する前に金属管の適当な箇所にリード線を取り付けてから埋設する方法がとられている。

なお，排流線と帰線，金属製地中管路又は排流器との接続の良否及び排流器が正常に動作しているかを必要に応じ点検し，その結果を記録しておくことが望ましい。

また，排流器のヒューズの溶断等のため排流器がその動作を停止していた事例が相当あることから，排流器の保守点検を励行し，常に排流器が正常に動作するように努める必要がある。排流器の排流電流は，電気鉄道のダイヤ，き電区間の変更等により変化するので，電気鉄道事業者との連絡を密にして，必要に応じて排流器の設置場所，容量等を検討し，排流器がその機能を十分に発揮するよう施設する必要がある。

【交流電車線路の施設制限】（省令第52条）

第211条　交流式電気鉄道の電車線路は，次の各号によること。

一　使用電圧は，単相交流にあっては25,000V以下，三相交流にあっては低圧であること。

二　電気鉄道の専用敷地内に施設すること。

三　電車線は，架空方式により施設すること。ただし，使用電圧が低圧のものを，第173条第8項の規定に準じて施設する場合は，この限りでない。

〔解　説〕 本条は，交流電車線路の施設制限について規定している。

第一号は交流式電気鉄道の電車線路の使用電圧を規定している。昭和30年頃，フランス等諸外国の例にならい，仙山線や北陸線での試験を経て，商用周波20,000V方式の交流式電気鉄道が日本国有鉄道（現：JR）において採用された。交流単線式電気鉄道は地上設備が経済的であるため，通勤線区以外の幹線電化の標準方式として普及した。さらに，新幹線では大出力電車に対応して交流式電気鉄道が定着し，現在に至っている。在来線の使用電圧は20,000Vであるが，これは車体の大きさから絶縁距離が十分にとれないため，世界の標準ではない20,000V方式になった経緯がある。東海道新幹線建設に際して，世界の標準電圧であった直流3,000V方式と単相交流25,000V方式が比較検討され，高速大出力の電気鉄道に向いた商用周波単相交流25,000V方式が採用された。

第一号後半の三相交流低圧は，新交通システムに使われている方式である。

第二号は，電車線路の施設場所を直流高圧の電車線路の場合と同様，電気鉄道の専用敷地内に限定した。新交通システムの電車線は剛体複線式で，案内レール近くに施設されていることから，電圧が低圧であっても，人が容易に立ち入らない専用敷地内に設ける必要がある。

第三号は，交流低圧を除いて電圧が高く危険であるので架空方式とすることを規定している。交流低圧の新交通システム（剛体複線式）の電車線では架空方式でないことから，屋外において準用している**第173条第8項**を満たすこととしている。

第6章　電気鉄道

【電圧不平衡による障害の防止】（省令第55条）

第212条　交流式電気鉄道の単相負荷による電圧不平衡率は，212-1表に規定する計算式により計算した値が，変電所の受電点において3%以下であること。

212-1表

交流式電気鉄道の変電所の変圧器の結線方式	電圧不平衡率の計算式
単相結線	$K=ZP\times10^{-4}$
三相／二相変換結線（変形ウッドブリッジ結線，スコット結線等）	$K=Z\lvert P_A-P_B\rvert\times10^{-4}$
V結線	$K=Z\sqrt{P_A{}^2-P_AP_B+P_B{}^2}\times10^{-4}$

（備考）
1. Kは，百分率で表した電圧不平衡率
2. Zは，変電所の受電点における3相電源系統の10,000kVAを基準とするパーセントインピーダンス又はパーセントリアクタンス
3. Pは，全き電区域における連続2時間の平均負荷（単位：kVA）
4. P_A及びP_Bは，それぞれのき電区域における連続2時間の平均負荷（単位：kVA）

〔解　説〕 **本条**は，交流式電気鉄道の単相負荷による電圧不平衡率について規定している。なお，単相負荷に係る規定であるので，新交通システムは除かれる。

JRの新幹線や在来線において，その単相負荷容量は電気炉，溶接機等の単相負荷に比べ極めて大きく，これを三相電力系統に接続すると，電気供給事業者の発電設備，送変電設備及び一般需要家の負荷設備に与える影響が大きい。すなわち単相負荷により，三相電源に著しい不平衡を生じると，発電機，調相機などの回転機は温度上昇が著しくなり，系統の保護装置及び計測装置の誤動作を招き，また，誘導電動機はトルクの減少や異常温度上昇を生じる。したがって，単相負荷による不平衡をできるだけ少なくするように設計，施工及び維持する必要がある。

本条は，この電圧不平衡軽減措置を要求したもので，**212-1表**に規定する計算方法により，その限度を3%以下程度にすることが要求されている。

電圧不平衡率の計算は，変圧器の結線方式（→解説212.1図）に従い，**212-1表**の単相結線の場合，3相/2相変換結線の場合，V結線の場合を適用する。

ここで電圧不平衡率というのは，正相電圧に対する逆相電圧の比，すなわち$\frac{V_2}{V_1}\times100$をもって表しており，本文の各算式の決定過程を示せば次のとおりである。

（イ）単相結線の場合

$$V_{a1}=\frac{Z_1+Z_{a2}}{Z_{a1}+Z_{a2}+Z_1}E_a \qquad V_{a2}=\frac{Z_{a2}}{Z_{a1}+Z_{a2}+Z_1}E_a$$

$$K=\frac{V_{a2}}{V_{a1}}\times 100=\frac{Z_{a2}}{Z_{a2}+Z_1}\times 100\fallingdotseq\frac{Z_{a2}}{Z_1}\times 100\fallingdotseq\frac{P}{P_3}\times 100$$

$$=\frac{P}{\frac{10{,}000}{Z}\times 100}\times 100=ZP\times 10^{-4}$$

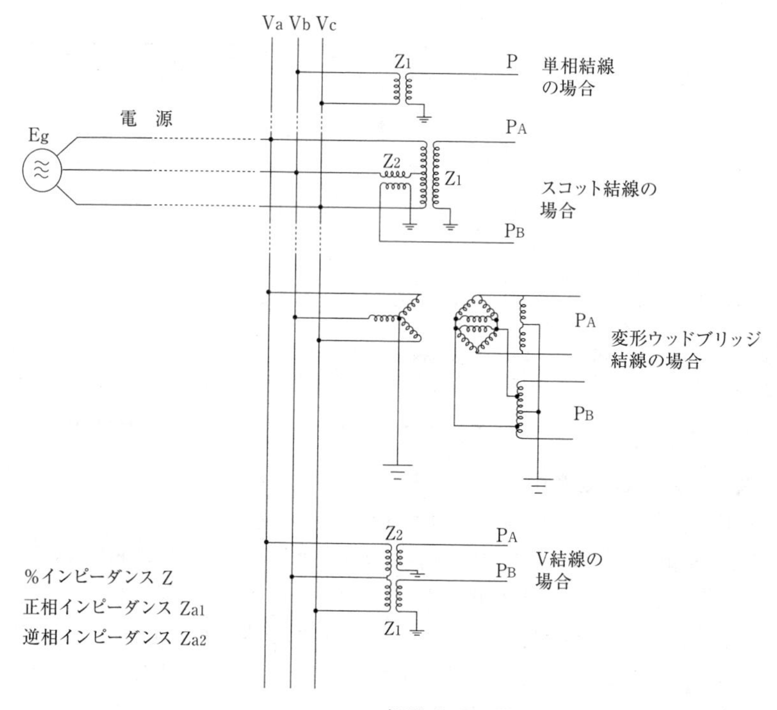

解説 212.1 図

（ロ）三相／二相変換結線の場合

$$V_{a1}=\frac{Z_1Z_2+Z_{a2}(Z_1+Z_2)}{4Z_{a1}Z_{a2}+(Z_{a1}+Z_{a2})(Z_1+Z_2)+Z_1Z_2}E_a$$

$$V_{a2}=\frac{aZ_{a2}(Z_1-Z_2)}{4Z_{a1}Z_{a2}+(Z_{a1}+Z_{a2})(Z_1+Z_2)+Z_1Z_2}E_a$$

$$|K|=\left|\frac{V_{a2}}{V_{a1}}\times 100\right|=\left|\frac{Z_{a2}(Z_1-Z_2)}{Z_1Z_2+Z_{a2}(Z_1+Z_2)}\times 100\right|$$

$$= \left| \frac{P_1 - P_2}{P_1 + P_2 + P_3} \times 100 \right| = \left| \frac{P_1 - P_2}{P_3} \times 100 \right|$$

$$= \left| \frac{(P_1 - P_2)}{\frac{100}{Z} \times 10{,}000} \times 100 \right| = \left| Z(P_1 - P_2) \times 10^{-4} \right|$$

（ハ）V 結線の場合

$$V_{a1} = \frac{Z_1Z_2 + Z_{a2}(Z_1 + Z_2)}{3Z_{a1}Z_{a2} + (Z_{a1} + Z_{a2})(Z_1 + Z_2) + Z_1Z_2} E_a$$

$$V_{a2} = \frac{Z_{a2}(Z_1 + a^2Z_2)}{3Z_{a1}Z_{a2} + (Z_{a1} + Z_{a2})(Z_1 + Z_2) + Z_1Z_2} E_a$$

$$K = \frac{V_{a2}}{V_{a1}} \times 100 = \frac{Z_{a2}(Z_1 - a^2Z_2)}{Z_1Z_2 + (Z_1 + Z_2)Z_{a2}} \times 100$$

$$\fallingdotseq \frac{a^2P_A + P_B}{P_S} \times 100 = \left| Z\sqrt{P_A{}^2 - P_AP_B + P_B{}^2} \times 10^{-4} \right|$$

電圧不平衡率の限度 3% は，各機器に及ぼす影響を考慮し，フランス等における実績（許容限度 5%）等も参考にして定められたもので，一般負荷による影響（一般には電圧不平衡を緩和する方向に作用する。）は無視することにして，電鉄変電所の受電点において決めている。

また，計算式において，単相負荷は連続 2 時間の平均負荷をとることになっており，これより短時間では 3% 以上の不平衡を生じることは電鉄負荷の性格上，ある程度はやむを得ないことではあるが，短時間の不平衡もできるだけ小さくするように努力すべきことは当然である。**本条**における不平衡率の限度は，法的に標準という定め方を避け最低の限度そのものを定めている。しかし 3% という値は必ずしも決定的なものでないので，計算上これを超えていても一般需要家の負荷設備も含めたその電力系統に支障を生じないような場合が出てくることも考えられる。

電圧不平衡軽減対策は，スコット結線や変形ウッドブリッジ結線等を採用するほか，更にコンデンサ，リアクトル等を使用した位相補償方式や無効電力制御装置等を施設することが考えられる。

【交流電車線等から弱電流電線路への通信障害の防止】（省令第42条第2項）

第213条　交流のき電線路，電車線路若しくは架空絶縁帰線又は交流電車線路相互を接続する電線路は，弱電流電線路に対して誘導作用により通信上の障害を及ぼさないように，弱電流電線路から十分に離し，帰線のレール近接部分及び大地に通じる電流を制限し，又はその他の適当な方法で施設すること。

〔解　説〕　交流式電気鉄道（交流単線式電気鉄道）はレールが帰路となっているため，平常運転の場合でも送電線の地絡事故時と同様な状態となっており，また，電車線電流は高調波を含んだ交流であるので，近接通信線に対して人命や機器に与える危険，電話の雑音，電信の妨害等のような誘導障害が問題となる。

これらの障害を防止するため，**本条**は交流式電気鉄道のき電線路，電車線路若しくは架空絶縁帰線又は交流電車線路相互を接続する電線路と弱電流電線路との距離を十分に離すか，帰線のレール近接部分及び大地を流れる電流を制限するか，その他障害防止上有効な方法で施設することを規定している（**→第52条，第124条**）。帰線のレール近接部分及び大地を流れる電流を制限する方法としては，吸上変圧器を使用して架空絶縁帰線（負き電線）に電流を吸い上げる方法又は単巻変圧器を使用して架空絶縁電線（き電線）に電流を流す方法等が行われている（**→第52条**）。

なお，特別高圧架空電線路（き電線路を含む。）では架空電話線路に対する静電誘導電流の計算式を定め，誘導電流の限度を定めている（**→第52条**）。

また，既設の弱電流電線のみでなく，後から施設される弱電流電線に対しても規制が及ぶので，後からできる弱電流電線に対して通信上の誘導障害を及ぼす場合は，これを防止するために何らかの措置を講じる必要があるが，この場合の費用負担及び対策については**電気事業法第41条**により当事者間で協議することになる。なお，三相交流低圧電車線路は，ほとんど問題にはならない。

【交流架空電車線等と他の工作物等との接近又は交差】（省令第29条）

第214条　交流の架空電車線等が建造物，道路又は索道（搬器を含み，索道用支持物を除く。以下この条において同じ。）（以下この条において「建造物等」という。）と接近する場合は，次の各号によること。

一　架空電車線等が建造物等の上方又は側方において水平距離で電車線路の支持物の地表上の高さに相当する距離以内に施設されるとき（次号に規定する場合を除く。）は，電車線路の支持物には鉄柱又は鉄筋コンクリート柱を使用し，かつ，その径間を60m以下として施設すること。ただし，架空電車線等の切断，電車線路の支持物の倒壊等の際に，架空電車線等が建造物等に接触するおそれがない場合は，この限りでない。（関連省令第32条第1項）

二　架空電車線等が建造物等の上方又は側方において水平距離で3m未満に施設されるときは，次によること。
イ　架空電車線等と建造物との離隔距離は，3m以上であること。
ロ　架空電車線等と索道又はその支柱との離隔距離は，2m以上であること。
ハ　第75条第5項第三号イの規定に準じること。
三　架空電車線等が索道の下方に接近して施設される場合は，架空電車線等と索道との水平距離は，索道の支柱の地表上の高さに相当する距離以上であること。ただし，架空電車線等と索道との水平距離が3m以上の場合において，次のいずれかに該当するときは，この限りでない。
イ　索道の支柱の倒壊等の際に，索道が架空電車線等と接触するおそれがない場合
ロ　架空電車線等の上方に堅ろうな防護装置を設け，その金属製部分にD種接地工事を施す場合

2　交流の架空電車線等が索道と交差して施設される場合は，次の各号によること。
一　架空電車線等と索道又はその支柱との離隔距離は，2m以上であること。
二　架空電車線等の上に堅ろうな防護装置を設け，その金属製部分にD種接地工事を施すこと。
三　危険のおそれがないように施設すること。

3　交流の架空電車線等が橋その他これに類するもの（以下この条において「橋等」という。）の下に施設される場合は，次の各号によること。
一　架空電車線等と橋等との離隔距離は，0.3m以上であること。ただし，架空電車線等の使用電圧が22,000V以下である場合において，技術上やむを得ないときは，離隔距離を0.25mまで減じることができる。
二　橋げた等の金属製部分には，D種接地工事が施されていること。
三　橋等の上から人が架空電車線等に触れるおそれがある場合は，適当な防護装置を設けるとともに，危険である旨の表示をすること。

4　第1項から第3項までに規定する以外の場合において，交流の架空電車線等が他の工作物（架空電線，架空弱電流電線等，アンテナ及び直流の架空電車線を除く。）と接近又は交差する場合は，相互の離隔距離は，2m以上であること。

5　交流の架空電車線等と植物との離隔距離は，2m以上であること。

6　交流の架空電車線と並行する低圧又は高圧の架空電線において，誘導による危険電圧の発生するおそれがある場合は，これを防止するため遮へい線等の適当な施設を設けること。

7　交流の架空電車線と並行する橋の金属製欄干その他人が触れるおそれがある金属製のものにおいて，誘導により危険電圧が発生するおそれのある場合には，これを防止するため，当該金属製のものにはD種接地工事が施されていること。

〔解　説〕 本条は，交流の架空電車線等が建造物，道路，索道その他の工作物に対して危険を及ぼさないようにするため，架空電車線等とこれらのものとが接近し，又は交差する場合の工事方法を示したものである。

第1項第一号では，電車線等が建造物，道路又は索道の上方又は側方において，水平距離で電車線路の支持物の地表上の高さに相当する距離以内3mまで（3m未満の場合は，**第二号**）に接近する場合について，支持物の種類及び径間を制限している（→**第75条第5項**）。

第二号は，交流の架空電車線等が建造物，道路又は索道の上方又は側方において水平距離で3m未満に接近する場合で，**イ**及び**ロ**は離隔距離を規定しており，**ハ**では支持物の種類及び径間の制限については**第75条第5項第三号**に準じることとしている。離隔距離については，**第106条第1項**及び**第3項**に準じている。

索道との接近には**第一号**及び**第二号**の場合のように交流架空電車線等が索道の上方又は側方で接近する場合のほか，索道の下方において接近する場合があり，この場合は索道の支柱の倒壊等による危険を考慮しなければならないので，**第三号**では交流架空電車線等が索道の下方において水平距離で索道の支柱の地表上の高さに相当する距離以内に接近することを原則として禁止している。ただし，索道の支柱の倒壊等の際に，索道が交流架空電車線等と接触するおそれがない場合又は交流架空電車線等の上方に堅ろうな防護装置（→**第73条解説**）を設ける場合には，水平距離で3mまで接近することを認めている。

第2項は，**第106条第3項**の規定に準じたもので，その工事方法を図示すれば解説214.1図のとおりである。

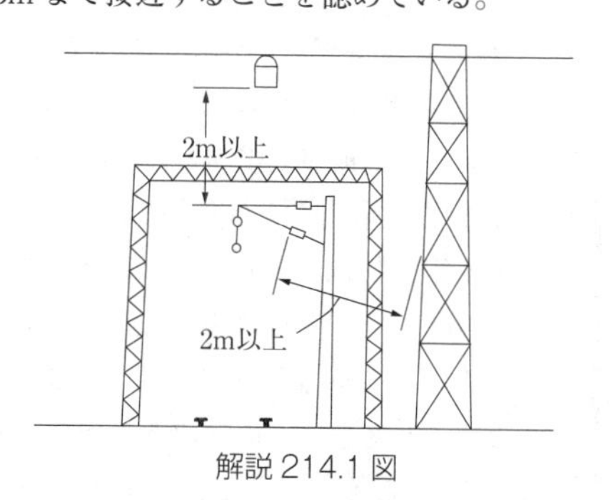

解説 214.1 図

第3項は，交流の架空電車線等が道路橋，鉄道橋，線路橋，水路橋又は水道橋等の下に施設される場合について規定している。**第一号**では，原則として架空電車線等と橋りょう等との離隔距離を0.3m以上とすることとし，ただし書で既設の橋りょう等の下に架空電車線等を施設する場合に電車線のレール面上の高さとの関係から0.3m以上の離隔距離をとり難い場合があるので，このような工事上やむを得ない場合は，使用電圧が22kV以下のものに限り最小絶縁間隔の0.25mまで制限を緩和している。**第二号**は，誘導による危険電圧の発生を防止するため，橋げた等の金属製部分にD種接地工事（→**第17条**）を施すこととしている。**第三号**は，人の通行する橋等において橋等の上から人が交流の架空電車線等に触れるおそれがある場合に，例えば解説214.2図に示すような装置及び危険表示札の設置を要求している。

第4項は，交流の架空電車線等と前各項に明記されていない工作物とが接近し又は交差する場合の離隔距離を規定しているが，特別高圧架空電線との接近，交差については

第102条及び第106条に規定されている（交流の架空電車線等は他の工作物に該当する。）ので，本項においては特別高圧架空電線を対象外としている。離隔距離の数値については，特別高圧架空電線路の場合に準じている。

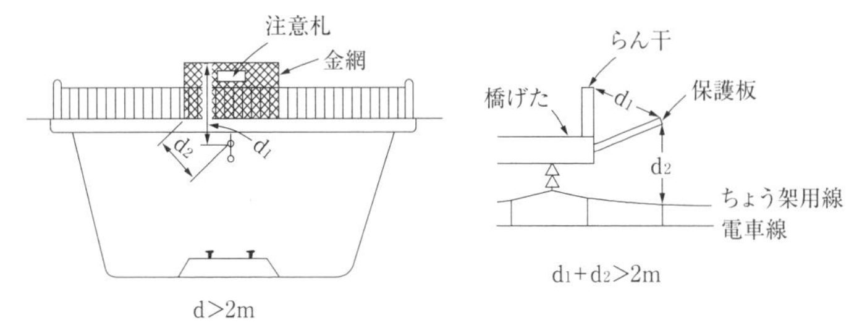

解説214.2図

第5項の離隔距離については，一般の特別高圧架空電線と同様，風による植物の揺れ（倒壊のおそれがある場合は倒壊）も考慮して離隔距離をとらなければならない（→第103条解説）。また，離隔距離は，ちょう架線，ブラケット等交流の架空電車線に接続するもの（交流の架空電車線等）からの距離であるので注意を要する。

第6項の架空電線の危険電圧を防止する方法としては，交流の架空電車線と架空電線との間に遮へい線を施設すること，低圧架空電線の場合には並行する部分の1線が必ず接地（B種接地工事による接地又は第19条第5項の引込口の接地）されているようにすること，高圧架空電線の場合には，その電路の中性点に接地工事を施すこと等の方法がある。三相交流低圧の電車線は電圧が低いので問題にならないと考えられる。

また，特別高圧の交流単線式電車線と接近し又は並行して施設される金属体には，静電誘導及び電磁誘導作用により危険電圧が発生するおそれがある。したがって，第7項ではこれらの金属体の危険を防止するため，橋の金属製らん干等人が触れるおそれがある金属製のものには，D種接地工事を施すこととしている。この場合，金属体に発生する電圧が危険電圧であるか否かの判定は，電圧値（完全絶縁体においては電車線等と20m離隔した位置において静電誘導により約500Vの電圧を生じる。）及び誘導電荷，すなわち人が触れたときに流れる電流値を考慮して行い，特に公衆の触れるおそれがあるものについては，十分に安全を図る必要がある。接地工事を施さない場合でも大地との間の電気抵抗が100Ω以下のものは，D種接地工事を施したものとみなされる（→第17条）。

なお本条は，第2条に該当する電車線及びレールについては，鉄道営業法，軌道法又は鉄道事業法の相当規定によることとして適用除外されている。

【交流架空電車線等と架空弱電流電線等との接近又は交差】（省令第 28 条，第 29 条）

第 215 条　交流の架空電車線等が架空弱電流電線等（アンテナを含み，架空電線路の支持物に施設する電力保安通信線及びこれに直接接続する通信線を除く。以下この条において同じ。）と接近する場合は，架空電車線等は，架空弱電流電線等と水平距離で電車線路又は架空弱電流電線路等の支持物の地表上の高さに相当する距離以内に施設しないこと。ただし，架空電車線等と架空弱電流電線等との水平距離が 3m 以上であり，かつ，架空電車線等又は架空弱電流電線等の切断及びこれらの支持物の倒壊等の際に，架空電車線等が架空弱電流電線等と接触するおそれがない場合は，この限りでない。

2　交流の架空電車線等が，架空弱電流電線等と交差して施設される場合は，次の各号によること。（関連省令第 6 条）

一　架空弱電流電線等は，ポリエチレン絶縁ビニル外装の通信用ケーブル又は光ファイバケーブルであること。

二　架空弱電流電線等は，次に適合するちょう架用線でちょう架して施設すること。

イ　金属線からなるより線であって，断面積が 38mm^2 以上及び引張強さが 29.4kN 以上のものであること。

ロ　架空電車線等と交差する部分を含む径間において接続点のないものであること。

三　前号の規定におけるちょう架用線は，第 67 条第五号の規定に準じるほか，これを架空電車線等と交差する部分の両側の支持物に堅ろうに引き留めて施設すること。

四　架空弱電流電線路等の支持物は，高圧架空電線路の支持物に係る第 59 条第 1 項第二号及び第 2 項から第 4 項まで，第 60 条，第 62 条並びに第 75 条第 7 項第二号の規定に準じて施設すること。

〔解　説〕 **本条**は，交流の架空電車線等が架空弱電流電線等と接近し，又は交差する場合の架空弱電流電線等に対する障害を防止するための規定であるが，架空電線路の支持物に施設する電力保安通信線との接近，交差については，**第 137 条第 4 項**で規定しているので，**本条**における架空弱電流電線等には架空電線路の支持物に施設する電力保安通信線は含まれていない。ここで交流電車線等というのは，交流電車線のほか，ちょう架線，ブラケット，スパン線のうち電車線電圧（20kV 又は 25kV）で充電されている部分を一括して指している（**→第 1 条第八号**）。しかし，これらのものでもがいしで絶縁され電車線電圧が加わっていない部分は含んでいない。また，**本条**における架空弱電流電線等には，アンテナも含まれている（**→第 76 条，第 77 条**）。

第 1 項では，原則として水平距離で交流の架空電車線路又は架空弱電流電線路等の支持物の地表上の高さに相当する距離以内に接近することを禁止し（一般に，誘導障害のため，このように接近することはほとんどない。），**ただし書**で架空電車線等又は架空弱電流電線等の切断若しくはその支持物の倒壊等の際に両者が接触するおそれがない場合に限り，水平距離で3mまで接近することを認めている。

第2項では交流の架空電車線等と架空弱電流電線等とが交差する場合は必然的に交流電車線等が架空弱電流電線等の下となるので，**第106条第4項**に準じて**第2項**では交流電車線等と架空弱電流電線等との交差を原則として禁止している。しかし，土地の状況によっては交差する弱電流電線等を地中ケーブルとすることが極めて困難な場合があるので，工事上やむを得ない場合には，**第一号**から**第四号**の規定により施設することとしている。

第一号で架空弱電流電線の種類をポリエチレン絶縁ビニル外装の通信用ケーブルに限っているのは，比較的絶縁強度が大きいので，万一混触事故が生じても弱電側の被害を最小限度に止めるためであり，また，断面積が38mm^{2}で引張強さが29.45kNの金属線からなるより線とは，第2種亜鉛めっき鋼より線（→4-1表）又はこれと同等以上の耐食性のある金属線を意味しているのであるから，断面積38mm^{2}以上の第2種亜鉛めっき鋼より線も使用することができる（→解説215.1図）。

交流の架空電車線路と立体交差している陸橋の上に施設する架空弱電流電線等は，本条の適用は受けないが，架空弱電流電線等の陸橋の張り出し幅は**第100条第9項第七号**の規定に準じることが望ましい。

なお**本条**は，**第2条**に該当する電車線及びレールについては，鉄道営業法，軌道法又は鉄道事業法の相当規定に定めるところによることとして適用除外されている。しかし，工場内の試験用交流電車線などでは適用される。

三相交流低圧の新交通システムでは，架空弱電流電線等には通常通信ケーブルが用いられているので，ほとんどの場合離隔距離は0.3m（→**76-1表**）以上保てばよく，実態上ほとんど問題ないと考えられる。

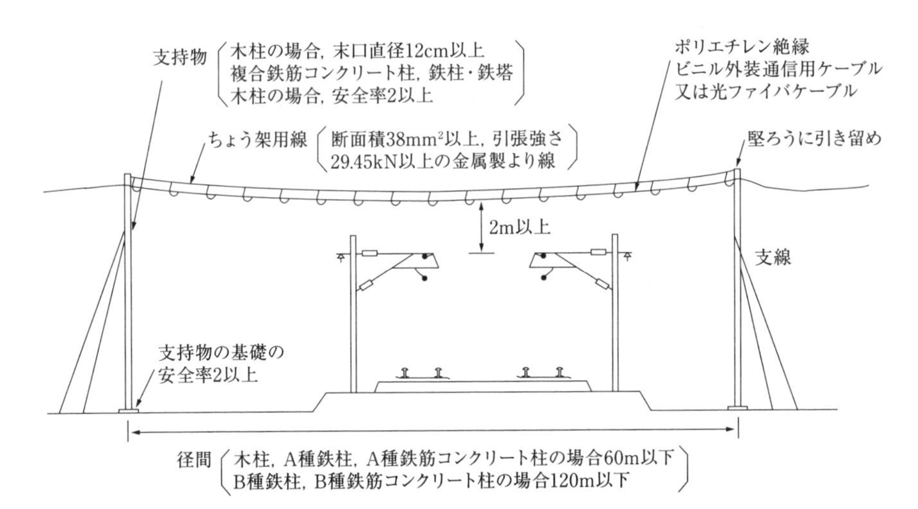

解説215.1図

【交流電車線路に付随する設備の施設】（省令第9条第1項，第53条第1項）

第216条　交流電車線路の電路に施設する吸上変圧器，直列コンデンサ若しくはこれらに附属する器具若しくは電線又は交流式電気鉄道用信号回路に，電気を供給するための特別高圧用の変圧器を屋外に施設する場合は，次の各号によること。

一　市街地外に施設すること。

二　次のいずれかによること。

イ　地表上5m以上の高さに施設すること。

ロ　人が触れるおそれのないようにその周囲にさくを設け，さくの高さとさくから充電部分までの距離との和を5m以上とするとともに，危険である旨の表示をすること。

2　交流式電気鉄道用の架空絶縁帰線は，高圧架空電線に係る第3章の規定に準じて施設すること。ただし，架空絶縁帰線が交流の架空電車線等と同一支持物に施設される場合は第80条第3項の規定に，架空絶縁帰線が交流の架空電車線等と接近又は交差して施設される場合は第75条第5項から第7項までの規定に準じて施設することを要しない。

〔解　説〕 **第1項**は，交流電車線路の電路に施設する吸上変圧器等の施設方法について規定している。交流単線式電気鉄道に用いられる吸上変圧器は，交流電車線と並行し，又は近接して接地される金属体への誘導作用を軽減するため（**→第204条**）に，帰線のレール近接部分（**→第201条第七号**）又は大地へ通じる電流を少なくし，これを負き電線（架空絶縁帰線）に強制的に吸い上げるために用いられるもので，交流単線式特有のものである（→解説216.1図）。また，直列コンデンサは電車線の末端に至るほど電圧が低下し，その度合が著しくなれば電車（電気機関車）の運転に支障を生じるので，この電車線電圧を改善する（20,000V級では少なくとも16,000Vは必要とされている。）ため，負き電線の途中に設置するものである。

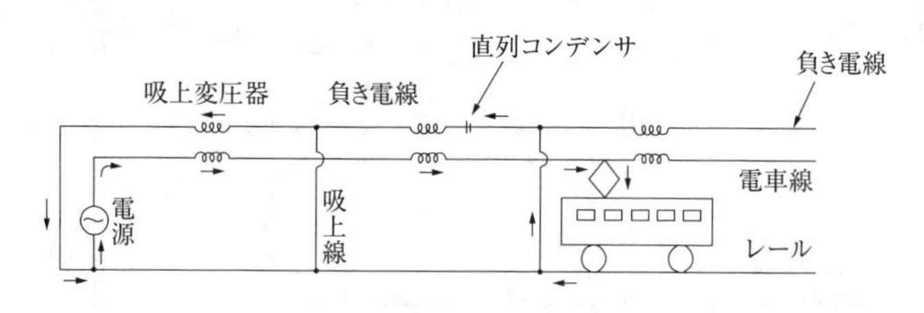

解説216.1図

本項は，これらの機器並びにこれに付属する器具及び電線並びに交流式電気鉄道信号用変圧器の施設方法を定めたもので，これらの機器は特別高圧配電用変圧器（**→第22条**）

と同様，市街地の屋外に施設することを禁止している。市街地外（電気鉄道の専用敷地内は周囲の如何にかかわらず市街地外である。）での施設については，屋外の特別高圧配電用変圧器（→**第22条**）に準じている。地表上5mの高さは充電部分でない部分を含めて，変圧器等の最下端部の高さを定めたものである。

第2項では，交流単線式電気鉄道の架空絶縁帰線は，事故時には相当高い電圧が加わるので，高圧架空電線並み（→**第3章**）に施設することとしている。**ただし書**は，架空絶縁帰線はその施設目的からして交流電車線と近接し，又は同一の支持物に施設されるが，この場合，仮に電車線と混触しても一般高圧架空電線の場合のような危険性はないので，交流電車線と交差，接近，又は併架の場合の施設基準を定めた**第80条第3項**及び**第75条第5項**から**第7項**の規定は適用しないこととしている。三相交流低圧の電車線には帰線がないので適用されない。

なお**本条**は，**第2条**に該当する専用敷地内に施設された電気設備については，鉄道営業法，軌道法又は鉄道事業法の相当規定に定めるところによることとして適用除外されている。

【鋼索鉄道の電車線等の施設】（省令第5条第1項，第20条，第25条第1項，第28条，第52条，第53条第2項，第54条）

第217条　鋼索鉄道の電車線（以下この条において「鋼索車線」という。）は，次の各号によること。

一　使用電圧は，300V以下であること。

二　架空方式により施設すること。

三　鋼索車線は，直径7mmの硬銅線又はこれと同等以上の強さ及び太さのものであること。（関連省令第6条）

四　鋼索車線のレール面上の高さは，4m以上であること。ただし，トンネル内，橋の下部その他これらに類する場所又はこれらの場所に隣接する場所に施設する場合は，3.5m以上とすることができる。

五　鋼索車線と大地との間の絶縁抵抗は，使用電圧に対する漏えい電流が軌道の延長1kmにつき10mAを超えないように保つこと。

六　鋼索車線と架空弱電流電線とが並行する場合は，第204条の規定に準じて施設すること。

七　鋼索車線又はこれと電気的に接続するちょう架線若しくはスパン線と架空弱電流電線等とが接近又は交差する場合は，第207条の規定に準じて施設すること。

2　鋼索鉄道のレールであって電路として使用するもの及びこれに接続する電線は，次の各号によること。

一　レールに接続する電線は，レール間及びレールの外側30cm以内に施設するものを除き，大地から絶縁すること。

二　レールに接続する電線であって，架空で施設するものは，直流の架空き電線に準じて施設すること。

三　レール並びにレールに接続する電線であってレール間及びレールの外側 30cm 以内に施設するものと金属製地中管路とが接近又は交差する場合において，電食作用による障害のおそれがあるときは，第 209 条第 5 項の規定に準じて施設すること。

〔解　説〕 鋼索鉄道の接触電線（一般的に鋼索車線という。）は，鋼索鉄道（ケーブルカー）の車両内の信号装置等に電気を供給するために使用するものである。この鋼索車線には，架空方式が通常採用されることから，**本条**においては，架空方式の施設方法について示している。

第一号は鋼索車線の使用電圧について規定している。鋼索車線はその負荷が動力負荷ではないことから大きな電流を必要としないので，その使用電圧は危険の小さい 300V 以下の低圧のみに限定している。

第二号から**第四号**の規定は直流式電気鉄道に準じているが，一般に鋼索鉄道は極めて低速であること，施設場所が自ずと限定されていることから，直流電車線に比べ，レール面上の高さが 5m から 4m へ緩和されている（→**第 205 条**）。

第五号は，鋼索車線と大地との間の絶縁抵抗について定めたものである。鋼索車線が直流式の場合，架空直流電車線路に準じている（→**第 205 条**）。

第六号では，架空弱電流電線と鋼索車線とが並行する場合には，誘導による通信障害を生じないように通信誘導障害の防止に関する**第 204 条**を準用することとしている。

第七号は，架空弱電流電線等と接近又は交差する場合にも，架空直流電車線と同様に施設することが定められている（→**第 207 条**）。

第 2 項は，レールを帰路として使用する場合のレール及びこれに接続する電線の施設方法を規定したもので，鋼索鉄道の場合は一般に電圧も低く，電流も少ないので障害は少ないが，原則的な事項については変わりがないので，直流式電気鉄道の場合に準じて規定している（→**第 209 条**）。

なお**本条**は，**第 2 条**に該当する電車線及びレールについては，鉄道営業法，軌道法又は鉄道事業法の相当規定によることとして適用除外されている。

第7章　国際規格の取り入れ

【IEC 60364 規格の適用】（省令第4条）

第218条　需要場所に施設する省令第2条第1項に規定する低圧で使用する電気設備は，第3条から第217条までの規定によらず，218-1表に掲げる日本産業規格又は国際電気標準会議規格の規定により施設することができる。ただし，一般送配電事業者，配電事業者又は特定送配電事業者の電気設備と直接に接続する場合は，これらの事業者の低圧の電気の供給に係る設備の接地工事の施設と整合がとれていること。

218-1表

規格番号（制定年）	規格名	備考
JIS C 60364-1 (2010)	低圧電気設備－第1部:基本的原則，一般特性の評価及び用語の定義	132.4，313.2，33.2，35を除く。
JIS C 60364-4-41 (2022)	低圧電気設備－第4-41部:安全保護－感電保護	
JIS C 60364-4-42 (2022)	低圧電気設備－第4-42部:安全保護－熱の影響に対する保護	422を除く。
JIS C 60364-4-43 (2011)	低圧電気設備－第4-43部:安全保護－過電流保護	
JIS C 60364-4-44 (2022)	低圧電気設備－第4-44部:安全保護－妨害電圧及び電磁妨害に対する保護	443，444，445を除く。
JIS C 60364-5-51 (2010)	低圧電気設備－第5-51部:電気機器の選定及び施工－一般事項	
JIS C 60364-5-52 (2023)	低圧電気設備－第5-52部:電気機器の選定及び施工－配線設備	526.3を除く。
JIS C 60364-5-53 (2024)	低圧電気設備－第5-53部:電気機器の選定及び施工－安全保護，断路，開閉，制御及び監視のための機器	532.2，534を除く。
JIS C 60364-5-54 (2023)	低圧電気設備－第5-54部:電気機器の選定及び施工－接地設備及び保護導体	
JIS C 60364-5-55 (2023)	建築電気設備－第5-55部:電気機器の選定及び施工－その他の機器	
IEC 60364-5-57 (2022)	低圧電気設備－第5-57部：電気機器の選定及び施工－据置形二次電池の施工	
JIS C 60364-6 (2024)	低圧電気設備－第6部:検証	
IEC 60364-7-701 (2019)	低圧電気設備－第7-701部:特殊設備又は特殊場所に関する要求事項－バス又はシャワーのある場所	注1

IEC 60364-7-702 (2010)	低圧電気設備－第7-702部:特殊設備又は特殊場所に関する要求事項－水泳プール及び噴水	
JIS C 0364-7-703 (2008)	建築電気設備－第7-703部:特殊設備又は特殊場所に関する要求事項－サウナヒータのある部屋及び小屋	
IEC 60364-7-704 (2017)	低圧電気設備－第7-704部:特殊設備又は特殊場所に関する要求事項－建設現場及び解体現場における設備	
JIS C 0364-7-705 (2010)	低圧電気設備－第7-705部:特殊設備又は特殊場所に関する要求事項－農業用及び園芸用施設	
IEC 60364-7-706 (2019)	低圧電気設備－第7-706部:特殊設備又は特殊場所に関する要求事項－動きを制約された導電性場所	注2
IEC 60364-7-708 (2017)	低圧電気設備－第7-708部:特殊設備又は特殊場所に関する要求事項－キャラバンパーク，キャンピングパーク及び類似の場所	
IEC 60364-7-709 (2012)	低圧電気設備－第7-709部:特殊設備又は特殊場所に関する要求事項－マリーナ及び類似の場所	
IEC 60364-7-710 (2021)	低圧電気設備　第7部：特殊設備又は特殊場所に関する要求事項　第710節：医用場所	710. 313を除く
IEC 60364-7-711 (2018)	建築電気設備　第7部:特殊設備又は特殊場所に関する要求事項　第711節:展示会，ショー及びスタンド	
IEC 60364-7-712 (2017)	建築電気設備－第7-712部:特殊設備又は特殊場所に関する要求事項－太陽光発電システム	
JIS C 60364-7-714 (2024)	低圧電気設備－第7-714部:特殊設備又は特殊場所に関する要求事項－屋外照明設備	
IEC 60364-7-715 (2011)	低圧電気設備－第7-715部:特殊設備又は特殊場所に関する要求事項－特別低電圧照明設備	
IEC 60364-7-718 (2011)	低圧電気設備－第7-718部：特殊設備又は特殊場所に関する要求事項－公共施設及び作業場	
JIS C 60364-7-722 (2024)	低圧電気設備－第7-722部：特殊設備又は特殊場所に関する要求事項－電気自動車用電源	
JIS C 0364-7-740 (2005)	建築電気設備－第7-740部:特殊設備又は特殊場所に関する要求事項－催し物会場，遊園地及び広場の建造物，娯楽装置及びブースの仮設電気設備	
IEC 60364-7-753 (2014)	低圧電気設備－第7-753部：特殊設備又は特殊場所に関する要求事項－発熱線及び埋込形暖房設備	
IEC 60364-8-82 (2022)	低圧電気設備－第8-82部：機能的側面－プロシューマの低圧電気設備	

（備考）表中において適用が除外されている規格については，表中の他の規格で引用されている場合においても適用が除外される。

注1：IEC60364-7-701（2019）701.1 適用範囲のうち，キャラバン，トレーラーハウス及びシャワーコンテナ等の移動可能な用途における固定電気設備については除く。

注2：IEC60364-7-706（2019）における次の項は，218-1表に掲げる他の規格に同じ内容が規定されていることから適用しなくてよい。

706.410.3.1.6
706.411
706.412
706.413.1.2.3
706.413.5.1.1

2　同一の電気使用場所においては，前項の規定（以下「IEC関連規定」という。）と第3条から第217条までの規定とを混用して低圧の電気設備を施設しないこと。ただし，次の各号のいずれかに該当する場合は，この限りでない。この場合において，IEC関連規定に基づき施設する設備と第3条から第217条までの規定に基づき施設する設備を同一の場所に施設するときは，表示等によりこれらの設備を識別できるものとすること。

一　変圧器（IEC関連規定に基づき施設する設備と第3条から第217条までの規定に基づき施設する設備が異なる変圧器に接続されている場合はそれぞれの変圧器）が非接地式高圧電路に接続されている場合において，当該変圧器の低圧回路に施す接地抵抗値が2Ω以下であるとき

二　第18条第1項の規定により，IEC関連規定に基づき施設する設備及び第3条から第217条までの規定に基づき施設する設備の接地工事を施すとき

3　配線用遮断器又は漏電遮断器であって，次に適合するものは，218-1表に掲げる規格の規定にかかわらず，使用することができる。

一　電気用品安全法の適用を受けるものにあっては，電気用品の技術上の基準を定める省令の規定を満たし，次に掲げるいずれかの規格に適合するものであること。

イ　日本産業規格 JIS C 8201-2-1（2021）「低圧開閉装置及び制御装置－第2-1部：回路遮断器（配線用遮断器及びその他の遮断器）」の「附属書1」

ロ　日本産業規格 JIS C 8201-2-2（2021）「低圧開閉装置及び制御装置－第2-2部：漏電遮断器」の「附属書1」

ハ　日本産業規格 JIS C 8211（2020）「住宅及び類似設備用配線用遮断器」（JIS C 8211（2021）にて追補）の「附属書1」

ニ　日本産業規格 JIS C 8221（2020）「住宅及び類似設備用漏電遮断器－過電流保護装置なし（RCCBs）」（JIS C 8221（2021）にて追補）の「附属書1」

ホ　日本産業規格 JIS C 8222（2021）「住宅及び類似設備用漏電遮断器－過電流保護装置付き（RCBOs）」の「附属書1」

二　電気用品安全法の適用を受けるもの以外のものにあっては，前号イからホまでのいずれかの規格に適合するものであること。

〔解　説〕 本条は，IEC 60364 規格（以下「IEC 60364」という。）を国内において適用する場合の規定である。

IEC（International Electrotechnical Commission：国際電気標準会議）は1906年に設立された，電気・電子並びにそれらに関連する技術に関する国際規格を作成，発行している国際的な組織であり，その規格は世界各国において広く採用されている。

IECには分野ごとに90を超えるTC（Technical Committee：技術委員会）が設けられているが，IEC 60364はそのうちTC64「低圧電気設備」において作成，発行された規格であり，公称電圧交流1,000V又は直流1,500V以下の電圧で供給される，住宅施設，商業施設及び工業施設などにおける電気設備に適用される。

IEC 60364は解説218.1図に示すように第1部，第4部，第5部，第6部及び第7部の5つの部から構成されており，第1部では基本的原則，一般特性の評価，用語の定義などの総則的な事項が，また第4部から第6部では具体的な規定が，さらに第7部では，プールや建設現場などの特殊場所に関する特記的な事項が規定されている。

第1項は，**218-1表**に掲げられている日本産業規格（IEC 60364に対応するJIS）又はIEC規格により需要場所に施設する低圧の電気設備を施工できることを定めている。従来，IEC 60364とIEC 60364に対応するJISを併記していたが，同JISにはデビエーションが設けられており，IEC 60364とIEC 60364に対応するJISが完全には一致しないため，これらを併記しないこととした。なお，電気事業者の発電，蓄電，変電，送配電設備は適用対象外である。

218-1表に掲げた規格は，IEC 60364は上述したように第1部から第7部までで構成されており，それぞれの部，章又は節ごとに異なる規格番号が付けられているが，それらのうち，電気設備により感電，火災，その他人体に危害を及ぼし，又は物件に損傷を与えるおそれがないように施設するために必要な技術要件を規定した規格を**218-1表**に掲げた。また一方で，他法令で規定している技術要件や低圧電気設備の過電圧保護等，現行の電技で規定していないものについては保安上問題ないと判断したものは**218-1表**から除外している。

適用する電圧については，IEC 60364では交流1,000V又は直流1,500V以下と規定されているものの，国内では低圧（交流600V以下，直流750V以下），高圧（交流600Vを，直流750Vを超え，7,000V以下），特別高圧と区分されているため，低圧（交流600V以下，直流750V以下）の範囲に限定している。

ただし書では，適用できる接地系統について規定している。これは，IEC 60364では大きく3種類の接地方式（TN，TT，IT）を規定しているが，低圧配電設備と需要設備の接地工事の整合がとれていないと接地機能が働かず危険であるためである。国内における現状の低圧配電設備はこのうちTT接地方式（電源の接地と，負荷機器の接地を個別に取る方式）に相当する。したがって，電気事業者の配電線から600V以下の電圧で直接供給される需要設備の接地方式は当面，TT 接地方式に限定される。

IEC 60364-7-722 は，**本条**での適用を可としたものであり，**第 199 条の 2** の代替としての使用はできないことに留意されたい。

IEC 60364-8-82 は，**本条**での適用を可としたものであるが，一般送配電事業者又は配電事業者が運用する電力系統と接続する場合は，第 8 章「分散型電源の系統連系設備」に準じて施設する必要がある。

第 2 項は，第 3 条から第 217 条までの方式（以下「従来方式」という。）と IEC 60364 を混用することを禁止する規定である。具体的には同一の電気使用場所の電気設備における従来方式と IEC 60364 の混用を禁止しており，従来方式又は IEC 60364 どちらか一方の規定により施設しなければならない。ただし，電気使用場所に高圧及び特別高圧部分と低圧部分が混在している場合には，高圧，特別高圧部分は従来方式により施設し，低圧部分は IEC 60364 により施設することは混用にはならない。また，同一の需要家構内に複数の低圧電気使用場所が，電線路のみで接続されている場合も，低圧電気使用場所ごとに従来方式又は IEC で施設されていれば，混用にはならない。（→ IEC 60364 の適用例参照）

ただし書は，平成 24 年度電気施設技術基準国際化調査（電気設備）及び平成 26 年 3 月 10 日の電力安全小委員会での報告を踏まえ，故障時に他施設に対し異常電圧による支障が発生しない施設方法として，接地抵抗値を合理的に管理できる規定を追加したものである。（H26 改正）

第 3 項は，IEC 60364 で施工する場合に使用できる電気機械器具の特例を規定している。

IEC 60364-133.1「電気機器の選定：一般事項」や IEC 60364-511「規格適合」では，設備に使用する電気機械器具は IEC 規格に相当する規格に適合することを要求している（ここで言う電気機械器具とは，電線や保護機器などの電気設備を構成する電気機械器具であり，負荷機器は含まれない）。なお，平成 26 年以前は，CV ケーブルは，電気用品安全法の技術上の基準を定める省令の適合品又は JIS 適合品であれば，これを使用できることを規定していたが，平成 25 年度電気施設技術基準国際化調査（電気設備）の調査結果及び平成 26 年 3 月 10 日の電力安全小委員会での報告を踏まえ，IEC 規格に対応した JIS が整備されたことなどから，当該規定を削除した。（H26 改正）

配線用遮断器又は漏電遮断器については，従来から引用していた JIS C 8370「配線用遮断器」及び JIS C 8371「漏電遮断器」が廃止されたことを踏まえ，引用する規格を，平成 20 年度の国際化調査において，廃止された JIS に代わり引用することが適当と報告された新しい JIS に改めた。新たに引用する JIS にはいずれも附属書 1 と附属書 2 があるが，使用機材の国際整合化及び混用による危険防止の観点から，本条では，JIS C 0364 シリーズによって施工する電気設備用の遮断器について規定した附属書 1 を引用している。

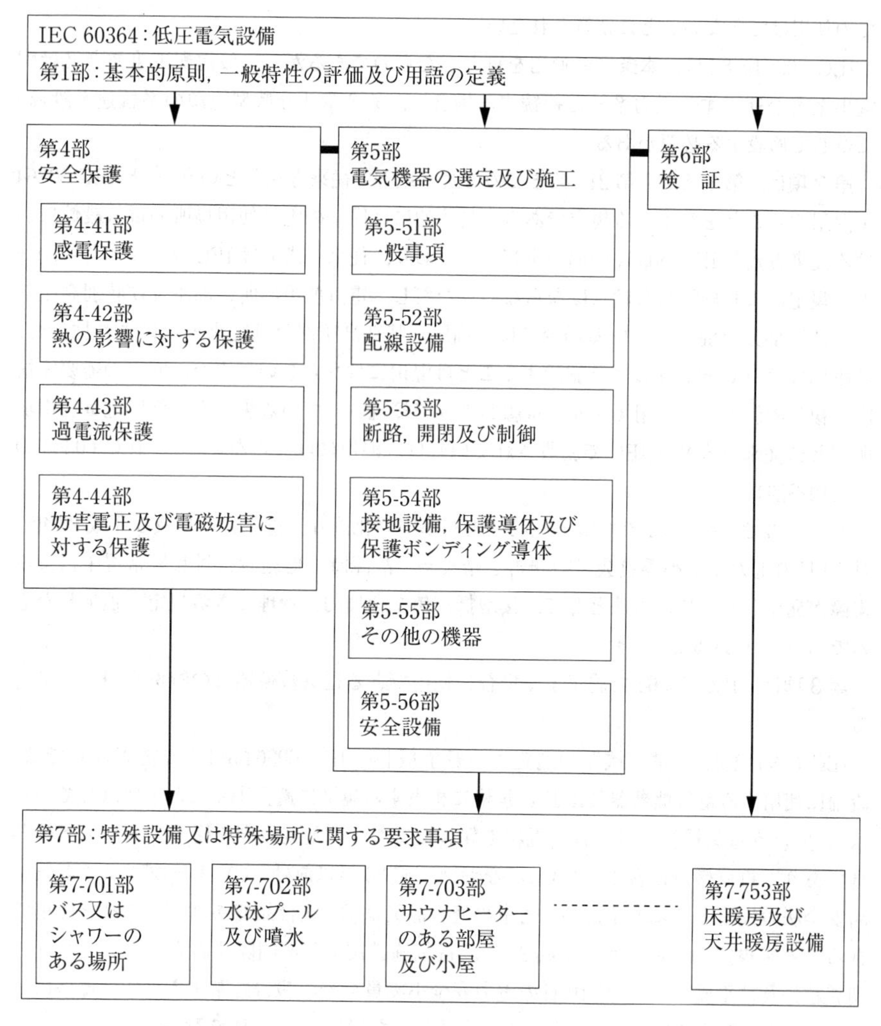

解説 218.1 図　IEC 60364 の適用例（電気使用場所の単位の分類）

A. 高圧又は特別高圧の需要家

I. 高圧又は特別高圧の需要家構内（需要場所において，低圧側の全てをIEC 60364により施設する場合

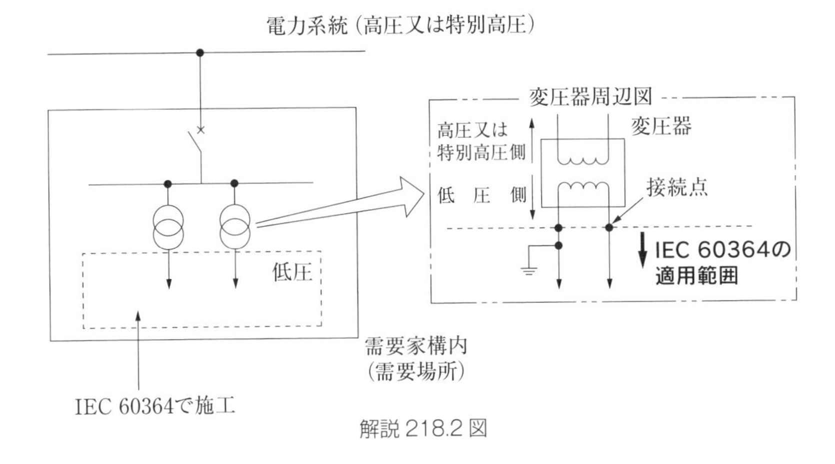

解説218.2図

Ⅱ. 高圧又は特別高圧の需要家構内（需要場所）において，高圧側で分岐して異なる電気使用場所に電気が供給されている場合

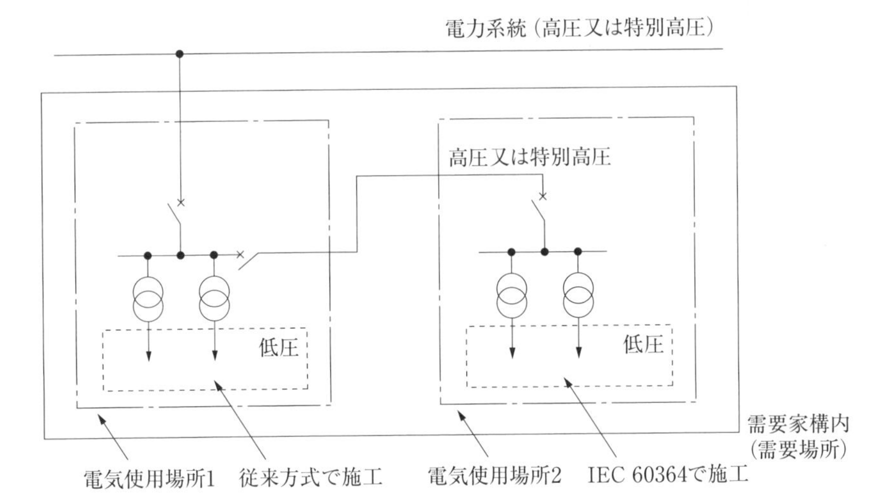

解説218.3図

Ⅲ．高圧又は特別高圧の需要家構内（需要場所）において，変圧器の低圧側で分岐して異なる電気使用場所に電気が供給されている場合

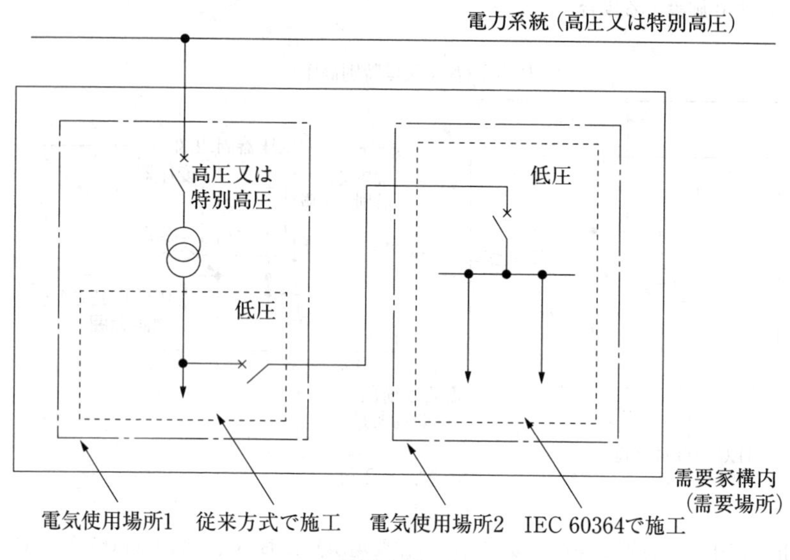

解説 218.4 図

B. 低圧需要家

Ⅰ．低圧需要家に IEC 60364 を適用する場合

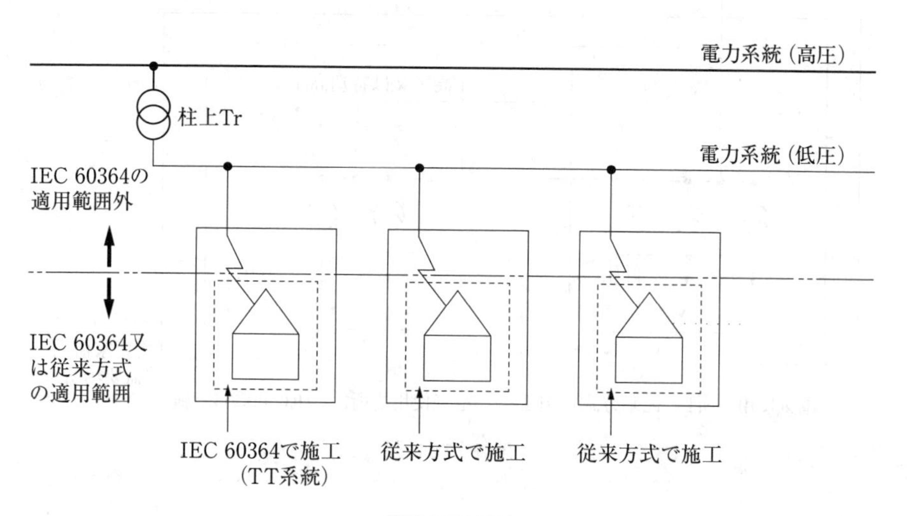

解説 218.5 図

Ⅱ．同一需要家構内（需要場所）の異なる電気使用場所に従来方式と IEC 60364 を適用する場合

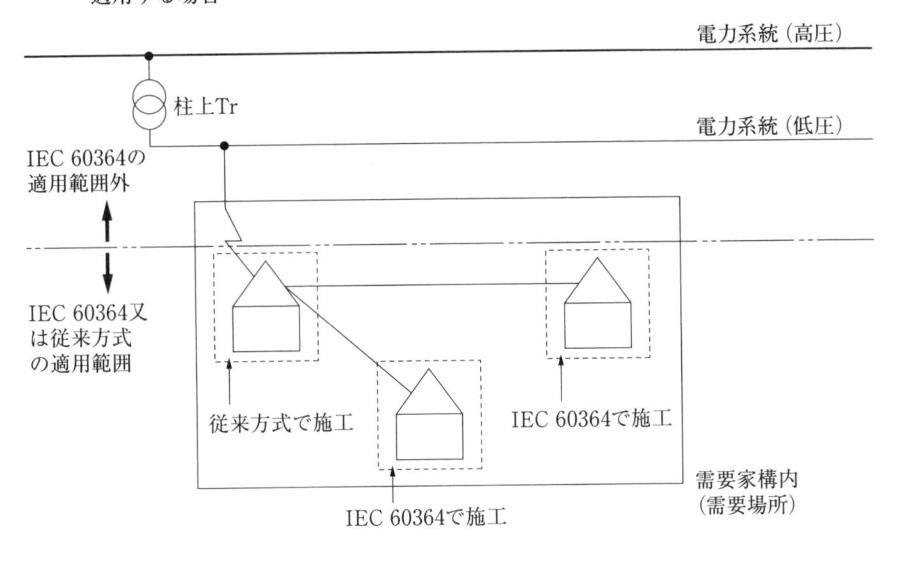

解説 218.6 図

【IEC 61936-1 規格の適用】（省令第４条）

第 219 条　省令第２条第１項に規定する高圧又は特別高圧で使用する電気設備（電線路を除く。）は，第３条から第 217 条の規定によらず，国際電気標準会議規格 IEC 61936-1（2021）Power installations exceeding 1kVAC and 1.5kVDC-Part 1:AC（以下この条において「IEC 61936-1 規格」という。）のうち，219-1 表の左欄に掲げる箇条の規定により施設することができる。ただし，同表の左欄に掲げる箇条に規定のない事項，又は同表の左欄に掲げる箇条の規定が具体的でない場合において同表の右欄に示す解釈の箇条に規定する事項については，対応する第３条から第 217 条までの規定により施設すること。

219-1 表

IEC 61936-1 規格の箇条	対応する解釈の箇条
1 Scope	−
3 Terms and definitions	−
4 Fundamental requirements	
4.1 General	−
4.2 Electrical requirements	
4.2.1 Method of neutral earthing	−

4.2.2 Voltage classifiction	第15条，第16条
4.2.3 Current in normal operation	–
4.2.4 Short-circuit current	–
4.2.5 Rated frequency	–
4.2.6 Corona（※1）	第51条
4.2.7 Electric and magnetic fields（※2）	第31条，第39条，第50条
4.2.8 Overvoltages	第37条
4.2.9 Harmonics	–
4.2.10 Electromagnetic compatibility	–
4.3 Mechanical requirements（※3）	第58条
4.4 Climatic and environmental conditions	
4.4.1 General	第58条，第141条，第176条
4.4.2 Normal conditions（※3，※4）	
4.4.3 Special conditions	–
4.5 Particular requirements	
4.5.1 Effects of small animals and micro-organisms	–
4.5.2 Noise level（※5）	
5 Insulation	–
5.1 General	
5.2 Selection of installation level	–
5.3 Verification of withstand values	
5.4 Minimum clearance of live parts（※6）	
5.5 Minimum clearance between parts under special conditions	
5.6 Tested connection zones	
6 Electrical equipment	
6.1 General requirements	–
6.2 Specific requirements	
6.2.1 Switching devices	第23条
6.2.2 Power transformers and reactors	–
6.2.3 Prefabricated type-tested switchgears	第40条第1項
6.2.4 Instrument transformers	–
6.2.5 Surge arresters	–
6.2.6 Capacitors	–
6.2.8 Insulators	–

6.2.9 Insulated cables	第9条，第10条，第11条，第120条，第121条，第123条，第124条，第125条，第132条第2項，第168条第1項，第2項，第169条第1項，第2項，第171条第3項，第4項
6.2.10 Conductors and accessories	–
6.2.11 Rotating electrical machines	第21条，第22条，第42条，第43条，第153条，第176条
6.2.12 Generating units	第41条，第42条，第47条の2
6.2.13 Generating units main connections	–
6.2.14 Static converters	第21条，第22条
6.2.15 Fuses	第21条，第22条，第23条
6.2.16 Electrical and mechanical interlocking	–
7 Electrical power installations	
7.1 General	–
7.1.1 Common requirements	
7.1.2 Circuit arrangement	第36条第3項，第4項，第5項
7.1.3 Documentation	–
7.1.4 Transport routes（第1段落の輸送ルートの合意に関する規定を除く。）	–
7.1.5 Aisles and access areas	–
7.1.6 Lighting	–
7.1.8 Labelling	–
7.2 Outdoor electrical power installations of open design	–
7.2.1 General	
7.2.2 Protection barrier clearance	
7.2.3 Protective obstacle clearance	
7.2.5 Minimum height over access area	
7.2.7 External fences or walls and access doors	
7.3 Indoor electrical power installations of open design	–
7.4 Installation of prefabricated type-tested switchgear	
7.4.1 General	–
7.4.2 Additional requirements for gas-insulated metal-enclosed switchgear（7.4.2.2を除く。）	–
8 Safety measures	–
8.1 General	–
8.2 Protection against direct contact	

8.2.1 General	
8.2.2 Measures for protection against direct contact	–
8.2.3 Protection requirements（※7, ※8）	
8.3 Means to protect persons in case of indirect contact	–
8.4 Means to protect persons working on electrical installations（8.4.7を除く。）	–
8.5 Protection from danger resulting from arc fault	–
8.7 Protection against fire	
8.7.3 Cables	第120条第3項, 第125条, 第168条第2項, 第175条, 第176条, 第177条
8.8 Protection against leakage of insulating liquid and SF_6	–
8.9 Identification and marking（8.9.5を除く。）	–
9 Protection, automation and auxiliary systems	
9.1 Protection systems	第34条第1項, 第35条, 第36条, 第42条, 第43条, 第44条, 第45条, 第47条の2, 第48条
9.2 Automation system（※3）	
9.3 Auxiliary systems	
9.3.1 DC and AC supply circuits	–
9.3.2 Compressed air systems	第23条, 第40条
9.3.3 SF_6 gas handling plants	
9.3.4 Hydrogen handling plants	第41条
9.4 Basic rules for electromagnetic compatibility of control systems	–
10 Earthing systems	
10.1 General	–
10.2 Fundamental requirements	第17条（接地抵抗値に係る部分を除く。）, 第18条第2項
10.3 Design of earthing systems	第19条
10.4 Construction work on earthing systems	–
10.5 Measurements	–

※1：架空電線路からの電波障害の防止については，第51条の規定によること。
※2：電界については，省令第27条の規定によること。
※3：地震による振動を考慮すること。
※4：風速に対する条件は，省令第32条及び省令第51条の規定によること。
※5：省令第19条第11項の規定によること。
※6：気中最小離隔距離の値は，電気学会電気規格調査会標準規格 JEC-2200-2014「変圧器」の「表Ⅲ-6 気中絶縁距離（H_0）および絶縁距離設定のための寸法（H_1）」に規定される気中絶

　　縁距離の最小値によること。
※7：上部離隔距離については，第21条又は第22条第1項の規定によること。
※8：7.2.6の参照に係る部分を除く。

2　同一の閉鎖電気運転区域（高圧又は特別高圧の機械器具を施設する，取扱者以外の者が立ち入らないように措置した部屋又はさく等により囲まれた場所をいう。）においては，前項ただし書の規定による場合を除き，IEC 61936-1 規格の規定と第3条から第217条までの規定とを混用して施設しないこと。
3　第1項の規定により施設する高圧又は特別高圧の電気設備に低圧の電気設備を接続する場合は，事故時に発生する過電圧により，低圧の電気設備において危険のおそれがないよう施設すること。

〔解　説〕 本条は，IEC 61936-11（Power installations exceeding 1kV AC and 1.5kV DC-Part1:AC)（(以下「IEC 61936-1」という。）を国内において適用する場合の規定である。これは，平成20年度国際化調査報告書において，IECが定めるIEC 61936-1（Power installations exceeding 1kV a.c.-Part1：Common rules）について，一部を除き省令の審査基準として解釈へ取り入れ可能であるとの結論が得られたことを踏まえ，同規格のうち，省令に規定する技術基準を満足するものとして適用可能な箇条を示し，高圧又は特別高圧の電気設備をこれらの箇条の規定により施設することができること及び施設する場合の制限事項を規定したものである。

なお，R5解釈において，令和3年7月に改正されたIEC 61936-1を本条に反映した。

IEC 61936-1については，国際化調査において，省令の審査基準の国際整合化を図る観点から解釈への取り入れ検討を行ってきた。同規格の規定は，その規定範囲が省令及び解釈と完全に一致するものではなく，また，その規定内容が定性的な箇条も多い。したがって，**第219条第2項**においてIEC規格に基づく施設方法と**現行解釈第3条**から**第217条**までの規定に基づく施設方法とを原則として混用して施設しないこととしているものの，**第219条第1項ただし書**で規定するように，適宜，**現行解釈第3条**から**第217条**までの規定又は民間規格等を準用することとなる。**219-1表**に解釈の箇条を規定している事項は，IEC規格の内容が定性的な場合において，当該解釈の規定が具体的施設方法として準用できるものである。

このような場合の具体的な対応を含む，IEC 61936-1に基づく施設方法については，平成21年度国際化調査報告書の「IEC61936-1改訂版の解説」が参考となる。

第８章　分散型電源の系統連系設備

【分散型電源の系統連系設備に係る用語の定義】（省令第１条）

第220条　この解釈において用いる分散型電源の系統連系設備に係る用語であって，次の各号に掲げるものの定義は，当該各号による。

一　発電設備等　発電設備又は電力貯蔵装置であって，常用電源の停電時又は電圧低下発生時にのみ使用する非常用予備電源以外のもの（第十六号に定める主電源設備及び第十七号に定める従属電源設備を除く。）

二　分散型電源　電気事業法（昭和39年法律第170号）第38条第4項第一号，第三号又は第五号に掲げる事業を営む者以外の者が設置する発電設備等であって，一般送配電事業者若しくは配電事業者が運用する電力系統又は第十四号に定める地域独立系統に連系するもの

三　解列　電力系統から切り離すこと。

四　逆潮流　分散型電源設置者の構内から，一般送配電事業者が運用する電力系統側へ向かう有効電力の流れ

五　単独運転　分散型電源を連系している電力系統が事故等によって系統電源と切り離された状態において，当該分散型電源が発電を継続し，線路負荷に有効電力を供給している状態

六　逆充電　分散型電源を連系している電力系統が事故等によって系統電源と切り離された状態において，分散型電源のみが，連系している電力系統を加圧し，かつ，当該電力系統へ有効電力を供給していない状態

七　自立運転　分散型電源が，連系している電力系統から解列された状態において，当該分散型電源設置者の構内負荷にのみ電力を供給している状態

八　線路無電圧確認装置　電線路の電圧の有無を確認するための装置

九　転送遮断装置　遮断器の遮断信号を通信回線で伝送し，別の構内に設置された遮断器を動作させる装置

十　受動的方式の単独運転検出装置　単独運転移行時に生じる電圧位相又は周波数等の変化により，単独運転状態を検出する装置

十一　能動的方式の単独運転検出装置　分散型電源の有効電力出力又は無効電力出力等に平時から変動を与えておき，単独運転移行時に当該変動に起因して生じる周波数等の変化により，単独運転状態を検出する装置

十二　スポットネットワーク受電方式　２以上の特別高圧配電線（スポットネットワーク配電線）で受電し，各回線に設置した受電変圧器を介して２次側電路をネットワーク母線で並列接続した受電方式

十三　二次励磁制御巻線形誘導発電機　二次巻線の交流励磁電流を周波数制御することにより可変速運転を行う巻線形誘導発電機

十四　地域独立系統　災害等による長期停電時に，隣接する一般送配電事業者，配電事業者又は特定送配電事業者が運用する電力系統から切り離した電力系統であって，その系統に連系している発電設備等並びに第十六号に定める主電源設備及び第十七号に定める従属電源設備で電気を供給することにより運用されるもの

十五　地域独立系統運用者　地域独立系統の電気の需給の調整を行う者

十六　主電源設備　地域独立系統の電圧及び周波数を維持する目的で地域独立系統運用者が運用する発電設備又は電力貯蔵装置

十七　従属電源設備　主電源設備の電気の供給を補う目的で地域独立系統運用者が運用する発電設備又は電力貯蔵装置

十八　地域独立運転　主電源設備のみが，又は主電源設備及び従属電源設備が地域独立系統の電源となり当該系統にのみ電気を供給している状態

〔解　説〕 本条は，**第8章**で用いられる主要な用語の定義を掲げたものである。

第一号の発電設備等とは，電気事業法第38条第3項第五号に掲げる事業を営む者等が設置するものに関わらず，電力系統に連系する発電設備及び電力貯蔵装置（二次電池など）全般を指すものであり，それらに付帯する供給設備（電力変換装置，保護装置又は開閉器等の電気を供給する際に必要な設備を収めた筐体等をいう。）も含まれる。

なお，電気自動車等から住宅等へ電気を供給する場合の電気自動車等も発電設備等に該当する。

第二号の分散型電源とは，**第一号**に規定する発電設備等について，その範囲を更に限定しているものである。なお，第十四号に定める地域独立系統において定義される第十六号の主電源設備と第十七号の従属電源設備は，発電設備等から除かれており，分散型電源には含まれない。

第四号では，逆潮流について定義している。なお，**第8章**でいう「逆潮流が有る場合」,「逆潮流が無い場合」とは，実際に分散型電源設置者から系統へ向かう潮流が有るか，無いかを意味しているのであり，分散型電源設置者と系統運用者側との間の売電契約の有無を指すものではない。

第十号及び**第十一号**の単独運転検出装置とは，不足電圧リレー，過電圧リレー，周波数上昇リレー，周波数低下リレー等では検出できないような単独運転状態においても単独運転を検出することができる装置のことであり，検出原理から受動的方式と能動的方式に大別される。このうち，**第十号**の受動的方式の単独運転検出装置は，単独運転移行時の電圧位相や周波数等の急変を検出する方式であり，主に下記のようなものがある。この方式は，一般的に高速性に優れているが，不感帯領域がある点や急激な負荷変動等

による頻繁な不要動作を避けることに留意する必要がある。

・**電圧位相跳躍検出方式**：単独運転移行時に発電出力と負荷の不平衡による電圧位相の急変等を検出する方式（→解説 220.1 図）

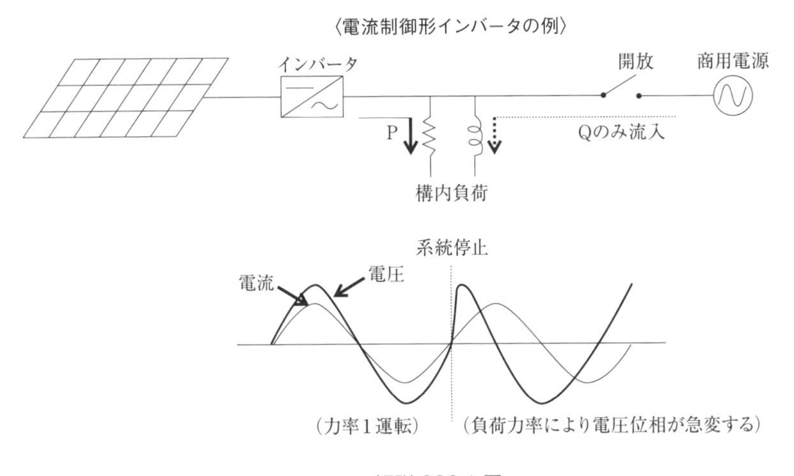

解説 220.1 図

・**3次高調波電圧歪急増検出方式**：逆変換装置に電流制御形を用い，単独運転移行時に変圧器に依存する3次高調波電圧の急増を検出する方式。低圧の単相回路で有効である。（→解説 220.2 図）

〈3次高調波の発生原理〉

正弦波電圧源を接続した場合	正弦波電流源を接続した場合
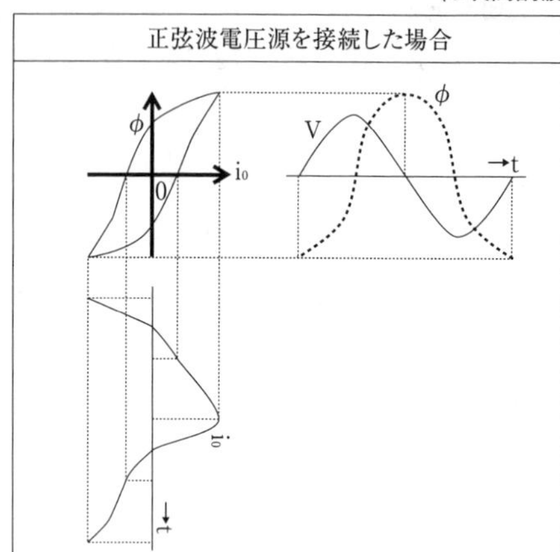	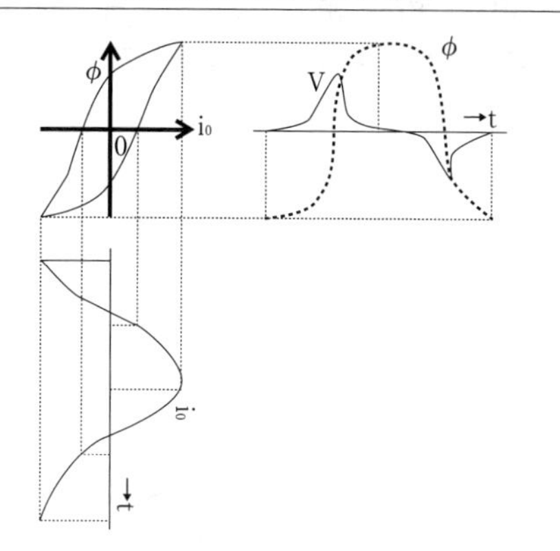
変圧器の誘導起電力（V）が正弦波となるためには,これを誘導する磁束（ϕ）も正弦波でなければならない。 正弦波の磁束（ϕ）を生じる励磁電流（i_0）は磁気飽和特性により第3次の高調波成分を含んだ歪み波形となる。	正弦波の励磁電流（i_0）が供給されると鉄心中に生じる磁束（ϕ）は磁気飽和特性により頭のつぶれた歪み波形となる。 このため、磁束変化により誘起される誘導起電力（V）は第3次の高調波を含んだ歪み波形となる。

解説 220.2 図

・**周波数変化率検出方式**：単独運転移行時に発電出力と負荷の不平衡による周波数の急変等を検出する方式（→解説 220.3 図）

また，**第十一号**の能動的方式の単独運転検出装置は，平時から発電設備等の出力や周波数等に微小な変動を与えておき，単独運転移行時に顕著となる周波数等の変動を検出する方式であり，主に下記のようなものがある。この方式は，原理的には不感帯領域がない点で優れているが，一般に検出に時間がかかること及び，他の能動的方式を採用する発電設備等が同一系統に多数連系されていると，有効に動作しないおそれがある点に留意する必要がある。

〈電流制御形インバータの例〉

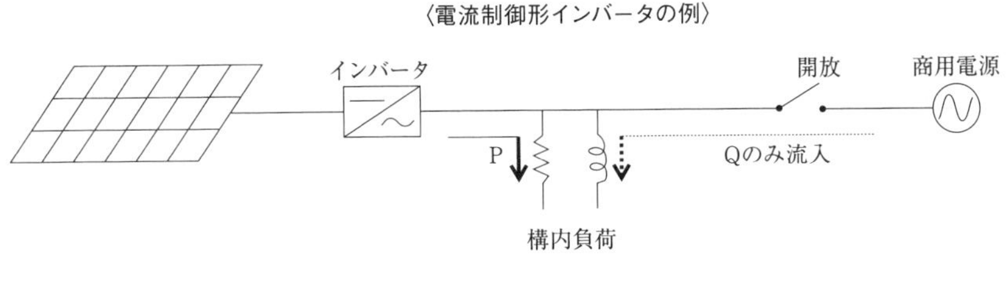

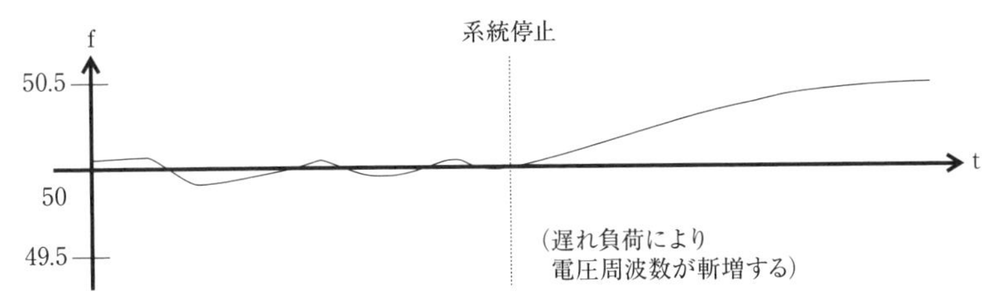

解説 220.3 図

- **有効電力変動方式**：発電出力に周期的な有効電力変動を与えておき，単独運転移行時に現れる周期的な周波数変動あるいは電圧変動等を検出する方式(→解説 220.4 図(a))
- **無効電力変動方式**：発電出力に周期的な無効電力変動を与えておき，単独運転移行時に現れる周期的な周波数変動あるいは電流変動等を検出する方式(→解説 220.4 図(b))
- **負荷変動方式**：発電設備等に並列インピーダンスを瞬間的，かつ，周期的に挿入し，単独運転移行時に現れる電圧変動又は電流変動の急変等を検出する方式（→解説 220.5 図）
- **QC モード周波数シフト方式**：系統の周波数変化率（df/dt）を検出し，その変化率の正負と大きさに従って，発電設備等の出力電圧を変動させ，単独運転時の周波数変動を検出させる方式
- **周波数シフト方式**：発電設備等から出力する周波数特性に予めバイアス等を与えておくことによって，単独運転移行時に逆変換装置の周波数特性と単独系統の負荷特性で決まる周波数にシフトする性質を利用して単独運転を検出する方式
- **次数間高調波注入方式**：系統に微量の次数間高調波電流を注入し，注入次数の高調波電圧・電流を測定することにより系統インピーダンスの監視を行い，単独運転移行後のサセプタンスの変化により単独運転を検出する方式

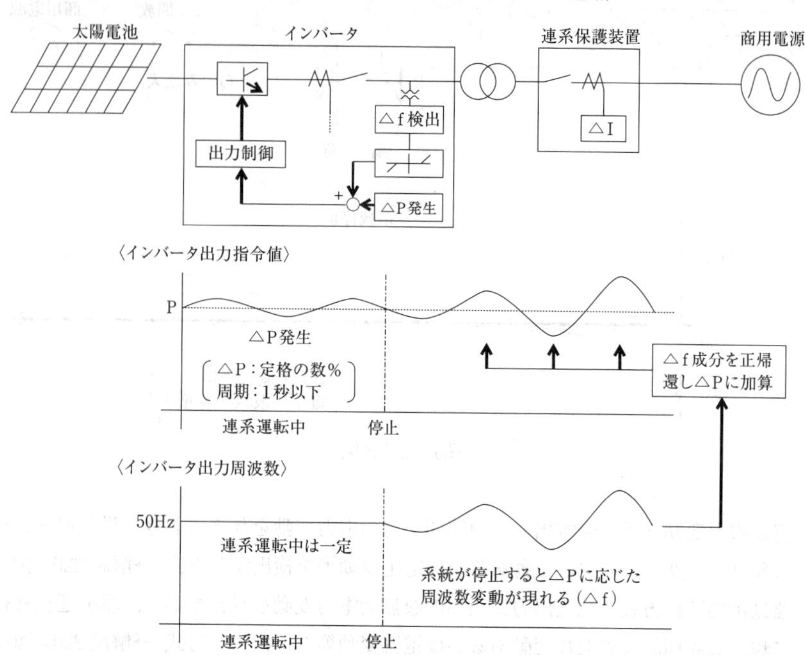

解説 220.4 図 (a)

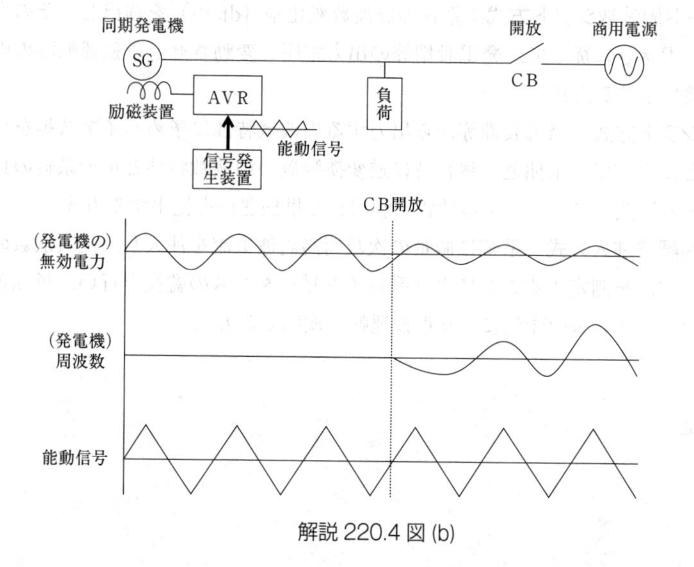

解説 220.4 図 (b)

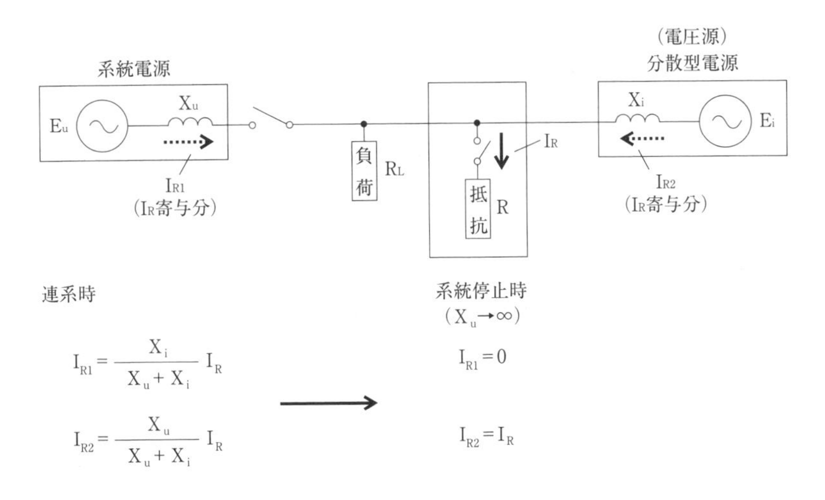

解説220.5図

第十二号のスポットネットワーク受電方式とは，電力会社の変電所から，スポットネットワーク配電線（通常3回線の22kV又は33kV配電線）で受電し，各回線に設置された受電変圧器（ネットワーク変圧器という。）を介して二次側をネットワーク母線で並列接続した受電方式をいう。電気方式には一次側22（33）kV三相3線式，二次側240～415V三相4線式（低圧スポットネットワーク方式）と二次側6.6kV三相3線式（高圧スポットネットワーク方式）がある。

低圧スポットネットワーク方式とは，ネットワーク変圧器の二次側電圧が400V級（低圧）で，ネットワークプロテクタと呼ばれる保護装置を経て低圧母線で並列接続する方式をいう。ネットワークプロテクタは，低圧プロテクタ遮断器，プロテクタヒューズ及びネットワークリレーから構成される。各ネットワーク変圧器は常時並列運転されており，低圧側の電気方式は主として三相4線式である。ここでネットワークリレーとは，スポットネットワーク受電方式において，事故（停止）回線の選択遮断や復電時の自動投入を行うために用いられるリレーであって，少なくとも次の特性を有するものをいう。

- 逆電力遮断特性：ネットワーク母線側からネットワーク変圧器側へ電力が逆流した場合，これを検出してプロテクタ遮断器を自動的に開放する特性（短絡電流領域から変圧器の逆励磁電流領域までの広い範囲の遮断特性が必要である。）
- 無電圧投入特性：ネットワーク母線側に電圧がない状態で，ネットワーク変圧器の二次側が充電されると，プロテクタ遮断器を自動的に投入する特性
- 差電圧投入特性：ネットワーク母線側が充電されている状態において，ネットワーク変圧器の二次側電圧がネットワーク母線側電圧より高く，その差電圧がプロテクタ遮断器投入後に通過電力が正方向になるような位相を持つ場合，プロテクタ遮断

器を自動的に投入する特性

高圧スポットネットワーク方式とは，ネットワーク変圧器の二次側電圧が高圧であるが，基本構成は原則として低圧スポットネットワーク方式と同様である。異なる点としては，プロテクタヒューズの代わりに変圧器の一次側に二次側の短絡時に流れる電流を遮断する能力を有する負荷開閉器又は遮断器を要し，二次側の結線方式が△で，非接地方式という点である。

第十四号，**十五号**，**十六号**，**十七号**及び**十八号**は，R4解釈にて同年制度開始された配電事業者にて特に想定される地域独立系統の保安要件追加に伴い，地域独立系統における用語として定義されたものである。**第十八号**では，地域独立系統において，主電源設備のみ又は，主電源設備及び従属電源設備が単独運転とは異なり，地域独立系統の系統電源となって地域独立系統にのみ電気を供給している状態を指す。

第8章では，電気事業法第38条第3項第五号に掲げる事業を営む者以外の者が発電設備等を商用電力系統に連系する際に，主に「公衆及び作業者の安全確保並びに電力供給設備又は他の需要家の設備に悪影響を及ぼさないこと。」を目的に，満たすべき技術要件を定めている。なお，連系検討に関する具体的な内容については，日本電気技術規格委員会規格JESC E 0019（2019）「系統連系規程」((一社) 日本電気協会技術規程JEAC 9701-2019) を参考にされたい。

【直流流出防止変圧器の施設】（省令第16条）

第221条 逆変換装置を用いて分散型電源を電力系統に連系する場合は，逆変換装置から直流が電力系統へ流出することを防止するために，受電点と逆変換装置との間に変圧器（単巻変圧器を除く。）を施設すること。ただし，次の各号に適合する場合は，この限りでない。

一 逆変換装置の交流出力側で直流を検出し，かつ，直流検出時に交流出力を停止する機能を有すること。

二 次のいずれかに適合すること。

イ 逆変換装置の直流側電路が非接地であること。

ロ 逆変換装置に高周波変圧器を用いていること。

2 前項の規定により設置する変圧器は，直流流出防止専用であることを要しない。

〔解　説〕 **本条**は，逆変換装置から直流が系統へ流出することを防止するために，変圧器を設置するよう定めている。逆変換装置から直流が系統へ流出するケースとしては，逆変換装置の内部故障等が考えられ，この場合，系統へ流出した直流が，柱上変圧器の偏磁現象等により系統や他の需要家設備に悪影響を及ぼすおそれがある。このため，逆変換装置の交流出力側に変圧器を設置する必要がある。しかし，**第1項第一号及び第二**

号を共に満たす場合は，このようなおそれがないことから，変圧器を省略することができる。なお，**第一号**の直流を検出するレベルの一般的な目安については，日本電気技術規格委員会規格 JESC E 0019（2019）「系統連系規程」を参照されたい。

【限流リアクトル等の施設】（省令第4条，第20条）

第222条　分散型電源の連系により，一般送配電事業者又は配電事業者が運用する電力系統の短絡容量が，当該分散型電源設置者以外の者が設置する遮断器の遮断容量又は電線の瞬時許容電流等を上回るおそれがあるときは，分散型電源設置者において，限流リアクトルその他の短絡電流を制限する装置を施設すること。ただし，低圧の電力系統に逆変換装置を用いて分散型電源を連系する場合は，この限りでない。

〔**解　説**〕　**本条**は，分散型電源の連系により，系統の短絡容量が増加し，この値が他者の遮断器の遮断容量を上回り，当該他者構内における事故時に遮断不能となるおそれがあること及び他者の引込ケーブル等の瞬時許容電流を上回り，それらの損傷等を招くおそれがあることが考えられることから，その防止策について定めている。

系統の短絡容量は，分散型電源設置者と送配電事業者との連系協議において，連系される電線路内の発電設備等，電線路，変圧器等のインピーダンスを基に算出する。ここで，連系される電線路内の発電設備等とは，既設の発電設備等，供給計画で明らかになっている発電設備等（発電事業者の発電設備等を含む。），計画が明らかになっている特定送配電事業者及び自家用の発電設備等，更には供給計画と同時期において設置される供給計画に載らない小規模の発電設備等であって短絡容量の算出に影響するものであるが，供給計画よりも将来の不確実な電源は含まれない。また，短絡容量の検討に際しては，発電設備等の設置者が連系を希望する電線路内では短絡容量の問題は生じないが，一段上位の系統において当該電線路から流れ込む短絡電流により他者の遮断器の遮断容量を上回るおそれもあるため，必要に応じて一段上位の送電線を含めて検討する。

なお，分散型電源の設置者が系統との連系を検討する上で当該系統の短絡容量についての情報が必要な場合には，電気事業者に問い合わせることにより情報を得ることができる。他者の遮断器の遮断容量については，電圧階級により異なるため，ケースバイケースで判断することとなる。

また，低圧連系する場合は，一般に低圧需要家に設置されるヒューズ又は過電流遮断器の遮断容量は，1500A 以上のものが多い（日本電気協会電気技術規程 JEAC 8701-1968「低圧電路に使用する自動しゃ断器の必要なしゃ断容量」）が，実際の過電流遮断器の遮断容量を見て判断すべきである。また，引込線のヒューズや高圧配電線の短絡容量等にも留意する必要がある。

「限流リアクトルその他の短絡電流を制限する装置」について，機能的に短絡電流を制限できる機器としては，具体的には限流リアクトル，高インピーダンスの昇圧用変圧器，短絡電流がピークに達する前にヒューズ等により限流遮断する装置等があり，それらの装置の実際における適用に当たっては，装置の性能，信頼性及び故障時の影響等を考慮する必要がある。

逆変換装置を用いた連系の場合，逆変換装置は回転機とは異なり，電線路の異常時に逆変換装置が停止した場合は短絡電流を供給することはないが，運転を継続している場合には，逆変換装置自身の過電流保護レベル（定格電流の1.1～1.5倍程度）までの短絡電流を供給することになる。このため，短絡容量算出は逆変換装置の保護レベルを考慮して行えばよく，具体的には系統の基準電流を各電源から発生する短絡電流の総和で割った値を，連系していない状態のインピーダンスマップに加えて計算することとなる。

なお，「限流リアクトルその他の短絡電流を制限する装置」により対応できない場合には，異なる変電所バンク系統への連系，上位電圧階級の電線路への連系その他の短絡容量対策を講じる必要がある。

【自動負荷制限の実施】（省令第18条第1項）

第223条　高圧又は特別高圧の電力系統に分散型電源を連系する場合（スポットネットワーク受電方式で連系する場合を含む。）において，分散型電源の脱落時等に連系している電線路等が過負荷になるおそれがあるときは，分散型電源設置者において，自動的に自身の構内負荷を制限する対策を行うこと。

〔解　説〕　本条は，分散型電源の脱落時に，連系している電線路等が過負荷となるおそれがある場合に，分散型電源設置者が行うべき対策について明確にしたものであり，需要家でもある分散型電源設置者の構内の負荷の自動制限（負荷遮断）を求めている。

「連系している配電線路等が過負荷になるおそれがあるとき」としては，電線路の過電流リレーが動作するおそれがある場合や変電所の変圧器等が過負荷になるおそれがある場合が挙げられる。

自動的に負荷を制限する対策としては，自動負荷遮断装置の設置等が挙げられる。

【再閉路時の事故防止】（省令第4条，第20条）

第224条　高圧又は特別高圧の電力系統に分散型電源を連系する場合（スポットネットワーク受電方式で連系する場合を除く。）は，再閉路時の事故防止のために，分散型電源を連系する変電所の引出口に線路無電圧確認装置を施設すること。ただし，次の各号のいずれかに該当する場合は，この限りでない。

一　逆潮流がない場合であって，電力系統との連系に係る保護リレー，計器用変流器，計器用変圧器，遮断器及び制御用電源配線が，相互予備となるように2系列化されているとき。ただし，次のいずれかにより簡素化を図ることができる。

イ　2系列の保護リレーのうちの1系列は，不足電力リレー（2相に設置するものに限る。）のみとすることができる。

ロ　計器用変流器は，不足電力リレーを計器用変流器の末端に配置する場合，1系列目と2系列目を兼用できる。

ハ　計器用変圧器は，不足電圧リレーを計器用変圧器の末端に配置する場合，1系列目と2系列目を兼用できる。

二　高圧の電力系統に分散型電源を連系する場合であって，次のいずれかに適合するとき

イ　分散型電源を連系している配電用変電所の遮断器が発する遮断信号を，電力保安通信線又は電気通信事業者の専用回線で伝送し，分散型電源を解列することのできる転送遮断装置及び能動的方式の単独運転検出装置を設置し，かつ，それぞれが別の遮断器により連系を遮断できること。

ロ　2方式以上の単独運転検出装置（能動的方式を1方式以上含むもの。）を設置し，かつ，それぞれが別の遮断器により連系を遮断できること。

ハ　能動的方式の単独運転検出装置及び整定値が分散型電源の運転中における配電線の最低負荷より小さい逆電力リレーを設置し，かつ，それぞれが別の遮断器により連系を遮断できること。

ニ　分散型電源設置者が専用線で連系する場合であって，連系している系統の自動再閉路を実施しないとき

〔解　説〕 電力系統で事故が発生すると，変電所において事故点方面の遮断器が開放されるが，一定時間後，再閉路される。その際，系統連系している分散型電源が何らかの原因により解列されていないと，再閉路時に非同期投入事故が発生し，当該分散型電源を含めた需要家機器に大きな被害を与えるおそれがある。**本条**の目的はこれを防止することである。

誘導発電機を用いた連系では，単独運転時に励磁電流が供給されないため，単独運転状態では発電が継続しないという意見もあるが，このような場合においても，他の需要家を含めた力率改善用コンデンサが存在するときには誘導発電機の自己励磁現象が起こって運転が継続されるおそれがあることから，**本条**の措置は必要である。また，誘導発電機を用いた風力発電設備を連系する場合であって，転送遮断装置又は単独運転検出装置を省略するときであっても，単独運転時の電力機器損傷防止の観点から，やはり**本条**の措置は必要である。

本条では，再閉路時の事故防止のため，配電用変電所の引出口に線路無電圧確認装置を施設することとしているが，これを省略できる場合として，以下の**各号**を定めている。

第一号は，逆潮流がない場合であって，系統との連系に係る保護リレー，計器用変流器，計器用変圧器，遮断器及び制御用電源配線が2系列化され，かつ，これらが互いにバックアップ可能なシーケンスとなっている設備では，系統の事故時において，分散型電源が解列する確実性が高く，再閉路時の事故防止に資すると考えられるため，線路無電圧確認装置を省略することができるとしている。

ただし書は，必ずしも同種の保護装置を2系列設置しなくとも，それと同等の機能を得られる場合（機能的二重化）には，更に簡素化することが可能であることを示している。

イは，2系列目に不足電力リレーを設置する場合は，これにより，2系列目の保護機能が満たせることを示している。

ロは，不足電力リレーを計器用変流器の末端に設置する場合は，計器用変流器及び回路が異常となれば不足電力リレーが動作することから，一系列目と二系列目の計器用変流器を兼用することができるとしている。

ハは，不足電圧リレーを計器用変圧器の末端に設置する場合は，計器用変圧器に不良が発生しても不足電圧リレーにより確実に検出できることから，1系列目と2系列目の計器用変圧器を兼用できるとしている。

第二号は，逆潮流がある高圧連系の場合において，転送遮断装置又は単独運転検出装置等によって単独運転を確実に回避することができれば，線路無電圧確認装置を省略できることとしている。

イ，**ロ**及び**ハ**における「それぞれが別の遮断器により連系を遮断できること」とは，連系用遮断器の故障等を想定して解列箇所を2箇所に分けることを示している。

ニは，分散型電源の設置者が高圧の電力系統と専用線で連系している場合であって，連系された系統の自動再閉路運用を実施しないときには，線路無電圧確認装置を省略できることとしている。

なお，特別高圧電線路の場合は，分散型電源の連系の有無にかかわらず，系統運用の観点から，一般送配電事業者又は配電事業者が系統側変電所の引出口に線路無電圧確認装置を設置していることが多く，これを活用することにより，分散型電源が系統から解列されているか否かの判断が可能であるが，系統運用上必要がない場合には，線路無電圧確認装置が設置されていない電線路があり，こうした電線路と連系する場合には，再閉路時の事故防止の観点から，**本条**の措置が必要となる。

【一般送配電事業者又は配電事業者との間等の電話設備の施設】（省令第4条，第50条第1項）

第225条 高圧又は特別高圧の電力系統に分散型電源を連系する場合（スポットネットワーク受電方式で連系する場合を含む。）は，分散型電源設置者の技術員駐在所等と電力系統を運用する一般送配電事業者又は配電事業者の技術員駐在所等との間及び分散型電源設置者の遠隔監視制御されない発電所若しくは蓄電所，遠隔監視制御されない変電所（一般送配電事業者又は配電事業者の電線路と接続する目的で昇圧又は降圧の用に供するものに限る。）又は開閉所（分散型電源を電力系統に連系するために設置するものに限る。）と技術員駐在所等との間に，次の各号のいずれかの電話設備を施設すること。

一　電力保安通信用電話設備

二　電気通信事業者の専用回線電話

三　一般加入電話又は携帯電話等（分散型電源が高圧又は35,000V以下の特別高圧で連系するものである場合に限る。）

2　前項第三号の一般加入電話及び携帯電話等は，次に掲げる性能を有すること。

一　分散型電源設置者側の交換機を介さずに直接技術員との通話が可能な方式（交換機を介する代表番号方式ではなく，直接技術員駐在所へつながる単番方式）であること。

二　話中の場合に割り込みが可能な方式であること。

三　停電時においても通話可能なものであること。

3　第1項の規定に基づき分散型電源設置者の技術員駐在所等と電力系統を運用する一般送配電事業者又は配電事業者の技術員駐在所等との間に一般加入電話又は携帯電話等を施設する場合であって，災害時等において通信機能の障害により分散型電源設置者と一般送配電事業者又は配電事業者との連絡が取れない場合には，当該連絡が取れるまでの間，分散型電源設置者は発電設備等を解列し，又は運転を停止すること。

〔解　説〕 本条は，高圧又は特別高圧の電力系統に分散型電源を連系する場合に，分散型電源設置者の構内事故又は系統側の事故等により，連系用遮断器が動作した場合等において，一般送配電事業者又は配電事業者と分散型電源設置者との間で迅速かつ的確な情報連絡を行う必要があることから，分散型電源設置者の技術員駐在所等と一般送配電事業者又は配電事業者の事業所等との間に，**第一号から第三号**までに掲げるいずれかの電話設備を設置することを定めている。

R6基準で，上記の区間に加え，分散型電源設置者の技術員駐在所と分散型電源設置者の遠隔監視制御されない発電所若しくは蓄電所，分散型電源専用で昇圧若しくは降圧をする目的で施設された遠隔監視制御されない変電所又は遠隔監視制御されない専ら発電所の連系のために設置する開閉所との間についても，当該いずれかの電話設備を設置することとした。

遠隔監視制御されない発電所又は蓄電所と技術員駐在所との間では，給電所からの給電指令に係る連絡を行うことが想定されるため，同様に給電指令に係る連絡を行う一般送配電事業者又は配電事業者の事業所等と分散型電源設置者の技術員駐在所との間の電話設備と同等の連絡手段が確保されていれば，保安上差し支えない。

また，分散型電源専用で昇圧若しくは降圧をする目的で施設された遠隔監視制御されない変電所又は遠隔監視制御されない専ら発電所の連系のために設置する開閉所は分散型電源の連系のみに施設され，電力設備の運用上は遠隔監視制御されない発電所と同等であることから，技術員駐在所と遠隔監視制御されない変電所又は遠隔監視制御されない発電所の連系のみのために設置する開閉所の間の電話設備については，分散型電源設置者の遠隔監視制御されない発電所と同様に本条を適用することとした。

第一号から第三号は，通信設備として設置する電話の種類を規定しているものであり，電力設備の保安上及び運用上欠かせないものとして電気事業者等が使用している電力保安通信用電話設備，又は電力保安通信用電話設備に代わる電話設備について定めている。

このうち，**第三号**に掲げる一般加入電話又は携帯電話等については，**第2項**において同項各号に掲げる性能を有することを求めており，かつ，**第3項**において，災害時等において通信用設備の機能が損なわれた場合，分散型電源設置者は当該一般送配電事業者又は配電事業者から系統状況に関する情報を受けることができず，また，一般送配電事業者又は配電事業者は保安上必要な連絡を行うことができない状況となることから，分散型電源設置者が分散型電源の解列又は運転停止を行う必要があることを示している。ハは，設置する電話の性能を定めているものである。

なお，特別高圧需要家については，**第135条**により，分散型電源の設置の有無に関わらず，電気事業者の給電所との間の電力保安通信用電話設備が必要であるため，新たに別の電話設備を施設する必要はない。

【低圧連系時の施設要件】（省令第14条，第20条）

第226条　単相3線式の低圧の電力系統に分散型電源を連系する場合において，負荷の不平衡により中性線に最大電流が生じるおそれがあるときは，分散型電源を施設した構内の電路であって，負荷及び分散型電源の並列点よりも系統側に，3極に過電流引き外し素子を有する遮断器を施設すること。

2　低圧の電力系統に逆変換装置を用いずに分散型電源を連系する場合は，逆潮流を生じさせないこと。ただし，逆変換装置を用いて分散型電源を連系する場合と同等の単独運転検出及び解列ができる場合は，この限りでない。

〔**解　説**〕 **本条**は，低圧の電力系統に分散型電源を連系する場合の要件を定めている。

第1項は，単相3線式の系統に分散型電源を連系する場合における過電流遮断器の要件について定めている。このようなケースでは，負荷の不平衡と発電電力の逆潮流によって中性線に負荷線以上の過電流が生じ，中性線に過電流検出素子がないと過電流の検出ができない場合があるため，負荷及び分散型電源の並列点よりも系統側に3極に過電流引き外し素子を有する遮断器を設置する必要がある（→解説 226.1 図）。

なお，分散型電源の接続状態が常に中性線に負荷線以上の過電流が生じないような場合には，3 極に過電流引き外し素子を有する遮断器を設置しなくてもよい。中性線に過電流が生じない具体的な接続例については，日本電気技術規格委員会規格 JESC E 0019 (2019)「系統連系規程」を参考にされたい。

第 2 項ただし書は R4 解釈より追記された。「逆変換装置を用いて分散型電源を連系する場合と同等の単独運転検出及び解列ができる場合」とは，連系している電力系統の地絡事故又は高低圧混触事故時発生時点から，配電用変電所の遮断器が開放されて，分散型電源が単独運転を検出して解列するまでに要する時間を，**第 17 条第 2 項**に定める遮断時間内に解列できる場合を示しており，逆変換装置を用いずに連系する分散型電源に設置する受動的方式及び能動的方式の単独運転検出装置の性能がこれを満足する場合には，逆変換装置を用いない分散型電源の逆潮流有りの連系ができることを示している。

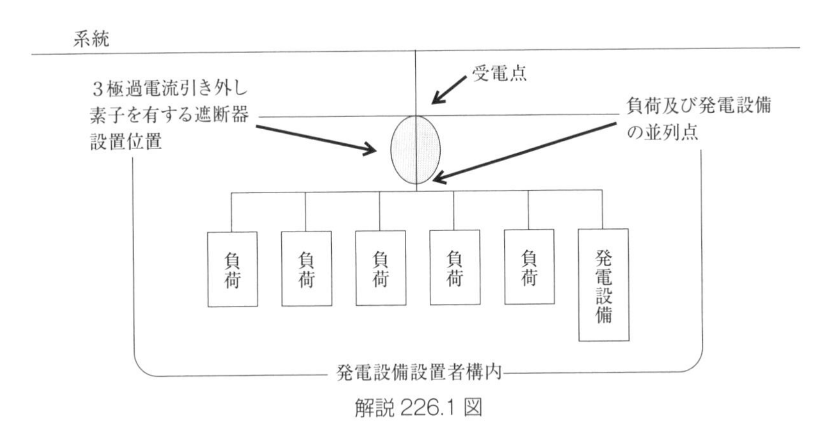

解説 226.1 図

【低圧連系時の系統連系用保護装置】（省令第 14 条，第 15 条，第 20 条，第 44 条第 1 項）

第 227 条　低圧の電力系統に分散型電源を連系する場合は，次の各号により，異常時に分散型電源を自動的に解列するための装置を施設すること。

一　次に掲げる異常を保護リレー等により検出し，分散型電源を自動的に解列すること。

イ　分散型電源の異常又は故障

ロ　連系している電力系統の短絡事故，地絡事故又は高低圧混触事故

ハ　分散型電源の単独運転又は逆充電

二　一般送配電事業者又は配電事業者が運用する電力系統において再閉路が行われる場合は，当該再閉路時に，分散型電源が当該電力系統から解列されていること。

三　保護リレー等は，次によること。

イ　227-1 表に規定する保護リレー等を受電点その他異常の検出が可能な場所に設

置すること。

227-1 表

<table>
<tr><th colspan="2">保護リレー等</th><th colspan="2">逆変換装置を用いて連系する場合</th><th colspan="2">逆変換装置を用いずに連系する場合</th></tr>
<tr><th>検出する異常</th><th>種類</th><th>逆潮流有りの場合</th><th>逆潮流無しの場合</th><th>逆潮流有りの場合※1</th><th>逆潮流無しの場合</th></tr>
<tr><td>発電電圧異常上昇</td><td>過電圧リレー</td><td>○※2</td><td>○※2</td><td>○※2</td><td>○※2</td></tr>
<tr><td>発電電圧異常低下</td><td>不足電圧リレー</td><td>○※2</td><td>○※2</td><td>○※2</td><td>○※2</td></tr>
<tr><td>系統側短絡事故</td><td>不足電圧リレー</td><td>○※3</td><td>○※3</td><td>○※6</td><td>○※6</td></tr>
<tr><td rowspan="2">系統側地絡事故・高低圧混触事故(間接)</td><td>短絡方向リレー</td><td></td><td></td><td>○※7</td><td>○※7</td></tr>
<tr><td>単独運転検出装置</td><td rowspan="2">○※4</td><td rowspan="3">○※5</td><td rowspan="2">○※4</td><td>○※8</td></tr>
<tr><td rowspan="6">単独運転又は逆充電</td><td>単独運転検出装置</td><td>○※2</td></tr>
<tr><td>逆充電検出機能を有する装置</td><td></td><td></td><td>○※2</td></tr>
<tr><td>周波数上昇リレー</td><td>○</td><td></td><td>○</td><td></td></tr>
<tr><td>周波数低下リレー</td><td>○</td><td>○</td><td>○</td><td>○</td></tr>
<tr><td>逆電力リレー</td><td></td><td>○</td><td></td><td>○※9</td></tr>
<tr><td>不足電力リレー</td><td></td><td></td><td></td><td>○※10</td></tr>
</table>

※1：逆変換装置を用いて連系する分散型電源と同等の単独運転検出及び解列ができる場合に限る。

※2：分散型電源自体の保護用に設置するリレーにより検出し，保護できる場合は省略できる。

※3：発電電圧異常低下検出用の不足電圧リレーにより検出し，保護できる場合は省略できる。

※4：受動的方式及び能動的方式のそれぞれ1方式以上を含むものであること。系統側地絡事故・高低圧混触事故（間接）については，単独運転検出用の受動的方式等により保護すること。

※5：逆潮流有りの分散型電源と逆潮流無しの分散型電源が混在する場合は，単独運転検出装置を設置すること。逆充電検出機能を有する装置は，不足電圧検出機能及び不足電力検出機能の組み合わせ等により構成されるもの，単独運転検出装置は，受動的方式及び能動的方式のそれぞれ1方式以上を含むものであること。系統側地絡事故・高低圧混触事故（間接）については，単独運転検出用の受動的方式等により保護すること。

※6：誘導発電機を用いる場合は，設置すること。発電電圧異常低下検出用の不足電圧リレーにより検出し，保護できる場合は省略できる。

※7：同期発電機を用いる場合は，設置すること。発電電圧異常低下検出用の不足電圧リレー又は過電流リレーにより，系統側短絡事故を検出し，保護できる場合は省略できる。

※8：高速で単独運転を検出し，分散型電源を解列することのできる受動的方式のものに限る。

※9：※8に示す装置で単独運転を検出し，保護できる場合は省略できる。

※10：分散型電源の出力が，構内の負荷より常に小さく，※8に示す装置及び逆電力リレーで単独運転を検出し，保護できる場合は省略できる。この場合には，※9は省略できない。

（備考）

1. ○は，該当することを示す。
2. 逆潮流無しの場合であっても，逆潮流有りの条件で保護リレー等を設置することができる。

ロ　イの規定により設置する保護リレーの設置相数は，227-2 表によること。

227-2表

<table>
<tr><th colspan="2" rowspan="2">保護リレーの種類</th><th colspan="3">保護リレーの設置相数</th></tr>
<tr><th>単相2線式で受電する場合</th><th>単相3線式で受電する場合</th><th>三相3線式で受電する場合</th></tr>
<tr><td colspan="2">周波数上昇リレー</td><td rowspan="9">1</td><td rowspan="3">1</td><td rowspan="3">1</td></tr>
<tr><td colspan="2">周波数低下リレー</td></tr>
<tr><td colspan="2">逆電力リレー</td></tr>
<tr><td colspan="2">過電圧リレー</td><td rowspan="6">2
(中性線と両電圧線間)</td><td rowspan="2">2</td></tr>
<tr><td colspan="2">不足電力リレー</td></tr>
<tr><td colspan="2">不足電圧リレー</td><td>3</td></tr>
<tr><td colspan="2">短絡方向リレー</td><td>3※</td></tr>
<tr><td rowspan="2">逆充電検出機能を有する装置</td><td>不足電圧リレー</td><td>2</td></tr>
<tr><td>不足電力リレー</td><td>3</td></tr>
</table>

※：連系している系統と協調がとれる場合は，2相とすることができる。

四　分散型電源の解列は，次によること。

イ　次のいずれかで解列すること。

（イ）　受電用遮断器

（ロ）　分散型電源の出力端に設置する遮断器又はこれと同等の機能を有する装置

（ハ）　分散型電源の連絡用遮断器

ロ　前号ロの規定により複数の相に保護リレーを設置する場合は，いずれかの相で異常を検出した場合に解列すること。

ハ　解列用遮断装置は，系統の停電中及び復電後，確実に復電したとみなされるまでの間は，投入を阻止し，分散型電源が系統へ連系できないものであること。

ニ　逆変換装置を用いて連系する場合は，次のいずれかによること。ただし，受動的方式の単独運転検出装置動作時は，不要動作防止のため逆変換装置のゲートブロックのみとすることができる。

（イ）　2箇所の機械的開閉箇所を開放すること。

（ロ）　1箇所の機械的開閉箇所を開放し，かつ，逆変換装置のゲートブロックを行うこと。

ホ　逆変換装置を用いずに連系する場合は，2箇所の機械的開閉箇所を開放すること。

2　一般用電気工作物又は小規模事業用電気工作物において自立運転を行う場合は，2箇所の機械的開閉箇所を開放することにより，分散型電源を解列した状態で行うとともに，連系復帰時の非同期投入を防止する装置を施設すること。ただし，逆変換装置を用いて連系する場合において，次の各号の全てを防止する装置を施設する場合は，機械的開閉箇所を1箇所とすることができる。

一　系統停止時の誤投入

二　機械的開閉箇所故障時の自立運転移行

第8章　分散型電源

〔解　説〕 本条は，分散型電源を低圧の電力系統に連系する場合に，電力系統との間でとるべき保護協調の基本的な考え方について定めている。電気事業者と分散型電源設置者との間で連系のための協議を行うに当たって，保護協調の目的を明確にしておくことは，協議を円滑に進める上で極めて重要なことである。

第1項第一号ハのとおり，低圧の電力系統との連系においては，系統事故後の事故被害の拡大を防止するため単独運転を一律禁止することを原則としている。

系統側で事故が発生した場合は，通常，系統側配電用変電所の遮断器の開放後，一定の時限をおいて自動的に再び当該遮断器が投入（再閉路）されるが，非同期投入による機器損傷などを防ぐために，**第二号**に示すとおり高圧系統の再閉路時に分散型電源が確実に解列されていることが必要である。

第三号では，分散型電源を低圧の電力系統と連系する際に必要となる保護装置等の要件について定めているが，これらの保護装置は，発電設備等を電力系統と連系する際に必要となるものである。すなわち，分散型電源を設置する・しないに関わらず，需要家として設置すべき保護装置や，系統に連系する・しないに関わらず発電設備等自体に設けるべき保護装置については，**本号**には規定していない。

第三号イでは，「逆潮流有りの場合」と「逆潮流無しの場合」に分けて要件を定めているが，逆潮流が有る連系であっても，逆潮流が無い時間帯も当然あるわけであり，逆潮流が有る場合に求められる要件が，逆潮流が無い場合に求められる要件を包含していることは明らかである。すなわち，異常時に分散型電源を解列するという観点に限って言えば，**227-1表**の備考とおり，逆潮流が無い場合であっても，逆潮流有りの場合に求められる要件を適用することができる。ただしこの場合，逆電力リレーを設置して連系する場合と異なり，構内負荷などの事情により想定外の逆潮流が生じ，系統電圧の上昇等が起こり得るため，別途電圧面でのしかるべき対策が必要となることがある。また，R4解釈にて**226条第2項**のただし書追加の改正に伴い，「逆変換装置を用いずに連系する場合」における「逆潮流有りの場合」には※1に示すように，逆変換装置を用いて分散型電源を連系する場合と同等の単独運転検出及び解列ができる場合に限るという内容を追記している。

227-1表中，発電電圧異常上昇検出用の過電圧リレー及び発電電圧異常低下検出用の不足電圧リレーは，分散型電源の故障時に分散型電源の出力端電圧に異常な変動が見られることから，これを検出して分散型電源を解列するものである。ただし，※2に示すように分散型電源自体に設けられている保護装置で検出し，保護できる場合は，これを省略できる。

系統側短絡事故検出用の保護リレーについては，同期発電機を用いる場合は短絡方向リレーを設置することとしているが，※7のとおり，分散型電源に設置されている過電流保護用の過電流リレー又は不足電圧リレーにより系統側短絡事故を検出し，保護できる場合は，省略できる。省略の条件は，リレーの整定値を十分小さくして，過電流リレーの場合は分散型電源から見て検出すべき最遠端の２相短絡を確実に検出できること，不足電圧リレーの場合は分散型電源から見て検出すべき最遠端の短絡事故における分散型電源の出力端の電圧降下を検出できることである。

誘導発電機や逆変換装置を用いる場合は，系統側短絡事故発生時には，分散型電源の電圧の異常変動が生じるため，系統側短絡事故検出用の不足電圧リレーを設置することとしているが，これは※3，※6のとおり，発電電圧異常低下検出用の不足電圧リレーにより検出し，保護できる場合は省略可能である。

系統側地絡事故・高低圧混触事故については，分散型電源から見た電圧等の電気的パラメータは変化せず，事故を直接検出することは困難であるため，系統側配電用変電所の遮断器の開放により生じる単独運転状態を検知し，**第17条第2項**に準じた考え方，すなわちＢ種接地抵抗値ごとに定められた遮断時間（地絡発生から電路を遮断するまでの時間）内に分散型電源を停止又は解列する必要がある。

逆変換装置無しで連系する場合（交流発電機を連系する場合）は，分散型電源が慣性を有すること，単独運転状態になった場合においても周波数及び電圧が平衡を保つ可能性が高いこと，分散型電源設置者側で分散型電源を系統から切り離す手段が遮断器のみであること，などから，分散型電源の速やかな解列がされにくい。このため，系統側地絡事故・高低圧混触事故検出用の単独運転検出装置が必要であり，前述のとおり**第17条第2項**に準じた考え方で分散型電源を停止又は解列するために，※8に示すとおり，高速で単独運転を検出できる受動的方式のものに限っている。

逆変換装置を用いた連系においては，単独運転検出装置や逆変換装置の制御等により，ゲートブロックにて高速に停止することができると考えられることから，※4及び※5のとおり規定している。

単独運転検出用の保護リレーについては，逆変換装置を用いた逆潮流がある連系の場合は，単独運転状態となれば，通常は分散型電源の出力と系統の負荷のバランスが大きく崩れ，系統の電圧や周波数に変動が現れるため，これを検知して解列するためのリレーが有効である。したがって，発電電圧異常上昇検出用の過電圧リレー及び発電電圧異常低下検出用の不足電圧リレーに加え，周波数上昇リレー及び周波数低下リレーを定めている。しかし，分散型電源の出力と系統内の負荷が概ねバランスする場合には，電圧や周波数の変動が少なく，これらのリレーでは検出が困難であるため，単独運転状態となっていることを検出するためには，単独運転状態となっていることそのものを検出することが必要であり，単独運転検出装置を設置することとしている。なお，この単独運転検出装置については，原理により検出不能点が異なることから，※4に示すとおり受動的方式と能動的方式を各々１方式以上含むことで検出不能点をなくすこととしている。

逆変換装置を用いて連系する場合であって逆潮流が無いときの単独運転検出用の保護

リレーについては，逆電力リレー及び周波数低下リレーとともに，従来は逆充電検出機能を有する装置が必要とされていたが，現在は逆充電検出機能を有する装置又は単独運転検出装置（受動的方式＋能動的方式）を必要としている。これは，単独運転状態になった場合であって，同一系統内に逆潮流が有る分散型電源設置者が混在するときには，逆潮流有りの分散型電源設置者が単独運転を検出するまでの間は，潮流の向きが変わらないおそれがあることから，この場合には，逆潮流の無い分散型電源設置者の逆電力リレー及び逆充電検出機能では検出できない可能性があり，単独運転検出装置の設置が必要であることを考慮したものである。

同期発電機又は誘導発電機を用いる場合は，単独運転検出用の保護リレーとして逆電力リレー及び周波数低下リレーを設置するとともに，不足電力リレーにより逆充電を検出するとしているが，系統側地絡事故・高低圧混触事故検出用の受動的方式の単独運転検出装置を設置した場合，不足電力リレーにより「構内の負荷 > 分散型電源の出力」を保つことによって，受動的方式の単独運転検出装置で単独運転の検出が可能であることから，※9に示すとおり逆電力リレーを省略可能としている。また，※10では，分散型電源の出力制御などにより，「構内の負荷 > 分散型電源の出力」が保たれる場合は，逆充電状態が発生せず，逆電力リレーと単独運転検出装置で単独運転の検出が可能であることから，不足電力リレーを省略できるとしている。

保護リレーの設置場所としては，系統事故等が起こった場合に，系統に電圧・電流を供給しないことを最低限確保すればよいとの観点から，受電点のみならず故障の検出可能な場所であればよく，異常の検出が可能な場所としては，分散型電源の出力端，受電点と分散型電源との間の連絡線等がある。

第三号ロでは，各保護リレー等が事故を検出する上で必要となる設置相数について，電気方式ごとに明確にしている。相数が複数の場合は，**第四号ロ**に示すとおり，そのいずれかを検出したときに遮断器の開放等を行うことが前提となる。具体的な保護リレーの施設条件については，日本電気技術規格委員会規格JESC E 0019(2019)「系統連系規程」を参考にされたい。

第四号では，分散型電源の解列について規定している。**イ（ロ）**及び**（ハ）**については，逆変換装置の内部に収める場合もある。

ハでは，「確実に復電したとみなされるまでの間」は系統に連系できないものであることを要求している。電気事業者による配電線の運用において，系統事故時，系統は再閉路により事故が解消していれば運転（送電）を継続し，事故が解消していなければ再び遮断することとなるが，この作業を繰り返すことにより，できる限り事故地点を含む最低区間以外は復電するようにする。この間，系統は開閉路を繰り返すことになることから，非同期投入防止等の観点からその間は連系を行わないよう求めているものであり，この時間は系統構成により異なるが，150～300秒程度以下が一般的である。

二では，逆変換装置を用いる場合に分散型電源を解列する箇所を示しており，解列の確実化を図るために，機械的な開閉箇所2箇所の開放，又は機械的な開閉箇所1箇所の開放及びゲートブロックを行うこととしている。**ただし書**では，逆変換装置を用いた分散型電源に用いられる受動的方式の単独運転検出装置の中には，定常運転中においても系統切替，大負荷投入時や高調波負荷投入時等の系統動揺を不要に検出する可能性を有するものもあることから，定常運転中における不要な解列を回避することを目的に，受動的方式による単独運転の検出時には遮断器等を開放せず，逆変換装置を短時間（5～10秒程度）ゲートブロックすることで対応してもよいとしている。この場合，系統側が停電していれば不足電圧リレー等により検出して解列することが可能であり，一定時間経過後も系統の電圧及び周波数が正常であれば，逆変換装置は連系を再開することができる。

ホでは，同期発電機又は誘導発電機を用いる場合の解列箇所を示している。逆変換装置を用いる場合とは異なり，ゲートブロック機能による停止ができず，遮断器による解列となることから，2箇所の機械的開閉箇所を開放することとしている。

第2項では，分散型電源を自立運転する場合の解列箇所について定めている。本来，系統連系用保護装置とは別の要件であるが，自立運転を行う場合の多くが系統連系用保護装置の動作後であるため，**本条**で規定している。**本項**は，一般用電気工作物及び小規模事業用電気工作物について規定しているが，これは，自立運転は完全に系統と切り離されたスタンドアローン状態での運転であり，分散型電源が事業用電気工作物（小規模事業用電気工作物を除く。）である場合の解列箇所については，電気的専門知識を有した電気主任技術者の責任の下，適切に判断されればよいためである。なお自立運転中に系統が復電した場合，開閉箇所を誤って非同期で投入することを防止するためにインバータを一旦停止した後，分散型電源を再並列する装置を施設しなければならない。

本項における2箇所の機械的開閉箇所の例を，解説227.1図，解説227.2図に示す。なお，解説227.1図のような場合は，各々の開閉箇所にある制御系部分を分離し，2箇所が同時に不動作とならないような構成とすることが望ましい。

ただし書により機械的開閉箇所を1箇所とする場合は，**第一号**から**第二号**に規定する装置を全て有することが必要となる。**第一号**では系統側に電圧がない（系統の停電）場合に，分散型電源の並列を防止する装置，**第二号**では系統が停電したときなどにおいて，何らかの理由で本来開放されるべき分散型電源の開閉箇所が開放されなかった場合（インバータのゲートブロックのみで分散型電源が停止している状態）には，自立運転移行を防止する装置を施設することを規定している。

なお，確実な保安を確保する方法として，機構の制御系部分を高信頼度化すること又は制御系部分の異常が発生した場合に自立運転を停止するなどの措置も有効である。

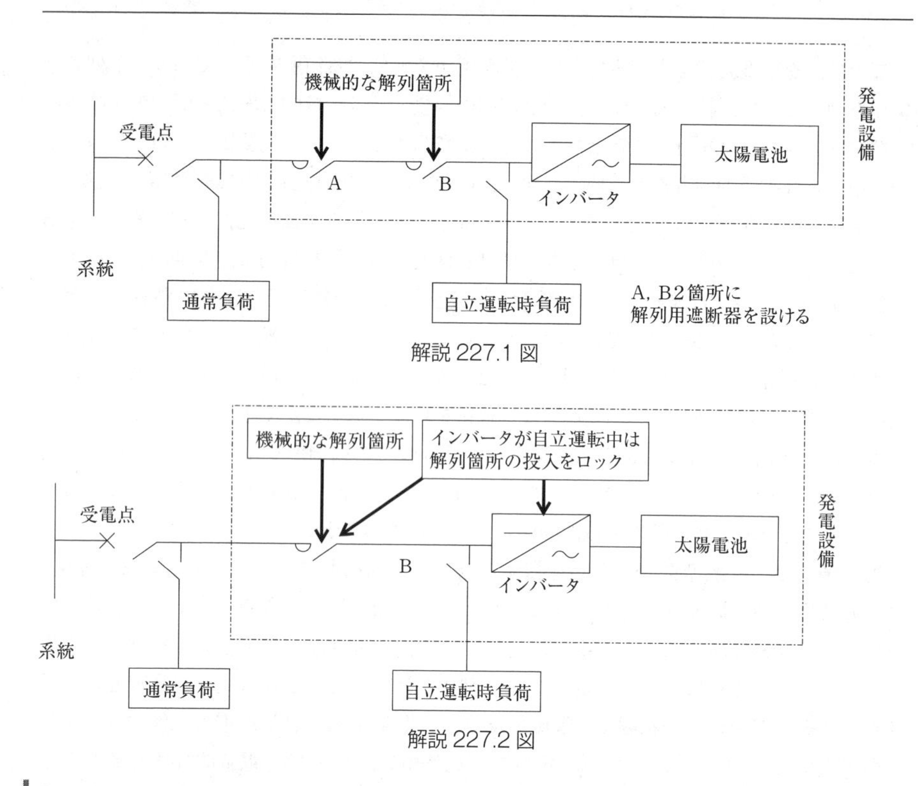

解説 227.1 図

解説 227.2 図

【高圧連系時の施設要件】（省令第 18 条第 1 項，第 20 条）

第 228 条 高圧の電力系統に分散型電源を連系する場合は，分散型電源を連系する配電用変電所の配電用変圧器において，逆向きの潮流を生じさせないこと。ただし，当該配電用変電所に保護装置を施設する等の方法により分散型電源と電力系統との協調をとることができる場合は，この限りではない。

〔解 説〕 本条は，高圧の電力系統に分散型電源を連系する場合の要件として，配電用変電所におけるバンク単位での逆潮流の制限について定めている。

現段階では，単独運転検出装置の適用条件や適用台数などに制約が認められることや，当面，転送遮断装置を使用している分散型電源が混在することが予想されることから，単独運転を防止するためには，バンク単位において分散型電源の出力の総和と系統負荷の総和とをバランスさせないことが必要である。また，配電用変電所バンク単位で逆潮流が発生すると，保護協調面での問題（送電線又は配電用変電所の 1 次側母線の事故時等，配電線に連系する分散型電源が解列せずに，分散型電源から事故箇所への事故電流の供給が続き，定められた時間内に事故除去ができない。）による感電・火災が生じるおそれがある。これらの理由により，バンク単位で逆潮流を発生させないことが必要である。ただし，平成 25 年 3 月に開催された産業構造審議会保安分科会電力安全小委員会（第 2 回）の結果を踏まえ，配電用変電所に保護装置を施設する等の方法により分散型電源と電力系統との協調をとることができる場合は，これを認めることとした。なお，「逆向きの潮流を生じさせないこと」については，例えば解説 228.1 図に示すような 1 時間ごとの分散型電源の出力と負荷パターンにより判断する方法がある。

(1) 新たに負荷設備および発電設備が系統に連系される場合

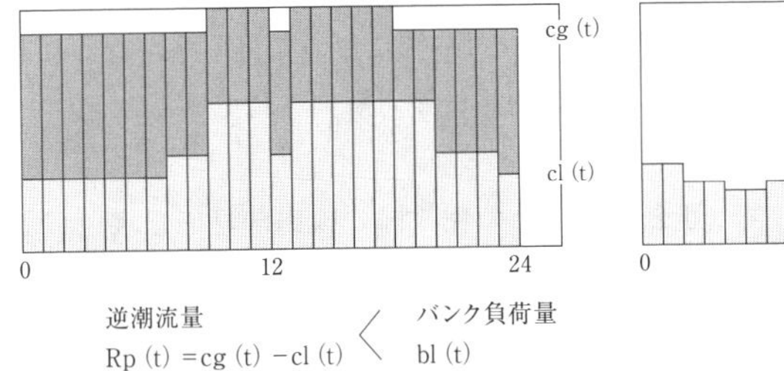

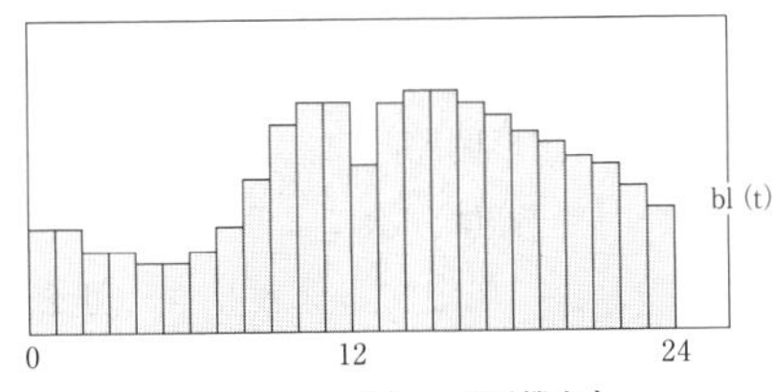

(2) 負荷設備は既に系統に接続されていて，発電設備のみが新たに系統に接続される場合

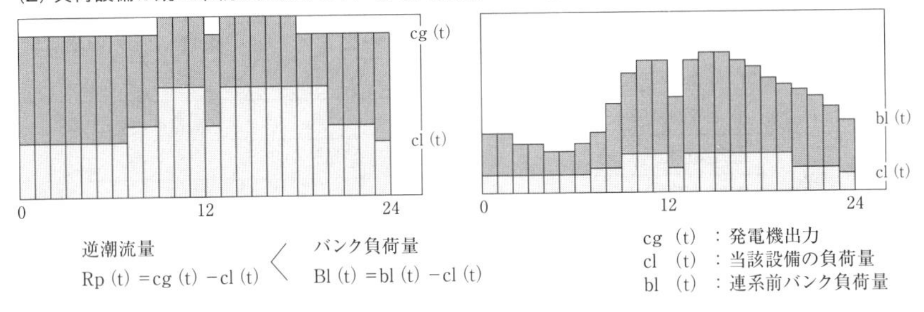

解説 228.1 図 (1)(2)

(3) 逆潮流なしの連系から，発電設備の増設等により逆潮流ありに変更される場合

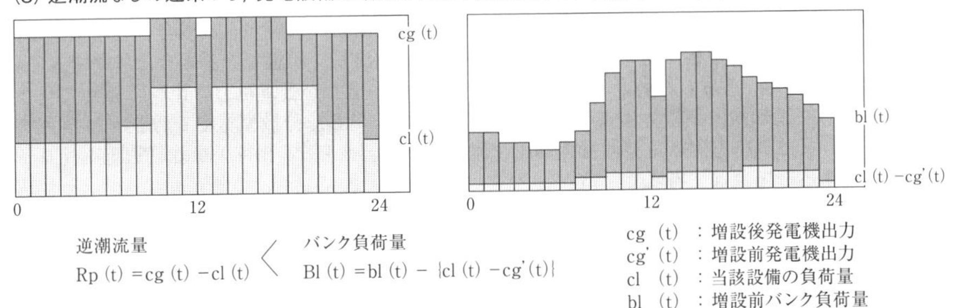

解説 228.1 図 (3)

【高圧連系時の系統連系用保護装置】（省令第14条，第15条，第20条，第44条第1項）

第229条 高圧の電力系統に分散型電源を連系する場合は，次の各号により，異常時に分散型電源を自動的に解列するための装置を施設すること。

一 次に掲げる異常を保護リレー等により検出し，分散型電源を自動的に解列すること。

イ 分散型電源の異常又は故障

ロ 連系している電力系統の短絡事故又は地絡事故

ハ 分散型電源の単独運転

二 一般送配電事業者又は配電事業者が運用する電力系統において再閉路が行われる場合は，当該再閉路時に，分散型電源が当該電力系統から解列されていること。

三 保護リレー等は，次によること。

イ 229-1表に規定する保護リレー等を受電点その他故障の検出が可能な場所に設置すること。

229-1表

保護リレー等		逆変換装置を用いて連系する場合		逆変換装置を用いずに連系する場合	
検出する異常	種類	逆潮流有りの場合	逆潮流無しの場合	逆潮流有りの場合	逆潮流無しの場合
発電電圧異常上昇	過電圧リレー	○※1	○※1	○※1	○※1
発電電圧異常低下	不足電圧リレー	○※1	○※1	○※1	○※1
系統側短絡事故	不足電圧リレー	○※2	○※2	○※9	○※9
	短絡方向リレー			○※10	○※10
系統側地絡事故	地絡過電圧リレー	○※3	○※3	○※11	○※11
単独運転	周波数上昇リレー	○※4		○※4	
	周波数低下リレー	○	○※7	○	○※7
	逆電力リレー		○※8		○
	転送遮断装置又は単独運転検出装置	○ ※5※6		○ ※5※6※12	

※1：分散型電源自体の保護用に設置するリレーにより検出し，保護できる場合は省略できる。

※2：発電電圧異常低下検出用の不足電圧リレーにより検出し，保護できる場合は省略できる。

※3：構内低圧線に連系する場合であって，分散型電源の出力が受電電力に比べて極めて小さく，単独運転検出装置等により高速に単独運転を検出し，分散型電源を停止又は解列する場合又は地絡方向継電装置付き高圧交流負荷開閉器から，零相電圧を地絡過電圧リレーに取り込む場合は，省略できる。

※4：専用線と連系する場合は，省略できる。

※5：転送遮断装置は，分散型電源を連系している配電線の配電用変電所の遮断器の遮断信号を，電力保安通信線又は電気通信事業者の専用回線で伝送し，分散型電源を解列することのできるものであること。

※6：単独運転検出装置は，能動的方式を1方式以上含むものであって，次の全てを満たすものであること。なお，地域独立系統に連系する場合は，当該系統おいても単独運転検出

ができるものであること。

(1) 系統のインピーダンスや負荷の状態等を考慮し，必要な時間内に確実に検出することができること。

(2) 頻繁な不要解列を生じさせない検出感度であること。

(3) 能動信号は，系統への影響が実態上問題とならないものであること。

※7：専用線による連系であって，逆電力リレーにより単独運転を高速に検出し，保護できる場合は省略できる。

※8：構内低圧線に連系する場合であって，分散型電源の出力が受電電力に比べて極めて小さく，受動的方式及び能動的方式のそれぞれ1方式以上を含む単独運転検出装置等により高速に単独運転を検出し，分散型電源を停止又は解列する場合は省略できる。

※9：誘導発電機を用いる場合は，設置すること。発電電圧異常低下検出用の不足電圧リレーにより検出し，保護できる場合は省略できる。

※10：同期発電機を用いる場合は，設置すること。

※11：発電機引出口に設置する地絡過電圧リレーにより，系統側地絡事故が検知できる場合又は地絡方向継電装置付き高圧交流負荷開閉器から，零相電圧を地絡過電圧リレーに取り込む場合は，省略できる。

※12：誘導発電機（二次励磁制御巻線形誘導発電機を除く。）を用いる，風力発電設備その他出力変動の大きい分散型電源において，周波数上昇リレー及び周波数低下リレーにより単独運転を高速かつ確実に検出し，保護できる場合は省略できる。

（備考）

1. ○は，該当することを示す。
2. 逆潮流無しの場合であっても，逆潮流有りの条件で保護リレー等を設置することができる。

ロ　イの規定により設置する保護リレーの設置相数は，229-2表によること。

229-2表

保護リレーの種類	保護リレーの設置相数
地絡過電圧リレー	1（零相回路）
過電圧リレー	1
周波数低下リレー	
周波数上昇リレー	
逆電力リレー	
短絡方向リレー	3※1
不足電圧リレー	3※2

※1：連系している系統と協調がとれる場合は，2相とすることができる。

※2：同期発電機を用いる場合であって，短絡方向リレーと協調がとれる場合は，1相とすることができる。

四　分散型電源の解列は，次によること。

イ　次のいずれかで解列すること。

（イ）　受電用遮断器

（ロ）　分散型電源の出力端に設置する遮断器又はこれと同等の機能を有する装置

（ハ）　分散型電源の連絡用遮断器

（ニ）　母線連絡用遮断器

ロ　前号ロの規定により複数の相に保護リレーを設置する場合は，いずれかの相で異常を検出した場合に解列すること。

〔解　説〕 本条は，分散型電源を高圧の電力系統に連系する際に，電力系統との間でとるべき保護協調の基本的な考え方について定めている。

第一号では，分散型電源を高圧の電力系統と連系する場合においては，第227条で定める低圧の電力系統との連系のケースと同様，系統事故等により配電用変電所にて当該系統を開放した場合に，人身及び他の需要家の機器等の安全確保並びに事故の被害拡大防止及び復旧の迅速化の観点から単独運転を一律禁止とすることを原則としている。

第二号では，再閉路時間までに分散型電源の解列ができていないと非同期並列となり系統に接続している機器等に損傷などを与えるおそれがあることから，これを防ぐために，少なくとも再閉路が行われる前に分散型電源を解列する必要があることを定めている。

第三号では，分散型電源を高圧の電力系統と連系する際に必要となる保護装置について定めているが，これらの保護装置は，分散型電源を電力系統と連系する際に必要となるものである。すなわち，分散型電源を設置する・しないに関わらず需要家として設置すべき保護装置や，系統に連系する・しないに関わらず発電設備等自体に設けるべき保護装置については，本号には規定していない。

229-1表では，「逆潮流有りの場合」と「逆潮流無しの場合」に分けて要件を定めているが，逆潮流が有る連系であっても，逆潮流が無い時間帯も当然あるわけであり，逆潮流が有る場合に求められる要件が，逆潮流が無い場合に求められる要件を包含していることは明らかである。すなわち，異常時に分散型電源を解列するという観点に限って言えば，229-1表の備考のとおり，逆潮流が無い場合であっても，逆潮流有りの場合に求められる要件を適用することができる。

ただしこの場合，逆電力リレーを設置して連系する場合と異なり，構内負荷などの事情により想定外の逆潮流が生じ，系統電圧の上昇等が起こり得るため，別途電圧面での然るべき対策が必要となることがある。

発電電圧異常上昇検出用の過電圧リレー及び発電電圧異常低下検出用の不足電圧リレーは，分散型電源の故障時に分散型電源の出力端電圧に異常な変動が見られた場合，これを検出して分散型電源を解列するものである。ただし，※1に示すように分散型電源自体に設けられている保護装置で検出し，保護できる場合は，これを省略できる。

系統側短絡事故検出用の保護リレーについては，同期発電機を用いる場合は，※10のとおり短絡方向リレーの設置が必要であり，その場合，本リレーにより連系している系統の最遠端の短絡事故を確実に検出できることが必要である。

なお，短絡方向リレーは，受電点に設置する場合に最も堅実に系統の事故を検出できるが，系統の事故が検出できる場所であれば受電点に限らず設置することが可能であり，例えば分散型電源の引出口に設置してもよい。一方，誘導発電機又は逆変換装置を用いた分散型電源の場合は，分散型電源の出力端電圧の異常変動を検出して解列すればよいため，不足電圧リレーを設置すればよいが，これは※2又は※9のとおり発電電圧異常低下検出用の不足電圧リレーにより検出し，保護できる場合は省略が可能である。

系統側地絡事故検出用の保護リレーとしては，原則として系統の地絡事故を直接検出することができるよう，需要家構内の高圧側に地絡過電圧リレーを設置する必要がある。なお，この地絡過電圧リレーは，故障の検出が可能な箇所に設置すればよいが，構内の地絡事故検出のために設置されている他の検出装置を活用することにより系統の地絡事故検出が可能な場合もある。例えば※11に示すように交流発電機引出口にある地絡過電圧リレーを活用することにより系統の地絡事故が検出可能な場合のほか，地絡継電装置付き高圧交流負荷開閉器において検出した零相電圧を地絡過電圧リレーに取り込むことにより系統の地絡事故検出が可能な場合などがこれに当たる。

また，※3に示すように，逆変換装置を用いた分散型電源が構内の低圧線に連系され，その出力が構内の負荷に比べて極めて小さく，かつ，当該系統の変電所引出口にある遮断器が開放された後，受動的方式の単独運転検出装置等により，**第17条第2項**に準じた考え方，すなわちB種接地抵抗値ごとに定められた遮断時間内に分散型電源を停止又は解列することができるときには，地絡過電圧リレーを設置した場合と同等の保安が確保できると考えられるため，地絡過電圧リレーを省略できる。この場合の「分散型電源の出力が受電電力に比べて極めて小さく」とは，分散型電源の出力容量が，契約電力の5%程度以下（目安であり，構内の最低負荷に対して常に分散型電源の出力容量が小さく，受動的方式の単独運転検出装置等により，速やかな解列が実施できる場合は，これを超えて運用できる。）又は10kW以下（配電系統の規模や当該配電系統内の他の分散型電源の連系状況にもよるが，10kW以下であればこれまでの連系実績から問題ないと考えられる。）のいずれかに該当する場合を指す。ここで単独運転検出装置等とは，後述の単独運転検出用の保護リレーと兼用することができるが，地絡過電圧リレーを省略する場合は，前述のとおり単独運転の検出から分散型電源の解列までを**第17条第2項**に準じた考え方で行うことが必要であり，一般には，能動的方式は検出に時間がかかることから，受動的方式を用いる場合が多い。

単独運転検出用の保護リレーについては，逆潮流がある場合には，周波数上昇リレー及び周波数低下リレーを設置することにより，単独運転発生の可能性を局限化することとしている。なお，専用線によって連系している場合は，他の需要家に影響を及ぼさないことから，※4のとおり周波数上昇リレーを省略できる。しかしながら，単独運転時に，系統内の分散型電源の出力と系統の負荷とが概ねバランスする場合には，周波数の変動が小さく，これらのリレーでは単独運転の検出が困難になることが予想される。このため，分散型電源の解列を確実に行うために，配電用変電所の遮断器開放の情報を通信線により伝送して分散型電源の解列を行う転送遮断装置を設置し又は単独運転検出装置を設置する方策をとることとしている。

※6では，この単独運転検出装置が満たすべき条件を定めているが，これは，以下の

点を踏まえ，今後の技術開発及び連系協議の円滑化を促すことを目的としている。なお，R4解釈改正により特に配電事業者にて運用が想定される地域独立系統においても単独運転検出ができるものであることを明示している。

・高圧配電線に連系される分散型電源が低圧配電線に連系される分散型電源に比べ出力容量が大きく，能動的方式の外乱信号による系統への悪影響が懸念されること。
・系統の負荷条件等により検出感度が変わること。
・不要解列等による電圧変動などの系統への影響が大きいこと。
・交流回転機の慣性定数などにより単独運転検出装置の整定が個別に必要など，この技術が未だ開発途上のものであること。

※6（1）では，連系している系統のインピーダンスや負荷状況，連系する分散型電源の出力容量，分散型電源の運転状態，発電機定数，他の発電設備等の連系状況等により単独運転検出のための整定値の最適値が個別に存在することから，確実に単独運転を検出できる条件の確認を要求している。

※6（2）では，単独運転移行後の変動要素を検出するために必要な単独運転検出装置の検出感度を整定する際に，通常起こり得る系統の変動（例えば，系統周波数の常時変動，需要家の力率改善用コンデンサの開放・投入や他の分散型電源並解列時などに生じる変動）で単独運転検出装置が感応することのないよう，不要解列を生じることがない感応（検出）レベルで検出する必要があることを定めている。

※6（3）では，能動信号により生じる周期的な系統の電圧変動などを問題としている。その周期的な変動が与えるフリッカや常時の電圧変動幅等を考慮して，許容できる範囲（系統や他の需要家への悪影響がない範囲）の能動信号を与えることにより単独運転を確実に検出することを求めている。「系統への影響が実態上問題とならない」範囲としては，単独運転検出装置の方式により異なるが，参考までに系統連系技術要件検討小委員会技術評価作業部会にて無効電力変動方式の有効性を確認したときに用いた値を以下に示す。

○常時の系統電圧変動幅……1.0V（0-P）以下
○フリッカ電圧（$\triangle V_{10}$）……0.23V 以下

（無効電力変動方式による周期的な系統電圧変動幅については，系統の常時電圧適正値（101 ± 6V）を勘案し，系統への影響が実態上問題にならないレベルを上記の通り設定した。）

なお，フリッカとは，電圧変動により電灯や蛍光灯の明るさが変動して，その度合い（変動幅）と繰り返しの周波数によっては，人の目にちらつきの不快感を与えるものをいう。フリッカの度合い（大きさ）を表す方法としては，一般的にフリッカ電圧（$\triangle V_{10}$：人が最も敏感とされる10HZの変動に等価換算して表示するもの。）が用いられている。

また，分散型電源が同一系統に複数台設置される場合は，能動信号の重畳による系統への影響や，単独運転検出装置が相互に及ぼす影響についても留意する必要がある。

※12では，誘導発電機を用いる風力発電設備について，転送遮断装置及び単独運転検出装置の省略要件を定めている。

これは，誘導発電機を用いた風力発電設備が，他の分散型電源と異なる下記の特徴を有した発電設備であり，原理的には単独運転が生じるおそれが少ないことを考慮したものである。

①誘導発電機単体では系統から励磁電流が供給されないと発電を継続できないこと。

②動力源が自然エネルギーである風力であるため風速変動に応じた出力変動が生じることから，単独運転になった場合でも一定の出力が維持できず，周波数が変動して周波数リレーにより単独運転の防止が可能な場合が考えられること。

なお，実際に転送遮断装置又は単独運転検出装置を省略するに当たっては，仮に単独運転が生じた場合であっても，再閉路時間以内の早い時間で周波数リレー等の他のリレーにより単独運転を確実に検出し，発電設備を解列する必要があることは言うまでもない。また，周波数リレーの整定時限によっては，風況の変動から，周波数が整定値を逸脱する時間が整定時限より短くなる場合も考えられるが，このようなケースでは，周波数リレーの整定時限を十分速くしておく必要がある。

なお，特に以下の場合には，周波数リレーのみでは，単独運転を検出できない可能性があるので，留意が必要である。

①系統内に他の需要家の力率改善用コンデンサがある場合や励磁電流の供給能力をもつ分散型電源がある場合

②発電設備そのものに出力安定制御機構があるものを適用する場合

③複数台の風力発電設備が連系される場合や同期発電機をはじめとする他の分散型電源が混在する場合

さらに，連系当初は転送遮断装置又は単独運転検出装置を省略して連系できる場合であっても，将来の系統状況等の変化により，省略可能な条件が満たされなくなる場合が生じることも予想される。この場合は，そのままこれらの装置を設置しないで連系を継続するとコンデンサを有する高圧需要家への供給や新たな他の分散型電源の連系を阻害することになる。このため，新たにこれらの装置が必要となった場合には，現段階では風力発電設備の設置者がこれらの装置（転送遮断装置又は単独運転検出装置（能動的方式を1方式以上含む。））を設置することが最も合理的である。

単独運転検出用の保護リレーについて，逆潮流がない場合においては，単独運転時に分散型電源側から系統に電力が流出することを検知・遮断する逆電力リレーを設置するとともに，[分散型電源の出力 < 構内の負荷] の状態により周波数が低下するので，これを検知する周波数低下リレーを設置する。なお，※7に示すように，専用線に連系する場合であって，逆電力リレーにより高速に解列することが可能なときは，これにより確実な単独運転の防止が図られると考えられるため，周波数低下リレーを省略すること

ができる。また，※8に示すように，構内低圧線に逆変換装置を用いた分散型電源を連系する場合であって，その出力容量が受電電力に比べて極めて小さく，逆潮流が発生しないことが明らかなときには，逆電力リレーを設置しても単独運転を検出できないおそれがあることから，単独運転検出装置（受動的方式及び能動的方式のそれぞれ1方式以上を含む。）でこれを検出することになる。この場合，逆潮流が生じないことが明らかであり，系統電圧に対する影響もないことから，逆電力リレーの設置は不要である。このときの目安は，これまでの実績から分散型電源の出力が契約電力の5%程度以下であるが，構内の最低負荷に対して常に分散型電源の出力容量が小さく，かつ，逆潮流が生じないことが明らかな場合には，これを超えて運用できる。

第三号では，系統事故等が起こった場合，系統に電圧・電流を供給しないことを最低限確保すればよいとの観点から，保護リレーの設置場所は，受電点のみならず「故障の検出が可能な場所」であればよいとしている。「故障の検出が可能な場所」としては，保護リレーの種類によって異なるが，具体的には，分散型電源の引出口，受電点と分散型電源との間の連絡用母線，受電用変圧器二次側等がある。

第四号では，分散型電源を電力系統から電気的かつ機械的に解列することができれば，系統への影響を排除できるため，受電点以外の3つの場所にある遮断器等による解列でも可能であるとしている。

【特別高圧連系時の施設要件】（省令第18条第1項，第42条）

第230条　特別高圧の電力系統に分散型電源を連系する場合（スポットネットワーク受電方式で連系する場合を除く。）は，次の各号によること。

一　一般送配電事業者又は配電事業者が運用する電線路等の事故時等に，他の電線路等が過負荷になるおそれがあるときは，系統の変電所の電線路引出口等に過負荷検出装置を施設し，電線路等が過負荷になったときは，同装置からの情報に基づき，分散型電源の設置者において，分散型電源の出力を適切に抑制すること。

二　系統安定化又は潮流制御等の理由により運転制御が必要な場合は，必要な運転制御装置を分散型電源に施設すること。

三　単独運転時において電線路の地絡事故により異常電圧が発生するおそれ等があるときは，分散型電源の設置者において，変圧器の中性点に第19条第2項各号の規定に準じて接地工事を施すこと。（関連省令第10条，第11条）

四　前号に規定する中性点接地工事を施すことにより，一般送配電事業者又は配電事業者が運用する電力系統において電磁誘導障害防止対策や地中ケーブルの防護対策の強化等が必要となった場合は，適切な対策を施すこと。

〔解　説〕　本条は，特別高圧の電力系統に分散型電源を連系する場合の要件を定めている。

第一号は，送電線の断線等により他の電線路等が過負荷になるおそれがある場合の対策を定めている。

特別高圧電線路については，限られた送電線の容量を有効に活用して多数の発電設備等が連系されることを想定すると，送電線の事故時（例えば，通常2回線運転をしている場合であって，そのうちの1回線が事故を起こしたとき）に健全な送電線が過負荷になることもあり得ることから，このような場合の送電線の過負荷を防止するため，「系統の変電所の電線路引出口等に過負荷検出装置を施設し，電線路等が過負荷になったときは，同装置からの情報に基づき，分散型電源設置者において，分散型電源の出力を適切に抑制する」こととしている。分散型電源の出力抑制は，主に100kV以上の特別高圧電線路と連系する場合に適用される対策である。なお，当然ながら，過負荷検出装置は，既に設置済みの場合はこれらの設備で対応することもできる。

「他の電線路等が過負荷になるおそれがあるとき」とあるが，発電抑制については，出力容量の小さな分散型電源であっても必要な場合もあれば，出力容量が大きくとも必要のない場合もあり得ることから，一概に必要な場合を決めることはできない。ただし，むやみに必要な範囲を拡大することは保安の観点から好ましくないことから，下記のケースを参考として示す。

（ア）出力容量の小さな分散型電源であっても必要なケースとしては，既に出力容量が大きな発電設備等を連系している系統に，新たに出力容量の小さな分散型電源を連系する場合がある（→解説230.1図）。

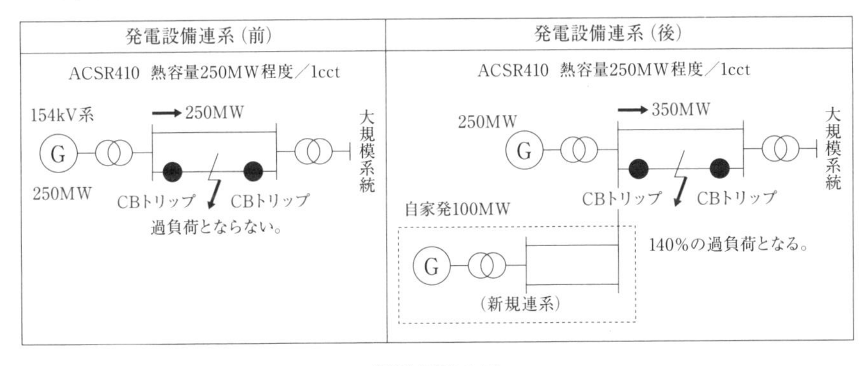

解説230.1図

（イ）出力容量の大きな分散型電源であっても必要のないケースとしては，単純負荷送電系統に，新たに出力容量の大きな分散型電源を連系する場合がある（→解説230.2図）。

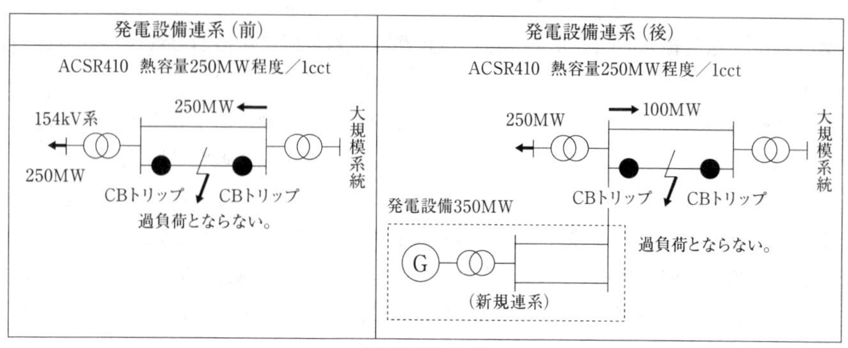

解説 230.2 図

第二号は，分散型電源を特別高圧の電力系統と連系する際に，系統安定化等の観点から運転制御が必要となる場合における分散型電源の運転制御装置の設置について定めたものである。

これらが必要とされるのは，主に100kV以上の特別高圧電線路であるが，系統安定化，潮流制御等が必要な場合については，事故時における支障等を考慮し，他の電線路に比べて電力の安定供給確保の観点から厳しい系統管理が求められるものであり，こうした系統に連系する分散型電源についても系統安定化等の対策を講じることが求められる。ただし，100kV未満でも，連系される分散型電源の一設置者当たりの出力容量が比較的大きく，かつ，特段の問題がある場合など，連系箇所によっては，分散型電源の運転制御装置について検討が必要である。

ここで，分散型電源に必要な運転制御装置とは，系統の安定度維持機能向上のための装置（パワーシステムスタビライザー機能，超速応励磁自動電圧調整機能，電源制限機能等）や潮流制御及び周波数調整のための装置（ガバナフリー運転機能，負荷周波数制御（LFC:ロードフリクエンシーコントロール）機能，定連系線潮流制御機能等）を指す。

「運転制御が必要な場合」とあるが，出力容量が小さな分散型電源であっても必要な場合もあれば，分散型電源の出力容量が大きくとも必要のない場合もあり得ることから，一概に必要な場合を決めることはできない。ただし，むやみに必要な範囲を拡大することは好ましくないことから，下記のケースを参考として示す。

（ア）出力容量の小さな分散型電源であっても必要なケースとしては，既に発電設備等が連系している系統であって，連系する送電線のこう長が長く，しかも流れる潮流が多い場合において，送電線事故が発生し，分散型電源の出力端電圧の動揺が大きくなり，不安定運転となる場合がある。

（イ）出力容量の大きな分散型電源であっても必要のないケースとしては，連系する送電線のこう長が短く，しかも流れる潮流が少なくなる場合に，送電線事故が発生しても，発電設備等の出力端電圧の動揺が少なく不安定運転とならない場合がある。

第三号は，分散型電源を特別高圧の電力系統と連系する際に，保安上必要な場合は，分散型電源設置者側において，変圧器の中性点に接地工事を施すことについて定めたものである。

「異常電圧が発生するおそれ等があるときは」とあるが，分散型電源設置者側における中性点接地については，出力容量の小さな分散型電源であっても必要な場合もあれば，出力容量が大きくとも必要のない場合もあり得ることから，一概に必要な場合を決めることはできない。ただし，むやみに必要な範囲を拡大することは保安の観点から好ましくないことから，下記のケースを参考として示す。

（ア）出力容量の小さな分散型電源であっても必要なケースとしては，抵抗接地方式の系統の末端に小容量の分散型電源が接続される場合において，単独運転時に地絡事故が発生すると，単独系統の対地静電容量が大きいため，設備の絶縁レベル以上の異常電圧が発生するおそれがある場合である（→解説 230.3 図）。

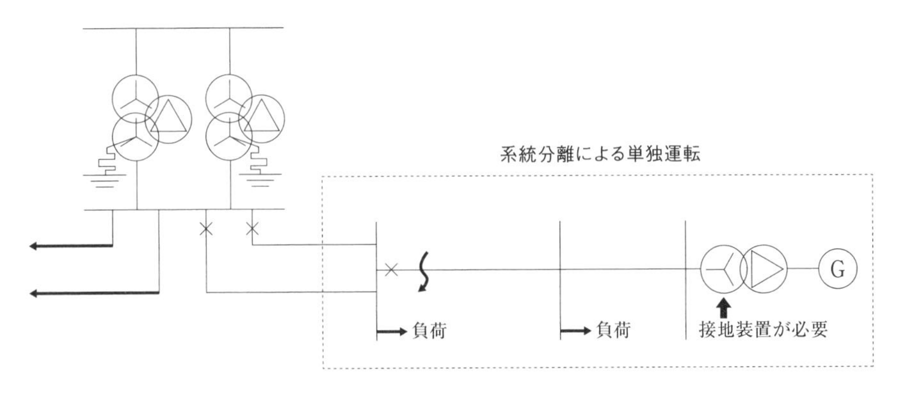

解説 230.3 図

（イ）出力容量の大きな分散型電源であっても必要のないケースとしては，中性点接地抵抗を有する電気所の母線に大容量の分散型電源が直接接続される場合であって，地絡事故時に設備の絶縁レベル以上の異常電圧が発生するおそれがない場合である（→解説 230.4 図）。

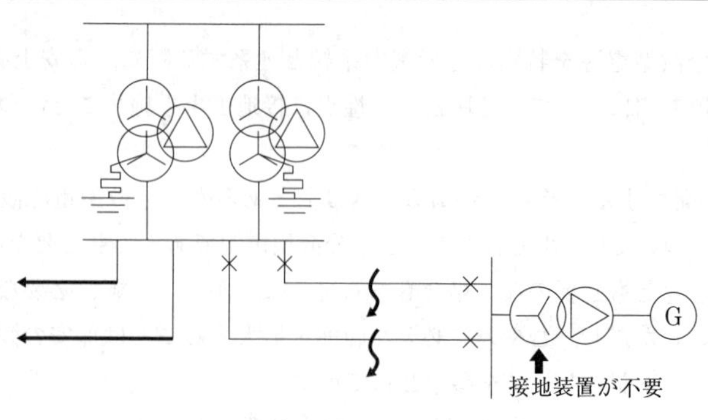

解説 230.4 図

【特別高圧連系時の系統連系用保護装置】（省令第14条，第15条，第20条，第44条第1項）

第231条　特別高圧の電力系統に分散型電源を連系する場合（スポットネットワーク受電方式で連系する場合を除く。）は，次の各号により，異常時に分散型電源を自動的に解列するための装置を施設すること。

一　次に掲げる異常を保護リレー等により検出し，分散型電源を自動的に解列すること。

イ　分散型電源の異常又は故障

ロ　連系している電力系統の短絡事故又は地絡事故。ただし，電力系統側の再閉路の方式等により，分散型電源を解列する必要がない場合を除く。

二　一般送配電事業者又は配電事業者が運用する電力系統において再閉路が行われる場合は，当該再閉路時に，分散型電源が当該電力系統から解列されていること。

三　保護リレー等は，次によること。

イ　231-1表に規定する保護リレーを受電点その他故障の検出が可能な場所に設置すること。

231-1表

保護リレー		逆変換装置を用いて連系する場合	逆変換装置を用いずに連系する場合
検出する異常	種類		
発電電圧異常上昇	過電圧リレー	○※1	○※1
発電電圧異常低下	不足電圧リレー	○※1	○※1
系統側短絡事故	不足電圧リレー	○※2	○※5
	短絡方向リレー		○※6
系統側地絡事故	電流差動リレー	○※3	○※3
	地絡過電圧リレー	○※4	○※4

（備考）○は，該当することを示す。

※1：分散型電源自体の保護用に設置するリレーにより検出し，保護できる場合は省略できる。

※2：発電電圧異常低下検出用の不足電圧リレーにより検出し，保護できる場合は省略できる。

※3：連系する系統が，中性点直接接地方式の場合，設置する。

※4：連系する系統が，中性点直接接地方式以外の場合，設置する。地絡過電圧リレーが有効に機能しない場合は，地絡方向リレー，電流差動リレー又は回線選択リレーを設置する

こと。ただし，次のいずれかを満たす場合は，地絡過電圧リレーを設置しないことができる。

(1) 電流差動リレーが設置されている場合
(2) 発電機引出口にある地絡過電圧リレーにより，系統側地絡事故が検知できる場合
(3) 分散型電源の出力が構内の負荷より小さく，周波数低下リレーにより高速に単独運転を検出し，分散型電源を解列することができる場合
(4) 逆電力リレー，不足電力リレー又は受動的方式の単独運転検出装置により，高速に単独運転を検出し，分散型電源を解列することができる場合

※5：誘導発電機を用いる場合，設置する。発電電圧異常低下検出用の不足電圧リレーにより検出し，保護できる場合は省略できる。

※6：同期発電機を用いる場合，設置する。電流差動リレーが設置されている場合は，省略できる。短絡方向リレーが有効に機能しない場合は，短絡方向距離リレー，電流差動リレー又は回線選択リレーを設置すること。

ロ　イの規定により設置する保護リレーの設置相数は，231-2表によること。

231-2表

保護リレーの種類	保護リレーの設置相数
地絡過電圧リレー	1（零相回路）
地絡方向リレー	
地絡検出用電流差動リレー	
地絡検出用回線選択リレー	
過電圧リレー	1
周波数低下リレー	
逆電力リレー	
不足電力リレー	2
短絡方向リレー	3
不足電圧リレー	
短絡検出・地絡検出兼用電流差動リレー	
短絡検出用電流差動リレー	
短絡方向距離リレー	
短絡検出用回線選択リレー	

四　分散型電源の解列は，次によること。

イ　次のいずれかで解列すること。

(イ)　受電用遮断器
(ロ)　分散型電源の出力端に設置する遮断器又はこれと同等の機能を有する装置
(ハ)　分散型電源の連絡用遮断器
(ニ)　母線連絡用遮断器

ロ　前号ロの規定により，複数の相に保護リレーを設置する場合は，いずれかの相で異常を検出した場合に解列すること。

2　スポットネットワーク受電方式で受電する者が分散型電源を連系する場合は，次の各号により，異常時に分散型電源を自動的に解列するための装置を施設すること。

一　次に掲げる異常を保護リレー等により検出し，分散型電源を自動的に解列すること。
　イ　分散型電源の異常又は故障
　ロ　スポットネットワーク配電線の全回線の電源が喪失した場合における分散型電源の単独運転
二　231-3表に規定する保護リレーを，ネットワーク母線又はネットワーク変圧器の2次側で故障の検出が可能な場所に設置すること。

231-3表

検出する異常	保護リレーの種類	保護リレーの設置相数
発電電圧異常上昇	過電圧リレー※1	1
発電電圧異常低下	不足電圧リレー※1	
単独運転	不足電圧リレー	
	周波数低下リレー	
	逆電力リレー※2	3

※1：分散型電源自体の保護用に設置するリレーにより検出し，保護できる場合は省略できる。
※2：逆電力リレー機能を有するネットワークリレーを設置する場合は，省略できる。

三　分散型電源の解列は，次によること。
　イ　次のいずれかで解列すること。
　　（イ）　分散型電源の出力端に設置する遮断器又はこれと同等の機能を有する装置
　　（ロ）　母線連絡用遮断器
　　（ハ）　プロテクタ遮断器
　ロ　前号の規定により，複数の相に保護リレーを設置する場合は，いずれかの相で異常を検出した場合に解列すること。
　ハ　逆電力リレー（ネットワークリレーの逆電力リレー機能で代用する場合を含む。）で，全回線において逆電力を検出した場合は，時限をもって分散型電源を解列すること。
　ニ　分散型電源を連系する電力系統において事故が発生した場合は，系統側変電所の遮断器開放後に，逆潮流を逆電力リレー（ネットワークリレーの逆電力リレー機能で代用する場合を含む。）で検出することにより事故回線のプロテクタ遮断器を開放し，健全回線との連系は原則として保持して，分散型電源は解列しないこと。

〔解　説〕　本条は，特別高圧の電力系統に分散型電源を連系する場合に，電力系統との間でとるべき保護協調の基本的な考え方について定めている。

第1項第一号ロにおいて「電力系統側の再閉路の方式等により，分散型電源を解列する必要がない場合を除く。」としているのは，一般的に100kV以上の系統における単相再閉路や多相再閉路を考慮すると，事故相のみ連系を遮断し，健全相については連系を継続する場合のように，分散型電源が当該系統から必ずしも解列されていなくても再閉路が可能な場合があるからである。

第二号では，分散型電源を解列する場合は，再閉路時間までに分散型電源の解列ができていないと非同期並列となり系統に接続している機器等に損傷などを与えるおそれがあることから，これを防ぐために，少なくとも再閉路前に行う必要があることを定めている。

第三号では，特別高圧の電力系統に分散型電源を連系する際に必要となる保護装置等の要件について定めているが，これらの保護装置は，分散型電源を電力系統と連系する際に必要となるものである。すなわち，分散型電源を設置する・しないに関わらず需要家として設置すべき保護装置や，系統に連系する・しないに関わらず発電設備等自体に設けるべき保護装置については，**本号**には規定していない。

231-1表中，発電電圧異常上昇検出用の過電圧リレー及び発電電圧異常低下検出用の不足電圧リレーは，分散型電源の故障時に分散型電源の出力端電圧に異常な変動が生じた場合，これを検出して分散型電源を解列するものである。ただし，※1に示すように分散型電源自体の保護用に設けられている保護装置で検出し，保護できる場合は，これを省略できる。

系統側短絡事故検出用の保護リレーとしては，逆変換装置を用いる場合又は逆変換装置を用いずに誘導発電機を連系する場合は，不足電圧リレーの設置が必要である。ただし，※2，※5に示すとおり，この不足電圧リレーは発電電圧異常低下検出用の不足電圧リレーにより検出し，保護できる場合は省略できる。

逆変換装置を用いずに同期発電機を連系する場合は，系統側短絡事故検出用の保護リレーとして，短絡方向リレーの設置が必要であるが，※6のとおり，電流差動継電装置が既設の場合(ループ受電や並行2回線受電の場合に多い。)は省略可能であり，また，ループ受電や並行2回線受電の場合など，短絡方向リレーが有効に機能しない場合は，短絡方向距離リレー，電流差動リレー又は回線選択リレーを用いる必要がある。

参考として，同期発電機を用いる場合の適用例を以下に示す。

ア．100kV未満で常時の連系形態が1回線の場合（常用線及び予備線による2回線引込みを含む。）は，短絡方向リレーを設置する。

イ．100kV未満でループ受電や並行2回線受電等の場合は，短絡方向距離リレー又は電流差動リレーを設置し，並行2回線受電など常時の連系形態が2回線の場合は，電流作動リレー又は回線選択リレーを設置する。

ウ．100kV以上で常時の連系形態が1回線の場合は，短絡方向リレーを設置する。ただし，これが有効に機能しない場合には，短絡方向距離リレー又は電流差動リレーを設置する。

エ．100kV以上で並行2回線受電等の常時の連系形態が2回線の場合は，短絡方向距離リレー又は電流差動リレーを設置する。

なお，アからエにおいて，既に電線路の保護のために電流差動リレーを設置している場合には，同リレーを用いることで系統の短絡事故時における対応が可能である。

系統側地絡事故検出用の保護リレーについては，中性点の接地方式別に定められており（22kV から 154kV の電圧の場合には抵抗接地方式，187kV から 500kV の電圧の場合は直接接地方式が代表的な接地方式として採用されている。），中性点直接接地方式の系統に連系する場合には，※3のとおり電流差動継電装置を設置し，抵抗接地方式の系統に連系する場合は，※4のとおり地絡過電圧リレーを設置する。※4で，「地絡過電圧リレーが有効に機能しない場合」，すなわち，ループ受電の場合は，地絡方向リレー又は電流差動リレーを設置し，並行2回線受電など常時の連系形態が2回線の場合は，電流作動リレー又は回線選択リレーを設置する。電流差動リレーが既設である系統においては，同リレーを用いることで系統の地絡事故時における対応が可能である。なお，地絡過電圧リレーについては，※4の（1）から（4）で省略要件が定められている。

（3）において，「分散型電源の出力が構内の負荷より小さく」とあるが，単独運転時に周波数低下リレーが動作するための条件として，「分散型電源の出力＜構内の負荷」の条件が常に成立していることを要求している。また，「高速に」とは，地絡過電圧リレーを設置する場合と同等の時間で解列することをいう。すなわち，系統側の地絡過電圧リレーによる系統側遮断器の開放までの時限（一般的には 0.3 ～ 0.5 秒）と単独運転を検出する周波数低下リレー等のリレーにより分散型電源を解列するまでの時間の和が，地絡過電圧リレーにより地絡を検出し，分散型電源を解列する時限（一般的には数秒程度）と同等であることをいう。1つのシミュレーションによると，「構内負荷／分散型電源の出力」の値が 1.5 程度であれば，上記の解列までの時間を満足するという結果が得られている。

同一系統における複数台連系時の周波数低下リレーの有効性については，下記にその基本的な考え方を示す。

ア．逆潮流無しの分散型電源のみが同一系統に連系されている場合

構内負荷のみで，周波数低下リレーが有効に動作する条件である過負荷（分散型電源の出力より構内の負荷の方が大きいこと。）が担保されていることから，複数台連系時においても，同様の解列が期待できる。

イ．逆潮流無しの分散型電源と単独運転をしない逆潮流有りの分散型電源が同一系統に連系されている場合

変電所送り出し遮断器開放と同時に転送遮断装置により逆潮流有りの分散型電源が解列される場合においては，同様の解列が期待できる。

ウ．逆潮流無しの分散型電源と単独運転をする逆潮流有りの分散型電源が同一系統に連系されている場合

逆潮流有りの分散型電源が地絡過電圧リレーの動作により解列された後，逆潮流無

しの分散型電源が周波数の低下により停止する。この場合，解列までの時間は，逆潮流有りの分散型電源の地絡過電圧リレーによる解列時間と，逆潮流無しの分散型電源の周波数低下リレーによる解列時間の和となることについて留意する必要がある。

(4) には，周波数リレー以外であっても，一定の条件が整えば単独運転となったことを高速に検出し，分散型電源を解列できる保護リレー又は保護装置を３種類挙げている。以下にこれらを使用するに当たっての留意点を示す。

ア．逆電力リレーは，逆電力リレーを動作させるのに十分な構外の負荷が常にある場合には有効な方法である。しかし，この場合，系統の地絡事故の保護の代替として設置することから，周波数低下リレーの場合と同じ高速性が要求される。

イ．不足電力リレーは，逆潮流の無い分散型電源を連系する場合には，基本的に有効といえるが，当該リレーの動作に係る整定値によっては，不要動作のおそれがあることから，このような不要動作による系統への悪影響がないような場合に適用するのが適切である。

ウ．受動的方式の単独運転検出装置を用いる場合であって，周波数の変動により単独運転を検出する方式にあっては，系統の通常状態でしばしば発生する小さな周波数変動や，系統切り替え時の位相跳躍現象等に感応しない整定値，かつ，単独運転時に確実に動作する整定値にする必要がある。なお，この方式の適用に当たっては，分散型電源の負荷変動特性をはじめ系統変動の実態を十分確認した上で整定値を確定する必要がある。

なお，連系当初は，(3) 又は (4) を適用できる場合であっても，構内の負荷状況等により高速に単独運転を検出し，解列することができなくなった場合には，地絡過電圧リレーの設置が必要となる。

第三号では，系統事故等が起こった場合，系統に電圧・電流を供給しないことを最低限確保すればよいとの観点から，保護リレーの設置場所は，受電点のみならず「故障の検出が可能な場所」であればよいとしている。「故障の検出が可能な場所」としては，保護リレーの種類によって異なるが，具体的には，分散型電源の引出口，受電点と分散型電源との間の連絡用母線，受電用変圧器二次側等がある。

第四号では，分散型電源を電力系統から電気的かつ機械的に解列することができれば，系統への影響を排除できるため，受電点以外の３つの場所にある遮断器等による解列でも可能であるとしている。

なお，保護方式によっては，解列箇所が限定される。例えば，系統の短絡保護用として短絡方向距離リレー，電流差動リレー又は回線選択リレーを用いる場合や，系統の地絡保護用として地絡方向リレー，電流差動リレー又は回線選択リレーを用いる場合には，系統事故を確実に除去し，故障区間を明確にするために，一般的に受電用遮断器での解列となる。

第２項は，分散型電源をスポットネットワーク配電線に連系する場合に，電力系統との間でとるべき保護協調の基本的な考え方について定めている。

スポットネットワーク配電線による受電方式は，受電システムを構成するネットワークリレーに逆電力遮断特性を有しており，スポットネットワーク配電線及びネットワーク変圧器の事故や停止時には逆潮流を検出して事故（停止）回線を選択遮断することができる。そのため，常時逆潮流があるとネットワークリレーの逆電力遮断特性と共立できないので，スポットネットワーク配電線に発電設備等を連系する場合は，逆潮流がないことが必要である。

第二号では，分散型電源をスポットネットワーク配電線と連系する際に必要となる保護リレーについて定めているが，**本号**の保護リレーは，分散型電源を電力系統と連系する際に必要となるものである。すなわち，分散型電源を設置する・しないに関わらず需要家として設置すべき保護リレーや，系統に連系する・しないに関わらず発電設備自体に設けるべき保護リレーについては，**本号**には規定していない。

発電電圧異常上昇検出用の過電圧リレー及び発電電圧異常低下検出用の不足電圧リレーは，分散型電源の故障時に分散型電源の出力端電圧に異常な変動が見られることから，これを検出して分散型電源を解列するものである。ただし，※1に示すように分散型電源自体の保護用に設けられている保護リレーで検出し，保護できる場合は，これを省略できる。

単独運転検出用の逆電力リレーについては，※2のとおり，スポットネットワーク配電線の特殊性を考慮し，ネットワークリレーの機能により，代替可能である。

第三号ハの「時限をもって」とは，エレベータ等の回生電力による逆電力と分散型電源からの逆電力を判別できる時限であり，一般的には1秒程度とすることが多い。なお，全回線において過電流を伴う逆電力を検出するおそれがあるときは，不要解列を防止するため変電所の遮断器が動作するまでの間プロテクタ遮断器の動作を遅延させることが有効である。

【高圧連系及び特別高圧連系における例外】（省令第4条）

第232条　高圧の電力系統に分散型電源を連系する場合において，分散型電源の出力が受電電力に比べて極めて小さいときは，高圧の電力系統に連系する場合に係る第222条，第223条，第224条，第225条，第228条及び第229条の規定によらず，低圧の電力系統に連系する場合に係る第222条，第226条第2項及び第227条の規定に準じることができる。

2　特別高圧の電力系統に分散型電源を連系する場合（スポットネットワーク受電方式で連系する場合を除く。）において，分散型電源の出力が受電電力に比べて極めて小さいときは，次の各号のいずれかによることができる。

一　特別高圧の電力系統に連系する場合に係る第222条，第223条，第224条，第225条，

第230条及び第231条の規定によらず，低圧の電力系統に連系する場合に係る第222条，第226条第2項及び第227条の規定に準じること。

二　特別高圧の電力系統に連系する場合に係る第224条，第230条及び第231条の規定によらず，高圧の電力系統に連系する場合に係る第224条及び第229条の規定に準じること。

3　35,000V以下の配電線扱いの特別高圧の電力系統に分散型電源を連系する場合（スポットネットワーク受電方式で連系する場合を除く。）は，特別高圧の電力系統に連系する場合に係る第224条，第230条及び第231条の規定によらず，高圧の電力系統に連系する場合に係る第224条及び第229条の規定に準じることができる。

〔解　説〕 本条では，高圧連系及び特別高圧連系における例外について規定している。分散型電源の出力が極めて小さい場合については，分散型電源の停止等が系統に与える影響は極めて微小であるとともに，高圧連系の場合には低圧連系用の系統連系保護装置により異常時における速やかな解列が可能であると考えられ，特別高圧連系の場合（スポットネットワーク受電方式で連系する場合を除く。）には低圧又は高圧連系用の系統連系保護装置により異常時における速やかな解列が可能であると考えられる。

このため，**第1項**では高圧需要家が分散型電源を連系する場合であっても，低圧の電力系統との連系に係る技術要件を満たすことをもって連系できるとしている。

第2項では，特別高圧需要家が分散型電源を連系する場合であっても，低圧の電力系統との連系に係る技術要件又は高圧の電力系統との連系に係る技術要件を満たすことをもって連系できるとしている。

「分散型電源の出力が受電電力に比べて極めて小さいとき」とは，個々のケースにより異なるのでケースごとに考えるべきであるが，低圧の連系区分に準拠して連系するときは，分散型電源の出力が契約電力（常時の契約電力と予備の契約電力（自家発補給電力等）の合計電力）の5%程度以下であることが一般的な目安と考えればよい。ただし，構内の最低負荷に対して常に分散型電源の出力が小さく，速やかに単独運転の防止が可能であると判断できる場合等，技術的根拠を示せる場合には，この目安を越えて運用することもできる。

高圧に準拠して連系するときについては，連系実績が少ないため一般的な目安となるものはないが，連系に係る協議により問題の無い範囲で連系を行うことができる。

第3項は，特別高圧電線路の中で35kV以下の配電線扱いの電線路と連系する場合については，配電線との連系に係る技術要件を満たすことで連系できることから，高圧配電線との連系に係る技術要件に準拠可能である旨を示している。

【地域独立運転時の主電源設備及び従属電源設備の保護装置】（省令第14条，第15条，第20条，第44条第1項）

第233条　地域独立運転を行う場合は，次の各号により，主電源設備及び従属電源設備を施設すること。

一　次に掲げる異常を保護リレー等により検出し，主電源設備及び従属電源設備を自動的に解列すること。

イ　主電源設備の異常又は故障

ロ　地域独立系統の短絡事故又は地絡事故

ハ　地域独立系統の需要場所（地域独立系統との協調をとることができないものに限る。）における短絡事故又は地絡事故

二　従属電源設備の異常又は故障を保護リレー等により検出し，従属電源設備を自動的に解列すること。

2　地域独立系統に隣接する一般送配電事業者，配電事業者又は特定送配電事業者が運用する電力系統と地域独立系統の接続が行われる場合は，当該接続時に，主電源設備及び従属電源設備が地域独立系統から解列されていること。

〔解　説〕　本条は，地域独立運転時に施設する主電源設備及び従属電源設備が備えるべき保護機能の基本的な考え方について定めている。

第1項第一号では，主電源設備・従属電源設備が地域独立系統事故時に，短絡事故又は地絡事故を保護リレー等により，検出し遮断する必要があることを定めている。

イの定めに関して主電源設備が複数ある場合についても，自主保安の原則のもと主電源設備が一つの場合と同等の保安を確保し，本条の規定を参考に安全に施設する必要がある。主電源設備の異常又は故障により，他の主電源設備を自動的に解列することを必ずしも要求しているものではない。

ロの地絡事故については，零相電圧を検出し地絡過電圧リレー等により確実に遮断する必要がある。**ハ**は，地域独立運転時において需要家内の事故点における事故電流が減少することにより需要家構内での事故遮断が出来ない場合における保護を求めている。

第二号では，従属電源設備が異常又は故障時に，保護リレー等により検出し，異常又は故障が発生した従属電源設備のみを遮断する必要があることを定めている。

第2項では，地域独立系統に隣接する一般送配電事業者，配電事業者，特定送配電事業者が運用する電力系統と地域独立系統を接続する場合，非同期並列となり主電源設備，従属電源設備及び系統に接続している機器等に損傷を与えるおそれがあることから，これを防ぐために，地域独立系統の接続が行われる前に遮断する必要があることを定めている。

【地域独立系統運用者との間の電話設備の施設】（省令第4条，第50条第1項）

第234条　地域独立運転を行う場合は，地域独立系統運用者の技術員駐在所等と次の各号に掲げる者の技術員駐在所等との間に，電話設備を施設すること。

一　隣接する電力系統を運用する一般送配電事業者，配電事業者又は特定送配電事業者

二　主電源設備を設置する者

2　前項の電話設備は次の各号のいずれかとする。

一　電力保安通信用電話設備

二　電気通信事業者の専用回線電話

三　一般加入電話又は携帯電話等であって，次のいずれにも適合するもの

イ　主電源設備及び従属電源設備が高圧又は35,000V以下の特別高圧で連系するもの（スポットネットワーク受電方式で連系するものを含む。）であること。

ロ　災害時等において通信機能の障害により地域独立運転を行う地域独立系統に隣接する電力系統を運用する事業者と連絡が取れない場合には，当該事業者との連絡が取れるまでの間，地域独立系統運用者において主電源設備及び従属電源設備の解列又は運転の停止をすること。

ハ　次に掲げる性能を有すること。

（イ）　地域独立系統運用者側の交換機を介さずに直接技術員との通話が可能な方式（交換機を介する代表番号方式ではなく，直接技術員駐在所へつながる単番方式）であること。

（ロ）　話中の場合に割り込みが可能な方式であること。

（ハ）　停電時においても通話可能なものであること。

〔解　説〕　本条は，地域独立運転を行う場合に，地域独立系統運用者の技術員駐在所等と隣接する電力系統を運用する一般送配電事業者，配電事業者又は特定送配電事業者の技術員駐在所等との間及び地域独立系統運用者の技術員駐在所等と主電源設備設置者の技術員駐在所等との間に，**第225条**に準じて電話設備を設置することを定めている。従属電源設備は主電源設備の設置者が管理しているものと考えられるため，従属電源設備の設置者の技術員駐在所等と地域独立系統運用者の技術員駐在所等の電話設備の施設は不要としている。

別表第1　銅線（第3条，第4条，第5条，第6条，第8条，第9条，第10条，第65条，第127条，第137条，第181条，第188条，第190条及び第195条関係）

銅線の種類	導体の直径（mm）	引張強さ（N/mm^2）	伸び（%）	導電率（%）
硬銅線	0.40以上1.8以下	（$462-10.8d$）以上	−	96.0以上
	1.8を超え12.0以下		−	97.0以上
軟銅線	0.10以上0.28以下	196以上 （$462-10.8d$）未満	15.0以上	98.0以上
	0.28を超え0.29以下		20.0以上	98.0以上
	0.29を超え0.45以下		20.0以上	99.3以上
	0.45を超え0.70以下		20.0以上	100以上
	0.70を超え1.6以下		25.0以上	100以上
	1.6を超え7.0以下		30.0以上	100以上
	7.0を超え16.0以下		35.0以上	100以上

（備考）dは，導体の直径（単位：mm）

別表第２　アルミ線（第４条，第５条，第６条，第９条，第10条，第65条及び第188条関係）

アルミ線の種類	導体の直径（mm）	引張強さ（N/mm^2）	伸び（%）
硬アルミ線（導電率が61.0%以上のもの）	1.2以上1.3以下	159以上	1.2以上
	1.3を超え1.5以下	186以上	1.2以上
	1.5を超え1.7以下	186以上	1.3以上
	1.7を超え2.1以下	182以上	1.4以上
	2.1を超え2.4以下	176以上	1.5以上
	2.4を超え2.7以下	169以上	1.5以上
	2.7を超え3.0以下	166以上	1.6以上
	3.0を超え3.5以下	162以上	1.7以上
	3.5を超え3.8以下	162以上	1.8以上
	3.8を超え4.1以下	159以上	1.9以上
	4.1を超え5.2以下	159以上	2.0以上
	5.2を超え6.6以下	155以上	2.2以上
半硬アルミ線（導電率が61.0%以上のもの）	1.2以上1.3以下	98以上159未満	1.2以上
	1.3を超え1.5以下	98以上186未満	1.2以上
	1.5を超え1.7以下	98以上186未満	1.3以上
	1.7を超え2.1以下	98以上183未満	1.4以上
	2.1を超え2.4以下	98以上176未満	1.5以上
	2.4を超え2.7以下	98以上169未満	1.5以上
	2.7を超え3.0以下	98以上166未満	1.6以上
	3.0を超え3.5以下	98以上162未満	1.7以上
	3.5を超え3.8以下	98以上162未満	1.8以上
	3.8を超え4.1以下	98以上159未満	1.9以上
	4.1を超え5.2以下	98以上159未満	2.0以上
	5.2を超え6.6以下	98以上155未満	2.2以上
軟アルミ線（導電率が61.0%以上のもの）	2.0以上5.2以下	59以上98未満	10.0以上
	5.2を超え7.0以下	59以上98未満	20.0以上
イ号アルミ合金線（導電率が52.0%以上のもの）	1.5以上6.6以下	309以上	－

高力アルミ合金線 (導電率が 53.0% 以上のもの)	1.5 以上 1.7 以下	262 以上	–
	1.7 を超え 1.9 以下	259 以上	–
	1.9 を超え 2.1 以下	255 以上	–
	2.1 を超え 2.4 以下	252 以上	–
	2.4 を超え 2.7 以下	248 以上	–
	2.7 を超え 3.0 以下	245 以上	–
	3.0 を超え 3.8 以下	241 以上	–
	3.8 を超え 4.1 以下	238 以上	–
	4.1 を超え 5.2 以下	225 以上	–
	5.2 を超え 6.6 以下	218 以上	–
耐熱アルミ合金線 (導電率が 57.0% 以上のもの)	1.2 以上 1.3 以下	159 以上	–
	1.3 を超え 1.7 以下	186 以上	–
	1.7 を超え 2.1 以下	183 以上	–
	2.1 を超え 2.4 以下	176 以上	–
	2.4 を超え 2.7 以下	169 以上	–
	2.7 を超え 3.0 以下	166 以上	–
	3.0 を超え 3.8 以下	162 以上	–
	3.8 を超え 5.2 以下	159 以上	–
	5.2 を超え 6.6 以下	155 以上	–
高力耐熱アルミ合金線 (導電率が 53.0% 以上のもの)	1.5 以上 1.7 以下	262 以上	–
	1.7 を超え 1.9 以下	259 以上	–
	1.9 を超え 2.1 以下	255 以上	–
	2.1 を超え 2.4 以下	252 以上	–
	2.4 を超え 2.7 以下	248 以上	–
	2.7 を超え 3.0 以下	245 以上	–
	3.0 を超え 3.8 以下	241 以上	–
	3.8 を超え 4.1 以下	238 以上	–
	4.1 を超え 5.2 以下	225 以上	–
	5.2 を超え 6.6 以下	218 以上	–

別表第３　鋼線及びインバー線（第４条，第５条，第６条，第９条）

鋼線及びインバー線の種類		導体の直径(mm)	引張強さ(N/mm²)
超強力アルミ覆鋼線		5.0 以下	1,570 以上
特別強力アルミ覆鋼線	導電率が 20.0% 以上 23.0% 未満のもの	5.0 以下	1,320 以上
	導電率が 23.0% 以上のもの	5.0 以下	1,270 以上
強力アルミ覆鋼線	導電率が 22.0% 以上 27.0% 未満のもの	5.0 以下	1,230 以上
	導電率が 27.0% 以上のもの	5.0 以下	1,080 以上
普通アルミ覆鋼線	導電率が 30.0% 以上 35.0% 未満のもの	5.0 以下	883 以上
	導電率が 25.0% 以上 43.0% 未満のもの	5.0 以下	686 以上
	導電率が 43.0% 以上のもの	5.0 以下	392 以上
アルミめっき鋼線		2.3 以下	1,270 以上
		2.3 を超え 2.9 以下	1,240 以上
		2.9 を超え 3.5 以下	1,210 以上
		3.5 を超え 3.7 以下	1,170 以上
		3.7 を超え 5.0 以下	1,140 以上
亜鉛めっき鋼線		2.9 以下	1,320 以上
		2.9 を超え 3.9 以下	1,270 以上
		3.9 を超え 5.0 以下	1,230 以上
アルミ覆インバー線		3.0 以下	1,030 以上
		3.0 を超え 3.8 以下	981 以上
		3.8 を超え 5.0 以下	932 以上
亜鉛めっきインバー線		3.9 以下	1,080 以上
		3.9 を超え 5.0 以下	1,030 以上

（備考）より線において素線が圧縮されたものである場合における導体の直径は，圧縮後の素線の断面積と等しい面積の円の直径とする。

別表第４　低圧絶縁電線，多心型電線及び低圧ケーブルの絶縁体の厚さ（第５条，第６条及び第９条関係）

導体		絶縁体の厚さ（mm）			
成形単線及びより線（公称断面積 mm^2）	単線（直径 mm）	ビニル混合物の場合	ポリエチレン混合物又はエチレンプロピレンゴム混合物の場合	ふっ素樹脂混合物の場合	天然ゴム混合物，スチレンブタジエンゴム混合物，ブチルゴム混合物又はけい素ゴム混合物の場合
0.75 以上 3.5 以下	0.8 以上 2.0 以下	0.8	0.8	0.4	1.1
3.5 を超え 5.5 以下	2.0 を超え 2.6 以下	1.0	1.0	0.5	1.1
5.5 を超え 8 以下	2.6 を超え 3.2 以下	1.2	1.0	0.6	1.1
8 を超え 14 以下	3.2 を超え 4.0 以下	1.4	1.0	0.7	1.1
14 を超え 30 以下	4.0 を超え 5.0 以下	1.6	1.2	0.8	1.4
30 を超え 38 以下	−	1.8	1.2	0.9	1.4
38 を超え 60 以下	−	1.8	1.5	0.9	1.8
60 を超え 80 以下	−	2.0	1.5	1.0	1.8
80 を超え 100 以下	−	2.0	2.0	1.0	2.3
100 を超え 150 以下	−	2.2（1.6）	2.0	1.1	2.3
150 を超え 250 以下	−	2.4（1.7）	2.5	1.2	2.9
250 を超え 400 以下	−	2.6（1.9）	2.5	1.3	2.9
400 を超え 500 以下	−	2.8	3.0	1.4	3.5
500 を超え 725 以下	−	3.0	3.0	1.5	3.5
725 を超え 1,000 以下	−	3.2	3.5	1.6	4.0
1,000 を超え 1,400 以下	−	3.5	3.5	1.8	4.5
1,400 を超え 2,000 以下	−	4.0	4.0	2.0	5.0
2,000 超過	−	4.5	4.5	2.3	5.5

（備考）かっこ内の数値は，屋外用ビニル絶縁電線に適用する。

別表第５　高圧絶縁電線及び高圧ケーブルの絶縁体の厚さ（第 5 条，第 10 条，第 65 条及び第 188 条関係）

使用電圧の区分（V）	導体		絶縁体の厚さ（mm）		
	成形単線及びより線（公称断面積 mm^2）	単線（直径 mm）	ポリエチレン混合物又はエチレンプロピレンゴム混合物の場合	天然ゴム混合物の場合	ブチルゴム混合物の場合
3,500 以下	8 以上 38 以下	2.0 以上 3.2 以下	2.5（2.0）	3.0	3.0
	38 を超え 150 下	−	3.0（2.5）	3.5	3.0
	150 を超え 325 以下	−	3.5（3.0）	4.0	4.0
	325 を超え 500 以下	−	4.0（3.0）	4.5	4.0
	500 を超え 600 以下	−	4.0	5.0	5.0
	600 を超え 1,600 以下	−	4.5	5.0	5.0
	1,600 を超え 2,000 以下	−	5.5	6.0	6.0
	2,000 超過	−	6.0	7.0	7.0
3,500 超過	8 以上 38 以下	5.0	4.0（2.0）	−	5.0（4.0）
	38 を超え 150 以下	−	4.0（2.5）	−	5.0
	150 を超え 500 以下	−	4.5（3.0）	−	5.0
	500 を超え 1,600 以下	−	5.0	−	6.0
	1,600 を超え 2,000 以下	−	6.0	−	7.0
	2,000 超過	−	7.0	−	8.0

（備考）

1. ポリエチレン混合物又はエチレンプロピレンゴム混合物の場合の欄のかっこ内の数値は，高圧絶縁電線に適用する。
2. ブチルゴム混合物の場合の欄のかっこ内の数値は，飛行場標識灯用高圧ケーブルに適用する。

別表第６　絶縁体の絶縁抵抗（第５条，第６条，第８条，第９条及び第10条関係）

使用電圧の区分	体積固有抵抗（Ω－cm）	絶縁抵抗（MΩ－km）
低圧	5×10^{13}	$R=3.665\times10^{-12}\rho\log_{10}\dfrac{D}{d}$
高圧	1×10^{14}	
特別高圧		

（備考）
1. Rは，20℃における絶縁抵抗
2. ρは，20℃における体積固有抵抗（単位：Ω－cm）
3. Dは，絶縁体外径（単位：mm）
4. dは，絶縁体内径（単位：mm）
5. $\dfrac{D}{d}\geqq1.8$のときは，$\dfrac{D}{d}=1.8$として計算する。

別表第７　絶縁体に使用する材料の絶縁抵抗（第５条，第６条，第８条，第９条，第10条，第65条，第127条，第188条及び第195条関係）

絶縁体に使用する材料の種類		体積固有抵抗（Ω－cm）	絶縁抵抗（MΩ－km）
ビニル混合物		5×10^{13}	$R=3.665\times10^{-12}\rho\log_{10}\dfrac{D}{d}$
ポリエチレン混合物	表皮電流加熱用発熱線	1×10^{14}	
	その他のもの	2.5×10^{15}	
ふっ素樹脂混合物		2.5×10^{15}	
天然ゴム混合物		1×10^{15}	
ブチルゴム混合物		5×10^{14}（1×10^{14}）	
エチレンプロピレンゴム混合物		5×10^{14}（1×10^{14}）	
スチレンブタジエンゴム混合物又はけい素ゴム混合物		1×10^{14}	
無機絶縁物		1.5×10^{15}	

（備考）
1. かっこ内の数値は，高圧絶縁電線及び引下げ用高圧絶縁電線に適用する。
2. Rは，20℃における絶縁抵抗
3. ρは，20℃における体積固有抵抗（単位：Ω－cm）
4. Dは，絶縁体の外径（単位：mm）
5. dは，絶縁体の内径（単位：mm）
6. $\dfrac{D}{d}\geqq1.8$のときは，$\dfrac{D}{d}=1.8$として計算する。

別表第 8　外装，銅管及びダクトの厚さ

（第 8 条，第 9 条，第 10 条，第 65 条及び第 190 条関係）

<table>
<tr><th colspan="3">電線の種類</th><th>外装，銅管又はダクトの厚さ（mm）</th></tr>
<tr><td rowspan="4">高圧用のキャブタイヤケーブル</td><td rowspan="2">2 種</td><td>クロロプレンキャブタイヤケーブル</td><td rowspan="2">$\frac{D}{15}+2.2$</td></tr>
<tr><td>クロロスルホン化ポリエチレンキャブタイヤケーブル</td></tr>
<tr><td rowspan="2">3 種</td><td>クロロプレンキャブタイヤケーブル</td><td rowspan="2">$\frac{D}{15}+2.7$</td></tr>
<tr><td>クロロスルン化ポリエチレンキャブタイヤケーブル</td></tr>
<tr><td rowspan="11">低圧用のキャブタイヤケーブル又は溶接用ケーブル</td><td colspan="2">ビニルキャブタイヤケーブル</td><td rowspan="6">$\frac{D}{15}+1.3$</td></tr>
<tr><td colspan="2">耐燃性ポリオレフィンキャブタイヤケーブル</td></tr>
<tr><td rowspan="3">2 種</td><td>クロロプレンキャブタイヤケーブル</td></tr>
<tr><td>クロロスルホン化ポリエチレンキャブタイヤケーブル</td></tr>
<tr><td>耐燃性エチレンゴムキャブタイヤケーブル</td></tr>
<tr><td colspan="2">ホルダー用の溶接用ケーブル</td></tr>
<tr><td rowspan="3">3 種</td><td>クロロプレンキャブタイヤケーブル</td><td rowspan="3">$\frac{D}{15}+2.2$</td></tr>
<tr><td>クロロスルホン化ポリエチレンキャブタイヤケーブル</td></tr>
<tr><td>耐燃性エチレンゴムキャブタイヤケーブル</td></tr>
<tr><td rowspan="2">4 種</td><td>クロロプレンキャブタイヤケーブル</td><td rowspan="2">$\frac{D}{15}+2.6$</td></tr>
<tr><td>クロロスルホン化ポリエチレンキャブタイヤケーブル</td></tr>
<tr><td rowspan="4">低圧ケーブル</td><td colspan="2">ビニル外装ケーブル</td><td rowspan="3">$\frac{D}{25}+0.8$
（1.5 未満の場合は，1.5）</td></tr>
<tr><td colspan="2">ポリエチレン外装ケーブル</td></tr>
<tr><td colspan="2">クロロプレン外装ケーブル</td></tr>
<tr><td colspan="2">MI ケーブル</td><td>$\frac{D}{25}+0.2$
（0.3 未満の場合は，0.3）</td></tr>
<tr><td rowspan="2">低圧ケーブル又は高圧ケーブル</td><td colspan="2">鉛被ケーブル</td><td>$\frac{D}{33}+0.8$
（1.0 未満の場合は，1.0）</td></tr>
<tr><td colspan="2">アルミ被ケーブル</td><td>$\frac{D}{50}+0.65$
（0.9 未満の場合は，0.9）</td></tr>
</table>

<table>
<tr><td rowspan="8">高圧ケーブル</td><td rowspan="2">CD ケーブル</td><td>平滑ダクト</td><td>$\frac{D}{25}+1.6$
(2.4 未満の場合は，2.4)</td></tr>
<tr><td>波付ダクト</td><td>$\frac{D}{200}+1.0$
(1.5 未満の場合は，1.5)</td></tr>
<tr><td>ビニル外装ケーブル</td><td rowspan="3">トリプレックス型</td><td rowspan="3">$\frac{D}{15}+1.0$
(1.5 未満の場合は，1.5)</td></tr>
<tr><td>ポリエチレン外装ケーブル</td></tr>
<tr><td>クロロプレン外装ケーブル</td></tr>
<tr><td>ビニル外装ケーブル</td><td rowspan="3">トリプレックス型以外のもの</td><td rowspan="3">$\frac{D}{25}+1.3$
(1.5 未満の場合は，1.5)</td></tr>
<tr><td>ポリエチレン外装ケーブル</td></tr>
<tr><td>クロロプレン外装ケーブル</td></tr>
<tr><td colspan="3">飛行場標識灯用高圧ケーブル</td><td>$\frac{D}{25}+0.8$
(1.5 未満の場合は，1.5)</td></tr>
</table>

（備考）

1. D は，丸形のものにあっては外装の内径，その他のものにあっては外装の内短径と内長径の和を 2 で除した値（単位：mm）
2. 外装，銅管及びダクトの厚さは，小数点 2 位以下を四捨五入した値とする。

参考 1.　電気設備の技術基準の省令の条文に対する解釈の条文の関係

省令		解釈	
第1条	用言の定義	第1条	用語の定義
		第49条	電線路に係る用語の定義
		第64条	適用範囲
		第83条	適用範囲
		第134条	電力保安通信設備に係る用語の定義
		第142条	電気使用場所の施設及び小出力発電設備に係る用語の定義
		第201条	電気鉄道等に係る用語の定義
		第220条	分散型電源の系統連系設備に係る用語の定義
第2条	電圧の種別等	−	
第3条	適用除外	第2条	適用除外
第4条	電気設備における感電，火災等の防止	第45条	燃料電池等の施設
		第46条	太陽電池モジュール等の施設
		第133条	臨時電線路の施設
		第135条	電力保安通信用電話設備の施設
		第137条	添架通信線及びこれに直接接続する通信線の施設
		第140条	15,000V以下の特別高圧架空電線路添架通信線の施設に係る特例
		第180条	臨時配線の施設
		第199条の2	電気自動車等から電気を供給するための設備等の施設
		第200条	小出力発電設備の施設
		第218条	IEC　60364規格の適用
		第219条	IEC　61936-1規格の適用
		第222条	限流リアクトル等の施設
		第224条	再閉路時の事故防止
		第225条	一般電気事業者との間の電話設備の施設
		第232条	高圧連系及び特別高圧連系における例外
		第234条	地域独立系統運用者との間の電話設備の施設
第5条	電路の絶縁	第5条	絶縁電線
		第8条	キャブタイヤケーブル
		第10条	高圧ケーブル
		第13条	電路の絶縁
		第14条	低圧電路の絶縁性能
		第15条	高圧又は特別高圧の電路の絶縁性能
		第16条	機械器具等の電路の絶縁性能
		第26条	特別高圧配電用変圧器の施設
		第65条	低高圧架空電線路に使用する電線
		第79条	低高圧架空電線と植物との接近
		第94条	特別高圧架空電線路の塩雪害対策
		第118条	特別高圧架空引込線等の施設
		第128条	地上に施設する電線路

		第182条	出退表示灯回路の施設
		第183条	特別低電圧照明回路の施設
		第187条	水中照明灯の施設
		第188条	滑走路灯等の配線の施設
		第189条	遊戯用電車の施設
		第194条	エックス線発生装置の施設
		第198条	電気浴器等の施設
		第199条	電気防食施設
		第205条	直流電車線の施設
		第206条	道路等に施設する直流架空電車線等の施設
		第210条	排流接続
		第217条	鋼索鉄道の電車線等の施設
第6条	電線等の断線の防止	第3条	電線の規格の共通事項
		第4条	裸電線等
		第5条	絶縁電線
		第6条	多心型電線
		第8条	キャブタイヤケーブル
		第9条	低圧ケーブル
		第10条	高圧ケーブル
		第24条	高圧又は特別高圧と低圧との混触による危険防止施設
		第46条	太陽電池モジュール等の施設
		第61条	支線の施設方法及び支柱による代用
		第63条	架空電線路の径間の制限
		第65条	低高圧架空電線路に使用する電線
		第66条	低高圧架空電線の引張強さに対する安全率
		第67条	低高圧架空電線路の架空ケーブルによる施設
		第69条	高圧架空電線路の架空地線
		第70条	低圧保安工事及び高圧保安工事
		第75条	低高圧架空電線と電車線等又は電車線等の支持物との接近又は交差
		第80条	低高圧架空電線等の併架
		第82条	低圧架空電線路の施設の特例
		第84条	特別高圧架空電線路に使用する電線
		第85条	特別高圧架空電線の引張強さに対する安全率
		第86条	特別高圧架空電線路の架空ケーブルによる施設
		第88条	特別高圧架空電線路の市街地等における施設制限
		第90条	特別高圧架空電線路の架空地線
		第93条	特別高圧架空電線路の難着雪化対策
		第95条	特別高圧保安工事
		第98条	35,000Vを超える特別高圧架空電線と道路等との接近又は交差
		第100条	35,000Vを超える特別高圧架空電線と低高圧架空電線等若しくは電車線等又はこれらの支持物との接近又は交差
		第104条	35,000Vを超える特別高圧架空電線と低高圧架空電線等との併架

		第106条	35,000V以下の特別高圧架空電線と工作物等との接近又は交差
		第107条	35,000V以下の特別高圧架空電線と低高圧架空電線等との併架又は共架
		第108条	15,000V以下の特別高圧架空電線路の施設
		第113条	低圧屋上電線路の施設
		第116条	低圧架空引込線等の施設
		第117条	高圧架空引込線等の施設
		第118条	特別高圧架空引込線等の施設
		第126条	トンネル内電線路の施設
		第127条	水上電線路及び水底電線路の施設
		第129条	橋に施設する電線路
		第136条	電力保安通信線の施設
		第205条	直流電車線の施設
		第206条	道路等に施設する直流架空電車線等の施設
		第207条	直流架空電車線等と架空弱電流電線等との接近又は交差
		第210条	排流接続
		第215条	交流架空電車線等と架空弱電流電線等との接近又は交差
		第217条	鋼索鉄道の電車線等の施設
第7条	電線の接続	第12条	電線の接続法
		第45条	燃料電池等の施設
		第46条	太陽電池モジュール等の施設
		第54条	架空電線の分岐
		第95条	特別高圧保安工事
		第127条	水上電線路及び水底電線路の施設
		第165条	特殊な低圧屋内配線工事
		第199条の2	電気自動車等から電気を供給するための設備等の施設
第8条	電気機械器具の熱的強度	第20条	電気機械器具の熱的強度
第9条	高圧又は特別高圧の電気機械器具の危険の防止	第21条	高圧の機械器具の施設
		第22条	特別高圧の機械器具の施設
		第23条	アークを生じる器具の施設
		第26条	特別高圧配電用変圧器の施設
		第216条	交流電車線路に付随する設備の施設
第10条	電気設備の接地	第19条	保安上又は機能上必要な場合における電路の接地
		第24条	高圧又は特別高圧と低圧との混触による危険防止施設
		第25条	特別高圧と高圧との混触等による危険防止施設
		第28条	計器用変成器の2次側電路の接地
		第29条	機械器具の金属製外箱等の接地
		第37条	避雷器等の施設
		第67条	低高圧架空電線路の架空ケーブルによる施設
		第75条	低高圧架空電線と電車線等又は電車線等の支持物との接近又は交差
		第86条	特別高圧架空電線路の架空ケーブルによる施設

		第91条	特別高圧架空電線路のがいし装置等
		第98条	35,000Vを超える特別高圧架空電線と道路等との接近又は交差
		第100条	35,000Vを超える特別高圧架空電線と低高圧架空電線等若しくは電車線等又はこれらの支持物との接近又は交差
		第104条	35,000Vを超える特別高圧架空電線と低高圧架空電線等との併架
		第106条	35,000V以下の特別高圧架空電線と工作物等との接近又は交差
		第107条	35,000V以下の特別高圧架空電線と低高圧架空電線等との併架又は共架
		第109条	特別高圧架空電線路の支持物に施設する低圧の機械器具等の施設
		第111条	高圧屋側電線路の施設
		第123条	地中電線の被覆金属体等の接地
		第155条	電気設備による電磁障害の防止
		第158条	合成樹脂管工事
		第159条	金属管工事
		第160条	金属可とう電線管工事
		第161条	金属線ぴ工事
		第162条	金属ダクト工事
		第163条	バスダクト工事
		第164条	ケーブル工事
		第165条	特殊な低圧屋内配線工事
		第167条	低圧配線と弱電流電線等又は管との接近又は交差
		第168条	高圧配線の施設
		第169条	特別高圧配線の施設
		第172条	特殊な配線等の施設
		第173条	低圧接触電線の施設
		第184条	交通信号灯の施設
		第185条	放電灯の施設
		第186条	ネオン放電灯の施設
		第187条	水中照明灯の施設
		第190条	アーク溶接装置の施設
		第191条	電気集じん装置等の施設
		第194条	エックス線発生装置の施設
		第195条	フロアヒーティング等の電熱装置の施設
		第196条	電気温床等の施設
		第197条	パイプライン等の電熱装置の施設
		第198条	電気浴器等の施設
		第199条	電気防食施設
		第206条	道路等に施設する直流架空電車線等の施設
		第230条	特別高圧連系時の施設要件
第11条	電気設備の接地の方法	第17条	接地工事の種類及び施設方法
		第18条	工作物の金属体を利用した接地工事
		第19条	保安上又は機能上必要な場合における電路の接地

第24条	高圧又は特別高圧と低圧との混触による危険防止施設
第25条	特別高圧と高圧との混触等による危険防止施設
第28条	計器用変成器の2次側電路の接地
第29条	機械器具の金属製外箱等の接地
第37条	避雷器等の施設
第67条	低高圧架空電線路の架空ケーブルによる施設
第75条	低高圧架空電線と電車線等又は電車線等の支持物との接近又は交差
第81条	低高圧架空電線と架空弱電流電線等との共架
第86条	特別高圧架空電線路の架空ケーブルによる施設
第91条	特別高圧架空電線路のがいし装置等
第98条	35,000Vを超える特別高圧架空電線と道路等との接近又は交差
第100条	35,000Vを超える特別高圧架空電線と低高圧架空電線等若しくは電車線等又はこれらの支持物との接近又は交差
第104条	35,000Vを超える特別高圧架空電線と低高圧架空電線等との併架
第106条	35,000V以下の特別高圧架空電線と工作物等との接近又は交差
第107条	35,000V以下の特別高圧架空電線と低高圧架空電線等との併架又は共架
第109条	特別高圧架空電線路の支持物に施設する低圧の機械器具等の施設
第111条	高圧屋側電線路の施設
第123条	地中電線の被覆金属体等の接地
第155条	電気設備による電磁障害の防止
第158条	合成樹脂管工事
第159条	金属管工事
第160条	金属可とう電線管工事
第161条	金属線ぴ工事
第162条	金属ダクト工事
第163条	バスダクト工事
第164条	ケーブル工事
第165条	特殊な低圧屋内配線工事
第167条	低圧配線と弱電流電線等又は管との接近又は交差
第168条	高圧配線の施設
第169条	特別高圧配線の施設
第172条	特殊な配線等の施設
第173条	低圧接触電線の施設
第174条	高圧又は特別高圧の接触電線の施設
第184条	交通信号灯の施設
第185条	放電灯の施設
第186条	ネオン放電灯の施設
第187条	水中照明灯の施設
第190条	アーク溶接装置の施設
第191条	電気集じん装置等の施設

		第194条	エックス線発生装置の施設
		第195条	フロアヒーティング等の電熱装置の施設
		第196条	電気温床等の施設
		第197条	パイプライン等の電熱装置の施設
		第198条	電気浴器等の施設
		第199条	電気防食施設
		第206条	道路等に施設する直流架空電車線等の施設
		第230条	特別高圧連系時の施設要件
第12条	特別高圧電路等と結合する変圧器等の火災等の防止	第24条	高圧又は特別高圧と低圧との混触による危険防止施設
		第25条	特別高圧と高圧との混触等による危険防止施設
		第26条	特別高圧配電用変圧器の施設
		第28条	計器用変成器の2次側電路の接地
第13条	特別高圧を直接低圧に変成する変圧器の施設制限	第27条	特別高圧を直接低圧に変成する変圧器の施設
第14条	過電流からの電線及び電気機械器具の保護対策	第26条	特別高圧配電用変圧器の施設
		第33条	低圧電路に施設する過電流遮断器の性能等
		第34条	高圧又は特別高圧の電路に施設する過電流遮断器の性能等
		第35条	過電流遮断器の施設の例外
		第45条	燃料電池等の施設
		第46条	太陽電池モジュール等の施設
		第82条	低圧架空電線路の施設の特例
		第88条	特別高圧架空電線路の市街地等における施設制限
		第95条	特別高圧保安工事
		第127条	水上電線路及び水底電線路の施設
		第128条	地上に施設する電線路
		第154条	蓄電池の保護装置
		第185条	放電灯の施設
		第191条	電気集じん装置等の施設
		第210条	排流接続
		第226条	低圧連系時の施設要件
		第227条	低圧連系時の系統連系用保護装置
		第229条	高圧連系時の系統連系用保護装置
		第231条	特別高圧連系時の系統連系用保護装置
		第233条	地域独立運転時の主電源設備及び従属電源設備の保護装置
第15条	地絡に対する保護対策	第36条	地絡遮断装置の施設
		第88条	特別高圧架空電線路の市街地等における施設制限
		第95条	特別高圧保安工事
		第108条	15,000V以下の特別高圧架空電線路の施設
		第127条	水上電線路及び水底電線路の施設
		第128条	地上に施設する電線路
		第143条	電路の対地電圧の制限
		第186条	ネオン放電灯の施設
		第200条	小出力発電設備の施設

		第227条	低圧連系時の系統連系用保護装置
		第229条	高圧連系時の系統連系用保護装置
		第231条	特別高圧連系時の系統連系用保護装置
		第233条	地域独立運転時の主電源設備及び従属電源設備の保護装置
第15条の2	サイバーセキュリティの確保	第37条の2	サイバーセキュリティの確保
第16条	電気設備の電気的，磁気的障害の防止	第221条	直流流出防止変圧器の施設
第17条	高周波利用設備への障害の防止	第30条	高周波利用設備の障害の防止
第18条	電気設備による供給支障の防止	第223条	自動負荷制限の実施
		第228条	高圧連系時の施設要件
		第230条	特別高圧連系時の施設要件
第19条	公害等の防止	第32条	ポリ塩化ビフェニル使用電気機械器具及び電線の施設禁止
		第219条	IEC 61936-1 規格の適用
第20条	電線路等の感電又は火災の防止	第61条	支線の施設方法及び支柱による代用
		第88条	特別高圧架空電線路の市街地等における施設制限
		第89条	特別高圧架空電線と支持物等との離隔距離
		第91条	特別高圧架空電線路のがいし装置等
		第108条	15,000V 以下の特別高圧架空電線路の施設
		第110条	低圧屋側電線路の施設
		第111条	高圧屋側電線路の施設
		第112条	特別高圧屋側電線路の施設
		第113条	低圧屋上電線路の施設
		第114条	高圧屋上電線路の施設
		第116条	低圧架空引込線等の施設
		第117条	高圧架空引込線等の施設
		第118条	特別高圧架空引込線等の施設
		第119条	屋側電線路又は屋内電線路に隣接する架空電線の施設
		第126条	トンネル内電線路の施設
		第127条	水上電線路及び水底電線路の施設
		第128条	地上に施設する電線路
		第129条	橋に施設する電線路
		第130条	電線路専用橋等に施設する電線路
		第132条	屋内に施設する電線路
		第205条	直流電車線の施設
		第206条	道路等に施設する直流架空電車線等の施設
		第217条	鋼索鉄道の電車線等の施設
		第222条	限流リアクトル等の施設
		第224条	再閉路時の事故防止
		第226条	低圧連系時の施設要件
		第227条	低圧連系時の系統連系用保護装置
		第228条	高圧連系時の施設要件
		第229条	高圧連系時の系統連系用保護装置
		第231条	特別高圧連系時の系統連系用保護装置

		第 233 条	地域独立運転時の主電源設備及び従属電源設備の保護装置
第 21 条	架空電線及び地中電線の感電の防止	第 3 条	電線の規格の共通事項
		第 5 条	絶縁電線
		第 6 条	多心型電線
		第 8 条	キャブタイヤケーブル
		第 9 条	低圧ケーブル
		第 10 条	高圧ケーブル
		第 11 条	特別高圧ケーブル
		第 65 条	低高圧架空電線路に使用する電線
		第 67 条	低高圧架空電線路の架空ケーブルによる施設
		第 116 条	低圧架空引込線等の施設
		第 117 条	高圧架空引込線等の施設
		第 120 条	地中電線路の施設
第 22 条	低圧電線路の絶縁性能	−	
第 23 条	発電所等への取扱者以外の者の立入の防止	第 38 条	発電所等への取扱者以外の者の立入の防止
		第 121 条	地中箱の施設
第 24 条	架空電線路の支持物の昇塔防止	第 53 条	架空電線路の支持物の昇塔防止
第 25 条	架空電線等の高さ	第 61 条	支線の施設方法及び支柱による代用
		第 68 条	低高圧架空電線の高さ
		第 82 条	低圧架空電線路の施設の特例
		第 87 条	特別高圧架空電線の高さ
		第 116 条	低圧架空引込線等の施設
		第 117 条	高圧架空引込線等の施設
		第 118 条	特別高圧架空引込線等の施設
		第 138 条	電力保安通信線の高さ
		第 140 条	15,000V 以下の特別高圧架空電線路添架通信線の施設に係る特例
		第 205 条	直流電車線の施設
		第 206 条	道路等に施設する直流架空電車線等の施設
		第 217 条	鋼索鉄道の電車線等の施設
第 26 条	架空電線による他人の電線等の作業者への感電の防止	−	
第 27 条	架空電線路からの静電誘導作用又は電磁誘導作用による感電の防止	第 219 条	IEC 61936-1 規格の適用
第 27 条の 2	電気機械器具等からの電磁誘導作用による人の健康影響の防止	第 31 条	変圧器等からの電磁誘導作用による人の健康影響の防止
		第 39 条	変電所等からの電磁誘導作用による人の健康影響の防止
		第 50 条	電線路からの電磁誘導作用による人の健康影響の防止
第 28 条	電線の混触の防止	第 74 条	低高圧架空電線と他の低高圧架空電線路との接近又は交差

		第 75 条	低高圧架空電線と電車線等又は電車線等の支持物との接近又は交差
		第 76 条	低高圧架空電線と架空弱電流電線路等との接近又は交差
		第 80 条	低高圧架空電線等の併架
		第 81 条	低高圧架空電線と架空弱電流電線等との共架
		第 82 条	低圧架空電線路の施設の特例
		第 96 条	特別高圧架空電線が建造物等と接近又は交差する場合の支線の施設
		第 100 条	35,000V を超える特別高圧架空電線と低高圧架空電線等若しくは電車線等又はこれらの支持物との接近又は交差
		第 101 条	特別高圧架空電線相互の接近又は交差
		第 104 条	35,000V を超える特別高圧架空電線と低高圧架空電線等との併架
		第 105 条	35,000V を超える特別高圧架空電線と架空弱電流電線等との共架
		第 106 条	35,000V 以下の特別高圧架空電線と工作物等との接近又は交差
		第 107 条	35,000V 以下の特別高圧架空電線と低高圧架空電線等との併架又は共架
		第 108 条	15,000V 以下の特別高圧架空電線路の施設
		第 110 条	低圧屋側電線路の施設
		第 111 条	高圧屋側電線路の施設
		第 113 条	低圧屋上電線路の施設
		第 114 条	高圧屋上電線路の施設
		第 116 条	低圧架空引込線等の施設
		第 117 条	高圧架空引込線等の施設
		第 118 条	特別高圧架空引込線等の施設
		第 126 条	トンネル内電線路の施設
		第 132 条	屋内に施設する電線路
		第 136 条	電力保安通信線の施設
		第 137 条	添架通信線及びこれに直接接続する通信線の施設
		第 140 条	15,000V 以下の特別高圧架空電線路添架通信線の施設に係る特例
		第 207 条	直流架空電車線等と架空弱電流電線等との接近又は交差
		第 215 条	交流架空電車線等と架空弱電流電線等との接近又は交差
		第 217 条	鋼索鉄道の電車線等の施設
第 29 条	電線による他の工作物等への危険の防止	第 55 条	架空電線路の防護具
		第 71 条	低高圧架空電線と建造物との接近
		第 72 条	低高圧架空電線と道路等との接近又は交差
		第 73 条	低高圧架空電線と索道との接近又は交差
		第 77 条	低高圧架空電線とアンテナとの接近又は交差
		第 78 条	低高圧架空電線と他の工作物との接近又は交差
		第 79 条	低高圧架空電線と植物との接近
		第 82 条	低圧架空電線路の施設の特例
		第 96 条	特別高圧架空電線が建造物等と接近又は交差する場合の支線の施設

		第 97 条	35,000V を超える特別高圧架空電線と建造物との接近
		第 98 条	35,000V を超える特別高圧架空電線と道路等との接近又は交差
		第 99 条	35,000V を超える特別高圧架空電線と索道との接近又は交差
		第 102 条	35,000V を超える特別高圧架空電線と他の工作物との接近又は交差
		第 103 条	35,000V を超える特別高圧架空電線と植物との接近
		第 106 条	35,000V 以下の特別高圧架空電線と工作物等との接近又は交差
		第 108 条	15,000V 以下の特別高圧架空電線路の施設
		第 110 条	低圧屋側電線路の施設
		第 111 条	高圧屋側電線路の施設
		第 113 条	低圧屋上電線路の施設
		第 114 条	高圧屋上電線路の施設
		第 116 条	低圧架空引込線等の施設
		第 117 条	高圧架空引込線等の施設
		第 118 条	特別高圧架空引込線等の施設
		第 126 条	トンネル内電線路の施設
		第 132 条	屋内に施設する電線路
		第 214 条	交流架空電車線等と他の工作物等との接近又は交差
		第 215 条	交流架空電車線等と架空弱電流電線等との接近又は交差
第 30 条	地中電線等による他の電線及び工作物への危険の防止	第 110 条	低圧屋側電線路の施設
		第 111 条	高圧屋側電線路の施設
		第 113 条	低圧屋上電線路の施設
		第 114 条	高圧屋上電線路の施設
		第 125 条	地中電線と他の地中電線等との接近又は交差
		第 126 条	トンネル内電線路の施設
		第 132 条	屋内に施設する電線路
第 31 条	異常電圧による架空電線等への障害の防止	第 104 条	35,000V を超える特別高圧架空電線と低高圧架空電線等との併架
		第 107 条	35,000V 以下の特別高圧架空電線と低高圧架空電線等との併架又は共架
		第 108 条	15,000V 以下の特別高圧架空電線路の施設
		第 109 条	特別高圧架空電線路の支持物に施設する低圧の機械器具等の施設
第 32 条	支持物の倒壊の防止	第 56 条	鉄筋コンクリート柱の構成等
		第 57 条	鉄柱及び鉄塔の構成等
		第 58 条	架空電線路の強度検討に用いる荷重
		第 59 条	架空電線路の支持物の強度等
		第 60 条	架空電線路の支持物の基礎の強度等
		第 62 条	架空電線路の支持物における支線の施設
		第 63 条	架空電線路の径間の制限
		第 70 条	低圧保安工事及び高圧保安工事
		第 75 条	低高圧架空電線と電車線等又は電車線等の支持物との接近又は交差
		第 81 条	低高圧架空電線と架空弱電流電線等との共架

		第82条	低圧架空電線路の施設の特例
		第88条	特別高圧架空電線路の市街地等における施設制限
		第92条	特別高圧架空電線路における耐張型等の支持物の施設
		第93条	特別高圧架空電線路の難着雪化対策
		第95条	特別高圧保安工事
		第96条	特別高圧架空電線が建造物等と接近又は交差する場合の支線の施設
		第100条	35,000V を超える特別高圧架空電線と低高圧架空電線等若しくは電車線等又はこれらの支持物との接近又は交差
		第101条	特別高圧架空電線相互の接近又は交差
		第206条	道路等に施設する直流架空電車線等の施設
		第214条	交流架空電車線等と他の工作物等との接近又は交差
		第219条	IEC 61936-1 規格の適用
第33条	ガス絶縁機器等の危険の防止	第40条	ガス絶縁機器等の圧力容器の施設
第34条	加圧装置の施設	第122条	地中電線路の加圧装置の施設
第35条	水素冷却式発電機等の施設	第41条	水素冷却式発電機等の施設
第36条	油入開閉器等の施設制限	－	
第37条	屋内電線路等の施設の禁止	第110条	低圧屋側電線路の施設
		第111条	高圧屋側電線路の施設
		第112条	特別高圧屋側電線路の施設
		第113条	低圧屋上電線路の施設
		第114条	高圧屋上電線路の施設
		第115条	特別高圧屋上電線路の施設
		第116条	低圧架空引込線等の施設
		第117条	高圧架空引込線等の施設
		第128条	地上に施設する電線路
		第132条	屋内に施設する電線路
第38条	連接引込線の禁止	－	
第39条	電線路のがけへの施設の禁止	第131条	屋内に施設する電線路
第40条	特別高圧架空電線路の市街地等における施設の禁止	第88条	特別高圧架空電線路の市街地等における施設制限
		第108条	15,000V 以下の特別高圧架空電線路の施設
第41条	市街地に施設する電力保安通信線の特別高圧電線に添架する電力保安通信線との接続の禁止	第139条	特別高圧架空電線路添架通信線の市街地引込み制限
		第140条	15,000V 以下の特別高圧架空電線路添架通信線の施設に係る特例
第42条	通信障害の防止	第51条	電波障害の防止
		第52条	架空弱電流電線路への誘導作用による通信障害の防止
		第81条	低高圧架空電線と架空弱電流電線等との共架
		第124条	地中弱電流電線への誘導障害の防止
		第202条	電波障害の防止

		第 204 条	直流電車線等から架空弱電流電線路への通信障害の防止
		第 213 条	交流電車線等から弱電流電線路への通信障害の防止
		第 230 条	特別高圧連系時の施設要件
第 43 条	地球磁気観測所等に対する障害の防止	−	
第 44 条	発変電設備等の損傷による供給支障の防止	第 42 条	発電機の保護装置
		第 43 条	特別高圧の変圧器及び調相設備の保護装置
		第 44 条	蓄電池の保護装置
		第 45 条	燃料電池等の施設
		第 199 条の 2	電気自動車等から電気を供給するための設備等の施設
		第 227 条	低圧連系時の系統連系用保護装置
		第 229 条	高圧連系時の系統連系用保護装置
		第 231 条	特別高圧連系時の系統連系用保護装置
		第 233 条	地域独立運転時の主電源設備及び従属電源設備の保護装置
第 45 条	発電機等の機械的強度	−	
第 46 条	常時監視をしない発電所等の施設	第 47 条	常時監視をしない発電所の施設
		第 48 条	常時監視をしない変電所の施設
第 47 条	地中電線路の保護	第 120 条	地中電線路の施設
		第 121 条	地中箱の施設
第 48 条	特別高圧架空電線路の供給支障の防止	第 88 条	特別高圧架空電線路の市街地等における施設制限
		第 97 条	35,000V を超える特別高圧架空電線と建造物との接近
		第 98 条	35,000V を超える特別高圧架空電線と道路等との接近又は交差
		第 99 条	35,000V を超える特別高圧架空電線と索道との接近又は交差
		第 100 条	35,000V を超える特別高圧架空電線と低高圧架空電線等若しくは電車線等又はこれらの支持物との接近又は交差
		第 102 条	35,000V を超える特別高圧架空電線と他の工作物との接近又は交差
		第 106 条	35,000V 以下の特別高圧架空電線と工作物等との接近又は交差
第 49 条	高圧及び特別高圧の電路の避雷器等の施設	第 37 条	避雷器等の施設
第 50 条	電力保安通信設備の施設	第 135 条	電力保安通信用電話設備の施設
		第 136 条	電力保安通信線の施設
		第 225 条	一般電気事業者との間の電話設備の施設
		第 234 条	地域独立系統運用者との間の電話設備の施設
第 51 条	災害時における通信の確保	第 141 条	無線用アンテナ等を支持する鉄塔等の施設
		第 219 条	IEC 61936-1 規格の適用
第 52 条	電車線路の施設制限	第 203 条	直流電車線路の施設制限
		第 211 条	交流電車線路の施設制限
		第 217 条	鋼索鉄道の電車線等の施設
第 53 条	架空絶縁帰線等の施設	第 208 条	直流電車線路に付随する設備の施設
		第 210 条	排流接続

		第 216 条	交流電車線路に付随する設備の施設
		第 217 条	鋼索鉄道の電車線等の施設
第 54 条	電食作用による障害の防止	第 209 条	電食の防止
		第 210 条	排流接続
		第 217 条	鋼索鉄道の電車線等の施設
第 55 条	電圧不平衡による障害の防止	第 212 条	電圧不平衡による障害の防止
第 56 条	配線の感電又は火災の防止	第 143 条	電路の対地電圧の制限
		第 145 条	メタルラス張り等の木造造営物における施設
		第 147 条	低圧屋内電路の引込口における開閉器の施設
		第 148 条	低圧幹線の施設
		第 149 条	低圧分岐回路等の施設
		第 156 条	低圧屋内配線の施設場所による工事の種類
		第 157 条	がいし引き工事
		第 158 条	合成樹脂管工事
		第 159 条	金属管工事
		第 160 条	金属可とう電線管工事
		第 161 条	金属線ぴ工事
		第 162 条	金属ダクト工事
		第 163 条	バスダクト工事
		第 164 条	ケーブル工事
		第 165 条	特殊な低圧屋内配線工事
		第 166 条	低圧の屋側配線又は屋外配線の施設
		第 168 条	高圧配線の施設
		第 169 条	特別高圧配線の施設
		第 170 条	電球線の施設
		第 171 条	移動電線の施設
		第 172 条	特殊な配線等の施設
		第 173 条	低圧接触電線の施設
		第 174 条	高圧又は特別高圧の接触電線の施設
		第 178 条	火薬庫の電気設備の施設
		第 179 条	トンネル等の電気設備の施設
		第 181 条	小勢力回路の施設
		第 182 条	出退表示灯回路の施設
		第 183 条	特別低電圧照明回路の施設
		第 184 条	交通信号灯の施設
		第 185 条	放電灯の施設
		第 186 条	ネオン放電灯の施設
		第 187 条	水中照明灯の施設
		第 188 条	滑走路灯等の配線の施設
		第 189 条	遊戯用電車の施設
		第 190 条	アーク溶接装置の施設
		第 191 条	電気集じん装置等の施設
		第 193 条	電撃殺虫器の施設
		第 194 条	エックス線発生装置の施設

		第195条	フロアヒーティング等の電熱装置の施設
		第196条	電気温床等の施設
		第197条	パイプライン等の電熱装置の施設
		第198条	電気浴器等の施設
		第199条	電気防食施設
		第199条の2	電気自動車等から電気を供給するための設備等の施設
第57条	配線の使用電線	第3条	電線の規格の共通事項
		第4条	裸電線等
		第5条	絶縁電線
		第6条	多心型電線
		第7条	コード
		第8条	キャブタイヤケーブル
		第9条	低圧ケーブル
		第10条	高圧ケーブル
		第11条	特別高圧ケーブル
		第144条	裸電線の使用制限
		第146条	低圧配線に使用する電線
		第148条	低圧幹線の施設
		第149条	低圧分岐回路等の施設
		第152条	電熱装置の施設
		第157条	がいし引き工事
		第158条	合成樹脂管工事
		第159条	金属管工事
		第160条	金属可とう電線管工事
		第161条	金属線ぴ工事
		第162条	金属ダクト工事
		第163条	バスダクト工事
		第164条	ケーブル工事
		第165条	特殊な低圧屋内配線工事
		第166条	低圧の屋側配線又は屋外配線の施設
		第168条	高圧配線の施設
		第169条	特別高圧配線の施設
		第170条	電球線の施設
		第171条	移動電線の施設
		第172条	特殊な配線等の施設
		第173条	低圧接触電線の施設
		第174条	高圧又は特別高圧の接触電線の施設
		第179条	トンネル等の電気設備の施設
		第181条	小勢力回路の施設
		第182条	出退表示灯回路の施設
		第183条	特別低電圧照明回路の施設
		第184条	交通信号灯の施設
		第185条	放電灯の施設
		第186条	ネオン放電灯の施設

		第 187 条	水中照明灯の施設
		第 188 条	滑走路灯等の配線の施設
		第 189 条	遊戯用電車の施設
		第 190 条	アーク溶接装置の施設
		第 191 条	電気集じん装置等の施設
		第 194 条	エックス線発生装置の施設
		第 195 条	フロアヒーティング等の電熱装置の施設
		第 196 条	電気温床等の施設
		第 197 条	パイプライン等の電熱装置の施設
		第 198 条	電気浴器等の施設
		第 199 条	電気防食施設
		第 199 条の 2	電気自動車等から電気を供給するための設備等の施設
第 58 条	低圧の電路の絶縁性能	第 14 条	低圧電路の絶縁性能
第 59 条	電気使用場所に施設する電気機械器具の感電，火災等の防止	第 143 条	電路の対地電圧の制限
		第 145 条	メタルラス張り等の木造造営物における施設
		第 149 条	低圧分岐回路等の施設
		第 150 条	配線器具の施設
		第 151 条	電気機械器具の施設
		第 152 条	電熱装置の施設
		第 154 条	蓄電池の保護装置
		第 173 条	低圧接触電線の施設
		第 181 条	小勢力回路の施設
		第 182 条	出退表示灯回路の施設
		第 183 条	特別低電圧照明回路の施設
		第 185 条	放電灯の施設
		第 186 条	ネオン放電灯の施設
		第 187 条	水中照明灯の施設
		第 189 条	遊戯用電車の施設
		第 190 条	アーク溶接装置の施設
		第 191 条	電気集じん装置等の施設
		第 193 条	電撃殺虫器の施設
		第 194 条	エックス線発生装置の施設
		第 195 条	フロアヒーティング等の電熱装置の施設
		第 196 条	電気温床等の施設
		第 197 条	パイプライン等の電熱装置の施設
		第 198 条	電気浴器等の施設
		第 199 条	電気防食施設
		第 199 条の 2	電気自動車等から電気を供給するための設備等の施設
		第 200 条	小出力発電設備の施設
第 60 条	特別高圧の電気集じん応用装置等の施設の禁止	第 191 条	電気集じん装置等の施設

第61条	非常用予備電源の施設	－	
第62条	配線による他の配線等又は工作物への危険の防止	第157条	がいし引き工事
		第167条	低圧配線と弱電流電線等又は管との接近又は交差
		第168条	高圧配線の施設
		第169条	特別高圧配線の施設
		第173条	低圧接触電線の施設
		第174条	高圧又は特別高圧の接触電線の施設
		第179条	トンネル等の電気設備の施設
		第181条	小勢力回路の施設
		第183条	特別低電圧照明回路の施設
		第184条	交通信号灯の施設
		第194条	エックス線発生装置の施設
		第199条	電気防食施設
第63条	過電流からの低圧幹線等の保護措置	第143条	電路の対地電圧の制限
		第148条	低圧幹線の施設
		第149条	低圧分岐回路等の施設
		第166条	低圧の屋側配線又は屋外配線の施設
		第172条	特殊な配線等の施設
		第173条	低圧接触電線の施設
		第178条	火薬庫の電気設備の施設
		第182条	出退表示灯回路の施設
		第183条	特別低電圧照明回路の施設
		第184条	交通信号灯の施設
		第185条	放電灯の施設
		第187条	水中照明灯の施設
		第195条	フロアヒーティング等の電熱装置の施設
		第196条	電気温床等の施設
		第197条	パイプライン等の電熱装置の施設
		第198条	電気浴器等の施設
		第199条	電気防食施設
		第199条の2	電気自動車等から電気を供給するための設備等の施設
第64条	地絡に対する保護措置	第143条	電路の対地電圧の制限
		第165条	特殊な低圧屋内配線工事
		第178条	火薬庫の電気設備の施設
		第187条	水中照明灯の施設
		第195条	フロアヒーティング等の電熱装置の施設
		第196条	電気温床等の施設
		第197条	パイプライン等の電熱装置の施設
第65条	電動機の過負荷保護	第153条	電動機の過負荷保護装置の施設
第66条	異常時における高圧の移動電線及び接触電線における電路の遮断	第171条	移動電線の施設
		第174条	高圧又は特別高圧の接触電線の施設

第67条	電気機械器具又は接触電線による無線設備への障害の防止	第155条	電気設備による電磁障害の防止
		第174条	高圧又は特別高圧の接触電線の施設
		第192条	電気さくの施設
		第193条	電撃殺虫器の施設
第68条	粉じんにより絶縁性能等が劣化することによる危険のある場所における施設	第164条	ケーブル工事
		第175条	粉じんの多い場所の施設
		第183条	特別低電圧照明回路の施設
		第185条	放電灯の施設
		第186条	ネオン放電灯の施設
第69条	可燃性のガス等により爆発する危険のある場所における施設の禁止	第164条	ケーブル工事
		第175条	粉じんの多い場所の施設
		第176条	可燃性ガス等の存在する場所の施設
		第177条	危険物等の存在する場所の施設
		第178条	火薬庫の電気設備の施設
		第181条	小勢力回路の施設
		第183条	特別低電圧照明回路の施設
		第185条	放電灯の施設
		第186条	ネオン放電灯の施設
		第191条	電気集じん装置等の施設
第70条	腐食性のガス等により絶縁性能等が劣化することによる危険のある場所における施設	第164条	ケーブル工事
		第183条	特別低電圧照明回路の施設
		第185条	放電灯の施設
		第186条	ネオン放電灯の施設
第71条	火薬庫内における電気設備の施設の禁止	第178条	火薬庫の電気設備の施設
		第185条	放電灯の施設
		第186条	ネオン放電灯の施設
第72条	特別高圧の電気設備の施設の禁止	第175条	粉じんの多い場所の施設
		第176条	可燃性ガス等の存在する場所の施設
		第177条	危険物等の存在する場所の施設
		第191条	電気集じん装置等の施設
第73条	接触電線の危険場所への施設の禁止	第173条	低圧接触電線の施設
		第174条	高圧又は特別高圧の接触電線の施設
第74条	電気さくの施設の禁止	第192条	電気さくの施設
第75条	電撃殺虫器，エックス線発生装置の施設場所の禁止	第193条	電撃殺虫器の施設
		第194条	エックス線発生装置の施設
第76条	パイプライン等の電熱装置の施設の禁止	第197条	パイプライン等の電熱装置の施設
第77条	電気浴器，銀イオン殺菌装置の施設	第198条	電気浴器等の施設
第78条	電気防食施設の施設	第199条	電気防食施設

参考 2. 電気技術基準の解釈の条文に対する省令の条文の関係

解釈		省令	
第 1 条	用語の定義	第 1 条	用言の定義
第 2 条	適用除外	第 3 条	適用除外
第 3 条	電線の規格の共通事項	第 6 条	電線等の断線の防止
		第 21 条	架空電線及び地中電線の感電の防止
		第 57 条	配線の使用電線
第 4 条	裸電線等	第 6 条	電線等の断線の防止
		第 57 条	配線の使用電線
第 5 条	絶縁電線	第 5 条	電路の絶縁
		第 6 条	電線等の断線の防止
		第 21 条	架空電線及び地中電線の感電の防止
		第 57 条	配線の使用電線
第 6 条	多心型電線	第 6 条	電線等の断線の防止
		第 21 条	架空電線及び地中電線の感電の防止
		第 57 条	配線の使用電線
第 7 条	コード	第 57 条	配線の使用電線
第 8 条	キャブタイヤケーブル	第 5 条	電路の絶縁
		第 6 条	電線等の断線の防止
		第 21 条	架空電線及び地中電線の感電の防止
		第 57 条	配線の使用電線
第 9 条	低圧ケーブル	第 6 条	電線等の断線の防止
		第 21 条	架空電線及び地中電線の感電の防止
		第 57 条	配線の使用電線
第 10 条	高圧ケーブル	第 5 条	電路の絶縁
		第 6 条	電線等の断線の防止
		第 21 条	架空電線及び地中電線の感電の防止
		第 57 条	配線の使用電線
第 11 条	特別高圧ケーブル	第 21 条	架空電線及び地中電線の感電の防止
		第 57 条	配線の使用電線
第 12 条	電線の接続法	第 7 条	電線の接続
第 13 条	電路の絶縁	第 5 条	電路の絶縁
第 14 条	低圧電路の絶縁性能	第 5 条	電路の絶縁
		第 58 条	低圧の電路の絶縁性能
第 15 条	高圧又は特別高圧の電路の絶縁性能	第 5 条	電路の絶縁
第 16 条	機械器具等の電路の絶縁性能	第 5 条	電路の絶縁
第 17 条	接地工事の種類及び施設方法	第 11 条	電気設備の接地の方法
第 18 条	工作物の金属体を利用した接地工事	第 11 条	電気設備の接地の方法

第19条	保安上又は機能上必要な場合における電路の接地	第10条 第11条	電気設備の接地 電気設備の接地の方法
第20条	電気機械器具の熱的強度	第8条	電気機械器具の熱的強度
第21条	高圧の機械器具の施設	第9条	高圧又は特別高圧の電気機械器具の危険の防止
第22条	特別高圧の機械器具の施設	第9条	高圧又は特別高圧の電気機械器具の危険の防止
第23条	アークを生じる器具の施設	第9条	高圧又は特別高圧の電気機械器具の危険の防止
第24条	高圧又は特別高圧と低圧との混触による危険防止施設	第6条 第10条 第11条 第12条	電線等の断線の防止 電気設備の接地 電気設備の接地の方法 特別高圧電路等と結合する変圧器等の火災等の防止
第25条	特別高圧と高圧との混触等による危険防止施設	第10条 第11条 第12条	電気設備の接地 電気設備の接地の方法 特別高圧電路等と結合する変圧器等の火災等の防止
第26条	特別高圧配電用変圧器の施設	第5条 第9条 第12条 第14条	電路の絶縁 高圧又は特別高圧の電気機械器具の危険の防止 特別高圧電路等と結合する変圧器等の火災等の防止 過電流からの電線及び電気機械器具の保護対策
第27条	特別高圧を直接低圧に変成する変圧器の施設	第13条	特別高圧を直接低圧に変成する変圧器の施設制限
第28条	計器用変成器の2次側電路の接地	第10条 第11条 第12条	電気設備の接地 電気設備の接地の方法 特別高圧電路等と結合する変圧器等の火災等の防止
第29条	機械器具の金属製外箱等の接地	第10条 第11条	電気設備の接地 電気設備の接地の方法
第30条	高周波利用設備の障害の防止	第17条	高周波利用設備への障害の防止
第31条	変圧器等からの電磁誘導作用による人の健康影響の防止	第27条の2	電気機械器具等からの電磁誘導作用による人の健康影響の防止
第32条	ポリ塩化ビフェニル使用電気機械器具及び電線の施設禁止	第19条	公害等の防止
第33条	低圧電路に施設する過電流遮断器の性能等	第14条	過電流からの電線及び電気機械器具の保護対策
第34条	高圧又は特別高圧の電路に施設する過電流遮断器の性能等	第14条	過電流からの電線及び電気機械器具の保護対策
第35条	高圧又は特別高圧の電路に施設する過電流遮断器の性能等	第14条	過電流からの電線及び電気機械器具の保護対策
第36条	地絡遮断装置の施設	第15条	地絡に対する保護対策

第37条	避雷器等の施設	第10条 第11条 第49条	電気設備の接地 電気設備の接地の方法 高圧及び特別高圧の電路の避雷器等の施設
第37条の2	サイバーセキュリティの確保	第15条の2	サイバーセキュリティの確保
第38条	発電所等への取扱者以外の者の立入の防止	第23条	発電所等への取扱者以外の者の立入の防止
第39条	変電所等からの電磁誘導作用による人の健康影響の防止	第27条の2	電気機械器具等からの電磁誘導作用による人の健康影響の防止
第40条	ガス絶縁機器等の圧力容器の施設	第33条	ガス絶縁機器等の危険の防止
第41条	水素冷却式発電機等の施設	第35条	水素冷却式発電機等の施設
第42条	発電機の保護装置	第44条	発変電設備等の損傷による供給支障の防止
第43条	特別高圧の変圧器及び調相設備の保護装置	第44条	発変電設備等の損傷による供給支障の防止
第44条	蓄電池の保護装置	第44条	発変電設備等の損傷による供給支障の防止
第45条	燃料電池等の施設	第4条 第7条 第14条 第44条	電気設備における感電，火災等の防止 電線の接続 過電流からの電線及び電気機械器具の保護対策 発変電設備等の損傷による供給支障の防止
第46条	太陽電池 モジュール等の施設	第4条 第6条 第7条 第14条	電気設備における感電，火災等の防止 電線等の断線の防止 電線の接続 過電流からの電線及び電気機械器具の保護対策
第47条	常時監視をしない発電所の施設	第46条	常時監視をしない発電所等の施設
第48条	常時監視をしない変電所の施設	第46条	常時監視をしない発電所等の施設
第49条	電線路に係る用語の定義	第1条	用言の定義
第50条	電線路からの電磁誘導作用による人の健康影響の防止	第27条の2	電気機械器具等からの電磁誘導作用による人の健康影響の防止
第51条	電波障害の防止	第42条	通信障害の防止
第52条	架空弱電流電線路への誘導作用による通信障害の防止	第42条	通信障害の防止
第53条	架空電線路の支持物の昇塔防止	第24条	架空電線路の支持物の昇塔防止
第54条	架空電線の分岐	第7条	電線の接続
第55条	架空電線路の防護具	第29条	電線による他の工作物等への危険の防止
第56条	鉄筋コンクリート柱の構成等	第32条	支持物の倒壊の防止

第 57 条	鉄柱及び鉄塔の構成等	第 32 条	支持物の倒壊の防止
第 58 条	架空電線路の強度検討に用いる荷重	第 32 条	支持物の倒壊の防止
第 59 条	架空電線路の支持物の強度等	第 32 条	支持物の倒壊の防止
第 60 条	架空電線路の支持物の基礎の強度等	第 32 条	支持物の倒壊の防止
第 61 条	支線の施設方法及び支柱による代用	第 6 条 第 20 条 第 25 条	電線等の断線の防止 電線路等の感電又は火災の防止 架空電線等の高さ
第 62 条	架空電線路の支持物における支線の施設	第 32 条	支持物の倒壊の防止
第 63 条	架空電線路の径間の制限	第 6 条 第 32 条	電線等の断線の防止 支持物の倒壊の防止
第 64 条	適用範囲	第 1 条	用言の定義
第 65 条	低高圧架空電線路に使用する電線	第 5 条 第 6 条 第 21 条	電路の絶縁 電線等の断線の防止 架空電線及び地中電線の感電の防止
第 66 条	低高圧架空電線の引張強さに対する安全率	第 6 条	電線等の断線の防止
第 67 条	低高圧架空電線路の架空ケーブルによる施設	第 6 条 第 10 条 第 11 条 第 21 条	電線等の断線の防止 電気設備の接地 電気設備の接地の方法 架空電線及び地中電線の感電の防止
第 68 条	低高圧架空電線の高さ	第 25 条	架空電線等の高さ
第 69 条	高圧架空電線路の架空地線	第 6 条	電線等の断線の防止
第 70 条	低圧保安工事及び高圧保安工事	第 6 条 第 32 条	電線等の断線の防止 支持物の倒壊の防止
第 71 条	低高圧架空電線と建造物との接近	第 29 条	電線による他の工作物等への危険の防止
第 72 条	低高圧架空電線と道路等との接近又は交差	第 29 条	電線による他の工作物等への危険の防止
第 73 条	低高圧架空電線と索道との接近又は交差	第 29 条	電線による他の工作物等への危険の防止
第 74 条	低高圧架空電線と他の低高圧架空電線路との接近又は交差	第 28 条	電線の混触の防止
第 75 条	低高圧架空電線と電車線等又は電車線等の支持物との接近又は交差	第 6 条 第 10 条 第 11 条 第 28 条 第 32 条	電線等の断線の防止 電気設備の接地 電気設備の接地の方法 電線の混触の防止 支持物の倒壊の防止

第76条	低高圧架空電線と架空弱電流電線路等との接近又は交差	第28条	電線の混触の防止
第77条	低高圧架空電線とアンテナとの接近又は交差	第29条	電線による他の工作物等への危険の防止
第78条	低高圧架空電線と他の工作物との接近又は交差	第29条	電線による他の工作物等への危険の防止
第79条	低高圧架空電線と植物との接近	第5条	電路の絶縁
		第29条	電線による他の工作物等への危険の防止
第80条	低高圧架空電線等の併架	第6条	電線等の断線の防止
		第28条	電線の混触の防止
第81条	低高圧架空電線と架空弱電流電線等との共架	第11条	電気設備の接地の方法
		第28条	電線の混触の防止
		第32条	支持物の倒壊の防止
		第42条	通信障害の防止
第82条	低圧架空電線路の施設の特例	第6条	電線等の断線の防止
		第14条	過電流からの電線及び電気機械器具の保護対策
		第25条	架空電線等の高さ
		第28条	電線の混触の防止
		第29条	電線による他の工作物等への危険の防止
		第32条	支持物の倒壊の防止
第83条	適用範囲	第1条	用言の定義
第84条	特別高圧架空電線路に使用する電線	第6条	電線等の断線の防止
第85条	特別高圧架空電線の引張強さに対する安全率	第6条	電線等の断線の防止
第86条	特別高圧架空電線路の架空ケーブルによる施設	第6条	電線等の断線の防止
		第10条	電気設備の接地
		第11条	電気設備の接地の方法
第87条	特別高圧架空電線の高さ	第25条	架空電線等の高さ
第88条	特別高圧架空電線路の市街地等における施設制限	第6条	電線等の断線の防止
		第14条	過電流からの電線及び電気機械器具の保護対策
		第15条	地絡に対する保護対策
		第20条	電線路等の感電又は火災の防止
		第32条	支持物の倒壊の防止
		第40条	特別高圧架空電線路の市街地等における施設の禁止
		第48条	特別高圧架空電線路の供給支障の防止
第89条	特別高圧架空電線と支持物等との離隔距離	第20条	電線路等の感電又は火災の防止
第90条	特別高圧架空電線路の架空地線	第6条	電線等の断線の防止

第 91 条	特別高圧架空電線路のがいし装置等	第 10 条	電気設備の接地
		第 11 条	電気設備の接地の方法
		第 20 条	電線路等の感電又は火災の防止
第 92 条	特別高圧架空電線路における耐張型等の支持物の施設	第 32 条	支持物の倒壊の防止
第 93 条	特別高圧架空電線路の難着雪化対策	第 6 条	電線等の断線の防止
		第 32 条	支持物の倒壊の防止
第 94 条	特別高圧架空電線路の塩雪害対策	第 5 条	電路の絶縁
第 95 条	特別高圧保安工事	第 6 条	電線等の断線の防止
		第 7 条	電線の接続
		第 14 条	過電流からの電線及び電気機械器具の保護対策
		第 15 条	地絡に対する保護対策
		第 32 条	支持物の倒壊の防止
第 96 条	特別高圧架空電線が建造物等と接近又は交差する場合の支線の施設	第 28 条	電線の混触の防止
		第 29 条	電線による他の工作物等への危険の防止
		第 32 条	支持物の倒壊の防止
第 97 条	35,000V を超える特別高圧架空電線と建造物との接近	第 29 条	電線による他の工作物等への危険の防止
		第 48 条	特別高圧架空電線路の供給支障の防止
第 98 条	35,000V を超える特別高圧架空電線と道路等との接近又は交差	第 6 条	電線等の断線の防止
		第 10 条	電気設備の接地
		第 11 条	電気設備の接地の方法
		第 29 条	電線による他の工作物等への危険の防止
		第 48 条	特別高圧架空電線路の供給支障の防止
第 99 条	35,000V を超える特別高圧架空電線と索道との接近又は交差	第 29 条	電線による他の工作物等への危険の防止
		第 48 条	特別高圧架空電線路の供給支障の防止
第 100 条	35,000V を超える特別高圧架空電線と低高圧架空電線等若しくは電車線等又はこれらの支持物との接近又は交差	第 6 条	電線等の断線の防止
		第 10 条	電気設備の接地
		第 11 条	電気設備の接地の方法
		第 28 条	電線の混触の防止
		第 32 条	支持物の倒壊の防止
		第 48 条	特別高圧架空電線路の供給支障の防止
第 101 条	特別高圧架空電線相互の接近又は交差	第 28 条	電線の混触の防止
		第 32 条	支持物の倒壊の防止
第 102 条	35,000V を超える特別高圧架空電線と他の工作物との接近又は交差	第 29 条	電線による他の工作物等への危険の防止
		第 48 条	特別高圧架空電線路の供給支障の防止
第 103 条	35,000V を超える特別高圧架空電線と植物との接近	第 29 条	電線による他の工作物等への危険の防止

第 104 条	35,000V を超える特別高圧架空電線と低高圧架空電線等との併架	第 6 条	電線等の断線の防止
		第 10 条	電気設備の接地
		第 11 条	電気設備の接地の方法
		第 28 条	電線の混触の防止
		第 31 条	異常電圧による架空電線等への障害の防止
第 105 条	35,000V を超える特別高圧架空電線と架空弱電流電線等との共架	第 28 条	電線の混触の防止
第 106 条	35,000V 以下の特別高圧架空電線と工作物等との接近又は交差	第 6 条	電線等の断線の防止
		第 10 条	電気設備の接地
		第 11 条	電気設備の接地の方法
		第 28 条	電線の混触の防止
		第 29 条	電線による他の工作物等への危険の防止
		第 48 条	特別高圧架空電線路の供給支障の防止
第 107 条	35,000V 以下の特別高圧架空電線と低高圧架空電線等との併架又は共架	第 6 条	電線等の断線の防止
		第 10 条	電気設備の接地
		第 11 条	電気設備の接地の方法
		第 28 条	電線の混触の防止
		第 31 条	異常電圧による架空電線等への障害の防止
第 108 条	15,000V 以下の特別高圧架空電線路の施設	第 6 条	電線等の断線の防止
		第 15 条	地絡に対する保護対策
		第 20 条	電線路等の感電又は火災の防止
		第 28 条	電線の混触の防止
		第 29 条	電線による他の工作物等への危険の防止
		第 31 条	異常電圧による架空電線等への障害の防止
		第 40 条	特別高圧架空電線路の市街地等における施設の禁止
第 109 条	特別高圧架空電線路の支持物に施設する低圧の機械器具等の施設	第 10 条	電気設備の接地
		第 11 条	電気設備の接地の方法
		第 31 条	異常電圧による架空電線等への障害の防止
第 110 条	低圧屋側電線路の施設	第 20 条	電線路等の感電又は火災の防止
		第 28 条	電線の混触の防止
		第 29 条	電線による他の工作物等への危険の防止
		第 30 条	地中電線等による他の電線及び工作物への危険の防止
		第 37 条	屋内電線路等の施設の禁止
第 111 条	高圧屋側電線路の施設	第 10 条	電気設備の接地
		第 11 条	電気設備の接地の方法
		第 20 条	電線路等の感電又は火災の防止
		第 28 条	電線の混触の防止
		第 29 条	電線による他の工作物等への危険の防止
		第 30 条	地中電線等による他の電線及び工作物への危険の防止
		第 37 条	屋内電線路等の施設の禁止
第 112 条	特別高圧屋側電線路の施設	第 20 条	電線路等の感電又は火災の防止
		第 37 条	屋内電線路等の施設の禁止

第 113 条	低圧屋上電線路の施設	第 6 条	電線等の断線の防止
		第 20 条	電線路等の感電又は火災の防止
		第 28 条	電線の混触の防止
		第 29 条	電線による他の工作物等への危険の防止
		第 30 条	地中電線等による他の電線及び工作物への危険の防止
		第 37 条	屋内電線路等の施設の禁止
第 114 条	高圧屋上電線路の施設	第 20 条	電線路等の感電又は火災の防止
		第 28 条	電線の混触の防止
		第 29 条	電線による他の工作物等への危険の防止
		第 30 条	地中電線等による他の電線及び工作物への危険の防止
		第 37 条	屋内電線路等の施設の禁止
第 115 条	特別高圧屋上電線路の施設	第 37 条	屋内電線路等の施設の禁止
第 116 条	低圧架空引込線等の施設	第 6 条	電線等の断線の防止
		第 20 条	電線路等の感電又は火災の防止
		第 21 条	架空電線及び地中電線の感電の防止
		第 25 条	架空電線等の高さ
		第 28 条	電線の混触の防止
		第 29 条	電線による他の工作物等への危険の防止
		第 37 条	屋内電線路等の施設の禁止
第 117 条	高圧架空引込線等の施設	第 6 条	電線等の断線の防止
		第 20 条	電線路等の感電又は火災の防止
		第 21 条	架空電線及び地中電線の感電の防止
		第 25 条	架空電線等の高さ
		第 28 条	電線の混触の防止
		第 29 条	電線による他の工作物等への危険の防止
		第 37 条	屋内電線路等の施設の禁止
第 118 条	特別高圧架空引込線等の施設	第 5 条	電路の絶縁
		第 6 条	電線等の断線の防止
		第 20 条	電線路等の感電又は火災の防止
		第 25 条	架空電線等の高さ
		第 28 条	電線の混触の防止
		第 29 条	電線による他の工作物等への危険の防止
第 119 条	屋側電線路又は屋内電線路に隣接する架空電線の施設	第 20 条	電線路等の感電又は火災の防止
第 120 条	地中電線路の施設	第 21 条	架空電線及び地中電線の感電の防止
		第 47 条	地中電線路の保護
第 121 条	地中箱の施設	第 23 条	発電所等への取扱者以外の者の立入の防止
		第 47 条	地中電線路の保護
第 122 条	地中電線路の加圧装置の施設	第 34 条	加圧装置の施設
第 123 条	地中電線の被覆金属体等の接地	第 10 条	電気設備の接地
		第 11 条	電気設備の接地の方法

第 124 条	地中弱電流電線への誘導障害の防止	第 42 条	通信障害の防止
第 125 条	地中電線と他の地中電線等との接近又は交差	第 30 条	地中電線等による他の電線及び工作物への危険の防止
第 126 条	トンネル内電線路の施設	第 6 条	電線等の断線の防止
		第 20 条	電線路等の感電又は火災の防止
		第 28 条	電線の混触の防止
		第 29 条	電線による他の工作物等への危険の防止
		第 30 条	地中電線等による他の電線及び工作物への危険の防止
第 127 条	水上電線路及び水底電線路の施設	第 6 条	電線等の断線の防止
		第 7 条	電線の接続
		第 14 条	過電流からの電線及び電気機械器具の保護対策
		第 15 条	地絡に対する保護対策
		第 20 条	電線路等の感電又は火災の防止
第 128 条	地上に施設する電線路	第 5 条	電路の絶縁
		第 14 条	過電流からの電線及び電気機械器具の保護対策
		第 15 条	地絡に対する保護対策
		第 20 条	電線路等の感電又は火災の防止
		第 37 条	屋内電線路等の施設の禁止
第 129 条	橋に施設する電線路	第 6 条	電線等の断線の防止
		第 20 条	電線路等の感電又は火災の防止
第 130 条	電線路専用橋等に施設する電線路	第 20 条	電線路等の感電又は火災の防止
第 131 条	屋内に施設する電線路	第 39 条	電線路のがけへの施設の禁止
第 132 条	屋内に施設する電線路	第 20 条	電線路等の感電又は火災の防止
		第 28 条	電線の混触の防止
		第 29 条	電線による他の工作物等への危険の防止
		第 30 条	地中電線等による他の電線及び工作物への危険の防止
		第 37 条	屋内電線路等の施設の禁止
第 133 条	臨時電線路の施設	第 4 条	電気設備における感電，火災等の防止
第 134 条	電力保安通信設備に係る用語の定義	第 1 条	用言の定義
第 135 条	電力保安通信用電話設備の施設	第 4 条	電気設備における感電，火災等の防止
		第 50 条	電力保安通信設備の施設
第 136 条	電力保安通信線の施設	第 6 条	電線等の断線の防止
		第 28 条	電線の混触の防止
		第 50 条	電力保安通信設備の施設
第 137 条	添架通信線及びこれに直接接続する通信線の施設	第 4 条	電気設備における感電，火災等の防止
		第 28 条	電線の混触の防止
第 138 条	電力保安通信線の高さ	第 25 条	架空電線等の高さ
第 139 条	特別高圧架空電線路添架通信線の市街地引込み制限	第 41 条	市街地に施設する電力保安通信線の特別高圧電線に添架する電力保安通信線との接続の禁止

第140条	15,000V以下の特別高圧架空電線路添架通信線の施設に係る特例	第4条	電気設備における感電，火災等の防止
		第25条	架空電線等の高さ
		第28条	電線の混触の防止
		第41条	市街地に施設する電力保安通信線の特別高圧電線に添架する電力保安通信線との接続の禁止
第141条	無線用アンテナ等を支持する鉄塔等の施設	第51条	災害時における通信の確保
第142条	電気使用場所の施設及び小出力発電設備に係る用語の定義	第1条	用言の定義
第143条	電路の対地電圧の制限	第15条	地絡に対する保護対策
		第56条	配線の感電又は火災の防止
		第59条	電気使用場所に施設する電気機械器具の感電，火災等の防止
		第63条	過電流からの低圧幹線等の保護措置
		第64条	地絡に対する保護措置
第144条	裸電線の使用制限	第57条	配線の使用電線
第145条	メタルラス張り等の木造造営物における施設	第56条	配線の感電又は火災の防止
		第59条	電気使用場所に施設する電気機械器具の感電，火災等の防止
第146条	低圧配線に使用する電線	第57条	配線の使用電線
第147条	低圧屋内電路の引込口における開閉器の施設	第56条	配線の感電又は火災の防止
第148条	低圧幹線の施設	第56条	配線の感電又は火災の防止
		第57条	配線の使用電線
		第63条	過電流からの低圧幹線等の保護措置
第149条	低圧分岐回路等の施設	第56条	配線の感電又は火災の防止
		第57条	配線の使用電線
		第59条	電気使用場所に施設する電気機械器具の感電，火災等の防止
		第63条	過電流からの低圧幹線等の保護措置
第150条	配線器具の施設	第59条	電気使用場所に施設する電気機械器具の感電，火災等の防止
第151条	電気機械器具の施設	第59条	電気使用場所に施設する電気機械器具の感電，火災等の防止
第152条	電熱装置の施設	第57条	配線の使用電線
		第59条	電気使用場所に施設する電気機械器具の感電，火災等の防止
第153条	電動機の過負荷保護装置の施設	第65条	電動機の過負荷保護
第154条	蓄電池の保護装置	第14条	過電流からの電線及び電気機械器具の保護対策
		第59条	電気使用場所に施設する電気機械器具の感電，火災等の防止
第155条	電気設備による電磁障害の防止	第10条	電気設備の接地
		第11条	電気設備の接地の方法
		第67条	電気機械器具又は接触電線による無線設備への障害の防止
第156条	低圧屋内配線の施設場所による工事の種類	第56条	配線の感電又は火災の防止
第157条	がいし引き工事	第56条	配線の感電又は火災の防止

		第 57 条	配線の使用電線
		第 62 条	配線による他の配線等又は工作物への危険の防止
第 158 条	合成樹脂管工事	第 10 条	電気設備の接地
		第 11 条	電気設備の接地の方法
		第 56 条	配線の感電又は火災の防止
		第 57 条	配線の使用電線
第 159 条	金属管工事	第 10 条	電気設備の接地
		第 11 条	電気設備の接地の方法
		第 56 条	配線の感電又は火災の防止
		第 57 条	配線の使用電線
第 160 条	金属可とう電線管工事	第 10 条	電気設備の接地
		第 11 条	電気設備の接地の方法
		第 56 条	配線の感電又は火災の防止
		第 57 条	配線の使用電線
第 161 条	金属線ぴ工事	第 10 条	電気設備の接地
		第 11 条	電気設備の接地の方法
		第 56 条	配線の感電又は火災の防止
		第 57 条	配線の使用電線
第 162 条	金属ダクト工事	第 10 条	電気設備の接地
		第 11 条	電気設備の接地の方法
		第 56 条	配線の感電又は火災の防止
		第 57 条	配線の使用電線
第 163 条	バスダクト工事	第 10 条	電気設備の接地
		第 11 条	電気設備の接地の方法
		第 56 条	配線の感電又は火災の防止
		第 57 条	配線の使用電線
第 164 条	ケーブル工事	第 10 条	電気設備の接地
		第 11 条	電気設備の接地の方法
		第 56 条	配線の感電又は火災の防止
		第 57 条	配線の使用電線
		第 68 条	粉じんにより絶縁性能等が劣化することによる危険のある場所における施設
		第 69 条	可燃性のガス等により爆発する危険のある場所における施設の禁止
		第 70 条	腐食性のガス等により絶縁性能等が劣化することによる危険のある場所における施設
第 165 条	特殊な低圧屋内配線工事	第 7 条	電線の接続
		第 10 条	電気設備の接地
		第 11 条	電気設備の接地の方法
		第 56 条	配線の感電又は火災の防止
		第 57 条	配線の使用電線
		第 64 条	地絡に対する保護措置
第 166 条	低圧の屋側配線又は屋外配線の施設	第 56 条	配線の感電又は火災の防止
		第 57 条	配線の使用電線
		第 63 条	過電流からの低圧幹線等の保護措置

第 167 条	低圧配線と弱電流電線等又は管との接近又は交差	第 10 条	電気設備の接地
		第 11 条	電気設備の接地の方法
		第 62 条	配線による他の配線等又は工作物への危険の防止
第 168 条	高圧配線の施設	第 10 条	電気設備の接地
		第 11 条	電気設備の接地の方法
		第 56 条	配線の感電又は火災の防止
		第 57 条	配線の使用電線
		第 62 条	配線による他の配線等又は工作物への危険の防止
第 169 条	特別高圧配線の施設	第 10 条	電気設備の接地
		第 11 条	電気設備の接地の方法
		第 56 条	配線の感電又は火災の防止
		第 57 条	配線の使用電線
		第 62 条	配線による他の配線等又は工作物への危険の防止
第 170 条	電球線の施設	第 56 条	配線の感電又は火災の防止
		第 57 条	配線の使用電線
第 171 条	移動電線の施設	第 56 条	配線の感電又は火災の防止
		第 57 条	配線の使用電線
		第 66 条	異常時における高圧の移動電線及び接触電線における電路の遮断
第 172 条	特殊な配線等の施設	第 10 条	電気設備の接地
		第 11 条	電気設備の接地の方法
		第 56 条	配線の感電又は火災の防止
		第 57 条	配線の使用電線
		第 63 条	過電流からの低圧幹線等の保護措置
第 173 条	低圧接触電線の施設	第 10 条	電気設備の接地
		第 11 条	電気設備の接地の方法
		第 56 条	配線の感電又は火災の防止
		第 57 条	配線の使用電線
		第 59 条	電気使用場所に施設する電気機械器具の感電，火災等の防止
		第 62 条	配線による他の配線等又は工作物への危険の防止
		第 63 条	過電流からの低圧幹線等の保護措置
		第 73 条	接触電線の危険場所への施設の禁止
第 174 条	高圧又は特別高圧の接触電線の施設	第 11 条	電気設備の接地の方法
		第 56 条	配線の感電又は火災の防止
		第 57 条	配線の使用電線
		第 62 条	配線による他の配線等又は工作物への危険の防止
		第 66 条	異常時における高圧の移動電線及び接触電線における電路の遮断
		第 67 条	電気機械器具又は接触電線による無線設備への障害の防止
		第 73 条	接触電線の危険場所への施設の禁止
第 175 条	粉じんの多い場所の施設	第 68 条	粉じんにより絶縁性能等が劣化することによる危険のある場所における施設
		第 69 条	可燃性のガス等により爆発する危険のある場所における施設の禁止
		第 72 条	特別高圧の電気設備の施設の禁止

第 176 条	可燃性ガス等の存在する場所の施設	第 69 条	可燃性のガス等により爆発する危険のある場所における施設の禁止
		第 72 条	特別高圧の電気設備の施設の禁止
第 177 条	危険物等の存在する場所の施設	第 69 条	可燃性のガス等により爆発する危険のある場所における施設の禁止
		第 72 条	特別高圧の電気設備の施設の禁止
第 178 条	火薬庫の電気設備の施設	第 56 条	配線の感電又は火災の防止
		第 63 条	過電流からの低圧幹線等の保護措置
		第 64 条	地絡に対する保護措置
		第 69 条	可燃性のガス等により爆発する危険のある場所における施設の禁止
		第 71 条	火薬庫内における電気設備の施設の禁止
第 179 条	トンネル等の電気設備の施設	第 56 条	配線の感電又は火災の防止
		第 57 条	配線の使用電線
		第 62 条	配線による他の配線等又は工作物への危険の防止
第 180 条	臨時配線の施設	第 4 条	電気設備における感電，火災等の防止
第 181 条	小勢力回路の施設	第 56 条	配線の感電又は火災の防止
		第 57 条	配線の使用電線
		第 59 条	電気使用場所に施設する電気機械器具の感電，火災等の防止
		第 62 条	配線による他の配線等又は工作物への危険の防止
		第 69 条	可燃性のガス等により爆発する危険のある場所における施設の禁止
第 182 条	出退表示灯回路の施設	第 5 条	電路の絶縁
		第 56 条	配線の感電又は火災の防止
		第 57 条	配線の使用電線
		第 59 条	電気使用場所に施設する電気機械器具の感電，火災等の防止
		第 63 条	過電流からの低圧幹線等の保護措置
第 183 条	特別低電圧照明回路の施設	第 5 条	電路の絶縁
		第 56 条	配線の感電又は火災の防止
		第 57 条	配線の使用電線
		第 59 条	電気使用場所に施設する電気機械器具の感電，火災等の防止
		第 62 条	配線による他の配線等又は工作物への危険の防止
		第 63 条	過電流からの低圧幹線等の保護措置
		第 68 条	粉じんにより絶縁性能等が劣化することによる危険のある場所における施設
		第 69 条	可燃性のガス等により爆発する危険のある場所における施設の禁止
		第 70 条	腐食性のガス等により絶縁性能等が劣化することによる危険のある場所における施設
第 184 条	交通信号灯の施設	第 10 条	電気設備の接地
		第 11 条	電気設備の接地の方法
		第 56 条	配線の感電又は火災の防止
		第 57 条	配線の使用電線
		第 62 条	配線による他の配線等又は工作物への危険の防止
		第 63 条	過電流からの低圧幹線等の保護措置
第 185 条	放電灯の施設	第 10 条	電気設備の接地

		第 11 条	電気設備の接地の方法
		第 14 条	過電流からの電線及び電気機械器具の保護対策
		第 56 条	配線の感電又は火災の防止
		第 57 条	配線の使用電線
		第 59 条	電気使用場所に施設する電気機械器具の感電，火災等の防止
		第 63 条	過電流からの低圧幹線等の保護措置
		第 68 条	粉じんにより絶縁性能等が劣化することによる危険のある場所における施設
		第 69 条	可燃性のガス等により爆発する危険のある場所における施設の禁止
		第 70 条	腐食性のガス等により絶縁性能等が劣化することによる危険のある場所における施設
		第 71 条	火薬庫内における電気設備の施設の禁止
第 186 条	ネオン放電灯の施設	第 10 条	電気設備の接地
		第 11 条	電気設備の接地の方法
		第 15 条	地絡に対する保護対策
		第 56 条	配線の感電又は火災の防止
		第 57 条	配線の使用電線
		第 59 条	電気使用場所に施設する電気機械器具の感電，火災等の防止
		第 68 条	粉じんにより絶縁性能等が劣化することによる危険のある場所における施設
		第 69 条	可燃性のガス等により爆発する危険のある場所における施設の禁止
		第 70 条	腐食性のガス等により絶縁性能等が劣化することによる危険のある場所における施設
		第 71 条	火薬庫内における電気設備の施設の禁止
第 187 条	水中照明灯の施設	第 5 条	電路の絶縁
		第 10 条	電気設備の接地
		第 11 条	電気設備の接地の方法
		第 56 条	配線の感電又は火災の防止
		第 57 条	配線の使用電線
		第 59 条	電気使用場所に施設する電気機械器具の感電，火災等の防止
		第 63 条	過電流からの低圧幹線等の保護措置
		第 64 条	地絡に対する保護措置
第 188 条	滑走路灯等の配線の施設	第 5 条	電路の絶縁
		第 56 条	配線の感電又は火災の防止
		第 57 条	配線の使用電線
第 189 条	遊戯用電車の施設	第 5 条	電路の絶縁
		第 56 条	配線の感電又は火災の防止
		第 57 条	配線の使用電線
		第 59 条	電気使用場所に施設する電気機械器具の感電，火災等の防止
第 190 条	アーク溶接装置の施設	第 10 条	電気設備の接地
		第 11 条	電気設備の接地の方法
		第 56 条	配線の感電又は火災の防止
		第 57 条	配線の使用電線
		第 59 条	電気使用場所に施設する電気機械器具の感電，火災等の防止

第 191 条	電気集じん装置等の施設	第 10 条	電気設備の接地
		第 11 条	電気設備の接地の方法
		第 14 条	過電流からの電線及び電気機械器具の保護対策
		第 56 条	配線の感電又は火災の防止
		第 57 条	配線の使用電線
		第 59 条	電気使用場所に施設する電気機械器具の感電，火災等の防止
		第 60 条	特別高圧の電気集じん応用装置等の施設の禁止
		第 69 条	可燃性のガス等により爆発する危険のある場所における施設の禁止
		第 72 条	特別高圧の電気設備の施設の禁止
第 192 条	電気さくの施設	第 67 条	電気機械器具又は接触電線による無線設備への障害の防止
		第 74 条	電気さくの施設の禁止
第 193 条	電撃殺虫器の施設	第 56 条	配線の感電又は火災の防止
		第 59 条	電気使用場所に施設する電気機械器具の感電，火災等の防止
		第 67 条	電気機械器具又は接触電線による無線設備への障害の防止
		第 75 条	電撃殺虫器，エックス線発生装置の施設場所の禁止
第 194 条	エックス線発生装置の施設	第 5 条	電路の絶縁
		第 10 条	電気設備の接地
		第 11 条	電気設備の接地の方法
		第 56 条	配線の感電又は火災の防止
		第 57 条	配線の使用電線
		第 59 条	電気使用場所に施設する電気機械器具の感電，火災等の防止
		第 62 条	配線による他の配線等又は工作物への危険の防止
		第 75 条	電撃殺虫器，エックス線発生装置の施設場所の禁止
第 195 条	フロアヒーティング等の電熱装置の施設	第 10 条	電気設備の接地
		第 11 条	電気設備の接地の方法
		第 56 条	配線の感電又は火災の防止
		第 57 条	配線の使用電線
		第 59 条	電気使用場所に施設する電気機械器具の感電，火災等の防止
		第 63 条	過電流からの低圧幹線等の保護措置
		第 64 条	地絡に対する保護措置
第 196 条	電気温床等の施設	第 10 条	電気設備の接地
		第 11 条	電気設備の接地の方法
		第 56 条	配線の感電又は火災の防止
		第 57 条	配線の使用電線
		第 59 条	電気使用場所に施設する電気機械器具の感電，火災等の防止
		第 63 条	過電流からの低圧幹線等の保護措置
		第 64 条	地絡に対する保護措置
第 197 条	パイプライン等の電熱装置の施設	第 10 条	電気設備の接地
		第 11 条	電気設備の接地の方法
		第 56 条	配線の感電又は火災の防止
		第 57 条	配線の使用電線
		第 59 条	電気使用場所に施設する電気機械器具の感電，火災等の防止
		第 63 条	過電流からの低圧幹線等の保護措置
		第 64 条	地絡に対する保護措置

		第 76 条	パイプライン等の電熱装置の施設の禁止
第 198 条	電気浴器等の施設	第 5 条	電路の絶縁
		第 10 条	電気設備の接地
		第 11 条	電気設備の接地の方法
		第 56 条	配線の感電又は火災の防止
		第 57 条	配線の使用電線
		第 59 条	電気使用場所に施設する電気機械器具の感電，火災等の防止
		第 63 条	過電流からの低圧幹線等の保護措置
		第 77 条	電気浴器，銀イオン殺菌装置の施設
第 199 条	電気防食施設	第 5 条	電路の絶縁
		第 10 条	電気設備の接地
		第 11 条	電気設備の接地の方法
		第 56 条	配線の感電又は火災の防止
		第 57 条	配線の使用電線
		第 59 条	電気使用場所に施設する電気機械器具の感電，火災等の防止
		第 62 条	配線による他の配線等又は工作物への危険の防止
		第 63 条	過電流からの低圧幹線等の保護措置
		第 78 条	電気防食施設の施設
第 199 条の 2	電気自動車等から電気を供給するための設備等の施設	第 4 条	電気設備における感電，火災等の防止
		第 7 条	電線の接続
		第 44 条	発変電設備等の損傷による供給支障の防止
		第 56 条	配線の感電又は火災の防止
		第 57 条	配線の使用電線
		第 59 条	電気使用場所に施設する電気機械器具の感電，火災等の防止
		第 63 条	過電流からの低圧幹線等の保護措置
第 200 条	小出力発電設備の施設	第 4 条	電気設備における感電，火災等の防止
		第 15 条	地絡に対する保護対策
		第 59 条	電気使用場所に施設する電気機械器具の感電，火災等の防止
第 201 条	電気鉄道等に係る用語の定義	第 1 条	用言の定義
第 202 条	電波障害の防止	第 42 条	通信障害の防止
第 203 条	直流電車線路の施設制限	第 52 条	電車線路の施設制限
第 204 条	直流電車線等から架空弱電流電線路への通信障害の防止	第 42 条	通信障害の防止
第 205 条	直流電車線の施設	第 5 条	電路の絶縁
		第 6 条	電線等の断線の防止
		第 20 条	電線路等の感電又は火災の防止
		第 25 条	架空電線等の高さ
第 206 条	道路等に施設する直流架空電車線等の施設	第 5 条	電路の絶縁
		第 6 条	電線等の断線の防止
		第 10 条	電気設備の接地
		第 11 条	電気設備の接地の方法
		第 20 条	電線路等の感電又は火災の防止

参考

		第25条 第32条	架空電線等の高さ 支持物の倒壊の防止
第207条	直流架空電車線等と架空弱電流電線等との接近又は交差	第6条 第28条	電線等の断線の防止 電線の混触の防止
第208条	直流電車線路に付随する設備の施設	第53条	架空絶縁帰線等の施設
第209条	電食の防止	第54条	電食作用による障害の防止
第210条	排流接続	第5条 第6条 第14条 第53条 第54条	電路の絶縁 電線等の断線の防止 過電流からの電線及び電気機械器具の保護対策 架空絶縁帰線等の施設 電食作用による障害の防止
第211条	交流電車線路の施設制限	第52条	電車線路の施設制限
第212条	電圧不平衡による障害の防止	第55条	電圧不平衡による障害の防止
第213条	交流電車線等から弱電流電線路への通信障害の防止	第42条	通信障害の防止
第214条	交流架空電車線等と他の工作物等との接近又は交差	第29条 第32条	電線による他の工作物等への危険の防止 支持物の倒壊の防止
第215条	交流架空電車線等と架空弱電流電線等との接近又は交差	第6条 第28条 第29条	電線等の断線の防止 電線の混触の防止 電線による他の工作物等への危険の防止
第216条	交流電車線路に付随する設備の施設	第9条 第53条	高圧又は特別高圧の電気機械器具の危険の防止 架空絶縁帰線等の施設
第217条	鋼索鉄道の電車線等の施設	第5条 第6条 第20条 第25条 第28条 第52条 第53条 第54条	電路の絶縁 電線等の断線の防止 電線路等の感電又は火災の防止 架空電線等の高さ 電線の混触の防止 電車線路の施設制限 架空絶縁帰線等の施設 電食作用による障害の防止
第218条	IEC 60364 規格の適用	第4条	電気設備における感電，火災等の防止
第219条	IEC 61936-1 規格の適用	第4条 第19条 第27条 第32条 第51条	電気設備における感電，火災等の防止 公害等の防止 架空電線路からの静電誘導作用又は電磁誘導作用による感電の防止 支持物の倒壊の防止 災害時における通信の確保
第220条	分散型電源の系統連系設備に係る用語の定義	第1条	用言の定義

第221条	直流流出防止変圧器の施設	第16条	電気設備の電気的，磁気的障害の防止
第222条	限流リアクトル等の施設	第4条	電気設備における感電，火災等の防止
	限流リアクトル等の施設	第20条	電線路等の感電又は火災の防止
第223条	自動負荷制限の実施	第18条	電気設備による供給支障の防止
第224条	再閉路時の事故防止	第4条	電気設備における感電，火災等の防止
		第20条	電線路等の感電又は火災の防止
第225条	一般電気事業者との間の電話設備の施設	第4条	電気設備における感電，火災等の防止
		第50条	電力保安通信設備の施設
第226条	低圧連系時の施設要件	第14条	過電流からの電線及び電気機械器具の保護対策
		第20条	電線路等の感電又は火災の防止
第227条	低圧連系時の系統連系用保護装置	第14条	過電流からの電線及び電気機械器具の保護対策
		第15条	地絡に対する保護対策
		第20条	電線路等の感電又は火災の防止
		第44条	発変電設備等の損傷による供給支障の防止
第228条	高圧連系時の施設要件	第18条	電気設備による供給支障の防止
		第20条	電線路等の感電又は火災の防止
第229条	高圧連系時の系統連系用保護装置	第14条	過電流からの電線及び電気機械器具の保護対策
		第15条	地絡に対する保護対策
		第20条	電線路等の感電又は火災の防止
		第44条	発変電設備等の損傷による供給支障の防止
第230条	特別高圧連系時の施設要件	第10条	電気設備の接地
		第11条	電気設備の接地の方法
		第18条	電気設備による供給支障の防止
		第42条	通信障害の防止
第231条	特別高圧連系時の系統連系用保護装置	第14条	過電流からの電線及び電気機械器具の保護対策
		第15条	地絡に対する保護対策
		第20条	電線路等の感電又は火災の防止
		第44条	発変電設備等の損傷による供給支障の防止
第232条	高圧連系及び特別高圧連系における例外	第4条	電気設備における感電，火災等の防止
第233条	地域独立運転時の主電源設備及び従属電源設備の保護装置	第14条	過電流からの電線及び電気機械器具の保護対策
		第15条	地絡に対する保護対策
		第20条	電線路等の感電又は火災の防止
		第44条	発変電設備等の損傷による供給支障の防止
第234条	地域独立系統運用者との間の電話設備の施設	第4条	電気設備における感電，火災等の防止
		第50条	電力保安通信設備の施設

参考３. 旧解釈と改正後の解釈の関係

第１章 総則

旧解釈		新解釈
第１節 通則		
第１条	用語の定義	第１条 用語の定義 第 47 条 常時監視をしない発電所の施設 第 49 条 電線路に係る用語の定義 第 134 条 電力保安通信設備に係る用語の定義 第 201 条 電気鉄道等に係る用語の定義 第 220 条 分散型電源の系統連系設備に係る用語の定義
第２条	適用除外	第２条 適用除外
第２節 電線		
第３条	電線の性能	第１条 用語の定義 第５条 絶縁電線 第６条 多心型電線 第８条 キャブタイヤケーブル 第９条 低圧ケーブル 第 10 条 高圧ケーブル 第 11 条 特別高圧ケーブル
第４条	電線	第３条 電線の規格の共通事項 第５条 絶縁電線 第６条 多心型電線 第８条 キャブタイヤケーブル 第９条 低圧ケーブル 第 10 条 高圧ケーブル
第５条	絶縁電線	第５条 絶縁電線
第６条	多心型電線	第６条 多心型電線
第７条	コード	第７条 コード
第８条	キャブタイヤケーブル	第８条 キャブタイヤケーブル
第９条	低圧ケーブル	第９条 低圧ケーブル
第 10 条	高圧ケーブル及び特別高圧ケーブル	第 10 条 高圧ケーブル 第 11 条 特別高圧ケーブル
第 11 条	裸電線	第４条 裸電線等
第 12 条	電線の接続法	第 12 条 電線の接続法 第 165 条 特殊な低圧屋内配線工事
第３節 電路の絶縁及び接地		
第 13 条	電路の絶縁	第 13 条 電路の絶縁 第 19 条 保安上又は機能上必要な場合における電路の接地第 201 電気鉄道等に係る用語の定義
第 14 条	電路の絶縁抵抗及び絶縁耐力	第１条 用語の定義 第 14 条 低圧電路の絶縁性能 第 15 条 高圧又は特別高圧の電路の絶縁性能
第 15 条	回転機及び整流器の絶縁耐力	第 16 条 機械器具等の電路の絶縁性能
第 16 条	燃料電池及び太陽電池モジュールの絶縁耐力	第 16 条 機械器具等の電路の絶縁性能
第 17 条	変圧器の電路の絶縁耐力	第 16 条 機械器具等の電路の絶縁性能

第 18 条	器具等の電路の絶縁耐力	第 16 条　機械器具等の電路の絶縁性能
第 19 条	接地工事の種類	第 17 条　接地工事の種類及び施設方法 第 24 条　高圧又は特別高圧と低圧との混触による危険防止施設
第 20 条	各種接地工事の細目	第 17 条　接地工事の種類及び施設方法
第 21 条	D 種接地工事等の特例	第 17 条　接地工事の種類及び施設方法
第 22 条	水道管等の接地極	第 18 条　工作物の金属体を利用した接地工事
第 23 条	需要場所の引込口の接地	第 19 条　保安上又は機能上必要な場合における電路の接地
第 24 条	高圧又は特別高圧と低圧の混触による危険防止施設	第 24 条　高圧又は特別高圧と低圧との混触による危険防止施設
第 25 条	混触防止板付き変圧器に接続する低圧屋外電線の施設等	第 24 条　高圧又は特別高圧と低圧との混触による危険防止施設
第 26 条	特別高圧と高圧の混触等による危険防止施設	第 25 条　特別高圧と高圧との混触等による危険防止施設
第 27 条	計器用変成器の 2 次側電路の接地	第 28 条　計器用変成器の 2 次側電路の接地
第 28 条	電気設備の接地	第 19 条　保安上又は機能上必要な場合における電路の接地
第 4 節　電気機械器具の保安原則		
第 29 条	機械器具の鉄台及び外箱の接地	第 29 条　機械器具の金属製外箱等の接地
第 29 条の 2	ポリ塩化ビフェニル使用電気機械器具の施設禁止	第 32 条　ポリ塩化ビフェニル使用電気機械器具の施設禁止
第 29 条の 3	電気機械器具の熱的強度	第 20 条　電気機械器具の熱的強度
第 29 条の 4	変圧器等からの電磁誘導作用による人の健康影響の防止	第 31 条　変圧器等からの電磁誘導作用による人の健康影響の防止
第 30 条	高圧用の機械器具の施設	第 5 条　絶縁電線 第 21 条　高圧の機械器具の施設
第 31 条	特別高圧用機械器具の施設	第 22 条　特別高圧の機械器具の施設
第 32 条	特別高圧用変圧器の施設場所	第 22 条　特別高圧の機械器具の施設
第 33 条	特別高圧配電用変圧器の施設	第 26 条　特別高圧配電用変圧器の施設
第 34 条	特別高圧を直接低圧に変成する変圧器の施設	第 27 条　特別高圧を直接低圧に変成する変圧器の施設
第 35 条	高周波利用設備の障害の防止	第 30 条　高周波利用設備の障害の防止
第 36 条	アークを生ずる器具の施設	第 23 条　アークを生じる器具の施設
第 37 条	低圧電路中の過電流遮断器の施設	第 33 条　低圧電路に施設する過電流遮断器の性能等
第 38 条	高圧又は特別高圧電路中の過電流遮断器の施設	第 34 条　高圧又は特別高圧の電路に施設する過電流遮断器の性能等
第 39 条	過電流遮断器の施設の例外	第 35 条　過電流遮断器の施設の例外
第 40 条	地絡遮断装置等の施設	第 36 条　地絡遮断装置の施設 第 200 条　小出力発電設備の施設
第 41 条	避雷器の施設	第 37 条　避雷器等の施設
第 42 条	避雷器の接地	第 37 条　避雷器等の施設

第２章　発電所並びに変電，開閉所及びこれらに準ずる場所の施設

旧解釈		新解釈
第 43 条	発電所等への取扱者以外の者の立入の防止	第 1 条　用語の定義 第 38 条　発電所等への取扱者以外の者の立入の防止
第 43 条の 2	変電所等からの電磁誘導作用による人の健康影響の防止	第 39 条　変電所等からの電磁誘導作用による人の健康影響の防止
第 44 条	発電機の保護装置	第 42 条　発電機の保護装置
第 45 条	燃料電池等の保護装置	第 44 条　蓄電池の保護装置 第 45 条　燃料電池等の施設
第 46 条	特別高圧用変圧器の保護装置	第 43 条　特別高圧の変圧器及び調相設備の保護装置
第 47 条	特別高圧用調相設備の保護装置	第 43 条　特別高圧の変圧器及び調相設備の保護装置
第 48 条	水素冷却式発電機等の施設	第 41 条　水素冷却式発電機等の施設
第 49 条	ガス絶縁機器等の圧力容器の施設	第 40 条　ガス絶縁機器等の圧力容器の施設
第 50 条	太陽電池モジュール等の施設	第 46 条　太陽電池モジュール等の施設
第 50 条の 2	燃料電池等の施設	第 45 条　燃料電池等の施設
第 51 条	常時監視をしない発電所の施設	第 1 条　用語の定義 第 47 条　常時監視をしない発電所の施設
第 52 条	常時監視をしない変電所の施設	第 1 条　用語の定義 第 48 条　常時監視をしない変電所の施設

第３章　電線路

第１節　通則		
旧解釈		新解釈
第 53 条	電波障害の防止	第 51 条　電波障害の防止
第 53 条の 2	電線路からの電磁誘導作用による人の健康影響の防止	第 50 条　電線路からの電磁誘導作用による人の健康影響の防止
第 54 条	架空電線及び支持物の施設	—
第 55 条	架空電線の分岐	第 54 条　架空電線の分岐
第 56 条	架空電線路の支持物の昇塔防止	第 53 条　架空電線路の支持物の昇塔防止
第 57 条	風圧荷重の種別とその適用	第 1 条　用語の定義 第 58 条　架空電線路の強度検討に用いる荷重
第 58 条	架空電線路の支持物の基礎の安全率	第 49 条　電線路に係る用語の定義 第 59 条　架空電線路の支持物の強度等 第 60 条　架空電線路の支持物の基礎の強度等
第 59 条	鉄柱又は鉄塔の構成等	第 57 条　鉄柱及び鉄塔の構成等
第 60 条	鉄筋コンクリート柱の構成等	第 49 条　電線路に係る用語の定義 第 56 条　鉄筋コンクリート柱の構成等
第 61 条	木柱の強度計算	第 59 条　架空電線路の支持物の強度等
第 62 条	支線の使用	第 59 条　架空電線路の支持物の強度等
第 63 条	支線の仕様細目等及び支柱の代用	第 61 条　支線の施設方法及び支柱による代用

第2節　低圧及び高圧の架空電線路		
第64条	架空弱電流電線路への誘導障害の防止	第52条　架空弱電流電線路への誘導作用による通信障害の防止
第65条	架空ケーブルによる施設	第1条　用語の定義 第64条　適用範囲 第65条　低高圧架空電線路に使用する電線 第67条　低高圧架空電線路の架空ケーブルによる施設 第110条　低圧屋側電線路の施設 第111条　高圧屋側電線路の施設
第66条	使用電圧による低高圧架空電線の強さ及び種類	第65条　低高圧架空電線路に使用する電線
第67条	高低圧架空電線の安全率	第66条　低高圧架空電線の引張強さに対する安全率
第68条	低高圧架空電線の高さ	第1条　用語の定義 第68条　低高圧架空電線の高さ 第206条　道路等に施設する直流各電車線等の施設
第69条	高圧架空電線路の架空地線	第69条　高圧架空電線路の架空地線
第70条	低高圧架空電線路の支持物の強度等	第49条　電線路に係る用語の定義 第59条　架空電線路の支持物の強度等
第71条	高圧架空電線路の木柱等の支線の施設	第62条　架空電線路の支持物における支線の施設
第72条	低高圧架空電線等の併架	第80条　低高圧架空電線等の併架
第73条	高圧架空電線路の径間の制限	第63条　架空電線路の径間の制限
第74条	低圧保安工事	第70条　低圧保安工事及び高圧保安工事
第75条	高圧保安工事	第70条　低圧保安工事及び高圧保安工事
第76条	低高圧架空電線と建造物との接近	第1条　用語の定義 第49条　電線路に係る用語の定義 第55条　架空電線路の防護具 第64条　適用範囲 第71条　低高圧架空電線と建造物との接近
第77条	低高圧架空電線と道路等との接近又は交さ	第49条　電線路に係る用語の定義 第72条　低高圧架空電線と道路等との接近又は交差 第73条　低高圧架空電線と索道との接近又は交差 第75条　低高圧架空電線と電車線等又は電車線等の支持物との接近又は交差
第78条	低高圧架空電線と架空弱電流電線等との接近又は交さ	第1条　用語の定義 第76条　低高圧架空電線と架空弱電流電線路等との接近又は交差
第79条	低高圧架空電線とアンテナとの接近又は交さ	第77条　低高圧架空電線とアンテナとの接近又は交差
第80条	低高圧架空電線と交流電車線等との接近又は交さ	第64条　適用範囲 第75条　低高圧架空電線と電車線等又は電車線等の支持物との接近又は交差
第81条	低圧架空電線相互の接近又は交さ	第74条　低高圧架空電線と他の低高圧架空電線路との接近又は交差
第82条	高圧架空電線等と低圧架空電線等との接近又は交さ	第74条　低高圧架空電線と他の低高圧架空電線路との接近又は交差 第75条　低高圧架空電線と電車線等又は電車線等の支持物との接近又は交差

第 83 条	高圧架空電線相互の接近又は交さ	第 74 条　低高圧架空電線と他の低高圧架空電線路との接近又は交差 第 76 条　低高圧架空電線と架空弱電流電線路等との接近又は交差
第 84 条	低圧架空電線と他の工作物との接近又は交さ	第 1 条　用語の定義 第 78 条　低高圧架空電線と他の工作物との接近又は交差
第 85 条	高圧架空電線と他の工作物との接近又は交さ	第 78 条　低高圧架空電線と他の工作物との接近又は交差
第 86 条	低高圧架空電線と植物との離隔距離	第 79 条　低高圧架空電線と植物との接近
第 87 条	低高圧架空電線等に隣接する架空電線の施設	第 119 条　屋側電線路又は屋内電線路に隣接する架空電線の施設
第 88 条	低高圧架空電線と架空弱電流電線等との共架	第 81 条　低高圧架空電線と架空弱電流電線等との共架
第 89 条	農事用低圧架空電線路の施設	第 82 条　低圧架空電線路の施設の特例
第 90 条	構内に施設する使用電圧が 300V 以下の低圧架空電線路	第 82 条　低圧架空電線路の施設の特例
第 3 節　屋側電線路，屋上電線路，引込線及び連接引込線		
第 91 条	低圧屋側電線路の施設	第 1 条　用語の定義 第 110 条　低圧屋側電線路の施設
第 92 条	高圧屋側電線路の施設	第 111 条　高圧屋側電線路の施設 第 145 条　メタルラス張り等の木造造営物における施設
第 93 条	特別高圧屋側電線路の施設	第 112 条　特別高圧屋側電線路の施設
第 94 条	低圧屋上電線路の施設	第 113 条　低圧屋上電線路の施設
第 95 条	高圧屋上電線路の施設	第 114 条　高圧屋上電線路の施設
第 96 条	特別高圧屋上電線路の施設制限	第 115 条　特別高圧屋上電線路の施設
第 97 条	低圧引込線の施設	第 116 条　低圧架空引込線等の施設
第 98 条	低圧連接引込線の施設	第 116 条　低圧架空引込線等の施設
第 99 条	高圧引込線等の施設	第 83 条　適用範囲 第 117 条　高圧架空引込線等の施設
第 100 条	特別高圧引込線等の施設	第 118 条　特別高圧架空引込線等の施設
第 4 節　特別高圧架空電線路		
第 101 条	特別高圧架空電線路の市街地等における施設制限	第 88 条　特別高圧架空電線路の市街地等における施設制限
第 102 条	誘導障害の防止	第 52 条　架空弱電流電線路への誘導作用による通信障害の防止
第 103 条	特別高圧架空ケーブルによる施設	第 86 条　特別高圧架空電線路の架空ケーブルによる施設
第 104 条	特別高圧架空電線の強さ及び種類	第 83 条　適用範囲 第 84 条　特別高圧架空電線路に使用する電線 第 108 条　15,000V 以下の特別高圧架空電線路の施設
第 105 条	特別高圧架空電線と支持物等との離隔距離	第 89 条　特別高圧架空電線と支持物等との離隔距離
第 106 条	特別高圧架空電線の安全率	第 85 条　特別高圧架空電線の引張強さに対する安全率
第 107 条	特別高圧架空電線路の高さ	第 87 条　特別高圧架空電線の高さ
第 108 条	特別高圧架空電線路の架空地線	第 90 条　特別高圧架空電線路の架空地線
第 109 条	特別高圧架空電線路のがいし装置等	第 91 条　特別高圧架空電線路のがいし装置等
第 110 条	特別高圧架空電線路の木柱等の施設	第 59 条　架空電線路の支持物の強度等

第111条	特別高圧架空電線路の木柱等の支線の施設	第62条　架空電線路の支持物における支線の施設
第112条	特別高圧架空電線路の鉄柱，鉄筋コンクリート柱又は鉄塔の強度等	第59条　架空電線路の支持物の強度等
第113条	常時想定荷重	第49条　電線路に係る用語の定義 第58条　架空電線路の強度検討に用いる荷重
第114条	異常時想定荷重	第58条　架空電線路の強度検討に用いる荷重
第115条	特別高圧架空電線路の鉄塔の着雪時荷重等	第49条　電線路に係る用語の定義 第58条　架空電線路の強度検討に用いる荷重 第59条　架空電線路の支持物の強度等
第116条	特別高圧架空電線路における耐張型等の支持物の施設	第92条　特別高圧架空電線路における耐張型等の支持物の施設
第117条	特別高圧架空電線と低高圧架空電線との併架	第104条　35,000Vを超える特別高圧架空電線と低高圧架空電線等との併架 第107条　35,000V以下の特別高圧架空電線と低高圧架空電線等との併架又は共架 第108条　15,000V以下の特別高圧架空電線路の施設
第118条	特別高圧架空電線と低高圧電車線との併架	第104条　35,000Vを超える特別高圧架空電線と低高圧架空電線等との併架 第107条　35,000V以下の特別高圧架空電線と低高圧架空電線等との併架又は共架
第119条	特別高圧架空電線と架空弱電流電線等との共架	第105条　35,000Vを超える特別高圧架空電線と架空弱電流電線等との共架 第107条　35,000V以下の特別高圧架空電線と低高圧架空電線等との併架又は共架
第120条	特別高圧架空電線路の支持物に施設する低圧の機械器具等の施設	第109条　特別高圧架空電線路の支持物に施設する低圧の機械器具等の施設
第121条	特別高圧架空電線路の径間の制限	第63条　架空電線路の径間の制限
第122条	特別高圧架空電線路の難着雪化対策	第93条　特別高圧架空電線路の難着雪化対策
第122条の2	特別高圧架空電線路の塩雪害対策	第94条　特別高圧架空電線路の塩雪害対策
第123条	特別高圧保安工事	第95条　特別高圧保安工事
第124条	特別高圧架空電線と建造物との接近	第55条　架空電線路の防護具 第97条　35,000Vを超える特別高圧架空電線と建造物との接近 第106条　35,000V以下の特別高圧架空電線と工作物等との接近又は交差
第125条	特別高圧架空電線と道路等との接近又は交さ	第98条　35,000Vを超える特別高圧架空電線と道路等との接近又は交差 第106条　35,000V以下の特別高圧架空電線と工作物等との接近又は交差
第126条	特別高圧架空電線と索道との接近又は交さ	第99条　35,000Vを超える特別高圧架空電線と索道との接近又は交差 第106条　35,000V以下の特別高圧架空電線と工作物等との接近又は交差
第127条	特別高圧架空電線と低高圧架空電線等との接近又は交さ	第100条　35,000Vを超える特別高圧架空電線と低高圧架空電線等若しくは電車線等又はこれらの支持物との接近又は交差 第106条　35,000V以下の特別高圧架空電線と工作物等との接近又は交差

第 128 条	特別高圧架空電線相互の接近又は交さ	第 101 条　特別高圧架空電線相互の接近又は交差
第 129 条	特別高圧架空電線と他の工作物との接近又は交さ	第 102 条　35,000V を超える特別高圧架空電線と他の工作物との接近又は交差 第 106 条　35,000V 以下の特別高圧架空電線と工作物等との接近又は交差
第 130 条	特別高圧架空電線路の支線の施設	第 96 条　特別高圧架空電線が建造物等と接近又は交差する場合の支線の施設
第 131 条	特別高圧架空電線と植物との離隔距離	第 103 条　35,000V を超える特別高圧架空電線と植物との接近 第 106 条　35,000V 以下の特別高圧架空電線と工作物等との接近又は交差
第 132 条	特別高圧架空電線路等に隣接する架空電線の施設	第 119 条　屋側電線路又は屋内電線路に隣接する架空電線の施設
第 133 条	15,000V 以下の特別高圧架空電線路の施設	第 108 条　15,000V 以下の特別高圧架空電線路の施設
第 5 節　地中電線路		
第 134 条	地中電線路の施設	第 120 条　地中電線路の施設
第 135 条	地中箱の施設	第 121 条　地中箱の施設
第 136 条	地中電線路の加圧装置の施設	第 122 条　地中電線路の加圧装置の施設
第 137 条	地中電線の被覆金属体の接地	第 123 条　地中電線の被覆金属体等の接地
第 138 条	地中弱電流電線への誘導障害の防止	第 124 条　地中弱電流電線への誘導障害の防止
第 139 条	地中電線と地中弱電流電線等又は管との接近又は交さ	第 1 条　用語の定義 第 125 条　地中電線と他の地中電線等との接近又は交差
第 140 条	地中電線相互の接近又は交さ	第 125 条　地中電線と他の地中電線等との接近又は交差
第 6 節　トンネル内電線路		
第 141 条	トンネル内電線路の施設	第 126 条　トンネル内電線路の施設
第 142 条	人が常時通行するトンネル内電線路の施設	第 126 条　トンネル内電線路の施設
第 143 条	その他のトンネル内電線路の施設	第 126 条　トンネル内電線路の施設
第 144 条	トンネル内電線路の電線と弱電流電線等又は管との離隔距離	第 126 条　トンネル内電線路の施設
第 7 節　水上電線路及び水底電線路		
第 145 条	水上電線路の施設	第 127 条　水上電線路及び水底電線路の施設
第 146 条	水底電線路の施設	第 127 条　水上電線路及び水底電線路の施設
第 8 節　特殊場所の電線路		
第 147 条	地上に施設する電線路	第 128 条　地上に施設する電線路
第 148 条	橋に施設する電線路	第 129 条　橋に施設する電線路
第 149 条	電線路専用橋等に施設する電線路	第 130 条　電線路専用橋等に施設する電線路
第 150 条	がけに施設する電線路	第 131 条　がけに施設する電線路 第 133 条　臨時電線路の施設
第 151 条	屋内に施設する電線路	第 132 条　屋内に施設する電線路 第 142 条　電気使用場所及び小出力発電設備の施設に係る用語の定義
第 152 条	臨時電線路の施設	第 133 条　臨時電線路の施設

第４章　電力保安通信設備

旧解釈		新解釈
第153条	電力保安通信用電話設備の施設	第135条　電力保安通信用電話設備の施設 第225条　一般電気事業者との間の電話設備の施設
第154条	通信線の施設	第136条　電力保安通信線の施設 第137条　添架通信線及びこれに直接接続する通信線の施設
第155条	複合ケーブルを使用した通信線の施設	第136条　電力保安通信線の施設
第156条	架空電線と添架通信線との離隔距離	第81条　低高圧架空電線と架空弱電流電線等との共架 第137条　添架通信線及びこれに直接接続する通信線の施設
第157条	架空通信線の高さ	第138条　電力保安通信線の高さ
第158条	特別高圧電線路添架通信線と道路，横断歩道橋，鉄道及び他線路との接近又は交さ	第137条　添架通信線及びこれに直接接続する通信線の施設
第159条	特別高圧架空電線路添架通信線の市街地引込み制限	第139条　特別高圧架空電線路添架通信線の市街地引込み制限
第160条	15,000V以下の特別高圧架空電線路添架通信線の施設に係る特例	第140条　15,000V以下の特別高圧架空電線路添架通信線の施設に係る特例
第161条	無線用アンテナ等を支持する鉄塔等の施設	第141条　無線用アンテナ等を支持する鉄塔等の施設

第５章　電気使用場所の施設及び小出力発電設備

第１節　屋内の施設		
旧解釈		新解釈
第162条	屋内電路の対地電圧の制限	第132条　屋内に施設する電線路 第142条　電気使用場所の施設及び小出力発電設備に係る用語の定義 第143条　電路の対地電圧の制限 第185条　放電灯の施設
第163条	裸電線の使用制限	第144条　裸電線の使用制限
第164条	低圧屋内配線の使用電線	第146条　低圧配線に使用する電線
第165条	低圧屋内電路の引込口における開閉器の施設	第147条　低圧屋内電路の引込口における開閉器の施設
第166条	屋内に施設する低圧用の配線器具の施設	第1条　用語の定義 第150条　配線器具の施設
第167条	屋内に施設する低圧用の機械器具等の施設	第1条　用語の定義 第142条　電気使用場所の施設及び小出力発電設備に係る用語の定義 第145条　メタルラス張り等の木造造営物における施設 第151条　電気機械器具の施設
第168条	高周波電流による障害の防止	第1条　用語の定義 第155条　電気設備による電磁障害の防止
第169条	電動機の過負荷保護装置の施設	第149条　低圧分岐回路等の施設 第153条　電動機の過負荷保護装置の施設

第170条	低圧屋内幹線の施設	第148条　低圧幹線の施設
第171条	分岐回路の施設	第142条　電気使用場所の施設及び小出力発電設備に係る用語の定義 第148条　低圧幹線の施設 第149条　低圧分岐回路等の施設
第172条	低圧屋内配線の許容電流	第146条　低圧配線に使用する電線
第173条	屋内低圧用開閉器施設方法の例外	第148条　低圧幹線の施設 第149条　低圧分岐回路等の施設
第174条	低圧屋内配線の施設場所による工事の種類	第1条　用語の定義 第156条　低圧屋内配線の施設場所による工事の種類
第175条	がいし引き工事	第157条　がいし引き工事
第176条	合成樹脂線ぴ工事	
第177条	合成樹脂管工事	第158条　合成樹脂管工事
第178条	金属管工事	第159条　金属管工事
第179条	金属線ぴ工事	第161条　金属線ぴ工事
第180条	可とう電線管工事	第160条　金属可とう電線管工事
第181条	金属ダクト工事	第162条　金属ダクト工事
第182条	バスダクト工事	第163条　バスダクト工事
第183条	フロアダクト工事	第165条　特殊な低圧屋内配線工事
第184条	セルラダクト工事	第165条　特殊な低圧屋内配線工事
第185条	ライティングダクト工事	第165条　特殊な低圧屋内配線工事
第186条	平形保護層工事	第165条　特殊な低圧屋内配線工事
第187条	ケーブル工事	第164条　ケーブル工事
第188条	メタルラス張り等の木造造営物における施設	第145条　メタルラス張り等の木造造営物における施設
第189条	低圧屋内配線と弱電流電線等又は管との接近又は交さ	第157条　がいし引き工事 第167条　低圧配線と弱電流電線等又は管との接近又は交差 第168条　高圧配線の施設
第190条	屋内低圧用の電球線の施設	第142条　電気使用場所の施設及び小出力発電設備に係る用語の定義 第170条　電球線の施設
第191条	屋内低圧用の移動電線の施設	第142条　電気使用場所の施設及び小出力発電設備に係る用語の定義 第171条　移動電線の施設
第192条	粉じんの多い場所における低圧の施設	第175条　粉じんの多い場所の施設
第193条	可燃性ガス等の存在する場所における低圧の施設	第176条　可燃性ガス等の存在する場所の施設
第194条	危険物等の存在する場所における低圧の施設	第177条　危険物等の存在する場所の施設
第195条	火薬庫における電気設備の施設	第178条　火薬庫の電気設備の施設
第196条	興行場の低圧工事	第172条　特殊な配線等の施設
第197条	作業船等の室内の配線工事	第172条　特殊な配線等の施設
第198条	ショウウィンドー又はショウケース内の配線工事	第172条　特殊な配線等の施設

第 199 条	屋内に施設する低圧接触電線の工事	第 142 条　電気使用場所の施設及び小出力発電設備に係る用語の定義 第 173 条　低圧接触電線の施設
第 200 条	エレベータ，ダムウェーター等の低圧屋内配線等の施設	第 172 条　特殊な配線等の施設
第 201 条	屋内における電熱装置の施設	第 152 条　電熱装置の施設
第 202 条	高圧屋内配線等の施設	第 144 条　裸電線の使用制限 第 145 条　メタルラス張り等の木造造営物における施設 第 168 条　高圧配線の施設 第 175 条　粉じんの多い場所の施設 第 176 条　可燃性ガス等の存在する場所の施設 第 177 条　危険物等の存在する場所の施設
第 203 条	屋内高圧用の移動電線の施設	第 171 条　移動電線の施設 第 175 条　粉じんの多い場所の施設 第 176 条　可燃性ガス等の存在する場所の施設 第 177 条　危険物等の存在する場所の施設
第 204 条	屋内に施設する高圧接触電線の工事	第 142 条　電気使用場所の施設及び小出力発電設備に係る用語の定義 第 174 条　高圧又は特別高圧の接触電線の施設
第 205 条	特別高圧屋内電気設備の施設	第 144 条　裸電線の使用制限 第 145 条　メタルラス張り等の木造造営物における施設 第 169 条　特別高圧配線の施設 第 171 条　移動電線の施設 第 174 条　高圧又は特別高圧の接触電線の施設 第 175 条　粉じんの多い場所の施設 第 176 条　可燃性ガス等の存在する場所の施設 第 177 条　危険物等の存在する場所の施設 第 178 条　火薬庫の電気設備の施設
第 206 条	屋内の放電灯工事	第 145 条　メタルラス張り等の木造造営物における施設 第 185 条　放電灯の施設
第 207 条	屋内の放電灯工事（その 2）	第 145 条　メタルラス張り等の木造造営物における施設 第 185 条　放電灯の施設
第 208 条	屋内のネオン放電灯工事	第 186 条　ネオン放電灯の施設
第 209 条	屋内放電灯工事の施設制限	第 185 条　放電灯の施設 第 186 条　ネオン放電灯の施設
	第 2 節　屋外の施設	
第 210 条	屋外灯の引下げ線の施設	第 166 条　低圧の屋側配線又は屋外配線の施設
第 211 条	屋側配線又は屋外配線の施設	第 144 条　裸電線の使用制限 第 145 条　メタルラス張り等の木造造営物における施設 第 146 条　低圧配線に使用する電線 第 148 条　低圧幹線の施設 第 149 条　低圧分岐回路等の施設 第 166 条　低圧の屋側配線又は屋外配線の施設 第 167 条　低圧配線と弱電流電線等又は管との接近又は交差 第 168 条　高圧配線の施設 第 169 条　特別高圧配線の施設
第 212 条	屋側又は屋外に施設する電球線の施設	第 170 条　電球線の施設
第 213 条	屋側又は屋外に施設する移動電線の施設	第 171 条　移動電線の施設

第214条	屋側又は屋外に施設する配線器具等の施設	第143条　電路の対地電圧の制限 第145条　メタルラス張り等の木造造営物における施設 第150条　配線器具の施設 第151条　電気機械器具の施設
第215条	屋側又は屋外における電熱装置の施設	第152条　電熱装置の施設
第216条	屋側又は屋外の粉じんの多い場所等における施設	第175条　粉じんの多い場所の施設 第176条　可燃性ガス等の存在する場所の施設 第177条　危険物等の存在する場所の施設
第217条	屋側又は屋外に施設する接触電線の施設	第173条　低圧接触電線の施設 第174条　高圧又は特別高圧の接触電線の施設
第218条	屋側又は屋外の放電灯工事	第145条　メタルラス張り等の木造造営物における施設 第185条　放電灯の施設 第186条　ネオン放電灯の施設
第3節　トンネル，坑道その他これらに類する場所の施設		
第219条	人が常時通行するトンネル内の配線の施設	第179条　トンネル等の電気設備の施設要件
第220条	鉱山その他の坑道内の施設	第179条　トンネル等の電気設備の施設要件
第221条	トンネル等の配線と弱電流電線等又は管との接近又は交さ	第167条　低圧配線と弱電流電線等又は管との接近又は交差 第179条　トンネル等の電気設備の施設要件
第222条	トンネル等の電球線又は移動電線等の施設	第179条　トンネル等の電気設備の施設要件
第223条	トンネル等に施設する配線器具等の施設	第179条　トンネル等の電気設備の施設要件 第185条　放電灯の施設
第4節　特殊施設		
第224条	電気さくの施設	第192条　電気さくの施設
第225条	遊戯用電車の施設	第189条　遊戯用電車の施設
第226条	電撃殺虫器の施設	第193条　電撃殺虫器の施設
第227条	交通信号灯の施設	第184条　交通信号灯の施設
第228条	フロアヒーティング等の電熱装置の施設	第195条　フロアヒーティング等の電熱装置の施設
第229条	パイプライン等の電熱装置の施設	第197条　パイプライン等の電熱装置の施設
第230条	電気温床等の施設	第196条　電気温床等の施設
第231条	電極式温泉用昇温器の施設	第198条　電気浴器等の施設
第232条	電気浴器の施設	第198条　電気浴器等の施設
第233条	銀イオン殺菌装置の施設	第198条　電気浴器等の施設
第234条	プール用水中照明灯等の施設	第187条　水中照明灯の施設
第235条	滑走路灯等配線の施設	第188条　滑走路灯等の配線の施設
第236条	電気防食施設	第199条　電気防食施設
第237条	小勢力回路の施設	第181条　小勢力回路の施設
第238条	出退表示灯回路の施設	第182条　出退表示灯回路の施設
第238条の2	特別低電圧照明回路の施設	第183条　特別低電圧照明回路の施設
第239条	電気集塵装置等の施設	第191条　電気集じん装置等の施設

第 239 条の 2	可燃性のガス等の存在する場所における特別高圧電動機又は特別高圧発電機の施設	第 169 条　特別高圧配線の施設 第 176 条　可燃性ガス等の存在する場所の施設
第 240 条	アーク溶接装置の施設	第 190 条　アーク溶接装置の施設
第 241 条	エックス線発生装置の施設	第 194 条　エックス線発生装置の施設
第 242 条	臨時配線の施設	第 180 条　臨時配線の施設
第 5 節　小出力発電設備		
第 242 条の 2	小出力太陽電池発電設備の施設	第 200 条　小出力発電設備の施設
第 242 条の 3	小出力燃料電池発電設備の施設	第 200 条　小出力発電設備の施設
第 6 節　蓄電池		
第 242 条の 4	蓄電池の保護装置	第 154 条　蓄電池の保護装置

第 6 章　電気鉄道等

第 1 節　通則		
旧解釈		新解釈
第 243 条	電車線路の使用電圧の制限	第 203 条　直流電車線路の施設制限 第 211 条　交流電車線路の施設制限 第 217 条　鋼索鉄道の電車線等の施設
第 244 条	電波障害の防止	第 202 条　電波障害の防止
第 2 節　直流式電気鉄道		
第 245 条	直流電車線路の施設制限	第 201 条　電気鉄道等に係る用語の定義 第 203 条　直流電車線路の施設制限
第 246 条	通信上の誘導障害防止施設	第 204 条　直流電車線等から架空弱電流電線路への通信障害の防止
第 247 条	架空直流電車線の太さ	第 201 条　電気鉄道等に係る用語の定義 第 205 条　直流電車線の施設
第 248 条	道路に施設する架空直流電車線路の径間	第 206 条　道路等に施設する直流架空電車線等の施設
第 249 条	架空直流電車線のレール面上の高さ	第 205 条　直流電車線の施設
第 250 条	架空直流電車線と弱電流電線等との混触による危険防止施設	第 207 条　直流架空電車線等と架空弱電流電線等との接近又は交差
第 251 条	ちょう架用線及び張線の接地	第 206 条　道路等に施設する直流架空電車線等の施設
第 252 条	直流式電気鉄道用電車線路の絶縁抵抗	第 205 条　直流電車線の施設
第 253 条	架空直流絶縁帰線の施設	第 208 条　直流電車線路に付随する設備の施設
第 254 条	電食防止等	第 201 条　電気鉄道等に係る用語の定義 第 209 条　電食の防止
第 255 条	電食防止等（その 2）	第 209 条　電食の防止
第 256 条	電食防止等（その 3）	第 209 条　電食の防止
第 257 条	電食防止等（その 4）	第 209 条　電食の防止

第258条	排流接続	第210条　排流接続
第3節　交流式電気鉄道		
第259条	電車線路の施設制限	第211条　交流電車線路の施設制限
第260条	電圧不平衡による障害の防止	第212条　電圧不平衡による障害の防止
第261条	通信上の誘導障害防止施設	第213条　交流電車線等から弱電流電線路への通信障害の防止
第262条	電車線等と架空弱電流電線等との接近又は交さ	第215条　交流架空電車線等と架空弱電流電線等との接近又は交差
第263条	電車線等と建造物その他の工作物との接近又は交さ	第214条　交流架空電車線等と他の工作物等との接近又は交差
第264条	電車線と植物との離隔距離	第214条　交流架空電車線等と他の工作物等との接近又は交差
第265条	遮へい線等の施設	第214条　交流架空電車線等と他の工作物等との接近又は交差
第266条	吸上げ変圧器等の施設	第216条　交流電車線路に付随する設備の施設
第267条	架空交流絶縁帰線の施設	第216条　交流電車線路に付随する設備の施設
第268条	鋼索車線の施設	第217条　鋼索鉄道の電車線等の施設
第269条	鋼索車線と架空弱電流電線等との接近又は交さ	第217条　鋼索鉄道の電車線等の施設
第270条	レール等の施設	第217条　鋼索鉄道の電車線等の施設
第271条	鋼索車線の絶縁抵抗	第217条　鋼索鉄道の電車線等の施設

第7章　国際規格の取り入れ

現行		移行先
第272条	IEC 60364 規格の適用	第218条　IEC 60364 規格の適用
第272条の2	IEC 61936-1 規格の適用	第219条　IEC 61936-1 規格の適用

第8章　一般電気事業者及び卸電気事業者以外の者が，発電設備等を電力系統に連系する場合の設備

第1節　通則		
旧解釈		新解釈
第273条	直流流出防止変圧器の施設	第220条　分散型電源の系統連系設備に係る用語の定義 第221条　直流流出防止変圧器の施設
第274条	過電流遮断器の種別	第226条　低圧連系時の施設要件
第2節　低圧配電線との連系		
第275条	限流リアクトル等の施設	第222条　限流リアクトル等の施設
第276条	系統連系用保護装置の施設	第226条　低圧連系時の施設要件 第227条　低圧連系時の系統連系用保護装置

第3節　高圧配電線との連系		
第277条	自動負荷制限の実施	第223条　自動負荷制限の実施
第278条	再閉路時の事故防止	第224条　再閉路時の事故防止
第279条	逆潮流の制限	第228条　高圧連系時の施設要件
第280条	限流リアクトル等の施設	第222条　限流リアクトル等の施設
第281条	系統連系用保護装置の施設	第229条　高圧連系時の系統連系用保護装置
第282条	高圧配電線との連係における例外	第232条　高圧連系及び特別高圧連系における例外
第4節　スポットネットワーク配電線との連系		
第283条	自動負荷制限の実施	第223条　自動負荷制限の実施
第284条	限流リアクトル等の施設	第222条　限流リアクトル等の施設
第285条	系統連系用保護装置の施設	第231条　特別高圧連系時の系統連系用保護装置
第5節　特別高圧電線路との連系		
第286条	自動負荷制限の実施	第223条　自動負荷制限の実施
第287条	発電抑制の実施	第230条　特別高圧連系時の施設要件
第288条	再閉路時の事故防止	第224条　再閉路時の事故防止
第289条	限流リアクトル等の施設	第222条　限流リアクトル等の施設
第290条	発電設備等運転制御装置の施設	第230条　特別高圧連系時の施設要件
第291条	変圧器中性点の接地	第230条　特別高圧連系時の施設要件
第292条	系統連系用保護装置の施設	第231条　特別高圧連系時の系統連系用保護装置
第293条	特別高圧電線路との連系における例外	第232条　高圧連系及び特別高圧連系における例外

参考

発電用太陽電池設備に関する技術基準を定める省令

（令和3年3月31日　経済産業省令第29号）

電気事業法（昭和39年法律第170号）第39条第1項及び第56条第1項の規定に基づき，発電用太陽電池設備に関する技術基準を定める省令を次のように定める。

令和3年3月31日

経済産業大臣　梶山　弘志

発電用太陽電池設備に関する技術基準を定める省令及びその解釈に関する逐条解説

令和6年10月1日
産業保安・安全グループ　電力安全課

発電用太陽電池発電設備に関する技術基準を定める省令は（令和3年経済産業省令第29号。以下「省令」という。）は，電気事業法（昭和39年法律第170号）第39条第1項及び第56条第1項の規定に基づき，発電用太陽電池設備を対象として定めた技術基準である。

また，発電用太陽電池設備に関する技術基準の解釈（以下「解釈」という。）は，省令に定める技術的要件を満たすものと認められる技術的内容をできるだけ具体的に示したものである。

なお，省令に定める技術的要件を満たすものと認められる技術的内容はこの解釈に限定されるものではなく，省令に照らして十分な保安水準の確保が達成できる技術的根拠があれば，省令に適合するものと判断するものである。

（適用範囲）
省令第1条　この省令は，太陽光を電気に変換するために施設する電気工作物について適用する。
2　前項の電気工作物とは，一般用電気工作物及び事業用電気工作物をいう。

〔解　説〕 太陽電池発電所は，太陽電池モジュールとそれを支持する工作物，昇圧変圧器，遮断器，電路等から構成されるが，本省令については，太陽電池モジュールを支持する工作物（以下,「支持物」という。）および地盤に関する技術基準を定めたものであり，ここでの支持物とは，架台及び基礎の部分を示す。なお，電気設備に関しては「電気設備に関する技術基準を定める省令（平成9年通商産業省令第52号）」に規定されている。

（定義）
省令第2条　この省令において使用する用語は，電気事業法施行規則（平成7年通商産業省令第77号）において使用する用語の例による。

【用語の定義】（省令第２条）

解釈第１条　この解釈において使用する用語は，電気事業法施行規則（平成７年通商産業省令第 77 号）及び省令において使用する用語の例による。

〔解　説〕 規制の明確化の観点から，電気事業法施行規則（平成７年通商産業省令第 77 号）で使用する用語と発電用太陽電池設備に関する技術基準を定める省令及びその解釈で使用する用語の統一を図っている。また，太陽光発電に関する用語については，日本産業規格 JIS C 8960（2012）「太陽光発電用語」による。

（人体に危害を及ぼし，物件に損傷を与えるおそれのある施設等の防止）

省令第３条　太陽電池発電所を設置するに当たっては，人体に危害を及ぼし，又は物件に損傷を与えるおそれがないように施設しなければならない。

2　発電用太陽電池設備が小規模発電設備である場合には，前項の規定は，同項中「太陽電池発電所」とあるのは「発電用太陽電池設備」と読み替えて適用するものとする。

〔解　説〕 取扱者以外の者又は物件に対して危害や損害を与えるおそれがないように適切な措置を講ずることを規定している。なお，電気設備からの感電，火災等の防止に関しては，電気設備に関する技術基準を定める省令（平成９年通商産業省令第 52 号）第４条に規定されている。

（取扱者以外の者に対する危険防止措置）

省令第３条の２　電気機械器具，母線等を施設する発電用太陽電池設備であって，小規模発電設備であるもの（一般用電気工作物であるものを除く。）には，取扱者以外の者に電気機械器具，母線等が危険である旨を表示するとともに，当該者が容易に接近するおそれがないように適切な措置を講じなければならない。

【取扱者以外に対する侵入防止措置】（省令第３条の２）

解釈第２条　機械器具及び母線等（以下，この条において「機械器具等」という。）を屋外に施設する太陽電池発電設備であって，小規模発電設備であるもの（一般用電気工作物であるものを除く。次項において同じ。）は，次の各号により当該太陽電池発電設備を設置する場所に取扱者以外の者が立ち入らないような措置を講じること。ただし，土地の状況により人が立ち入るおそれがない箇所については，この限りでない。

一　さく，へい等を設けること。

二　出入口に立入りを禁止する旨を表示すること。

三　出入口に施錠装置を施設して施錠する等，取扱者以外の者の出入りを制限する措置を講じること。

2 機械器具等を施設する太陽電池発電設備を次の各号のいずれかにより施設する場合は，第１項の規定によらないことができる。

一 工場等の構内において，電気設備の技術基準の解釈（20130215 商局第４号。以下この条において「電技解釈」という。）第 38 条第３項第一号イからハまでに掲げる方法により施設する場合。

二 機械器具等を次のいずれかにより施設する場合。

イ 電技解釈第 21 条第四号の規定に準じるとともに，機械器具等を収めた箱を施錠すること。

ロ 充電部分が露出しない機械器具を，次のいずれかにより施設すること。

（イ） 機械器具を地表上 2m 以上の高さに，かつ，人が通る場所から容易に触れることのない範囲に施設すること。

（ロ） 機械器具に人が接近又は接触しないよう，さく，へい等を設け，又は機械器具を金属管に収める等の防護措置を施すこと。

〔解　説〕 本条は，機械器具等を施設する太陽電池発電設備であって，小規模発電設備であるもの（一般用電気工作物であるものを除く。）において，取扱者以外の者が構内に立ち入らないような措置を講ずることを示している。

第１項は，機械器具等を屋外に施設する太陽電池発電設備を設置する場所については，土地の状況により人の立ち入るおそれがない箇所を除き，第一号から第三号によることとしている。ここで，「土地の状況により」というのは，河川や断崖のように人が立ち入るおそれがないものを指している。

第一号は，太陽電池発電設備を設置する場所に取扱者以外の一般公衆が立ち入らないようにさく，へい等を設けることを示している。

第二号は，出入口に立入禁止の表示をすることを示し，更に施錠装置を施設して施錠する等，取扱者以外の者の出入りを制限する措置を講じることを第三号に示している。

なお，第１項は公衆保安を目的としたものであり，取扱者以外の者とは一般公衆を対象としている。したがって，取扱者と保安協定の締結等をしている者は取扱者と同等と扱い，第１項の取扱者以外の者には該当しないこととしている。

第２項は，公衆保安が確保されている太陽電池発電設備においては，その太陽電池発電設備の周りに更にさく，へい等の施設や取扱者以外の者の立入りを制限する措置を講じなくてもよいことを示している。

第一号は，さく，へい等により一般公衆が立ち入らないようにしている工場等の構内にある太陽電池発電設備は，危険である旨を表示するとともに電気設備の技術基準の解釈（20130215 商局第４号）第 38 条第３項第一号イからハにより施設すれば，第１項で規定するさく，へい等の施設や取扱者以外の者の出入りを制限する措置を講じなくてもよいこととしている。

第二号は，機械器具等に人が触れないように施設することを示している。機械器具等を，イ又はロにより施設すれば，第１項で規定するさく，へい等の施設や取扱者以外の者の出入りを制限する措置を講じなくてもよいこととしている。イは，機械器具等を金属製外箱等に収納して施錠すること，ロは，人が容易に触れるおそれがないように施設することを求めている。

（イ）は，設備を高所に施設して空間的に離隔する場合について規定している。

（ロ）は，物理的な防護措置を行う場合を規定しており，代表的な施設例を以下に示す。

・金属管，合成樹脂管，トラフ，ダクト，金属ボックスなどに収める。
・さく，へい，壁などを設ける。
・設備を施設している箇所を立入禁止にする。

（支持物の構造等）

省令第４条　太陽電池モジュールを支持する工作物（以下「支持物」という。）は，次の各号により施設しなければならない。

一　自重，地震荷重，風圧荷重，積雪荷重その他の当該支持物の設置環境下において想定される各種荷重に対し安定であること。

二　前号に規定する荷重を受けた際に生じる各部材の応力度が，その部材の許容応力度以下になること。

三　支持物を構成する各部材は，前号に規定する許容応力度を満たす設計に必要な安定した品質を持つ材料であるとともに，腐食，腐朽その他の劣化を生じにくい材料又は防食等の劣化防止のための措置を講じた材料であること。

四　太陽電池モジュールと支持物の接合部，支持物の部材間及び支持物の架構部分と基礎又はアンカー部分の接合部における存在応力を確実に伝える構造とすること。

五　支持物の基礎部分は，次に掲げる要件に適合するものであること。

イ　土地又は水面に施設される支持物の基礎部分は，上部構造から伝わる荷重に対して，上部構造に支障をきたす沈下，浮上がり及び水平方向への移動を生じないものであること。

ロ　土地に自立して施設される支持物の基礎部分は，杭基礎若しくは鉄筋コンクリート造の直接基礎又はこれらと同等以上の支持力を有するものであること。

六　土地に自立して施設されるもののうち設置面からの太陽電池アレイ（太陽電池モジュール及び支持物の総体をいう。）の最高の高さが9mを超える場合には，構造強度等に係る建築基準法（昭和25年法律第201号）及びこれに基づく命令の規定に適合するものであること。

【設計荷重】（省令第４条第一号）
解釈第3条　省令第４条第一号における荷重とは，日本産業規格 JIS C 8955（2017）「太陽電池アレイ用支持物の設計用荷重算出方法」に規定する荷重その他の当該支持物の設置環境下において想定される各種荷重をいう。

【支持物の架構】（省令第４条第一号）
解釈第4条　省令第４条第一号における支持物の安定とは，同号に規定する荷重に対して，支持物が倒壊，飛散及び移動しないことをいう。

【部材強度】（省令第４条第二号）
解釈第5条　省令第４条第二号に規定する各部材の強度は，省令第４条第一号によって設定される各種荷重が作用したときに生じる各部材の応力度が当該部材の許容応力以下であることをいう。

【使用材料】（省令第４条第三号）
解釈第6条　省令第４条第三号における支持物に使用する材料は，設計条件に耐え得る安定した強度特性を有する材質であるとともに，使用される目的，部位，環境条件及び耐久性等を考慮して適切に選定すること。また，腐食，腐朽その他の劣化等を生じにくい材料または劣化防止のための措置がとられた材料を使用すること。

【接合部】（省令第４条第四号）
解釈第7条　省令第４条第四号における接合部とは，太陽電池モジュールと支持物，支持物の部材間及び支持物の架構部分と基礎又はアンカー部分の接合部をいい，荷重を伝達する全ての接合部を対象とする。
2　接合部の強度は，部材間の存在応力を確実に伝達できる性能を有していること。

【基礎及びアンカー】（省令第４条第五号）
解釈第8条　土地に自立して施設される支持物の基礎，水面に施設されるフロート等の支持物の係留用アンカーにおいては，想定される荷重に対して上部構造に支障をきたす沈下，浮上がり及び水平方向への移動がないこと。
2　水面に施設されるフロート群（アイランド）においては，多数のアンカーが配置されるため，荷重の偏りを考慮して全てのアンカーの安全性を確認すること。

【支持物の標準仕様】（省令第４条）
解釈第9条　太陽電池モジュールの支持物を，次の各号のいずれかにより地上に施設する場合は，第3条，第4条，第5条，第6条，第7条及び第8条の規定によらないことができる。

一　一般仕様

8-1表に示す施設条件下において，イ及びロのいずれにも適合する場合

8-1表

地表面粗度区分	Ⅲ
設計用基準風速	34m/s以下
積雪区域	一般
垂直積雪量	50cm以下
太陽電池モジュールのサイズ	2,000mm × 1,000mm以下
太陽電池モジュールの重量	28kg/枚以下

イ　設計条件として，次のいずれの値にも適合するものであること。

（イ）　構造体は，8-2表によること。

8-2表

太陽電池モジュールの配置及び規模	4段2列（計8枚）
アレイ面の傾斜角度	20°
アレイ面の最低高さ	地面（以下GLとする）+ 1,100mm

（ロ）　雪の平均単位重量は，20N/m²/cmとすること。

（ハ）　アレイ面の地上平均高さは，GL+1.8mであること。

（ニ）　地震荷重について水平震度は，0.3とすること。

（ホ）　用途係数は，1.0とすること。

（ヘ）　基礎及び地盤は，8-3表によること。

8-3表

基礎	鉄筋コンクリート基礎
コンクリート強度Fc	21N/mm²以上
土質	粘性土と同等以上
N値	3以上
長期許容支持力	20kN/m²以上
地盤との摩擦係数	0.3以上

ロ　架台及び基礎の仕様は，鋼製架台については，次の（イ），（ロ），（ハ）及び（ニ），アルミニウム合金製架台については，次の（ホ），（ヘ），（ト）及び（チ）の仕様に適合するものであること。

（イ）　架台及び基礎の構造図は，次の図に示す構造とすること。

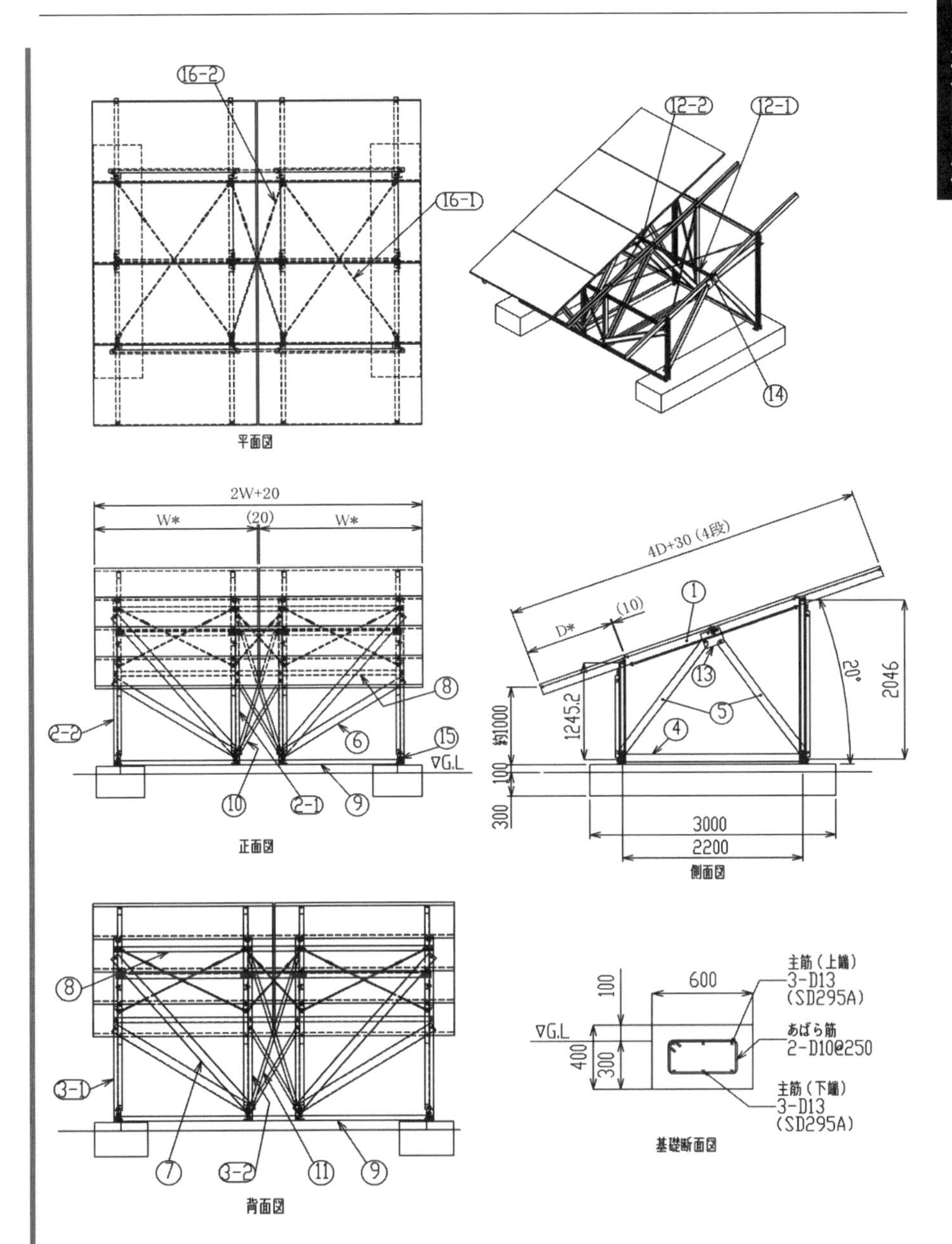

※　太陽電池モジュールの長辺長さWは 2,000mm 以下，短辺長さ D は 1,100mm 以下，面積W × D は $2m^2$ 以下とする。

注）図中の○に示す数字は，部材番号を示す。

（ロ）　使用部材は，次に適合するものであること。

(1)　支持架構の部材は，(イ)に示す部材番号ごとに8-4表に示すものであること。

8-4表

部材番号	部材名	断面	鋼材種	表面処理	数量
1	パネル受け	[-100 × 50 × 2.3	SS400相当	HDZ35以上	4
2-1	支柱前（右）	C-75 × 45 × 15 × 2.3	SS400相当	HDZ35以上	2
2-2	支柱前（左）	C-75 × 45 × 15 × 2.3	SS400相当	HDZ35以上	2
3-1	支柱後（右）	C-75 × 45 × 15 × 2.3	SS400相当	HDZ35以上	2
3-2	支柱後（左）	C-75 × 45 × 15 × 2.3	SS400相当	HDZ35以上	2
4	つなぎ材	[-100 × 50 × 3.2	SS400相当	HDZ35以上	2
5	側面ブレース	[-100 × 50 × 3.2	SS400相当	HDZ35以上	8
6	正面ブレース	[-100 × 50 × 3.2	SS400相当	HDZ35以上	2
7	背面ブレース	[-100 × 50 × 3.2	SS400相当	HDZ35以上	2
8	上弦材	[-60 × 30 × 2.3	SS400相当	HDZ35以上	2
9	下弦材	[-60 × 30 × 2.3	SS400相当	HDZ35以上	2
10	中央ブレース前	PL-38 × 2.3	SS400相当	HDZ35以上	2
11	中央ブレース後	PL-38 × 2.3	SS400相当	HDZ35以上	2
12-1	横材（端）	[-60 × 30 × 2.3	SS400相当	HDZ35以上	2
12-2	横材（中）	[-60 × 30 × 2.3	SS400相当	HDZ35以上	1
13	つなぎプレート	PL-4.5	SS400相当	HDZ35以上	4
14	横材固定金具	L-75 × 45 × 4.5	SS400相当	HDZ35以上	6
15	支柱固定金具	L-165 × 75 × 9.0	SS400相当	HDZ35以上	4
16-1	ターンバックル（端）	M10	SS400相当	HDZ35以上	4
16-2	ターンバックル（中）	M10	SS400相当	HDZ35以上	2

注1）断面の列における[，C，PL，L，Mは，それぞれ支持架構の部材の断面形態を表している。
注2）塩害地等の高腐食環境に設置する場合は，表面処理について適切に選定すること。

(2)　締結材は，8-5表に示すものであること。

8-5表

接合箇所	ボルト	鋼材種	表面処理	数量	備考
架台接合	M12	SS400相当	HDZ-A種相当	94	架台の全接合部に使用する
モジュール固定	M6またはM8	SS400相当	HDZ-A種相当	32	ボルトサイズはメーカー指定による
アンカーボルト	M16	SS400相当	HDZ-A種相当	4	

(ハ)　接合部の施工は，次の図の接合部ごとに示す詳細図によること。

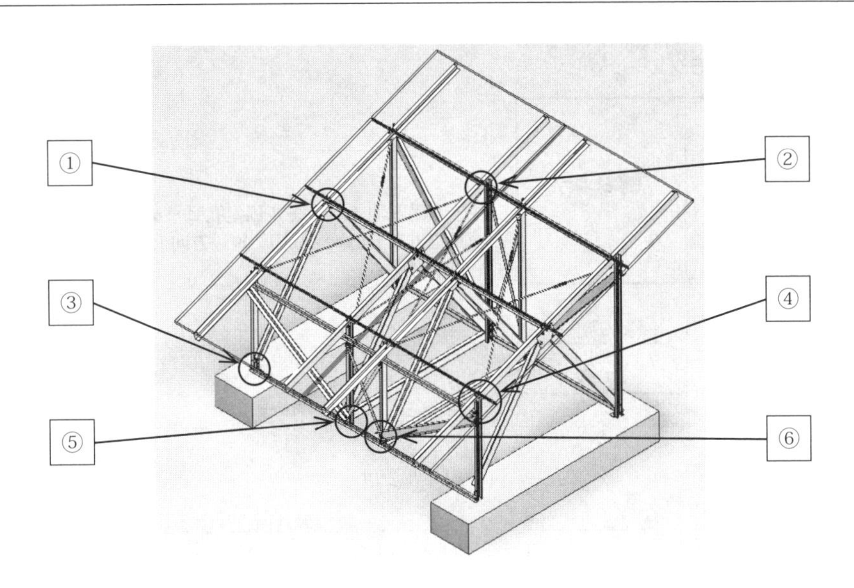

詳細図

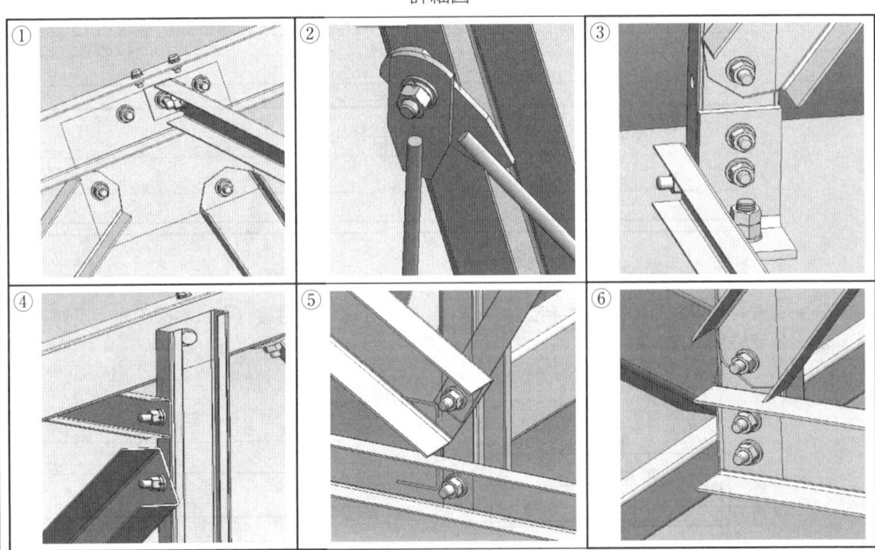

（ニ）　太陽電池モジュールを構成する部品は，（イ）に示す部材番号ごとに次の図に示すものであること。

部品図
モジュール外形

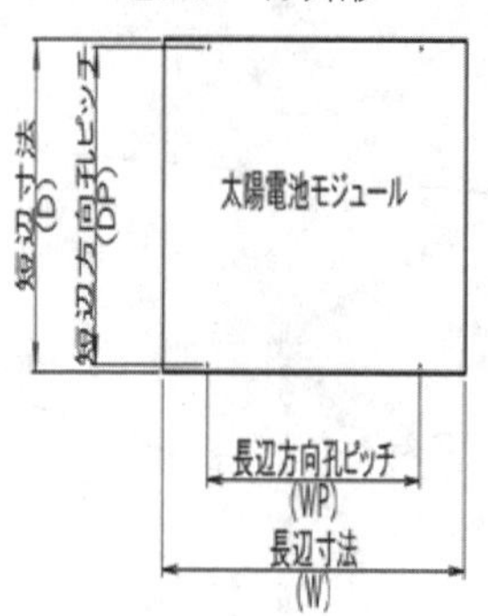

注）太陽電池モジュール固定孔ピッチは，長辺方向1,400mm以下，短辺方向1,050mm以下とする。

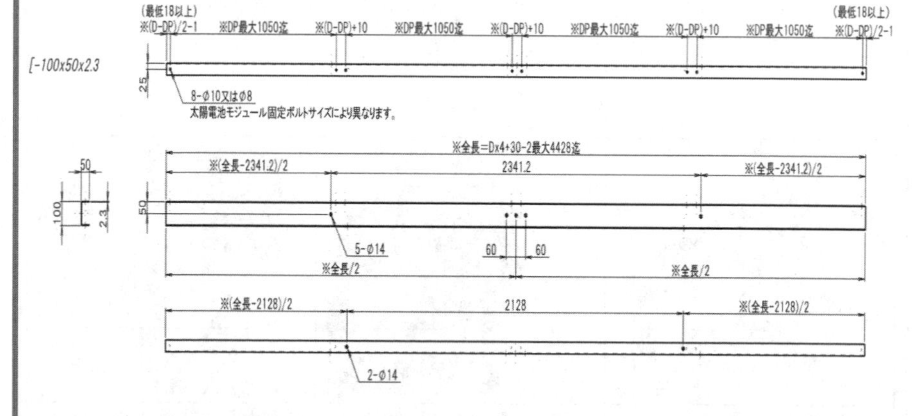

2－1支柱前（右）本図の勝手反対
2－2支柱前（左）

C-75x45x15x2.3

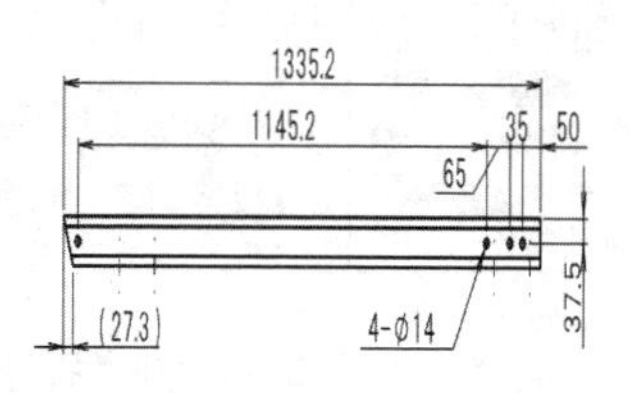

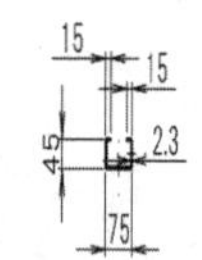

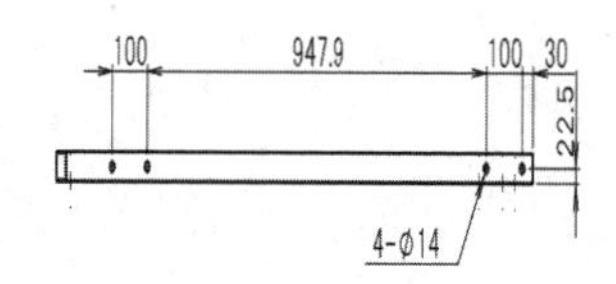

3－1支柱後（右）本図の勝手反対
3－2支柱後（左）

C-75x45x15x2.3

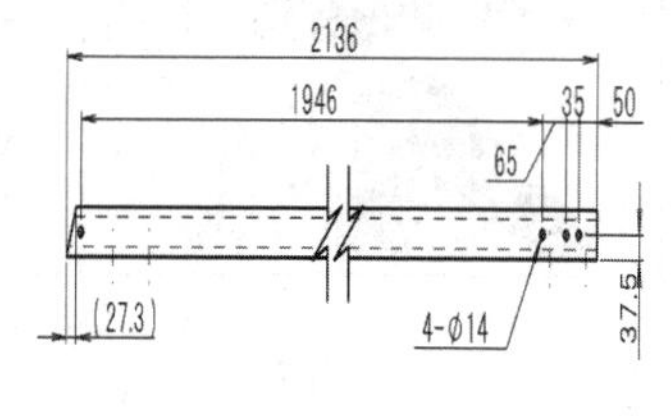

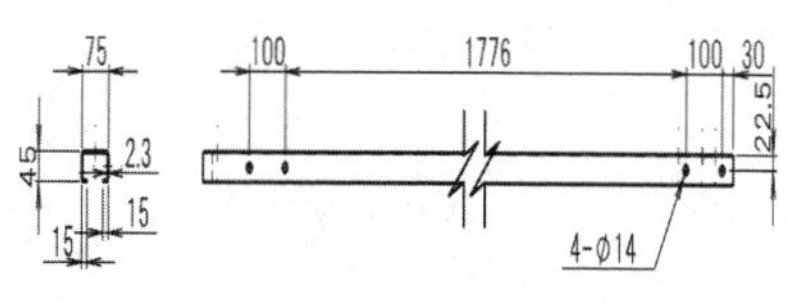

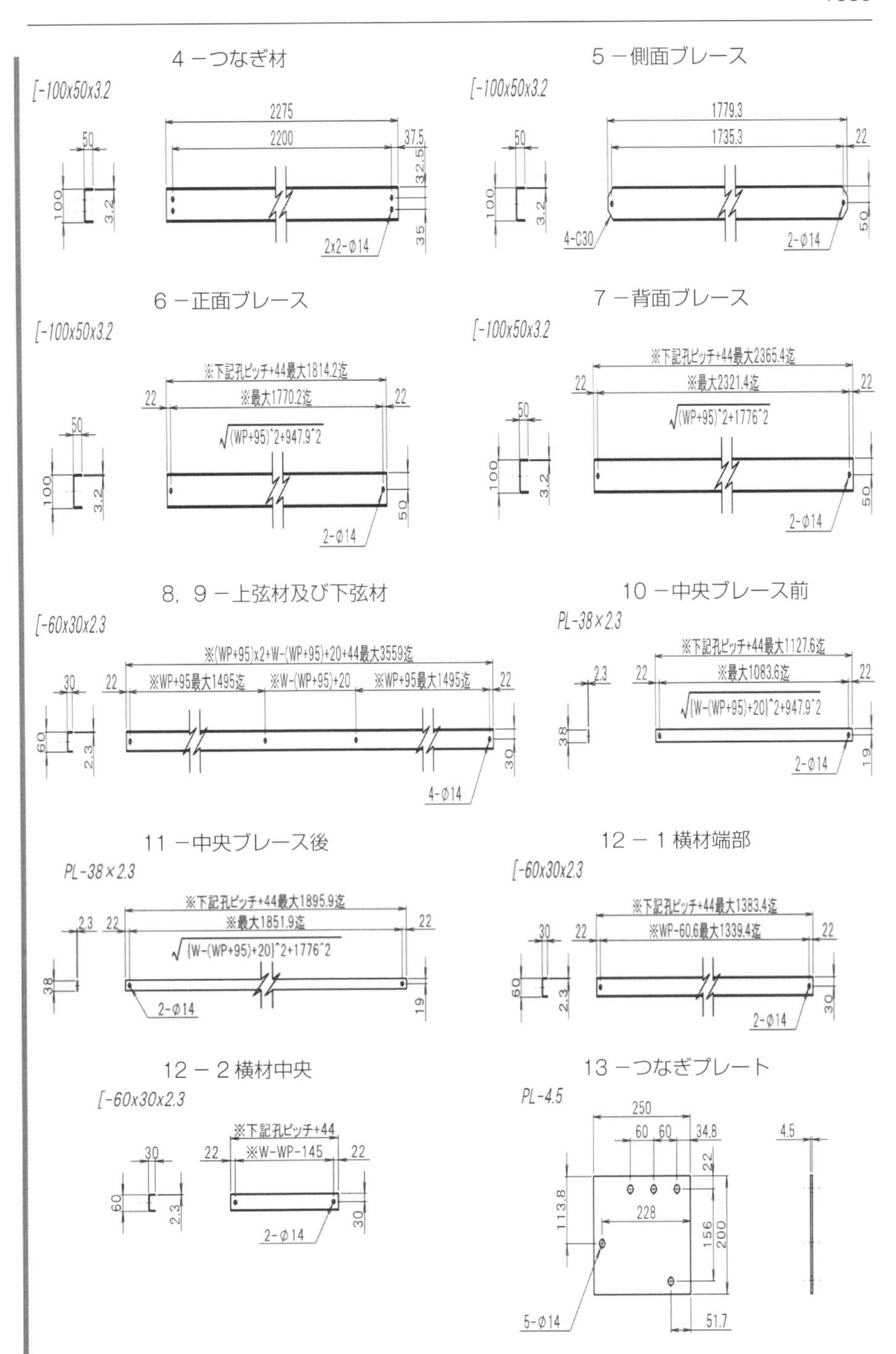
4 −つなぎ材
[-100x50x3.2
2275
2200
37.5
32.5
35
2x2-φ14
5 −側面ブレース
[-100x50x3.2
1779.3
1735.3
22
4-C30
2-φ14
6 −正面ブレース
[-100x50x3.2
※下記孔ピッチ+44最大1814.2迄
※最大1770.2迄
√(WP+95)^2+947.9^2
2-φ14
7 −背面ブレース
[-100x50x3.2
※下記孔ピッチ+44最大2365.4迄
※最大2321.4迄
√(WP+95)^2+1776^2
2-φ14
8，9 −上弦材及び下弦材
[-60x30x2.3
※(WP+95)x2+W-(WP+95)+20+44最大3559迄
※WP+95最大1495迄
※W-(WP+95)+20
※WP+95最大1495迄
4-φ14
10 −中央ブレース前
PL-38×2.3
※下記孔ピッチ+44最大1127.6迄
※最大1083.6迄
√{W-(WP+95)+20}^2+947.9^2
2-φ14
11 −中央ブレース後
PL-38×2.3
※下記孔ピッチ+44最大1895.9迄
※最大1851.9迄
√{W-(WP+95)+20}^2+1776^2
2-φ14
12 − 1 横材端部
[-60x30x2.3
※下記孔ピッチ+44最大1383.4迄
※WP-60.6最大1339.4迄
2-φ14
12 − 2 横材中央
[-60x30x2.3
※下記孔ピッチ+44
※W-WP-145
2-φ14
13 −つなぎプレート
PL-4.5
250
60 60
34.8
113.8
228
156
200
51.7
5-φ14
4.5

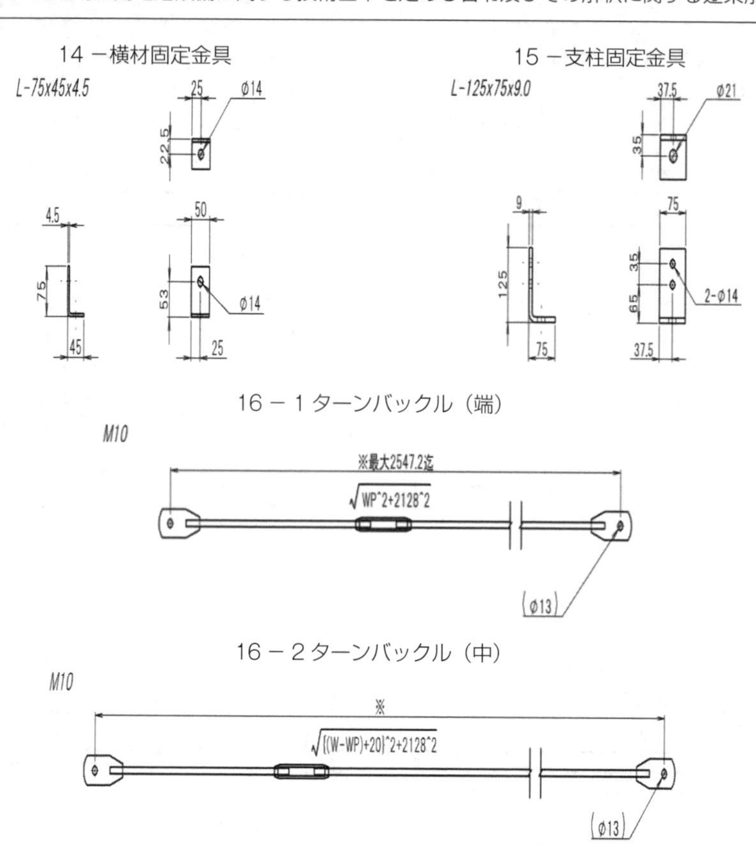

注）図中の※印のある寸法は，太陽電池モジュールのサイズによって異なる。

（ホ）　架台及び基礎の構造図は，次の図に示す構造とすること。

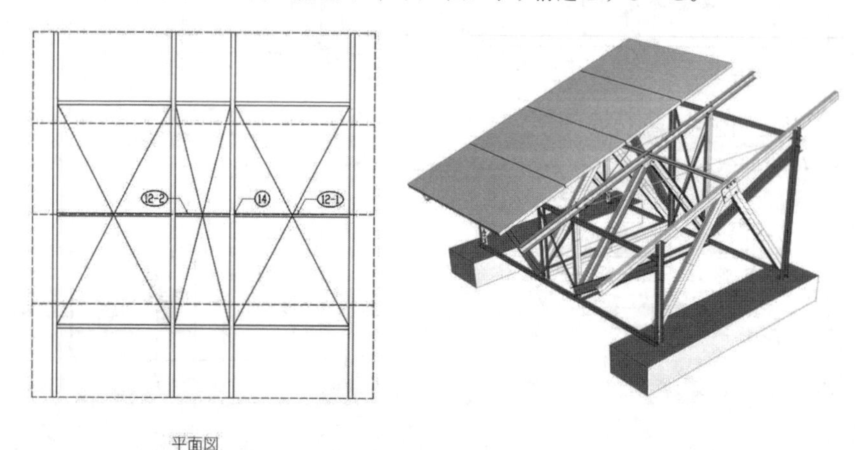

平面図

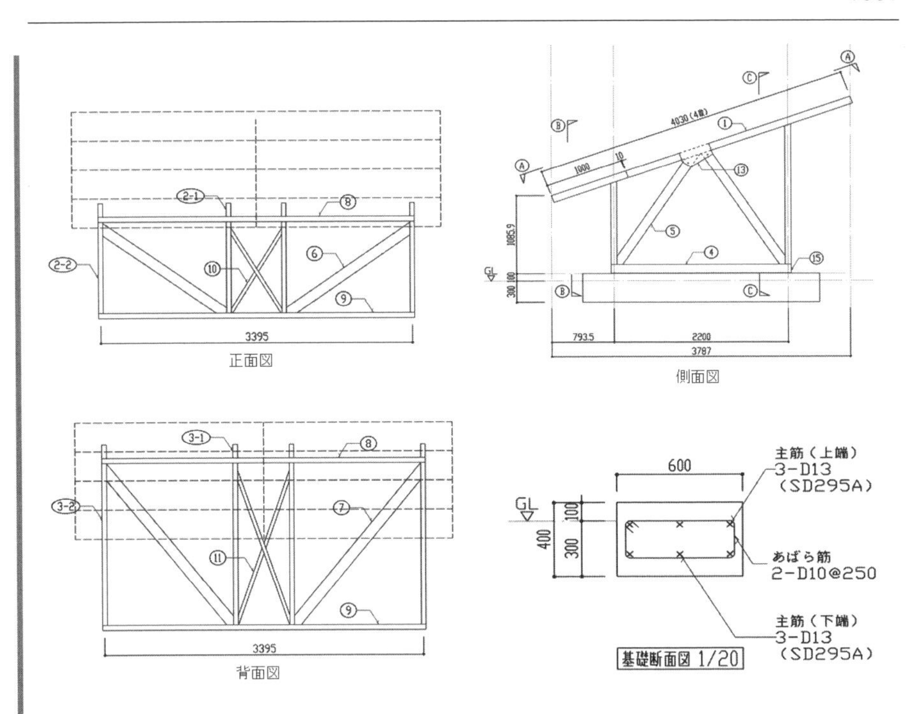

※　本組図は太陽電池モジュールの長辺及び短辺の長さが最大時で作図されており，実際の太陽電池モジュールサイズは2㎡以下とする。

注）図中の○に示す数字は，部材番号を示す。

（へ）　使用部材は，次に適合するものであること。

（1）　支持架構の部材は，（ホ）に示す部材番号ごとに8-6表に示すものであること。

8-6表

部材番号	部材名	断面	鋼材種	表面処理	数量
1	パネル受け	[-100 × 50 × 3.0	A6063-T5	陽極酸化被膜	4
2-1	支柱前（右）	[-75 × 50 × 3.0	A6063-T5	陽極酸化被膜	2
2-2	支柱前（左）	[-75 × 50 × 3.0	A6063-T5	陽極酸化被膜	2
3-1	支柱後（右）	[-75 × 50 × 3.0	A6063-T5	陽極酸化被膜	2
3-2	支柱後（左）	[-75 × 50 × 3.0	A6063-T5	陽極酸化被膜	2
4	つなぎ材	[-120 × 60 × 4.0	A6063-T5	陽極酸化被膜	2
5	側面ブレース	[-120 × 60 × 4.0	A6063-T5	陽極酸化被膜	8
6	正面ブレース	[-120 × 60 × 4.0	A6063-T5	陽極酸化被膜	2
7	背面ブレース	[-120 × 60 × 4.0	A6063-T5	陽極酸化被膜	2

8	上弦材	[-60 × 40 × 3.0	A6063-T5	陽極酸化被膜	2
9	下弦材	[-60 × 40 × 3.0	A6063-T5	陽極酸化被膜	2
10	中央ブレース前	PL-38 × 3.5	A6063-T5	陽極酸化被膜	2
11	中央ブレース後	PL-38 × 3.5	A6063-T5	陽極酸化被膜	2
12-1	横材（端）	[-60 × 30 × 3.0	A6063-T5	陽極酸化被膜	2
12-2	横材（中）	[-60 × 30 × 3.0	A6063-T5	陽極酸化被膜	1
13	つなぎプレート	PL-4.5	A6063-T5	陽極酸化被膜	4
14	横材固定金具	L-75 × 45 × 4.5	A6063-T5	陽極酸化被膜	6
15	支柱固定金具	L-125 × 75 × 12	A6063-T5	陽極酸化被膜	4
16-1	ターンバックル（端）	M10	SS400	HDZ35 相当	4
16-2	ターンバックル（中）	M10	SS400	HDZ35 相当	2

(2)　締結材は，8-7 表に示すものであること。

8-7 表

接合箇所	ボルト	鋼材種	表面処理	数量	備考
架台接合	M12	A2-50		94	架台の全接合部に使用する
モジュール固定	M6 または M8	A2-50		32	ボルトサイズは メーカー指定による
アンカーボルト	M16	SS400 相当	HDZ-A 種相当	4	

(ト)　接合部の施工は，次の図の接合部ごとに示す詳細図によること。

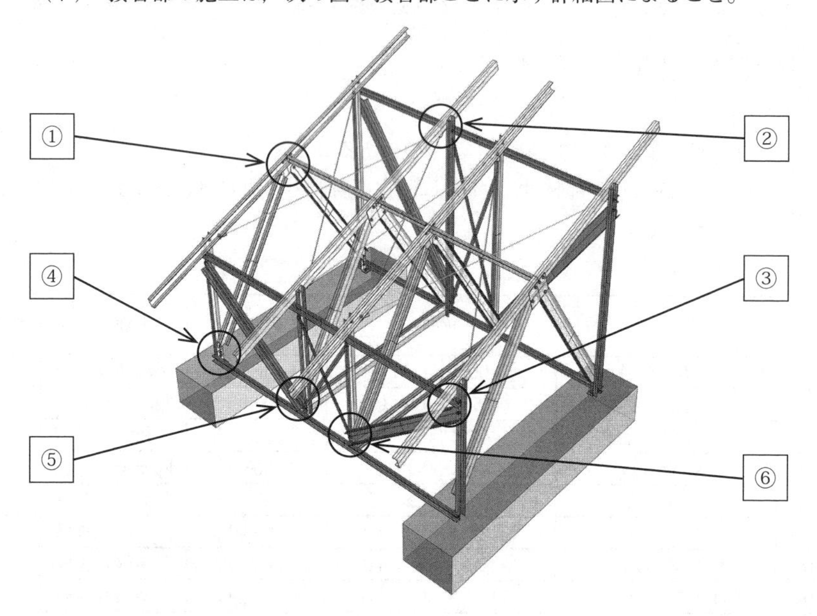

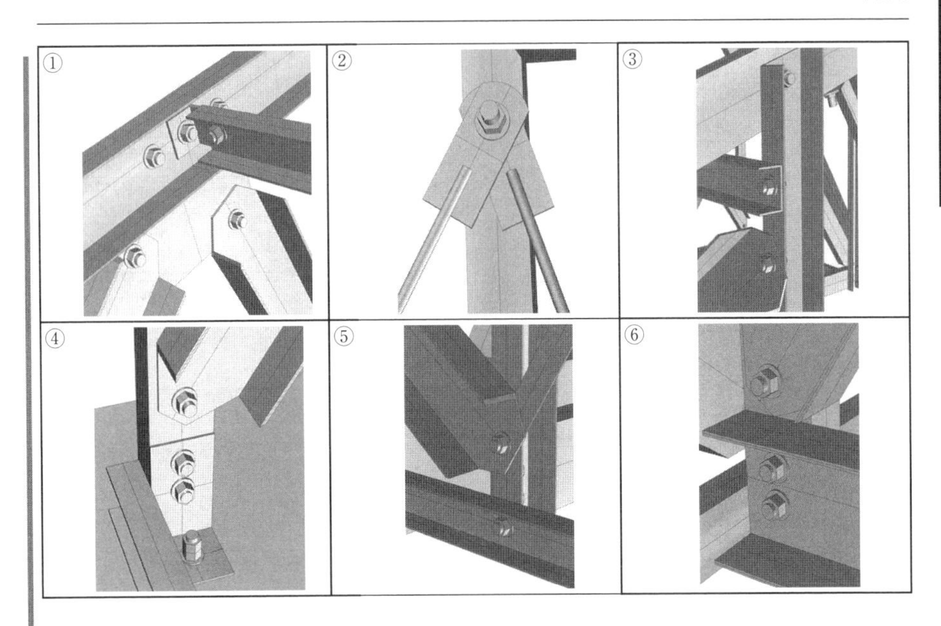

（チ） 太陽電池モジュールを構成する部品は，（ホ）に示す部材番号ごとに次の図に示すものであること。

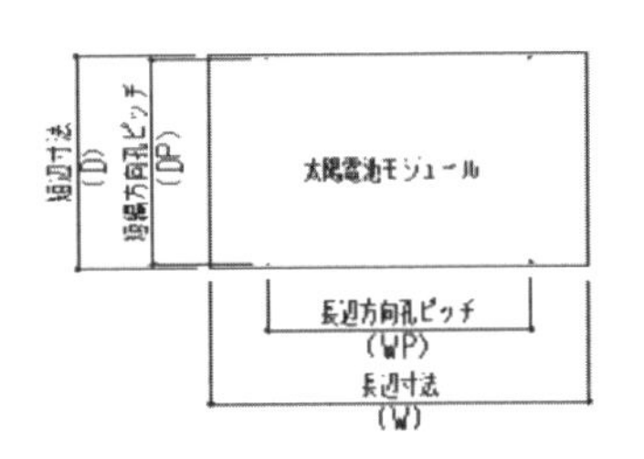

1 ーパネル受け

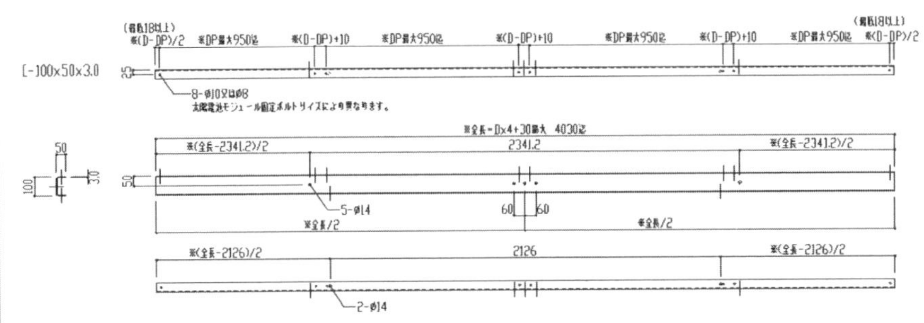

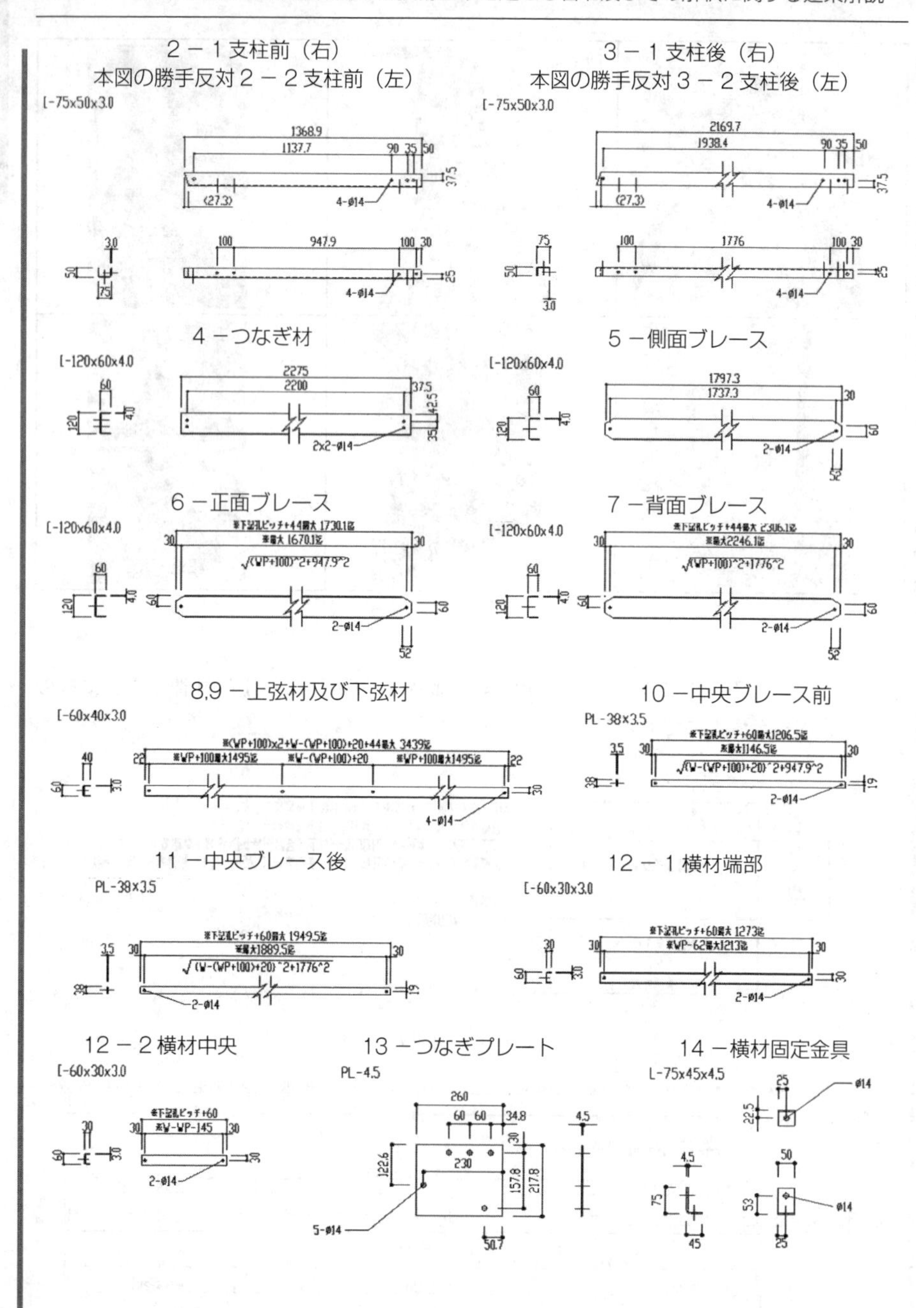

2－1支柱前（右）
本図の勝手反対2－2支柱前（左）
[-75x50x3.0
1368.9
1137.7
(27.3)
4-ø14
947.9
3－1支柱後（右）
本図の勝手反対3－2支柱後（左）
[-75x50x3.0
2169.7
1938.4
1776
4－つなぎ材
[-120x60x4.0
2275
2200
2x2-ø14
5－側面ブレース
[-120x60x4.0
1797.3
1737.3
2-ø14
6－正面ブレース
[-120x60x4.0
√(WP+100)^2+947.9^2
7－背面ブレース
[-120x60x4.0
√(WP+100)^2+1776^2
8,9－上弦材及び下弦材
[-60x40x3.0
10－中央ブレース前
PL-38x3.5
11－中央ブレース後
PL-38x3.5
12－1横材端部
[-60x30x3.0
12－2横材中央
[-60x30x3.0
13－つなぎプレート
PL-4.5
5-ø14
14－横材固定金具
L-75x45x4.5

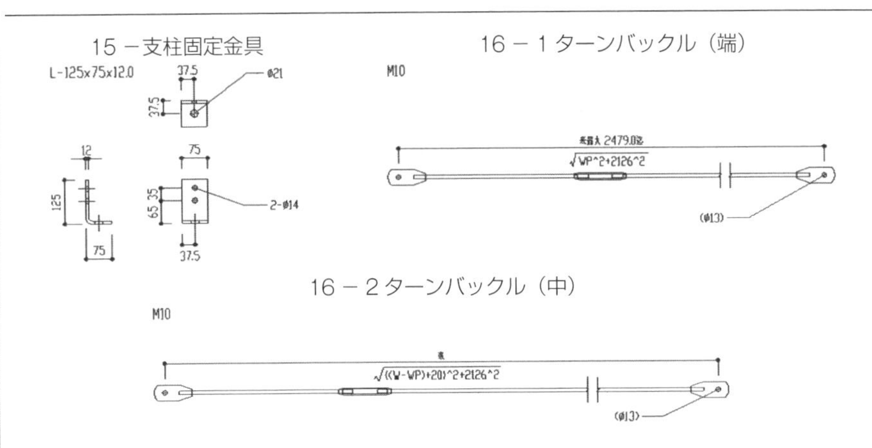

二　強風仕様

8-8 表に示す施設条件下において，イ及びロのいずれにも適合する場合

8-8 表

地表面粗度区分	Ⅱ
設計用基準風速	40m/s 以下
積雪区域	一般
垂直積雪量	30cm 以下
太陽電池モジュールのサイズ	2,000mm × 1,000mm
太陽電池モジュールの重量	28kg/ 枚以下

イ　設計条件として，次のいずれの値にも適合するものであること。

（イ）　構造体は，8-9 表によること。

8-9 表

太陽電池モジュールの配置及び規模	4 段 2 列（計 8 枚）
アレイ面の傾斜角度	10°
アレイ面の最低高さ	GL+1,100mm

（ロ）　雪の平均単位重量は，20N/m²/cm とすること。

（ハ）　アレイ面の地上平均高さは，GL+1.8m であること。

（ニ）　地震荷重について水平震度は，0.3 とすること。

（ホ）　用途係数は，1.0 とすること。

（ヘ）　基礎及び地盤は，8-10 表によること。

8-10表

基礎	鉄筋コンクリート基礎
コンクリート強度 Fc	21N/mm² 以上
土質	粘性土と同等以上
N 値	3 以上
長期許容支持力	20kN/m² 以上
地盤との摩擦係数	0.3 以上

ロ　架台及び基礎の仕様は，鋼製架台については，次の（イ），（ロ），（ハ）及び（ニ），アルミニウム合金製架台については，次の（ホ），（ヘ），（ト）及び（チ）の仕様に適合するものであること。

（イ）　架台及び基礎の構造図は，次の図に示す構造とすること。

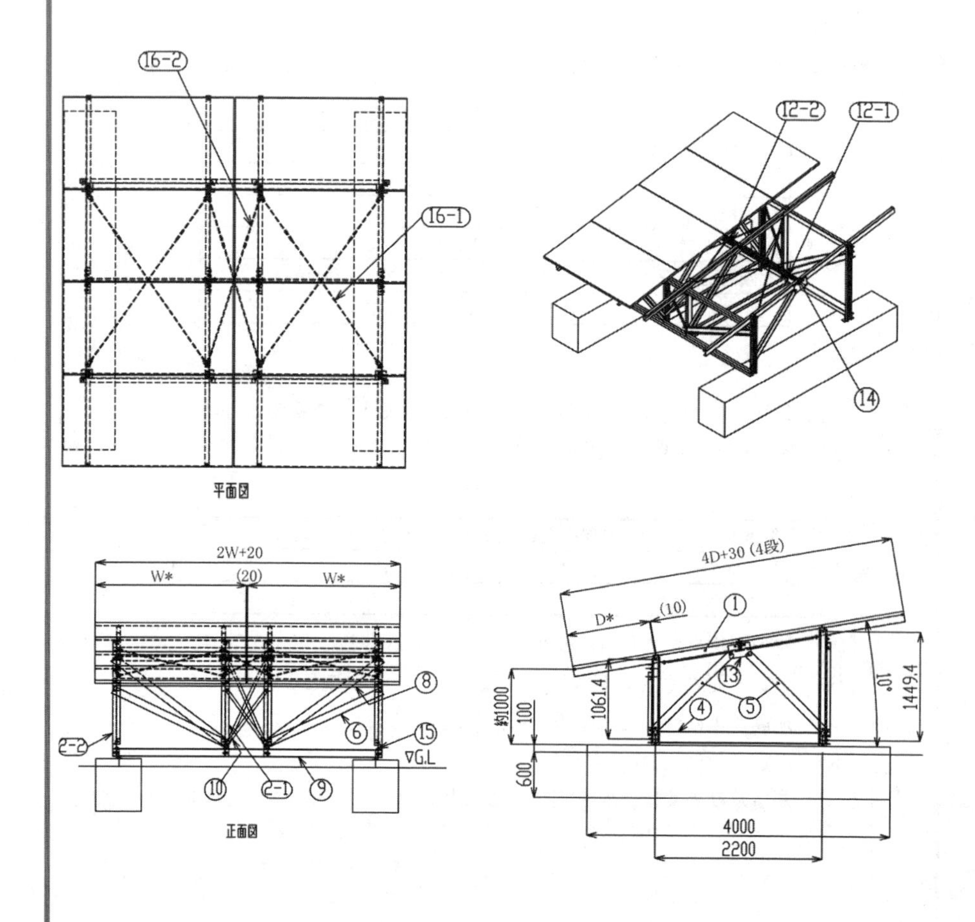

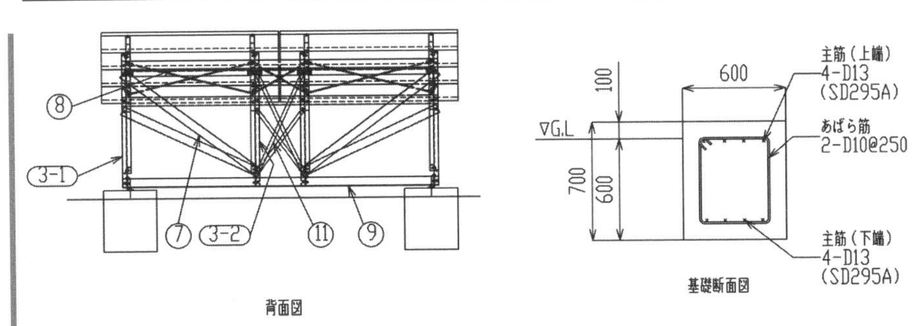

※　太陽電池モジュールの長辺長さWは2,000mm以下，短辺長さDは1,100mm以下，面積W×Dは2m²以下とする。

注）図中の○に示す数字は，部材番号を示す。

（ロ）　使用部材は，次に適合するものであること。

(1)　支持架構の部材は，（イ）に示す部材番号ごとに8-11表に示すものであること。

8-11表

部材番号	部材名	断面	鋼材種	表面処理	数量
1	パネル受け	[-100×50×3.2	SS400相当	HDZ35以上	4
2-1	支柱前（右）	C-100×50×20×3.2	SS400相当	HDZ35以上	2
2-2	支柱前（左）	C-100×50×20×3.2	SS400相当	HDZ35以上	2
3-1	支柱後（右）	C-100×50×20×3.2	SS400相当	HDZ35以上	2
3-2	支柱後（左）	C-100×50×20×3.2	SS400相当	HDZ35以上	2
4	つなぎ材	[-150×50×4.5	SS400相当	HDZ35以上	2
5	側面ブレース	[-100×50×3.2	SS400相当	HDZ35以上	8
6	正面ブレース	[-100×50×3.2	SS400相当	HDZ35以上	2
7	背面ブレース	[-100×50×3.2	SS400相当	HDZ35以上	2
8	上弦材	[-100×50×3.2	SS400相当	HDZ35以上	2
9	下弦材	[-100×50×3.2	SS400相当	HDZ35以上	2
10	中央ブレース前	PL-38×2.3	SS400相当	HDZ35以上	2
11	中央ブレース後	PL-38×2.3	SS400相当	HDZ35以上	2
12-1	横材（端）	[-60×30×2.3	SS400相当	HDZ35以上	2
12-2	横材（中）	[-60×30×2.3	SS400相当	HDZ35以上	1
13	つなぎプレート	PL-4.5	SS400相当	HDZ35以上	4
14	横材固定金具	L-75×45×4.5	SS400相当	HDZ35以上	6
15	支柱固定金具	L-165×75×9.0	SS400相当	HDZ35以上	4
16-1	ターンバックル（端）	M10	SS400相当	HDZ35以上	4
16-2	ターンバックル（中）	M10	SS400相当	HDZ35以上	2

注1）断面の列における[，C，PL，L，Mは，それぞれ支持架構の部材の断面形態を表している。

注2）塩害地等の高腐食環境に設置する場合は，表面処理について適切に選定すること。

(2) 締結材は，8-12表に示すものであること。

8-12表

接合箇所	ボルト	鋼材種	表面処理	数量	備考
架台接合	M12	SS400 相当	HDZ-A種 相当	94	架台の全接合部に 使用する
モジュール固定	M6または M8	SS400 相当	HDZ-A種 相当	32	ボルトサイズは メーカー指定による
アンカーボルト	M16	SS400 相当	HDZ-A種 相当	4	

(ハ) 接合部の施工は，次の図の接合部ごとに示す詳細図によること。

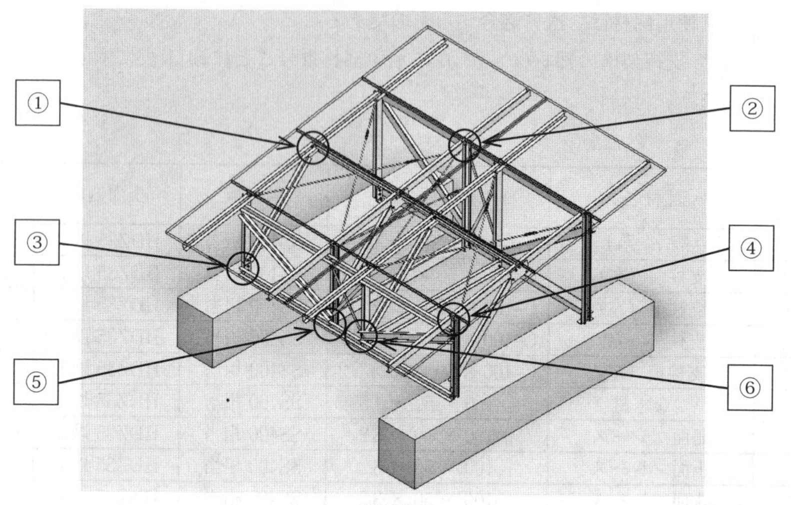

詳細図

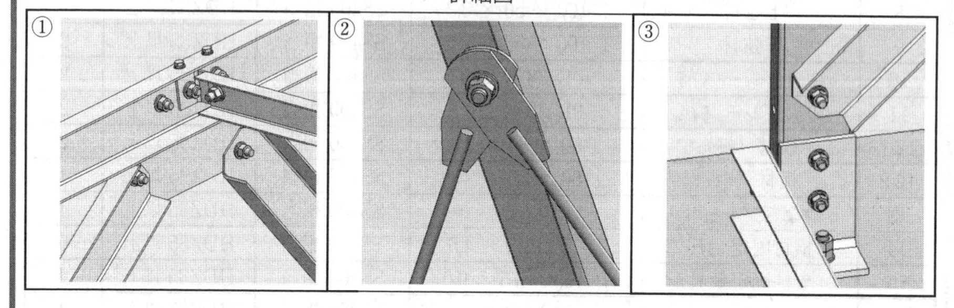

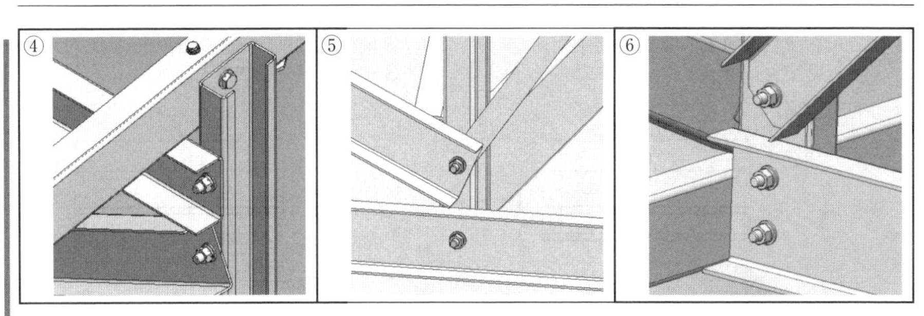

(ニ)　太陽電池モジュールを構成する部品は，(イ) に示す部材番号ごとに次の図に示すものであること。

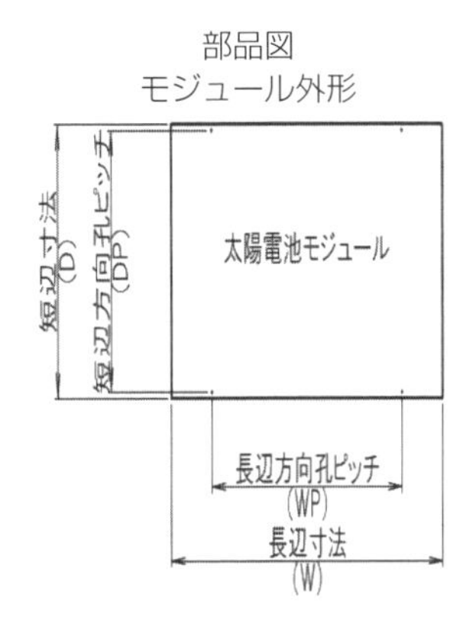

注) 太陽電池モジュール固定孔ピッチは，長辺方向 1,400mm 以下，短辺方向 1,050mm 以下とする。

1 －パネル受け

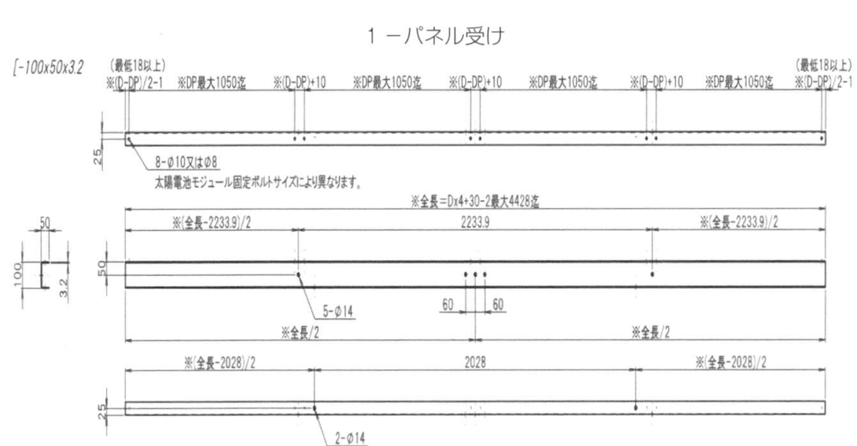

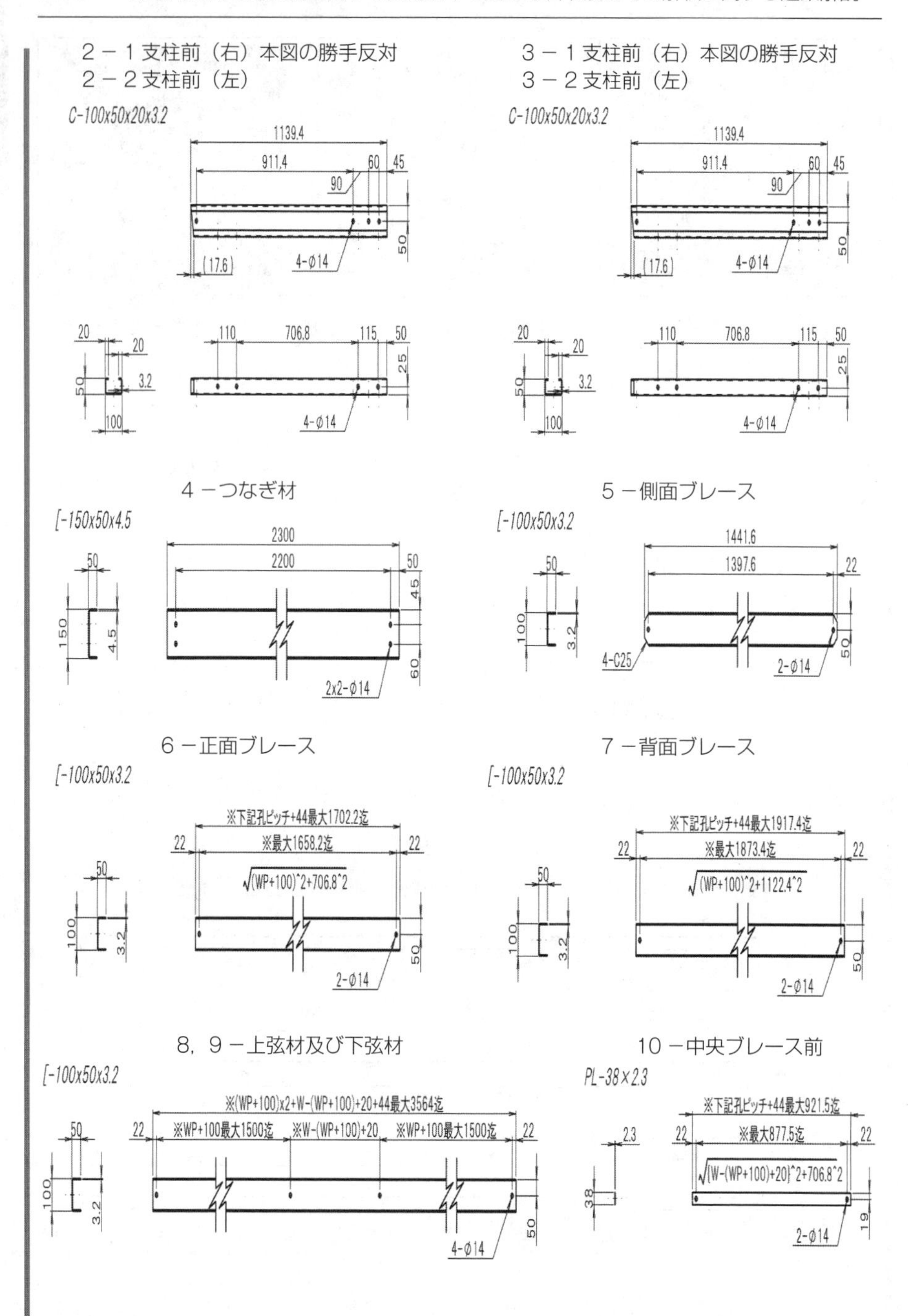

2－1支柱前（右）本図の勝手反対
2－2支柱前（左）
C-100x50x20x3.2
1139.4
911.4
60
45
90
50
(17.6)
4-φ14
20
20
50
3.2
100
110
706.8
115
50
25
4-φ14
3－1支柱前（右）本図の勝手反対
3－2支柱前（左）
C-100x50x20x3.2
4－つなぎ材
[-150x50x4.5
2300
2200
50
45
150
4.5
60
2x2-φ14
5－側面ブレース
[-100x50x3.2
1441.6
1397.6
22
100
3.2
4-C25
2-φ14
6－正面ブレース
[-100x50x3.2
※下記孔ピッチ+44最大1702.2迄
※最大1658.2迄
√(WP+100)^2+706.8^2
2-φ14
7－背面ブレース
[-100x50x3.2
※下記孔ピッチ+44最大1917.4迄
※最大1873.4迄
√(WP+100)^2+1122.4^2
2-φ14
8，9－上弦材及び下弦材
[-100x50x3.2
※(WP+100)x2+W-(WP+100)+20+44最大3564迄
※WP+100最大1500迄
※W-(WP+100)+20
※WP+100最大1500迄
4-φ14
10－中央ブレース前
PL-38×2.3
2.3
38
※下記孔ピッチ+44最大921.5迄
※最大877.5迄
√{W-(WP+100)+20}^2+706.8^2
19
2-φ14

11 −中央ブレース後

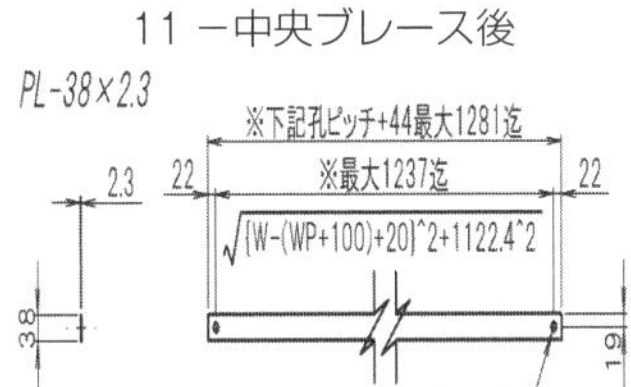
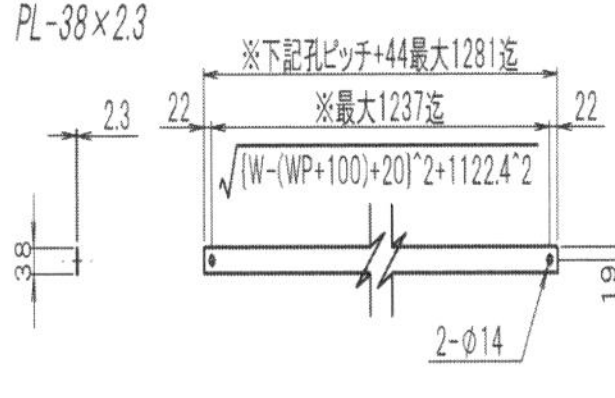

12 − 1 横材端部

[-60x30x2.3

※下記孔ピッチ+44最大1381.6迄

※WP-62.4最大1337.6迄

30 22 22 60 2.3 30

2-φ14

12 − 2 横材中央

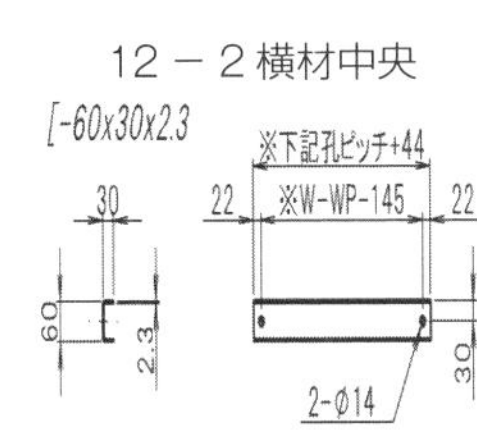

13 −つなぎプレート

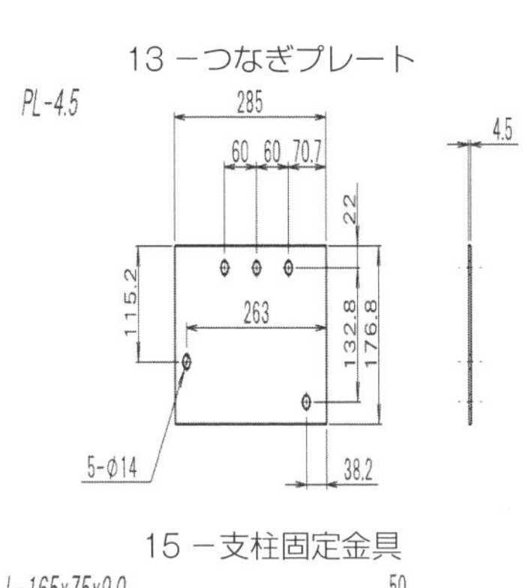

14 −横材固定金具

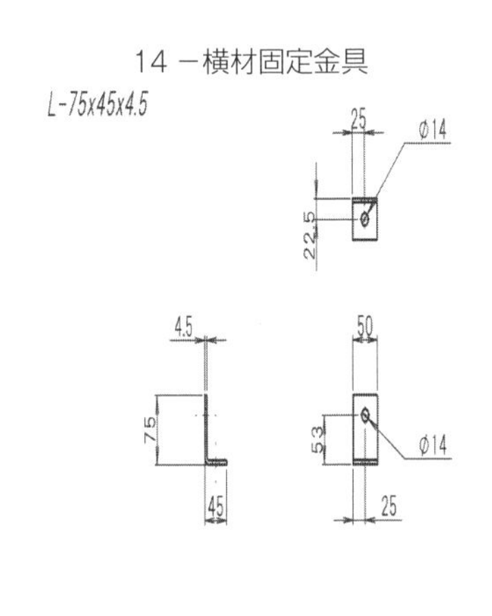

15 −支柱固定金具

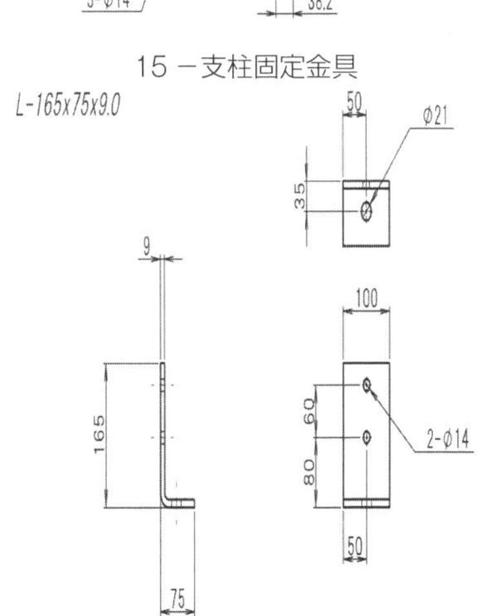

16 − 1 ターンバックル（端）

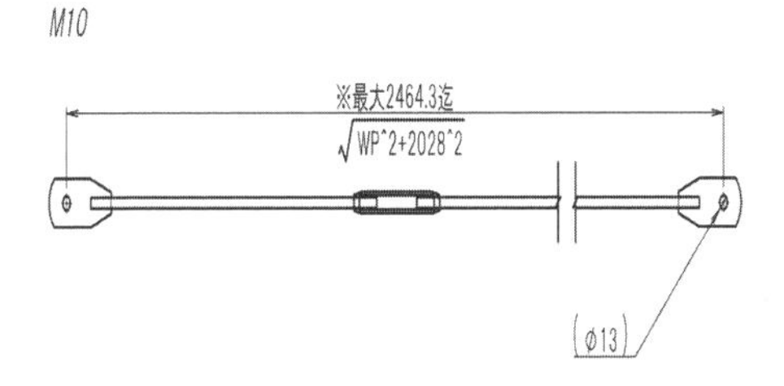

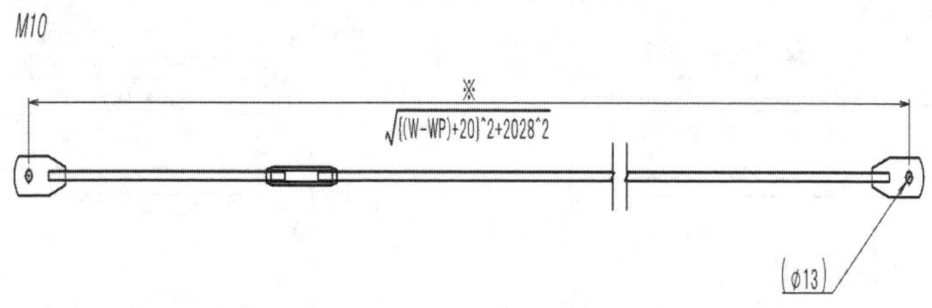

注）図中の※印のある寸法は，太陽電池モジュールのサイズによって異なる。

（ホ）架台及び基礎の構造図は，次の図に示す構造とすること。

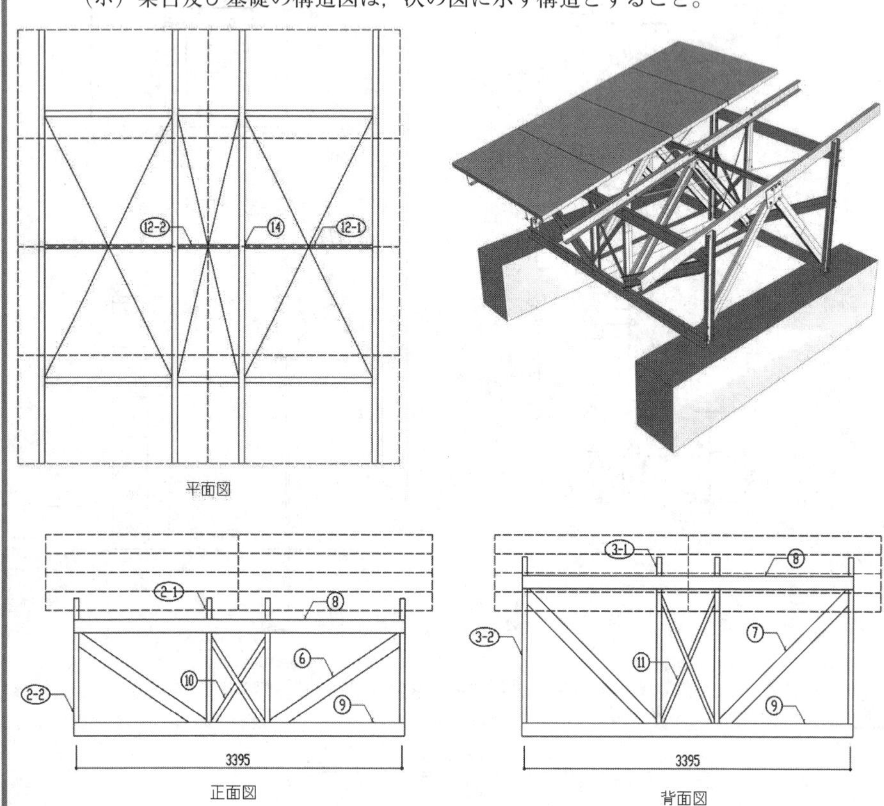

平面図

正面図

背面図

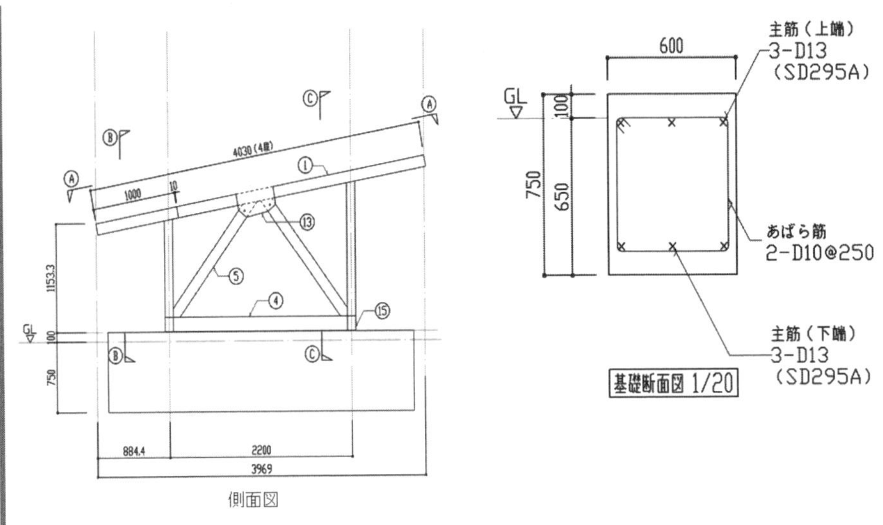

側面図

※　本組図は太陽電池モジュールの長辺及び短辺の長さが最大時で作図されており，実際の太陽電池モジュールサイズは2m²以下とする。

注）図中の○に示す数字は，部材番号を示す。

（へ）　使用部材は，次に適合するものであること。

（1）　支持架構の部材は，（ホ）に示す部材番号ごとに8-13表に示すものであること。

8-13表

部材番号	部材名	断面	鋼材種	表面処理	数量
1	パネル受け	[-120 × 60 × 4.0	A6063-T5	陽極酸化被膜	4
2-1	支柱前（右）	[-100 × 50 × 4.0	A6063-T5	陽極酸化被膜	2
2-2	支柱前（左）	[-100 × 50 × 4.0	A6063-T5	陽極酸化被膜	2
3-1	支柱後（右）	[-100 × 50 × 4.0	A6063-T5	陽極酸化被膜	2
3-2	支柱後（左）	[-100 × 50 × 4.0	A6063-T5	陽極酸化被膜	2
4	つなぎ材	[-150 × 75 × 4.0	A6063-T5	陽極酸化被膜	2
5	側面ブレース	[-120 × 60 × 4.0	A6063-T5	陽極酸化被膜	8
6	正面ブレース	[-120 × 60 × 4.0	A6063-T5	陽極酸化被膜	2
7	背面ブレース	[-120 × 60 × 4.0	A6063-T5	陽極酸化被膜	2
8	上弦材	[-120 × 60 × 4.0	A6063-T5	陽極酸化被膜	2
9	下弦材	[-120 × 60 × 4.0	A6063-T5	陽極酸化被膜	2
10	中央ブレース前	PL-50 × 3.5	A6063-T5	陽極酸化被膜	2
11	中央ブレース後	PL-50 × 3.5	A6063-T5	陽極酸化被膜	2
12-1	横材（端）	[-60 × 30 × 3.0	A6063-T5	陽極酸化被膜	2

12-2	横材（中）	[-60 × 30 × 3.0	A6063-T5	陽極酸化被膜	1
13	つなぎプレート	PL-4.5	A6063-T5	陽極酸化被膜	4
14	横材固定金具	L-75 × 45 × 4.5	A6063-T5	陽極酸化被膜	6
15	支柱固定金具	L-165 × 30 × 14	A6063-T5	陽極酸化被膜	4
16-1	ターンバックル（端）	M10	SS400	HDZ35 相当	4
16-2	ターンバックル（中）	M10	SS400	HDZ35 相当	2

(2)　締結材は，8-14 表に示すものであること。

8-14 表

接合箇所	ボルト	鋼材種	表面処理	数量	備考
架台接合	M12	A2-50		94	架台の全接合部に使用する
モジュール固定	M6 または M8	A2-50		32	ボルトサイズはメーカー指定による
アンカーボルト	M16	SS400 相当	HDZ-A 種相当	4	

（ト）　接合部の施工は，次の図の接合部ごとに示す詳細図によること。

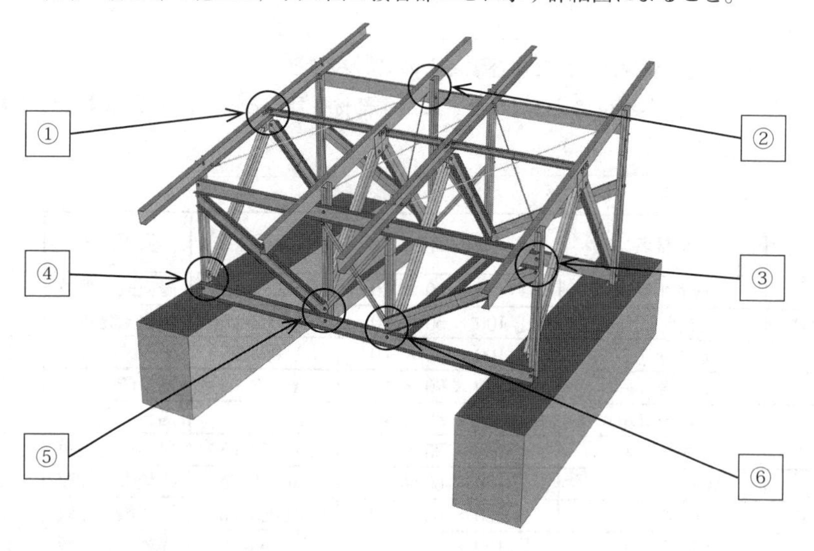

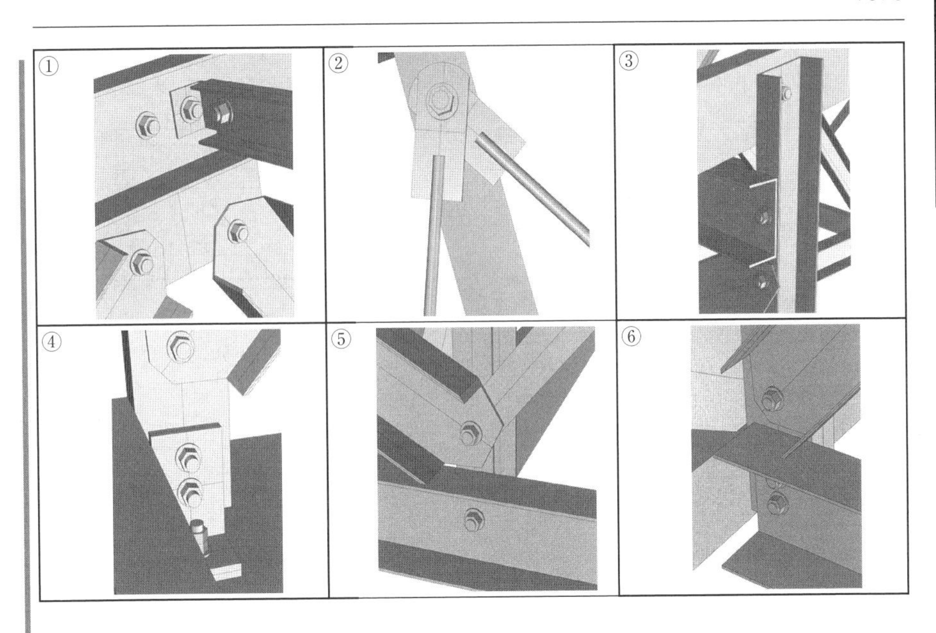

（チ） 太陽電池モジュールを構成する部品は，（ホ）に示す部材番号ごとに次の図に示すものであること。

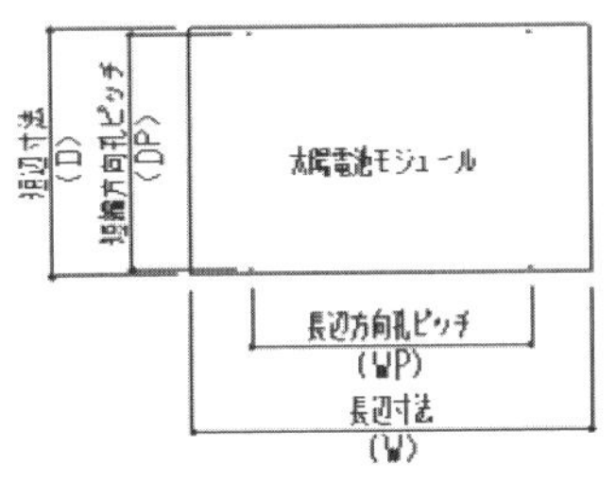

※印のある寸法は太陽電池モジュールにより異なります。
対応可能太陽電池モジュールサイズは下記の通り。
長辺2000mm以下×短辺1000mm以下（合計面積が2m²以下に限る）
太陽電池モジュール固定孔ピッチは，長辺方向1275mm以下，短辺方向950mm以下とする。

表面処理：HDZ35以上
材質：SS400相当品

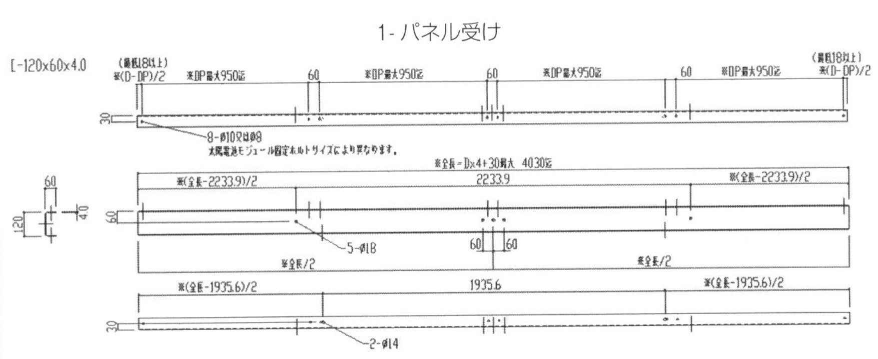

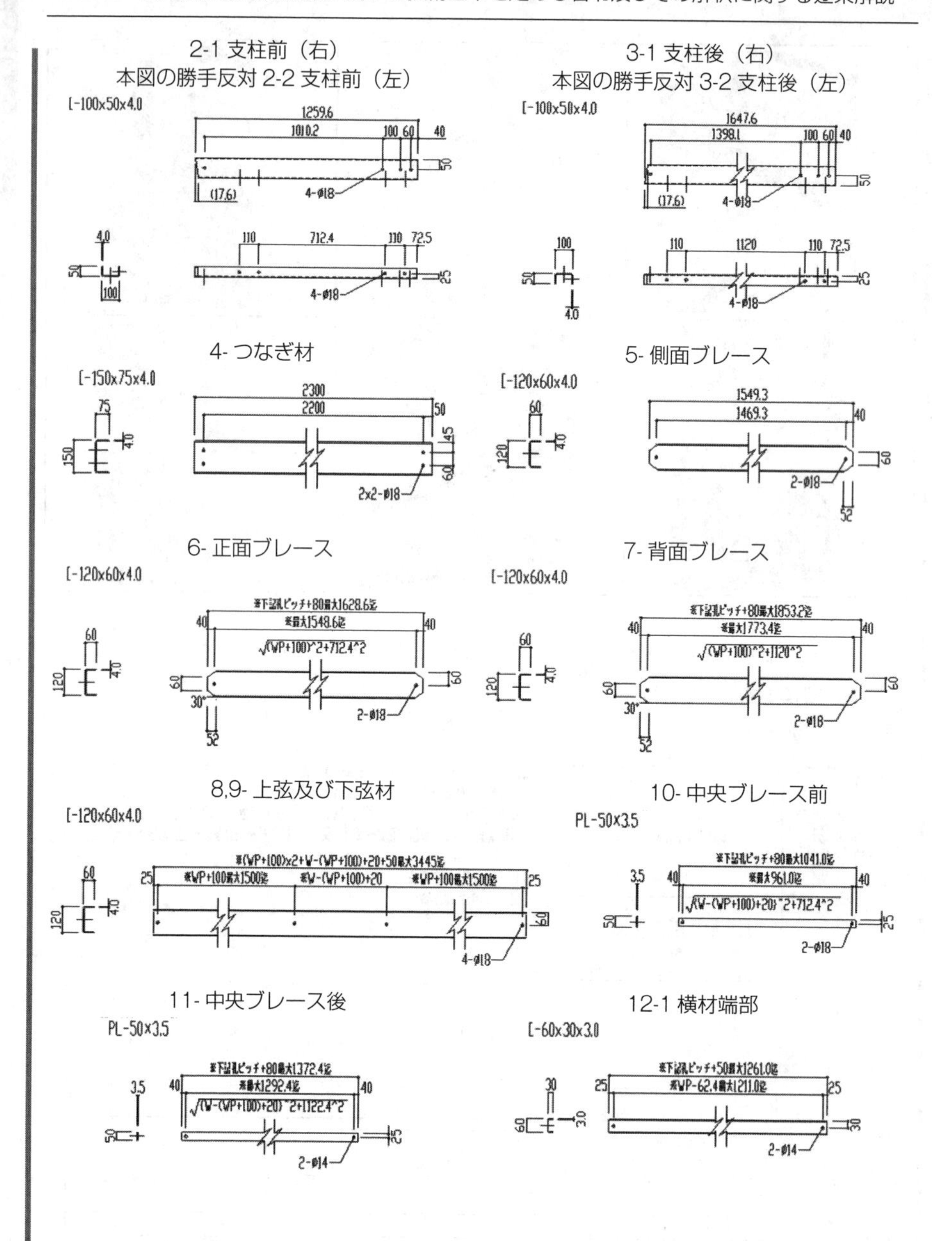
2-1 支柱前（右）
本図の勝手反対 2-2 支柱前（左）
[-100x50x4.0
1259.6
1010.2
100 60 40
50
(17.6)
4-φ18
4.0
50
100
110 712.4 110 72.5
25
4-φ18
3-1 支柱後（右）
本図の勝手反対 3-2 支柱後（左）
[-100x50x4.0
1647.6
1398.1
100 60 40
50
(17.6)
4-φ18
100
50
4.0
110 1120 110 72.5
25
4-φ18
4- つなぎ材
[-150x75x4.0
75
150
4.0
2300
2200
50
45
60
2x2-φ18
5- 側面ブレース
[-120x60x4.0
60
120
4.0
1549.3
1469.3
40
60
2-φ18
52
6- 正面ブレース
[-120x60x4.0
60
120
4.0
※下記孔ピッチ+80最大1628.6迄
※最大1548.6迄
40 40
√(WP+100)^2+712.4^2
60
60
30°
52
2-φ18
7- 背面ブレース
[-120x60x4.0
60
120
4.0
※下記孔ピッチ+80最大1853.2迄
※最大1773.4迄
40 40
√(WP+100)^2+1120^2
60
60
30°
52
2-φ18
8,9- 上弦及び下弦材
[-120x60x4.0
60
120
4.0
※(WP+100)x2+W-(WP+100)+20+50最大3445迄
25 ※WP+100最大1500迄 ※W-(WP+100)+20 ※WP+100最大1500迄 25
60
4-φ18
10- 中央ブレース前
PL-50x3.5
3.5
50
※下記孔ピッチ+80最大1041.0迄
40 ※最大961.0迄 40
√(W-(WP+100)+20)^2+712.4^2
25
2-φ18
11- 中央ブレース後
PL-50x3.5
3.5
50
※下記孔ピッチ+80最大1372.4迄
40 ※最大1292.4迄 40
√(W-(WP+100)+20)^2+1122.4^2
25
2-φ14
12-1 横材端部
[-60x30x3.0
30
60
3.0
※下記孔ピッチ+50最大1261.0迄
25 ※WP-62.4最大1211.0迄 25
30
2-φ14

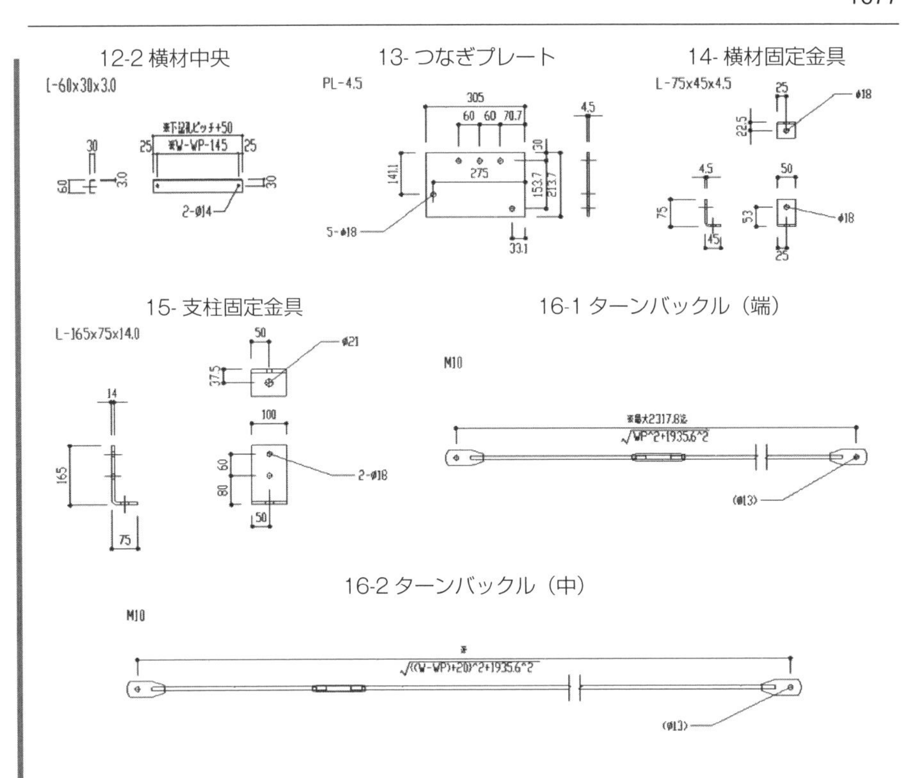

三　多雪仕様

8-15 表に示す施設条件下において，イ及びロのいずれにも適合する場合

8-15 表

地表面粗度区分	Ⅲ
設計用基準風速	30m/s 以下
積雪区域	多雪
垂直積雪量	180cm 以下
太陽電池モジュールのサイズ	2,000mm × 1,000mm
太陽電池モジュールの重量	28kg/ 枚以下

イ　設計条件として，次のいずれの値にも適合するものであること。

（イ）　構造体は，8-16 表によること。

8-16 表

太陽電池モジュールの配置及び規模	4 段 2 列（計 8 枚）
アレイ面の傾斜角度	30°
アレイ面の最低高さ	GL+1,900mm

（ロ）　雪の平均単位重量は，30 N/m²/cm とすること。

（ハ）　アレイ面の地上平均高さは，GL+2.9m であること。

（ニ）　地震荷重について水平震度は，0.3 とすること。

（ホ）　用途係数は，1.0 とすること。

（ヘ）　基礎及び地盤は，8-17 表によること。

8-17 表

基礎	鉄筋コンクリート基礎
コンクリート強度 Fc	21N/mm² 以上
土質	粘性土と同等以上
N 値	3 以上
長期許容支持力	20kN/m² 以上
地盤との摩擦係数	0.3 以上

ロ　架台及び基礎の仕様は，鋼製架台については，次の（イ），（ロ），（ハ）及び（ニ），アルミニウム合金製架台については，次の（ホ），（ヘ），（ト）及び（チ）の仕様に適合するものであること。

（イ）　架台及び基礎の構造図は，次の図に示す構造とすること。

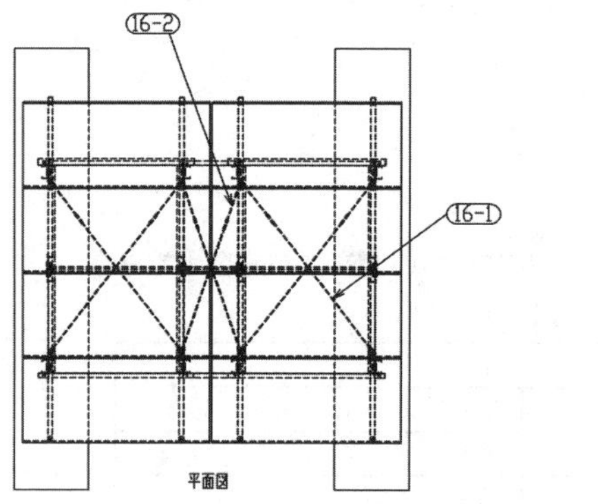

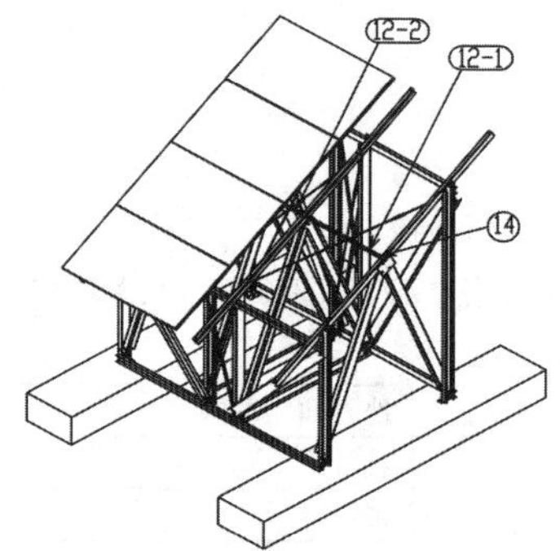

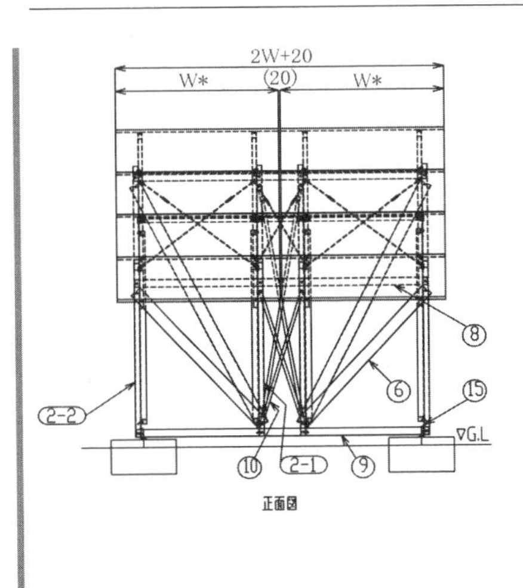

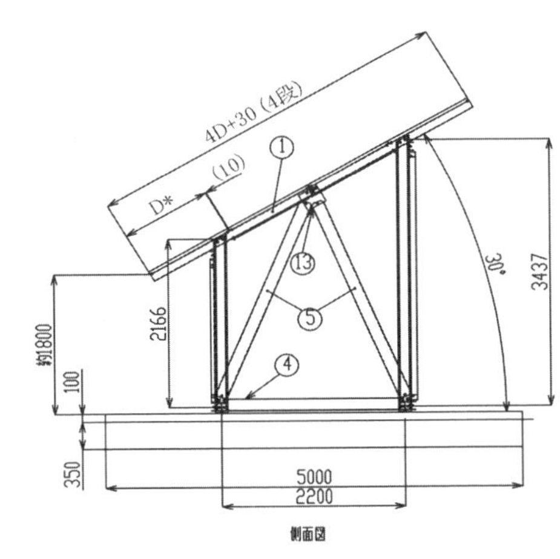

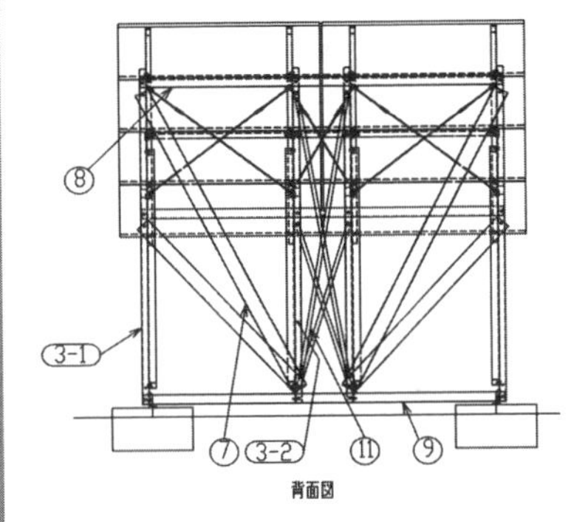

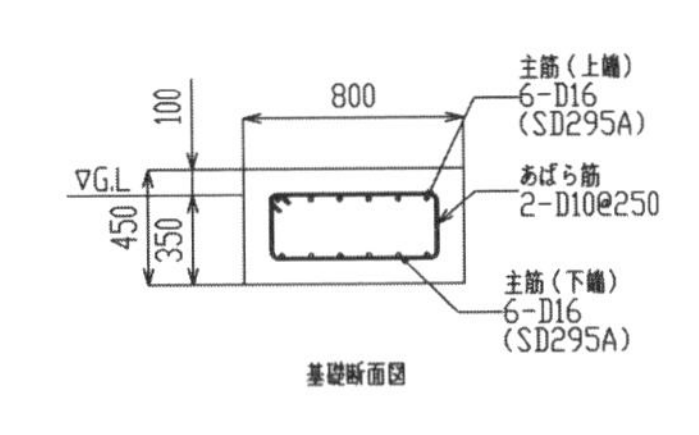

※　太陽電池モジュールの長辺長さWは2,000mm以下，短辺長さDは1,100mm以下，面積W×Dは$2m^2$以下とする。

注）図中の○に示す数字は，部材番号を示す。

(ロ)　使用部材は，次に適合するものであること。

(1)　支持架構の部材は，（イ）に示す部材番号ごとに8-18表に示すものであること。

8-18表

部材番号	部材名	断面	鋼材種	表面処理	数量
1	パネル受け	[-100 × 50 × 3.2	SS400相当	HDZ35以上	4
2-1	支柱前（右）	C-150 × 65 × 20 × 3.2	SS400相当	HDZ35以上	2
2-2	支柱前（左）	C-150 × 65 × 20 × 3.2	SS400相当	HDZ35以上	2
3-1	支柱後（右）	C-150 × 65 × 20 × 3.2	SS400相当	HDZ35以上	2
3-2	支柱後（左）	C-150 × 65 × 20 × 3.2	SS400相当	HDZ35以上	2

4	つなぎ材	[-150 × 50 × 3.2	SS400 相当	HDZ35 以上	2
5	側面ブレース	[-150 × 75 × 4.5	SS400 相当	HDZ35 以上	8
6	正面ブレース	[-150 × 50 × 3.2	SS400 相当	HDZ35 以上	2
7	背面ブレース	[-150 × 75 × 4.5	SS400 相当	HDZ35 以上	2
8	上弦材	[-100 × 50 × 2.3	SS400 相当	HDZ35 以上	2
9	下弦材	[-100 × 50 × 2.3	SS400 相当	HDZ35 以上	2
10	中央ブレース前	PL-38 × 2.3	SS400 相当	HDZ35 以上	2
11	中央ブレース後	PL-38 × 2.3	SS400 相当	HDZ35 以上	2
12-1	横材（端）	[-60 × 30 × 2.3	SS400 相当	HDZ35 以上	2
12-2	横材（中）	[-60 × 30 × 2.3	SS400 相当	HDZ35 以上	1
13	つなぎプレート	PL-4.5	SS400 相当	HDZ35 以上	4
14	横材固定金具	L-75 × 45 × 4.5	SS400 相当	HDZ35 以上	6
15	支柱固定金具	L-165 × 75 × 9.0	SS400 相当	HDZ35 以上	4
16-1	ターンバックル（端）	M10	SS400 相当	HDZ35 以上	4
16-2	ターンバックル（中）	M10	SS400 相当	HDZ35 以上	2

注 1）断面の列における [, C, P L, L, Mは, それぞれ支持架構の部材の断面形態を表している。
注 2）塩害地等の高腐食環境に設置する場合は，表面処理について適切に選定すること。

(2) 締結材は，8-19 表に示すものであること。

8-19 表

接合箇所	ボルト	鋼材種	表面処理	数量	備考
架台接合	M12	SS400 相当	HDZ-A 種 相当	118	架台の全接合部に 使用する
モジュール固定	M6 または M8	SS400 相当	HDZ-A 種 相当	32	ボルトサイズは メーカー指定による
アンカーボルト	M16	SS400 相当	HDZ-A 種 相当	4	

(ハ)　接合部の施工は，次の図の接合部ごとに示す詳細図によること。

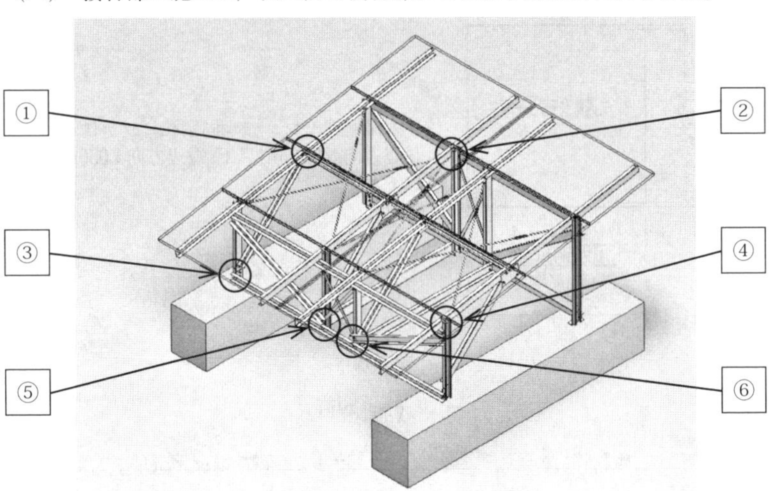

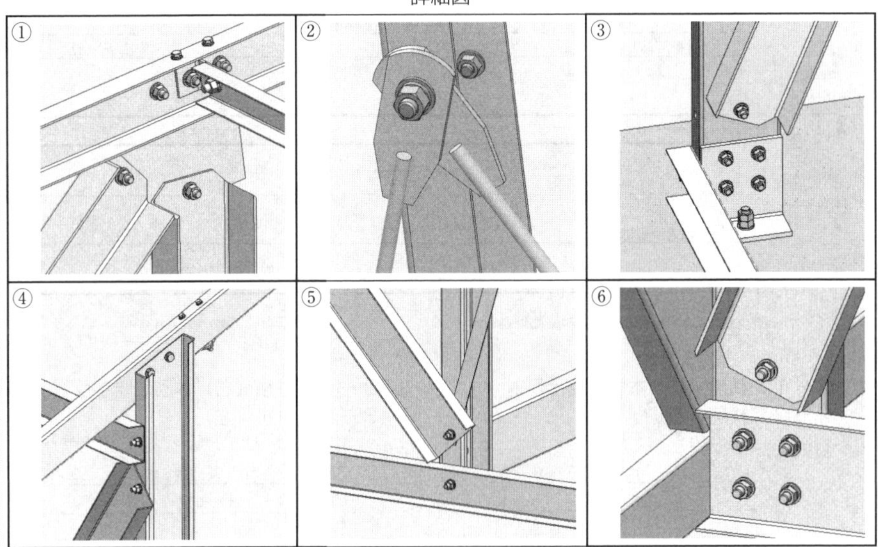

(ニ)　太陽電池モジュールを構成する部品は，(イ) に示す部材番号ごとに次の図に示すものであること。

部品図
モジュール外形

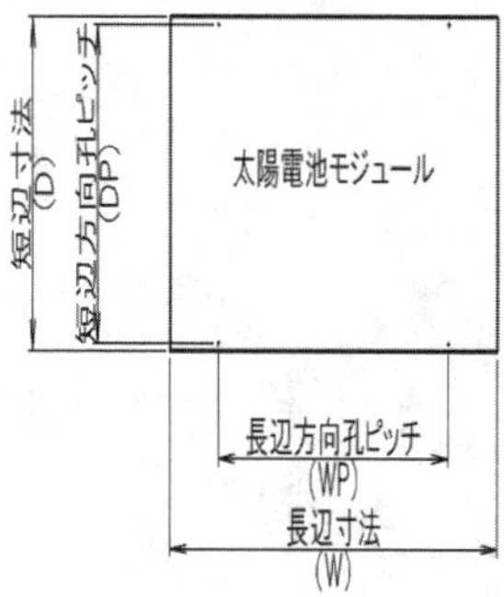

短辺寸法 (D)
短辺方向孔ピッチ (DP)
太陽電池モジュール
長辺方向孔ピッチ (WP)
長辺寸法 (W)

注）太陽電池モジュール固定孔ピッチは，
長辺方向1,400mm以下，短辺方向1,050mm
以下とする。

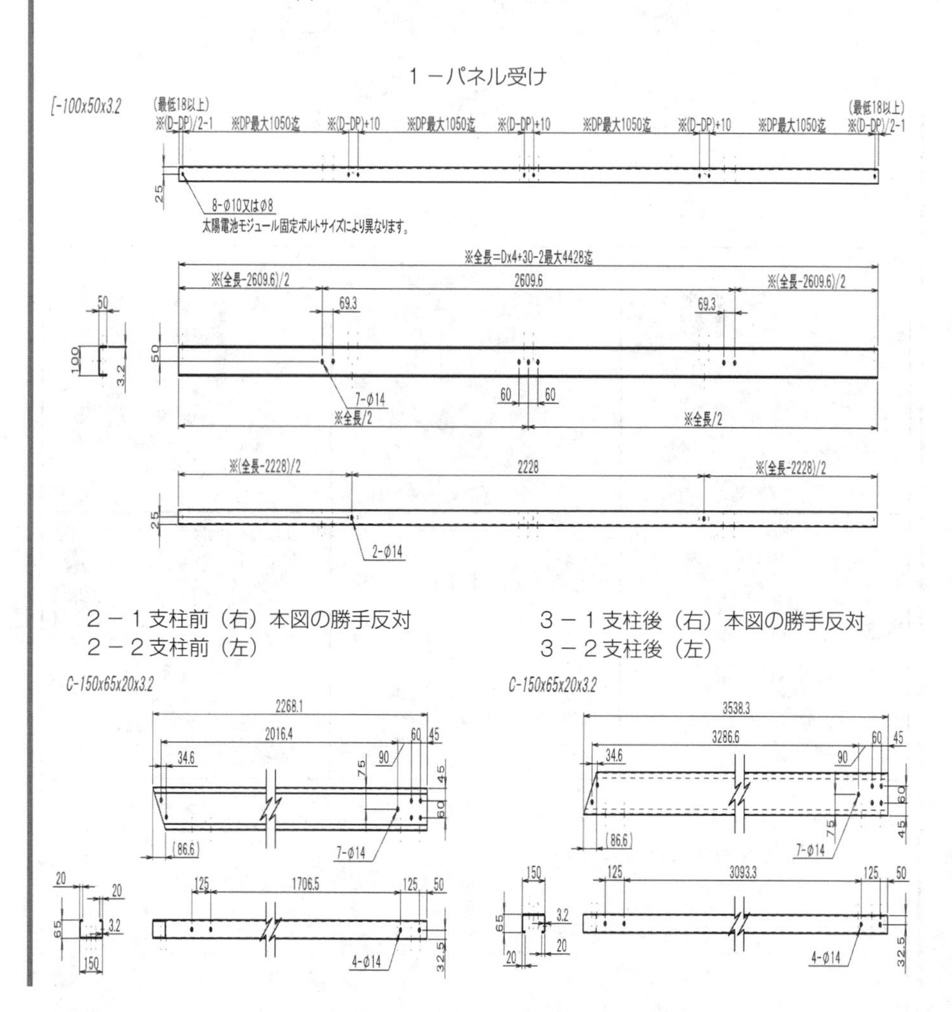

4 −つなぎ材

[-150x50x3.2

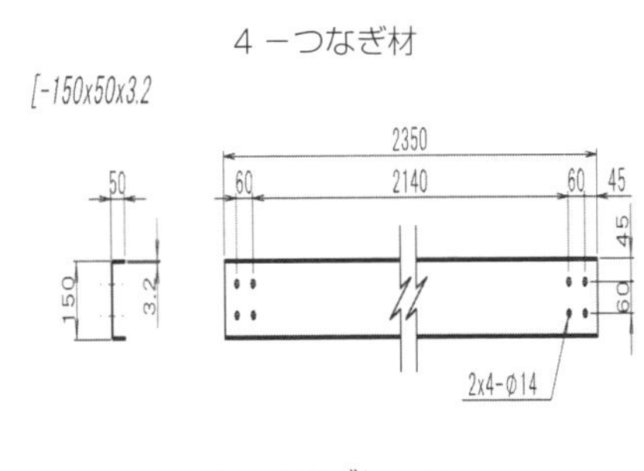

5 −側面ブレース

[-150x75x4.5

2718.6

22

2674.6

75

150

4.5

75

4-C30

2-Ø14

6 −正面ブレース

[-150x50x3.2

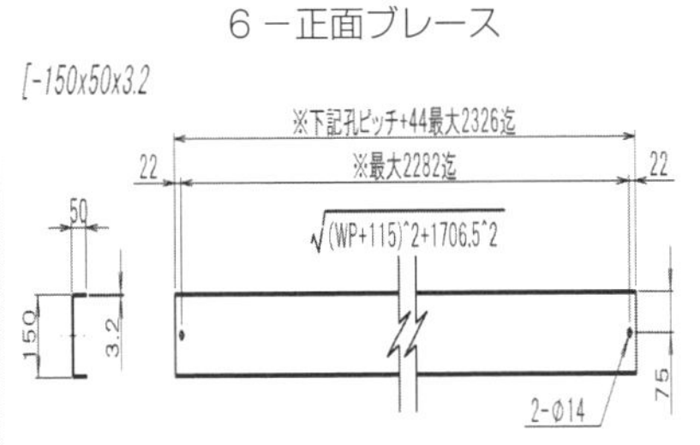

7 −背面ブレース

[-150x75x4.5

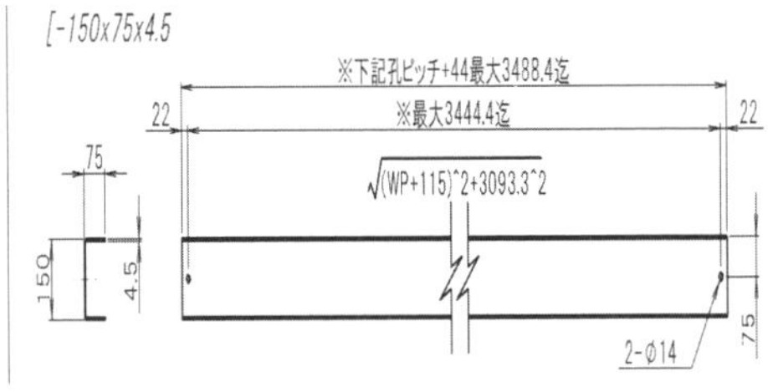

8，9 −上弦材及び下弦材

[-100x50x2.3

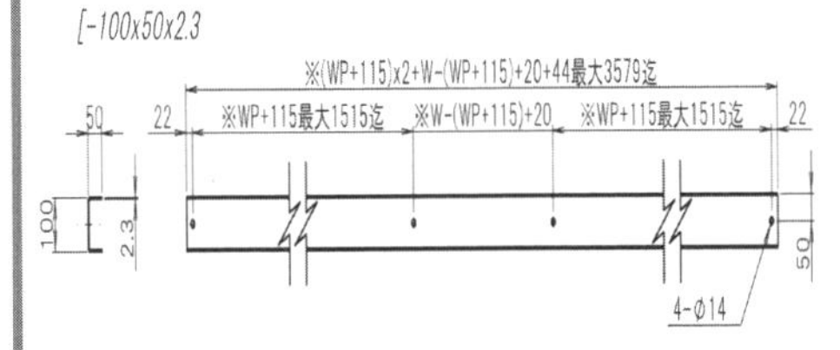

10 −中央ブレース前

PL-38×2.3

11 −中央ブレース後

PL-38×2.3

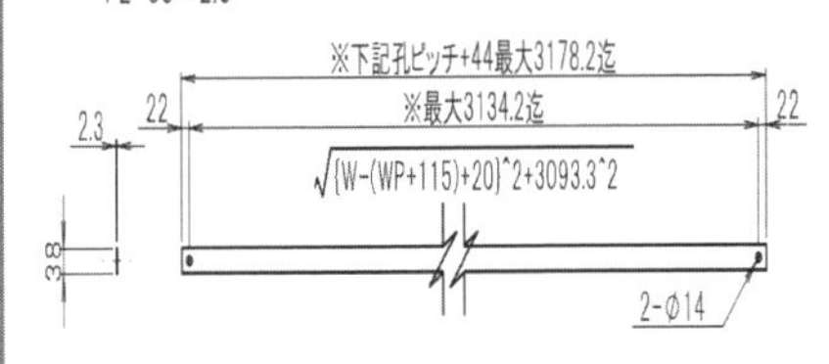

12 − 1 横材端部

[-60x30x2.3

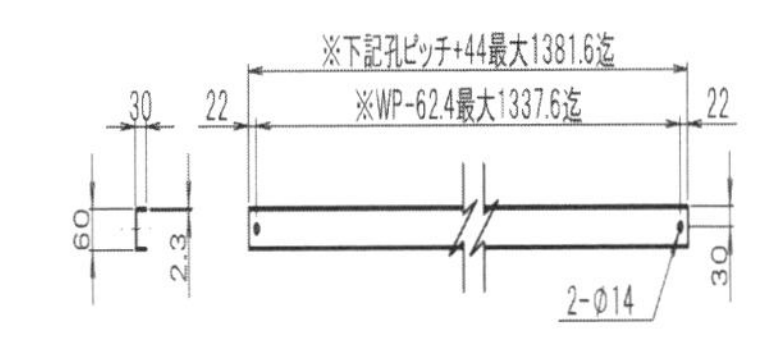

12 － 2 横材中央

[-60x30x2.3

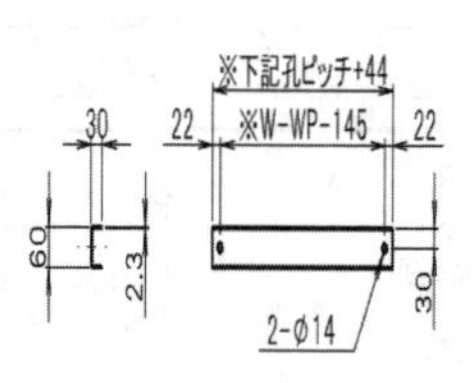

13 －つなぎプレート

PL-4.5

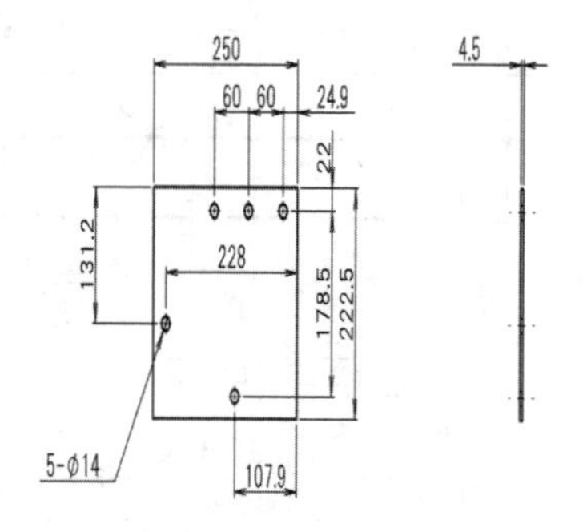

14 －横材固定金具

L-75x45x4.5

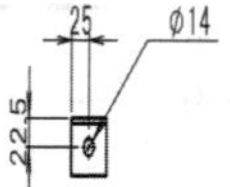
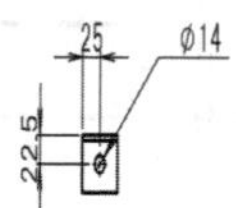

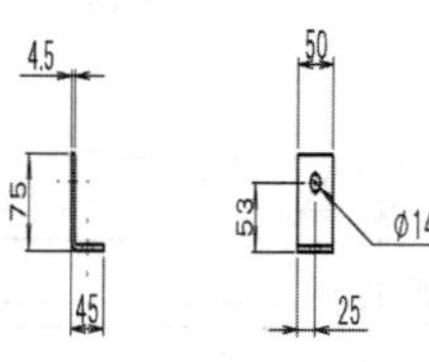

15 －支柱固定金具

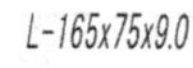

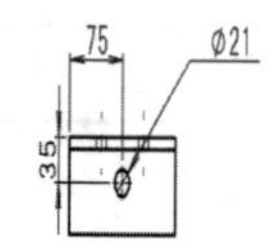

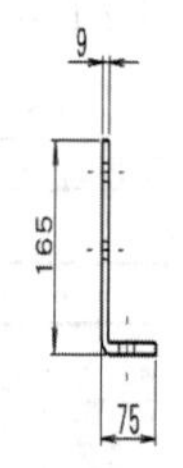

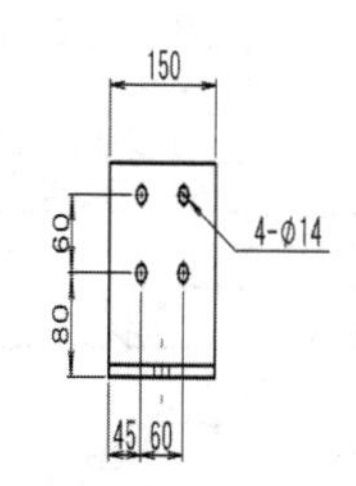

16 － 1 ターンバックル（端）

M10

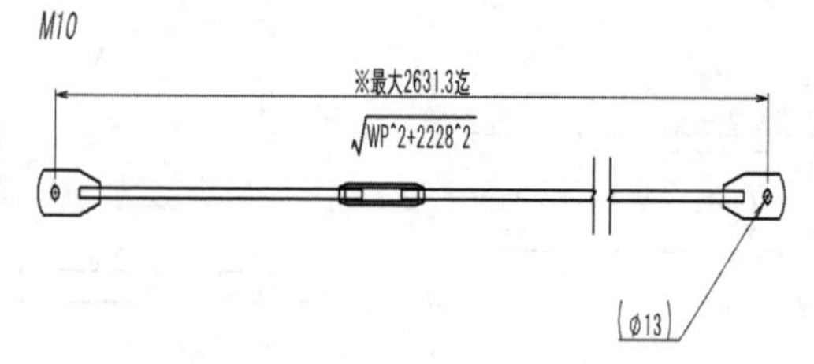

16－2ターンバックル（中）

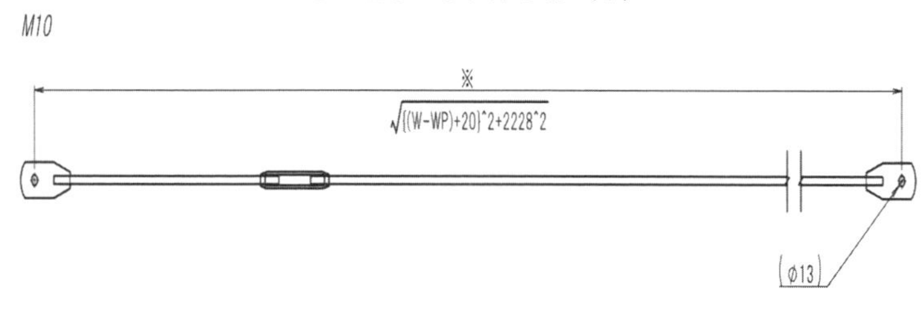

注）図中の※印のある寸法は，太陽電池モジュールのサイズによって異なる。

（ホ）架台及び基礎の構造図は，次の図に示す構造とすること。

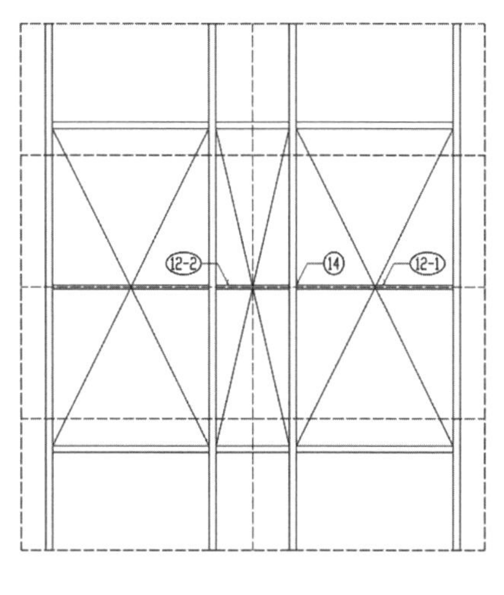

平面図

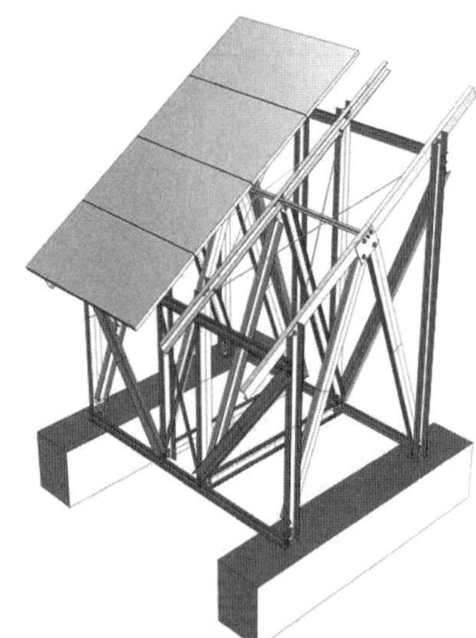

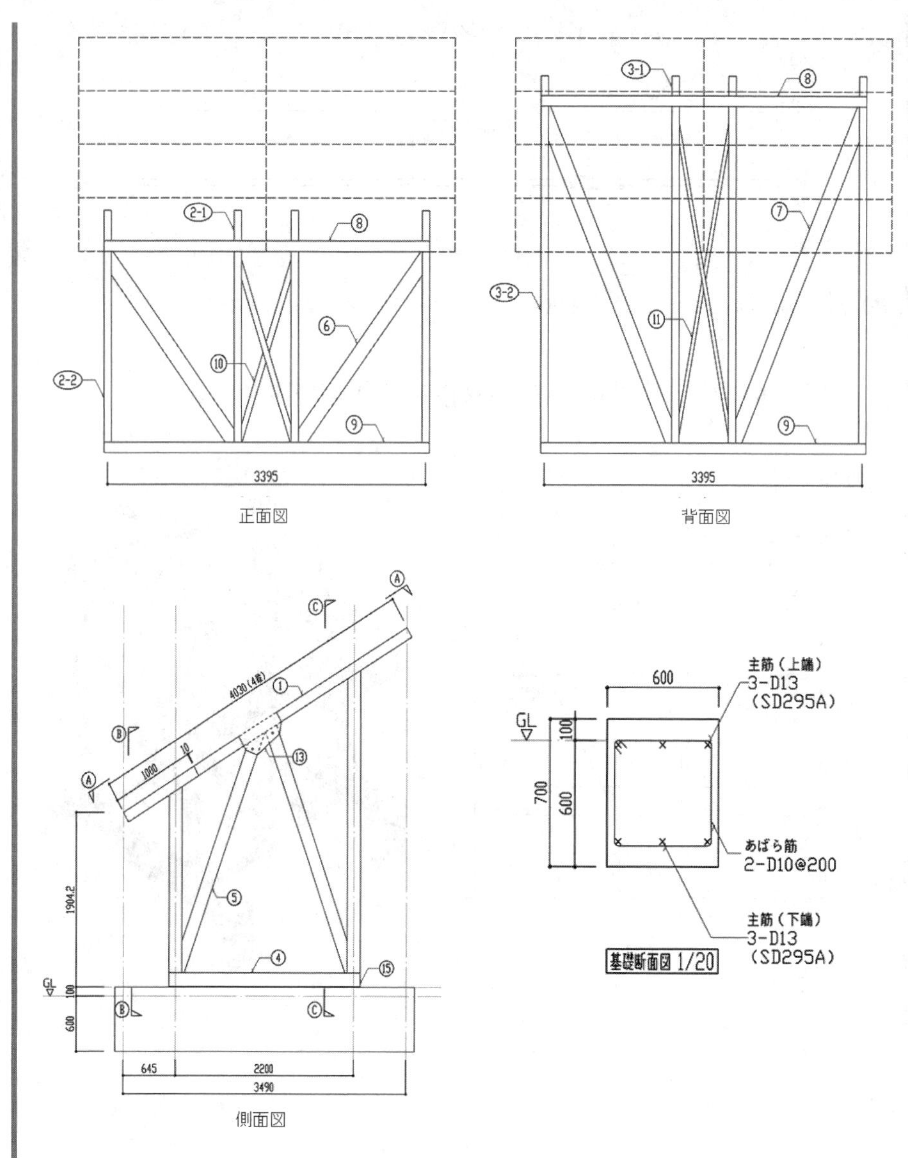

※　本組図は太陽電池モジュールの長辺及び短辺の長さが最大時で作図されており，実際の太陽電池モジュールサイズは 2㎡以下とする。

注）図中の○に示す数字は，部材番号を示す。

（へ） 使用部材は，次に適合するものであること。

(1) 支持架構の部材は，（ホ）に示す部材番号ごとに 8-20 表に示すものであること。

8-20 表

部材番号	部材名	断面	鋼材種	表面処理	数量
1	パネル受け	[–120 × 60 × 4.0	A6063-T5	陽極酸化被膜	4
2-1	支柱前（右）	[–160 × 80 × 6.0	A6063-T5	陽極酸化被膜	2
2-2	支柱前（左）	[–160 × 80 × 6.0	A6063-T5	陽極酸化被膜	2
3-1	支柱後（右）	[–160 × 80 × 6.0	A6063-T5	陽極酸化被膜	2
3-2	支柱後（左）	[–160 × 80 × 6.0	A6063-T5	陽極酸化被膜	2
4	つなぎ材	[–150 × 60 × 4.0	A6063-T5	陽極酸化被膜	2
5	側面ブレース	[–150 × 75 × 6.0	A6063-T5	陽極酸化被膜	8
6	正面ブレース	[–150 × 60 × 6.0	A6063-T5	陽極酸化被膜	2
7	背面ブレース	[–150 × 75 × 6.0	A6063-T5	陽極酸化被膜	2
8	上弦材	[–100 × 50 × 3.0	A6063-T5	陽極酸化被膜	2
9	下弦材	[–100 × 50 × 3.0	A6063-T5	陽極酸化被膜	2
10	中央ブレース前	PL–60 × 3.5	A6063-T5	陽極酸化被膜	2
11	中央ブレース後	PL–60 × 3.5	A6063-T5	陽極酸化被膜	2
12-1	横材（端）	[–60 × 30 × 3.0	A6063-T5	陽極酸化被膜	2
12-2	横材（中）	[–60 × 30 × 3.0	A6063-T5	陽極酸化被膜	1
13	つなぎプレート	PL–4.5	A6063-T5	陽極酸化被膜	4
14	横材固定金具	L–75 × 45 × 4.5	A6063-T5	陽極酸化被膜	6
15	支柱固定金具	L–165 × 75 × 15	A6063-T5	陽極酸化被膜	4
16-1	ターンバックル（端）	M10	SS400	HDZ35 相当	4
16-2	ターンバックル（中）	M10	SS400	HDZ35 相当	2

(2) 締結材は，8-21 表に示すものであること。

8-21 表

接合箇所	ボルト	鋼材種	表面処理	数量	備考
架台接合	M20	A2-50		118	架台の全接合部に使用する
モジュール固定	M6 または M8	A2-50		32	ボルトサイズはメーカー指定による
アンカーボルト	M16	SS400 相当	HDZ-A 種 相当	4	

（ト）　接合部の施工は，次の図の接合部ごとに示す詳細図によること。

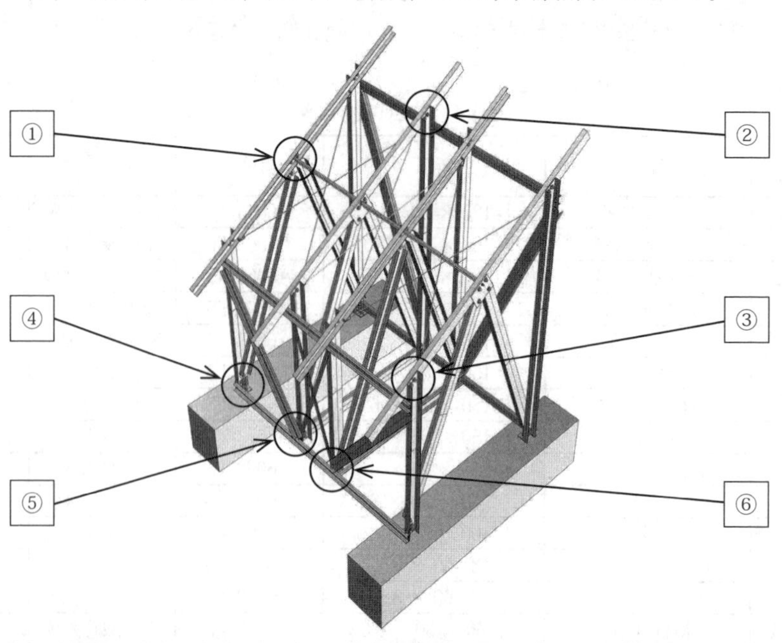

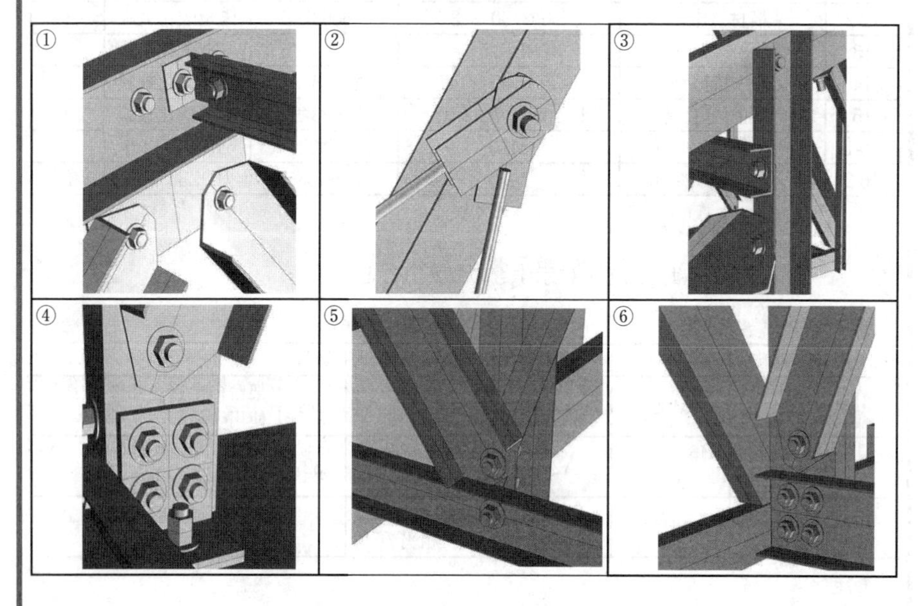

（チ） 太陽電池モジュールを構成する部品は，（ホ）に示す部材番号ごとに次の図に示すものであること。

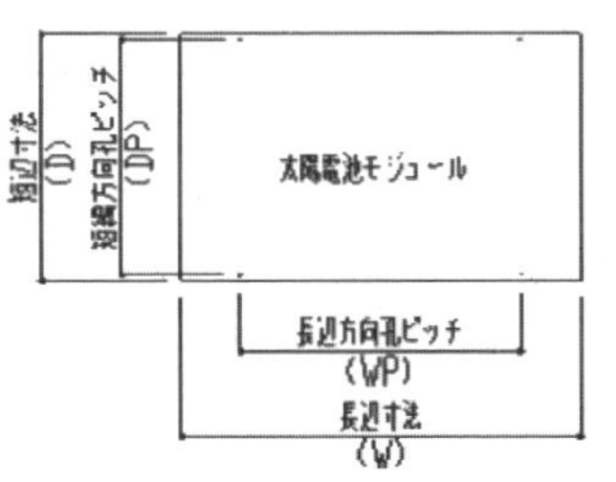

※印のある寸法は太陽電池モジュールにより異なります。
対応可能太陽電池モジュールサイズは下記の通り。
長辺2000mm以下×短辺1000mm以下（合計面積が2m²以下に限る）
太陽電池モジュール固定孔ピッチは，長辺方向1235mm以下、短辺方向950mm以下とする。

表面処理：HDZ35以上
材質：SS400相当品

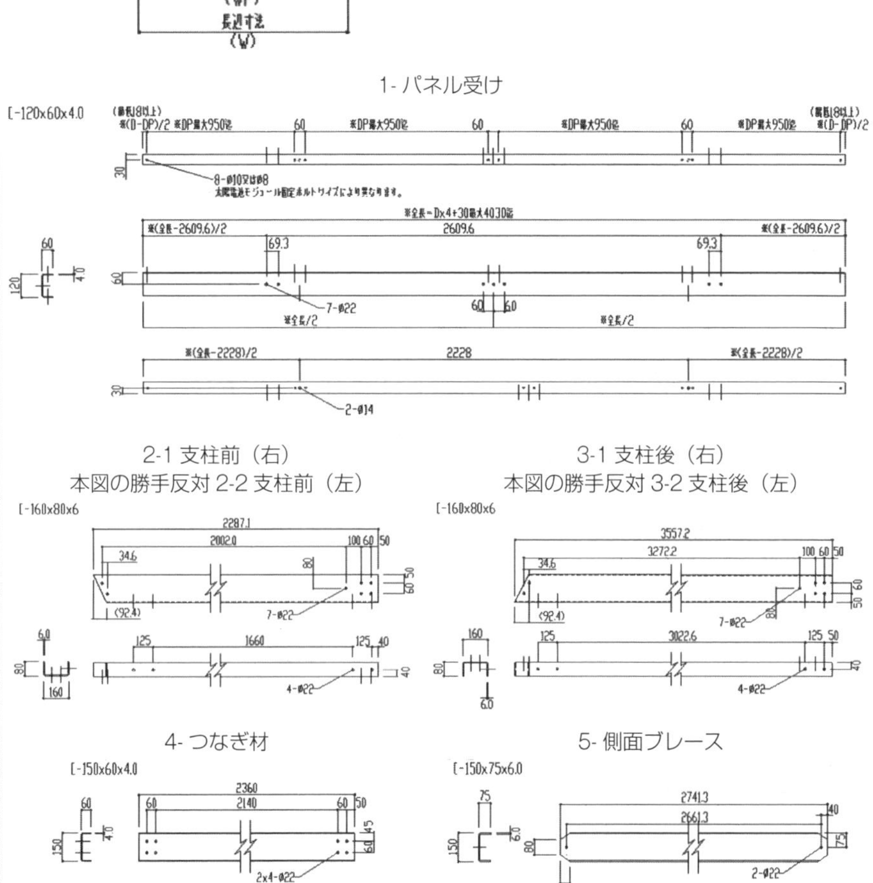

6- 正面ブレース

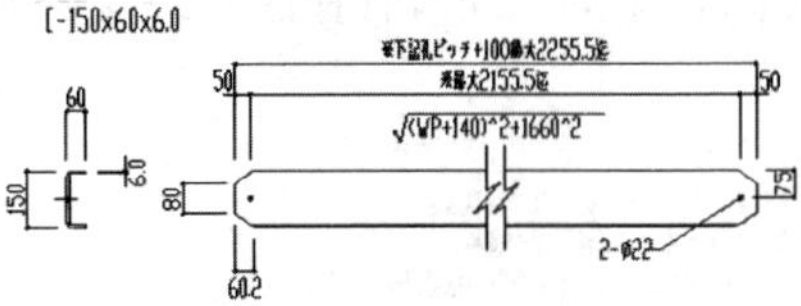
[-150x60x6.0
※下記孔ピッチ+100最大2255.5迄
※最大2155.5迄
√(WP+140)^2+1660^2
2-φ22

7- 背面ブレース

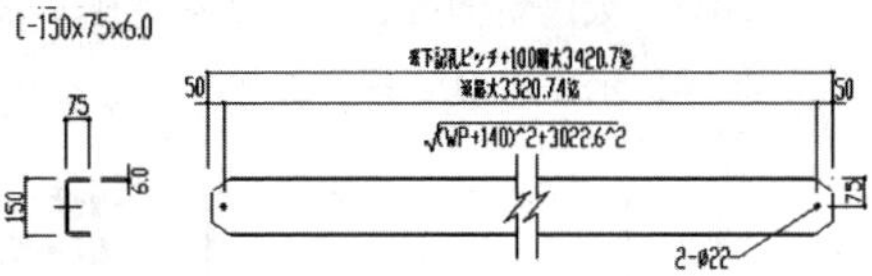
[-150x75x6.0
※下記孔ピッチ+100最大3420.7迄
※最大3320.74迄
√(WP+140)^2+3022.6^2
2-φ22

8,9- 上弦及び下弦材

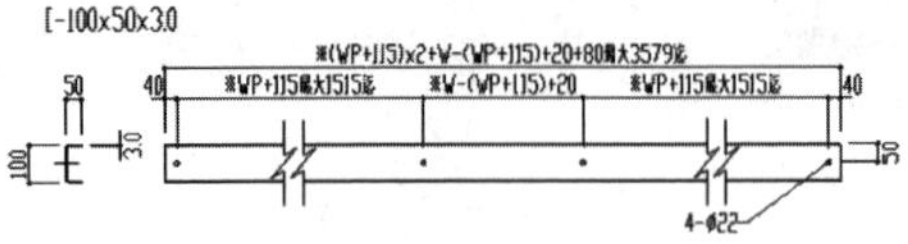
[-100x50x3.0
※(WP+115)x2+W-(WP+115)+20+80最大3579迄
※WP+115最大1515迄
※W-(WP+115)+20
※WP+115最大1515迄
4-φ22

10- 中央ブレース前

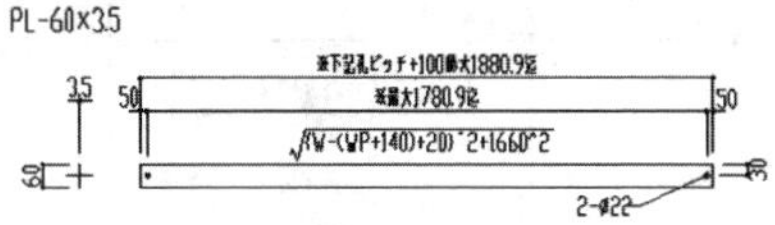
PL-60x3.5
※下記孔ピッチ+100最大1880.9迄
※最大1780.9迄
√(W-(WP+140)+20)^2+1660^2
2-φ22

11- 中央ブレース後

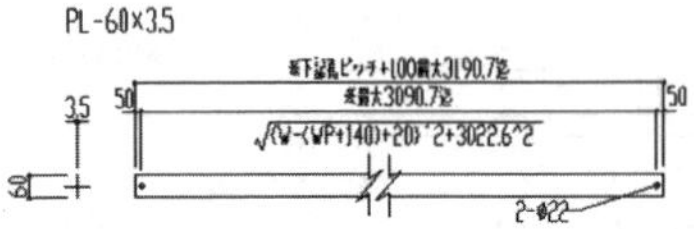
PL-60x3.5
※下記孔ピッチ+100最大3190.7迄
※最大3090.7迄
√(W-(WP+140)+20)^2+3022.6^2
2-φ22

12-1 横材端部

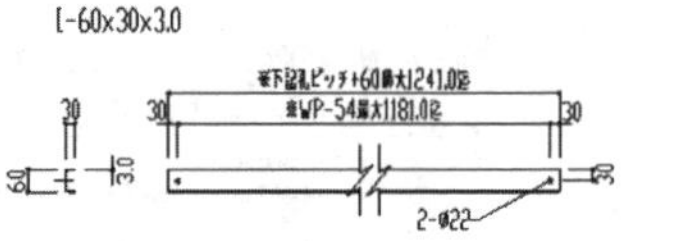
[-60x30x3.0
※下記孔ピッチ+60最大1241.0迄
※WP-54最大1181.0迄
2-φ22

12-2 横材中央

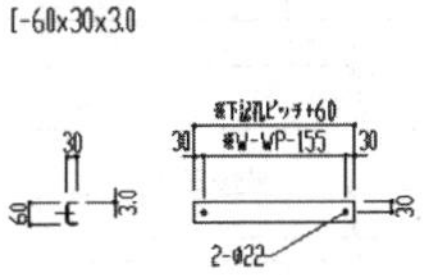
[-60x30x3.0
※下記孔ピッチ+60
※W-WP-155
2-φ22

13- つなぎプレート

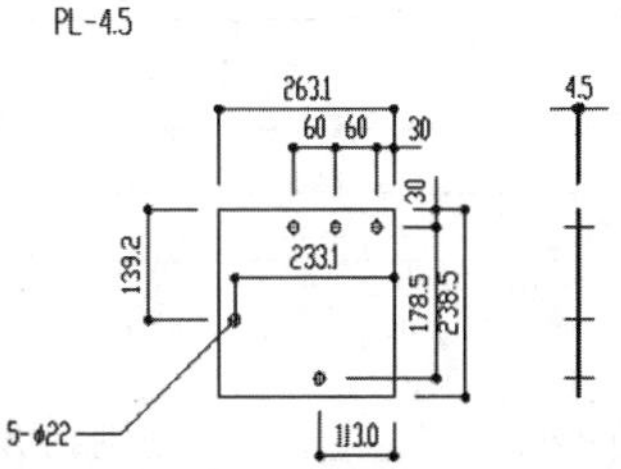
PL-4.5
5-φ22

14- 横材固定金具

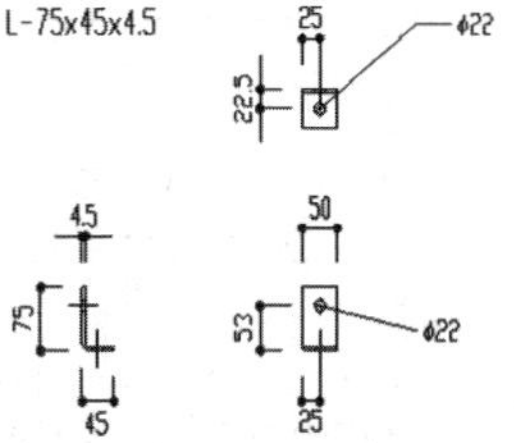
L-75x45x4.5
φ22

15- 支柱固定金具

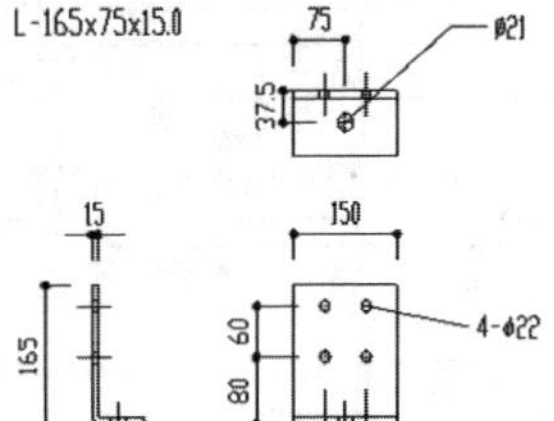
L-165x75x15.0
φ21
4-φ22

16-1 ターンバックル（端）

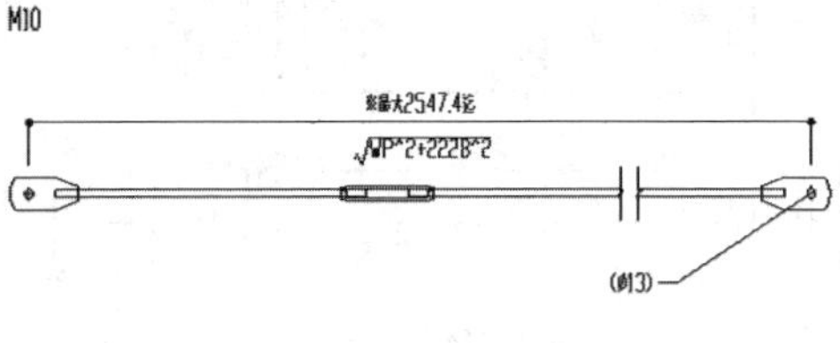
M10
※最大2547.4迄
√WP^2+2228^2
(φ13)

16-2 ターンバックル（中）

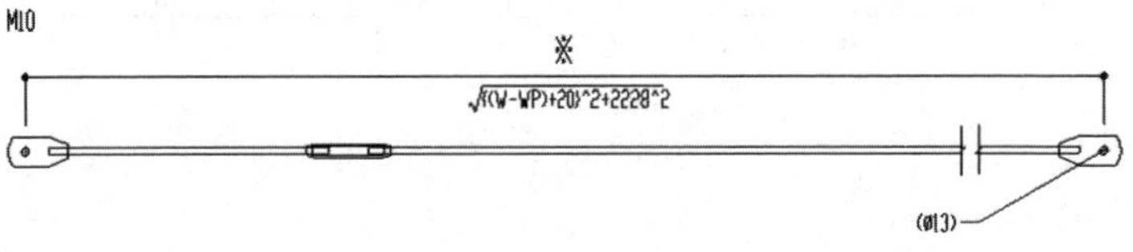
M10
※
√((W-WP)+20)^2+2228^2
(φ13)

【高さ９ｍを超える太陽電池発電設備】（省令第４条第六号）

解釈第10条　土地に自立して施設される支持物のうち設置面からの太陽電池アレイ（太陽電池モジュール及び支持物の総体をいう。）の最高の高さが９ｍを超える場合には，建築基準法施行令第３章構造強度のうち，第38条（基礎），第65条（有効細長比），第66条（柱の脚部），第68条（高力ボルト等），第69条（斜材等の配置）及び第93条（地盤及び基礎ぐい）の規定により施設すること。

〔①解釈第３条の解説（設計荷重）〕　日本産業規格 JIS C 8955（2017）に規定された風圧荷重，積雪荷重及び地震荷重はそれぞれ，建築基準法施行令第87条，第86条，第88条を参考に設定されている。これらの荷重の再現期間は50年を想定しており，「当該支持物の設置環境下において想定される各種荷重」についてもこれと同等の荷重を設定することが望ましい。なお，地上に施設される発電用太陽電池設備において，アレイ面の下端部に作用する積雪による沈降荷重等については，「地上設置型発電システムの設計ガイドライン2019年版」（国立研究開発法人新エネルギー・産業技術総合開発機構：2019）の技術資料が，傾斜地に施設される場合の風圧荷重については，「傾斜地設置型太陽光発電システムの設計・施工ガイドライン2021年版」（国立研究開発法人新エネルギー・産業技術総合開発機構：2021）が参考となる。また，水面等に施設される発電用太陽電池設備の支持物（フロート，架台，係留索，アンカー：解説１図参照）については，地上や建築物上に施設される発電用太陽電池設備とは異なる荷重を想定する必要があることから，解説１表や「水上設置型太陽光発電システムの設計・施工ガイドライン2021年版」（国立研究開発法人新エネルギー・産業技術総合開発機構：2021）を参考として考慮すべき荷重を検討する。

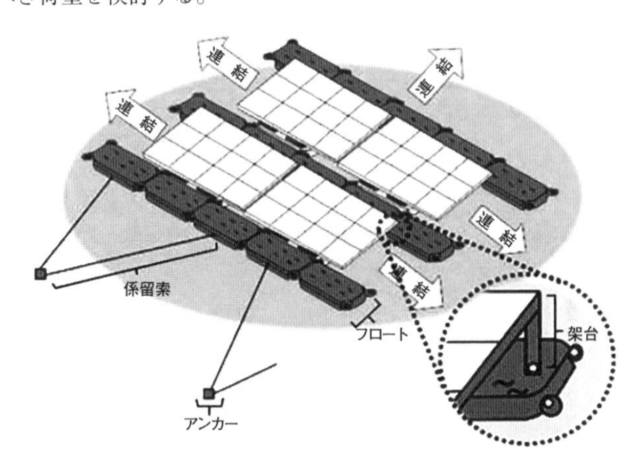

解説１図　水面等に施設される発電用太陽電池設備の支持物
※架台は，フロートとの一体型の設備も存在する。

解説1表　水面等に施設される発電用太陽電池設備において
付加的に考慮すべき外力・荷重及び対象部位

事象	外力・荷重	対象部位	考慮事項※1
積雪	積雪荷重	架台，フロート	浮力
強風	風圧	架台，係留部※2，フロート，接合部※3	係留耐力，接合部耐力，衝撃耐力，各部疲労
	波力（動揺）		
豪雨	水位	架台，係留部※2，接合部※3	浸水防止，係留耐力
	水流		
凍結	凍結圧力	架台，フロート，接合部（フロート間）	耐圧力，浮き上がりへの追従性
地震	波力（スロッシング）※4	架台，係留部※2，接合部※3	係留耐力，接合部の耐力，衝撃耐力

※1　必要に応じて検討を行う。
※2　係留部とは，係留索及びアンカーをいう。
※3　接合部とは，フロート間，フロートと係留索間，係留索とアンカー間，フロートと架台または太陽電池モジュール間，架台と太陽電池モジュール間等をいう。
※4　対岸距離が短くスロッシングの発生が懸念される場合には考慮する必要がある。

〔②解釈第4条の解説（支持物の架構）〕　支持物の架構は，解釈第3条での荷重に対して倒壊，飛散しないだけでなく，設計上想定している変形量，移動量（水面等に施設される発電用太陽電池設備の場合は水位，水流，風によるフロートの移動量）を超えないことを要求している。

支持物の安定については，下式の不静定次数の計算式を用いることによって，簡易判別することができる(解説2図)。ただし，この式は一時的な判別に使用されるものであり，3次元的な架構モデルや特殊な接合部を有するような場合には判別できないことがあるため，構造解析プログラム等で確認することが望ましい。

$$m = (n + s + r) - 2 \times k$$

m：不静定次数　n：支点反力数　s：部材数　r：剛接数　k：接点数

$m \geqq 0$の場合：安定（静定・不静定）
$m < 0$の場合：不安定

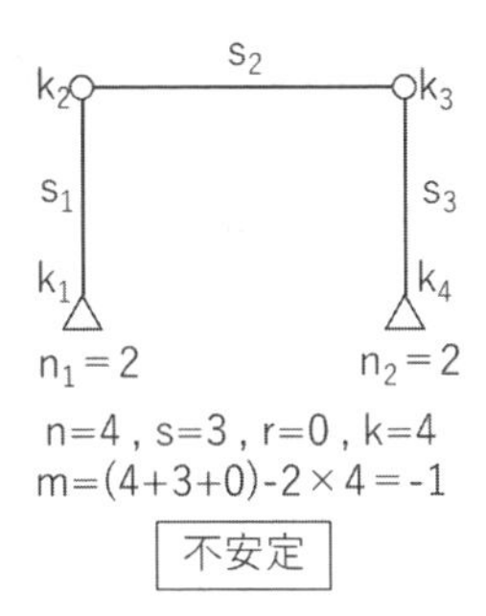

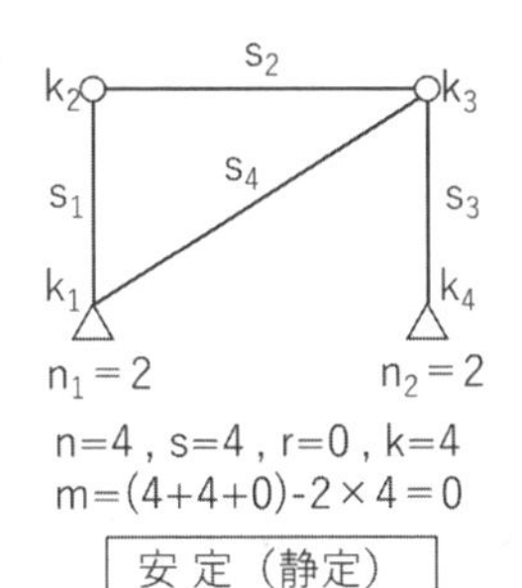

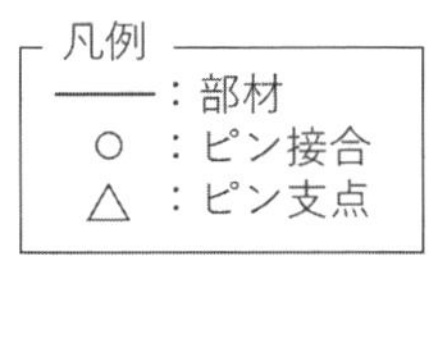

解説２図　不静定次数の算定例

〔③解釈第５条の解説（部材強度）〕　支持物に使用される部材は，解釈第３条の設計荷重に対する許容応力度設計を要求されているため，再現期間50年に相当する荷重に対して各部材は損傷および塑性変形しない強度を確保する必要がある。細長い部材や材厚が小さい部材に圧縮力や曲げモーメントが作用する場合には，曲げ座屈，横座屈，局部座屈等が発生するおそれがあるため，座屈を考慮した許容応力度の設定が求められる。また，部材の曲がりやねじれ等の変形が大きい場合には，支持物の構造安全性を損なうことがあるため，それらを考慮して設計することが必要である。許容応力度の設定については，以下に示す基規準・指針等が参考になる。

・「鋼構造許容応力度設計規準」（日本建築学会）
・「軽鋼構造設計施工指針・同解説」（日本建築学会）
・「アルミニウム建築構造設計規準・同解説」（アルミニウム建築構造協議会）
・鉄筋コンクリート構造計算基準・同解説（日本建築学会）

また，太陽電池モジュールの構成部材のうち荷重を負担する部材（ガラス面，フレーム）についてもこれに準じた強度を確保する必要がある。

〔④解釈第６条の解説（使用材料）〕　支持物に使用する材料は，安定した強度特性を有することを要求されており，日本産業規格（JIS），日本農林規格（JAS），国際規格（ISO）等に規定された材料を使用することが望ましい。海外規格の材料を使用する場合には，その強度特性を明確にしたうえで設計条件に適合していることを確認する必要がある。鋼材やアルミ合金材など，熱処理した材料を使用する場合は，熱処理後の材料特性（強度，延び等）を考慮して設計する。また，腐食，腐朽等による経年劣化しにくい材料の使用，又はメッキ等の劣化防止のための処理を施した材料の使用を要求している。水面に施設されるフロート等に使用される樹脂材料等についても劣化しにくい材料の使用又は劣化防止のための措置が必要となる。

〔⑤解釈第７条の解説（接合部）〕　対象となる接合部は，太陽電池モジュールとその支持物に作用する荷重を地盤や建築物等に伝達するための全ての接合部であり，部材間を接合するボルト類だけでなく，接合プレート，押さえ金具，クランプ等の接合部材，太陽電池モジュールを支持物に固定する際に用いられるクリップ金具も含まれる。これらの接合部材についても許容応力度設計を行ない，安全性を確認する。また，架構の変形に伴う接合部でのずれや外れが生じないことについても確認する必要がある。構造計算による確認が難しい場合は，載荷試験によって部材間の存在応力を確実に伝達できる性能を有していることについて確認する。その際，強度のばらつき（いわゆる２σや３σなどの信頼区間）を考慮して接合部の性能を評価すること。

〔⑥解釈第８条の解説（基礎およびアンカー）〕　土地に自立して施設される支持物の基礎が沈下，浮上がり，水平移動すると支持物全体の損壊に発展するため，基礎は上部構造から伝達される荷重に対して十分な抵抗力を有していることが望ましい。「地上設置型発電システムの設計ガイドライン 2019 年版」（国立研究開発法人新エネルギー・産業技術総合開発機構：2019）の技術資料においては，太陽光発電設備に使用される杭基礎の抵抗力が，建築物の杭基礎の設計に使用される計算式（小規模建築物基礎設計指針，日本建築学会）によって算定される抵抗力を下回る場合があることを指摘している。そのため，杭基礎の抵抗力は載荷試験（杭が打設される地盤における載荷試験）によって確認することを推奨している。また，水面に施設されるフロート群を係留するためのアンカーについても上述の杭基礎と同様，載荷試験によって確認することが望ましい。このときフロート群に接続された多数の係留索には荷重が均等に作用しないことが考えられるため，アンカーは偏りを考慮した荷重に対して十分な抵抗力があることを確認する必要がある。さらに，係留索，フロート及びこれらの各接合部についても，偏りを考慮した荷重に対する配慮が必要である。こうした設計を行う際には，「水上設置型太陽光発電システムの設計・施工ガイドライン 2021 年版」（国立研究開発法人新エネルギー・産業技術総合開発機構：2021）の 10. 係留設計が参考となる。

〔⑦解釈第３条～第８条の解説〕　解釈第３条～第８条に示された要求性能に適合する設計を行う際には，「地上設置型発電システムの設計ガイドライン 2019 年版」（国立研究開発法人新エネルギー・産業技術総合開発機構：2019），及び解説２表に示す規準・指針が参考となる。また，設置形態別に「傾斜地設置型太陽光発電システムの設計・施工ガイドライン 2021 年版」（国立研究開発法人新エネルギー・産業技術総合開発機構：2021），「水上設置型太陽光発電システムの設計・施工ガイドライン 2021 年版」（国立研究開発法人新エネルギー・産業技術総合開発機構：2021），「営農型太陽光発電システムの設計・施工ガイドライン 2021 年版」（国立研究開発法人新エネルギー・産業技術総合開発機構：2021）が参考となる。なお，建築物に付帯する太陽電池発電設備については，この解釈での要求事項に加え，建築設備として建築基準法施行令第129条の2の4に規定する構造強度も満たすこと。

解説2表　支持物の設計に参考となる規準・指針と参照部分

規準・指針	参照する見出し（章・節・項番号）
鋼構造許容応力度設計規準 （2019年制定）日本建築学会	4章　材料の全て 5章　許容応力度のうち5.1節，5.2節 6章　組合せ応力の全て 8章　変形のうち8.1節の（1）a） 9章　板要素の幅厚比の全て 10章　梁材のうち10.1節，10.6節 11章　圧縮材ならびに柱材のうち11.1節，11.3節，11.8節，11.9節の（1），11.9節の（5） 12章　引張材のうち12.1節 13章　有効断面積のうち13.1節，13.2節の（2）a） 14章　接合のうち14.1節 15章　ボルトおよび高力ボルトのうち15.1節，15.4節，15.5節，15.6節 16章　溶接のうち16.3節，16.5節
軽鋼構造設計施工指針・同解説 （2002年）日本建築学会	1章　総則のうち1.1節の（1），1.3節 2章　材料および許容応力度のうち2.1節 4章　部材設計のうち4.1節の（2），4.2節の（1），4.2節の（2），4.2節の（3），4.3節の（1），4.3節の（2），4.4節の（1），4.4節の（2），4.4節の（4），4.6節の（1），4.6節の（4），4.7節，4.9節の（1） 5章　接合要素のうち5.1節の（2），5.1節の（3），5.1節の（4），5.1節の（8），5.3節，5.5節の（2），5.5節の（3），5.6節の（1）a），5.6節の（1）b），5.6節の（2），5.6節の（3） 6章　接合部設計のうち6.1節の（1），6.8.2項の（2） 7章　製作・施工のうち7.3.1項の（1）
アルミニウム建築構造設計規準・同解説（2016年） アルミニウム建築構造協議会	3章　材料および許容応力度等のうち3.2.1項，3.2.2項，3.2.3項，3.4.2項 4章　部材設計のうち4.1節，4.2節，4.3節，4.4節

〔⑧解釈第9条の解説（支持物の標準仕様）〕支持物の標準仕様は，産業構造審議会保安分科会電力安全小委員会の審議を踏まえ，平成29年及び令和元年に電気設備の技術基準の解釈第46条第3項として追加されたものである。発電用太陽電池設備の支持物については平成18年から電気設備技術基準の解釈第46条第2項で規定していたが，強度計算を行っていないなどその規定を満たさない施工等により，公衆安全に影響を与える

重大な損壊被害（平成27年8月に九州で発生した台風15号によるパネル飛散や架台倒壊等）が発生した。このような状況に鑑み，基準風速や降雪量など諸条件を満たす場合は，強度計算を実施せずとも必要な強度等を確保できるよう，地上設置型の設備に適用できる標準仕様を規定したものである。なお，当該標準仕様に準拠すれば強度計算を要しない前提であることから，施設する場所の条件に左右されないように安全率を大きく設定するため，風荷重には，最新の知見を生かして裕度を持たせた。また，標準仕様中，コンクリート強度Fcは平成12年建設省告示第1450号に定める許容応力度を有するものをいい，N値は，JIS A 1219（2013）に規定される測定方法を用いる。なお，本標準設計で使用している「N値＝3」とは，発電用太陽電池設備を施設する場所が柔らかい粘土質であることを表している。

〔⑨解釈第10条の解説（高さ9 mを超える太陽電池発電設備）〕土地に自立して施設される支持物のうち高さが9 mを超える場合には，建築基準法第20条，建築基準法施行令第81条及び平成19年国土交通省告示第593号第一号を参考に，建築基準法施行令での工作物の構造強度等を要求している。なお，発電用太陽電池設備の設計荷重を規定しているJIS C 8955（2017）では設置面からのアレイの最高高さが9 mを超えるアレイを適用範囲外としていることから，設計荷重についても別途検討する必要がある。

（土砂の流出及び崩壊の防止）

省令第5条　支持物を土地に自立して施設する場合には，施設による土砂流出又は地盤の崩壊を防止する措置を講じなければならない。

【地盤】（省令第5条）

解釈第11条　土地に自立して施設される支持物においては，施設される土地が降雨等によって土砂流出や地盤崩落等によって公衆安全に影響を与えるおそれがある場合には，排水工，法面保護工等の有効な対策を講じること。

2　施設する地盤が傾斜地である場合には，必要に応じて抑制工，抑止工等の土砂災害対策を講じること。

〔解　説〕発電用太陽電池設備の施設場所の選定においては，地方自治体が公開している土砂災害警戒区域等の情報，地形図，土地条件図等を用いた資料調査及び地盤調査等の事前調査結果をもとに土砂災害リスクを事前に把握しておくことが重要である。これらの結果をもとに，土地の斜面崩壊防止対策や排水処理方法など十分な工学的検討を行い，当該発電設備並びに公衆の安全を確保する。なお，事前調査の方法及び造成・排水計画については，「地上設置型発電システムの設計ガイドライン2019年版」（国立研究開発法人新エネルギー・産業技術総合開発機構：2019）の「3. 調査及び計画」や「傾斜地設置型太陽光発電システムの設計・施工ガイドライン 2021 年版」（国立研究開発法人新エネルギー・産業技術総合開発機構：2021）の「5. 事前調査」及び「6. 造成計画」が参考となる。

（公害等の防止）

省令第 6 条　電気設備に関する技術基準を定める省令（平成 9 年通商産業省令第 52 号）第 19 条第 13 項の規定は，太陽電池発電所に設置する発電用太陽電池設備について準用する。

2　発電用太陽電池設備が小規模発電設備である場合には，前項の規定は，同項中「太陽電池発電所に設置する発電用太陽電池設備」とあるのは「発電用太陽電池設備」と読み替えて適用するものとする。

〔解　説〕 発電用太陽電池設備の施設による急傾斜地の崩壊の防止について，電気設備に関する技術基準を定める省令（平成 9 年通商産業省令第 52 号）を準用して規定したものである。

[省令]

附　則

1　この省令は，令和 3 年 4 月 1 日から施行する。

2　この省令の施行の際現に施設し，又は施設に着手した電気工作物については，なお従前の例による。

[解釈]

附　則

1　この規程は，令和 3 年 4 月 1 日から施行する。

2　この規程の施行の際，現に電気事業法第 48 条第 1 項の規定による電気事業法施行規則第 65 条第 1 項第 1 号に定める工事の計画の届出がされ，又は設置若しくは変更の工事に着手している太陽電池モジュールの支持物については，施行後の発電用太陽電池設備に関する技術基準の解釈の規定にかかわらず，なお従前の例によることができる。

附　則

この規程は，令和 6 年 10 月 1 日から施行する。

付　録

1. 妨害波測定器規格（昭和48年度電波技術審議会答申）（抄）

（→第51条及び第202条）

妨害波測定器規格（0.15MHz～30MHz）の抜粋は，次のとおりである。

1.1　基本特性

6dB低下の帯域幅	9kHz
準尖頭値電圧計の電気的充電時定数	1ms
準尖頭値電圧計の電気的放電時定数	160ms
臨界制動された指示計器の機械的時定数	160ms
検波器より前の段の過負荷係数	30dB
（指示計器の最大の振れを生ずる正弦波信号のレベルを越えて）	
検波器と指示計器の間に挿入する直流増幅器の過負荷係数	12dB
（指示計器の最大の振れを生ずる直流レベルを越えて）	

注　指示計器の機械的時定数は，指示計器が直線的に動作することを仮定している。しかし，指示計器が直線的に動作しないものであっても，測定器がこの規格の要求を満足するものであれば，使用してよいこととする。

1.2　パルス応答特性

1.2.1　振幅特性

少なくとも30MHzまで均一のスペクトルを持つ繰り返し周波数100Hz，0.316μVsのパルスに対する測定器の全同調周波数における応答は，実効値2mV（66dBμV）の同調周波数に等しい無変調正弦波信号に対する応答と等しいものであること。ただし，この試験においてパルス発生器と信号発生器の出力インピーダンスは等しいものとする。また，測定器の入力インピーダンスと信号発生器の出力インピーダンスが等しい場合には，測定器入力電圧の実効値は1mV（60dBμV）となる（図1参照）。なお，上記の電圧値の許容偏差は±1.5dBとする。

繰り返し周波数（Hz）	パルスの相対等価レベル（dB）
1000	-4.5 ± 1.0
100（基準）	0
20	+6.5 ± 1.0
10	+10.0 ± 1.5
2	+20.5 ± 2.0
1	+22.5 ± 2.0
孤立パルス	+23.5 ± 2.0

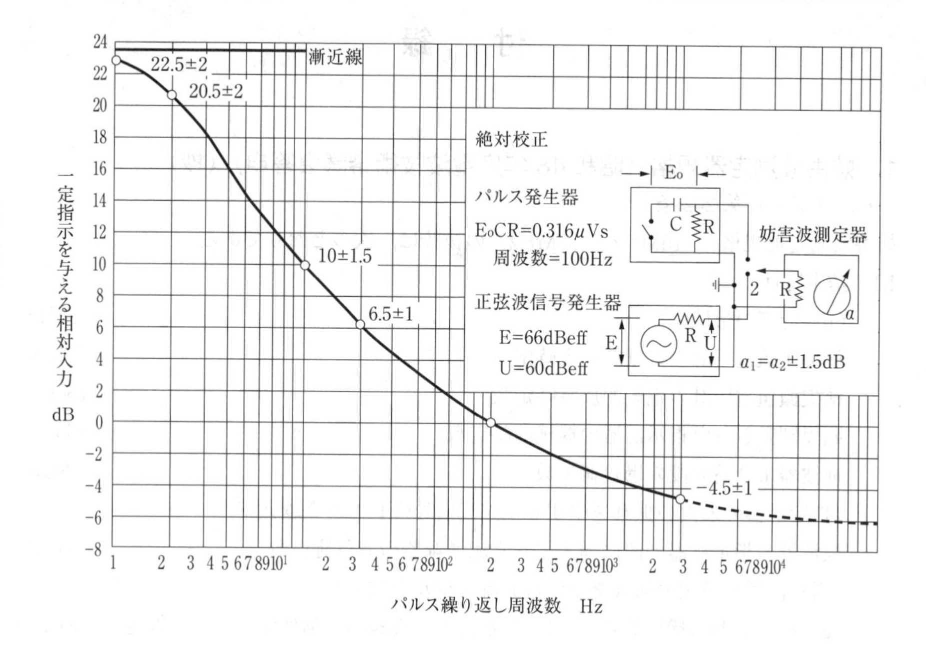

図１　パルス応答曲線

1.2.2　繰り返し周波数に対する応答の変化

パルス繰り返し周波数に対する測定器の応答は，測定器に一定の指示を与えるための入力電圧と繰り返し周波数の関係を示す図１の特性を満足するものであること。応答曲線の各繰り返し周波数における相対レベル及び許容値を次表に示す。

1.3　選択度

1.3.1　総合選択度（通過帯域幅）

受信機の総合選択度曲線は，図２に示す範囲内にあること。この特性は，周波数に対し，測定器に一定の指示を与えるための正弦波入力電圧（相対値）を表したものである。

1.3.2　中間周波妨害比

指示計器に同一指示を与える，中間周波数の正弦波入力電圧と同調周波数の正弦波入力電圧の比は，40dB 以上であること。

1.3.3　影像妨害比

指示計器に同一指示を与える影像周波数の正弦波入力電圧と同調周波数の正弦波入力電圧の比は，40dB 以上であること。

1.3.4　スプリアス（中間周波数及び影像周波数のスプリアスを除く）抑圧比

指示計器に同一指示を与える，スプリアス周波数の正弦波入力電圧と同調周波数の正弦波入力電圧の比は，40dB 以上であること。

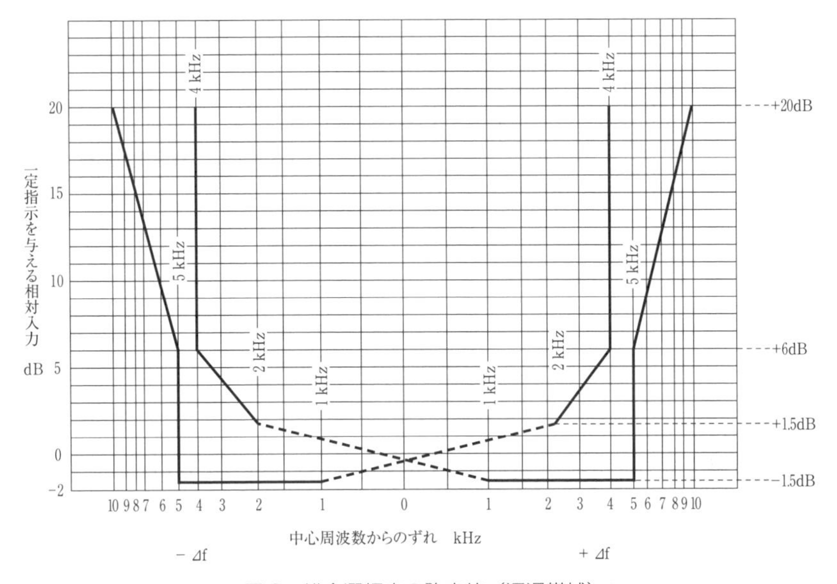

図２　総合選択度の許容値（通過帯域）

スプリアス周波数の例を次に示す。

$nf_L \pm f_I$，$(1/m)\ f_L \pm f_I$ 及び $(1/K)\ f_o$

n，m，K: 整数　　　f_I: 中間周波数

f_L: 局部発振周波数　　　f_o: 同調周波数

1.4　相互変調効果の制限

受信機の応答特性は，相互変調効果による影響を受けないものであること。測定器が図３の試験装置を使用した次の試験に合格すれば，この条件を満足しているものとする。

ある周波数に同調した受信機と，これと同じ周波数に中心周波数を持ち，この周波数において 40dB 以上の減衰を与える帯域阻止フィルタ F を図３のように接続する。フィルタ F の 6dB 帯域幅は，20kHz 以上 200kHz 以下とする。次に，30MHz までほぼ均一のスペクトルを持ち，60MHz で 10dB 以上低下する特性を持つパルス発生器を，正弦波信号発生器の代りに接続したときのフィルタによる減衰は，36dB 以上であること。

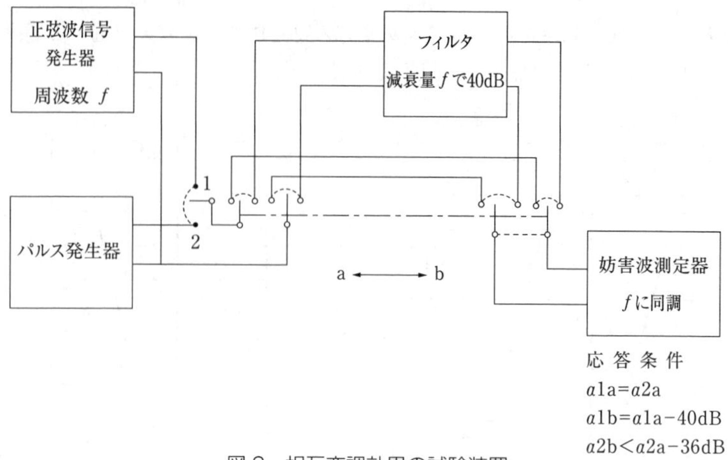

図３　相互変調効果の試験装置

1.5　内部雑音の制限

受信機の内部雑音によって，指示値に 1dB を越える誤差を生じないものであること。

注　中間周波増幅部に減衰器を有する測定器は，次の試験に合格すれば，上記の制限を満足したものとする。

正弦波信号を測定器の入力端に加え，出力指示計が基準振れ“0”を指示するように入力信号レベルを調整する。次に中間周波増幅段の減衰器を 10dB 挿入し，出力指示計の振れが再び“0”になるように入力信号レベルを増加する。このときの入力信号レベルの増加は，10dB から 11dB の範囲内のものであること。

1.6　遮へい

測定器の遮へいは，空中線を取り去ったとき，電界強度の指示が測定値より 60dB 以上下るか，又は測定不可能の状態になるものであること。また，すべての使用条件において，受信機の利得調整は，最初の校正時の値の ± 1dB の範囲内に行うことが可能なものであること。

空中線を取り除いたとき，測定器の空中線端子は遮へいしてもさしつかえない。

1.7　測定器の精度

1.7.1　電圧測定

正弦波電圧の測定精度は，± 2dB 以内であること。

1.7.2　電界強度の測定

適切な空中線を接続した場合，均一な正弦波信号電界強度の測定精度は ± 3dB 以内であること。

2. 日本電気技術規格委員会規格

日本電気技術規格委員会規格
支持物の基礎自重の取り扱い
JESC　E2001（1998）

1. 適用範囲

この規格は，支持物の基礎を設計する場合の基礎自重の取り扱いについて規定する。

2. 技術的規定

支持物の基礎を設計する場合の基礎自重の取り扱いは，次の各号によること。

一　引揚荷重を受ける基礎にあっては，その重量の2/3倍（異常時想定荷重が加わる場合における当該異常時想定荷重に対する鉄塔の基礎にあっては1倍）を限度に引揚支持力に加算することができる。

二　圧縮荷重を受ける基礎にあっては，その重量の1倍を圧縮荷重に加算すること。

◇◇

日本電気技術規格委員会規格
特別高圧架空電線と支持物等との離隔の決定
JESC　E2002（1998）

1. 適用範囲

この規格は，特別高圧架空電線と支持物等との離隔距離について規定する。

2. 引用技術報告

次に掲げる技術報告は，この規格に引用されることによって，この規格の規定の一部を構成する。この引用技術報告は，その表題，番号，発行年及び引用内容を明示して行うものとする。

電気学会技術報告（II部）第220号「架空送電線路の絶縁設計要綱」（1986）

3. 技術的規定

特別高圧架空電線と支持物等との離隔は，電気学会技術報告（II部）第220号「架空送電線路の絶縁設計要綱」（1986）の絶縁間隔の設計手法に準じて決定し施設することができる。

◇◇

付録

日本電気技術規格委員会規格
特別高圧架空電線路に使用する鉄塔の径間制限
JESC　E2003（1998）

1.　適用範囲

この規格は，特別高圧電線路に使用する鉄塔の一般箇所（必要に応じて電線及び支持物を強化する長径間箇所を除く。）の径間制限について規定する。

2.　技術的規定

特別高圧架空電線路に使用する鉄塔の径間は，下表の左欄に掲げる使用電圧に応じ，それぞれ同表の右欄に掲げる値以下であること。

表

使用電圧	径間
170,000V 未満	600m
170,000V 以上	800m

日本電気技術規格委員会規格
低圧引込線と他物との離隔距離の特例
JESC　E2005（2002）

1.　適用範囲

この規格は，低圧引込線と他物との離隔距離の特例について規定する。

2.　技術的規定

低圧架空引込線と低圧架空引込線を直接引き込んだ造営物以外の工作物との離隔距離は，需要場所の取付点付近に限り，低圧引込線を直接引き込んだ造営物以外の工作物で技術上やむを得ない場合で，かつ，危険のおそれがなく，需要場所の取付点付近に施設する場合は，表1の値以上とすることができる。

表1

<table>
<tr><th colspan="3">離隔距離又は施設条件</th></tr>
<tr><th>他の工作物区分</th><th>電線の種類</th><th>離隔距離</th></tr>
<tr><td>他の造営物（人が触れるおそれがない場合）</td><td>低圧絶縁電線
ケーブル</td><td>接触しない</td></tr>
<tr><td>弱電流電線等</td><td>低圧絶縁電線
ケーブル</td><td>接触しない</td></tr>
</table>

弱電流電線等の引込用引留具等（引留具等という。以下同じ）	上方	低圧絶縁電線 ケーブル	0.15m
	側方	低圧絶縁電線 ケーブル	0.1m
引留具等から電源側25cm以下の範囲における弱電流電線等の上方及び側方		低圧絶縁電線 ケーブル	0.1m

◇◇

日本電気技術規格委員会規格
35kV以下の特別高圧用機械器具の施設の特例
JESC　E2007（2014）

1.　適用範囲

この規格は，35kV以下の特別高圧用機械器具の路上等への施設方法について規定する。

2.　技術的規定

35kV以下の特別高圧用機械器具を路上等に施設する場合は，充電部分が露出しない機械器具を，温度上昇により，又は故障の際に，その近傍の大地との間に生じる電位差により，人若しくは家畜又は他の工作物に危険のおそれがないように施設すること。

◇◇

日本電気技術規格委員会規格
35kV以下の特別高圧地上電線路の臨時施設
JESC　E2008（2014）

1.　適用範囲

この規格は，35kV以下の特別高圧地上電線路の臨時施設について規定する。

2.　技術的規定

35kV以下の特別高圧地上電線路の臨時施設は次の各号によること。

一　施設期間は2ヶ月以内とすること。

二　電線はケーブルを使用すること。

三　電線を施設する場合には，取扱者以外の者が容易に立ち入らないようにさく，へい等を設け，かつ，人が見やすいように適当な間隔で危険である旨の表示をすること。

四　電線は重量物の圧力又は著しい機械的衝撃を受けるおそれがないように施設すること。

◇◇

日本電気技術規格委員会規格
35kV 以下の特別高圧電線路の人が常時通行するトンネル内の施設
JESC　E2011（2014）

1.　適用範囲

この規格は，35kV 以下の特別高圧電線路を人が常時通行するトンネル内電線路として施設する場合について規定する。

2.　技術的規定

使用電圧が 35kV 以下の特別高圧電線路を人が常時通行するトンネル内に施設する場合は，次の各号により施設すること。

一　電線は，ケーブルであること。

二　ケーブルには，接触防護措置を施すこと。

三　ケーブルをトンネルの壁面に沿って取り付ける場合は，ケーブルの支持点間の距離を 2m（垂直に取り付ける場合は，6m）以下とし，かつ，その被覆を損傷しないように取り付けること。

四　ケーブルをちょう架用線にちょう架する場合は，トンネルの壁面に接触しないように施設するとともに，次により施設すること。

イ　次のいずれかの方法により施設すること。

（イ）ケーブルをハンガーにより 50cm 以下の間隔でちょう架用線に支持する方法。

（ロ）ケーブルをちょう架用線に接触させ，その上に容易に腐食し難い金属テープ等を 20cm 以下の間隔を保ってらせん状に巻き付ける方法。

（ハ）ちょう架用線をケーブルの外装に堅ろうに取り付けて施設する方法。

ロ　ちょう架用線は，引張強さ 13.93kN 以上のより線又は断面積 22mm^2 以上の亜鉛めっき鋼より線であること。

ハ　ちょう架用線は，通常の使用状態において断線のおそれがないように施設すること。

ニ　ちょう架用線及びケーブルの被覆に使用する金属体には，D 種接地工事を施すこと。

五　管その他のケーブルを収める防護装置の金属製部分，金属製の電線接続箱及びケーブルの被覆に使用する金属体には，これらのものの防食措置を施した部分及び大地との間の電気抵抗値が 10Ω 以下である部分を除き，A 種接地工事（人が触れるおそれがないように施設する場合は，D 種接地工事）を施すこと。

◇◇

日本電気技術規格委員会規格
「特別高圧電線路のその他のトンネル内の施設」
JESC E2014（2004）

1. 適用範囲

この規格は，特別高圧電線路を鉄道，軌道又は自動車道の専用のトンネル及び人が常時通行するトンネルに該当しないトンネル（以下「その他のトンネル」という）内電線路として施設する場合について規定する。

2. 技術的規定

特別高圧電線路をその他のトンネル内に施設する場合は，次の各号により施設すること。

一　電線は，ケーブルであること。

二　ケーブルは，堅ろうな管若しくはトラフに収め，又は人が触れるおそれがないように施設すること。

三　ケーブルをトンネルの壁面に沿って取り付ける場合は，ケーブルの支持点間の距離を2m（垂直に取り付ける場合は，6m）以下とし，かつ，その被覆を損傷しないように取り付けること。

四　ケーブルをちょう架用線にちょう架する場合は，トンネルの壁面に接触しないように施設し，かつ，次により施設すること。

イ　ケーブルは，次のいずれかにより施設すること。

(イ) ちょう架用線にハンガーにより施設すること。この場合において，そのハンガーの間隔を50cm以下として施設すること。

(ロ) ちょう架用線に接触させ，その上に容易に腐食し難い金属テープ等を20cm以下の間隔を保ってらせん状に巻き付けること。

(ハ) ちょう架用線をケーブルの外装に堅ろうに取り付けて施設すること。

ロ　ちょう架用線は，引張強さ13.93kN以上のより線又は断面積22mm^{2}以上の亜鉛めっき鋼より線であること。

ハ　ちょう架用線は，通常の使用において断線のおそれがないように施設すること。

ニ　ちょう架用線及びケーブルの被覆に使用する金属体には，D種接地工事を施すこと。

五　管その他のケーブルを収める防護装置の金属製部分，金属製の電線接続箱及びケーブルの被覆に使用する金属体には，これらのものの防食措置を施した部分及び大地との間の電気抵抗値が10Ω以下である部分を除き，A種接地工事（人が触れるおそれがないように施設する場合は，D種接地工事）を施すこと。

◇◇

日本電気技術規格委員会規格
「橋又は電線路専用橋等に施設する電線路の離隔要件」
JESC E2016（2006）

1. 適用範囲

この規格は，橋又は電線路専用橋等（電線路線用の橋，パイプスタンドその他これらに類するもの。以下同じ。）に施設する電線路の他物との離隔要件について規定する。

2. 技術的規定

橋又は電線路専用橋等に施設する高圧電線路又は特別高圧電線路（パイプスタンド若しくはこれに類するものに施設する場合は，使用電圧 100,000V 以下に限る。以下同じ。）の電線を収める管又はトラフが，その橋又は電線路専用橋等に施設する他物と接近又は交さする場合の離隔要件は，次の各号によること。

一　高圧電線路の電線を「堅ろうな不燃性又は自消性のある難燃性」の管又はトラフに収める場合，以下のものと直接接触しないこと。

a　管灯回路の配線

b　弱電流電線等（弱電流電線及び光ファイバーケーブル。以下同じ）

c　水管，ガス管若しくはこれらに類するもの

d　他の工作物（その高圧電線路を施設する橋又は電線路専用橋等に施設する他の高圧電線並びに架空電線及び屋上電線を除く。）

ただし，弱電流電線等が次のいずれかに該当する場合は，この限りでない。

イ　弱電流電線等が電力保安通信線であり，かつ，不燃性若しくは自消性のある難燃性の材料で被覆した光ファイバーケーブル又は不燃性若しくは自消性のある難燃性の管に収めた光ファイバーケーブルである場合。

ロ　弱電流電線等が，不燃性若しくは自消性のある難燃性の材料で被覆した光ファイバーケーブル又は不燃性若しくは自消性のある難燃性の管に収めた光ファイバーケーブルであり，かつ，その管理者の承諾を得た場合。

二　高圧電線路の電線を施設する場合にあっては，特別高圧電線又は低圧電線との離隔距離は，15 cm 以上とすること。ただし，高圧電線を「堅ろうな不燃性又は自消性のある難燃性」の管又はトラフに収める場合は，この限りでない。

三　特別高圧電線路の電線を「堅ろうな不燃性又は自消性のある難燃性」の管又はトラフに収める場合，以下のものと直接接触しないこと。

a　管灯回路の配線

b　弱電流電線等

c　水管，ガス管若しくはこれらに類するもの

d　他の工作物（その特別高圧電線路を施設する橋又は電線路専用橋等に施設する他の特別高圧電線並びに架空電線及び屋上電線を除く。）

ただし，弱電流電線等が第一号イ，ロのいずれかに該当する場合は，この限りでない。

四　特別高圧電線路の電線を施設する場合にあっては，高圧電線又は低圧電線との離隔距離は，15 cm 以上とすること。ただし，特別高圧電線を「堅ろうな不燃性又は自消性のある難燃性」の管又はトラフに収めて施設する場合は，この限りでない。

五　第一号から第四号までに規定する「不燃性」の管又はトラフとは，建築基準法第2条第九号の不燃材料で造られたもの又はこれと同等以上の性能を有するものとする。

六　第一号から第四号までに規定する「自消性のある難燃性」の管又はトラフは，次のいずれかによること。

イ　電気用品の技術上の基準を定める省令別表第二附表第二十四耐燃性試験に適合すること又はこれと同等以上の性能を有すること。

ロ　日本電気技術規格委員会規格 JESC E 7003（2005）「2. 技術的規定」に規定する試験に適合すること。

日本電気技術規格委員会規格

免震建築物における特別高圧電線路の施設

JESC E2017（2014）

1. 適用範囲

この規格は，免震建築物の免震層に特別高圧電線路を施設する場合の要件について規定する。

2. 技術的規定

1　免震層に特別高圧電線路を施設する場合は，次の各号によること。

一　使用電圧は，100,000V 以下であること。

二　電線は，ケーブルであること。

三　ケーブルには、建築物の揺れ等によるケーブルの変位を吸収する余町部（以下，変位吸収部という。）を設けること。

四　ケーブルは，変位吸収部を除き，鉄製又は鉄筋コンクリート製の管，ダクトその他堅ろうな防護装置に収めて施設すること。

五　金属製の電線接続箱及びケーブルの被覆に使用する金属体には，A 種接地工事を施すこと。ただし，接触防護措置（金属製のものであって，防護措置を施す設備と電気的に接続するおそれがあるもので防護する方法を除く。）を施す場合は，D 種接地工事によることができる。

六　施設場所の出入口に立ち入りを禁止する旨の表示がされていること。

七　施設場所の出入口に施錠装置を施設して施錠する等，取扱者以外の者の出入りを制限する措置を講じること。

八　免震層は，免震装置や、電線路、ガス管，上下水道などの配管類を施設，管理，維持，更新するための専用スペースであって，堅ろうかつ耐火性の構造物に仕切られた場所であること。

九　特別高圧電線路の電線に耐燃措置を施すこと又は免震層に自動消火設備が施設されていること。

2　免震層に施設する特別高圧電線路の電線が，低圧屋内配線，管灯回路の配線，高圧屋内電線，弱電流電線等又は水管，ガス管若しくはこれらに類するものと接近又は交差する場合は，次の各号によること。ただし，変位吸収部に施設する場合は，第3項から第6項の規定によること。

一　低圧屋内電線，管灯回路の配線又は高圧屋内電線との離隔距離は，0.6m 以上であること。ただし，相互の間に堅ろうな耐火性の隔壁を設ける場合は，この限りでない。

二　弱電流電線等又は水管，ガス管若しくはこれらに類するものとは，接触しないように施設すること。

3　変位吸収部において、特別高圧電線路の電線が弱電流電線等と接近又は交差して施設される場合は，次のいずれかによること。

一　特別高圧電線路の電線と弱電流電線等との離隔距離が，0.6m 以上であること。

二　特別高圧電線路の電線と弱電流電線等との間に堅ろうな耐火性の隔壁を設けること。

三　弱電流電線等の管理者の承諾を得た場合において，次のいずれかによること。

イ　弱電流電線等が，不燃性の被覆若しくは自消性のある難燃性の被覆を有する光ファイバケーブル，又は不燃性の管若しくは自消性のある難燃性の管に収めた光ファイバケーブルであること。

ロ　特別高圧電線路の電線と弱電流電線等との離隔距離が，0.1m 以上であること。

四　弱電流電線等が電力保安通信線である場合において，次のいずれかに適合すること。

イ　電力保安通信線が，不燃性の被覆若しくは自消性のある難燃性の被覆を有する光ファイバケーブル，又は不燃性の管若しくは自消性のある難燃性の管に収めた光ファイバケーブルであること。

ロ　特別高圧電線路の電線が電力保安通信線に直接接触しないように施設すること。

4　変位吸収部において，特別高圧地中電線が、ガス管、石油パイプその他の可燃性若しくは有毒性の流体を内包する管（以下「ガス管等」という。）と接近又は交差する場合は次号のいずれかによること。

一　特別高圧電線路の電線とガス管等との離隔距離が，1.0m 以上であること。

二　特別高圧電線路の電線とガス管等との間に堅ろうな耐火性の隔壁を設けること。

5　変位吸収部において，特別高圧電線が水道管その他のガス管等以外の管（以下「水道管等」という。）と接近又は交差する場合は，次の各号のいずれかによること。

一　特別高圧電線路の電線と水道管等との離隔距離が，0.3m 以上であること。

二　特別高圧電線路の電線と水道管等との間に堅ろうな耐火性の隔壁を設けること。

三　水道管等が不燃性の管又は不燃性の被覆を有する管であること。

6　変位吸収部に施設する特別高圧電線路の電線が，低圧屋内電線，管灯回路の配線，高圧屋内電線と接近又は交差する場合は，次の各号のいずれかによること。

一　電線相互の離隔距離が，0.6m 以上であること。

二　電線相互の間に堅ろうな耐火性の隔壁を設けること。

三　いずれかの地中電線が，次のいずれかに該当するものであること。

イ　不燃性の被覆を有すること。

ロ　堅ろうな不燃性の管に収められていること。

四　それぞれの電線が，次のいずれかに該当するものであること。

イ　自消性のある難燃性の被覆を有すること。

ロ　堅ろうな自消性のある難燃性の管に収められていること。

7　免震層とは，免震材料を緊結した床版又はこれに類するものにより挟まれた建築物の部分をいう。

8　第 1 項第七号の耐燃措置とは次の各号のいずれかによること。

一　電線が，次のいずれかに適合する被覆を有するものであること。

イ　建築基準法（昭和 25 年法律第 201 号）第 2 条第九号に規定される不燃材料で造られたもの又はこれと同等以上の性能を有するものであること。

ロ　電気用品の技術上の基準を定める省令の解釈別表第一附表第二十一に規定する耐燃性試験に適合すること又はこれと同等以上の性能を有すること。

二　電線を，第一号イ又はロの規定に適合する延焼防止テープ，延焼防止シート，延焼防止塗料その他これらに類するもので被覆すること。

三　電線を，次のいずれかに適合する管又はトラフに収めること。

イ　建築基準法第 2 条第九号に規定される不燃材料で造られたもの又はこれと同等以上の性能を有するものであること。

ロ　電気用品の技術上の基準を定める省令の解釈別表第二附表第二十四に規定する耐燃性試験に適合すること又はこれと同等以上の性能を有すること。

ハ　日本電気技術規格委員会規格 JESC E7003（2005）「地中電線を収める管又はト

ラフの「自消性のある難燃性」試験方法」の「2. 技術的規定」に規定する試験に適合すること。

9　第3項，第5項，第6項の「不燃性」及び「自消性のある難燃性」とは，それぞれ次の各号によること。

一　「不燃性の被覆」及び「不燃性の管」は，建築基準法第2条第九号に規定される不燃材料で造られたもの又はこれと同等以上の性能を有するものであること。

二　「自消性のある難燃性の被覆」は，次によること。

イ　電線における「自消性のある難燃性の被覆」は，IEEE Std. 383-1974 に規定される燃焼試験に適合するもの又はこれと同等以上の性能を有するものであること。

ロ　光ファイバケーブルにおける「自消性のある難燃性の被覆」は，電気用品の技術上の基準を定める省令の解釈別表第一附表第二十一に規定する耐燃性試験に適合するものであること。

三　「自消性のある難燃性の管」は，次のいずれかに適合するものであること。

イ　管が二重管として製品化されているものにあっては，電気用品の技術上の基準を定める省令の解釈別表第二 1.（4）トに規定する耐燃性試験に適合すること。

ロ　電気用品の技術上の基準を定める省令の解釈別表第二附表第二十四に規定する耐燃性試験に適合すること又はこれと同等以上の性能を有すること。

ハ　日本電気技術規格委員会規格 JESC E7003（2005）「地中電線を収める管又はトラフの「自消性のある難燃性」試験方法」の「2. 技術的規定」に規定する試験に適合すること。

◇◇

日本電気技術規格委員会規格
高圧架空電線路に施設する避雷器の接地工事
JESC E2018（2015）

1.　適用範囲

この規格は，高圧架空電線路に施設する避雷器（次の箇所又はこれに近接する箇所を除く。以下同じ。）の接地工事について規定する。

・発電所又は変電所若しくはこれに準ずる場所の架空電線の引込口（需要場所の引込口を除く。）及び引出口。

・架空電線路に接続する，特別高圧配電用変圧器の高圧側。

・高圧架空電線路から供給を受ける受電電力が 500kW 以上の需要場所の引込口。

2. 技術的規定

高圧架空電線路に施設する避雷器の接地工事は，次の各号のいずれかの場合によることができる。

一　避雷器｛B種接地工事が施された変圧器（高圧巻線と低圧巻線との間に金属製の混触防止板を有し，高圧電路と非接地の低圧電路とを結合する変圧器を除く。以下同じ。）に近接して施設する場合を除く。｝の接地工事の接地線が当該接地工事専用のものである場合において，当該接地工事の接地抵抗値が30Ω以下であるとき。

二　避雷器をB種接地工事が施された変圧器に近接して施設する場合において，避雷器の接地工事の接地極を変圧器のB種接地工事の接地極から1m以上離して施設し，当該接地工事の接地抵抗値が30Ω以下であるとき。

三　避雷器をB種接地工事が施された変圧器に近接して施設する場合において，避雷器の接地工事の接地線と変圧器のB種接地工事の接地線とを変圧器に近接した箇所で接続し，かつ，次により施設する場合において，当該箇所の接地抵抗値が65Ω以下であるとき。

イ　避雷器を中心とする半径300mの地域内において，当該変圧器に接続するB種接地工事が施された低圧架空電線（以下「低圧架空電線」という。）の1箇所以上（当該箇所の接地工事を除く。）に接地工事（接地線に引張強さ1.04kN以上の容易に腐食し難い金属線又は直径2.6mm以上の軟銅線を使用するものに限る。）を施すこと。

ロ　当該箇所の接地工事と，イの規定により低圧架空電線（架空共同地線を含む。以下同じ。）に施した接地工事との合成接地抵抗値は，20Ω以下であること。

四　避雷器の接地工事の接地線と低圧架空電線とを接続し，かつ，次により施設する場合において，当該箇所の接地工事の接地抵抗値が65Ω以下であるとき。

イ　避雷器を中心とする半径300mの地域内において，低圧架空電線の1箇所以上（当該箇所の接地工事を除く。）に接地工事（接地線に引張強さ1.04kN以上の容易に腐食し難い金属線又は直径2.6mm以上の軟銅線を使用するものに限る。）を施すこと。

ロ　当該箇所の接地工事と，イの規定により低圧架空電線に施した接地工事との合成接地抵抗値は，16Ω以下であること。

五　前号により施設した避雷器の接地工事の地域内に他の避雷器を施設する場合，この避雷器の接地線を前号の低圧架空電線に接続することができる。

◇◇

日本電気技術規格委員会規格
「高圧ケーブルの遮へい層による高圧用の機械器具の金属製外箱等の連接接地」
JESC E2019（2015）

1. 適用範囲

この規格は，高圧用の機械器具の金属製の台及び外箱（以下，「金属製外箱等」という。）ごとに施す接地工事の接地線と高圧ケーブルの金属製の電気的遮へい層（以下，金属製の電気的遮へい層を「遮へい層」という。）を接続することによる連接接地について規定する。

2. 技術的規定

高圧用の機械器具の金属製外箱等ごとに施す接地工事の接地線と高圧ケーブルの遮へい層を接続することによる連接接地工事及びその連接接地の合成抵抗値は，次の各号によること。

一　高圧用の機械器具の金属製外箱等ごとに施す接地工事の接地線と高圧ケーブルの遮へい層を接続し，高圧ケーブルの遮へい層に施される他の接地工事と連接接地を構成すること。

二　前号により構成する連接接地の合成抵抗値（高圧ケーブルの遮へい層部分を含む）は，A種接地工事の接地抵抗値以下とすること。

◇◇

日本電気技術規格委員会規格
フライダクトのダクト材料
JESC　E3001（2000）

1. 適用範囲

この規格は，フライダクトに使用するダクトの材料について規定する。

2. 技術的規定

フライダクトに使用するダクトの材料は，次の各号に適合するものであること。

一　ダクトの材質は，金属製であること。

二　ダクトに使用する鉄板以外の金属板の厚さは，次の計算式により計算した値であること。

$$t \geqq \frac{270}{\sigma} \times 0.8$$

t: 使用金属板の厚さ（mm）
σ: 使用金属板の引張強さ（N/mm^2）

◇◇

日本電気技術規格委員会規格
鉄塔用 690N/mm² 高張力山形鋼の架空電線路の支持物の構成材への適用
JESC　E3002（2001）

1. 適用範囲

この規格は，「鉄塔用 690N/mm² 高張力山形鋼」の架空電線路の支持物の構成材への適用について規定する。

2. 引用規格

次に掲げる規格は，この規格（JESC）に引用されることによって，この規格（JESC）の規定の一部を構成する。これらの引用規格は，その記号，番号，制定（改訂）年及び引用内容を明示して行うものとする。

日本鋼構造協会規格
「JSS II 12-1999　鉄塔用 690N/mm² 高張力山形鋼」（1999 年 9 月制定）

3. 技術的規定

3.1　鉄塔用 690N/mm² 高張力山形鋼の適用　架空電線路の支持物として使用する鉄柱又は鉄塔の構成材に，「JSS II 12-1999 鉄塔用 690N/mm² 高張力山形鋼」に規定する山形鋼を適用することができる。

3.2　鉄塔用 690N/mm² 高張力山形鋼の許容座屈応力度　前項に規定する山形鋼の許容座屈応力度は，次の計算式により算定すること。ただし，次の計算式により計算した値が下表の上限値を超えるときはその上限値とすること。

（1）　$0 < \lambda_k < \Lambda$ の場合

$$\sigma_{ka} = \sigma_{kao} - \kappa_1(\lambda_k/100) - \kappa_2(\lambda_k/100)^2$$

（2）　$\lambda_k \geqq \Lambda$ の場合

$$\sigma_{ka} = 93/(\lambda_k/100)^2$$

λ_k は，部材の有効細長比であって，次の計算式により計算した値。

$$\lambda_k = l_k/r$$

l_k は，部材の有効座屈長で，部材の支持点間距離（cm を単位とする。）をとるものとする。ただし，部材の支持点の状態により，主柱材にあっては部材の支持点間距離の 0.9 倍，腹材にあっては部材の支持点間距離の 0.8 倍（鉄柱の腹材であって，支持点の両端が溶接されているものにあっては，0.7 倍）まで減ずることができる。

r は，部材の断面の回転半径（cm を単位とする。）。

σ_{ka} は，部材の許容座屈応力度（N/mm^2 を単位とする。）。

Λ，σ_{kao}，κ_1 及び κ_2 は，下表の値のとおりとする。

構成材＼係数	Λ	σ_{kao}	κ_1	κ_2	σ_{ka} の上限値
単一山形鋼主柱材その他の偏心の比較的少ないもの	75	327 (346)	7 (241)	278 (0)	—
片側フランジ接合山形鋼腹材その他の偏心の多いもの	95	325	234	0	208

（注）　単一山形鋼主柱材その他の偏心の比較的少ないもので，幅厚比（山形鋼のフランジ幅 / 板厚）が 14.0 を超え，かつ，$0 < \lambda_k < \Lambda$ の場合にあっては，表中下段（　）外の係数を用いて計算した値と（　）内の係数を用いて計算した値のいずれか小さい方を許容座屈応力度とする。

◇◇

日本電気技術規格委員会規格
バスダクト工事による低圧屋上電線路の施設
JESC　E6001（2011）

1.　適用範囲

この規格は，バスダクト工事による低圧屋上電線路の施設について規定する。

2.　引用規格

次に掲げる規格は，この規格（JESC）に引用されることによって，この規格（JESC）の規定の一部を構成する。

JIS C 0920（2003）「電気機械器具の外郭による保護等級（IP コード）」

3.　技術的規定

バスダクト工事による低圧屋上電線路の施設は，次の各号により施設すること。

一　木造以外の造営物（点検できないいんぺい場所を除く。）に施設すること。

二　バスダクトは，簡易接触防護措置を施すこと。

三　バスダクトは，屋外用のバスダクトを使用し，ダクト内部に水が浸入してたまらないようにすること。

四　バスダクトは，JIS C0920（2003）「14.2　試験条件」及び「14.2.4　オシレーティングチューブ又は散水ノズルによる第二特性数字 4 に対する試験」により試験したとき，「6.　第二特性数字で表わされる水の浸入に対する保護等級」の表 3 に規定する第二特性数字 4（IPX4）に適合すること。

◇◇◇

日本電気技術規格委員会規格
バスダクト工事による 300V を超える低圧の屋側配線又は屋外配線の施設
JESC　E6002（2011）

1. 適用範囲

この規格は，バスダクト工事による 300V を超える低圧の屋側配線又は屋外配線の施設について規定する。

2. 引用規格

次に掲げる規格は，この規格（JESC）に引用されることによって，この規格（JESC）の規定の一部を構成する。

JIS C 0920（2003）「電気機械器具の外郭による保護等級（IP コード）」

3. 技術的規定

バスダクト工事による 300V を超える低圧の屋側配線又は屋外配線の施設は，次の各号により施設すること。

一　木造以外の造営物（点検できない隠ぺい場所を除く。）に施設すること。

二　バスダクトには，簡易接触防護措置を施すこと。

三　バスダクトは，JIS C0920（2003）「14.2　試験条件」及び「14.2.4　オシレーティングチューブ又は散水ノズルによる第二特性数字 4 に対する試験」により試験したとき，「6.　第二特性数字で表わされる水の浸入に対する保護等級」の表 3 に規定する第二特性数字 4（IPX4）に適合すること。

◇◇◇

日本電気技術規格委員会規格
興行場に施設する使用電圧が 300V を超える低圧の舞台機構設備の配線
JESC　E6003（2000）

1. 適用範囲

この規格は，興行場において使用電圧が 300V を超える低圧の舞台機構設備の屋内配線及び移動電線について規定する。

2. 技術的規定

興行場（常設の劇場，映画館その他これらに類するものをいう。）に施設する使用電圧が300Vを超える低圧の舞台機構設備の屋内配線及び移動電線は，次の各号により施設すること。

一　屋内配線及び移動電線に電気を供給する電路の対地電圧は300V以下とすること。

二　屋内配線及び移動電線は，舞台，ならく，オーケストラボックス，映写室には施設しないこと。

三　屋内配線及び移動電線は，取扱者以外の人及び舞台道具が触れるおそれがないように施設すること。

四　屋内配線には，電線の被覆を損傷しないよう適当な防護装置を施すこと。

五　移動電線は，1種キャブタイヤケーブル，ビニルキャブタイヤケーブル以外のキャブタイヤケーブルを使用すること。

◇◇

日本電気技術規格委員会規格
コンクリート直天井面における平形保護層工事
JESC　E6004（2001）

1. 適用範囲

この規格は，平形保護層工事によるコンクリート直天井面へ施設する低圧屋内配線の施設について規定する。

2. 引用規格

次に掲げる規格は，この規格（JESC）に引用されていることによって，この規格の規定の一部を構成する。この引用規格は，その記号，番号，制定（改訂）年及び引用内容を明示して行うものとする。

JIS C 3652（1993）「電力用フラットケーブルの施工方法」

3. 技術的規定

一　平形保護層工事によるコンクリート直天井面へ施設する低圧屋内配線は，次により施設すること。

イ　施設場所は，住宅のコンクリート直天井面に施設すること。

ただし，中継ボックス等への接続のための壁面引き下げ配線についてはこの限りでない。

ロ　電線は，電気用品安全法の適用を受ける平形導体合成樹脂絶縁電線を使用すること。

ハ　平形保護層内の電線を外部に引き出す部分は，中継ボックス等の器具内であること。

ニ　平形保護層及び平形導体合成樹脂絶縁電線相互の接続は行わないこと。

ホ　電線に電気を供給する電路には，電路に地絡を生じた時に自動的に電路を遮断する装置を施設すること。

ヘ　電線は，定格電流が30A以下の過電流遮断器で保護される分岐回路で使用すること。

ト　電路の対地電圧は，150V以下であること。

チ　平形保護層内には，電線の被覆を損傷するおそれがあるものを収めないこと。

リ　間仕切り壁を貫通して平形保護層を施設する場合は，施設作業を容易に行うことができ，容易に点検できる空間を有すること。また施工時に電線に直接圧力がかからないようにすること。

二　平形保護層工事に使用する平形保護層，ジョイントボックス，差込接続器及びその他の付属品は，次に適合すること。

イ　構造はJIS C 3652(1993)「電力用フラットケーブルの施工方法」の「附属書フラットケーブル」の「4.6　上部保護層」，「4.5　上部接地用保護層」及び「4.4　下部保護層」に適合するもの。

ロ　完成品はJIS C 3652 (1993)「電力用フラットケーブルの施工方法」の「附属書フラットケーブル」の「5.16　機械的特性」，「5.18　地絡・短絡特性」及び「5.20　上部接地用保護層及び上部保護層特性」の試験方法により試験したとき「3　特性」により適合するもの。

ハ　ジョイントボックス及び差込み接続器は，電気用品安全法の適用を受けるものであること。

ニ　平形保護層，ジョイントボックス，差込み接続器及びその他の附属品は，当該平形導体合成樹脂絶縁電線に適した製品であること。

三　前項の平形保護層，ジョイントボックス，差込接続器及びその他の付属品は，次の各号により施設すること。

イ　平形保護層は，人の触れるおそれのないように施設すること。

ロ　平形保護層は，電線を保護するように施設すること。

ハ　平形保護層を施設する場合は，容易にはがれない方法で固定し，また接続部分に直接電線の重みによる張力がかからないよう施工する。

ニ　上部接地用保護層と接地線は，配線の途中で切り離してはならない。

ホ　上部接地用保護層，ジョイントボックス及び差込み接続器の金属製外箱には，

D 種接地工事を施すこと。

◇◇

日本電気技術規格委員会規格
石膏ボード等の天井面・壁面における平形保護層工事
JESC E6005（2003）

1.　適用範囲

この規格は，平形保護層工事による石膏ボード等の天井面・壁面へ施設する低圧屋内配線の施設について規定する。

2.　引用規格

次に掲げる規格は，この規格（JESC）に引用されていることによって，この規格の規定の一部を構成する。この引用規格は，その記号，番号，制定（改訂）年及び引用内容を明示して行うものとする。

JESC E0014（2003）住宅用フラットケーブルの設計・施工指針

3.　技術的規定

(1)　平形保護層工事による石膏ボード，木材，集成材・合板等の木質材料，コンクリート等（以下「石膏ボード等」という。）の天井面・壁面へ施設する低圧屋内配線は，次により施設すること。

イ　施設場所は，住宅の石膏ボード等の天井面・壁面に施設すること。

ロ　電線は，電気用品安全法の適用を受ける平形導体合成樹脂絶縁電線であって，15A 用，20A 用又は 30A 用のもので，かつ，接地線を有するものであること。

ハ　平形保護層内の電線を外部に引き出す部分は，中継ボックス等の器具内であること。

ニ　平形導体合成樹脂絶縁電線相互の接続は行わないこと。

ホ　電線に電気を供給する電路には，電路に地絡を生じた時に自動的に電路を遮断する装置を施設すること。

ヘ　電線は，定格電流が 30A 以下の過電流遮断器で保護される分岐回路で使用すること。

ト　電路の対地電圧は，150V 以下であること。

チ　平形保護層内には，電線の被覆を損傷するおそれがあるものを収めないこと。

リ　間仕切り壁を貫通して平形保護層を施設する場合は，施設作業を容易に行うことができ，容易に点検できる空間を有すること。また施工時に電線に直接圧力がかからないようにすること。

ヌ　屋内配線の施設場所には，配線経路が識別できるよう表示を施すこと。

(2)　平形保護層工事に使用する平形保護層，ジョイントボックス，差込接続器及びその他の付属品は，次に適合すること。

イ　構造はJESC E0014（2003）「住宅用フラットケーブル工事の設計・施工指針」の「附属書 住宅用フラットケーブル」の「4.4 接地用保護層」及び「4.5 機械的保護層」に適合するもの。

ロ　完成品はJESC E0014（2003）「住宅用フラットケーブル工事の設計・施工指針」の「附属書 住宅用フラットケーブル」の「5.11 地絡・短絡特性」及び「5.13 接地用保護層及び機械的保護層特性」の試験方法により試験したとき「3. 特性」により適合するもの。

ハ　ジョイントボックス及び差込み接続器は，電気用品安全法の適用を受けるものであること。

ニ　平形保護層，ジョイントボックス，差込み接続器及びその他の附属品は，当該平形導体合成樹脂絶縁電線に適した製品であること。

(3)　前項の平形保護層，ジョイントボックス，差込接続器及びその他の付属品は，次の各号により施設すること。

イ　平形保護層は，人が触れるおそれがないように施設すること。

ロ　平形保護層は，電線を保護するように施設すること。

ハ　平形保護層を施設する場合は，容易にはがれない方法で固定し，また接続部分に直接電線の重みによる張力がかからないよう施工する。

ニ　接地用保護層と接地線は，電気的に完全に接続すること。

ホ　接地用保護層，ジョイントボックス及び差込み接続器の金属製外箱には，D種接地工事を施すこと。

日本電気技術規格委員会規格
電路の絶縁耐力の確認方法
JESC　E7001（2015）

1.　適用範囲

この規格は，電路の絶縁耐力の確認方法について規定する。

付録

2. 引用規格

次に掲げる規格は，この規格（JESC）に引用されることによって，この規格（JESC）の規定の一部を構成する。これらの引用規格は，その記号，番号，制定（改訂）年及び引用内容を明示して行うものとする。

JIS C 3606（2003）	高圧架橋ポリエチレンケーブル
JIS C 3801-1（1999）	がいし試験方法－第1部：架空線路用がいし
JIS C 3801-2（1999）	がいし試験方法－第2部：発変電所用ポストがいし
JIS C 3810（1999）	懸垂がいし
JIS C 3812（1999）	ラインポストがいし
JIS C 3816（1999）	長幹がいし
JIS C 3818（1999）	ステーションポストがいし
JIS C 4304（2013）	配電用6kV油入変圧器
JIS C 4306（2013）	配電用6kVモールド変圧器
JIS C 4603（1990）	高圧交流遮断器
JIS C 4604（1988）	高圧限流ヒューズ
JIS C 4605（1998）	高圧交流負荷開閉器
JIS C 4606（2011）	屋内用高圧断路器
JIS C 4620（2004）	キュービクル式高圧受電設備
JIS C 4902-1（2010）	高圧及び特別高圧進相コンデンサ並びに附属機器－第1部：コンデンサ
JIS C 4902-2（2010）	高圧及び特別高圧進相コンデンサ並びに附属機器－第2部：直列リアクトル
JIS C 4902-3（2010）	高圧及び特別高圧進相コンデンサ並びに附属機器－第3部：放電コイル
IEC-5202（2007）	ブッシング
JEC-5203（2013）	エポキシ樹脂ブッシング（屋内用）
JEC-1201（2007）	計器用変成器（保護継電器用）
JEC-2200（2014）	変圧器
JEC-2210（2003）	リアクトル
JEC-2300（2010）	交流遮断器
JEC-2310（2014）	交流断路器および接地開閉器
JEC-2330（1986）	電力ヒューズ
JEC-2350（2005）	ガス絶縁開閉装置
JEC-3401（2006）	OFケーブルの高電圧試験法
JEC-3408（1997）	特別高圧（11kV～275kV）架橋ポリエチレンケーブルおよび接続部の高電圧試験法

JEM-1425（2011）　　金属閉鎖形スイッチギヤ及びコントロールギヤ

［略号］JIS ：日本工業規格
　　　　JEC ：電気学会　電気規格調査会標準規格
　　　　JEM：日本電機工業会標準規格

3. 技術的規定

3.1. 特別高圧の電路の絶縁耐力の確認方法　特別高圧の電路に使用する3-1-1表の左欄に掲げるものが，それぞれ右欄に掲げる方法により絶縁耐力を確認したものである場合において，常規対地電圧を電路と大地との間（多心ケーブルにあっては，心線相互間及び心線と大地との間）に連続して10分間加えて確認したときにこれに耐えること。

3-1-1表

<table>
<tr><td rowspan="2">ケーブル及び接続箱</td><td>電気学会　電気規格調査会標準規格JEC-3401「OFケーブルの高電圧試験法」の「6.5　商用周波長時間耐電圧」（試験試料については「6.2　試験試料」に準ずる。）及び「7.1　出荷耐電圧試験」に準ずる試験方法により絶縁耐力を試験した場合</td></tr>
<tr><td>電気学会　電気規格調査会標準規格JEC-3408「特別高圧（11kV ～ 275kV）架橋ポリエチレンケーブルおよび接続部の高電圧試験法」の「6.1　長期課通電試験又は6.2　商用周波耐電圧試験」及び「7.1　出荷耐電圧試験」に準ずる試験方法により絶縁耐力を試験した場合</td></tr>
<tr><td>がいし</td><td>下表の左欄のがいし種類ごとに右欄に示す試験電圧，及び日本工業規格 JIS C 3810-1「がいし試験方法－第1部　架空線路用がいし」又は日本工業規格 JIS C 3810-2「がいし試験方法－第2部　発変電所用ポストがいし」の「7.4　商用周波注水耐電圧試験」に準じて絶縁耐力を試験した場合
<table>
<tr><th>がいし種類</th><th>商用周波注水耐電圧試験電圧</th></tr>
<tr><td>懸垂がいし</td><td>JIS C 3810　付図の種類ごとに示された電圧</td></tr>
<tr><td>ラインポストがいし</td><td>JIS C 3812　表1の種類ごとに示された電圧</td></tr>
<tr><td>長幹がいし</td><td>JIS C 3816　表1の種類ごとに示された電圧</td></tr>
<tr><td>ステーションポストがいし</td><td>JIS C 3818　表1の種類ごとに示された電圧</td></tr>
</table></td></tr>
</table>

3.2 変圧器の電路の絶縁耐力の確認方法　変圧器の電路で，3-2-1表に定める規格の耐電圧試験による絶縁耐力を有していることを確認したものである場合において，常規対地電圧を電路と大地との間に連続して10分間加えて確認したときにこれに耐えること。

3-2-1表

種類	絶縁耐力関係の規格	耐電圧試験名称
変圧器	「変圧器」　電気学会　電気規格調査会標準規格　JEC-2200	交流耐電圧試験
	「配電用6kV油入変圧器」　日本工業規格　JIS C 4304	加圧耐電圧試験
	「配電用6kVモールド変圧器」　日本工業規格　JIS C 4306	加圧耐電圧試験

3.3　器具等の電路の絶縁耐力の確認方法　器具等の電路で3-3-1表及び3-3-2表に定める規格の商用周波耐電圧試験（IEC-2210にあっては交流耐電圧試験）による絶縁耐力を有していることを確認したものである場合において，常規対地電圧を電路と大地との間に連続して10分間加えて確認したときにこれに耐えること。

3-3-1表

種類	絶縁耐力関係の規格
開閉器類	「交流遮断器」電気学会　電気規格調査会標準規格　JEC-2300 「交流断路器および接地開閉器」電気学会　電気規格調査会標準規格　JEC-2310 「電力ヒューズ」電気学会　電気規格調査会標準規格　JEC-2330 「ガス絶縁開閉装置」電気学会　電気規格調査会標準規格　JEC-2350 「高圧交流遮断器」　日本工業規格　JIS C 4603 「高圧交流負荷開閉器」　日本工業規格　JIS C 4605 「屋内用高圧断路器」　日本工業規格　JIS C 4606 「高圧限流ヒューズ」　日本工業規格　JIS C 4604
コンデンサ類	「ブッシング」電気学会　電気規格調査会標準規格　IEC-5202 「エポキシ樹脂ブッシング（屋内用）」電気学会　電気規格調査会標準規格　JEC-5203 「高圧及び特別高圧進相コンデンサ並びに附属機器」－第1部:コンデンサ　日本工業規格　JIS C 4902-1 「高圧及び特別高圧進相コンデンサ並びに附属機器」－第2部:直列リアクトル　日本工業規格　JIS C 4902-2 「高圧及び特別高圧進相コンデンサ並びに附属機器」－第3部:放電コイル　日本工業規格　JIS C 4902-3
静止誘導機器	「リアクトル」電気学会　電気規格調査会標準規格　JEC-2210 「計器用変成器」（保護継電器用）　電気学会　電気規格調査会標準規格　JEC-1201
その他	「キュービクル式高圧受電設備」　日本工業規格　JIS C 4620 「金属閉鎖形スイッチギヤ及びコントロールギヤ」　日本電機工業会標準規格　JEM　1425

3-3-2 表

<table>
<tr><td rowspan="2">ケーブル及び接続箱</td><td>電気学会　電気規格調査会標準規格 JEC-3401「OF ケーブルの高電圧試験法」の「6.5　商用周波長時間耐電圧」（試験試料については「6.2　試験試料に準ずる。」及び「7.1　出荷耐電圧試験」に準ずる試験方法により絶縁耐力を試験した場合</td></tr>
<tr><td>電気学会　電気規格調査会標準規格 JEC-3408「特別高圧（11kV ～ 275kV）架橋ポリエチレンケーブルおよび接続部の高電圧試験法」の「6.1　長期課通電試験又は 6.2　商用周波耐電圧試験」及び「7.1　出荷耐電圧試験」に準ずる試験方法により絶縁耐力を試験した場合

「高圧架橋ポリエチレンケーブル」日本工業規格　JIS C 3606</td></tr>
<tr><td>がいし</td><td>下表の左欄のがいし種類ごとに右欄に示す試験電圧，及び日本工業規格 JIS C 3801-1「がいし試験方法－第 1 部　架空線路用がいし」又は日本工業規格 JIS C 3801-2「がいし試験方法－第 2 部　発変電所用ポストがいし」の「7.4　商用周波注水耐電圧試験」に準じて絶縁耐力を試験した場合

<table><tr><td>がいし種類</td><td>商用周波注水耐電圧試験電圧</td></tr><tr><td>懸垂がいし</td><td>JIS C 3810　付図の種類ごとに示された電圧</td></tr><tr><td>ラインポストがいし</td><td>JIS C 3812　表 1 の種類ごとに示された電圧</td></tr><tr><td>長幹がいし</td><td>JIS C 3816　表 1 の種類ごとに示された電圧</td></tr><tr><td>ステーションポストがいし</td><td>JIS C 3818　表 1 の種類ごとに示された電圧</td></tr></table></td></tr>
</table>

◇◇

日本電気技術規格委員会規格
電気機械器具の熱的強度の確認方法
JESC　E7002（2015）

1.　適用範囲

この規格は，電路に施設する電気機械器具の熱的強度の確認方法について規定する。

2.　引用規格

次に掲げる規格は，この規格（JESC）に引用されることによって，この規格（JESC）の規定の一部を構成する。これらの引用規格は，その記号，番号，制定（改訂）年及び引用内容を明示して行うものとする。

JIS C 4304（2013）　配電用 6kV 油入変圧器
JIS C 4306（2013）　配電用 6kV モールド変圧器
JIS C 4603（1990）　高圧交流遮断器
JIS C 4604（1988）　高圧限流ヒューズ
JIS C 4605（1998）　高圧交流負荷開閉器

JIS C 4606 (2011)　屋内用高圧断路器
JIS C 4620 (2004)　キュービクル式高圧受電設備
JIS C 4902-1 (2010)　高圧及び特別高圧進相コンデンサ並びに附属機器 - 第 1 部 : コンデンサ
JIS C 4902-2 (2010)　高圧及び特別高圧進相コンデンサ並びに附属機器 - 第 2 部 : 直列リアクトル
JIS C 4902-3 (2010)　高圧及び特別高圧進相コンデンサ並びに附属機器 - 第 3 部 : 放電コイル
JEC-5202 (2007)　ブッシング
JEC-5203 (2013)　エポキシ樹脂ブッシング（屋内用）
JEC-1201 (2007)　計器用変成器（保護継電器用）
JEC-2200 (2014)　変圧器
JEC-2210 (2003)　リアクトル
JEC-2300 (2010)　交流遮断器
JEC-2310 (2014)　交流断路器および接地開閉器
JEC-2330 (1986)　電力ヒューズ
JEC-2350 (2005)　ガス絶縁開閉装置
JEM-1425 (2011)　金属閉鎖形スイッチギヤ及びコントロールギヤ

［略号］JIS : 日本工業規格
JEC : 電気学会　電気規格調査会標準規格
JEM : 日本電機工業会標準規格

3.　電気機械器具の熱的強度の確認方法

電路に施設する変圧器，遮断器，開閉器，電力用コンデンサ，計器用変成器，その他の電気機械器具の熱的強度の確認として，第 1 表に定める規格の温度上昇試験を実施したとき，同規格に規定する温度上昇の限度を超えない場合においては，通常の使用状態で発生する熱に耐えるものと判断する。

第 1 表

種類	熱的強度関係の規格
変圧器	「変圧器」JEC-2200 「配電用 6kV 油入変圧器」JIS C 4304 「配電用 6kV モールド変圧器」JIS C 4306
開閉器類	「交流遮断器」JEC-2300 「交流断路器および接地開閉器」JEC-2310 「電力ヒューズ」JEC-2330 「ガス絶縁開閉装置」JEC-2350 「高圧交流遮断器」JIS C 4603 「高圧交流負荷開閉器」JIS C 4605

	「屋内用高圧断路器」JIS C 4606 「高圧限流ヒューズ」JIS C 4604
コンデンサ類	「ブッシング」JEC-5202 「エポキシ樹脂ブッシング（屋内用）」JEC-5203 「高圧及び特別高圧進相コンデンサ並びに附属機器－第1部：コンデンサ」JIS C 4902-1 「高圧及び特別高圧進相コンデンサ並びに附属機器－第2部：直列リアクトル」JIS C 4902-2 「高圧及び特別高圧進相コンデンサ並びに附属機器－第3部：放電コイル」JIS C 4902-3
静止誘導機器	「リアクトル」JEC-2210 「計器用変成器（保護継電器用）」JEC-1201
その他	「キュービクル式高圧受電設備」JIS C 4620 「金属閉鎖形スイッチギヤ及びコントロールギヤ」JEM-1425

日本電気技術規格委員会
地中電線を収める管又はトラフの「自消性のある難燃性」試験方法
JESC E7003（2005）

1. 適用範囲

この規格は，地中電線を収める管又はトラフの「自消性のある難燃性」を示す試験方法について規定する。

2. 技術的規定

管又はトラフの「自消性のある難燃性」を示す試験方法，判定基準は以下のとおりとする。

2.1. 試験試料，装置および試験方法

(1) 試験試料

管又はトラフの完成品から採取した長さ約300mmのものとする。

なお，管の内面を試験する場合は，半割りしたものとする。

(2) 試験装置

加熱源は，ブンゼンバーナーとする。燃料は，約37MJ/m^3の工業用メタンガス又はこれと同等以上の発熱量を有するものを使用するものとする。

(3) 試験方法（図1，2のとおり）

試料を水平に支持し，試料の外面および内面中央部を酸化炎の長さが約130mmのブンゼンバーナーの還元炎で燃焼させ，その炎を取り去る。

2.2. 判断基準

炎を取り去った後，60 秒以内に自然に消えること。

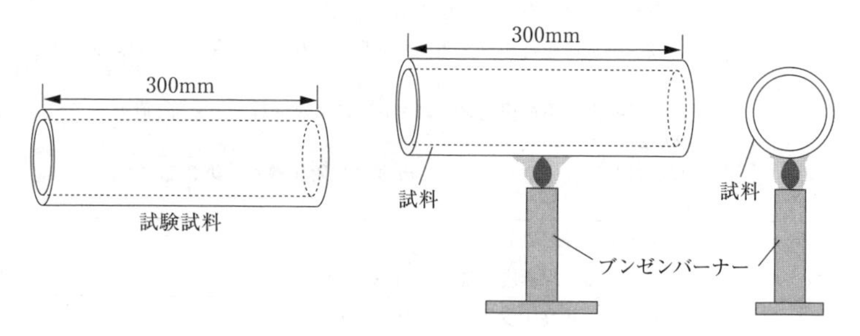

図 1　外面の試験方法

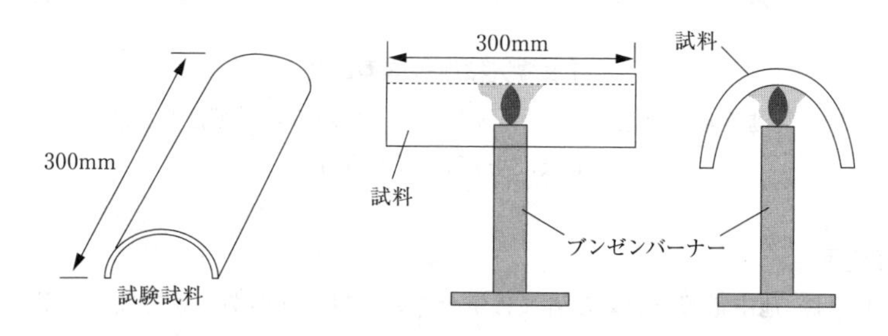

図 2　管の内面の試験方法

◇◇

日本電気技術規格委員会規格
「耐摩耗性能を有する『ケーブル用防護具』の構造及び試験方法」
JESC　E2020（2010）

1. 適用範囲

この規格は，植物と接近した箇所に施設する使用電圧 35kV 以下の特別高圧又は高圧の架空ケーブルを防護するために使用する「ケーブル用防護具」の構造と試験方法を規定する。

2. 技術的規定

使用電圧 35kV 以下の特別高圧又は高圧の架空電線にケーブルを使用し，かつ，樹木に接近して施設する場合に当該ケーブルを防護するために使用する「ケーブル用防護具」

は，次の各号に適合するものであること。

一　構造は，耐摩耗性能を有する摩耗検知層の上部に摩耗層を施した構造で，外部からケーブルに接触するおそれがないようにケーブルを覆うことができるものであること。

二　材料は，ビニル混合物，ポリエチレン混合物又はブチルゴム混合物であって，図1に示すダンベル状の試料が表1に適合するものであること。

三　完成品は，摩耗検知層が露出した状態で，日本工業規格 JIS C 3005（2000）「ゴム・プラスチック絶縁電線試験方法」の「4.29　摩耗」に規定する摩耗試験で，荷重24.5Nにより試験を行ったとき，回転数500回転で防護具に穴が開かないこと。

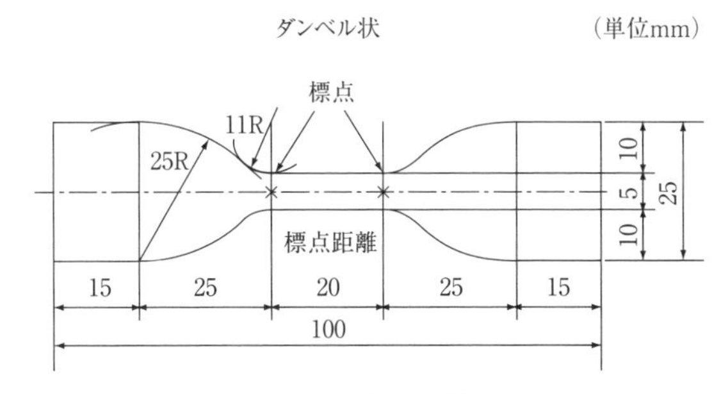

図1　試料の形状

※　試料の幅を25mmとすることができない場合にあっては，その幅を25mm未満とすることを妨げない。

（電気用品の技術上の基準を定める省令別表第一附表第十四1（1）図より）

表1　試験の適合条件

材料の種類	具備すべき事項
ビニル混合物	1　室温において引張強さ及び伸びの試験を行ったとき，引張強さが9.8N/mm^{2}以上，伸びが100%以上であること。 2　100 ± 2℃に48時間加熱した後60時間以内において，室温に12時間放置した後に前号の試験を行ったとき，引張強さが前号の試験の際に得た値の85%以上，伸びが前号の試験の際に得た値の80%以上であること。
ポリエチレン混合物	1　室温において引張強さ及び伸びの試験を行ったとき，引張強さが9.8N/mm^{2}以上，伸びが350%以上であること。 2　90 ± 2℃に96時間加熱した後60時間以内において，室温に12時間放置した後に前号の試験を行ったとき，引張強さが前号の試験の際に得た値の80%以上，伸びが前号の試験の際に得た値の60%以上であること。
ブチルゴム混合物	1　室温において引張強さ及び伸びの試験を行ったとき，引張強さが3.9N/mm^{2}以上，伸びが300%以上であること。 2　100 ± 2℃に96時間加熱した後60時間以内において，室温に12時間放置した後に前号の試験を行ったとき，引張強さ及び伸びがそれぞれ前号の試験の際に得た値の80%以上であること。

日本電気技術規格委員会規格
「臨時電線路に適用する防護具及び離隔距離」
JESC E2021（2010）

1. 適用範囲

この規格は，低圧，高圧又は35kV以下の特別高圧の架空電線を防護具に収めて臨時電線路として使用する場合の防護具及び臨時電線路の離隔距離について規定する。

2. 技術的規定

2.1　防護具に収めた臨時電線路の離隔距離

次の各号に掲げる低圧，高圧又は35kV以下の特別高圧の架空電線において，防護具の使用期間が6ヵ月以内である場合は，当該電線と造営物との離隔距離は，表1に規定する値以上とすることができる。

一　電線に絶縁電線又は多心型電線を使用し，かつ，「2.2　防護具（1）低圧防護具」に適合する防護具により防護した低圧架空電線

二　電線に高圧絶縁電線又は特別高圧絶縁電線を使用し，かつ，「2.2　防護具（2）高圧防護具」に適合する防護具により防護した高圧架空電線

三　電線に特別高圧絶縁電線を使用し，かつ，「2.2　防護具（3）特別高圧防護具」に適合する防護具により防護した特別高圧架空電線

表1　造営物との離隔距離

区分		電線の使用電圧	離隔距離
建造物	上部造営材の上方	低圧又は高圧	1.0m
		35kV以下の特別高圧	1.2m
	その他	低圧又は高圧	0.4m
		35kV以下の特別高圧	0.5m
上記以外の造営物	上部造営材の上方	低圧又は高圧	1.0m
		35kV以下の特別高圧	1.2m
	その他	低圧	0.3m
		高圧	0.4m
		35kV以下の特別高圧	0.5m

2.2　防護具

（1）低圧防護具

一　低圧防護具は，次に適合する性能を有するものであること。

イ　構造は，外部から充電部分に接触するおそれがないように充電部分を覆うことができること。

ロ　完成品は，充電部分に接する内面と充電部分に接しない外面との間に，1,500V の交流電圧を連続して1分間加えたとき，これに耐える性能を有すること。

二　第一号に規定する性能を満足する低圧防護具の規格は次のとおりとする。

イ　材料は，ビニル混合物，ポリエチレン混合物又はブチルゴム混合物であって，図1に示すダンベル状の試料が表2に適合するものであること。

ロ　構造は，厚さ 2mm 以上であって，外部から充電部分に接触するおそれがないように充電部分を覆うことができること。

ハ　完成品は，充電部分に接する内面と充電部分に接しない外面との間に，1,500V の交流電圧を連続して1分間加えたとき，これに耐える性能を有すること。

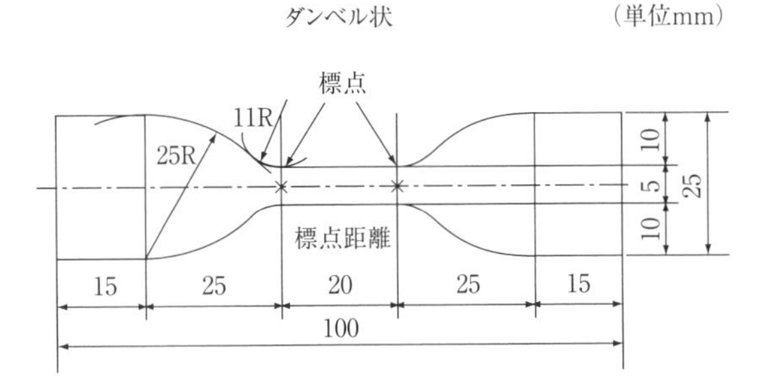

図1　試料の形状

※　試料の幅を 25mm とすることができない場合にあっては，その幅を 25mm 未満とすることを妨げない。

表2　材料が具備すべき事項

材料の種類	具備すべき事項
ビニル混合物	1　室温において引張強さ及び伸びの試験を行ったとき，引張強さが 9.8N/mm^2 以上，伸びが 100% 以上であること。 2　100 ± 2℃に 48 時間加熱した後 60 時間以内において，室温に 12 時間放置した後に前号の試験を行ったとき，引張強さが前号の試験の際に得た値の 85% 以上，伸びが前号の試験の際に得た値の 80% 以上であること。
ポリエチレン混合物	1　室温において引張強さ及び伸びの試験を行ったとき，引張強さが 9.8N/mm^2 以上，伸びが 350% 以上であること。 2　90 ± 2℃に 96 時間加熱した後 60 時間以内において，室温に 12 時間放置した後に前号の試験を行ったとき，引張強さが前号の試験の際に得た値の 80% 以上，伸びが前号の試験の際に得た値の 60% 以上であること。
ブチルゴム混合物	1　室温において引張強さ及び伸びの試験を行ったとき，引張強さが 3.9N/mm^2 以上，伸びが 300% 以上であること。 2　100 ± 2℃に 96 時間加熱した後 60 時間以内において，室温に 12 時間放置した後に前号の試験を行ったとき，引張強さ及び伸びがそれぞれ前号の試験の際に得た値の 80% 以上であること。

付録

(2) 高圧防護具

一　高圧防護具は，次に適合する性能を有するものであること。

イ　構造は，外部から充電部分に接触するおそれがないように充電部分を覆うことができること。

ロ　完成品は，乾燥した状態において15,000Vの交流電圧を，また，日本工業規格JIS C 0920（2003）「電気機械器具の外郭による保護等級（IPコード）」に規定する「14.2.3　オシレーティングチューブ又は散水ノズルによる第二特性数字3に対する試験」の試験方法により散水した直後の状態において10,000Vの交流電圧を，充電部分に接する内面と充電部分に接しない外面との間に連続して1分間加えたとき，それぞれに耐える性能を有すること。

二　第一号に規定する性能を満足する高圧防護具の規格は次のとおりとする。

イ　材料は，ポリエチレン混合物又はブチルゴム混合物であって，図1に示すダンベル状の試料が表2に適合するものであること。

ロ　構造は，厚さ2mm以上であって，外部から充電部分に接触するおそれがないように充電部分を覆うことができること。

ハ　完成品は，乾燥した状態において15,000Vの交流電圧を，また，日本工業規格JIS C 0920（2003）「電気機械器具の外郭による保護等級（IPコード）」に規定する「14.2.3　オシレーティングチューブ又は散水ノズルによる第二特性数字3に対する試験」の試験方法により散水した直後の状態において10,000Vの交流電圧を，充電部分に接する内面と充電部分に接しない外面との間に連続して1分間加えたとき，それぞれに耐える性能を有すること。

(3) 特別高圧防護具

使用電圧が35kV以下の特別高圧電線路に使用する特別高圧防護具は，次に適合するものであること。

イ　材料は，ポリエチレン混合物であって，図1に示すダンベル状の試料が次に適合するものであること。

（イ）　室温において引張強さ及び伸びの試験を行ったとき，引張強さが9.8N/mm^{2}以上，伸びが350%以上であること。

（ロ）　90 ± 2℃に96時間加熱した後60時間以内において，室温に12時間放置した後に（イ）の試験を行ったとき，引張強さが前号の試験の際に得た値の80%以上，伸びが（イ）の試験の際に得た値の60%以上であること。

ロ　構造は，厚さ2.5mm以上であって，外部から充電部分に接触するおそれがないように充電部分を覆うことができること。

ハ　完成品は，乾燥した状態において25,000Vの交流電圧を，また，日本工業規格JIS C 0920（2003）「電気機械器具の外郭による保護等級（IPコード）」に規定する「14.2.3 オシレーティングチューブ又は散水ノズルによる第二特性数字3に対する試験 b) 付図5に示す散水ノズル装置を使用する場合の条件」の試験方法により散水した直後の状態において22,000Vの交流電圧を，充電部分に接する内面と充電部分に接しない外面との間に，連続して1分間加えたとき，それぞれに耐える性能を有すること。

附　則

昭和 40 年制定省令の附則　（昭和 40 年通商産業省令第 61 号）

1　この省令は，電気事業法（昭和 39 年法律第 170 号）の施行の日（昭和 40 年 7 月 1 日）から施行する。

〔解　説〕 **電気設備に関する技術基準を定める省令**は，**電気事業法**の施行の日（昭和 40 年 7 月 1 日）と同時に効力を有するとの意である。なお，この省令の公布の日は昭和 40 年 6 月 15 日であって，公布の日から効力を有するものではない。

2　電気工作物規程（昭和 29 年通商産業省令第 13 号）は，廃止する。

〔解　説〕 昭和 29 年通商産業省令第 13 号の**電気工作物規程**は，法的根拠を**電気に関する臨時措置に関する法律**（昭和 27 年法律第 341 号）に基づき，旧電気事業法の規定の例により定められていたが，新電気事業法の施行とともに同法附則第 2 項により電気に関する臨時措置に関する法律が廃止されたのに伴い，法的根拠もなくなったので，廃止したものである。

3　この省令の施行の際現に施設されている電気工作物または施設に着手した電気工作物であって，旧電気工作物規程の規定に適合するものは，この省令の規定に適合するものとみなす。

〔解　説〕 電気設備に関する技術基準の全文を改正した主目的は旧法から新法への移行に伴うものであって，旧電気工作物規程の永年にわたる技術法規としての権威と伝統を尊重して，その内容の大部分はこれに準じて定められている。

したがって，改正の内容としては，法体系の変更による基準の整備並びに最近の電気設備の傾向と技術の進歩に対処するための規程の整備が主で，保安強化をねらうための改正ではない。そのため，この項では，昭和 40 年 7 月 1 日現在において施設してある電気工作物や施設に着手している電気工作物に対し，旧電気工作物規程に適合していれば，この省令に適合しているとみなしている。「旧電気工作物規程の規定に適合するもの」という意味は，旧電気工作物規程に違反していないものと解釈してよく，旧電気工作物規程に明文がなく，この省令により新たに規制された事項，例えば第 247 条（プール用水中照明灯等の施設）についても，この項により，新しい技術基準によらなくてもよい。

この項において，「**現に施設されている電気工作物**」というのは，昭和 40 年 7 月 1 日零時現在における施設状態のままの状態にある電気工作物という意味であって，将来電気工作物の改修を行った場合には，「現に施設されている電気工作物」とは称さないから，この場合には直ちにこの省令の規定通りに改修しなければならないことを意味するので注意を要する。したがって，「適合するものとみなす」というのは「電気工作物又はその施設箇所の改築の際までは，なお従前の例によることができる。」ということと実質的には同じである。

なお，実態的に内容を改正した趣旨と既設の電気工作物に対して改修期限の延長あるいは無期限に改正内容の適用除外を行おうとする趣旨との間には，考え方に多少の矛盾があると考えられるが，次のような理由によって，ある程度やむを得ないものである。

ⓐ 一般に，電気工作物の安全度と電気工作物を施設しようとする者の経済的負担とは，下図の太い実線で表わす曲線に示すような関係にあると考えられる。すなわち，安全度が増加すると経済的負担も増加するが，安全度がある点以上になると経済的負担が急激に増加するようになる。この省令においても，施設者の経済的負担を度外視することはできないのであって，ある程度の安全度（例えば図においてａ点の安全度）を目標として規定が定められている。この太い実線の曲線は，必ずしも不変のものではなく，技術の進歩に伴って，例えば，太い点線で示す曲線のように変化し，同程度の経済的負担において安全度を向上することができるようになる場合が多い。

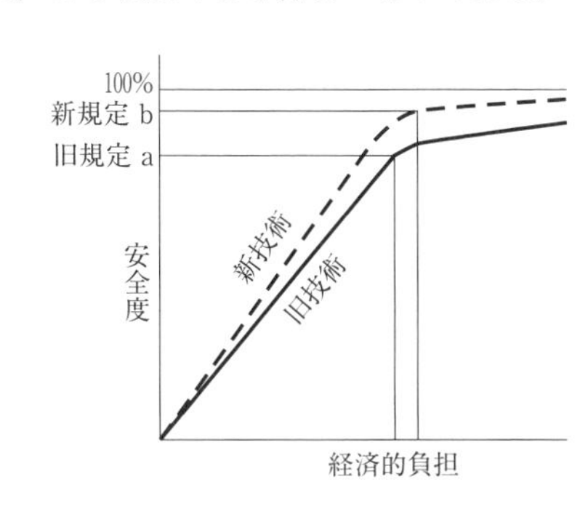

一般に，技術の進歩によって規定の改正が行われる必要がある場合には，必ず上述のような経済的負担が同時に検討される。この場合，新しい技術（図において太い点線で示す曲線）において，ｂ点のような安全度を要求しても経済的に無理がないので，このような安全度に対応して規定が定められる。しかし，既設のものをｂ点の安全度にまで高めるには，その改修のため多額の経済的負担がかかるというような場合は，ａ点の安全度においても必ずしも甚しく危険が多いというものではないから，経過措置あるいは適用除外措置が設けられることになる。

ⓑ 時代の変遷とともに，保安上支障のない電気施設でも次第に過去のものとなり，いつまでもこれらの過去のものを規定しておくことは，この省令として，いたずらに規定条文が多くなり，煩雑であるばかりでなく，空文化した規定の整備を怠っているように誤られるおそれがある。また，このようなものには，過去のものとなるべき相当の理由があって，保安上には支障がなくても保守上，経済上等の見地から次第にかえりみられなくなっている場合が多い。したがって，このようなものについては，前述のように個々のものについて保安上の信頼度を確認したうえでこれを認めるような措置が採られることになる。

ⓒ　この省令は，電気知識の普及，電気技術の進歩，その他の諸事情の変遷に伴い，常にこれを即応させることが望ましく，ほぼこの線に沿って改正が行われている。

4　旧電気工作物規程の規定によってした通商産業大臣もしくは所轄通商産業局長の認可または当該認可の申請（前項に規定する電気工作物に係るものを除く。）は，この省令中にこれに相当する規定があるときは，この省令の規定によってしたものとみなす。

〔解　説〕旧電気工作物規程は，附則第2項により廃止されたため，旧電気工作物規程によって行われた通商産業大臣又は所轄通商産業局長の認可あるいは認可の申請は，この省令によったものとみなしている。したがって，再び同様の認可又は認可申請をする必要はない。**第4項**で，**第3項**に規定するものを除いたのは，形式的にとらえ方が異なるために除いたものである。

5　電気工事士法施行規則（昭和35年通商産業省令第97号）の一部を次のように改正する。

　第3条の表中「電気工作物規程」（昭和29年通商産業省令第13号）」を「電気設備に関する技術基準を定める省令（昭和40年通商産業省令第61号）」に改める。

〔解　説〕**電気工事士法**施行規則に電気工作物規程によることとなっていた部分を，この規程の廃止により，この省令によることができるように改正したものである。

6　旧電気工作物規程中金属鉱山等保安規則（昭和24年通商産業省令第33号），石炭鉱山保安規則（昭和24年通商産業省令第34号）または石油鉱山保安規則（昭和24年通商産業省令第35号）の規定により準用され，またはその例によるものとされているものについては，その範囲内において，なお当分の間その例による。

〔解　説〕電気工作物規程を準用し，又はその例によるものとしている他法令は，電気工作物規程の廃止によりその法的根拠を失うので，これらの準用規定を改正するまでは，なお電気工作物規程の効力を存続させるため，特に本項で定めて，準用の範囲内において当分の間その例によるものとされている。

昭和 41 年 11 月　電気用品の技術上の基準を定める省令の一部を改正する省令の附則　（昭和 41 年通商産業省令第 127 号）

2　電気設備に関する技術基準を定める省令（昭和 40 年通商産業省令第 61 号）の一部を次のように改正する。

第 177 条第 1 項及び第 4 項ならびに第 182 条第 1 項中「第 241 条第 1 項に規定する直列式豆電燈セット」を「電気用品取締法の適用を受ける装飾用電燈器具」に改め，第 206 条第 1 項第一号中「使用する場合,」の下に「電気用品取締法の適用を受ける装飾用電燈器具（直列式のものに限る）に附属する移動電線を乾燥した場所で使用する場合,」を加え，第 241 条を次のように改める。

第 241 条　削除

〔解　説〕 電気用品取締法の関係省令の改正に伴って，従来，電気設備技術基準によって規制していた「直列式豆電球セット」（クリスマスツリー用電球）を，今回，電気用品取締法によって規制することになったので，電気設備技術基準の適用を除外したものである。なお「電気用品の技術上の基準を定める省令」は，昭和 41 年 11 月 1 日に公布されているが，同省令は，昭和 42 年 2 月 1 日から施行されている。

昭和 43 年 6 月改正省令の附則　（昭和 43 年通商産業省令第 73 号）

1　この省令は，昭和 43 年 7 月 11 日から施行する。

2　この省令の施行の際現に施設し，または施設に着手した高圧電路と 300V をこえる低圧電路とを結合する変圧器，圧縮ガス装置および加圧装置については，改正後の第 23 条第 1 項，第 53 条第 2 項において準用する同条第 1 項および第 145 条の 2 の規定は，適用しない。

〔解　説〕 今回の改正により，規制が強化された事項について，既設のもの又は既に工事に着手しているものに対する経過措置は，おおむね次の三つに分かれる。

(1) 規制の強化が，従来不明確であったものを明確化したもので，当然，新基準に適合しているべきはずのものであるが，適合しないものでも改修が極めて容易であるものについては，公布と施行の間の余裕だけをおいて直ちに適用を受けることとしている。

(2) 規制の強化が，社会情勢の変化，技術の進歩等による技術水準の向上を図るためのもの等で，既設のもの又は既に工事に着手しているもののうち改修する必要がないものについては，新基準を適用しないこととしている。

(3) 規制の強化が，影響の大きな危険の防止を目的とするもの又は従来不明確であったものを明確化したもので，既設のもの又は既に工事に着手しているもので改修を必要とはするが，改修に若干の時間を要するものについては，昭和 44 年 7 月 10 日までは新基準を適用しないこととしている。したがって，その期間内に然るべき措置（改修するか，又は改修しないものについて特別の理由があるときは所轄通商産業局長の特例認可を申請する等）を講じなければならない。

(1) について，一例を挙げれば，**第 12 条第四号**（アルミ電線と銅電線との接続），**第 43 条第二号イ**（中間接地工事の接地線の太さ等），**第 48 条**（分路リアクトルの保護装置），**第 83 条**（低高圧架空電線と道路，横断歩道等との離隔距離），**第 112 条第 3 項**（静電誘導作用による人への危険防止），**第 231 条第 3 項**（屋根に施設する電熱装置）等である。

本項は，(2) のうち，従来規制されていない事項で，今回新たに規制されたものについて規定している。

ⓐ　**第 23 条第 1 項**……高圧電路と 300V を超える低圧電路とを結合する変圧器の低圧側中性点の接地

ⓑ　**第 53 条第 2 項**……開閉器又は自動遮断器に使用する圧縮ガス装置

ⓒ　**第 145 条の 2**　……圧力ケーブルの加圧装置

ⓐは，**S40 基準第 23 条第 1 項**で「高圧電路と 300V 以下の低圧電路とを結合する変圧器の低圧側の中性点には，第 2 種接地工事を施さなければならない。」と規定され，また**S40 基準第 27 条第 1 項**で「300V をこえる低圧の多線式電路（中性線を有するものに限る。）の中性点には……接地工事を施し……」と規定されていたが，S43 基準第 23 条第 1 項で「高圧電路または特別高圧電路と低圧電路とを結合する変圧器の中性点には，……」と規定されたため，既設の変圧器又は既に工事に着手している変圧器で，低圧側の巻線が△結線のものは，その改修が困難であることから，**S43 基準第 23 条第 1 項**の適用を除外している。

ⓑは，SF_6（六ふっ化硫黄）ガスなどを使用した自動遮断器の出現に伴って，**S43 基準第 53 条第 2 項**で，発電所又は変電所，開閉所若しくはこれに準ずる場所において**開閉器又は自動遮断器に使用する圧縮ガス装置**は，これらの場所に施設する圧縮空気装置に準じて施設することを新しく規定しているが，既設のもの又は既に工事に着手しているものについては，新基準の適用を除外している。

ⓒは，OF ケーブルの圧油装置などのうち，**圧縮ガスを使用してケーブルに圧力を加える装置**について，**S43 基準第 145 条の 2** で新たに規制されたが，既設の加圧装置又は既に工事に着手した加圧装置については，新基準の適用を除外している。

なお，「**適用しない**」というのは「電気工作物の改修又はその施設箇所の改築の際までは，なお，従前の例によることができる。」ということと実質的には同じ意味である。

> 3　この省令の施行の際現に施設し，または施設に着手した接続管その他の器具および電撃殺虫器については，改正後の第 12 条第五号および第 241 条の規定は，この省令の施行の日から 1 年間は，適用しない。

〔解　説〕 本項は，**前項解説**の（3）のうち，従来規制されていない事項で，今回新たに規制されたものについて規定している。

ⓐ　**第12条第五号**……屋内配線，屋側配線又は屋外配線に使用するアルミ電線接続用の接続管その他の器具

ⓑ　**第241条**…………電撃殺虫器

ⓐは，屋内配線等にアルミ電線を使用する場合に**告示第7条の2**に規格されている電線接続管等を使用してアルミ電線を接続することが新たに規定されたが，既設の電線接続管であって，構造，材料及び性能が告示の規格に適合しないものは，昭和44年7月10日までに改修することが必要である。

ⓑは，既設の電撃殺虫器で取付け位置の低いものや保護網又は保護装置のないもの等について，昭和44年7月10日までに改修することが必要である。

> 4　この省令の施行の際現に施設し，または施設に着手した変圧器によって特別高圧電路に結合される300Vをこえる低圧電路及び使用電圧が130,000V以上170,000V未満の特別高圧架空電線については，改正後の第23条第1項ならびに第134条第3項および第6項第二号のただし書の規定にかかわらず，なお従前の例による。

〔解　説〕 本項は，**第2項解説**の（2）のうち，従来規制されていた事項を今回変更したものについて規定している。

ⓐ　**第23条第1項**……特別高圧電路と300Vを超える低圧電路とを結合する変圧器の低圧側中性点の接地

ⓑ　**第134条第3項又は第6項第二号ただし書**……使用電圧が130kV以上170kV未満の特別高圧架空電線が道路と接近又は交さする場合の電線の太さ

ⓐは，**S40基準第25条第1項**で「変圧器によって特別高圧電路に結合される300Vをこえる低圧電路には，その変圧器の端子に近い1極に電路の使用電圧の3倍以下の電圧で放電する適当な装置を設けなければならない。」と規定されていたが，**S43基準第23条第1項**で「特別高圧電路と低圧電路とを結合する変圧器の中性点には，第2種接地工事を施さなければならない。」と規定されたため，既設の変圧器又は既に工事に着手している変圧器で，低圧側の巻線が△結線のものは，その改修が困難であることから，**S40基準第25条第1項**の規定に適合していれば，**S43基準第23条第1項**の規定の適用は受けない。

ⓑは，**S40基準第143条第5項及び第6項第二号ただし書**で，使用電圧が130kV以上170kV未満の特別高圧架空電線が道路と接近又は交差する場合において，道路の特別高圧架空電線から水平距離で3m未満に施設される部分の長さが100mを超えるとき又は当該電線の1径間内における当該部分の長さの合計が100mを超えるときは，**第1種特別高圧保安工事**により，電線には**断面積**100mm^{2}の硬銅より線又はこれと同等

以上の強さ及び太さのより線を使用すればよいと規定されていたが，**S43 基準第 131 条第 1 項の第 1 種特別高圧保安工事**で，使用電圧が 130kV 以上の特別高圧架空電線の断面積が 100mm^2 から 150mm^2 に強化されたため，既設のもの（現在そのような状態になっているもの）で電線の断面積が 150mm^2 未満のものについてはその改修が困難であることから，**S40 基準**に適合していれば，**S43 基準**の適用は受けない。

5　この省令の施行の際現に施設し，または施設に着手した低圧架空電線もしくは高圧架空電線と架空弱電流電線との離隔距離および火薬庫に施設する電気工作物については，改正後の第 84 条第 3 項（第 109 条第 1 項，第 142 条第 1 項第十二号ニ，第 249 条第 1 項第六号トおよび第 270 条第 3 項第二号において準用する場合を含む。）において準用する同条第 1 項第二号または第三号および第 210 条の規定にかかわらず，この省令の施行の日から 1 年間は，なお従前の例による。

〔解　説〕 **本項**は，**第 2 項解説の（3）**のうち，従来規制されていた事項で今回変更した事項について規定している。

ⓐ　**第 84 条第 3 項**……裸電線を用いた低高圧架空電線が架空弱電流電線の下方において接近する場合の離隔距離

ⓑ　**第 210 条**…………火薬庫に施設する電気工作物

ⓐは，**S43 基準第 84 条第 3 項第三号**及び**第四号**で，低高圧架空電線が架空弱電流電線の下方において接近する場合において，低高圧架空電線に**裸電線**を使用しているときは，低高圧架空電線と架空弱電流電線は**離隔距離**で 1m（高圧の場合は 1.2m）以上とされていたが，**S43 基準**で**第 84 条第 1 項第二号**又は**第三号**が準用されることになり，低高圧架空電線と架空弱電流電線とは**水平離隔距離**で 1m（高圧の場合は 1.2m）以上とするよう規制が強化されたので，既設のもの（現在このような状態のもの）は，昭和 44 年 7 月 10 日までに改修することが必要である。なお，**高圧架空引込線**（第 109 条第 1 項），**15kV 以下の特別高圧架空電線路の中性線**（第 142 条第 1 項第十二号ニ），**架空で施設する小勢力回路の電線**（第 249 条第 1 項第六号ト）及び**架空で施設する排流線**（第 270 条第 3 項第二号）についても低高圧架空電線と同様に改修する必要がある。

ⓑは，**S43 基準第 210 条**で，火薬庫内の開閉器及び自動遮断器の施設禁止，漏電遮断器又は漏電警報器の設置，火薬庫の架空引込線の禁止などの規制が強化されたので，既設の火薬庫の電気工作物で新基準に適合しないものは，昭和 44 年 7 月 10 日までに改修する必要がある。

6　改正前の電気設備に関する技術基準を定める省令の規定によってした通商産業大臣もしくは所轄通商産業局長の認可または当該認可の申請（前4項に規定する電気工作物に係るものを除く。）は，この省令中にこれに相当する規定があるときは，この省令の規定によってしたものとみなす。

〔解　説〕 S40 基準の附則第4項と同一趣旨である。

昭和43年11月改正省令の附則 （昭和43年通商産業省令第121号）

1　この省令は，昭和43年12月1日から施行する。

〔解　説〕 この改正省令は，発変電所等の騒音に関する規定として，第44条の3（騒音の防止）が追加され，昭和43年11月30日に公布され，「騒音規制法」の施行の日と同じ日に施行したものである。

昭和44年8月改正省令の附則 （昭和44年通商産業省令第78号）

1　この省令は，公布の日から施行する。

〔解　説〕 この改正省令は，発変電所，電線路及び電力保安通信設備の電気工作物を急傾斜地の崩壊の助長又は誘発のおそれがないように施設する規定として，第44条の5，第69条の2及び第176条の2（急傾斜地の崩壊の防止）が追加され，昭和44年8月20日に公布され，同日から施行されたものである。

昭和47年1月改正省令の附則 （昭和47年通商産業省令第6号）

1　この省令は，昭和47年2月1日から施行する。ただし，改正後の第41条，第197条第2項第一号ならびに第221条第1項第三号および第四号の規定は，昭和48年2月1日から施行する。

〔解　説〕 この改正省令は昭和47年1月26日に公布されたが，この規定はその効力を発する日を定めたものであり，ただし書の第41条（地絡遮断装置等の施設に関する事項），第197条第2項第一号（金属ダクト工事の金属ダクトの幅に関する事項）並びに第221条第1項第三号及び第四号（放電灯工事の放電灯用変圧器に関する事項）の規制の強化された規定について，メーカー等における製造あるいは電気用品取締法の手続等の期間を考慮して，1年後から効力を発するように定めたものである。

2　この省令の施行の際現に施設し，または施設に着手した電気工作物については，なお従前の例による。

〔解　説〕 **S40基準の附則第3項**と同一趣旨であり，昭和47年2月1日（**前項ただし書**のものについては昭和48年2月1日）当時現在において施設してある電気工作物や施設に着手している電気工作物については，改正以前の技術基準に適合していれば，**S47基準**が適用されないことを定めたものである。

昭和48年10月改正省令の附則　（昭和48年通商産業省令第103号）

1　この省令は，公布の日から施行する。
2　この省令の施行の際現に施設し，又は施設に着手した電気設備については，改正後の電気設備に関する技術基準を定める省令第52条第二号の規定は，この省令の施行の日から3年間は，適用しない。

昭和51年10月改正省令の附則　（昭和51年通商産業省令第70号）

1　この省令は，公布の日から施行する。
2　この省令の施行の際現に施設し，又は施設に着手した電気工作物については，なお従前の例による。

〔解　説〕 **S40基準の附則第3項**と同一趣旨であり，昭和51年10月16日現在において施設してある電気工作物や施設に着手している電気工作物については，改正以前の技術基準に適合していれば，**S51基準**が適用されないことを定めたものである。

昭和52年1月改正省令の附則　（昭和52年通商産業省令第8号）

この省令は，公布の日から施行する。

〔解　説〕 **振動規制法**が昭和51年6月に制定され，同年12月から施行されたことに伴い，発変電所等の振動に関し，**第44条の4**（振動の防止）の規定を約1月後に公布し，即日施行したものである。

昭和 52 年 12 月改正省令の附則 （昭和 52 年通商産業省令第 70 号）

1 この省令は，昭和 53 年 3 月 1 日から施行する。
2 この省令の施行の際現に施設し，又は施設に着手した電気工作物については，なお従前の例による。

〔解 説〕 この省令改正は，電気用品取締法の政省令の改正に関連して行われたものであり，施行日も同政省令の施行日（昭和 53 年 3 月 1 日）と同じ日として定められたものである。

昭和 56 年 7 月改正省令の附則（昭和 56 年通商産業省令第 43 号）

1 この省令は，公布の日から施行する。
2 改正前の電気設備に関する技術基準を定める省令の規定によってした通商産業大臣もしくは所轄通商産業局長の認可又は当該認可の申請は，改正後の電気設備に関する技術基準を定める省令中これに相当する規定があるときは，当該規定によってしたものとみなす。

〔解 説〕 S40 基準の附則第 4 項と同一趣旨である。

昭和 57 年 2 月改正省令の附則 （昭和 57 年通商産業省令第 3 号）

1 この省令は，公布の日から施行する。
2 この省令の施行の際現に施設し，又は施設に着手した電気工作物については，なお従前の例による。

〔解 説〕 S40 基準の附則第 3 項と同一趣旨であり，昭和 57 年 2 月 16 日現在において施設してある電気工作物や施設に着手している電気工作物については，改正以前の技術基準に適合していれば，S57 基準が適用されないことを定めたものである。

3 改正前の電気設備に関する技術基準を定める省令の規定によってした通商産業大臣若しくは所轄通商産業局長の認可又は当該認可の申請は，改正後の電気設備に関する技術基準を定める省令中これに相当する規定があるときは，当該規定によってしたものとみなす。

〔解 説〕 S40 基準の附則第 4 項と同一趣旨である。

昭和57年6月改正省令の附則　（昭和57年通商産業省令第31号）

> 1　この省令は，公布の日から施行する。

〔解　説〕　この改正省令は，**電気用品取締法**の省令の改正に関連して行われたものであり，同省令とともに昭和57年6月29日に公布され，同日から施行されたものである。

> 2　この省令の施行の際現に施設し，又は施設に着手した電気工作物については，なお従前の例による。

〔解　説〕　**S40基準の附則第3項**と同一趣旨であり，昭和57年6月29日現在において施設してある電気工作物や施設に着手している電気工作物については，改正以前の技術基準に適合していれば，改正後の省令が適用されないことを定めたものである。

昭和60年4月改正省令の附則　（昭和60年通商産業省令第8号）

> この省令は，公布の日から施行する。

〔解　説〕　この改正省令は，**電気通信事業法**の制定に関連して行われたものであり，電気通信事業法及び当省令とともに昭和60年4月1日に施行されたものである。

昭和61年3月改正省令の附則　（昭和61年通商産業省令第8号）

> 1　この省令は，公布の日から施行する。
> 2　この省令の施行の際現に施設し，又は施設に着手した電気工作物については，なお従前の例による。

〔解　説〕　**S40基準の附則第3項**と同一趣旨であり，昭和61年3月25日現在において施設してある電気工作物や施設に着手している電気工作物については，改正以前の技術基準に適合していれば**S61基準**が適用されないことを定めたものである。

> 3　改正前の電気設備に関する技術基準を定める省令の規定によってした通商産業大臣若しくは所轄通商産業局長の認可又は当該認可の申請は，改正後の電気設備に関する技術基準を定める省令中これに相当する規定があるときは，当該規定によってしたものとみなす。

〔解　説〕　**S40基準の附則第4項**と同一趣旨である。

昭和62年3月改正省令の附則　（昭和62年通商産業省令第17号）

この省令は，昭和62年4月1日から施行する。

〔解　説〕 鉄道事業法が4月1日から施行されるため，施行日をあわせた。

昭和63年1月改正省令の附則　（昭和63年通商産業省令第11号）

この省令は，公布の日から施行する。

平成元年10月改正省令の附則　（平成元年通商産業省令第69号）

1　この省令は，公布の日から施行する。
2　この省令の施行の際現に施設し，又は施設に着手した定格電流が15Aを超え20A以下の過電流遮断器（配線用遮断器を除く。）で保護される低圧屋内電路については，改正後の第186条第1項第七号ロの規定にかかわらず，この省令の施行の日から3月間は，なお従前の例による。

〔解　説〕 今回の改正により定格電流が15Aを超え20A以下の過電流遮断器（配線用遮断器を除く。）で保護される電路に15A/20A兼用コンセントを接続することが禁止されたことにより，この省令の施行日において，既に施設したもの又は施設に着手したものについては，施行の日（平成元年10月6日）から3カ月以内に20A専用のコンセントに変更しなければならない。

平成元年11月改正省令の附則　（平成元年通商産業省令第86号）

1　この省令は，公布の日から施行する。
2　この省令の施行の際現に施設し，又は施設に着手した定格電流が20Aを超え30A以下の過電流遮断器で保護される低圧屋内電路については，改正後の第186条第1項第七号ロの規定にかかわらず，この省令の施行の日から2月間は，なお従前の例による。

〔解　説〕 今回の改正により定格電流が20Aを超え30A以下の過電流遮断器で保護される電路に15A/20A兼用コンセントを接続することが禁止されたことにより，この省令の施行日において，既に施設したもの又は施設に着手したものについては，施行の日（平成元年11月6日）から2カ月以内に兼用以外の20A以上30A以下のコンセントに変更しなければならない。

平成２年５月改正省令の附則　（平成２年通商産業省令第23号）

１　この省令は，平成２年６月１日から施行する。

〔解　説〕 この省令改正は**電気事業法施行令**及び**電気事業法関係手数料令**の一部を改正する政令及び**電気事業法施行規則**の一部を改正する省令に関連して行われたものであり，施行日は同政省令の施行日（平成２年６月１日）と同日として定められた。

２　この省令の施行の際現に施設し，又は施設に着手した電気工作物については，なお従前の例による。

〔解　説〕 **S40基準**の**附則第３項**と同一趣旨であり，平成２年６月１日現在において施設してある電気工作物又は施設に着手している電気工作物については，改正以前の技術基準に適合していれば**H2基準**が適用されないことを定めたものである。

平成４年４月改正省令の附則　（平成４年通商産業省令第25号）

１　この省令は，公布の日から施行する。
２　この省令の施行の際現に施設し，又は施設に着手した発電機等の保護装置，特別高圧用変圧器の保護装置，計測装置，地中電線路，電力保安通信線及び低圧屋内配線については，この省令による改正後の電気設備に関する技術基準を定める省令（以下「新省令」という。）の第46条第１項，第47条第２項，第51条第１項及び第４項，第143条第３項，165条第４項並びに第186条第１項第八号の規定にかかわらず，なお従前の例による。
３　この省令の施行の日から起算し，１年を経過する日の前日までに施設し，又は施設に着手した架空電線路，電力線搬送通信用結合アンテナ，無線用アンテナ等又は排流線に係る鉄柱，鉄塔又は鉄筋コンクリート柱を構成するボルトについては，新省令の第65条第１項（第175条第三号及び第270条第４項第二号ニにおいて準用する場合を含む。）及び第66条第１項（第173条第１項第三号，第175条第四号及び第270条第４項第二号ニにおいて準用する場合を含む。）の規定にかかわらず，なお従前の例によることができる。

〔解　説〕 鉄塔等のボルトの規格の変更に係わる第65条及び第66条に関する経過措置である。旧規格のボルトと新規格のボルトは保証強度の考え方に違いがあるのみで支持物への適用に差がないため，両規格を併記することも考えられたが基準としては新規格に統一し，旧規格の適用は経過措置として処理された。

新規格のボルトの製造，鉄塔設計計算プログラムの変更を考慮し，１年間の試行期間をおいた。改正の後，旧規格のボルトの発注が停止されるので受注分を除いて製造が停止する。旧規格のボルトを使用した鉄塔等では補修や改造の工事に新規格のボルトが使用されることになり，架空電線路の設置の工事では工期が長いため発注済みの旧規格のボルトの他は新規格のボルトが使用されることになる。

このため，「施設し，又は施設に着手した」電気工作物に対する経過措置は，「従前の例による。」とせず「従前の例によることができる。」とし，旧規格による根拠を定めた。

平成5年4月27日以降に施設に着手する架空電線路の支持物の一部に，本項の適用を受ける鉄塔等が流用されるときは流用後においても本項の適用が継続するものと解する。

4 改正前の電気設備に関する技術基準を定める省令によってした通商産業大臣若しくは所轄通商産業局長の認可又は当該認可の申請（前2項に規定する電気工作物に係るものを除く。）は，この省令中にこれに相当する規定があるときは，この省令の規定によってしたものとみなす。

〔解　説〕 旧規定に基づく特殊設計施設の認可又はその申請は，改正規定に基づくものとみなされ再度申請等が要らない。

平成7年10月改正省令の附則 （平成7年通商産業省令第83号）

1 この省令は，電気事業法の一部を改正する法律（平成7年法律第75号）の施行の日（平成7年12月1日）から施行する。

〔解　説〕 この省令の改正は，電気事業法の一部を改正する法律，電気事業法施行令の一部を改正する政令及び電気事業法施行規則の一部を改正する省令に関連して行われたものであり，施行日は同法律，政省令の施行日（平成7年12月1日）と同日として定められた。

2 この省令の施行の際現に施設し，又は施設に着手した電気工作物については，なお従前の例による。

平成9年3月改正省令の附則 （平成9年通商産業省令第52号）

1 この省令は，平成9年6月1日から施行する。

〔解　説〕 この省令の改正は，火力設備，水力設備，風力設備の技術基準の改正とともに行われており，ともに公布の日は平成9年3月27日であり，事業者への周知期間等を踏まえ，6月1日から施行されたものである。

2　この省令の施行の際現に設置され，又は設置のための工事に着手している電気工作物については，なお従前の例による。ただし，この省令の施行の際現に設置され，又は設置のための工事に着手しているもののうち，別に告示する電気工作物であって，ポリ塩化ビフェニルを含有する絶縁油（当該絶縁油に含まれるポリ塩化ビフェニルの重量の割合が0.5％を超えるものに限る。）を使用するものについては，別に告示する期限（以下この項において単に「期限」という。）の翌日（期限から1年を超えない期間に当該電気工作物を廃止することが明らかな場合は，期限から1年を経過した日）以後，第19条第14項の規定を適用する。

〔解　説〕当該附則については，H9基準改正時，S40基準の附則第3項と同一内容とする趣旨で「この省令の施行の際現に施設し，又は施設に着手した電気工作物については，なお従前の例による。」と規定していたが，H23基準の附則において，「なお従前の例による」場合の規定の文言を変更したことから，H28基準の改正において，H23基準の附則の規定の文言に整合させたものである。

ただし書は，H28基準の改正において追加され，平成28年9月24日から施行されたものである。追加された趣旨については，省令第19条第14項の解説を参照されたい。

3　改正前の電気設備に関する技術基準を定める省令中深海底鉱山保安規則（昭和57年通商産業省令第35号）又は鉱山保安 規則（平成6年通商産業省令第13号）の規定により準用され，又はその例によるものとされているものについては，その範囲内において，なお当分の間その例による。

〔解　説〕深海底鉱山保安規則（昭和57年通商産業省令第35号）又は鉱山保安規則（平成6年通商産業省令第13号）の規定により準用され，又はその例によるものとされているものについては，その範囲内において，なお当分の間，改正前の電気設備に関する技術基準を定める省令の適用が継続するものと解する。

平成12年6月改正省令の附則　（平成12年通商産業省令第122号）

1　この省令は，平成12年7月1日から施行する。

〔解　説〕 この省令改正は，電気事業法改正に関連して行われたものであり，施行日は平成12年7月1日として定められた。

平成12年9月改正省令の附則　（平成12年通商産業省令第189号）

1　この省令は，公布の日から施行する。

平成13年6月改正省令の附則　（平成13年経済産業省令第180号）

この省令は，平成13年7月1日から施行する。

〔解　説〕 この省令改正は，水質汚濁防止法に関連して行われたものであり，施行日は平成13年7月1日として定められた。

平成16年7月改正省令の附則　（平成16年経済産業省令第79号）

この省令は，公布の日から施行する。

平成17年3月改正省令の附則　（平成17年経済産業省令第18号）

この省令は，公布の日から施行する。ただし，この省令の施行の際現に設置され，又は設置の工事が行われている燃料電池発電設備であって，電気事業法第38条第3項に規定する事業用電気工作物に関する規定を適用する場合には，平成18年3月31日までは，なお従前の例による。

平成19年3月改正省令の附則　（平成19年経済産業省令第21号）

この省令は，公布の日から施行する。

平成20年4月改正省令の附則（抄）　（平成20年経済産業省令第31号）

（施行期日）

第一条　この省令は，平成20年5月1日から施行する。

〔解　説〕 この省令改正は，電気事業法施行規則の改正にあわせて行われたものであり，施行日は平成20年5月1日として定められた。

平成23年3月改正省令の附則　（平成23年経済産業省令第15号）

この省令は，平成23年10月1日から施行する。ただし，この省令の施行の際現に設置され，又は設置のための工事に着手している電気工作物については，なお従前の例による。

平成24年6月改正省令の附則　（平成24年経済産業省令第44号）

（施行期日）
第一条　この省令は，平成24年6月1日から施行する。
（経過措置）
第二条　この省令の施行の際現に発電所又は変電所，開閉所若しくはこれらに準ずる場所に設置している水質汚濁防止法（昭和45年法律第138号）第2条第8項に規定する有害物質使用特定施設（同法第5条第2項に該当する場合を除き，設置の工事をしている場合を含む。）及び同法第5条第3項に規定する有害物質貯蔵指定施設（設置の工事をしている場合を含む。）については，この省令の施行の日から起算して3年を経過するまでの間は，この省令による改正後の電気設備に関する技術基準を定める省令第19条第5項および第6項の規定は，適用しない。

〔解　説〕　この省令改正は，水質汚濁防止法の一部を改正する法律（平成22年法律第31号）において，水質汚濁防止法の規制対象施設の拡大がなされたことに伴い，電気設備に関する技術基準を定める省令の相当規定の改正を行ったものである。水質汚濁防止法の一部を改正する法律の附則4条1項に，新たに有害物質使用特定施設と有害物質貯蔵指定施設になった場合の経過措置を設けているため，同様の経過措置を設けたものである。

平成24年7月改正省令の附則　（平成24年経済産業省令第48号）

この省令は，平成24年8月1日から施行する。

〔解　説〕　この省令改正は，鉄道に関する技術上の基準を定める省令の改正に関連し，電磁誘導作用による人の健康に及ぼす影響の防止について，鉄道に関わる電気設備を適用除外したものであり，施行日は平成24年8月1日として定められた。

平成24年9月改正省令の附則　（平成24年経済産業省令第68号）

この省令は，原子力規制委員会設置法の施行の日（平成24年9月19日）から施行する。

〔解　説〕　この省令改正は，原子力規制委員会設置法の施行に関連し，原子力発電工作物を適用除外したものである。

平成25年3月制定解釈の附則　（20130215商局第4号）

この解釈の施行により，電気設備技術基準の解釈（平成9年5月制定，平成24年7月2日最終改正）は，平成25年3月14日限り，廃止する。

〔解　説〕 平成24年9月の経済産業省商務流通保安グループの発足に伴い，電気設備の技術基準の解釈（平成9年5月制定，平成24年7月2日最終改正）を廃止し，「電気設備の技術基準の解釈」(20130215商局第4号）を新たに制定した。

平成28年3月改正省令の附則　（平成28年経済産業省令第27号）

この省令は，電気事業法等の一部を改正する法律の施行の日（平成28年4月1日）から施行する。

〔解　説〕 この省令改正は，電気事業法等の一部を改正する法律(平成26年法律第72号)に関連して行われたものであり，施行日は同法律の施行日（平成28年4月1日）と同日として定められた。

平成28年4月改正解釈の附則　（20160309商局第2号）

1　この規程は，平成28年4月1日から施行する。

〔解　説〕 平成28年3月改正省令の附則と同一趣旨である。

平成28年9月改正省令の附則（抄）　（平成28年経済産業省令第91号）

（施行期日）

1　この省令は，平成28年9月24日から施行する。

（経過措置）

4　この省令の施行の際現に設置され，又は設置のための工事に着手している電気工作物についてのこの省令による改正後の電気設備に関する技術基準を定める省令第15条の2の適用については，この省令の施行後最初に行う変更の工事が完成するまでの間は，なお従前の例によることができる。

〔解　説〕 サイバーセキュリティの確保に関する規定（第15条の2）は，この省令の施行日において，既に設置されたもの又は設置のための工事に着手しているものに対し，施行日後に最初に行う変更の工事が完成するまでの間は，適用されないことを定めたものである。

平成28年9月23日改正解釈の附則　（20160905商局第2号）

1　この規程は，平成28年9月24日から施行する。

2　この規程の施行の際現に設置され，又は設置のための工事に着手している電気工作物についてのこの規程による改正後の電気設備の技術基準の解釈第37条の2の適用については，この規程の施行後最初に行う変更の工事が完成するまでの間は，なお従前の例によることができる。

〔解　説〕 平成28年9月改正省令の附則と同一趣旨である。

平成29年8月14日改正解釈の附則 (20170803保局第1号)

この規程は，公布の日から施行する。

平成30年10月1日改正解釈の附則 (20180824保局第2号)

1　この規程は，公布の日から施行する。
2　この規程の施行の際現に電気事業法第48条第1項の規定による電気事業法施行規則第65条第1項第1号に定める工事の計画の届け出がされ，若しくは設置又は変更の工事に着手している太陽電池モジュールの支持物については，改正後の電気設備の技術基準の解釈第46条第2項の規定に関わらず，なお従前の例によることができる。

〔解　説〕 太陽電池モジュールの支持物に関する規定（第46条第2項）は，この解釈の施行日において，既に設置されたもの又は設置のための工事に着手しているものに対し，施行日後に最初に行う変更の工事が完成するまでの間は，適用されないことを定めたものである。

令和2年2月25日改正解釈の附則 (20200220保局第1号)

1　この規程は，公布の日から施行する。
2　この規程の施行の際，現に電気事業法第48条第1項の規定による電気事業法施行規則第65条第1項第1号に定める工事の計画の届出がされ，若しくは設置又は変更の工事に着手されている太陽電池モジュールの支持物については，改正後の電気設備の技術基準の解釈第46条第4項の規定に関わらず，なお従前の例によることができる。

〔解　説〕 太陽電池モジュールの支持物に関する規定（第46条第4項）は，この解釈の施行日において，既に設置されたもの又は設置のための工事に着手しているものに対し，施行日後に最初に行う変更の工事が完成するまでの間は，適用されないことを定めたものである。

令和 2 年 5 月 13 日改正解釈の附則 （20200511 保局第 2 号）

この規程は，公布の日から施行する。

令和 2 年 6 月 1 日改正解釈の附則 （20200527 保局第 2 号）

1 この規程は，公布の日から施行する。
2 この規程の施行の際，現に電気事業法第 48 条第 1 項の規定による電気事業法施行規則第 65 条第 1 項第 1 号に定める工事の計画の届出がされ，又は設置若しくは変更の工事に着手された太陽電池モジュールの支持物については，改正後の電気設備の技術基準の解釈第 46 条第 2 項の規定にかかわらず，なお従前の例によることができる。

〔解　説〕 太陽電池モジュールの支持物に関する規定（第 46 条第 2 項）は，この解釈の施工日において，既に設置されたもの又は設置のための工事に着手しているものに対し，施工日後に最初に行う変更の工事が完成するまでの間は，適用されないことを定めたものである。

令和 2 年 8 月 12 日改正解釈の附則 （20200806 保局第 3 号）

この規程は，公布の日から施行する。

令和 3 年 3 月 31 日改正解釈の附則 （20210317 保局第 1 号）

この規程は，令和 3 年 4 月 1 日から施行する。

令和 3 年 5 月 31 日改正解釈の附則 （20210524 保局第 1 号）

この規程は，令和 3 年 5 月 31 日から施行する。

令和 4 年 4 月 1 日改正解釈の附則 （20220328 保局第 1 号）

この規程は，令和 4 年 4 月 1 日から施行する。

令和 4 年 6 月 10 日改正解釈の附則 （20220530 保局第 1 号）

1 この規程は，令和 4 年 10 月 1 日から施行する。
2 この規程の施行の際現に設置され，又は設置のための工事に着手している電気工作物についてのこの規程による改正後の電気設備の技術基準の解釈第 37 条の 2 第 3 号の適用については，この規程の施行後最初に行う変更の工事が完成するまでの間は，なお従前の例によることができる。

令和4年11月30日改正省令の附則　（令和4年経済産業省令第88号）

（施行期日）

第1条　この省令は，電気事業法施行令の一部を改正する政令（令和4年政令第362号）の施行の日（令和4年12月1日）から施行する。

（主任技術者の選任に係る経過措置）

第2条　この省令の施行の際現に設置され，又は設置のための工事に着手している蓄電所（第4条の規定による改正後の電気設備に関する技術基準を定める省令第1条第四号に規定する蓄電所をいう。以下同じ。）に係る電気事業法（以下「法」という。）第43条第1項に規定する主任技術者の選任については，当該規定にかかわらず，この省令の施行の日から三年を経過するまでの間は，なお従前の例によることができる。ただし，当該蓄電所のうち，変更の工事を行うものについては，当該工事の開始の後においては，この限りでない。

（工事計画の認可の申請又は届出に係る経過措置）

第3条　この省令の施行前に法第47条第1項若しくは第2項の規定による認可の申請又は法第48条第1項の規定による届出のあった工事の計画については，なお従前の例による。

2　この省令の施行の際現に設置され，又は設置のための工事に着手している蓄電所であって，この省令の施行により新たに法第47条第1項若しくは第2項又は第48条第1項の規定に該当するものについては，これらの規定にかかわらず，これらの規定による認可の申請又は届出を要しない。

（使用前自主検査に係る経過措置）

第4条　この省令の施行前に法第48条第1項の規定による届出のあった工事の計画に係る蓄電所についての法第51条第1項の検査及び当該検査の実施に係る体制についての同条第3項の審査については，なお従前の例による。

2　この省令の施行の際現に設置され，又は設置のための工事に着手している蓄電所であって，この省令の施行により新たに法第48条第1項の規定に該当するものについては，法第51条第1項及び第3項の規定にかかわらず，これらの規定による検査及び審査を要しない。

（報告に係る経過措置）

第5条　この省令の施行前に発生した，この省令による改正前の電気関係報告規則第3条に係る報告については，なお従前の例による。

令和4年11月30日改正解釈の附則　（20221125保局第1号）

この規程は，令和4年12月1日から施行する。

令和 5 年 3 月 20 日改正解釈の附則 （20230310 保局第 2 号）

この規程は，令和 5 年 3 月 20 日から施行する。

令和 5 年 12 月 26 日改正解釈の附則 （20231211 保局第 2 号）

この規程は，令和 5 年 12 月 26 日から施行する。

令和 6 年 10 月 22 日改正解釈の附則 （20241004 保局第 1 号）

この規程は，令和 6 年 10 月 20 日から施行する。

用語の定義

ア行

移動電線………電気使用場所に施設する電線のうち，造営物に固定しないものをいい，電球線及び電気機械器具内の電線を除く。(解釈 142 条六号)

A種鉄筋コンクリート柱………基礎の強度計算を行わず，根入れ深さを第 59 条第 2 項に規定する値以上とすること等により施設する鉄筋コンクリート柱。(解釈 49 条二号)

A種鉄柱………基礎の強度計算を行わず，根入れ深さを第 59 条第 3 項に規定する値以上とすること等により施設する鉄柱。(解釈 49 条五号)

エックス線発生装置………エックス線管，エックス線管用変圧器，陰極過熱用変圧器及びこれらの附属装置並びにエックス線管回路の配線をいう。(解釈 194 条第 1 項)

屋外配線………屋外の電気使用場所において，当該電気使用場所における電気の使用を目的として，固定して施設する電線（屋側配線，電気機械器具内の電線，管灯回路の配線，第 142 条第七号に規定する接触電線，第 181 条第 1 項に規定する小勢力回路の電線，第 182 条に規定する出退表示灯回路の電線及び電線路の電線を除く。）をいう。(解釈 1 条十三号)

屋側配線………屋外の電気使用場所において，当該電気使用場所における電気の使用を目的として，造営物に固定して施設する電線（電気機械器具内の電線，管灯回路の配線，第 142 条第七号に規定する接触電線，第 181 条第 1 項に規定する小勢力回路の電線，第 182 条に規定する出退表示灯回路の電線及び電線路の電線を除く。）をいう。(解釈 1 条十二号)

屋内電線………屋内に施設する電線路の電線及び屋内配線をいう。(解釈 142 条四号)

屋内配線………屋内の電気使用場所において，固定して施設する電線（電気機械器具内の電線，管灯回路の配線，エックス線管回路の配線，第 142 条第七号に規定する接触電線，第 181 条第 1 項に規定する小勢力回路の電線，第 182 条に規定する出退表示灯回路の電線，第 183 条に規定する特別低電圧照明回路の電線及び電線路の電線を除く。）をいう。(解釈 1 条十一号)

カ行

開　閉　所……構内に施設した開閉器その他の装置により電路を開閉する所であって，発電所，変電所及び需要場所以外のものをいう。（省令１条五号）

開閉所に準ずる場所……需要場所において高圧又は特別高圧の電気を受電し，開閉器その他の装置により電路の開閉をする場所であって，変電所に準ずる場所以外のものをいう。（解釈１条七号）

架　空　電　車　線……架空方式により施設する電車線。（解釈 201 条二号）

架　空　電　車　線　等……架空方式により施設する電車線並びにこれと電気的に接続するちょう架線，ブラケット及びスパン線。（解釈 201 条三号）

架　空　引　込　線……架空電線路の支持物から他の支持物を経ないで需要場所の取付け点に至る架空電線をいう。（解釈１条九号）

架　空　方　式……支持物等で支持すること，又はトンネル，坑道その他これらに類する場所内の上面に施設することにより，電車線を線路の上方に施設する方式。（解釈 201 条一号）

架　渉　電　線　の　相……回線ごとの相をいう。（解釈 58 条十三号）

ガ　ス　絶　縁　機　器……充電部分が圧縮絶縁ガスにより絶縁された電気機械器具をいう。（省令 33 条）

可　燃　性　ガ　ス　等……可燃性のガス又は引火性物質の蒸気。（解釈 176 条１項）

家庭用電気機械器具……小型電動機，電熱器，ラジオ受信機，電気スタンド，電気用品安全法の適用を受ける装飾用電灯器具その他の電気機械器具であって，主として住宅その他これに類する場所で使用するものをいい，白熱電灯及び放電灯を除く。（解釈 142 条十号）

可　燃　性　粉　じ　ん……小麦粉，でん粉その他の可燃性の粉じんであって，空中に浮遊した状態において着火したときに爆発するおそれがあるものをいい，爆燃性粉じんを除く。（解釈 175 条二号）

管　灯　回　路……放電灯用安定器又は放電灯用変圧器から放電管までの電路をいう。（解釈１条十四号）

管　の　長　さ……２本以上の管を接続して使用する場合は，その全長をいう。（解釈 159 条３項四号）

技　術　員………設備の運転又は管理に必要な知識及び技能を有する者をいう。（解釈 1 条三号）

き　電　線………発電所又は変電所から他の発電所又は変電所を経ないで電車線に至る電線をいう。（解釈 201 条四号）

き電線路………き電線及びこれを支持し，又は保蔵する工作物をいう。（解釈 201 条五号）

急傾斜地崩壊危険区域………急傾斜地の崩壊による災害の防止に関する法律第 3 条第 1 項の規定により指定された区域。（省令 19 条 11 項）

給　電　所………電力系統の運用に関する指令を行う所をいう。（解釈 134 条二号）

鋼　管　柱………鋼管を柱体とする鉄柱。（解釈 49 条八号）

鋼索車線………鋼索鉄道の電車線。（解釈 217 条）

鋼板組立柱………鋼板を管状にして組み立てたものを柱体とする鉄柱。（解釈 49 条 1 項七号）

サ行

索　　道………索道の搬器を含み，索道用支柱を除くものとする。（解釈 49 条十三号）

支　持　物………木柱，鉄柱，鉄筋コンクリート柱及び鉄塔並びにこれらに類する工作物であって，電線又は弱電流電線若しくは光ファイバケーブルを支持することを主たる目的とするものをいう。（省令 1 条十五号）

弱電流電線………弱電流電気の伝送に使用する電気導体，絶縁物で被覆した電気導体又は絶縁物で被覆した上を保護被覆で保護した電気導体（第 181 条第 1 項に規定する小勢力回路の電線又は第 182 条に規定する出退表示灯回路の電線を含む。）をいう。（解釈 1 条十五号）

弱電流電線等………弱電流電線及び光ファイバケーブル。（省令 6 条，解釈 1 条十六号）

弱電流電線路………弱電流電線及びこれを支持し，又は保蔵する工作物（造営物の屋内又は屋側に施設するものを除く。）をいう。（省令 1 条十二号）

需要場所………電気使用場所を含む 1 の構内又はこれに準ずる区域であって，発電所，変電所及び開閉所以外のものをいう。（解釈 1 条五号）

上部造営材………屋根，ひさし，物干し台その他の人が上部に乗るおそれがある造営材（手すり，さくその他の人が上部に乗るおそれのない部分を除く。）をいう。（解釈 49 条十二号）

垂直部分………支持物の長さの方向に施設される電線又は弱電流電線等及び架空電線路のその附属物をいう。（解釈 81 条五号）

接近………一般的な接近している状態であって，並行する場合を含み，交差する場合及び同一支持物に施設される場合を除くものをいう。（解釈 1 条二十一号）

接近状態………第 1 次接近状態及び第 2 次接近状態をいう。（解釈 49 条十一号）

接触電線………電線に接触してしゅう動する集電装置を介して，移動起重機，オートクリーナその他の移動して使用する電気機械器具に電気の供給を行うための電線をいう。（解釈 142 条七号）

線ぴの長さ………2 本以上の線ぴを接続して使用する場合は，その全長をいう。（解釈 161 条 3 項二号イ）

造営物………工作物のうち，土地に定着するものであって，屋根及び柱又は壁を有するものをいう。（解釈 1 条二十三号）

想定最大張力………高温季及び低温季の別に，それぞれの季節において想定される最大張力。ただし，異常着雪時想定荷重の計算に用いる場合にあっては，気温 0℃の状態で架渉線に着雪荷重と着雪時風圧荷重との合成荷重が加わった場合の張力をいう。（解釈 49 条一号）

タ行

第 1 次接近状態………架空電線が，他の工作物と接近する場合において，当該架空電線が他の工作物の上方又は側方において，水平距離で 3m 以上，かつ，架空電線路の支持物の地表上の高さに相当する距離以内に施設されることにより，架空電線路の電線の切断，支持物の倒壊等の際に，当該電線が他の工作物に接触するおそれがある状態をいう。（解釈 49 条九号）

第 2 次接近状態………架空電線が他の工作物と接近する場合において，当該架空電線が他の工作物の上方又は側方において水平距離で 3m 未満に施設される状態をいう。（解釈 49 条十号）

対地電圧………接地式電路においては電線と大地との間の電圧，非接地式電路においては電線間の電圧をいう。（省令 58 条表中）

多心型電線………絶縁物で被覆した導体を絶縁物で被覆していない導体の周囲にらせん状に巻き付けた電線。（解釈6条二号）

多導体………構成する電線が2条ごとに水平に配列され，かつ，当該電線相互間の距離が電線の外径の20倍以下のものに限る。（解釈58条一号）

他の工作物………建造物，道路（車両及び人の往来がまれであるものを除く。），横断歩道橋，鉄道，軌道，索道，他の低圧架空電線路又は高圧架空電線路，電車線等，架空弱電流電線路等，アンテナ及び特別高圧架空電線以外の工作物をいう。（解釈78条1項）

他冷式………変圧器の巻線及び鉄心を直接冷却するため封入した冷媒を強制循環させる冷却方式をいう。（解釈43条1項）

単線式電気鉄道の帰線………架空単線式又はサードレール式電気鉄道のレール及びそのレールに接続する電線をいう。（解釈13条二号イ）

地中管路………地中電線路，地中弱電流電線路，地中光ファイバケーブル線路，地中に施設する水管及びガス管その他これらに類するもの並びにこれらに附属する地中箱等をいう。（解釈201条八号）

ちょう架用線………ケーブルをちょう架する金属線。（解釈1条十九号）

調相設備………無効電力を調整する電気機械器具をいう。（省令1条十号）

低圧屋上電線路………低圧の引込線及び連接引込線の屋上部分を除く。（解釈113条1項）

低圧幹線………第147条の規定により施設した開閉器又は変電所に準ずる場所に施設した低圧開閉器を起点とする，電気使用場所に施設する低圧の電路であって，当該電路に，電気機械器具（配線器具を除く。以下この条において同じ。）に至る低圧電路であって過電流遮断器を施設するものを接続するものをいう。（解釈142条一号）

低圧配線………低圧の屋内配線，屋側配線及び屋外配線をいう。（解釈142条三号）

低圧分岐回路………低圧幹線から分岐して電気機械器具に至る低圧電路をいう。（解釈142条二号）

電気使用機械器具………電気を使用する電気機械器具をいい，発電機，変圧器，蓄電池その他これに類するものを除く。（解釈142条九号）

電気使用場所 ……… 電気を使用するための電気設備を施設した，1の建物又は1の単位をなす場所をいう。（解釈1条四号）

電気鉄道用変電所 ……… 直流変成器又は交流き電用変圧器を施設する変電所。（解釈2条表の備考）

電球線 ……… 電気使用場所に施設する電線のうち，造営物に固定しない白熱電灯に至るものであって，造営物に固定して施設しないものをいい，電気機械器具内の電線を除く。（解釈142条5号）

電車線 ……… 電気機関車及び電車にその動力用の電気を供給するために使用する接触電線及び鋼索鉄道の車両内の信号装置，照明装置等に電気を供給するために使用する接触電線をいう。（省令1条七号）

電車線等 ……… 電車線並びにこれと電気的に接続するちょう架線，ブラケット及びスパン線をいう。（解釈1条八号）

電車線路 ……… 電車線及びこれを支持する工作物をいう。（省令1条九号）

電線 ……… 強電流電気の伝送に使用する電気導体，絶縁物で被覆した電気導体又は絶縁物で被覆した上を保護被覆で保護した電気導体をいう。（省令1条六号）

電線路 ……… 発電所，変電所，開閉所及びこれらに類する場所並びに電気使用場所相互間の電線（電車線を除く。）並びにこれを支持し，又は保蔵する工作物をいう。（省令1条八号）

電力貯蔵装置 ……… 電力を貯蔵する電気機械器具をいう。（省令1条十八号）

電路 ……… 通常の使用状態で電気が通じているところをいう。（省令1条一号）

道路 ……… 車両の往来がまれであるもの及び歩行の用にのみ供される部分を除く。（解釈68条表中）

特別高圧屋側電線路 ……… 特別高圧引込線の屋側部分を除く。（解釈112条）

ナ行

内燃力コンバインドサイクル発電所 ……… 内燃力とその排熱を回収するボイラーによる汽力を原動力とする発電所をいう。（解釈47条，解説）

用語

ハ行

配線……電気使用場所において施設する電線（電気機械器具内の電線及び電線路の電線を除く。）をいう。（省令1条十七号）

配線器具……開閉器，遮断器，接続器その他これらに類する器具をいう。（解釈142条十一号）

白熱電灯……白熱電球を使用する電灯のうち，電気スタンド，携帯灯及び電気用品安全法の適用を受ける装飾用電灯器具以外のものをいう。（解釈142条十二号）

爆燃性粉じん……マグネシウム，アルミニウム等の粉じんであって，空気中に浮遊した状態又は集積した状態において着火したときに爆発するおそれがあるものをいう。（解釈175条一号）

発電所……発電機，原動機，燃料電池，太陽電池その他の機械器具（電気事業法第38条第2項に規定する小出力発電設備，非常用予備電源を得る目的で施設するもの及び電気用品安全法の適用を受ける携帯用発電機を除く。）を施設して電気を発生させる所をいう。（省令1条三号）

B種鉄筋コンクリート柱……A種鉄筋コンクリート柱以外の鉄筋コンクリート柱。（解釈49条三号）

B種鉄柱……A種鉄柱以外の鉄柱。（解釈49条六号）

光ファイバケーブル……光信号の伝送に使用する伝送媒体であって，保護被覆で保護したものをいう。（省令1条十三号）

光ファイバケーブル線路……光ファイバケーブル及びこれを支持し，又は保蔵する工作物（造営物の屋内又は屋側に施設するものを除く。）をいう。（省令1条十四号）

引込線……架空引込線及び需要場所の造営物の側面等に施設する電線であって，当該需要場所の引込口に至るものをいう。（解釈1条十号）

複合ケーブル……電線と弱電流電線とを束ねたものの上に保護被覆を施したケーブルをいう。（解釈1条二十号）

複合鉄筋コンクリート柱……鋼管と組み合わせた鉄筋コンクリート柱。（解釈49条四号）

変　圧　器………放電灯用変圧器，エックス線管用変圧器，吸上変圧器，試験用変圧器，計器用変成器，第191条第1項に規定する電気集じん応用装置用の変圧器，同条第2項に規定する石油精製用不純物除去装置の変圧器その他の特殊の用途に供されるものを除く。(解釈16条)

変　電　所………構外から伝送される電気を構内に施設した変圧器，回転変流機，整流器その他の電気機械器具により変成する所であって，変成した電気をさらに構外に伝送するものをいう。(省令1条四号)

変電所に準ずる場所………需要場所において高圧又は特別高圧の電気を受電し，変圧器その他の電気機械器具により電気を変成する場所をいう。(解釈1条六号)

防湿コード………外部編組に防湿剤を施したゴムコードをいう。(解釈142条八号)

放　電　灯………放電管，放電灯用安定器，放電灯用変圧器及び放電管の点灯に必要な附属品並び管灯回路の配線をいい，電気スタンドその他これに類する放電灯器具を除く。(解釈142条十三号)

マ行

無線用アンテナ等………電力保安通信設備である無線通信用アンテナ又は反射板。(解釈141条)

ラ行

レール近接部分………帰線用レール並びにレール間及びレールの外側30cm以内の部分。(解釈201条七号)

連接引込線………1需要場所の引込線（架空電線路の支持物から他の支持物を経ないで需要場所の取付け点に至る架空電線（架空電線路の電線））をいう。(省令1条十六号)

memo

memo

memo

memo

解説　電気設備の技術基準
第20版

発電用太陽電池設備の技術基準

経済産業省
産業保安・安全グループ　編

不　許
複　製

昭和 51 年 12 月 30 日	改訂第 1 版発行
昭和 52 年 4 月 30 日	第 2 版発行
昭和 53 年 10 月 30 日	第 3 版発行
昭和 57 年 8 月 10 日	第 4 版発行
昭和 61 年 9 月 20 日	第 5 版発行
平成 2 年 10 月 10 日	第 6 版発行
平成 4 年 7 月 3 日	第 7 版発行
平成 10 年 10 月 23 日	第 8 版発行
平成 12 年 5 月 30 日	第 9 版発行
平成 13 年 5 月 30 日	第 10 版発行
平成 14 年 1 月 24 日	第 10 版 2 刷発行
平成 15 年 11 月 10 日	第 11 版発行
平成 18 年 5 月 5 日	第 12 版発行
平成 18 年 11 月 20 日	第 12 版 2 刷発行
平成 20 年 3 月 31 日	第 13 版発行
平成 21 年 3 月 31 日	第 14 版発行
平成 23 年 10 月 31 日	第 15 版発行
平成 25 年 12 月 20 日	第 16 版発行
平成 29 年 2 月 25 日	第 17 版発行
令和 2 年 4 月 30 日	第 18 版発行
令和 4 年 7 月 10 日	第 19 版発行
令和 7 年 5 月 7 日	第 20 版発行

発行所　文一総合出版

発行者　斉藤　博

〒 102-0074　東京都千代田区九段南 3-2-5
ハトヤ九段ビル 4 階
電話：03-6261-4105　　FAX：03-6261-4236

印刷製本・奥村印刷
乱丁・落丁はお取替えします
Printed in Japan
©2025　ISBN978-4-8299-7709-5